Aufbaukurs Mathematik

Herausgegeben von
Prof. Dr. Martin Aigner, Freie Universität Berlin
Prof. Dr. Peter Gritzmann, Technische Universität
Prof. Dr. Volker Mehrmann, Technische Universi
Prof. Dr. Gisbert Wüstholz, ETH Zürich

In der Reihe „Aufbaukurs Mathematik" werden Lehrbücher zu klassischen und modernen Teilgebieten der Mathematik passend zu den Standardvorlesungen des Mathematikstudiums ab dem zweiten Studienjahr veröffentlicht. Die Lehrwerke sind didaktisch gut aufbereitet und führen umfassend und systematisch in das mathematische Gebiet ein. Sie stellen die mathematischen Grundlagen bereit und enthalten viele Beispiele und Übungsaufgaben.

Zielgruppe sind Studierende der Mathematik aller Studiengänge, sowie Studierende der Informatik, Naturwissenschaften und Technik. Auch für Studierende, die sich im Laufe des Studiums in dem Gebiet weiter vertiefen und spezialisieren möchten, sind die Bücher gut geeignet. Die Reihe existiert seit 1980 und enthält viele erfolgreiche Klassiker in aktualisierter Neuauflage.

Peter Gritzmann

Grundlagen der Mathematischen Optimierung

Diskrete Strukturen, Komplexitätstheorie, Konvexitätstheorie, Lineare Optimierung, Simplex-Algorithmus, Dualität

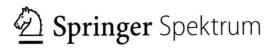 Springer Spektrum

Prof. Dr. Peter Gritzmann
TU München
Garching, Deutschland
gritzmann@tum.de

ISBN 978-3-528-07290-2   ISBN 978-3-8348-2011-2 (eBook)
DOI 10.1007/978-3-8348-2011-2

Die Deutsche Nationalbibliothek verzeichnet diese Publikation in der Deutschen Nationalbibliografie; detaillierte bibliografische Daten sind im Internet über http://dnb.d-nb.de abrufbar.

Springer Spektrum
© Springer Fachmedien Wiesbaden 2013

Planung und Lektorat: Ulrike Schmickler-Hirzebruch | Barbara Gerlach

Gedruckt auf säurefreiem und chlorfrei gebleichtem Papier.

Springer Spektrum ist eine Marke von Springer DE. Springer DE ist Teil der Fachverlagsgruppe Springer Science+Business Media
www.springer-spektrum.de

Vorwort

Das vorliegende Buch ist der erste Teil eines auf drei Bände konzipierten Lehrwerks zur Optimierung in endlich-dimensionalen reellen Vektorräumen. Es richtet sich an alle Leser, die über die üblicherweise in den Vorlesungen zur Analysis und Linearen Algebra vermittelten Grundlagen verfügen.

Der Ausgangspunkt des 'Innovationszyklus der mathematischen Optimierung' ist meistens eine konkrete Klasse relevanter Praxisprobleme, für die Softwaretools benötigt werden. Bereits die geeignete mathematische Modellierung von realen Problemen ist eine wichtige Aufgabe, die von Mathematikern in enger Zusammenarbeit mit Anwendern zu leisten ist, und deren Qualität wesentlich zur späteren Lösung des Problems und der Effizienz der entwickelten Tools beiträgt. Tatsächlich liegt bei der Behandlung praxisrelevanter Probleme typischerweise folgender Prozess zugrunde:

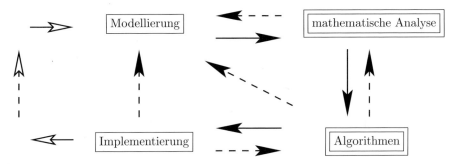

0.1 Abbildung. Innovationszyklus der mathematischen Optimierung.

Die 'weißen' Pfeile deuten die Schnittstelle zu dem gegebenen praktischen Problem an. Die schwarzen Pfeile zeigen den Ablauf der einzelnen Phasen der umfassenden mathematischen Behandlung. Sie werden meistens in Teilen oder als Ganzes mehrmals 'rückgekoppelt' durchlaufen (gestrichelte Pfeile), bis alle Komponenten hinreichend kongruent sind. Mathematiker sind in allen diesen Phasen involviert, wobei natürlich bei der Modellierung und den Tests der entwickelten Implementierung die Kooperation mit den Anwendern besonders wichtig ist. Vorliegender Text stellt den doppelt umrahmten Teil des Innovationszyklus in den Vordergrund, die mathematische Analyse und die darauf aufbauende Entwicklung und anschließende Analyse von zentralen algorithmischen Paradigmen.

Es gibt viele erfolgreiche, deduktiv aufgebaute Bücher über Optimierung, die gegenüber dem hier verfolgten Ansatz den Vorteil haben, Algorithmen sehr schnell bereitzustellen. Ziel dieses Lehrwerks ist es hingegen nicht, möglichst schnell möglichst viele Algorithmen für 'alle Lebenslagen der Optimierung' anzugeben. Vielmehr wird der (bisweilen deutlich aufwendigere) Weg der konstruktiven Entwicklung von zentralen algorithmischen Ansätzen vorgezogen. Das vorliegende Buch ist somit in weiten Teilen induktiv, konstruktiv herleitend konzipiert, um so Problemlösungs- und Theoriebildungskompetenz auf der Basis mathematischer Kreativität zu vermitteln. Dabei wird durchaus ein gewisses Maß an Redundanz zugelassen, wenn diese der leichteren Erfassbarkeit wesentlicher Ideen dient. Die erfolgte Feinjustierung der Schwerpunktsetzung bezüglich Breite und Tiefe der Darstellung mag bisweilen durchaus ungewohnt anmuten. Dem hier gewählten Ansatz liegt die Erfahrung zugrunde, dass es in der Anwendungspraxis viele Praktiker gibt, die sich Algorithmen (und noch lieber gleich die passende Software) 'herbeigoogeln' können. Mathematiker werden erst (und in der Regel höchstens dann) konsultiert, wenn sich die aktuellen Probleme gerade nicht mittels Standardmethoden lösen lassen. Um in diesem Umfeld erfolgreich arbeiten zu können, ist einerseits ein guter genereller Überblick über das gesamte Gebiet erforderlich. Andererseits spielt der kreativ-weiterentwickelnde Ansatz eine entscheidende Rolle für den konkreten Erfolg in der praktischen Anwendung (von der Grundlagenarbeit natürlich ganz zu schweigen).

Methodisch zentral ist in fast allen Teilen der drei Bände der geometrische Zugang. Die meisten strukturellen Aussagen und algorithmischen Ideen der linearen und diskreten Optimierung lassen sich angemessen in der 'Welt der Polyeder' beschreiben. In der nichtlinearen Optimierung ist ebenfalls ein geometrisches Konzept zentral, nämlich das der Konvexität von Mengen und Funktionen. Obwohl das nicht immer offensichtlich ist, basieren viele Ergebnisse in fast allen Teilen der nichtlinearen Optimierung letztendlich auf strukturellen und methodischen Entwürfen der konvexen Optimierung. Somit wird die Konvexitätstheorie zur beherrschenden Grundlage der Optimierung.

Die entsprechenden geometrischen Vorstellungen werden daher detailliert entwickelt, und es wird versucht, die für den selbständig kreativ-forschenden Umgang mit der Materie notwendige Intuition zu vermitteln. Man sollte sich dabei von dem Begriff 'forschend' nicht abschrecken lassen. Hier ist er aus der Perspektive des Lernenden gemeint und bezieht es sich auf den Umgang mit dem Stoff.[1] Zur Visualisierung der Ideen und Konzepte dienen insbesondere auch die zahlreichen Abbildungen.

Tatsächlich liefert der geometrische Zugang konzeptionell aber erheblich mehr: Viele Sätze und Methoden haben eine *darstellungsfreie* geometrische Formulierung, die ihren eigentlichen strukturellen Kern offenlegt. Will man sie jedoch praktisch anwenden, so muss man mit *spezifischen Darstellungen* arbeiten. Da sich verschiedene Klassen von Darstellungen in sehr unterschiedlicher Weise für verschiedene algorithmische Zwecke eignen und Darstellungen einer Klasse in der Regel nicht eindeutig sind, treten hierbei zusätzliche Schwierigkeiten auf. Eine zentrale und immer wiederkehrende Herausforderung besteht etwa darin, die konvexe Hülle des zulässigen Bereichs einer gegebenen Optimierungsaufgabe wenigstens partiell oder approximativ operational adäquat, d.h. so zu beschreiben, dass sie in algorithmisch passender Weise ausgewertet werden kann.

Die behandelten Probleme sind sämtlich durch reale praktische Anwendungen motiviert. Hierfür werden zahlreiche Beispiele angeführt, ohne jedoch systematisch auf Fragen von Datenstrukturen, Aspekte des Software-Engineering oder numerische Schwierigkeiten einzugehen.[2] Es wird insbesondere nicht angestrebt, für jedes behandelte Problem den (in der Regel einer geringen Halbwertszeit unterworfenen) 'aktuell besten Code' zu

---

[1] In diesem Sinn hat etwa die selbständige Bearbeitung von Übungsaufgaben durch diejenigen, denen die Thematik noch neu ist, natürlich forschenden Charakter.

[2] Natürlich sind solche Fragen von großer Bedeutung, um von mathematischen Methoden zu praktisch schnellen und stabilen Implementierungen zu kommen. Auch spielen bei den hierauf aufbauenden kommerziellen Softwaretools die Benutzerfreundlichkeit und -führung eine wichtige Rolle.

besprechen. Hingegen wird der Methodenreichtum des Gebietes durch eine Vielzahl von Querverbindungen zu anderen mathematischen Gebieten betont.

Das Buch ist in Teilen modular aufgebaut und eignet sich als Grundlage für verschiedene Lehrveranstaltungen, aber auch zum Selbststudium der Optimierung oder eines ihrer Teilgebiete. Da verschiedene mögliche Vorlesungen auf ganz unterschiedlichem Kenntnisstand der Hörer aufbauen und unterschiedliche Zielrichtungen haben können, werden in den Kapiteln 2 und 3 des vorliegenden 'Grundlagen-Bandes' verschiedene Einstiege angeboten, die je nach Wunsch umfassend, sektionsweise oder auch nur in Teilen vorgestellt oder zur Auffrischung im Selbststudium benutzt werden können. Die einzelnen Teile sind dabei weitgehend unabhängig. Lediglich die Sektionen 3.1 und 3.3 über Algorithmen und Komplexität sind (nahezu) alternativ konzipiert. Hierdurch soll eine Auswahl ermöglicht werden, auf einer für viele Zwecke ausreichenden informellen Grundlage der Bewertung von Algorithmen schnell zu Kernparadigmen der Optimierung zu gelangen, oder formalen Details der Komplexitätstheorie größeren Raum zu geben.

Von zentraler Bedeutung für die meisten Teile aller drei Bände ist Kapitel 4. Es entwickelt die Grundlagen der Konvexitätstheorie, die in fast allen Bereichen der Optimierung von fundamentaler Bedeutung sind. Natürlich reicht es für viele Belange der linearen und diskreten Optimierung, die Konvexitätstheorie auf die dafür erforderliche Polyedertheorie einzuschränken; die konvexe Optimierung benötigt hingegen Aussagen über allgemeinere konvexe Mengen. Da in vielen Fällen Formulierungen und Beweise der entsprechenden Aussagen für allgemeinere konvexe Mengen kaum aufwendiger sind als für Polyeder und bisweilen sogar einen klareren Blick auf die zugrunde liegenden Konzepte ermöglichen, wird hier ein einheitlicher Ansatz gewählt. Um jedoch das grundlegende Kapitel 4 nicht zu überfrachten, werden konvexe Funktionen, die natürlich (aber nicht nur) in der konvexen Optimierung zentral sind, erst in Kapitel III.1 studiert. Band I enthält darüber hinaus ein Kapitel zum Simplex-Algorithmus, führt LP-Dualität sowie darauf aufbauende primal-duale Algorithmen ein und zeigt ihre Bedeutung in vielfältiger Weise u.a. in ökonomischen Modellen und anderen Anwendungsfeldern auf.

Band II behandelt zunächst verschiedene Grundlagen der ganzzahligen Optimierung. Insbesondere widmen wir uns dabei dem Studium linearer diophantischer Gleichungen und der Analyse ganzzahliger Hüllen und ganzzahliger Polyeder. Danach behandeln wir die Optimierung in Netzwerken. Ein zentraler Schwerpunkt von Band II liegt auf Algorithmen für die allgemeine ganzzahlige Optimierung. Hierzu gehören insbesondere Schnittebenen-, Partitions- und Testmengenverfahren. Anschließend werden an verschiedenen Problemklassen der diskreten Optimierung zentrale Paradigmen für approximative Algorithmen entwickelt. (Da manche sehr erfolgreiche Approximationsverfahren auf Methoden der nichtlinearen Optimierung beruhen, werden wir auf approximative Algorithmen der diskreten Optimierung noch einmal in Band III zurückkommen.) Schließlich wird die polyedrische Kombinatorik als Grundlage vieler moderner Verfahren der diskreten Optimierung anhand verschiedener prototypischer Problemklassen entwickelt.

Band III beginnt mit grundlegenden Konzepten und Algorithmen der nichtlinearen unrestringierten und restringieren Optimierung, wobei sich die konvexe Optimierung als Schlüssel erweisen wird. Dabei werden einerseits lokale Optimierungsverfahren betrachten, andererseits aber auch Fragen der globalen Optimierung besprochen. Der Ellipsoid-Algorithmus sowie Innere-Punkte-Verfahren werden eingeführt und zu polynomiellen Algorithmen der linearen Optimierung ausgebaut. Ferner sind diese auch zentrale Bausteine weitreichender approximativer Algorithmen der Computational Convexity, aber auch der diskreten Optimierung.

Als Beispiel für die dem Buch zugrunde liegende Philosophie soll kurz die Konzeption von Kapitel 5 erläutert werden. Zunächst wird die darstellungsinvariante Grundstruktur des Simplex-Algorithmus in seiner geometrischen Form dargestellt. Hierfür werden lineare Programme mit (allgemeinen) Ungleichungsrestriktionen zugrunde gelegt, (auch, aber keineswegs nur) um aussagekräftige Beispiele in niedrigen Dimensionen zur Verfügung zu haben. Erst danach wird der von der gegebenen Darstellung abhängige Begriff der Basis eingeführt. Bekanntlich handelt man sich hierdurch das grundsätzliche Problem eines möglichen Zyklens ein. Unsere Darstellung erlaubt es, Beispiele hierfür in kleinen Dimensionen zu entwickeln und zu visualisieren, um so das Phänomen nicht nur konzeptionell, sondern auch intuitiv verstehbar werden zu lassen. Tatsächlich erfolgt eine so weitgehende 'Trivialisierung', dass auch eine Vertiefung in den Übungen ermöglicht wird. Danach wird die lexikographische Methode über das Konzept des Störens der rechten Seite eingeführt und operationalisiert. Schließlich wird die Beispielserie von Klee und Minty geometrisch hergeleitet, um das worst-case Verhalten des Simplex-Algorithmus zu thematisieren. Selbstverständlich wird auch (kurz) auf die neuesten Entwicklungen zur Hirsch-Vermutung eingegangen sowie als (ausführliche) Ergänzung die subexponentielle obere Schranke für monotone Kantenpfade von Kalai und Kleitman hergeleitet. Das Kapitel enthält keine Tableauform des Simplex-Algorithmus. Diese wird erst in Sektion 6.4 nach Einführung der Dualität hergeleitet, gleich in der für die Schnittebenenverfahren der ganzzahligen Optimierung adäquaten Form.

Zahlreiche größere, ausführliche Beispiele zeigen, wie die hergeleiteten Methoden in der aktuellen Optimierungspraxis wirken. Hierzu gehören unter anderem eine detaillierte Analyse eines Problems der Platzierung von Verbindungsdrähten auf Halbleiterchips sowie die Herleitung neuer Methoden des Clustering, wie sie etwa in den Finanz- und Lebenswissenschaften gebraucht werden.

Ihrem Aufbau gemäß eignen sich die drei Bände als Grundlage für eigenständige einführende und vertiefende Module zu einer Reihe von Teilgebieten, die unter anderem die folgenden umfassen:

Gebiet	Kapitel
Lineare Optimierung	2.1, 4, 5, 6.1
Polynomielle Algorithmen der Linearen Optimierung:	III.4, III.5
Diskrete Optimierung:	II.1, II.2, II.3, II.4, II.5
Nichtlineare Optimierung:	III.1, III.2, III.3, III.6
Algorithmische Diskrete Mathematik:	2.2, 2.3, 3, Teile von II.1, II.2
(Algorithmische) Konvexgeometrie:	2.1, 4, III.4
Konvexe Analysis:	4, III.1.

Neben verschiedenen Spezialvorlesungen zur Optimierung sind auf der Basis der vorliegenden Bücher insbesondere die vierstündigen Zyklusvorlesungen

Optimierung 1: 1.1, 1.2, 2.1, 4, 5, 6.1, 6.3
Optimierung 2: 2.2, 2.3, 3.1, 3.2, Teile von 3.3, II.1, II.2, II.3, II.4
Optimierung 3: III.1, III.2, III.3, III.6

gehalten worden.[3] Die Anwendbarkeit des Textes als Grundlage für Vorlesungen wird durch die Aufnahme von zahlreichen (zum Teil 'offen formulierten') Übungsaufgaben unterstützt. Die Aufgaben haben durchaus unterschiedliche Schwierigkeitsgrade, von einfachen Rechen- oder Verständnisaufgaben bis hin zu recht anspruchsvollen Herausforderungen, sind aber sämtlich 'echte' Übungsaufgaben. Noch ungelöste wissenschaftliche Probleme finden sich hingegen in den einzelnen Sektionen und sind als *Forschungsprobleme* gekennzeichnet.

Selbstverständlich profitiert der vorliegende Text in hohem Maße von anderen Werken, die in der Regel selbst durch Ergebnisse, Beweisideen, Darstellungen etc. wieder anderer Quellen inspiriert sind.[4] In der ausführlichen Literaturliste[5] werden daher neben anderen Lehrbüchern auch Monographien und Übersichtsartikel zur weiteren Vertiefung angegeben, deren Bibliographien für ein genaueres Quellenstudium konsultiert werden können.[6] Zu Beginn eines neuen Kapitels wird ergänzend auf einige besonders relevante Literaturstellen, vor allem aber auch andere Lehrbücher hingewiesen. Ferner werden zur leichteren Orientierung in der internationalen Literatur zentrale Begriffe auch in Englisch angegeben, wenn sich ihre englische Entsprechungen nicht ohnehin 'kanonisch' ergeben.

Zahlreiche historische Kommentare sollen die Einordnung der Resultate in die faszinierenden Ideengeschichte der Optimierung erleichtern, und viele Hauptergebnisse werden namentlich Personen zugeordnet.[7] Eine umfangreiche bibliographische Würdigung von Einzelbeiträgen mit Einzelreferenzen würde jedoch den Rahmen des Lehrbuchs sprengen. Wir beschränken uns bei der Angabe von Originalquellen daher vorrangig auf solche, die noch nicht in zitierten Büchern oder Übersichtsartikeln besprochen sind. Sie werden im Text direkt in Fußnoten angegeben. Für alle anderen Quellen sei auf die angegebene umfangreiche Vertiefungsliteratur verwiesen.

Natürlich gibt es auch eine Vielzahl von hervorragenden Internetseiten, die über die neuesten Entwicklungen informieren, Vorlesungsskripte, Software und Testbeispiele zur Verfügung stellen und viele Anwendungsprobleme darstellen. Die Quellen sind dabei durchaus unterschiedlich in ihrer Intention, ihrer Qualität, ihrer Verfügbarkeit und sicherlich auch in ihrer 'Lebensdauer'. Wir beschränken uns hier auf wenige Beispiele:

http://www.neos-server.org bzw. *http://www.neos-guide.org*

enthält vielfältige Informationen zu vielen Aspekten der Optimierung. Die von *Robert Fourer*, Northwestern University, Evanston, USA, gepflegte Unterseite

http://www.neos-guide.org/NEOS/index.php/Linear_Programming_FAQ

---

[3] Das Lehrwerk ist aus mehrsemestrigen Vorlesungszyklen entstanden, die der Verfasser an den Universitäten Trier und Augsburg und an der Technischen Universität München gehalten hat.

[4] Der 'mentale Verarbeitungsprozess' von Jahrzehnten ist beim besten Willen im Detail nicht mehr nachzuvollziehen. Vorsorglich sei daher betont: Dieses Buch erhebt ausdrücklich keinerlei Prioritäten für dargestellte Ergebnisse und Erkenntnisse.

[5] Diese legt einen besonderen Fokus auf den Inhalt des ersten Teils, gibt aber bereits zahlreiche Quellen für die Inhalte der Bände 2 und 3.

[6] Eine besondere Darstellung von '50 Years of Integer Programming' findet sich etwa in [50], und [40] enthält interessante 'Optimization Stories'.

[7] Hin und wieder wird man dabei mit Boyd's Principle konfrontiert, wonach Resultate niemals denjenigen zugeordnet werden, die sie erbracht haben. Natürlich stammt auch Boyd's Principle nicht von Boyd ... und ist in dieser Radikalität auch falsch. Da es wesentlich mehr Personen gibt, die eine Aussage *nicht* gefunden haben als solche, die an der Erkenntnis beteiligt waren, ist es nicht verwunderlich, dass Boyd's Principle auch unter verschiedenen anderen Namen bekannt ist.

beschäftigt sich ausführlich mit der linearen Programmierung. Auf

http://mathworld.wolfram.com

findet man eine große Vielfalt von Materialien zur Mathematik und auf der Unterseite

http://mathworld.wolfram.com/topics/Optimization.html

speziell zur Optimierung. Über

http://www.optimization-online.org

kann man auf mehrere Tausend Arbeiten zur Optimierung zugreifen. Und dann ist da natürlich noch das Zentralblatt für Mathematik

http://www.zentralblatt-math.org,

das mehr als drei Millionen Einträge (zur gesamten Mathematik, aber natürlich auch zur Optimierung) enthält.

Abschließend möchte ich allen danken, die mich bei der Erstellung des vorliegenden Buches unterstützt haben, Kollegen und Freunden, Mitarbeitern und Studierenden, Koautoren und Familienmitgliedern, viel zu viele, um alle namentlich aufzuzählen.

Besonders, namentlich und zu allererst bedanken möchte ich mich bei den Menschen, die am meisten von diesem Buchprojekt betroffen waren: bei meiner Frau Gitta und unserem Sohn Simon. Beide brauchten (und hatten) nur zu oft viel Verständnis für die knappe Zeit des Verfassers. Ihnen ist dieses Buch gewidmet.

Für ihr Verständnis möchte ich mich aber auch bei allen Mitarbeitern und Koautoren bedanken, die bisweilen mit viel Geduld auf Teile meines Inputs für gemeinsame Projekte warten mussten, weil immer wieder Kapitel dieses Buches 'dazwischen kamen'.

Besonders bedanken möchte ich mich bei drei hervorragenden Wissenschaftlern und Freunden, die mich sehr früh und in unterschiedlicher Weise unterstützt, gefördert und meinen wissenschaftlichen Weg nachhaltig beeinflusst haben. Mit meinem Doktorvater Jörg M. Wills verbindet mich bis heute ein enger wissenschaftlicher und menschlicher Austausch. Martin Grötschel hat mich in vielfältiger Weise unterstützt, und ich verdanke ihm insbesondere eine wissenschaflich und persönlich prägende Zeit als junger Professor in Augsburg. Unvergessen ist Victor Klee, mein enger Kooperationspartner und Freund. Sein Einfluss in fast zwanzigjähriger Zusammenarbeit auf meine eigene wissenschaftliche Entwicklung im Bereich der Optimierung (und nicht nur dort) wirkt auch nach seinem Tod unvermindert fort und findet in diesem Buch seinen deutlichen Widerhall.

Herzlich bedanken möchte ich mich auch bei allen früheren und jetzigen Mitarbeiterinnen und Mitarbeitern, die in der Vergangenheit Übungen zu meinen Vorlesungen betreut haben. Auf sie direkt oder wenigstens auf die intensive Diskussion mit ihnen gehen insbesondere so manche Übungsaufgaben zurück. Besonders erwähnt seien hier (in alphabetischer Reihenfolge) Andreas Alpers, Steffen Borgwardt, Rene Brandenberg, Andreas Brieden, Barbara Langfeld, Michael Ritter, Thorsten Theobald und Sven de Vries.

Sehr dankbar bin ich auch Martin Aigner für seine vielfältigen Anregungen zu diesem Buchprojekt.

Mit großer Dankbarkeit möchte ich ferner erwähnen, dass Andreas Alpers, Steffen Borgwardt, Rene Brandenberg, Melanie Herzog, Stefan König, Wolfgang Riedl, Michael Ritter, Felix Schmiedl und Anusch Taraz jeweils Teile des vorliegenden Buches Korrektur gelesen haben. Selbstverständlich trägt aber der Verfasser die alleinige Verantwortung für alle noch auftretenden Fehler.[8]

Abschließend gilt mein besonderer Dank 'meiner Verlegerin' Ulrike Schmickler-Hirzebruch, die nicht nur nie die Hoffnung aufgegeben hat, dass das 'große Optimierungsbuch' je fertig werden würde, sondern durch ihre unaufdringliche, aber beharrliche Art der Erinnerung auch wesentlich dazu beigetragen hat, dass jetzt 'wenigstens schon mal' die 'Grundlagen' vorliegen.

München, September 2012

Peter Gritzmann
TU München

---

[8] Der in diesem Werk gewählte Zugang ist bisweilen 'unorthodox', so dass es nicht unwahrscheinlich ist, dass sich trotz großer Sorgfalt hier und da ein Lapsus eingeschlichen hat. Ich bitte daher herzlich darum, mir jeden Fehler mitzuteilen; Email: gritzmann@tum.de.

Inhaltsverzeichnis

Inhalt der weiteren Bände (in Stichpunkten[9])

Band II

II.1 Grundlagen der ganzzahligen linearen Optimierung

Lineare diophantische Gleichungssysteme, Ganzzahlige Hülle und ganzzahlige Polyeder

II.2 Optimierung in Netzwerken

Maximale Flüsse in Netzwerken, Chinese Postman, Weitere Netzwerkflussprobleme

II.3 Ganzzahlige lineare Optimierung: Algorithmen

Schnittebenenverfahren, Partitionsverfahren, Testmengen

II.4 Approximative Algorithmen in der diskreten Optimierung

Gütemaße und Approximationsschemata, Über die Komplexität von Approximationsproblemen, Algorithmen mit Gütegarantien, Primale Heuristiken, Duale Heuristiken

II.5 Polyedrische Kombinatorik

Branch-und-Cut Algorithmen, Das Matching-Polytop, Ein primal-dualer Algorithmus für das Matching-Problem, Das Traveling Salesman-Polytop, Das Order-Polytop

---

[9] Vorläufig

Inhalt der weiteren Bände (in Stichpunkten[10])

Band III

III.1 Konvexe Optimierung: Theorie

Konvexe Funktionen, Subdifferentiale, Konvexe Minimierung und Maximierung, Der Satz von Karush-Kuhn-Tucker, Lagrange-Dualität

III.2 Unrestringierte lokale Optimierung

Optimalitätsbedingungen, Abstiegsverfahren, Subgradientenverfahren, Newton- und Quasi-Newton Verfahren, konjugierte Gradienten, Trust-region Methoden

III.3 Restringierte Optimierung

Optimalitätsbedingungen, Straf- und Barrierefunktionen, Quadratische Optimierung, Lineare Nebenbedingungen, Separable Optimierungsprobleme, Lagrange-Newton und SQP-Verfahren

III.4 Konvexe Minimierung: Der Ellipsoid-Algorithmus

Der Ellipsoid-Algorithmus, Polynomielle Algorithmen für lineare Optimierungsprobleme, Algorithmische Theorie konvexer Körper, Computational Convexity

III.5 Semidefinite Optimierung

Innere-Punkte Verfahren und der Algorithmus von Karmarkar, Semidefinite Programmierung, Approximative Algorithmen

III.6 Globale Optimierung

Konvexe Maximierung, DC-Optimierung

---

[10] Vorläufig

1   Einleitung

Optimierungsprobleme sind allgegenwärtig, und die Wurzeln zu ihrer Behandlung reichen weit zurück. In Sektion 1.2 geben wir daher 'zum Warmwerden' eine Reihe verschiedener Beispiele, die die große Vielfalt der Anwendungsbereiche verdeutlicht. Hierzu gehören verschiedene Probleme der Produktions- und Routenplanung, aber auch ein Grundproblem der diskreten Tomographie sowie eine aktuelle Frage aus dem Chip-Design. Wir beginnen in Sektion 1.1 mit der Definition der allgemeinen und einiger spezieller Optimierungsprobleme, die im Zentrum unserer Untersuchungen stehen werden. Sektion 1.3 fasst die wesentliche (meistens den üblichen Standards folgende) Notation zusammen, die in allen Kapiteln durchgängig Verwendung findet.

Literatur: Beispiele, Hinweise zur Modellierung sowie einführende Kommentare sind in jedem der in der Literaturliste angegebenen Bücher zur Optimierung enthalten; man beachte jedoch insbesondere [83].

1.1   Optimierungsprobleme

Wie kann man die Produktion von Gütern bestmöglich planen, wie neue Standorte für Auslieferungslager festlegen, so dass die Versorgung der Kunden kostengünstig und umweltschonend erfolgt? Wie lassen sich Arbeitskräften Aufgaben, Personen Partner oder Gütern Regalplätze optimal zuordnen? Wie kann man kristalline Strukturen aus Aufnahmen der Elektronenmikroskopie rekonstruieren, und wie lassen sich Computerchips energieeffizient auslegen? Trotz der Vielfalt ihrer Anwendungsfelder gehören zu solchen und anderen Optimierungsaufgaben gleiche 'Zutaten'. Stets ist eine Grundmenge von zulässigen Objekten gegeben, aus der (mindestens) eines ausgewählt werden soll. Diese Menge kann endlich sein oder nicht, kann durch einfache Funktionen beschrieben werden oder nicht; in jedem Fall muss sie irgendwie 'spezifiziert' werden, um mit ihr arbeiten zu können. Die zweite typische Zutat ist eine Zielfunktion, mit deren Hilfe die zur Auswahl stehenden Objekte bewertet werden. Diese kann die Länge von Wegstrecken bei der Routenplanung, die CO_2-Belastung beim Einsatz verschiedener Fahrzeugtypen, die Passgenauigkeit der Hobbies von potentiellen Lebenspartnern messen, die Erträge von Investitionsstrategien schätzen oder auch auf ganz anderen Zielvorstellungen beruhen. In jedem Fall ist eine quantitative Bewertung der erwünschten Eigenschaften einer Lösung erforderlich. Wir werden in den einzelnen Kapiteln zahlreiche Anwendungsbeispiele ausführlich besprechen. Insbesondere werden bereits in Sektion 1.2 viele konkrete Beispiele vorgestellt. Wir beginnen aber zunächst mit einigen wenigen Begriffen, um diese Bestandteile der Optimierung formal zu beschreiben und besonders relevante Klassen von Optimierungsproblemen einzuführen.

1.1.1 Definition.   *(a) Eine allgemeine **Optimierungsaufgabe** [engl.: instance (of an optimization problem)] (über $\mathbb{R}$) ist durch folgende Daten spezifiziert:*

$$n \in \mathbb{N} \quad \wedge \quad F \subset G \subset \mathbb{R}^n \quad \wedge \quad \varphi : G \to \mathbb{R} \quad \wedge \quad \text{opt} \in \{\min, \max\}.$$

Jeder Punkt $x^* \in F$ mit

$$x \in F \quad \Rightarrow \quad \varphi(x^*) \leq \varphi(x)$$

für opt = min *bzw.*

$$x \in F \quad \Rightarrow \quad \varphi(x^*) \geq \varphi(x)$$

für opt = max *heißt* **Optimalpunkt** *(bzw.* **Minimal-** *oder* **Maximalpunkt***). Die Aufgabe besteht darin, φ über F zu* opt*imieren, d.h. zu entscheiden, ob F leer ist, ob φ nach unten (für* opt = min*) bzw. nach oben (für* opt = max*) beschränkt ist, ob ein* Opt*imalpunkt existiert und, falls das der Fall ist, einen solchen zu bestimmen.*

(b) *φ heißt* **Zielfunktion** *[engl.: objective function], F* **zulässiger Bereich** *[engl.: feasible region] der gegebenen Aufgabe, und jeder Punkt $x \in F$ heißt* **zulässig***. Ist der zulässige Bereich leer, so wird die Aufgabe* **unzulässig** *genannt. Ist* opt = min*, so liegt eine* **Minimierungsaufgabe** *vor; für* opt = max *eine* **Maximierungsaufgabe***.*

(c) *Ist $F = \mathbb{R}^n$, so spricht man von einer Aufgabe der* **unrestringierten Optimierung** *[engl.: unconstrained optimization], für $F \neq \mathbb{R}^n$ von einer Aufgabe der* **restringierten Optimierung***.*

(d) *Die Menge aller Optimierungsaufgaben heißt* **Optimierungsproblem***, die Teilmengen mit* opt = min *bzw.* opt = max *heißen* **Minimierungsproblem** *bzw.* **Maximierungsproblem***. Ist ein Optimierungsproblem gegeben, so bezeichnet man jede zugehörige Aufgabe oft auch als* **Instanz** *des Optimierungsproblems.*

(e) *Besteht das Ziel darin, den (in $\mathbb{R} \cup \{\pm\infty\}$ liegenden) Wert $\inf\{\varphi(x) : x \in F\}$ (für* opt = min*) bzw. $\sup\{\varphi(x) : x \in F\}$ (für* opt = max*) zu bestimmen, so spricht man von einer* **Auswertungs-** *oder* **Evaluationsaufgabe***. Entsprechend ist auch das* **Auswertungs-** *oder* **Evaluationsproblem** *definiert.*

(f) *Besteht die Aufgabe darin, festzustellen, ob der zulässige Bereich einer gegebenen Aufgabe nicht leer ist[1], so spricht man von einer* **Zulässigkeitsaufgabe***. Entsprechend ist auch das* **Zulässigkeitsproblem** *definiert.*

Natürlich sind die so formulierten Probleme zu allgemein, um gute einheitliche Algorithmen zu ermöglichen, und wir werden in den folgenden Kapiteln verschiedene Problemklassen betrachten, deren spezielle Struktur zur Konstruktion ebensolcher Algorithmen ausgenutzt wird. Auch ist die vorgenommene Trennung in verschiedene Typen ohne weitere Einschränkungen nicht wirklich sinnvoll. Natürlich kann man durch Übergang von einer Zielfunktion φ_1 zu der neuen Zielfunktion $\varphi_2 := -\varphi_1$ eine Maximierungsaufgabe in eine äquivalente Minimierungsaufgabe überführen und umgekehrt. Das folgende Beispiel zeigt, dass auch die Unterscheidung zwischen restringierter und unrestringierter Optimierung willkürlich sein kann.

1.1.2 Beispiel. *Seien $n \in \mathbb{N}$, $G := \mathbb{R}^n$, $F_1 \subset G$ kompakt, $F_2 := \mathbb{R}^n$, und $\varphi_1, \varphi_2 : \mathbb{R}^n \to \mathbb{R}$ seien für $x := (\xi_1, \ldots, \xi_n)^T \in \mathbb{R}^n$ definiert durch*

$$\varphi_1(x) := \sum_{i=1}^{n} \xi_i^2 \quad \wedge \quad \varphi_2(x) := \begin{cases} \varphi_1(x) & \text{für } x \in F_1, \\ -1 & \text{für } x \notin F_1. \end{cases}$$

---

[1] Das entspricht der Wahl $\varphi \equiv 0$ der Zielfunktion.

1.1 Optimierungsprobleme   3

Dann sind durch $(n, F_1, G, \varphi_1, \max)$ eine restringierte und durch $(n, F_2, G, \varphi_2, \max)$ eine unrestringierte Maximierungsaufgabe gegeben.

Für alle $x \in F_1$ ist $\varphi_1(x) \geq 0$. Daher gilt

$$F_1 = \emptyset \quad \Leftrightarrow \quad \max\{\varphi_2(x) : x \in F_2\} = -1.$$

Für $F_1 \neq \emptyset$ stimmen ferner die Mengen der Maximalpunkte der beiden Aufgaben überein. Die restringierte und unrestringierte Maximierungsaufgabe sind somit 'äquivalent'.

Beispiel 1.1.2 zeigt, dass man bei der Festlegung von Optimierungsaufgaben durchaus die Freiheit hat, Eigenschaften zwischen der Zielfunktion und dem zulässigen Bereich 'hin und her zu schieben'. Die Struktur von F_1 findet sich in der speziellen Struktur von φ_2 wieder. Will man also verschiedene Typen von Optimierungsproblemen voneinander unterscheiden, so muss man die sie spezifizierenden Mengen und Funktionen auf spezielle Klassen einschränken.

In der allgemeinen Definition ist nicht gefordert, dass F abgeschlossen und φ stetig ist, so dass selbst dann, wenn F nicht leer und beschränkt ist, Optimalpunkte nicht zu existieren brauchen. Dennoch schreibt man allgemeine Optimierungsaufgaben oftmals suggestiv in der folgenden Form.

1.1.3 Bezeichnung. *Für eine durch $(n, F, G, \varphi, \max)$ spezifizierte allgemeine Maximierungsaufgabe wird oftmals die Schreibweise*

$$\max \varphi(x)$$
$$x \ \in \ F$$

verwendet, ohne damit ausdrücken zu wollen, dass das Maximum auch angenommen wird.[2]. Ferner bezeichnet $\operatorname{argmax}\{\varphi(x) : x \in F\}$ die **Menge der Maximalpunkte** *der Aufgabe, d.h. wir schreiben*

$$x^* \in \operatorname{argmax}\{\varphi(x) : x \in F\}$$

genau dann, wenn x^* ein Maximalpunkt der Aufgabe ist.

Analog werden auch bei der Minimierung die Schreibweisen

$$\min \varphi(x)$$
$$x \ \in \ F$$

sowie

$$x^* \in \operatorname{argmin}\{\varphi(x) : x \in F\}$$

zur Bezeichnung der Aufgabe bzw. der **Menge der Minimalpunkte** *verwendet. Oft schreiben wir auch*

$$\operatorname*{argmax}_{x \in F} \varphi(x), \qquad \operatorname*{argmin}_{x \in F} \varphi(x).$$

Von praktisch großer Relevanz ist die Frage, wie eigentlich die Zielfunktion und der zulässige Bereich genau gegeben sind. Wir formulieren in Definition 1.1.1 einfach kühn $F \subset \mathbb{R}^n$, aber das ist solange bloß ein theoretisches Konzept, wie wir nicht sagen, wie F konkret und operational, d.h. algorithmisch umsetzbar dargestellt wird.

---

[2] Es wäre also eigentlich konsequenter $\sup\{\varphi(x) : x \in F\}$ zu verwenden, und wenn immer es wirklich darauf ankommt, werden wir das auch tun. Die Konvention ist aber für viele Klassen von Optimierungsproblemen üblich.

1.1.4 Beispiel. *Seien $n := 1$, $F := \{0\}$, $G := \mathbb{R}$, und sei $\varphi : \mathbb{R} \to \mathbb{R}$ für jedes $\xi \in \mathbb{R}$ definiert durch $\varphi(\xi) := \xi^2 + 1$. Es gilt*

$$F := \{0\} = \big\{ \xi \in \mathbb{R} : \xi \geq 0 \,\wedge\, 2\xi \leq 1 \,\wedge\, \xi(1 - \xi) = 0 \big\}.$$

Dieselbe Menge F wird hier durch Angabe ihres einzigen Elements oder als Lösungsmenge eines linearen Ungleichungssystems und einer quadratischen Gleichung dargestellt. Natürlich hat die zugehörige Maximierungsaufgabe stets dieselbe Lösung 1. Dieses ist für die erste Beschreibung von F sofort durch Einsetzen des einzigen zulässigen Punktes 0 in die Zielfunktion erkennbar. Die zweite Darstellung erfordert hingegen eine genauere Analyse der angegebenen Bedingungen, etwa, dass die quadratische Gleichung lediglich die Lösungen 0 und 1 besitzt, die erste lineare Bedingungen somit redundant, also überflüssig ist, und die zweite lineare Ungleichung den Punkt 1 ausschließt.

Anders als in Beispiel 1.1.4 kann man im Allgemeinen nicht alle zulässigen Punkte einzeln aufzählen. Man benötigt insbesondere für Mengen mit mehr als endlich vielen Punkten 'kompaktere' Darstellungen, mit denen man praktisch arbeiten kann. Für die Zielfunktion gilt das Gleiche.

Verschiedene Beschreibungen der spezifizierenden Daten können dabei durchaus sehr unterschiedliche Anforderungen an Lösungsverfahren für die gegebenen Optimierungsprobleme stellen. Dieses Phänomen zieht sich durch das gesamte Gebiet der Optimierung. Andererseits basieren viele, für die Entwicklung von Algorithmen zentrale Konzepte auf strukturellen Eigenschaften der zugrunde liegenden Probleme. Oft stehen dabei geometrische Charakteristika im Vordergrund. Da sich viele Ansätze durch das Wechselspiel zwischen strukturellen Eigenschaften der Probleme und Besonderheiten der Darstellungen der relevanten Mengen und Funktionen ergeben, werden wir stets versuchen, darstellungsunabhängige Strukturaussagen von darstellungsabhängigen Verfahren zu trennen. Daher werden wir oft von 'theoretisch gegebenen' Daten ausgehen, diese im Laufe der Entwicklung von Algorithmen aber immer weiter operationalisieren.

Von besonderer Bedeutung sind die Klassen der linearen und ganzzahligen (linearen) Optimierungsprobleme, in denen sich die Zielfunktion und die Restriktionen als Skalarprodukte darstellen lassen.

1.1.5 Definition. *(a) Eine **lineare Optimierungsaufgabe** oder ein **lineares Programm** (über $\mathbb{R}$) ist durch folgende Daten spezifiziert:*

$$m, n \in \mathbb{N} \quad\wedge\quad a_1, \dots, a_m \in \mathbb{R}^n \quad\wedge\quad \beta_1, \dots, \beta_m \in \mathbb{R} \quad\wedge\quad \gamma_1, \dots, \gamma_n \in \mathbb{R}.$$

Ferner sei das lineare Funktional $\varphi : \mathbb{R}^n \to \mathbb{R}$ für $x := (\xi_1, \dots, \xi_n)^T \in \mathbb{R}^n$ durch

$$\varphi(x) := \sum_{i=1}^{n} \gamma_i \xi_i$$

definiert, und es sei

$$F := \{x \in \mathbb{R}^n : a_1^T x \leq \beta_1 \,\wedge\, \dots \,\wedge\, a_m^T x \leq \beta_m\}.$$

Ziel ist es, φ über F zu maximieren.

(b) Ist zusätzlich eine Teilmenge

$$J \subset \{1, \dots, n\}$$

spezifiziert, und ist für jedes $j \in J$ die Bedingung

$$\xi_j \in \mathbb{Z}$$

*zu erfüllen, so spricht man von einer **gemischt-ganzzahligen (linearen) Optimierungsaufgabe**. Für $J := \{1,\ldots,n\}$ heißt die Aufgabe **ganzzahlige (lineare) Optimierungsaufgabe**.*

Sind hingegen zusätzlich die Bedingungen

$$\xi_1,\ldots,\xi_n \in \{0,1\}$$

*zu erfüllen, so spricht man von einer **(linearen) 0-1-Optimierungsaufgabe**.*

(c) *Die Menge aller linearen Optimierungsaufgaben heißt **lineares Optimierungsproblem**.*

*Analog sind auch das **gemischt-ganzzahlige (lineare) Optimierungsproblem**, das **ganzzahlige (lineare) Optimierungsproblem** und das **(lineare) 0-1-Optimierungsproblem** definiert. Kürzer werden auch die Bezeichnungen LP-**Problem** (linear programming), MILP-**Problem** (mixed-integer linear programming) bzw. ILP-**Problem** (integer linear programming) verwendet.*

(d) *Zur Betonung der in (a) – (c) verwendeten Darstellung der Restriktionen durch Ungleichungen des Typs $a^T x \leq \beta$ und zur Abgrenzung von anderen Formen der Aufgaben und Probleme (vgl. Bezeichnung 1.4.1) wird bisweilen der Zusatz '**in natürlicher Form**' verwendet.*

In Definition 1.1.5 ist es erlaubt, dass einige der Vektoren $a_1,\ldots,a_m$ gleich Null sind. Für $a_{i_0} = 0$ und $\beta_{i_0} \geq 0$ wird die Bedingung $a_{i_0}^T x \leq \beta_{i_0}$ von jedem Vektor $x \in \mathbb{R}^n$ erfüllt, für $a_{i_0} = 0$ und $\beta_{i_0} < 0$ von keinem. Im ersten Fall ist die Restriktion also überflüssig, im zweiten Fall ist der zulässige Bereich leer. Da man dieses den Daten unmittelbar ansehen kann, wird daher im Folgenden meistens

$$a_1,\ldots,a_m \in \mathbb{R}^n \setminus \{0\}$$

vorausgesetzt.

Natürlich kann man, statt zu maximieren, φ auch minimieren wollen oder auch Nebenbedingungen in anderer Form betrachten, aber alle so entstehenden Formen lassen sich auf die oben definierte *natürliche Form* zurückführen. In Sektion 1.4 wird dieses im Detail durchgeführt.

Oft werden die Daten von LP-, MILP- und ILP-Aufgaben durch die Setzung

$$A := (a_1,\ldots,a_m)^T \in \mathbb{R}^{m \times n} \quad \wedge \quad b := (\beta_1,\ldots,\beta_m)^T \in \mathbb{R}^m \quad \wedge \quad c := (\gamma_1,\ldots,\gamma_n)^T \in \mathbb{R}^n$$

zusammengefasst und die Aufgaben suggestiver geschrieben, etwa

$$\max c^T x$$
$$Ax \leq b$$

bei einer LP-Aufgabe oder

$$\max c^T x$$
$$Ax \leq b$$
$$x \in \mathbb{Z}^n$$

bei einer ILP-Aufgabe. Die Ungleichheitszeichen sind hier (und im Folgenden) jeweils komponentenweise zu verstehen.

Die zulässigen Bereiche linearer Optimierungsaufgaben haben eine spezielle Struktur, die in den Kapiteln 4 und 5 detailliert untersucht und zur Entwicklung eines in der Praxis sehr effizienten Algorithmus herangezogen wird. Hier soll aber zumindest bereits der entsprechende zentrale Begriff eingeführt werden.

1.1.6 Definition. *(a) Sei $P \subset \mathbb{R}^n$. P heißt **Polyeder**[3] [engl.: polyhedron], wenn, und nur wenn, es*

$$n,m \in \mathbb{N}_0 \quad \wedge \quad A \in \mathbb{R}^{m \times n} \quad \wedge \quad b \in \mathbb{R}^m$$

gibt mit

$$P = \{x \in \mathbb{R}^n : Ax \le b\}.$$

*P heißt **Polytop** genau dann, wenn P beschränkt und ein Polyeder ist.*

*(b) Sind P ein Polyeder bzw. spezieller ein Polytop, und $n,m \in \mathbb{N}_0$, $A \in \mathbb{R}^{m \times n}$, $b \in \mathbb{R}^m$ mit $P = \{x \in \mathbb{R}^n : Ax \le b\}$, so heißt das Tupel (m,n,A,b) **$\mathcal{H}$-Darstellung**[4] von P. Man spricht dann von P auch als **$\mathcal{H}$-Polyeder** bzw. **$\mathcal{H}$-Polytop**.*

*(c) Seien P ein Polyeder, $a \in \mathbb{R}^n$ und $\beta \in \mathbb{R}$. Die Ungleichung $a^T x \le \beta$ heißt **redundant** für P, wenn*

$$P = P \cap \{x \in \mathbb{R}^n : a^T x \le \beta\}.$$

Seien (m,n,A,b) eine $\mathcal{H}$-Darstellung von P, $A =: (a_1,\ldots,a_m)^T$, $b =: (\beta_1,\ldots,\beta_m)^T$ sowie für $i \in \{1,\ldots,m\}$

$$P_i := \left\{ x \in \mathbb{R}^n : \left(j \in \{1,\ldots,m\} \wedge j \ne i \right) \Rightarrow a_j^T x \le \beta_j \right\}.$$

*Das Tupel (m,n,A,b) heißt **irredundant**, wenn für kein $i \in \{1,\ldots,m\}$ die Ungleichung $a_i^T x \le \beta_i$ redundant für P_i ist.*

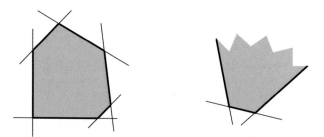

1.1 Abbildung. Zwei Polyeder (grau, mit schwarzer Begrenzung) im $\mathbb{R}^2$; das links abgebildete Polyeder ist ein Polytop.

Man beachte, dass zu einer gegebenen $\mathcal{H}$-Darstellung (m,n,A,b) für jedes $\mu \in]0,\infty[$ auch $(m,n,\mu A,\mu b)$ eine $\mathcal{H}$-Darstellung von P ist. Ist ferner $a^T x \le \beta$ eine für P redundante Ungleichung und setzt man

---

[3] Der Begriff kommt aus dem Griechischen, πολύεδρο, und bedeutet 'vielflächig'. Laut Duden ist es Neutrum. Manchmal wird es in der Literatur aber auch fälschlich maskulin verwendet.

[4] Diese Bezeichnung resultiert aus der geometrischen Interpretation der einzelnen, P darstellenden Ungleichungen als *Halbräume* des $\mathbb{R}^n$; vgl. Definition 4.2.4.

$$\hat{A} := \left(\begin{array}{c} A \\ a^T \end{array} \right) \quad \wedge \quad \hat{b} := \left(\begin{array}{c} b \\ \beta \end{array} \right),$$

so ist auch $(m,n,\hat{A},\hat{b})$ eine $\mathcal{H}$-Darstellung von P.

Ein Kernpunkt für spätere Algorithmen wird darin bestehen, geometrische, d.h. darstellungsinvariante Eigenschaften von Polyedern aus gegebenen Darstellungen zu extrahieren.

1.2   Einige Beispiele

Im Folgenden werden verschiedene Beispiele von Optimierungsaufgaben angeführt. Diese sind in einer auf ihre praktische Motivation zielenden Weise formuliert, wobei jedoch oftmals starke Vereinfachungen gegenüber den in der Praxis konkret verwendeten Modellen vorgenommen werden. Das geschieht einerseits, um die Modellierung nicht zu umfangreich werden zu lassen, und andererseits, um relevante Grundtypen von Optimierungsproblemen hervorzuheben.

Produktionsplanung: Ein Hersteller von Umweltlacken hat die technischen Möglichkeiten, n verschiedene Endprodukte herzustellen: Lacke $L_1,\ldots,L_n$. Dafür stehen entsprechende Ressourcen (Rohstoffe, Arbeitsleistungen etc.) $R_1,\ldots,R_m$ zur Verfügung. Diese unterliegen Mengenrestriktionen $\beta_1,\ldots,\beta_m$, d.h. für $i = 1,\ldots,m$ können von Ressource R_i maximal β_i Mengeneinheiten eingesetzt werden. Für $j = 1,\ldots,n$ erzielt man bei der Herstellung einer Mengeneinheit von Lack L_j einen Reingewinn von γ_j.[5] Es soll ein Produktionsprogramm mit maximalem Gesamtgewinn ζ^* aufgestellt werden.

Offenbar besteht ein Produktionsprogramm gerade aus der Festlegung der Mengeneinheiten $\xi_1^*,\ldots,\xi_n^*$, die von den Lacken $L_1,\ldots,L_n$ hergestellt werden sollen. Wird angenommen, dass sich der Gesamtgewinn additiv aus den Reingewinnen der einzelnen Lacke bestimmt, so ergibt er sich als

$$\sum_{j=1}^{n} \gamma_j \xi_j^*.$$

Natürlich müssen die Kapazitätsrestriktionen für die Ressourcen $R_1,\ldots,R_m$ eingehalten werden. Dazu benötigt man die genaue quantitative Kenntnis der Ingredienzien der einzelnen Lacke $L_1,\ldots,L_n$.[6] Wir nehmen an, zur Herstellung von L_j werden $\alpha_{i,j}$ Mengeneinheiten von Ressource R_i benötigt, und das gelte für jedes $i = 1,\ldots,m$ und $j = 1,\ldots,n$.

Natürlich kann $\alpha_{i,j}$ auch 0 sein, dann nämlich, wenn Lack L_j völlig R_i-frei ist.Die Beschränkungen der Ressourcen ergeben sich dann als

$$\sum_{j=1}^{n} \alpha_{i,j} \xi_j^* \le \beta_i \qquad (i = 1,\ldots,m).$$

Somit erfüllt jede optimale Lösung $x^* := (\xi_1^*,\ldots,\xi_n^*)^T$ folgende Bedingungen:

---

[5] Die Preise werden hier als konstant angenommen; das ist in vielen Fällen gerechtfertigt, naturgemäß aber nicht in der Nähe der Marktsättigung. Ferner werden die Nettoerlöse als proportional zur hergestellten Menge angenommen. Es werden also insbesondere keine Fixkosten etc. berücksichtigt.

[6] Üblicherweise werden diese als Betriebsgeheimnis behandelt, wodurch so manches Optimierungspotential ungenutzt bleibt.

$$\sum_{j=1}^{n} \gamma_j \xi_j^* \quad = \quad \zeta^*$$

$$\sum_{j=1}^{n} \alpha_{1,j} \xi_j^* \quad \leq \quad \beta_1$$

$$\vdots$$

$$\sum_{j=1}^{n} \alpha_{m,j} \xi_j^* \quad \leq \quad \beta_m.$$

Wenn außerdem die Produktionsprozesse als nicht umkehrbar angenommen werden[7], dürfen wir keinen Lack in negativer Quantität herstellen, obwohl das durchaus manchmal profitabel sein könnte. Es muss also noch

$$\xi_1^*, \ldots, \xi_n^* \geq 0$$

gelten. Es ist aber durchaus zugelassen, dass bei der Produktion eines Lacks Zwischenprodukte entstehen, die bei der Herstellung eines anderen Lacks Verwendung finden. Diese werden ebenfalls als Ressourcen behandelt, sind also in der Liste $R_1, \ldots, R_m$ aller Ressourcen enthalten. Die zugehörigen Koeffizienten $\alpha_{i,j}$ können somit durchaus negativ sein.

Die Gleichung und die Ungleichungen beschreiben bei bekanntem maximalem Gewinn ζ^* die Menge aller optimalen Produktionsprogramme. Da natürlich ζ^* und optimale Lösungen $\xi_1^*, \ldots, \xi_n^*$ im Allgemeinen erst gefunden werden müssen, führen wir stattdessen die Variablen ζ und $\xi_1, \ldots, \xi_n$ ein; die Menge aller zulässigen Produktionsprogramme ist dann durch

$$\sum_{j=1}^{n} \alpha_{i,j} \xi_j \quad \leq \quad \beta_j \qquad (i = 1, \ldots, m)$$

$$\xi_j \quad \geq \quad 0 \qquad (j = 1, \ldots, n)$$

gegeben, und die Aufgabe besteht darin, die durch

$$\varphi(x) := \varphi(\xi_1, \ldots, \xi_n) := \sum_{j=1}^{n} \gamma_j \xi_j$$

für $x \in \mathbb{R}^n$ gegebene Zielfunktion $\varphi : \mathbb{R}^n \to \mathbb{R}$ über dem zulässigen Bereich zu maximieren. In Matrixschreibweise lässt sich das Problem formulieren als

$$\max \quad c^T x$$
$$Ax \quad \leq \quad b$$
$$x \quad \geq \quad 0,$$

wobei

$$c := (\gamma_1, \ldots, \gamma_n)^T \quad \wedge \quad A := (\alpha_{i,j})_{\substack{i=1,\ldots,m \\ j=1,\ldots,n}} \quad \wedge \quad b := (\beta_1, \ldots, \beta_m)^T$$

gilt und die Variablen im Vektor

$$x := (\xi_1, \ldots, \xi_n)^T$$

zusammengefasst sind.

Formal kann in der Sprache der Produktionstheorie das lineare Produktionsproblem somit wie folgt spezifiziert werden.

---

[7] Das ist der Kern der späteren Entsorgungsproblematik.

1.2.1 Bezeichnung. *Eine* ***(lineare) Produktionsaufgabe*** *ist spezifiziert durch folgende Daten*

$$m,n \in \mathbb{N} \quad \wedge \quad A := (\alpha_{i,j})_{\substack{i=1,\dots,m \\ j=1,\dots,n}} \in \mathbb{R}^{m \times n}$$

$$b := (\beta_1,\dots,\beta_m)^T \in [0,\infty[^m \quad \wedge \quad c := (\gamma_1,\dots,\gamma_n)^T \in [0,\infty[^n.$$

Der Vektor b quantifiziert die ***verfügbaren Ressourcen***, *c ist der* ***Preisvektor***, *und A heißt* ***Technologiematrix***.

Ferner sei das Zielfunktional $\varphi : \mathbb{R}^n \to [0,\infty[$ für jedes $x \in \mathbb{R}^n$ definiert durch $\varphi(x) := c^T x$. Ein Vektor $x \in \mathbb{R}^n$ heißt ***(zulässiges) Produktionsprogramm***, *wenn*

$$Ax \le b \quad \wedge \quad x \ge 0$$

gilt. Seien F die Menge aller zulässigen Produktionsprogramme und $x^* \in F$. Dann heißt x^* ***optimales Produktionsprogramm***, *wenn*

$$x^* \in \operatorname{argmax} \{\varphi(x) : x \in F\}$$

ist. Ziel der Produktionsaufgabe ist es zu entscheiden, ob ein optimales Produktionsprogramm existiert, und falls dem so ist, eines zu finden.

Die Menge aller Produktionsaufgaben heißt ***(lineares) Produktionsproblem***.

1.2.2 Beispiel. *Die Produktionsaufgabe sei gegeben durch*

$$\max \quad \xi_1 + \xi_2 + \xi_3$$

$$
\begin{array}{rcrcrcl}
\xi_1 &+& 2\xi_2 &+& \xi_3 &\le& 3 \\
-2\xi_1 &+& \xi_2 & & &\le& 0 \\
\xi_1 & & & & &\le& 1 \\
& & \xi_2 & & &\le& 1 \\
& & & & \xi_3 &\le& 1 \\
\xi_1, && \xi_2, && \xi_3 &\ge& 0.
\end{array}
$$

Es sollen also drei Endprodukte L_1, L_2, L_3 hergestellt werden, deren Nettoerlöse pro Einheit jeweils 1 sind. Dabei sind fünf verschiedene Ressourcen $R_1,\dots,R_5$ einzusetzen. Die erste Bedingung besagt, dass bei der Produktion jeweils einer Einheit von L_1, L_2 bzw. L_3 eine, zwei bzw. eine Einheit von R_1 verbraucht werden und insgesamt drei Einheiten von R_1 zur Verfügung stehen.

Die zweite Ungleichung betrifft nur L_1 und L_2. Bei der Produktion einer Einheit von L_1 bzw. L_2 werden -2 bzw. eine Einheit von R_2 benötigt. Bei der Produktion einer Einheit von L_1 werden also jeweils zwei Einheiten von R_2 mitproduziert. R_2 ist somit ein Zwischenprodukt, das bei der Herstellung von L_1 entsteht, und das als Ressource für die Produktion von L_2 verwendet werden kann. Diese Möglichkeit der Zwischenproduktion von R_2 ist zwingend erforderlich dafür, dass L_2 überhaupt in positiver Menge produziert werden kann. Die rechte Seite 0 der zweiten Nebenbedingung zeigt, dass die Ressource R_2 so knapp ist, dass ihr Verbrauch im Gesamtprozess nicht positiv sein darf. Die Ungleichung erlaubt somit zwar eine überschüssige Produktion von R_2, nicht aber einen noch so geringen (positiven) Verbrauch.

Die Bedingungen $\xi_1, \xi_2, \xi_3 \le 1$ besagen, dass die Ressourcen R_3, R_4, R_5 bei der Produktion einer Einheit von L_1, L_2 bzw. L_3 mit jeweils einer Einheit eingehen, insgesamt aber auch nur mit jeweils einer Einheit zur Verfügung stehen.[8]

---

[8] Ebenso kann man diese Bedingungen als Produktionsrestriktionen (EU-Obergrenzen, Kartellobergrenzen, Abnahmeobergrenzen, etc.) interpretieren.

Die Nichtnegativitätsbedingungen $0 \leq \xi_1,\xi_2,\xi_3$ modellieren, dass der Produktionsprozess die Lacke L_1,L_2,L_3 in nichtnegativer Menge herstellen soll, es sich also tatsächlich um einen reinen Produktions-, nicht aber um einen (Teil-) Entsorgungsprozess handelt. Da aus

$$-2\xi_1 + \xi_2 \leq 0 \quad \wedge \quad \xi_2 \geq 0$$

direkt

$$\xi_1 \geq \frac{1}{2}\xi_2 \geq 0$$

folgt, ist die erste Nichtnegativitätsbedingung allerdings redundant.

Abbildung 1.2 zeigt die Menge aller zulässigen Produktionsprogramme sowie die (in diesem Beispiel) eindeutig bestimmte optimale Lösung $x^* := (1,\frac{1}{2},1)^T$; der Optimalwert der Zielfunktion ist $5/2$.

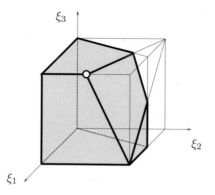

1.2 Abbildung. Geometrische Darstellung des Polytops der zulässigen Produktionsprogramme in Beispiel 1.2.2; der Optimalpunkt x^* ist hervorgehoben.

Man beachte, dass die Restriktionen $\xi_1 + 2\xi_2 + \xi_3 \leq 3$, $\xi_1 \leq 1$ sowie $\xi_3 \leq 1$ im Optimalpunkt mit Gleichheit erfüllt sind, für die übrigen Bedingungen aber noch 'Luft' ist (manchmal auch Schlupf genannt). Das bedeutet, dass die erste, dritte und fünfte Bedingung dafür 'verantwortlich' sind, dass der Produktionsprozess keinen größeren Gewinn ermöglicht. Würde man eine dieser Restriktionen lockern, so könnte der Gewinn gesteigert werden.

In späteren Kapiteln werden wir uns ausführlich mit der Frage beschäftigen, wie man solche linearen Optimierungsaufgaben auch dann lösen kann, wenn sie Hunderttausende oder mehr Variablen und Restriktionen enthalten. Dabei spielen (geometrische) Struktureigenschaften eine zentrale Rolle.

In der Formulierung von Bezeichnung 1.2.1 gehen die Variablen linear ein. Das ist allerdings nur unter bestimmten Bedingungen in der Praxis der Fall. So sinkt etwa in der Nähe der Marktsättigung der pro zusätzlicher Einheit eines Produkts erzielbare Gewinn. In der Ökonomie spricht man von einem *abnehmenden Grenzertrag*.

Umgekehrt kann es auch wichtig sein, *zunehmende Grenzkosten* zu berücksichtigen, wenn durch zunehmende Nachfrage die Preise *knapper Ressourcen* und damit die Kosten der Produktion steigen. Abbildung 1.3 zeigt einige mögliche Typen von (eindimensionalen) Zielfunktionen; aber natürlich können durchaus auch wesentlich kompliziertere Zielfunktionen auftreten.

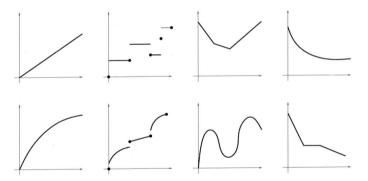

1.3 Abbildung. Verschiedene mögliche Typen von Zielfunktionen. Die schwarzen Punkte geben den jeweiligen Funktionswert an Sprungstellen an.

Ebenso kann es sein, dass der Einsatz von Ressourcen nichtlinear von der verbrauchten Menge abhängt. Wenn etwa eine große Menge eines Produkts L_1 produziert werden soll, kann es sinnvoll sein, größer ausgelegte Maschinen einzusetzen. Hierdurch kann sich sowohl die erforderliche Maschinenlaufzeit als auch der Bedarf an erforderlicher handwerklicher Arbeitsleistung reduzieren.

Somit können je nach Modellannahmen sowohl in der Zielfunktion als auch in den Nebenbedingungen Funktionen unterschiedlicher Typen auftreten, und wir sind mit nichtlinearen Optimierungsproblemen unterschiedlicher Art konfrontiert.

Ernährungsplanung: Eine Hundezüchterin möchte ihre Bernhardinerwelpen ausgewogen ernähren und ihnen die geeigneten Mengen an Eiweiß, Fett, Kohlenhydraten, Vitaminen, Spurenelementen etc. zuführen. Sie kann verschiedene Futtermittel $F_1, \ldots, F_n$ kaufen; der Preis für eine Einheit von F_j ist γ_j für $j = 1, \ldots, n$. Die Futtermittel enthalten die erforderlichen Nährstoffe $N_1, \ldots, N_m$ in unterschiedlichen Mengen. Für $i = 1, \ldots, m$ und $j = 1, \ldots, n$ sei etwa $\alpha_{i,j}$ die Menge des Nährstoffs N_i in F_j. Einerseits möchte die Züchterin sparsam wirtschaften, d.h. die Gesamtkosten der Futtermittel minimieren. Andererseits soll für jedes $i = 1, \ldots, m$ eine untere Schranke β_i für den Mindestgehalt an Nährstoff N_i eingehalten werden, den das aus $F_1, \ldots, F_n$ zusammengestellte Futter enthalten soll.[9] Insgesamt ergibt sich folgende Aufgabe:

$$\min \quad \sum_{j=1}^{n} \gamma_j \xi_j$$
$$\sum_{j=1}^{n} \alpha_{i,j} \xi_j \geq \beta_i \qquad (i = 1, \ldots, m)$$
$$\xi_j \geq 0 \qquad (j = 1, \ldots, n).$$

In dieser Formulierung ist vorausgesetzt, dass F_i *homogen* ist, d.h. in beliebigen Mengen eingekauft werden kann. Unter dieser Voraussetzung hat die Aufgabe die gleiche Struktur wie die Produktionsaufgabe des vorherigen Beispiels. Ist dieses jedoch nicht der Fall, weil etwa nur Großpackungen abgegeben werden, gibt es also feste Quantitätschargen, so gehen diese als weitere Nebenbedingungen an die Mengen ξ_i in die Formulierung der Aufgabe ein. Bezeichnet etwa ξ_2 die Anzahl der zu beschaffenden Großpackungen

---

[9] Ggf. können auch obere Schranken ergänzt werden, um etwa Mineralisierungsstörungen durch eine Überversorgung mit Kalzium und Phosphor zu verhindern.

eines (nur im betrachteten Ernährungszeitraum haltbaren) Frischfuttermittels im möglichen Einkauf der Züchterin, so kommt die Bedingung $\xi_2 \in \mathbb{N}_0$ hinzu.[10] Die vorher rein lineare Optimierungsaufgabe wird zu einer *gemischt-ganzzahligen Aufgabe*.

Gemischt-ganzzahlige Optimierungsprobleme sind im Allgemeinen erheblich schwieriger zu lösen als rein lineare, und wir werden verschiedene Methoden besprechen, wie man die Nebenbedingung der Ganzzahligkeit in den Griff bekommen kann.

In dem einfachen einführenden Beispiel 1.2.2 sieht man bereits, welchen Einfluss etwa die Ganzzahligkeitsbedingung für die zweite Variable hat. Die vorher gefundene Lösung $(1,\frac{1}{2},1)^T$ der linearen Aufgabe ist nun nicht mehr zulässig. Tatsächlich sind, wenn die zweite Variable ganzzahlig ist, nur noch die beiden in Abbildung 1.4 grau unterlegten Flächen zulässig. Es gibt viele Lösungen mit Zielfunktionswert 2, aber keine besseren.

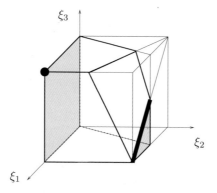

1.4 Abbildung. Der zulässige Bereich (grau) der Aufgabe aus Beispiel 1.2.2 unter der zusätzlichen Bedingung $\xi_2 \in \mathbb{Z}$. Die Menge der Optimalpunkte besteht aus der schwarz hervorgehobenen Strecke und dem markierten Punkt.

Fordert man, dass *alle* Variablen ganzzahlig sein müssen, so sind

$$(0,0,0)^T, (0,0,1)^T, (1,0,0)^T, (1,1,0)^T, (1,0,1)^T$$

die einzigen zulässigen Lösungen. Optimal sind dann die Punkte $(1,1,0)^T$ und $(1,0,1)^T$.

Standortprobleme: Ein amerikanischer Großhandelskonzern plant den Aufbau eines Vertriebssystems in Europa. Verträge mit Großkunden $G_1, \ldots, G_n$ sind bereits geschlossen, mögliche Standorte $S_1, \ldots, S_m$ für Versandgroßlager sind in der Beurteilung. Es soll eine optimale Auswahl der Standorte getroffen werden. Dabei treten natürlich Fixkosten κ_j für die Errichtung eines Versandlagers am Standort S_j auf. Andererseits sind für $i = 1, \ldots, n$ und $j = 1, \ldots, m$ die Transportkosten $\gamma_{i,j}$ bekannt, die auftreten, wenn man den Großkunden G_i vom Standort S_j aus beliefert. Ferner ist die Gesamtliefermenge α_i an G_i vertraglich festgelegt sowie die Kapazität β_j des möglichen Lagers im Standort S_j gegeben.

Wir führen Variablen $\xi_{i,j}$ ein, die angeben sollen, wieviel von Standort S_j aus an den Kunden G_i geliefert werden soll. Da der Bedarf aller Kunden gedeckt werden muss, ergeben sich die Bedingungen

---

[10] Es kann durchaus erforderlich sein, unterschiedliche Preise bei unterschiedlichen Großpackungsgrößen zu berücksichtigen. Das ist aber innerhalb des angegebenen Modells möglich, indem diese als verschiedene Futtermittel aufgefasst werden, mit gleichen Inhaltsstoffen, aber in unterschiedlichen Packungsgrößen und mit unterschiedlichen Preisen.

$$\sum_{j=1}^{m} \xi_{i,j} = \alpha_i \qquad (i = 1, \ldots, n)$$

$$\xi_{i,j} \geq 0 \qquad (i = 1, \ldots, n; \; j = 1, \ldots, m).$$

Ferner modellieren wir die Entscheidung, ein Versandgroßlager am Standort S_j zu errichten, mit Hilfe einer 0-1-Variable η_j, d.h.

$$\eta_j \in \{0,1\} \qquad (j = 1, \ldots, m).$$

Die Kapazitätsbeschränkungen des möglichen Lagers in S_j führen dann auf die Bedingung

$$\sum_{i=1}^{n} \xi_{i,j} \leq \beta_j \eta_j \qquad (j = 1, \ldots, m).$$

Während die Variablen $\xi_{i,j}$ die potentiellen Liefermengen angeben, modellieren die 0-1-Variablen η_j, dass nur dann eine Lieferung von S_j aus erfolgen kann, wenn an diesem Standort tatsächlich ein Lager errichtet wird. Als Zielfunktion wird die Minimierung der Kosten über den Planungshorizont angesetzt, d.h.

$$\min \sum_{i=1}^{n} \sum_{j=1}^{m} \gamma_{i,j} \xi_{i,j} + \sum_{j=1}^{m} \kappa_j \eta_j$$

Es liegt insgesamt also eine gemischt-ganzzahlige lineare Optimierungsaufgabe in den reellen Variablen $\xi_{i,j}$ und den *Entscheidungsvariablen* η_j vor.

Natürlich kann man dieses Modell auf vielfältige Weise modifizieren, um es anderen Gegebenheiten anzupassen. So kann man etwa leicht modellieren, dass die Lieferungen an einen Großkunden G_i nur von einem Lager aus erfolgen sollen, indem man die entsprechenden Variablen $\xi_{i,j}$ den diskreten Bedingungen

$$\xi_{i,j} \in \{0, \alpha_i\} \qquad (j = 1, \ldots, m)$$

unterzieht. Durch Ersetzung von $\xi_{i,j}$ durch $\alpha_i \cdot \eta_{i,j}$ gelangt man wieder zu den üblichen 0-1-Entscheidungsvariablen.

Das Zuordnungsproblem: In einer Partnervermittlungsagentur stehen vier Personen P_1, P_2, P_3, P_4 vom Geschlecht Γ_1 und drei Personen Q_1, Q_2, Q_3 vom Geschlecht Γ_2 mit $\Gamma_1 \neq \Gamma_2$ zur Bildung von (getrennt geschlechtlichen) Paaren zur Verfügung. Die Agentur hat zu jedem der sieben Kandidaten ein Profil erstellt, auf dessen Grundlage für jedes der zwölf möglichen Paare (P_i, Q_j) mit $i = 1,2,3,4$ und $j = 1,2,3$ ein Kompatibilitätskoeffizient $\gamma_{i,j} \in \mathbb{R}$ ermittelt wurde, der angibt, wie gut die entsprechenden Profile zueinander passen. Ziel ist es, eine solche Zuordnung zu finden, die die Summe der entsprechenden Koeffizienten maximiert.

Ähnliche Fragestellungen ergeben sich bei der Vergabe von Aufgaben an Arbeitskräfte, bei der Platzierung von Objekten auf Regalen in Packstationen und in vielen anderen Kontexten (bisweilen unter weiteren zusätzlichen Bedingungen).

Formal ist für $n_1, n_2 \in \mathbb{N}$ eine Teilmenge

$$Z \subset \{1, \ldots, n_1\} \times \{1, \ldots, n_2\}$$

gesucht, für die einerseits

$$(i,j_1) \in Z \wedge (i,j_2) \in Z \qquad \Rightarrow \quad j_1 = j_2$$
$$(i_1,j) \in Z \wedge (i_2,j) \in Z \qquad \Rightarrow \quad i_1 = i_2$$

gilt, und die andererseits die Summe

$$\sum_{(i,j) \in Z} \gamma_{i,j}$$

der 'Einzelnutzen' $\gamma_{i,j}$ für alle ausgewählten Paare (i,j) maximiert. Mit Hilfe von Variablen $\xi_{i,j} \in \{0,1\}$ kann man beschreiben, ob ein gegebenes Paar (i,j) in einer Zuordnung Z enthalten ist ($\xi_{i,j} = 1$) oder nicht ($\xi_{i,j} = 0$). Die Aufgabe, eine optimale Zuordnung zu finden, lässt sich so mit Hilfe der folgenden ILP-Aufgabe beschreiben:

$$\max \sum_{i=1}^{n_1} \sum_{j=1}^{n_2} \gamma_{i,j} \xi_{i,j}$$
$$\sum_{j=1}^{n_2} \xi_{i,j} \;\leq\; 1 \qquad (i = 1, \dots, n_1)$$
$$\sum_{i=1}^{n_1} \xi_{i,j} \;\leq\; 1 \qquad (j = 1, \dots, n_2)$$
$$\xi_{i,j} \;\in\; \{0,1\} \qquad (i = 1, \dots, n_1; \; j = 1, \dots, n_2).$$

Das Problem des Handlungsreisenden: Das als *Traveling Salesman Problem* oder kürzer als TSP bekannte Rundreiseproblem ist ein Standardproblem der kombinatorischen Optimierung. Hierbei ist eine kürzeste Rundreise (Tour) zu finden, die alle vorgegebenen Städte genau einmal besucht.[11]

Abbildung 1.5 zeigt eine (fiktive) Landkarte und eine Rundreise durch alle Städte. Dabei wird zwischen zwei Städten jeweils der euklidische Abstand zugrunde gelegt.[12]

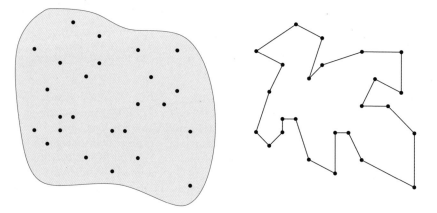

1.5 Abbildung. Links: Städte eines (fiktiven) Landes; Rechts: Rundreise durch alle Städte.

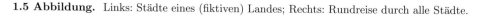

[11] Diese Fragestellung ist so natürlich, dass – wie vor Kurzem herausgefunden wurde – selbst Hummeln bei ihrem Flug von Blüte zu Blüte um eine 'effiziente TSP-Logistik' bemüht sind; vgl. *M. Lihoreau, L. Chittka, N.E. Raine* (Travel optimization by foreaging bumblebees through readjustment of traplines after recovery of new feeding locations, The Amer. Naturalist 176 (2010), 744 – 757).

[12] Das ist etwa bei Hubschraubern als Verkehrsmittel vernünftig; bei Autofahrten in einem vorgegebenen Straßennetz werden im Allgemeinen jedoch andere als 'Luftlinienentfernungen' relevant sein.

Natürlich handelt es sich bei der Frage nach einer kürzesten Rundreise 'nur' um eine endliche, diskrete Aufgabe. Man könnte also prinzipiell alle möglichen Touren bestimmen und eine kürzeste auswählen. Die folgende Bemerkung zeigt, dass dieser enumerative Ansatz schon für eine moderate Anzahl von Städten nicht praktikabel ist.

1.2.3 Bemerkung. *Für $n \in \mathbb{N} \setminus \{1,2\}$ sei τ_n die Anzahl aller verschiedenen Rundreisen durch n Städte. Dann gilt*

$$\tau_n = \frac{1}{2}(n-1)! > \sqrt{\pi/2}(n-1)^{n-\frac{1}{2}}e^{-n+1}.$$

Beweis: Da die Rundreise geschlossen ist, und es keine Rolle spielt, an welchem Punkt wir starten, beginnen wir bei einer beliebigen Stadt. Nach dem Start stehen als nächste zu besuchende Stadt dann alle $n-1$ anderen zur Verfügung. Wählt man eine aus, so bleiben danach $n-2$ Möglichkeiten fortzufahren. Danach stehen nur noch $(n-3)$ Städte zur Verfügung, und entsprechend geht es weiter. Berücksichtigt man noch, dass durch diese Zählweise jede Tour doppelt gezählt wird, da es keinen Unterschied macht, ob eine Tour 'vorwärts' oder 'rückwärts' durchlaufen wird, folgt $\tau_n = (n-1)!/2$. Aus der *Stirlingschen*[13] *Formel*

$$\sqrt{2\pi}n^{n+\frac{1}{2}}e^{-n} < n! \leq \sqrt{2\pi}n^{n+\frac{1}{2}}e^{-n}e^{\frac{1}{12n}} \qquad (n \in \mathbb{N})$$

ergibt sich daher die Behauptung.   □

Der Term $(n/e)^n$ in der unteren Schranke von Bemerkung 1.2.3 zeigt, dass τ_n exponentiell in n wächst. Für $n = 21$ ist etwa

$$\tau_n = (n-1)!/2 = 1.216.451.004.088.320.000 > 1{,}2 \cdot 10^{18}.$$

Selbst wenn ein Teraflop-Rechner pro Sekunde 10^{12} Touren berechnen könnte, so dauerte ein solches Enumerationsverfahren bereits bei nur 21 Knoten etwa zwei Wochen. Bei 25 Knoten (wie in Abbildung 1.5) brauchte man $21 \cdot 22 \cdot 23 \cdot 24$ mal so lange, also fast 10.000 Jahre. Bei noch größeren, aber immer noch sehr moderaten Knotenzahlen läge selbst dann noch kein Ergebnis vor, wenn sogar auf jedem Elementarteilchen des bekannten Universums ein Teraflorechner seit dem Urknall pausenlos arbeitete. Dieses Phänomen nennt man *kombinatorische Explosion*. Sie ist der Grund dafür, dass 'endliche Optimierungsprobleme' im Allgemeinen durchaus nicht trivial sind und man wesentlich ausgeklügeltere Verfahren als bloße Enumeration benötigt.

Bemerkung 1.2.3 zeigt insbesondere auch, dass selbst, wenn der zulässige Bereich F einer Optimierungsaufgabe, der beim TSP ja aus allen τ_n Touren besteht, endlich ist, nicht erwartet werden kann, dass alle Elemente *explizit* vorliegen. Tatsächlich besteht ein wesentliches Problem darin, eine geeignete (oft nur approximative) Darstellung von F zu finden, die die 'Komplexität' der expliziten Darstellung vermeidet.

Rekonstruktion kristalliner Strukturen: Bei der Herstellung von Silizium-Chips sollen neue bildgebende Verfahren zur Qualitätskontrolle eingesetzt werden. Mit Hilfe moderner Methoden der hochauflösenden Transmissionselektronenmikroskopie (HRTEM) kann man für bestimmte Materialien (wie etwa Silizium; vgl. Abbildung 1.6) in geeigneten Richtungen bestimmen, wieviele Atome in den entsprechenden Atomsäulen enthalten sind.

---

[13] James Stirling, 1692 – 1770.

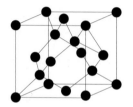

1.6 Abbildung. Eine 3-dimensionale 'Gittermenge' (Silizium in kristalliner Form).

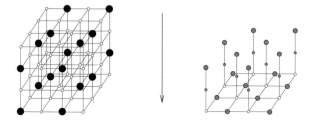

1.7 Abbildung. Links: eine 3-dimensionale Gittermenge; Rechts: Graph der X-ray Messdaten in Richtung der ξ_3-Koordinatenachse.

Wir nehmen (der Einfachheit der Darstellung halber) an, dass die zugrunde liegende kristalline Gitterstruktur der von $\mathbb{Z}^3$ entspricht und die zu untersuchende Probe im Bereich $[1,q]^3$ liegt mit $q \in \mathbb{N}$. Ferner seien die Richtungen der Aufnahmen parallel zu den drei Koordinatenachsen im $\mathbb{R}^3$. Dann erhält man (bis auf gewisse Messfehler) die Informationen, wieviele Atome jeweils auf jeder Geraden parallel zu einer der Koordinatenachsen liegen. Abbildung 1.7 zeigt eine kristalline Struktur zusammen mit ihrem HRTEM-Bild in Richtung der ξ_3-Koordinatenachse. Abbildung 1.8 enthält eine analoge Menge im 2-dimensionalen Gitter $\mathbb{Z}^2$.

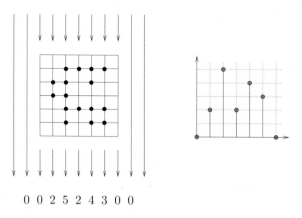

0 0 2 5 2 4 3 0 0

1.8 Abbildung. Links: eine 2-dimensionale Gittermenge; Rechts: Graph der X-ray Daten in Richtung der ξ_2-Koordinatenachse.

Die gegebene Aufgabe der *diskreten Tomographie* besteht in der Rekonstruktion der zugrunde liegenden Gittermenge aus den gegebenen 'X-ray Daten'. Zur mathematischen

Modellierung führen wir für jeden potentiellen Atommittelpunkt $(i,j,k)^T \in [1,q]^3$, d.h. für jedes der 'Indextripel' (i,j,k) $(i,j,k = 1, \ldots, q)$ eine Variable

$$\xi_{i,j,k} \in \{0,1\}$$

ein, die angibt, ob die betreffende Position durch ein Atom besetzt ist $(\xi_{i,j,k} = 1)$ oder nicht $(\xi_{i,j,k} = 0)$. Nebenbedingungen erhält man aus den Messwerten. Genauer liegt jeweils für jede Gerade parallel zu $u_1 := (1,0,0)^T$, $u_2 := (0,1,0)^T$ oder $u_3 := (0,0,1)^T$ durch einen Gitterpunkt in $[1,q]^3$ eine Messung vor. Die einzelnen Messdaten werden durch die Zahlen $\alpha_{j,k}, \beta_{i,k}, \gamma_{i,j} \in \mathbb{N}_0$ $(i,j,k = 1, \ldots, q)$ angegeben. Wenn wir annehmen, dass die Daten messfehlerfrei sind, erhalten wir damit folgende Bedingungen:

$$
\begin{aligned}
\sum_{i=1}^{q} \xi_{i,j,k} &= \alpha_{j,k} & (j,k = 1, \ldots, q) \\
\sum_{j=1}^{q} \xi_{i,j,k} &= \beta_{i,k} & (i,k = 1, \ldots, q) \\
\sum_{k=1}^{q} \xi_{i,j,k} &= \gamma_{i,j} & (i,j = 1, \ldots, q).
\end{aligned}
$$

Zusammen mit den 0-1-Bedingungen an die Variablen beschreibt dieses System alle kristallinen Strukturen, die mit den gegebenen Messdaten verträglich sind. Natürlich werden im Allgemeinen drei Messrichtungen nicht ausreichen, um eine eindeutige Rekonstruktion zu erlauben. Die Modellierung von mehr als drei Messrichtungen kann aber ganz analog erfolgen.

Zusätzlich zu den Schwierigkeiten, die die Lösung solcher 0-1-Optimierungsaufgaben macht – in der Praxis hat man etwa 10^9 Variable –, treten noch weitere Komplikationen auf, die damit zusammenhängen, dass sich die Lösungen im allgemeinen unter leichten Änderungen der rechten Seite, d.h. insbesondere unter Messfehlern, nicht stabil verhalten. Es handelt sich um ein sogenanntes *schlecht-gestelltes diskretes inverses Problem*. Verzichtet man auf die Ganzzahligkeit der Daten und fordert stattdessen nur

$$0 \le \xi_{i,j,k} \le 1,$$

so liegt eine einfacher zu lösende lineare Optimierungsaufgabe vor. Der Übergang zu reellen Variablen ist etwa dann sinnvoll, wenn es sich bei den einzelnen Punkten nicht um Atome, sondern – auf einer viel gröberen Skala – etwa um Gewebedichten einer Region handelt. Tatsächlich sind bei den ersten Ansätzen der Computertomographie genau solche linearen Aufgaben gelöst worden. Hierfür erhielten Hounsfield und Cormack[14] 1979 den Nobelpreis.

Wire Spacing:[15] Ein Halbleiterchip besteht aus einer Grundschicht, auf der Transistoren und andere elektronische Bauteile platziert sind, sowie zusätzlichen Schichten, die Verbindungsdrähte enthalten. Die verschiedenen Schichten sind durch sogenannte Vias verbunden. Die Drähte einer Leitungsschicht verlaufen parallel und senkrecht zu den Nachbarschichten. Bei dem heutzutage erreichten Grad an Miniaturisierung tragen die 'Streukapazitäten' zwischen benachbarten Drähten wesentlich zur Hitzeentwicklung

---

[14] Godfrey Newbold Hounsfield, 1919 – 2004; Allan McLeod Cormack, 1924 – 1998.

[15] Das Anwendungsbeispiel dieses Abschnitts stammt aus *P. Gritzmann, M. Ritter, P. Zuber* (Optimal wire ordering and wire spacing in low power semiconductor design, Math. Prog. 121 (2010), 201–220).

in den integrierten Schaltungen bei. Diese treten immer dann auf, wenn Ladungsände-
rungen in einem der Drähte auftreten, da diese dann wie Kondensatoren wirken. Die
'Umschalthäufigkeit' eines Drahtes w wird als eine positive reelle Zahl $\sigma = \sigma(w)$ modelliert. Die Umschaltung erfolgt zwischen der Spannung 0 und der (konstanten) Ar-
beitsspannung U. Benachbarte Drähte wirken als Kondensator, und zum Aufbau des
entsprechenden elektrischen Feldes wird eine Energie benötigt, die direkt proportional
zu seiner Kapazität ist. Diese wiederum ist proportional zum Quotienten der Oberfläche
und dem Abstand der beiden betroffenen Leitungen. Nimmt man an, dass die Abmes-
sungen der Drähte fest sind, so hängt der 'Stromverlust' eines Drahtes w pro Zeiteinheit
nur von den Abständen d_{links} und d_{rechts} zu seinen beiden Nachbardrähten ab, und zwar
in der Form

$$\sigma(w) \cdot \left(\frac{1}{d_{\text{links}}} + \frac{1}{d_{\text{rechts}}} \right).$$

Als Modellannahme liegt unter anderem die Voraussetzung zugrunde, dass benachbarte
Drähte nicht simultan umschalten. Ferner werden die (ohnehin geringen) Kapazitäten
zwischen nicht benachbarten Drähten und verschiedenen Schichten vernachlässigt.

Die Aufgabe besteht nun darin, bei bekannten Umschaltaktivitäten $\sigma_1, \ldots, \sigma_n$ einer gegebenen Anzahl n paralleler Drähte einer Schicht die Abstände der Drähte so zu
wählen, dass die auftretende Gesamtstreukapazität minimiert wird. Gegeben ist ferner
ein minimal tolerierbarer Abstand $\delta \in]0,\infty[$ zwischen Drähten und zum Rand des Chips
sowie die zur Platzierung der Drähte zur Verfügung stehende Gesamtbreite $\rho \in]0,\infty[$ des
Chips. Wir führen für die Abstände der Drähte Variablen $\xi_1, \ldots, \xi_{n+1}$ ein. Dabei gibt ξ_1
den Abstand des linken Randes des Chips zu Draht 1, ξ_{n+1} den Abstand von Draht n
zum rechten Rand und ξ_i für $i = 2, \ldots, n$ den Abstand zwischen Draht $i-1$ und Draht
i an.

Die physikalisch-mathematische Modellierung führt somit (unter den entsprechenden
Modellannahmen) zu folgendem Optimierungsproblem.

1.2.4 Bezeichnung. *Eine* **Wire Spacing Aufgabe** *ist spezifiziert durch folgende Daten*

$$n \in \mathbb{N} \quad \wedge \quad \sigma_1, \ldots, \sigma_n \in [0,\infty[\quad \wedge \quad \rho \in]0,\infty[\quad \wedge \quad \delta \in]0,\infty[.$$

Die Aufgabe besteht darin zu entscheiden, ob

$$\min \sum_{i=1}^{n} \sigma_i \left(\frac{1}{\xi_i} + \frac{1}{\xi_{i+1}} \right)$$
$$\sum_{i=1}^{n+1} \xi_i \leq \rho$$
$$\xi_1, \ldots, \xi_{n+1} \geq \delta$$

einen Optimalpunkt x^* besitzt und, falls das der Fall ist, einen solchen zu bestimmen.

Die Menge aller Wire Spacing Aufgaben heißt **Wire Spacing Problem**.

Der zulässige Bereich solcher Wire Spacing Aufgaben ist ein sehr einfaches Polytop;
vgl. Abbildung 1.9. Die auftretende Zielfunktion ist aber nicht linear. Dennoch lässt sich
(wie wir später sehen werden) das Problem effizient lösen.

Eine 'klassische ganzzahlige Optimierungsaufgabe': Für $n \in \mathbb{N}$ sei das folgende Optimierungsproblem im $\mathbb{R}^3$ gegeben:

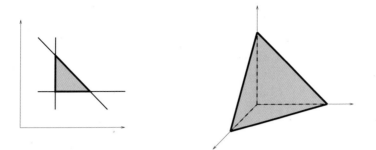

1.9 Abbildung. Links: Zulässiger Bereich der Wire Spacing Aufgabe für $n = 2$, $\delta = 1$ und $\rho = 3$. Rechts: Der zulässige Bereich für $n = 3$, $\rho = 2$ und (der praktisch nicht zulässigen Wahl) $\delta = 0$.

$$\min \left(\xi_1^n - \xi_2^n + \xi_3^n \right)^2$$

$$\xi_1, \quad \xi_2, \quad \xi_3 \quad \geq \quad 1$$

$$\xi_1, \quad \xi_2, \quad \xi_3 \quad \in \quad \mathbb{Z};$$

$\zeta^*(n)$ bezeichne das Optimum der Zielfunktion. Es gilt $\zeta^*(n) \geq 0$ und $\zeta^*(1) = 0$. Schon vor mehr als 3600 Jahren war bekannt, dass $\zeta^*(2)$ ebenfalls 0 ist; entsprechende Lösungen finden sich auf babylonischen Tontafeln[16]. Keine geringeren als *Euler*, *Dirichlet* und *Legendre*[17] zeigten, dass $\zeta^*(n) \geq 1$ ist für $n = 3,4,5$.

Offenbar ist $\zeta^*(n) = 0$ genau dann, wenn die Gleichung

$$\xi_1^n + \xi_3^n = \xi_2^n$$

eine positive ganzzahlige Lösung besitzt. Dass dieses für kein $n \geq 3$ der Fall ist, hat im 17. Jahrhundert bereits *Pierre de Fermat*[18] behauptet; der *Satz von Fermat* konnte aber bekanntlich erst 1995 von *Wiles* bzw. *Wiles und Taylor*[19] bewiesen werden.[20]

Natürlich denkt beim 'großen Fermat' eigentlich niemand an Optimierung. Interessant von Seiten der Optimierung ist aber, dass es sich bei der Zielfunktion für jedes n um ein Polynom vom Grad $2n$ handelt, also eine beliebig oft differenzierbare, eigentlich doch sehr einfach strukturierte Funktion. Während sich die vorher vorgestellten Probleme entweder als effizient lösbar erweisen werden oder ihre Schwierigkeit erst in relativ hohen Dimensionen entfalten, führt der Satz von Fermat für festes n auf eine Optimierungsaufgabe der Dimension 3. Es zeigt sich also, dass nichtlineare diskrete Optimierungsaufgaben selbst in kleinen Dimensionen schwierig werden können und keine einfache allgemeine Charakterisierung der Optimalität der Zielfunktion erlauben.

Der 'volle Fermat' für alle Dimensionen ist äquivalent zu der Aussage, dass das Minimum des nichtlinearen diskreten Optimierungsproblems

---

[16] Siehe http://www.math.ubc.ca/ cass/courses/m446-03/pl322/pl322.html; später wurden die Lösungen für $n = 2$ *pythagoreische Tripel* genannt.

[17] Leonhard Euler, 1707 – 1783; Peter Gustav Lejeune Dirichlet, 1805 – 1859; Adrien-Marie Legendre, 1752 – 1833.

[18] Pierre de Fermat, 1601 – 1665.

[19] Andrew Wiles, geb. 1954; Richard Taylor, geb. 1962.

[20] Selbst die *New York Times* und *The Simpsons* (in der Halloween Episode 1995) haben den Durchbruch (auf durchaus unterschiedliche Weise) gefeiert. Die aufregende Geschichte des Beweises wird im Buch 'Fermats letzter Satz: Die abenteuerliche Geschichte eines mathematischen Rätsels' von *Simon Singh* erzählt (dtv, München 2000).

$$\min \left(\xi_1^\eta - \xi_2^\eta + \xi_3^\eta\right)^2$$

$$
\begin{aligned}
\xi_1, \quad \xi_2, \quad \xi_3 \qquad &\geq \quad 1 \\
\eta \quad &\geq \quad 3 \\
\xi_1, \quad \xi_2, \quad \xi_3, \quad \eta \quad &\in \quad \mathbb{Z}
\end{aligned}
$$

mindestens 1 ist; es 'lebt' in der Dimension 4.

1.3   Standardnotation und Notationsstandards

Wir verwenden im Folgenden nach Möglichkeit die in den einzelnen Teildisziplinen der Optimierung übliche Notation. Da wir eine durchgängig einheitliche Bezeichnung anstreben, die Notation in der Literatur aber nicht immer einheitlich ist und Standards auch noch von Teilgebiet zu Teilgebiet variieren, ist das nur eingeschränkt möglich. Wir geben daher in dieser Sektion kurz die im vorliegenden Text allgemein verwendeten Standardbezeichnungen und Konventionen an. Spezifischere Bezeichnungen, Definitionen und Konzepte werden hingegen in den jeweiligen Kapiteln eingeführt, in denen sie zum ersten mal relevant werden.[21]

Zur Strukturierung der Darstellungen benutzen wir die Begriffe Definition, Bezeichnung, Notation (sowie in dieser Sektion auch Konvention), Satz, Korollar, Lemma, Bemerkung, Wiederholung, Prozedur, Beispiel, Übungsaufgabe und Forschungsproblem. Dabei verwenden wir eine einheitliche, durchgängige Nummerierung aus drei Ziffern, der Nummer des Kapitels, der Nummer der Sektion und einer laufenden Nummer.

Definitionen werden vorrangig zur Einführung von Konzepten, Bezeichnung zur Zuweisung von Benennung und Abkürzungen verwendet.[22] Bisweilen werden die eingeführten deutschen Begriffe um die entsprechenden englischen Termini ergänzt. Im Gegensatz zu Definitionen und Bezeichnungen, die global verwendet werden, also im ganzen Buch gelten, sind die unter 'Notation' angegebenen Größen nur lokal, d.h. für die spezielle Sektion relevant.

Die Klassifikation eines Resultats als Satz, Korollar, Lemma oder Bemerkung erfolgt nach den Gesichtspunkten ihrer Bedeutung und Tiefe. Bemerkungen sind einfach zu beweisende, 'klare' Aussagen, Lemmata haben oftmals einen vorbereitenden, technischen Charakter, Sätze und Korollare hingegen enthalten die wesentlichen Aussagen, die häufig auch in anderen Kapiteln von Bedeutung sind. Oftmals hängt es von der subjektiven Gewichtung ab, welches Ergebnis ein Satz und welches eine daraus abgeleitete Folgerung, ein Korollar ist.

Forschungsprobleme sind ungelöste Fragen von zentraler Bedeutung. Sie werden angegeben, um den Stand der Forschung zu erläutern.[23]

Algorithmen werden in strukturierter Form (durchaus mit unterschiedlichem Detaillierungsgrad), nicht jedoch als implementierbarer Code angegeben; sie werden als Prozedur gekennzeichnet.

Im Folgenden führen wir einige Konventionen ein (von denen manche vielleicht schon in den vorherigen Sektionen aufgefallen sind.)

---

[21] Des einfacheren Zugangs wegen werden zusätzlich einige der folgenden Bezeichnungen später noch einmal wiederholt.

[22] Der Übergang ist fließend und die Wahl des Begriffs oft durchaus subjektiv.

[23] Dass ein Problem noch offen ist, heißt nicht zwangsläufig, dass es keine elegante, einfache Lösung gibt. Man sollte sich die offenen Fragen also ruhig einmal genauer ansehen.

1.3.1 Konvention. *Definierende Setzungen werden mit* := *bzw.* =: *gekennzeichnet; der Doppelpunkt steht auf der Seite des zu definierenden Objekts. Sind also etwa* $\alpha_1,\alpha_2 \in \mathbb{R}$ *gegeben, so wird durch die Setzung* $a := (\alpha_1,\alpha_2)^T$ *der Spaltenvektor dieser Komponenten definiert. Ist umgekehrt der Vektor* a *gegeben, so bedeutet die Setzung* $a =: (\alpha_1,\alpha_2)^T$, *dass* α_1,α_2 *seine erste und zweite Komponente sind. Analog wird die Bezeichnung* :⇔ *verwendet.*

Oftmals werden wir Setzungen sprachlich etwas verkürzt einführen. Statt der korrekten, aber etwas umständlichen Formulierung 'Seien A eine nichtleere, endliche Teilmenge von $\mathbb{R}$, $m \in \mathbb{N}$ und $\alpha_1,\dots,\alpha_m \in \mathbb{R}$ mit $A = \{\alpha_1,\dots,\alpha_m\}$' schreiben wir meistens einfacher 'Sei $A := \{\alpha_1,\dots,\alpha_m\} \subset \mathbb{R}$' oder 'Sei $A =: \{\alpha_1,\dots,\alpha_m\} \subset \mathbb{R}$', je nachdem, ob wir $\alpha_1,\dots,\alpha_m$ oder A als primär auffassen. In Definitionen oder Bezeichnungen werden wir häufiger – wie allgemein üblich – der leichteren Lesbarkeit wegen die präzise Form 'wenn, und nur wenn' bzw. 'dann, und nur dann' etc. durch 'wenn' bzw. 'dann' abkürzen. Da niemals eine andere Interpretation auftritt, sollte es hierdurch zu keinen Missverständnissen kommen.

1.3.2 Bezeichnung. *Die aussagenlogischen Verknüpfungen* **Konjunktion, Disjunktion, Negation, Implikation** *(von links nach rechts bzw. umgekehrt) und* **Äquivalenz** *werden mit*

$$\wedge, \quad \vee, \quad \neg, \quad \Rightarrow, \quad \Leftarrow, \quad \Leftrightarrow$$

bezeichnet. Wir verwenden auch die **All-** *bzw.* **Existenzquantoren**

$$\bigwedge, \quad \bigvee, \quad \forall, \quad \exists.$$

Die ersten beiden treten allerdings nur in den entsprechenden Formeln in Sektion 3.3 auf. Oftmals werden wir eine für mehrere Objekte geltende Aussage durch Nachstellung ihres Gültigkeitsbereichs abgekürzt angeben. Statt etwa $\bigwedge_{i\in I} \xi_i \geq 0$ *oder* $\forall (i \in I) : \xi_i \geq 0$ *bzw.* $(i \in I \Rightarrow \xi_i \geq 0)$ *schreiben wir dann auch einfacher* $\xi_i \geq 0$ $(i \in I)$.

1.3.3 Bezeichnung. $\mathbb{N}, \mathbb{N}_0, \mathbb{Z}, \mathbb{Q}$ *und* $\mathbb{R}$ *bezeichnen die* **natürlichen, nichtnegativen ganzen, ganzen, rationalen** *und* **reellen Zahlen.**[24] *Für* $n \in \mathbb{N}$ *ist*

$$[n] := \{1,\dots,n\}.$$

Intervalle werden mit eckigen Klammern bezeichnet. Dabei sind für $\alpha,\beta \in \mathbb{R}$

$$[\alpha,\beta] := \big\{\xi \in \mathbb{R} : \alpha \leq \xi \leq \beta\big\} \quad \wedge \quad [\alpha,\beta[:= \big\{\xi \in \mathbb{R} : \alpha \leq \xi < \beta\big\}$$
$$]\alpha,\beta] := \big\{\xi \in \mathbb{R} : \alpha < \xi \leq \beta\big\} \quad \wedge \quad]\alpha,\beta[:= \big\{\xi \in \mathbb{R} : \alpha < \xi < \beta\big\}.$$

Ferner bedeutet die Schreibweise $i = 1,\dots,k$, *dass* i *alle Werte in* $[1,k] \cap \mathbb{Z}$ *annimmt. Für* $k < 1$ *ist dabei natürlich* $[1,k] = \emptyset$.

Für $p \in \mathbb{N} \setminus \{1\}$ *bezeichnen* $\equiv \pmod{p}$ *die Äquivalenzrelation* **modulo** p *auf* $\mathbb{Z}$ *und* $\mathbb{Z}_p$ *den* **Restklassenring modulo** p. *Ist* M *eine endliche Menge, so bezeichnet* $|M|$ *ihre* **Kardinalität,** *d.h. die Anzahl der Elemente von* M.

Im Folgenden geben wir die verwendete Bezeichnungskonvention an.

---

[24] Man beachte, dass abweichend von einer bestehenden DIN-Norm, aber in Übereinstimmung mit weiten Teilen der Mathematik-Community, die natürlichen Zahlen nicht die 0 enthalten.

1.3.4 Konvention. *Skalare werden meistens mit kleinen griechischen Buchstaben gekennzeichnet, für Vektoren werden kleine lateinische Buchstaben verwendet. Ihre Komponenten sind dann passende[25] griechische Buchstaben. Wir schreiben also etwa*

$$x := \begin{pmatrix} \xi_1 \\ \vdots \\ \xi_n \end{pmatrix}$$

*für den Vektor $x \in \mathbb{R}^n$, der durch Auflistung seiner Komponenten $\xi_1, \ldots, \xi_n$ definiert wird. Ohne weitere Kennzeichnung sind Vektoren stets Spaltenvektoren. Zeilenvektoren werden durch Transposition gekennzeichnet. So ist also $x^T = (\xi_1, \ldots, \xi_n)$. Die **Dimension** von (Unter-) Vektorräumen U wird mit $\dim(U)$ bezeichnet.*

Die verwendeten Standardvektorräume sind $\mathbb{R}^n$, $\mathbb{Q}^n$ mit $n \in \mathbb{N}$. Daneben tritt auch noch der Modul $\mathbb{Z}^n$ auf.

*Das Standardskalarprodukt von zwei Vektoren $a, b \in \mathbb{R}^n$ wird als $a^T b$ geschrieben. Ist X ein linearer Teilraum von $\mathbb{R}^n$, so bezeichnet $X^\perp$ das **orthogonale Komplement** von X in $\mathbb{R}^n$.*

Mengen und Teilräume werden mit großen lateinischen Buchstaben benannt, ebenso Matrizen.

Die Letter m, n werden meistens für natürliche Zahlen und Dimensionen verwendet; Indizes werden oft mit i, j, k bezeichnet.[26]

Ungleichungen zwischen Vektoren wie $Ax \leq b$ sind stets komponentenweise zu verstehen.

1.3.5 Bezeichnung. *Seien $X, Y \subset \mathbb{R}^n$. Dann heißt die durch*

$$X + Y := \{x + y : x \in X \wedge y \in Y\}$$

*definierte Menge[27] **Minkowski**[28]**-Summe** von X und Y. Ist X einpunktig, d.h. $X =: \{x\}$, so schreiben wir statt $\{x\} + Y$ auch kürzer $x + Y$. Es handelt sich dann um eine **Translation** von Y um den Vektor x.*

Für $\lambda \in \mathbb{R}$ sei

$$\lambda \cdot X := \{\lambda x : x \in X\}.$$

*Ferner wird $0 \cdot \emptyset = \{0\}$ gesetzt.[29] $\lambda \cdot X$ heißt **Dilatat** von X um λ. Allgemeiner ist für $S \subset \mathbb{R}$ mit $S \neq \emptyset$ auch*

$$S \cdot X := \{\lambda x : x \in X \wedge \lambda \in S\}.$$

Von besonderer Bedeutung ist der Fall, dass S ein Intervall ist. Speziell für $S := [0,1]$ und $X =: \{x\}$ ist $[0,1]X$ oder (kürzer) $[0,1]x$ die Strecke mit den Endpunkten 0 und x.

*Gilt $X = -X$, so wird die Menge X **zentralsymmetrisch** (zum Ursprung) genannt.*

---

[25] Passend bezieht sich lediglich auf den 'Phänotyp', d.h. ist mnemotechnisch gemeint, nicht auf ihre 'intrinsische' Beziehung. Bei $x := (\xi_1, \ldots, \xi_n)^T$ fällt beides zusammen, bei $v := (\nu_1, \ldots, \nu_n)^T$ o.ä. mögen es die Gräzisten (und Linguisten) verzeihen.

[26] Wir verzichten hier und an manchen anderen Stellen nicht auf übliche liebe, aber nicht immer völlig konsistente Gewohnheiten. Natürlich sind natürliche Zahlen auch Skalare; dennoch werden sie hier nicht mit kleinen griechischen Buchstaben notiert.

[27] Ganz präzise müsste die Setzung $X + Y := \{z : \exists (x \in X \wedge y \in Y) : z = x + y\}$ lauten, um die Menge von der entsprechenden Familie, in der Elemente mehrfach vorkommen, zu unterscheiden. Wir verzichten der einfacheren Lesbarkeit wegen auf diese Präzisierung. Falls im Folgenden Familien auftreten, so wird dieses explizit angegeben.

[28] Hermann Minkowski, 1864 – 1909.

[29] Diese Setzung mag zunächst seltsam anmuten, erlaubt aber später eine 'glattere' Darstellung relevanter Ergebnisse.

Die folgende Konvention betrifft Sequenzen und Folgen.

1.3.6 Konvention. *Elemente von Sequenzen oder Folgen werden oft mit unten stehenden Indezes bezeichnet, etwa $(\alpha_k)_{k\in N}$ für eine gegebene Indexmenge $N \subset \mathbb{N}_0$. Ist N endlich, so sprechen wir von Sequenzen.*

Bisweilen verwenden wir auch obenstehende, eingeklammerte Indizes, etwa $\left(x^{(k)}\right)_{k\in N}$, insbesondere um bei den Komponenten von Vektoren oder Matrizen Doppel- oder gar Dreifachindizes zu vermeiden. (Diese Art der Bezeichnung tritt häufiger dann auf, wenn die Sequenzen oder Folgen durch (iterative) Algorithmen erzeugt werden und wird dann innerhalb eines Algorithmus einheitlich, d.h. für alle auftretenden Größen, verwendet.)

1.3.7 Bezeichnung. *Sei $n \in \mathbb{N}$. Dann bezeichnen $u_1,\dots,u_n$ [engl.: standard **u**nit vectors] die **Standardeinheitsvektoren**[30] des $\mathbb{R}^n$. Unabhängig von der Dimension bezeichnet 0 immer das neutrale Element der Addition, sei es als Skalar, als Nullvektor oder als Nullmatrix. Der Vektor $\mathbb{1} := (1,\dots,1)^T \in \mathbb{R}^n$ mit Komponenten 1 wird durch den 'Doppelstrich' besonders hervorgehoben.*

Die Menge der reellen $(m \times n)$-Matrizen wird mit $\mathbb{R}^{m\times n}$ bezeichnet. Analoge Bezeichnungen finden auch für andere Zahlbereiche Verwendung.

*Für $\kappa_1,\dots,\kappa_n \in \mathbb{R}$ bezeichnet $\mathrm{diag}(\kappa_1,\dots,\kappa_n)$ die $(n \times n)$-**Diagonalmatrix** mit κ_i als Diagonaleintrag in der Position i für $i \in [n]$. Speziell ist $E_n := \mathrm{diag}(1,\dots,1)$ die $(n \times n)$-**Einheitsmatrix**.*

Seien $A := (a_1,\dots,a_m)^T \in \mathbb{R}^{m\times n}$ und $I \subset [m]$. Dann sei

$$A_I := (a_i : i \in I)^T,$$

d.h. A_I entsteht aus A durch Streichen aller Zeilen, deren Indizes in $[n] \setminus I$ liegen.[31] Teilmatrizen, die aus A durch Streichen von Spalten einer Indexmenge $[n] \setminus J$ entstehen, werden mit A^J bezeichnet. Es ist also $A^J = \left((A^T)_J\right)^T$.

*Der **Rang** bzw. die **Determinante** einer Matrix $A \in \mathbb{R}^{n\times n}$ wird mit $\mathrm{rang}(A)$ bzw. $\det(A)$ bezeichnet. Ist A regulär, d.h. gilt $\mathrm{rang}(A) = n$, so bezeichnet A^{-1} die **Inverse** von A.*

Ist $A \in \mathbb{R}^{n\times n}$ symmetrisch und positiv definit oder positiv semidefinit, so schreiben wir $A \succ 0$ bzw. $A \succeq 0$.

Die folgenden Bezeichnungen betreffen Rundungen.

1.3.8 Bezeichnung. *Seien $\lceil \ \rceil : \mathbb{R} \to \mathbb{Z}$, $\lfloor \ \rfloor : \mathbb{R} \to \mathbb{Z}$ sowie $\langle \ \rangle : \mathbb{R} \to [0,1[$ für $\eta \in \mathbb{R}$ definiert durch*

$$\lceil \eta \rceil := \min\{\gamma \in \mathbb{Z} : \eta \leq \gamma\} \quad \wedge \quad \lfloor \eta \rfloor := \max\{\gamma \in \mathbb{Z} : \gamma \leq \eta\} \quad \wedge \quad \langle \eta \rangle := \eta - \lfloor \eta \rfloor.$$

*Dann heißen $\lceil \ \rceil$ bzw. $\lfloor \ \rfloor : \mathbb{R} \to \mathbb{Z}$ bzw. $\langle \ \rangle : \mathbb{R} \to [0,1[$ die **obere** und **untere Gauß**[32]-**Klammer** bzw. der **fraktionelle Anteil**. $\lfloor \eta \rfloor$ wird auch **ganzzahliger Anteil** von η genannt.*

Analog werden diese Begriffe auch auf Vektoren angewendet; sie sind dann komponentenweise zu verstehen. Für $y := (\eta_1,\dots,\eta_n)^T \in \mathbb{R}^n$ sind also

$$\lfloor y \rfloor := \left(\lfloor \eta_1 \rfloor,\dots,\lfloor \eta_n \rfloor\right)^T \quad \wedge \quad \lceil y \rceil := \left(\lceil \eta_1 \rceil,\dots,\lceil \eta_n \rceil\right)^T \quad \wedge \quad \langle y \rangle := \left(\langle \eta_1 \rangle,\dots,\langle \eta_n \rangle\right)^T.$$

---

[30] Man beachte, dass etwa u_1 stets den ersten Standardeinheitsvektor bezeichnet, unabhängig davon, in welcher Dimension wir uns befinden; u_1 kann also (1), $(1,0)^T$, $(1,0,0)^T$ oder ein anderer Vektor vom Typ $(1,0,\dots,0)^T$ sein.

[31] Natürlich kann man die obige Bezeichnung auch auf $(m \times 1)$ Matrizen, also auf Vektoren anwenden.

[32] Johann Carl Friedrich Gauß, 1777 – 1855.

Die folgenden Begriffe betreffen Teilbarkeiten.

1.3.9 Definition. *Seien* $\eta,\mu \in \mathbb{Z}$. *Dann ist* η *ein* **Teiler** *von* μ, *wenn es ein* $\tau \in \mathbb{Z}$ *gibt mit* $\tau \cdot \eta = \mu$. *Ist* η *ein Teiler von* μ, *so schreibt man auch* $\eta|\mu$. *Sind* $\eta_1,\ldots,\eta_n,\kappa \in \mathbb{Z}$, *so heißt* κ **größter gemeinsamer Teiler** *von* $\eta_1,\ldots,\eta_n$, *wenn gilt*

$$(\kappa \geq 0) \quad \wedge \quad (\kappa|\eta_1 \wedge \ldots \wedge \kappa|\eta_n) \quad \wedge \quad (\tau \in \mathbb{Z} \wedge \tau|\eta_1 \wedge \ldots \wedge \tau|\eta_n \Rightarrow \tau|\kappa).$$

Ist κ *größter gemeinsamer Teiler von* $\eta_1,\ldots,\eta_n$, *so schreibt man auch* $\kappa = \mathrm{ggT}(\eta_1,\ldots,\eta_n)$. *Sind* $\eta,\mu \in \mathbb{Z}$ *und gilt* $\mathrm{ggT}(\eta,\mu) = 1$, *so werden* η *und* μ **teilerfremd** *genannt.*

Der größte gemeinsame Teiler $\mathrm{ggT}(\eta_1,\ldots,\eta_n)$ existiert stets und ist eindeutig bestimmt. Obwohl jede ganze Zahl 0 teilt, folgt aus der dritten Bedingung in Definition 1.3.9, dass $\mathrm{ggT}(0,\ldots,0) = 0$ gilt. Man beachte ferner, dass für $\mu \in \mathbb{N}$ die Zahlen 0 und μ genau dann teilerfremd sind, wenn $\mu = 1$ gilt.

1.3.10 Bezeichnung. S_n *bezeichne die* **symmetrische Gruppe**, *d.h. die Menge der Permutationen auf* $[n]$. *Sei* sign: $S_n \rightarrow \{-1,1\}$ *die* **Signum-Funktion**, *d.h. für* $\sigma \in S_n$ *ist* $\mathrm{sign}(\sigma) = 1$, *falls* σ *durch eine gerade Anzahl von Transpositionen in die Identität überführt werden kann, sonst* $\mathrm{sign}(\sigma) = -1$.

Die folgende Bezeichnung fasst einige elementare topologische Begriffe zusammen.

1.3.11 Bezeichnung. *(Analysis)*

(a) **Normen** *im* $\mathbb{R}^n$ *werden mit* $\|\ \|$ *bezeichnet. Für* $p \in [1,\infty]$ *ist speziell* $\|\ \|_{(p)}$ *die für* $x := (\xi_1,\ldots,\xi_n)^T \in \mathbb{R}^n$ *durch*

$$\|x\|_{(p)} \quad := \quad \left(\sum_{j=1}^n |\xi_j|^p\right)^{\frac{1}{p}} \qquad (p \in [1,\infty[)$$

$$\|x\|_{(\infty)} \quad := \quad \max\{|\xi_1|,\ldots,|\xi_n|\}$$

definierte p-**Norm.** *Insbesondere sind* $\|\ \|_{(1)}$ *die* **Betragssummennorm,** $\|\ \|_{(2)}$ *die* **euklidische Norm** *und* $\|\ \|_{(\infty)}$ *die* **Maximumnorm.**

Die jeweils zugehörige **Einheitskugel** *wird mit* $\mathbb{B}$, $\mathbb{B}_{(p)}$, $\mathbb{B}_{(\infty)}$ *oder (zur Betonung der Dimension) mit* $\mathbb{B}^n$, $\mathbb{B}_{(p)}^n$ *bzw.* $\mathbb{B}_{(\infty)}^n$ *bezeichnet. Die entsprechenden* **Einheitssphären** *sind dann* $\mathbb{S}$, $\mathbb{S}_{(p)}$, $\mathbb{S}_{(\infty)}$, $\mathbb{S}^{n-1}$, $\mathbb{S}_{(p)}^{n-1}$ *bzw.* $\mathbb{S}_{(\infty)}^{n-1}$. *(Man beachte, dass die Sphäre* $\mathbb{S}^{n-1}$ *im* $\mathbb{R}^n$ *liegt; das hochgestellte* $n-1$ *gibt, wie üblich, ihre Dimension an.)*

(b) *Sind*

$$(p,q) \in]1,\infty[^2 \quad \wedge \quad \frac{1}{p} + \frac{1}{q} = 1$$

oder

$$(p,q) \in \{(1,\infty),(\infty,1)\},$$

so heißen die beiden Normen $\|\ \|_{(p)}$ *und* $\|\ \|_{(q)}$ **konjugiert.**

(c) *Seien* $X \subset \mathbb{R}^n$ *und* $\|\ \|$ *eine Norm des* $\mathbb{R}^n$. *Dann bezeichnen* $\mathrm{int}(X)$, $\mathrm{cl}(X)$ *und* $\mathrm{bd}(X)$ *das* **Innere,** *den* **Abschluss** *bzw. den* **Rand** *von* X *(bez. der durch* $\|\ \|$ *erzeugten Topologie).*[33]

---

[33] Man beachte, dass alle Normen im $\mathbb{R}^n$ äquivalent sind, so dass man hier nicht nach verschiedenen Normen differenzieren muss.

Ohne es immer explizit zu benennen, werden sich alle verwendeten topologische Begriffe auf den *Minkowski-Raum* $\left(\mathbb{R}^n, \|\cdot\|\right)$ beziehen.

1.3.12 Konvention. *Funktionen werden im Allgemeinen mit kleinen griechischen Buchstaben bezeichnet. Standardfunktionen bilden hier eine Ausnahme; für sie wird die übliche, meist lateinische Notation verwendet. Insbesondere ist* log *der* **Logarithmus** *zur Basis 2 und* ln *der Logarithmus zur Basis e.*

Sind $\varphi : X \to Y$ *eine Funktion und* $S \subset X$ *sowie* $T \subset Y$, *dann bezeichnet* $\varphi|_S$ *die* **Einschränkung** *von* φ *auf* S. *Ferner sind* $\varphi(S) := \{\varphi(x) : x \in S\}$ *und* $\varphi^{-1}(T) := \{x \in X : \varphi(x) \in T\}$ *das* **Bild** *von* S *bzw. das* **Urbild** *von* T *unter* φ.

Sind $\varphi : \mathbb{R}^n \to \mathbb{R}$ *und* $x := (\xi_1, \dots, \xi_n)^T \in \mathbb{R}^n$, *so wird bisweilen zur 'Explizierung' von* $\varphi(x)$ *statt* $\varphi\left((\xi_1, \dots, \xi_n)^T\right)$ *auch einfacher* $\varphi(\xi_1, \dots, \xi_n)$ *geschrieben. Analog wird auch für Funktionen auf kartesischen Produkten verfahren.*

Ist die Funktion $\varphi : \mathbb{R}^n \to \mathbb{R}$ *(hinreichend oft) differenzierbar in einem Punkt* $x_0 \in \mathbb{R}^n$, *so bezeichnet* $\varphi'(x_0)$ *ihren (als Spaltenvektor geschriebenen)* **Gradienten**[34] *und* $\varphi''(x_0)$ *ihre* **Hesse**[35]*-Matrix, d.h.*

$$\varphi'(x_0) := \left(\frac{\partial}{\partial \xi_1}\varphi(x_0), \dots, \frac{\partial}{\partial \xi_n}\varphi(x_0)\right)^T \quad \wedge \quad \varphi''(x) := \left(\frac{\partial^2}{\partial \xi_i \partial \xi_j}\varphi(x_0)\right)_{i,j \in [n]}.$$

1.4 Ergänzung: Verschiedene Formen von LP-Aufgaben

In Definition 1.1.5 wurden lineare Optimierungsaufgaben in natürlicher Form eingeführt. Man kann aber durchaus auch LP-Aufgaben betrachten, die formal anders aussehen, etwa auch Gleichungen oder vorzeichenbeschränkte Variablen enthalten. Wir zeigen jetzt, dass alle diese Formen aufeinander zurückgeführt werden können.

1.4.1 Bezeichnung.   *(a) Eine allgemeine* **lineare Optimierungsaufgabe** $\mathcal{I}$ *ist durch folgende Daten spezifiziert:*

$$\mathrm{opt} \in \{\min, \max\}$$

$$m,n \in \mathbb{N} \quad \wedge \quad a_1, \dots, a_m \in \mathbb{R}^n \setminus \{0\} \quad \wedge \quad \beta_1, \dots, \beta_m \in \mathbb{R} \quad \wedge \quad \gamma_1, \dots, \gamma_n \in \mathbb{R}$$

$$\text{Partition } \{M_1, M_2, M_3\} \text{ von } [m] \quad \wedge \quad \text{Partition } \{N_1, N_2, N_3\} \text{ von } [n].$$

Ferner sei das lineare Funktional $\varphi : \mathbb{R}^n \to \mathbb{R}$ *für* $x \in \mathbb{R}^n$ *durch* $\varphi(x) := c^T x$ *definiert, und es sei* F *die Menge aller* $x := (\xi_1, \dots, \xi_n)^T \in \mathbb{R}^n$ *mit*

$$
\begin{array}{llll}
a_i^T x & = & \beta_i & (i \in M_1) \quad \text{\textit{(Gleichungsnebenbedingungen)}} \\
a_i^T x & \leq & \beta_i & (i \in M_2) \\
a_i^T x & \geq & \beta_i & (i \in M_3) \\[2pt]
\xi_j & \geq & 0 & (j \in N_1) \quad \text{\textit{(Nichtnegativitätsbedingungen)}} \\
\xi_j & \leq & 0 & (j \in N_2) \quad \text{\textit{(Nichtpositivitätsbedingungen).}}
\end{array}
$$

Ziel ist es, φ *über* F *zu opt*imieren.

---

[34] Diese Schreibweise der Ableitungen wird gewählt, um die Analogie vieler Aussagen zu dem Fall $n = 1$ zu unterstreichen. Dass der Gradient als Spaltenvektor aufgefasst wird, entspricht unserer generellen Konvention.

[35] Ludwig Otto Hesse, 1811 -1874.

(b) Gilt

$$M_2 = M_3 = N_2 = N_3 = \emptyset \quad \wedge \quad \text{opt} = \min,$$

*so spricht man von einer Aufgabe in **Standardform**. Sind*

$$M_1 = N_2 = N_3 = \emptyset \wedge M_2 = \emptyset \quad \wedge \quad \text{opt} = \min$$

bzw.

$$M_1 = N_2 = N_3 = \emptyset \wedge M_3 = \emptyset \quad \wedge \quad \text{opt} = \max,$$

*so liegt die Aufgabe in **kanonischer Form** vor.*

*(c) Die Menge aller (allgemeinen) linearen Optimierungsaufgaben heißt **(allgemeines) lineares Optimierungsproblem**. Analog sind auch* LP*-Probleme in Standard- bzw. kanonischer Form definiert.*[36]

Lineare Optimierungsaufgaben gemäß Definition 1.1.5 liegen in *natürlicher Form* vor; es gilt also entsprechend $M_1 = M_3 = N_2 = N_3 = \emptyset$ und opt = max.

Wir zeigen nun wie sich die verschiedenen Formen linearer Optimierungsprobleme ineinander überführen lassen. Wir beginnen mit den einfachsten Fällen.

1.4.2 Bemerkung.   *(a) Die Ungleichungen '$\leq$' und '$\geq$' lassen sich durch Multiplikation mit -1 ineinander überführen.*

(b) Es gilt

$$\max_{x \in F} c^T x = - \min_{x \in F} (-c)^T x \quad \wedge \quad \operatorname*{argmax}_{x \in F} c^T x = \operatorname*{argmin}_{x \in F} (-c)^T x,$$

d.h. das Maximierungsproblem kann als Minimierungsproblem geschrieben werden und umgekehrt.

(c) Eine Gleichungsbedingung $a^T x = \beta$ kann durch die beiden Ungleichungsbedingungen

$$a^T x \leq \beta \quad \wedge \quad a^T x \geq \beta$$

ersetzt werden.

Man beachte, dass (b) einen etwas anderen Charakter hat als (a) und (c), da die Überführung einer Maximierungs- in eine Minimierungsaufgabe nicht nur eine Änderung des Inputs sondern auch eine Änderung des Outputs, nämlich des Vorzeichens des Zielfunktionswerts erfordert.

Zur Überführung von Ungleichungen in Gleichungen und von nicht vorzeichenbeschränkten Variablen in vorzeichenbeschränkte führt man üblicherweise neue Variablen ein. Die mathematische Grundlage für die erste Reduktion liefert das folgende Lemma.

1.4.3 Lemma.   *Seien $a \in \mathbb{R}^n \setminus \{0\}$ und $\beta \in \mathbb{R}$,*

$$R := \left\{ \begin{pmatrix} x \\ \xi \end{pmatrix} \in \mathbb{R}^{n+1} : a^T x \leq \beta \wedge \xi = 0 \right\},$$

$$S := \left\{ \begin{pmatrix} x \\ \xi \end{pmatrix} \in \mathbb{R}^{n+1} : a^T x + \xi = \beta \wedge \xi \geq 0 \right\},$$

---

[36] Die Bezeichnungen 'Standardform' und 'kanonische Form' sind weder so kanonisch noch ein so fixer Standard, wie man denken würde. Manche Autoren verwenden sie in genau vertauschter Bedeutung.

und $\Psi : \mathbb{R}^{n+1} \to \mathbb{R}^{n+1}$ *sei die durch*

$$\Psi \begin{pmatrix} x \\ \xi \end{pmatrix} := \begin{pmatrix} 0 \\ \beta \end{pmatrix} + \begin{pmatrix} x \\ \xi - a^T x \end{pmatrix}$$

definierte Abbildung. Dann ist Ψ *bijektiv, und es gilt* $\Psi(R) = S$. *Eingeschränkt auf die Menge* $H := \left\{ \begin{pmatrix} x \\ \xi \end{pmatrix} : a^T x + \xi = \beta \right\}$ *ist* Ψ^{-1} *die Orthogonalprojektion auf* $\mathbb{R}^n \times \{0\}$, *d.h. auf den Raum der Vektoren der ersten* n *Koordinaten.*

Beweis: Bezeichnet E_n (wie in Bezeichnung 1.3.7) die $(n \times n)$ Einheitsmatrix, so ist der lineare Anteil von Ψ durch die Matrix

$$\begin{pmatrix} E_n & 0 \\ -a^T & 1 \end{pmatrix}$$

gegeben. Sie hat Rang $n + 1$; Ψ ist somit bijektiv. Ferner gilt für $(x^T, \xi)^T \in R$ natürlich $a^T x \leq \beta$ und $\xi = 0$, d.h.

$$\Psi \begin{pmatrix} x \\ \xi \end{pmatrix} = \begin{pmatrix} x \\ \beta - a^T x \end{pmatrix} \in S.$$

Umgekehrt hat jeder Punkt aus S die Gestalt $(x^T, \beta - a^T x)^T$ mit $\beta - a^T x \geq 0$, ist also Bild von $(x^T, 0)^T$ unter Ψ. Hiermit ist auch der zweite Teil der Behauptung bewiesen. Offenbar ist

$$\Psi^{-1} \begin{pmatrix} x \\ \xi \end{pmatrix} = \begin{pmatrix} 0 \\ -\beta \end{pmatrix} + \begin{pmatrix} E_n & 0 \\ a^T & 1 \end{pmatrix} \begin{pmatrix} x \\ \xi \end{pmatrix},$$

d.h. ein Punkt $(x^T, \xi)^T \in H$ wird abgebildet auf

$$\Psi^{-1} \begin{pmatrix} x \\ \xi \end{pmatrix} = \begin{pmatrix} x \\ -\beta + a^T x + \xi \end{pmatrix} = \begin{pmatrix} x \\ 0 \end{pmatrix},$$

und es folgt der letzte Teil der Behauptung. $\square$

Durch das Hinzufügen einer Variablen ξ zusammen mit der Bedingung $\xi = 0$ wird eine LP-Aufgabe lediglich in den durch $\xi = 0$ gegebenen Koordinatenunterraum des $\mathbb{R}^{n+1}$ eingebettet, und das hat auf ihre Lösbarkeit und das Optimum einer zugehörigen LP-Aufgabe ebenso wenig Einfluss wie das anschließende 'Liften' durch Ψ.

1.4.4 Korollar. *Seien* $a \in \mathbb{R}^n$ *und* $\beta \in \mathbb{R}$. *Die Ungleichung* $a^T x \leq \beta$ *ist äquivalent zu*

$$a^T x + \xi = \beta \wedge \xi \geq 0,$$

d.h. kann durch eine Gleichung und eine Nichtnegativitätsbedingung ersetzt werden.

Beweis: Die Aussage folgt unmittelbar aus Lemma 1.4.3. $\square$

1.4.5 Bezeichnung. *Die in Korollar 1.4.4 hinzukommende Variable* ξ *heißt* **Schlupfvariable** *für die Ungleichung* $a^T x \leq \beta$.

Die Überführung einer LP-Aufgabe in eine solche mit Nichtnegativitätsbedingungen für alle Variablen erfordert einen anderen Zugang.

1.10 Abbildung. Geometrische Interpretation der Einführung einer Schlupfvariable.

1.4.6 Bemerkung. *Aus einer gegebenen* Lp*-Aufgabe* $\mathcal{I}$ *entstehe eine neue Aufgabe* $\mathcal{I}^*$ *durch Ersetzen jeder Variablen* ξ_j *mit* $j \in N_3$ *durch die Differenz* $\mu_j - \nu_j$ *zweier neuer Variablen und Hinzufügen der Nichtnegativitätsbedingungen* $\mu_j, \nu_j \geq 0$.
Die Setzung

$$\mu_j := \max\{0, \xi_j\} \quad \wedge \quad \nu_j := -\min\{\xi_j, 0\},$$

der neuen Variablen ordnet jedem zulässigen Punkt x der ursprünglichen Aufgabe $\mathcal{I}$ *einen zulässigen Punkt der modifizierten Aufgabe* $\mathcal{I}^*$ *zu. Umgekehrt überführt die Setzung*

$$\xi_j := \mu_j - \nu_j$$

eine zulässige Lösung für $\mathcal{I}^*$ *in eine von* $\mathcal{I}$.

Wir werden auf die Geometrie, die Bemerkung 1.4.6 zugrunde liegt, noch einmal in Sektion 4.5 zurückkommen.

Die verwendeten Reduktion ermöglichen es, Verfahren zur Lösung einer Form von Lp-Problemen auch für andere Formen linearer Optimierungsprobleme einzusetzen. Der Körper der zugrunde liegenden Inputdaten wird dabei nicht verlassen. Liegen diese insbesondere in $\mathbb{Q}$, so bleibt das auch nach der Transformation der Fall.

Bei der Zurückführung verschiedener Formen von linearen Optimierungsproblemen aufeinander wird zum Teil die Dimension deutlich vergrößert, und die Zuordnung braucht auf den zulässigen Bereichen auch nicht bijektiv zu sein. Was bedeutet dann aber die 'Äquivalenz' der verschiedenen Formen von Lp-Problemen wirklich, und welche Auswirkungen hat sie auf die Optimierungspraxis? Eine algorithmische Präzisierung dieses Konzepts wird in Satz 3.1.41 gegeben.

1.5   Übungsaufgaben

1.5.1 Übungsaufgabe. *In der Verfahrenstechnik stehen zahlreiche chemische, biologische und physikalische Verfahren[37] zur Verfügung, um aus einem Rohstoff verschiedene Produkte zu gewinnen. Die entsprechende Ausbeute hängt vom eingesetzten Verfahren ('Prozess') ab. Wir nehmen an, dass in einem chemischen Filtrations- und Aufbereitungsverfahren aus einem Rohstoff zunächst Fluide verschiedener Zusammensetzungen, Reinheiten und Konzentrationen 'hoch' (H), 'mittel' (M) und 'niedrig' (N) hergestellt werden, die danach in unterschiedlichen Folgeprozessen weiter verarbeitet werden können.*
In der Produktion stehen zwei Verfahren zur Verfügung, die bezogen auf 100 Mengeneinheiten des Rohstoffs die folgenden Ergebnisse liefern und Kosten (K) verursachen:

  Prozess A: $H = 15$, $M = N = 25$, $K = 3$; Prozess B: $H = 45$, $M = 20$, $N = 10$, $K = 5$.

Ein aktueller Auftrag erfordert $(H, M, N) = (40, 50, 30)$; *die Mengen sollen so kostengünstig wie möglich produziert werden.*

  (a) Man modelliere die Aufgabe als lineares Programm.

---

[37] Hierzu gehören das Zerkleinern, die Filtration und Destillation, die Oxidation und Polymerisation, die Elektrolyse, die Gärung etc.

(b) Man löse das lineare Programm graphisch.

1.5.2 Übungsaufgabe. *Eine für die Herstellung von zwei Produkten P_1 und P_2 benötigte Maschine steht einem Unternehmen pro Tag 16 Stunden zur Verfügung. Um eine Einheit von P_1 zu fertigen, ist eine Maschinenlaufzeit von 6 Minuten erforderlich; für eine Einheit von P_2 werden hingegen 18 Minuten benötigt. Rüst- und Umrüstzeiten fallen nicht an. Die variablen Stückkosten liegen bei 4,- Euro für P_1 bzw. bei 44,- Euro für P_2. Auf dem Absatzmarkt lassen sich hierfür Stückpreise von 11,- Euro bzw. 49,- Euro erzielen. Allerdings können von P_1 maximal 100 und von P_2 maximal 40 Stück pro Tag verkauft werden.*

(a) Man stelle lineare Programme für die beiden Unternehmensziele der Maximierung des Gewinns bzw. der Maximierung des Umsatzes auf.

(b) Man bestimme die jeweiligen Optima.

(c) Da hier Umsatz und Gewinn nicht gleichzeitig maximiert werden können, wird entschieden, eine Produktion zu realisieren, die beide Zielwerte zu einem maximalen gleichen Prozentsatz erreicht. Man formuliere eine entsprechende lineare Optimierungsaufgabe.

1.5.3 Übungsaufgabe. *Bei den Produktionsaufgaben gemäß Bezeichnung 1.2.1 geht man davon aus, dass der Erlös linear von der hergestellten Quantität der Produkte abhängt. Oftmals sind die Produzenten aber gezwungen, ihren Kunden Mengenrabatte einzuräumen, so dass die Grenzerträge abnehmen. So ergebe sich etwa aus den getroffenen Liefervereinbarungen, dass bis zur Produktion von 1000 Stück des Produkts P der Gewinn pro Stück 100 ist, für die Stückzahlen $1001 - 10000$ sinkt er auf 80, und für jedes weitere Stück bis zur Produktionsgrenze von 100000 wird nur noch ein Gewinn von 50 erzielt. Man modelliere diese Variante als ganzzahlige Optimierungsaufgabe. Kann man das auf eine Weise tun, dass die Variablen dabei nur linear eingehen?*

1.5.4 Übungsaufgabe. *Im Folgenden sind verschiedene lineare Optimierungsaufgaben*

$$\max\{c_i^T x : A_j x \leq b_k \wedge x \geq 0\}$$

gegeben. Dabei seien

$$A_1 := \begin{pmatrix} -1 & 2 \\ 3 & 1 \end{pmatrix} \quad \wedge \quad A_2 := \begin{pmatrix} -1 & 2 \\ 1 & -2 \end{pmatrix} \quad \wedge \quad b_1 := \begin{pmatrix} 4 \\ 9 \end{pmatrix} \quad \wedge \quad b_2 := \begin{pmatrix} 4 \\ -5 \end{pmatrix}$$

$$b_3 = \begin{pmatrix} 4 \\ -2 \end{pmatrix} \quad \wedge \quad c_1 := \begin{pmatrix} 1 \\ 1 \end{pmatrix} \quad \wedge \quad c_2 := \begin{pmatrix} 3 \\ 1 \end{pmatrix} \quad \wedge \quad c_3 := \begin{pmatrix} 0 \\ 0 \end{pmatrix}.$$

Man skizziere die zulässigen Bereiche für die folgenden Tripel (A_j, b_k, c_i) und bestimme graphisch den Optimalwert und alle Optimallösungen:

(a) (A_1, b_1, c_1);   (b) (A_2, b_2, c_1);   (c) (A_2, b_3, c_1);   (d) (A_1, b_1, c_2);   (e) (A_1, b_1, c_3).

1.5.5 Übungsaufgabe. *Seien*

$$A := \begin{pmatrix} -1 & 2 \\ 3 & 1 \end{pmatrix} \quad \wedge \quad b := \begin{pmatrix} 4 \\ 9 \end{pmatrix}$$

sowie

(a) $v_1 := \begin{pmatrix} 2. \\ 3 \end{pmatrix}$;   (b) $v_2 := \begin{pmatrix} 0 \\ 2 \end{pmatrix}$;   (c) $v_3 := \begin{pmatrix} 1 \\ 5/2 \end{pmatrix}$;   (d) $v_4 := \begin{pmatrix} 0 \\ 0 \end{pmatrix}$.

Für jedes $i \in [4]$ bestimme man die Menge der möglichen Zielfunktionsvektoren c, so dass der Punkt v_i Optimallösung der Aufgabe $\max\{c^T x : Ax \leq b \wedge x \geq 0\}$ ist. Man beweise jeweils die Optimalität durch Herleitung einer geeigneten oberen Schranke für den optimalen Zielfunktionswert. Hinweis: Schranken können durch positive Skalierung und Addition von Ungleichungen gewonnen werden.

1.5.6 Übungsaufgabe. *Seien $P := \{x \in \mathbb{R}^3 : Ax \leq b\}$ mit*

$$A^T := \begin{pmatrix} -1 & 0 & 0 & 1 & 1 \\ 0 & -1 & 0 & 1 & -1 \\ 0 & 0 & -1 & 1 & 2 \end{pmatrix} \quad \wedge \quad b^T := (0, 0, 0, 6, 4) \quad \wedge \quad c^T := (1, -1, 2).$$

(a) Man skizziere das Polyeder P.

(b) Man bestimme $\max_{x \in P} c^T x$ und $\min_{x \in P} c^T x$.

1.5.7 Übungsaufgabe. *In einer Schule haben sich zwei Lehrer um eine Beförderung beworben, mit der die Aufgabe der Koordination der Stundenpläne verbunden ist. Um sich von den Fähigkeiten der Bewerber zu überzeugen, hat ihnen die Direktorin den folgenden kleinen Testdatensatz für zwei Klassen geschickt.*

Lehrkraft	Fach	Klasse A	Klasse B
Herr Meyer	Deutsch	3	3
Frau König	Spanisch	1	1
Herr Wenner	Erdkunde	2	2
Herr Bauer	Mathematik	4	0
Frau Weinmann	Mathematik	0	4
Frau Dr. Matthes	Physik	2	2
Herr Krämser	Englisch	2	2
Herr Gahl	Wirtschaft/Recht	0	1
Frau Volkmar	Wirtschaft/Recht	1	0

Für die Stunden stehen die Zeiträume

Montag – Freitag: 8:00 – 8:45 Uhr, 8:50 – 9:35 Uhr, 9:45 – 10:30 Uhr, 10:35 – 11:20 Uhr

zur Verfügung. Die Tabelle zeigt die Lehrkraft und die Anzahl der Wochenstunden, die jeweils von ihr in den beiden Klassen zu unterrichten sind. Dabei soll Spanisch immer in der letzten Stunde eines Tages stattfinden, die erste Stunde am Montag soll frei bleiben. Herr Bauer kann aufgrund anderer Verpflichtungen Montags nicht unterrichten; Frau König steht Mittwochs nicht zur Verfügung. Jedes Fach soll höchstens zwei Stunden pro Tag und Klasse unterrichtet werden. Wird ein Fach zwei Stunden an demselben Tag unterrichtet, so müssen diese hintereinander stattfinden (Doppelstunde). Ziel ist es, im Studenplan möglichst wenig Freistunden zu haben, d.h. Stunden ohne Unterricht, obwohl vorher und nachher an demselben Tag noch Unterricht in der Klasse stattfindet.

Man modelliere die Studenplanung als ganzzahlige lineare Optimierungsaufgabe.

1.5.8 Übungsaufgabe. *Aus Eisenstäben der Länge $\beta \in \mathbb{N}$ sollen für $j \in [n]$ jeweils $\tau_j \in \mathbb{N}$ Stäbe der Länge α_j zurecht geschnitten werden. Die Anzahl der angeschnittenen Eisenstäbe sei dabei minimal. Man formuliere diesen Auftrag als ganzzahlige lineare Optimierungsaufgabe.*

1.5.9 Übungsaufgabe. *Im Sortiment eines Metallhändlers seien m verschiedene Typen von Eisenstäben, die sich jedoch nur in ihren Längen unterscheiden. Für $i \in [m]$ seien $\beta_i \in \mathbb{N}$ die Länge und $\kappa_i \in \mathbb{N}$ die vorhandene Anzahl von Eisenstäben des Typs i.*

Ein Kunde möchte für $j \in [n]$ jeweils $\tau_j \in \mathbb{N}$ Stäbe der Länge $\alpha_j \in \mathbb{N}$ zurecht geschnitten bekommen. Der Händler kann nun verschiedene Optimierungsziele verfolgen. Hierzu gehören die Minimierung

(a) der Summe der Verschnittreste aller angeschnittenen Eisenstäbe;

(b) der Anzahl der angeschnittenen Stäbe;

(c) der Anzahl der verschiedenen Typen angeschnittener Stäbe;

(d) der Summe der Verschnittreste aller Stäbe, deren Restlänge kleiner ist als die Länge der kürzesten Stange im Sortiment;

(e) der Summe der Verschnittreste aller Stäbe, deren Restlänge nicht in $\{\beta_1, \ldots, \beta_m\}$ liegt.

Man formuliere entsprechende Optimierungsaufgaben in ganzzahligen Variablen.

1.5.10 Übungsaufgabe. *Seien $m, n \in \mathbb{N}$, $A := (a_1, \ldots, a_m)^T \in \mathbb{R}^{m \times n}$ und $b := (\beta_1, \ldots, \beta_m)^T \in \mathbb{R}^m$. Im Allgemeinen wird das Gleichungssystem $Ax = b$ nicht lösbar sein. Gesucht ist daher ein Vektor $x \in \mathbb{R}^n$, für den der 'Worst-case-Fehler', d.h. das Maximum der Einzelfehler in den m Gleichungen minimal ist. Es liegt also die Aufgabe*

$$\min_{x \in \mathbb{R}^n} \max_{i \in [m]} |a_i^T x - \beta_i|$$

vor. Man formuliere diese Aufgabe als lineares Programm.

1.5.11 Übungsaufgabe. *Eine Fahrradfabrik stellt zwei verschiedene Spezialräder her, Modell A und Modell B. Pro Stück ist eine manuelle Bearbeitung von 20 Stunden Arbeitszeit für Modell A und 10 Stunden für Modell B erforderlich. Insgesamt stehen (in dem betrachteten Produktionszeitraum) 16.000 Arbeitsstunden zur Verfügung. Für die maschinelle Bearbeitung werden für beide Modelle jeweils 4 Stunden Maschinenzeit pro Stück benötigt. Insgesamt sind 4.000 Maschinenstunden verfügbar.*

Der Bedarf an Spezialschrauben beträgt pro Rad 6 Stück für Typ A bzw. 15 Stück für Typ B. Insgesamt sind 9000 dieser Schrauben vorrätig; eine Nachlieferung kann innerhalb des betrachteten Produktionszeitraums nicht erfolgen. Alle anderen erforderlichen Teile und Instrumente stehen in ausreichender Zahl zur Verfügung. Beim Verkauf ergibt sich (nach Abzug aller Kosten) ein Reingewinn von 160 Euro pro Fahrrad des Modells A und 320 Euro pro Rad des Modells B. Der Gesamtgewinn soll maximiert werden.

(a) Man modelliere die beschriebene Produktion als ganzzahlige lineare Optimierungsaufgabe.

(b) Man stelle den zulässigen Bereich graphisch dar und ermittele alle Optimallösungen.

1.5.12 Übungsaufgabe. *Die Rekonstruktion kristalliner Strukturen gemäß Sektion 1.2 soll auf den Polyatomfall erweitert werden. Hierbei treten mehrere verschiedene Atomsorten auf, für die jeweils getrennte Messdaten in den Richtungen u_1, u_2, u_3 vorliegen. Wie zuvor wissen wir daher, wieviele Atome des jeweiligen Typs auf den einzelnen Gittergeraden liegen. Natürlich kann sich auf jedem Gitterpunkt höchstens ein Atom befinden. Man modelliere die Rekonstruktion als ganzzahlige Zulässigkeitsaufgabe.*

1.5.13 Übungsaufgabe. *Durch Hinzunahme von Ganzzahligkeitsbedingungen für alle Variablen entsteht aus einem linearen Programm LP eine zugehörige ganzzahlige Optimierungsaufgabe G(LP). Man konstruiere eine Folge $(LP_n)_{n \in \mathbb{N}}$ linearer Programme LP_n mit den folgenden Eigenschaften:*

(a) LP_n hat n Variable.

(b) Alle bei der Beschreibung von LP_n auftretenden Daten sind aus $\{0,1\}$.

(c) Der zulässige Bereich von LP_n enthält die Punkte $0, u_1, \ldots, u_n$.

(d) Für jedes $k \in \mathbb{N}$ gibt es ein $n(k) \in \mathbb{N}$, so dass für alle $n \geq n(k)$ die Differenz der Optimalwerte von LP_n und $G(LP_n)$ mindestens k beträgt.

1.5.14 Übungsaufgabe. *Der Betreiber eines Senders möchte die Sendeleistung σ optimieren. Sie soll einerseits möglichst klein sein, andererseits aber einen störungsfreien Empfang in seinem Sendegebiet gewährleisten. Es liegen die folgenden Fakten zugrunde. Das mit Funkempfang zu versorgende Gebiet ist durch die Bedingungen*

$$\xi_1 - \xi_2 \geq -1 \quad \wedge \quad \xi_1 + \xi_2 \leq 2 \quad \wedge \quad 3\xi_1 - \xi_2 \leq 3 \quad \wedge \quad 2\xi_1 + \xi_2 \geq -2$$

gegebenen; der Sender steht im Ursprung und strahlt in alle Richtungen gleichmäßig ab. Die in einem Punkt $x \in \mathbb{R}^2$ ankommende Signalstärke beträgt $\sigma / (1 + \|x\|_{(2)}^2)$. Für einen klaren Empfang ist eine Signalstärke von mindestens 1 erforderlich.

(a) Man modelliere die Angelegenheit als Optimierungsaufgabe.

(b) Man löse die Aufgabe graphisch.

(c) Man konstruiere ein lineares Programm, mit dessen Hilfe man beweisen kann, dass die in (b) gefundene Lösung tatsächlich optimal ist.

1.5.15 Übungsaufgabe. *In einem Bieterverfahren, an dem sich Fluggesellschaften beteiligen können, sollen die Rechte vergeben werden, zwischen 20 verschiedenen Städten direkte Flugverbindungen zu betreiben. Diese sind jeweils in beide Richtungen benutzbar; keine zwei von ihnen sollen allerdings dieselben beiden Städte verbinden.*

(a) Angenommen, die Fluggesellschaft wäre völlig frei in der Wahl der Verbindungen, was wäre die Mindestzahl von Flugverbindungen, mit denen man garantieren kann, dass man von jeder Stadt in jede andere fliegen kann, ohne dabei mehr als einmal umsteigen zu müssen. Wie verändert sich diese Zahl, wenn man zweimaliges oder dreimaliges Umsteigen akzeptiert?

(b) Angenommen es bestünden Verpflichtungen, bestimmte vorgegebene Direktverbindungen zu bedienen. Man bestimme die Höchstzahl solcher vorgeschriebener Flugverbindungen, mit denen noch nicht garantiert ist, dass dass man von jeder Stadt in jede andere fliegen kann, ohne dabei mehr als einmal umsteigen zu müssen.

1.5.16 Übungsaufgabe. *Im euklidischen Traveling Salesman Problem (E-TSP) ist die Distanz von je zwei Punkten durch ihren euklidische Abstand gegeben. Man beweise die folgenden Aussagen:*

(a) Es existiert eine Konstante α, so dass für jedes $n \in \mathbb{N}$ jede Aufgabe von E-TSP mit n Knoten in $[0,1]^2$ eine Tour T besitzt, dessen Länge $\zeta(T)$ die Ungleichung $\zeta(T) \leq \alpha\sqrt{n}$ erfüllt.

(b) Es existiert eine positive Konstante β, so dass für jedes $n \in \mathbb{N}$ eine Aufgabe von E-TSP mit n Knoten in $[0,1]^2$ existiert, so dass für jede Tour T die Ungleichung $\zeta(T) \geq \beta\sqrt{n}$ gilt.

Hinweis: Man verwende geeignete Zerlegungen von $[0,1]^2$ in Streifen bzw. Quadrate gleicher Größe.

1.5.17 Übungsaufgabe. *Gegeben sei eine endliche Punktmenge $F \subset \mathbb{R}^3$. Die Menge F ist nicht direkt zugänglich; es ist aber für jede Gerade parallel zur ξ_1- oder zur ξ_2-Achse bekannt, wieviele Punkte aus F sie trifft. (Natürlich sind alle bis auf endlich viele dieser Geraden zu F disjunkt.) Ziel ist es, F zu rekonstruieren. Man zeige zunächst, dass F im Allgemeinen durch diese Daten nicht eindeutig bestimmt ist. Um eine möglichst gute Lösung zu erhalten, soll die Rekonstruktion von F sukzessive in Schichten parallel zur (ξ_1,ξ_2)-Ebene in der Reihenfolge zunehmender ξ_3-Koordinaten erfolgen, um bei der Rekonstruktion einer Schicht Informationen aus der Vorgängerschicht zu verwenden. Die Experten kennen den Schnitt von F mit der ersten Schicht exakt und gehen davon aus, dass unter allen möglichen Lösungen in der $(k+1)$-ten Schicht, die mit den Messdaten übereinstimmen, solche am wahrscheinlichsten sind, die an den wenigsten Stellen von der gefundenen Lösung in der k-ten Schicht abweichen. Man gebe einen Algorithmus an, der ein solches Verfahren zur Bestimmung einer 'möglichst plausiblen' Lösung umsetzt. Als Subroutine kann dabei eine Methode zur Lösung ganzzahliger Optimierungsaufgaben verwendet werden.*

1.5.18 Übungsaufgabe. *Ein Lastwagen soll so beladen werden, dass der Gesamtwert der Ladung maximiert wird, ohne jedoch seine Ladekapazität zu überschreiten. Zur Beladung stehen n Güter $G_1, \dots G_n$ bereit; für $i \in [n]$ habe G_i das Gewicht $\gamma_i \in\,]0,\infty[$ und den Wert $\omega_i \in\,]0,\infty[$. Das zulässige Ladegewicht des Wagens betrage $\beta \in\,]0,\infty[$. Die Auswahl der zu verladenden Güter erfolgt durch den Betreiber nach der folgenden Systematik $\mathcal{A}_1$. Die Güter werden zunächst dem Wert nach sortiert, d.h. so umnummeriert, dass $\omega_1 \geq \dots \geq \omega_n$ gilt. Dann wird der Reihe nach jedes Gut geladen, solange hierduch die Ladekapazität nicht überschritten wird.*

(a) *Man zeige, dass für jedes $\epsilon \in\,]0,\infty[$ eine Instanz existiert, so dass für das Optimum ζ^* und den Zielfunktionswert $\zeta(\mathcal{A}_1)$ der durch $\mathcal{A}_1$ gefundenen Lösung*

$$\zeta(\mathcal{A}_1) \leq \epsilon \cdot \zeta^*$$

gilt, das Verfahren also beliebig schlecht sein kann.

Ein Problem von $\mathcal{A}_1$ liegt offenbar darin, dass die Reihenfolge der Verladung ausschließlich vom Wert, nicht aber vom Gewicht der Güter bestimmt wird. Man kann daher hoffen, dass der analoge Algorithmus $\mathcal{A}_2$, der die Güter in der Reihenfolge fallender Quotienten ω_i/γ_i sortiert, bessere Ergebnisse liefert.

(b) *Stimmt das? (Beweis oder Gegenbeispiel)*

1.5.19 Übungsaufgabe. *Die Siegerin einer Quizshow darf sich Preise aus n verschiedenen Kategorien $K_1, \dots, K_n$ auswählen. Aus jeder Kategorie darf sie dabei soviele Preise nehmen, wie sie möchte; allerdings darf das Gesamtgewicht aller gewählten Gegenstände eine (durch den Punktestand des vorherigen Spielverlaufs festgelegte) Schranke $\beta \in \mathbb{N}$ nicht überschreiten. Alle Gewinne einer Kategorie haben jeweils das gleiche Gewicht und den gleichen Wert. Für $i \in [n]$ sei $\gamma_i \in \mathbb{N}$ das Gewicht und $\omega_i \in \mathbb{N}$ der Wert jedes Preises aus K_i. Diese Größen sind der Spielerin bekannt. Da sie nicht viel Zeit hat zu überlegen, wie sie eine optimale Auswahl bestimmen kann, verfährt die Spielerin nach dem folgenden Verfahren $\mathcal{A}$:*

$$
\begin{aligned}
&\textsc{Begin} \quad I \leftarrow [n]; \ \rho \leftarrow \beta \\
&\qquad\quad \textsc{While } I \neq \emptyset \textsc{ Do} \\
&\qquad\qquad \textsc{Begin} \\
&\qquad\qquad\quad \text{Wähle } i^* \in \operatorname{argmax}\left\{\tfrac{\omega_i}{\gamma_i} : i \in I\right\}; \ I \leftarrow I \setminus \{i^*\} \\
&\qquad\qquad\quad \textsc{If } \gamma_{i^*} \leq \rho \textsc{ Then } \text{wähle } \lfloor\tfrac{\rho}{\gamma_{i^*}}\rfloor \text{ Preise aus } K_{i^*}; \ \rho \leftarrow \rho - \lfloor\tfrac{\rho}{\gamma_{i^*}}\rfloor \gamma_{i^*} \\
&\qquad\qquad \textsc{End} \\
&\qquad\quad \textsc{End}
\end{aligned}
$$

Seien ζ^* der maximal mögliche Wert des Gewinns und $\zeta(\mathcal{A})$ der Wert der durch $\mathcal{A}$ gefundenen Lösung. Gibt es eine Konstante $\kappa \in\,]0,\infty[$ mit

$$\zeta(\mathcal{A}) \geq \kappa \cdot \zeta^*?$$

Falls ja, gebe man ein möglichst großes solches κ an. Falls nein, konstruiere man für jedes positive κ eine Aufgabe, für die $\zeta(\mathcal{A}) \leq \kappa \cdot \zeta^*$ gilt. Man vergleiche die Ergebnisse mit denen von Übungsaufgabe 1.5.19.

1.5.20 Übungsaufgabe. *Man konstruieren einen Algorithmus, der für $n \in \mathbb{N}$, paarweise orthogonale Vektoren $a_1, \dots, a_n \in \mathbb{R}^n$ und $t \in \mathbb{R}^n$*

$$\max\left\{\left\|t + \sum_{i=1}^{n} \lambda_i a_i\right\|_{(2)}^2 : \lambda_1,\ldots,\lambda_n \in [-1,1]\right\}$$

mit maximal $n + 1$ Skalarproduktberechnungen und n Ergebnisvergleichen berechnet und beweise seine Korrektheit.

1.5.21 Übungsaufgabe. *Gegeben seien die linearen Optimierungsaufgaben*

$$\max\left(-2\xi_1 + \xi_2\right)$$
$$\text{(I)} \quad \begin{array}{rcl} \xi_1 - \xi_2 & \geq & -1 \\ \xi_1 & \geq & 0 \end{array}$$

$$\max\left(-2\xi_1 + \xi_2^+ - \xi_2^-\right)$$
$$\text{(II)} \quad \begin{array}{rcl} \xi_1 - \xi_2^+ + \xi_2^- & \geq & -1 \\ \xi_1, \xi_2^+, \xi_2^- & \geq & 0. \end{array}$$

Der Zusammenhang zwischen (I) und (II) ist vermöge $(\xi_2 = \xi_2^+ - \xi_2^- \wedge \xi_2^+, \xi_2^- \geq 0)$ gegeben. Durch diese Einbettung in den $\mathbb{R}^3$ unterliegen dann alle Variablen Nichtnegativitätsbedingungen.

(a) *Man bestimme die Optimallösungen von (I) und (II).*

(b) *Der Zielfunktionsvektor $c := (-2,1)^T$ von (I) sei nicht exakt, sondern fehlerbehaftet in der Form $(-2,1 + \epsilon)^T$ mit $\epsilon \in [0,\infty[$ gegeben. Wie groß darf ϵ maximal werden, wenn die ursprüngliche Optimallösung erhalten bleiben soll?*

(c) *Aufgrund fehlerhafter Kodierung wird der Zielfunktionsvektor von (II) als $(-2, 1 + 10^{-17}, -1)^T$ gespeichert. Wie lautet dann die Lösung von (II)? (Beweis)*

2 Einstiege: Ungleichungssysteme und diskrete Strukturen

In diesem und dem folgenden Kapitel werden einige mögliche Einstiege in das Thema der Optimierung aufgezeigt, ausgehend von der linearen Algebra, der Kombinatorik und der Algorithmik.[1] Als elementare Motivation der Polyedertheorie und des Simplex-Algorithmus ist etwa Sektion 2.1 über die Fourier-Motzkin[2]-Elimination zur Lösung von linearen Ungleichungssystemen gedacht, mit der auch eine erste Methode zur Lösung von LP-Aufgaben zur Verfügung gestellt wird. Sektionen 2.2 bietet eine Einführung in die Graphentheorie, während sich Sektion 2.3 mit Matroiden befasst und einen Einstieg in verschiedene Probleme der Diskreten Optimierung ermöglicht.

Literatur: [3], [16], [30], [39], [57], [59], [60], [67]

2.1 Von Gleichungs- zu Ungleichungssystemen: Fourier-Motzkin-Elimination

Lineare Gleichungssysteme sind sowohl theoretisch als auch praktisch gut verstanden. Es ist daher naheliegend zu versuchen, die Ergebnisse auch auf Systeme der Form $Ax \leq b$ bzw. $(Ax = b \wedge x \geq 0)$ zu übertragen, um zu entscheiden, wann sie lösbar, d.h. wann die zugrunde liegenden Polyeder nicht leer sind. Insbesondere steht die Frage im Vordergrund, ob es ein der Gauß[3]-Elimination analoges Verfahren zur Lösung von linearen Ungleichungssystemen gibt. Die Lösbarkeit von Gleichungssystemen kann bekanntlich mit Hilfe der um die Spalte b erweiterten Koeffizientenmatrix (A,b) charakterisiert werden.

2.1.1 Wiederholung. *Das Gleichungssystem $Ax = b$ ist genau dann lösbar, wenn*

$$\mathrm{rang}(A) = \mathrm{rang}(A,b)$$

gilt.

Liegt ein Ungleichungssystem der Form $Ax \leq b$ vor und gilt $\mathrm{rang}(A) = \mathrm{rang}(A,b)$, so ist demnach $Ax \leq b$ (sogar als Gleichungssystem) lösbar. Die Umkehrung gilt allerdings nicht, wie folgende Beispiele zeigen:

2.1.2 Beispiel. *(a) Seien*

$$A := \begin{pmatrix} 1 \\ -1 \end{pmatrix} \quad \wedge \quad b := \begin{pmatrix} 1 \\ 1 \end{pmatrix}.$$

---

[1] Abhängig von Vorkenntnissen, Schwerpunktsetzungen und Zielrichtungen können diese Kapitel (zumindest in Teilen) eine notwendige und nützliche Einführung sein oder aber auch weitgehend übersprungen werden. Der gewählte modulare Aufbau soll Einstiege in verschiedene Teile der Optimierung ermöglichen, die in den späteren Kapiteln vertieft werden.

[2] Joseph Fourier, 1768 – 1830; Theodore Motzkin, 1908 – 1970.

[3] Johann Carl Friedrich Gauß, 1777 – 1855.

Dann gilt

$$\text{rang}(A) = 1 \neq 2 = \text{rang}\begin{pmatrix} 1 & 1 \\ -1 & 1 \end{pmatrix} = \text{rang}(A,b).$$

Trotzdem ist das Ungleichungssystem $Ax \leq b$ lösbar; es gilt

$$\{x \in \mathbb{R}^1 : Ax \leq b\} = [-1,1].$$

(b) Für

$$A := \begin{pmatrix} 1 \\ -1 \end{pmatrix} \quad \wedge \quad b := \begin{pmatrix} -1 \\ -1 \end{pmatrix}$$

gilt ebenfalls

$$\text{rang}(A) = 1 \neq 2 = \text{rang}\begin{pmatrix} 1 & -1 \\ -1 & -1 \end{pmatrix} = \text{rang}(A,b),$$

aber diesmal ist $Ax \leq b$ unlösbar.

Bereits dieses einfache Beispiel zeigt, dass eine Charakterisierung der Lösbarkeit von Ungleichungssystem aus der linearen Algebra herausführt. Anders als für lineare Gleichungssysteme ist auch die allgemeine Lösung eines inhomogenen linearen Ungleichungssystems im Allgemeinen nicht die Summe einer partikulären Lösung und der allgemeinen Lösung des zugehörigen homogenen Ungleichungssystems.

Das nächste Beispiel zeigt Ähnliches auch für Systeme der Form $(Ax = b \wedge x \geq 0)$. Natürlich kann ein solches System höchstens dann lösbar sein, wenn auch $Ax = b$ lösbar ist. Die Bedingung $\text{rang}(A) = \text{rang}(A,b)$ ist somit notwendig; hinreichend ist sie im Allgemeinen aber nicht.

2.1.3 Beispiel. *(a) Seien*

$$A := (1,1) \quad \wedge \quad b := 1.$$

Dann gilt

$$\left\{x \in \mathbb{R}^2 : Ax = b \wedge x \geq 0\right\} = \begin{pmatrix} 1 \\ 0 \end{pmatrix} + [0,1]\begin{pmatrix} -1 \\ 1 \end{pmatrix}.$$

(b) Für

$$A := (1,1) \quad \wedge \quad b := -1$$

ist das Ungleichungssystem $Ax = b \wedge x \geq 0$ hingegen unlösbar; vgl. Abbildung 2.1.

Das folgende Beispiel zeigt, dass – anders als bei linearen Gleichungssystemen – die Addition von Ungleichungen, eine wesentliche Operation für die Gauß-Elimination, die Lösungsgesamtheit eines Systems von linearen Ungleichungen verändern kann.

2.1.4 Beispiel. *Gegeben sei das Ungleichungssystem*

$$\xi_1 + \xi_2 \leq \alpha \quad \wedge \quad \xi_1 \geq 0 \quad \wedge \quad \xi_2 \geq 0,$$

wobei der Parameter α später festgesetzt wird. Es ist offenbar äquivalent zu

$$\begin{pmatrix} 1 & 1 \\ -1 & 0 \\ 0 & -1 \end{pmatrix}\begin{pmatrix} \xi_1 \\ \xi_2 \end{pmatrix} \leq \begin{pmatrix} \alpha \\ 0 \\ 0 \end{pmatrix}.$$

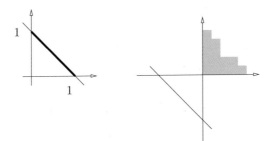

2.1 Abbildung. Lösungsmengen der Ungleichungssysteme in Beispiel 2.1.3 (a) (links) und (b) (rechts).

Addition der ersten Ungleichung zur zweiten und dritten liefert das neue System

$$\begin{pmatrix} 1 & 1 \\ 0 & 1 \\ 1 & 0 \end{pmatrix} \begin{pmatrix} \xi_1 \\ \xi_2 \end{pmatrix} \le \begin{pmatrix} \alpha \\ \alpha \\ \alpha \end{pmatrix}.$$

Natürlich ist jede Lösung des ursprünglichen Problems auch Lösung des durch 'elementare Zeilenoperationen' entstandenen neuen Systems. Die Umkehrung gilt aber im Allgemeinen nicht. Die Skizzen in Abbildung 2.2 veranschaulichen jeweils den zulässigen Bereich des ursprünglichen sowie des neuen Systems für die Parameterwerte $\alpha = 1, 0, -1$.

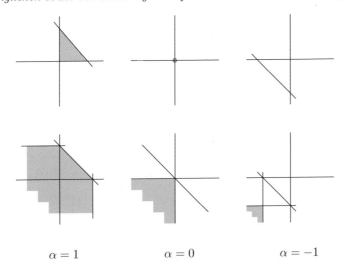

$$\alpha = 1 \qquad\qquad \alpha = 0 \qquad\qquad \alpha = -1$$

2.2 Abbildung. Lösungsmengen des ursprünglichen und (darunter) des neuen Systems für $\alpha = 1, 0, -1$ aus Beispiel 2.1.4 (jeweils von links nach rechts).

Offenbar liegt die Vergrößerung des zulässigen Bereichs in Beispiel 2.1.4 daran, dass zwar die Addition von zwei Ungleichungen $a_1^T x \le \beta_1$ und $a_2^T x \le \beta_2$ wieder eine gültige Ungleichung liefert, nämlich $(a_1 + a_2)^T x \le \beta_1 + \beta_2$, dass man von dieser und einer der ursprünglichen – etwa $a_1^T x \le \beta_1$ – aber nicht mehr auf die andere, $a_2^T x \le \beta_2$, zurückschließen kann: Ungleichungen lassen sich nicht einfach subtrahieren wie Gleichungen.

Um wenigstens die Grundidee der Gauß-Elimination zu übertragen, kann man versuchen, sie in zwei 'Phasen' aufzuteilen: eine, die Multiplikationen mit negativen Zahlen sowie die Addition von Ungleichungen vermeidet, und eine zweite, in der diese Operationen zugelassen sind. Der erste Teil wird auf Ungleichungssysteme übertragbar sein, der zweite nicht.[4]

Wir betrachten also zunächst einen Schritt der Gauß-Elimination für das lineare Gleichungssystem

$$Ax = b$$

mit

$$m,n \in \mathbb{N} \setminus \{1\} \quad \wedge \quad A := (\alpha_{i,j})_{\substack{i \in [m] \\ j \in [n]}} \quad \wedge \quad b := (\beta_1, \ldots, \beta_m)^T,$$

und wir nehmen o.B.d.A. an, dass die Gleichungen so nummeriert sind, dass

$$\alpha_{i,n} \begin{cases} < \; 0 & \text{für} \quad i = 1, \ldots, k \\ = \; 0 & \text{für} \quad i = k+1, \ldots, l \\ > \; 0 & \text{für} \quad i = l+1, \ldots, m \end{cases}$$

mit $k \in \mathbb{N}_0$ und $l - k \in \mathbb{N}_0$ gilt. Man beachte, dass $(k = 0 \wedge l = m)$ bedeutet, dass die letzte Spalte von A der Nullvektor ist; die letzte Variable ist dann überflüssig. Natürlich orientieren wir uns im Folgenden an den nichttrivialen Fälle, in denen tatsächlich eine Elimination erforderlich ist.

Durch Division der i-ten Zeile durch $|\alpha_{i,n}|$ für $i = 1, \ldots, k$ bzw. durch $\alpha_{i,n}$ für $i = l+1, \ldots, m$ erhalten wir das äquivalente System

$$\sum_{j=1}^{n-1} \hat{\alpha}_{i,j}\xi_j \; - \; \xi_n \; = \; \hat{\beta}_i \qquad (i = 1, \ldots, k)$$

$$\sum_{j=1}^{n-1} \hat{\alpha}_{i,j}\xi_j \qquad = \; \hat{\beta}_i \qquad (i = k+1, \ldots, l)$$

$$\sum_{j=1}^{n-1} \hat{\alpha}_{i,j}\xi_j \; + \; \xi_n \; = \; \hat{\beta}_i \qquad (i = l+1, \ldots, m),$$

wobei

$$\hat{\alpha}_{i,j} := \begin{cases} \alpha_{i,j}/|\alpha_{i,n}| & \text{für} \quad i = 1, \ldots, k \\ \alpha_{i,j} & \text{für} \quad i = k+1, \ldots, l \\ \alpha_{i,j}/\alpha_{i,n} & \text{für} \quad i = l+1, \ldots, m \end{cases}$$

und $j = 1, \ldots, n-1$ sowie

$$\hat{\beta}_i := \begin{cases} \beta_i/|\alpha_{i,n}| & \text{für} \quad i = 1, \ldots, k \\ \beta_i & \text{für} \quad i = k+1, \ldots, l \\ \beta_i/\alpha_{i,n} & \text{für} \quad i = l+1, \ldots, m \end{cases}$$

gilt. Auflösen nach ξ_n liefert somit

$$-\hat{\beta}_i + \sum_{j=1}^{n-1} \hat{\alpha}_{i,j}\xi_j \; = \; \xi_n \qquad\qquad\qquad (i = 1, \ldots, k)$$

$$\xi_n \; = \; \hat{\beta}_i - \sum_{j=1}^{n-1} \hat{\alpha}_{i,j}\xi_j \qquad (i = l+1, \ldots, m)$$

$$\sum_{j=1}^{n-1} \hat{\alpha}_{i,j}\xi_j = \hat{\beta}_i \qquad\qquad\qquad (i = k+1, \ldots, l).$$

---

[4] Ob das ausreicht, einen Lösungsalgorithmus für lineare Ungleichungssysteme zu entwickeln, ist a priori nicht klar! Wir werden sehen ...

In diesem ersten Teil sind nur Operationen durchgeführt worden, die auch auf Ungleichungssysteme $Ax \leq b$ übertragbar sind. Das gilt auch für die ersten k Indizes, für die ξ_n jeweils einen negativen Koeffizienten hat; wir haben ja lediglich durch Beträge dividiert und die Variablen umgestellt.[5]

Im Gauß-Algorithmus eliminiert man nun die Variable ξ_n durch Gleichsetzung der auftretenden Werte. Sind $k \geq 1$ und $l \leq m-1$, so können wir die Bedingungen für ξ_n durch die folgenden Gleichungen ersetzen:[6]

$$\sum_{j=1}^{n-1} \hat{\alpha}_{i,j}\xi_j - \hat{\beta}_i = \hat{\beta}_t - \sum_{j=1}^{n-1} \hat{\alpha}_{t,j}\xi_j \qquad (i=1,\ldots,k;\ t=l+1,\ldots,m)$$

oder äquivalent

$$\sum_{j=1}^{n-1} (\hat{\alpha}_{i,j} + \hat{\alpha}_{t,j})\xi_j = \hat{\beta}_t + \hat{\beta}_i \qquad (i=1,\ldots,k;\ t=l+1,\ldots,m).$$

In dieser Form werden die $k + (m-l)$ Bedingungen für ξ_n durch $k \cdot (m-l)$ Gleichungen ersetzt, von denen natürlich höchstens $k + (m-l) - 1$ für das reduzierte System relevant sind. Zur Reduktion des neuen Systems benutzt man insbesondere die Symmetrie der Äquivalenzrelation '='. Die Gauß-Elimination organisiert den Gesamtschritt eleganter als Subtraktion geeigneter Vielfacher der 'Pivotzeile' des Systems $Ax = b$ von den übrigen Gleichungen und gelangt so zu folgendem linearen Gleichungssystem mit $m-1$ Ungleichungen in $n-1$ Variablen:

$$\sum_{j=1}^{n-1} (\hat{\alpha}_{i,j} - \hat{\alpha}_{1,j})\xi_j \;=\; \hat{\beta}_i - \hat{\beta}_1 \qquad (i=2,\ldots,k)$$

$$\sum_{j=1}^{n-1} \hat{\alpha}_{i,j}\xi_j \;=\; \hat{\beta}_i \qquad (i=k+1,\ldots,l)$$

$$\sum_{j=1}^{n-1} (\hat{\alpha}_{i,j} + \hat{\alpha}_{1,j})\xi_j \;=\; \hat{\beta}_i + \hat{\beta}_1 \qquad (i=l+1,\ldots,m).$$

Das ursprüngliche System $Ax = b$ ist genau dann lösbar, wenn das neue System lösbar ist, und der Eliminationsprozess kann sukzessive fortgesetzt werden. Geometrisch wurde die Lösungsmenge des ursprünglichen Systems orthogonal auf den $\mathbb{R}^{n-1}$ der ersten Koordinaten projiziert.

Liegt nun statt des Gleichungssystems $Ax = b$ das Ungleichungssystem

$$Ax \leq b$$

vor, so ist dieses – analog zum Fall linearer Gleichungen – äquivalent zu dem System

$$-\hat{\beta}_i + \sum_{j=1}^{n-1} \hat{\alpha}_{i,j}\xi_j \;\leq\; \xi_n \qquad (i=1,\ldots,k)$$

$$\xi_n \;\leq\; \hat{\beta}_i - \sum_{j=1}^{n-1} \hat{\alpha}_{i,j}\xi_j \qquad (i=l+1,\ldots,m)$$

$$\sum_{j=1}^{n-1} \hat{\alpha}_{i,j}\xi_j \leq \hat{\beta}_i \qquad (i=k+1,\ldots,l).$$

---

[5] Das 'merkwürdige' Layout soll bereits 'vorbereiten', dass bei späteren Ungleichungen die ξ_n betreffenden Zeilen die Form '$\ldots \leq \xi_n$' oder '$\xi_n \leq \ldots$' haben werden.

[6] Aus der Perspektive des bekannten Gauß-Algorithmus mag dieser vollständige Vergleich der Bedingungen für $i=1,\ldots,k$ mit denen für $i=l+1,\ldots,m$ skurril anmuten. Diese Interpretation erweist sich aber für Ungleichungen als zielführend.

Ein 'paarweiser Vergleich' der ersten k mit den letzten $m - l$ Ungleichungen führt auch hier zu einer Elimination von ξ_n.

2.1.5 Lemma. *Das System $Ax \leq b$ ist genau dann lösbar, wenn*

$$\sum_{j=1}^{n-1} (\hat{\alpha}_{i,j} + \hat{\alpha}_{t,j})\xi_j \;\leq\; \hat{\beta}_t + \hat{\beta}_i \qquad (i = 1,\ldots,k;\; t = l+1,\ldots,m)$$

$$\sum_{j=1}^{n-1} \hat{\alpha}_{i,j}\xi_j \;\leq\; \hat{\beta}_i \qquad (i = k+1,\ldots,l).$$

lösbar ist. Ferner ist $\xi_1^*,\ldots,\xi_{n-1}^*$ genau dann eine Lösung des reduzierten Systems, wenn es ein ξ_n^* gibt, so dass $\xi_1^*,\ldots\xi_{n-1}^*,\xi_n^*$ eine Lösung des Ausgangssystems ist. Für $n \geq 2$ ist die Lösungsmenge des reduzierten Systems somit die orthogonale Projektion des ursprünglichen auf den $\mathbb{R}^{n-1}$ der ersten $n-1$ Koordinaten.

  Beweis: Ist $\xi_1^*,\ldots\xi_n^*$ eine Lösung des Ausgangssystems, so gilt insbesondere

$$\sum_{j=1}^{n-1} \hat{\alpha}_{i,j}\xi_j^* - \hat{\beta}_i \;\leq\; \hat{\beta}_t - \sum_{j=1}^{n-1} \hat{\alpha}_{t,j}\xi_j^* \qquad (i = 1,\ldots,k;\; t = l+1,\ldots,m)$$

$$\sum_{j=1}^{n-1} \hat{\alpha}_{i,j}\xi_j^* \;\leq\; \hat{\beta}_i \qquad (i = k+1,\ldots,l),$$

d.h. $\xi_1^*,\ldots\xi_{n-1}^*$ ist eine Lösung des reduzierten Systems. Ist umgekehrt $\xi_1^*,\ldots\xi_{n-1}^*$ eine Lösung des reduzierten Systems, so kann ξ_n^* so gewählt werden, dass gilt

$$\sum_{j=1}^{n-1} \hat{\alpha}_{i,j}\xi_j^* - \hat{\beta}_i \;\leq\; \xi_n^* \;\leq\; \hat{\beta}_t - \sum_{j=1}^{n-1} \hat{\alpha}_{t,j}\xi_j^* \qquad (i = 1,\ldots,k;\; t = l+1,\ldots,m);$$

$\xi_1^*,\ldots\xi_n^*$ erfüllt dann alle Bedingungen des Ausgangssystems, und es folgt die Behauptung. $\square$

  Es ist möglich, dass im Laufe der Elimination eine Variable in keiner Restriktion oder in Ungleichungen von nur einem der beiden Typen '$\leq$' oder '$\geq$' auftritt. Falls etwa ξ_n nur in '$\geq$'-Bedingungen vorkommt, so ist $l = m$, d.h. es treten keine Bedingungen des ersten Typs aus Lemma 2.1.5 auf. Tatsächlich stellt ja das ursprüngliche System nur eine einseitige Einschränkung für ξ_n dar; es reicht, ξ_n hinreichend groß zu wählen. Folgerichtig reduziert sich das System auf

$$\sum_{j=1}^{n-1} \hat{\alpha}_{i,j}\xi_j \leq \hat{\beta}_i \qquad (i = k+1,\ldots,m).$$

Tritt ξ_n hingegen in beiden Ungleichungstypen auf, so führt jede zulässige Setzung für $\xi_1,\ldots,\xi_{n-1}$ zu einer unteren und einer oberen Intervallgrenze für ξ_n, insgesamt also auf ein kompaktes Intervall der dann noch zulässigen Werte für ξ_n.

  Es kann im Laufe der Reduktion passieren, dass Ungleichungen auftreten, die gar keine Variable mehr enthalten. Enthält etwa das ursprüngliche Ungleichungssystem die Bedingung $\mu \leq \xi_n \leq \eta$, so wird diese bei der Elimination von ξ_n durch die variablenfreie Ungleichung $\mu \leq \eta$ ersetzt. Ist diese ungültig, so ist bereits bewiesen, dass das System $Ax \leq b$ keine Lösung besitzt.

Man beachte, dass in Lemma 2.1.5 alle gemäß dem vorliegenden System auftretenden Ungleichungskombinationen im reduzierten System noch explizit vorkommen, während in der Gauß-Elimination für lineare Gleichungssysteme eine (triviale) Reduktion redundanter Gleichungen erfolgt.

Durch den Übergang gemäß Lemma 2.1.5 wird die Variable ξ_n durch orthogonale Projektion eliminiert. Das neue System hat

$$k(m - l) + (l - k)$$

Ungleichungen in den Variablen $\xi_1, \ldots, \xi_{n-1}$. Fährt man nun sukzessive fort, so reduziert sich das ursprüngliche System $Ax \leq b$ schrittweise. Nach n Schritten liegt ein System ohne Variablen vor. Ist es leer, d.h. ohne jegliche Ungleichung, so ist die Lösungsmenge des System unbeschränkt, und man kann analog zur Gauß-Elimination sukzessive Werte für $\xi_1, \xi_2, \ldots, \xi_n$ finden, so dass der zugehörige Vektor das Ungleichungssystem löst. Andernfalls entspricht es einer Ungleichung zwischen zwei reellen Zahlen. Ist diese inkorrekt, so ist $Ax \leq b$ unlösbar. Ist sie korrekt, so kann man wieder sukzessives zulässige Werte für $\xi_1, \xi_2, \ldots, \xi_n$ finden.

2.1.6 Bezeichnung. *Das beschriebene Verfahren heißt* ***Fourier-Motzkin-Elimination*** *zur Lösung von linearen Ungleichungssystemen.*

2.1.7 Beispiel. *Wir wenden das Fourier-Motzkin-Eliminationsverfahren auf Beispiel 2.1.4 an:*

$$\left\{ \begin{array}{rcl} \xi_1 + \xi_2 & \leq & \alpha \\ \xi_1 & \geq & 0 \\ \xi_2 & \geq & 0 \end{array} \right\} \rightarrow \left\{ \begin{array}{rcl} \xi_2 & \leq & \alpha - \xi_1 \\ \xi_1 & \geq & 0 \\ \xi_2 & \geq & 0 \end{array} \right\} \rightarrow$$

$$\rightarrow \left\{ \begin{array}{rcl} 0 & \leq & \alpha - \xi_1 \\ \xi_1 & \geq & 0 \end{array} \right\} \rightarrow \left\{ \begin{array}{rcl} \xi_1 & \leq & \alpha \\ \xi_1 & \geq & 0 \end{array} \right\} \rightarrow \{0 \leq \alpha\}.$$

Der Übergang von der letzten, eine Variable enthaltenden Ungleichung $0 \leq \xi_1 \leq \alpha$ zur variablenfreien Ungleichung $0 \leq \alpha$ entspricht dabei im wesentlichen dem Test, ob das Intervall leer ist.

Für $\alpha = -1$ hat das Problem somit keine Lösung, für $\alpha = 0$ und $\alpha = 1$ ist es lösbar. Für $\alpha = 0$ ergibt sich zwingend $\xi_1 = 0$ und damit auch $\xi_2 = 0$. Für $\alpha = 1$ können wir für ξ_1 jeden Wert aus dem Intervall $[0,1]$ wählen. Für $\xi_1 = \frac{1}{2}$ etwa liegt dann ξ_2 in dem Intervall $[0, \frac{1}{2}]$. Der Punkt $(\frac{1}{2}, \frac{1}{2})^T$ ist eine Lösung (von vielen).

Man beachte, dass in der Fourier-Motzkin-Elimination die Reihenfolge, in der die Variablen eliminiert werden, beliebig gewählt werden kann. Tatsächlich kann die Eliminationsreihenfolge erheblichen Einfluss auf die entstehenden Zwischensysteme haben; vgl. Übungsaufgabe 2.4.4.

Die folgende Prozedur fasst die Struktur der Fourier-Motzkin-Elimination noch einmal grob zusammen, ohne jedoch die technischen Details der Reduktion erneut auszuführen.[7]

---

[7] Hier und im Folgenden werden wir algorithmische Methoden immer wieder strukturiert als Prozeduren zusammenfassen. Diese sind im Allgemeinen lediglich Beschreibungen auf einer 'Metaebene', verweisen auf vorangehende Konstruktionen, ignorieren Fragen nach Datenstrukturen etc., sind also nicht als Programmvorlagen zu verstehen.

2.1.8 Prozedur: *Fourier-Motzkin-Elimination*

INPUT: Matrix $A \in \mathbb{R}^{m \times n}$, Vektor $b \in \mathbb{R}^m$
OUTPUT: Vektor $x^* \in \mathbb{R}^n$ mit $Ax^* \leq b$, falls ein solcher existiert;
                oder Meldung 'Ungleichungssystem unlösbar'
BEGIN   Eliminiere sukzessive alle Variablen gemäß Lemma 2.1.5
                IF das entstehende variablenfreie System ist unlösbar
                    THEN Meldung 'Ungleichungssystem unlösbar'
                    ELSE Bestimme sukzessive Komponenten $\xi_1^*, \ldots, \xi_n^*$
                    eines Lösungsvektors
END

Nach Konstruktion ist die Fourier-Motzkin-Elimination endlich; genauer gilt der folgende Satz.

2.1.9 Satz. *Das Verfahren der Fourier-Motzkin-Elimination löst ein lineares Unglei- chungssystem $Ax \leq b$ in n Variablen und mit m Ungleichungsrestriktionen in n Elimi- nationsschritten.*

Beweis: In jedem Schritt des Verfahrens wird eine Variable eliminiert. Somit erhält man nach n Eliminationsschritten eine variablenfreie Ungleichung.   □

Auf analoge Weise kann man auch strenge Ungleichungen behandeln. Es es ist sogar möglich, mit Hilfe der Fourier-Motzkin-Elimination lineare Funktionale über den Lösun- gen von linearen Gleichungssystemen zu optimieren; d.h. man kann mit der Fourier- Motzkin-Elimination LP-Probleme lösen.

2.1.10 Bemerkung. *Seien $A \in \mathbb{R}^{m \times n}$, $b \in \mathbb{R}^m$, $c \in \mathbb{R}^n$ und $P := \{x \in \mathbb{R}^n : Ax \leq b\} \neq \emptyset$. Ferner sei $\nu \in \mathbb{R} \cup \{\infty\}$. Durch Fourier-Motzkin-Elimination der Variablen $\xi_1, \ldots, \xi_n$ gehe das Ungleichungssystem*

$$\begin{aligned} \xi_0 \; - \; c^T x &\leq 0 \\ Ax &\leq b \end{aligned}$$

über in

$$\xi_0 \leq \nu,$$

wobei $\nu = \infty$ bedeutet, dass ξ_0 keiner reellen oberen Schranke genügen muss. Dann gilt

$$\max\{c^T x : Ax \leq b\} = \nu.$$

Beweis: Für einen gegebenen Punkt $x^* \in P$ ist die Ungleichung $c^T x^* \geq \xi_0$ äquivalent zu $\xi_0 \in]-\infty, c^T x^*]$. Sei

$$\nu_0 := \max\{c^T x : Ax \leq b\}.$$

Nach Lemma 2.1.5 gibt es genau zu jedem $\xi_0 \in]-\infty, \nu_0]$ Werte $\xi_1, \ldots, \xi_n$, so dass das System

$$\begin{aligned} \xi_0 \; - \; c^T x &\leq 0 \\ Ax &\leq b \end{aligned}$$

lösbar ist. Hieraus folgt die Behauptung.   □

Natürlich erlaubt es das Eliminationsverfahren auch hier wieder, durch sukzessives 'Rückwärtslösen' Optimalpunkte zu bestimmen, falls solche existieren.

2.1.11 Beispiel. *Gegeben sei die lineare Optimierungsaufgabe*

$$\max\ \xi_1 + \xi_2$$

$$
\begin{array}{rcrcl}
3\xi_1 & & + \xi_3 & \le & 3 \\
-3\xi_1 & & + \xi_3 & \le & 0 \\
& \xi_2 & + \xi_3 & \le & 1 \\
& 2\xi_2 & + \xi_3 & \ge & 1 \\
& & \xi_3 & \ge & 0.
\end{array}
$$

Der zulässige Bereich ist in Abbildung 2.3 (links) skizziert. Gemäß Bemerkung 2.1.10 fügen wir dem System die 'Zielfunktionsungleichung'

$$\xi_0\ -\ \xi_1\ -\ \xi_2\ \le\ 0$$

hinzu und führen anschließend die Elimination nach ξ_3 durch. Die ξ_3 enthaltenden Ungleichungen haben die Form

$$
\begin{array}{rcl}
\xi_3 & \le & 3\ -\ 3\xi_1 \\
\xi_3 & \le & 3\xi_1 \\
\xi_3 & \le & 1\ \qquad -\ \xi_2 \\
1\ -\ 2\xi_2\ \le & \xi_3 & \\
0\ \le & \xi_3; &
\end{array}
$$

wir erhalten somit folgendes System in ξ_0, ξ_1 und ξ_2.

$$
\begin{array}{rcrcl}
\xi_0\ - & \xi_1\ - & \xi_2 & \le & 0 \\
& 3\xi_1\ - & 2\xi_2 & \le & 2 \\
& 3\xi_1\ + & 2\xi_2 & \ge & 1 \\
& & \xi_2 & \ge & 0 \\
& \xi_1 & & \le & 1 \\
& \xi_1 & & \ge & 0 \\
& & \xi_2 & \le & 1.
\end{array}
$$

Im nächsten Schritt eliminieren wir nun ξ_2. Zunächst schreiben wir den ξ_2 betreffenden Teil des Systems wieder übersichtlicher in der Form

$$
\begin{array}{rcl}
\xi_0\ -\ \xi_1 & \le & \xi_2 \\
-1\ +\ \tfrac{3}{2}\xi_1 & \le & \xi_2 \\
\tfrac{1}{2}\ -\ \tfrac{3}{2}\xi_1 & \le & \xi_2 \\
0 & \le & \xi_2 \\
& \xi_2 & \le\ 1;
\end{array}
$$

Nach Weglassen der trivialen Bedingung $0 \le 1$ gelangen wir zu dem (schon in der für die Elimination nach ξ_1 geeigneten Form aufgeschriebenen) neuen System

$$
\begin{array}{rcl}
-1\ +\ \xi_0 & \le & \xi_1 \\
& \xi_1 & \le\ \tfrac{4}{3} \\
-\tfrac{1}{3} & \le & \xi_1 \\
0 & \le & \xi_1 \\
& \xi_1 & \le\ 1.
\end{array}
$$

Durch Elimination nach ξ_1 (und Weglassen der redundanten Bedingungen ohne Variablen) erhalten wir

$$\xi_0 \ \leq \ 2.$$

Das Maximum der Zielfunktion ist somit 2. Durch Rückeinsetzen erhält man sukzessive die Koordinaten des (in diesem Beispiel eindeutig bestimmten) Optimalpunktes $\xi_1^* = 1$, $\xi_2^* = 1$ sowie $\xi_3^* = 0$.

Nach Bemerkung 2.1.10 können wir lineare Optimierungsaufgaben mit Hilfe der Fourier-Motzkin Elimination lösen. *Haben wir damit die lineare Optimierung bereits 'im Griff'?* Oder anders ausgedrückt: *Ist der gefundene Algorithmus beweisbar effizient, oder wenigstens praktisch schnell genug, um für die 'im täglichen Leben' auftretenden linearen Programme in annehmbarer Zeit Optimalpunkte bestimmen zu können?*

Wie der Gauß-Algorithmus zur Lösung von linearen Gleichungssystemen, benötigt auch die Fourier-Motzkin Elimination nur n Eliminationsschritte. Anders als bei linearen Gleichungssystemen kann sich im Verlauf der Lösung von linearen Ungleichungssystemen allerdings die Anzahl der Ungleichungen erhöhen.

2.1.12 Beispiel. *Betrachten wir noch einmal den zulässigen Bereich aus Beispiel 2.1.11. Durch Elimination von ξ_3 erhält man (wie wir bereits wissen)*

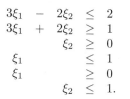

$$\begin{aligned}
3\xi_1 \ - \ 2\xi_2 \ &\leq \ 2 \\
3\xi_1 \ + \ 2\xi_2 \ &\geq \ 1 \\
\xi_2 \ &\geq \ 0 \\
\xi_1 \ &\leq \ 1 \\
\xi_1 \ &\geq \ 0 \\
\xi_2 \ &\leq \ 1.
\end{aligned}$$

Das Ausgangssystem bestand aus fünf Bedingungen; das durch Elimination von ξ_3 entstandene enthält sechs Ungleichungen, von denen keine redundant ist. Das lässt sich einerseits leicht nachrechnen, andererseits ist es aus der folgenden graphischen Darstellung evident.

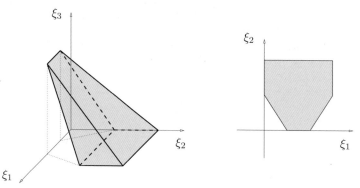

2.3 Abbildung. Die Lösungsmengen des Ausgangssystems (links) und des durch Elimination von ξ_3 entstandenen Systems (rechts) aus Beispiel 2.1.12.

Die Anzahl der irredundanten Ungleichungen, die in den Zwischenschritten auftreten, kann sich somit tatsächlich erhöhen.

Speziell für gerades m und $k = l = \frac{m}{2}$ beträgt die 'unbereinigte' Zahl $k(m-l)+l-k$ der Ungleichungen nach einem Schritt somit immerhin $\frac{m^2}{4}$. Würde sich dieses Wachstum über s Schritte fortsetzen, so lägen dann

$$\frac{m^{2^s}}{4^{2^s-1}} = 4\left(\frac{m}{4}\right)^{2^s}$$

Ungleichungen vor.

Für $s \sim \log n$ (und hinreichend großes m und n) hätten wir somit bereits etwa $4(\frac{m}{4})^n$ Ungleichungen. Wären solche Zahlen von Ungleichungen tatsächlich unvermeidlich – oder, schlimmer noch, typisch – so wäre das Verfahren zwar prinzipiell in n Schritten fertig, die Zwischensysteme würden aber so groß, dass man sie schon für moderate Größenordnungen von m und n nicht mehr explizit aufstellen könnte. Man vergegenwärtige sich: Für $n = 100$ und $m = 400$ ist $(\frac{m}{4})^n = 10^{200}$.

Wenn tatsächlich solche großen Zwischensysteme während der Fourier-Motzkin Elimination auftreten könnten, wäre diese Methode wohl kaum praxistauglich. Aber vielleicht sind zwar nicht alle, jedoch wenigstens die meisten auftretenden Ungleichungen redundant.[8] In Kapitel 4 untersuchen wir die geometrische Struktur der Lösungen linearer Ungleichungssysteme genauer. Hierdurch wird es möglich, die Frage nach der Effizienz der Fourier-Motzkin-Elimination abschließend zu beantworten; vgl. Korollar 4.3.35.

Unabhängig von der Frage nach seiner Effizienz liefert das Verfahren der Fourier-Motzkin Elimination in jedem Fall verschiedene strukturelle Ergebnisse; vgl. etwa Übungsaufgabe 2.4.6. Als Beispiel hierfür beenden wir diese Sektion mit einer geometrischen Folgerung. In jedem Fall bleibt die Anzahl der Ungleichungen bei der Fourier-Motzkin Elimination ja wenigstens endlich. Hieraus folgt eine Aussage für die Projektion von Polyedern auf beliebige lineare Unterräume.

2.1.13 Korollar. *Seien P ein Polyeder des $\mathbb{R}^n$, L ein linearer Teilraum des $\mathbb{R}^n$ und Q entstehe durch orthogonale Projektion von P auf L. Dann ist Q ein Polyeder.*

Beweis: Sei $k := \dim(L)$. Die Aussage ist trivial für $k = 0$; sei also im Folgenden $k \in \mathbb{N}$. Wir nutzen aus, dass nach Lemma 2.1.5 das nach einem Schritt der Fourier-Motzkin Elimination gefundene Ungleichungssystem die orthogonale Projektion der Lösungsmenge auf den entsprechenden Koordinatenraum beschreibt, und dabei jeweils nur endlich viele Ungleichungen auftreten. Der allgemeine Fall ergibt sich durch Anwendung einer geeigneten orthogonalen Transformation. Wir führen sie im Folgenden explizit durch.

Seien $A \in \mathbb{R}^{m \times n}$, $b \in \mathbb{R}^m$ und $P := \{x \in \mathbb{R}^n : Ax \leq b\}$. Ferner seien $v_1, \ldots, v_n$ eine orthonormale Basis des $\mathbb{R}^n$, so dass $v_1, \ldots, v_k$ Basis von L ist, und $B := (v_1, \ldots, v_n)^T$. Dann ist B eine orthogonale $(n \times n)$-Matrix, und für $i \in [n]$ gilt $Bv_i = u_i$, wobei u_i gemäß Bezeichnung 1.3.7 wieder der i-te Standardeinheitsvektor ist. Als lineare Abbildung überführt B den Untervektorraum L in den Koordinatenunterraum $\mathbb{R}^k \times \{0\}^{n-k}$. Seien D die Diagonalmatrix mit Einträgen 1 in den ersten k und 0 in den restlichen Diagonalelementen. Dann gilt

$$Q = B^T DBP.$$

Wir führen nun auf $BP = \{y \in \mathbb{R}^n : AB^T y \leq b\}$ die ersten $n - k$ Schritte der Fourier-Motzkin Elimination durch, um aus $y =: (\eta_1, \ldots, \eta_n)^T$ die Variablen $\eta_{k+1}, \ldots, \eta_n$ zu eliminieren.

---

[8] Aus diesem Blickwinkel kann man das Gauß-Eliminationsverfahren als Fourier-Motzkin-Elimination mit sukzessiver 'Redundanzelimination' interpretieren.

Mit geeigneten $r \in \mathbb{N}$, $T \in \mathbb{R}^{r \times k}$ und $t \in \mathbb{R}^r$ erhalten wir eine Darstellung

$$\hat{Q} = \{\hat{y} = (\eta_1, \ldots, \eta_k)^T \in \mathbb{R}^k : T\hat{y} \leq t\}$$

der orthogonalen Projektion von BP auf den $\mathbb{R}^k$ der ersten k Koordinaten.[9] Für die Einbettung von $\hat{Q}$ in $\mathbb{R}^k \times \{0\}^{n-k}$ gilt mit $D_1 := (u_1, \ldots, u_k)^T$ und $D_2 := (u_{k+1}, \ldots, u_n)^T$

$$\hat{Q} \times \{0\}^{n-k} = \{y \in \mathbb{R}^n : TD_1 y \leq t \wedge D_2 y \leq 0 \wedge -D_2 y \leq 0\}.$$

Somit ist

$$Q = B^T(\hat{Q} \times \{0\}^{n-k}) = \{z \in \mathbb{R}^n : TD_1 Bz \leq t \wedge D_2 Bz \leq 0 \wedge -D_2 Bz \leq 0\}.$$

Mit

$$A_Q := \begin{pmatrix} TD_1 B \\ D_2 B \\ -D_2 B \end{pmatrix} \in \mathbb{R}^{(r+2(n-k)) \times n} \quad \wedge \quad b_Q := \begin{pmatrix} t \\ 0 \\ 0 \end{pmatrix} \in \mathbb{R}^{r+2(n-k)}$$

gilt demnach

$$Q = \{x \in \mathbb{R}^n : A_Q x \leq b_Q\};$$

Q ist also ein Polyeder. □

Wie wir in Beispiel 2.1.12 gesehen haben, kann die Beschreibung der Projektion eines Polyeders mehr lineare Ungleichungen benötigen als für die Darstellung des ursprünglichen Polyeders erforderlich sind; vgl. Abbildung 2.3. Die Frage der Effizienz der Fourier-Motzkin-Elimination, genauer nach der Anzahl der nicht redundanten Ungleichungen in den Zwischenschritten, ist somit äquivalent zu der Frage, wie 'komplex' Projektionen von Polyedern werden können.

2.2   Graphen

Viele Probleme der kombinatorischen Optimierung und des Operations Research[10] lassen sich am besten mit Hilfe einer einfachen kombinatorischen Struktur formulieren, den *Graphen*. In Sektion 1.2, Abbildung 1.5 zum Problem des Handlungsreisenden etwa lag eine (fiktive) Landkarte zugrunde, bei der die Städte durch Punkte und die möglichen Flugverbindungen zwischen ihnen durch Verbindungskanten dargestellt waren. Ähnliche Darstellungen treten auf, wenn nach kürzesten Reiserouten gefragt wird. Will man etwa auf einer möglichst kurzen Autobahnverbindung von einer Stadt A in eine Stadt B fahren, so kann man jede Autobahnabfahrt, jedes Autobahndreieck und jede Autobahnkreuzung (des relevanten Teils des Autobahnnetzes und geeigneter Zubringerstraßen) als Punkt darstellen und die dazwischen liegenden Autobahnabschnitte einzeichnen. Abbildung 2.4 zeigt ein (fiktives) Straßennetz in zwei unterschiedlichen symbolischen Darstellungen. Links sind die Verbindungen – wie das in 'realen' Straßenkarten geschieht[11] – grob den wirklichen Straßenverläufen nachempfunden, rechts einfach durch Verbindungsstrecken zwischen Punkten dargestellt.

---

[9] Die Setzung $r \in \mathbb{N}$ ist keine Einschränkung, denn durch Verwendung der 0-Matrix und $t = 0$ kann auch der ganze $\mathbb{R}^k$ so dargestellt werden.

[10] Dieser Begriff umfasst allgemeiner die Entwicklung, Analyse und den Einsatz quantitativer Modelle und Algorithmen zur Unterstützung von Entscheidungen.

[11] Man sollte aber nicht vergessen, dass auch diese 'realen' Straßenkarten lediglich symbolische Darstellungen der Wirklichkeit sind.

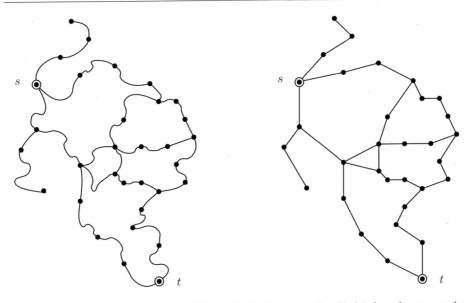

2.4 Abbildung. Darstellungen eines (fiktiven) Straßennetzes. Die Verbindungskanten symbolisieren die Autobahnteilstücke zwischen Autobahndreiecken und -kreuzungen sowie Auf- bzw. Abfahrten; diese selbst werden als Knoten repräsentiert. Die mit s und t bezeichneten Knoten entsprechen den Städten A und B.

Da auf den Verbindungskanten keine Möglichkeiten zum Abbiegen bestehen, kommt es tatsächlich auf ihren genauen Verlauf gar nicht an. Man kann sie daher mathematisch mit Paaren von Punkten identifizieren (die allerdings häufig in suggestiven Darstellungen wieder symbolisch als Stecken zwischen den Punkten dargestellt werden). Bei Einbahnstraßen muss natürlich auch noch ihre Richtung erfasst werden. Daher wird ihnen ein geordnetes Paar von Punkten zugeordnet. Auf gleiche Weise kann man in Planungsproblemen auch zeitliche oder logistische Abhängigkeiten modellieren; siehe Beispiel 2.2.29.

2.2.1 Beispiel. *Sind p_1 und p_2 zwei Straßenkreuzungen eines realen Straßennetzes, zwischen denen kein Abbiegen (oder eine andere, für die zugrunde liegende Aufgabenstellung relevante Aktion) möglich ist, so ordnen wir diesen formale Elemente v_1 und v_2 zu.*

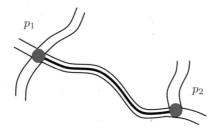

2.5 Abbildung. Straßenverlauf zwischen Kreuzungspunkten.

Die Tatsache, dass p_1 und p_2 durch eine Straße verbunden sind, kann dann mittels eines dritten formalen Elements $\{v_1, v_2\}$ modelliert werden, das lediglich symbolisiert, *dass v_1 und v_2 'kombinatorisch inzident' sind. Vom konkreten Straßenverlauf wurde also vollständig abstrahiert. Der Abschnitt des Straßennetzes zwischen p_1 und p_2 wird somit durch die Komponenten v_1, v_2 und $\{v_1, v_2\}$ modelliert, bzw., wenn wir die Komponenten gleichen Typs in Mengen zusammenfassen durch*

$$\Big(\{v_1, v_2\}, \{\{v_1, v_2\}\} \Big).$$

Kann die Straße nur in einer Richtung durchfahren werden, so erhalten wir (je nach der erlaubten Richtung) eine der folgenden beiden Strukturen:

$$\Big(\{v_1, v_2\}, \{(v_1, v_2)\} \Big) \quad \vee \quad \Big(\{v_1, v_2\}, \{(v_2, v_1)\} \Big).$$

Allgemeine Graphen: Wir führen nun Modelle ein, die es gestatten, solche Fragestellungen mathematisch zu erfassen. Dabei erlauben wir zunächst sehr allgemeine Strukturen.[12]

2.2.2 Bezeichnung. *Sei X eine Menge. Dann bezeichnet 2^X die **Potenzmenge**, d.h. die Menge aller Teilmengen von X. Ferner wird für $k \in \mathbb{N}_0$ durch*

$$\binom{X}{k} := \big\{ S \in 2^X : |S| = k \big\}$$

die Menge der k-elementigen Teilmengen von X angegeben.

Man beachte, dass sich die gewählte Notation nicht nur an den Binomialkoeffizienten orientiert, sondern für endliche Mengen X auch die analoge Identität

$$\bigcup_{k=0}^{|X|} \binom{X}{k} = 2^X$$

zulässt.

Die folgende Definition 2.2.3 enthält gegenüber Beispiel 2.2.1 noch Verallgemeinerungen, die es erlauben, auch Ringstraßen und parallel verlaufende Straßen zwischen denselben Kreuzungspunkten zu modellieren. Um dieses fassen zu können verwenden wir eine Abbildung ν, die – anschaulich gesprochen – den Straßenabschnitten ihre Endpunkte zuordnet.

2.2.3 Definition. *Seien V und E endliche Mengen mit $V \cap E = \emptyset$ und*

$$\nu : E \to \binom{V}{1} \cup \binom{V}{2} \cup V^2$$

eine Abbildung.

(a) *Sei $G := (V, E, \nu)$. Dann heißt G **allgemeiner Graph**. Die Elemente von V heißen **Knoten** [engl.: nodes oder vertices], die Elemente von E **Kanten** [engl.: edges oder arcs] von G. Gilt $V = E = \emptyset$, so spricht man von dem **leeren Graphen**.[13]*

---

[12] Für viele der späteren Untersuchungen werden wir diese dann 'o.B.d.A.' auf speziellere Klassen einschränken. Allerdings geht das nicht immer.

[13] So richtig interessant ist der leere Graph nicht, aber mathematisch wegen der Abgeschlossenheit des Begriffs gegenüber Teilmengenbildung nützlich. Wir werden im Folgenden meistens darauf verzichten, in Aussagen den Fall des leeren Graphen zu thematisieren, falls dieser trivial ist, sondern ein 'O.B.d.A. sei G nicht der leere Graph' unausgesprochen hinzufügen.

(b) *Sei $e \in E$. Gilt $\nu(e) \in \binom{V}{1} \cup \binom{V}{2}$, so heißt die Kante e **ungerichtet**, ist $\nu(e) \in V^2$, so heißt e **gerichtet**. Gilt $\nu(e) = (v,w)$, so heißen v **Anfangs-** und w **Endknoten** [engl.: head bzw. tail] von e. Sind alle Kanten von G ungerichtet bzw. alle gerichtet, so heißt G **ungerichtet** bzw. **gerichtet**.*

(c) *Sind $v \in V$, $e \in E$ und gilt $\nu(e) \in \big\{\{v\},(v,v)\big\}$ oder existiert ein $w \in V$ mit $\nu(e) \in \big\{\{v,w\},(v,w),(w,v)\big\}$, so heißen v und e **inzident**.*

(d) *Sei $e \in E$. Gibt es ein $v \in V$ mit $\nu(e) \in \big\{\{v\},(v,v)\big\}$, so heißt e **Schlinge** [engl.: loop]. G heißt **schlingenfrei**, wenn E keine Schlinge enthält.[14] (Im Folgenden wird, wenn nichts anderes gesagt ist, eine Schlinge stets als ungerichtet aufgefasst und in der Form $\{v\}$ geschrieben.)*

(e) *Allgemeine schlingenfreie ungerichtete Graphen werden auch **Multigraphen**, allgemeine schlingenfreie gerichtete Graphen **gerichtete Multigraphen** genannt.*

(f) *Ist ν injektiv und gibt es keine $e_1,e_2 \in E$ und $v \in V$ mit $\nu(e_1) = \{v\}$ und $\nu(e_2) = (v,v)$, so heißt G **schlicht**.[15] Ist G schlingenfrei, schlicht und gibt es keine Knoten $v,w \in V$ und Kanten e_1,e_2 mit $\nu(e_1) = \{v,w\}$ und $\nu(e_2) \in \big\{(v,w),(w,v)\big\}$, so heißt G **einfach**.*

Die eingeführte Grundstruktur des allgemeinen Graphen ist allgemein genug, um die in den folgenden Kapiteln auftretenden Routenplanungsprobleme modellieren zu können. Tatsächlich kann man sich in den meisten Fällen sogar auf die später in Bezeichnung 2.2.28 eingeschränkten Klassen von ungerichteten bzw. gerichteten Graphen beschränken. Allerdings gibt es auch relevante Beispiele, in denen nicht nur allgemeine Graphen in natürlicher Weise auftreten, sondern diese auch nicht durch einfache Tricks auf die 'reinen Fälle' zurückgeführt werden können.[16]

Geometrisch stellt man die Knoten oft als Punkte eines Raumes, meistens der Ebene, dar. Die Kanten können dann als Verbindungen zwischen Knoten gezeichnet werden. Gerichtete Kanten können durch Pfeile dargestellt werden; die Pfeilspitze zeigt auf den Endknoten der Kante, d.h. auf das zweite Element des entsprechenden Knotenpaares.[17]

2.2.4 Beispiel. *Seien*

$$V := \{v_1,v_2,v_3,v_4\} \quad \wedge \quad E := \{e_1,e_2,e_3,e_4,e_5,e_6,e_7,e_8\}$$

mit $V \cap E = \emptyset$ und $\nu : E \to \binom{V}{1} \cup \binom{V}{2} \cup V^2$ definiert durch

$$
\begin{array}{llllll}
\nu(e_1) & := & \{v_1\} & \wedge & \nu(e_2) := (v_1,v_2) & \wedge \quad \nu(e_3) := (v_2,v_1) \\
\nu(e_4) & := & \{v_1,v_4\} & \wedge & \nu(e_5) := (v_1,v_3) & \wedge \quad \nu(e_6) := \{v_3,v_4\} \\
\nu(e_7) & := & \{v_3,v_4\} & \wedge & \nu(e_8) := (v_3,v_4) &
\end{array}
$$

---

[14] Man beachte, dass hier formal die Bilder $\{v\}$ und (v,v) unterschieden werden, um später eine einheitliche Notation für ungerichtete bzw. gerichtete Graphen zu haben. Die in (v,v) suggerierte Orientierung ist jedoch ohne Bedeutung, da für $v_1 := v_2 := v$ die geordneten Paare (v_1,v_2) und (v_2,v_1) nicht unterscheidbar sind.

[15] Ein Graph ist also schlicht, wenn von jedem Kantentyp zwischen bis zu zwei Knoten höchstens ein Exemplar vorhanden ist. Dabei werden die 'Schlingentypen' $\{v\}$ und (v,v) identifiziert.

[16] Hierzu gehört das später besprochene Chinese Postman Problem, das sowohl im ungerichteten als auch im gerichtete Fall wesentlich einfacher zu lösen ist als im 'gemischten' Fall.

[17] Diese Darstellung ist sehr suggestiv, kann aber auch in die Irre führen. Wir hatten schon darauf hingewiesen, dass bei einer Schlinge die Pfeildarstellungen rechts- oder linksherum im Graphen nicht unterscheidbar sind. Ferner brauchen geometrische Eigenschaften der Darstellung, wie etwa Schnittpunkte von Verbindungsstrecken, nichts mit der Struktur des Graphen zu tun zu haben.

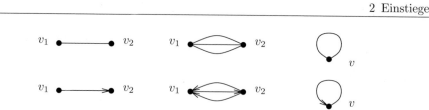

2.6 Abbildung. Gebräuchliche 'graphische Darstellungen' von Kanten eines allgemeinen Graphen: ungerichtete Kanten (oben), gerichtete (unten); Mehrfachkanten zwischen Knoten (Mitte); Schlingen (rechts).

sowie $G := (V,E,\nu)$. In einer suggestiven geometrischen Darstellung könnte man den allgemeinen Graphen G etwa gemäß Abbildung 2.7 darstellen.

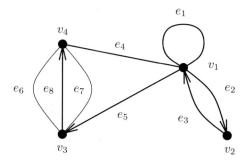

2.7 Abbildung. Geometrische Darstellungen des allgemeinen Graphen aus Beispiel 2.2.4.

Dabei lässt sich mit Hilfe gerichteter Kanten unter anderem modellieren, dass gewisse Strecken nur in einer Richtung durchfahren werden können oder, dass sich die Fahrzeit in der einen Richtung (z.B. wegen einer Baustelle) von der in der entgegengesetzten erheblich unterscheiden kann. Auch kann es durchaus bei der Modellierung von realen Straßennetzen auftreten, dass zwischen zwei Knoten mehrere Kanten gleichen Typs verlaufen. Dann ist der zugrunde liegende allgemeine Graph nicht schlicht. Fragt man aber nach einer kürzesten Route, so kann von allen Straßen gleicher Richtung zwischen einem Paar von Kreuzungen nur eine minimalen Gewichts zu einer solchen gehören; alle bis auf eine 'kürzeste' dieser Kanten können also gestrichen werden. Bei Fragen nach kürzesten Wegen ist es naturgemäß nicht erforderlich, 'Rundstraßen', die ohne Abzweigungsmöglichkeit wieder zum Ausgangspunkt zurückkehren, zu berücksichtigen – jedenfalls wenn die Längen der Kanten nichtnegativ sind. Für Straßenreinigungs- oder Zustelldienste müssen sie hingegen durchaus in die Modellierung einbezogen werden.

Fixiert man jeweils die Reihenfolge der Elemente von V und E in einem allgemeinen Graphen $G := (V,E,\nu)$, so kann ν mit Hilfe einer $(|V| \times |E|)$-Matrix angegeben werden.

2.2.5 Bezeichnung. *Seien X eine nichtleere endliche Menge und $k := |X|$. Jede Bijektion $\tau : [k] \to X$ heißt **Ordnung** oder **Reihenfolge** auf X. Ist eine Reihenfolge τ auf X gegeben, so setzt man oftmals*

$$x_i := \tau(i) \qquad (i \in [k])$$

und schreibt $X = \{x_1, \dots, x_k\}$. Umgekehrt wird durch diese Schreibweise für $i \in [k]$ gemäß $\tau(i) := x_i$ stets eine Reihenfolge τ auf X festgelegt.

2.2.6 Definition. *Seien* $G := (V,E,\nu)$ *ein allgemeiner Graph (ohne Schlingen der Form* (v,v)*),* $n := |V|$, $m := |E|$ *und* $n,m \geq 1$.

(a) *Seien* τ_V *eine Reihenfolge auf* V *und* τ_E *eine Reihenfolge auf* E, *d.h.* $V = \{v_1,\ldots,v_n\}$ *und* $E = \{e_1,\ldots,e_m\}$. *Ferner sei die* $(n \times m)$-*Matrix* $S_G := S_G(\tau_V,\tau_E) := (\sigma_{i,j})_{\substack{i \in [n] \\ j \in [m]}}$
definiert durch[18]

$$\sigma_{i,j} := \left\{ \begin{array}{ll} 1, & \text{falls } v_i \in \nu(e_j) \in \binom{V}{2} \text{ gilt;} \\ 2, & \text{falls } \nu(e_j) = \{v_i\} \text{ ist;} \\ -1, & \text{falls } e_j \text{ gerichtet und } v_i \text{ Anfangsknoten von } e_j \text{ ist;} \\ 1, & \text{falls } e_j \text{ gerichtet und } v_i \text{ Endknoten von } e_j \text{ ist;} \\ 0, & \text{sonst.} \end{array} \right.$$

Dann heißt S_G *(Knoten-Kanten) Inzidenzmatrix [engl.: (node-arc) incidence matrix] von* G. *Für* $j \in [m]$ *heißt der* j-*te Spaltenvektor von* S_G *Inzidenzvektor von* e_j.

(b) *Seien* $G_1 := (V_1,E_1,\nu_1)$ *und* $G_2 := (V_1,E_1,\nu_1)$ *allgemeine Graphen mit* $n := |V_1| = |V_2|$, $m := |E_1| = |E_2|$ *und* $n,m \geq 1$. *Dann heißen* G_1 *und* G_2 *isomorph, falls es für* $k = 1,2$ *Ordnungen* τ_{V_k} *auf* V_k *und* τ_{E_k} *auf* E_k *gibt, so dass*

$$S_{G_1}(\tau_{V_1},\tau_{E_1}) = S_{G_2}(\tau_{V_2},\tau_{E_2})$$

gilt.

Die Einträge von S_G sind weitgehend kanonisch, bis auf vielleicht die Setzung 2 für Schlingen e_j mit $\nu(e_j) = \{v_i\}$. *Wie soll man eigentlich den Eintrag für eine Schlinge sinnvoll definieren?* Da wir ja auf die Unterscheidung zwischen $\{v\}$ und (v,v) verzichten, führt ein beliebiger von 0 verschiedener Eintrag zur Rekonstruierbarkeit von G aus S_G. Die Setzung 2 entspricht der Interpretation, dass bei ganz 'lokaler Betrachtung' von einem Knoten v bei einer Schlinge zwei Kanten sichtbar sind. Der formal klarere algebraische Grund wird sichtbar, wenn man den Rang von S_G bestimmt[19]; vgl. Übungsaufgaben 2.4.16, 2.4.17.

2.2.7 Beispiel. *Sei* $G := (V,E,\nu)$ *der Graph aus Beispiel 2.2.4 (mit den dort angegebenen Reihenfolgen auf* V *und* E*). Die zugehörige Inzidenzmatrix* S_G *ist gegeben durch*

$$S_G = \begin{pmatrix} 2 & -1 & 1 & 1 & -1 & 0 & 0 & 0 \\ 0 & 1 & -1 & 0 & 0 & 0 & 0 & 0 \\ 0 & 0 & 0 & 0 & 1 & 1 & 1 & -1 \\ 0 & 0 & 0 & 1 & 0 & 1 & 1 & 1 \end{pmatrix}.$$

Es gilt $S_G \in \{-1,0,1\}^{4 \times 8}$; *die Zeilen von* S_G *entsprechen den Knoten* v_1,v_2,v_3,v_4, *die Spalten den Kanten* $e_1,e_2,e_3,e_4,e_5,e_6,e_7,e_8$ *von* G.

---

[18] Die Vorzeichensetzung ist in der Literatur nicht einheitlich. Bisweilen werden den gerichteten Kanten auch die negativen Spaltenvektoren zugeordnet. Wir verwenden hier die 'optimistische Kantenrichtung' von Minus zu Plus.

[19] Die gleiche algebraische Argumentation würde bei Schlingen (v,v) einen Eintrag 0 rechtfertigen; allerdings wäre dann das Vorhandensein der Schlinge in S_G nicht erkennbar. Es besteht also ein Konflikt zwischen den Aspekten 'Algebra' und 'Datenstruktur'. Aus diesem Grund haben wir Schlingen (v,v) hier ausgeschlossen.

Inzidenzmatrizen sind eine für verschiedene Probleme adäquate 'Datenstruktur' für
Graphen; vgl. Sektion 3.1.

Obwohl sich isomorphe allgemeine Graphen nur durch die Reihenfolgen auf ihren
Knoten- und Kantenmengen unterscheiden, ist bislang nicht bekannt, ob Isomorphie effizient getestet werden kann; vgl. Forschungsproblem 3.4.27. Natürlich können höchstens
solche Graphen isomorph sein, deren Knoten- und Kantenzahlen übereinstimmen. Mit
Hilfe der folgenden Definition kann man weitere Invarianten herleiten.

2.2.8 Bezeichnung. *Sei $G := (V,E,\nu)$ ein allgemeiner Graph.*

(a) Für $U \subset V$ seien

$$\delta(G,U) := \left\{ e \in E : \exists (u \in U \wedge v \in V \setminus U) : \nu(e) = \{u,v\} \right\}$$

$$\delta_{\mathrm{in}}(G,U) := \left\{ e \in E : \exists (u \in U \wedge v \in V \setminus U) : \nu(e) = (v,u) \right\}$$

$$\delta_{\mathrm{aus}}(G,U) := \left\{ e \in E : \exists (u \in U \wedge v \in V \setminus U) : \nu(e) = (u,v) \right\}$$

$$N(G,U) := \left\{ v \in V \setminus U : \exists (u \in U \wedge e \in E) : \nu(e) = \{u,v\} \right\}$$

$$N_{\mathrm{in}}(G,U) := \left\{ v \in V \setminus U : \exists (u \in U \wedge e \in E) : \nu(e) = (v,u) \right\}$$

$$N_{\mathrm{aus}}(G,U) := \left\{ v \in V \setminus U : \exists (u \in U \wedge e \in E) : \nu(e) = (u,v) \right\}.$$

$N(G,U) \cup N_{\mathrm{in}}(G,U) \cup N_{\mathrm{aus}}(G,U)$ wird bisweilen auch als **Nachbarschaft** *von U in
G bezeichnet. Ferner werden die Abkürzungen $\delta(G,v)$ bzw. $N(G,v)$ für $\delta(G,\{v\})$
bzw. $N(G,\{v\})$ (und analoge Abkürzungen für ihre gerichteten Varianten) verwendet.*[20]

(b) Die Abbildungen

$$\deg_G(v), \deg_{\mathrm{in}G}, \deg_{\mathrm{aus}G} : V \to \mathbb{N}_0$$

seien für $v \in V$ definiert durch

$$\deg_G(v) \quad := \quad \left| \delta(G,v) \right| + 2 \left| \{ e \in E : \nu(e) = \{v\} \} \right|$$

$$\deg_{\mathrm{in}G}(v) \quad := \quad \left| \delta_{\mathrm{in}}(G,v) \right| + \left| \{ e \in E : \nu(e) = \{v\} \} \right|$$

$$\deg_{\mathrm{aus}G}(v) \quad := \quad \left| \delta_{\mathrm{aus}}(G,v) \right| + \left| \{ e \in E : \nu(e) = \{v\} \} \right|.$$

$\deg_G(v)$, $\deg_{\mathrm{in}G}(v)$ bzw. $\deg_{\mathrm{aus}G}(v)$ heißen **Grad** *[engl.: degree],* **Ingrad** *bzw.* **Ausgrad** *[engl.: indegree bzw. outdegree] von v in G. Wenn der Bezug klar ist, wird
meistens nur $\deg(v)$, $\deg_{\mathrm{in}}(v)$ und $\deg_{\mathrm{aus}}(v)$ geschrieben. Bisweilen spricht man
statt von (In- bzw. Aus-) Grad auch von (In- bzw. Aus-)* **Valenz.**

(c) Sei v ein Knoten. Gilt $\deg_G(v) = \deg_{\mathrm{in}G}(v) = 0$, so wird v als **Quelle** *bezeichnet;
gilt $\deg_G(v) = \deg_{\mathrm{aus}G}(v) = 0$, so heißt v* **Senke.**

Ist v Quelle und Senke, so heißt v **isoliert.**

---

[20] In der Literatur findet man für $\delta(G,U)$ bzw. $N(G,U)$ oft die Bezeichnungen $\delta_G(U)$ bzw. $N_G(U)$ oder
verkürzt $\delta(U)$ bzw. $N(U)$. Auch werden δ_{in} bzw. δ_{aus} oft mit δ^- bzw. δ^+ bezeichnet; manchmal jedoch
auch umgekehrt.

Offenbar sind $\deg_{inG}(v)$ bzw. $\deg_{ausG}(v)$ die Anzahl der 'in v hinein-' bzw. 'aus v herauslaufenden' gerichteten Kanten von G. In analoger Interpretation gibt $\deg_G(v)$ an, wieviele ungerichtete Kanten 'in v hinein-' (bzw. 'aus v heraus-') laufen.

Erreichbarkeitsprobleme in allgemeinen Graphen basieren auf der folgenden Definition.

2.2.9 Definition. *Seien $G := (V,E,\nu)$ ein allgemeiner Graph und $p \in \mathbb{N}$.*

(a) *Ein **Kantenzug** [engl.: walk] der **kombinatorischen Länge** p in G ist eine Sequenz*

$$(v_0,e_1,v_1,e_2,\ldots,e_p,v_p)$$

von (alternierend) Knoten $v_0,v_1,\ldots,v_p$ und Kanten $e_1,e_2\ldots,e_p$ von G, so dass für $k \in [p]$ gilt

$$\nu(e_k) \in \begin{cases} \{\{v\},(v,v)\}, & \text{falls } v_{k-1} = v_k = v; \\ \{\{v_{k-1},v_k\},(v_{k-1},v_k)\}, & \text{falls } v_{k-1} \neq v_k. \end{cases}$$

*Zur Betonung von v_0, v_p spricht man auch von einem v_0-v_p-**Kantenzug**. Häufig wird ein solcher Kantenzug nur mit $(e_1,e_2,\ldots,e_p)$ bezeichnet oder, wenn das eindeutig ist, auch nur mit $(v_0,v_1,\ldots,v_p)$.*

(b) *Seien $v,w \in V$. Dann heißt w **von v aus erreichbar**, wenn $v = w$ gilt, oder wenn es einen Kantenzug $(v_0,e_1,v_1,e_2,\ldots,e_p,v_p)$ in G gibt mit $v = v_0$ und $w = v_p$.*

(c) *Sei $W := (v_0,e_1,v_1,e_2,\ldots,e_p,v_p)$ ein Kantenzug in G. W heißt **einfach**[21] [engl.: simple], wenn $e_1,e_2,\ldots,e_p$ paarweise verschieden sind, und $(v_0$-v_p-) **Weg** [engl.: path], wenn $v_0,v_1,\ldots,v_p$ paarweise verschieden sind. v_0 und v_p heißen dann **Endknoten** des Weges, $v_1,\ldots,v_{p-1}$ **innere Knoten**.*

*Der Kantenzug W heißt **geschlossen**, wenn $v_0 = v_p$ gilt, und **Zyklus** [engl.: cycle], wenn W geschlossen und einfach ist. Ist W ein Zyklus, so heißt W **Kreis** [engl.: circuit], wenn $(v_0,e_1,v_1,e_2,\ldots,e_{p-1},v_{p-1})$ ein Weg ist; p heißt dann die **kombinatorische Länge** des Kreises.*

*Sind C ein Kreis und v ein Knoten von C, so wird C bisweilen auch als (geschlossener) v-v-Weg bezeichnet. Ferner wird ein einzelner Knoten manchmal als **uneigentlicher** Kantenzug, Weg oder Kreis der Länge 0 aufgefasst; alle anderen werden dann (zur Abgrenzung) **eigentlich** genannt.*

*Besitzt G keinen eigentlichen Kreis, so heißt G **kreisfrei**.*

2.2.10 Bemerkung. *Seien $G := (V,E,\nu)$ ein allgemeiner Graph und $s,t \in V$.*

(a) *Ist t von s aus erreichbar, so gibt es einen s-t-Weg.*

(b) *Jeder (eigentliche) Zyklus enthält einen (eigentlichen) Kreis.*

(c) *Ist G gerichtet, so enthält jeder (eigentliche) geschlossene Kantenzug einen (eigentlichen) Kreis.*

---

[21] Oft werden einfache Kantenzüge in der Literatur auch *Pfad* genannt. Wir verwenden diesen Begriff hier nicht, um eine mögliche Konfusion mit dem englischen Begriff path für Weg zu vermeiden.

2.8 Abbildung. Ein s-t-Weg (links), ein Kantenzug mit markierten Endknoten (Mitte) und ein Kreis (rechts).

Beweis: (a) Offenbar ist jeder Kantenzug $(v_0,e_1,v_1,e_2,\ldots,e_p,v_p)$ mit $s = v_0$ und $t = v_p$ minimaler (kombinatorischer) Länge ein s-t-Weg.

(b) Jeder eigentliche Zyklus minimaler Länge ist ein Kreis.

(c) Jeder eigentliche geschlossene Kantenzug minimaler Länge in einem gerichteten Graphen ist eigentlicher ein Kreis. □

Man beachte, dass die Aussage (c) in Bemerkung 2.2.10 für ungerichtete Graphen nicht gilt. Sind $v_0,v_1 \in V$, $v_0 \neq v_1$ und $e \in E$ mit $\nu(e) = \{v,w\}$, so ist (v_0,e,v_1,e,v_0) ein geschlossener Kantenzug, enthält aber keinen eigentlichen Kreis.

2.2.11 Bemerkung. *Seien $G := (V,E,\nu)$ ein allgemeiner Graph, und die Relation $\sim$ auf $V \times V$ sei für $v,w \in V$ definiert durch*

$$v \sim w \quad :\Leftrightarrow \quad w \text{ ist von } v \text{ aus erreichbar.}$$

Dann gelten die folgenden Aussagen:

(a) $\sim$ ist reflexiv und transitiv.

(b) Ist G ungerichtet, so ist $\sim$ symmetrisch.

Beweis: (a) Die Reflexivität folgt aus der Definition; zum Nachweis der Transitivität werden entsprechende Kantenzüge hintereinander geschaltet.

(b) Die Symmetrie im ungerichteten Fall folgt daraus, dass mit $(v_0,e_1,v_1,e_2,\ldots,e_p,v_p)$ stets auch $(v_p,e_p,v_{p-1},e_{p-1}\ldots,e_1,v_0)$ ein Kantenzug ist. □

Bei der Bestimmung kürzester Wege von einem Startknoten s zu einem Zielknoten t kann man natürlich solche Knoten und Kanten weglassen, die offensichtlich auf keiner solchen Route liegen können. (Hierzu gehört in dem in Abbildung 2.4 dargestellten Graphen etwa der 'Wurmfortsatz' von s nach oben.) Man geht somit zu einem Teilgraphen über.

2.2.12 Definition. *Seien $G_1 := (V_1,E_1,\nu_1)$ und $G_2 := (V_2,E_2,\nu_2)$ allgemeine Graphen, und es gelte*

$$V_1 \subset V_2 \quad \wedge \quad E_1 \subset E_2 \quad \wedge \quad \nu_1 = \nu_2|_{E_1};$$

*($\nu_2|_{E_1}$ bezeichnet gemäß Konvention 1.3.12 die Einschränkung von n_2 auf E_1). Dann heißt G_1 **Teil-**, **Sub-** oder auch **Untergraph** [engl.: subgraph] von G_2. Bisweilen schreibt man dann $G_1 \subset G_2$.*

Ist G_1 ein Teilgraph von G_2 und gilt

$$E_1 = \left\{ e \in E_2 : \nu_2(e) \in \binom{V_1}{1} \cup \binom{V_1}{2} \cup V_1^2 \right\},$$

*so heißt G_1 der durch V_1 in G_2 **induzierte Teilgraph** [engl.: induced subgraph] von G_2.*

2.2.13 Beispiel. *Gegeben sei der allgemeine Graph $G := (V,E,\nu)$ aus Beispiel 2.2.4. Ferner seien*

$$U := \{v_1,v_2,v_4\} \quad \wedge \quad E_1 := \{e_4\} \quad \wedge \quad E_2 := \{e_1,e_2,e_3,e_4\}$$

Dann sind

$$S_1 := \big(U,E_1,\nu|_{E_1}\big) \quad \wedge \quad S_2 := \big(U,E_2,\nu|_{E_2}\big)$$

Teilgraphen von G; S_2 ist der durch die Knotenmenge U induzierte Teilgraph von G; vgl. Abbildung 2.9.

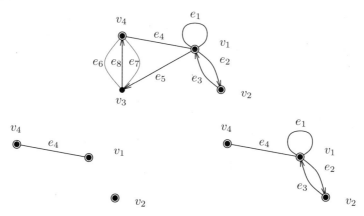

2.9 Abbildung. Allgemeiner Graph mit markierter Teilknotenmenge (oben), Teilgraph (unten links), induzierter Teilgraph (unten rechts).

2.2.14 Bemerkung. *Sei $G := (V,E,\nu)$ ein allgemeiner Graph. Seien*

$$W := (v_0,e_1,v_1,e_2,\ldots,e_p,v_p)$$

ein Kantenzug in G sowie

$$V_W := \big\{v : \exists \big(k \in \{0,\ldots,p\}\big) : v = v_k\big\} \quad \wedge \quad E_W := \big\{e : \exists \big(k \in \{1,\ldots,p\}\big) : e = e_k\big\}.$$

Dann ist $\big(V_W,E_W,\nu|_{E_W}\big)$ ein Teilgraph von G.

Oft ist es sinnvoll (und nach Bemerkung 2.2.14 zulässig), Wege oder Kreise als Teilgraphen aufzufassen.

Mit Hilfe der in Definition 2.2.9 eingeführten Erreichbarkeit kann man den Zusammenhang in Graphen definieren. Dabei gibt es je nach Anwendung durchaus verschiedene Möglichkeiten, mit gerichteten Kanten umzugehen.

2.2.15 Definition. *Sei $G := (V,E,\nu)$ ein allgemeiner Graph.*

(a) *Seien $s \in V$ und $U(s)$ die Menge aller Knoten von V, die von s aus erreichbar sind. Gilt $V = U(s)$, so heißt G **von s aus zusammenhängend**. G heißt **zusammenhängend**, wenn G von jedem seiner Knoten aus zusammenhängend ist, d.h. wenn je zwei Knoten durch einen Kantenzug verbunden sind.*

(b) *Ein Teilgraph S von G heißt genau dann **Zusammenhangskomponente**, wenn S zusammenhängend ist und kein zusammenhängender Teilgraph von G existiert, der S echt enthält.*

Der Beispielgraph von Abbildung 2.4 bzw. 2.8 ist zusammenhängend (wie man es von einem solchen Verkehrsnetz auch erwarten sollte).

Da nach Bemerkung 2.2.11 die Erreichbarkeitsrelation in ungerichteten Graphen eine Äquivalenzrelation ist, deren Äquivalenzklassen gerade die Zusammenhangskomponenten sind, zerfallen ungerichtete Graphen in ihre Zusammenhangskomponenten.

Wie die folgende Bemerkung zeigt, lässt sich der Zusammenhang in allgemeinen Graphen auch mit Hilfe der Nachbarschaften charakterisieren.

2.2.16 Bemerkung. *Sei $G := (V,E,\nu)$ ein allgemeiner Graph. G ist genau dann zusammenhängend, wenn für jede nichtleere, echte Teilmenge U von V*

$$N(G,U) \cup \mathrm{N_{aus}}(G,U) \neq \emptyset$$

gilt.

Beweis: '$\Rightarrow$' Seien $U \subset V$ mit $\emptyset \neq U \neq V$ und $s \in U$, $t \notin U$. Dann gibt es einen s-t-Weg in G. Somit existieren Knoten $v \in U$, $w \in V \setminus U$ sowie eine Kante e mit $\nu(e) \in \{\{v,w\},(v,w)\}$, und es folgt $N(G,U) \cup \mathrm{N_{aus}}(G,U) \neq \emptyset$.

'$\Leftarrow$' Seien $s \in V$ und U die Menge der von s aus erreichbaren Knoten von V. Dann gilt $s \in U$. Angenommen, $U \neq V$. Dann folgt aus $N(G,U) \cup \mathrm{N_{aus}}(G,U) \neq \emptyset$ die Existenz von Knoten $v \in U$, $w \in V \setminus U$ und einer Kante e mit $\nu(e) \in \{\{v,w\},(v,w)\}$. Da v von s aus erreichbar ist, gibt es einen s-w-Weg in G, d.h. $w \in U$ im Widerspruch zur Annahme.

Insgesamt folgt damit die Behauptung. $\qquad\Box$

Für manche Zwecke ist es sinnvoll, einen schwächeren Begriff des Zusammenhangs wie folgt zu definieren.

2.2.17 Definition. *Sei $G := (V,E,\nu)$ ein allgemeiner Graph. G ist genau dann **schwach zusammenhängend**, wenn für jede echte Teilmenge U von V*

$$N(G,U) \cup \mathrm{N_{in}}(G,U) \cup \mathrm{N_{aus}}(G,U) \neq \emptyset$$

*gilt. Zur besonderen Betonung des in Definition 2.2.15 eingeführten stärkeren Zusammenhangsbegriffs wird ein zusammenhängender allgemeiner Graph bisweilen auch **stark zusammenhängend** genannt.*

Der schwache Zusammenhang entspricht dem starken Zusammenhang in dem Graphen, der durch 'Ignorierung' der Kantenrichtungen entsteht. Natürlich kann man auch noch Mehrfachkanten und Schleifen weglassen, ohne den Zusammenhang zu beeinflussen; vgl. Abbildung 2.10.

Hamiltonkreise und Eulertouren: Die folgenden beiden Begriffe spielen für viele Probleme der Logistik eine zentrale Rolle.

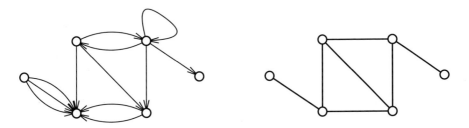

2.10 Abbildung. Links: schwach, aber nicht stark zusammenhängender gerichteter allgemeiner Graph G. Rechts: ungerichteter allgemeiner Graph $\hat{G}$, der durch Ignorierung der Kantenrichtungen und Reduktion von Mehrfachkanten und Schleifen aus G entsteht. $\hat{G}$ ist (stark) zusammenhängend.

2.2.18 Definition. *Sei $G := (V,E,\nu)$ ein allgemeiner Graph.*

(a) *Jeder Weg bzw. Kreis, der alle Knoten von G enthält, heißt **Hamiltonweg**[22] bzw. **Hamiltonkreis**. Ist G leer oder Besitzt G einen Hamiltonkreis, so heißt G **hamiltonsch**.*

(b) *Jeder einfache Kantenzug bzw. Zyklus, der alle Kanten von G enthält, heißt **Euler-Kantenzug**[23] bzw. **Eulertour**. Ist G leer oder besitzt G eine Eulertour, so heißt G **eulersch**.*

Hamiltonkreise sind etwa für die Minimierung von Fahrstrecken bei der Auslieferung von Gütern an verschiedene Kunden relevant; Eulertouren treten unter anderem bei der Plottersteuerung oder der Straßenreinigung auf.[24]

Im Folgenden werden zwei theoretische Ergebnisse angegeben, die jeweils die Existenz eines Hamiltonkreises oder einer Eulertour aus der 'Reichhaltigkeit' bzw. 'Struktur' von Nachbarschaften folgern.

Der nachfolgende erste dieser Sätze besagt grob, dass ein allgemeiner Graph G, in dem jeder Knoten nur genügend viele Nachbarn besitzt, bereits hamiltonsch sein muss. Das ist offensichtlich, wenn in G sogar jeder Knoten von jedem anderen aus bereits über eine einzige Kante erreichbar ist, da es dann keinerlei Hindernisse gibt, von einem beliebigen Startknoten aus jeweils so lange zu einem noch nicht besuchten neuen aktuellen Knoten zu gehen, bis alle erreicht sind, und mit der letzten Kante dann den Hamiltonkreis zu schließen. Das nachfolgende Ergebnis verschärft diese Beobachtung bis an ihre mathematische Grenze.

2.2.19 Satz. *Sei $G := (V,E,\nu)$ ein allgemeiner Graph mit $|V| \geq 3$, und es gelte für jeden Knoten $v \in V$*

$$\left| N(G,v) \cup N_{\mathrm{aus}}(G,v) \right| \geq \frac{1}{2}|V| \quad \wedge \quad \left| N(G,v) \cup N_{\mathrm{in}}(G,v) \right| \geq \frac{1}{2}|V|.$$

Dann ist G hamiltonsch.

---

[22] Sir William Rowan Hamilton, 1805 – 1865.
[23] Leonhard Euler, 1707 – 1783.
[24] Ein 'klassisches' Beispiel für Hamiltonkreise ist Eulers Lösung des 'Rösselsprungproblems' aus dem Jahr 1757 (Brief an Goldbach), bei dem eine geschlossene Folge von Zügen des Springers auf einem Schachbrett gesucht ist, die jedes Feld genau einmal erreicht. Für die Frage nach Euler-Pfaden sind das 'Haus des Nikolaus' oder das Königsberger Brückenproblem bekannte Beispiele.

Beweis: Seien $p \in \mathbb{N}$ und $V_K := \{v_1, \ldots, v_p\} \subset V$, so dass

$$K := (v_1, v_2, \ldots, v_p, v_1)$$

ein Kreis maximaler Länge in G ist. Gilt $V = V_K$, so ist K ein Hamiltonkreis, und es bleibt nichts zu zeigen. Wir nehmen daher an, dass $V \setminus V_K \neq \emptyset$ gilt. Sei

$$d := \left\lceil \frac{1}{2}|V| \right\rceil.$$

Wir zeigen zunächst, dass

$$p \geq d + 1$$

gilt. Seien dazu $k \in \mathbb{N}$ und $U := (u_0, u_1, \ldots, u_k)$ ein Weg maximaler Länge in G; vgl. Abbildung 2.11 (links). Aus $\big| N(G, u_i) \cup N_{\text{aus}}(G, u_i) \big| \geq d$ für alle $i \in \{0\} \cup [k]$ folgt $k \geq d$. Ist $u_0 = u_k$, so ist U ein Kreis von mindestens der Länge $d + 1$. Sei also $u_0 \neq u_k$. Aus der Maximalität von U folgt

$$N(G, u_0) \cup N_{\text{in}}(G, u_0) \subset \{u_1, \ldots, u_k\}.$$

Wegen $|N(G, u_0) \cup N_{\text{in}}(G, u_0)| \geq d$ gibt es daher einen Index $i_0 \in [k]$ und eine Kante $e \in E$ mit

$$i_0 \geq d \quad \wedge \quad \nu(e) \in \big\{ \{u_{i_0}, u_0\}, (u_{i_0}, u_0) \big\}.$$

Somit ist $(u_{i_0}, u_0, u_1, \ldots, u_{i_0})$ ein Kreis in G der Länge mindestens $d + 1$. Es gilt also $p \geq d + 1$.

Seien nun $q \in \mathbb{N}_0$ und $V_W := \{w_0, \ldots, w_q\} \subset V \setminus V_K$, so dass

$$W := (w_0, \ldots, w_q)$$

ein Weg maximaler Länge in dem von $V \setminus V_K$ induzierten Teilgraphen G' von G ist; vgl. Abbildung 2.11 (rechts). Dann gilt insbesondere $p + q + 1 \leq |V|$, und aus $p \geq d + 1$ folgt

$$q \leq |V| - p - 1 \leq |V| - (d + 1) - 1 = |V| - \left\lceil \frac{1}{2}|V| \right\rceil - 2 \leq d - 2.$$

Seien nun (mit der Setzung $v_0 := v_p$)

$$X := \Big\{ i \in [p] : \exists (e \in E) : \nu(e) \in \big\{ \{v_{i-1}, w_0\}, (v_{i-1}, w_0) \big\} \Big\}$$

$$Y := \Big\{ i \in [p] : \exists (e \in E) : \nu(e) \in \big\{ \{w_q, v_i\}, (w_q, v_i) \big\} \Big\}.$$

Angenommen, es wäre $X \cap Y \neq \emptyset$; sei etwa $i \in X \cap Y$. Dann wäre für $i \neq 1$

$$(v_{i-1}, w_0, \ldots, w_q, v_i, \ldots, v_p, v_1, \ldots, v_{i-1})$$

bzw. für $i = 1$

$$(v_p, w_0, \ldots, w_q, v_1, \ldots, v_p)$$

ein Kreis der Länge $(p - 1) + 2 + q = p + q + 1 \geq p + 1$, im Widerspruch zur Maximalität des Kreises K. Somit gilt $X \cap Y = \emptyset$.

Da W ein Weg maximaler Länge in G' ist, gilt

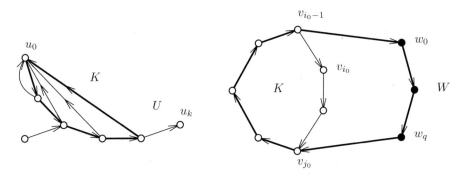

2.11 Abbildung. Konstruktionen im Beweis von Satz 2.2.19. Links: Kreis (hervorgehoben) der Länge $d+1$ in G für $|V|=7$, $k=5$ und $d=4$. Rechts: Längerer Hamiltonkreis (hervorgehoben) für $|V|=10$, $p=7$, $q=2$ und $r=2$. Nicht alle Kanten von G sind eingezeichnet; die Pfeile zeigen die 'Durchlaufrichtung' der konstruierten Kreise auch für solche Kanten an, die ungerichtet sind. Die Knoten von K sind weiß, die von W schwarz ausgefüllt.

$$N(G,w_0) \cup N_{\mathrm{in}}(G,w_0) \subset V_K \cup V_W \quad \wedge \quad N(G,w_q) \cup N_{\mathrm{aus}}(G,w_q) \subset V_K \cup V_W.$$

Nun enthält X gerade die Indizes i aller Knoten $v_{i-1} \in V_K$, von denen w_0 über eine Kante erreichbar ist. Entsprechend ist Y die Menge der Inzides i von Knoten $v_i \in V_K$, die von w_q aus durch eine Kante erreicht werden. Es folgt

$$|X| = \left| N(G,w_0) \cup N_{\mathrm{in}}(G,w_0) \right| - \left| N(G',w_0) \right| \geq d-q$$
$$|Y| = \left| N(G,w_q) \cup N_{\mathrm{aus}}(G,w_q) \right| - \left| N(G',w_q) \right| \geq d-q$$

sowie

$$|X \cup Y| = |X| + |Y| \geq 2d - 2q \geq \left(|V| - q \right) - q \geq p - q + 1.$$

Da $q \leq d-2$ ist, sind weder X noch Y leer. Seien nun $i_0 \in X$ und $j_0 \in Y$, so dass der Abstand mod p, d.h.

$$\begin{cases} j_0 - i_0, & \text{falls } i_0 \leq j_0 \\ j_0 + p - i_0, & \text{falls } i_0 > j_0 \end{cases}$$

unter allen solchen Paaren minmal ist, und r sei dieses Minimum. Dann gilt

$$r - 1 \leq p - |X \cup Y| \leq p - (p - q + 1) = q - 1,$$

also $r \leq q$, und der Kreis

$$(v_{i_0-1}, w_0, \ldots, w_q, v_{j_0}, \ldots, v_{i_0-1})$$

hat somit die Länge $p - r - 1 + q + 2 \geq p + 1$, im Widerspruch zu Maximalität von K. Daher ist $V = V_K$, und es folgt die Behauptung. $\qquad\square$

Satz 2.2.19 impliziert, dass einfache Graphen hoher Valenz immer hamiltonsch sind.

2.2.20 Korollar. *(Satz von Dirac[25])*
Sei $G := (V,E,\nu)$ ein einfacher Graph mit $|V| \geq 3$, und es gelte für jeden Knoten $v \in V$

[25] Gabriel Andrew Dirac, 1925 – 1984.

$$\deg_G(v) + \deg_{\mathrm{aus}G}(v) \geq \frac{1}{2}|V| \quad \wedge \quad \deg_G(v) + \deg_{\mathrm{in}G}(v) \geq \frac{1}{2}|V|.$$

Dann ist G hamiltonsch.

Beweis: Die Behauptung folgt direkt aus Satz 2.2.19, da für einfache Graphen

$$\deg_G(v) = \big|N(G,v)\big| \quad \wedge \quad \deg_{\mathrm{aus}G}(v) = \big|\mathrm{N}_{\mathrm{aus}}(G,v)\big| \quad \wedge \quad \deg_{\mathrm{in}G}(v) = \big|\mathrm{N}_{\mathrm{in}}(G,v)\big|$$

sowie

$$N(G,v) \cap \mathrm{N}_{\mathrm{aus}}(G,v) = N(G,v) \cap \mathrm{N}_{\mathrm{in}}(G,v) = \emptyset$$

gilt.   □

Abbildung 2.12 (links) zeigt, dass die Bedingungen in Satz 2.2.19 und Korollar 2.2.20 bereits für ungerichtete einfache allgemeine Graphen scharf sind. Abbildung 2.12 (rechts) gibt einen schlichten allgemeinen Graphen an, für den Korollar 2.2.20 nicht gilt.

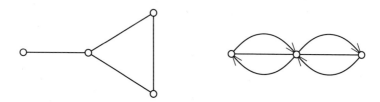

2.12 Abbildung. Links: Einfacher, ungerichteter nicht-hamiltonscher Graph. Die Bedingungen von Satz 2.2.19 und Korollar 2.2.20 sind lediglich für einen Knoten verletzt. Rechts: schlichter nicht-hamiltonscher allgemeiner Graph.

Wir kommen nun zu dem angekündigten Satz über die Existenz von Eulertouren. Für die Eigenschaft allgemeiner Graphen G, eulersch zu sein, können natürlich isolierte Knoten ignoriert werden. Außerdem muss G zusammenhängend sein.[26] Satz 2.2.25 enthält eine Charakterisierung für allgemeine Graphen. Zur Vorbereitung beweisen wir eine entsprechende Aussage für gerichtete allgemeine Graphen. Anschaulich beruhen das nachfolgende Lemma sowie der anschließende Satz auf der Beobachtung, dass eine Eulertour in jeden Knoten genauso oft 'hinein-' wie 'herauslaufen' muss.

2.2.21 Lemma. *Seien $G := (V,E,\nu)$ ein gerichteter allgemeiner Graph und $E \neq \emptyset$. Dann sind die folgenden beiden Aussagen äquivalent:*

(a) *E ist die Vereinigung der Kantenmengen eigentlicher kantendisjunkter geschlossener einfacher Kantenzüge in G.*

(b) *Für jeden Knoten v von G gilt $\deg_{\mathrm{in}}(v) = \deg_{\mathrm{aus}}(v)$.*

Beweis: '(a) $\Rightarrow$ (b)' Seien $r \in \mathbb{N}$ und $K_1,\ldots,K_r$ eigentliche kantendisjunkte geschlossene einfache Kantenzüge in G, deren Kantenmengen insgesamt E ergeben. Sei $K := (v_0,e_1,v_1,e_2\ldots,e_p,v_p) \in \{K_1,\ldots,K_r\}$. Dann gilt

$$v_0 = v_p \quad \wedge \quad \big(i \in [p] \Rightarrow \nu(e_i) = (v_{i-1},v_i)\big).$$

---

[26] In der Formulierung der nachfolgenden Ergebnisse kommen wir mit dem schwachen Zusammenhang als genereller Voraussetzung aus, da dieser mit den weiteren kombinatorischen Bedingungen den starken Zusammenhang impliziert.

Für jedes $i \in [p]$ ist v_i Endknoten von e_i und Anfangsknoten von e_{i+1} (bzw. e_1 für $i = p$). Die Gradbedingung gilt also in K. Da jede Kante von G in genau einem der Kantenzüge $K_1, \ldots, K_r$ auftritt, stimmt daher an jedem Knoten der Ingrad mit dem Ausgrad überein.

'(b) $\Rightarrow$ (a)' Wir führen den Beweis als vollständige Induktion über $m := |E|$. Für $m = 1$ ist die einzige Kante eine Schlinge, und es gilt die Behauptung. Im folgenden sei also $m \geq 2$, und wir setzen voraus, dass die Behauptung für alle kleineren Kantenzahlen gilt. Besitzt G eine Schlinge, so kann diese entfernt werden, ohne die Gradbedingung zu verletzen, und die Behauptung folgt aus der Induktionsannahme. Wir können daher im Folgenden annehmen, dass G schlingenfrei ist.

Seien nun $e_1 \in E$, $E_1 := \{e_1\}$, $v_0, v_1 \in V$ mit $\nu(e_1) = (v_0, v_1)$ und $T_1 := (v_0, e_1, v_1)$. Wegen $\deg_{in}(v_1) = \deg_{aus}(v_1) \geq 1$ gibt es eine Kante $e_2 \in E \setminus E_1$ und einen Knoten $v_2 \in V$ mit $\nu(e_2) = (v_1, v_2)$. Seien $E_2 := E_1 \cup \{e_2\}$ und $T_2 := (v_0, e_1, v_1, e_2, v_2)$.

Wir fahren mit dieser Konstruktion solange fort, bis wir an einen Knoten v_p kommen, der nicht über eine Kante aus $E \setminus E_p$ verlassen werden kann. Wegen $\deg_{in}(v_p) = \deg_{aus}(v_p) \geq 1$ gilt $v_p \in \{v_0, \ldots, v_{p-1}\}$, d.h. T_p enthält einen geschlossenen einfachen Kantenzug C. Jeder Knoten von C ist natürlich gleich oft Anfangs- wie Endknoten von Kanten in C. Entfernt man also alle Kanten von C aus G und ebenso alle dann isolierten Knoten, so entsteht ein Teilgraph, dessen Knoten nach wie vor die Gradvoraussetzung erfüllen. Nach Induktionsannahme folgt daher (b). $\qquad \square$

Wir erhalten nun die folgende Charakterisierung der eulerschen gerichteten allgemeinen Graphen.

2.2.22 Satz. *(Satz von Euler[27] (gerichtete Version))*
Sei $G := (V, E, \nu)$ ein schwach zusammenhängender gerichteter allgemeiner Graph. G ist genau dann eulersch, wenn $\deg_{in}(v) = \deg_{aus}(v)$ für jeden Knoten v von G gilt.

Beweis: O.B.d.A. sei $E \neq \emptyset$.
'$\Rightarrow$' Ist G eulersch, so ist E die Kantenmenge jeder Eulertour, und die Aussage folgt aus Lemma 2.2.21.

'$\Leftarrow$' Gemäß Lemma 2.2.21 seien $r \in \mathbb{N}$ und $K_1, \ldots, K_r$ eigentliche kantendisjunkte geschlossene einfache Kantenzüge in G, die insgesamt alle Kanten von G enthalten. Wir zeigen die Behauptung mittels vollständiger Induktion nach r.

Ist $r = 1$, so ist K_1 eine Eulertour. Sei also $r \geq 2$, und die Behauptung gelte für alle kleineren Anzahlen. Da G schwach zusammenhängend ist, gibt es ein $i_0 \in \{2, \ldots, r\}$, so dass K_1 und K_{i_0} (mindestens) einen Knoten gemeinsam haben. O.B.d.A. sei $i_0 = 2$, und v_0 sei ein Knoten in K_1 und K_2. Benutzen wir v_0 als Start- und Endknoten der geschlossenen einfachen Kantenzüge K_1 und K_2, so sind diese darstellbar als

$$K_1 = (v_0, e_1, v_1, e_2, \ldots, e_p, v_0) \quad \wedge \quad K_2 = (v_0, e_{p+1}, v_{p+1}, e_{p+2}, \ldots, e_q, v_0)$$

mit $p \in \mathbb{N}$ und $q - p \in \mathbb{N}$. Dann ist die Hintereinanderausführung

$$K_{1,2} := (v_0, e_1, v_1, e_2, \ldots, e_p, v_0, e_{p+1}, v_{p+1}, e_{p+2}, \ldots, e_q, v_0)$$

ein geschlossener einfacher Kantenzug, und $K_{1,2}, K_3, \ldots, K_r$ sind kantendisjunkte geschlossene einfache Kantenzüge in G, deren Kantenmengen E überdecken. Nach Induktionsannahme ist G somit eulersch. $\qquad \square$

_____
[27] Leonhard Euler, 1707 – 1783.

Wir wollen nun charakterisieren, wann ein allgemeiner Graph $G = (V,E,\nu)$ eulersch ist. Besitzt G eine Eulertour, so wird durch Festlegung einer ihrer Durchlaufrichtungen jede in G ungerichtete Kante gerichtet. Die Bedingung von Satz 2.2.22 für den gerichteten Fall besagt dann, dass an jedem Knoten der Ingrad mit dem Ausgrad übereinstimmt. Somit ist eine Bedingung dafür, dass G eulersch ist, dass in G genügend ungerichtete Kanten vorhanden sein müssen, um an jedem Knoten v eine möglicherweise vorhandene Differenz zwischen $\deg_{in}(v)$ und $\deg_{aus}(v)$ ausgleichen zu können. Eine solche Bedingung kann jedoch nicht rein lokal auf jeden einzelnen Knoten beschränkt sein, da die Wahl einer Durchlaufrichtung einer ungerichteten Kante die Graddifferenz an beiden betroffenen Knoten verändert.

Bevor wir den entsprechenden Satz formulieren, führen wir noch weitere Bezeichnungen zur Ergänzung von Bezeichnung 2.2.8 ein.

2.2.23 Bezeichnung. *Seien $G := (V,E,\nu)$ ein allgemeiner Graph und $U,W \subset V$. Dann seien*

$$\mathrm{E}(U,W) := \big\{e \in E : \exists (u \in U \setminus W \wedge w \in W \setminus U) : \nu(e) = \{u,w\}\big\}$$
$$\mathrm{E}_{in}(U,W) := \big\{e \in E : \exists (u \in U \setminus W \wedge w \in W \setminus U) : \nu(e) = (w,u)\big\}$$
$$\mathrm{E}_{aus}(U,W) := \big\{e \in E : \exists (u \in U \setminus W \wedge w \in W \setminus U) : \nu(e) = (u,w)\big\}$$

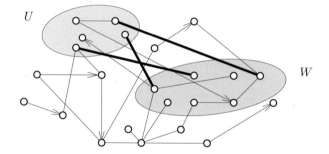

2.13 Abbildung. Ein allgemeiner Graph $G := (V,E,\nu)$, Teilmengen $U,W \subset V$ (grau hervorgehoben) sowie die Kanten der Menge $\mathrm{E}(U,W)$ (fett).

Natürlich stehen die eingeführten Kantenmengen in enger Beziehung zu den Mengen aus Bezeichnung 2.2.8.

2.2.24 Bemerkung. *Seien $G := (V,E,\nu)$ ein allgemeiner Graph und $U,W \subset V$. Dann gelten die folgenden Aussagen:*

(a) $\mathrm{E}(U,W) = \mathrm{E}(W,U)$;

(b) $\mathrm{E}_{in}(U,W) = \mathrm{E}_{aus}(W,U)$;

(c) $\delta(G,U) = \mathrm{E}(U,G \setminus U)$;

(d) $\delta_{in}(G,U) = \mathrm{E}_{in}(U,G \setminus U)$;

(e) $\delta_{aus}(G,U) = \mathrm{E}_{aus}(U,G \setminus U)$;

(f) $\big|\delta(G,U)\big| + \big|\delta(G,W)\big| = \big|\delta(G,U \cup W)\big| + \big|\delta(G,U \cap W)\big| + 2\big|\mathrm{E}(U,W)\big|$;

(g) $\left|\delta_{\mathrm{in}}(G,U)\right|+\left|\delta_{\mathrm{in}}(G,W)\right| = \left|\delta_{\mathrm{in}}(G,U\cup W)\right|+\left|\delta_{\mathrm{in}}(G,U\cap W)\right|+\left|E_{\mathrm{in}}(U,W)\right|+\left|E_{\mathrm{in}}(W,U)\right|;$

(h) $\left|\delta_{\mathrm{aus}}(G,U)\right| + \left|\delta_{\mathrm{aus}}(G,W)\right| =$
$$\left|\delta_{\mathrm{aus}}(G,U\cup W)\right|+\left|\delta_{\mathrm{aus}}(G,U\cap W)\right|+\left|E_{\mathrm{aus}}(U,W)\right|+\left|E_{\mathrm{aus}}(W,U)\right|.$$

Beweis: Die ersten Aussagen folgen direkt aus den Definitionen, die anderen ergeben sich durch geeignete Aufteilung der auftretenden Kantenmengen; vgl. Übungsaufgabe 2.4.14. □

Für allgemeine Graphen erhalten wir nun die folgende Charakterisierung.

2.2.25 Satz. *(Satz[28] von Ford und Fulkerson[29])*
Sei $G := (V,E,\nu)$ *ein schwach zusammenhängender allgemeiner Graph. G ist genau dann eulersch, wenn für alle* $u \in V$ *und* $U \subset V$ *gilt*

$$\left|\delta_{\mathrm{aus}}(G,u)\right|+\left|\delta_{\mathrm{in}}(G,u)\right|+\left|\delta(G,u)\right| \equiv 0 \ (\mathrm{mod}\,2) \quad \wedge \quad \left|\delta_{\mathrm{aus}}(G,U)\right|-\left|\delta_{\mathrm{in}}(G,U)\right| \le \left|\delta(G,U)\right|.$$

Beweis: '⇒' Sei $W := (v_0,e_1,v_1,e_2,\ldots,e_p,v_0)$ eine Eulertour in G. Seien e eine Kante und $v,w \in V$, so dass (v,e,w) ein Abschnitt von W ist. Ist e gerichtet, so gilt $\nu(e) = (v,w)$, und wir setzen $\hat{\nu}(e) := \nu(e)$. Ist e hingegen ungerichtet, so ist $\nu(e) = \{v,w\}$, und wir setzen $\hat{\nu}(e) := (v,w)$. Diese Orientierung aller ungerichteten Kanten 'gemäß einem Durchlaufen von W' liefert insgesamt einen eulerschen Digraphen $\hat{G} := (V,E,\hat{\nu})$. Nach Satz 2.2.22 gilt für jeden Knoten $u \in V$

$$\deg_{\mathrm{in}\hat{G}}(u) = \deg_{\mathrm{aus}\hat{G}}(u).$$

Seien nun für $U \subset V$

$$\delta^+(G,U) := \left\{e \in E : \exists(u \in U \wedge v \in V \setminus U) : \nu(e) = \{u,v\} \wedge \hat{\nu}(e) = (u,v)\right\}$$
$$\delta^-(G,U) := \left\{e \in E : \exists(u \in U \wedge v \in V \setminus U) : \nu(e) = \{u,v\} \wedge \hat{\nu}(e) = (v,u)\right\}.$$

Dann folgt für $u \in V$

$$\left|\delta_{\mathrm{aus}}(G,u)\right| + \left|\delta^+(G,u)\right| = \left|\delta_{\mathrm{in}}(G,u)\right| + \left|\delta^-(G,u)\right|,$$

also
$$\left|\delta_{\mathrm{aus}}(G,u)\right| + \left|\delta_{\mathrm{in}}(G,u)\right| + \left|\delta(G,u)\right|$$
$$= \left|\delta_{\mathrm{aus}}(G,u)\right| + \left|\delta^+(G,u)\right| + \left|\delta_{\mathrm{in}}(G,u)\right| + \left|\delta^-(G,u)\right|$$
$$\equiv 0 \ (\mathrm{mod}\,2),$$

und es folgt die erste Aussage.

Zum Beweis der behaupteten Ungleichung sei wieder $U \subset V$. Da jede Kante, deren beide Endknoten in U liegen, den Gesamtbeitrag 0 in nachfolgender Summation liefert, gilt

$$0 = \sum_{u\in U}\left|\delta_{\mathrm{aus}}(G,u)\right| - \left|\delta_{\mathrm{in}}(G,u)\right| + \left|\delta^+(G,u)\right| - \left|\delta^-(G,u)\right|$$
$$= \left|\delta_{\mathrm{aus}}(G,U)\right| - \left|\delta_{\mathrm{in}}(G,U)\right| + \left|\delta^+(G,U)\right| - \left|\delta^-(G,U)\right|.$$

Somit folgt

---

[28] Man beachte, dass dieser Satz weder der einzige noch der bekannteste Satz von Ford und Fulkerson ist.

[29] Lester Randolph Ford jun., geb. 1927; Delbert Ray Fulkerson, 1924 – 1976.

$$\left|\delta_{\text{aus}}(G,U)\right| - \left|\delta_{\text{in}}(G,U)\right| = \left|\delta^-(G,U)\right| - \left|\delta^+(G,U)\right| \leq \left|\delta(G,U)\right|.$$

'⇐' Wir führen den Beweis mittels vollständiger Induktion über die Anzahl k der ungerichteten Kanten von G. Im Fall $k = 0$ folgt aus den Voraussetzungen insbesondere für alle $u \in V$

$$\left|\delta_{\text{aus}}(G,u)\right| - \left|\delta_{\text{in}}(G,u)\right| \leq 0.$$

Da jede gerichtete Kante einen Anfangs- und einen Endknoten hat, summieren sich die In- und Ausgrade über alle Knoten von V jeweils zu derselben Zahl auf. Es folgt daher

$$0 = \left(\sum_{u \in V}\left|\delta_{\text{aus}}(G,u)\right|\right) - \left(\sum_{u \in V}\left|\delta_{\text{in}}(G,u)\right|\right) = \sum_{u \in V}\left(\left|\delta_{\text{aus}}(G,u)\right| - \left|\delta_{\text{in}}(G,u)\right|\right) \leq 0.$$

Für alle $u \in V$ gilt somit $\left|\delta_{\text{aus}}(G,u)\right| - \left|\delta_{\text{in}}(G,u)\right| = 0$, also $\deg_{\text{in}}(u) = \deg_{\text{aus}}(u)$, und die Aussage folgt aus Satz 2.2.22.

Gilt für alle $U \subset V$ mit $\left|\delta(G,U)\right| \neq 0$

$$\left|\delta_{\text{aus}}(G,U)\right| - \left|\delta_{\text{in}}(G,U)\right| < \left|\delta(G,U)\right|,$$

so orientieren wir eine ungerichtete Kante beliebig, und die Behauptung folgt aus der Induktionsannahme. Seien daher $U^* \subset V$ mit

$$\left|\delta_{\text{aus}}(G,U^*)\right| - \left|\delta_{\text{in}}(G,U^*)\right| = \left|\delta(G,U^*)\right| > 0$$

sowie

$$e^* \in \delta(G,U^*) \quad \wedge \quad u^* \in U^* \quad \wedge \quad v^* \in V \setminus U^* \quad \wedge \quad \nu(e^*) = \{u^*,v^*\}.$$

Dann sei $\hat{\nu} : E \to \binom{V}{1} \cup \binom{V}{2} \cup V^2$ definiert durch

$$\hat{\nu}(e) := \begin{cases} \nu(e) & \text{für } e \in E \setminus \{e^*\} \\ (v^*,u^*) & \text{für } e = e^*, \end{cases}$$

und wir setzen $\hat{G} := (V,E,\hat{\nu})$. Der allgemeine Graph $\hat{G}$ entsteht also aus G durch Orientierung von e^*, so dass die Kante in U^* hineinläuft.

Wir zeigen nun, dass die Voraussetzungen auch für $\hat{G}$ erfüllt sind; die Behauptung folgt dann aus der Induktionsannahme.

Die Paritätsbedingung ist weiterhin erfüllt, denn es gilt

$$\begin{aligned} \left|\delta_{\text{in}}(\hat{G},u^*)\right| &= \left|\delta_{\text{in}}(G,u^*)\right| + 1 \quad &\wedge \quad & \left|\delta_{\text{in}}(\hat{G},v^*)\right| &= \left|\delta_{\text{in}}(G,v^*)\right| \\ \left|\delta_{\text{aus}}(\hat{G},u^*)\right| &= \left|\delta_{\text{aus}}(G,u^*)\right| \quad &\wedge \quad & \left|\delta_{\text{aus}}(\hat{G},v^*)\right| &= \left|\delta_{\text{aus}}(G,v^*)\right| + 1 \end{aligned}$$

sowie für $w \in \{u^*,v^*\}$

$$\left|\delta(\hat{G},w)\right| = \left|\delta(G,w)\right| - 1.$$

Wir nehmen nun an, dass die Ungleichungsbedingung nicht für alle Teilmengen von V erfüllt ist. Sei also $U \subset V$ mit

$$\left|\delta_{\text{aus}}(\hat{G},U)\right| - \left|\delta_{\text{in}}(\hat{G},U)\right| > \left|\delta(\hat{G},U)\right|.$$

Da für $u_1,u_2 \in U$ die gerichtete Kante (u_1,u_2) durch den Term $\left|\delta_{\text{aus}}(\hat{G},u_1)\right| + \left|\delta_{\text{in}}(\hat{G},u_2)\right|$ den Beitrag 2 zur nachfolgenden Summe leistet, und $\{u_1,u_2\}$ durch $\left|\delta(\hat{G},u_1)\right| + \left|\delta(\hat{G},u_2)\right|$ ebenfalls 2 beiträgt, folgt

$$\left|\delta_{\mathrm{aus}}(\hat{G},U)\right| - \left|\delta_{\mathrm{in}}(\hat{G},U)\right| - \left|\delta(\hat{G},U)\right|$$

$$= \left(\left|\delta_{\mathrm{aus}}(\hat{G},U)\right| + \left|\delta_{\mathrm{in}}(\hat{G},U)\right| + \left|\delta(\hat{G},U)\right|\right) - 2\left|\delta_{\mathrm{in}}(\hat{G},U)\right| - 2\left|\delta(\hat{G},U)\right|$$

$$\equiv \sum_{u\in U}\left(\left|\delta_{\mathrm{aus}}(\hat{G},u)\right| + \left|\delta_{\mathrm{in}}(\hat{G},u)\right| + \left|\delta(\hat{G},u)\right|\right) \equiv 0 \ (\mathrm{mod}\,2)$$

und damit sogar

$$\left|\delta_{\mathrm{aus}}(\hat{G},U)\right| - \left|\delta_{\mathrm{in}}(\hat{G},U)\right| \geq \left|\delta(\hat{G},U)\right| + 2.$$

Es gilt daher

$$\left|\delta_{\mathrm{aus}}(G,U)\right| - \left|\delta_{\mathrm{in}}(G,U)\right| = \left|\delta(G,U)\right| \quad \wedge \quad e^* \in \delta_{\mathrm{aus}}(\hat{G},U),$$

also $v^* \in U \cap (V \setminus U^*)$. Es folgt somit (unter Verwendung von Bezeichnung 2.2.23)

$$e^* \in \mathrm{E}(U^*,U) \neq \emptyset.$$

Die Kante e^* wird also – anschaulich gesprochen – benötigt, um die Graddefizite bez. U^* und bez. U zu korrigieren, müsste dafür aber unterschiedlich orientiert werden. Formal erhält man einen Widerspruch zur vorausgesetzten Ungleichung für $U^* \cup U$ (unter Verwendung der entsprechenden Ungleichung für $U \cap U^*$). Mit Hilfe von Bemerkung 2.2.24 folgt nämlich

$$0 \geq \left|\delta_{\mathrm{aus}}(G,U^* \cup U)\right| - \left|\delta_{\mathrm{in}}(G,U^* \cup U)\right| - \left|\delta(G,U^* \cup U)\right|$$

$$= \left(\left|\delta_{\mathrm{aus}}(G,U)\right| + \left|\delta_{\mathrm{aus}}(G,U^*)\right| - \left|\delta_{\mathrm{aus}}(G,U \cap U^*)\right| - \left|\mathrm{E}_{\mathrm{aus}}(U,U^*)\right| - \left|\mathrm{E}_{\mathrm{aus}}(U^*,U)\right|\right)$$

$$- \left(\left|\delta_{\mathrm{in}}(G,U)\right| + \left|\delta_{\mathrm{in}}(G,U^*)\right| - \left|\delta_{\mathrm{in}}(G,U \cap U^*)\right| - \left|\mathrm{E}_{\mathrm{in}}(U,U^*)\right| - \left|\mathrm{E}_{\mathrm{in}}(U^*,U)\right|\right)$$

$$- \left(\left|\delta(G,U)\right| + \left|\delta(G,U^*)\right| - \left|\delta(G,U \cap U^*)\right| - 2\left|\mathrm{E}(U^*,U)\right|\right)$$

$$= \left(\left|\delta_{\mathrm{aus}}(G,U)\right| - \left|\delta_{\mathrm{in}}(G,U)\right| - \left|\delta(G,U)\right|\right) + \left(\left|\delta_{\mathrm{aus}}(G,U^*)\right| - \left|\delta_{\mathrm{in}}(G,U^*)\right| - \left|\delta(G,U^*)\right|\right)$$

$$- \left(\left|\delta_{\mathrm{aus}}(G,U \cap U^*)\right| - \left|\delta_{\mathrm{in}}(G,U \cap U^*)\right| - \left|\delta(G,U \cap U^*)\right| - 2\left|\mathrm{E}(U^*,U)\right|\right)$$

$$= \left(-\left|\delta_{\mathrm{aus}}(G,U \cap U^*)\right| + \left|\delta_{\mathrm{in}}(G,U \cap U^*)\right| + \left|\delta(G,U \cap U^*)\right|\right) + 2\left|\mathrm{E}(U^*,U)\right|$$

$$\geq 2\left|\mathrm{E}(U^*,U)\right| \geq 2.$$

Das ist der angekündigte Widerspruch zur Gültigkeit der vorausgesetzen Ungleichung für $U^* \cup U$, und insgesamt folgt damit die Behauptung. □

Als Korollar ergibt sich direkt die folgende ungerichtete Version des Satzes von Euler.

2.2.26 Korollar. *(Satz von Euler (ungerichtete Version))*
Sei $G := (V,E,\nu)$ ein zusammenhängender ungerichteter allgemeiner Graph. G ist genau dann eulersch, wenn jeder Knoten v von G geraden Grad hat.

Beweis: Die Aussage folgt unmittelbar aus Satz 2.2.25; die Kongruenz ist die angegebene Gradbedingung, die Ungleichung ist trivial, und natürlich fallen in ungerichteten allgemeinen Graphen die Begriffe 'zusammenhängend' und 'schwach zusammenhängend' zusammen. □

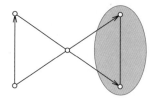

2.14 Abbildung. Jeder Knoten bzw. jede einelementige Knotenmenge erfüllt das Kriterium von Satz 2.2.25; die Bedingung für die gekennzeichnete 2-elementige Knotenmenge ist jedoch verletzt. Der Graph ist somit nicht eulersch.

Man beachte, dass die Bedingungen aus Satz 2.2.22 und Korollar 2.2.26 leicht überprüft werden können, da sie nur die Nachbarschaften einzelner Knoten betreffen. In Satz 2.2.25 kommt man bei den Ungleichungsbedingungen jedoch nicht mit einelementigen Teilmengen U aus; Abbildung 2.14.

Tatsächlich enthält das Kriterium von Satz 2.2.25 eine Ungleichungsbedingung für *jede* der $2^{|V|}$ Teilmengen von V. Natürlich kann man auf die Ungleichungen für $U = \emptyset$ und $U = V$ verzichten, aber es bleiben immer noch exponentiell viele übrig, so dass man sie für große Graphen nicht einfach der Reihe nach durchgehen kann. In der angegebenen Form führt das Kriterium von Satz 2.2.25 für große Knotenzahl daher nicht direkt zu einem praktisch tauglichen Verfahren, um zu überprüfen, ob ein gegebener allgemeiner Graph eulersch ist. Dennoch kann (wie wir später noch sehen werden) diese Eigenschaft effizient überprüft werden.[30]

In vielen Problemen sind neben den kombinatorischen auch 'numerische' Daten gegeben, etwa Fahrzeiten, Bearbeitungszeiten o.ä.. Diese werden häufig mit Hilfe von Kantengewichten modelliert. Knotengewichte sind bisweilen auch relevant, spielen aber in der Theorie eine eher untergeordnete Rolle. Häufig kann man sie mittels Kantengewichten modellieren; vgl. Beispiel 2.2.29.

2.2.27 Definition. *Seien $G := (V, E, \nu)$ ein allgemeiner Graph und $\phi : E \to \mathbb{R}$. Dann heißt $(G; \phi)$* **gewichteter allgemeiner Graph** *bzw. allgemeiner Graph* **mit Kantengewichten***. Für jede Kante $e \in E$ heißt $\phi(e)$* **Gewicht** *(oder, je nach Anwendung,* **Kosten**, **Länge**, **Kapazität** *etc.) von e. Die Funktion ϕ heißt* **Kantengewichtung**.

Ist $W := (v_0, e_1, v_1, e_2, \ldots, e_p, v_p)$ ein Kantenzug in G, so heißt

$$\varphi(W) := \sum_{i=1}^{p} \phi(e_i)$$

Länge *(bez. ϕ) von W. Ist W ein Weg oder ein Kreis, so wird $\varphi(W)$ auch* **Länge** *des Weges bzw. Kreises genannt.*

Eine **Knotengewichtung** *von G ist eine Funktion $\theta : V \to \mathbb{R}$ auf V.*

In Definition 2.2.27 sind auch negative Gewichte zugelassen. In vielen Anwendungen werden die Längen von Kanten aber nichtnegativ sein.

---

[30] Allerdings zeigt Sektion 3.3 für ein eng verwandtes Problem, dass durchaus ein massiver Komplexitätssprung beim Übergang von 'reinen' (gerichteten oder ungerichteten) zu allgemeinen Graphen auftreten kann.

Graphen und Digraphen: Im Folgenden werden wir uns auf die Grundtypen der einfachen ungerichteten oder gerichteten Graphen konzentrieren und die Kanten e mit ihren Bildern $\nu(e)$ unter der definierenden Abbildung ν identifizieren. Wir vereinbaren daher nun für diese Klassen eine äquivalente, aber vereinfachte (und durch die Identifizierung vielleicht intuitivere) Konvention und Kurzbezeichnung.

2.2.28 Bezeichnung. *(a) Seien $G := (V,E,\nu)$ ein schlingenfreier, schlichter allgemeiner Graph, $\hat{E} := \nu(E)$ und $\hat{G} := (V,\hat{E})$. Ist G ungerichtet, so heißt $\hat{G}$* **Graph**; *ist G gerichtet, so wird $\hat{G}$* **gerichteter Graph** *bzw.* **Digraph** *genannt.*

(b) Sind $G := (V,E)$ ein Graph bzw. ein gerichteter Graph und $\phi : E \to \mathbb{R}$, so heißt $G := (V,E;\phi)$ **gewichteter Graph** *bzw.* **gewichteter Digraph.**

(c) Seien $G := (V,E)$ ein Graph bzw. Digraph und $U \subset V$. Der durch U induzierte Teilgraph von G wird mit G_U bzw. (U,E_U) bezeichnet. Bisweilen wird für E_U auch $E(U)$ geschrieben.

Die Kanten eines Graphen sind also zweielementige Teilmengen, die eines Digraphen geordnete Paare von Knoten. Offenbar ist (mit der Setzung $\nu(\{v,w\}) := \{v,w\}$) jeder (gewichtete) Graph gemäß Bezeichnung 2.2.28 ein (gewichteter) einfacher, ungerichteter allgemeiner Graph gemäß Definition 2.2.3. Analog ist die Beziehung im gerichteten Fall. Abbildung 2.15 zeigt 'graphische Darstellungen' eines ungerichteten Graphen (links) und eines gerichteten Graphen (rechts).

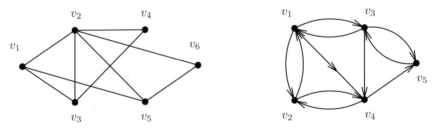

2.15 Abbildung. Graphische Darstellungen eines zusammenhängenden ungerichteten Graphen (links) und eines zusammenhängenden gerichteten Graphen (rechts).

Digraphen treten in einer Vielzahl von unterschiedlichen Problemen auf. Allgemeine Planungsprobleme mit zeitlichen oder logistischen Abhängigkeiten zwischen einzelnen Tätigkeiten können etwa mit Methoden der *Netzplantechnik* behandelt werden. Beispiel 2.2.29 behandelt exemplarisch die Frage nach der Mindestausführungszeit eines Vorhabens.

2.2.29 Beispiel. *Bei der Errichtung eines Gebäudes sind von der Planung bis zur Fertigstellung verschiedene Teilgewerke $A_1, \ldots, A_9$ durchzuführen, die zeitlich voneinander abhängen. Die folgende Tabelle enthält zu jedem Teilprojekt seine unmittelbaren 'Vorgängergewerke'.*[31]

---

[31] Natürlich ist die Vorgängerrelation transitiv; der Effizienz und Übersichtlichkeit halber führen wir aber nicht alle Vorgänger auf. Man beachte, dass in einer minimalen graphischen Darstellung gemäß Abbildung 2.16 auch die Kanten (v_1,v_3), (v_3,v_7) und (v_7,v_9) überflüssig sind, da sie in der transitiven Hülle aller Übrigen liegen.

Gewerk	A_1	A_2	A_3	A_4	A_5	A_6	A_7	A_8	A_9
Vorgänger	–	A_1	A_1,A_2	A_1	A_3	A_3,A_4,A_7	A_3,A_5	A_6	A_7,A_8

Gefragt ist nach der Mindestbauzeit (etwa in Stunden) in Abhängigkeit von den jeweiligen Einzelausführungszeiten γ_i von A_i gemäß

$$\gamma_1 := \gamma_4 := 4 \quad \wedge \quad \gamma_2 := \gamma_5 := \gamma_8 := 3 \quad \wedge \quad \gamma_3 := \gamma_6 := \gamma_9 := 2 \quad \wedge \quad \gamma_7 := 1.$$

Man kann diese Situation mittels eines Digraphen modellieren: seine Knoten entsprechen den einzelnen Teilgewerken und tragen als Gewichte die einzelnen Ausführungszeiten, während seine (ungewichteten) Kanten ihre Abhängigkeiten beschreiben; vgl. Abbildung 2.16.

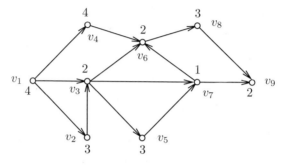

2.16 Abbildung. Graphische Darstellung des Planungsprozesses von Beispiel 2.2.29. Die Knoten entsprechen den Tätigkeiten, die Kanten ihren Abhängigkeiten. Die Ausführungszeiten sind an den Knoten vermerkt.

Man kann die Aufgabe aber auch leicht mittels Kantengewichten modellieren. Jedem einzelnen Gewerk A_i werden dabei zwei Knoten v_i und w_i zugeordnet. Der entstehende gewichtete Digraphen G enthält dann Kanten zweier verschiedener Typen. Zum einen wird für jedes $i = 1,\ldots,9$ die Ausführung von A_i durch die mit $\phi(e) := \gamma_i$ bewertete Kante $e := (v_i,w_i)$ repräsentiert. Zum anderen wird durch mit $\phi(e) := 0$ bewertete Kanten $e := (w_i,v_j)$ modelliert, dass die Fertigstellung von A_i Voraussetzung für die Fertigstellung von A_j ist; vgl. Abbildung 2.17.

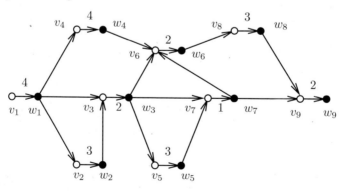

2.17 Abbildung. Graphische Darstellung des zugehörigen gewichteten Digraphen. Die von 0 verschiedenen Ausführungszeiten sind an den Kanten vermerkt.

Zur Bestimmung der minimalen Gesamtausführungszeit, kommt es darauf an, wann eine Tätigkeit A_i unter Berücksichtigung ihrer eigenen Ausführungszeit, aber auch der Ausführungstermine aller der Tätigkeiten, die zur Ausführung von A_i bereits zwingend abgeschlossen sein müssen, frühestens ausgeführt sein kann. Diese Zeiten sind in Abbildung 2.18 für das Planungsproblem aus Abbildung 2.17 an den Knoten w_i vermerkt.

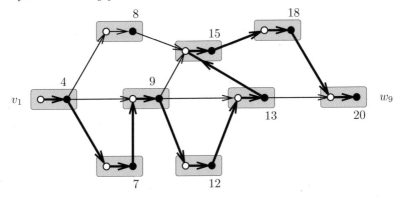

2.18 Abbildung. Akkumulierte Gesamtausführungsdauern der einzelnen Tätigkeiten und kritischer v_1-w_9-Weg (hervorgehoben) in Beispiel 2.2.29.

Die Mindestausführungszeit entspricht somit der Länge eines längsten v_1-w_9-Weges in G bez. der Gewichtsfunktion ϕ. Jeder solche längste v_1-w_9-Weg ist insofern **kritisch** *(und wird auch so genannt), als die Verzögerung einer einzelnen 'seiner' Tätigkeiten die Gesamtausführungszeit verlängert.*

Zur Darstellung von Graphen oder Digraphen kann man statt $(|V| \times |E|)$-Inzidenzmatrizen auch einfachere $(|V| \times |V|)$-Matrizen verwenden.

2.2.30 Definition. *Seien $G := (V,E)$ ein Graph (bzw. ein Digraph) mit $n := |V| \geq 1$ und τ_V eine gegebene Ordnung auf V, d.h. $V =: \{v_1, \ldots, v_n\}$. Ferner seien für $i,j \in [n]$*

$$\alpha_{i,j} := \begin{cases} 1 & \text{falls } \{v_i,v_j\} \in E \text{ (bzw. } (v_i,v_j) \in E\text{) gilt;} \\ 0 & \text{sonst.} \end{cases}$$

und

$$A_G := A_G(\tau_V) := (\alpha_{i,j})_{i,j \in [n]}.$$

Dann heißt A_G **Adjazenzmatrix** *von G.*

2.2.31 Beispiel. *Die Adjazenzmatrizen der Graphen aus Abbildung 2.15 sind (mit der durch ihren Index angegebenen Reihenfolge ihrer Knoten):*

$$A_{G_1} = \begin{pmatrix} 0 & 1 & 1 & 0 & 1 & 0 \\ 1 & 0 & 1 & 1 & 1 & 1 \\ 1 & 1 & 0 & 1 & 0 & 0 \\ 0 & 1 & 1 & 0 & 0 & 0 \\ 1 & 1 & 0 & 0 & 0 & 1 \\ 0 & 1 & 0 & 0 & 1 & 0 \end{pmatrix} \quad \wedge \quad A_{G_2} = \begin{pmatrix} 0 & 1 & 1 & 1 & 0 \\ 1 & 0 & 0 & 1 & 0 \\ 1 & 0 & 0 & 1 & 1 \\ 0 & 1 & 0 & 0 & 1 \\ 0 & 0 & 1 & 0 & 0 \end{pmatrix}.$$

Offenbar ist A_{G_1} eine symmetrische Matrix, A_{G_2} aber nicht.

2.2.32 Bemerkung. *Seien $G := (V,E)$ ein Graph und τ_V eine Reihenfolge auf V. Dann ist A_G symmetrisch.*

Beweis: Es gilt

$$\alpha_{i,j} = \alpha_{j,i} = \begin{cases} 1, & \text{falls } \{v_i,v_j\} \in E; \\ 0, & \text{falls } \{v_i,v_j\} \notin E. \end{cases}$$

A_G ist somit symmetrisch. $\qquad\qquad\qquad\qquad\qquad\qquad\qquad\qquad\qquad\qquad\qquad\square$

Tatsächlich stimmt die Adjazenzmatrix eines Graphen $G := (V,E)$ mit der des Digraphen $G' := (V,E')$ überein, der durch Ersetzen jeder Kante $\{v,w\}$ von G durch die beiden Kanten (v,w) und (w,v) entsteht. In vielen Anwendungen ist es nützlich und in den meisten sogar erlaubt, Graphen als Digraphen aufzufassen.

2.2.33 Bemerkung. *Durch Ersetzen jeder Kante $\{v,w\}$ durch die beiden gerichteten Kanten (v,w) und (w,v) kann man einen (ungerichteten) Graphen auch als gerichtet auffassen; siehe Abbildung 2.19.*

Ist der Graph gewichtet, so überträgt sich das Gewicht von $\{v,w\}$ jeweils auf beide gerichteten Kanten (v,w) und (w,v).

2.19 Abbildung. Transformation eines ungerichteten in einen gerichteten Graphen.

Im Rest dieser Sektion beschränken wir uns der Einfachheit halber auf den ungerichteten Fall. Die meisten (wenn auch nicht alle) der folgenden Definitionen übertragen sich in kanonischer Weise auf Digraphen oder allgemeine Graphen.

Wir betrachten zunächst noch einmal das Routenplanungsproblem aus Abbildung 2.4 und fragen danach, ob wir unser Modell vielleicht noch weiter reduzieren können.[32] Offenbar sind die meisten Autobahnabfahrten für s-t-Wege ja irrelevant, da man hier ohnehin nicht auf andere Autobahnen wechseln kann. Wir können daher alle entsprechenden 'Zwischenknoten' weglassen und nur noch den kleineren Graphen in Abbildung 2.20 (rechts) zu verwenden.

Er besteht aus s, t, allen Knoten, die Autobahndreiecke und -kreuze symbolisieren sowie Kanten, die die entsprechenden dazwischen liegenden Autobahnabschnitte repräsentieren. Graphentheoretisch spricht man von einer *Kontraktion*, da die in Abbildung 2.20 (links) grau unterlegten Teilgraphen jeweils zu einem einzigen Knoten zusammengezogen werden.

2.2.34 Definition. *Seien $G := (V,E)$ ein Graph, $S := (U,F)$ ein Teilgraph von G mit $|U| \geq 1$ und*

$$S_i := (U_i,F_i) \quad (i \in [k])$$

die Zusammenhangskomponenten von S. Ferner seien $Y := \{y_1,\ldots,y_k\}$ eine zu $(V \setminus U) \cup E$ disjunkte Menge der Kardinalität k und

---

[32] Wenn man schnell und effizient die 'Größe des Modells' verringern kann ('preprocessing'), so reduziert sich in der Regel die Laufzeit nachfolgender Algorithmen. Für algorithmisch schwierige Probleme kann es durchaus hiervon abhängen, ob eine konkrete Aufgabe noch bewältigt werden kann oder praktisch nicht mehr lösbar ist.

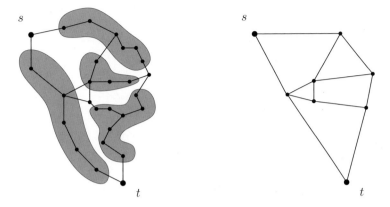

2.20 Abbildung. Links: Der (um die 'Sackgassen' reduzierte) Graph G aus Abbildung 2.4. Grau unterlegt sind zusammenhängende Teilgraphen S_1, S_2, S_3, S_4, die jeweils zu einer Ecke 'zusammen gezogen' werden sollen. Rechts: Der kontrahierte 'Autobahngraph'.

$$K := \left(\left\{ \{v,w\} : v,w \in V \setminus U \right\} \cap E \right)$$

$$\cup \bigcup_{\substack{i,j=1 \\ i \neq j}}^{k} \left\{ \{y_i, y_j\} : \exists (u_i \in U_i \wedge u_j \in U_j) : \{u_i, u_j\} \in E \right\}$$

$$\cup \bigcup_{i=1}^{k} \left\{ \{y_i, v\} : v \in V \setminus U \wedge \exists (u_i \in U_i) : \{u_i, v\} \in E \right\}.$$

Dann heißt der Graph $\left((V \setminus U) \cup Y, K \right)$ **Kontraktion** *von S in G und wird mit G/S bezeichnet.*

Offenbar ist der in Abbildung 2.20 rechts dargestellte Graph die Kontraktion des grau unterlegten Teilgraphen des links angegeben Graphen G.

Wir kommen nun noch einmal auf die Frage der Darstellung von Graphen zurück. Zwar sind Graphen rein kombinatorische Objekte, aber geometrische Darstellungen, in denen die Knoten bzw. Kanten durch Punkte bzw. sie verbindende Strecken in der Ebene repräsentiert werden, sind oft wesentlich intuitiver als kombinatorische Angaben. Allerdings können solche Darstellungen desselben Graphen sehr verschieden aussehen. Die drei Skizzen von Abbildung 2.21 geben tatsächlich isomorphe Graphen an; lediglich die *Einbettungen* in die Ebene sind verschieden. Die rechte Darstellung ist nicht einmal überschneidungsfrei, d.h. es gibt Schnittpunkte von (zu) Kanten (gehörenden Strecken), die keinem Knoten entsprechen. Man wird sie daher als 'weniger intuitiv' ansehen als die beiden anderen.[33]

Aufgrund der passenden Beschriftungen der Knoten in Abbildung 2.21 kann man leicht überprüfen, dass es sich bei dem dargestellten kombinatorischen Objekt um denselben Graphen handelt. Ohne diese Identifikation entsprechender Knoten ist das jedoch schwieriger. Aufgrund ihrer einfacheren Struktur, kann die Isomorphie von Graphen statt

---

[33] Tatsächlich ist die Frage nach einem 'guten Layout' eines Graphen von großer Bedeutung für eine Vielzahl von Anwendungen, in denen etwa Planungen oder Abhängigkeitsstrukturen sichtbar gemacht werden sollen.

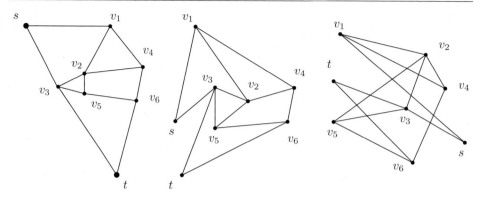

2.21 Abbildung. Drei Darstellungen des Autobahngraphen aus Abbildung 2.20 (rechts). Die Nummerierung der Knoten definiert Isomorphismen gemäß Bezeichnung 2.2.36.

mit Hilfe von Definition 2.2.6 allerdings auch mit Hilfe des folgenden Kriteriums festgestellt werden.

2.2.35 Lemma. *Seien $G_1 := (V_1, E_1)$ und $G_2 := (V_2, E_2)$ Graphen. G_1 und G_2 sind (mit der Identifikation gemäß Bezeichnung 2.2.28) genau dann isomorph, wenn es eine bijektive Abbildung $\tau : V_1 \to V_2$ gibt, so dass für alle v,w aus V_1 gilt*

$$\{v,w\} \in E_1 \quad \Longleftrightarrow \quad \{\tau(v), \tau(w)\} \in E_2.$$

Beweis: '$\Rightarrow$' Für $k = 1,2$ sei $\nu_k : E_k \to \binom{V_k}{2}$ definiert durch

$$e \in E_k \wedge v,w \in V_k \wedge e = \{v,w\} \quad \Rightarrow \quad \nu_k(e) := \{v,w\}.$$

Ferner seien τ_{V_k} und τ_{E_k} Ordnungen auf V_k bzw. E_k mit $S_{G_1} = S_{G_2}$. Nach Definition der Inzidenzmatrizen folgt daher für $i = 1, \dots, |V_k|$ und $j = 1, \dots, |E_k|$

$$\tau_{V_1}(i) \in \nu_1\big(\tau_{E_1}(j)\big) \quad \Leftrightarrow \quad \tau_{V_2}(i) \in \nu_2\big(\tau_{E_2}(j)\big).$$

Mit

$$\tau := \tau_{V_2} \circ \tau_{V_1}^{-1}$$

folgt daher

$$\{v,w\} \in E_1 \quad \Leftrightarrow \quad \{\tau(v), \tau(w)\} \in E_2.$$

'$\Leftarrow$' Sei $\hat{\tau} : E_1 \to E_2$ für $e := \{v,w\}$ definiert durch

$$\hat{\tau}(e) := \{\tau(v), \tau(w)\}.$$

Seien nun τ_{V_1} bzw. τ_{E_1} beliebige Ordnungen auf V_1 bzw. E_1 und setze

$$\tau_{V_2} := \tau \circ \tau_{V_1} \quad \wedge \quad \tau_{E_2} := \hat{\tau} \circ \tau_{E_1}.$$

Dann sind τ_{V_2} bzw. τ_{E_2} Ordnungen auf V_2 bzw. E_2, und es gilt

$$S_{G_1}(\tau_{V_1}, \tau_{E_1}) = S_{G_2}(\tau_{V_2}, \tau_{E_2}).$$

Insgesamt folgt damit die Behauptung. $\square$

2.2.36 Bezeichnung. *Seien $G_1 := (V_1,E_1)$, $G_2 := (V_2,E_2)$ Graphen und $\tau : V_1 \to V_2$ eine bijektive Abbildung mit*

$$\{v,w\} \in E_1 \quad \Longleftrightarrow \quad \{\tau(v),\tau(w)\} \in E_2$$

*für alle $v,w \in V_1$. Dann heißt τ **Isomorphismus** und für $G_1 = G_2$ **Automorphismus**.*

Im Allgemeinen ist es nicht klar, wie man ohne 'Durchprobieren' (wenigstens eines signifikanten Teils) aller möglicher Bijektionen zwischen den Knotenmengen von zwei gegebenen Graphen entscheiden kann, ob diese isomorph sind. Tatsächlich versteckt sich hinter dieser Frage eines der bekanntesten und wichtigsten offenen algorithmischen Probleme der Diskreten Mathematik; vgl. Forschungsproblem 3.4.27.

Wir führen nun einige Klassen von besonders wichtigen Graphen und Teilgraphen ein. Von zentraler Bedeutung für viele Probleme der kombinatorischen Optimierung sind die vollständigen Graphen, die untereinander genau dann isomorph sind, wenn ihre Knotenzahl übereinstimmt.

2.2.37 Definition. *Sei $G := (V,E)$ ein Graph, und es gelte*

$$v \in V \wedge w \in V \setminus \{v\} \quad \Longrightarrow \quad \{v,w\} \in E.$$

*Dann heißt G **vollständig**. Der vollständige Graph auf der Knotenmenge V wird auch mit K_V bezeichnet. Interessiert nur die Isomorphieklasse und ist $n := |V|$, so schreibt man auch K_n und spricht von dem vollständigen Graphen auf n Knoten.*

*Ersetzt man die Bedingung durch $E := \big\{(v,w) : v \in V \wedge w \in V \setminus \{v\}\big\}$ so erhält man den **vollständigen gerichteten Graphen** auf V.*

2.2.38 Bemerkung. *Sei $G := (V,E)$ ein vollständiger Graph. Dann gilt $|E| = \binom{|V|}{2}$.*

Beweis: Jede 2-elementige Teilmenge von V ist eine Kante; hiervon gibt es genau $\binom{|V|}{2}$. $\qquad\qquad\qquad\qquad\qquad\qquad\qquad\qquad\qquad\qquad\qquad\qquad\quad\square$

2.2.39 Beispiel. *Abbildung 2.22 skizziert die vollständigen Graphen auf 1 bis 5 Knoten.*

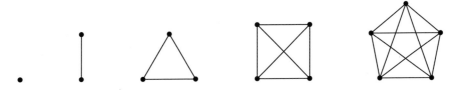

2.22 Abbildung. Darstellungen von K_1 bis K_5.

Bäume und Wälder: Wir betrachten nun eine andere Klasse von speziellen Graphen, Bäume und Wälder. Sie treten direkt in der Praxis auf, etwa wenn Versorgungsleitungen eines gegebenen Netzes möglichst kostengünstig angemietet werden sollen. Bäume sind aber auch Grundlage für eine Vielzahl von effizienten (approximativen) Algorithmen für andere Probleme der Optimierung.

2.2.40 Definition. *Sei $G := (V,E)$ ein Graph.*

(a) *G heißt **Baum** [engl.: tree], wenn G zusammenhängend und kreisfrei ist.*

(b) *Ist G kreisfrei, so heißt G **Wald** [engl.: forest].*

(c) *Ist G ein Wald, so heißt jeder Knoten v von G mit $\deg(v) = 1$ **Blatt** [engl.: leaf].*

(d) *Ein Teilgraph $T := (V_T, E_T)$ von G heißt **aufspannender Baum** oder **Spann-baum** [engl.: spanning tree], falls T ein Baum ist und $V_T = V$ gilt.*

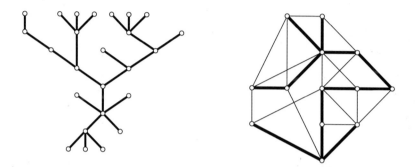

2.23 Abbildung. Links: ein Baum. Rechts: ein Graph mit (fett eingezeichnetem) Spannbaum.

Außer in trivialen Fällen besitzen Bäume Blätter.

2.2.41 Bemerkung. *Sei $G := (V,E)$ ein Baum mit $|E| \geq 1$. Dann besitzt G mindestens zwei Blätter.*

Beweis: Sei W ein Weg in G maximaler (kombinatorischer) Länge. Dann sind die Endknoten von W Blätter von G.   □

Die folgenden Aussagen enthalten nützliche Charakterisierungen von Bäumen.

2.2.42 Lemma. *Sei $G := (V,E)$ ein Graph. Dann sind die folgenden Aussagen äquivalent:*

(a) *G ist ein Baum.*

(b) *Für je zwei Knoten $v,w \in V$ existiert genau ein v-w-Weg in G.*

(c) *G ist zusammenhängend, aber für kein $e \in E$ ist $\big(V,E \setminus \{e\}\big)$ zusammenhängend.*

(d) *G ist kreisfrei, aber für alle $v,w \in V$ mit $v \neq w$ und $e := \{v,w\} \notin E$ enthält $\big(V,E \cup \{e\}\big)$ einen Kreis.*

Beweis: '(a) $\Rightarrow$ (b)'. Da G ein Baum ist, existiert für je zwei Knoten $v,w \in V$ mindestens ein v-w-Weg in G. Gäbe es zwei verschiedene v-w-Wege, so enthielte G einen Zyklus und nach Bemerkung 2.2.10 (b) einen Kreis.

'(b) $\Rightarrow$ (c)' Wäre $\big(V,E \setminus \{e\}\big)$ für ein $e \in E$ zusammenhängend, so wären die beiden zu e gehörenden Knoten durch zwei verschiedene Wege in G miteinander verbunden.

'(c) $\Rightarrow$ (d)' Enthielte G einen Kreis, so könnte man eine beliebige seiner Kanten entfernen, ohne den Zusammenhang zu verlieren. Wäre für ein Paar $v,w \in V$ mit $v \neq w$ und $e := \{v,w\} \notin E$ der Graph $\big(V, E \cup \{e\}\big)$ kreisfrei, so wären v und w in G nicht verbunden.

'(d) $\Rightarrow$ (a)' Enthielte G zwei verschiedene Zusammenhangskomponenten S_1 und S_2, so könnte zwischen einem beliebigen Knoten aus S_1 und einem beliebigen Knoten aus S_2 eine Kante eingefügt werden, ohne, dass ein Kreis entsteht. $\qquad\square$

2.2.43 Korollar. *Sei $G := (V,E)$ ein Baum mit $|V| \geq 1$. Dann gilt $|E| = |V| - 1$.*

Beweis: Der Beweis wird mittels vollständiger Induktion über die Knotenzahl $|V|$ geführt. Für $|V| = 1$ ist nichts zu zeigen. Seien also $G := (V,E)$ ein Baum mit $|V| \geq 2$, v ein Blatt von G und e eine v enthaltende Kante von G. Dann ist nach Lemma 2.2.42 (b) $\big(V \setminus \{v\}, E \setminus \{e\}\big)$ ein Baum, und es folgt nach Induktionsvoraussetzung

$$|E| = \big|E \setminus \{e\}\big| + 1 = \big|V \setminus \{v\}\big| = |V| - 1,$$

und damit die Behauptung. $\qquad\square$

2.2.44 Korollar. *Sei $G := (V,E)$ ein Graph mit $|V| \geq 1$. Dann sind die folgenden Aussagen äquivalent:*

(a) G ist ein Baum.

(b) G ist kreisfrei, und es gilt $|E| = |V| - 1$.

(c) G ist zusammenhängend, und es gilt $|E| = |V| - 1$.

Beweis: '(a) $\Rightarrow$ (b) $\wedge$ (c)' folgt direkt aus Korollar 2.2.43.

'(b) $\Rightarrow$ (a)' Sei $T := (V, E_T)$ ein kantenmaximaler kreisfreier Graph, der G als Teilgraph enthält. Nach Lemma 2.2.42 (d) ist T ein Baum, und aus Korollar 2.2.43 folgt $|E_T| = |V| - 1$, also $E = E_T$ und damit $G = T$.

'(c) $\Rightarrow$ (a)' Sei $T := (V, E_T)$ ein kantenminimaler zusammenhängender Teilgraph von G. Nach Lemma 2.2.42 (c) ist T ein Baum, und aus Korollar 2.2.43 folgt $|E_T| = |V| - 1 = |E|$, also $G = T$. $\qquad\square$

2.2.45 Korollar. *Sei $G := (V,E)$ ein zusammenhängender Graph. Dann besitzt G einen Spannbaum.*

Beweis: Sei $T := (V, E_T)$ ein zusammenhängender Teilgraph minimaler Kantenzahl. Dann ist T nach Lemma 2.2.42 (c) ein Baum, somit ein Spannbaum. $\qquad\square$

Matchings und der Satz von Hall: Wir kommen nun zu einer anderen wichtigen Struktur, den Matchings. Zu ihren praktischen Anwendungsfeldern gehören Probleme wie die Einteilung von Arbeitskräften (Manpower-Planning), die Chromosomen-Klassifikation, die Flugverkehrskontrolle, das Job Scheduling auf parallelen Maschinen und viele andere.

Daneben treten Matchings auch als 'Substruktur' bei der Behandlung zahlreicher anderer Probleme der kombinatorischen Optimierung auf.

2.2.46 Definition. *Seien $G := (V,E)$ ein Graph und $M \subset E$.*

*(a) Sei $v \in V$. Der Knoten v wird von M **überdeckt**, wenn*

$$v \in \bigcup_{e \in M} e$$

*gilt. M heißt **Knotenüberdeckung** von G, wenn jeder Knoten aus V von M überdeckt wird.*

*(b) M heißt **Paarung** oder **Matching**, wenn gilt*

$$\{v_1,w_1\} \in M \wedge \{v_2,w_2\} \in M \wedge \{v_1,w_1\} \cap \{v_2,w_2\} \neq \emptyset \implies \{v_1,w_1\} = \{v_2,w_2\}.$$

*(c) M heißt **perfektes Matching**, wenn M ein Matching und eine Knotenüberdeckung
von G ist.*

*(d) Ist $\phi : E \to \mathbb{R}$ und ist M^* ein Matching bzw. perfektes Matching in G, so heißt
M^* genau dann ein (bez. ϕ) **maximales Matching** bzw. **maximales perfektes
Matching**, wenn M^* den Wert*

$$\sum_{e \in M} \phi(e)$$

unter allen Matchings bzw. perfekten Matchings in G maximiert.

*Sind speziell $\phi \equiv 1$ und M^* ein bez. ϕ maximales Matching, so heißt M^* ein
kardinalitätsmaximales Matching.*

2.2.47 Beispiel. *Die beiden Graphen G_1 und G_2 seien wie in Abbildung 2.24 gegeben.
Die hervorgehobenen Kanten geben jeweils Matchings an. Beide sind kardinalitätsmaximal, das rechts abgebildete ist perfekt.*

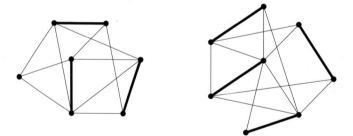

2.24 Abbildung. Kardinalitätsmaximale Matchings in Graphen G_1 (links) und G_2 (rechts).
Das Matching in G_2 ist perfekt.

Von besonderer Bedeutung für Anwendungen, aber auch wegen ihrer (später noch
genauer analysierten) besonders 'gutartigen Struktur' sind Matchings in der folgenden
eingeschränkten Klasse von Graphen.

2.2.48 Definition. *Ein Graph $G := (V,E)$ heißt **bipartit**, wenn es eine **zugehörige
Partition** $\{V_1,V_2\}$ von V gibt mit*

$$\{v,w\} \in E \quad \Longrightarrow \quad \{v,w\} \cap V_1 \neq \emptyset \land \{v,w\} \cap V_2 \neq \emptyset.$$

Sind G bipartit, $\{V_1,V_2\}$ eine zugehörige Partition und gilt

$$v_1 \in V_1 \land v_2 \in V_2 \quad \Longrightarrow \quad \{v_1,v_2\} \in E,$$

*so heißt G **vollständig bipartiter Graph**. Mit $n_1 := |V_1|$ und $n_2 := |V_2|$ wird er (bzw. seine Isomorphieklasse) mit K_{n_1,n_2} bezeichnet.*

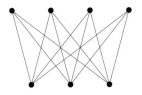

2.25 Abbildung. Darstellung des vollständigen bipartiten Graphen $K_{4,3}$.

2.2.49 Beispiel. *In dem schon in Sektion 1.2 beschriebenen Beispiel der Zuordnung von Personen P_1,P_2,P_3,P_4 vom Geschlecht Γ_1 zu Personen Q_1,Q_2,Q_3 vom Geschlecht Γ_2 mit $\Gamma_1 \neq \Gamma_2$ zur Maximierung der Summe der Kompatibilitätskoeffizienten $\gamma_{i,j}$ kann man die Personen vom Geschlecht Γ_1 bzw. Γ_2 als Knotenmenge $V_1 := \{v_1,v_2,v_3,v_4\}$ bzw. $V_2 := \{v_5,v_6,v_7\}$ auffassen. Wird für jedes (getrennt geschlechtliche) Paar eine Kante gebildet, so erhält man den vollständigen bipartiten Graphen $K_{4,3}$; vgl. Abbildung 2.25. Durch $\phi(\{v_i,v_j\}) := \gamma_{i,j}$ für $i = 1,2,3,4$ und $j = 5,6,7$ wird eine Funktion ϕ auf den Kanten von $K_{4,3}$ definiert. Gesucht ist also ein bez. ϕ maximales Matching in $K_{4,3}$.*

Das folgende Lemma gibt eine Charakterisierung bipartiter Graphen mittels Kreisen.

2.2.50 Lemma. *Sei $G := (V,E)$ ein Graph. G ist genau dann bipartit, wenn G keinen Kreis ungerader Länge enthält.*

Beweis: '$\Rightarrow$' Sei (V_1,V_2) eine Knotenpartition, so dass die induzierten Teilgraphen G_{V_1} und G_{V_2} keine Kanten enthalten. Jeder Kreis muss gleich viele Knoten in V_1 wie in V_2 enthalten, also gerade Länge besitzen.

'$\Leftarrow$' Offenbar reicht es, die Aussage für Zusammenhangskomponenten zu beweisen. Sei also G zusammenhängend. Nach Korollar 2.2.45 besitzt G einen Spannbaum; sei $T := (V,E_T)$ ein solcher. Ferner sei $s \in V$. Nach Lemma 2.2.42 (b) gibt es zu jedem Knoten $v \in V$ genau einen s-v-Weg $W(v)$ in T. Sei $p(v)$ seine Länge, und für $k = 0,1$ sei

$$V_{k+1} := \big\{v \in V : p(v) \equiv k \,(\mathrm{mod}\,2)\big\}.$$

Dann ist $\{V_1,V_2\}$ eine Partition von V. Natürlich liegen die beiden Knoten jeder Kante von T in verschiedenen Mengen der Partition, und es bleibt zu zeigen, dass das auch für die restlichen Kanten von G gilt. Seien also $v,w \in V$ mit $e := \{v,w\} \in E \setminus E_T$. Nach Lemma 2.2.42 (d) enthält $\big(V,E_T \cup \{e\}\big)$ einen Kreis, und nach Voraussetzung hat dieser gerade Länge. Somit haben der s-v-Weg in T und der s-w-Weg in T unterschiedliche Länge modulo 2, d.h. v und w liegen in verschiedenen Mengen der Partition.

Insgesamt folgt damit die Behauptung. $\qquad\qquad\qquad\qquad\qquad\qquad\qquad\square$

In Beipiel 2.2.49 existiert kein perfektes Matching. Das liegt natürlich daran, dass es mehr Personen vom Geschlecht Γ_1 als vom Geschlecht Γ_2 gibt. Allgemeiner ist es für die Existenz eines perfekten Matchings in einem bipartiten Graph G mit zugehöriger Knotenpartition (V_1, V_2) offenbar notwendig, dass es kein $k \in \{1,2\}$ und keine Teilmenge U_k von V_k gibt, zu der weniger als $|U_k|$ Knoten benachbart sind. Tatsächlich ist diese Bedingung der 'Reichhaltigkeit der Nachbarschaft' sogar hinreichend.

2.2.51 Satz. *(Satz von Hall[34])*
Seien $G := (V,E)$ ein bipartiter Graph und $\{Y,Z\}$ eine zugehörige Partition von V. Dann sind die folgenden beiden Aussagen äquivalent:

(a) Es gibt ein Matching M in G mit $|M| = |Y|$.

(b) Für jede Teilmenge U von Y gilt $|N(G,U)| \geq |U|$.

Beweis: Da die Richtung '(a) $\Rightarrow$ (b)' trivial ist, bleibt nur die Umkehrung '(b) $\Rightarrow$ (a)' zu zeigen. Wir führen einen Widerspruchsbeweis.

Sei M ein kardinalitätsmaximales Matching in G, aber es gelte $|M| < |Y|$. Sei y_1 ein Knoten von Y, der in keiner Kante aus M enthalten ist. Mit $Y_1 := \{y_1\}$ gilt nach Voraussetzung $|N(G,Y_1)| \geq |Y_1| = 1$. Seien

$$z_1 \in N(G,Y_1) \quad \wedge \quad Z_1 := \{z_1\} \quad \wedge \quad e_1 := \{y_1, z_1\} \quad \wedge \quad E_1 := \{e_1\}.$$

Wäre z_1 in keiner Kante von M enthalten, so wäre $M \cup \{e_1\}$ ein um eine Kante größeres Matching, im Widerspruch zur Maximalität von M. Seien also

$$y_2 \in Y \setminus Y_1 \quad \wedge \quad m_1 := \{y_2, z_1\} \in M \quad \wedge \quad Y_2 := Y_1 \cup \{y_2\} \quad \wedge \quad M_1 := \{m_1\}.$$

Nach Voraussetzung gilt $|N(G,Y_2)| \geq |Y_2| = 2 > 1 = |Z_1|$. Seien daher $z_2 \in Z \setminus Z_1$, $Z_2 := Z_1 \cup \{z_2\}$ und $e_2 \in \delta(G,Y_2)$ mit $z_2 \in e_2$ und $E_2 := E_1 \cup \{e_2\}$. Da y_1 nicht von M überdeckt wird und $y_2 \in m_1$ gilt, folgt $e_2 \notin M$.

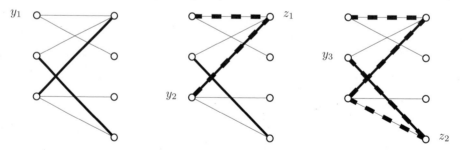

2.26 Abbildung. Links: Bipartiter Graph G mit Matching M, nicht überdeckter Knoten y_1. Mitte: 1. Schritt: Konstruktion von z_1 und y_2. Rechts: 2. Schritt.

Induktiv setzen wir nun die Konstruktion solange wie möglich fort. Nach Voraussetzung gilt stets

$$|N(G,Y_i)| \geq |Y_i| = i > i - 1 = |Z_{i-1}|.$$

Somit muss der letzte hinzukommende Knoten z_k in Z liegen. Die Konstruktion bricht also mit den Knotenmengen

---

[34] Philip Hall, 1904 – 1982.

$$Y_k \subset Y \quad \wedge \quad Z_k \subset Z$$

und den Kantenmengen

$$E_k \subset E \setminus M \quad \wedge \quad M_{k-1} \subset M$$

ab. Sei

$$T := \left(Y_k \cup Z_k, E_k \cup M_{k-1} \right).$$

Nach Konstruktion ist T zusammenhängend und kreisfrei, also ein Baum.

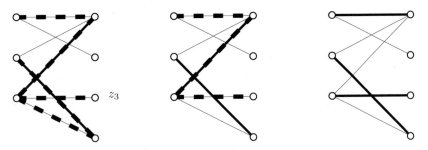

2.27 Abbildung. Links: Mit z_3 bricht die Konstruktion ab. Die gestrichelten Kanten bilden den Baum T. Mitte: y_1-z_3-Weg W. Rechts: Vergrößertes, maximales Matching M^*.

Seien W der nach Lemma 2.2.42 (b) eindeutig bestimmte y_1-z_k-Weg in T, E_W die Menge seiner Kanten sowie $M_W := E_W \cap M$ und $N_W := E_W \setminus M$. Da W nicht mehr verlängert werden kann, liegt z_k in keiner Kante von M. Setzt man daher

$$M^* := \left(M \setminus M_W \right) \cup N_W,$$

so ist M^* ein Matching in G mit

$$|M^*| = |M| + 1,$$

im Widerspruch zur Maximalität von M. Somit folgt $|M| = |Y|$ und damit die Behauptung. $\qquad\qquad\square$

Als Folgerung aus Satz 2.2.51 erhält man ein Kriterium für die Existenz perfekter Matchings.

2.2.52 Korollar. *(Heiratssatz)*
Seien $G := (V,E)$ ein bipartiter Graph und $\{V_1,V_2\}$ eine zugehörige Partition von V. Es gibt genau dann ein perfektes Matching in G, wenn für $i = 1,2$ gilt

$$U_i \subset V_i \quad \Longrightarrow \quad \left| N(G,U_i) \right| \geq |U_i|.$$

Beweis: '$\Rightarrow$' folgt direkt aus Satz 2.2.51.
'$\Leftarrow$' Nach Satz 2.2.51 gibt es für $i = 1,2$ ein Matching M_i mit $|M_i| = |V_i|$. Es folgt $|V_1| \leq |V_2|$ sowie $|V_1| \geq |V_2|$, also $|V_1| = |V_2|$, und die Kanten von M_i überdecken ganz V. $\qquad\qquad\square$

2.2.53 Beispiel. *Sei G der in Abbildung 2.28 (links) gegebene bipartite Graph. Besitzt G ein perfektes Matching? Sei $Z := \{z_3,z_5\}$. Dann gilt $N(G,Z) = \{y_4\}$. Somit ist*

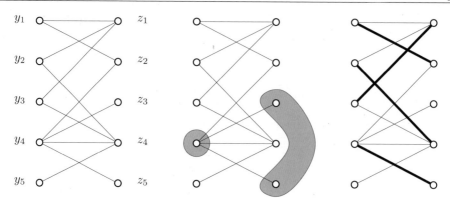

2.28 Abbildung. Links: Bipartiter Graph G. Mitte: zweielementige Knotenmenge in Z und zugehörige einelementige Menge $N(G,Z)$. Rechts: kardinalitätsmaximales Matching.

$$2 = |Z| > |N(G,Z)| = 1,$$

und nach dem Heiratssatz 2.2.52 muss mindestens ein Knoten von Z 'ungepaart' bleiben.

Es gibt aber ein Matching M der Kardinalität 4; es ist in Abbildung 2.28 (rechts) angegeben.

Im Beweis von Satz 2.2.51 war der konstruierte Weg W von zentraler Bedeutung, da man mit seiner Hilfe ein gegebenes Matching vergrößern konnte. Solche Wege führen auch in allgemeinen Graphen zur Charakterisierung kardinalitätsmaximaler Matchings.[35]

2.2.54 Definition. *Seien $G := (V,E)$ ein Graph, M ein Matching, W ein eigentlicher Weg in G mit Kantenmenge E_W und $A := E_W \setminus M$. W heißt* **alternierend** *bez. M, wenn A ein Matching in G ist. W heißt* **Augmentationsweg**[36] *bez. M in G, wenn W alternierend ist und seine Endknoten nicht von M überdeckt werden.*

2.2.55 Bemerkung. *Seien $G := (V,E)$ ein Graph, M ein Matching, W ein Augmentationsweg in G mit Kantenmenge E_W und $A := E_W \setminus M$. Ferner sei*

$$M^* := \bigl(M \setminus E_W\bigr) \cup A.$$

Dann ist M^* ein Matching mit $|M^*| = |M| + 1$.

Beweis: Da die beiden Endknoten von W nicht von M überdeckt werden und jeder innere Knoten in genau einer Kante von M liegt, ist kein Knoten von G in mehr als einer Kante von M^* enthalten; M^* ist also ein Matching. Aus $|A| - |M \cap E_W| = 1$ folgt die Behauptung. $\quad\square$

2.2.56 Bezeichnung. *Das Matching M^* gemäß Bemerkung 2.2.55 wird als* **(mittels W) augmentiertes Matching** *bezeichnet.*

Nach Bemerkung 2.2.55 besitzt ein kantenmaximales Matching keinen Augmentationsweg. Tatsächlich gilt auch die Umkehrung, und wir erhalten die folgende Charakterisierung.

---
[35] Entsprechend gewichtete Verallgemeinerungen werden später ebenfalls von Bedeutung sein.
[36] augmen (*lat.*) Vermehrung, Zuwachs.

2.2.57 Lemma. *Seien $G := (V,E)$ ein Graph und M ein Matching in G. Das Matching M ist genau dann kardinalitätsmaximal, wenn es keinen Augmentationsweg bez. M in G gibt.*

    Beweis: Die Aussage '$\Rightarrow$' folgt aus Bemerkung 2.2.55.

    '$\Leftarrow$' Sei M ein nicht kardinalitätsmaximales Matching in G. Dann gibt es ein Matching größerer Kardinalität in G. Sei M^* ein solches. Seien

$$F := (M \setminus M^*) \cup (M^* \setminus M) \quad \wedge \quad U := \bigcup_{e \in F} e.$$

Dann ist $S := (U,F)$ ein nichtleerer Teilgraph von G, und es gilt

$$u \in U \quad \Rightarrow \quad \deg_S(u) \leq 2.$$

Die Zusammenhangskomponenten von S sind also Wege und Kreise, wobei die Kanten von M und M^* jeweils alternieren. Die Kreise enthalten also gleichviele Kanten von M und M^*; bei den Wegen ist die Differenz höchstens 1. Wegen $|M^*| \geq |M| + 1$ gibt es einen Weg in S, der eine Kante mehr aus M^* enthält als aus M; dieser ist ein gesuchter Augmentationsweg. $\square$

    Prinzipiell kann man bereits mit Lemma 2.2.57 kardinalitätsmaximale Matchings konstruieren. Man starte mit einem beliebigen (etwa dem leeren) Matching und vergrößere dieses sukzessive mittels eines Augmentationsweges. Ist also M das aktuelle Matching, so ist G systematisch nach potentiellen Augmentationswegen abzusuchen, um M zu verbessern oder nachzuweisen, dass M bereits optimal ist. Nach Übungsaufgabe 2.4.11 können bipartite Graphen allerdings exponentiell viele Wege enthalten, die man im Allgemeinen nicht alle 'durchsuchen' kann. Man kann jedoch die Suche effizient strukturieren. Betrachten wir zunächst ein Beispiel.

2.2.58 Beispiel. *Sei $G := (V,E)$ der bipartite Graph aus Abbildung 2.29. Die Knoten sind in die Mengen*

$$Y := \{y_1, y_2, y_3, y_4, y_5\} \quad \wedge \quad Z := \{z_1, z_2, z_3, z_4, z_5\}$$

partitioniert. Gegeben sei ferner das Matching

$$M := \Big\{ \{y_2, z_4\}, \{y_3, z_1\}, \{y_4, z_2\} \Big\}.$$

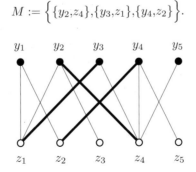

2.29 Abbildung. Bipartiter Graph G mit Matching M.

    Offenbar ist M nicht kardinalitätsmaximal, und wir suchen (ganz analog zum Beweis von Satz 2.2.51) systematisch einen Augmentationsweg. Da y_1 von M nicht überdeckt wird, fangen wir mit y_1 an.

Jeder der in y_1 beginnenden potentiellen Augmentationswege startet alternativ mit der Kante $\{y_1,z_1\}$ oder der Kante $\{y_1,z_2\}$. Da sowohl z_1 als auch z_2 in Kanten aus M enthalten sind, werden als nächstes die Matchingkanten $\{y_3,z_1\}$ bzw. $\{y_4,z_2\}$ durchlaufen. Von y_3 kann man über $\{y_3,z_4\}$ weiter laufen; danach schließt sich die Matchingkante $\{y_2,z_4\}$ an. Von y_2 aus kommt man zu z_3 und erhält den Augmenationsweg

$$W_1 := (y_1,z_1,y_3,z_4,y_2,z_3).$$

(Von y_2 könnte man prinzipiell auch in den Knoten z_1 'zurücklaufen'. Diese Möglichkeit braucht aber nach dem Beweis von Satz 2.2.51 nicht berücksichtigt zu werden und führt auch zu keinem Augmentationsweg.)

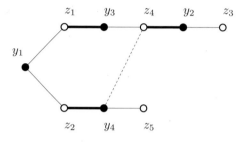

2.30 Abbildung. Die nicht gestrichelten Kanten bilden einen zu y_1 gehörenden 'alternierenden Baum' bez. M. Die gestrichelte Kante entfällt, weil in der verwendeten 'Suchreihenfolge' ein Endknoten bereits erfasst war, bevor sie an die Reihe kam.

Geht man über z_2, so spaltet sich der Teilgraph in y_4 erneut auf: wir können im Prinzip über jede der beiden Kanten $\{y_4,z_4\}$ oder $\{y_4,z_5\}$ weiterlaufen. Der vorher noch nicht erreichte Knoten z_5 wird nicht von M überdeckt; also ist

$$W_2 := (y_1,z_2,y_4,z_5)$$

ein Augmentationsweg; vgl. Abbildung 2.30. Die (gestrichelt gezeichnete) Kante $\{y_4,z_4\}$ hingegen erreicht keinen neuen Knoten, da wir zu z_4 ja bereits über z_1 gelangt waren. Aber es gibt durchaus einen Augmentationsweg, der diese Kante enthält, nämlich

$$W_3 := (y_1,z_2,y_4,z_4,y_2,z_3).$$

Da der Kreis $(y_1,z_2,y_4,z_4,y_3,z_1,y_1)$ sechs Kanten besitzt, also gerade Länge hat (wie sich das für Kreise in bipartiten Graphen gehört), besitzen beide y_1-z_4-Wege gerade oder beide ungerade Länge. Da sie alternierend sind und y_1 nicht überdeckt ist, muss ihre Länge ungerade sein; hier ist sie jeweils 3. Die Fortsetzung über z_4 hinaus hängt also nicht davon ab, welcher der beiden alternierenden Wege zu z_4 durchlaufen wurde. Die Nichtberücksichtigung der Kante $\{y_4,z_4\}$ bei der Suche nach Augmentationswegen verringert zwar die Anzahl der 'findbaren' Augmentationswege, hat aber keinen Einfluss darauf, ob unsere Suche überhaupt erfolgreich ist. Man kann sich also auf einen Baum beschränken. Da y_1 nach einer Augmentierung bereits überdeckt ist, kommt es auch gar nicht auf die genaue Anzahl der von y_1 ausgehenden Augmentationswege an.

Wählen wir zur Augmentation W_1, so erhalten wir das in Abbildung 2.31 (oben) dargestellte augmentierte Matching M'. Es ist noch nicht optimal, da der unten dargestellte 'Augmentationsbaum' noch einen Augmentationsweg enthält (ja tatsächlich selbst ein solcher ist).

Das entsprechend augmentierte Matching M^* ist in Abbildung 2.32 skizziert. Es ist perfekt, also natürlich auch kardinalitätsmaximal.

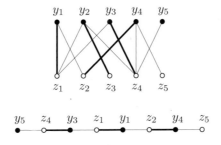

y_1 y_2 y_3 y_4 y_5

z_1 z_2 z_3 z_4 z_5

y_5 z_4 y_3 z_1 y_1 z_2 y_4 z_5

2.31 Abbildung. Matching M' und Augmentationsweg.

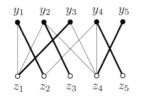

y_1 y_2 y_3 y_4 y_5

z_1 z_2 z_3 z_4 z_5

2.32 Abbildung. Optimales Matching M^*.

Tatsächlich kann man mit der exemplifizierten Methode kardinalitätsmaximale Matchings in bipartiten Graphen G effizient finden. Zentral ist dabei die in Beispiel 2.2.58 festgestellte Eigenschaft, dass zur Verbesserung nur sukzessiv konstruierte Teilbäume von G betrachtet zu werden brauchen, da es wegen der Bipartitheit nur darauf ankommt, *ob* man einen Knoten erreicht, nicht aber *wie*, also auf welchen Wegen, man ihn erreichen kann. Genauer gilt die folgende Aussage.

2.2.59 Lemma. *Seien $G := (V,E)$ ein bipartiter Graph, $v_1 := w_1 := v \in V$, $p,q \in \mathbb{N}$, $v_p := w_q := w \in V$ und $W_1 := (v_1, \ldots, v_p)$, $W_2 := (w_1, \ldots, w_q)$ zwei v-w-Wege in G. Sind $u \in V$, $i \in [p]$ und $j \in [q]$ mit $u = v_i = w_j$, so gilt $i \equiv j \,(\mathrm{mod}\,2)$.*

Beweis: Wir führen einen Widerspruchsbeweis. Sei (G,v,w,W_1,W_2) ein in folgendem Sinn minimales Gegenbeispiel: W_1 und W_2 sind Wege, für die die Behauptung nicht gilt, mit minimaler symmetrischer Differenz der Kantenmengen.

Sei S der aus allen Knoten und Kanten von W_1 und W_2 gebildete Teilgraph von G. Dann enthält S einen Kreis K. Die Kanten von W_1 in K bzw. W_2 in K bilden jeweils einen Weg $W_1(K)$ und $W_2(K)$. Da G bipartit ist, hat K gerade Länge, d.h. die Paritäten der Kantenzahlen von $W_1(K)$ und $W_2(K)$ stimmen überein. S kann nicht selbst der Kreis K sein, da sonst kein Gegenbeispiel vorläge. Sei W_1' der aus W_1 durch Ersetzung von $W_1(K)$ durch $W_2(K)$ entstehende Weg. Dann ist W_1', W_2 noch immer ein Gegenbeispiel, allerdings mit kleinerer symmetrischer Differenz der Kantenmengen. Das ist ein Widerspruch zur Voraussetzung, und des folgt die Behauptung. $\qquad \square$

Mit Lemma 2.2.59 ist es möglich, die Anzahl der zu betrachtenden Wege dramatisch zu reduzieren und sich tatsächlich auf Bäume zu beschränken. (Man vergleiche auch noch einmal die Konstruktion im Beweis von Satz 2.2.51.)

2.2.60 Definition. *Seien $G := (V,E)$ ein bipartiter Graph mit zugehöriger Partition $\{Y,Z\}$ von V, $y \in Y$ und M ein Matching in G, das y nicht überdeckt. Sei $T := (V_T,E_T)$ ein (inklusions-) maximaler Baum in G mit $y \in V_T$, so dass jeder Weg in T mit Endknoten y alternierend ist. Dann heißt T **Augmentationsbaum** zu y in G.*

Das folgende Korollar zeigt, dass man sich in bipartiten Graphen bei der Suche nach Augmentationswegen durch einen nicht überdeckten Knoten y auf einen beliebigen Augmentationsbaum zu y in G beschränken kann.

2.2.61 Korollar. *Seien $G := (V,E)$ ein bipartiter Graph mit zugehöriger Partition $\{Y,Z\}$ von V, $y \in Y$, M ein Matching in G, das y nicht überdeckt, und $T := (V_T, E_T)$ ein Augmentationsbaum zu y in G. Es gibt genau dann einen Augmentationsweg bez. M in G mit Endknoten y, wenn es einen solchen in T gibt.*

Beweis: Die Richtung '$\Leftarrow$' ist klar. Zum Beweis von '$\Rightarrow$' sei W ein Augmentationsweg in G mit Endknoten y und z. Wir zeigen zunächst mittels Widerspruchsbeweises, dass alle Knoten von W in T liegen. Seien w der von y aus erste Knoten aus W, der nicht in T liegt, v sein Vorgänger und $e := \{v,w\}$. Nach Lemma 2.2.59 hat w in W gleichen Abstand modulo 2 von y wie in T. Der alternierende y-v-Weg in T kann somit mittels e verlängert werden, im Widerspruch zur Maximalität von T. Somit liegen tatsächlich alle Knoten von W in T, insbesondere also z.

Sei W_T der eindeutig bestimmte y-z-Weg in T. Da W ein Augmentationsweg ist, ist nach Lemma 2.2.59 auch W_T ein solcher, und es folgt die Behauptung. $\square$

Insgesamt erhält man nun folgenden Algorithmus zur Konstruktion kardinalitätsmaximaler Matchings in bipartiten Graphen.

2.2.62 Prozedur: *Kardinalitätsmaximales Matching in bipartiten Graphen (Grundstruktur).*

INPUT: Bipartiter Graph $G := (V,E)$, zugehörige Partition $\{Y,Z\}$ von V
OUTPUT: Kardinalitätsmaximales Matching M in G
BEGIN $M \leftarrow \emptyset$; $U \leftarrow Y$
        BEGIN
           WHILE $U \neq \emptyset$ DO
             BEGIN
               Wähle $y \in U$
               Konstruiere einen Augmentationsbaum $T := (V_T, E_T)$ zu y in G
               IF T enthält einen Augmentationsweg W
                  THEN $M \leftarrow$ mittels W augmentiertes Matching; $U \leftarrow U \setminus \bigcup_{e \in M} e$
                  ELSE $U \leftarrow U \setminus \{y\}$
          END
        END
END

2.2.63 Satz. *Sei $G := (V,E)$ ein bipartiter Graph. Dann findet Prozedur 2.2.62 ein kardinalitätsmaximales Matching.*

Beweis: Da jeder Augmentationsweg einen Endknoten in Y und einen in Z haben muss, ist die im Algorithmus vorgenommene Einschränkung auf Y irrelevant.

Sei y nicht überdeckt. Eine Augmentation führt dazu, dass y überdeckt wird. Alle vorher überdeckten Knoten bleiben ferner überdeckt.

Nach Korollar 2.2.61 findet der Algorithmus solange sukzessive Augmentationswege, bis kein solcher mehr in G existiert. Nach Lemma 2.2.57 ist das gefundene Matching dann aber maximal. $\square$

Prozedur 2.2.62 benötigt höchstens $|Y|$ Schritte. Der Rechenaufwand pro Schritt besteht im Wesentlichen in der Konstruktionen eines Augmentationsbaums. Das kann man einfach als eine spezielle 'Suche' in G organisieren, nämlich als 'Breitensuche'. Sektion 3.1 geht näher auf Suchstrategien in Graphen ein.

Der Algorithmus kann noch in mehrfacher Hinsicht 'verkürzt' werden. Falls es etwa zu einem Knoten y keinen Augmentationsweg gibt, so muss jeder Augmentationsweg in G knotendisjunkt zu jedem Augmentationsbaum zu y sein; vgl. Übungsaufgabe 2.4.22. Das Verfahren kann ferner eleganter (wenn auch nicht wirklich übersichtlicher) gefasst werden, wenn man ausnutzt, dass die Matchingkanten in Augmentationsbäumen ja keine Alternativen erlauben, also eigentlich kontrahiert werden können.

Zum Abschluss dieser Sektion soll noch gezeigt werden, dass das 'Fehlen' von Lemma 2.2.59 im Fall nicht bipartiter Graphen die Suche nach Augmentationswegen wesentlich komplizierter macht.

2.2.64 Beispiel. *Seien $G := (V,E)$ der in Abbildung 2.33 dargestellte Graph mit dem aus den fett gezeichneten Kanten bestehenden Matching M.*

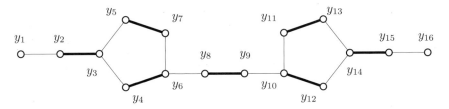

2.33 Abbildung. Nicht-bipartiter Graph G mit Matching M.

Das Matching M ist nicht maximal;

$$(y_1, y_2, y_3, y_4, y_6, y_8, y_9, y_{10}, y_{12}, y_{14}, y_{15}, y_{16})$$

ist ein Augmentationsweg; vgl. Abbildung 2.34 (oben). Unten in derselben Abbildung sind zwei Augmentationsbäume markiert, zu y_1 bzw. zu y_{16}. Keiner von ihnen enthält einen Augmentationsweg, d.h. Korollar 2.2.61 ist für nicht bipartite Graphen im Allgemeinen falsch. Das liegt daran, dass bereits Lemma 2.2.59 nicht mehr gilt. Je nachdem, ob man von y_1 aus 'oben durch das Fünfeck' oder 'unten herum' zu y_4 geht, ist y_4 der siebte oder vierte Knoten; die Parität hängt also sehr wohl davon ab, wie man zu y_4 gelangt.

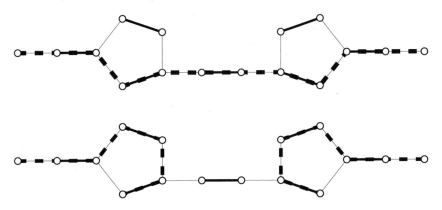

2.34 Abbildung. Augmentationsweg (oben), Augmentationsbäume (unten), jeweils schraffiert.

Beschränkt man also die Suche auf jeweils einen beliebigen Augmentationsbaum, so hat man keine Garantie mehr, einen Augmentationsweg zu finden. Der Suchprozess kann somit nicht in gleicher Weise reduziert werden, wie im bipartiten Fall.

Wir werden später sehen, dass auch das generelle Matchingproblem effizient gelöst werden kann; es ist allerdings wesentlich komplizierter.

Es gibt vielfältige praktische Anwendungen für dieses und andere Probleme dieser Sektion, unter anderem in der Telekommunikation, der Arbeitsplanung für städtische Dienste (Müllabfuhr, Schneeräumdienste) oder bei der Maschinenbelegungsplanung. Auf verschiedene dieser Probleme, ihre mathematische Modellierung und algorithmische Behandlung wird in späteren Kapiteln eingegangen.

2.3   Von Basen zu diskreten Strukturen: Matroide

Diese Sektion verallgemeinert sowohl den Begriff der Basen endlich-dimensionaler Vektorräume aus der linearen Algebra als auch den Begriff der Kreise in Graphen. Insbesondere wird eine Struktur eingeführt, die dadurch charakterisiert werden kann, dass sich bestimmte Optimierungsprobleme leicht durch eine einfache 'lokale Methode des größten Gewinns' lösen lassen.

Unabhängigkeitssysteme und Matroide: Wir beginnen mit zentralen Begriffen und Konzepten, geben einige typische Beispiele und leiten erste strukturelle Ergebnisse her.

2.3.1 Definition. *Seien E eine endliche Menge und $\mathcal{E}$ eine nichtleere Menge von Teilmengen von E. Das Paar $(E,\mathcal{E})$ heißt **Unabhängigkeitssystem** [engl.: independence system], wenn $\mathcal{E}$ abgeschlossen unter Inklusion ist, d.h. wenn gilt:*

$$I \in \mathcal{E} \wedge J \subset I \implies J \in \mathcal{E}.$$

*Sei $(E,\mathcal{E})$ ein Unabhängigkeitssystem. Dann heißt E **Grundmenge** von $(E,\mathcal{E})$, die Elemente von $\mathcal{E}$ heißen **unabhängig** oder **unabhängige Mengen**, die Elemente von $2^E \setminus \mathcal{E}$ **abhängig**. Gilt ferner*

$$I,J \in \mathcal{E} \wedge |I| + 1 = |J| \implies \exists (e \in J \setminus I) : I \cup \{e\} \in \mathcal{E},$$

*so heißt $(E,\mathcal{E})$ **Matroid**. Die letzte Bedingung wird **Austausch-** oder **Ergänzungsbedingung** genannt.*

2.3.2 Bemerkung. *Sei $(E,\mathcal{E})$ ein Unabhängigkeitssystem. Dann gilt $\emptyset \in \mathcal{E}$. Ferner ist $(E,\mathcal{E})$ genau dann ein Matroid, wenn*

$$I,J \in \mathcal{E} \wedge |I| < |J| \implies \exists (e \in J \setminus I) : I \cup \{e\} \in \mathcal{E}$$

gilt.

Beweis: Da nach Voraussetzung $\mathcal{E} \neq \emptyset$ gilt und $\mathcal{E}$ unter Inklusion abgeschlossen ist, folgt $\emptyset \in \mathcal{E}$.

Die Richtung '$\Leftarrow$' der zweiten Aussage ist klar, '$\Rightarrow$' folgt durch Anwendung der Austauschbedingung auf eine beliebige Teilmenge von J der Kardinalität $|I| + 1$.   □

Wir geben nun einige Standardbeispiele für Matroide.

2.3.3 Lemma. *Für $i = 1,2,3,4$ seien E_i endliche Mengen und $\mathcal{E}_i \subset 2^{E_i}$ wie nachfolgend spezifiziert:*

(a) $\mathcal{E}_1 := 2^{E_1}$;

(b) Seien $k \in \mathbb{N}_0$ und $\mathcal{E}_2 := \{I \subset E_2 : |I| \leq k\}$;

(c) Sei X ein endlich-dimensionaler Vektorraum über einem Körper $\mathbb{K}$, $E_3 \subset X$ und $\mathcal{E}_3$ die Menge aller linear unabhängigen Teilmengen von E_3;

(d) Seien $s \in \mathbb{N}$, $\{A_1, \ldots, A_s\}$ eine Partition von E_4, $\beta_1, \ldots, \beta_s \in \mathbb{N}_0$ und

$$\mathcal{E}_4 = \{I \subset E_4 : |I \cap A_1| \leq \beta_1 \wedge \ldots \wedge |I \cap A_s| \leq \beta_s\}.$$

Dann sind $(E_1, \mathcal{E}_1)$, $(E_2, \mathcal{E}_2)$, $(E_3, \mathcal{E}_3)$ und $(E_4, \mathcal{E}_4)$ Matroide.

Beweis: In allen vier Fällen ist die Abgeschlossenheit gegenüber Inklusionen klar[37]. Ferner genügen $(E_1, \mathcal{E}_1)$ und $(E_2, \mathcal{E}_2)$ trivialerweise der Austauschbedingung. Für $(E_3, \mathcal{E}_3)$ folgt diese aus dem Basisergänzungssatz der linearen Algebra.

Wir zeigen nun abschließend, dass auch $(E_4, \mathcal{E}_4)$ die Austauschbedingung erfüllt. Seien daher $I, J \in \mathcal{E}_4$ mit $|I| + 1 = |J|$. Seien $k \in \mathbb{N}_0$ und die Mengen $A_1, \ldots, A_s$ so nummeriert, dass

$$|I \cap A_1| = \beta_1 \wedge \ldots \wedge |I \cap A_k| = \beta_k \quad \wedge \quad |I \cap A_{k+1}| < \beta_{k+1} \wedge \ldots \wedge |I \cap A_s| < \beta_s$$

gilt. Zur Abkürzung seien

$$X := A_1 \cup \ldots \cup A_k \quad \wedge \quad Y := A_{k+1} \cup \ldots \cup A_s.$$

Wir nehmen zunächst an, dass $J \setminus I \subset X$ gilt. Dann folgt $k \geq 1$ und $J \cap Y \subset I$, also insbesondere $|J \cap Y| \leq |I \cap Y|$. Die Voraussetzung $|I| < |J|$ impliziert somit

$$|J \cap X| > |I \cap X| = \beta_1 + \ldots + \beta_k.$$

Die Menge J verletzt also mindestens eine der ersten k Kardinalitätsbedingungen, im Widerspruch zu $J \in \mathcal{E}_4$.

Somit gibt es einen Index $i_0 \in \{k+1, \ldots, s\}$ mit

$$(J \setminus I) \cap A_{i_0} \neq \emptyset.$$

Man kann nun I ein beliebiges Element $e \in (J \setminus I) \cap A_{i_0}$ hinzufügen, ohne die Kardinalitätsbedingungen zu verletzen, d.h. $I \cup \{e\} \in \mathcal{E}_4$, und es folgt die Behauptung. $\qquad\square$

2.3.4 Bezeichnung. *Seien*

$$(E_1, \mathcal{E}_1), \quad (E_2, \mathcal{E}_2), \quad (E_3, \mathcal{E}_3), \quad (E_4, \mathcal{E}_4)$$

*die Matroide aus Lemma 2.3.3. $(E_1, \mathcal{E}_1)$ heißt das **freie Matroid** über E_1, $(E_2, \mathcal{E}_2)$ heißt **uniformes Matroid**, $(E_3, \mathcal{E}_3)$ heißt **vektorielles** oder **Matrix-Matroid**[38], und $(E_4, \mathcal{E}_4)$ heißt **Partitionsmatroid**.*

---

[37] Im Falle $i = 3$ wird, wie üblich, die leere Menge von Vektoren als linear unabhängig aufgefasst.

[38] Dem Namen Matrix-Matroid liegt die Vorstellung zugrunde, dass die Vektoren aus E_3 Spalten einer Matrix sind.

Die Matroid-Eigenschaft bleibt unter Teilmengenbildung erhalten. Genauer gilt die folgende Aussage.

2.3.5 Bemerkung. *Seien $(E,\mathcal{E})$ ein Unabhängigkeitssystem, $A \subset E$ und $\mathcal{E}_A := \{I \in \mathcal{E} : I \subset A\}$.*

(a) Dann ist $(A,\mathcal{E}_A)$ ein Unabhängigkeitssystem.

(b) Ist $(E,\mathcal{E})$ ein Matroid, so ist auch $(A,\mathcal{E}_A)$ ein Matroid.

Beweis: Die Aussagen folgen direkt aus den Definitionen.   □

2.3.6 Bezeichnung. *Seien $U := (E,\mathcal{E})$ ein Unabhängigkeitssystem bzw. ein Matroid, $A \subset E$ und $\mathcal{E}_A := \{I \in \mathcal{E} : I \subset A\}$. Dann heißt $(A,\mathcal{E}_A)$ das durch A in $(E,\mathcal{E})$ **induzierte Unabhängigkeitssystem** bzw. **Matroid** und wird mit U_A bezeichnet.*

Offenbar erhalten nicht nur Inklusionen sondern auch Bijektionen die Matroid-Eigenschaften. Um diese Aussage adäquat formulieren zu können, wird zunächst eine Bijektion auf natürliche Weise auf ein Mengensystem übertragen.

2.3.7 Definition. *Seien X_1 und X_2 Mengen und $\theta : X_1 \to X_2$ eine Abbildung. Dann heißt die durch $\Theta(I) := \{\theta(x) : x \in I\}$ für alle $I \in 2^{X_1}$ definierte Funktion $\Theta : 2^{X_1} \to 2^{X_2}$ die **natürliche Erweiterung** von θ auf die Potenzmengen.*[39]

2.3.8 Bemerkung. *Seien $(E_1,\mathcal{E}_1)$ ein Unabhängigkeitssystem bzw. ein Matroid, E_2 eine endliche Menge, $\theta : E_1 \to E_2$ eine Bijektion, Θ ihre natürliche Erweiterung und*

$$\mathcal{E}_2 := \Big\{\Theta(I) : I \in \mathcal{E}_1\Big\}.$$

Dann ist $(E_2,\mathcal{E}_2)$ ein Unabhängigkeitssystem bzw. Matroid.

Beweis: Die Aussage folgt direkt aus der Tatsache, dass sich die Bijektivität der Funktion θ auf ihre natürliche Erweiterung überträgt.   □

Als Spezialfall von Lemma 2.3.3 (c) erhalten wir ein einem Graphen zugeordnetes Matroid.

2.3.9 Korollar. *Seien $G := (V,E)$ ein Graph, $V := \{v_1,\dots,v_n\}$, $E := \{e_1,\dots,e_m\}$ und $m \geq 1$. Ferner sei $Z \subset \mathbb{Z}_2^n$ die Menge der Inzidenzvektoren der Kanten von G (d.h. der Spaltenvektoren von S_G), $\theta : Z \to E$ ordne jedem Inzidenzvektor z seine zugehörige Kante $e \in E$ zu, und Θ sei die natürliche Erweiterung von θ. Bezeichnet $(Z,\mathcal{E})$ das vektorielle Matroid über Z und ist $\mathcal{F} := \Theta(\mathcal{E})$, so ist $(E,\mathcal{F})$ ein Matroid.*

Beweis: Die Aussage folgt direkt aus Bemerkung 2.3.8.   □

Natürlich werden wir im Folgenden oftmals Kanten und zugehörige Inzidenzvektoren identifizieren und von $(E,\mathcal{F})$ als vektoriellem Matroid über $\mathbb{Z}_2$ sprechen.

2.3.10 Beispiel. *Gegeben sei der in Abbildung 2.35 dargestellte Graph $G := (V,E)$. Es gilt*

---

[39] Meistens wird bezüglich der Notation nicht zwischen θ und Θ unterschieden und auch die natürliche Erweiterung wieder θ genannt.

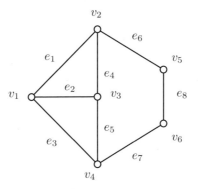

2.35 Abbildung. Ein Graph $G := (V,E)$.

$$S_G = \begin{pmatrix} 1 & 1 & 1 & 0 & 0 & 0 & 0 & 0 \\ 1 & 0 & 0 & 1 & 0 & 1 & 0 & 0 \\ 0 & 1 & 0 & 1 & 1 & 0 & 0 & 0 \\ 0 & 0 & 1 & 0 & 1 & 0 & 1 & 0 \\ 0 & 0 & 0 & 0 & 0 & 1 & 0 & 1 \\ 0 & 0 & 0 & 0 & 0 & 0 & 1 & 1 \end{pmatrix} \in \mathbb{Z}_2^{6\times 8}.$$

Die Matrix S_G hat den Rang 5; die Summe der Zeilen ist 0 (mod 2), aber die zu den Kanten e_1,e_2,e_3,e_6,e_7 gehörenden Spalten sind linear unabhängig über $\mathbb{Z}_2$. Insbesondere ist also jede Teilmenge von mindestens 6 Kanten von G im Matroid $(E,\mathcal{F})$ abhängig. Modulo 2 addieren sich aber auch die Inzidenzvektoren der Kantenmengen

$$\{e_1,e_2,e_4\}, \{e_2,e_3,e_5\}, \{e_1,e_3,e_4,e_5\}, \{e_1,e_3,e_6,e_7,e_8\}$$

zu 0 und weitere, die sich modulo 2 aus diesen kombinieren lassen;[40] vgl. Abbildung 2.36. Unabhängig sind hingegen unter anderem

$$\{e_1,e_3,e_5,e_7,e_8\}, \{e_2,e_3,e_4,e_7,e_8\}, \{e_2,e_4,e_5,e_6\}, \{e_2,e_3,e_6,e_8\}.$$

In Beispiel 2.3.10 enthalten die abhängigen Mengen Kreise, die unabhängigen Mengen hingegen nicht. Das folgende Lemma zeigt, dass das kein Zufall ist: die unabhängigen Mengen von $(E,\mathcal{F})$ sind genau die (Kantenmengen der) Wälder in G.

2.3.11 Lemma. *Seien $G := (V,E)$ ein Graph, $(E,\mathcal{F})$ das zugehörige vektorielle Matroid über $\mathbb{Z}_2$ und $T \subset E$. Die Teilmenge T ist genau dann unabhängig, wenn (V,T) kreisfrei ist.*

Beweis: '$\Rightarrow$' Sei K ein Kreis in (V,T). Da jeder Knoten von K genau zwei Kanten enthält[41], addieren sich die zugehörigen Inzidenzvektoren zu 0 (mod 2), und nach Korollar 2.3.9 gilt $T \notin \mathcal{F}$.

'$\Leftarrow$' Seien nun andererseits (V,T) kreisfrei, $T =: \{e_1,\dots,e_s\}$, $z_1,\dots,z_s$ die zugehörigen Inzidenzvektoren und

---

[40] Man beachte, dass sich (im Sinne der Addition ihrer Inzidenzvektoren mod 2) die ersten beiden abhängigen Mengen $\{e_1,e_2,e_4\}$ und $\{e_2,e_3,e_5\}$ zur dritten $\{e_1,e_3,e_4,e_5\}$ addieren.

[41] Hier geht ein, dass G schlingenfrei ist!

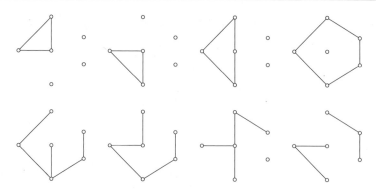

2.36 Abbildung. Vier verschiedene abhängige (oben) und unabhängige Mengen (unten) des zu G gehörigen Matroids $(E,\mathcal{F})$.

$$\lambda_1,\ldots,\lambda_s \in \mathbb{Z}_2 \quad \wedge \quad \sum_{i=1}^{s} \lambda_i z_i = 0.$$

Wir nehmen an, dass nicht alle λ_i gleich 0 sind, etwa mit $k \in \mathbb{N}$ o.B.d.A.

$$\lambda_1 = \ldots = \lambda_k = 1 \quad \wedge \quad \lambda_{k+1} = \ldots = \lambda_s = 0.$$

Sei $F := \{e_1,\ldots,e_k\}$. Es gilt also $|F| \geq 1$, und nach Bemerkung 2.2.41 enthält $S := (V,F)$ Knoten vom Grad 1. Die entsprechenden Komponenten von

$$\sum_{i=1}^{s} \lambda_i z_i$$

sind somit kongruent 1 $(\mathrm{mod}\,2)$, im Widerspruch zur Annahme. Somit ist 0 nur auf triviale Weise als $\mathbb{Z}_2$-Linearkombination von $z_1,\ldots,z_s$ darstellbar; die Vektoren sind also linear unabhängig. $\qquad\qquad\square$

2.3.12 Bezeichnung. *Seien $G := (V,E)$ ein Graph und $\mathcal{F}$ die Menge (der Kanten) der Wälder in G. Dann heißt $(E,\mathcal{F})$ das zu G gehörige **graphische Matroid**.*

2.3.13 Definition. *Sei $U := (E,\mathcal{E})$ ein Unabhängigkeitssystem. Jede (inklusions-) maximale unabhängige Menge von $\mathcal{E}$ heißt **Basis**. (Inklusions-) Minimale abhängige Mengen heißen **Kreise** [engl.: circuit]. Seien*

$$r_+(U) := \max\{|B| : B \text{ ist Basis von } U\} \quad \wedge \quad r_-(U) := \min\{|B| : B \text{ ist Basis von } U\}.$$

*$r_+(U)$ heißt **oberer Rang**, $r_-(U)$ **unterer Rang** von U. Gilt $r_+(U) = r_-(U)$, so heißt $r(U) := r_+(U) = r_-(U)$ der **Rang** von U.*

Mit Hilfe der Austauschbedingung erhält man das folgende Ergebnis.

2.3.14 Lemma. *Sei $U := (E,\mathcal{E})$ ein Unabhängigkeitssystem. U ist genau dann ein Matroid, wenn für jedes $A \subset E$ und $U_A := (A,\mathcal{E}_A)$*

$$r_+(U_A) = r_-(U_A)$$

gilt, d.h. wenn alle Basen von U_A stets dieselbe Kardinalität haben.

Beweis: '$\Rightarrow$' folgt mit Bemerkung 2.3.5 direkt aus der Austauschbedingung.

'$\Leftarrow$' Seien $I,J \in \mathcal{E}$ mit $|I| + 1 = |J|$. Wir setzen $A := I \cup J$. Es gilt $I,J \in \mathcal{E}_A$. Wegen $|I| < |J|$ und $r_+(U_A) = r_-(U_A)$ ist I nicht maximal unabhängig, d.h. es gibt ein Element $e \in A \setminus I = J \setminus I$ mit $I \cup \{e\} \in \mathcal{E}_A \subset \mathcal{E}$, und es folgt die Behauptung. □

Das folgende Lemma beschreibt insbesondere einen Zusammenhang von Basen und Kreisen in Matroiden, der die entsprechende Aussage von Lemma 2.2.42 verallgemeinert.

2.3.15 Lemma. *Seien $M := (E,\mathcal{E})$ ein Matroid, $I \in \mathcal{E}$, $e \in E$ sowie $I \cup \{e\} \notin \mathcal{E}$. Dann enthält $I \cup \{e\}$ genau einen Kreis.*

Beweis: Da $I \cup \{e\}$ abhängig ist, enthält $I \cup \{e\}$ einen Kreis. Seien K_1,K_2 zwei verschiedene Kreise in $I \cup \{e\}$. Da I unabhängig ist und $(K_1 \cup K_2) \setminus \{e\} \subset I$ gilt, folgt

$$e \in K_1 \cap K_2 \quad \wedge \quad (K_1 \cup K_2) \setminus \{e\} \in \mathcal{E}.$$

Sei nun $a \in K_1 \setminus K_2$. Dann ist $K_1 \setminus \{a\} \in \mathcal{I}$, da Kreise minimal abhängig sind. Durch (ggf. sukzessive) Anwendung der Austauschbedingung auf $K_1 \setminus \{a\}$ und $(K_1 \cup K_2) \setminus \{e\}$ erhält man eine Menge $J \in \mathcal{E}$ mit

$$K_1 \setminus \{a\} \subset J \quad \wedge \quad |J| = \big|(K_1 \cup K_2) \setminus \{e\}\big| \quad \wedge \quad J \subset K_1 \cup K_2.$$

Sei $\{b\} := (K_1 \cup K_2) \setminus J$. Falls $b = a$ $(\in K_1 \setminus K_2)$ gilt, so folgt $K_2 \subset J$, d.h. $K_2 \in \mathcal{E}$, im Widerspruch zur Voraussetzung. Also gilt $b \neq a$. Wegen $a \in K_1$ folgt somit $a \in J$. Da nach Konstruktion ferner $K_1 \setminus \{a\} \subset J$ ist, folgt $K_1 \subset J$ im Widerspruch zu $K_1 \in 2^E \setminus \mathcal{E}$. Hieraus folgt die Behauptung. □

Maximierung über Unabhängigkeitssystemen und der Greedy-Algorithmus: Wir untersuchen nun Optimierungsprobleme über Unabhängigkeitssystemen. Das Hauptergebnis wird eine *algorithmische Charakterisierung* von Matroiden sein. Genauer liegt folgendes Problem zugrunde.

2.3.16 Definition. *Eine **Maximierungsaufgabe über einem Unabhängigkeitssystem** bzw. **Matroid** ist spezifiziert durch folgende Daten*

$$Unabhängigkeitssystem \ bzw. \ Matroid \ (E,\mathcal{E})$$
$$\phi : E \to [0,\infty[.$$

Sei $\varphi : \mathcal{E} \to [0,\infty[$ definiert durch $\varphi(\emptyset) := 0$ und für $I \in \mathcal{E} \setminus \{\emptyset\}$ durch

$$\varphi(I) := \sum_{e \in I} \phi(e).$$

*φ heißt **zugehörige Zielfunktion**. Gesucht ist eine Menge*

$$I^* \in \operatorname*{argmax}_{I \in \mathcal{E}} \varphi(I).$$

*Die Menge aller solchen Aufgaben heißt **Maximierungsproblem über Unabhängigkeitssystemen** bzw. **Matroiden**.*

*Liegen spezielle Klassen von Unabhängigkeitsproblemen oder Matroiden zugrunde, so werden diese auch in der Bezeichnung des entsprechenden Maximierungsproblems verwendet (ohne noch einmal formal eingeführt zu werden). Wird etwa das Maximierungsproblem auf graphische Matroide eingeschränkt, so spricht man von dem **Problem maximaler Wälder**.*

Man beachte, dass die Voraussetzung $\phi(e) \geq 0$ für jedes $e \in I$ ohne Einschränkung der Allgemeinheit erfolgt, da aufgrund der Abgeschlossenheit von Unabhängigkeitssystemen unter Inklusion negativ bewertete Elemente entfernt werden können.

Wir betrachten nun einen einfachen Algorithmus zur Behandlung des Maximierungsproblems über Unabhängigkeitssystemen, den *Greedy-Algorithmus*.[42]

2.3.17 Prozedur: *Greedy-Algorithmus (für das Maximierungsproblem über Unabhängigkeitssystemen).*[43]

> INPUT: Unabhängigkeitssystem $(E,\mathcal{E})$, $\phi : E \to [0,\infty[$
> OUTPUT: $I^g \in \mathcal{E}$
> BEGIN $A \leftarrow E$; $I^g \leftarrow \emptyset$
>   WHILE $A \neq \emptyset$ DO
>   BEGIN
>   Sei $a \in \operatorname{argmax}_{a \in A} \phi(e)$; setze $A \leftarrow A \setminus \{a\}$
>   IF $I^g \cup \{a\} \in \mathcal{E}$ THEN $I^g \leftarrow I^g \cup \{a\}$
>   END
> END

Man beachte, dass man den Maximierungsschritt im Greedy-Algorithmus am einfachsten durchführen kann, wenn die Elemente E bereits nach absteigendem Funktionswert sortiert sind; vgl. Sektion 3.1.

Die Laufzeit von Prozedur 2.3.17 wird naturgemäß wesentlich von den erforderlichen Unabhängigkeitstests bestimmt, die von den konkreten zugrunde liegenden Problemklassen abhängen. Einige Beispiele hierfür werden später in dieser Sektion gegeben.

2.3.18 Bezeichnung. *Durch $(E,\mathcal{E};\phi)$ sei eine Maximierungsaufgabe über einem Unabhängigkeitssystem spezifiziert. Jede durch den Greedy-Algorithmus gefundene unabhängige Menge I^g heißt* **Greedy-Lösung** *der Aufgabe.*

Da der Greedy-Algorithmus jeweils 'lokal maximal' operiert, besteht natürlich die Hoffnung, dass Greedy-Lösungen I^g 'ziemlich groß' sind. Wir betrachten zunächst als Beispiel die Maximierung über graphischen Matroiden; gesucht sind also maximale Wälder in gewichteten Graphen.

2.3.19 Beispiel. *Seien $G := (V,E;\phi)$ ein gewichteter Graph mit $\phi \geq 0$ und $(E,\mathcal{F})$ das zugehörige graphische Matroid. Dann wird durch $(E,\mathcal{F};\phi)$ die Aufgabe spezifiziert, einen maximalen Wald in G zu finden.*

Im Greedy-Algorithmus werden die Kanten der Größe ihres Gewichts nach – beginnend mit der größten – der Reihe nach hinzugenommen, falls hierdurch noch kein Kreis erzeugt wird. Im Beispielgraphen von Abbildung 2.37 haben die Kanten (der Größe nach sortiert) die Gewichte 9,8,6,5,3,2,1, wobei einige mehrfach auftreten.

---

[42] greedy [ˈgridi] (*engl.*) gierig
[43] Zwar wirkt die strukturierte Beschreibung 2.3.17 des Greedy-Algorithmus bereits detaillierter als etwa Prozedur 2.2.62 zur Bestimmung kantenmaximaler Matchings in bipartiten Graphen, aber auch diese ist nicht als Implementierungsvorschrift zu verstehen, sondern dient lediglich einer einfacheren Erfassung der Struktur des Verfahrens. Es fehlen insbesondere Aussagen über Datenstrukturen und Datenformate, aber auch die konkrete Beschreibung der erforderlichen Unabhängigkeitstests; vgl. Sektionen 3.1. Natürlich ist es auch für alle praktischen und komplexitätstheoretischen Belange erforderlich, genau zu spezifizieren, wie das Unabhängigkeitssystem gegeben sein soll. Man wird im Allgemeinen natürlich nicht als Input alle unabhängigen Mengen explizit auflisten, da dieses wegen der kombinatorischen Explosion zu Zeit- und Platzproblemen führt; vgl. Sektion 3.1.

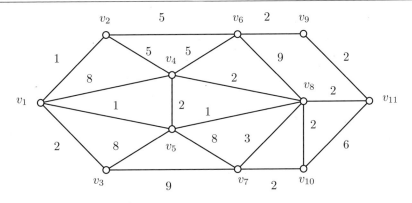

2.37 Abbildung. Ein gewichteter Graph.

*Als Reihenfolge, in der die Kanten bei Gleichheit der Gewichte betrachtet werden,
legen wir eine (lexikographische) Reihung nach aufsteigendem kleinsten und bei Gleichheit nach aufsteigendem zweiten Knotenindex fest. Zunächst werden somit die Kanten
$\{v_3,v_7\}$ und $\{v_6,v_8\}$ aufgenommen. Als nächstes kommen die mit 8 bewerteten Kanten
$\{v_1,v_4\}$, $\{v_3,v_5\}$ hinzu. Die Kante $\{v_5,v_7\}$ hat ebenfalls Gewicht 8, kann aber nicht mehr
hinzugefügt werden, da sie dann mit den schon aufgenommenen Kanten $\{v_3,v_5\}$, $\{v_3,v_7\}$
einen Kreis bildet. Das nächst kleinere Gewicht 6 trägt nur die Kante $\{v_{10},v_{11}\}$; sie kann
aufgenommen werden, da sie keinen Kreis schließt. Danach kommen $\{v_2,v_4\}$ und $\{v_2,v_6\}$
hinzu. $\{v_4,v_6\}$ kann nicht mehr aufgenommen werden, da wieder ein Kreis geschlossen
würde. Es folgt $\{v_7,v_8\}$. Die Kanten mit 2 bewerteten $\{v_1,v_3\}$, $\{v_4,v_5\}$, $\{v_4,v_8\}$ schließen
jeweils wieder einen Kreis, können also nicht aufgenommen werden. $\{v_6,v_9\}$, $\{v_7,v_{10}\}$
werden hinzugefügt, $\{v_8,v_{10}\}$, $\{v_8,v_{11}\}$, $\{v_9,v_{11}\}$ hingegen nicht. Zuletzt werden (der Reihe nach) die Kanten $\{v_1,v_2\}$, $\{v_1,v_5\}$, $\{v_5,v_8\}$ mit Gewicht 1 betrachtet. Keine von ihnen
kann hinzu genommen werden, ohne dass ein Kreis entsteht. Insgesamt erhalten wir somit die in Abbildung 2.38 links abgebildete unabhängige Menge. Da der zugrunde liegende
Graph zusammenhängend ist, bildet sie einen Spannbaum der Länge 57; vgl. Abbildung
2.38 (links).*

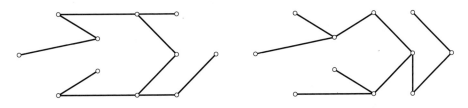

2.38 Abbildung. Greedy-Lösungen.

*Werden die Kanten gleichen Gewichts in einer anderen Reihenfolge abgearbeitet, so
entstehen im Allgemeinen andere Lösungen. Abbildung 2.38 (rechts) zeigt einen anderen
Spannbaum der gleichen Länge 57, der ebenfalls mit dem Greedy-Algorithmus gewonnen
werden kann. Beide Greedy-Lösungen sind maximal.*

Im Beispiel des Problems maximaler Wälder, bei dem die zugrunde liegenden Unabhängigkeitssysteme Matroide sind, scheint der Greedy-Algorithmus gut zu funktionie-

ren. Andererseits kann er im Allgemeinen aber auch sehr schlechte Ergebnisse liefern.

2.3.20 Beispiel. *Seien* $m \geq 2$, $E := \{e_1, \ldots, e_m\}$, *und* $\mathcal{E}$ *bestehe aus* $\{e_1\}$ *und der Potenzmenge von* $\{e_2, \ldots, e_m\}$. *Dann ist* $U := (E, \mathcal{E})$ *ein Unabhängigkeitssystem (aber kein Matroid). Sei* $\gamma \in {]0, \infty[}$, *und* $\phi : E \to {[0, \infty[}$ *sei definiert durch*

$$\phi(e) = \begin{cases} \gamma + 1 & \text{für } e = e_1 \\ \gamma & \text{für } e \in E \setminus \{e_1\}. \end{cases}$$

Ferner seien

$$I^g := \{e_1\} \quad \wedge \quad I^* := \{e_2, \ldots, e_m\}.$$

Dann ist I^g *die Greedy-Lösung, und es gilt*

$$\varphi(I^g) = \gamma + 1 \quad \wedge \quad \varphi(I^*) = \gamma(m-1).$$

Für $m = 2$ *oder* $\gamma \leq \frac{1}{m-2}$ *ist* I^g *optimal. Für*

$$m \geq 3 \quad \wedge \quad \gamma > \frac{1}{m-2}$$

hingegen hat I^g *einen kleineren Zielfunktionswert als* I^*; *tatsächlich ist* I^* *optimal.*

Der Greedy-Algorithmus kann also gründlich daneben gehen: abhängig von den Gewichten kann die Differenz der Gesamtgewichte der optimalen und der Greedy-Lösung beliebig groß werden. Allerdings ist der Quotient

$$\frac{\varphi(I^g)}{\varphi(I^*)} = \frac{\gamma + 1}{\gamma(m-1)} = \left(1 + \frac{1}{\gamma}\right) \frac{1}{m-1}$$

stets größer als $1/(m-1)$. *Das Verhältnis von* $\varphi(I^g)$ *und* $\varphi(I^*)$ *liegt somit im Intervall*

$$]1/(m-1), 1],$$

dessen Grenzen nur von m *abhängen. Man beachte, dass* $r_-(U) = 1$ *und* $r_+(U) = m - 1$ *gilt, der relative Fehler hier also durch das Verhältnis von* $r_-(U)$ *und* $r_+(U)$ *beschränkt ist.*

Der nachfolgende Satz 2.3.23 zeigt, dass das relative Approximationsverhalten in Beispiel 2.3.20 kein Zufall war.

2.3.21 Definition. *Sei* $U := (E, \mathcal{E})$ *ein Unabhängigkeitssystem. Für* $A \subset E$ *setze*

$$\kappa(A) := \begin{cases} 1, & \text{falls } r_+(U_A) = 0; \\ \frac{r_-(U_A)}{r_+(U_A)}, & \text{falls } r_+(U_A) > 0. \end{cases}$$

Dann heißt

$$\rho(U) := \min\{\kappa(A) : A \subset E\}$$

Rangquotient *von* U.

Zum Beweis des Approximationssatzes 2.3.23 benutzen wir ein kombinatorisches Lemma über monotone Mengenfamilien; es ist bereits in der für unseren Kontext adäquaten Weise formuliert.

2.3.22 Lemma. *Seien $E := \{e_1, \ldots, e_m\}$, $I \in 2^E$, $\phi : E \to \mathbb{R}$ und für $j \in [m]$ seien $E_j := \{e_1, \ldots, e_j\}$ und $I_j := I \cap E_j$. Mit den (formalen) Setzungen $E_0 := I_0 := \emptyset$ und $\phi(e_{m+1}) := 0$ für ein $e_{m+1} \notin E$ folgt dann*

$$\sum_{e \in I} \phi(e) = \sum_{j=1}^{m} \big(\phi(e_j) - \phi(e_{j+1})\big) \cdot |I_j|.$$

Beweis: Da für $j \in [m]$

$$|I_j| - |I_{j-1}| = 1 \quad \Leftrightarrow \quad e_j \in I_j \setminus I_{j-1}$$

gilt, folgt

$$\sum_{e \in I} \phi(e) = \sum_{j=1}^{m} \phi(e_j) \cdot \big(|I_j| - |I_{j-1}|\big)$$

$$= \sum_{j=1}^{m} \phi(e_j)|I_j| - \sum_{j=0}^{m-1} \phi(e_{j+1}) \cdot |I_j| = \sum_{j=1}^{m} \big(\phi(e_j) - \phi(e_{j+1})\big) \cdot |I_j|,$$

und damit die Behauptung. $\qquad\qquad\qquad\qquad\qquad\qquad\qquad\qquad\qquad\qquad\square$

2.3.23 Satz. *Durch $(E, \mathcal{E}; \phi)$ sei eine Maximierungsaufgabe über dem Unabhängigkeitssystem $U := (E, \mathcal{E})$ spezifiziert, φ bezeichne die zugehörige Zielfunktion, I^* sei eine optimale, I^g eine Greedy-Lösung. Dann gilt*

$$\varphi(I^g) \geq \rho(U) \cdot \varphi(I^*).$$

Es gibt eine Gewichtsfunktion ϕ, für die in obiger Ungleichung Gleichheit angenommen wird.

Beweis: Für $E = \emptyset$ ist nichts zu zeigen. Seien also $m \geq 1$ und $E =: \{e_1, \ldots, e_m\}$ mit $\phi(e_1) \geq \cdots \geq \phi(e_m)$. Für $j \in [m]$ seien $E_j := \{e_1, \ldots, e_j\}$ und $U_j := U_{E_j}$ das durch E_j induzierte Unabhängigkeitssystem. Für $I \in \mathcal{E}$ und $j \in [m]$ sei ferner $I_j := I \cap E_j$. Dann gilt für $j \in [m]$

$$r_-(U_j) \leq |I_j^g| \quad \wedge \quad |I_j^*| \leq r_+(U_j).$$

Mit der (formalen) Setzung $\phi(e_{m+1}) := 0$ für ein $e_{m+1} \notin E$ folgt mittels Lemma 2.3.22

$$\varphi(I^g) = \sum_{j=1}^{m} \big(\phi(e_j) - \phi(e_{j+1})\big) \cdot |I_j^g| \geq \sum_{j=1}^{m} \big(\phi(e_j) - \phi(e_{j+1})\big) r_-(U_j)$$

$$\geq \rho(U) \sum_{j=1}^{m} \big(\phi(e_j) - \phi(e_{j+1})\big) r_+(U_j) \geq \rho(U) \sum_{j=1}^{m} \big(\phi(e_j) - \phi(e_{j+1})\big) \cdot |I_j^*|$$

$$= \rho(U) \cdot \varphi(I^*).$$

Wir konstruieren nun noch eine Gewichtsfunktion, für die Gleichheit gilt. Seien $A^* \subset E$ mit

$$\kappa(A^*) = \min\{\kappa(A) : A \subset E\} = \rho(U)$$

und

$$\phi(e) := \begin{cases} 1 & \text{für } e \in A^*, \\ 0 & \text{für } e \in E \setminus A^*, \end{cases}$$

Seien nun I, J Basen in U_{A^*} mit

$$|I| = r_-(U_{A^*}) \quad \wedge \quad |J| = r_+(U_{A^*}).$$

Wird die Reihenfolge der Elemente von E so gewählt, dass zunächst die von I, danach die von $J \setminus I$ und abschließend alle anderen durchlaufen werden, so liefert der Greedy-Algorithmus $|I|$, obwohl $|J|$ der maximale Zielfunktionswert ist. Insgesamt folgt die Behauptung. $\qquad\square$

In dem im Beweis von Satz 2.3.23 konstruierten Beispiel dafür, dass die Schranke in Satz 2.3.23 scharf ist, wählt der Greedy-Algorithmus unter den Elementen mit Gewicht 1 zunächst die der kleineren Basis, und das ist offenbar eine schlechte Wahl. Man könnte sich fragen, ob nicht erheblich bessere Abschätzungen gelten, wenn der Greedy-Algorithmus bei 'Gleichstand' jeweils die bestmögliche Wahl treffen könnte. Unabhängig von der Frage, wie man eine solche Zusatzregel effizient umsetzen sollte, würde sie aber auch keine bessere Abschätzung erlauben.

2.3.24 Bemerkung. *Die Abschätzung in Satz 2.3.23 ist auch dann nicht substantiell zu verbessern, wenn man den Greedy-Algorithmus konzeptionell mit der Fähigkeit ausstattet, unter allen möglichen, gleich bewerteten nächsten Elementen 'global das beste' zu wählen.*

Beweis: Seien $\rho(U) < 1$, $A^* \subset E$ mit

$$\kappa(A^*) = \min\{\kappa(A) : A \subset E\}$$

sowie I, J Basen in U_{A^*} mit

$$|I| = r_-(U_{A^*}) \quad \wedge \quad |J| = r_+(U_{A^*}).$$

Seien $k \in \mathbb{N}$ und $l \in \mathbb{N}$ mit

$$I = \{e_1, \dots, e_k\} \quad \wedge \quad J \setminus I = \{e_{k+1}, \dots, e_l\} \quad \wedge \quad E \setminus (I \cup J) = \{e_{l+1}, \dots, e_m\}$$

sowie $\epsilon \in \,]0, \frac{1}{2}[$. Wir setzen

$$\phi(e_j) := \begin{cases} 1 + \epsilon^j & \text{für } j = 1, \dots, l, \\ 0 & \text{für } j = l+1, \dots, m. \end{cases}$$

Dann sind I die Greedy-Lösung und J optimal, und es gilt

$$\varphi(I) = r_-(U_{A^*}) + \epsilon \frac{1 - \epsilon^k}{1 - \epsilon} \quad \wedge \quad \varphi(J) \geq r_+(U_{A^*}) + \epsilon^{k+1} \frac{1 - \epsilon^{l-k}}{1 - \epsilon}.$$

Für $\epsilon \to 0$ folgt die Behauptung. $\qquad\square$

Als Korollar zu Satz 2.3.23 erhalten wir den folgenden zentralen Charakterisierungssatz für Matroide.

2.3.25 Korollar. *(Edmonds-Rado[44] Theorem)*
Sei $(E, \mathcal{E})$ ein Unabhängigkeitssystem. $(E, \mathcal{E})$ ist genau dann ein Matroid, wenn der Greedy-Algorithmus für jedes $\phi : E \to [0, \infty[$ ein Optimum der durch $(E, \mathcal{E}; \phi)$ spezifizierten Maximierungsaufgabe findet.

---

[44] Jack R. Edmonds, geb. 1934; Richard Rado, 1906 – 1989.

Beweis: Die Behauptung folgt direkt mittels Lemma 2.3.14 aus Satz 2.3.23.   □

Das Edmonds-Rado Theorem 2.3.25 ist etwas ganz Besonderes: Eine *kombinatorische Struktur* wird vollständig dadurch charakterisiert, dass ein *Algorithmus* eine Klasse von Optimierungsaufgaben über dieser Struktur löst.

Das Ergebnis charakterisiert aber natürlich nicht alle Tupel $(E, \mathcal{E}; \phi)$, für die der Greedy-Algorithmus funktioniert. So findet er trivialerweise immer ein Optimum, falls ϕ identisch 0 ist, unabhängig davon, ob $(E, \mathcal{E})$ ein Matroid ist oder nicht. Es kann also durchaus bei einzelnen praktischen Aufgaben passieren, dass der Greedy-Algorithmus auch dann überraschend gute Ergebnisse liefert, wenn das zugrunde liegende Unabhängigkeitssystem kein Matroid ist.

In dem folgenden Beispiel wird der Greedy-Algorithmus auf das Matching-Problem angewendet.

2.3.26 Beispiel. *Sei $G := (V, E; \phi)$ der in Abbildung 2.39 skizzierte gewichtete Graph mit $\alpha \in \mathbb{N} \setminus \{1, 2\}$; gesucht ist ein Matching M mit maximalem Gewicht $\varphi(M) := \sum_{e \in M} \phi(e)$. Seien $\mathcal{E}$ die Menge aller Matchings von G und $U := (E, \mathcal{E})$. Dann ist U ein Unabhängigkeitssystem.*

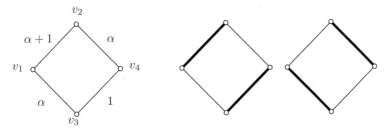

2.39 Abbildung. Ein gewichteter Graph (links), das vom Greedy-Algorithmus produzierte Matching (Mitte) sowie das optimale Matching (rechts).

Der Greedy-Algorithmus liefert das aus den Kanten $\{v_1, v_2\}$ und $\{v_3, v_4\}$ bestehende Matching mit Zielfunktionswert $\alpha + 2$, obwohl das aus $\{v_1, v_3\}$ und $\{v_2, v_4\}$ bestehende Matching den Zielfunktionswert 2α besitzt, also größeres Gewicht hat. Nach Korollar 2.3.25 kann U somit kein Matroid sein.[45]

Für die volle Kantenmenge sowie für jede beliebige Teilmenge von einer oder zwei Kanten stimmen der obere und der untere Rang überein. Anders ist es für drei Kanten; vgl. Abbildung 2.40.

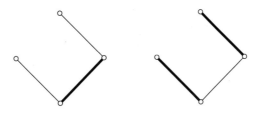

2.40 Abbildung. Inklusionsmaximale Matchings unterschiedlicher Kardinalität.

---

[45] Man beachte übrigens, dass G sogar bipartit ist.

Da weder das aus beiden 'Randkanten' des entstehenden Weges der Länge 3 noch das aus der 'Mittelkante' bestehende Matching durch Hinzunahme weiterer Kanten vergrößert werden kann, ist der obere Rang 2, der untere aber 1. Satz 2.3.23 liefert daher die Abschätzung

$$\alpha + 2 = \varphi(I^g) \geq \frac{1}{2}\varphi(I^*) = \alpha,$$

deren relativer Fehler für $\alpha \to \infty$ gegen 1 geht.

Tatsächlich gilt die in Beispiel 2.3.26 festgestellte Abschätzung auch allgemeiner.

2.3.27 Lemma. *Seien $G := (V,E;\phi)$ ein gewichteter Graph mit $\phi \geq 0$, $\mathcal{E}$ die Menge aller Matchings von G, $\varphi(M) := \sum_{e \in M} \phi(e)$ für $M \in \mathcal{E}$ und $U := (E,\mathcal{E})$. Ferner seien I^* ein (bez. ϕ) maximales Matching und I^g eine Greedy-Lösung. Dann gilt*

$$2\varphi(I^g) \geq \varphi(I^*).$$

Beweis: Wir zeigen, dass für beliebige nichtleere Teilmengen A von E stets

$$r_+(U_A) \leq 2r_-(U_A)$$

gilt. Angenommen, es gäbe eine Menge $A \subset E$ und maximale unabhängige Mengen I_1, I_2 in U_A mit $|I_1| = r_-(U_A)$, $|I_2| = r_+(U_A)$ und $r_+(U_A) \geq 2r_-(U_A) + 1$. Für die Knotenmengen $V_k := \bigcup_{e \in I_k} e$ für $k = 1,2$ wäre dann

$$|V_2| = 2|I_2| = 2r_+(U_A) \geq 2\big(2r_-(U_A) + 1\big) = 4|I_1| + 2 = 2|V_1| + 2.$$

Es gibt also eine Kante e in I_2, die zwei Knoten von G verbindet, die nicht zu V_1 gehören. Damit ist $I_1 \cup \{e\} \in \mathcal{E}$ im Widerspruch zur Voraussetzung, dass I_1 eine maximale unabhängige Menge sei. Also gilt $\rho(U) \geq 1/2$. Aus Satz 2.3.23 folgt

$$\varphi(I^g) \geq \rho(U) \cdot \varphi(I^*) \geq \frac{1}{2}\varphi(I^*)$$

und somit die Behauptung. $\qquad\square$

Wie Beispiel 2.3.26 zeigt, weist die Frage nach Matchings maximaler Kantengewichte keine Matroid-Struktur auf; man vgl. aber Übungsaufgabe 2.4.25.

2.3.28 Bemerkung. *Sei $G := (V,E)$ ein Graph, und $\mathcal{E}$ bezeichne die Menge aller Teilmengen I von V, so dass ein Matching M in G existiert, das alle Knoten von I überdeckt. Dann ist $(V,\mathcal{E})$ ein Matroid.*

Beweis: Übungsaufgabe 2.4.25 $\qquad\square$

Minimierung über Basissystemen: Wie wir gesehen haben, ist das Problem der maximalen Wälder für nichtnegative Zielfunktionen ein Maximierungsproblem über dem zugehörigen graphischen Matroid. Ist insbesondere G zusammenhängend, so ist die Greedy-Lösung ein maximaler Spannbaum. Wenn wir hingegen einen *minimalen* Spannbaum konstruieren wollen, so müssen wir uns bei der Optimierung auf Basen des graphischen Matroids beschränken.

2.3.29 Definition. *Seien $(E,\mathcal{E})$ ein Unabhängigkeitssystem und*

$$\mathcal{B} := \{I \in \mathcal{E} : I \text{ ist Basis}\}.$$

Dann heißt $(E,\mathcal{B})$ (das zu $(E,\mathcal{E})$ gehörige) Basissystem.

*Eine **Minimierungsaufgabe über einem Basissystem** ist durch folgende Daten spezifiziert[46]*

$$\text{Unabhängigkeitssystem } (E,\mathcal{E})$$
$$\phi : E \to \mathbb{R}.$$

Sei $(E,\mathcal{B})$ das Basissystem von $(E,\mathcal{E})$, und die ϕ zugehörige Zielfunktion $\varphi : \mathcal{B} \to \mathbb{R}$ sei definiert durch $\varphi(B) := \sum_{e \in B} \phi(e)$ für $B \in \mathcal{B}$. Gesucht ist eine Menge

$$B^* \in \operatorname*{argmin}_{B \in \mathcal{B}} \varphi(B).$$

*Die Menge aller solchen Aufgaben heißt **Minimierungsproblem über Basissystemen**.*

Wie bereits in Definition 2.3.16 werden auch hier für spezielle Klassen von Unabhängigkeitsproblemen entsprechende deskriptive Bezeichnungen verwendet (ohne noch einmal formal eingeführt zu werden). Wird etwa das Minimierungsproblem auf graphische Matroide eingeschränkt, so spricht man von dem **Problem minimaler Spannbäume** *[engl.: minimal spanning tree problem]* oder kürzer vom Mst-Problem.

Tatsächlich lassen sich viele Probleme der diskreten Optimierung als Maximierungsproblem über Unabhängigkeitssystemen oder als Minimierungsproblem über Basissystemen formulieren; vgl. Übungsaufgabe 2.4.26. Auch für Minimierungsprobleme über Basissystemen kann man direkt einen zu Korollar 2.3.25 analogen Satz beweisen. Einfacher ist aber folgende Transformation.

2.3.30 Bemerkung. *Seien $U := (E,\mathcal{E})$ ein Unabhängigkeitssystem, $(E,\mathcal{B})$ das zugehörige Basissystem, $\phi : E \to \mathbb{R}$, φ die zugehörige Zielfunktion und*

$$\beta := \max\Big\{0, \max\{\phi(e) : e \in E\}\Big\}.$$

Ferner seien $\psi : E \to [0,\infty[$ definiert durch $\psi(e) := \beta - \phi(e)$ für $e \in E$ und $\Psi : \mathcal{E} \to [0,\infty[$ definiert durch $\Psi(I) := \sum_{e \in I} \psi(e)$ für $I \in \mathcal{E}$. Dann gilt

$$\beta r_-(U) - \max\{\Psi(I) : I \in \mathcal{E}\} \leq \min\{\varphi(B) : B \in \mathcal{B}\} \leq \beta r_+(U) - \max\{\Psi(I) : I \in \mathcal{E}\}.$$

Beweis: Für jedes $I \in \mathcal{E}$ gilt $\varphi(I) = \beta|I| - \Psi(I)$. Wegen $\beta \geq 0$ folgt

$$\min\{\varphi(B) : B \in \mathcal{B}\} = \min\{\beta|B| - \Psi(B) : B \in \mathcal{B}\} \leq \beta r_+(U) - \max\{\Psi(I) : I \in \mathcal{E}\}.$$

Die Abschätzung nach unten ergibt sich analog. □

Aus Bemerkung 2.3.30 folgt, dass minimale Spannbäume mit Hilfe des Greedy-Algorithmus konstruiert werden können. Formuliert man das Verfahren für die ursprüngliche Zielfunktion, so erhält man den folgenden Algorithmus von Kruskal[47].

---

[46] Man beachte, dass hier nicht auf gleiche Weise wie in Definition 2.3.16 für die Maximierung über Unabhängigkeitssystemen gerechtfertigt ist, sich auf den Fall nichtnegativer Gewichte zu beschränken; vgl. jedoch Bemerkung 2.3.30.

[47] Joseph Bernard Kruskal, 1928 – 2010.

2.3.31 Prozedur: *Algorithmus von Kruskal.*

INPUT: Zusammenhängender gewichteter Graph $G := (V,E;\phi)$ mit $|E| = m$
OUTPUT: Spannbaum T minimalen Gewichts
BEGIN   Sortiere die Kanten nach aufsteigendem Gewicht, d.h.
          $E = \{e_1,\dots,e_m\}$ mit $\phi(e_1) \leq \dots \leq \phi(e_m)$
          $T \leftarrow \emptyset$
          FOR $i = 1,\dots,m$ DO
                BEGIN
                     IF $T \cup \{e_i\}$ ist kreisfrei THEN $T \leftarrow T \cup \{e_i\}$
                END
END

Der Test auf Kreisfreiheit kann dadurch geführt werden, dass man überprüft, ob mindestens eine der beiden Ecken einer abzuarbeitenden Kante außerhalb der Eckenmenge des aktuellen Teilbaums liegt.

Wir geben im Folgenden eine Variante des Greedy-Algorithmus zur Bestimmung minimaler Spannbäume an, bei der die Bäume von einer beliebigen Wurzel aus zusammenhängend wachsen. Hierbei wird die bereits erreichte aktuelle Knotenmenge W sukzessive durch Hinzunahme eines nächsten Knotens vergrößert.

2.3.32 Prozedur: *Algorithmus von Prim*[48].

INPUT: Zusammenhängender gewichteter Graph $G = (V,E;\phi)$
OUTPUT: Spannbaum (V,T) minimalen Gewichts
BEGIN   Sei $w \in V$
          $W \leftarrow \{w\}$; $T \leftarrow \emptyset$
          WHILE $N(G,W) \neq \emptyset$ DO
          BEGIN
                Seien $w \in W$ und $z \in V \setminus W$ mit $e^* := \{w,z\} \in \arg\min \{\phi(e) : e \in \delta(G,W)\}$
                $W \leftarrow W \cup \{z\}$; $T \leftarrow T \cup \{e^*\}$
          END
END

2.3.33 Beispiel. *Wir wenden den Algorithmus von Prim auf den Graph von Beispiel 2.3.19 an und beginnen mit dem Startknoten v_1; vgl. Abbildung 2.41. Zur Auswahl für die erste Kante stehen $\{v_1,v_2\}$, $\{v_1,v_3\}$, $\{v_1,v_4\}$ und $\{v_1,v_5\}$; minimales Gewicht 1 haben $\{v_1,v_2\}$ und $\{v_1,v_5\}$, so dass wir als erste etwa die Kante $\{v_1,v_2\}$ aufnehmen können. Danach stehen alle Kanten zur Auswahl, die mit v_1 oder v_2 inzident sind. Da $\{v_1,v_5\}$ unter diesen minimales Gewicht 1 besitzt, wird diese Kante aufgenommen. Unter allen mit v_1, v_2 oder v_5 inzidenten Kanten ist $\{v_5,v_8\}$ minimal und wird in den Baum aufgenommen. Im nächsten Schritt stehen alle Kanten zur Auswahl, die genau mit einem der Knoten v_1, v_2, v_5 und v_8 inzident sind. Das minimale Gewicht aller dieser Kanten ist 2, es wird von $\{v_1,v_3\}$, $\{v_4,v_5\}$, $\{v_4,v_8\}$, $\{v_8,v_{10}\}$ und $\{v_8,v_{11}\}$ realisiert. Sukzessive können etwa $\{v_1,v_3\}$, $\{v_8,v_{10}\}$ und $\{v_8,v_{11}\}$ aufgenommen werden sowie eine der Kanten $\{v_4,v_5\}$ und $\{v_4,v_8\}$. Wir wählen etwa $\{v_4,v_8\}$. Danach werden die Kanten $\{v_7,v_{10}\}$, $\{v_9,v_{11}\}$ und zuletzt $\{v_6,v_9\}$ aufgenommen. Der konstruierte Spannbaum hat die Länge 17.*

Es kann leicht direkt überprüft werden, dass dieser Spannbaum tatsächlich minimal ist, da er alle Kanten mit dem minimalen Gewicht 1 und sonst nur Kanten mit dem zweitkleinsten Gewicht 2 enthält.

---
[48] Robert Clay Prim, geb. 1921.

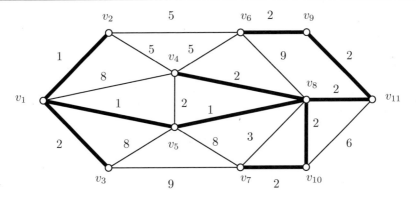

2.41 Abbildung. Gewichteter Graph und (ein mit Hilfe des Algorithmus von Prim konstruierter) minimaler Spannbaum.

Während die direkte Anwendung des Greedy-Algorithmus auf das Problem minimaler Spannbäume und damit auch der Algorithmus von Kruskal nach Bemerkung 2.3.30
und Korollar 2.3.25 tatsächlich minimale Spannbäume liefern, muss dieses für den Algorithmus von Prim noch gesondert nachgewiesen werden, da dieser ja nicht eine jeweils
bestmögliche Kante hinzufügt, sondern nur eine beste solche, die an einem schon erreichten Knoten ansetzt.

2.3.34 Satz. *Der Algorithmus von Prim löst das Problem minimaler Spannbäume korrekt.*

Beweis: Sei $G := (V,E;\phi)$ zusammenhängend. Offenbar erzeugt der Algorithmus
einen aufspannenden Baum. Mittels Induktion nach $|W|$ zeigen wir, dass der in einem
Schritt des Algorithmus erzeugte aktuelle Baum $B := (W,T)$ stets zu einem minimalen
Spannbaum ergänzt werden kann. Dieses ist trivial für $W_1 := \{v_1\}$, da $B_1 := (W_1,\emptyset)$ keine
Kanten besitzt, v_1 aber natürlich in jedem Spannbaum enthalten ist Die Behauptung gelte
für $W_k := \{v_1,\ldots,v_k\}$. Seien $T_k := \{e_1,\ldots,e_{k-1}\}$ und $B_k := (W_k,T_k)$ der zugehörige
aktuelle Baum.

Der Algorithmus wählt nun eine kürzeste Kante mit genau einem Endpunkt in W_k,
etwa $e_k := \{v_{i_0},v_{k+1}\}$. Seien $W_{k+1} := W_k \cup \{v_{k+1}\}$, $T_{k+1} := T_k \cup \{e_k\}$ und $B_{k+1} :=
(W_{k+1},T_{k+1})$.

Wir nehmen an, es gäbe einen Spannbaum $S := (V,F)$ mit $B_k \subset S$, der kürzer ist,
als alle aufspannenden Bäume, die B_{k+1} enthalten. $(V,F \cup \{e_k\})$ besitzt nach Lemma
2.3.15 genau einen Kreis K. Der Kreis K enthält eine von e_k verschiedene Kante e in
$\delta(G,W_k)$. Nach Konstruktion gilt $\phi(e) \geq \phi(e_k)$; sonst hätte der Algorithmus nicht e_k
hinzugenommen.

Mit $F' := (F \cup \{e_k\}) \setminus \{e\}$ folgt, dass der Teilgraph $S' := (V,F')$ ein aufspannender
Baum in G ist mit $\varphi(S') \leq \varphi(S)$ und $B_{k+1} \subset S'$, im Widerspruch zur Annahme. Nach
Induktionsvoraussetzung gibt es also einen minimalen Spannbaum, der B_{k+1} enthält,
und es folgt die Behauptung.   □

Für Matroide löst der Greedy-Algorithmus nach Korollar 2.3.25 und Bemerkung
2.3.30 sowohl das Maximierungsproblem als auch das Minimierungsproblem über ihren
Basissystemen. Allerdings unterscheidet sich seine Approximationsqualität bei diesen beiden Aufgaben über Unabhängigkeitssystemen beträchtlich. Die Fehlergarantie für das

Maximierungsproblem über Unabhängigkeitssystemen von Satz 2.3.23 hängt nicht von den (numerischen) Gewichten ab, sondern nur von der kombinatorischen Struktur des zugrunde liegenden Unabhängigkeitssystems (nämlich seinem Rangquotienten). Wie das folgende Beispiel zeigt, existiert bei dem Minimierungsproblem über Basissystemen im Allgemeinen keine entsprechende Abschätzung.

2.3.35 Beispiel. *Wir betrachten denselben Graphen wie in Abbildung 2.39, allerdings mit anderen Gewichten. Sei $\alpha \in \mathbb{N}$ mit $\alpha \geq 4$. Anders als in Beispiel 2.3.26 suchen wir jetzt kein maximales Matching sondern minimieren über dem zugehörigen Basissystem. Gesucht ist also ein 'minimales maximales Matching', d.h. ein minimales Matching, bei dem allerdings keine Kante mehr hinzugenommen werden kann, ohne die Matching-Eigenschaft zu verletzen, hier also ein perfektes Matching.*

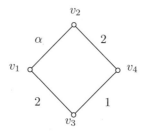

2.42 Abbildung. Gewichteter Graph.

Der Greedy-Algorithmus wählt zunächst die Kante $\{v_3,v_4\}$, liefert also insgesamt das aus den Kanten $\{v_1,v_2\}$ und $\{v_3,v_4\}$ bestehende perfekte Matching mit Wert $\alpha + 1$. Andererseits besitzt das aus den Kanten $\{v_1,v_3\}$ und $\{v_2,v_4\}$ bestehende perfekte Matching den (offenbar optimalen) Zielfunktionswert 4. Das Verhältnis dieser Werte wächst mit α gegen unendlich.

Durchschnitt von Matroiden: Im letzten Abschnitt dieser Sektion soll das Verhältnis allgemeiner Unabhängigkeitssysteme und Matroide noch genauer analysiert werden.

Natürlich sind Matroide sehr spezielle Unabhängigkeitssysteme, die dadurch charakterisiert sind, dass der Greedy-Algorithmus stets optimale unabhängige Mengen liefert. Tatsächlich zeigt sich aber, dass jedes Unabhängigkeitssystem bereits Durchschnitt von Matroiden ist.

2.3.36 Definition. *Für $j \in [k]$ seien $U_j := (E,\mathcal{E}_j)$ Unabhängigkeitssysteme auf derselben Grundmenge E, $\mathcal{E} := \bigcap_{j=1}^{k} \mathcal{E}_j$ und $U := (E,\mathcal{E})$. Dann heißt U **Durchschnitt** von $U_1,\ldots,U_k$. Oft wird statt $\left(E, \bigcap_{j=1}^{k} \mathcal{E}_j\right)$ auch die (suggestivere) Schreibweise $U = \bigcap_{j=1}^{k} U_j$ verwendet.*

Der Durchschnitt von Unabhängigkeitssystemen ist selbst wieder ein Unabhängigkeitssystem.

2.3.37 Bemerkung. *Für $j \in [k]$ seien $U_j := (E,\mathcal{E}_j)$ Unabhängigkeitssysteme und $U := \bigcap_{j=1}^{k} U_j$. Dann ist U ein Unabhängigkeitssystem.*

Beweis: Es seien $I \in \mathcal{E}$ und $J \subset I$. Für alle $j \in [k]$ gilt daher $I \in \mathcal{E}_j$. Da $(E,\mathcal{E}_j)$ abgeschlossen unter Inklusion ist, folgt $J \in \mathcal{E}_j$ für alle $j \in [k]$, insgesamt also $J \in \mathcal{E}$. $\square$

Insbesondere ist also der Durchschnitt von Matroiden ein Unabhängigkeitssystem, im Allgemeinen allerdings kein Matroid mehr; vgl. Beispiel 2.3.40. Das folgende Lemma zeigt, dass das Konzept des Durchschnitts von Matroiden jedoch einen 'fließenden' Übergang zwischen Matroiden und Unabhängigkeitssystemen erzeugt: Unabhängigkeitssysteme sind Durchschnitte von Matroiden.

2.3.38 Lemma. *Sei $U := (E,\mathcal{E})$ ein Unabhängigkeitssystem. Dann gibt es ein $k \in \mathbb{N}$ und Matroide $M_1,\ldots,M_k$ mit $U = \bigcap_{j=1}^{k} M_j$.*

Beweis: Seien $\mathcal{K}$ die Menge der Kreise in U, $K \in \mathcal{K}$ und

$$\mathcal{E}(K) := \{I \subset E : K \not\subset I\}.$$

Offenbar ist $\big(E,\mathcal{E}(K)\big)$ ein Unabhängigkeitssystem, tatsächlich sogar ein Matroid. Sind nämlich $I,J \in \mathcal{E}(K)$ mit $|I| + 1 = |J|$. Dann gilt nach Definition $K \not\subset I$ sowie $K \not\subset J$. Angenommen für jedes Element $e \in J \setminus I$ wäre $K \subset I \cup \{e\}$. Dann wäre

$$|K \setminus I| = 1 \quad \wedge \quad |J \setminus I| = 1,$$

also $I \subset J$ und damit $K \subset J$, im Widerspruch zu $J \in \mathcal{E}(K)$.

Natürlich gilt $\mathcal{E} \subset \mathcal{E}(K)$. Seien nun $S \subset E$ mit $S \notin \mathcal{E}$ und $K \in \mathcal{K}$ mit $K \subset S$. Dann gilt $S \notin \mathcal{E}(K)$, es folgt

$$\mathcal{E} = \bigcap_{K \in \mathcal{K}} \mathcal{E}(K)$$

und damit die Behauptung. $\square$

Die Anzahl der Matroide, die in Lemma 2.3.38 konstruiert werden, ist im Allgemeinen sehr groß. Von besonderem Interesse sind aber diejenigen Strukturen, die sich als Durchschnitt weniger Matroide darstellen lassen.

Im nachfolgenden Beispiel verwenden wir eine natürliche Verallgemeinerung der in Definition 2.2.48 eingeführten bipartiten Graphen.

2.3.39 Definition. *Seien $G := (V,E)$ ein Graph, $\{V_1,\ldots,V_k\}$ eine Partition von V, und es gelte*

$$j \in [k] \wedge e \in E \implies |e \cap V_j| \leq 1.$$

*Dann heißt G k-**partit**, und $\{V_1,\ldots,V_k\}$ wird eine **zugehörige Partition** von V genannt.*

In einem k-partiten Graphen G verbindet also keine Kante zwei Ecken, die zur selben Partitionsmenge gehören. Natürlich ist jeder Graph $G := (V,E)$ stets $|V|$-partit.

2.3.40 Beispiel. *Seien $k \in \mathbb{N}$, $G := (V,E)$ ein k-partiter Graph, $\{V_1,\ldots,V_k\}$ eine zugehörige Partition von V, $\mathcal{E}$ die Menge aller Matchings in G und $U := (E,\mathcal{E})$. Dann ist U ein Unabhängigkeitssystem und nach Lemma 2.3.38 somit Durchschnitt aller Matroide $(E,\mathcal{E}(K))$ mit $\mathcal{E}(K) := \{I \subset E : K \not\subset I\}$ für Kreise $K \subset E$ in U. Obwohl eine Kantenmenge bereits abhängig ist, wenn sie zwei verschiedene, nicht disjunkte Kanten enthält, ist U Durchschnitt von lediglich k Partitionsmatroiden. Für $j \in [k]$ sei nämlich*

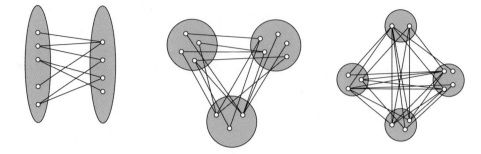

2.43 Abbildung. k-partite Graphen für (von links nach rechts) $k = 2$, $k = 3$ und $k = 4$.

$$\mathcal{P}_j := \{\delta(G,v) : v \in V_j\} \cup \{E \setminus \delta(G,V_j)\}.$$

Dann ist $\mathcal{P}_j$ eine Partition von E. Offenbar zerfällt $\mathcal{P}_j$ in eine Partition von $\delta(G,V_j)$ und die Menge der Kanten, die keinen Knoten von V_j enthalten. Seien $M_1,\ldots,M_k$ die zugehörigen Partitionsmatroide, wobei die zu den Mengen $\delta(G,v)$ gehörigen Schranken $\beta_{j,i}$ jeweils 1 und die zu $E \setminus \delta(G,V_j)$ gehörige Schranke gleich $|E|$ gesetzt wird. In M_j ist somit die Tatsache kodiert, dass kein Knoten von V_j in mehr als einer Kante eines Matchings liegen darf. Offenbar ist dann $U = M_1 \cap \ldots \cap M_k$.

Insbesondere liegt den Matchings in bipartiten Graphen also die kombinatorische Struktur des Durchschnitts von zwei Partitionsmatroiden zugrunde.

2.3.41 Beispiel. *In einer Aufgabe des Rekonstruktionsproblems für kristalline Strukturen aus Sektion 1.2 sind Liniensummendaten in m Gitterrichtungen $z_1,\ldots,z_m \in \mathbb{Z}^n \setminus \{0\}$ gegeben, aus denen eine zugrunde liegende Punktmenge rekonstruiert werden soll.[49]*

Es zeigt sich, dass diese Aufgabe als Durchschnitt von m Partitionsmatroiden geschrieben werden kann. Wir betrachten dazu alle Geraden parallel zu einer der m gegebenen Richtungen, die – nach den gegebenen Liniensummendaten – einen Gitterpunkt der unbekannten Menge enthalten müssen. Für $j \in [m]$ seien also

$$T_{j,1},\ldots,T_{j,k_j}$$

alle Gittergeraden parallel zu z_j, für die die gegebenen Messungen von 0 verschieden sind. Die Geraden $T_{j,1},\ldots,T_{j,k_j}$ bilden demnach den Träger der Messungen in Richtung z_j. Die zugehörigen Messdaten seien $\beta_{j,1},\ldots,\beta_{j,k_j}$. Sei ferner

$$K := \mathbb{Z}^n \cap \bigcap_{j=1}^{m} \bigcup_{i=1}^{k_j} T_{j,i}.$$

Offenbar ist K eine endliche Obermenge für alle Lösungen des Rekonstruktionsproblems; die Kandidatenmenge. *Wir setzen für $j \in [m]$*

$$\mathcal{E}_j := \big\{I \in 2^K : |I \cap T_{j,1}| \leq \beta_{j,1} \wedge \ldots \wedge |I \cap T_{j,k_j}| \leq \beta_{j,k_j}\big\} \quad \wedge \quad M_j := (K,\mathcal{E}_j).$$

sowie

---

[49] Wir formulieren die Aufgabe hier für m allgemeine Richtungen; vorher lagen speziell die drei Standardkoordinatenrichtungen des $\mathbb{R}^3$ zugrunde.

$$U := M_1 \cap \ldots \cap M_m.$$

Dann ist U Durchschnitt der m Partitionsmatroide M_j, und das Rekonstruktionsproblem entspricht dem Maximierungsproblem über U mit den Gewichten 1. Genauer existiert dann, und nur dann, eine mit den Messdaten kompatible Lösung der Rekonstruktionsaufgabe, wenn es eine in U unabhängige Menge I^* gibt mit

$$|I^*| = \sum_{i=1}^{k_1} \beta_{1,i} = \ldots = \sum_{i=1}^{k_m} \beta_{m,i}.$$

Nachdem wir gesehen haben, dass die Optimierung über Matroiden einfach ist, liegt es nahe zu hoffen, dass auch wenigstens über dem Durchschnitt von wenigen Matroiden effizient optimiert werden kann.

2.3.42 Definition. *Sei $k \in \mathbb{N}$. Eine **Maximierungsaufgabe über dem Durchschnitt von k Matroiden** ist spezifiziert durch folgende Daten*

$$\text{Matroide } M_1 := (E, \mathcal{E}_1), \ldots, M_k := (E, \mathcal{E}_k)$$
$$\phi : E \to [0, \infty[.$$

Seien $U := (E, \mathcal{E}) := M_1 \cap \ldots \cap M_k$ und $\varphi : \mathcal{E} \to [0, \infty[$ definiert durch

$$\varphi(I) := \sum_{e \in I} \phi(e) \qquad (I \in \mathcal{E}).$$

Gesucht ist eine Menge

$$I^* \in \operatorname*{argmax}_{I \in \mathcal{E}} \varphi(I).$$

*Die Menge aller solchen Aufgaben heißt **Maximierungsproblem über dem Durchschnitt von k Matroiden** [engl.: weighted k-matroid intersection problem].*

Das folgende Beispiel zeigt, dass sich auch eine bereits vorher untersuchte Eigenschaft von Graphen als Maximierungsproblem über dem Durchschnitt von (in diesem Fall drei) Matroiden feststellen lässt, nämlich, ob ein gegebener Graph einen Hamiltonweg besitzt.

2.3.43 Beispiel. *Sei $G := (V, E)$ ein zusammenhängender Graph, von dem entschieden werden soll, ob in ihm ein Hamiltonweg existiert. Um diese Eigenschaft mithilfe von Matroiden zu kodieren, müssen wir zum einen ausdrücken, dass in einem Hamiltonweg H kein Knoten in mehr als zwei Kanten liegt, andererseits aber auch alle Knoten enthalten sind. Die zweite Bedingung ließe sich leicht mit Hilfe des zugehörigen graphischen Matroids ausdrücken, denn ein Hamiltonweg ist insbesondere ein Spannbaum. Um die erste Bedingung mit Hilfe von Partitionsmatroiden zu fassen, benutzen wir, dass durch das Durchlaufen von H seinen Kanten eine Richtung zugewiesen wird, und dann in jeden inneren Knoten von H genau eine Kante hinein- und aus ihm eine herausläuft. Wir gehen also zu dem Digraphen $\hat{G} := (V, \hat{E})$ über, der dadurch entsteht, dass jede ungerichtete Kante $\{v, w\} \in E$ durch die beiden gerichteten Kanten (v, w) und (w, v) ersetzt wird. Dann seien*

$$\mathcal{P}_1 := \{\delta_{\text{aus}}(\hat{G}, v) : v \in V\} \quad \wedge \quad \mathcal{P}_2 := \{\delta_{\text{in}}(\hat{G}, v) : v \in V\}$$

sowie für jeden Knoten $v \in V$

$$\beta_1(v) = \beta_2(v) = 1$$

und M_1, M_2 die zugehörigen Partitionsmatroide. Bezüglich des graphischen Matroids müssen wir jetzt allerdings ebenfalls mit dem Digraphen $\hat{G}$ arbeiten. Wir tun dieses, indem wir für jeden kreisfreien Untergraphen von G jede beliebige Orientierung seiner Kanten zulassen. Genauer setzen wir

$$\hat{\mathcal{I}} := \left\{ \hat{I} \subset \hat{E} : (v,w) \in \hat{I} \Rightarrow (w,v) \notin \hat{I} \right\}$$

und für $\hat{I} \in \hat{\mathcal{I}}$

$$I(\hat{I}) := \left\{ \{v,w\} : (v,w) \in \hat{I} \right\}$$

sowie

$$\mathcal{E} := \left\{ \hat{I} \in \hat{\mathcal{I}} : I(\hat{I}) \text{ ist kreisfrei} \right\} \quad \wedge \quad M_3 := (\hat{E}, \mathcal{E}).$$

Dann ist M_3 ein Matroid. Ferner besitzt G genau dann einen Hamiltonweg, wenn $M_1 \cap M_2 \cap M_3$ eine unabhängige Menge der Kardinalität $|V| - 1$ besitzt.

Beispiel 2.3.43 zeigt, dass das Maximierungsproblem über dem Durchschnitt von drei Matroiden jedenfalls nicht leichter ist, als zu entscheiden, ob ein gegebener Graph einen Hamiltonweg besitzt.[50]

Zum Abschluss dieser Sektion geben wir eine Gütegarantie für den Greedy-Algorithmus bei der Maximierung über dem Durchschnitt von k Matroiden an. Sie folgt mit Satz 2.3.23 aus einer Abschätzung des Rangverhältnisses. Diese basiert auf dem folgenden Korollar zu Lemma 2.3.15.

2.3.44 Bemerkung. *Seien $k \in \mathbb{N}$, $M_1, \ldots, M_k$ Matroide, $U := (E, \mathcal{E})$ ihr Durchschnitt, $I \in \mathcal{E}$, $e \in E$ sowie $I \cup \{e\} \notin \mathcal{E}$. Dann enthält $I \cup \{e\}$ höchstens k Kreise.*

Beweis: Ist $K \subset I \cup \{e\}$ ein Kreis in U, so gibt es mindestens ein $j_0 \in [k]$, so dass K in M_{j_0} abhängig ist. Nach Lemma 2.3.15 enthält $I \cup \{e\}$ andererseits aber nur einen einzigen Kreis in M_{j_0}. Somit kann $I \cup \{e\}$ insgesamt höchstens k Kreise in U enthalten, nämlich höchstens einen Kreis in M_j für jedes $j \in [k]$. □

2.3.45 Lemma. *Durch $(M_1, \ldots, M_k; \phi)$ sei eine Maximierungsaufgabe über dem Durchschnitt $U := (E, \mathcal{E})$ von k Matroiden spezifiziert. Dann gilt für den Rangquotienten*

$$k\rho(U) \geq 1.$$

Beweis: Seien $A^* \subset E$ und I, J Basen von U_{A^*} mit

$$r_-(U_{A^*}) = |I| \quad \wedge \quad r_+(U_{A^*}) = |J| \quad \wedge \quad r_-(U_{A^*}) = \rho(U) r_+(U_{A^*}).$$

O.B.d.A. sei $|I| \geq 1$. Ferner seien $s \in \mathbb{N}$ und $I \setminus J =: \{e_1, \ldots, e_s\}$. Nach Bemerkung 2.3.44 enthält $J \cup \{e_1\}$ höchstens k Kreise. Da I unabhängig ist, schneidet jeder solche Kreis $J \setminus I$. Es gibt daher eine Teilmenge A_1 von $J \setminus I$ mit

$$|A_1| \leq k \quad \wedge \quad (J \setminus A_1) \cup \{e_1\} \in \mathcal{E}.$$

Sei nun $J_1 := (J \setminus A_1) \cup \{e_1\}$. Dann gilt $I \setminus J_1 = \{e_2, \ldots, e_s\}$.

---

[50] Vgl. Satz 3.4.12.

Fahren wir sukzessive fort, so haben wir nach höchstens s Schritten eine Teilmenge A von $J \setminus I$ mit

$$|A| \leq ks \quad \wedge \quad (J \setminus A) \cup \{e_1, \ldots, e_s\} \in \mathcal{E}.$$

Es folgt

$$I = (I \cap J) \cup (I \setminus J) \subset (J \setminus A) \cup (I \setminus J) \in \mathcal{E}$$

und, da I eine Basis ist, sogar

$$I = (J \setminus A) \cup (I \setminus J).$$

Daher gilt

$$J \setminus I = J \setminus \big((J \setminus A) \cup (I \setminus J) \big) = A \cap J = A,$$

also

$$|J \setminus I| \leq ks = k \cdot |I \setminus J|.$$

Es folgt

$$|J| = |J \cap I| + |J \setminus I| \leq |I \cap J| + k \cdot |I \setminus J| \leq k \cdot |I|,$$

somit

$$|I| = \rho(U)|J| \leq k\rho(U)|I|,$$

und damit die Behauptung. $\square$

Hiermit erhalten wir folgendes Approximationsergebnis.

2.3.46 Satz. *Durch* $(M_1, \ldots, M_k; \phi)$ *sei eine Maximierungsaufgabe über dem Durchschnitt von* k *Matroiden spezifiziert;* φ *sei die zugehörige Zielfunktion. Ferner bezeichne* I^* *eine optimale,* I^g *eine Greedy-Lösung. Dann gilt*

$$\varphi(I^*) \leq k \cdot \varphi(I^g).$$

Beweis: Die Aussage folgt mit Lemma 2.3.45 direkt aus Satz 2.3.23. $\square$

Nach Satz 2.3.46 kann man also etwa in Beispiel 2.3.41 stets (in beliebiger, die oberen Schranken respektierender Weise) mindestens den Anteil $1/m$ der optimalen Punktzahl in K platzieren.

2.4   Übungsaufgaben

2.4.1 Übungsaufgabe. *Gegeben sei das lineare Ungleichungssystem*

$$
\begin{array}{rcrcrclc}
\xi_1 & + & \xi_2 & - & 3\xi_3 & \leq & 1 & (1) \\
\xi_1 & - & \xi_2 & + & 3\xi_3 & \leq & 1 & (2) \\
-\xi_1 & + & \xi_2 & - & \xi_3 & \leq & 1 & (3) \\
-\xi_1 & - & \xi_2 & + & 5\xi_3 & \leq & 1 & (4) \\
 & & & - & \xi_3 & \leq & 0 & (5).
\end{array}
$$

Man wende die Fourier-Motzkin-Elimination an, um zu entscheiden, ob das System lösbar ist, und bestimme ggf. einen zulässigen Punkt.

2.4.2 Übungsaufgabe. *Das lineare Ungleichungssystem bestehe aus den Ungleichungen (1) – (4) von Übungsaufgabe 2.4.1 sowie der neuen fünften strikten Ungleichung*

$$\xi_3 \quad < \quad 0 \quad (5').$$

Man führe eine (entsprechend angepasste) Fourier-Motzkin-Elimination durch, entscheide, ob das System lösbar ist, und bestimme ggf. einen zulässigen Punkt.

2.4.3 Übungsaufgabe. *Man benutze die Fourier-Motzkin-Elimination, um einen Optimalpunkt des linearen Programms*

$$\max \xi_1 + \xi_2$$

$$\begin{array}{rcrcl}
-2\xi_1 & - & \xi_2 & \leq & -4 \\
\xi_1 & - & 2\xi_2 & \leq & 0 \\
2\xi_1 & + & \xi_2 & \leq & 11 \\
-2\xi_1 & + & 6\xi_2 & \leq & 17
\end{array}$$

zu bestimmen.

2.4.4 Übungsaufgabe. *Man konstruiere ein Ungleichungssystem in n Variablen, für das zwei Eliminationsreihenfolgen der Variaben existieren, so dass in allen (mit Ausnahme von höchstens konstant vielen) Schritten der Fourier-Motzkin-Elimination die Anzahl der Ungleichungen des entstehenden Systems bei der ersten fällt, bei der zweiten aber wächst.*

2.4.5 Übungsaufgabe. *Das Polytop P sei durch die $\mathcal{H}$-Darstellung (m,n,A,b) gegeben, d.h. es gilt $P := \{x \in \mathbb{R}^n : Ax \leq b\}$. Auf das System $Ax \leq b$ werde nun die Fourier-Motzkin-Elimination angewendet, um alle Variablen zu eliminieren. Man beweise oder widerlege die folgenden Aussagen:*

(a) *Erhält man für jede Eliminationsreihenfolge der Variablen eine Ungleichung der Form $\gamma \leq \delta$ mit $\gamma < \delta$, so besitzt P innere Punkte.*

(b) *Besitzt P innere Punkte, so erhält man für jede Eliminationsreihenfolge der Variablen eine Ungleichung der Form $\gamma \leq \delta$ mit $\gamma < \delta$.*

2.4.6 Übungsaufgabe. *Seien $A \in \mathbb{R}^{m \times n}$ und $b \in \mathbb{R}^m$. Man beweise die folgenden Aussagen:*

(a) *Seien $c \in \mathbb{R}^n$, $\gamma \in \mathbb{R}$, und die Ungleichung $c^T x \leq \gamma$ sei durch Schritte der Fourier-Motzkin-Elimination auf das Systems $Ax \leq b$ hervorgegangen. Dann gibt es einen Vektor $y \in \mathbb{R}^m$ mit*

$$y \geq 0 \quad \wedge \quad y^T A = c \quad \wedge \quad y^T b = \gamma.$$

(b) *$Ax \leq b$ ist genau dann unlösbar, wenn es einen Vektor $y \in [0,\infty[^m$ mit $y^T A = 0$ und $y^T b < 0$ gibt.[51]*

2.4.7 Übungsaufgabe. *Sei $\mathcal{A}$ ein Algorithmus, der als Input Paare $(\mathcal{S},L)$ akzeptiert, die aus einem linearen Ungleichungssystem $\mathcal{S}$ und einer zusätzlichen linearen Ungleichung L bestehen, und der korrekt entscheidet, ob L für $\mathcal{S}$ redundant ist. Man zeige, dass mit Hilfe von endlich vielen Aufrufen von $\mathcal{A}$ entschieden werden kann, ob $\mathcal{S}$ zulässig ist.*

2.4.8 Übungsaufgabe. *Um Patienten mit einer Injektion gleich gegen mehrere Infektionskrankheiten zu impfen, werden in modernen Kombinationsimpfstoffen verschieden Vakzine gleichzeitig verabreicht. Für die Zusammenstellung eines solchen Impfstoffs stehen n verschiedene Seren $s_1,\ldots,s_n$ zur Auswahl. Ihre einzelnen 'Impfwerte' seien unabhängig voneinander durch positive reelle Zahlen $\gamma_1,\ldots,\gamma_n$ quantifiziert und addieren sich bei ihrer Kombination. Bei der Zusammenstellung eines Kombinationsimpfstoffs gibt es keine Einschränkung bezüglich der Anzahl der beteiligten Vakzine. Allerdings sind nicht alle miteinander verträglich. Für jedes $i \in [n]$ gibt es daher eine 'schwarze Liste' $S_i \subset \{s_1,\ldots,s_n\}$ solcher Impfstoffe, die mit s_i nicht kombiniert werden dürfen. Gesucht ist ein Kombinationsimpfstoff mit größtem Impfwert.*

(a) *Man beschreibe die gegebene Aufgabe als Suche nach einer passenden Struktur in einem geeigneten Graphen.*

(b) *Man formuliere die Fragestellung als ganzzahlige lineare Optimierungsaufgabe.*

Eine naheliegende Variante der Aufgabe fragt nach einer Menge von Kombinationsimpfstoffen kleinster Kardinalität, deren Vereinigung jedoch alle Wirkstoffe $\{s_1,\ldots,s_n\}$ enthält.

(c) *Man formuliere auch diese Variante als ganzzahlige lineare Optimierungsaufgabe.*

2.4.9 Übungsaufgabe. *Seien $G := (V,E)$ ein Graph, τ_V bzw. τ_E jeweils eine Reihenfolge auf V bzw. E. Man leite eine (nicht völlig triviale) Identität zwischen der zugehörigen Inzidenzmatrix S_G und der entsprechenden Adjazenzmatrix A_G her.*

2.4.10 Übungsaufgabe. *Seien $G := (V,E)$ ein Graph, $n := |V|$ und $k \in \mathbb{N}$. Dann heißt G k-regulär, wenn $\deg_G(v) = k$ für alle $v \in V$ gilt. Man beweise die folgenden Aussagen:*

---

[51] Diese Aussage ist auch als *Lemma von Farkas* bekannt; vgl. Beispiel 4.2.10 und Korollar 4.2.36.

(a) G ist genau dann k-regulär, wenn $\mathbb{1}$ Eigenvektor der Adjazenzmatrix A_G zum Eigenwert k ist.

(b) Der Graph G sei k-regulär, $y := (\eta_1, \ldots, \eta_n)^T$ sei Eigenvektor zum Eigenwert λ von A_G, und es sei $\lambda \neq k$. Dann gilt $\sum_{i=1}^{n} \eta_i = 0$.

(c) Der Graph G sei k-regulär. G ist genau dann zusammenhängend, wenn der Eigenwert k die Vielfachheit 1 besitzt.

(d) Man verallgemeinere (c) auf den Fall, dass G mehr als eine Zusammenhangskomponente besitzt.

2.4.11 Übungsaufgabe. In nachfolgender Skizze ist eine von einem Parameter $r \in \mathbb{N}$ abhängige Familie von Graphen G_r mit $2r + 1$ Knoten dargestellt.

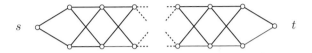

Skizze zu Übungsaufgabe 2.4.11

Man bestimme die Anzahl der s-t-Wege in G_r.

2.4.12 Übungsaufgabe. Seien s,t zwei verschiedene Knoten des vollständigen Graphen K_n, und α_n bezeichne die Anzahl der verschiedenen s-t-Wege in K_n.

(a) Man beweise

$$\alpha_n = (n-2)! \sum_{k=0}^{n-2} \frac{1}{k!}.$$

(b) Man zeige

$$\alpha_n \geq \left\lceil 2\sqrt{2\pi}(n-2)^{n-\frac{3}{2}} e^{-n+2} \right\rceil.$$

(c) Gegeben sei ein Algorithmus $\mathcal{A}$, der auf der Suche nach einen kürzesten s-t-Weg der Reihe nach alle solchen Wege durchprobiert. Unter der (sehr optimistischen) Annahme, dass $\mathcal{A}$ pro Weg mit nur einer Gleitkommaoperation auskommt, wie lange benötigt der Algorithmus für $n = 22$ bzw. $n = 26$ dann auf einem Teraflop-Rechner?

2.4.13 Übungsaufgabe. Sei $n \in \mathbb{N}$. Man zeige, dass es in K_n genau n^{n-2} verschiedene Spannbäume gibt.
Hinweis: Man zeige zunächst, dass man einen Baum T auf $[n]$ mit einem $(n-2)$-Tupel $(\eta_1, \ldots, \eta_{n-2})$ aus $[n]$ identifizieren kann, dem sogenannten Prüfer-Code[52]. Es wird iterativ durch Entfernen des Blattes mit kleinster Nummer konstruiert, bis nur noch zwei Knoten übrig sind. Hat im Schritt i der eindeutig bestimmte Nachbar des zu entfernenden Knotens in T die Nummer j, so wird $\eta_i := j$ gesetzt.

2.4.14 Übungsaufgabe. Seien $G = (V,E,\nu)$ ein allgemeiner Graph und $U, W \subset V$. Man gebe einen detaillierten Beweis von Bemerkung 2.2.24 und zeige die folgenden Aussagen:

$$|\delta(G,U)| + |\delta(G,W)| = |\delta(G,U \cup W)| + |\delta(G,U \cap W)| + 2|E(U,W)|;$$

$$|\delta_{\text{in}}(G,U)| + |\delta_{\text{in}}(G,W)| = |\delta_{\text{in}}(G,U \cup W)| + |\delta_{\text{in}}(G,U \cap W)| + |E_{\text{in}}(U,W)| + |E_{\text{in}}(W,U)|;$$

$$|\delta_{\text{aus}}(G,U)| + |\delta_{\text{aus}}(G,W)| = |\delta_{\text{aus}}(G,U \cup W)| + |\delta_{\text{aus}}(G,U \cap W)| + |E_{\text{aus}}(U,W)| + |E_{\text{aus}}(W,U)|.$$

2.4.15 Übungsaufgabe. Seien $A \in \{0,1\}^{m \times n}$. Man beweise oder widerlege die folgenden Aussagen für das Verhältnis der Ränge von A bezüglich der Körper $\mathbb{Z}^2$ bzw. $\mathbb{R}$:
  (a) $\text{rang}_{\mathbb{Z}_2}(A) \leq \text{rang}_{\mathbb{R}}(A)$;   (b) $\text{rang}_{\mathbb{R}}(A) \leq \text{rang}_{\mathbb{Z}_2}(A)$.

2.4.16 Übungsaufgabe. Seien G ein allgemeiner Graph mit n Knoten und γ die Anzahl seiner schwachen Zusammenhangskomponenten.

(a) Man zeige $\text{rang}_{\mathbb{Z}_2}(S_G) = n - \gamma$.

(b) Sei G ein Digraph; man bestimme $\text{rang}_{\mathbb{R}}(S_G)$.

---

[52] Heinz Prüfer, 1896 – 1933.

2.4.17 Übungsaufgabe. *Sei G ein Graph. Man beweise die folgenden Aussagen:*

(a) *Ist K ein Kreis ungerader Länge in G, so hat die Determinante (bez. $\mathbb{R}$) der zugehörigen Teilmatrix von S_G einen Wert aus $\{-2,2\}$.*

(b) *Sei $S \subset E$, und der durch S definierte Teilgraph $G(S)$ von G sei zusammenhängend. Dann sind die zu S gehörenden Spalten von S_G genau dann linear unabhängig über $\mathbb{R}$, wenn $G(S)$ keinen Kreis gerader Länge und höchstens einen Kreis ungerade Länge enthält.*

(c) *Ist γ die Anzahl der Zusammenhangskomponenten von G, so gilt $\mathrm{rang}_{\mathbb{R}}(S_G) = |V| - \gamma$ genau dann, wenn G bipartit ist.*

2.4.18 Übungsaufgabe. *Seien $G := (V,E)$ ein Digraph und $k \in \mathbb{N}$.*

(a) *Nicht nur die Adjazenzmatrix A_G sondern auch ihre Potenzen A_G^k kodieren kombinatorische Informationen über G. Welche? (Beweis)*

(b) *Man konstruiere einen Algorithmus, der mit Hilfe der Potenzen A_G^k entscheidet, ob zwei Knoten $s,t \in V$ durch einen Weg in G verbunden sind.*

(c) *Man konstruiere einen Algorithmus, der mit Hilfe der Potenzen A_G^k alle Kreise in einem Digraphen G identifiziert.*

2.4.19 Übungsaufgabe. *Ein großes Internetversandhaus betreibt mehrere, auf verschiedene Standorte verteilte Server, um die Zugriffe der Kunden besser zu verteilen und die Zugriffszeiten zu optimieren. In regelmäßigen Abständen werden die Daten der Server miteinander abgeglichen. Dafür mietet das Unternehmen Übertragungskapazitäten bei verschiedenen Netzbetreibern an. Die Kosten einer Leitung schwanken je nach Entfernung und Anbieter; sie sind in der nachfolgenden Skizze angegeben.*

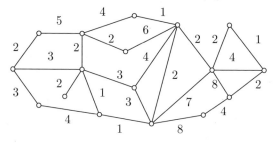

Skizze zu Übungsaufgabe 2.4.19

Welche Leitungen sollte das Unternehmen anmieten, um möglichst günstig alle Server miteinander zu vernetzen?

2.4.20 Übungsaufgabe. *Auf dem vollständigen Graphen K_{12} mit 12 Knoten seien die Kantengwichte*

$$\phi(\{i,j\}) := \begin{cases} 1, & \text{für } i + j \equiv 0 \,(\mathrm{mod}\,2); \\ 2, & \text{sonst} \end{cases}$$

gegeben. Man bestimme einen minimalen Spannbaum (Beweis).

2.4.21 Übungsaufgabe. *Gegeben sei der dargestellte Graph mit dem hervorgehobenen Matching.*

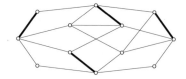

Skizze zu Übungsaufgabe 2.4.21

Man konstruiere Augmentationswege, um das aktuelle Matching zu vergrößern, und bestimme so ein kardinalitätsmaximales Matching.

2.4.22 Übungsaufgabe. *Seien $G := (V,E)$ ein bipartiter Graph, $x,y \in V$, M ein Matching in G, das x und y nicht überdeckt, $T := (V_T,E_T)$ ein Augmentationsbaum zu y in G, der x nicht enthält, und es gebe keinen Augmentationsweg bez. M in G mit Endknoten y. Seien ferner S der durch $V \setminus V_T$ induzierte Teilgraph von G und $F := (V_F,E_F)$ ein Augmentationsbaum zu x in S.*

(a) *Man zeige, dass genau dann ein Augmentationsweg bez. M in G mit Endknoten x existiert, wenn es einen solchen in F gibt. Bleibt diese Aussage auch dann richtig, wenn es einen Augmentationsweg bez. M in G mit Endknoten y gibt? (Beweis oder Gegenbeispiel)*

(b) *Man benutze (a), um eine 'verkürzte Variante' von Prozedur 2.2.62 anzugeben.*

2.4.23 Übungsaufgabe. *Seien $M := (E,\mathcal{E})$ ein Matroid, $I \in \mathcal{E}$ und $e \in E$. In Lemma 2.3.15 wurde gezeigt, dass $I \cup \{e\}$ entweder unabhängig ist oder genau einen Kreis enthält.*

(a) *Sei $M := (E,\mathcal{E})$ ein Matrix-Matroid. Man formuliere und beweise die Aussage in der Sprache der linearen Algebra.*

(b) *Sei $M := (E,\mathcal{E})$ ein graphisches Matroid. Man formuliere und beweise die Aussage in der Sprache der Graphentheorie.*

2.4.24 Übungsaufgabe. *Seien G ein Graph, $\mathcal{E}(G)$ die Menge der Kantenmengen von Matchings in G. Man charakterisiere alle Graphen $G := (V,E)$, für die $\big(E,\mathcal{E}(G)\big)$ ein Matroid ist.*

2.4.25 Übungsaufgabe. *Sei $G := (V,E)$ ein Graph. Ferner bezeichne $\mathcal{E}$ die Menge aller Teilmengen $I \subset V$, so dass ein Matching M in G existiert, das I überdeckt, d.h. das alle Knoten von I enthält. Man zeige, dass $(V,\mathcal{E})$ ein Matroid ist.*

2.4.26 Übungsaufgabe. *Man formuliere die folgenden Probleme in Graphen als Maximierungsproblem über einem Unabhängigkeitssystem bzw. Minimierungsproblem über einem Basissystem:*

(a) *das Problem SPP kürzester Wege;*

(b) *das Traveling Salesman Problem TSP;*

(c) *das Problem maximaler Matchings.*

2.4.27 Übungsaufgabe. *Statt des Greedy-Algorithmus von Prozedur 2.3.17 verwende man für das Maximierungsproblem über Unabhängigkeitssystemen die folgende 'Streichungsvariante':*

```
INPUT:      Unabhängigkeitssystem (E,ℰ), φ : E → [0,∞[
OUTPUT:     S^g ∈ ℰ
BEGIN       A ← E; S^g ← E
            WHILE A ≠ ∅ DO
            BEGIN
                 Sei a ∈ argmin_{a∈A} φ(e); setze A ← A \ {a}
                 IF S^g \ {a} enthält eine Basis THEN S^g ← S^g \ {a}
            END
END
```

Man zeige, dass diese Variante genau dann das Maximierungsproblem korrekt löst, wenn $(E,\mathcal{E})$ ein Matroid ist.

2.4.28 Übungsaufgabe. *Zu einem gegebenen Graphen $G := (V,E)$ sei $G' := (V',E')$ der durch Unterteilung jeder Kante $e \in E$ mittels einer neuen Ecke entstehende bipartite Graph, d.h. es ist*

$$V' := V \cup E \quad \wedge \quad E' := \big\{\{v,e\} : v \in V \wedge e \in E \wedge v \in e\big\}.$$

Ferner seien M_1 das durch

$$\{\delta(G',v) : v \in V\} \quad \wedge \quad \beta(v) = 2 \quad (v \in V)$$

definierte Partitionsmatroid und M_2 das graphische Matroid zu G'. Schließlich bezeichne $\zeta(G)$ das Maximum der Kardinalitäten unabhängiger Mengen in $M_1 \cap M_2$.

Man beweise oder widerlege die folgende Aussage: Es gibt es eine Funktion $\psi : \mathbb{N}_0 \times \mathbb{N}_0 \to \mathbb{N}_0$, so dass ein Graph $G := (V,E)$ genau dann einen Hamiltonweg besitzt, wenn $\zeta(G) \geq \psi(|V|,|E|)$ ist.

3 Einstiege: Algorithmen und Komplexität

Wie Kapitel 2 bietet auch dieses Kapitel verschiedene mögliche Einstiege in das Thema der Optimierung. Hierbei stehen nun Algorithmen und die Komplexität von Problemen im Vordergrund.

Sektion 3.1 basiert auf einem einfachen Modell zur Bewertung der Effizienz von Algorithmen, stellt grundlegende algorithmische Paradigmen zur Verfügung und leitet erste einfache Algorithmen zur Optimierung in Graphen her. Sektion 3.2 behandelt mehrstufige (deterministische) Entscheidungsprozesse. Insbesondere wird hier das Prinzip der dynamischen Optimierung eingeführt und unter anderem auf die Bestimmung kürzester Wege angewendet. Sektion 3.3 stellt wesentliche Grundlagen der Komplexitätstheorie bereit. Insbesondere werden Turing-Maschinen eingeführt und ihre Arbeitsweise verdeutlicht, um so grundlegende Konzepte präzise herleiten zu können. Sektion 3.4 bestimmt die Komplexität einer Reihe zentraler Probleme der Optimierung. Die Ergänzungen in Sektion 3.5 erweitern die Berechnungsbegriffe von Sektion 3.3 in Richtung von Nichtdeterminismus und Zufall.

Sektionen 3.1 und 3.3 sind weitgehend unabhängig voneinander und führen gleiche komplexitätstheoretische Konzepte auf recht unterschiedlichem formalem Niveau ein. Ist man nur an einem 'operationalen Konzept' und einer grundsätzlichen Problematisierung der Komplexität interessiert, so ist der informellere Zugang in Sektionen 3.1 völlig ausreichend, zumal Sektion 3.4 durchaus auch an Sektionen 3.1 anschließen kann. Will man die Konzepte 'Problem', 'Berechenbarkeit' bzw. 'Algorithmus' formalisieren, um etwa auch den Satz von Cook präzise beweisen zu können, so sollte man den entsprechenden Teil von Sektion 3.3 verwenden.

Literatur: [1], [2], [32], [39], [46], [54], [55], [67], [74], [78], [82]

3.1 Algorithmische Berechnungen: Erste effiziente Methoden

Die in Sektion 1 eingeführten Probleme haben unterschiedlichen Charakter, je nachdem, ob der zulässige Bereich endlich ist oder nicht. Seien etwa $A \in \mathbb{R}^{m \times n}$, $b \in [0,\infty[^m$ und $c \in \mathbb{R}^n$. In gewissem Sinne scheint dann die lineare Optimierungsaufgabe $\max\{c^T x : Ax \leq b\}$ schwieriger zu sein als die gleiche Aufgabe unter der zusätzlichen Einschränkung, dass $x \in \{0,1\}^n$ sein muss. Wegen der Bedingung $b \geq 0$ enthalten natürlich beide zulässigen Bereiche den Nullpunkt, sind also nicht leer. Im ersten Fall stehen aber im Allgemeinen unendlich viele zulässige Punkte zur Auswahl, unter denen ein bester gefunden werden soll. Im zweiten Fall hingegen sind nur endlich viele Punkte daraufhin abzusuchen, welcher von ihnen den größten Zielfunktionswert liefert. Im Sinne der 'reinen' Mathematik ist also die lineare 0-1-Optimierung trivial, da die Endlichkeit der Menge aller zulässigen Punkte ja nicht nur die Existenz eines Optimum garantiert, sondern auch ein konstruktives Verfahren ermöglicht, alle Optima zu finden, nämlich alle zulässigen Punkte der Reihe nach durchzugehen. Für kleine Dimensionen ist dieser Ansatz durchaus praktikabel. Was passiert aber für $n = 1000$? Wir können ja nicht wirklich alle 2^{1000} Punkte aus

$\{0,1\}^{1000}$ durchprobieren!

Gleiches gilt für viele Probleme der *diskreten Optimierung*. Prinzipiell kann man etwa auch das Traveling Salesman Problem (vgl. Sektion 1.2) lösen, indem man für eine gegebene Aufgabe mit n Städten nacheinander die Länge jeder Tour bestimmt und dann das Minimum ausgibt. Für jede einzelne Tour müssen hierbei lediglich n Additionen durchgeführt werden. Ferner ist pro Tour ein Vergleich mit dem bisherigen Minimum ausreichend, um am Ende das Minimum der Tourlängen ausgeben zu können. Bemerkung 1.2.3 zeigt aber, dass die Anzahl der Touren exponentiell in n wächst, so dass ein solches Vorgehen schnell an seine praktischen Grenzen stößt. Es reicht also nicht, konstruktive Methoden zur Lösung gegebener Probleme zu entwickeln; man benötigt *effiziente* Verfahren, d.h. solche, die für jede gegebene Aufgabe eines Problems 'möglichst schnell' zum Ziel kommen. Dabei ist zunächst nicht klar, was eigentlich 'möglichst schnell' bedeutet. Sicherlich hängt es von der konkreten Anwendung ab, welche Rechenzeiten akzeptabel sind. Bei der Berechnung eines optimalen Saisonflugplans einer Fluggesellschaft oder bei der Standortoptimierung von Sendemasten für ein Handynetz wird man durchaus Rechenzeiten von einigen Tagen tolerieren. Bei einzelnen Flugverbindungsabfragen im Internet oder bei der Routenplanung für ein einzelnes Handygespräch sieht das hingegen ganz anders aus.

Wie lange eine Berechnung dauert, hängt natürlich massiv von dem verwendeten Rechner und der gewählten Implementierung eines Verfahrens ab. Die Technologie ändert sich nun aber ständig. Um die Abhängigkeit von technischen Voraussetzungen zu vermeiden, wird man es daher vorziehen, Maße für die Effizienz von Algorithmen zu entwickeln, die auf deren 'intrinsischer Struktur' beruhen.

Zentrale Fragen sind also: *Wie misst man die Laufzeit eines Algorithmus? Was ist ein effizienter Algorithmus?* Und noch elementarer: *Was ist eigentlich überhaupt ein Algorithmus?* Von besonderer Bedeutung ist jedoch die hierauf basierende Frage, welche Probleme sich effizient lösen lassen und welche nicht.

In dieser Sektion wollen wir einen Ansatz wählen, in dessen Zentrum die Bewertung eines gegebenen Algorithmus steht. Wir werden ein grobes Maß für die Effizienz von Algorithmen entwickeln, das auch als Anhaltspunkt für die Frage nach der algorithmischen Schwierigkeit von Problemen dient. Hierfür wird ein Konzept entwickelt, das für die meisten unserer Zwecke völlig ausreichend ist.[1] Die Frage nach der Existenz effizienter Algorithmen für ein gegebenes Problem betrifft jedoch die Menge aller theoretisch möglichen Algorithmen und erfordert erheblich präzisere Grundlagen. Diese werden in Sektion 3.3 bereit gestellt.

Algorithmen und das Halteproblem: Unsere erste Definition 1.1.1 hatte bereits den für uns relevanten algorithmischen Charakter: Ein *Problem* akzeptiert einen *Input*, der eine *Aufgabe* des Problems kodiert. Wir belassen es hier zunächst bei dieser informellen (viele formale Details ausklammernden) Beschreibung.

Kommen wir zum Begriff des Algorithmus.[2] Zu dem Stichwort 'Algorithmus' findet sich in *Wikipedia* die Begriffsbestimmung: 'Unter einem Algorithmus versteht man allgemein eine genau definierte Handlungsvorschrift zur Lösung eines Problems oder einer

---

[1] Es basiert allerdings auf einem eher intuitiven Entwurf dafür, was eigentlich ein Problem und was ein Algorithmus ist.

[2] Mathematisch ist man natürlich versucht, einen Algorithmus einfach als eine Funktion aufzufassen, die einem Input einen Output zuordnet. Das wesentliche Problem der *Laufzeit* des Algorithmus verbirgt sich aber gerade in der Art, *wie* diese Zuordnung erfolgt. Um das zu präzisieren, muss festgelegt werden, welche *Berechnungsschritte* zur Auswertung der Funktion erlaubt sind.

bestimmten Art von Problemen in endlich vielen Schritten.'[3] Was sind aber die einzelnen Schritte? Wir benutzen in dieser Sektion eine an elementaren mathematischen Operationen und gängigen Softwarekonzepten orientierte Definition eines Algorithmus, die es erlaubt, Aussagen über seine Effizienz zu machen.

3.1.1 Bezeichnung. *Addition (+), Subtraktion (−), Multiplikation (·) und Division[4] (÷) heißen* **elementare arithmetische Operationen;** *Vergleiche ($\leq$, $\geq$, $=$, $\neq$) sind die* **elementaren Vergleichsoperationen.** *Zusammen mit den Zuweisungen (←) von Werten an Variable werden sie* **elementare Operationen** *genannt.*

Die Befehle '←', BEGIN, END, WHILE, DO *und* HALT *heißen* **elementare Programmbefehle.**

Man beachte, dass sich andere Befehle wie FOR ALL DO oder IF THEN ELSE, mit Hilfe von Zuweisungen und WHILE-Schleifen ausdrücken lassen.[5]

Hiermit können wir einen Algorithmus als eine endliche Liste von elementaren Programmbefehlen auffassen, die Variablen Werte mittels elementarer arithmetischer Operationen zuweisen und deren Abfragen auf Vergleichsoperationen beruhen. Die Variablen haben damit den Charakter eines internen Arbeitsspeichers. Wir lassen hier prinzipiell eine Variablenmenge, d.h. einen Arbeitsspeicher der Mächtigkeit von $\mathbb{N}$ zu, die auf realen Computern konzeptionell durch Schreiben von Zwischenergebnissen auf externe Speicher und späteres Wiedereinlesen realisiert werden kann.[6]

3.1.2 Definition. *(informell)*
Ein **Algorithmus** *$\mathcal{A}$ besteht aus einer (im Laufe der Berechnung sukzessive zugänglichen) Folge $x_1, x_2, x_3, \ldots$ von (zu Beginn mit 0 initialisierten) Variablen und einer endlichen Sequenz von elementaren Programmbefehlen. Diese lesen Inputdaten ein, d.h. weisen Variablen Symbole des Inputs zu, führen elementare arithmetische Berechnungen durch, d.h. weisen Variablen Ergebnisse von elementaren arithmetischen Operationen zwischen zwei Variablen zu oder schreiben den Output aus, d.h weisen den Stellen einer Outputfolge Werte von Variablen zu.*

Der Algorithmus $\mathcal{A}$ **löst** *ein Problem Π, wenn er für jeden Input $\mathcal{I}$ nach endlich vielen elementaren Operationen einen zugehörigen korrekten Output $\mathcal{O}$ bestimmt oder entscheidet, dass kein solcher existiert.*

Löst der Algorithmus $\mathcal{A}$ das Problem Π, so nennt man $\mathcal{A}$ auch **Algorithmus für** *Π. Π heißt* **algorithmisch lösbar,** *wenn es einen Algorithmus gibt, der Π löst, andernfalls* **algorithmisch unlösbar.**

Bevor wir uns mit der Frage der Laufzeit befassen, wenden wir uns kurz der Frage zu, ob es eigentlich für jedes 'vernünftige Problem' einen Algorithmus gibt.[7] Ein zentraler Wunsch der Informatik und ihrer Anwender wäre es, automatisch, d.h. durch einen Algorithmus vorab überprüfen zu können, ob ein Programm 'abstürzt', d.h., sagen wir, in eine Endlosschleife eintritt und nie anhält.

---

[3] In gängigen Büchern über Algorithmen wird das zu einer 'wohldefinierten Folge von Rechenschritten' präzisiert, die aus einer Eingabe eine Ausgabe erzeugen.

[4] Bei ganzen Zahlen erlauben wir hier auch eine Division mit Rest.

[5] Insbesondere haben wir damit alle in den bisher und künftig angegebenen strukturierten Beschreibungen von Prozeduren verwendeten Befehle zur Verfügung.

[6] Das ist natürlich immer noch eine Idealisierung, denn selbst die Anzahl der Elementarteilchen des bekannten Universums ist endlich.

[7] Nach Douglas Adams Reiseführer 'The Hitchhiker's Guide to the Galaxy' hat ja sogar die nicht wirklich präzise Frage nach 'Life, the universe, and everything' eine algorithmische Lösung, wenn auch eine, die neue Fragen aufwirft . . . .

3.1.3 Bezeichnung. *Das Problem*

> *Gegeben: Ein Paar* $(\mathcal{A},\mathcal{I})$ *bestehend aus einem Algorithmus* $\mathcal{A}$ *und einem Datensatz* $\mathcal{I}$.
> *Frage: Hält* $\mathcal{A}$ *bei Eingabe* $\mathcal{I}$ *an?*

heißt **Halteproblem.**

Ohne nach möglichen Laufzeiten zu fragen: Können wir das Halteproblem algorithmisch lösen? Der folgende Satz gibt die ernüchternde Antwort.

3.1.4 Satz. *Es gibt keinen Algorithmus, der das Halteproblem löst.*

Beweis: Sei $\mathcal{H}$ ein Algorithmus, der das Halteproblem löst. Wir konstruieren einen neuen Algorithmus $\mathcal{B}$, der ebenfalls auf Algorithmen angewendet werden kann und der $\mathcal{H}$ als Subroutine benutzt. Genauer führt $\mathcal{B}$ die folgenden Schritte durch: Für einen gegebenen Algorithmus $\mathcal{A}$ wendet $\mathcal{B}$ den Algorithmus $\mathcal{H}$ auf das Paar $(\mathcal{A},\mathcal{A})$ an. Das ist zulässig, denn $\mathcal{A}$ ist ja selbst durch einen Datensatz gegeben. Bei der Ausgabe 'nein' hält $\mathcal{B}$ an, bei der Ausgabe 'ja' läuft $\mathcal{B}$ in eine Endlosschleife.

Nun wenden wir $\mathcal{B}$ auf sich selbst an: $\mathcal{B}$ angewendet auf $\mathcal{B}$ hält genau dann an, wenn $\mathcal{H}$ für den Input $(\mathcal{B},\mathcal{B})$ die Ausgabe 'nein' liefert, wenn also der Algorithmus $\mathcal{B}$ für den Input $\mathcal{B}$ nicht anhält.

Dieser Widerspruch zeigt, dass $\mathcal{H}$ nicht existiert, und es folgt die Behauptung. $\qquad\square$

Das Ergebnis ist absolut desillusionierend: Keine noch so intelligente Lebensform kann jemals einen Computer bauen, der überprüft, ob Computerprogramme korrekt arbeiten. Fairerweise sollte man darauf hinweisen, dass dieses keine grundsätzliche Schwierigkeit der Informatik allein ist. Die *Gödelschen Unvollständigkeitssätze*[8] besagen Gleiches auch für die Widerspruchsfreiheit jeder 'nichttrivialen' mathematischen Theorie.[9] Satz 3.1.4 zeigt jedenfalls eindrücklich, dass wir nicht nur auf die Effizienz von Verfahren fokussiert sein dürfen; die Frage der Berechenbarkeit ist eigentlich die viel grundlegendere. Um sie exakt behandeln zu können, ist allerdings ein präziserer Algorithmusbegriff erforderlich als der von Definition 3.1.2. In Sektion 3.3 werden wir uns etwas genauer mit der Mächtigkeit der algorithmisch lösbaren Probleme innerhalb der Menge aller Probleme beschäftigen. Hier reicht uns zunächst die Warnung, dass keineswegs jedes Optimierungsproblem algorithmisch lösbar ist.[10] Wir betrachten in dieser Sektion jedoch lediglich solche Probleme Π, für die bereits ein konkreter Algorithmus $\mathcal{A}$ gegeben ist, und fragen nach seiner Laufzeit.

Kodierungslänge: Zur Messung der Laufzeit eines Algorithmus $\mathcal{A}$ ist es naheliegend, die Anzahl der elementaren Operationen zugrunde zu legen, die $\mathcal{A}$ bei gegebener Größe des Inputs benötigt.[11] Allerdings kommen wir hier auf eine andere fundamentale Frage: Elementare Operation auf *welchen* Zahlbereichen sollen wir erlauben und *wie* wollen wir den damit verbundenen Aufwand messen?

---

[8] Kurt Friedrich Gödel, 1906 – 1978.

[9] Der Widerspruch wird auch hier wieder durch 'Selbstbezüglichkeit' hervorgerufen. Das gleiche Prinzip findet man auch in der *Russelschen Antinomie* (Bertrand Arthur William Russell, 3. Earl Russell, 1872 – 1970), der 'Menge aller Mengen, die sich nicht selbst als Element enthält'. Etwas profaner tritt es auch in der Form 'Der Barbier rasiert alle, die sich nicht selbst rasieren; wer rasiert den Barbier?' auf.

[10] Tatsächlich werden wir in Satz 3.3.18 zeigen, dass sogar die 'weitaus meisten' Probleme unlösbar sind.

[11] Fragen der Konvergenzgeschwindigkeit von numerischen Algorithmen, die nach endlichen vielen Schritten oftmals nur approximative Lösungen liefern, werden in diesem Kapitel nicht behandelt.

Mathematisch möchte man meistens in $\mathbb{R}$ arbeiten. Aber bekanntlich haben reale Computer nur die Möglichkeit, endlich kodierte Objekte zu erfassen. Im Grunde operieren elektronische Bauteile *binär*, d.h. auf den Zuständen 'an'/'aus', die wir mit 1 und 0 identifizieren können.

Im mathematischen Modell reeller Arithmetik würden wir zur Bestimmung der Laufzeit eines Algorithmus schlicht die Anzahl der durch ihn auf dem gegebenen Input durchgeführten elementaren Operationen zählen (und hin und wieder werden wir das auch durchaus tun). Geht man hingegen von einer binären Kodierung aus, schränkt die Inputdaten also auf solche ein, die als endliche Tupel von Nullen und Einsen (oder mit einem anderen *endlichen* Satz von Symbolen) kodiert werden können, so sind wir einerseits (im Wesentlichen) auf $\mathbb{Q}$ beschränkt. Andererseits macht es dann wenig Sinn, die Multiplikation zweier einstelliger Binärzahlen als genauso aufwendig wie die Multiplikation zweier tausend- oder milliardenstelliger Zahlen zu bewerten.

Wir werden uns daher jetzt kurz mit der Kodierung rationaler Zahlen im Binärsystem befassen und untersuchen, wie sich arithmetische Operationen für rationale Zahlen auf der Bitebene auswirken.

3.1.5 Bezeichnung. *Jede endliche Sequenz*

$$\mathcal{I} := (\sigma, \sigma_1, \sigma_2, \ldots, \sigma_r)$$

mit $\sigma \in \{-, +\}$, $r \in \mathbb{N}_0$ *und* $\sigma_1, \sigma_2, \ldots, \sigma_r \in \{0,1\}$ *heißt* **(Binär-) String** *oder* 0-1-**String**.

Man beachte, dass $r = 0$ und damit auch die Strings $(+)$ und $(-)$ zugelassen sind; wir interpretieren sie als 0. Für $r \in \mathbb{N}$ kann der String $(\pm, \sigma_1, \ldots, \sigma_r)$ als Binärdarstellung der ganzen Zahl

$$\eta := \pm \sum_{i=1}^{r} \sigma_i 2^{r-i}$$

aufgefasst werden.

Die Binärdarstellung einer natürlichen Zahl η hat $\lceil \log(\eta + 1) \rceil$ Stellen. Für das Vorzeichen einer ganzen Zahl benötigen wir ein weiteres Bit, das auch gleichzeitig den Anfang des Strings angibt, also als Trennzeichen zwischen verschiedenen Strings fungiert. Bei rationalen Zahlen setzen wir voraus, dass sie durch Angabe von Zähler und Nenner gegeben sind. Man erhält somit folgende Definition.

3.1.6 Definition. *Sei* $\eta \in \mathbb{Z}$. *Dann heißt*

$$\mathrm{size}(\eta) := 1 + \left\lceil \log(|\eta| + 1) \right\rceil$$

Kodierungslänge *der ganzen Zahl* η.

Sind $\rho \in \mathbb{Q}$, $\eta \in \mathbb{Z}$, $\mu \in \mathbb{N}$, *und gilt* $\rho = \eta/\mu$, *so heißt* (η, μ) *eine* **(ganzzahlige) Darstellung** *von* ρ. *Sind* η *und* μ *teilerfremd, so heißt die Darstellung* **teilerfremd** *[engl.: coprime]. Sind* $\eta \in \mathbb{Z}$ *und* $\mu \in \mathbb{N}$, *so heißt*

$$\mathrm{size}(\eta) + \mathrm{size}(\mu)$$

Kodierungslänge *der durch* (η, μ) *gegebenen rationalen Zahl* η/μ, *und wir schreiben hierfür (unter impliziter Zugrundelegung der gegebenen Darstellung) auch oft kurz* $\mathrm{size}(\rho)$.

Sind $m,n \in \mathbb{N}$ und $A := (\alpha_{i,j})_{\substack{i \in [m] \\ j \in [n]}} \in \mathbb{Q}^{m \times n}$, so heißt

$$\text{size}(A) := \sum_{i=1}^{m} \sum_{j=1}^{n} \text{size}(\alpha_{i,j})$$

Kodierungslänge der Matrix *(bzw. wenn $m = 1$ oder $n = 1$ ist, des Vektors) A.*
     Ist der Input $\mathcal{I}$ einer Aufgabe durch ein k-Tupel $(\rho_1, \rho_2 \dots, \rho_k)$ von rationalen Zahlen spezifiziert, so heißt

$$\text{size}(\mathcal{I}) := \sum_{i=1}^{k} \text{size}(\rho_i)$$

(binäre) Inputgröße *der gegebenen Aufgabe.*

Als Beispiel betrachten wir eine LP-Aufgabe.

3.1.7 Bemerkung. *Wird durch $\mathcal{I} := (m,n,A,b,c)$ eine lineare Optimierungsaufgabe in natürlicher Form mit rationalem Input spezifiziert, so gilt*

$$\text{size}(\mathcal{I}) = \text{size}(m) + \text{size}(n) + \text{size}(A) + \text{size}(b) + \text{size}(c) \geq (m+1)(n+1) + 1.$$

Beweis: Die Gleichung folgt direkt aus der Definition, die Abschätzung aus der Tatsache, dass die Anzahl der zur Kodierung von m, n, A, b und c benötigten Trenn- bzw. Vorzeichenbits $2 + mn + m + n$ ist. $\square$

Die Dimensionen m und n einer LP-Aufgabe (m,n,A,b,c) gehen somit direkt in die Kodierungslänge ein; alle 'numerischen' Daten hingegen nur logarithmisch.
     Das nächste Lemma gibt Abschätzungen für die Kodierungslängen von Ergebnissen elementarer Rechenoperationen.

3.1.8 Lemma.   *(a) Sei $\mu \in \mathbb{Z}$. Dann gilt*

$$1 + \log\big(|\mu| + 1\big) \leq \text{size}(\mu) \leq 2 + \log\big(|\mu| + 1\big).$$

(b) Seien $\alpha, \beta \in \mathbb{Z}$. Dann gilt

$$\text{size}(\alpha + \beta) \leq \text{size}(\alpha) + \text{size}(\beta).$$

(c) Seien $\rho_1, \rho_2 \in \mathbb{Q}$ (mit gegebenen Darstellungen). Dann gilt (für die zugehörige Darstellung von $\rho_1 \cdot \rho_2$)

$$\text{size}(\rho_1 \cdot \rho_2) \leq \text{size}(\rho_1) + \text{size}(\rho_2).$$

(d) Seien $\rho \in \mathbb{Q}$ und $A \in \mathbb{Q}^{m \times n}$ (mit gegebenen Darstellungen). Dann gilt

$$\text{size}(\rho A) \leq mn \cdot \text{size}(\rho) + \text{size}(A).$$

(e) Seien $A \in \mathbb{Z}^{m \times p}$ und $B \in \mathbb{Z}^{p \times n}$ (mit gegebenen Darstellungen). Dann gilt

$$\text{size}(AB) \leq n \cdot \text{size}(A) + m \cdot \text{size}(B).$$

Beweis: (a) Nach Definition gilt

$$1 + \log(|\mu| + 1) \leq 1 + \left\lceil \log(|\mu| + 1) \right\rceil = \text{size}(\mu) \leq 2 + \log(|\mu| + 1).$$

(b) Es gilt

$$\text{size}(\alpha + \beta) = 1 + \left\lceil \log(|\alpha + \beta| + 1) \right\rceil \leq 1 + \left\lceil \log(|\alpha| + |\beta| + 1) \right\rceil$$
$$\leq 1 + \left\lceil \log((|\alpha| + 1)(|\beta| + 1)) \right\rceil \leq \text{size}(\alpha) + \text{size}(\beta).$$

(c) Seien zunächst $\alpha, \beta \in \mathbb{Z}$. Dann gilt

$$\text{size}(\alpha\beta) = 1 + \left\lceil \log(|\alpha\beta| + 1) \right\rceil \leq 1 + \left\lceil \log((|\alpha| + 1)(|\beta| + 1)) \right\rceil$$
$$\leq \text{size}(\alpha) + \text{size}(\beta).$$

Für $i = 1,2$ seien $\eta_i \in \mathbb{Z}$, $\mu_i \in \mathbb{N}$, und es gelte $\rho_i = \eta_i/\mu_i$. Dann ist nach dem bereits bewiesenen Teil

$$\text{size}(\rho_1 \cdot \rho_2) = \text{size}(\eta_1 \cdot \eta_2) + \text{size}(\mu_1 \cdot \mu_2)$$
$$\leq \text{size}(\eta_1) + \text{size}(\eta_2) + \text{size}(\mu_1) + \text{size}(\mu_2) = \text{size}(\rho_1) + \text{size}(\rho_2).$$

(d) Mit $A := (\alpha_{i,j})_{\substack{i \in [m] \\ j \in [n]}}$ gilt nach (c)

$$\text{size}(\rho A) = \sum_{i=1}^{m} \sum_{j=1}^{n} \text{size}(\rho \cdot \alpha_{i,j}) \leq \sum_{i=1}^{m} \sum_{j=1}^{n} \left(\text{size}(\rho) + \text{size}(\alpha_{i,j}) \right)$$
$$= mn \cdot \text{size}(\rho) + \text{size}(A).$$

(e) Seien $A =: (\alpha_{i,k})_{\substack{i \in [m] \\ k \in [p]}}$ und $B =: (\beta_{k,j})_{\substack{k \in [p] \\ j \in [n]}}$. Dann gilt nach Definition 3.1.6 und den bereits bewiesenen Aussagen (b) und (c)

$$\text{size}(AB) \leq \sum_{i=1}^{m} \sum_{j=1}^{n} \sum_{k=1}^{p} \text{size}(\alpha_{i,k}\beta_{k,j}) \leq n \sum_{i=1}^{m} \sum_{k=1}^{p} \text{size}(\alpha_{i,k}) + m \sum_{j=1}^{n} \sum_{k=1}^{p} \text{size}(\beta_{k,j})$$
$$= n \cdot \text{size}(A) + m \cdot \text{size}(B).$$

Insgesamt ist damit die Behauptung bewiesen.   □

Polynomielle Algorithmen: Ist im Folgenden ein Algorithmus $\mathcal{A}$ gegeben, der als Input $\mathcal{I} := (p, \rho_1, \ldots, \rho_p)$ mit $p \in \mathbb{N}$ und $\rho_1, \ldots, \rho_p \in \mathbb{Q}$ akzeptiert, so werden wir seine Laufzeit (im binären Modell) für eine Eingabe $\mathcal{I}$ durch das Produkt aus der Anzahl seiner elementaren Operationen und der Größe der beteiligten Zahlen abschätzen. Das ist natürlich ein grobes Maß, vereinfacht aber die Analyse von Algorithmen erheblich. Üblicherweise werden wir Aussagen über die Laufzeit von Algorithmen machen, die sich an der Frage orientieren, wie sich eine Zunahme der Inputgröße auswirkt. Hierfür reichen meistens asymptotische Abschätzungen aus, die (additive und multiplikative) Konstanten (weitgehend) ignorieren.[12]

---

[12] Im Sinne unserer nachfolgenden Klassifikation von 'effizient' sind die hierdurch auftretenden Ungenauigkeiten irrelevant; die Vereinfachung führt aber zu einem wesentlich leichter zu handhabenden Kriterium.

3.1.9 Definition. *Seien* Π *ein Problem und* $\mathcal{A}$ *ein Algorithmus für* Π. *Existiert ein Polynom* $\pi : \mathbb{N}_0 \to \mathbb{N}_0$, *so dass für jeden Input* $\mathcal{I}$ *das Produkt aus der Anzahl der elementaren Operationen von* $\mathcal{A}$ *bei Anwendung auf* $\mathcal{I}$ *und dem Maximum der Größen der beteiligten Zahlen durch* $\pi(\mathrm{size}(\mathcal{I}))$ *nach oben beschränkt ist, so heißt* $\mathcal{A}$ ***polynomiell.*** *Man sagt dann auch, dass* $\mathcal{A}$ *in* ***polynomieller Zeit*** *läuft bzw. ein* ***Polynomzeit-Algorithmus*** *ist und dass* Π ***in polynomieller Zeit lösbar ist.***

Im Folgenden werden wir polynomielle Algorithmen als *effizient* auffassen. Das ist vom praktischen Standpunkt der Optimierung in mehrfacher Hinsicht gewagt. Ein Algorithmus mit Laufzeit $10^{100}n$ ist zwar linear in n, die gigantische Konstante macht ihn aber völlig unbrauchbar. Durch den asymptotischen Charakter der Polynomialität wird auch in perfider Weise verborgen, wie schlecht das Verfahren auf allen relevanten Inputs sein kann. Nehmen wir an, wir hätten einen Algorithmus der Laufzeit n für das Traveling Salesman Problem auf K_n, der aber erst für große Inputs funktioniert, sagen wir, ab der Knotenzahl $10^{100} + 1$.[13] Wir können den Algorithmus nun aber leicht zu einem linearen Verfahren für beliebige Inputgrößen erweitern, indem wir alle kleineren TSP-Aufgaben enumerativ lösen, d.h. eine Tour nach der anderen durchgehen; vgl. Bemerkung 1.2.3. Mit der üblichen Notation unter Verwendung des entsprechenden *Landau*[14]*-Symbols* liegt die Laufzeit des Verfahrens insgesamt in $O(n)$. Für $n \leq 10^{100}$ ist sie jedoch mindestens $\frac{1}{2}(n-1)!$, wird also bis zu $\frac{1}{2}(10^{100} - 1)!$ groß.

Trotz seiner linearen Laufzeit ist dieser fiktive Algorithmus praktisch niemals besser als die vollständige Enumeration, also bereits bei moderaten Größen von n völlig unbrauchbar. Der Algorithmus schaltet ja erst ab einer Knotenzahl auf die Laufzeit n um, die die Anzahl der Atome des bekannten Universums deutlich übersteigt.

Allerdings wäre dieser oder auch nur ein Algorithmus der Laufzeit $n^{1.000.000}$ für das Traveling Salesman Problem eine wissenschaftliche Sensation, die seine Entdecker reich und berühmt machen würde, da sie damit eines der '*Millenniumsprobleme*'[15] gelöst hätten; vgl. 3.3.26.

Tatsächlich ist also das Konzept polynomieller Algorithmen keine Garantie für Praktikabilität. Dennoch hat es sich auch in der Praxis durchaus bewährt. Die Klassifikation ist besonders deswegen mathematisch so elegant, weil sie es ermöglicht, polynomiellen Algorithmen die Verwendung polynomieller Subroutinen zu gestatten, ohne aus der Klasse der polynomiellen Algorithmen heraus zu fallen. Letztlich ist das auch die Basis der Reduktion eines Problems auf ein anderes.

3.1.10 Bemerkung. *Seien* $\mathcal{A}$ *und* $\mathcal{B}$ *Algorithmen. Ist* $\mathcal{B}$ *polynomiell und benötigt* $\mathcal{A}$ *polynomiell viele elementare Operationen und zusätzlich polynomiell viele Aufrufe von* $\mathcal{B}$ *als Subroutine (mit Inputdaten polynomieller Größe), so ist* $\mathcal{A}$ *polynomiell.*

Beweis: Die Aussage folgt aus der Tatsache, dass die Menge der Polynome unter Komposition abgeschlossen ist. $\square$

Bevor wir einige Standardberechnungen der linearen Algebra auf Polynomialität untersuchen, kommen wir zunächst noch einmal auf die Kodierung von rationalen Zahlen zurück.

---

[13] Das mag etwas merkwürdig erscheinen, aber tatsächlich gibt es sehr pfiffige (theoretische) Graphen-Algorithmen, die etwa davon abhängen, dass eine gewisse Teilstruktur des Graphen vorhanden ist, deren Existenz (etwa durch Aussagen der *Ramseytheorie*) erst für sehr große Graphen garantiert ist.

[14] Edmund Georg Hermann Landau, 1877 – 1938.

[15] Im Jahr 2000 wurde vom Clay Mathematics Institute in Cambridge (Massachusetts) zum Übergang ins neue Jahrtausend eine Liste von sieben bedeutenden ungelösten Problemen der Mathematik zusammengestellt, für deren Lösung ein Preisgeld von jeweils einer Million US-Dollar ausgesetzt wurde.

Gemäß Definition 3.1.6 kodieren wir rationale Zahlen ρ einfach nur als *ein* Paar (η,μ) mit $\eta \in \mathbb{Z}$, $\mu \in \mathbb{N}$, für das $\rho = \eta/\mu$ gilt. Diese Darstellung ist natürlich nicht eindeutig. Die binäre Größe eines solchen Paares (η,μ) kann durchaus erheblich über der einer teilerfremden Darstellung liegen. So kodieren $(1,1)$ und $(2^{2^n},2^{2^n})$ für $n \in \mathbb{N}$ natürlich dieselbe rationale Zahl 1. Während $(1,1)$ aber Kodierungslänge 4 besitzt, und 1 als ganze Zahl Kodierungslänge 2 hat, ist die binäre Größe von $(2^{2^n},2^{2^n})$ exponentiell in n. Das ist tatsächlich kein all zu großes Problem, da wir den *Euklidischen Algorithmus* zur Berechnung des größten gemeinsamen Teilers $\mathrm{ggT}(\mu,\nu)$ zweier natürlicher Zahlen μ und ν benutzen können, um in polynomieller Zeit zu einer teilerfremden Darstellung überzugehen. Tatsächlich ist der Euklidische Algorithmus wohl der älteste nichttriviale Algorithmus überhaupt. Er wurde von *Euklid*[16] bereits in seinem Werk *Die Elemente*, Buch VII, Proposition 1 und 2, beschrieben, ist vermutlich aber noch etwa 200 Jahre älter.[17] Wir geben ihn im Folgenden (obwohl er schon 2500 Jahre bekannt ist, der Vollständigkeit halber) in strukturierter Form an.

3.1.11 Prozedur: *Euklidischer Algorithmus.*

INPUT: $\mu,\nu \in \mathbb{N}$
OUTPUT: $\mathrm{ggT}(\mu,\nu)$
BEGIN   WHILE $\mu \geq 1$ AND $\nu \geq 1$ DO
         BEGIN

         IF $\mu \geq \nu$ THEN $\mu \leftarrow \mu - \left\lfloor \frac{\mu}{\nu} \right\rfloor \nu$ ELSE $\nu \leftarrow \nu - \left\lfloor \frac{\nu}{\mu} \right\rfloor \mu$

         END
         $\mathrm{ggT}(\mu,\nu) \leftarrow \max\{\mu,\nu\}$
END

Das folgende Lemma zeigt, dass der Euklische Algorithmus korrekt arbeitet und mit einer polynomiellen Laufzeit auskommt.

3.1.12 Lemma. *Seien $\mu,\nu \in \mathbb{N}$. Dann findet der Euklidische Algorithmus $\mathrm{ggT}(\mu,\nu)$ in polynomieller Zeit. Genauer benötigt er höchstens $\lfloor \log(\mu \cdot \nu) \rfloor + 1$ Iterationen sowie konstant viele Operationen pro Iteration auf Zahlen der Größe $O\big(\max\{\mathrm{size}(\mu),\mathrm{size}(\nu)\}\big)$.*

Beweis: Wir zeigen zunächst die Korrektheit des Algorithmus. Seien $\mu \geq \nu$ und $\kappa \in \mathbb{N}$ ein Teiler von μ und ν. Dann teilt κ auch $\mu - \lfloor \frac{\mu}{\nu} \rfloor \nu$. Teilt umgekehrt κ sowohl $\mu - \lfloor \frac{\mu}{\nu} \rfloor \nu$ als auch ν, so ist κ auch Teiler von μ. Es folgt

$$\mathrm{ggT}(\mu,\nu) = \mathrm{ggT}\left(\mu - \left\lfloor \frac{\mu}{\nu} \right\rfloor \nu,\nu \right).$$

Da die entsprechende Aussage auch für $\mu \leq \nu$ gilt, bleibt somit in jedem Schritt des Euklidischen Algorithmus der größte gemeinsame Teiler des aktuellen Zahlenpaares gleich. Da der Algorithmus erst terminiert, wenn eine der beiden Komponenten des aktuellen Paares nichtnegativer ganzer Zahlen 0 wird, gibt er bei Abbruch $\mathrm{ggT}(\mu,\nu)$ korrekt aus.

Für $\mu \geq \nu \geq 1$ gilt ferner

$$\mu = \left\lfloor \frac{\mu}{\nu} \right\rfloor \nu + \left(\mu - \left\lfloor \frac{\mu}{\nu} \right\rfloor \nu \right) \leq \left\lfloor \frac{\mu}{\nu} \right\rfloor \nu + \nu \leq 2 \left\lfloor \frac{\mu}{\nu} \right\rfloor \nu.$$

---

[16] Euklid von Alexandria, ca. 365 – 300 v. Chr.
[17] Ursprünglich war er als geometrisches Verfahren zur Bestimmung des 'gemeinsamen Maßes' zweier Strecken formuliert.

Es folgt

$$2\left(\mu - \left\lfloor \frac{\mu}{\nu} \right\rfloor \nu\right) \leq \mu.$$

Die analoge Abschätzung für $\mu \leq \nu$ zeigt, dass in jeder Iteration μ oder ν um mindestens den Faktor 2 reduziert wird. Spätestens nach $\lfloor \log(\mu \cdot \nu) \rfloor + 1$ Iterationen ist somit eine der beiden Komponenten des aktuellen Zahlenpaares 0. Pro Iteration sind eine Zuweisung sowie eine Division (mit Rest), eine Multiplikation und eine Subtraktion erforderlich. Da die Komponenten der Zahlenpaare monoton fallen, folgt die Behauptung.   □

3.1.13 Korollar. *Aus einer gegebenen Darstellung (η,μ) einer rationalen Zahl ρ kann ihre teilerfremde Darstellung in polynomieller Zeit berechnet werden.*

Beweis: Seien $\nu := |\eta|$ und $\kappa := \mathrm{ggT}(\mu,\nu)$. Dann ist $(\eta/\kappa, \mu/\kappa)$ die gesuchte Darstellung. Nach Lemma 3.1.12 kann κ in polynomieller Zeit bestimmt werden. Danach sind lediglich noch zwei Divisionen erforderlich.   □

Wir können also stets auch eine teilerfremde Darstellung rationaler Zahlen erreichen. Der damit verbundene zusätzliche algorithmische Aufwand ist gemäß Bemerkung 3.1.10 für die grobe Klassifikation eines Algorithmus, polynomiell zu sein, kein Problem.[18]

Polynomielle Berechnungen der Linearen Algebra: Wir kommen nun zu einigen zentralen Berechnungen der Linearen Algebra. Von besonderer Bedeutung ist natürlich die Lösung linearer Gleichungssysteme. Nach der Cramerschen Regel ist die i-te Komponente der (eindeutig bestimmten) Lösung eines regulären $n \times n$-Systems $Ax = b$ mit $A := (a_1, \ldots, a_n)$ der Quotient

$$\frac{\det(a_1, \ldots, a_{i-1}, b, a_{i+1}, \ldots, a_n)}{\det(A)}$$

von $n \times n$-Teildeterminanten der erweiterten Koeffizientenmatrix. Notwendige Voraussetzung dafür, dass lineare Gleichungssysteme mit rationalen Koeffizienten in polynomieller Zeit gelöst werden können, ist also, dass die Kodierungslänge dieser Quotienten polynomiell in der Kodierungslänge des Systems beschränkt bleibt. Das folgende Lemma zeigt, dass das sogar für die einzelnen Determinaten gilt.

3.1.14 Lemma. *Sei $A \in \mathbb{Q}^{n \times n}$ (mit gegebenen Darstellungen der Koeffizienten). Dann gibt es eine Darstellung von $\det(A)$ mit*

$$\mathrm{size}\big(\det(A)\big) \leq 2 \cdot \mathrm{size}(A).$$

Beweis: Sei (η,μ) die teilerfremde Darstellung von $\det(A)$. Es reicht zu zeigen, dass ihre Größe durch $2 \cdot \mathrm{size}(A)$ beschränkt ist.

Für $i,j \in [n]$ seien $\eta_{i,j} \in \mathbb{Z}$, $\mu_{i,j} \in \mathbb{N}$, $\alpha_{i,j} := \frac{\eta_{i,j}}{\mu_{i,j}}$, und es gelte $A = (\alpha_{i,j})_{i,j \in [n]}$. Mit der üblichen Bezeichnung S_n für die Gruppe der Permutationen auf $[n]$ gilt bekanntlich

$$\big|\det(A)\big| = \left| \sum_{\sigma \in S_n} \mathrm{sign}(\sigma) \prod_{i=1}^{n} \alpha_{i,\sigma(i)} \right|.$$

---

[18] Anders sieht es aber für feinere Klassifikationen wie etwa 'stark polynomiell' aus, die wir allerdings hier nicht diskutieren werden.

Es folgt

$$\mu \leq \prod_{i,j=1}^{n} \mu_{i,j}$$

sowie

$$|\det(A)| \leq \sum_{\sigma \in S_n} \prod_{i=1}^{n} |\alpha_{i,\sigma(i)}| \leq \sum_{\sigma \in S_n} \prod_{i=1}^{n} |\eta_{i,\sigma(i)}| \leq \prod_{i,j=1}^{n} (|\eta_{i,j}| + 1).$$

Somit gilt

$$|\eta| = \mu \cdot |\det(A)| \leq \prod_{i,j=1}^{n} \Big((|\eta_{i,j}| + 1)\mu_{i,j} \Big),$$

und es folgt

$$\operatorname{size}\big(\det(A)\big) = \operatorname{size}(\eta) + \operatorname{size}(\mu) \leq \sum_{i,j=1}^{n} \operatorname{size}\big(|\eta_{i,j}| + 1\big) + 2 \sum_{i,j=1}^{n} \operatorname{size}(\mu_{i,j}) \leq 2 \cdot \operatorname{size}(A).$$

Insgesamt ist damit die Behauptung bewiesen. □

Wir zeigen nun, dass das Verfahren der Gauß-Elimination tatsächlich in polynomieller Zeit abläuft.[19] Es ist klar, dass die Anzahl der von der Gauß-Elimination benötigten arithmetischen Operationen polynomiell beschränkt ist. Ferner folgt aus Lemma 3.1.14 zusammen mit der Cramerschen Regel, dass zumindest im Fall regulärer Matrizen das Ergebnis polynomielle Größe besitzt. Nicht so offensichtlich ist es aber, dass im Laufe des Verfahrens keine exponentiell großen Zwischenergebnisse auftreten.[20]

Die *vollständige Gauß-Elimination* überführt eine gegebene Matrix $A \in \mathbb{Q}^{m \times n}$ mittels elementarer (Vorwärts- und anschließender Rückwärts-) Zeilenoperationen, ggf. unter Verwendung von Permutationen, in die Gestalt

$$\begin{pmatrix} D & C \\ 0 & 0 \end{pmatrix};$$

D ist dabei eine reguläre Diagonalmatrix. Man beachte, dass die Ausgangsmatrix A eine erweiterte Koeffizientenmatrix (A',b) sein kann oder die Matrix (A',E_m), so dass das Lösen von Gleichungssystemen ebenso enthalten ist, wie die Inversion einer Matrix. Da wir vor Beginn der Berechnungen ggf. mit dem Hauptnenner der Koeffizienten durchmultiplizieren können, beschränken wir uns im folgenden Satz auf ganzzahlige Matrizen.

3.1.15 Satz. *(Satz von Edmonds[21]) Angewandt auf $A \in \mathbb{Z}^{m \times n}$ benötigt die Gauß-Elimination $O(m^2 n)$ elementare Operationen. Die (mit Hilfe des Euklidischen Algorithmus verfügbaren) teilerfremden Darstellungen der auftretenden rationalen Zahlen haben eine Kodierungslänge von höchstens $O\big(\operatorname{size}(A)\big)$.*

---

[19] Das ist einerseits eine wichtige und für manche der algorithmischen Ansätze dieses Buches zentrale Aussage, andererseits aber keine Garantie für die praktische Effizienz gerade bei wirklich großen Gleichungssystemen. Insbesondere wird man bei realen Rechnungen im Allgemeinen nicht mit der im Folgenden geforderten Bitzahl arbeiten können. Dann spielen natürlich Fragen der numerischen Stabilität gegenüber Rundungsfehlern eine zentrale Rolle. Auch wird man spezielle Strukturen ausnutzen wollen. Solche Themen werden in der Numerik behandelt. Hier konzentrieren wir uns auf den angekündigten Beweis der 'theoretischen Handhabbarkeit'.

[20] Tatsächlich passiert das, wenn man in den Updateregeln zu sorglos in jedem Schritt ungekürzt auf Hauptnenner übergeht; vgl. Übungsaufgabe 3.6.3.

[21] Jack R. Edmonds, geb. 1934.

Beweis: Nach höchstens $m-1$ Schritten ist aus der Ausgangsmatrix $A := (\alpha_{i,j})_{\substack{i \in [m] \\ j \in [n]}}$
eine Matrix

$$\begin{pmatrix} B' & C \\ 0 & 0 \end{pmatrix}$$

geworden, wobei B' eine $\mathrm{rang}(A) \times \mathrm{rang}(A)$ obere Dreiecksmatrix ist. Nach weiteren
höchstens $m-1$ Schritten erhalten wir die gesuchte Matrix. Jeder einzelne Schritt führt
zunächst ggf. zwei Permutationen durch, um das gewählte (von 0 verschiedene) Pivotelement an die richtige Stelle k zu bringen. Wir setzen voraus, dass die Nummerierung
der Koeffizienten im Folgenden bereits angepasst ist. Dann wird für alle $i > k$ und $j \geq k$
im Vorwärtsschritt und für alle $i < k$ und $j \geq k$ im Rückwärtsschritt die Aktualisierung

$$\alpha_{i,j} \leftarrow \alpha_{i,j} - \frac{\alpha_{i,k}\alpha_{k,j}}{\alpha_{k,k}}$$

vorgenommen. Insgesamt ist die Anzahl der elementaren Operationen somit durch $O(m^2 n)$
beschränkt.

Zur Abschätzung der Größe der jeweils auftretenden Koeffizienten beschränken wir
uns auf die Vorwärtselimination. Die Rückwärtselimination verläuft ja (mit vertauschten
Reihenfolgen) analog. Wir nehmen ferner o.B.d.A. an, dass keine Permutationen mehr
notwendig sind.

Sei A_k die nach dem k-ten Vorwärtsschritt aus A entstandene Matrix. Dann ist A_k
von der Form

$$A_k = \begin{pmatrix} B_k & C_k \\ 0 & M_k \end{pmatrix}$$

mit

$$B_k \in \mathbb{Q}^{k \times k} \quad \wedge \quad C_k = (\gamma_{i,j}^{(k)})_{\substack{i=1,\ldots,k \\ j=k+1,\ldots,n}} \in \mathbb{Q}^{k \times (n-k)}$$

$$M_k = (\mu_{i,j}^{(k)})_{\substack{i=k+1,\ldots,m \\ j=k+1,\ldots,n}} \in \mathbb{Q}^{(m-k) \times (n-k)}.$$

Man beachte, dass die Einträge von B_k und C_k in den nachfolgenden Pivotschritten
invariant bleiben. Seien nun $i_0 \in \{k+1,\ldots,m\}$ und $j_0 \in \{k+1,\ldots,n\}$. Mit $c_k :=$
$(\gamma_{1,j_0},\ldots,\gamma_{k,j_0})^T$ gilt dann

$$\mu_{i_0,j_0}^{(k)} = \frac{1}{\det(B_k)} \det \begin{pmatrix} B_k & c_k \\ 0 & \mu_{i_0,j_0}^{(k)} \end{pmatrix}.$$

Da Determinanten unter elementaren Zeilenoperationen invariant bleiben, folgt

$$\mu_{i_0,j_0}^{(k)} = \frac{\det(\alpha_{i,j})_{\substack{i \in [k] \cup \{i_0\} \\ j \in [k] \cup \{j_0\}}}}{\det(\alpha_{i,j})_{i,j \in [k]}}.$$

Aus Lemma 3.1.14 folgt nun für die teilerfremde Darstellung der Koeffizienten

$$\mathrm{size}(\mu_{i_0,j_0}) \leq 4\,\mathrm{size}(A).$$

Insgesamt ergibt sich damit die Behauptung.   □

Tatsächlich zeigt der Beweis, dass man auch ohne den Euklidischen Algorithmus auskommt, da man im k-ten Schritt als Hauptnenner $\det(B_k)$ wählen und mit der entsprechenden (im Allgemeinen nicht teilerfremden) rationalen Darstellung arbeiten kann.[22]

---

[22] Als Konsequenz ergibt sich, dass die Gauß-Elimination nicht nur im für uns zentralen binären Modell
polynomiell ist, sondern die Anzahl der erforderlichen elementaren Operationen auch im Modell reeller
Arithmetik polynomiell ist.

Aus Satz 3.1.15 folgt, dass eine Vielzahl von elementaren Problemen der linearen Algebra polynomiell lösbar sind.

3.1.16 Korollar. *Die folgenden Probleme lassen sich in polynomieller Zeit lösen:*

(a) *Gegeben* $A \in \mathbb{Q}^{m \times n}$, $b \in \mathbb{Q}^m$; *finde eine Lösung* x^* *von* $Ax = b$ *oder entscheide, dass diese Gleichung nicht lösbar ist.*

(b) *Gegeben* $v_1, \ldots, v_k \in \mathbb{Q}^n$; *entscheide, ob* $v_1, \ldots, v_k$ *linear unabhängig sind.*

(c) *Gegeben* $A \in \mathbb{Q}^{m \times n}$; *bestimme* rang$(A)$.

(d) *Gegeben* $A \in \mathbb{Q}^{m \times n}$; *bestimme eine Basis von* $Ax = 0$.

(e) *Gegeben* $A \in \mathbb{Q}^{n \times n}$; *bestimme* det$(A)$.

(f) *Gegeben* $A \in \mathbb{Q}^{n \times n}$; *bestimme* A^{-1} *oder entscheide, dass* A *singulär ist.*

Beweis: Alle angegebenen Probleme (b)-(f) lassen sich leicht (und in einer aus der linearen Algebra bekannten Weise) auf (a), d.h. das Lösen linearer Gleichungssysteme zurückführen. Aussage (a) folgt direkt aus Satz 3.1.15. $\square$

Zum Abschluss dieses Teils der Sektion sei noch darauf hingewiesen, dass für eine beliebige (aber feste) Primzahl p die Polynomialität der Gauß-Elimination auch bei Rechnungen über dem Körper $\mathbb{Z}_p$ erhalten bleibt. Der Beweis ist tatsächlich sogar einfacher, da die auftretenden Zahlen automatisch auf die Zahlen $0, 1, \ldots, p - 1$ beschränkt bleiben, wenn wir diese als Repräsentanten der Elemente von $\mathbb{Z}_p$ wählen.

3.1.17 Bemerkung. *Sei* p *eine Primzahl. Der Gauß-Algorithmus zur Bestimmung einer Lösung eines linearen Gleichungssystems über dem Körper* $\mathbb{Z}_p$ *läuft in polynomieller Zeit.*

Beweis: Die Abschätzung der Anzahl der benötigten elementaren Operationen verläuft analog zum entsprechenden Teil des Beweises von Satz 3.1.15. Mit der angegebenen Repräsentation der Elemente von $\mathbb{Z}_p$ liegen alle Zahlen in $\{0, 1, \ldots, p - 1\}$. Die Kodierungslängen der auftretenden Zahlen sind also konstant. $\square$

Erste polynomielle Algorithmen der Kombinatorik: Wir kommen nun zu ersten kombinatorischen Beispielen und betrachten einige Probleme, die schon aus den Sektionen 2.2 und 2.3 bekannt sind. Bereits bei der Maximierung über einem Unabhängigkeitssystem aus Definition 2.3.16 und dem strukturell sehr einfachen Greedy-Algorithmus 2.3.17 wird schnell deutlich, dass es sehr auf die verwendeten Datenstrukturen ankommt, die den Input kodieren. Werden nämlich die Unabhängigkeitssysteme als Teil des Inputs von Prozedur 2.3.17 einzeln angegeben, d.h. wird jede unabhängige Menge *explizit* durch Angabe ihrer Elemente aufgeführt, so benötigt selbst ein enumerativer Algorithmus, der der Reihe nach alle unabhängigen Mengen durchgeht, nur linear viele Schritte.

Betrachten wir als Beispiel das graphische Matroid $(E, \mathcal{F})$ über dem Graph $G := (V, E)$ aus Bezeichnung 2.3.12.[23] Die unabhängigen Mengen sind hier die Kantenmengen der Wälder, d.h. aller kreisfreien Teilgraphen. Im vollständigen Graphen K_n etwa gibt es allein bereits n^{n-2} verschiedene Spannbäume; vgl. Übungsaufgabe 2.4.13. Schon für

---

[23] Wir benutzen dieses Beispiel obwohl und weil es offensichtlich (und nach den Algorithmen von Kruskal und Prim auch bereits klar) ist, wie eine sinnvolle Kodierung des Inputs aussehen kann.

moderate Graphen können daher die Wälder im Allgemeinen nicht mehr explizit aufgelistet werden. Wäre aber andererseits eine solche explizite Liste gegeben, so brauchte man etwa zur Bestimmung eines maximalen Waldes in G lediglich die Länge eines jeden Waldes zu bestimmen und sich das aktuelle Maximum zu merken. Man käme also pro Wald mit höchstens $|V| - 1$ Additionen und einem Vergleich aus. Die beteiligten Zahlen wären dabei höchstens $|V| - 1$ mal so groß wie das größte der Kantengewichte. Das enumerative Verfahren wäre somit theoretisch ein effizienter Algorithmus, allerdings in der Praxis unbrauchbar.

Wir müssen daher die Unabhängigkeitssysteme *implizit* kodieren. Ein allgemeiner Ansatz könnte etwa darin bestehen, einen polynomiellen Algorithmus $\mathcal{A}$ anzugeben, der für eine Teilmenge I von E entscheidet, ob I unabhängig ist. Die unabhängigen Mengen wären also nicht mehr explizit, sondern nur noch mittels $\mathcal{A}$ gegeben. Tatsächlich spielt ein solcher impliziter Ansatz[24] zur Beschreibung von Strukturen eine wichtige Rolle.

Bei den graphischen Matroiden beschränken wir den 'strukturellen Input' natürlich auf G. Ein expliziter zusätzlicher Algorithmus $\mathcal{A}$, der für einen beliebigen Teilgraphen T von G entscheidet, ob T kreisfrei ist, wird nicht benötigt. Es reicht, in der Konstruktion dafür Sorge zu tragen, dass keine Kreise entstehen.[25] Wir gehen also de facto zu dem folgenden, genauer spezifizierten neuen Problem über.

3.1.18 Bezeichnung. MAXIMALER WALD *bezeichnet das Problem*

> *Gegeben: Graph $G := (V,E)$, Kantengewichte $\gamma_1, \ldots, \gamma_{|E|} \in \mathbb{N}$.*
> *Aufgabe: Finde einen maximalen Wald in G.*

Die Inputgröße von MAXIMALER WALD ist nun nur noch durch die Kodierung des gewichteten Graphen bestimmt, während die Aufgabe neben der Maximierung implizit auch die Garantie der Eigenschaft der Lösungen erfordert, Wälder zu sein. In der Inputgröße dieser modifizierten Aufgabe wäre die explizite Auflistung aller Wälder natürlich im Allgemeinen ein exponentielles Unterfangen. Andererseits ist klar: Je kleiner die Größe des (als angemessen erachteten) Inputs ist, desto anspruchsvoller ist es, einen polynomiellen Algorithmus zu finden.

Welche 'Zusatzaufgaben' dürfen wir aber einem Problem auferlegen? Diese Frage wird man wohl kaum allgemein beantworten können. Als Indiz dafür, dass die obige Formulierung von MAXIMALER WALD unseres Problems maximaler Wälder sinnvoll ist, könnte es etwa gelten, wenn die Kreisfreiheit von Graphen in polynomieller Zeit überprüfbar wäre. Ein anderer 'ultimativer' Nachweis dafür, dass wir nicht zuviel verlangen, wäre es zu zeigen, dass MAXIMALER WALD in polynomieller Zeit gelöst werden kann. Es ist nicht wirklich überraschend: Wie wir sehen werden, gilt beides.

Bevor wir das zeigen können, müssen wir allerdings noch festlegen, wie genau wir den Input von MAXIMALER WALD kodieren wollen. Nach unseren Überlegungen zur Kodierungslänge ganzer (oder rationaler) Zahlen ist es klar, wie wir die Kantengewichte kodieren werden. Wie soll aber ein Graph dargestellt werden?

Eine Knotenmenge V der Kardinalität n kann man mit der Indexmenge $[n]$ identifizieren. Zur Repräsentation der Kantenmenge E kann man (ganz im Sinne von Definition 2.2.3) jede Kante explizit als Paar von Knoten kodieren. Insgesamt benötigen wir für

---

[24] Man spricht häufig auch von einem 'Orakelansatz'; vgl. Definition 3.1.40.
[25] Im Algorithmus von Prim, Prozedur 2.3.32, zur Konstruktion eines minimalen Spannbaumes wird die Kreisfreiheit durch 'wachsen lassen' der Spannbäume garantiert.

diese Darstellung $|V| + 2|E|$ Zahlen aus $[n]$, d.h. wir kommen mit einer binären Kodierungslänge von im Wesentlichen $(|V| + 2|E|)\lceil \log(|V|) \rceil$ aus.[26]

Alternativ kann der Graph G auch entsprechend Definition 2.2.6 mittels seiner Knoten-Kanteninzidenzmatrix S_G spezifiziert werden. (Nach Lemma 2.3.11 und Bemerkung 3.1.17 ist dann bereits klar, dass wir Kreisfreiheit in polynomieller Zeit testen können.) Hierfür benötigen wir $|V| \cdot |E|$ Zahlen aus $\{0,1\}$.

Besitzt der Graph nur $O(|V|)$ viele Kanten, so ist die zweite Darstellung in $O(|V|^2)$, und im Allgemeinen auch nicht besser als quadratisch in $|V|$. Die erste hingegen benötigt nur $O(|V| \log(|V|))$ Bits.

Andere verwandte Datenstrukturen sind die $(|V| \times |V|)$-Adjazenzmatrix gemäß Definition 2.2.30 oder die nachfolgend definierte, oft verwendete *Adjazenzlistendarstellung*, die für jeden Knoten alle Nachbarknoten explizit angibt.

3.1.19 Bezeichnung. *Seien $G := (V,E)$ ein Graph (bzw. ein Digraph), $v \in V$, $d := \deg(G,v)$ (bzw. $d := \deg_{\mathrm{aus}}(G,v)$) und $w_1, w_2, \ldots, w_d$ die Elemente von $N(G,v)$ (bzw. von $N_{\mathrm{aus}}(G,v)$). Ferner sei*

$$A(v) := (w_1, w_2, \ldots, w_d).$$

Dann heißt $(v, A(v))$ **Adjazenzliste** *von v in G. Ist $V =: \{v_1, \ldots, v_n\}$, so heißt*

$$(v_1, A(v_1); v_2, A(v_2); \ldots; v_n, A(v_n))$$

Adjazenzlistendarstellung *von G. Falls w in der Liste $A(v)$ vorkommt, schreiben wir auch $w \in A(v)$.*

Die Adjazenzliste $(v, A(v))$ unterscheidet sich von der Nachbarschaft $N(G,v)$ (bzw. $N_{\mathrm{aus}}(G,v)$) von v in G nur dadurch, dass die Elemente in einer bestimmten Reihenfolge gegeben sind, um eine 'Bearbeitungsreihenfolge' der Knoten abzubilden.

Ist speziell (oder o.B.d.A.) $V = [n]$, so hat die Adjazenzlistendarstellung von G die Form $(1, A(1); 2, A(2); \ldots; n, A(n))$. Die insgesamt für diese Darstellung benötigte Bitzahl ist (wie bei der Darstellung durch Knotenpaare) in

$$O\Big((|V| + 2|E|) \log(|V|)\Big).$$

Die verschiedenen Datenstrukturen haben jeweils Vor- und Nachteile und beeinflussen die Laufzeiten von Algorithmen.[27] Es kann also durchaus praktisch von Bedeutung sein, für spezifische Probleme jeweils geeignete Datenstrukturen zu entwickeln und einzusetzen. Die hier angegebenen Datenstrukturen lassen sich aber offenbar jeweils in polynomieller Zeit ineinander überführen. Da für uns die konzeptionellen Methoden der Optimierung im Vordergrund stehen, werden wir daher das Thema Datenstrukturen im Folgenden nicht vertiefen.[28]

---

[26] Wenn man möchte, kann man noch auf die explizite Angabe von V verzichten und stattdessen lediglich $|V|$ kodieren. Hierfür reichen logarithmisch viele Bits. Aus den Kanten können alle Knoten mit einem von 0 verschiedenen Grad rekonstruiert werden; diejenigen mit Grad 0 ergeben sich dann als die noch zur Gesamtzahl fehlenden Knoten. In der Regel ist eine sparsamere 'implizite' Kodierung von Objekten mit einem größeren Aufwand für ihre explizite 'Rekonstruktion' verbunden.

[27] Nicht umsonst gibt es in der Informatik kanonische Vorlesungen zu 'Algorithmen *und Datenstrukturen*'.

[28] Allerdings ist klar, dass ohne die genaue Angabe der in den Implementierungen von Algorithmen verwendeten Datenstrukturen auch im Allgemeinen keine scharfen Aussagen über deren Laufzeiten gemacht werden können. Das ist für unsere Zwecke nicht problematisch, da es uns auf die Beschreibung *struktureller Methoden* der Optimierung ankommt; das ohnehin stark von den Spezifika konkreter Anwendungsprobleme abhängige theoretische und praktische 'Finetuning' der Verfahren ist hingegen eine andere Geschichte.

Nach Satz 2.3.23 bzw. dem Edmonds-Rado Theorem 2.3.25 wissen wir bereits, dass der Greedy-Algorithmus 2.3.17 das Problem maximaler Wälder löst. Zur geeigneten Umsetzung ist es sinnvoll, die Kantengewichte vorher zu sortieren. Das ist bekanntlich effizient möglich.

3.1.20 Bemerkung. *Das Problem* SORTIEREN

> *Gegeben:* $n \in \mathbb{N}$, $\gamma_1, \ldots, \gamma_n \in \mathbb{Z}$.
> *Auftrag: Bestimme eine Permutation* $\pi \in S_n$ *mit* $\gamma_{\pi(1)} \geq \ldots \geq \gamma_{\pi(n)}$;

kann in polynomieller Zeit gelöst werden.

Beim Sortieren brauchen Vergleiche nur auf den im Input gegebenen Zahlen durchgeführt zu werden, so dass sich die Kodierungslängen auftretender Zahlen nicht vergrößern. Selbst, wenn man lediglich (ganz naiv) sukzessive durch paarweisen Vergleich sortiert, kommt man mit $O(n^2)$ Vergleichen aus; mittels rekursiver Verfahren (wie MERGESORT) lässt sich das auf $O(n \log(n))$ reduzieren.

Die folgende Variante des Greedy-Algorithmus berücksichtigt die Präzisierungen, die zu MAXIMALER WALD geführt haben und setzt der Einfachheit halber tatsächlich voraus, dass die Kantengewichte bereits der Größe nach sortiert sind.

3.1.21 Prozedur: *Greedy-Algorithmus für* MAXIMALER WALD.

INPUT: m,n, Graph $G := ([n],E)$ mit $E =: \{e_1, \ldots, e_m\}$ und
              $e_1 =: \{v_{1,1}, v_{1,2}\}, \ldots, e_m =: \{v_{m,1}, v_{m,2}\}$
              zugehörige Kantengewichte $\gamma_1, \ldots, \gamma_m \in \mathbb{N}$ mit $\gamma_1 \geq \ldots \geq \gamma_m \in \mathbb{N}$
OUTPUT: Kantenmenge K eines maximalen Waldes in G
BEGIN $k \leftarrow 1$; $U_1 \leftarrow \emptyset$; $K \leftarrow E$
           FOR $i = 1, \ldots, n$ DO
              BEGIN
                  $\kappa \leftarrow \left| e_i \cap (U_1 \cup \ldots \cup U_k) \right|$
                  IF $\kappa = 0$ THEN $k \leftarrow k + 1$; $U_k \leftarrow \{v_{i,1}, v_{i,2}\}$ ELSE
                  IF $\kappa = 1$ THEN
                      BEGIN
                          Seien $j,l \in [2]$ mit $j \neq l$ sowie $p \in [k]$ mit $v_{i,j} \in U_p$
                          $U_p \leftarrow U_p \cup \{v_{i,l}\}$
                      END
                  ELSE
                    BEGIN
                        Seien $p,q \in [k]$ mit $v_{i,1} \in U_p$ und $v_{i,2} \in U_q$
                      IF $p \neq q$ THEN $U_p \leftarrow U_p \cup U_q$; $U_q \leftarrow \emptyset$
                      ELSE $K \leftarrow K \setminus \{e_i\}$
                  END
              END
    END

In Prozedur 3.1.21 werden Knotenmengen U_p verwendet, die (entweder leer sind oder) jeweils die Knoten der aktuell konstruierten knotendisjunkten Bäume enthalten. Sie erlauben es, die Kreisfreiheit der Konstruktion zu garantieren. Selbst wenn G zusammenhängend ist (was nicht vorausgesetzt wird), werden zwischendurch in der Regel mehrere disjunkte Bäume auftreten, da der einfache Greedy-Algorithmus ja keine anderweitige Vorsorge trifft. Somit müssen im Laufe des Verfahrens Bäume 'zusammenwachsen'. Zwei Mengen U_p und U_q werden dabei zu einer zusammengeführt, wenn zu der bereits konstruierten Kantenmenge eine neue Kante hinzugenommen wird, die einen Knoten von U_p mit einem von U_q verbindet. Der Einfachheit halber werden in diesem Fall U_p durch $U_p \cup U_q$ ersetzt und U_q die leere Menge zugewiesen, um auf eine Umnummerierung der Knotenmengen verzichten zu können. In der Formulierung von Prozedur 3.1.21 entsteht der maximale Wald durch sukzessives Streichen von Kanten aus E. Der aktuelle Wald zu Ende des i-ten Schrittes enthält genau die Kanten $\{e_1, \ldots, e_i\} \cap K$.

Es ist nicht schwer zu sehen, dass dieser elementare Algorithmus effizient ist.

3.1.22 Bemerkung. *Prozedur 3.1.21 löst* MAXIMALER WALD *korrekt und in polynomieller Zeit.*

Beweis: Die Korrektheit der Prozedur folgt aus Satz 2.3.23 bzw. Satz 2.3.25, wenn wir zeigen, dass sie tatsächlich entsprechend dem Greedy-Algorithmus operiert.

Die Kanten werden von der Prozedur 3.1.21 in der Reihenfolge abnehmender Gewichte bearbeitet, wie dieses beim Greedy-Algorithmus zu erfolgen hat. In jedem Schritt der FOR-Schleife wird zunächst festgestellt, wieviele Knoten der aktuellen Kante e_i bereits von $U_1 \cup \ldots \cup U_k$ überdeckt werden.

Falls $\kappa = 0$ ist, wird eine neue aktuelle Zusammenhangskomponente eröffnet. Falls genau einer der Knoten von e_i bereits überdeckt ist, wird die entsprechende Menge U_p um den anderen Knoten vergrößert. Falls beide Knoten von e_i bereits überdeckt sind, die Knoten aber in verschiedenen Mengen U_p und U_q liegen, werden diese vereinigt; zwei verschiedene Zusammenhangskomponenten werden durch e_i verbunden. Andernfalls enthält $K \cap \{e_1, \ldots, e_i\}$ einen Kreis, und die Kante e_i wird verworfen, d.h. aus K entfernt. Die aktuelle Kante e_i wird also genau dann in die Lösung aufgenommen, wenn sie keinen Kreis schließt.

Nach dem Durchlaufen aller n Schritte des Algorithmus gilt $V = U_1 \cup \ldots \cup U_k$ und K enthält in jedem der durch (nichtleere Mengen) U_j induzierten Teilgraphen von G somit einen maximalen Spannbaum.

Da in jedem Schritt lediglich überprüft werden muss, in welcher der Mengen U_p die Knoten von e_i enthalten sind, um die entsprechenden Anpassungen vorzunehmen, kann der Algorithmus mit polynomiell vielen elementaren Operationen realisiert werden.   □

Für ungerichtete Graphen bestimmt Prozedur 3.1.21 gleich auch die Zusammenhangskomponenten von G mit: Ihre Knotenmengen sind die am Ende des Algorithmus vorliegenden nichtleeren Mengen U_j.

Auch der Algorithmus von Prim, Prozedur 2.3.32, läuft in polynomieller Zeit, wenn die Kantengewichte auf ganze oder rationale Zahlen beschränkt werden.

3.1.23 Bemerkung. *Der Algorithmus von Prim löst das Problem minimaler aufspannender Bäume in zusammenhängenden Graphen in $O(|V|^2)$ arithmetischen Operation. Sind die Kantengewichte rational, so sind die Laufzeiten polynomiell in der binären Größe des Inputs.*

Beweis: In jeder Iteration des Algorithmus kommt eine Kante zu einem neuen Knoten hinzu; es gibt also $O(|V|)$ Iterationen. Jede Iteration kann so organisiert werden, dass sie mit $O(|V|)$ Operationen auskommt. Man braucht nur für jeden noch nicht erreichten Knoten einen nächsten unter den bereits erreichten mitzuführen; vgl. Übungsaufgabe 3.6.7. Die Kantengewichte werden nicht verändert. Die Kodierungslänge jedes möglichen Werts der Zielfunktion ist durch die Größe des Inputs beschränkt.   □

Man beachte, dass in Bemerkung 3.1.23 zwar vorausgesetzt wird, dass der Input-graph zusammenhängend ist. Da der Algorithmus von Prim einen minimalen Spannbaum in der Zusammenhangskomponente des Startknotens bestimmt und nach Ablauf des Algorithmus leicht überprüft werden kann, ob im Laufe des Verfahrens alle Knoten erfasst wurden, ist das jedoch kein Problem.

Man kann also prinzipiell die Prozeduren 3.1.21 oder 2.3.32 verwenden, um den Zusammenhang von Graphen zu überprüfen. Dennoch studieren wir Zusammenhangstests jetzt jetzt noch einmal gesondert. Genauer führen wir hieran zwei prominente allgemeine Suchtechniken in Graphen bzw. Digraphen ein, die auch in vielen anderen Prozeduren nützlich sind, die *Breiten-* und die *Tiefensuche*. Dazu betrachten wir zunächst die nachfolgende (noch nicht völlig spezifizierte) Grundprozedur zur Suche in Graphen. Die vorkommende Markierung kann (und wird später) in ganz unterschiedlicher Weise erfolgen und abhängig von der konkreten Anwendung unterschiedliche Informationen enthalten.

3.1.24 Prozedur: *Suche in Graphen (Grundstruktur).*

INPUT: Graph bzw. Digraph $G := (V,E)$
            (gegeben durch alle Adjazenzlisten $(v,A(v))$)
            $s \in V$

OUTPUT: Markierung $\mu(v)$ aller von s erreichbaren Knoten v
            (d.h. $\mu(v)$ sind geeignete, von ∞ verschiedene Symbole, etwa aus $\mathbb{N}_0$)

BEGIN   FOR ALL $v \in V$ DO
            BEGIN
               IF $v = s$ THEN $\mu(v) \leftarrow 0$ ELSE $\mu(v) \leftarrow \infty$
            END
        $U \leftarrow \{s\}$
        WHILE $U \neq \emptyset$ DO
            BEGIN
               wähle $u \in U$
               FOR ALL $v \in A(u)$ DO
                   BEGIN
                       IF $\mu(v) = \infty$ THEN $U \leftarrow U \cup \{v\}$; markiere v
                   END
                $U \leftarrow U \setminus \{u\}$
            END

END

Das Zeichen ∞ in der Setzung $\mu(v) \leftarrow \infty$ in der Initialisierungsphase kann einerseits mathematisch interpretiert, andererseits aber auch nur als Symbol aufgefasst werden. Beide Interpretationen besagen lediglich, dass diese Startzuweisung von den sonstigen Markierungen verschieden ist. Natürlich wird man für die hier vorliegenden algorithmischen Zwecke aber die zweite Interpretation zugrunde legen und die Bitlänge dieser Zuweisung als konstant auffassen.

Im Grundschema von Prozedur 3.1.24 können sowohl der Markierungsschritt als auch die im Verlauf zu treffende Auswahl des nächsten abzuarbeitenden Elements auf vielfältige Weise realisiert werden. Bevor wir hierfür Beispiele angeben, sollen aber kurz die Korrektheit nachgewiesen und der algorithmische Aufwand des Verfahrens abgeschätzt werden.

3.1.25 Lemma. *Prozedur 3.1.24 markiert genau diejenigen Knoten von G, die von s aus erreichbar sind. Die Anzahl der elementaren Operationen ist linear in der Größe des Inputs.*

Beweis: Sei W die Menge der durch den Algorithmus insgesamt markierten Knoten. Dann sind natürlich alle Knoten aus W von s aus erreichbar, sonst wären sie ja nicht markiert worden. Sei nun $t \in V \setminus W$, aber es gebe einen s-t-Weg in G. Dann enthält E eine Kante, die einen Knoten aus W mit einem aus $V \setminus W$ verbindet. Seien also $w \in W$ und $v \in V \setminus W$, so dass $e := \{w,v\} \in E$ (bzw. für einen Digraphen $e := (w,v) \in E$) gilt. Dann liegt aber v in $A(w)$. Da w zu irgendeinem Zeitpunkt des Verfahrens in U aufgenommen wird, der Algorithmus aber erst abbricht, wenn U leer ist, wird v spätestens dann markiert, wenn w abgearbeitet wird. Somit gilt $v \in W$, im Widerspruch zur Annahme. Der Algorithmus arbeitet also korrekt.

Die Initialisierung erfordert $|V|$ Zuweisungen. Ein Knoten u wird höchstens einmal in U aufgenommen und dann einmal aus U entfernt. Für jeden zur Bearbeitung ausgewählten Knoten u muss jeder Knoten von $A(u)$ daraufhin überprüft werden, ob er bereits markiert ist. Somit werden für alle Entscheidungen über die Aufnahmen in U zusammen höchstens $2|E|$ Abfragen benötigt. $\qquad\square$

Wir betrachten nun ein erstes Beispiel für eine mögliche Markierung, nämlich die Spezifizierung von 'markiere v' durch

$$\mu(v) \leftarrow 0.$$

Nach Lemma 3.1.25 wird genau allen Knoten, die von s aus in G erreichbar sind, eine 0 zugeordnet. Die Markierung ist also äquivalent mit der Konstruktion einer ursprünglich mit $\emptyset$ initialisierten Knotenmenge W durch die Setzung

$$W \leftarrow W \cup \{v\}.$$

Am Ende der Prozedur enthält W dann genau die Knoten v, für die G einen s-v-Weg enthält. Ist G ein Graph, so besteht W demnach genau aus den Knoten der Zusammenhangskomponente von s in G.

3.1.26 Korollar. *Das Problem, die Zusammenhangskomponenten gegebener Graphen zu bestimmen, ist polynomiell lösbar. Dieselbe Aussage gilt auch für die starken Zusammenhangskomponenten von Digraphen.*

Beweis: Wie wir bereits gesehen haben, folgt die erste Aussage aus Lemma 3.1.25 mit der Setzung $\mu(v) \leftarrow 0$ (oder jeder anderen Markierung mit einem von ∞ verschiedenen Marker), wenn wir sukzessive Prozedur 3.1.24 so oft mit einem im vorherigen Durchlauf noch nicht markierten Knoten anwenden, bis alle Zusammenhangskomponten gefunden sind.

Zum Beweis der zweiten Aussage wenden wir Prozedur 3.1.24 zunächst auf einen Startknoten s an, um alle Knoten t zu bestimmen, die von s aus erreichbar sind. Danach wenden wir dieselbe Prozedur für jeden solchen Knoten t an, um zu überprüfen, ob auch umgekehrt t von s aus erreichbar ist. Die starke Zusammenhangskomponente von s im Digraphen G besteht dann aus allen solchen Knoten t, für die das der Fall ist. Wenn man mit einem nicht in dieser starken Zusammenhangskomponente liegenden Knoten analog fortfährt, werden sukzessive alle starken Zusammenhangskomponenten konstruiert. Insgesamt ist somit Prozedur 3.1.24 höchstens $|V|^2$-mal aufzurufen. Zusammen mit der Überprüfung, ob jeweils ein gegebener Knoten in der Liste der markierten Knoten enthalten ist, ist der Gesamtaufwand polynomiell beschränkt. $\qquad\square$

Der Beweis der zweiten Aussage von Korollar 3.1.26 ist zwar konzeptionell sehr einfach, algorithmisch aber nicht optimal. Tatsächlich kann man mit einer geschickten Variante erreichen, dass jede Kante nur zweimal behandelt wird; vgl. Übungsaufgabe 3.6.11.

Da wir nun gesehen haben, dass der Zusammenhangstest in polynomieller Zeit läuft, können wir diese Grapheneigenschaft bei algorithmischen Untersuchungen (die hauptsächlich auf die Klärung der Polynomialität abzielen) immer dann voraussetzen, wenn das auch aus strukturellen Gründen zulässig ist.

Zwei extreme Varianten, die Auswahl 'wähle $u \in U$' in Prozedur 3.1.24 zu organisieren, bestehen darin, jeweils den bereits am längsten in U befindlichen bzw. den zuletzt hinzugekommenen Knoten zu wählen.

3.1.27 Bezeichnung. *Wird in Prozedur 3.1.24 stets der Knoten gewählt, der bereits am längsten in U enthalten ist, so spricht man von* **Breitensuche** *[engl.: breadth-first search (BFS)]. Wird jeweils derjenige Knoten gewählt, der als letzter U hinzugefügt wurde, so spricht man von* **Tiefensuche** *[engl.: depth-first search (DFS)]. Diese Auswahlprinzipien werden auch* **first-in-first-out** *(oder kurz* **FIFO***) bzw.* **first-in-last-out** *(***FILO***) genannt.*

In der Breiten- und Tiefensuche organisiert man die Menge U als (etwa von rechts zu füllende) *Warteschlange*, der man bei einer Auswahl stets das am weitesten links bzw. das am weitesten rechts stehende Element entfernt.

Die Breitensuche kann etwa angewendet werden, um effizient Augmentationsbäume in Prozedur 2.2.62 zur Konstruktion kardinalitätsmaximaler Matchings zu bestimmen; vgl. Übungsaufgabe 3.6.9.

3.1.28 Beispiel. *Wir wenden die Breitensuche mit der Markierungsregel*

$$\mu(v) \leftarrow \mu(u) + 1$$

auf den in Abbildung 3.1 dargestellten Graphen an.

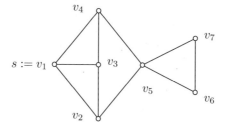

3.1 Abbildung. Graph G mit Startknoten s.

Die Adjazenzlisten seien nach aufsteigenden Indizes geordnet. Ebenso werden die aktuellen Knotenmengen U als geordnete Tupel geschrieben, die als Warteschlange interpretiert werden können.

Zur Initialisierung werden $\mu(s)$ auf 0 und die anderen Markierungen auf ∞ gesetzt. Die am Ende von Schritt k auftretenden Markierungen bzw. Knotenmenge werden im Folgenden mit $\mu^{(k)}$ bzw. $U^{(k)}$ bezeichnet. Es gilt also

$$\mu^{(0)}(s) = 0 \quad \wedge \quad \mu^{(0)}(v_2) = \ldots = \mu^{(0)}(v_7) = \infty \quad \wedge \quad U^{(0)} = (s).$$

Wegen

$$A(s) = (v_2, v_3, v_4) \quad \wedge \quad \mu^{(0)}(v_2) = \mu^{(0)}(v_3) = \mu^{(0)}(v_4) = \infty$$

werden zunächst (und in dieser Reihenfolge) v_2, v_3, v_4 in die Warteschlange aufgenommen, und wir erhalten

$$\mu^{(1)}(v_2) := \mu^{(1)}(v_3) := \mu^{(1)}(v_4) := \mu^{(0)}(s) + 1 = 1;$$

$\mu^{(0)}(s)$ sowie alle übrigen Knotenmarkierungen bleiben unverändert; der einheitlichen Notation wegen setzen wir daher zusätzlich

$$\mu^{(1)}(v_i) := \mu^{(0)}(v_i) \qquad (i = 1, 5, 6, 7).$$

Zuletzt verlässt s die Warteschlange, und mit

$$U^{(1)} := (v_2, v_3, v_4)$$

ist der erste Schritt des Verfahrens abgeschlossen.

Abbildung 3.2 stellt die einzelnen Schritte des Algorithmus graphisch dar. Die aktuellen Markierungen werden jeweils an den Knoten vermerkt; ∞ ist der Übersichtlichkeit halber weggelassen.

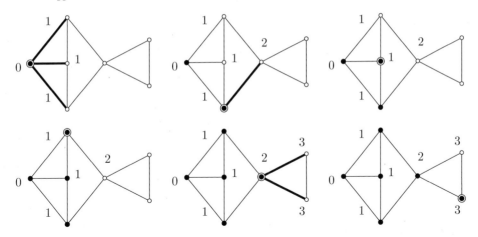

3.2 Abbildung. Schritte 1-6 der Breitensuche (zeilenweise von links nach rechts); die Markierungen sind an den Knoten vermerkt; ∞ ist weggelassen. Die bereits bearbeiteten Knoten sind mit einem ausgefüllten Kreis gekennzeichnet, der im jeweiligen Schritt aktuelle Knoten ist doppelt umkreist. Die hervorgehobenen Kanten verbinden den aktuell bearbeiteten Knoten mit den noch nicht markierten Knoten seiner Adjazenzliste.

In Schritt 2 wird der Knoten v_2 abgearbeitet. Es gilt

$$A(v_2) = (v_1, v_3, v_5) \quad \wedge \quad \mu^{(1)}(v_1) = 0 < \infty \wedge \mu^{(1)}(v_3) = 1 < \infty \wedge \mu^{(1)}(v_5) = \infty,$$

und wir erhalten

$$U^{(2)} = (v_3, v_4, v_5) \quad \wedge \quad \mu^{(2)}(v_5) := \mu^{(1)}(v_2) + 1 = 2.$$

Alle übrigen Werte bleiben unverändert, nur ihr Schrittzähler wird der Einheitlichkeit halber um 1 hochgesetzt. Entsprechend verlaufen die weiteren Schritte des Algorithmus. Für $k = 6$ erhalten wir

$$\mu^{(6)}(v_1) = 0 \quad \wedge \quad \mu^{(6)}(v_2) = \mu^{(6)}(v_3) = \mu^{(6)}(v_4) = 1$$
$$\mu^{(6)}(v_5) = 2 \quad \wedge \quad \mu^{(6)}(v_6) = \mu^{(6)}(v_7) = 3.$$

Es gilt $U^{(6)} = (v_7)$. Da auch v_7 bereits (im Schritt 5) markiert worden war, wird im letzten Schritt lediglich v_7 aus der Warteschlange entfernt. Diese ist nun leer, und das Verfahren bricht ab, ohne dass die aktuellen Markierungen noch einmal erneut geändert werden.

Die in Abbildung 3.2 hervorgehobenen Kanten zusammen bilden einen Baum; er ist in Abbildung 3.3 explizit hervorgehoben.

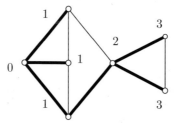

3.3 Abbildung.   Der durch die in Beispiel 3.1.28 durchgeführte Suchprozedur entstandene Baum.

Auch allgemein erzeugt Prozedur 3.1.24 eine entsprechende Struktur, wenn man den Begriff des Baumes in geeigneter Weise auf den gerichteten Fall erweitert.

3.1.29 Definition. *Seien $G := (V,E)$ ein Digraph.*

(a) *Sei $s \in V$, und zu jedem Knoten $v \in V$ gebe es genau einen (im Fall $v = s$ uneigentlichen) s-v-Weg in G. Dann heißt G **Wurzelbaum** [engl.: rooted tree] mit **Wurzel** s.*

(b) *G heißt **Wurzelbaum**, wenn es einen Knoten s in G gibt, so dass G Wurzelbaum mit Wurzel s ist.*

(c) *Sei $T := (V_T,E_T)$ ein Teilgraph von G. T heißt **aufspannender Wurzelbaum** von G, wenn T ein Wurzelbaum ist und $V_T = V$ gilt.*

Anschaulich entspricht ein Wurzelbaum einem Baum, in dem jede Kante 'von der Wurzel s weg' orientiert ist; vgl. Abbildung 3.4.

3.1.30 Lemma. *Seien $G := (V,E)$ ein Digraph und $s \in V$. G ist genau dann ein Wurzelbaum mit Wurzel s, wenn*

$$\deg_{\mathrm{in}\,G}(s) = 0 \quad \wedge \quad \big(v \in V \setminus \{s\} \Rightarrow \deg_{\mathrm{in}\,G}(v) = 1 \big)$$

gilt und G kreisfrei ist.

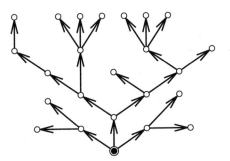

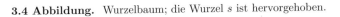

3.4 Abbildung. Wurzelbaum; die Wurzel s ist hervorgehoben.

Beweis: '$\Rightarrow$' Seien $v \in V \setminus \{s\}$ und $(v,s) \in E$. Da es einen s-v-Weg gibt, gäbe es zwei verschiedene Wege von s nach s (nämlich den trivialen der Länge 0 und einen durch v), im Widerspruch zur Voraussetzung, dass es genau einen (eigentlichen oder uneigentlichen) solchen in G gibt. Es gilt also $\deg_{\mathrm{in}\,G}(s) = 0$.

Sei $v \in V \setminus \{s\}$. Da v von s aus erreichbar ist, gilt $\deg_{\mathrm{in}\,G}(v) \geq 1$. Seien nun $\deg_{\mathrm{in}\,G}(v) \geq 2$ und $u,w \in V$ mit $u \neq w$ und $(u,v),(w,v) \in E$. Da es nach Voraussetzung sowohl einen s-u- als auch einen s-w-Weg in G gibt, liegt v in mindestens zwei s-v-Wegen, im Widerspruch zur Voraussetzung.

Sei K einen Kreis in G. Wegen $\deg_{\mathrm{in}\,G}(s) = 0$ liegt s nicht auf K. Andererseits gibt es zu jedem Knoten v in K einen s-v-Weg W in G. Sei w der erste Knoten von K, der von s aus auf W erreicht wird. Dann gilt $\deg_{\mathrm{in}\,G}(w) \geq 2$, im Widerspruch zu der bereits bewiesenen Ingradbedingung.

'$\Leftarrow$' Wir führen den Beweis mittels vollständiger Induktion nach $n := |V|$. Für $n = 1$ ist die Aussage trivial. Sei also $n \geq 2$. Da G kreisfrei ist, gibt es einen Knoten $w \in V \setminus \{s\}$ mit $\deg_{\mathrm{aus}\,G}(w) = 0$. Seien w ein solcher und G_w der durch $V \setminus \{w\}$ induzierte Teilgraph von G. Da der Ingrad bez. G_w für jeden Knoten in $V \setminus \{w\}$ mit dem Ingrad bez. G übereinstimmt, erfüllt G_w die Induktionsvoraussetzung, und es gibt zu jedem Knoten $v \in V \setminus \{w\}$ genau einen s-v-Weg. Wegen $\deg_{\mathrm{in}\,G}(w) = 1$ liegt der Knoten w in genau einer Kante von G, und diese ist von der Form (u,w) mit $u \in V \setminus \{w\}$. Also gibt es einen s-w-Weg in G, und kein Knoten v von V ist auf mehr als einem s-v-Weg enthalten.

Insgesamt folgt damit die Behauptung. $\qquad\qquad\qquad\qquad\qquad\qquad\qquad\square$

Wir kommen nun zum allgemeinen Nachweis der in Beispiel 3.1.28 gemachten Beobachtung.

3.1.31 Bemerkung. *Seien $G := (V,E)$ ein (Di-) Graph und $s \in V$. Ferner sei W die Menge der in Prozedur 3.1.24 erreichten Knoten und F die Menge der Kanten, die in irgendeinem Schritt von Prozedur 3.1.24 einen aktuell abzuarbeitenden Knoten u mit einem in dem entsprechenden Schritt neu zu U hinzukommenden Knoten v verbinden. Dann ist $T := (W,F)$ kreisfrei.*

Ist G ein Graph, so ist T ein Spannbaum der Zusammenhangskomponente von s in G. Ist G ein Digraph, so ist T ein aufspannender Wurzelbaum des durch W induzierten Teilgraphen von G.

Beweis: Sei $W^{(k)}$ die Menge der in Schritt k bereits markierten Knoten. Beim Übergang zu $W^{(k+1)}$ werden dann für einen Knoten $u \in W^{(k)}$ (nämlich dem aktuell abzuarbeitenden) alle Knoten aus $A(u)$ hinzugenommen, die noch nicht markiert waren. Die zugehörigen Kanten verbinden also $u \in W^{(k)}$ mit den Knoten $w \in A(u) \backslash W^{(k)}$. Es können demnach keine Kreise entstehen.

Die weiteren Aussagen folgen nun mit den Lemmata 3.1.25 und 3.1.30. $\qquad\square$

3.1.32 Bezeichnung. *Sei $G := (V,E)$ ein Graph bzw. Digraph. Jeder in Prozedur 3.1.24 gemäß Bemerkung 3.1.31 konstruierte (Wurzel-) Baum wird als* **Such(wurzel)baum** *[engl.: search tree] bezeichnet. Speziell heißen die durch Breiten- bzw. Tiefensuche entstehenden Bäume* **Breitensuch(wurzel)baum** *bzw.* **Tiefensuch(wurzel)baum.**

In Beispiel 3.1.28 fällt eine weitere Eigenschaft der Breitensuche mit der angegebenen Markierungsregel auf: Die Markierung der Knoten v am Ende des Verfahrens gibt die kombinatorische Länge eines s-v-Weges minimaler Kantenzahl an; vgl. Abbildung 3.2 (rechts unten) oder Abbildung 3.3. Tatsächlich gilt das bei Verwendung der Breitensuche ganz allgemein.

3.1.33 Satz. *Am Ende der Breitensuche mit der Markierungsregel $\mu(v) \leftarrow \mu(u) + 1$ angewendet auf einen (Di-) Graphen $G := (V,E)$ mit Startknoten s gibt die Markierung $\mu(v)$ für jeden Knoten $v \in V$ die kombinatorische Länge eines s-v-Weges minimaler Kantenzahl in G an, wobei $\mu(v) = \infty$ bedeutet, dass kein s-v-Weg existiert.*

Beweis: Wir führen den Beweis im ungerichteten Fall; der Beweis für Digraphen verläuft analog.

Nach Bemerkung 3.1.31 erzeugt der Algorithmus einen Spannbaum T in der s enthaltenden Zusammenhangskomponente von G. Somit werden die Markierungen der nicht mit s verbundenen Knoten von G nicht geändert, sind also auch am Ende des Verfahrens ∞. Wir können daher für den Rest des Beweises annehmen, dass G zusammenhängend ist.

Wir zeigen nun mittels Induktion über die Anzahl der durchgeführten Schritte, dass μ monoton in der Reihenfolge wächst, in der die Knoten v markiert werden, und dass sich ferner die Markierungen aller Knoten, die sich zu Beginn eines beliebigen Schrittes in der Warteschlange befinden, um höchstens 1 unterscheiden.

Mit $n := |V|$ seien $v_1, \ldots, v_n$ die in der Reihenfolge ihrer Markierung indizierten Knoten von V. Zu Beginn des ersten Schrittes ist $U = (s) = (v_1)$, die Aussage also trivial. Sei etwa $(v_p, v_{p+1}, \ldots, v_q)$ die zu Beginn eines beliebigen Schrittes vorhandene Warteschlange der aktiven Knoten. Nach Induktionsvoraussetzung gilt

$$\mu(v_1) \leq \mu(v_2) \leq \ldots \leq \mu(v_q)$$

sowie für alle $i \in \{p+1, \ldots, q\}$

$$\mu(v_p) \leq \mu(v_i) \leq \mu(v_p) + 1.$$

Im aktuellen Schritt wird nun v_p abgearbeitet. Jeder nicht markierte Knoten $v \in A(v_p)$ wird der Warteschlange rechts angefügt und mittels $\mu(v) \leftarrow \mu(v_p) + 1$ markiert. Abschließend wird v_p entfernt. Somit wachsen die Werte $\mu(v)$ monoton und auch die Einträge der neuen Warteschlange haben die behauptete Eigenschaft.

Ist $e := \{u,v\} \in E$ eine beliebige Kante, und wurde u im Algorithmus zuerst erfasst, so folgt wegen $v \in A(u)$ somit $\mu(u) \leq \mu(v) \leq \mu(u) + 1$. Insgesamt gilt also

$$e := \{u,v\} \in E \quad \Rightarrow \quad |\mu(u) - \mu(v)| \leq 1.$$

Sei nun $t \in V$. Der eindeutig bestimmte s-t-Weg in T hat die Länge $\mu(t)$. Nehmen wir an, es gäbe in G einen noch kürzeren s-t-Weg. Da $\mu(s) = 0$ ist, müsste dieser jedoch eine Kante $e := \{u,v\}$ enthalten mit $|\mu(u) - \mu(v)| \geq 2$, im Widerspruch zur gerade bewiesenen Aussage, dass sich die Markierungen benachbarter Knoten um höchstens 1 unterscheiden. Insgesamt folgt hiermit die Behauptung.   □

Als einfaches Korollar erhalten wir ein Verfahren, das es gestattet, effizient zu testen, ob ein gegebener Graph bipartit ist.

3.1.34 Korollar. *Das Problem 'Gegeben sei ein Graph G; entscheide ob G bipartit ist!', kann in polynomieller Zeit gelöst werden.*

Beweis: Es reicht, sich auf zusammenhängende Graphen $G := (V,E)$ zu beschränken. Sei $s \in V$. Mittels Breitensuche können nach Satz 3.1.33 in polynomieller Zeit für alle Knoten $v \in V$ Knotenmarkierungen $\mu(v)$ bestimmt werden, die die kombinatorische Länge eines s-v-Weges minimaler Kantenzahl in G angeben. Für $k = 0,1$ sei

$$V_{k+1} := \left\{ v \in V : \mu(v) \equiv k \,(\mathrm{mod}\,2) \right\}.$$

Dann ist $\{V_1,V_2\}$ eine Partition von V, und G ist genau dann bipartit, wenn $E(V_1) = E(V_2) = \emptyset$ gilt. Das kann aber leicht in polynomieller Zeit überprüft werden, und es folgt die Behauptung.   □

Man beachte, dass nach Lemma 2.2.50 ein Graph genau dann bipartit ist, wenn alle Kreise in G gerade Längen besitzen. Die Anzahl der Kreise in bipartiten Graphen kann aber durchaus exponentiell sein. Korollar 3.1.34 besagt also, dass man in polynomieller Zeit überprüfen kann, ob exponentiell viele Kreise die Parität 0 besitzen.

Als weitere Anwendung von Lemma 3.1.25 leiten wir einen Algorithmus für ein klassisches Teilproblem der ganzzahligen Optimierung her. Es kann einerseits aufgefasst werden als Zulässigkeitsproblem für Aufgaben der Form

$$\begin{array}{rcl} a^T x & = & \beta \\ x & \geq & 0 \\ x & \in & \mathbb{Z}^n \end{array}$$

mit $a \in \mathbb{N}^n$, $\beta \in \mathbb{N}$. Andererseits können wir es interpretieren als die Frage, ob eine gegebene Strecke der Länge β mit Intervallen der Längen aus einer vorgegebenen Menge $\{\alpha_1, \ldots, \alpha_n\}$ natürlicher Zahlen 'gepflastert' werden kann. Diese Interpretation liegt der folgenden Namensgebung zugrunde.

3.1.35 Bezeichnung. *Das Problem*

> *Gegeben: $n \in \mathbb{N}$, $a \in \mathbb{N}^n$, $\beta \in \mathbb{N}$.*
> *Auftrag: Bestimme ein $x \in \mathbb{N}_0^n$ mit $a^T x = \beta$ oder entscheide, dass es kein solches x gibt.*

heißt INTERVALLPFLASTERUNG.[29]

---

[29] Für dieses Problem oder für seine Entscheidungsversion, in der lediglich danach gefragt wird, ob ein solches x existiert, wird bisweilen in der Literatur auch der Name INTEGER KNAPSACK verwendet. Wir reservieren den Begriff KNAPSACK für die 0-1-Optimierungsversion mit Ungleichungsrestriktion; vgl. Bezeichnung 3.2.7.

3.1.36 Beispiel. *Seien*

$$n := 3 \quad \wedge \quad a := (3,5,7)^T \quad \wedge \quad \beta := 10.$$

Natürlich ist klar, dass die Aufgabe lösbar ist; die beiden Lösungsvektoren sind

$$x_1 := (0,2,0)^T \quad \wedge \quad x_2 := (1,0,1)^T.$$

Um einen systematischen Weg anzugeben, wie man auch für größere Aufgaben Lösungen konstruieren kann, überführen wir die Aufgabe in eine Suche in einem Digraphen $G := (V,E)$. Er ist bestimmt durch die Setzung

$$V := \{0,1,2,\ldots,10\}$$
$$E := \big\{(0,3),(1,4),\ldots,(7,10),(0,5),(1,6),\ldots,(5,10),(0,7),(1,8),(2,9),(3,10)\big\};$$

vgl. Abbildung 3.5. Es sind also alle Kanten der Form (i,j) mit $i,j \in V$ und $j-i \in \{3,5,7\}$ enthalten.

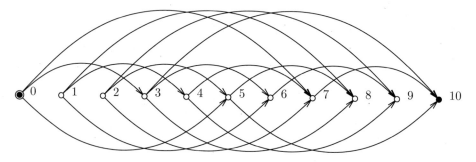

3.5 Abbildung. Der zur gegebenen Aufgabe von Beispiel 3.1.36 gehörende Digraph.

In G gibt es die folgenden drei (durch Angabe ihrer Knoten spezifizierten) 0-10-Wege:

$$(0,5,10), \qquad (0,3,10), \qquad (0,7,10).$$

Der erste dieser 0-10-Wege entspricht der Lösung x_1; die beiden anderen der Lösung x_2.

3.6 Abbildung. Zu den Lösungen x_1 (links) und x_2 (rechts) gehörige Wege.

Die in Beispiel 3.1.36 gegebene Konstruktion führt auch allgemein zu einem Algorithmus für INTERVALLPFLASTERUNG.

3.1.37 Satz. *Es gibt einen Algorithmus für* INTERVALLPFLASTERUNG, *der für Inputs $\mathcal{I} := (n,a,\beta)$ eine Laufzeit von $O\big(\text{size}(\mathcal{I})\beta\big)$ besitzt.*

Beweis: Seien $\mathcal{I} := (n,a,\beta)$ eine Aufgabe von INTERVALLPFLASTERUNG und $a =:$ $(\alpha_1, \ldots, \alpha_n)^T$. O.B.d.A. seien alle α_i verschieden. Analog zur Konstruktion in Beispiel 3.1.36 definieren wir den Digraphen $G := (V,E)$ durch

$$V := \{0,1,2,\ldots,\beta\} \quad \wedge \quad E := \{(i,j) : i,j \in V \wedge j - i \in \{\alpha_1, \ldots, \alpha_n\}\}.$$

Für $e := (i,j) \in E$ sei $\lambda(e) := j - i$. Ferner sei für $i \in [n]$

$$\Lambda_i := \{e \in E : \lambda(e) = \alpha_i\}.$$

Ein Weg $W := (e_1, e_2, \ldots, e_p)$ mit Anfangsknoten 0 ist genau dann ein 0-β-Weg, wenn

$$\sum_{i=1}^{p} \lambda(e_i) = \beta$$

gilt. Mit der Setzung

$$\xi_i := \big|\{e_1, e_2, \ldots, e_p\} \cap \Lambda_i\big| \quad (i \in [n]) \quad \wedge \quad x_W := (\xi_1, \ldots, \xi_n)^T$$

ist x_W dann Lösung der gegebenen Aufgabe. Umgekehrt gehört zu jeder Lösung x (mindestens) ein 0-β-Weg; ein solcher kann durch sukzessives Anfügen der passenden ξ_i-vielen Kanten aus Λ_i konstruiert werden.

Die gegebene Aufgabe von INTERVALLPFLASTERUNG kann somit auf die Frage nach der Existenz eines 0-β-Weges in G zurückgeführt werden. Wegen $|V| = \beta+1$ und $|E| \leq n\beta$ ist die Kodierungsgröße von G (bi-)linear in $\text{size}(\mathcal{I})$ und β beschränkt. Somit folgt die Behauptung aus Lemma 3.1.25. $\qquad\square$

Auf den ersten Blick mag Satz 3.1.37 so wirken, als garantiere er die Existenz eines polynomiellen Algorithmus für INTERVALLPFLASTERUNG. Das ist aber ganz und gar nicht der Fall. Tatsächlich geht ja β selbst in die angegebene Abschätzung der Laufzeit ein, nicht aber nur seine binäre Größe $\text{size}(\beta)$. Behauptet und bewiesen ist also nur die Existenz eines Algorithmus der Laufzeit $O\big(\text{size}(\mathcal{I}) \cdot 2^{\text{size}(\beta)}\big)$, und das ist *exponentiell* in $\text{size}(\beta)$. Es sind also 'die numerischen Daten', die eine polynomielle Laufzeit vereiteln. Diese Eigenschaft wird in der folgenden Definition genauer gefasst.

3.1.38 Definition. *Sei $\mathcal{A}$ ein Algorithmus, der Inputs $\mathcal{I} := (p, \rho_1, \ldots, \rho_p)$ mit $p \in \mathbb{N}$ und $\rho_1, \ldots, \rho_p \in \mathbb{Z}$ akzeptiert. Für jeden solchen Inputstring $\mathcal{I}$ sei $\kappa(\mathcal{I}) := \max\{|\rho_1|, \ldots, |\rho_p|\}$. Existiert ein Polynom $\pi : \mathbb{N} \times \mathbb{N} \to \mathbb{N}$, so dass $\pi\big(\text{size}(\mathcal{I}), \kappa(\mathcal{I})\big)$ für jeden solchen Inputstring $\mathcal{I}$ eine obere Schranke für das Produkt aus der Anzahl der elementaren Operationen, die $\mathcal{A}$ bei Eingabe von $\mathcal{I}$ durchführt, und der Größe der beteiligten Zahlen ist, so heißt $\mathcal{A}$ **pseudopolynomiell**.*

*Ist Π ein Problem und existiert ein pseudopolynomieller Algorithmus $\mathcal{A}$ für Π, so sagt man, dass Π **in pseudopolynomieller Zeit lösbar** ist.*

3.1.39 Korollar. INTERVALLPFLASTERUNG *ist in pseudopolynomieller Zeit lösbar.*

Beweis: Die Aussage folgt direkt aus Satz 3.1.37. $\qquad\square$

Da der im Beweis von Satz 3.1.37 konstruierte Graph $\beta + 1$ Knoten enthält, ist der pseudopolynomielle Algorithmus von INTERVALLPFLASTERUNG tatsächlich exponentiell in $\text{size}(\beta)$.

Ist das nun einfach eine (schlechte) Eigenschaft des konkreten Algorithmus oder verbirgt sich hier ein fundamentaleres Problem? Anders ausgedrückt: Gibt es für INTER-VALLPFLASTERUNG einen polynomiellen Algorithmus? Bislang ist jedenfalls kein solcher bekannt, es ist also nicht auszuschließen, dass gar keiner existiert. Eine entsprechende Aussage zu beweisen, liegt allerdings jenseits dessen, was die Wissenschaft heute zu leisten im Stande ist. Wenn es also bislang unmöglich ist festzustellen, ob INTERVALL-PFLASTERUNG effizient lösbar ist oder nicht, ist es dann vielleicht wenigstens möglich, die algorithmische Komplexität des Problems INTERVALLPFLASTERUNG mit der anderer Probleme zu vergleichen, um so seinen 'relativen Schwierigkeitsgrad' einzuordnen? Den Schlüssel hierfür haben wir mit Bemerkung 3.1.10 bereits zur Verfügung.

Orakel, polynomielle Reduktion und $\mathbb{NP}$-Vollständigkeit: Seien $\mathcal{A}$ ein Algo-rithmus für INTERVALLPFLASTERUNG, Π ein anderes Problem und $\mathcal{B}$ ein Algorithmus für Π. Nehmen wir nun an, dass $\mathcal{A}$ polynomiell viele elementare Operationen auf Zahlen polynomieller Größe und (mit solchen als Input) zusätzlich polynomiell viele Aufrufe von $\mathcal{B}$ als Subroutine erfordert. Wäre dann $\mathcal{B}$ polynomiell, so hätte nach Bemerkung 3.1.10 auch $\mathcal{A}$ polynomielle Laufzeit. Das bedeutet, dass INTERVALLPFLASTERUNG (modulo po-lynomieller Berechnungen) nicht schwieriger wäre als Π. Das gilt auch, wenn es $\mathcal{B}$ gar nicht gibt, sondern nur als hypothetisches 'Orakel' oder als 'black box' angenommen wird, dessen Output polynomielle Größe im Input hat.

Gäbe es umgekehrt einen Algorithmus $\mathcal{C}$ für Π, der polynomiell viele elementare Operationen auf Zahlen polynomieller Größe und zusätzlich polynomiell viele Aufrufe eines Algorithmus $\mathcal{D}$ für INTERVALLPFLASTERUNG als Subroutine (mit polynomieller In-und Outputgröße) erfordert, so wäre mit gleicher Begründung INTERVALLPFLASTERUNG sicherlich nicht leichter als Π. Wäre beides gleichzeitig der Fall, so würde man INTERVALL-PFLASTERUNG und Π 'modulo polynomieller Algorithmen' als gleich schwierig ansehen.

3.1.40 Definition. *Seien Π_1 und Π_2 Probleme. Eine Funktion ω, die jeder Aufgabe $\mathcal{I}$ von Π_2 eine Lösung $\mathcal{O}$ zuordnet, heißt **Orakel** für Π_2, wenn es ein Polynom $\pi : \mathbb{N}_0 \to \mathbb{N}_0$ gibt, so dass $\mathrm{size}(\mathcal{O}) \leq \pi\big(\mathrm{size}(\mathcal{I})\big)$ gilt. Wir sagen, dass ein Algorithmus $\mathcal{A}$ für Π_1 **ein Orakel** ω für Π_2 **aufruft**, wenn $\mathcal{A}$ einen Input $\mathcal{I}$ von Π_2 berechnet und ihm dann das Ergebnis $\omega(\mathcal{I})$ zur Verfügung steht.*

*Π_1 heißt **polynomiell reduzierbar** auf Π_2, wenn es einen Algorithmus $\mathcal{A}$ gibt, der Π_1 mittels polynomiell vieler elementarer Operationen auf Zahlen polynomieller Größe und polynomiell vieler Aufrufe eines Orakels ω für Π_2 löst. Ist $\mathcal{A}$ ein solcher Algorithmus, so heißt $\mathcal{A}$ **polynomielle Reduktion** von Π_1 auf Π_2.*

*Π_1 und Π_2 heißen **polynomiell äquivalent**, wenn Π_1 polynomiell auf Π_2 und Π_2 polynomiell auf Π_1 reduzierbar sind.*

Natürlich bedeutet die polynomielle Äquivalenz zweier Probleme nicht, dass sie auch in der Praxis gleich schwierig sind. Schließlich sind sowohl $O(n)$ als auch $O(n^{100})$ polyno-miell in n. Unsere Äquivalenzrelation ist also recht grob, genauso grob wie unser Begriff von Effizienz.

Als ein Beispiel für eine polynomielle Reduktion betrachten wir noch einmal die verschiedenen Formen von LP-Problemen. In Sektion 1.4 hatten wir Transformationen angegeben, die eine Form in eine andere überführen. Beschränken wir die Probleme auf solche mit rationalen Inputdaten, so sind die beschriebenen Transformationen polynomi-ell in der jeweiligen binären Größe der ursprünglichen Aufgabe. Gibt es also für eine Form von LP-Problemen über $\mathbb{Q}$ einen polynomiellen Algorithmus, so auch für alle anderen.

3.1.41 Satz. *Die folgenden Klassen linearer Optimierungsprobleme auf rationalen Inputs lassen sich polynomiell aufeinander reduzieren: das allgemeine* LP-*Problem; das* LP-*Problem in Standardform; das* LP-*Problem in kanonischer Form; das* LP-*Problem in natürlicher Form.*

Beweis: Die Aussage folgt unmittelbar aus den Bemerkungen 1.4.2 und 1.4.6 sowie Korollar 1.4.4. ☐

Natürlich wird man bei der Lösung praktischer LP-Aufgaben diese nur dann transformieren, wenn hierdurch keine größeren Rechenzeiten oder numerische Instabilitäten auftreten; vgl. Sektion 4.5. Besser ist es in der Regel, die Algorithmen selbst anzupassen.

Es liegt nahe, ein Problem dann als besonders schwierig aufzufassen, wenn sich sehr viele andere Probleme auf dieses polynomiell reduzieren lassen. Definition 3.1.49 wird eine große Klasse von Problemen enthalten, die wir zum Vergleich heranziehen können. Sie sind in gewissem Sinn besonders einfach strukturiert: Ihr Output ist lediglich 'ja' oder 'nein', d.h. die Aufgabe besteht darin zu entscheiden, ob eine Aussage wahr oder falsch ist. Betrachten wir zunächst ein einfaches Beispiel.

3.1.42 Bezeichnung. *Das folgende Problem*

Gegeben: Graph G.
Frage: Besitzt G einen Hamiltonkreis?

wird als HAMILTONKREIS *bezeichnet. Ist stattdessen nach der Existenz eines Hamiltonwegs gefragt, so liegt das Problem* HAMILTONWEG *vor.*

Die Aufgabe von HAMILTONKREIS besteht also darin, zu *entscheiden*, ob ein gegebener Graph einen Hamiltonkreis besitzt.

3.1.43 Bezeichnung. *(informell)*
Sei Π *ein Problem, dessen Output nur aus 'ja' oder 'nein' (oder 1 bzw. 0) besteht. Dann wird* Π **Entscheidungsproblem** *genannt. Jeder Input* $\mathcal{I}$*, der zum Output 'ja' (bzw. 'nein') führt, heißt* **ja-Instanz** *(bzw.* **nein-Instanz***) von* Π*.*

Sind Entscheidungsprobleme nicht sehr speziell? In der Regel wird man doch für eine 'ja'-Instanz von HAMILTONKREIS auch einen Hamiltonkreis finden wollen.

Tatsächlich lassen sich viele Probleme in 'kanonischer Weise' polynomiell auf ihre Entscheidungsversion zurückführen[30]

3.1.44 Lemma. *Das Problem 'Gegeben sei ein Graph G, bestimme einen Hamiltonkreis in G oder entscheide, dass kein solcher existiert', ist polynomiell reduzierbar auf* HAMILTONKREIS.

Beweis: Sei $\mathcal{A}$ ein Algorithmus für HAMILTONKREIS. Sei nun ein Graph $G := (V,E)$ gegeben; $e_1, \ldots, e_m$ seien seine Kanten.

---

[30] Das vielleicht berühmteste Gegenbeispiel ist das Problem der Faktorisierung natürlicher Zahlen. Die Entscheidungsversion 'Gegeben $n \in \mathbb{N}$, ist n eine Primzahl?' kann in polynomieller Zeit gelöst werden. Wie schwer es ist, einen nichttrivialen Teiler zu finden, falls n nicht prim ist, ist bis heute nicht bekannt. Der Gedanke, dass auf der Schwierigkeit der Faktorisierung großer Zahlen die Sicherheit im elektronischen Zahlungsverkehr oder anderen Anwendungsfeldern der Kryptographie beruht, ist daher nicht wirklich beruhigend.

Wir rufen zunächst $\mathcal{A}$ für G auf. Ist die Antwort 'nein', so besitzt G keinen Hamiltonkreis, und wir sind fertig.

Sei daher die Antwort 'ja'. Im Folgenden reduzieren wir sukzessive E. Wir wenden zunächst $\mathcal{A}$ auf $(V,E \setminus \{e_m\})$ an. Ist die Antwort 'nein', so enthält jeder Hamiltonkreis von G die Kante e_m, und wir setzen $E_m := E$. Andernfalls besitzt auch bereits $(V,E \setminus \{e_m\})$ einen Hamiltonkreis und wir setzen $E_m := E \setminus \{e_m\}$.

Führen wir diese Verfahren sukzessive mit $e_{m-1},\ldots,e_1$ fort, so erhalten wir den Subgraphen $H := (V,E_1)$. Nach Konstruktion besitzt H einen Hamiltonkreis, aber keine Kante kann entfernt werden, ohne diese Eigenschaft zu verletzten. Somit ist H ein gesuchter Hamiltonkreis.

Insgesamt ist $\mathcal{A}$ lediglich $m+1$ mal aufgerufen worden, und der Input ist jeweils ein Teilgraph von G, d.h. die Kodierungslänge ist nicht gewachsen. Somit folgt die Behauptung. $\qquad\square$

Mit einer leichten, aber vom angewendeten Prinzip her wichtigen Modifikation funktioniert das gleiche Reduktionsprinzip auch für INTERVALLPFLASTERUNG und das zugehörige Entscheidungsproblem. Sei $\mathcal{A}$ ein Algorithmus, der das Entscheidungsproblem

'Gegeben $n \in \mathbb{N}$, $\alpha_1,\ldots,\alpha_n \in \mathbb{N}$ und $\beta \in \mathbb{N}$, existieren $\xi_1,\ldots,\xi_n \in \mathbb{N}_0$ mit $\sum_{i=1}^n \alpha_i \xi_i = \beta$?'

löst. Ist für eine gegebene Instanz $(n,\alpha_1,\ldots,\alpha_n,\beta)$ die Antwort 'ja', so wenden wir $\mathcal{A}$ für $\eta \in \mathbb{N}$ auf die reduzierte Instanz $(n,\alpha_1,\ldots,\alpha_n,\beta - \eta \cdot \alpha_n)$ an. Die Antwort ist genau dann 'nein', wenn in keiner Lösung der ursprünglichen Aufgabe $\xi_n \geq \eta$ gilt. Durch Variation von η kann man mittels $\mathcal{A}$ somit das Maximum η^* aller solchen η finden, für das die reduzierte Instanz lösbar ist. Mit diesem fährt man nun entsprechend für α_{n-1} fort.

Es gibt allerdings ein Problem mit dieser Methode. Wir können nicht alle möglichen Werte für η durchprobieren, denn das könnten schon im ersten Schritt, d.h. für α_n

$$\left\lfloor \frac{\beta}{\alpha_n} \right\rfloor$$

also in der Inputgröße *exponentiell viele* sein.

Abhilfe schafft das bekannte Prinzip der *binäre Suche*. Wegen seiner grundsätzlichen Bedeutung soll es hier kurz wiederholt werden. Wir geben es alledings gleich in einer für unseren Zwecke adäquaten Formulierung an, nämlich als Orakel für eine dadurch implizit gegebene ganze Zahl.

3.1.45 Bezeichnung. *Seien $\eta^* \in \mathbb{Z}$ und $\mathcal{O}_\leq$ (bzw. $\mathcal{O}_\geq$) ein Algorithmus mit Output in $\{ja, nein\}$, der als Input ganze Zahlen τ akzeptiert und der genau dann 'ja' ausgibt, wenn $\eta^* \leq \tau$ (bzw. $\tau \leq \eta^*$) ist. Dann heißt $\mathcal{O}_\leq$ (bzw. $\mathcal{O}_\geq$) **Orakel für** η^*.*

Zur Abkürzung schreiben wir $\mathcal{O}_\leq(\tau) = ja$ (bzw. $\mathcal{O}_\geq(\tau) = ja$), wenn $\mathcal{O}_\leq$ (bzw. $\mathcal{O}_\geq$) bei Anwendung auf τ 'ja' ausgibt, sonst $\mathcal{O}_\leq(\tau) = nein$ (bzw. $\mathcal{O}_\geq(\tau) = nein$).

In unserem obigen Beispiel ist η^* das Maximum aller η, für das die reduzierte Instanz lösbar ist, und der angenommene Algorithmus $\mathcal{A}$ für die Entscheidungsversion von INTERVALLPFLASTERUNG ist ein Orakel für η^* vom Typ $\mathcal{O}_\geq$.

Wir formulieren nun das Prinzip der binären Suche für durch Orakel $\mathcal{O}_\leq$ gegebene ganze Zahlen; ist eine ganze Zahl durch ein Orakel $\mathcal{O}_\geq$ gegeben, so verläuft alles völlig analog.

3.1.46 Prozedur: *Binäre Suche.*

INPUT:	$\mu,\nu \in \mathbb{Z}$ mit $\mu \leq \nu$, Orakel $\mathcal{O}_{\leq}$ für ein $\eta^* \in \mathbb{Z} \cap [\mu,\nu]$
OUTPUT:	η^*
BEGIN	WHILE $\mu < \nu$ DO
	BEGIN
	$\tau \leftarrow \lfloor (\mu + \nu)/2 \rfloor$
	IF $\mathcal{O}_{\leq}(\tau) = ja$ THEN $\nu \leftarrow \tau$ ELSE $\mu \leftarrow \tau + 1$
	END
	$\eta^* \leftarrow \mu$
END	

Das folgende Lemma zeigt, dass die binäre Suche in logarithmischer Zeit durchgeführt werden kann.

3.1.47 Lemma. *Prozedur 3.1.46 ist korrekt; die Laufzeit der binären Suche auf Inputs* $\mathcal{I}$ *ist in* $O\big(\log(\text{size}(\mathcal{I}))\big)$.

Beweis: Ist $\mu = \nu$, so wird die WHILE-Schleife gar nicht durchlaufen, und das Verfahren bricht mit der Ausgabe $\eta^* = \mu = \nu$ ab. Andernfalls halbiert sich im Wesentlichen in jedem Durchlauf der WHILE-Schleife die Länge $\nu - \mu$ des ursprünglichen Intervalls, in dem sich η^* befindet. Genauer ist die Länge nach einem Schritt höchstens

$$\max\left\{ \left\lfloor \frac{\mu + \nu}{2} \right\rfloor - \mu, \nu - \left\lfloor \frac{\mu + \nu}{2} \right\rfloor - 1 \right\} = \left\lfloor \frac{\mu + \nu}{2} \right\rfloor - \mu \leq \frac{\nu - \mu}{2}.$$

Nach $k := \lfloor \log(\nu - \mu) \rfloor + 1$ Schritten ist die Größe des aktuellen Suchintervalls also höchstens

$$\frac{1}{2^k}(\nu - \mu) < 1$$

und, da sie ganzzahlig ist, also gleich 0, und die Abbruchbedingung der WHILE-Schleife ist erfüllt. Da im Laufe des Verfahren stets η^* im aktuellen Intervall enthalten ist, folgt die Behauptung.   □

Es ist nicht schwierig, Prozedur 3.1.46 so zu modifizieren, dass man auf die Voraussetzung $\mu \leq \eta^* \leq \nu$ verzichten kann und zusätzlich entschieden wird, ob η^* im angegebenen Intervall liegt; vgl. Übungsaufgabe 3.6.8.

Die Bedeutung der binäre Suche zeigt sich unter anderem darin, dass man mit ihrer Hilfe oftmals Algorithmen zur Lösung eines Entscheidungsproblems benutzen kann, um auch das zugehörige Evaluationsproblem zu lösen.

3.1.48 Korollar. *Sei* Π *ein Evaluationsproblem mit der Eigenschaft, dass für jede zulässige Eingabe* $\mathcal{I}$ *entweder Unzulässigkeit vorliegt oder das Optimum der Zielfunktion eine ganze Zahl ist, für die ganzzahlige obere und untere Schranken bekannt sind, deren Kodierungslängen durch ein Polynom in* $\text{size}(\mathcal{I})$ *beschränkt sind. Ferner sei* Γ *das zu* Π *gehörige Entscheidungsproblem. Besitzt* Γ *einen polynomiellen Algorithmus, so ist auch* Π *in polynomieller Zeit lösbar.*

Beweis: Die Aussage folgt direkt aus Lemma 3.1.47.   □

In vielen Fällen können sogar alle in Definition 1.1.1 eingeführten Varianten eines Problems, das Zulässigkeits-, Evaluations- oder Optimierungsproblem, polynomiell auf das zugehörige Entscheidungsproblem reduziert werden. Die Einschränkung auf Entscheidungsprobleme ist daher in Bezug auf die Frage der polynomiellen Lösbarkeit keine übermäßige Spezialisierung.

Die zentrale Klasse $\mathbb{NP}$ wird in der folgenden Definition (informell) eingeführt. Wir verlangen für ein Entscheidungsproblem dieser Klasse keine effiziente Lösbarkeit, sondern nur, dass eine *gegebene* Lösung in polynomieller Zeit als solche bestätigt werden kann. Ein Entscheidungsproblem Π ist also genau dann in $\mathbb{NP}$, wenn es für jede ja-Instanz einen polynomiell 'nachrechenbaren Beweis' polynomieller Länge gibt.

3.1.49 Definition. *(informell)*
*Die Klasse $\mathbb{NP}$[31] besteht aus allen Entscheidungsproblemen Π mit folgenden Eigenschaften: Es gibt ein Polynom π und einen polynomiellen Algorithmus $\mathcal{A}$, der als Input ein beliebiges Paar $(\mathcal{I},\mathcal{Z})$ bestehend aus einer Aufgabe $\mathcal{I}$ von Π und einer Sequenz $\mathcal{Z}$ rationaler Zahlen der Länge höchstens $\pi\big(\mathrm{size}(\mathcal{I})\big)$, dem **Beleg** oder **potentiellen Zertifikat**, zulässt und einen Wert $\tau(\mathcal{I},\mathcal{Z})$ berechnet, so dass gilt:*

(a) Ist $\mathcal{I}$ eine nein-Instanz von Π, so ist $\tau(\mathcal{I},\mathcal{Z}) = 0$ für alle solchen potentiellen Zertifikate $\mathcal{Z}$;

(b) Ist $\mathcal{I}$ eine ja-Instanz von Π ist, so existiert ein solches Zertifikat $\mathcal{Z}$ mit $\tau(\mathcal{I},\mathcal{Z}) = 1$.

*Ein Problem Π heißt $\mathbb{NP}$-**schwierig** [engl.: $\mathbb{NP}$-hard], falls jedes Problem aus $\mathbb{NP}$ polynomiell auf Π reduzierbar ist. Π heißt $\mathbb{NP}$-**leicht** [engl.: $\mathbb{NP}$-easy], falls es ein Problem Π' aus $\mathbb{NP}$ gibt, auf das Π polynomiell reduzierbar ist. Π heißt $\mathbb{NP}$-**äquivalent**, falls Π $\mathbb{NP}$-leicht und $\mathbb{NP}$-schwierig ist. Gilt $\Pi \in \mathbb{NP}$ und ist Π $\mathbb{NP}$-schwierig, so heißt Π $\mathbb{NP}$-**vollständig**.*

3.1.50 Beispiel. *Wir betrachten noch einmal das Problem* HAMILTONKREIS. *Ob* HAMILTONKREIS *polynomiell lösbar ist, ist unbekannt. Es liegt aber in der Klasse $\mathbb{NP}$. Als Beleg benutzen wir einfach einen String $(v_1,\ldots,v_n)$, der einen Hamiltonkreis durch Angabe der Knoten (in ihrer binären Kodierung) in einer der beiden Durchlaufrichtungen beschreibt. Dann ist lediglich zu überprüfen, ob n verschiedene Ecken kodiert sind, und ob v_1 und v_n sowie je zwei benachbarte Ecken des Zertifikats durch eine Kante verbunden sind.*

Eine naheliegende Frage stellt sich jetzt unmittelbar: *Gibt es denn überhaupt $\mathbb{NP}$-schwierige Probleme?* Eigentlich ist diese Eigenschaft eines Problems Π fast 'zu stark, um wahr zu sein': Ein polynomieller Algorithmus für Π liefert direkt polynomielle Algorithmen für *alle* Probleme aus $\mathbb{NP}$. Es mag daher vielleicht überraschen, aber die Klasse der $\mathbb{NP}$-vollständigen Probleme ist wirklich nicht leer. Den Beweis hierfür werden wir in Sektion 3.3 erbringen. Tatsächlich gibt es sogar sehr viele Probleme, von denen diese Eigenschaft nachgewiesen werden kann.

3.2   Mehrstufige Entscheidungsprozesse

In dieser Sektion befassen wir uns mit mehrstufigen Entscheidungsprozessen. Nach einem ausführlichen Beispiel führen wir eine recht allgemeine algorithmische Optimierungstechnik ein, die *dynamischen Optimierung*. Danach werden wir verschiedene klassische Probleme behandeln, unter ihnen das *Rucksackproblem* und das *Problem kürzester Wege*.

---

[31] Diese Abkürzung steht für *nichtdeterministisch polynomiell* und bezieht sich auf die polynomielle Lösbarkeit auf einer nichtdeterministischen Turing-Maschine; vgl. Sektion 3.5.

Dynamische Optimierung: Wir behandeln im Folgenden eine Optimierungstechnik für Probleme, die sich als mehrstufige sequentielle Entscheidungsprozesse formulieren lassen. Die Zustände der Stufe k hängen dabei zwar von den Zuständen der Stufe $k-1$ und den dort getroffenen Entscheidungen ab, nicht aber von früheren oder späteren Stufen oder den dort getroffenen Entscheidungen. Es ist also nur wichtig, von *wo* aus in Stufe $k-1$ wir starten, wenn wir die nächste Entscheidung treffen, nicht aber *wie* wir dorthin gekommen sind. Der Prozess ist in diesem Sinne gedächtnislos.

Wir werden die Technik zunächst an einem Beispiel erläutern und dann ihre Prinzipien zusammenstellen. Dabei zielen wir nicht auf größtmögliche Allgemeinheit, sondern beschränken uns auf ein einfaches graphentheoretisches Modell endlichstufiger, deterministischer Prozesse.[32]

3.2.1 Beispiel. *Gegeben sei eine industrielle Montagestraße, deren einzelne Montagestationen durch die Knoten $v_1, \ldots, v_{11}$ des Digraphen aus Abbildung 3.7 repräsentiert werden. Die Knoten $s := v_1$ und $t := v_{11}$ entsprechen dem Eintritt bzw. Austritt eines Objekts in die Montagestraße.*

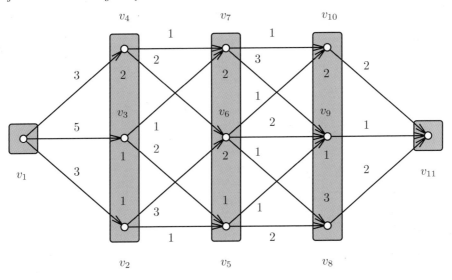

3.7 Abbildung. Montagestraße mit Bearbeitungs- und Transferzeiten. Die Bearbeitungszeiten sind als Knotengewichte (innerhalb der grau unterlegten Schichten), die Transferzeiten als Kantengewichte vermerkt.

Die Kanten geben die möglichen Abläufe von Station zu Station an. Die Stationen sind in Stufen angeordnet; die einzelnen Schichten sind in Abbildung 3.7 grau unterlegt. Eine Fertigung muss alle Stufen durchlaufen; welche Montagestation in jeder Stufe eingesetzt wird, ist aber nicht vorgeschrieben. Die zulässigen Gesamtmontagen entsprechen somit den s-t-Wegen in dem abgebildeten Digraphen $G := (V,E)$.

Fällt nun ein Montageauftrag an, so werden diesem seine Ausführungszeiten ν_i an den einzelnen Stationen v_i sowie die Transferzeiten $\tau_{i,j}$ zwischen den Stationen v_i und

---

[32] Ähnliche Ansätze können jedoch u.a. auch zur Optimierung stochastischer Entscheidungsprozesse eingesetzt werden.

v_j *zugeordnet. Wir setzen zur Vereinheitlichung noch* $\nu_1 := \nu_{11} = 0.$[33] *Die entsprechen-den Knoten- und Kantengewichte sind in Abbildung 3.7 vermerkt.*[34] *Die Aufgabe besteht nun darin, die minimale Gesamtausführungszeit der Montage zu bestimmen. An jedem erreichten Knoten ist also die Entscheidung zu treffen, welcher der möglichen Transfers in die nächsthöhere Stufe vorgenommen werden soll. Insgesamt fallen somit in dem ab-gebildeten Beispiel lediglich drei Entscheidungen an: Zunächst wird bestimmt, wie man von s aus in den Montageprozess eintritt, also über welche Kante man von Stufe 0 zu Stufe 1 übergeht. Danach sind zunächst eine Teilmontage durchzuführen und anschlie-ßend zu entscheiden, welchen Transfer zur Stufe 2 man vornehmen möchte. Nach der Teilmontage in Stufe 2 ist der Übergang zu Stufe 3 festzulegen. Anschließend sind noch die Montage in Stufe 3 und der eindeutig bestimmte Transfer zu t durchzuführen.*

Nehmen wir zunächst an, wir interessierten uns für einen Montageprozess, der die Station v_6 *durchläuft. Die Gesamtmontagezeit hängt natürlich davon ab, welchen* s-v_6-*Weg wir wählen, nicht aber die Entscheidung, ob wir nach der Montage in* v_6 *zu* v_8, v_9 *oder* v_{10} *übergehen. Ebenso hängen die Entscheidungen, wie wir zu* v_6 *kommen, nicht von dem danach gewählten* v_6-t-*Weg ab, der die Montage abschließt. Somit ist klar, dass wir sowohl einen optimalen* s-v_6-*Weg als auch einen optimalen* v_6-t-*Weg wählen werden. Durch die Festlegung, durch* v_6 *laufen zu wollen, zerfällt daher unsere Aufgabe in die beiden kleineren Teilaufgaben, in den entsprechenden Teilgraphen einen* s-v_6-*Weg bzw. einen* v_6-t-*Weg kürzester Montagezeit zu finden; vgl. Abbildung 3.8.*

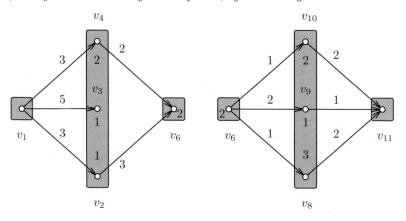

3.8 Abbildung. Teilgraphen, die durch Festlegung von v_6 als Zwischenmontagestation entste-hen.

Tatsächlich wissen wir ja aber gar nicht, ob ein insgesamt optimaler s-t-*Weg über-haupt durch* v_6 *verläuft. Unterscheiden wir die drei möglichen Fälle, die Montage auf Stufe 2 vorzunehmen, nämlich in* v_5, v_6 *oder* v_7, *so zerfällt die Gesamtaufgabe in* $3 \cdot 2$ *kleinere Teilaufgaben. Obwohl ein solcher Ansatz zunächst nach einer Enumeration aller Möglichkeiten aussehen mag, kann man aufgrund der besonderen Stufenstruktur der Auf-gabe das beschriebene Prinzip effizient umsetzen. Man geht sukzessive von Stufe zu Stufe*

---

[33] Die Knoten s und t entsprechen also nur dem Einstieg in und dem Ausstieg aus dem Montageprozess. Wenn Einstieg und Ausstieg selbst mit Grund- bzw. Endmontagearbeiten verbunden sind, so kann man hier natürlich auch von Null verschiedene Knotengewichte verwenden.

[34] Natürlich kann man ähnlich wie in Beispiel 2.2.29 auch hier den Graphen modifizieren, um nur mit Kantengewichten zu arbeiten.

vor und ordnet dabei den Knoten v_i Ausführungszeiten $\alpha(v_i)$ zu, die das Minimum der bis dahin angefallenen Montage- und Transferzeiten angeben, einschließlich der Montage in v_i.

Beginnen wir mit s. Da s lediglich den Eintritt in den Montageprozess symbolisiert, setzen wir $\alpha(s) := 0$. (Die zum Eintritt in v_2, v_3 bzw. v_4 erforderlichen Arbeiten sind in den Transferzeiten $\tau_{1,2}$, $\tau_{1,3}$ bzw. $\tau_{1,4}$ berücksichtigt.) Im nächsten Schritt werden für jeden Knoten der Stufe 1 die Gesamtzeiten bestimmt, die benötigt werden, um die Montage bis dahin auszuführen, vorausgesetzt, wir sind überhaupt in diesem Knoten gelandet. Wir erhalten somit für $i = 2,3,4$

$$\alpha(v_i) := \alpha(v_1) + \tau_{1,i} + \nu_i,$$

also

$$\alpha(v_2) := 4 \quad \wedge \quad \alpha(v_3) := 6 \quad \wedge \quad \alpha(v_4) := 5;$$

vgl. Abbildung 3.9. Anschließend werden nun die minimalen Ausführungszeiten der Knoten der Stufe 2 bestimmt. Es gilt

$$\alpha(v_5) := \min\{\alpha(v_i) + \tau_{i,5} : i = 2,3\} + \nu_5 = \min\{5,8\} + 1 = 6.$$

Analog erhält man

$$\alpha(v_6) := 9 \quad \wedge \quad \alpha(v_7) := 8.$$

Für die Knoten der dritten Stufe gilt

$$\alpha(v_8) := 11 \quad \wedge \quad \alpha(v_9) := 8 \quad \wedge \quad \alpha(v_{10}) := 11,$$

und es folgt schließlich

$$\alpha(t) := \min\{\alpha(v_i) + \tau_{i,11} : i = 8,9,10\} + \nu_{11} = \min\{13,9,13\} = 9.$$

Mit dieser 'Vorwärtsrekursion' haben wir die gesuchte minimale Gesamtausführungszeit gefunden.

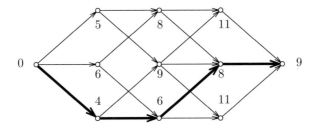

3.9 Abbildung. An den Knoten sind die sukzessive berechneten minimalen Ausführungszeiten $\alpha(v_i)$ vermerkt. Der optimale Ablauf ist als Kantenzug hervorgehoben.

Der wesentliche mit diesem Verfahren verbundene algorithmische Aufwand liegt in der Berechnung der $\alpha(v)$. Nun hängt die Ausführungszeit eines Knotens der Stufe k neben seiner eigenen Bearbeitungszeit nur von den Ausführungszeiten seiner Vorgängerknoten der Stufe $k-1$ ab. Von Schicht zu Schicht ist der Berechnungsaufwand somit proportional zur Anzahl der Kanten zwischen diesen. Dabei wird keine Kante mehrfach verwendet, so dass wir insgesamt mit $O(|E|)$ Berechnungen auskommen. Diese erfolgen (bei rationalem Input) auf Zahlen, deren Kodierungslängen durch die binäre Größe des Inputs beschränkt sind.

. Die in Beispiel 3.2.1 sichtbar gewordenen Prinzipien werden nun allgemeiner formuliert. Die folgende Definition gibt eine graphentheoretische Beschreibung des ersten wesentlichen Strukturelements, nämlich der Mehrstufigkeit.

3.2.2 Definition. *Sei $G := (V,E)$ ein gerichteter Graph. Dann heißt G* **Schicht-** *oder* **Stufengraph** *[engl.: layered graph oder layered network[35]], wenn es $p \in \mathbb{N}$, $s,t \in V$ sowie eine* **zugehörige Partition** *$\{V_0,\ldots,V_p\}$ von V mit $V_0 = \{s\}$, $V_p = \{t\}$ und $(E_1,\ldots,E_p)$ von E gibt, so dass für $k \in [p]$*

$$E_k \subset V_{k-1} \times V_k$$

gilt. Für $k = 0,\ldots,p$ heißt V_k **k-te Stufe** *oder* **k-te Schicht** *von G.*

In Beispiel 3.2.1 bestanden die einzelnen Entscheidungen darin, jeweils eine Kante auszuwählen, die einen Knoten der Schicht $k-1$ mit einem der Schicht k verbindet, so dass insgesamt ein s-t-Weg entsteht. Den auf einem s-v-Weg erreichten Knoten v der Stufe k kann man als 'Zustand' (mit entsprechenden Attributen) auffassen, in dem sich der Prozess in Stufe k befindet. Der Übergang in einen neuen Zustand w der Stufe $k+1$ entspricht demnach der Wahl der Kante (v,w). Eine Funktion ψ_k gibt ferner an, wie sich diese Entscheidung, d.h. das Erreichen (und Bearbeiten) von w auf die akkumulierten Ausführungszeiten auswirkt.

Die folgende Definition fasst diese Begriffe in der Sprache der mehrstufigen Entscheidungsprozesse allgemein zusammen.

3.2.3 Definition. *Ein* **mehrstufiger Entscheidungsprozess** *ist spezifiziert durch folgende Daten[36]*

> $p \in \mathbb{N}$
> *Schichtgraph $G := (V,E)$, $s,t \in V$*
> *zugehörige Partitionen $\{V_0,\ldots,V_p\}$ bzw. $\{E_1,\ldots,E_p\}$ von V bzw. E*
> *mit $V_0 = \{s\}$ und $V_p = \{t\}$*
> *$\psi_k : E_k \to \mathbb{R}$ $(k \in [p])$.*

Um die Anzahl der Stufenübergänge hervorzuheben, spricht man auch von einem p- **stufigen Entscheidungsprozess.**

Für $k = 0,\ldots,p$ bzw. $k \in [p]$ heißen V_k bzw. E_k **Menge aller Zustände** *bzw.* **Menge aller Entscheidungen der Stufe** *k. Entsprechend wird jedes Element von V_k als* **Zustand der Stufe** *k bezeichnet.[37] Für $k \in [p]$ heißt ψ_k* **k-te Stufenkostenfunktion** *des Entscheidungsprozesses.*

Sei X die Menge aller Tupel $x := (e_1,\ldots,e_p) \in E_1 \times \ldots \times E_p$, so dass $(e_1,\ldots,e_p)$ ein s-t-Weg in G ist. Jedes $x \in X$ heißt **Politik.** *Die zugehörige* **Zielfunktion** *$\varphi : X \to \mathbb{R}$ sei für alle $x := (e_1,\ldots,e_p) \in X$ definiert durch*

$$\varphi(x) := \sum_{k=1}^{p} \psi_k(e_k).$$

---

[35] Im Zusammenhang mit Flüssen in Netzwerken werden wir auch im Deutschen von einem *Schichtnetzwerk* sprechen.

[36] Wir erlauben hier zunächst Werte aus $\mathbb{R}$, um anzudeuten, dass die Vorgehensweisen in den nachfolgenden Verfahren grundsätzlich auch über $\mathbb{R}$ funktionieren. Natürlich muss man sich für Fragen der Bitkomplexität aber auf rationale Zahlen beschränken.

[37] Natürlich kann jedem Knoten mittels einer Funktion auf V auch eine Menge von Attributen zugewiesen werden. Da das stets so erfolgen kann, dass jeder Knoten durch seine Attribute charakterisiert ist, identifizieren wir hier jeden Knoten mit seinen Attributen.

Die Aufgabe besteht darin, eine optimale Politik $x^* \in \operatorname{argmin} \{\varphi(x) : x \in X\}$ zu bestimmen oder zu entscheiden, dass es keine solche gibt.[38]

Die Menge aller mehrstufigen Entscheidungsprozesse heißt **Problem sequentieller Entscheidungsprozesse.** *Bisweilen spricht man auch von dem* **Modell der (diskreten) dynamischen Optimierung.**

Der Input in einem mehrstufigen Entscheidungsprozess ist also durch eine Sequenz $(p, V_0, \ldots, V_p, E_1, \ldots, E_p, \psi_1, \ldots, \psi_p)$ gegeben. Man mag sich wundern, warum dabei die Stufenkostenfunktionen $\psi_1, \ldots, \psi_p$ einzeln eingeführt worden sind, statt einfach G als gewichteten Graphen zu betrachten. Tatsächlich reicht es sogar, wenn sich die Knoten- und Kantenmengen sowie die Stufenkostenfunktionen erst dann praktisch bestimmen lassen, wenn sie zur Bearbeitung 'an der Reihe sind'. Insofern kann das 'Gegeben' bei der Definition des Problems sequentieller Entscheidungsprozesse durchaus bis zu einem gewissen Grad implizit zu interpretieren sein.

In einem p-stufigen Entscheidungsprozess sind (im allgemeinen) $p - 1$ 'echte' Entscheidungen zu treffen, nämlich die Übergänge $e_1, \ldots, e_{p-1}$ zur Schicht 1 bis $p - 1$. Die letzte Kante e_p der Politik $x := (e_1, \ldots, e_p)$ ergibt sich dann zwangsläufig.

Der folgende Satz gibt das in Beispiel 3.2.1 bereits identifizierte Prinzip wieder, mit Hilfe dessen wir optimale Lösungen mehrstufiger Entscheidungsprozesse bestimmen können.

3.2.4 Satz. *(Bellmansches*[39] *Optimalitätsprinzip)*

Gegeben sei ein p-stufiger Entscheidungsprozess gemäß (und mit den Bezeichnungen von) Definition 3.2.3. Seien $x^* := (e_1^*, \ldots, e_p^*) \in X$ eine optimale Politik, $k \in [p]$, $e_k^* =: (v_{k-1}^*, v_k^*)$,

$$x_1^* := (e_1^*, \ldots, e_k^*) \quad \wedge \quad x_2^* := (e_{k+1}^*, \ldots, e_p^*)$$

sowie G_1 bzw. G_2 die durch $\{v_k^*\} \cup \bigcup_{i=0}^{k-1} V_i$ bzw. $\{v_k^*\} \cup \bigcup_{i=k+1}^{p} V_i$ induzierten Teilgraphen von G. Dann sind x_1^* bzw. x_2^* optimale Politiken der (unter Beibehaltung der entsprechend eingeschränkten Stufenkostenfunktionen) durch G_1 bzw. G_2 gegebenen k- bzw. $(p - k)$-stufigen Entscheidungsprozesse.

Beweis: Da x^* optimal ist, gibt es also eine optimale Politik, die sich in Stufe k im Zustand v_k^* befindet. Gäbe es nun einen s-v_k^*-Weg x_1, dessen Summe der entsprechenden Werte der Stufenkostenfunktionen kleiner wäre als für x_1^*, so wäre die Politik (x_1, x_2^*) besser als x^* im Widerspruch zur Optimalität von x^*. Die analoge Argumentation zeigt auch die Optimalität von x_2^*, und es folgt die Behauptung. $\qquad \square$

---

[38] An mehreren Stellen dieser Definition kann es durchaus sinnvoll sein, stochastische Elemente einzuführen. So können etwa die Stufenkostenfunktionen oder aber auch die Übergangsfunktionen von einem Zustand und einer Entscheidung zu einem neuen Zustand Zufallsvariable sein. Mit der ersten Erweiterung kann etwa modelliert werden, dass in einem Bauprojekt Zeiten auch witterungsabhängig variieren können. Die zweite Verallgemeinerung modelliert, dass externe Einflüsse möglicherweise das Resultat der getroffenen Entscheidung noch abändern. Die Eigenschaft der 'Gedächtnislosigkeit', d.h. die Tatsache, dass die Zustände und Kosten jeder Stufe nur von den Zuständen der vorherigen Stufe und den getroffenen Entscheidungen abhängen, wird im Gebiet der stochastischen Prozesse *Markoff-Eigenschaft* genannt. (Für den Nachnamen des russischen Mathematikers Andrei Andrejewitsch Markoff, 1856 – 1922, findet man auch auch die Transkriptionen Markov oder Markow.) Daneben kann man sich auch für Entscheidungsprozesse mit unendlichen vielen Stufen interessieren. Diese können abzählbar sein, wie etwa die asymptotische Entwicklung einer Warteschlange oder auch überabzählbar, wie es bei vielen Kontrollproblemen der Fall ist.

[39] Richard Bellman, 1920 – 1984.

In Beispiel 3.2.1 führte das Bellmansche Optimalitätsprinzip direkt zu einem Lösungs-verfahren. Dieses funktioniert auch allgemein.

3.2.5 Prozedur: *Dynamische Optimierung (Vorwärtsrekursion).*[40]

      INPUT: Spezifikation $(p, V_0, \ldots, V_p, E_1, \ldots, E_p, \psi_1, \ldots, \psi_p)$
                     eines mehrstufigen Entscheidungsprozesses
      OUTPUT: Minimum $\alpha(t)$ der zugehörigen Zielfunktion φ
      BEGIN $\alpha(s) \leftarrow 0$
                 FOR $k = 1, \ldots, p$ DO
                     BEGIN
                         FOR ALL $w \in V_k$ DO
                             $\alpha(w) \leftarrow \min\{\alpha(v) + \psi_k(v,w) : (v,w) \in E_k\}$
                     END
      END

Man beachte, dass die übliche Setzung, dass das Minimum über der leeren Men-ge ∞ ist, zur Ausgabe $\alpha(t) = \infty$ führt, wenn keine Politik existiert, d.h. wenn es im zugrundeliegenden Schichtgraphen keinen s-t-Weg gibt.

3.2.6 Satz. *Die dynamische Optimierung gemäß Prozedur 3.2.5 löst das Problem se-quentieller Entscheidungsprozesse korrekt mittels $O(|V| + |E|)$ elementarer Operationen.*

Beweis: Die Korrektheit des Verfahrens folgt direkt aus Satz 3.2.4. In der Vorwärts-rekursion wird jede Kante für genau eine Minimumbildung bei der Berechnung der Kno-tenlabel herangezogen. Hieraus folgt die Behauptung. $\square$

In manchen Fällen ist es sinnvoll, die dynamische Optimierung auch in Form einer *Rückwärtsrekursion* durchführen, bei der der zugrunde liegende Schichtgraph von t aus rückwärts Stufe für Stufe abgearbeitet wird; vgl. Übungsaufgabe 3.6.13.

Das Rucksackproblem: Als Beispiel für die Vorwärtsrekursion wenden wir Pro-zedur 3.2.5 nun auf das klassische Problem der Auswahl von Gütern maximalen Wertes unter einer Kapazitätsbeschränkung an.

3.2.7 Bezeichnung. *Das Problem*

Gegeben: $n \in \mathbb{N}$, $\tau_1, \ldots, \tau_n, \rho \in \mathbb{N}$, $\gamma_1, \ldots, \gamma_n \in \mathbb{N}$.
Auftrag: Finde eine Teilmenge I^* von $[n]$ mit

$$I^* \in \underset{I \subset [n]}{\operatorname{argmax}} \left\{ \sum_{i \in I} \gamma_i : \sum_{i \in I} \tau_i \leq \rho \right\}.$$

heißt **Rucksackproblem** *[engl.: knapsack problem] oder* KNAPSACK.

KNAPSACK ist eine binäre und bewertete Version des Problems INTERVALLPFLASTE-RUNG aus Sektion 3.1; vgl. Bezeichnung 3.1.35. Sein Name, *Rucksackproblem*, basiert auf der Interpretation, in einen Rucksack Gegenstände eines möglichst großen Gesamtnutzens zu packen.

---

[40] Wir beschreiben hier nur die Bestimmung des Minimums der Zielfunktion; die Prozedur kann aber leicht so erweitert werden, dass am Ende auch eine optimale Politik ausgegeben wird.

Bei der Anwendung der dynamischen Optimierung auf KNAPSACK muss zunächst ein passender Entscheidungsprozess identifiziert werden. Ferner muss Prozedur 3.2.5 (leicht) angepasst werden, da die Zielfunktion, d.h. der Gesamtnutzen der Güter des Rucksacks, ja nicht minimiert sondern maximiert werden soll.

Wir erläutern das Vorgehen zunächst an einem einfachen Beispiel.

3.2.8 Beispiel. *Gegeben seien vier Gegenstände G_1, G_2, G_3, G_4 mit Gewichten und Nutzen*

$$\tau_1 := 2 \,\wedge\, \tau_2 := 3 \,\wedge\, \tau_3 := 4 \,\wedge\, \tau_4 := 6 \quad\wedge\quad \gamma_1 := 1 \,\wedge\, \gamma_2 := 4 \,\wedge\, \gamma_3 := 5 \,\wedge\, \gamma_4 := 1.$$

Ferner sei $\rho := 9$, d.h. das Fassungsvermögen des Rucksacks ist 9.

Um Prozedur 3.2.5 anwenden zu können, konstruieren wir einen geeigneten Schichtgraphen. Für $k = 1,2,3,4$ besteht die Wahlmöglichkeit, G_k in den Rucksack zu packen oder nicht. Gemäß Definition 3.2.3 werden die Entscheidungen durch die Kanten des zugehörigen Schichtgraphen kodiert, während seine Knoten die möglichen Zustände beschreiben. Eine naheliegende Interpretation des aktuellen Zustands des Rucksacks, in den bereits einige Objekte gepackt wurden, ist seine noch verfügbare Restkapazität, d.h. sein grundsätzlich noch ausschöpfbares Restfüllgewicht. Der Schichtgraph wird also die Stufen $V_0, V_1, V_2, V_3, V_4, V_5$ enthalten; die Knoten der Stufe $k = 0,1,\ldots,5$ entsprechen den möglichen Restkapazitäten $j \in \{0,1,\ldots,9\}$. Wir bezeichnen sie daher mit $v_{k,j}$. Der Knoten s der Stufe 0 hat natürlich Restkapazität 9, da noch kein Gegenstand eingepackt ist. In dieser Notation ist also $s =: v_{0,9}$. Der Knoten t der Stufe 5 wird zu $v_{5,0}$, denn es kann nichts mehr eingepackt werden. Ob der Rucksack bereits voll ist, d.h. das Gewicht der eingepackten Gegenstände 9 beträgt, oder nicht, spielt dabei keine Rolle: schließlich steht ja kein weiterer Gegenstand mehr zum Einpacken zur Verfügung, nachdem die Entscheidungen bez. G_1, G_2, G_3, G_4 bereits gefallen sind.[41]

Der Übergang von Stufe $k-1$ zu Stufe k entspricht der Entscheidung, G_k in den Rucksack zu packen oder nicht. Also gibt es auf Stufe 1 nur die Zustände $v_{1,9}$ oder $v_{1,7}$. Der einfacheren Erkennbarkeit halber geben wir in Abbildung 3.10 die zugrunde liegende 'Masterknotenmenge' an. Sie enthält neben der Quelle und der Senke für jede der Stufen 1 bis 4 alle 10 unabhängig von den Gewichten überhaupt nur theoretisch möglichen Knoten; vgl. Abbildung 3.10.

Die Kanten kodieren die Gewichte der einzelnen Entscheidungen; wir setzen

$$E_1 := \big\{ (v_{0,9}, v_{1,9}), (v_{0,9}, v_{1,7}) \big\} \quad\wedge\quad E_5 := \big\{ (v_{4,i}, v_{5,0}) : i = 0,1,\ldots,9 \big\}$$

sowie für $k = 2,3,4$

$$E_k' := \big\{ (v_{k-1,i}, v_{k,i}) : i \in \{0,1,\ldots,9\} \big\}$$
$$E_k'' := \big\{ (v_{k-1,i}, v_{k,j}) : i \in \{0,1,\ldots,9\} \,\wedge\, j = i - \tau_k \geq 0 \big\}$$
$$E_k := E_k' \cup E_k''.$$

Offenbar entspricht jede waagerecht verlaufende Kante der aktuellen Entscheidung, den zur Disposition stehenden Gegenstand nicht in den Rucksack zu packen. Natürlich sind hier viele Kanten irrelevant, da sie in keinem s-t-Weg enthalten sind. Man kann also die Konstruktion wesentlich reduzieren und sich auf die hervorgehobenen Knoten und Kanten beschränken. (Das passiert automatisch, wenn man den relevanten Schichtgraphen sukzessive aufbaut.)

---

[41] Man kann den letzten Schritt auch als einpacken eines 'virtuellen Restgewichts' interpretieren.

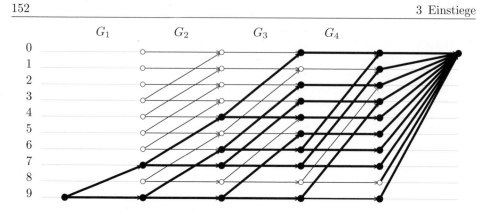

3.10 Abbildung. Schichtgraph (mit 'Masterknotenmenge') der in Beispiel 3.2.8 gegebenen Aufgabe des Rucksackproblems. Die Zahlen links geben die Restkapazitäten der Knoten auf der gepunkteten Linie an.

Die Stufenkostenfunktionen ψ_k hängen nur von der gewählten Kante ab, so dass gilt

$$\psi_k(e) := \begin{cases} \gamma_k, & \text{falls } e \in E_k''; \\ 0, & \text{sonst.} \end{cases}$$

Die Setzung $\alpha(s) := 0$ in Prozedur 3.2.5 bleibt unverändert. Da wir hier den Gesamtnutzen jedoch maximieren wollen, ist bei der sukzessiven Bestimmung von $\alpha(v)$ in Prozedur 3.2.5 die Minimierung durch die Maximierung zu ersetzen, so dass die Zuweisung

$$\alpha(w) \leftarrow \max\{\alpha(v) + \psi_k(v,w) : (v,w) \in E_k\}$$

lautet. Führen wir nun die Vorwärtsrekursion durch, so erhalten wir sukzessive für die relevanten Knoten

$$\alpha(v_{1,7}) := 1 \quad \wedge \quad \alpha(v_{1,9}) := 0$$
$$\alpha(v_{2,4}) := 5 \quad \wedge \quad \alpha(v_{2,6}) := 4 \quad \wedge \quad \alpha(v_{2,7}) := 1 \quad \wedge \quad \alpha(v_{2,9}) := 0$$
$$\alpha(v_{3,0}) := 10 \quad \wedge \quad \alpha(v_{3,2}) := 9 \quad \wedge \quad \alpha(v_{3,3}) := 6 \quad \wedge \quad \alpha(v_{3,4}) := 5$$
$$\alpha(v_{3,5}) := 5 \quad \wedge \quad \alpha(v_{3,6}) := 4 \quad \wedge \quad \alpha(v_{3,7}) := 1 \quad \wedge \quad \alpha(v_{3,9}) := 0$$
$$\alpha(v_{4,0}) := 10 \quad \wedge \quad \alpha(v_{4,1}) := 2 \quad \wedge \quad \alpha(v_{4,2}) := 9 \quad \wedge \quad \alpha(v_{4,3}) := 6$$
$$\alpha(v_{4,4}) := 5 \quad \wedge \quad \alpha(v_{4,5}) := 5 \quad \wedge \quad \alpha(v_{4,6}) := 4 \quad \wedge \quad \alpha(v_{4,7}) := 1$$
$$\alpha(v_{4,9}) := 0$$
$$\alpha(v_{5,0}) := 10$$

Der maximale Gesamtnutzen ist somit 10. Er tritt für die Auswahl $\{G_1,G_2,G_3\}$ auf.

Das in Beispiel 3.2.8 erläuterte Prinzip kann man auch für beliebige Aufgaben $(n,\tau_1,\ldots,\tau_n,\rho,\gamma_1,\ldots,\gamma_n)$ von KNAPSACK anwenden. Am einfachsten lässt sich ein entsprechender Algorithmus als sukzessives Spaltenupdate einer mit 0 initialisierte $(\rho \times n)$-Matrix hinschreiben. (In Beispiel 3.2.8 entsprechen die Matrixkomponenten der Masterknotenmenge der Stufen 1-4.) Wir geben hier jedoch eine Version des Verfahrens an, die lediglich solche Einträge verwendet, die auch erreicht werden können.[42] (Diese korrespondieren in Beispiel 3.2.8 mit den fetten Knoten in Abbildung 3.10.)

---

[42] Prozedur 3.2.9 kann in dieser Form grundsätzlich auch auf reelle Daten angewendet werden; vgl. Übungsaufgabe 3.6.16.

Wir verwenden die Notation $x + Y := \{x + y : y \in Y\}$ aus Bezeichnung 1.3.5.

3.2.9 Prozedur: KNAPSACK-*Algorithmus*

INPUT: Aufgabe $(n,\tau_1,\dots,\tau_n,\rho,\gamma_1,\dots,\gamma_n)$ des Rucksackproblems
OUTPUT: Maximaler Gesamtnutzen ζ^*
BEGIN $\alpha(0,\rho) \leftarrow 0$; $V_0 \leftarrow \{\rho\}$
            FOR $k = 1,\dots,n$ DO
                BEGIN
                    $U \leftarrow V_{k-1} \setminus (V_{k-1} - \tau_k)$; $V \leftarrow (V_{k-1} - \tau_k) \setminus V_{k-1}$
                    $W \leftarrow V_{k-1} \cap (V_{k-1} - \tau_k)$; $V_k \leftarrow U \cup V \cup W$
                    FOR ALL $\eta \in U$ DO $\alpha(k,\eta) \leftarrow \alpha(k-1,\eta)$
                    FOR ALL $\eta \in V$ DO $\alpha(k,\eta) \leftarrow \alpha(k-1,\eta - \tau_k) + \gamma_k$
                    FOR ALL $\eta \in W$ DO $\alpha(k,\eta) \leftarrow \max\{\alpha(k-1,\eta),\alpha(k-1,\eta - \tau_k) + \gamma_k\}$
                END
            $\zeta^* \leftarrow \max\{\alpha(n,\eta) : \eta \in V_n\}$
END

Der Algorithmus löst das Rucksackproblem korrekt.

3.2.10 Satz. *Für jede durch* $\mathcal{I} := (n,\tau_1,\dots,\tau_n,\rho,\gamma_1,\dots,\gamma_n)$ *spezifizierte Aufgabe von* KNAPSACK *löst Prozedur 3.2.9 das Rucksackproblem in* $O(n\rho)$ *elementaren Operationen. Die Größe der auftretenden Zahlen ist durch* $O(\text{size}(\mathcal{I}))$ *beschränkt.*

Beweis: Seien $G_1,\dots,G_n$ die zur Auswahl stehenden Gegenstände. Für jedes k enthalten die Mengen U,V,W jeweils alle Restkapazitäten, die im k-ten Schritt auftreten können. Sie entstehen aus den Restkapazitäten V_{k-1} durch die Entscheidung, ob G_k hinzugenommen werden soll oder nicht. Genauer gilt

$$U = V_{k-1} \setminus (V_{k-1} - \tau_k) = \{\eta : \eta \in V_{k-1} \wedge \eta + \tau_k \notin V_{k-1}\}$$
$$V = (V_{k-1} - \tau_k) \setminus V_{k-1} = \{\eta : \eta \notin V_{k-1} \wedge \eta + \tau_k \in V_{k-1}\}$$
$$W = V_{k-1} \cap (V_{k-1} - \tau_k) = \{\eta : \eta \in V_{k-1} \wedge \eta + \tau_k \in V_{k-1}\}.$$

Die Mengen U,V,W bilden also eine Partition von V_k; die Bestimmung der $\alpha(k,\eta)$ für alle $\eta \in V_k$ erfolgt abhängig von der Zugehörigkeit von η zu einer dieser Mengen. Für $\eta \in U \cup V$ ist genau einer der Werte η oder $\eta + \tau_k$ in V_{k-1}. Gilt $\eta \in U$, so kann entweder G_k nicht hinzugenommen werden, da die Restkapazität hierfür nicht ausreicht oder die Hinzunahme von G_k würde nicht zur Restkapazität η führen. Gilt $\eta \in V$, so wird hingegen η überhaupt nur durch die Hinzunahme von G_k erreicht. Lediglich für $\eta \in W$ besteht eine Wahl; wir können η sowohl durch Hinzunahme als auch durch Auslassen von G_k erreichen. Die Maximum-Bildung führt diese Wahl in optimaler Weise durch.

Die im Algorithmus sukzessive berechneten Werte $\alpha(k,\eta)$ geben somit den maximalen Nutzen an, der bei Verwendung einer Teilmenge der Gegenstände $\{G_1,\dots,G_k\}$ und Restkapazität η erzielt werden kann. Der Algorithmus arbeitet demnach korrekt.

Für jedes k gilt $|V_k| \leq \rho$. Jeder der n Schritte der äußeren FOR-Schleife erfordert also höchstens $O(\rho)$ Operationen. Gleiches gilt für die Bestimmung von ζ^*. Die Restkapazitäten sind jeweils durch ρ nach oben beschränkt, die einzelnen Erträge $\alpha(k,\eta)$ durch $\sum_{i=1}^{n} \gamma_i$. Insgesamt folgt damit die Behauptung. $\qquad\square$

Wie auch für INTERVALLPFLASTERUNG haben wir hier nur einen pseudopolynomiellen Algorithmus. Tatsächlich wird sich in Korollar 3.4.22 zeigen, dass wir auch nicht mehr erwarten können.

Kürzeste Wege und Kantenzüge: Wir kommen nun zu einer Klasse von Routenplanungsproblemen, die schon in Sektion 2.2 motiviert worden sind, nämlich kürzeste Kantenzüge oder Wege in Graphen zu finden.

3.2.11 Definition. *Eine **Aufgabe kürzester Kantenzüge** (in allgemeinen Graphen) ist spezifiziert durch folgende Daten[43]*

$$allgemeiner\ Graph\ G := (V,E,\nu)$$
$$s,t \in V$$
$$\phi : E \to \mathbb{R}.$$

*Seien $\mathcal{K}$ die Menge aller Kantenzüge von s nach t, und die **zugehörige Zielfunktion***

$$\varphi : \mathcal{K} \to \mathbb{R}$$

sei für

$$W := (s,e_1,v_1,e_2,\ldots,e_p,t) \in \mathcal{K}$$

definiert durch

$$\varphi(W) := \sum_{i=1}^{p} \phi(e_i).$$

Ziel ist es, φ über $\mathcal{K}$ zu minimieren.

*Wird statt über $\mathcal{K}$ über die Menge $\mathcal{E}$ aller einfachen Kantenzüge von s nach t bzw. über die Menge $\mathcal{W}$ aller s-t-Wege in G optimiert, so spricht man von einer **Aufgabe kürzester einfacher Kantenzüge** bzw. **kürzester Wege**.*

*Die Menge aller Aufgaben kürzester (einfacher) Kantenzüge (Wege) heißt **Problem kürzester Kantenzüge, einfacher Kantenzüge** bzw. **Wege**. Das Problem kürzester Wege wird oft auch abkürzend SPP oder SP-**Problem** [engl.: shortest path problem] genannt. Ebenso wird von SP-**Aufgaben** gesprochen.*

Natürlich kann das Minimum von Aufgaben kürzester (einfacher) Kantenzüge bzw. Wege höchstens dann angenommen werden, wenn der Zielknoten t vom Startknoten s aus überhaupt erreichbar ist. Nach Bemerkung 2.2.10 verhalten sich in dieser Hinsicht Kantenzüge und Wege gleich. Wie das folgende Beispiel zeigt, reicht diese Bedingung im Falle von Kantenzügen aber nicht aus, um ein endliches Minimum zu garantieren.

3.2.12 Beispiel. *Gegeben sei der gewichtete Digraph G gemäß Abbildung 3.11 mit Knoten $s := v_1,v_2,v_3,v_4,v_5 =: t$. In G existiert genau ein s-t-Weg, nämlich*

$$K_0 := \big(s,\{v_1,v_2\},v_2,\{v_2,v_5\},t\big);$$

seine Länge ist 2.
Der Graph G enthält den Kreis

$$C := \big(v_2,\{v_2,v_3\},v_3,\{v_3,v_4\},v_4,\{v_4,v_2\},v_2\big)$$

der Länge −3. Ersetzt man in W den Knoten v_2 durch den Kreis C negativer Länge, so erhält man den Kantenzug

$$K_1 := \big(s,\{v_1,v_2\},v_2,\{v_2,v_3\},v_3,\{v_3,v_4\},v_4,\{v_4,v_2\},v_2,\{v_2,v_5\},t\big)$$

---

[43] Auch hier betrachten wir zunächst für unsere allgemeinen Überlegungen reelle Gewichte.

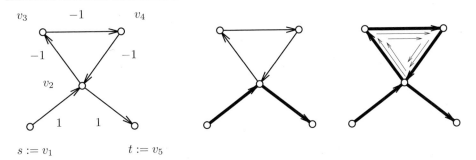

3.11 Abbildung. Gewichteter Digraph von Beispiel 3.2.12 (links); kürzester s-t-Weg (Mitte); rechts: In kürzesten Kantenzügen kann der Kreis negativer Länge mehrfach durchlaufen werden.

der Länge -1. Er ist der kürzeste einfache Kantenzug in G. Ohne die Einschränkung, dass keine Kante mehr als einmal vorkommen darf, kann man C mehrfach durchlaufen. In der entstehenden Folge $(K_i)_{i \in \mathbb{N}_0}$ von Kantenzügen von s nach t wird C dann i-mal durchlaufen, und es gilt

$$\varphi(K_i) = 2 - 3i.$$

Das Minimum der Aufgabe kürzester Kantenzüge wird daher nicht angenommen.

Wenn also ein Kreis negativer Länge existiert, den man auf einem Kantenzug von s nach t erreichen kann, so kann man ihn in Kantenzügen beliebig oft durchlaufen. Gleiches gilt auch schon dann, wenn ein Kantenzug von s nach t eine ungerichtete Kante negativer Länge enthält, denn auf dieser kann man beliebig oft hin- und herlaufen. Wie das folgende Lemma zeigt, ist hierdurch bereits charakterisiert, wann das Minimum nicht angenommen wird.

3.2.13 Lemma. *Durch (G,s,t,ϕ) sei eine Aufgabe kürzester Kantenzüge, einfacher Kantenzüge bzw. Wege spezifiziert; φ sei die zugehörige Zielfunktion. Ferner seien $\mathcal{K}$, $\mathcal{E}$ bzw. $\mathcal{W}$ die Menge aller Kantenzüge, einfachen Kantenzüge bzw. Wege von s nach t in G. Dann gelten die folgenden Aussagen.*

(a) Das Minimum von φ über $\mathcal{E}$ bzw. $\mathcal{W}$ existiert genau dann, wenn $\mathcal{W}$ nicht leer ist.

(b) Das Minimum von φ über $\mathcal{K}$ existiert genau dann, wenn $\mathcal{K}$ nicht leer ist, aber kein Kantenzug von s nach t einen Knoten enthält, der in einem geschlossenen Kantenzug negativer Länge liegt.

(c) Wird das Minimum von φ über $\mathcal{K}$ angenommen, so existiert ein s-t-Weg W gleicher minimaler Länge.

(d) Ist $\mathcal{K} \neq \emptyset$, und gilt $\phi > 0$, so ist jeder minimale Kantenzug von s nach t ein s-t-Weg.

Beweis: (a) Da jeder Knoten in jedem Weg und jede Kante in jedem einfachen Kantenzug höchstens einmal auftritt, gibt es höchstens endlich viele verschiedene Wege und einfache Kantenzüge in G. Da nach Bemerkung 2.2.10 genau dann ein s-t Weg existiert, wenn ein s-t Kantenzug existiert, wird das Minimum genau dann angenommen, wenn $\mathcal{W} \neq \emptyset$ gilt.

(b) '⇒' Natürlich gilt $\mathcal{K} \neq \emptyset$. Gäbe es einen Kantenzug K von s nach t durch einen Knoten v, der in einem geschlossenen Kantenzug negativer Länge läge, so könnte seine Länge dadurch verkürzt werden, dass v in K durch einen in v beginnenden und endenden Kantenzug negativer Länge ersetzt würde. Da dieser Prozess beliebig wiederholt werden könnte, wäre die Zielfunktion nicht nach unten beschränkt.

'⇐' Wir nehmen an, dass das Minimum nicht existiert, obwohl $\mathcal{K} \neq \emptyset$ ist. Die Länge der Kantenzüge von s nach t ist also nicht nach unten beschränkt. Nach der bereits bewiesenen Aussage (a) wird das Minimum von φ über $\mathcal{W}$ angenommen. Seien W^* ein s-t-Weg minimaler Länge und $K \in \mathcal{K}$ einen Kantenzug mit $\varphi(K) < \varphi(W^*)$. Wegen $K \notin \mathcal{W}$, enthält K Knoten, die mehrfach durchlaufen werden. Es existieren somit geschlossene Teilkantenzüge in K. Hätten alle diese nichtnegative Länge, so könnten sie aus K entfernt werden, ohne die Gesamtlänge zu vergrößern. Man erhielte also einen s-t-Weg kleinerer Länge als $\varphi(W^*)$, im Widerspruch zur Minimalität von W^*.

(c) Sei $K^* \in \mathcal{K}$ ein Kantenzug von s nach t minimaler Länge. Nach (b) enthält K^* höchstens geschlossene Teilkantenzüge nichtnegativer Länge. Werden alle diese entfernt, so entsteht ein s-t Weg W mit $\varphi(W) \leq \varphi(K^*)$.

(d) Sei $K^* \in \mathcal{K}$ ein Kantenzug minimaler Länge. Enthielte K^* einen geschlossenen Teilkantenzug C, so hätte dieser positive Länge. Durch Entfernung von C aus K^* erhielte man einen kürzeren Kantenzug von s nach t, im Widerspruch zur Minimalität von K^*.

Insgesamt folgt also die Behauptung. □

Nach Lemma 3.2.13 fallen insbesondere bei Einschränkung auf gewichtete allgemeine Graphen mit positiven Kantengewichten das Problem kürzester Wege und das Problem kürzester Kantenzüge zusammen. Bei gewichteten allgemeinen Graphen ohne ungerichtete Kanten negativer Länge und ohne Kreise negativer Länge stimmen immerhin noch die Optima der Zielfunktionen überein, aber die Menge der Optima über $\mathcal{W}$ kann durchaus eine echte Teilmenge der Menge der Optima über $\mathcal{K}$ sein.

Natürlich ist es einfach zu überprüfen, ob ungerichtete Kanten negativer Länge existieren, aber es ist nicht völlig offensichtlich, wie man effizient entscheiden kann, ob Kreise negativer Länge existieren.

Offenbar impliziert die Voraussetzung $\phi \geq 0$, dass weder Schlingen betrachtet zu werden brauchen, noch 'Mehrfachkanten', d.h. mehrere Kanten e mit gleichen Bildern $\nu(e)$, da ohnehin jeweils alle bis auf eine kürzeste irrelevant sind. Man könnte also in einem Preprocessing-Schritt gegebene allgemeine Graphen entsprechend 'ausdünnen'.[44] Wir verzichten hier darauf, um zu betonen, dass die Algorithmen auch mit allgemeinen Graphen keine Schwierigkeiten haben.

Wir wenden nun die Methode der dynamischen Optimierung auf das Problem kürzester Kantenzüge an, allerdings unter Beschränkung der Stufenzahl.

3.2.14 Beispiel. *Gegeben sei der gewichtete Digraph G aus Abbildung 3.12. Die 'Entfernungen', d.h. die Kantengewichte $\phi(e)$ sind an den Kanten vermerkt; τ ist dabei ein Parameter aus $\mathbb{Z}$.*

G besitzt genau einen Kreis. Seine Länge ist positiv für $\tau \geq -2$, 0 für $\tau = -3$ und negativ für $\tau \leq -4$. Nach Lemma 3.2.13 sind daher für $\tau \geq -2$ die kürzesten s-t-Kantenzüge sämtlich Wege. Für $\tau = -3$ gibt es unter den kürzesten s-t-Kantenzügen Wege. Für $\tau \leq -4$ fallen die Aufgaben jedoch auseinander: Die Länge kürzester s-t-Wege

---

[44] Tatsächlich lohnt es sich, dieses (und noch viel mehr) zu tun, wenn (wie das etwa bei Auskunftssystemen über Zug-, U-Bahn-, Straßen- oder Flugverbindungen der Fall ist) viele SP-Aufgaben in demselben Graphen möglichst schnell gelöst werden müssen.

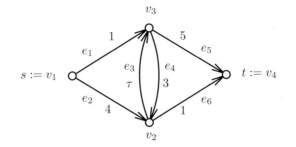

3.12 Abbildung. Gewichteter Digraph G; $\tau \in \mathbb{Z}$.

ist $9 + \tau$, der kürzeste einfache s-t-Kantenzug hat die Länge $8 + \tau$; das Minimum der Längen über alle Kantenzüge wird hingegen nicht angenommen.

Bei der Konstruktion eines zugehörigen p-stufigen Entscheidungsprozesses ist $p - 1$ die Anzahl der zu treffenden Entscheidungen. Diese Entscheidungen bestehen hier daraus festzulegen, welche der möglichen Kanten vom aktuellen Knoten aus durchlaufen werden soll. Die Stufenzahl p ist daher für s-t-Wege durch $|V| - 1$ und für einfache s-t-Kantenzüge durch $|E|$ beschränkt. Für beliebige s-t-Kantenzüge und $\tau \leq -4$ müsste p hingegen ∞ sein. Abbildung 3.13 zeigt den zugeordneten Schichtgraphen für $p = 7$.

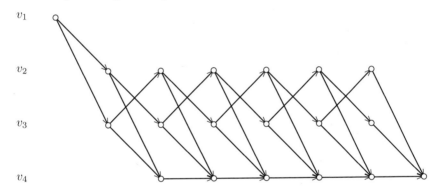

3.13 Abbildung. Zugehöriger Schichtgraph mit $p = 7$.

Stufe 0 enthält nur den Knoten s und Stufe 7 den Knoten t. Stufe 1 besteht aus den beiden von s aus erreichbaren Knoten v_2, v_3, und die restlichen Stufen enthalten alle von v_2 und v_3 aus erreichbaren Knoten, also v_2, v_3, v_4. Es gilt genauer mit $v_{k,i} := v_i$ für $k = 0, \ldots, 7$, $i = 1, \ldots, 4$

$$V_0 := \{v_{0,1}\} \quad \wedge \quad V_1 := \{v_{1,2}, v_{1,3}\} \quad \wedge \quad V_7 := \{v_{7,4}\}$$
$$V_k := \{v_{k,2}, v_{k,3}, v_{k,4}\} \quad (k = 2, \ldots, 6).$$

Die Kantenmengen $E_1, \ldots, E_7$ sind entsprechend[45]

---

[45] Man könnte auch noch die Kanten $(v_{k-1,i}, v_{k,i})$ für $i = 1, 2, 3$ und $k \in [6]$ hinzufügen, um insbesondere die Entfernungen zu den Knoten $v_{k,i}$ für $i = 2, 3$ von Stufe zu Stufe nicht wachsen zu lassen. Man modelliert damit in G eine 'Pause' des Kantenzugs in v_2 bzw. v_3. Da es aber in unserer gegebenen Aufgabe nichts gibt, worauf es sich zu warten lohnt, verzichten wir hierauf.

$$E_1 := \big\{(v_{0,1},v_{1,2}),(v_{0,1},v_{1,3})\big\}$$

$$E_2 := \big\{(v_{1,2},v_{2,3}),(v_{1,2},v_{2,4}),(v_{1,3},v_{2,2}),(v_{1,3},v_{2,4})\big\}$$

$$E_k := \big\{(v_{k-1,2},v_{k,3}),(v_{k-1,2},v_{k,4}),(v_{k-1,3},v_{k,2}),(v_{k-1,3},v_{k,4}),(v_{k-1,4},v_{k,4})\big\}$$
$$(k = 3,4,5,6)$$

$$E_7 := \big\{(v_{6,2},v_{7,4}),(v_{6,3},v_{7,4}),(v_{6,4},v_{7,4})\big\}.$$

Die Kantengewichte des Schichtgraphen stammen von den Gewichten der entsprechenden Kanten von G; lediglich die Kanten $(v_{k-1,4},v_{k,4})$, erhalten das Gewicht 0.

Man beachte, dass der so konstruierte Schichtgraph tatsächlich alle s-t-Kantenzüge mit maximal 7 Kanten kodiert.[46]

In der Vorwärtsrekursion werden sukzessive die Abstände der Knoten $v_{k,i}$ von $v_{0,1}$ bestimmt gemäß

$$\alpha\big(v_{k,i}\big) \leftarrow \min\Big\{\alpha\big(v_{k-1,j}\big) + \phi\big(v_j,v_i\big) : (v_{k-1,j},v_{k,i}) \in E_k\Big\}.$$

Die entsprechenden Distanzen sind für $\tau = 1$ und $\tau = -6$ in Abbildung 3.14 an den Knoten vermerkt, und die optimalen s-t-Wege im Schichtgraph sind hervorgehoben; sie entsprechen optimalen s-t-Kantenzügen in G.

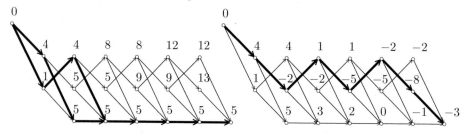

3.14 Abbildung. Distanzen für $\tau = 1$ (links) und $\tau = -6$ rechts. Die optimalen *s-t*-Wege im Schichtgraph sind hervorgehoben.

Für $\tau = 1$ wird auf optimalen s-t-Kantenzügen in G kein bereits vorher erreichter Knoten wiederholt: 'Umwege' lohnen sich nicht. Anders sieht es für $\tau = -6$ aus. Der kürzeste s-t-Kantenzug $(e_2,e_3,e_4,e_3,e_4,e_3,e_5)$ enthält einen Kreis K der Länge -3. Er zeigt sich an dem 'Zickzackverlauf' des in Abbildung 3.14 hervorgehobenen minimalen Weges im Schichtgraphen. Bei jeder Erhöhung der Stufenzahl um 2 wird K einmal mehr durchlaufen und die Länge des optimalen s-t-Kantenzugs verkürzt sich um 3.

Die in Beispiel 3.2.14 an einem kleinen Digraphen durchgeführte Vorwärtsrekursion der dynamischen Optimierung benötigt für Digraphen $G := (V,E)$ mit $n := |V|$ für jeden Knoten v jeder Stufe des Schichtgraphen $O(n)$ Operationen zur Bestimmung von $\alpha(v)$. Jede Stufe enthält $O(n)$ Knoten, so dass die Bestimmung der Länge kürzester s-t-Wege in G der kombinatorischen Länge höchstens p insgesamt $O(n^2 p)$ elementare Operationen nicht überschreitet. Treten keine Kantenzüge negativer Länge auf, so kann $p := n$ gewählt werden, so dass $O(n^3)$ elementare Operationen reichen.

---

[46] Der Schichtgraph ist eine recht 'kompakte Kodierung' einer im Allgemeinen exponentiellen Menge von Objekten; vgl. Übungsaufgaben 2.4.12 bzw. 2.4.11. In gewissem Sinn nutzt man für die Konstruktion des Schichtgraphen die 'Umkehrung' der kombinatorischen Explosion.

Wir zeigen nun zweierlei: Zum einen kann man für nichtnegative Gewichte die Schichtgraphenstruktur 'ausdünnen' und einen Algorithmus angeben, der mit $O(n^2)$ elementaren Operationen für jeden Knoten v die Längen kürzester s-v-Wege bestimmt. Zum anderen geben wir für Digraphen mit beliebigen ganzzahligen Gewichten eine Umsetzung an, die in insgesamt $O(n^3)$ Operationen entscheidet, ob Kreise negativer Längen vorhanden sind und, falls das nicht der Fall ist, die Längen kürzester v-w-Wege für *jedes* Paar von Knoten v und w von G bestimmt.

Das Prinzip des ersten Algorithmus wird zunächst anhand eines einfachen, aber ausführlichen Beispiels eingeführt. Wir betrachten dabei einen gewichteten Digraphen; der Algorithmus wird anschließend für gewichtete allgemeine Graphen formuliert.

3.2.15 Beispiel. *Gegeben sei der gewichtete Digraph $G := (V, E; \phi)$ aus Abbildung 3.15. Zur suggestiveren Beschreibung interpretieren wir die Gewichte als Fahrzeiten.*

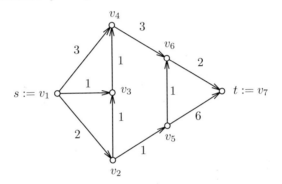

3.15 Abbildung. Gewichteter Digraph G

Die Idee des Verfahrens besteht darin zu analysieren, welche lokalen Informationen bereits 'globalen' Charakter haben. Was kann man also auf der Grundlage von (im Laufe des Algorithmus aggregierten) aktuellen Informationen über kürzeste Wege aussagen?

Zu Beginn betrachten wir nur den Startknoten s und seine Umgebung $\delta_{\mathrm{aus}}(G, s)$ bzw. $N_{\mathrm{aus}}(G, s)$. Bei dieser eingeschränkten Information ist natürlich überhaupt nicht klar, welche der von s ausgehenden Kanten zu kürzesten s-t-Wegen gehören. Da alle Gewichte positiv sind, kann man aber schließen, dass v_3 keinesfalls schneller als nach einer Einheit erreicht werden kann. Würde man nämlich nicht die direkte Kante (s, v_3) benutzen, sondern zunächst etwa in Richtung v_2 starten, so wären bei Erreichen von v_2 bereits zwei Zeiteinheiten verstrichen. Der Restweg zu v_3 dauert aber noch eine positive Zeit. Das gleiche Argument gilt auch, wenn wir zunächst zu v_4 laufen. Dann sind nämlich bei Erreichen von v_4 drei Einheiten verbraucht, die wir nie mehr reduzieren könnten.[47]

Natürlich interessieren uns kürzeste s-v_3-Wege eigentlich gar nicht, aber genau deren Längen sind durch die lokalen Informationen bekannt. Tatsächlich bestimmen wir im Algorithmus sukzessive die Längen kürzester s-v-Wege für jedes $v \in V$.

Nachdem wir bereits auf der Basis rein lokaler Information festgestellt haben, dass v_3 genau eine Einheit von s entfernt ist, es also keinen kürzeren s-v_3-Weg in G gibt, liegt es nahe zu fragen, was wir über die kürzesten s-v_2- und s-v_4-Wege sagen können.

---

[47] Tatsächlich ist v_3 in dem zugrunde liegenden Digraphen überhaupt nicht von v_4 aus erreichbar, aber diese Information steht bei der aktuellen Betrachtung der Umgebung von s noch nicht zur Verfügung.

Wir wissen, dass v_2 nach 2 und v_4 nach 3 Zeiteinheiten über (s,v_2) bzw. (s,v_4) erreicht werden, aber ist das auch bestmöglich?

Das können wir jedoch auf der Basis der uns aktuell zugänglichen lokalen Information noch gar nicht feststellen. Natürlich sehen wir bei Betrachtung des gesamten Digraphen, dass es keinen kürzeren s-v_2-Weg gibt, wohingegen der kürzeste s-v_4-Weg über den Zwischenknoten v_3 läuft, und nur die Länge 2 besitzt.

Der Unterschied zwischen v_3 und v_2 bzw. v_4, der uns erlaubt, Aussagen über kürzeste s-v_3-Wege zu machen, besteht darin, dass der Abstand 2 von v_3 zu s unter allen Knoten aus $N_{\text{aus}}(G,s)$ minimal ist. Nur deshalb ist klar, dass es keine weiteren Abkürzungen mehr geben kann. Damit ist in Bezug auf kürzeste s-v-Wege der Knoten $v = v_3$ bereits vollständig abgearbeitet; seine Entfernung von s steht also fest.

Die gefundene algorithmische Grundidee formulieren wir nun etwas allgemeiner:

Beginnend mit $S^{(0)} = \{s\}$ wird im Laufe des Algorithmus in jedem Schritt die aktuelle Teilmenge $S^{(k)}$ von V vergrößert; der Algorithmus bricht ab, wenn t in $S^{(k)}$ aufgenommen wird. Den Knoten v des Graphen sind Marken bzw. Labels[48]

$$\xi^{(k)}(v)$$

zugeordnet. Sie werden so gesetzt und aktualisiert, dass sie die Länge eines kürzesten s-v-Weges angeben, der ausschließlich Zwischenknoten aus $S^{(k)}$ enthält; der zweite Endknoten kann aber aus $V \setminus S^{(k)}$ sein. Für $v \in S^{(k)}$ gibt $\xi^{(k)}(v)$ bereits die Länge eines kürzesten s-v-Weges an. Für die Knoten aus $N_{\text{aus}}\big(G,S^{(k)}\big)$ ist $\xi^{(k)}(v)$ eine obere Schranke für die Entfernung von s zu v.

Die Knoten aus $G \setminus \Big(S^{(k)} \cup N_{\text{aus}}\big(G,S^{(k)}\big)\Big)$ sind aktuell von s aus noch nicht auf Wegen erreichbar, die nur Zwischenknoten aus $S^{(k)}$ enthalten. Man kann ihre Labels daher gleich ∞ setzen oder im Algorithmus erst dann definieren, wenn die entsprechenden Knoten erreicht werden. Der Übersichtlichkeit halber werden wir in diesem Beispiel die entsprechenden Marken auf ∞ setzen, um ganz explizit deutlich zu machen, welche Knoten aktuell bereits erreicht werden.

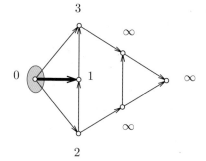

3.16 Abbildung. Knotenmenge $S^{(0)}$, Knotenlabel $\xi^{(0)}(v)$, kritische Kante (s,v_3).

Entsprechend sind die Startmarken

$$\xi^{(0)}(s) = 0 \quad \wedge \quad \xi^{(0)}(v_2) = 2 \quad \wedge \quad \xi^{(0)}(v_3) = 1 \quad \wedge \quad \xi^{(0)}(v_4) = 3$$
$$\xi^{(0)}(v_5) = \xi^{(0)}(v_6) = \xi^{(0)}(t) = \infty.$$

---

[48] In der deutschsprachigen Literatur ist mittlerweile 'Label' die übliche 'neudeutsche' Bezeichnung für Marke, Markierung oder Etikett. Wir verwenden die Begriffe hier synonym.

In den Abbildungen 3.16 bis 3.19 sind die Mengen $S^{(k)}$ grau unterlegt und die Knoten-
labels $\xi^{(k)}(v)$ direkt an den Knoten v vermerkt. Die aktuellen Informationen für $k = 0$
sind in Abbildung 3.16 dargestellt.

    Zur Bestimmung von $S^{(1)}$ fügen wir $S^{(0)}$ einen Knoten $v^* \in V \setminus S^{(0)}$ hinzu, dessen
Marke $\xi^{(0)}(v^*)$ minimal ist für alle Knoten aus $V \setminus S^{(0)}$. In unserem Beispiel ist $v^* = v_3$.
Die 'kritische Kante' (s,v_3) aus $\delta_{\mathrm{aus}}(G,S^{(0)})$, die das minimale Label realisiert, ist in
Abbildung 3.16 hervorgehoben.

    Eine Aktualisierung der Labels ist für diejenigen Knoten erforderlich, die nun über
v_3 schneller erreicht werden können als zuvor. Das ist nur für v_4 der Fall, denn

$$3 = \xi^{(0)}(v_4) > \xi^{(0)}(v_3) + \phi(v_3,v_4) = 1 + 1 = 2,$$

und wir setzen
$$\xi^{(1)}(v_4) = 2.$$

Alle übrigen Marken bleiben unverändert, so dass für $k = 1$

$$\xi^{(1)}(s) = 0 \quad \wedge \quad \xi^{(1)}(v_2) = 2 \quad \wedge \quad \xi^{(1)}(v_3) = 1 \quad \wedge \quad \xi^{(1)}(v_4) = 2$$
$$\xi^{(1)}(v_5) = \xi^{(1)}(v_6) = \xi^{(1)}(t) = \infty$$

gilt; vgl. Abbildung 3.17.

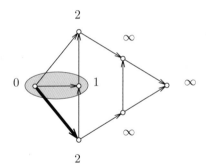

3.17 Abbildung. Knotenmenge $S^{(1)}$, Knotenlabel $\xi^{(1)}(v)$, kritische Kante (s,v_2).

    Jetzt haben v_2 und v_4 das kleinste Label unter allen Knoten aus $\mathrm{N}_{\mathrm{aus}}(G,S^{(1)})$. Neh-
men wir etwa v_2 hinzu[49], so erhalten wir

$$S^{(2)} := S^{(1)} \cup \{v_2\}.$$

    Nun wird v_5 erreichbar, und wir setzen

$$\xi^{(2)}(v_5) := \min\left\{\xi^{(1)}(v_5), \xi^{(1)}(v_2) + \phi(v_2,v_5)\right\} = 2 + 1 = 3.$$

Alle übrigen Marken bleiben unverändert, da ja der Knoten v_2 bereits sein finales Label
trägt; vgl. Abbildung 3.18 (links).

    Allgemein wird im k-ten Schritt in gleicher Weise zu $S^{(k)}$ ein Knoten $v^* \in V \setminus S^{(k)}$
hinzugenommen, dessen Marke $\xi^{(k)}(v^*)$ minimal ist für alle solchen Knoten; wir setzen

[49] Wir können konzeptionell auch gleichzeitig v_2 und v_4 hinzunehmen; das sukzessive Vorgehen erscheint
    aber für die algorithmische Beschreibung transparenter.

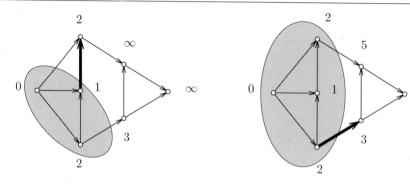

3.18 Abbildung. $k = 2$ (links) und $k = 3$ (rechts).

$$S^{(k+1)} := S^{(k)} \cup \{v^*\}.$$

Anschließend werden die Marken der Knoten $v \in N_{\mathrm{aus}}\big(G, S^{(k+1)}\big)$ *durch*

$$\xi^{(k+1)}(v) := \min\Big\{\xi^{(k)}(v), \xi^{(k)}(v^*) + \phi(v^*, v)\Big\}$$

aktualisiert; alle Übrigen bleiben unverändert. Diese Setzung besagt, dass das Label entweder durch die Hinzunahme von v^* *überhaupt nicht betroffen ist, oder dass ein kürzester Weg von s nach v mit Zwischenknoten in* $S^{(k+1)}$ *über* v^* *führt.*

Im vorliegenden Beispiel werden nach dieser Vorschrift für $k = 3,4,5$ *sukzessive* v_4, v_5 *und* v_6 *hinzugenommen.*

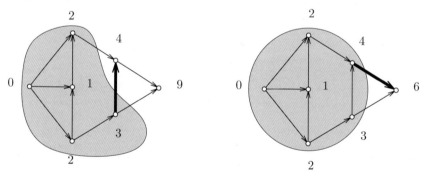

3.19 Abbildung. $k = 4$ (links) und $k = 5$ (rechts).

Dann erhält auch t bereits seine endgültige Marke 6. Im nächsten (nicht mehr abgebildeten) Schritt wird nun t als (einzig verbleibender) Knoten mit kleinster Abstandsmarke unter den noch nicht zu $S^{(5)}$ *gehörigen Knoten aufgenommen, und der Algorithmus bricht ab. Für jeden (im Allgemeinen für jeden von s aus erreichbaren) Knoten v gibt das letzte Label die Länge eines kürzesten s-v-Weges an.*

Im Folgenden wird der *Dijkstra-Algorithmus*[50] strukturiert dargestellt. Da er ohnehin die Längen der kürzesten s-v-Wege für alle Knoten bestimmt, die bis zu seinem Abbruch in $S^{(k)}$ aufgenommen wurden, geben wir ihn gleich in dieser Variante an.

---

[50] Edsger Wybe Dijkstra, 1930 – 2002.

3.2.16 Prozedur: *Dijkstra-Algorithmus.*

INPUT: Bewerteter allgemeiner Graph $G := (V,E,\nu;\phi)$ mit $\phi \geq 0$, $s \in V$
OUTPUT: Länge $\xi(v)$ kürzester s-v-Wege für alle von s aus erreichbaren Knoten v
BEGIN $S \leftarrow \{s\}$; $\xi(s) \leftarrow 0$
      FOR ALL $v \in N(G,s) \cup N_{\mathrm{aus}}(G,s)$ DO
          $\xi(v) \leftarrow \min\Big\{\phi(e) : e \in E \wedge \nu(e) \in \big\{\{s,v\},(s,v)\big\}\Big\}$
      WHILE $N(G,S) \cup N_{\mathrm{aus}}(G,S) \neq \emptyset$ DO
      BEGIN
          Wähle $v^* \in \operatorname{argmin}\big\{\xi(v) : v \in N(G,S) \cup N_{\mathrm{aus}}(G,S)\big\}$
          FOR ALL $v \in \big(N(G,v^*) \cup N_{\mathrm{aus}}(G,v^*)\big) \setminus \big(S \cup N(G,S) \cup N_{\mathrm{aus}}(G,S)\big)$ DO
              $\xi(v) \leftarrow \xi(v^*) + \min\Big\{\phi(e) : e \in E \wedge \nu(e) \in \big\{\{v^*,v\},(v^*,v)\big\}\Big\}$
          FOR ALL $v \in \big(N(G,S) \cup N_{\mathrm{aus}}(G,S)\big) \setminus \{v^*\}$ DO
              $\xi(v) \leftarrow \min\Big\{\xi(v),\xi(v^*) + \min\big\{\phi(e) : e \in E \wedge \nu(e) \in \big\{\{v^*,v\},(v^*,v)\big\}\big\}\Big\}$
          $S \leftarrow S \cup \{v^*\}$
      END
END

Wir schätzen nun die Laufzeit des Dijkstra-Algorithmus ab und zeigen seine Korrektheit.

3.2.17 Satz. *Der Algorithmus von Dijkstra findet für jeden gewichteten allgemeinen Graphen $G := (V,E,\nu;\phi)$ mit nichtnegativen Kantengewichten in $O(|V|^2 + |E|)$ elementaren Operationen die Längen kürzester s-v-Wege für alle Knoten $v \in V$, die von s aus erreichbar sind. Sind die Kantengewichte rational, so sind die binären Größen der auftretenden Zahlen durch die Größe des Inputs beschränkt.*

Beweis: In jedem Schritt des Algorithmus wird die aktuelle Knotenmenge um einen Knoten vergrößert. Also terminiert der Algorithmus nach $O(|V|)$ Schritten. Ferner werden in jedem Schritt höchstens $O(|V|)$ Knotenmarken aktualisiert. Dabei sind in den Minimumsbildungen nur solche Kanten involviert, die mit dem aktuellen Knoten v^* inzident sind. Somit wird jede Kante im Laufe des Algorithmus höchstens einmal bearbeitet. Die auftretenden Marken sind durch $\sum_{e \in E} \phi(e)$ nach oben beschränkt. Somit folgt die Behauptung über die Laufzeit.

Wir zeigen nun die Korrektheit des Algorithmus mittels vollständiger Induktion nach der Schrittzahl k. Seien $S^{(k)}$ die konstruierte Knotenmenge in Schritt k und $\xi^{(k)}(v)$ das aktuelle Label für jeden bisher erreichbaren Knoten, d.h. für alle $v \in S^{(k)} \cup N\big(G,S^{(k)}\big) \cup N_{\mathrm{aus}}\big(G,S^{(k)}\big)$.

Wir zeigen, dass für jeden Knoten v aus $S^{(k)}$ die Marke $\xi^{(k)}(v)$ bereits die Länge kürzester s-v-Wege angibt. Das ist wegen $\phi \geq 0$ offensichtlich für $k = 0$, da ja $S^{(0)} = \{s\}$ ist. Die Induktionsbehauptung gelte nun für Schritt k. Ist $N\big(G,S^{(k)}\big) \cup N_{\mathrm{aus}}\big(G,S^{(k)}\big) = \emptyset$, so ist nichts mehr zu zeigen. Andernfalls wird zur Bestimmung von $S^{(k+1)}$ der Menge $S^{(k)}$ ein Knoten $v^* \in N\big(G,S^{(k)}\big) \cup N_{\mathrm{aus}}\big(G,S^{(k)}\big)$ hinzugefügt, dessen Abstandsmarke $\xi^{(k)}(v^*)$ minimal ist unter allen solchen Knoten. Seien nun W ein beliebiger s-v^*-Weg, w_0 der (von s aus gesehen) erste Knoten auf W, der nicht zu $S^{(k)}$ gehört, und v_0 sein Vorgänger in W. Wegen $\phi \geq 0$ gilt nach Induktionsvoraussetzung für die zugehörige Zielfunktion

$$\varphi(W) \geq \xi^{(k)}(v_0) + \min\Big\{\phi(e) : e \in E \wedge \nu(e) \in \big\{\{v_0,w_0\},(v_0,w_0)\big\}\Big\}$$
$$\geq \xi^{(k)}(w_0) \geq \xi^{(k)}(v^*),$$

und es folgt die Behauptung.   □

Ist man nur an kürzesten Wegen von s zu einer Teilmenge U von V interessiert, so kann man den Algorithmus natürlich abbrechen, sobald $U \subset S^{(k)}$ ist.

Wie auch schon bei anderen Algorithmen haben wir uns in Prozedur 3.2.16 darauf beschränkt, das Optimum der Zielfunktion zu bestimmen. Auch der Dijkstra-Algorithmus kann leicht angepasst werden, um nicht nur die Längen kürzester Wege, sondern auch kürzeste Wege selbst zu finden. Dabei ist es nicht einmal nötig, diese explizit abzuspeichern. Vielmehr kann man die relevanten Wege implizit und dadurch äußerst platzsparend mittels einer einfachen Vorgängerfunktion kodieren. Jedem Knoten v, der von s aus erreichbar ist, wird dabei ein Paar $(v^*, e^*) \in V \times E$ zugeordnet, das angibt, von welchem Knoten aus und über welche Kante seine Marke $\xi(v)$ im Algorithmus zuletzt aktualisiert wurde. Aus diesen Informationen kann man mit linearem Aufwand die Wege sukzessive reproduzieren.

Im Dijkstra-Algorithmus sind zur Konstruktion der Vorgängerfunktion lediglich folgende Ergänzungen vorzunehmen. In der Initialisierungs-FOR-Schleife in Prozedur 3.2.16 werden die Zeilen

$$\text{Sei } e^* \in \operatorname{argmin} \left\{ \phi(e) : e \in E \wedge \phi(e) \in \left\{ \{s,v\}, (s,v) \right\} \right\}$$
$$\omega(v) \leftarrow (s, e^*)$$

hinzugefügt, während die beiden FOR-Schleifen im BEGIN-END-Block um die Zeilen

$$\text{Sei } e^* \in \operatorname{argmin} \left\{ \phi(e) : e \in E \wedge \phi(e) \in \left\{ \{v^*,v\}, (v^*,v) \right\} \right\}$$
$$\omega(v) \leftarrow (v^*, e^*)$$

bzw.

$$\text{Sei } e^* \in \operatorname{argmin} \left\{ \phi(e) : e \in E \wedge \phi(e) \in \left\{ \{v^*,v\}, (v^*,v) \right\} \right\}$$
$$\text{IF } \xi(v) > \xi(v^*) + \phi(e^*) \text{ THEN } \omega(v) \leftarrow (v^*, e^*)$$

ergänzt werden.

Auch wenn einer SPP-Aufgabe ein allgemeiner Graph zugrunde liegt, so sind doch jeweils zwischen zwei Knoten höchstens zwei Kanten relevant, eine ungerichtete und höchstens eine gerichtete oder höchstens zwei gerichtete, nämlich solche minimaler Länge (in den einzelnen Richtungen). Entsprechend werden im Dijkstra-Algorithmus bei der Aktualisierung der Knotenlabels Minimierungen durchgeführt. Dabei werden jedoch nur solche Mehrfachkanten 'reduziert', die im Laufe des Algorithmus relevant werden. Wenn also für einen Graphen nur wenige SP-Aufgaben zu lösen sind, so kann dieses Vorgehen deutlich effizienter sein, als dem Dijkstra-Algorithmus einen entsprechenden Preprocessing-Schritt vorzuschalten.

Werden aber an einen gegebenen gewichteten allgemeinen Graphen G viele verschiedene SP-Aufgaben (mit wechselnden Paaren von Start- und Zielknoten) gestellt, so ist es effizienter, G vorher durch einen (für die Aufgabe äquivalenten) einfachen Graphen zu ersetzen. Tatsächlich ist dieses mit einem Aufwand von $O(|E|)$ Operationen möglich, so dass sich die Komplexitätsabschätzung aus Satz 3.2.17 nicht einmal (substantiell) verändert.

In der Analyse des Dijkstra-Algorithmus haben wir maßgeblich ausgenutzt, dass $\phi \geq 0$ ist. Tatsächlich kann der Algorithmus bereits versagen, wenn auch nur eine einzige Kante negative Kosten hat.

3.2.18 Beispiel. *Sei G der in Abbildung 3.20 links angegebene gewichtete Digraph.*

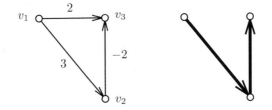

3.20 Abbildung. Gewichteter Digraph (links) und kürzester v_1-v_3-Weg.

Als einzige Kante trägt (v_2,v_3) ein negatives Gewicht. Sie sorgt aber dafür, dass (in verkürzter Schreibweise) (v_1,v_2,v_3) der kürzeste v_1-v_3-Weg ist, obwohl seine Startkante größere Kosten aufweist als (v_1,v_3). Der Dijkstra-Algorithmus liefert

$$S^{(0)} = \{v_1\} \quad \wedge \quad S^{(1)} = \{v_1,v_3\} \quad \wedge \quad S^{(2)} = \{v_1,v_2,v_3\} = V$$

und die Abstandsmarken

$$\xi(v_1) = 0 \quad \wedge \quad \xi(v_2) = 3 \quad \wedge \quad \xi(v_3) = 2.$$

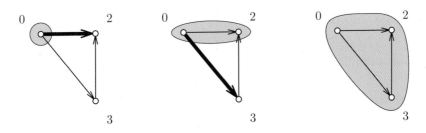

3.21 Abbildung. Schritte des Dijkstra-Algorithmus.

Er weist somit den Abstand von v_1 nach v_3 als 2 aus, obwohl der kürzeste v_1-v_3-Weg nur Länge 1 hat; vgl. Abbildung 3.21.

Wir kommen nun zu einem weiteren Verfahren zur Bestimmung kürzester Kantenzüge, dem *Floyd-Warshall*[51]*-Algorithmus*. Wir formulieren ihn im Folgenden für Digraphen. Er schließt dann die 'Lücke' zwischen '$\phi \geq 0$' wie im Dijkstra-Algorithmus vorausgesetzt und 'keine geschlossenen Kantenzüge negativer Länge' gemäß Lemma 3.2.13. Der Algorithmus basiert auf der nachfolgend eingeführten Distanzmatrix.

3.2.19 Definition. *Sei $G := (V,E;\phi)$ ein Digraph mit $V =: \{v_1,\dots,v_n\}$. Die durch*

$$\delta_{i,j} := \begin{cases} 0 & \text{falls } i = j, \\ \phi(e) & \text{falls } e = (v_i,v_j) \in E, \\ \infty & \text{sonst} \end{cases}$$

*definierte Matrix $D_G = (\delta_{i,j})_{i,j\in[n]}$ heißt **Distanzmatrix** von G.*

---

[51] Robert Floyd, 1936 – 2001; Stephen Warshall, 1935- 2006.

Der Floyd-Warshall-Algorithmus erlaubt allgemeine Gewichtsfunktionen $\phi : E \to \mathbb{R}$ und erkennt, ob ein Kreis negativer Länge existiert; andernfalls findet er kürzeste Wege zwischen beliebigen Knotenpaaren. Er beginnt mit D_G und verändert sukzessive die Einträge der Matrix, bis ein Diagonalelement negativ wird oder bis die Einträge der Elemente außerhalb der Diagonalen die Entfernungen der entsprechenden Knoten angeben. Analog zum Dijkstra-Algorithmus wird dabei untersucht, ob der 'Umweg' über einen anderen Knoten die Entfernung reduziert.

3.2.20 Prozedur: *Floyd-Warshall Algorithmus.*

> INPUT: Gewichteter Digraph $G = (V,E;\phi)$ mit $V =: \{v_1, \ldots, v_n\}$
> OUTPUT: Meldung 'Kreis negativer Länge' oder
>   Matrix $D := (\delta_{i,j})_{i,j \in [n]}$ der Längen $\delta_{i,j}$ kürzester Wege von v_i nach v_j.
> BEGIN $D \leftarrow D_G$
>   FOR $k = 1, \ldots, n$ DO
>   FOR $i = 1, \ldots, n$ mit $i \neq k$ DO
>   FOR $j = 1, \ldots, n$ mit $j \neq k$ DO
>   BEGIN
> $\delta_{i,j} \leftarrow \min\{\delta_{i,j}, \delta_{i,k} + \delta_{k,j}\}$
>   IF $\delta_{i,i} < 0$ THEN 'Meldung'; HALT
>   END
> END

3.2.21 Bemerkung. *Der Floyd-Warshall Algorithmus terminiert nach $O(|V|^3)$ elementaren Operationen.*

Beweis: Der Algorithmus durchläuft höchstens drei ineinander geschachtelte Schleifen der Länge $O(|V|)$; insgesamt werden also höchstens $O(|V|^3)$ Minimumsberechnungen durchgeführt. $\square$

Im Korrektheitsbeweis für den Floyd-Warshall Algorithmus benutzen wir die folgende Notation.

3.2.22 Notation. *Seien $n \in \mathbb{N}$ und $l \in [n]$, $D := (\delta_{i,j})_{i,j\in[n]} \in \mathbb{R}^{n \times n}$, und für $i,j \in [n]$ sei*

$$\delta_{i,j}(l) := \begin{cases} \min\{\delta_{i,j}, \delta_{i,l} + \delta_{l,j}\} & \text{für } i,j \in [n] \setminus \{l\}; \\ \delta_{i,j} & \text{sonst.} \end{cases}$$

Die durch

$$\mathbb{R}^{n \times n} \ni D \quad \mapsto \quad \Delta_l(D) := \big(\delta_{i,j}(l)\big)_{i,j \in [n]}$$

*definierte Abbildung $\Delta_l : \mathbb{R}^{n \times n} \to \mathbb{R}^{n \times n}$ heißt l-ter **Dreiecksoperator**. Man sagt auch, dass $\Delta_l(D)$ durch Anwendung von **Dreiecksoperationen** bezüglich l aus D hervorgeht. Sind $G = (V,E;\phi)$ ein gewichteter Digraph und $k \in [n]$, so seien*

$$D_G^{(0)} := D_G \quad \wedge \quad D_G^{(k)} := (\delta_{i,j}^{(k)})_{i,j \in [n]} := \Delta_k \circ \Delta_{k-1} \circ \cdots \circ \Delta_1(D_G).$$

In dieser Notation ist der Floyd-Warshall Algorithmus (bis auf den möglichen vorzeitigen Abbruch) nichts anderes als die Berechnung von $D_G^{(n)}$.

3.2.23 Bemerkung. *Sind $G = (V,E;\phi)$ ein gewichteter Digraph und $k \in [n]$, so gilt für alle $i,j \in [n]$*

$$\delta_{i,j}^{(k)} \leq \delta_{i,j}^{(k-1)}.$$

Als erstes Beispiel führen wir den Floyd-Warshall Algorithmus am Digraphen aus Beispiel 3.2.15 durch. Nach dem Korrektheitsbeweis wird dann noch ein Beispiel eines Graphen mit einem Kreis negativer Länge betrachtet.

3.2.24 Beispiel. *Gegeben sei wieder der Digraph aus Beispiel 3.2.15; er ist in Abbildung 3.22 noch einmal dargestellt.*

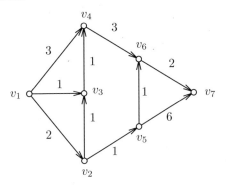

3.22 Abbildung. Gewichteter Digraph (vgl. Abbildung 3.15)

Der Algorithmus startet mit der Distanzmatrix D_G. Da keine Kante in v_1 hineinläuft, ist $D_G^{(0)} = D_G^{(1)}$.

$$
D_G = \begin{pmatrix}
0 & 2 & 1 & 3 & \infty & \infty & \infty \\
\infty & 0 & 1 & \infty & 1 & \infty & \infty \\
\infty & \infty & 0 & 1 & \infty & \infty & \infty \\
\infty & \infty & \infty & 0 & \infty & 3 & \infty \\
\infty & \infty & \infty & \infty & 0 & 1 & 6 \\
\infty & \infty & \infty & \infty & \infty & 0 & 2 \\
\infty & \infty & \infty & \infty & \infty & \infty & 0
\end{pmatrix} = D_G^{(0)} = D_G^{(1)}.
$$

Zur Bestimmung von $D_G^{(2)}$ werden nun Dreiecksoperationen bezüglich Index 2 durchgeführt, d.h. es wird versucht, die Abstände durch 'Umweg' über v_2 zu verkleinern. Formal wird in diesem Schritt der Eintrag $\delta_{i,j}^{(1)}$ durch die Summe der Einträge $\delta_{i,2}^{(1)}$ der gleichen Zeile der markierten Spalte und $\delta_{2,j}^{(1)}$ der gleichen Spalte der markierten Zeile ersetzt, falls diese Summe kleiner ist. Im konkreten Fall ändert sich nur der Eintrag in der ersten Zeile und fünften Spalte. Da v_5 über v_2 von v_1 aus erreichbar ist, nicht aber direkt, wird der entsprechende Eintrag ∞ durch $2 + 1 = 3$ ersetzt. Man erhält also

$$
D_G^{(2)} = \begin{pmatrix}
0 & 2 & 1 & 3 & 3 & \infty & \infty \\
\infty & 0 & 1 & \infty & 1 & \infty & \infty \\
\infty & \infty & 0 & 1 & \infty & \infty & \infty \\
\infty & \infty & \infty & 0 & \infty & 3 & \infty \\
\infty & \infty & \infty & \infty & 0 & 1 & 6 \\
\infty & \infty & \infty & \infty & \infty & 0 & 2 \\
\infty & \infty & \infty & \infty & \infty & \infty & 0
\end{pmatrix}.
$$

Analog verfährt man nun mit den weiteren Knoten. Man erhält der Reihe nach die Matrizen $D_G^{(3)}$, $D_G^{(4)}$, $D_G^{(5)}$ und $D_G^{(6)}$:

$$
\begin{pmatrix}
0 & 2 & 1 & 2 & 3 & \infty & \infty \\
\infty & 0 & 1 & 2 & 1 & \infty & \infty \\
\infty & \infty & 0 & 1 & \infty & \infty & \infty \\
\infty & \infty & \infty & 0 & \infty & 3 & \infty \\
\infty & \infty & \infty & \infty & 0 & 1 & 6 \\
\infty & \infty & \infty & \infty & \infty & 0 & 2 \\
\infty & \infty & \infty & \infty & \infty & \infty & 0
\end{pmatrix},
\qquad
\begin{pmatrix}
0 & 2 & 1 & 2 & 3 & 5 & \infty \\
\infty & 0 & 1 & 2 & 1 & 5 & \infty \\
\infty & \infty & 0 & 1 & \infty & 4 & \infty \\
\infty & \infty & \infty & 0 & \infty & 3 & \infty \\
\infty & \infty & \infty & \infty & 0 & 1 & 6 \\
\infty & \infty & \infty & \infty & \infty & 0 & 2 \\
\infty & \infty & \infty & \infty & \infty & \infty & 0
\end{pmatrix},
$$

$$
\begin{pmatrix}
0 & 2 & 1 & 2 & 3 & 4 & 9 \\
\infty & 0 & 1 & 2 & 1 & 2 & 7 \\
\infty & \infty & 0 & 1 & \infty & 4 & \infty \\
\infty & \infty & \infty & 0 & \infty & 3 & \infty \\
\infty & \infty & \infty & \infty & 0 & 1 & 6 \\
\infty & \infty & \infty & \infty & \infty & 0 & 2 \\
\infty & \infty & \infty & \infty & \infty & \infty & 0
\end{pmatrix},
\qquad
\begin{pmatrix}
0 & 2 & 1 & 2 & 3 & 4 & 6 \\
\infty & 0 & 1 & 2 & 1 & 2 & 4 \\
\infty & \infty & 0 & 1 & \infty & 4 & 6 \\
\infty & \infty & \infty & 0 & \infty & 3 & 5 \\
\infty & \infty & \infty & \infty & 0 & 1 & 3 \\
\infty & \infty & \infty & \infty & \infty & 0 & 2 \\
\infty & \infty & \infty & \infty & \infty & \infty & 0
\end{pmatrix}.
$$

Die letzte Dreiecksoperation bez. des Knotens v_7 ist (wie schon der Schritt bez. v_1) nicht mehr sonderlich ergiebig, da von v_7 keine Kante ausgeht. Es gilt also $D_G^{(6)} = D_G^{(7)}$. Die erste Zeile der Matrix $D_G^{(7)}$ enthält die gleichen Informationen wie die Labels am Ende des Dijkstra-Algorithmus; vgl. Abbildung 3.19 (rechts). Allgemein geben die Einträge der i-ten Zeile die Entfernungen aller Knoten von v_i an, während die Komponenten der j-ten Spalte die Distanzen aller Knoten zu v_j enthalten. Die letzte Spalte etwa gibt die Entfernungen aller Knoten zu v_7 an.

Wir zeigen nun das für die Korrektheit des Algorithmus entscheidende Lemma.

3.2.25 Lemma. *Seien $G := (V,E;\phi)$ ein gewichteter Digraph, $V =: \{v_1,\dots,v_n\}$, $k \in \{0\} \cup [n]$, und die Diagonalelemente von $D_G^{(k)}$ seien nichtnegativ. Dann ist $\delta_{i,j}^{(k)}$ für jedes Paar $i,j \in [n]$ die Länge eines kürzesten Weges in G von v_i nach v_j, der nur Zwischenknoten in $\{v_1,\dots,v_k\}$ benutzt.*

Beweis: Der Beweis wird mittels vollständiger Induktion nach k geführt.

Für $k = 0$ ist die Aussage trivial; sei also $k \in [n]$. Nach Induktionsvoraussetzung geben die Einträge von $D_G^{(k-1)}$ jeweils die Längen kürzester Wege zwischen den entsprechenden Knoten an, die nur Zwischenknoten aus $\{v_1,\dots,v_{k-1}\}$ besitzen. Seien nun $i,j \in \{1,\dots,n\} \setminus \{k\}$.

Man beachte, dass jeder kürzeste v_i-v_j-Weg, der durch v_k verläuft und nur Zwischenknoten aus $\{v_1,\dots,v_k\}$ enthält, in einen kürzesten v_i-v_k-Weg und einen kürzesten v_k-v_j-Weg zerfällt, die nur Zwischenknoten aus $\{v_1,\dots,v_{k-1}\}$ enthalten. Nach Induktionsvoraussetzung sind ihre Längen $\delta_{i,k}^{(k-1)}$ bzw. $\delta_{k,j}^{(k-1)}$. Genau dann gilt also

$$\delta_{i,j}^{(k)} = \min\big\{\delta_{i,j}^{(k-1)}, \delta_{i,k}^{(k-1)} + \delta_{k,j}^{(k-1)}\big\} = \delta_{i,j}^{(k-1)},$$

wenn es unter den kürzesten Wegen mit Zwischenknoten in $\{v_1,\dots,v_k\}$ bereits einen solchen mit Zwischenknoten in $\{v_1,\dots,v_{k-1}\}$ gibt. In diesem Fall folgt die Induktionsbehauptung.

Sei also

$$\delta_{i,k}^{(k-1)} + \delta_{k,j}^{(k-1)} < \delta_{i,j}^{(k-1)}.$$

Insbesondere gilt dann $v_i \neq v_j$, und der Knoten v_k ist eine 'Abkürzung', d.h. es ist kürzer, zunächst einen kürzesten v_i-v_k Weg W_1 mit Zwischenknoten aus $\{v_1, \ldots, v_{k-1}\}$ und dann einen ebensolchen v_k-v_j-Weg W_2 zu durchlaufen. Die Induktionsbehauptung folgt, falls W_1 und W_2 keinen anderen Knoten als v_k gemeinsam haben, denn dann addieren sich die Längen der beiden Teilwege zur Länge eines kürzesten Weges von v_i nach v_j, der nur Zwischenknoten aus $\{v_1, \ldots, v_k\}$ enthält.

Wir nehmen also an, dass W_1 und W_2 noch einen weiteren gemeinsamen Knoten enthalten. Dann existiert ein Kreis K durch v_k, dessen übrige Knoten Indizes aus $\{1, \ldots, k-1\}$ besitzen. Nach Voraussetzung ist die Länge von K nichtnegativ. Somit sind v_i und v_j bereits durch einen Kantenzug von höchstens der Länge $\delta_{i,k}^{(k-1)} + \delta_{k,j}^{(k-1)}$ verbunden, dessen Kanten zu W_1 oder W_2, nicht aber zu K gehören. Sukzessive Wiederholung dieses Arguments zeigt die Existenz eines v_i-v_j-Weges mit Zwischenknoten aus $\{v_1, \ldots, v_{k-1}\}$ und Länge höchstens $\delta_{i,k}^{(k-1)} + \delta_{k,j}^{(k-1)}$, im Widerspruch zur Induktions- und Fallannahme. Insgesamt folgt somit die Behauptung. $\qquad\square$

3.2.26 Korollar. *Sei $G := (V, E; \phi)$ ein gewichteter Digraph mit $V =: \{v_1, \ldots, v_n\}$. Die folgenden beiden Aussagen sind äquivalent:*

(a) G besitzt einen Kreis negativer Länge.

(b) Es existieren $i, k \in [n]$ mit $\delta_{i,i}^{(k)} < 0$.

Beweis: '(a) $\Rightarrow$ (b)' Ist $\delta_{i,i}^{(k)} \geq 0$ für alle $i, k \in [n]$, so ist nach Bemerkung 3.2.23 einerseits $\delta_{i,i}^{(n)} = 0$, andererseits ist $\delta_{i,i}^{(n)}$ nach Lemma 3.2.25 aber die Länge eines kürzesten Kreises durch v_i. Somit enthält G keinen Kreis negativer Länge.

'(b) $\Rightarrow$ (a)' Sei k_0 minimal mit der Eigenschaft, dass ein Index i existiert mit $\delta_{i,i}^{(k_0)} < 0$, und sei $i_0 \in [n]$ ein solcher, d.h. $\delta_{i_0,i_0}^{(k_0)} < 0$. Man beachte, dass $\delta_{i,i}^{(0)} = 0$ ist für alle i. Somit gilt $k_0 \geq 1$, und es folgt

$$0 > \delta_{i_0,i_0}^{(k_0)} = \min\left\{\delta_{i_0,i_0}^{(k_0-1)}, \delta_{i_0,k_0}^{(k_0-1)} + \delta_{k_0,i_0}^{(k_0-1)}\right\} = \delta_{i_0,k_0}^{(k_0-1)} + \delta_{k_0,i_0}^{(k_0-1)}.$$

Nach Lemma 3.2.25 sind $\delta_{i_0,k_0}^{(k_0-1)}$ bzw. $\delta_{k_0,i_0}^{(k_0-1)}$ die Längen kürzester v_{i_0}-v_{k_0}- bzw. v_{k_0}-v_{i_0}-Wege in G, die nur Zwischenknoten aus $\{v_1, \ldots, v_{k_0-1}\}$ enthalten. Zusammen bilden sie also einen geschlossenen Kantenzug negativer Länge. Nach Bemerkung 2.2.10 (c) gibt es somit einen Kreis negativer Länge. $\qquad\square$

Hiermit ergibt sich unmittelbar der folgende Satz.

3.2.27 Satz. *Für gegebene gewichtete Digraphen $G := (V, E; \phi)$ terminiert der Floyd-Warshall Algorithmus nach höchstens $O(|V|^3)$ elementaren Operationen mit einem korrekten Ergebnis, d.h. mit der Meldung 'Kreis negativer Länge', wenn G einen solchen besitzt, oder andernfalls mit der Matrix $D := (\delta_{i,j})_{i,j=1,\ldots,|V|}$, deren Einträge $\delta_{i,j}$ jeweils die Länge eines kürzesten Weges in G von v_i nach v_j angeben.*

Ist $\phi : E \to \mathbb{Z}$ und bezeichnet L die Größe des Inputs, so liegt die binäre Größe der auftretenden Zahlen[52] in $O(L)$.

---

[52] Natürlich wird hier ∞ nicht als Kardinalität sondern als Symbol konstanter Bitlänge dafür aufgefasst, dass ein entsprechender Weg nicht existiert.

Beweis: Die Behauptung folgt aus Bemerkung 3.2.21, Lemma 3.2.25 und Korollar 3.2.26. $\square$

Wir betrachten nun noch ein Beispiel, bei dem ein Kreis negativer Länge auftritt.

3.2.28 Beispiel. *Gegeben sei der gerichtete Digraph gemäß Abbildung 3.23.*

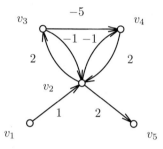

3.23 Abbildung. Gewichteter Digraph.

Dann gilt

$$D_G = D_G^{(0)} = D_G^{(1)} = \begin{pmatrix} 0 & 1 & \infty & \infty & \infty \\ \infty & 0 & 2 & -1 & 2 \\ \infty & -1 & 0 & -5 & \infty \\ \infty & 2 & \infty & 0 & \infty \\ \infty & \infty & \infty & \infty & 0 \end{pmatrix}.$$

Als Matrizen $D_G^{(2)}$ und $D_G^{(3)}$ erhält man

$$D_G^{(2)} = \begin{pmatrix} 0 & 1 & 3 & 0 & 3 \\ \infty & 0 & 2 & -1 & 2 \\ \infty & -1 & 0 & -5 & 1 \\ \infty & 2 & 4 & 0 & 4 \\ \infty & \infty & \infty & \infty & 0 \end{pmatrix}, \qquad D_G^{(3)} = \begin{pmatrix} 0 & 1 & 3 & -2 & 3 \\ \infty & 0 & 2 & -3 & 2 \\ \infty & -1 & 0 & -5 & 1 \\ \infty & 2 & 4 & -1 & 4 \\ \infty & \infty & \infty & \infty & 0 \end{pmatrix}.$$

Der Eintrag $\delta_{4,4}^{(3)}$ ist negativ; wir haben den Kreis (v_4, v_2, v_3, v_4) der Länge -1 entdeckt. Damit bricht der Algorithmus ab. Man beachte, dass der Eintrag $\delta_{2,2}^{(3)}$ noch nichtnegativ ist, da bei der Bestimmung kürzester Wege v_4 im dritten Schritt noch nicht als Zwischenknoten zugelassen ist.

Wir beenden diese Sektion mit einigen Bemerkungen zu den hier noch nicht ausführlich behandelten Fällen.

Der Dijkstra-Algorithmus war in Prozedur 3.2.16 gleich für allgemeine Graphen formuliert worden, der Floyd-Warshall-Algorithmus hingegen nur für Digraphen. Das scheint auf den ersten Blick kein Problem zu sein, denn man kann ja gemäß Bemerkung 2.2.33 jede ungerichtete Kante durch zwei entgegengesetzt gerichtete ersetzen. Unglücklicherweise kann diese oft nützliche Transformation hier aber im Allgemeinen nicht eingesetzt werden. Besitzt nämlich ein ungerichteter Graph G eine Kante mit negativem Gewicht, so wird aus dieser in dem entstehenden Digraph $\hat{G}$ ein Kreis negativer Länge. Der Floyd-Warshall Algorithmus 3.2.20 ist zur Bestimmung kürzester Wege also nicht anwendbar, wenn G Kanten negativer Länge besitzt, selbst wenn G keine Kreise negativer Länge enthält.[53] Tatsächlich bleibt unter diesen Voraussetzungen das Problem kürzester Wege trotzdem effizient lösbar; allerdings sind hierzu andere Methoden erforderlich.[54]

Offen bleibt aber zunächst noch die Frage, wie man auch bei allgemeinen Gewichten kürzeste *Wege* oder kürzeste *einfache* Kantenzüge finden kann. Nach Lemma 3.2.13 wird das Minimum insbesondere in zusammenhängenden allgemeinen Graphen ja stets angenommen, aber kann man es effizient finden?

Die folgende Bemerkung zeigt, dass das allgemeine SP-Problem bei ausschließlicher Verwendung negativer Gewichte einen völlig anderen Charakter bekommt.

3.2.29 Bemerkung. *Seien* $G := (V, E; \phi)$ *ein gewichteter Digraph mit* $\phi \geq 0$, φ *die zugehörige Zielfunktion,* $s, t \in V$, $\theta := -\phi$ *und* $\hat{G} := (V, E; \theta)$. *Ein* s-t-*Weg* W *in* G *hat genau dann maximale Länge unter allen* s-t-*Wegen in* G, *wenn* W *ein kürzester* s-t-*Weg in* $\hat{G}$ *ist. Ist* G *kreisfrei, so ist jeder kürzeste Kantenzug von* s *nach* t *in* $\hat{G}$ *ein kürzester* s-t-*Weg in* $\hat{G}$.

Beweis: Seien $\mathcal{W}$ die Menge aller s-t-Wege in G und $\vartheta := -\varphi$. Dann gilt $\varphi(W) = -\vartheta(W)$, also insbesondere

$$\max_{W \in \mathcal{W}} \varphi(W) = -\min_{W \in \mathcal{W}} \vartheta(W).$$

Ist G kreisfrei, so liegt jeder Kantenzug von s nach t in $\mathcal{W}$. □

Nach der letzten Aussage in Bemerkung 3.2.29 kann der Floyd-Warshall Algorithmus also insbesondere in der Netzplantechnik eingesetzt werden, um einen kritischen, d.h. längsten s-t-Weg in einem gewichteten Digraphen zu finden; vgl. Beispiel 2.2.29. Dazu ersetzt man einfach alle Ausführungszeiten durch ihr Negatives. Detektiert man bei der Ausführung des Floyd-Warshall Algorithmus einen Kreis negativer Länge, so ist das Planungsproblem unzulässig, da Tätigkeiten als Voraussetzung dafür ausgeführt worden sein müssen, dass sie ausgeführt werden können. Andernfalls ist der Planungsgraph kreisfrei, und man erhält einen kürzesten s-t-Weg, der ein für die ursprüngliche Gewichtung längster s-t-Weg ist.

Bemerkung 3.2.29 legt aber auch nahe, dass man HAMILTONKREIS polynomiell auf das SPP mit nichtpositiven Gewichten reduzieren kann.

3.2.30 Bemerkung. *Seien* $G := (V, E)$ *ein Graph mit* $|V| \geq 2$, $K_V := (V, F)$ *der vollständige Graph auf der Knotenmenge* V, $s \in V$ *und* $t := s$. *Ferner seien* $\phi : F \to \{-1, 0\}$ *definiert durch*

$$\phi(e) := \begin{cases} -1 & \text{für } e \in E, \\ 0 & \text{für } e \in F \setminus E, \end{cases}$$

und φ *die zugehörige Zielfunktion.* G *besitzt genau dann einen Hamilton-Kreis, wenn jeder kürzeste* s-t-*Weg in* K_V *die Länge* $-|V|$ *besitzt.*

Beweis: Seien $\mathcal{W}$ die Menge aller s-t-Wege in K_V und $W \in \mathcal{W}$. Da W höchstens $|V|$ Kanten besitzt, gilt

$$\min_{W \in \mathcal{W}} \varphi(W) \geq -|V|.$$

---

[53] Natürlich kann jede ungerichtete Kante negativer Länge auf einem Kantenzug von s nach t beliebig oft durchlaufen werden; in einem s-t-Weg tritt sie aber höchstens einmal auf.

[54] Hier spielt das MINIMUM WEIGHT T-JOIN-Problem eine zentrale Rolle; vgl. etwa [55], Theorem 12.13 oder [75], Kapitel 29.

Dabei gilt Gleichheit genau dann, wenn W genau $|V|$ Kanten enthält und diese sämtlich in G liegen, d.h. wenn G hamiltonsch ist. $\square$

Wie wir in Sektion 3.3 sehen werden, ist HAMILTONKREIS $\mathbb{NP}$-schwierig, nach Bemerkung 3.2.30 das allgemeine SPP also ebenso.

Auch das Problem kürzester einfacher Kantenzüge ist für allgemeine Gewichte nicht einfacher als das Problem kürzester Wege.

3.2.31 Lemma. *Das Problem kürzester Wege in gewichteten Digraphen kann polynomiell auf das Problem kürzester einfacher Kantenzüge in gewichteten Digraphen reduziert werden.*

Beweis: Seien $G := (V, E; \phi)$ ein Digraph. Wir konstruieren einen neuen Digraphen $\hat{G} := (\hat{V}, \hat{E}, \hat{\phi})$. Jeder Knoten v in G wird zu zwei Knoten v_- und v_+ verdoppelt, so dass $\hat{V}$ genau $2|V|$ Knoten besitzt. Für jedes Paar v_+ und v_- enthält $\hat{E}$ die (neue) Kante (v_-, v_+). Jede (alte) Kante $(v, w) \in E$ wird zu der Kante (v_+, w_-) von $\hat{E}$. Insgesamt enthält $\hat{E}$ somit $|E| + |V|$ Kanten. Ferner setzen wir als Gewichte dieser beiden Typen von Kanten $\hat{\phi}(v_-, v_+) := 0$ für $v \in V$ und $\hat{\phi}(v_+, w_-) := \phi(v, w)$ für $(v, w) \in E$; vgl. Abbildung 3.24.

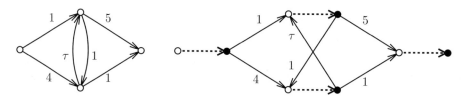

3.24 Abbildung. Transformation des links stehenden Graphen zum rechtsstehenden gemäß der Konstruktion des Beweis von Lemma 3.2.31. Die Knoten v_+ sind schwarz gefärbt; die Gewichte 0 sind weggelassen.

Sei nun W ein s_-t_+-Kantenzug in $\hat{G}$. Da für jeden Knoten v_- bzw. v_+ aus $\hat{V}$

$$\deg_{\mathrm{aus}}(v_-) = 1 \quad \wedge \quad \deg_{\mathrm{in}}(v_+) = 1$$

gilt, ist W sogar ein Weg. Nun entspricht aber jeder s_-t_+-Weg in $\hat{G}$ durch Rückkontraktion der Knotenpaare v_- und v_+ zu v genau einem s-t-Weg in G und umgekehrt. Insgesamt folgt damit die Behauptung. $\square$

3.2.32 Korollar. HAMILTONKREIS *kann polynomiell auf das Problem kürzester einfacher Kantenzüge in gewichteten Digraphen reduziert werden.*

Beweis: Die Behauptung folgt durch Anwendung der Bemerkungen 2.2.33, 3.2.30 und Lemma 3.2.31. $\square$

Eine zu Korollar 3.2.32 analoge Aussage gilt auch im ungerichteten Fall; vgl. Übungsaufgabe 3.6.26.

3.3 Wie schwierig sind Optimierungsprobleme: Einführung in die Komplexitätstheorie

In Sektion 3.1 haben wir bereits die Frage nach der Effizienz von Algorithmen untersucht und verschiedene grundlegende Verfahren besprochen. Die Aussage, dass ein explizit gegebener Algorithmus (im Sinne von Definition 3.1.9) polynomiell ist und seine Laufzeit etwa quadratisch in der Größe des Inputs wächst, ist für die theoretische, in der Regel aber auch für die praktische Beurteilung des Verfahrens von Bedeutung. Eine solche Analyse auf der Ebene eines Algorithmus orientiert sich an *einem* konkreten Objekt, nämlich dem gegebenen Algorithmus. In dieser Sektion wird die entsprechend höhere Ebene der algorithmischen Schwierigkeit von Problemen betrachtet. Eine Aussage über die Komplexität eines Problems ist eine Aussage über *alle* theoretisch möglichen Verfahren. Um entsprechende Aussagen herleiten zu können, benötigt man präzise Definitionen, was ein Problem und was ein Algorithmus ist. Die entsprechenden Konzepte werden im Folgenden eingeführt und analysiert. Die Darstellung ist dabei weitgehend unabhängig von der in Sektion 3.1. (Natürlich werden wir aber entsprechende Bezüge herstellen.)

Das Gebiet der *Komplexitätstheorie* ist ein zentraler Bestandteil der Theoretischen Informatik und, in einigen Ausprägungen, auch der Mathematischen Logik. Man kann tatsächlich verschiedene Wege einschlagen, um zu präzisieren, was Algorithmen eigentlich sind. Zum einen kann man formale Maschinenmodelle als mathematische Konzepte zum Studium von Fragen der Berechenbarkeit einsetzen. Einen entsprechenden Weg werden wir beschreiten, *Turing-Maschinen*[55] einführen und dann ihre Berechnungsstärke zugrunde legen. Man könnte aber auch direkt die Mächtigkeit formaler Logiken studieren und gängige Komplexitätsklassen etwa mittels *Fixpunkt-Logiken* oder der *existenziellen Logik zweiter Stufe* charakterisieren.[56] Alternativ könnten wir uns auch von verfügbaren Hardwarekomponenten wie *Schaltkreisen* leiten lassen und Algorithmen als durch *rekursive Funktionen* erzeugte Folgen von Schaltkreisen einführen. Mittels geeigneter Abstraktion kann schließlich auch die Berechnungsmächtigkeit von verwendeten Softwarekonzepten formal charakterisiert werden. So haben etwa die WHILE-*Programme* genau dieselbe Berechnungskraft wie Turing-Maschinen.[57]

Tatsächlich sind alle diese Ansätze äquivalent, d.h. die bislang verwendeten Berechenbarkeitskonzepte sind ausgesprochen robust.[58]

Alphabete, Sprachen und Probleme: Wir beginnen nun ganz elementar mit der Frage, was eigentlich genau ein Problem ist. Formal kann ein Problem Π als eine Relation betrachtet werden, die dem Input alle akzeptierten Outputs zuordnet.[59] Zu einem gegebenen Input $\mathcal{I}$ ist somit ein Output $\mathcal{O}$ gesucht, so dass das Paar $(\mathcal{I}, \mathcal{O})$ in Relation steht, d.h. zu Π gehört.

Natürlich müssen wir festlegen, welche Zeichen zur Kodierung von In- und Output erlaubt sein sollen. Bekanntlich operieren reale Computer binär, d.h. auf den Zuständen

---

[55] Alan Turing, 1912 -1954.

[56] Der *Satz von Fagin* (Ronald Fagin, geb. 1945) besagt, dass die Menge aller mit Hilfe der existentiellen Prädikatenlogik zweiter Stufe beschreibbaren Sätze genau der Komplexitätsklasse $\mathbb{NP}$ entspricht.

[57] Unserer informellen Definition 3.1.2 lag dieser Zugang zugrunde.

[58] Nach der *Church-These* (Alonzo Church, 1903 – 1995), einer Vermutung, dass alle 'vernünftigen' Berechenbarkeitsmodelle dieselbe Mächtigkeit besitzen, wird man auch für zukünftige Konzepte kaum etwas anderes erwarten.

[59] Dabei kann es durchaus sinnvoll sein, 'illegaler Input' oder 'weiß nicht' als möglichen Output zuzulassen.

'an'/'aus', die wir mit 1 und 0 identifizieren. Wir können aber durchaus auch noch andere Zeichen zulassen, etwa um einfacher Vorzeichen kodieren zu können.

3.3.1 Definition.   *(a) Sei Σ eine endliche, nichtleere Menge. Dann heißt Σ **Alphabet**; seine Elemente heißen **Symbole** oder **Zeichen**. Für $\Sigma := \{0,1\}$ spricht man vom **binären Alphabet**.*

*(b) Jede endliche Sequenz $\mathcal{I} := (\sigma_1,\sigma_2,\ldots,\sigma_r)$ mit $r \in \mathbb{N}_0$ aus Elementen von Σ heißt **String, endliche Zeichenkette** oder **Wort** über Σ; r ist die **Länge** des Strings $\mathcal{I}$ und wird mit $|\mathcal{I}|$ bezeichnet. Der String $(\,)$ mit $r = 0$ heißt **Nullstring**.*

*(c) Sei Σ^* die Menge aller endlichen Zeichenketten über Σ. Jede Teilmenge $\mathcal{L} \subset \Sigma^*$ heißt **Sprache**[60] über dem Alphabet Σ.*

*(d) Seien Σ_1 und Σ_2 Alphabete. Jede Teilmenge Π von $\Sigma_1^* \times \Sigma_2^*$ heißt (formales) **Problem** auf $\Sigma_1^* \times \Sigma_2^*$. Jeder String $\mathcal{I}$ aus Σ_1^* heißt (theoretischer) **Input** von Π.*

(e) Sei Π ein Problem auf $\Sigma_1^* \times \Sigma_2^*$. Dann heißt

$$\mathcal{L} := \mathcal{L}(\Pi) := \left\{ \mathcal{I} : \exists (\mathcal{O} \in \Sigma_2^*) : (\mathcal{I},\mathcal{O}) \in \Pi \right\}$$

*die **Inputsprache** von Π. Die Elemente von $\mathcal{L}$ werden auch **effektiver Input** oder **Instanzen** von Π genannt. Man sagt auch, dass Π den Input $\mathcal{I} \in \mathcal{L}$ **akzeptiert**. Für $\mathcal{I} \in \mathcal{L}$ wird jeder String $\mathcal{O} \in \Sigma_2^*$ mit $(\mathcal{I},\mathcal{O}) \in \Pi$ als **Lösung** oder **Output** von Π zum (effektiven) Input $\mathcal{I}$ bezeichnet.*

Wir betrachten zunächst zwei einfache Beispiele.

3.3.2 Beispiel. *Seien $\Sigma := \{0,1,+,-\}$ und $\mathcal{L} \subset \Sigma^*$ die Menge aller $\mathcal{I} = (\sigma_0,\sigma_1,\sigma_2,\ldots,\sigma_r)$ mit*

$$\sigma_0 \in \{+,-\} \quad \wedge \quad \sigma_1,\sigma_2,\ldots,\sigma_r \in \Sigma \setminus \{+,-\}.$$

Die Sprache $\mathcal{L}$ enthält also genau solche Wörter, die aus einem Vorzeichenbit σ_0 in führender Position und einer endlichen Sequenz von Bits aus $\{0,1\}$ bestehen. $\mathcal{L}$ kann somit vermöge

$$(\sigma_0,\sigma_1,\ldots,\sigma_r) \mapsto \sigma_0 \sum_{i=1}^{r} \sigma_i 2^{r-i}$$

mit $\mathbb{Z}$ identifiziert werden.

Man beachte, dass die Länge $|\mathcal{I}|$ der Strings $\mathcal{I}$ zur Darstellung ganzer Zahlen in Beispiel 3.3.2 exakt mit der Kodierungslänge size($\mathcal{I}$) aus Definition 3.1.6 übereinstimmt. Wird ein anderes Alphabet mit mindestens zwei Elementen verwendet, so ändert sich die Bitlänge lediglich um einen konstanten Faktor.

3.3.3 Beispiel. *Seien $\Sigma_1 := \Sigma_2 := \{0,1,+,-\}$. Das Problem $\Pi \subset \Sigma := \Sigma_1^* \times \Sigma_2^*$ enthalte genau solche Paare $(\mathcal{I},\mathcal{O})$, für die folgendes gilt:*

$$p,q,r \in \mathbb{N} \quad \wedge \quad \mathcal{I} = (\sigma_0,\sigma_1,\ldots,\sigma_p,\tau_0,\tau_1,\ldots,\tau_q) \quad \wedge \quad \mathcal{O} = (\omega_0,\omega_1,\ldots,\omega_r)$$

---

[60] Dieser Begriff aus der *Theorie formaler Sprachen* mag zunächst merkwürdig erscheinen. Aber tatsächlich kann man ja etwa jeden deutschen Satz als endliche Zeichenkette aus (endlich vielen verschiedenen) Buchstaben, Satz- und Leerzeichen auffassen. Damit wird die deutsche Sprache identifiziert mit der Menge aller ihrer endlichen Texte.

mit

$$\sigma_0, \tau_0, \omega_0 \in \{+, -\} \quad \wedge \quad \sigma_1, \ldots, \sigma_p, \tau_1, \ldots, \tau_q, \omega_1, \ldots, \omega_r \in \Sigma \setminus \{+, -\},$$

so dass

$$\omega_0 \sum_{i=1}^{r} \omega_i 2^{r-i} = \sigma_0 \sum_{i=1}^{p} \sigma_i 2^{p-i} + \tau_0 \sum_{i=1}^{q} \tau_i 2^{q-i}.$$

Offenbar beschreibt Π *gerade die Addition zweier ganzer Zahlen in Binärdarstellung.*

Gemäß Definition 3.3.1 ist grundsätzlich jeder String aus Σ_1^* als Input eines Problems Π erlaubt. Allerdings gibt es im Allgemeinen nicht zu jedem Input $\mathcal{I}$ einen Output $\mathcal{O}$ mit $(\mathcal{I}, \mathcal{O}) \in \Pi$. Formal kann man das umgehen, indem man Σ_2^* um ein weiteres Element $\flat \notin \Sigma_2$ ergänzt und zu einem neuen Problem $\hat{\Pi} \subset \Sigma_1^* \times (\Sigma_2^* \cup \{\flat\})$ übergeht. Bezeichnet $\mathcal{L}$ die Inputsprache von Π, so ist $\hat{\Pi}$ definiert durch

$$\hat{\Pi} := \Pi \cup \{(\mathcal{I}, \flat) : \mathcal{I} \notin \mathcal{L}\}.$$

Der Output $\flat$ in $(\mathcal{I}, \flat) \in \hat{\Pi}$ drückt demnach aus, dass $\mathcal{I}$ nicht in der Sprache $\mathcal{L}$ derjenigen endlichen Zeichenketten liegt, zu denen ein Output aus Σ_2^* existiert.

Turing-Maschinen: Mit Definition 3.3.1 ist noch keine Aussage darüber verbunden, wie man für ein gegebenes formales Problem Π das uns eigentlich interessierende zugehörige algorithmische Problem

Gegeben: $\mathcal{I} \in \Sigma_1^*$.
Aufgabe: Finde $\mathcal{O} \in \Sigma_2^*$ mit $(\mathcal{I}, \mathcal{O}) \in \Pi$ oder entscheide, dass kein solcher String $\mathcal{O}$ existiert!

lösen kann. Sind wieder $\mathcal{L}$ die Inputsprache von Π und $\flat \notin \Sigma_2$, so ist eigentlich eine Funktion $\Psi : \Sigma_1^* \to \Sigma_2^*$ gesucht mit $\Psi(\mathcal{I}) = \flat$ für jedes $\mathcal{I} \in \Sigma_1^* \setminus \mathcal{L}$ und $(\mathcal{I}, \Psi(\mathcal{I})) \in \Pi$ für $\mathcal{I} \in \mathcal{L}$. Entscheidend ist natürlich die Frage, ob es zu einem gegebenen Problem eine *effizient berechenbare* solche Funktion gibt. Um dieses präzise fassen zu können, führen wir den Begriff der Turing-Maschine ein.

Obwohl die nachfolgende Definition 3.3.5 einer Turing-Maschine recht formal aussieht, orientiert sie sich doch daran, wie ein Mensch auf einem Rechenblatt systematisch Rechnungen durchführt. Betrachten wir dazu etwa als Beispiel die 'menschliche' schriftliche Addition zweier Binärzahlen.

3.3.4 Beispiel. *Es soll die binäre Addition*

durchgeführt werden. Bei der schriftlichen Addition schreibt man die Terme meistens untereinander, so dass unsere Aufgabe die Gestalt

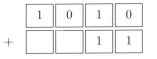

erhält. Zunächst werden die beiden rechtsstehenden Ziffern 0 *und* 1 *addiert und das Resultat* 1 *in den Ergebnisstring*

eingetragen. (Wir haben insgesamt fünf Bits für ihn vorgesehen, da das Ergebnis der Addition höchstens um 1 länger sein kann, als die beiden beteiligten Strings.) Damit sind die beiden letzten Komponenten abgearbeitet (und könnten gelöscht oder überschrieben werden). Im nächsten Schritt werden die von rechts zweiten Einträge addiert. Hierbei entsteht ein Übertrag, den wir (klein) in der dritten Spalte ebenfalls notieren. Wir erhalten somit

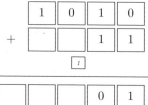

Nun sind die Einträge der beiden Inputstrings an dritter Stelle von rechts an der Reihe. Da der zweite String keine weiteren Einträge mehr besitzt, sind lediglich der Eintrag 0 des ersten Inputstrings und der Übertrag 1 der vorherigen Rechnung zu addieren. Wir erhalten

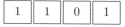

und anschließend

Da nun beide Inputstrings abgearbeitet sind und auch kein Übertrag mehr erforderlich ist, ist die Lösung

gefunden.

Eine Turing-Maschine arbeitet ganz ähnlich. Wir beschreiben zunächst informell ihre wesentlichen Komponenten in einer von obigem Beispiel suggerierten Form. Die Rolle des Rechenpapiers wird von einem in Zellen eingeteilten Band übernommen.[61] Es ist potentiell unendlich, da im Allgemeinen vorher nicht bekannt ist, wie lang die Rechnung sein wird und ob sie überhaupt terminiert. Zur Initialisierung enthält das Band eine aus einem Eingabealphabet Σ gewählte endliche Zeichenkette als Input. In Beispiel 3.3.4 besteht sie aus den beiden zu addierenden Binärzahlen, mit einem geeigneten Trennzeichen dazwischen. Alle übrigen Zellen des Bandes sind zunächst leer. Ein Lese- und Schreibkopf kann sequentiell, d.h. Schritt für Schritt über das Band fahren, die Einträge lesen und durch neue Zeichen des Ausgabealphabets Γ ersetzen. Er tut dieses nach vorher in seinem 'Programm' festgelegten Regeln. Die entsprechende Übergangsfunktion hängt von dem gerade vom Band gelesenen Zeichen und zusätzlich von einem internen Zustand ab, der Kontrollfunktion besitzt und auch ein begrenztes 'Gedächtnis' bietet. Jeder Zustand stammt aus einer vom Input unabhängigen endlichen Zustandsmenge. In Beispiel 3.3.4 ermöglichen es unterschiedliche Zustände der 'Programmsteuerung', auch bei gleichen in der Bearbeitung befindlichen Inputbits, unterschiedliche Aktionen durchzuführen, je nachdem, ob ein Übertrag erforderlich ist oder nicht. Natürlich benötigt man auch einen Anfangszustand sowie eine Menge von Endzuständen, in denen das Programm terminiert.

---

[61] Die älteren, oder die in der Geschichte des Computers bewanderten Jüngeren werden hier eine Analogie zu den vor Urzeiten verwendeten Lochstreifen erkennen.

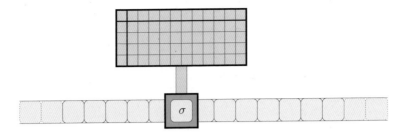

3.25 Abbildung. Schematische Struktur einer Turing-Maschine. Die Übergangsfunktion ist als Transitionstabelle dargestellt; man kann sich die Elemente des Bandalphabets als Einträge der nullten Zeile und die Zustände als Einträge der nullten Spalte vorstellen. Die Zellen der Tabelle enthalten dann Tripel bestehend aus einem Zustand, einem Element des Bandalphabets und einer Bewegungsrichtung.

Hier ist nun die formale Definition.

3.3.5 Definition. *Seien* $D := \{-1,1\}$*,* Σ *und* Γ *Alphabete mit* $\Sigma \subset \Gamma$ *und* $\varepsilon \in \Gamma \setminus \Sigma$*. Ferner seien* S,F *endliche Mengen mit* $F \subset S$ *und* $S \cap \Gamma = \emptyset$*,* $s_0 \in S$ *sowie*

$$\tau : (S \setminus F) \times \Gamma \to S \times \Gamma \times D.$$

Dann heißt

$$\mathcal{T} := (S,\Sigma,\Gamma,\tau,s_0,F)$$

Turing-Maschine.
   Die Abbildung τ *heißt* **Übergangsfunktion** *oder* **Transitionstabelle**[62] *von* $\mathcal{T}$*.* S *ist die Menge der* **Zustände** *und* F *die Menge der* **Haltezustände** *von* $\mathcal{T}$*;* s_0 *heißt* **Anfangszustand** *von* $\mathcal{T}$*.*
   Σ *ist das* **Eingabealphabet**, Γ *das* **Bandalphabet** *von* $\mathcal{T}$*. Entsprechend heißen die Elemente von* Σ *bzw.* Γ **Eingabesymbole** *bzw.* **Bandsymbole***. Das spezielle Bandsymbol* ε *heißt* **Leerzeichen** *oder* **Blank***.*
   D *ist die Menge der* **Bewegungsrichtungen** *des Lese-Schreibkopfes von* $\mathcal{T}$*;* -1 *steht für die Bewegung um ein Feld nach links und* 1 *für ein Feld nach rechts.*

In Definition 3.3.5 sind die Bestandteile einer Turing-Maschine beschrieben; wie sie Schritt für Schritt Rechnungen durchführt, ist durch die Übergangsfunktion festgelegt. Wir werden das nun ausführlicher betrachten.

Das nach links und rechts unbeschränkte Band ist zugleich ein Speichermedium und ein Arbeitsband, auf das Daten von Γ geschrieben werden. Zu Beginn der Berechnung enthält es den endlichen Inputstring $\sigma_1, \ldots, \sigma_r$ sowie in allen Zellen links und rechts daneben das Leerzeichen ε. Der Lese- und Schreibkopf steht auf dem (von links) ersten Zeichen des Inputstrings und befindet sich im Zustand s_0. Die Startkonfiguration hat also die Form

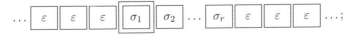

---

[62] Da alle beteiligten Mengen endlich sind, können wir τ als $((|S| - |F|) \times |\Gamma|)$-Matrix (oder Tabelle) mit Einträgen in $S \times \Gamma \times D$ auffassen.

die Position des Lese- und Schreibkopfs ist besonders hervorgehoben. Da die ε enthaltenden Zellen lediglich den relevanten Inputstring begrenzen, können wir die Startkonfiguration durch

$$(s_0; \mathcal{I}) = (s_0; \sigma_1, \ldots, \sigma_r)$$

beschreiben. Die Turing-Maschine beginnt mit dieser Startkonfiguration $(s_0; \mathcal{I})$ ihre Berechnung und erzeugt hieraus durch sukzessive Anwendung der Übergangsfunktion eine
neue Konfiguration. Bis auf die Blanks links und rechts (und falls nicht vorher ein Haltezustand $s \in F$ erreicht wurde) erhält man nach k Schritten eine Konfiguration[63]

$$(\mathcal{Q}^{(k)}; s^{(k)}; \mathcal{R}^{(k)})$$

mit

$$\mathcal{Q}^{(k)} \in \Gamma^* \quad \wedge \quad s^{(k)} \in S \quad \wedge \quad \mathcal{R}^{(k)} \in \Gamma^*.$$

Der Lese- und Schreibkopf steht auf dem (von links) ersten Symbol von $\mathcal{R}^{(k)}$ und befindet
sich im Zustand $s^{(k)}$. Gilt $s^{(k)} \in F$, so bricht die Berechnung ab.

Die Beschreibung $(\mathcal{Q}; s; \mathcal{R})$ des aktuellen Bandinhalts und Zustands der Turing-
Maschine nach endlich vielen Schritten ist natürlich nicht eindeutig, da wir jeweils eine
endliche Kette von Leerzeichen ε als Präfix vor $\mathcal{Q}$ oder als Suffix nach $\mathcal{R}$ hinzufügen
können, ohne etwas am aktuellen Bandinhalt und Zustand zu ändern.

3.3.6 Bezeichnung. *Sei* Γ *ein Alphabet.*

(a) *Die für* $\mathcal{I} := (\sigma_1, \ldots, \sigma_p)$ *und* $\mathcal{J} := (\tau_1, \ldots, \tau_q)$ *aus* Γ^* *durch*

$$\mathcal{I} \oslash \mathcal{J} := (\sigma_1, \ldots, \sigma_p, \tau_1, \ldots, \tau_q)$$

definierte Operation $\oslash$ *heißt* **Konkatenation.**[64]

(b) *Sei* S *eine endliche Menge mit* $S \cap \Gamma = \emptyset$. *Jedes Element von* $\Gamma^* \times S \times \Gamma^*$ *heißt*
Konfiguration *in* $\Gamma^* \times S \times \Gamma^*$.

(c) *Seien* $\mathcal{K}_1 := (\mathcal{Q}_1; s_1; \mathcal{R}_1)$ *und* $\mathcal{K}_2 := (\mathcal{Q}_2; s_2; \mathcal{R}_2)$ *Konfigurationen. Dann heißen* $\mathcal{K}_1$
und $\mathcal{K}_2$ **äquivalent**, *und wir schreiben* $\mathcal{K}_1 \equiv_\varepsilon \mathcal{K}_2$, *wenn es* $\mathcal{E}_1, \mathcal{E}_2, \mathcal{E}_2, \mathcal{E}_4 \in \{\varepsilon\}^*$ *gibt*
mit

$$\mathcal{E}_1 \oslash \mathcal{Q}_1 = \mathcal{E}_2 \oslash \mathcal{Q}_2 \quad \wedge \quad s_1 = s_2 \quad \wedge \quad \mathcal{R}_1 \oslash \mathcal{E}_3 = \mathcal{R}_2 \oslash \mathcal{E}_4.$$

3.3.7 Bemerkung. *Seien* Γ *ein Alphabet und* S *eine endliche Menge mit* $S \cap \Gamma = \emptyset$.
Dann ist $\equiv_\varepsilon$ *eine Äquivalenzrelation auf* $\Gamma^* \times S \times \Gamma^*$.

Von besonderer Bedeutung sind naturgemäß Konfigurationen, die durch Berechnungen von Turing-Maschinen entstehen. In der folgenden Definition (und später) werden
wir nicht zwischen Konfigurationen und ihren Äquivalenzklassen unterscheiden, d.h. falls
notwendig, so sind in der Darstellung Blanks links oder rechts anzufügen (oder wegzu-
lassen).

---

[63] Wir fassen eine Konfiguration somit also als Zeichenkette über $\Gamma \cup S$ auf. Da wir vorausgesetzt haben,
dass S und Γ disjunkt sind, kann die Position des Zustands in der Konfiguration auch in dieser
Schreibweise immer eindeutig identifiziert werden.

[64] Bisweilen ist es erforderlich, $\mathcal{I}$ und $\mathcal{J}$ im String $\mathcal{I} \oslash \mathcal{J}$ unterscheiden zu können. Das kann einfach
durch ein gesondertes Trennzeichen sichergestellt werden. Alternativ kann man auch $\mathcal{I}$ und $\mathcal{J}$ auf
verschiedene Teilmengen des Alphabets begrenzen. Wir werden im Folgenden, wenn nötig, daher stets
annehmen, dass das Ende von $\mathcal{I}$ und der Anfang von $\mathcal{J}$ erkennbar sind.

3.3.8 Definition. *Seien* $\mathcal{T} := (S,\Sigma,\Gamma,\tau,s_0,F)$ *eine Turing-Maschine,* $\mathcal{Q},\mathcal{R} \in \Gamma^*$, $\sigma,\omega \in \Gamma$, $s \in S \setminus F$ *und* $\mathcal{K} := \big(\mathcal{Q} \oslash \sigma; s; \omega \oslash \mathcal{R}\big)$.

(a) Mit $\tau(s,\omega) =: (\hat{s},\hat{\omega},\mu)$ *sei*

$$\hat{\mathcal{K}} :=:= \begin{cases} \big(\mathcal{Q}; \hat{s}; (\sigma,\hat{\omega}) \oslash \mathcal{R}\big), & \textit{falls } \mu = -1; \\ \big(\mathcal{Q} \oslash (\sigma,\hat{\omega}); \hat{s}; \mathcal{R}\big), & \textit{falls } \mu = 1. \end{cases}$$

Dann heißt $\hat{\mathcal{K}}$ ***Folgekonfiguration*** *von* $\mathcal{K}$ *bez.* $\mathcal{T}$; *Schreibweise* $\mathcal{K} \vdash_{\mathcal{T}} \hat{\mathcal{K}}$ *oder, wenn klar ist, welche Turing-Maschine zugrunde liegt, einfacher* $\mathcal{K} \vdash \hat{\mathcal{K}}$.

(b) Jede Konfiguration $(\mathcal{R}; s; \mathcal{Q})$ *mit* $s \in F$ *heißt* ***Stoppkonfiguration*** *von* $\mathcal{T}$.

(c) Seien $\mathcal{I} \in \Sigma^*$ *ein Inputstring,* $\mathcal{K}_0 := (s_0; \mathcal{I})$, $n \in \mathbb{N}_0$ *und* $N \in \big\{\{0\} \cup [n],\mathbb{N}_0\big\}$. *Die Sequenz bzw. Folge* $(\mathcal{K}_i)_{i \in N}$ *von Konfigurationen heißt* ***Berechnung*** *von* $\mathcal{T}$ *zum Input* $\mathcal{I}$, *wenn*

$$\big(i \in N \setminus \{0\} \;\Rightarrow\; \mathcal{K}_{i-1} \vdash_{\mathcal{T}} \mathcal{K}_i\big)$$

gilt und $N = \mathbb{N}_0$ *oder* $\mathcal{K}_n$ *Stoppkonfiguration ist.* $\mathcal{K}_0$ *heißt* ***Startkonfiguration*** *von* $\mathcal{T}$ *zum Input* $\mathcal{I}$. *Ist* $N = \{0\} \cup [n]$, *so heißt die Berechnung* ***terminierend***, $\mathcal{K}_n$ *ihr* ***Ergebnis*** *und* n *die* ***Laufzeit*** *von* $\mathcal{T}$ *zum Input* $\mathcal{I}$. *Ist* $N = \mathbb{N}_0$ *so spricht man von einer* ***nichtterminierenden*** *Berechnung mit Laufzeit* ∞.

(d) Seien $\mathcal{I} \in \Sigma^*$, $n \in \mathbb{N}_0$ *und* $\mathcal{K}_n := (\mathcal{Q}; s; \mathcal{O})$ *das Ergebnis der Berechnung von* $\mathcal{T}$ *zum Input* $\mathcal{I}$. *Dann heißt* $\mathcal{O}$ ***Output*** *von* $\mathcal{T}$ *zum Input* $\mathcal{I}$.

Die Laufzeit von $\mathcal{T}$ zu einem gegebenen Input $\mathcal{I}$ ist also entweder unendlich oder die Anzahl der Schritte, die die Turing-Maschine bis zur Berechnung des Ergebnisses benötigt.[65]

Nach Definition 3.3.8 ist der Outputstring einer terminierenden Berechnung stets die Zeichenkette im Band, die in der Position des Lese- und Schreibkopfes beginnt und mit dem letzten von ε verschiedenen Zeichen rechts endet.

Wir geben nun eine Turing-Maschine für die Addition zweier Binärzahlen an und führen ihre Rechnung für die Inputstrings aus Beispiel 3.3.4 durch.

3.3.9 Beispiel. *Wir konstruieren eine Turing-Maschine zur Addition von zwei Binärzahlen und erläutern ihre Arbeitsweise an den Daten aus Beispiel 3.3.4. Natürlich kann man das Eingabealphabet* $\{0,1,+\}$ *verwenden; vgl. Übungsaufgabe 3.6.28. Wir benutzen hier jedoch das Eingabealphabet* Σ, *das aus den vier Symbolen*

$$\sigma_0 := \begin{pmatrix} 0 \\ 0 \end{pmatrix} \quad \wedge \quad \sigma_1 := \begin{pmatrix} 1 \\ 0 \end{pmatrix} \quad \wedge \quad \sigma_2 := \begin{pmatrix} 0 \\ 1 \end{pmatrix} \quad \wedge \quad \sigma_3 := \begin{pmatrix} 1 \\ 1 \end{pmatrix}$$

besteht. Es erlaubt uns, die zugehörigen Stellen der beiden binären Inputzahlen gleich zusammen zu kodieren. Wir schreiben sie mit gleicher Stellenzahl. Die beiden Inputstrings 1010 *und* 0011 *aus Beispiel 3.3.4 werden somit einfach durch*

---

[65] Dieses korrespondiert mit der intuitiven Definition aus Sektion 3.1, die Laufzeit eines Algorithmus durch das Produkt der Anzahl der elementaren Operationen multipliziert mit dem Maximum der Kodierungslänge der beteiligten Zahlen abzuschätzen.

kodiert. Als Bandalphabet verwenden wir

$$\Gamma := \Sigma \cup \{0,1,\varepsilon\}.$$

Da die Berechnung der Turing-Maschine links startet, muss der Lese- und Schreibkopf zunächst an das Ende des Eingabestrings fahren, um mit der Addition, die ja stellenweise von rechts nach links vorgenommen wird, beginnen zu können. Dieses wird mittels des Startzustands s_0 beschrieben; er wird erst durch andere 'Arbeitszustände' ersetzt, wenn der Lese- und Schreibkopf am rechten Ende des Inputstrings angekommen ist.

Differenzieren muss man ferner danach, ob ein Übertrag auftritt. Dieses geschieht nicht durch Speicherung eines speziellen Symbols an einer speziellen Stelle des Bandes, sondern ebenfalls mittels Zuständen. Der Zustand s_1 entspricht der Addition ohne 'gemerktem' Übertrag; s_2 wird erreicht, wenn ein Übertrag auftritt. Die Rechnung terminiert in einem Stoppzustand s_3. Es ist also

$$S := \{s_0,s_1,s_2,s_3\} \quad \wedge \quad F := \{s_3\}.$$

Die folgende Transitionstabelle gibt die Übergangsfunktion τ explizit an.[66] Die Einträge sind Tripel $(s,\sigma,\pm 1)$, deren Komponenten den neuen Zustand, das auf die aktuelle Position zu schreibende Zeichen sowie die Bewegungsrichtung des Lese- und Schreibkopfes angeben.

τ	s_0	s_1	s_2	s_3
σ_0	$(s_0,\sigma_0,1)$	$(s_1,0,-1)$	$(s_1,1,-1)$	$-$
σ_1	$(s_0,\sigma_1,1)$	$(s_1,1,-1)$	$(s_2,0,-1)$	$-$
σ_2	$(s_0,\sigma_2,1)$	$(s_1,1,-1)$	$(s_2,0,-1)$	$-$
σ_3	$(s_0,\sigma_3,1)$	$(s_2,0,-1)$	$(s_2,1,-1)$	$-$
0	$*$	$*$	$*$	$-$
1	$*$	$*$	$*$	$-$
ε	$(s_1,\varepsilon,-1)$	$(s_3,\varepsilon,1)$	$(s_1,1,-1)$	$-$

Die Tabelle enthält auch den Haltezustand s_3; die Einträge '$-$' zeigen, dass τ nur auf $(S \setminus F) \times \Gamma$ definiert ist. Die Einträge '$*$' können beliebig gewählt werden. Tatsächlich wird zu keinem Zeitpunkt der Berechnung ein Bandeintrag 0 oder 1 gelesen. Im Zustand s_0 wird ja lediglich der Lese- und Schreibkopf bewegt; die Bandeinträge werden nicht verändert, und es gilt $0,1 \notin \Sigma$. In den Arbeitszuständen s_1 und s_2 wird der Lese- und Schreibkopf so lange nach links verschoben, bis der Haltezustand s_3 erreicht ist. Die Bandeinträge 0 und 1 werden dabei zwar geschrieben, aber niemals gelesen.

Führen wir die Berechnung der Turing-Maschine auf dem Input von Beispiel 3.3.4 durch, so ergibt sich die folgende Liste von Folgekonfigurationen:

$$(s_0;\sigma_1,\sigma_0,\sigma_3,\sigma_2) \vdash (\sigma_1;s_0;\sigma_0,\sigma_3,\sigma_2) \vdash (\sigma_1,\sigma_0;s_0;\sigma_3,\sigma_2) \vdash (\sigma_1,\sigma_0,\sigma_3;s_0;\sigma_2)$$

$$\vdash (\sigma_1,\sigma_0,\sigma_3,\sigma_2;s_0) \vdash (\sigma_1,\sigma_0,\sigma_3;s_1;\sigma_2) \vdash (\sigma_1,\sigma_0;s_1;\sigma_3,1) \vdash (\sigma_1;s_2;\sigma_0,0,1)$$

$$\vdash (s_1;\sigma_1,1,0,1) \vdash (s_1;\varepsilon,1,1,0,1) \vdash (s_3;1,1,0,1).$$

Auch die anderen elementaren arithmetischen und Vergleichsoperationen kann man auf Turing-Maschinen durchführen.

---

[66] Hier und im folgenden geben wir aus Gründen des besseren Layouts die Tabellen in transponierter Form an; die Zeilen entsprechen den Symbolen, die Spalten den Zuständen.

In Beispiel 3.3.9 erlaubten es uns die vier Vektoren $\sigma_0, \sigma_1, \sigma_2, \sigma_3$ des Inputalphabets Σ, die Inputstrings der beiden zu addierenden Binärzahlen 'virtuell untereinander zu schreiben', um sie gleichzeitig zu verarbeiten. Alternativ kann man auch erlauben, dass das Band der Turing-Maschine zwei (oder mehrere) Spuren besitzt. Die Übergangsfunktion hat dann die Form

$$\tau : (S \setminus F) \times \Gamma^k \to S \times \Gamma^k \times D.$$

Sollen sogar für k verschiedene Bänder jeweils eigene Lese- und Schreibköpfe zur Verfügung stehen, so hat die Übergangsfunktion die Form

$$\tau : (S \setminus F) \times \Gamma^k \to S \times \Gamma^k \times D^k.$$

Solche Erweiterungen erhöhen die Berechnungskraft nicht. Auch stellt der Übergang auf die binären Zeichensätze $\Sigma := \{0,1\}$ und $\Gamma := \{0,1,\varepsilon\}$ keine Reduktion der Berechnungskraft von Turing-Maschine dar. Natürlich können auch alle Probleme binär kodiert werden.[67] Andere Erweiterungen werden in Sektion 3.5 betrachtet.

Als ein weiteres, ausführliches Beispiel für die Wirkungsweise von Turing-Maschinen zeigen wir, wie sich boolesche Formeln (in konjunktiver Normalform) auswerten lassen. Wir stellen zunächst die hierfür zentralen Begriffe zusammen.

3.3.10 Bezeichnung. *Eine Variable x heißt **boolesche**[68] **Variable**, wenn sie nur die Werte 0 oder 1 annehmen kann. (Dabei wird 1 mit 'wahr' und 0 mit 'falsch' identifiziert.) Sei X eine endliche Menge von booleschen Variablen. Jede Funktion $\omega : X \to \{0,1\}$ heißt* **Wahrheitswertezuweisung** *oder* **-belegung** *für die Variablen aus X. Statt $\omega(x) = 0$ oder $\omega(x) = 1$ schreiben wir manchmal auch kürzer $x = 0$ bzw. $x = 1$.*

Die Operation $\wedge$ (Konjunktion), $\vee$ (Disjunktion) und $\neg$ (Negation) heißen **elementare boolesche Operationen.** *Ist x eine boolesche Variable, so heißen x und $\neg x$ (zu x gehörige)* **Literale.**

Jeder mittels Konjunktion, Disjunktion und Klammerung von Literalen syntaktisch korrekt gebildete endliche Ausdruck heißt **boolescher Ausdruck**[69] *oder* **boolesche Formel.** *Ein boolescher Ausdruck heißt* **erfüllbar,** *wenn es eine Wahrheitswertezuweisung ω gibt, für die er den Wert 1 annimmt.*

Seien X eine endliche Menge von booleschen Variablen, $k \in \mathbb{N}$ und $y_1, \ldots, y_k$ Literale über X. Dann heißt die boolesche Formel

$$(y_1 \vee y_2 \vee \cdots \vee y_k)$$

Klausel *über X. Sind $C_1, C_2, \ldots, C_m$ Klauseln über X, so heißt*

$$C_1 \wedge C_2 \wedge \cdots \wedge C_m$$

boolescher Ausdruck in **konjunktiver Normalform.**

Tritt jedes Literal in jeder Klausel höchstens einmal auf, so können wir jede Klauseln auch mit der Menge der in ihr auftretenden Literale identifizieren und etwa $y_j \in C_i$ schreiben.

---

[67] Die Beweise dieser Aussagen sind konzeptionell elementar, aber recht technisch. Da sie in unserem Kontext nicht wirklich zentral sind, verzichten wir hier auf eine detailliertere Darstellung.

[68] George Boole, 1815 – 1864.

[69] Man kann boolesche Ausdrücke präziser rekursiv definieren: Jede Variable allein ist ein boolescher Ausdruck; die Negation eines booleschen Ausdrucks ist ein boolescher Ausdruck; die Konjunktion bzw. die Disjunktion von zwei booleschen Ausdrücken ist jeweils ein boolescher Ausdruck.

Da jeder boolesche Ausdruck $\mathcal{B}$ zwar endlich ist, seine Länge aber beliebig sein kann, kann man nicht einfach seine Variablen als Symbole des Eingabealphabets verwenden. Es ist aber nicht schwierig, boolesche Ausdrücke über einem endlichen Alphabet zu kodieren. So kann man etwa das Alphabet

$$\Sigma := \{0,1,x,\wedge,\vee,\neg,(,)\}$$

verwenden. Dabei signalisiert x, dass das folgende Wort aus $\{0,1\}^*$ den Index der Variable in binärer Kodierung angibt. Der String

$$\Big(x,1,\wedge,(,(,(,x,1,0,\wedge,\neg,x,1,1,),\vee,x,1,0,0,),\wedge,(,x,1,\vee,(,\neg,x,1,0,\wedge,\neg,x,1,0,0,),)\Big)$$

stellt demnach die boolesche Formel

$$x_1 \wedge \big((x_2 \wedge \neg x_3) \vee x_4\big) \wedge \big(x_1 \vee (\neg x_2 \wedge \neg x_4)\big)$$

über Σ dar.[70]

3.3.11 Beispiel. *Wir wollen überprüfen, ob ein gegebener boolescher Ausdruck $\mathcal{B}$ in konjunktiver Normalform von einer gegebenen Wahrheitswertebelegung ω seiner Variablen erfüllt wird. Wir verwenden das Eingabealphabet*

$$\Sigma := \{0,1,x,\wedge,\vee,\neg,(,),\sharp,=\}.$$

Das Symbol $\sharp$ trennt die Kodierung von $\mathcal{B}$ und ω. Das Wort

$$\Big((,x,1,\vee,x,1,0,\vee,\neg,x,1,1,),\wedge,(,\neg,x,1,\vee,x,1,1,),\sharp,x,1,=,1,x,1,0,=,0,x,1,1,=,0\Big)$$

ist ein typisches Beispiel für einen Inputstring; es kodiert die Frage, ob

$$(x_1 \vee x_2 \vee \neg x_3) \wedge (\neg x_1 \vee x_3)$$

durch die Setzung

$$x_1 := 1 \quad \wedge \quad x_2 := 0 \quad \wedge \quad x_3 := 0$$

erfüllt ist.

Die zu konstruierende Turing-Maschine führt nun Operationen der folgenden Art durch:

(a) *Der Lese- und Schreibkopf fährt zur ersten (noch nicht als abgearbeitet markierten) Variable x_i vor dem Symbol $\sharp$ und markiert sie als in Bearbeitung.*

(b) *Das erste noch nicht gelesene Bit der Variablennummer der in Bearbeitung befindlichen Variablen wird gelesen und mit dem entsprechenden Bit der ersten noch nicht abgearbeiteten Variablen nach $\sharp$ verglichen.*

(c) *Im Falle der vollständigen Übereinstimmung der Variablennummern wird die Variable x_i in der Klausel (d.h. links von $\sharp$) markiert.*

---

[70] Wenn wir uns auf boolesche Ausdrücke $C_1 \wedge C_2 \wedge \cdots \wedge C_m$ in konjunktiver Normalform beschränken, bei denen in keiner Klausel ein Literal mehrfach vorkommt, so können wir diese auch dadurch kodieren, dass jeder Klausel C_j ein String der Länge $|X|$ aus $\{-1,0,1\}$ zugeordnet wird, dessen i-te Stelle angibt, ob die Variable x_i direkt (1), negiert (-1) oder gar nicht (0) in C_j auftritt.

(d) Dann wird der Wert von $\omega(x_i)$ gelesen und das Markierungssymbol von x_i durch $\oplus$ bzw. $\ominus$ ersetzt, je nachdem, ob $\omega(x_i)$ den Wert 1 oder 0 besitzt.

(e). Zum Abschluss wird der Reihe nach jede Klausel gelesen und überprüft, ob mindestens einmal das nicht nach einem $\neg$ auftretende Symbol $\oplus$ oder die Zeichenkette $\neg, \ominus$ vorhanden ist.

Zur einfacheren Darstellung beschreiben wir geeignete Grundtypen von Turing-Maschinen für die einzelnen zentralen Aufgaben getrennt, die sich dann zur Lösung der Gesamtaufgabe zusammenführen lassen.

$\mathcal{T}_1$ überprüft, ob zwei durch $\natural$ getrennte binäre Strings übereinstimmen. Wir benutzen der Einfachheit halber neben 0, 1, $\natural$ und ε noch die zusätzlichen Symbole σ_0, σ_1, um einen Zelleneintrag 0 bzw. 1 nach seiner Bearbeitung zu markieren. Insgesamt verwenden wir jeweils eine passende Teilmenge von

$$\Gamma := \Sigma \cup \{\oplus, \ominus, \sigma_0, \sigma_1\}$$

als Bandalphabet. Ferner werden die folgenden Zustände benutzt:

s_0	*findet das erste noch nicht markierte Symbol aus $\{0,1\}$ vor $\natural$ und markiert es,*
s_1, s_2	*speichern, dass das erste solche Symbol 0 bzw. 1 ist, und finden das erste noch nicht markierte Symbol aus $\{0,1\}$ nach $\natural$,*
s_3	*speichert, aus dem Zustand s_1 kommend, dass 0 das erste solche Symbol nach $\natural$ ist,*
s_4	*speichert, aus dem Zustand s_2 kommend, dass 1 das erste solche Symbol nach $\natural$ ist,*
s_5	*kodiert, dass der aktuelle Symbolvergleich erfolgreich ist,*
s_6	*kodiert, dass alle Symbole des Wortes links von $\natural$ bereits abgearbeitet sind,*
s_7	*ist der Endzustand 'Wörter gleich',*
s_8	*ist der Endzustand 'Wörter ungleich'.*

Wir drücken hier das Ergebnis der Berechnung in den Endzuständen s_7 bzw. s_8 aus. Durch Redefinition von s_7 bzw. s_8 und Einführung eines neuen und dann einzigen Endzustands s_9 könnte man das natürlich auch durch ein Outputbit unter dem Lese- und Schreibkopf (in der letzten Zelle, die ein von ε verschiedenes Element enthält) im Endzustand kodieren.

Die folgende Transitionstabelle gibt die Übergangsfunktion τ explizit an. Der Eintrag $*$ bedeutet wieder, dass die Setzung beliebig ist, da die Berechnung niemals zu dem entsprechenden Paar von Symbol und Zustand kommt.

τ	s_0	s_1	s_2	s_3	s_4	$\cdots$
0	$(s_1, \sigma_0, 1)$	$(s_1, 0, 1)$	$(s_2, 0, 1)$	$(s_5, \sigma_0, -1)$	$(s_8, \sigma_0, -1)$	$\cdots$
1	$(s_2, \sigma_1, 1)$	$(s_1, 1, 1)$	$(s_2, 1, 1)$	$(s_8, \sigma_1, -1)$	$(s_5, \sigma_1, -1)$	$\cdots$
σ_0	$(s_0, \sigma_0, 1)$	$*$	$*$	$(s_3, \sigma_0, 1)$	$(s_4, \sigma_0, 1)$	$\cdots$
σ_1	$(s_0, \sigma_1, 1)$	$*$	$*$	$(s_3, \sigma_1, 1)$	$(s_4, \sigma_1, 1)$	$\cdots$
$\natural$	$(s_6, \natural, 1)$	$(s_3, \natural, 1)$	$(s_4, \natural, 1)$	$*$	$*$	$\cdots$
ε	$*$	$*$	$*$	$(s_8, \varepsilon, -1)$	$(s_8, \varepsilon, -1)$	$\cdots$

τ	$\ldots$	s_5	s_6	s_7	s_8
0	$\ldots$	$(s_5,0,-1)$	$(s_8,0,-1)$	$-$	$-$
1	$\ldots$	$(s_5,1,-1)$	$(s_8,1,-1)$	$-$	$-$
σ_0	$\ldots$	$(s_5,\sigma_0,-1)$	$(s_6,\sigma_0,1)$	$-$	$-$
σ_1	$\ldots$	$(s_5,\sigma_1,-1)$	$(s_6,\sigma_1,1)$	$-$	$-$
$\sharp$	$\ldots$	$(s_5,\sharp,-1)$	$*$	$-$	$-$
ε	$\ldots$	$(s_0,\varepsilon,1)$	$(s_7,\varepsilon,-1)$	$-$	$-$

Für den Inputstring $(1,0,1,\sharp,1)$ *durchläuft* $\mathcal{T}_1$ *folgende Konfigurationen*

$$(s_0;1,0,1\sharp,1) \vdash (\sigma_1;s_2;0,1,\sharp,1) \vdash (\sigma_1,0;s_2;1,\sharp,1) \vdash (\sigma_1,0,1;s_2;\sharp,1)$$
$$\vdash (\sigma_1,0,1,\sharp;s_4;1) \vdash (\sigma_1,0,1;s_5;\sharp,\sigma_1) \vdash (\sigma_1,0;s_5;1,\sharp,\sigma_1) \vdash (\sigma_1;s_5;0,1,\sharp,\sigma_1)$$
$$\vdash (\varepsilon;s_5;\sigma_1,0,1\sharp,\sigma_1) \vdash (s_5;\varepsilon,\sigma_1,0,1\sharp,\sigma_1) \vdash (\varepsilon;s_0;\sigma_1,0,1,\sharp,\sigma_1) \vdash (\sigma_1;s_0;0,1,\sharp,\sigma_1)$$
$$\vdash (\sigma_1,\sigma_0;s_1;1,\sharp,\sigma_1) \vdash (\sigma_1,\sigma_0,1;s_1;\sharp,\sigma_1) \vdash (\sigma_1,\sigma_0,1;\sharp;s_3;\sigma_1)$$
$$\vdash (\sigma_1,\sigma_0,1,\sharp,\sigma_1;s_3;\varepsilon) \vdash (\sigma_1,\sigma_0,1,\sharp;s_8;\sigma_1,\varepsilon).$$

Mit $\mathcal{T}_1$ *als 'Subroutine' kann nun auf kanonische Weise eine Turing-Maschine* $\mathcal{T}_2$ *konstruiert werden, die der Reihe nach zu jeder Variablen links von* $\sharp$ *die Variable mit demselben Index rechts von* $\sharp$ *identifiziert (oder, falls keine solche existiert, in einen Zustand übergeht, der anzeigt, dass der Input nicht korrekt ist), dann den zugeordneten Wahrheitswert hinter dem folgenden Zeichen* = *liest und als Zustand kodiert und diesen dann der betreffenden Klauselvariablen als* $\oplus$ *oder* $\ominus$ *in die Zelle des ursprünglichen Variablensymbols x schreibt. Setzt man auch noch (zwar unnötigerweise, aber zur suggestiveren Darstellung) die Symbole* σ_i *wieder auf i, so berechnet* $\mathcal{T}_2$ *also aus dem gegebenen Beispielinput einen String der Form*

$$\Big((,\oplus,1,\vee,\ominus,1,0,\vee\neg,\ominus,1,1,),\wedge,(,\neg\oplus,1,\vee,\ominus,1,1,),\sharp,x,1,=,1,x,1,0,=,0,x,1,1,=,0\Big).$$

Es ist nun einfach, eine Turing-Maschine $\mathcal{T}_3$ *zu entwerfen, die alle Symbole außer* $\wedge$, $\neg$, $\oplus$, $\ominus$ *und* ε *ignoriert und den Wahrheitswert von* $\mathcal{B}$ *berechnet. Hier ist ihre (entsprechend verkürzte) Transitionstabelle:*

τ	s_0	s_1	s_2	s_3
$\oplus$	$(s_2,1,1)$	$(s_0,0,1)$	$(s_2,1,1)$	$-$
$\ominus$	$(s_0,0,1)$	$(s_2,1,1)$	$(s_2,1,1)$	$-$
$\neg$	$(s_1,\neg,1)$	$*$	$(s_2,1,1)$	$-$
$\wedge$	$(s_3,\wedge,-1)$	$*$	$(s_0,\wedge,1)$	$-$
ε	$(s_3,\varepsilon,-1)$	$*$	$(s_3,\varepsilon,-1)$	$-$

Die Berechnung endet im Zustand s_3. *Das Symbol unter dem Lese- und Schreibkopf ist* 0 *oder* 1, *je nachdem, ob die Wahrheitswertebelegung die boolesche Formel erfüllt. Für den (verkürzten) Inputstring*

$$\Big(\oplus,\ominus,\neg,\ominus,\wedge,\neg,\oplus,\ominus\Big)$$

liefert sie die Berechnung

$$(s_0;\oplus,\ominus,\neg,\ominus,\wedge,\neg,\oplus,\ominus) \vdash (1;s_2;\ominus,\neg,\ominus,\wedge,\neg,\oplus,\ominus) \vdash (1,1;s_2;\neg,\ominus,\wedge,\neg,\oplus,\ominus)$$
$$\vdash (1,1,1;s_2;\ominus,\wedge,\neg,\oplus,\ominus) \vdash (1,1,1,1;s_2;\wedge,\neg,\oplus,\ominus) \vdash (1,1,1,1,\wedge;s_0;\neg,\oplus,\ominus) \vdash$$
$$\vdash (1,1,1,1,\wedge,0;s_1;\oplus,\ominus) \vdash (1,1,1,1,\wedge,0,0;s_0;\ominus) \vdash (1,1,1,1,\wedge,0,0,0;s_0;\varepsilon)$$
$$\vdash (1,1,1,1,\wedge,0,0;s_3;0)$$

und damit den Wahrheitswert 0.

Die in Sektion 3.1 eingeführten (informellen) Konzepte lassen sich so präzisieren, dass sie zu dem hier formal zugrunde gelegten Modell äquivalent sind. Will man das Durchführen, so kann man einen 'Baukasten' von Turing-Maschinen für elementare Aufgaben entwickeln, zeigen, wie sich Turing-Maschinen als Subroutinen in anderen Turing-Maschinen einsetzen lassen, um schließlich für alle mittels WHILE-Programmen formulierbaren Algorithmen Turing-Maschinen zur Verfügung zu haben. Wir verzichten hier auf eine formale Konstruktion der Brücke zwischen den Berechnungen auf Turing-Maschinen und den Algorithmen auf 'realen' Computern.[71]

Turing-Maschinen formalisieren somit Algorithmen, und im Prinzip kann man jeden bislang (und nachfolgend) angegebenen Algorithmus als Turing-Maschine beschreiben.[72]

Entscheid- und Berechenbarkeit: Wir führen nun einen auf der Berechnungskraft von Turing-Maschinen basierenden algorithmischen Lösbarkeitsbegriff für Probleme ein.

3.3.12 Definition. *Seien Σ_1 und Σ_2 Alphabete.*

*(a) Sei $\Pi \subset \Sigma_1^* \times \Sigma_2^*$ ein Problem. Π heißt (algorithmisch) **lösbar**, wenn es eine Turing-Maschine $\mathcal{T} := (S, \Sigma, \Gamma, \tau, s_0, F)$ gibt mit $\Sigma_1 \subset \Sigma$ und $\Sigma_2 \subset \Gamma$, so dass die Berechnung von $\mathcal{T}$ für jeden Input $\mathcal{I} \in \mathcal{L}(\Pi)$ terminiert und $(\mathcal{I}, \mathcal{O}) \in \Pi$ für ihren Output $\mathcal{O}$ zum Input $\mathcal{I}$ gilt. $\mathcal{T}$ heißt dann **Turing-Maschine** oder **Algorithmus für** Π.*

*(b) Seien $\mathcal{L}$ eine Sprache über Σ_1 und $\varphi : \mathcal{L} \to \Sigma_2^*$. Dann heißt φ **berechenbar**, wenn das Problem $\Pi := \{ (\mathcal{I}, \varphi(\mathcal{I})) : \mathcal{I} \in \mathcal{L} \}$ lösbar ist.[73] Jeder Algorithmus für Π heißt dann auch **Algorithmus** zur Berechnung von φ.*

Der Lösungsbegriff von Definition 3.3.12 basiert auf der gegebenen Formalisierung eines 'natürlichen' Problems als Teilmenge Π von $\Sigma_1^* \times \Sigma_2^*$. Wir betrachten hierzu den bereits in der Einleitung als 'klassisches Optimierungsproblem' angesprochenen *'großen Fermat'* als Beispiel; vgl. Sektion 1.2.

3.3.13 Beispiel. *Seien $\Sigma := \{0,1\}$. Mittels der für $\mathcal{I} := (\sigma_1, \dots, \sigma_r) \in \Sigma^*$ durch*

$$\varphi(\mathcal{I}) := \sum_{i=1}^{r} \sigma_i 2^{r-i}$$

definierten Abbildung $\varphi : \Sigma^* \to \mathbb{N}$ identifizieren wir Σ^* mit $\mathbb{N}$ und setzen

$$\mathcal{L} := \{ \mathcal{I} \in \Sigma^* : \exists (\xi, \eta, \zeta \in \mathbb{N}) : \xi^{\varphi(\mathcal{I})} + \eta^{\varphi(\mathcal{I})} = \zeta^{\varphi(\mathcal{I})} \}.$$

Nach mehr als 300jähriger Arbeit ist bekannt, dass

---

[71] In der Informatik befassen sich ganze Vorlesungszyklen mit der Berechnungsmächtigkeit von Rechnermodellen und Programmen.

[72] Allerdings ist das ebenso wenig bequem, wie die Beschreibung eines Java-Skripts in einer Maschinensprache oder eines mathematischen Beweises in der Sprache der Aussagenlogik. Wir werden es in Zukunft daher bei einer üblichen Beschreibung auf einer geeigneten 'Metaebene' belassen.

[73] Eine Funktion $\varphi : \mathcal{L} \to \Sigma_2^*$ ist eigentlich nichts anderes als ein Problem $\Pi \subset \Sigma_1^* \times \Sigma_2^*$, bei dem zu jedem Input $\mathcal{I}$ aus seiner Inputsprache $\mathcal{L}$ genau ein Output $\mathcal{O}$ existiert. (b) ist also lediglich ein jedoch wichtiger Spezialfall von (a).

$$\mathcal{L} = \{(1),(1,0)\}$$

gilt.[74] Wir setzen nun

$$\Pi_1 := \big\{(\mathcal{I},1) : \mathcal{I} \in \mathcal{L}\big\} \cup \big\{(\mathcal{I},0) : \mathcal{I} \in \Sigma^* \setminus \mathcal{L}\big\}.$$

Im Problem Π_1 wird lediglich danach gefragt, ob zu einer natürlichen Zahl $n := \varphi(\mathcal{I})$ eine Lösung der Fermat-Gleichung $\xi^n + \eta^n = \zeta^n$ über $\mathbb{N}$ existiert oder nicht. Die Lösbarkeit von Π_1 bedeutet dann, dass es eine entsprechende Turing-Maschine $\mathcal{T}_1$ gibt, so dass die Berechnung von $\mathcal{T}_1$ für jeden Input $\mathcal{I} \in \Sigma^*$ terminiert und entscheidet, ob zum Exponenten $\varphi(\mathcal{I})$ eine Lösung der Fermat-Gleichung existiert. Mit dem Wissen über die Lösung des Fermatschen Problems kann natürlich leicht eine entsprechende Turing-Maschine konstruiert werden, aber wie sollte eine solche Maschine ohne dieses Wissen aussehen?
Wir können auch eine andere Variante betrachten, nämlich das Problem

$$\Pi_2 := \big\{(\mathcal{I},1) : \mathcal{I} \in \mathcal{L}\big\}.$$

Die Lösbarkeit von Π_2 bedeutet nun, dass es eine Turing-Maschine gibt, deren Berechnung für jeden Input $\mathcal{I} \in \mathcal{L}$ terminiert und den Output 1 liefert. Auch ohne das Wissen über die Lösung des Fermatschen Problems kann leicht eine solche Turing-Maschine $\mathcal{T}_2$ konstruiert werden. Sie braucht ja nur der Reihe nach für $m \in \mathbb{N} \setminus \{1,2\}$ alle Tripel natürlicher Zahlen ξ,η,ζ mit $\xi + \eta + \zeta = m$ daraufhin zu überprüfen, ob sie mit $n := \varphi(\mathcal{I})$ die Gleichung $\xi^n + \eta^n = \zeta^n$ erfüllen und terminieren, wenn sie die erste Lösung gefunden hat. Für jedes einzelne n wird nach endlich vielen Berechnungen eine Lösung gefunden, falls eine existiert, d.h. $\mathcal{T}_2$ terminiert für jeden String der Inputsprache. Findet $\mathcal{T}_2$ keine Lösung, hält sie niemals an.
Der Unterschied der Lösbarkeit von Π_1 und Π_2 liegt also (ohne Verwendung von Vorwissen) darin, dass eine entsprechende Turing-Maschine $\mathcal{T}_1$ für Π_1 nach endlichen Berechnungen entscheidet, ob die Fermat-Gleichung für einen gegebenen Exponenten n über $\mathbb{N}$ lösbar ist, während eine Turing-Maschine $\mathcal{T}_2$ für Π_2 lediglich jedes solche n in endlich vielen Berechnungsschritten erkennt. $\mathcal{T}_2$ ist somit deutlich schwächer, da selbst nach einer beliebig langen endlichen Laufzeit ohne Ergebnis nicht geschlossen werden kann, dass es keine Lösung gibt.

Es kommt also bei der Lösbarkeit von Problemen sehr auf ihre genaue Definition und hier insbesondere auf ihre Inputsprache sowie eventuell vorhandenes Vorwissen an.[75] Die folgende Definition fasst die beiden in Beispiel 3.3.13 aufgetretenen Unterschiede zwischen 'erkennen' und 'entscheiden' zusammen.

3.3.14 Definition. *Seien Σ ein Alphabet und $\mathcal{L}$ eine Sprache über Σ. Ferner seien*

$$\Pi_1 := \big\{(\mathcal{I},1) : \mathcal{I} \in \mathcal{L}\big\} \cup \big\{(\mathcal{I},0) : \mathcal{I} \in \Sigma^* \setminus \mathcal{L}\big\} \quad \wedge \quad \Pi_2 := \big\{(\mathcal{I},1) : \mathcal{I} \in \mathcal{L}\big\}.$$

*(a) $\mathcal{L}$ heißt **entscheidbar**[76], falls Π_1 lösbar ist. Andernfalls heißt $\mathcal{L}$ **unentscheidbar**. Ist $\mathcal{T}_1$ eine Turing-Maschine für Π_1, so sagt man auch, dass Π_1 die Sprache $\mathcal{L}$ **entscheidet**.*

---

[74] In Sektion 1.2 sind weitere Details hierzu angegeben; vgl. 1.2.
[75] Das ist durchaus vergleichbar mit der Abhängigkeit der Eigenschaften von Funktionen von ihrem Definitionsbereich.
[76] Die entscheidbaren Sprachen werden auch *rekursiv* genannt.

*(b) $\mathcal{L}$ heißt **erkennbar**[77], falls Π_2 lösbar ist. Ist $\mathcal{T}_2$ eine Turing-Maschine für Π_2, so spricht man davon, dass Π_1 die Sprache $\mathcal{L}$ **erkennt**.*

Die Menge der entscheidbaren Sprachen ist unter Komplementbildung abgeschlossen.

3.3.15 Bemerkung. *Seien Σ ein Alphabet, $\mathcal{L}$ eine Sprache über Σ und $\overline{\mathcal{L}} := \Sigma^* \setminus \mathcal{L}$. $\mathcal{L}$ ist genau dann entscheidbar, wenn $\overline{\mathcal{L}}$ entscheidbar ist.*

Im Folgenden stehen entscheidbare Probleme im Zentrum und insbesondere die Frage der Effizienz, mit der sie gelöst werden können. Bevor wir uns mit Fragen der Laufzeiten von Berechnungen befassen, wollen wir aber kurz noch einmal grundsätzlicher auf die Berechnungskraft von Turing-Maschinen $\mathcal{T} := (S, \Sigma, \Gamma, \tau, s_0, F)$ eingehen. Natürlich hängt diese nicht von den speziellen verwendeten Alphabeten und Zuständen sondern nur von deren Kardinalitäten $|S|$, $|\Sigma|$, $|\Gamma|$, $|F|$ ab.

3.3.16 Bezeichnung. *Für $i \in [2]$ seien $\mathcal{T}^{(i)} := (S^{(i)}, \Sigma^{(i)}, \Gamma^{(i)}, \tau^{(i)}, s^{(i)}, F^{(i)})$ Turing-Maschinen. $\mathcal{T}^{(1)}$ und $\mathcal{T}^{(2)}$ heißen **äquivalent**, wenn es Bijektionen $\varphi : \Gamma^{(1)} \to \Gamma^{(2)}$ und $\psi : S^{(1)} \to S^{(2)}$ gilt mit*

$$\varphi\big(\Sigma^{(1)}\big) = \Sigma^{(2)} \quad \wedge \quad \varphi\big(F^{(1)}\big) = F^{(2)}$$
$$\tau^{(2)}(s, \sigma) = \tau^{(1)}\big(\psi^{-1}(s), \varphi^{-1}(\sigma)\big) \qquad \big(s \in S^{(2)}; \ \sigma \in \Sigma^{(2)}\big).$$

3.3.17 Bemerkung. *Die in Bezeichnung 3.3.16 definierte Relation ist eine Äquivalenzrelation auf der Menge aller Turing-Maschinen.*

In Satz 3.1.4 haben wir bereits gesehen, dass es keinen Algorithmus für das Halteproblem gibt. Mit der entsprechenden Präzisierung des Beweises auf der Basis obiger Definitionen[78] ergibt sich daher, dass die zugehörige Sprache nicht erkennbar ist. Tatsächlich gibt es wesentlich mehr Probleme als (Äquivalenzklassen von) Turing-Maschinen.

3.3.18 Satz. *(a) Die Menge der Äquivalenzklassen von Turing-Maschinen ist abzählbar.*

(b) Seien Σ_1, Σ_2 Alphabete. Die Menge aller Probleme $\Pi \subset \Sigma_1^* \times \Sigma_2^*$ ist überabzählbar.

Beweis: (a) Seien $p, q \in \mathbb{N}$ und $\mathcal{T} := (S, \Sigma, \Gamma, \tau, s_0, F)$ eine Turing-Maschine mit $p = |S|$ und $q = |\Gamma|$. Zur Abkürzung sprechen wir von einer (p,q)-Maschine Dann hat die Transitionstabelle τ höchstens pq Einträge. Jeder solche Eintrag stammt aus einer Menge von höchstens $2pq$ Elementen. Es gibt also höchstens

$$(pq)^{2pq}$$

verschiedene Äquivalenzklassen von Turing-Maschinen mit p Zuständen und einem q-elementigen Bandalphabet. Für jedes $r \in \mathbb{N}$ gibt es demnach nur endlich viele Äquivalenzklassen von (p,q)-Maschinen mit $p + q = r$. Die Menge aller Äquivalenzklassen von Turing-Maschinen ist somit abzählbar.

(b) Um zu beweisen, dass die Menge aller Probleme $\Pi \subset \Sigma_1^* \times \Sigma_2^*$ überabzählbar ist, reicht es zu zeigen, dass es überabzählbar viele Teilmengen $\mathcal{L}$ von Σ_1^* gibt. Hierzu genügt es sogar, einelementige Alphabete zu verwenden.[79] Sei also $\Sigma = \{1\}$. Dann enthält Σ^*

---

[77] Die erkennbaren Sprachen werden auch *rekursiv aufzählbar* genannt.

[78] Man konstruiert hierzu eine 'Diagonalsprache', ganz ähnlich dem Diagonalargument, mit dem Georg Ferdinand Ludwig Philipp Cantor (1845 – 1918) die Überabzählbarkeit der reellen Zahlen bewies.

[79] Bei der zu beweisenden Aussage geht es nur um Berechenbarkeit, nicht um die Laufzeit. In einem einelementigen Alphabet können natürliche Zahlen n durch einen String der Länge n kodiert werden. (Man spricht auch von *monadischer Kodierung*.) Haben wir ein mindestens zweielementiges Alphabet, so reduziert sich die erforderliche Bitzahl bereits exponentiell auf eine logarithmische Länge.

alle Strings endlicher Länge, ist also gleichmächtig mit $\mathbb{N}$. Die Menge aller Sprachen über Σ, d.h. die Potenzmenge von Σ^* hat daher die gleiche Mächtigkeit wie $2^{\mathbb{N}}$, also die der reellen Zahlen, und ist somit überabzählbar. □

Man sollte annehmen, dass wenigstens jedes 'vernünftige' Problem der Optimierung auch algorithmisch lösbar sein wird. Das ist aber keineswegs der Fall: 1970 (in seiner Dissertation) zeigte *Matiyasevich*[80], dass es keinen Algorithmus gibt, der Polynome π in mehreren Variablen und mit ganzzahligen Koeffizienten als Input akzeptiert, und korrekt entscheidet, ob π eine ganzzahlige Lösung besitzt. Hiermit 'knackte' er *Hilberts*[81] zehntes Problem.[82] Tatsächlich ist nach dem *Satz von Rice*[83] jede 'nichttriviale' Eigenschaft erkennbarer Sprachen unentscheidbar. Eine Eigenschaft erkennbarer Sprachen ist dabei einfach eine Teilmenge aller solchen Sprachen und trivial, wenn sie leer oder die Menge aller erkennbaren Sprachen selbst ist. Das bedeutet also insbesondere, dass nur solche Eigenschaften von Turing-Maschinen durch ein Computerprogramm entschieden werden können, die keine oder alle solchen besitzen.

Bislang haben wir uns zwar um Fragen der Entscheidbarkeit gekümmert, nicht aber um die *Effizienz* von Berechnungen. Eine entsprechende Klassifikation soll nun folgen.

Im Allgemeinen ist es nicht leicht, die Laufzeit eines Algorithmus exakt anzugeben. Man begnügt sich daher üblicherweise mit Abschätzungen, die sich an der Asymptotik wachsender Längen der Inputstrings orientieren. Wir erhalten somit die folgende Definition für eine der zentralen Klassen von Algorithmen.

3.3.19 Definition. *Seien Σ_1 und Σ_2 Alphabete, $\Pi \subset \Sigma_1^* \times \Sigma_2^*$ ein Problem, $\mathcal{L} := \mathcal{L}(\Pi)$ und $\mathcal{T}$ ein Algorithmus für Π.*

(a) *Für jedes $\mathcal{I} \in \mathcal{L}(\Pi)$ sei $\lambda(\mathcal{I})$ die Laufzeit von $\mathcal{T}$ zum Input $\mathcal{I}$. Die hierdurch definierte Funktion $\lambda: \mathcal{L} \to \mathbb{N}_0$ heißt **Laufzeitfunktion** von $\mathcal{T}$ auf $\mathcal{L}$.*

(b) *Existiert ein Polynom $\pi: \mathbb{N}_0 \to \mathbb{N}_0$, so dass für jeden Inputstring $\mathcal{I} \in \mathcal{L}$*

$$\lambda(\mathcal{I}) \leq \pi(|\mathcal{I}|)$$

*gilt, so heißt $\mathcal{A}$ **polynomiell**. Man sagt auch, dass $\mathcal{A}$ in **polynomieller Zeit** läuft oder ein **Polynomzeit-Algorithmus** [engl.: polynomial-time algorithm] ist, und dass Π in polynomieller Zeit lösbar ist.*

(c) *Sei $\varphi: \mathcal{L} \to \Sigma_2^*$ eine berechenbare Funktion. Gibt es einen polynomiellen Algorithmus zur Berechnung von φ, so heißt φ **polynomiell berechenbar**.*

Man beachte, dass die Klasse der polynomiellen Algorithmen unter der Komposition abgeschlossen ist. Ein polynomieller Algorithmus bleibt polynomiell, wenn ihm der Zugriff auf polynomiell viele Subroutinen gestattet wird, die selbst polynomielle Laufzeit haben.

---

[80] Yuri Wladimirowitsch Matiyasevich, geb. 1947.

[81] David Hilbert, 1862 – 1943.

[82] Hilbert hatte in seiner berühmten 'Millenniumsvorlesung' am 8. August 1900 beim Internationalen Mathematiker-Kongress in Paris eine Liste von 23 zentralen offenen Problemen der Mathematik aufgestellt, die das 19. dem 20. Jahrhundert vererbte. Hilbert war dabei getragen von der festen Überzeugung, dass jedes mathematische Problem grundsätzlich lösbar wäre: "Wir hören in uns den steten Zuruf: Da ist das Problem, suche die Lösung. Du kannst sie durch reines Denken finden; denn in der Mathematik gibt es kein Ignorabimus!" Dass dieser Optimismus unbegründet war, zeigte Kurt Friedrich Gödel (1906 – 1978) bereits 1931 in seiner berühmten Arbeit 'Über formal unentscheidbare Sätze der Principia Mathematica und verwandter Systeme I'. Hilberts zehntes Problem ist übrigens das einzige algorithmische Entscheidungsproblem in seiner Problemliste.

[83] Henry Gordon Rice, geb. 1929.

3.3.20 Beispiel. *Sei* $\mathcal{T}$ *die in Beispiel 3.3.11 konstruierte Turing-Maschine zur Über-prüfung, ob eine gegebene Wahrheitswertebelegung der Variablen einer booleschen Formel in konjunktiver Normalform diese erfüllt. Wir zeigen, dass* $\mathcal{T}$ *polynomielle Laufzeit hat.*

Seien n die Anzahl der Variablen, m die Anzahl der Klauseln und k das Maximum der Anzahl der Literale pro Klausel. Die Länge des Eingabestrings in binärer Kodierung der Indizes der Variablen) ist dann $O\big((mk+n)\log(n)\big)$. *Für jede Stelle des Strings durchläuft* $\mathcal{T}_2$ *den String höchstens einmal vorwärts und einmal rückwärts. Insgesamt benötigt* $\mathcal{T}_2$ *daher* $O\big((mk+n)^2\log^2(n)\big)$ *Schritte.* $\mathcal{T}_3$ *geht schließlich noch höchstens einmal durch den modifizierten String hindurch. Insgesamt ist die Laufzeit also polynomiell in der Inputgröße.*

Für ein gegebenes Problem besteht das primäre Ziel nun darin festzustellen, ob es polynomiell lösbar ist oder nicht. Für viele Probleme der Optimierung sind polynomielle Algorithmen bekannt (und einige haben wir in vorherigen Kapiteln bzw. Sektionen ja bereits kennengelernt). Für viele andere, relevante Probleme ist eine solche Charakterisierung allerdings jenseits des heutigen Standes der Wissenschaft[84], d.h. man kann weder beweisen, dass sie polynomiell lösbar sind, noch, dass sie es nicht sind. Weil eine solche 'absolute' Klassifikation zur Zeit nicht verfügbar ist[85], versucht man wenigstens eine 'relative' Einschätzung. Tatsächlich liefert ein solcher algorithmischer Vergleich mit anderen Problemen wichtige Indizien dafür, ob ein gegebenes Problem schwierig ist.

Die Klassen $\mathbb{P}$ **und** $\mathbb{NP}$: Wir wenden uns jetzt einer zentralen Frage zu: *Wie können wir die Komplexität von Problemen sinnvoll vergleichen?* Wir werden nun die präzisen Grundlagen für einen aussagekräftigen, aber nicht zu 'filigranen' Vergleich schaffen. Dabei werden wir Probleme als gleich schwierig auffassen, wenn sie sich mittels eines polynomiellen Algorithmus ineinander überführen lassen.

Bereits nach Beispiel 3.3.13 ist klar, dass wir 'praktische Probleme' auf ganz verschiedene Weisen zu formalen Problemen machen können. Wir müssen also eine gewisse Vereinheitlichung vornehmen, um einen fairen und damit auch für praktische Fragen relevanten Vergleich anstellen zu können. Wir 'normieren' daher unsere Probleme auf solche mit 'vernünftigem' effektivem Input und trivialem Output.

Wir betrachten im Folgenden Entscheidungsprobleme, deren Aufgaben stets nur die Antwort ja oder nein (bzw. 1 oder 0) haben. Dabei wollen wir uns auf den Teil eines gegebenen Problems konzentrieren, der die 'eigentliche' Entscheidung 'ja/nein' betrifft. Da ein Problem aber zunächst eine beliebige Teilmenge aus $\Sigma_1^* \times \Sigma_2^*$ ist, kann die Schwierigkeit tatsächlich in der Frage liegen, ob ein gegebener Inputstring $\mathcal{I}$ überhaupt zur Inputsprache von Π gehört.[86] Daher fordern wir, dass die Inputsprache nicht nur entscheidbar ist, sondern die Entscheidung auch in polynomieller Zeit erfolgen kann.

3.3.21 Definition. *Seien* Σ *ein Alphabet,* $\Pi \subset \Sigma^* \times \{0,1\}$, $\mathcal{L} := \mathcal{L}(\Pi)$ *und es gelte für alle* $I \in \mathcal{L}$ *die Bedingung*[87]

$$(I,0) \in \Pi \quad \Leftrightarrow \quad (I,1) \notin \Pi.$$

---

[84] Vgl. Forschungsproblem 3.3.26.

[85] und weil Mathematiker 'geht nicht' ungern als Antwort akzeptieren

[86] Natürlich kann man die Schwierigkeit zwischen dem Erkennen einer geeignet definierten Inputsprache und dem Erkennen des Outputs 'ja' hin- und herschieben. Wir nehmen hier den in der Optimierung üblichen Standpunkt ein, dass die 'Grundstruktur' eines Problems leicht erkennbar ist.

[87] Π ist also nicht nur eine Relation auf $\mathcal{L}$, sondern eine Funktion.

Wenn es einen polynomiellen Algorithmus gibt, der für $\mathcal{I} \in \Sigma^*$ entscheidet, ob $\mathcal{I} \in \mathcal{L}$ ist, so heißt Π **Entscheidungsproblem** *über* Σ. *Jeder Input* $\mathcal{I}$ *mit* $(\mathcal{I},1) \in \Pi$ *heißt* **ja-Instanz**, *die Inputs* $\mathcal{I}$ *mit* $(\mathcal{I},0) \in \Pi$ *heißen* **nein-Instanz** *von* Π.

In einem Entscheidungsproblem wird somit die Frage, ob die gegebenen Daten eine Instanz kodieren, bei der Untersuchung nach der Schwierigkeit des Problems 'abgespalten', wenn diese mittels eines polynomiellen Algorithmus entschieden werden kann. Im Beispiel von HAMILTONKREIS akzeptieren wir als Input eine (wie auch immer vereinbarte) Kodierung eines Graphen G und haben dann zu entscheiden, ob dieser einen Hamiltonkreis besitzt. Andererseits könnte man auch einen beliebigen String aus Σ^* als Input betrachten und danach fragen, ob dieser einen Graphen kodiert, der einen Hamiltonkreis besitzt. Im ersten Fall wäre die Inputsprache die der Graphen, im zweiten die aller Strings aus Σ^*. Da Graphen so repräsentiert werden können, dass ein gegebener String in polynomieller Zeit daraufhin überprüft werden kann, ob er einen Graphen kodiert, sind beide Probleme 'gleich modulo polynomieller Algorithmen'.

Wir kommen nun zu der für die kombinatorische Optimierung zentralen Klasse von Problemen; vgl. die informelle Definition 3.1.49.

3.3.22 Definition. *Sei* Σ *ein Alphabet. Die Klasse aller Entscheidungsprobleme über* Σ, *für die ein polynomieller Algorithmus existiert, wird mit* $\mathbb{P}$ *bezeichnet.*

Die Klasse $\mathbb{NP}$ *(der* **nichtdeterministisch polynomiellen Probleme**[88] *[engl.: nondeterministic polynomial time] besteht aus allen Entscheidungsproblemen* Π, *für die ein Entscheidungsproblem* Π' *aus* $\mathbb{P}$ *und ein Polynom* π *existieren mit den folgenden Eigenschaften:*

(a) Π' *akzeptiert genau solche Inputs* $\mathcal{I} \oslash \mathcal{Z}$, *für die* $\mathcal{I}$ *eine Instanz von* Π *ist und* $\mathcal{Z} \in \Sigma^*$ *ist mit* $|\mathcal{Z}| \leq \pi(|\mathcal{I}|)$.

(b) *Es existiert ein* $\mathcal{Z} \in \Sigma^*$ *mit* $|\mathcal{Z}| \leq \pi(|\mathcal{I}|)$ *und* $(\mathcal{I} \oslash \mathcal{Z},1) \in \Pi'$ *genau dann, wenn* $(\mathcal{I},1) \in \Pi$ *ist.*[89]

Jeder String $\mathcal{Z} \in \Sigma^*$ *mit* $|\mathcal{Z}| \leq \pi(|\mathcal{I}|)$ *heißt* **Beleg** *oder* **potentielles Zertifikat**. *Jeder Beleg* $\mathcal{Z}$ *mit* $(\mathcal{I} \oslash \mathcal{Z},1) \in \Pi'$ *heißt* **Zertifikat**. Π' *wird bisweilen auch als zu* Π *gehöriges* **Überprüfungs-** *oder* **Checking-Problem** *genannt.*

Ein Problem Π ist also genau dann in $\mathbb{NP}$, wenn es ein Polynom π gibt und ein polynomieller Algorithmus $\mathcal{A}$ existiert, der für jede Instanz $\mathcal{I}$ von Π und jeden Beleg $\mathcal{Z}$ der Länge höchstens $\pi(|\mathcal{Z}|)$ einen Wert $\varphi(\mathcal{I},\mathcal{Z})$ berechnet, so dass gilt:

(a) Ist $\mathcal{I}$ eine nein-Instanz von Π ist, so ist $\varphi(\mathcal{I},\mathcal{Z}) = 0$ für alle potentiellen Zertifikate $\mathcal{Z}$;

(b) Ist $\mathcal{I}$ eine ja-Instanz von Π, so existiert ein Zertifikat $\mathcal{Z}$ mit $\varphi(\mathcal{I},\mathcal{Z}) = 1$.

---

[88] Dieser Name bezieht sich auf die polynomielle Lösbarkeit auf einer *nichtdeterministischen* Turing-Maschine; vgl. Definition 3.5.1 und Satz 3.5.2. Im Deutschen kann man die Bezeichnung mit ihrer Bedeutung '*nachweispolynomiell*' assoziieren.

[89] Die Bedeutung dieser auf den ersten Blick vielleicht etwas sperrigen Definition wird auch daran erkennbar, dass man aus allen zentralen Richtungen zu derselben Klasse gelangt, sei es von der Logik aus, von Software- oder Hardwarekonzepten her oder eben ausgehend von Maschinenmodellen. Konzepte, die in vielen unterschiedlichen 'Habitaten' vorkommen, sieht man in der Mathematik oder Informatik in der Regel als natürlich an.

Ein Entscheidungsproblem in $\Pi \in \mathbb{P}$ besitzt einen polynomiellen Algorithmus, d.h. es gibt eine deterministische Turing-Maschine, die Π löst. Für ein Problem in $\mathbb{NP}$ muss es nur stets Lösungen geben, die man in polynomieller Zeit überprüfen kann.

3.3.23 Bemerkung. $\mathbb{P} \subset \mathbb{NP}$.

Beweis: Seien $\Pi \in \mathbb{P}$ und $\mathcal{A}$ ein polynomieller Algorithmus für Π. Ferner sei π das Nullpolynom. Mit der Identifikation $\mathcal{I} = \mathcal{I} \oslash ()$ kann dann $\Pi' := \Pi$ gesetzt werden.   □

$\mathbb{NP}$ enthält also alle Probleme, die in polynomieller Zeit lösbar sind, aber auch eine Vielzahl von Problemen, für die kein effizienter Algorithmus bekannt ist, und für die vermutlich auch keiner existiert; vgl. Forschungsproblem 3.3.26. Ein Beispiel hierfür ist die Erfüllbarkeit boolescher Ausdrücke.

3.3.24 Bezeichnung. *Das Problem* SATISFIABILITY *oder* **Erfüllbarkeit boolescher Ausdrücke** *besteht aus folgenden Aufgaben:*

Gegeben: $m,n \in \mathbb{N}$, eine Menge $X := \{x_1, \ldots, x_n\}$ boolescher Variablen,[90] eine Menge $\mathcal{C} := \{C_1, \ldots, C_m\}$ von m Klauseln über X.
Frage: Existiert eine alle Klauseln von $\mathcal{C}$ erfüllende Wahrheitswertezuordnung?

3.3.25 Bemerkung. SATISFIABILITY $\in \mathbb{NP}$.

Beweis: Wir haben bereits in Beispiel 3.3.11 eine Turing-Maschine konstruiert, die überprüft, ob eine gegebene Wahrheitswertebelegung der Variablen die gegebene Formel erfüllt und in Beispiel 3.3.20 gezeigt, dass diese die Berechnung auch tatsächlich in polynomieller Zeit durchführt. Jede erfüllende Wahrheitswertebelegung kann somit als Zertifikat verwendet werden.   □

Üblicherweise weist man die Zugehörigkeit eines Problems zur Klasse $\mathbb{NP}$ nicht wirklich auf der 'Maschinenebene', d.h. durch Konstruktion einer Turing-Maschine für das Überprüfungsproblem nach, sondern auf der einer höheren Ebene der algorithmischen Beschreibung (aus der man aber prinzipiell wieder eine Turing-Maschine machen kann).

Es sei noch angemerkt, dass die Klasse $\mathbb{NP}$ gemäß Definition 3.3.22 mit der in Definition 3.1.49 informell angegebenen übereinstimmt, wenn die informellen Konzepte aus Sektion 3.1 entsprechend formalisiert werden. Dasselbe gilt auch für die Klasse $\mathbb{P}$. Ein Entscheidungsproblem, das nach Definition 3.3.19 polynomiell lösbar ist, liegt auch in $\mathbb{P}$.

Es ist naheliegend zu vermuten, dass die Klasse $\mathbb{NP}$ größer ist als $\mathbb{P}$. Tatsächlich ist diese Frage aber noch offen, ja sogar eines der berühmten *Millenniumsprobleme*.[91]

3.3.26 Forschungsproblem. *Gilt $\mathbb{P} = \mathbb{NP}$?*

Die Definition von $\mathbb{NP}$ ist insofern asymmetrisch, als eine ja-Instanz ein Zertifikat besitzt, während das für eine nein-Instanz nicht gefordert wird. Man kann also innerhalb der Klasse $\mathbb{NP}$ nicht einfach von einer Frage 'Hat eine gegebene Struktur eine bestimmte Eigenschaft?' zu der Negation 'Fehlt der gegebenen Struktur die spezifizierte Eigenschaft?' übergehen. Der Unterschied wird an dem folgenden konkreten Problem noch einmal verdeutlicht.

---

[90] Obwohl es auf die spezielle Wahl der Menge der Variablen nicht wirklich ankommt, sondern nur auf ihre Kardinalität, wird sie hier der Übersichtlichkeit halber mit angegeben.

[91] Für dessen Lösung winkt die 'wissenschaftliche Unsterblichkeit' und – ganz profan, aber auch nicht schlecht – eine Million US-Dollar Preisgeld.

3.3.27 Bezeichnung. *Das Problem*

> *Gegeben: $m,n \in \mathbb{N}$, eine Menge $X := \{x_1, \ldots, x_n\}$ boolescher Variablen, eine Menge $\mathcal{C} := \{C_1, \ldots, C_m\}$ von m Klauseln über X.*
> *Frage: Erfüllt jede Wahrheitswertezuordnung alle Klauseln von $\mathcal{C}$?*

heißt TAUTOLOGIE[92].

Natürlich ist ein boolescher Ausdruck $\mathcal{B}$ (in konjunktiver Normalform) genau dann erfüllbar, wenn $\neg\mathcal{B}$ keine Tautologie ist. SATISFIABILITY und TAUTOLOGIE sollten also in jedem vernünftigen Sinne gleich schwierig sein. Allerdings scheinen sie sich in Bezug auf ihre Zugehörigkeit zur Klasse $\mathbb{NP}$ zu unterscheiden. Tatsächlich kann bislang niemand zeigen, dass TAUTOLOGIE $\in \mathbb{NP}$ gilt.[93] Hinter dieser Frage verbergen sich zwei weitere zentrale Forschungsprobleme. Um diese genau fassen zu können, führen wir eine weitere Klasse von Problemen ein.

3.3.28 Definition. *Seien Σ ein Alphabet und Π ein Entscheidungsproblem über Σ. Sei $\neg\Pi$ das durch*

$$\mathcal{L}(\neg\Pi) := \mathcal{L}(\Pi) \quad \wedge \quad \big((\mathcal{I},1) \in \neg\Pi \quad \Leftrightarrow \quad (\mathcal{I},0) \in \Pi\big)$$

definierte Entscheidungsproblem. Die Klasse co$\mathbb{NP}$ *besteht aus allen Entscheidungsproblemen Π mit $\neg\Pi \in \mathbb{NP}$.*

3.3.29 Bemerkung. TAUTOLOGIE $\in$ co$\mathbb{NP}$.

Beweis: Sei $\mathcal{I}$ eine Instanz von TAUTOLOGIE. Dann verwenden wir als Zertifikat eine Wahrheitswertezuordnung, die den zugehörigen booleschen Ausdruck *nicht* erfüllt. □

Die genaue Beziehung von $\mathbb{NP}$ und co$\mathbb{NP}$ ist offen; es wäre sogar möglich, dass beide Klassen übereinstimmen.

3.3.30 Forschungsproblem. *Gilt $\mathbb{NP} = $ co$\mathbb{NP}$?*

Natürlich gilt $\mathbb{P} \subset \mathbb{NP} \cap$ co$\mathbb{NP}$. Ob die umgekehrte Inklusion gilt, ist ebenfalls eine noch ungeklärte wissenschaftliche Herausforderung.

3.3.31 Forschungsproblem. *Gilt $\mathbb{P} = \mathbb{NP} \cap$ co$\mathbb{NP}$?*

Man kann vermuten, dass die Antwort auf die erste Frage negativ, die auf die zweite positiv ist. Letzteres würde erklären, warum wir die Asymmetrie in der Definition von $\mathbb{NP}$ in Kauf nehmen müssen, wenn nicht ohnehin $\mathbb{P} = \mathbb{NP}$ gilt.

---

[92] Man mag vielleicht versucht sein, Tautologien für nicht besonders interessant zu halten. Das ist aber eine grobe Unterschätzung ihrer Bedeutung. Aussagenlogisch ist schließlich jedes mathematische Theorem eine Tautologie. Sind nämlich v und b Aussagen (die Voraussetzung des Satzes und seine Behauptung), so ist der Satz $v \Rightarrow b$ äquivalent zu $(\neg v \vee b)$ und korrekt, wenn diese boolesche Formel durch alle Wahrheitswertezuordnungen für v und b erfüllt wird.

[93] Das ist durchaus vergleichbar mit dem konzeptionellen Unterschied zwischen einem Beweis und einem Gegenbeispiel für eine Behauptung. Ähnliche Asymmetrien treten auch außerhalb der Mathematik auf. Der Nachweis etwa, dass eine Person *niemals* bei Rot über eine Ampel gefahren ist, erfordert konzeptionell die Untersuchung *aller* 'Ampelfahrten'. Als Beweis für ein solches Vergehen reicht hingegen schon *ein* 'Portraitfoto' einer Überwachungskamera.

Die bisherigen Versuche, das Verhältnis von $\mathbb{P}$, $\mathbb{NP}$ und co$\mathbb{NP}$ zu klären, haben zwar zu einer Reihe von interessanten Ergebnissen geführt; die Lösung der angegebenen Forschungsprobleme scheint aber noch in weiter Ferne zu liegen.

$\mathbb{NP}$-Vollständigkeit und der Satz von Cook: Die folgende Definition ermöglicht nun den Vergleich von Problemen der Klasse $\mathbb{NP}$.

3.3.32 Definition. *(a) Seien Σ ein Alphabet, Π_1 und Π_2 Entscheidungsprobleme, und $\chi : \mathcal{L}(\Pi_1) \to \mathcal{L}(\Pi_2)$ sei polynomiell berechenbar. Gilt*

$$\big(\mathcal{I},1\big) \in \Pi_1 \quad \Leftrightarrow \quad \big(\chi(\mathcal{I}),1\big) \in \Pi_2$$

*so heißt χ **polynomielle Transformation** von Π_1 auf Π_2.*

*(b) Ein Problem Π aus $\mathbb{NP}$ heißt $\mathbb{NP}$-**vollständig** [engl.: $\mathbb{NP}$-complete], falls für jedes Problem aus $\mathbb{NP}$ eine polynomielle Transformation auf Π existiert.[94] Zur genaueren Unterscheidung wird manchmal der Kennzeichnung $\mathbb{NP}$-vollständig noch **im Sinne von Karp**[95] hinzugefügt.*

Man beachte, dass die Definition der polynomiellen Transformation nicht zulässt, dass ja- und nein-Instanzen vertauscht werden. Tatsächlich ist die Klasse $\mathbb{NP}$ unter polynomiellen Transformationen abgeschlossen; vgl. Übungsaufgabe 3.6.31. Das ist einerseits eine 'mathematisch attaktive' Eigenschaft; sie verhindert aber andererseits den Vergleich etwa zwischen SATISFIABILITY und TAUTOLOGIE (falls nicht ohnehin $\mathbb{NP} = $ co$\mathbb{NP}$ gilt). Natürlich kann man auch co$\mathbb{NP}$-Vollständigkeit definieren, aber es wäre doch wünschenswert, auch Probleme, die nicht in $\mathbb{NP}$ liegen, mit solchen in $\mathbb{NP}$ vergleichen zu können.

Hierfür kann man entweder das Konzept der polynomielle Transformationen dahingehend erweitern, dass die Äquivalenzbedingung in Definition 3.3.32 durch eine Bedingung ersetzt wird, dass es eine weitere polynomiell berechenbare Funktion ψ gibt, die jedem Output eines Problems $\Pi_2 \in \Sigma_1^* \times \Sigma_2^*$ einen Wert 0 oder 1 zuordnet, je nachdem, ob die gegebene Instanz des Problems $\Pi_1 \in \mathbb{NP}$ eine nein- oder eine ja-Instanz ist. Hierdurch würde man erlauben, dass zur Lösung von Π_1 ein Algorithmus für Π_2 *einmal* als Subroutine aufgerufen werden kann, um eine Lösung $\psi(\mathcal{O})$ zu übergeben. Diese Interpretation erinnert an Definition 3.1.40, in der der Begriff der *polynomiellen Reduktion* mittels (allerdings polynomiell vielen) Aufrufen von Orakeln eingeführt wurde. Tatsächlich kann man das Konzept der polynomiellen Reduktion aus Definition 3.1.40 leicht auch im Kontext des Modells der Turing-Maschine formalisieren, indem man zu *Orakel-Turing-Maschinen* übergeht, die Zugriff auf ein Orakel als Subroutine haben.

In der folgenden Definition wählen wir einen anders und 'ultimativ aussehenden' Ansatz, sich der allerdings (bei entsprechender Präzisierung der Konzepte von Sektion 3.1 sogar offensichtlich) als äquivalent erweist.

3.3.33 Definition. *Seien Σ_1, Σ_2 Alphabete und $\Pi \subset \Sigma_1^* \times \Sigma_2^*$ ein Problem. Π heißt $\mathbb{NP}$-**schwierig** [engl.: $\mathbb{NP}$-hard], wenn gilt*

$$\Pi \in \mathbb{P} \quad \Longrightarrow \quad \mathbb{P} = \mathbb{NP}.$$

---

[94] Hier ist nur die Existenz gefordert; weder die Transformation noch ein zugehöriger Algorithmus brauchen explizit bekannt zu sein. Tatsächlich gibt es durchaus für einige Probleme Π nichtkonstruktive Beweise für ihre Zugehörigkeit zu $\mathbb{P}$.

[95] Richard Manning Karp, geb. 1935.

Π *heißt* $\mathbb{NP}$-*vollständig im Sinne von Cook*[96], *wenn* Π *in* $\mathbb{NP}$ *liegt und* $\mathbb{NP}$-*schwierig ist.*

Mit der $\mathbb{NP}$-Vollständigkeit im Sinne von Karp (Definition 3.3.32) und der im Sinne von Cook (Definition 3.3.33) haben wir zwei unterschiedliche Konzepte für die Klassifikation der Komplexität von Problemen aus $\mathbb{NP}$.[97] Es ist offenkundig, dass die Forderung in Definition 3.3.32 mindestens so stark ist, wie die in Definition 3.3.33.

3.3.34 Bemerkung. *Sei* Π $\mathbb{NP}$-*vollständig im Sinne von Karp, dann ist* Π *auch* $\mathbb{NP}$-*vollständig im Sinne von Cook.*

Eigentlich sollte es klar sein, dass die $\mathbb{NP}$-Vollständigkeit im Sinne von Cook ein wesentlich mächtigeres Hilfsmittel zur Charakterisierung der Komplexität von Problemen ist als die im Sinne von Karp. Das genaue Verhältnis der beiden Konzepte ist allerdings noch nicht geklärt. Tatsächlich sind keine Beispiele bekannt, die im Sinne von Cook $\mathbb{NP}$-vollständig sind, für die man aber beweisbar nicht mit einer polynomiellen Transformation auskommt. Das ist auch nicht wirklich verwunderlich, denn ihre Existenz würde unmittelbar das Forschungsproblem 3.3.26 lösen und zeigen, dass $\mathbb{P} \neq \mathbb{NP}$ ist. Denn natürlich fallen beide Konzepte zusammen, falls $\mathbb{P} = \mathbb{NP}$ gilt. Man erhält also ein weiteres Forschungsproblem.

3.3.35 Forschungsproblem. *Folgt aus* $\mathbb{P} \neq \mathbb{NP}$, *dass sich die Konzepte der* $\mathbb{NP}$-*Vollständigkeit im Sinne von Cook bzw. im Sinne von Karp unterscheiden?*

Die Verwendung des (möglicherweise) mächtigeren Konzepts der $\mathbb{NP}$-Vollständigkeit im Sinne von Cook oder sogar des nicht einmal auf Entscheidungsprobleme beschränkten Konzepts der $\mathbb{NP}$-Schwierigkeit erscheint in der Optimierung deshalb sinnvoll, da viele Optimierungsprobleme ohnehin nicht in $\mathbb{NP}$ sind. Dennoch werden wir im folgenden stets versuchen, polynomielle Transformationen zu konstruieren. Neben der schon erwähnten Abgeschlossenheit von $\mathbb{NP}$ unter polynomiellen Transformationen liegt ein anderer Grund darin, dass diese es gestatten, nicht nur polynomielle, sondern auch superpolynomielle (aber hinreichend schnelle subexponentielle) Algorithmen für *ein* $\mathbb{NP}$-vollständiges Problem Π in ebensolche für *jedes* Problem aus $\mathbb{NP}$ zu überführen.[98]

3.3.36 Bemerkung. *Seien* Π_2 $\mathbb{NP}$-*vollständig und* $\mathcal{A}_2$ *ein Algorithmus mit Laufzeitfunktion* λ_2. *Dann gibt es zu jedem Problem* $\Pi_1 \in \mathbb{NP}$ *einen Algorithmus* $\mathcal{A}_1$, *und ein Polynom* π *für dessen Laufzeitfunktion* λ_1

$$\lambda_1 \leq \lambda_2 \circ \pi$$

gilt.

Beweis: Seien χ eine polynomielle Transformation von Π_1 auf Π_2 und π ein Polynom, das die Laufzeitfunktion von χ nach oben beschränkt. Dann gilt $\lambda_1 \leq \lambda_2 \circ \pi$. $\square$

---

[96] Stephen Arthur Cook, geb. 1939.

[97] Cook benutzte sein Konzept der polynomiellen Reduktion 1970 in seiner Arbeit zum Beweis von Satz 3.3.38, allerdings konstruierte er in diesem Beweis eine polynomielle Transformation gemäß Definition 3.3.32. Karp zeigte 1972, dass 21 zentrale Probleme des Operations Research $\mathbb{NP}$-vollständig sind. Beide erhielten für diese Arbeiten den *Turing Award*.

[98] Dass es für irgendein $\mathbb{NP}$-vollständiges Problem solche hinreichend schnellen, wenn auch subexponentiellen Algorithmen gibt, ist nicht wirklich anzunehmen; aber man weiß ja nie.

Sind etwa $p,q \in \mathbb{N}$ und gilt speziell $\pi(n) = n^p$ und $\lambda_2(n) = n^{\log^q(n)}$ für alle $n \in \mathbb{N}$, so folgt $\lambda_1(n) \leq n^{p^{q+1}\log^q(n)}$. Hat man dagegen $\pi(n) = n^2$ und $\lambda_2(n) = n^{\sqrt{n}}$, so folgt nur $\lambda_1(n) \leq n^{2n}$.

Eine Frage haben wir bislang nicht als Forschungsproblem formuliert, obwohl sie ebenfalls recht naheliegend ist: *Gibt es denn überhaupt* $\mathbb{NP}$-*vollständige Probleme?* Die $\mathbb{NP}$-Vollständigkeit eines Problems Π ist eine sehr starke Eigenschaft: Ein polynomieller Algorithmus für Π liefert direkt polynomielle Algorithmen für *alle* Probleme aus $\mathbb{NP}$. Es mag vielleicht überraschen, aber die Klasse der $\mathbb{NP}$-vollständigen Probleme ist nicht leer. Tatsächlich gibt es sogar sehr viele Probleme, von denen diese Eigenschaft nachgewiesen werden konnte.

Will man zeigen, dass ein Problem Π_2 $\mathbb{NP}$-vollständig ist, so muss man zunächst nachweisen, dass $\Pi_2 \in \mathbb{NP}$ ist. Dann reicht es wegen der Transitivität der polynomiellen Transformierbarkeit, für *ein* beliebiges $\mathbb{NP}$-vollständiges Problem Π_1 eine polynomielle Transformation von Π_1 auf Π_2 zu konstruieren.

Schwieriger ist es, für ein *erstes* Problem Π_2 zu zeigen, dass es $\mathbb{NP}$-vollständig ist, denn nun muss man für *jedes* Problem Π_1 aus $\mathbb{NP}$ eine polynomielle Transformation von Π_1 auf Π_2 konstruieren. Wir tun dieses im Folgenden für das auch historisch erste als $\mathbb{NP}$-vollständig nachgewiesene Problem SATISFIABILITY.

Man beachte, dass m und n in SATISFIABILITY Teile des Inputs sind. Wäre hingegen die Anzahl der Variablen n konstant, so könnte das Problem durch Ausprobieren aller 2^n Wahrheitswertezuordnungen in polynomieller Zeit gelöst werden. Ist andererseits die Anzahl m der Klauseln konstant, so ist das Problem ebenfalls polynomiell lösbar; vgl. Übungsaufgabe 3.6.33.

Zum Beweis der $\mathbb{NP}$-Vollständigkeit von SATISFIABILITY müssen wir beweisen, dass sich jedes Problem Π aus $\mathbb{NP}$ polynomiell auf SATISFIABILITY transformieren lässt. Ein Zertifikat $\mathcal{Z}$ von Π zu einem Input $\mathcal{I}$ entspricht dabei in gewissem Sinne einer erfüllenden Wahrheitswertezuordnung der Variablen des zugehörigen booleschen Ausdrucks.

Wir untersuchen diesen Zusammenhang zunächst an einem einfachen Beispiel, um eine Idee für den Beweis des zentralen Satzes dieser Sektion zu entwickeln.

3.3.37 Beispiel. *Wir behandeln zur Illustration des Zusammenhangs der Existenz von Zertifikaten und booleschen Ausdrücken das (triviale) Problem Π zu entscheiden, ob ein gegebener binärer Inputstring $\mathcal{I}$ durch ein binäres Zertifikat $\mathcal{Z}$ der Länge 2 so ergänzt werden kann, dass der String $\mathcal{I} \otimes \mathcal{Z}$ die Parität 1 besitzt, d.h. eine ungerade Anzahl von Einträgen 1 hat. (Das ist natürlich stets der Fall, und es reicht auch bereits immer ein Bit aus.) Wir geben zunächst eine Turing-Maschine $\mathcal{T}$ für das zugehörige Checking-Problem Π' an. $\mathcal{T}$ akzeptiert also Inputs $\mathcal{I} \otimes (\xi,\eta)$ mit $\xi,\eta \in \{0,1\}$ und gibt genau dann 1 aus, wenn (ξ,η) ein gesuchtes Zertifikat ist. Andernfalls ist der Output 0. Seien*

$$S := \{s_0, s_1, s_2\} \quad \wedge \quad F := \{s_2\} \quad \wedge \quad \Sigma := \{0,1\} \quad \wedge \quad \Gamma := \{0,1,\varepsilon\}$$

sowie

τ	s_0	s_1	s_2
0	$(s_0,0,1)$	$(s_1,1,1)$	—
1	$(s_1,1,1)$	$(s_0,0,1)$	—
ε	$(s_2,\varepsilon,-1)$	$(s_2,\varepsilon,-1)$	—

Die Einträge $(s,\sigma,\pm 1)$ der Transitionstabelle geben die Werte der Übergangsfunktion τ explizit an. Die Zustände s_0 bzw. s_1 entsprechen den Paritäten der bislang jeweils 'aufgesammelten' Einsen. Die Turing-Maschine $\mathcal{T} := (S,\Sigma,\Gamma,\tau,s_0,F)$ liest also von links nach *rechts die Inputbits und ändert für jeden Eintrag 1 den Zustand von s_0 zu s_1 bzw. umgekehrt. Ferner wird die Parität des bislang gelesenen Teils des Strings in die aktuelle Bandzelle geschrieben. Ist der Lese- und Schreibkopf am Ende des Inputstrings angekommen, so lässt er den Bandeintrag ε unverändert, geht in den Haltezustand s_2 über und verschiebt den Kopf um eine Zelle nach links. Für den Inputstring $\mathcal{I} := (1,1)$ und den Beleg $\mathcal{Z} := (0,1)$ etwa erhalten wir die Liste*

$$(s_0; 1,1,0,1) \vdash (1; s_1; 1,0,1) \vdash (1,0; s_0; 0,1) \vdash (1,0,0; s_0; 1)$$
$$\vdash (1,0,0,1; s_1; \varepsilon) \vdash (1,1,0; s_2; 1, \varepsilon)$$

von Folgekonfigurationen. Der Output ist also 1; der Beleg wird als Zertifikat akzeptiert.

Ein sehr naheliegender Ansatz, bei gegebenem Input einen Zusammenhang zwischen einem potentiellen Zertifikat $\mathcal{Z}$ und einer booleschen Formel herzustellen, besteht darin, die Einträge von $\mathcal{Z}$ als Variablen aufzufassen. Führen wir die Berechnungen mit $\mathcal{I} := (1,1)$ und (formal) mit $\mathcal{Z} := (\xi, \eta)$ durch, so erhalten wir

$$(s_0; 1,1,\xi,\eta) \vdash (1; s_1; 1,\xi,\eta) \vdash (1,0; s_0; \xi,\eta) \vdash \left\{ \begin{array}{ll} (1,0,0; s_0; \eta), & \text{falls } \xi = 0 \\ (1,0,1; s_1; \eta), & \text{falls } \xi = 1 \end{array} \right\}$$

$$\vdash \left\{ \begin{array}{ll} (1,0,0,0; s_0; \varepsilon), & \text{falls } (\xi,\eta) = (0,0) \\ (1,0,0,1; s_1; \varepsilon), & \text{falls } (\xi,\eta) = (0,1) \\ (1,0,1,1; s_1; \varepsilon), & \text{falls } (\xi,\eta) = (1,0) \\ (1,0,1,0; s_0; \varepsilon), & \text{falls } (\xi,\eta) = (1,1) \end{array} \right\} \vdash \left\{ \begin{array}{ll} (1,0,0; s_2; 0,\varepsilon), & \text{falls } (\xi,\eta) = (0,0) \\ (1,0,0; s_2; 1,\varepsilon), & \text{falls } (\xi,\eta) = (0,1) \\ (1,0,1; s_2; 1,\varepsilon), & \text{falls } (\xi,\eta) = (1,0) \\ (1,0,1; s_2; 0,\varepsilon), & \text{falls } (\xi,\eta) = (1,1) \end{array} \right\}.$$

Bezeichnet ζ den Output, so liefert die Berechnung die Implikationen

$$(\neg\xi \wedge \neg\eta \Rightarrow \neg\zeta) \wedge (\neg\xi \wedge \eta \Rightarrow \zeta) \wedge (\xi \wedge \neg\eta \Rightarrow \zeta) \wedge (\xi \wedge \eta \Rightarrow \neg\zeta).$$

In konjunktiver Normalform und zusammen mit der Bedingung, dass der Output 1 sein soll, erhalten wir den booleschen Ausdruck

$$\mathcal{B} := (\zeta) \wedge (\xi \vee \eta \vee \neg\zeta) \wedge (\xi \vee \neg\eta \vee \zeta) \wedge (\neg\xi \vee \eta \vee \zeta) \wedge (\neg\xi \wedge \neg\eta \vee \neg\zeta).$$

Er ist genau für die Tripel $(\xi,\eta,\zeta) \in \{(1,0,1),(0,1,1)\}$ erfüllt, und das entspricht der Tatsache, dass genau die Strings $(1,0)$ und $(0,1)$ Zertifikate sind. Die gegebene Instanz von Π ist also genau deswegen eine ja-Instanz, weil $\mathcal{B}$ erfüllbar ist.

Der Ansatz zeigt den Zusammenhang zwischen Problemen aus $\mathbb{NP}$ und booleschen Formeln, hat allerdings einen gravierenden 'Schönheitsfehler': er funktioniert nur für potentielle Zertifikate konstanter Länge (also für Probleme, die ohnehin in $\mathbb{P}$ sind, vgl. Übungsaufgabe 3.6.30). Die zu einem festen Input konstruierte boolesche Formel besitzt

$$1 + 2^{|\mathcal{Z}|}$$

viele Klauseln, hat also im Allgemeinen keine in der Inputlänge polynomiell beschränkte Größe. Woran liegt das eigentlich?

Wir haben in der Konstruktion zwar ausgenutzt, dass die Berechnung von $\mathcal{T}$ durchgeführt wurde, nicht aber, dass $\mathcal{T}$ das in polynomieller Zeit tun muss. Tatsächlich liegt der Fehler darin, dass wir eine explizite Fallunterscheidung nach der Belegung der einzelnen Positionen des Belegs vorgenommen haben. Eine polynomielle Berechnung kann aber im Allgemeinen gar nicht alle Möglichkeiten verschiedener Wahrheitswertezuordnungen erreichen, einfach, weil es dafür zu viele gibt. Um daher auszunutzen, das $\mathcal{T}$ ein polynomieller Algorithmus ist, müssen wir die Variablen – in unserem Beispiel ξ und η – als solche bis zum Ende der Berechnung beibehalten. Das bedeutet aber, dass wir alle Berechnungsschritte von $\mathcal{T}$ formal mitführen, d.h. ebenfalls in unserer booleschen Formel ausdrücken müssen.

Tatsächlich kann man die Arbeit einer Turing-Maschine mittels boolescher Formeln vollständig beschreiben. Die Variablen repräsentieren die Bandinhalte, die Position des Lese- und Schreibkopfs und seinen Zustand in jedem Schritt; die Klauseln kodieren die korrekte Arbeitsweise der Turing-Maschine. Zur Vereinheitlichung der Notation setzten wir

$$\sigma_1 := 0 \quad \wedge \quad \sigma_2 := 1 \quad \wedge \quad \sigma_3 := \varepsilon.$$

Wir benutzen nun die binären Variablen

$$x_{i,j,k}, \quad y_{i,k}, \quad z_{i,l}.$$

Die Indizes i,j,k,l stehen dabei für die Schrittzahl i der Berechnung, den Index j des Bandsymbols σ_j, die Nummer k der Zelle des Bandes und den Index l des Zustands s_l. Die Zellen werden dabei der Reihe nach so nummeriert, dass das erste Inputsymbol in Zelle 0 steht. Die Interpretation der Variablen ist dann wie folgt: Die binäre Variable $x_{i,j,k}$ nimmt genau dann den Wert 1 an, wenn zu Beginn von Schritt i der Berechnung in Zelle k das Symbol σ_j steht. Die Variable $y_{i,k}$ ist genau dann 1, wenn der Lese- und Schreibkopf zu Beginn von Schritt i Zelle k liest, und $z_{i,l}$ ist genau dann 1, wenn er sich zu Beginn von Schritt i in Zustand s_l befindet. Demnach führt die Startkonfiguration in unserem Beispiel (bei einem auf die relevanten fünf Zellen beschränkten Bandabschnitt) für $\mathcal{I} := (1,1)$ und unbestimmtem Beleg zu der Setzung

$$x_{1,1,0} = x_{1,1,1} = x_{1,3,4} = 1 \quad \wedge \quad y_{1,0} = 1 \quad \wedge \quad z_{1,0} = 1.$$

Die Setzung $x_{1,3,4} = 1$ besagt dabei insbesondere, dass zu Beginn der Berechnungen die Zeichenfolge des Inputstrings und des potentiellen Zertifikats durch den Eintrag ε in Zelle 4 abgeschlossen wird. Insgesamt entspricht die Setzung für die Startkonfiguration der der booleschen Formel

$$x_{1,1,0} \wedge x_{1,1,1} \wedge x_{1,3,4} \wedge y_{1,0} \wedge z_{1,0}.$$

Bezüglich der beiden Zellen 2 und 3, die das Zertifikat aufnehmen sollen, müssen wir noch fordern, dass nur Einträge aus Σ erlaubt sind. Das lässt sich durch

$$(x_{1,1,2} \vee x_{1,2,2}) \wedge (x_{1,1,3} \vee x_{1,2,3})$$

ausdrücken. Ohne weitere Vorkehrungen würden diese Bedingungen nicht ausschließen, dass etwa in der ersten der beiden Klammern beide Variable den Wert 1 annehmen. Das hieße aber, dass Zelle 2 sowohl das Symbol σ_1 als auch σ_2 enthielte. Da das unzulässig ist, werden noch Bedingungen

$$(\neg x_{1,1,2} \vee \neg x_{1,2,2}) \wedge (\neg x_{1,1,3} \vee \neg x_{1,2,3})$$

hinzugenommen. Analog wird auch allgemeiner beschrieben, dass jede Zelle nur ein Symbol enthält und der Lese- und Schreibkopf sich jeweils genau an einer Position befindet und in einem Zustand ist. Damit werden stets viele Variablen 0 sein.

Auch der Übergang von einem Schritt zum nächsten lässt sich leicht in den Variablen beschreiben. Betrachten wir als Beispiel den Übergang von der Start- zu ihrer Folgekonfiguration. Zu Beginn des Schrittes 1 ist der Lese- und Schreibkopf in Zustand s_0, er liest Zelle 0, und diese enthält das Symbol σ_2. Da $\tau(s_0,\sigma_2) = (s_1,\sigma_2,1)$ ist, wird σ_2 geschrieben, der Zustand s_1 angenommen, und der Lese- und Schreibkopf fährt in die Position 1. Diese Aktionen werden beschrieben durch die Implikation

$$x_{1,2,0} \wedge y_{1,0} \wedge z_{1,0} \Rightarrow x_{2,2,1} \wedge y_{2,1} \wedge z_{2,1}.$$

Diese ist äquivalent zu

$$\neg\big(x_{1,2,0} \wedge y_{1,0} \wedge z_{1,0}\big) \vee \big(x_{2,2,1} \wedge y_{2,1} \wedge z_{2,1}\big)$$

oder, in konjunktiver Normalform zu

$$\big(\neg x_{1,2,0} \vee \neg y_{1,0} \vee \neg z_{1,0} \vee x_{2,2,1}\big) \wedge \big(\neg x_{1,2,0} \vee \neg y_{1,0} \vee \neg z_{1,0} \vee y_{2,1}\big)$$
$$\wedge \big(\neg x_{1,2,0} \vee \neg y_{1,0} \vee \neg z_{1,0} \vee z_{2,1}\big).$$

Man könnte versucht sein, die bekannten Werte aus der Initialisierung hier einzusetzen, um die Formeln zu vereinfachen. Der Vorteil, darauf zu verzichten, liegt aber darin, dass die so konstruierte Formel parametrisch für jeden Input und auch analog für alle späteren Übergänge funktioniert.

Natürlich sind noch eine Reihe weiterer Bedingungen zu beachten. So muss man explizieren, dass die Bandinhalte außerhalb der aktuellen Position des Lese- und Schreibkopfes in dem nachfolgenden Übergangsschritt nicht verändert und daher die zugehörigen aktuellen Variablenwerte an die entsprechenden Variablen des nächsten Schrittes übergeben werden. Außerdem sind auch Haltebedingungen zu spezifizieren. Im Beweis von Satz 3.3.38 wird dieses allgemein für ein beliebiges Problem aus NP ausgeführt.

Wir zeigen nun, dass sich jedes Problem aus NP polynomiell auf SATISFIABILITY transformieren lässt. Damit haben wir das erste NP-vollständige Problem identifiziert.

3.3.38 Satz. *(Satz von Cook[99])[100]* SATISFIABILITY *ist NP-vollständig.*

Beweis: Nach Bemerkung 3.3.25 ist SATISFIABILITY in NP. Zum Beweis der NP-Vollständigkeit konstruieren wir für jedes Problem $\Pi \in$ NP eine polynomielle Transformation χ_Π, die jeder Instanz $\mathcal{I}$ von Π eine Instanz $\chi_\Pi(\mathcal{I})$ von SATISFIABILITY zuordnet, die genau dann erfüllbar ist, wenn Π eine ja-Instanz von Π ist. Wie in Beispiel 3.3.37 besteht die Idee darin zu zeigen, dass die Berechnung einer polynomiellen Turing-Maschine $\mathcal{T}$ zur Verifikation eines zu einem Input $\mathcal{I}$ gegebenen Belegs $\mathcal{Z}$ als Zertifikat durch einen booleschen Ausdruck beschrieben werden kann.[101]

Seien Σ ein Alphabet, Π ein Entscheidungsproblem über Σ, und es gelte $\Pi \in$ NP. Gemäß Definition 3.3.22 seien Π' ein zugehöriges Überprüfungsproblem aus $\mathbb{P}$ und π ein Polynom, so dass genau für ja-Instanzen $\mathcal{I}$ von Π Zertifikate $\mathcal{Z}$ mit $|\mathcal{Z}| \leq \pi(|\mathcal{I}|)$ existieren. Sei $\mathcal{T} := (S,\Sigma,\Gamma,\tau,s_0,F)$ eine Turing-Maschine für Π' mit durch ein Polynom π' beschränkter Laufzeitfunktion.

Seien nun $\mathcal{I}$ eine Instanz von Π, $\mathcal{Z} \in \Sigma^*$ und $|\mathcal{Z}| \leq \pi(|\mathcal{I}|)$. Ferner seien

$$\Gamma =: \{\sigma_1,\dots,\sigma_r\} \quad \wedge \quad \sigma_r = \varepsilon \quad \wedge \quad S =: \{s_0,s_1,\dots,s_t\} \quad \wedge \quad d := \pi'\big(|\mathcal{I}| + |\mathcal{Z}|\big) + 1,$$

und wir nehmen o.B.d.A. an, dass

---

[99] Stephen Arthur Cook, geb. 1939.
[100] Einen vergleichbaren Satz publizierte Leonid Levin (geb. 1948) unabhängig von Cook zwei Jahre später. Deswegen spricht man oft auch vom *Satz von Cook und Levin*
[101] Wir werden die Konstruktion des booleschen Ausdrucks nicht auf Maschinenebene sondern in einer für menschliche Leser geeigneteren Form beschreiben. Insbesondere werden die Variablen und Klauseln 'in Klartext' angegeben, obwohl natürlich die Turing-Maschine, die die Transformation berechnet, mit einer geeigneten Kodierung über einem endlichen Alphabet arbeitet; vgl. Beispiel 3.3.11.

$$|\mathcal{I}| + \pi\big(|\mathcal{I}|\big) \leq d$$

gilt. Wir führen nun binäre Variablen

$$
\begin{aligned}
x_{i,j,k} & \quad \big(i \in [d],\, j \in [r],\, k \in [-d,d] \cap \mathbb{Z}\big) \\
y_{i,k} & \quad \big(i \in [d],\, k \in [-d,d] \cap \mathbb{Z}\big) \\
z_{i,l} & \quad \big(i \in [d],\, l \in \{0\} \cup [t]\big)
\end{aligned}
$$

ein. Die Variable $x_{i,j,k}$ erhält genau dann den Wert 1, wenn zu Beginn von Schritt i (d.h. zum Zeitpunkt $i - 1$ der Berechnung) in Zelle k das Symbol σ_j steht. $y_{i,k}$ wird genau dann 1, wenn der Lese- und Schreibkopf zu Beginn von Schritt i das Symbol in Zelle k liest, und $z_{i,l}$ ist genau dann 1, wenn der Kopf sich zu Beginn von Schritt i in Zustand s_l befindet.

Da die Laufzeit $\pi'\big(|\mathcal{I}| + |\mathcal{Z}|\big)$ nicht überschritten werden kann, reicht es die Zellennummern auf das Intervall $[-d,d]$ zu begrenzen.[102]

Die Variablen beschreiben sowohl die Bandinhalte als auch die Position und den Zustand des Lese- und Schreibkopfes zu jedem Zeitpunkt der Berechnung. Somit führt die Berechnung von $\mathcal{T}$ zum Input $\mathcal{I} \oslash \mathcal{Z}$ für jeden Beleg $\mathcal{Z}$ zu einer eindeutigen Zuordnung von Werten für alle Variablen. Um auch umgekehrt von einer Variablenbelegung auf die Berechnung von $\mathcal{T}$ schließen zu können, fügen wir jetzt noch eine Reihe von Klauseln an, die die folgenden Bedingungen kodieren:

(a) Zu jedem Zeitpunkt enthält jede Bandzelle genau ein Symbol.

(b) Zu jedem Zeitpunkt befindet sich der Lese- und Schreibkopf an genau einer Position und in genau einem Zustand.

(c) Die Variablenbelegung zu Beginn des ersten Schrittes entspricht der Anfangskonfiguration.

(d) Im jedem Schritt werden die Variablen so fortgeschrieben, dass sie die Folgekonfiguration beschreiben.

(e) Die Variablenbelegung nach dem letzten Schritt beschreibt eine zulässige Endkonfiguration.

Wir drücken nun jede dieser Bedingungen durch boolesche Formeln in konjunktiver Normalform aus.

'(a)' Für festes i und k gilt

$$(x_{i,1,k} \vee \ldots \vee x_{i,r,k})$$

sowie

$$(\neg x_{i,j,k} \vee \neg x_{i,j',k}) \qquad (j,j' \in [r],\, j \neq j').$$

Die erste Bedingung besagt, dass Zelle k zu Beginn von Schritt i mindestens ein Symbol enthalten muss; die anderen Bedingungen garantieren, dass höchstens eines vorhanden ist. Insgesamt erhalten wir die boolesche Formel[103]

---

[102] Natürlich werden viele dieser Zellen vom Beginn bis zum Ende der Berechnung das Symbol ε enthalten, da sie kein Element des Inputstrings tragen und im Laufe der Berechnungen auch nicht erreicht werden.

[103] Wenn es nicht anders angegeben ist, laufen alle Indizes über ihren vollen, bei der Einführung der Variablen explizit festgelegten Bereich. Die Laufgrenzen werden hier der Übersichtlichkeit der Darstellung halber nicht aufgelistet.

$$\bigwedge_{i,k}(x_{i,1,k} \vee \ldots \vee x_{i,r,k}) \quad \wedge \quad \bigwedge_{\substack{i,j,j',k \\ j \neq j'}} (\neg x_{i,j,k} \vee \neg x_{i,j',k}).$$

'(b)' Analog müssen auch die booleschen Formeln

$$\bigwedge_{i}(y_{i,-d} \vee \ldots \vee y_{i,0} \vee \ldots \vee y_{i,d}) \quad \wedge \quad \bigwedge_{\substack{i,k,k' \\ k \neq k'}} (\neg y_{i,k} \vee \neg y_{i,k'})$$

und

$$\bigwedge_{i}(z_{i,0} \vee z_{i,1} \vee \ldots \vee z_{i,t}) \quad \wedge \quad \bigwedge_{\substack{i,l,l' \\ l \neq l'}} (\neg z_{i,l} \vee \neg z_{i,l'})$$

erfüllt sein.

'(c)' Die Variablen $x_{1,j,k}$ werden zunächst für $k \in \{0, \ldots, |\mathcal{I}| - 1\}$ entsprechend der Belegung der Zellen $0, \ldots, |\mathcal{I}| - 1$ durch $\mathcal{I}$ initialisiert. Es reicht wegen der Bedingungen (a), die einfache, aus nur einem Literal bestehende Klausel $(x_{1,j,k})$ anzufügen, immer wenn σ_j das Symbol von $\mathcal{I}$ in Zelle k ist. Alle übrigen solchen Variablen erhalten damit den Wert 0. Gilt also $\mathcal{I} = (\sigma_{j(0)}, \ldots, \sigma_{j(|\mathcal{I}|-1)})$, so fügen wir die boolesche Formel

$$\bigwedge_{k=0}^{|\mathcal{I}|-1} (x_{1,j(k),k})$$

hinzu.

Die Zellen aus der Indexmenge

$$Z := \left\{ |\mathcal{I}|, \ldots, |\mathcal{I}| + \pi(|\mathcal{I}|) - 1 \right\}$$

sollen das potentielle Zertifikat aufnehmen. Sie werden daher nicht initialisiert, sondern zunächst als binäre Variable unbestimmt gelassen. Ein gegebener Beleg liefert dann eine Wahrheitswertebelegung dieser Variablen, die den Wahrheitswert des booleschen Ausdrucks für die gesamte Berechnung festlegt.[104] Es ist lediglich dafür Sorge zu tragen, dass jeder Beleg aus Σ^* stammt. Da wir nicht wissen, wie lang Zertifikate genau sind, müssen wir noch einen Suffix $(\varepsilon, \ldots, \varepsilon)$ zum 'Auffüllen' zulassen. Für jedes $k \in Z$ wird, zusammen mit (a), durch die Bedingungen

$$\bigvee_{j:\sigma_j \in \Sigma \cup \{\varepsilon\}} (x_{1,j,k})$$

gewährleistet, dass in Zelle k nur ein Symbol aus $\Sigma \cup \{\varepsilon\}$ eingesetzt werden darf. Durch

$$x_{1,r,k} \Rightarrow x_{1,r,k+1}$$

oder, äquivalent,

$$\neg x_{1,r,k} \vee x_{1,r,k+1}$$

sichern wir, wieder zusammen mit (a), dass auf das Symbol ε in Zelle k in der nachfolgenden Zelle $k+1$ nur dasselbe Symbol ε folgen kann. Wir verwenden daher die boolesche Formel

---

[104] Schließlich ist $\mathcal{T}$ eine deterministische Turing-Maschine, deren Berechnung durch den Input $\mathcal{I} \oslash \mathcal{Z}$ vollständig bestimmt ist.

$$\bigwedge_{k \in Z} \left(\bigvee_{j : \sigma_j \in \Sigma \cup \{\varepsilon\}} (x_{1,j,k}) \right) \quad \wedge \quad \bigwedge_{k \in Z} (\neg x_{1,r,k} \vee x_{1,r,k+1})$$

in konjunktiver Normalform.

Es bleibt noch, die Bandsymbole außerhalb der Zellen $0, \dots, |\mathcal{I}| + \pi(|\mathcal{I}|) - 1$ mit ε zu belegen. Dieses geschieht durch die Formel

$$\bigwedge_{k=-d}^{-1} (x_{1,r,k}) \quad \wedge \quad \bigwedge_{k=|\mathcal{I}|+\pi(|\mathcal{I}|)}^{d} (x_{1,r,k}).$$

Schließlich sind noch die Position und der Zustand des Lese- und Schreibkopfes zu initialisieren. Dieses geschieht durch die Formel

$$(y_{1,0}) \quad \wedge \quad (z_{1,0});$$

die übrigen Variablen $y_{1,k}$ und $z_{1,l}$ sind wegen (b) automatisch mit 0 initialisiert.

'(d)' Zu kodieren ist im Wesentlichen die folgende Anweisung: Falls zu Beginn des Schrittes i der Lese- und Schreibkopf in Zustand s_l ist, Zelle k liest, diese das Symbol σ_j enthält und ferner

$$\tau(s_l, \sigma_j) =: (s_p, \sigma_q, \mu)$$

ist, so schreibe σ_p, gehe in den Zustand s_p über und verschiebe den Lese- und Schreibkopf in die Position $k + \mu$. Andernfalls übergebe die aktuellen Variablenwerte unverändert an die entsprechenden Variablen des nächsten Schrittes.

Der erste Teil der Anweisung wird beschrieben durch

$$x_{i,j,k} \wedge y_{i,k} \wedge z_{i,l} \Rightarrow x_{i+1,q,k} \wedge y_{i+1,k+\mu} \wedge z_{i+1,p}.$$

Das ist äquivalent zu

$$\neg \big(x_{i,j,k} \wedge y_{i,k} \wedge z_{i,l} \big) \vee \big(x_{i+1,q,k} \wedge y_{i+1,k+\mu} \wedge z_{i+1,p} \big)$$

oder, in konjunktiver Normalform, zu

$$\big(\neg x_{i,j,k} \vee \neg y_{i,k} \vee \neg z_{i,l} \vee x_{i+1,q,k} \big) \wedge \big(\neg x_{i,j,k} \vee \neg y_{i,k} \vee \neg z_{i,l} \vee y_{i+1,k+\mu} \big)$$
$$\wedge \big(\neg x_{i,j,k} \vee \neg y_{i,k} \vee \neg z_{i,l} \vee z_{i+1,p} \big).$$

Es kann allerdings passieren, dass die Turing-Maschine vor dem Ablauf von d Schritten in einen Haltezustand $s \in F$ übergeht. Für die Berechnung von $\mathcal{T}$ ist das unproblematisch. Da die konkrete Laufzeit aber von $\mathcal{Z}$ abhängen kann, würden wir so möglicherweise verschiedene Formeln für verschiedene Zertifikate bekommen. Wir benötigen aber *einen* booleschen Ausdruck, der genau dann erfüllbar ist, wenn ein geeignetes Zertifikat *existiert*. Das Problem lässt sich jedoch dadurch beheben, dass wir die erreichte Stoppkonfiguration einfach bis zum letzten Schritt d fortschreiben. Falls $s_l \in F$ ist, fügen wir daher die Formel

$$\big(\neg x_{i,j,k} \vee \neg y_{i,k} \vee \neg z_{i,l} \vee x_{i+1,j,k} \big) \wedge \big(\neg x_{i,j,k} \vee \neg y_{i,k} \vee \neg z_{i,l} \vee y_{i+1,k} \big)$$
$$\wedge \big(\neg x_{i,j,k} \vee \neg y_{i,k} \vee \neg z_{i,l} \vee z_{i+1,l} \big)$$

hinzu. Insgesamt erhalten wir die beiden folgenden booleschen Formeln

$$\bigwedge_{\substack{i,j,k,l \\ \tau(s_l,\sigma_j)=:(s_p,\sigma_q,\mu)}} \left(\neg x_{i,j,k} \vee \neg y_{i,k} \vee \neg z_{i,l} \vee x_{i+1,q,k}\right)$$

$$\wedge \bigwedge_{\substack{i,j,k,l \\ \tau(s_l,\sigma_j)=:(s_p,\sigma_q,\mu)}} \left(\neg x_{i,j,k} \vee \neg y_{i,k} \vee \neg z_{i,l} \vee y_{i+1,k+\mu}\right)$$

$$\wedge \bigwedge_{\substack{i,j,k,l \\ \tau(s_l,\sigma_j)=:(s_p,\sigma_q,\mu)}} \left(\neg x_{i,j,k} \vee \neg y_{i,k} \vee \neg z_{i,l} \vee z_{i+1,p}\right)$$

und

$$\bigwedge_{\substack{i,j,k,l \\ s_l \in F}} \left(\neg x_{i,j,k} \vee \neg y_{i,k} \vee \neg z_{i,l} \vee x_{i+1,j,k}\right) \quad \wedge \quad \bigwedge_{\substack{i,j,k,l \\ s_l \in F}} \left(\neg x_{i,j,k} \vee \neg y_{i,k} \vee \neg z_{i,l} \vee y_{i+1,k}\right)$$

$$\wedge \bigwedge_{\substack{i,j,k,l \\ s_l \in F}} \left(\neg x_{i,j,k} \vee \neg y_{i,k} \vee \neg z_{i,l} \vee z_{i+1,l}\right),$$

die zusammen den ersten Teil der Anweisung kodieren.

Von Schritt i ist lediglich der Bandeintrag betroffen, der gerade vom Lese- und Schreibkopf bearbeitet wird; alle übrigen Bandeinträge bleiben unverändert. Dieses wird durch die Bedingung

$$\neg y_{i,k} \Rightarrow (x_{i,j,k} \Leftrightarrow x_{i+1,j,k})$$

ausgedrückt. In konjunktiver Normalform ist dieses die Formel

$$(y_{i,k} \vee \neg x_{i,j,k} \vee x_{i+1,j,k}) \wedge (y_{i,k} \vee x_{i,j,k} \vee \neg x_{i+1,j,k}),$$

so dass wir noch zusätzlich den booleschen Ausdruck

$$\bigwedge_{i,j,k} (y_{i,k} \vee \neg x_{i,j,k} \vee x_{i+1,j,k}) \quad \wedge \quad \bigwedge_{i,j,k} (y_{i,k} \vee x_{i,j,k} \vee \neg x_{i+1,j,k})$$

erhalten.

'(e)' Um zu kodieren, dass wir zum Zeitpunkt d, d.h. am Ende von Schritt $\pi'(|\mathcal{I}| + |\mathcal{Z}|)$ einen Haltezustand erreichen, benötigen wir lediglich die eine Klausel

$$\bigvee_{l:s_l \in F} z_{d,l}.$$

Ferner wird noch durch

$$y_{d,k} \Rightarrow x_{d,1,k}$$

und

$$y_{d,k} \Rightarrow x_{d,r,k+1} \wedge \ldots \wedge x_{d,r,d}$$

kodiert, dass wir eine ja-Instanz erwarten.[105] Es ist also noch die boolesche Formel

---

[105] Die letzten Bedingungen benötigen wir nur wegen unserer Konvention, dass der Output der Turing-Maschine aus dem String besteht, der mit dem Zeichen unter dem Lese- und Schreibkopf beginnt und mit dem letzten von ε verschiedenen Zeichen rechts endet. Natürlich kann man für Entscheidungsprobleme diese Konvention dahingehend abwandeln, dass nur das Zeichen der Zelle zählt, auf der sich der Kopf beim Anhalten befindet.

$$\bigwedge_k (\neg y_{d,k} \vee x_{d,1,k}) \quad \wedge \quad \bigwedge_k \bigwedge_{k'=k+1}^{d} (\neg y_{d,k} \vee x_{d,r,k'})$$

hinzuzunehmen.

Sei nun $\mathcal{B} := \mathcal{B}(\mathcal{I})$ der boolesche Ausdruck, der durch Konjunktion aller booleschen Formeln für (a) – (e) entsteht. Dann definieren wir die Abbildung χ durch die Setzung

$$\chi(\mathcal{I}) := \chi_\Pi(\mathcal{I}) := \mathcal{B}(\mathcal{I}).$$

Um zu zeigen, dass χ die gesuchte polynomielle Transformation ist, müssen wir noch zeigen, dass $\mathcal{B}$ nur polynomiell viele Variablen und Klauseln enthält und genau dann erfüllbar ist, wenn es ein Zertifikat $\mathcal{Z}$ für $\mathcal{I}$ gibt.

Da r,t nur von der Turing-Maschine $\mathcal{T}$, nicht aber von der Instanz $\mathcal{I}$ abhängen, gilt für die Gesamtzahl α der verschiedenen Variablen $x_{i,j,k}$, $y_{i,k}$, $z_{i,j}$

$$\alpha = d \cdot r \cdot (2d+1) + d \cdot (2d+1) + d \cdot (t+1) = 2(r+1) \cdot d^2 + (r+t+2) \cdot d \in O(d^2).$$

Seien nun $\gamma,\delta \in \mathbb{N}$, so dass für alle $n \in \mathbb{N}$

$$\pi(n) \leq n^\gamma \quad \wedge \quad \pi'(n) \leq n^\delta$$

gilt. Dann folgt

$$d = \pi'\big(|\mathcal{I}| + |\mathcal{Z}|\big) \leq \big(|\mathcal{I}| + |\mathcal{Z}|\big)^\delta \leq \big(|\mathcal{I}| + \pi(|\mathcal{I}|)\big)^\delta \leq \big(|\mathcal{I}| + |\mathcal{I}|^\gamma\big)^\delta \in O\big(|\mathcal{I}|^{\gamma\delta}\big).$$

Somit ist

$$\alpha \in O\big(|\mathcal{I}|^{2\gamma\delta}\big)$$

und damit polynomiell in der Größe $|\mathcal{I}|$ des Inputs von Π beschränkt.

Analog gilt für die Gesamtzahl β aller Klauseln (die Terme sind entsprechend ihrem Auftreten in (a) – (e) geklammert)

$$\beta \leq \big(d(2d+1) + dr(r-1)(2d+1)\big) + \big(2d + d(2d+1)2d + d(t+1)t\big) + (3d+3)$$
$$+ \big(3dr(2d+1)(t+1) + 2dr(2d+1)\big) + \big(1 + (2d+1) + (2d+1)2d\big)$$
$$= O\big(d^3\big),$$

und es folgt

$$\beta = O\big(|\mathcal{I}|^{3\gamma\delta}\big).$$

Somit besitzt $\mathcal{B}$ eine Kodierung einer polynomiell in der Größe $|\mathcal{I}|$ des Inputs von Π beschränkten Länge.

Wir zeigen nun abschließend, dass $\mathcal{B}$ genau dann erfüllbar ist, wenn $\mathcal{I}$ ein Zertifikat besitzt.

'$\Rightarrow$' Sei $\mathcal{B}$ erfüllbar, und es sei eine Wahrheitswertezuordnung für alle Variablen gegeben. Aus (a) folgt dann, dass für jedes i und jedes k genau eine der Variablen $x_{i,j,k}$ den Wert 1 hat. Ist $j(i,k)$ der entsprechende Index, so kann $x_{i,j(i,k),k} = 1$ interpretiert werden, dass das Symbol $\sigma_{j(i,k)}$ zu Beginn von Schritt i in Zelle k steht. Analog impliziert (b), dass für jedes i genau eine der Variablen $y_{i,k}$ und genau eine der Variablen $z_{i,l}$ den Wert 1 besitzt. Bezeichnen $k(i)$ und $l(i)$ die entsprechenden Indizes, so lässt sich offenbar $y_{i,k(i)} = z_{i,l(i)} = 1$ so interpretieren, dass der Lese- und Schreibkopf zu Beginn von Schritt i in Position $k(i)$ und Zustand $l(i)$ ist. Es liegt also zu Beginn jeden Schrittes i, d.h. zu jedem Zeitpunkt $i-1$ stets eine zulässige Konfiguration $\mathcal{K}_{i-1}$ vor.

Es bleibt noch zu zeigen, dass $\mathcal{K}_0$ eine zulässige Startkonfiguration ist, dass es ein $n \in \{0\} \cup [d]$ gibt, so dass $(\mathcal{K}_i)_{i=0,\ldots,[n]}$ eine Sequenz von Folgekonfigurationen ist, dass $\mathcal{K}_n$ eine Stoppkonfiguration ist, und unter dem Lese- und Schreibkopf das Bandsymbol 1 und rechts davon nur ε steht, und dass $\mathcal{K}_i = \mathcal{K}_n$ für $i = n, \ldots, d$ gilt.

Offenbar enthält das Band nach (c) zum Zeitpunkt 0 den Input in den Zellen $0, \ldots, |\mathcal{I}| - 1$. Wir zeigen, dass sich die Wahrheitswertebelegung für die nicht initialisierten Variablen

$$x_{1,j,k} \qquad (j \in [r], k \in Z)$$

im Wesentlichen als Beleg interpretieren lässt. Wie wir bereits festgestellt haben, gibt es für jedes $k \in Z$ genau ein $j(k)$, so dass $x_{1,j(k),k} = 1$ ist. Die Klauseln (c) implizieren daher, dass der String $\mathcal{Z}' := \big(j(k) : k \in Z\big)$ die Form $\mathcal{Z}' = \mathcal{Z} \oslash \mathcal{E}$ mit $\mathcal{Z} \in \Sigma^*$ und $\mathcal{E} \in \{\varepsilon\}^*$ besitzt. $\mathcal{Z}$ ist somit ein potentielles Zertifikat für $\mathcal{I}$. Aus (a), (b) und (c) ergibt sich daher insgesamt, dass die durch die Variablenbelegung für $i = 1$ gegebene Konfiguration $\mathcal{K}_0$ eine zulässige Anfangskonfiguration ist.

Es folgt nun sofort aus (d), dass für jedes $i \in [d]$

$$\mathcal{K}_{i-1} \vdash \mathcal{K}_i$$

gilt, und (e) impliziert die übrigen Bedingungen.

'$\Leftarrow$' Sei $\mathcal{I}$ eine ja-Instanz. Dann gibt es ein Zertifikat $\mathcal{Z}$ für $\mathcal{Z}$ mit durch $\pi\big(|\mathcal{I}|\big)$ begrenzter Länge, so dass $\mathcal{T}$ bei Input $\mathcal{I} \oslash \mathcal{Z}$ in höchstens $\pi'\big(|\mathcal{I}| + |\mathcal{Z}|\big)$ Schritten den Output 1 liefert. Das (um einen geeigneten Suffix aus $\{\varepsilon\}^*$ auf die vorgesehene Länge ergänzte) Zertifikat $\mathcal{Z}$ liefert dann eine vollständige Wahrheitswertebelegung aller (noch nicht durch $\mathcal{I}$ initialisierten) Variablen, die den booleschen Ausdruck $\mathcal{B}$ erfüllt.

Insgesamt ist hiermit gezeigt, dass χ eine polynomielle Transformation von Π auf SATISFIABILITY ist, und es folgt die Behauptung. $\qquad\square$

Satz 3.3.38 könnte man im Hinblick auf die kombinatorische Optimierung plakativ formulieren als 'Alles ist SATISFIABILITY!' Da die (Entscheidungsversionen der) gängigen Probleme der kombinatorischen Optimierung in $\mathbb{NP}$ liegen, kann man sie stets durch polynomielle Transformationen in boolesche Ausdrücke in konjunktiver Normalform überführen. Man sollte sich hiervon aber nicht täuschen lassen: Das bedeutet nicht, dass die kombinatorische Optimierung (und, genau genommen, die gesamte Theoretische Informatik der entscheidbaren Probleme) ein 'einfaches, strukturarmes' Gebiet wäre.[106] Zum einen ist die jeweilige polynomielle Transformation im Allgemeinen keine knappe, einfache Umformulierung sondern, wie wir gesehen haben, recht kompliziert; schließlich steckt potentiell die gesamte 'Berechnungskraft' von Turing-Maschinen hinter der Transformation. Zum andern ist SATISFIABILITY ein algorithmisch (und praktisch) schwieriges Problem und damit kein Königsweg zu guten Algorithmen für andere Probleme. Zur Behandlung beweisbar schwieriger, aber praktisch relevanter Probleme wird man daher im Allgemeinen nicht umhinkommen, deren spezifische Struktur zu 'extrahieren' und algorithmisch auszunutzen.

Wenn also SATISFIABILITY vielleicht auch nicht der Schlüssel zu allen anderen Problemen aus $\mathbb{NP}$ ist, so könnte man doch versucht sein, die Aussage von Satz 3.3.38 so zu interpretieren, dass SATISFIABILITY jedenfalls *das* schwierigste unter allen Problemen dieser Klasse sei. Richtig ist, dass im Sinne der $\mathbb{NP}$-Vollständigkeit SATISFIABILITY *ein*

---

[106] Schließlich ist auch das Leben nicht deswegen trivial, weil seine Baupläne, die Desoxyribonukleinsäuren, nur endliche Kombinationen aus wenigen wohldefinierten 'Komponenten' sind.

schwierigstes der Probleme aus $\mathbb{NP}$ ist; richtig ist aber auch, dass es (selbst bei sehr konservativer Zählung) Tausende verschiedener solcher Probleme gibt.[107] In der nächsten Sektion werden wir die $\mathbb{NP}$-Vollständigkeit einer ganzen Reihe anderer Probleme beweisen. Unter 'den schwierigsten ihrer Art' sind auch zahlreiche fundamentale Probleme der kombinatorischen Optimierung. Eine zentrale Herausforderung der Optimierung ist daher die Frage, wie man solche Probleme trotz ihrer algorithmischen Schwierigkeiten 'in den Griff' bekommen kann.

Mit der Verallgemeinerung von Definition 3.3.33 können wir nun natürlich auch TAUTOLOGIE mit SATISFIABILITY vergleichen. Da wir nach Satz 3.3.38 wissen, dass SATISFIABILITY $\mathbb{NP}$-vollständig ist, reicht es zu zeigen, dass ein polynomieller Algorithmus für TAUTOLOGIE auch zu einem polynomiellen Algorithmus für SATISFIABILITY führt.

3.3.39 Korollar. TAUTOLOGIE *ist* $\mathbb{NP}$-*schwierig.*

Beweis: Sei $\mathcal{A}$ ein (hypothetischer) polynomieller Algorithmus für TAUTOLOGIE. Wir konstruieren hieraus einen polynomiellen Algorithmus $\mathcal{A}'$ für SATISFIABILITY. Da eine boolesche Formel $\mathcal{B}$ genau dann erfüllbar ist, wenn $\neg\mathcal{B}$ keine Tautologie ist, wendet $\mathcal{A}'$ für eine (in konjunktiver Normalform) gegebene boolesche Formel $\mathcal{B}$ den Algorithmus $\mathcal{A}$ auf $\neg\mathcal{B}$ an und gibt genau dann die Antwort 0 (d.h. nicht erfüllbar) aus, wenn $\mathcal{A}$ den Output 1 hat und umgekehrt. Offenbar ist $\mathcal{A}'$ ein polynomieller Algorithmus für SATISFIABILITY, und aus Satz 3.3.38 folgt die Behauptung. □

3.4 Einige $\mathbb{NP}$-schwierige Optimierungsprobleme

Während zum Beweis der $\mathbb{NP}$-Vollständigkeit des ersten solchen Problems *jedes* Problem aus $\mathbb{NP}$ auf dieses polynomiell transformiert werden muss, ist der Nachweis der $\mathbb{NP}$-Vollständigkeit weiterer Probleme aus $\mathbb{NP}$ konzeptionell einfacher. Da wir nach Satz 3.3.38 wissen, dass SATISFIABILITY $\mathbb{NP}$-vollständig ist, reicht es zum Beweis dieser Eigenschaft für ein anderes Problem $\Pi \in \mathbb{NP}$ zu zeigen, dass sich SATISFIABILITY *polynomiell auf* Π *transformieren* lässt. Natürlich lässt sich SATISFIABILITY durch jedes andere $\mathbb{NP}$-vollständige Problem ersetzen. Es reicht demnach *ein* $\mathbb{NP}$-vollständiges Problem polynomiell auf Π zu transformieren.

3.4.1 Bemerkung. *Seien* $\Pi_1 \in \mathbb{NP}$ *und* Π_2 $\mathbb{NP}$-*vollständig. Gibt es eine polynomielle Transformation von* Π_2 *auf* Π_1, *dann ist* Π_1 *ebenfalls* $\mathbb{NP}$-*vollständig.*

Naturgemäß sind wir daran interessiert, die Komplexität aller relevanten Probleme der Optimierung zu identifizieren. Davon hängt es schließlich ab, welche algorithmischen Zugänge wir entwickeln können. Da eine große Liste von $\mathbb{NP}$-vollständigen Problemen eine große Auswahl von Ausgangsproblemen für einen $\mathbb{NP}$-Vollständigkeitsbeweis eines neuen Problems bietet, wird die Klassifikation neuer Probleme dabei tendenziell immer einfacher.

Wir werden nun weitere Probleme auf ihre Komplexität untersuchen. Wir beginnen mit einigen eingeschränkten Varianten von SATISFIABILITY, die sich als guter Ausgangspunkt für weitere $\mathbb{NP}$-Vollständigkeitsbeweise erweisen.

---

[107] Hierzu gehören nicht nur Fragen der Mathematik und Informatik sondern auch solche zahlreicher anderer Wissenschaftsfelder inklusive der Biologie.

Wir werden die Beweise nicht auf der formalen Ebene der Operationen von Turing-Maschinen führen, sondern in ihrer mathematisch-inhaltlichen Darstellung. Wir gehen dabei jedoch davon aus, dass das binäre Eingabealphabet zugrunde liegt. Wir verwenden daher wieder size($\mathcal{I}$) zur Bezeichnung der Größe des Inputs; vgl. Definition 3.1.6. Da es uns hier nur um Aussagen 'modulo polynomieller Faktoren' geht, ist die spezielle Kodierung, die genaue Laufzeit etc. ohnehin nicht relevant.

Varianten der Erfüllbarkeit Boolescher Ausdrücke und ganzzahliger Optimierung: Die Anzahl der Literale pro Klausel ist in SATISFIABILITY nicht beschränkt. Natürlich kann man die Wiederholung eines Literals in einer Klausel ignorieren und Klauseln weglassen, die sowohl eine Variable als auch ihre Negation enthalten. Man kann also ohne Einschränkung verlangen, dass die Anzahl der Literale pro Klausel höchstens n ist. Die Frage besteht aber, ob SATISFIABILITY einfacher wird, wenn diese triviale obere Schranke durch eine Konstante $k \in \mathbb{N}$ ersetzt wird.

3.4.2 Bezeichnung. *Das Problem*

> *Gegeben: $m,n \in \mathbb{N}$ und eine Menge $\mathcal{C}$ von m Klauseln über n Variablen[108], die höchstens k verschiedene Literale enthalten.*
> *Frage: Existiert eine alle Klauseln von $\mathcal{C}$ erfüllende Wahrheitswertezuordnung?*

heißt k-SAT. Werden die Instanzen $(m,n,\mathcal{C})$ auf solche eingeschränkt, die genau k verschiedene (negierte oder unnegierte) Variablen enthalten, so heißt das Problem EXAKT-k-SAT.

In einer Instanz von EXAKT-k-SAT enthält also jede Klausel nicht nur *genau k* Literale, es tritt auch in keiner Klausel eine Variable (negiert oder unnegiert) mehr als einmal auf.[109] Sind x_1, x_2, x_3 verschiedene Variable, so ist also $(x_1 \vee \neg x_2 \vee x_3)$ eine mögliche Klausel, $(x_1 \vee \neg x_1 \vee x_2)$ oder $(x_2 \vee x_3)$ hingegen nicht.

3.4.3 Satz. *Sei $k \in \mathbb{N} \setminus \{1,2\}$. Dann sind k-SAT und EXAKT-k-SAT $\mathbb{NP}$-vollständig.*

Beweis: Natürlich gilt k-SAT, EXAKT-k-SAT $\in \mathbb{NP}$. Als Zertifikat wähle man einfach jeweils eine erfüllende Wahrheitswertebelegung und werte für diese die Klauseln aus.

Da jede Instanz von EXAKT-k-SAT auch eine Instanz von k-SAT ist, gibt es eine triviale polynomielle Transformation vom spezielleren auf das allgemeinere Problem. Es reicht somit zu zeigen, dass EXAKT-k-SAT $\mathbb{NP}$-vollständig ist. Wir zeigen zunächst, dass wir uns auf EXAKT-3-SAT beschränken können.

Seien C eine Klausel und x eine Variable, die nicht in C enthalten ist. Dann ist C äquivalent zu

$$(C \vee x) \wedge (C \vee \neg x).$$

Man kann also jede Instanz $\mathcal{I} := (m,n,\mathcal{C})$ von EXAKT-3-SAT durch Einführung von m neuen Variablen zu einer Instanz von EXAKT-4-SAT in $n + m$ Variablen und $2m$ Klauseln machen.

---

[108] Man beachte, dass es nicht auf die speziellen Variablen, sondern nur auf deren Anzahl ankommt.

[109] In der Literatur ist die Definition von k-SAT und EXAKT-k-SAT nicht einheitlich. Bisweilen wird für k-SAT bereits die stärkere Bedingung gefordert, dass jede Klausel *genau k* Literale enthält, bisweilen ist das die definierende Eigenschaft von EXAKT-k-SAT. Einige Autoren verwenden die Bezeichnung EXAKT-3-SAT auch für das Problem, in dem jede Klausel durch genau ein Literal erfüllt wird; hierfür verwenden wir den Namen 1-IN-3-SAT vgl. Bezeichnung 3.4.7.

Ist $k \geq 4$, so erhält man auf gleiche Weise induktiv eine äquivalente Instanz von k-SAT in $n + (2^{k-3} - 1)m$ Variablen mit $2^{k-3}m$ Klauseln. Da k konstant ist, ist die Größe der neuen Instanz polynomiell in size($\mathcal{I}$). Somit reicht es zu zeigen, dass EXAKT-3-SAT NP-schwierig ist.

Wir konstruieren nun eine polynomielle Transformation von SATISFIABILITY auf EXAKT-3-SAT. Seien also $(n,m,\mathcal{C})$ eine Instanz von SATISFIABILITY, $\mathcal{C} := \{C_1, \ldots, C_m\}$ und $k_i \in \mathbb{N}$ für $i \in [m]$ die Anzahl der Literale in C_i. O.B.d.A. können wir voraussetzen, dass jede Klausel jede Variable höchstens einmal enthält, da die gegebene Instanz sonst durch Weglassen von Variablen oder Klauseln durch eine äquivalente ersetzt werden kann. Mit der gleichen Konstruktion wie zuvor können wir uns ferner auf den Fall beschränken, dass $k_1, \ldots, k_m \geq 3$ gilt. Sei nun

$$\sigma(\mathcal{C}) := \sum_{i=1}^{m} (k_i - 3)$$

der *Gesamtexzess* über der Klausellänge 3. Dann ist

$$0 \leq \sigma(\mathcal{C}) \leq m(n - 3).$$

Gilt $\sigma(\mathcal{C}) = 0$, so ist nichts zu zeigen. Andernfalls sei $C := (y_1 \vee \cdots \vee y_q) \in \mathcal{C}$ mit $q \geq 4$. Wir führen nun eine neue Variable z ein und ersetzen C durch $C' \wedge C''$ mit

$$C' := (y_1 \vee y_2 \vee z) \quad \wedge \quad C'' := (\neg z \vee y_3 \vee \cdots \vee y_q).$$

Offenbar kann jede Wahrheitswertebelegung, die C erfüllt, zu einer solchen ergänzt werden, die $C' \wedge C''$ erfüllt. Umgehrt erfüllt jede Wahrheitswertebelegung, die $C' \wedge C''$ erfüllt, (nach Weglassen der Zuweisung für z) auch C. Die Klausel C' hat bereits die Länge 3, die Länge von $C'' = (\neg z \vee y_3 \vee \cdots \vee y_q)$ ist $q - 1$. Da $q \geq 4$ ist, kann auch die Länge von C'' nicht unter 3 gefallen sein. Die neue Instanz $(n',m',\mathcal{C}')$ mit

$$n' := n + 1 \quad \wedge \quad m' := m + 1 \quad \wedge \quad \mathcal{C}' := (\mathcal{C} \setminus \{C\}) \cup \{C',C''\}$$

hat also wieder Klauseln der Längen mindestens 3. Ihr Gesamtexzess ist aber um 1 reduziert. Nach maximal $m(n - 3)$ Schritten erhalten wir auf diese Weise somit eine zum ursprünglichen booleschen Ausdruck äquivalente EXAKT-3-SAT Formel. Da die Größe der gewonnenen EXAKT-3-SAT Formel polynomiell in size($\mathcal{I}$) ist, folgt die Behauptung aus Satz 3.3.38.   □

Trivialerweise gilt 1-SAT$\in \mathbb{P}$; aber auch 2-SAT kann mit Hilfe von Prozedur 3.1.24 in polynomieller Zeit gelöst werden.

3.4.4 Satz. 2-SAT $\in \mathbb{P}$.

Beweis: O.B.d.A. sei $\mathcal{I} := (n,m,\mathcal{C})$ eine Instanz von EXAKT-2-SAT, und sei X eine zugehörige Variablenmenge. Wir konstruieren einen Digraphen $G := (V,E)$. Die Knotenmenge V enthält $2n$ Knoten, für jede Variable $x \in X$ genau zwei. In suggestiver Notation werden diese mit x und $\neg x$ bezeichnet. Die Kanten des Digraphen entsprechen den Klauseln. Sei $(y \vee z)$ eine Klausel mit $y \in \{x_i, \neg x_i\}$ und $z \in \{x_j, \neg x_j\}$. Dann werden die beiden Kanten

$$(\neg y,z), \quad (\neg z,y)$$

eingefügt. Sind also $y = x_i$ und $z = x_j$, so gilt $(\neg x_i, x_j), (\neg x_j, x_i) \in E$, für $y = \neg x_i$ und $z = x_j$, ist $(x_i, x_j), (\neg x_j, \neg x_i) \in E$, und analog in den anderen beiden Fällen. Intuitiv sind dieses Kanten als Implikation zu verstehen:

$$(x_i = 0 \; \Rightarrow \; x_j = 1) \quad \wedge \quad (x_j = 0 \; \Rightarrow \; x_i = 1).$$

Insgesamt hat G daher $2m$ Kanten; die Konstruktion hat also polynomielle Größe.

$\mathcal{I}$ ist genau dann nicht erfüllbar, wenn G einen Kreis enthält, in dem für ein $x \in X$ die Knoten x und $\neg x$ gleichzeitig auftreten. Um dieses zu entscheiden, kann man gemäß Korollar 3.1.26 die starken Zusammenhangskomponenten von G bestimmen. $\qquad \square$

Will man im Falle der Erfüllbarkeit auch noch eine erfüllende Wahrheitswertebelegung konstruieren, so kann man konzeptionell einfach, aber nicht sehr effizient, sukzessive für $i = 1, \ldots, n$ überprüfen, ob die gegebene Instanz mit $x_i := 0$ lösbar ist. Ist das der Fall, so wird diese Setzung fixiert, andernfalls $x_i := 1$ gesetzt. Danach wird mit x_{i+1} fortgefahren. Effizienter ist es jedoch, die starken Zusammenhangskomponenten jeweils zu einem Knoten zu kontrahieren. Man erhält so einen azyklischen Digraphen. In jedem Knoten, aus dem keine Kante hinausläuft, wird wird jedes zugehörige Literal mit 1 belegt. Beim suksessiven Rückwärtsdurchlaufen von G werden nun die Literale der übrigen Knoten entsprechend der kodierten Implikationen belegt.

Aus der $\mathbb{NP}$-Vollständigkeit von Exakt-3-Sat ergibt sich, dass auch stark eingeschränkte Varianten der ganzzahligen Optimierung $\mathbb{NP}$-vollständig sind. (Man beachte, dass die $\mathbb{NP}$-Vollständigkeitsaussage umso stärker ist, je kleiner die hierfür erforderliche zugelassene Teilmenge der Instanzen ist.)

3.4.5 Bezeichnung. *Das Problem*

> *Gegeben:* $m, n \in \mathbb{N}$, $A := (a_1, \ldots, a_m)^T \in \{-1, 0, 1\}^{m \times n}$ *und* $b \in \{-1, 1\}^m$.
> *Frage: Gibt es ein* $x \in \{0, 1\}^n$ *mit* $Ax \leq b$?

wird als Unitäre 0-1-Zulässigkeit *bezeichnet.*

3.4.6 Satz. Unitäre 0-1-Zulässigkeit *ist* $\mathbb{NP}$-*vollständig.*

> *Die $\mathbb{NP}$-Vollständigkeit bleibt auch dann erhalten, wenn jede Zeile der Koeffizientenmatrix A zwei oder drei von 0 verschiedene Einträge besitzt.*

Beweis: Hat eine Aufgabe die Antwort ja, so gibt es eine Lösung $x^* \in \{0, 1\}^n$. Jede solche Lösung ist polynomiell kodierbar und kann leicht verifiziert werden. Somit liegt das Problem in $\mathbb{NP}$.

Wir konstruieren eine Transformation von Exakt-3-Sat. Seien also $\mathcal{I} := (n, m, \mathcal{C})$ eine Instanz von Exakt-3-Sat mit Variablenmenge $V := \{v_1, \ldots, v_n\}$ und Klauselmenge $\mathcal{C} := \big\{ (z_{i,1} \vee z_{i,2} \vee z_{i,3}) : i \in [m] \big\}$.

Wir ordnen jeder logischen Variablen v_j mit $j \in [n]$ zwei $\{0, 1\}$-Variablen ξ_j und η_j zu, die ausdrücken sollen, ob in einer Wahrheitswertezuordnung v_j wahr ($\xi_j = 1 \wedge \eta_j = 0$) oder falsch ($\xi_j = 0 \wedge \eta_j = 1$) ist. Dieses wird durch die Ungleichungen

$$\xi_j + \eta_j \leq 1 \quad \wedge \quad -\xi_j - \eta_j \leq -1$$

erzwungen. Um die Erfülltheit der Klauseln zu kodieren, wird für jede Klausel eine weitere Ungleichung hinzugefügt, die genau die Literale wiedergibt. Der Klausel $(v_1 \vee \neg v_2 \vee v_3)$ entspricht etwa die Ungleichung $\xi_1 + \eta_2 + \xi_3 \geq 1$. Um die Transformation allgemein zu beschreiben, sei für $i \in [m]$ und $j \in [3]$

$$\zeta_{i,j} := \begin{cases} \xi_k, & \text{falls } z_{i,j} = v_k; \\ \eta_k, & \text{falls } z_{i,j} = \neg v_k. \end{cases}$$

Dann wird die Klausel $(z_{i,1} \vee z_{i,2} \vee z_{i,3})$ durch die Bedingung

$$\zeta_{i,1} + \zeta_{i,2} + \zeta_{i,3} \geq 1$$

kodiert, so dass wir insgesamt die folgende {0,1}-Zulässigkeitsaufgabe erhalten:

$$\begin{array}{rcll} \xi_j + \eta_j & \leq & 1 & \left(j \in [n]\right) \\ -\xi_j - \eta_j & \leq & -1 & \left(j \in [n]\right) \\ -\zeta_{i,1} - \zeta_{i,2} - \zeta_{i,3} & \leq & -1 & \left(i \in [m]\right) \\ \xi_j, \eta_j & \in & \{0,1\} & \left(j \in [n]\right). \end{array}$$

Offenbar ist die konstruierte Instanz genau dann zulässig, wenn $\mathcal{I}$ erfüllbar ist. Da die Transformation polynomiell ist, folgt die Behauptung aus Satz 3.4.3. $\qquad\square$

Man beachte, dass aus Satz 3.4.6 auch sofort folgt, dass die ganzzahlige lineare Optimierung ILP selbst für sehr eingeschränkte 'kombinatorische' Instanzen NP-schwierig ist, nicht jedoch, dass die Entscheidungsversion von ILP in NP liegt. Es ist nämlich nicht sofort evident, dass es ein Zertifikat polynomieller Länge gibt. Anders ausgedrückt: Es könnte sein, dass eine ILP-Aufgabe zwar zulässig ist, aber jeder Lösungsvektor exponentielle Kodierungslänge besitzt. Es könnte also sein, dass ILP sogar noch schwieriger ist, als die NP-vollständigen Problem.[110]

Hier ist eine andere Variante von 3-SAT, die auch zu einer anderen Variante von Satz 3.4.6 führt.

3.4.7 Bezeichnung. 1-IN-3-SAT *ist das folgende Problem:*

Gegeben: $m, n \in \mathbb{N}$ und eine Menge $\mathcal{C}$ von m Klauseln über n Variablen, die jeweils höchstens 3 Literale enthalten.
Frage: Gibt es eine Wahrheitswertebelegung der Variablen, so dass in jeder Klausel von $\mathcal{C}$ genau ein Literal wahr wird?

Werden die Instanzen auf solche beschränkt, in denen in jeder Klausel genau drei verschiedene Variablen auftreten, so spricht man von EXAKT-1-IN-3-SAT

3.4.8 Satz. 1-IN-3-SAT *und* EXAKT-1-IN-3-SAT *sind NP-vollständig.*

Beweis: Natürlich gilt 1-IN-3-SAT, EXAKT-1-IN-3-SAT $\in$ NP.

Sei $(n, m, \mathcal{C})$ eine Instanz von EXAKT-3-SAT. Für jede Klausel $C := (x \vee y \vee z)$ von $\mathcal{C}$ führen wir 4 neue Variablen w_1, w_2, w_3, w_4 ein und ersetzen C durch

$$C' := (\neg x \vee w_1 \vee w_2) \wedge (w_2 \vee y \vee w_3) \wedge (w_3 \vee w_4 \vee \neg z).$$

Hiermit erhalten wir eine Instanz $(n + 4m, 3m, \mathcal{C}')$ von EXAKT-1-IN-3-SAT. Wir zeigen, dass $\mathcal{C}$ als Instanz von EXAKT-3-SAT genau dann erfüllbar ist, wenn $\mathcal{C}'$ als Instanz von EXAKT-1-IN-3-SAT erfüllbar ist. Es reicht, diese Äquivalenz für C und C' zu zeigen.

Seien C erfüllbar und eine erfüllende Wahrheitswertebelegung gegeben. Dann muss mindestens eines der Literale in C Literale 1 sein. Gilt $y = 1$, so setze

---

[110] Um diese Frage zu beantworten, werden wir die Struktur ganzzahliger linearer Optimierungsaufgaben in Band II genauer untersuchen.

$$w_2 := w_3 := 0 \quad \wedge \quad w_1 := x \quad \wedge \quad w_4 := z.$$

Ist andererseits $y = 0$, so sei o.B.d.A. $x = 1$. Man setze dann

$$w_1 := w_3 := 0 \quad \wedge \quad w_2 := 1 \quad \wedge \quad w_4 := z.$$

Umgekehrt existiere nun eine Wahrheitswertbelegung, so dass in jeder der 3 Klauseln von C' genau ein Literal erfüllt ist. Sind x oder z wahr, so ist C erfüllt. Seien also x und z in dieser Belegung falsch. Dann sind $\neg x$ und $\neg z$ wahr und daher alle neuen Variablen w_1, w_2, w_3, w_4 falsch. Da aber $(w_2 \vee y \vee w_3)$ erfüllt ist, muss y wahr und C damit erfüllt sein.

Da EXAKT-1-IN-3-SAT ein Spezialfall von 1-IN-3-SAT ist, folgt aus Satz 3.4.3 hiermit insgesamt die Behauptung.   □

Das folgende Korollar zeigt, dass man bei Verwendung einer Transformation von EXAKT-1-IN-3-SAT statt EXAKT-3-SAT die ℕℙ-Vollständigkeit einer anderen Variante der ganzzahligen Optimierung erhält.

3.4.9 Korollar. *Das Zulässigkeitsproblem*

> *Gegeben: $n,m \in \mathbb{N}$ und eine Matrix $A \in \{-1,0,1\}^{m \times n}$, deren Zeilen jeweils zwei oder drei von 0 verschiedenen Einträge enthalten.*
> *Frage: Existiert ein Vektor $x \in \{0,1\}^d$ mit $Ax = \mathbb{1}$?*

ist ℕℙ-vollständig.

Beweis: Die Zugehörigkeit zu ℕℙ ist wieder klar. Seien daher $(n,m,\mathcal{C})$ eine Instanz von EXAKT-1-IN-3-SAT $\in$ ℕℙ und $V := \{v_1, \ldots, v_n\}$ eine zugehörige Variablenmenge. Wir setzen $d := 2n$; die Vektoren x haben die Form $(\xi_1, \ldots, \xi_n, \eta_1, \ldots, \eta_n)^T$. Dabei korrespondiert jeder Index i mit einer der Variablen v_i; genauer entspricht ξ_i dem Literal v_i und η_i dem Literal $\neg v_i$. Dann kodieren die Bedingungen

$$\xi_i + \eta_i = 1 \quad (i \in [n]),$$

dass jede Variable nur einen Wahrheitswert besitzt. Jede Klausel hat die Form $(y_i \vee y_j \vee y_k)$ mit $y_i \in \{v_i, \neg v_i\}$, $y_j \in \{v_j, \neg v_j\}$, $y_k \in \{v_k, \neg v_k\}$ und drei verschiedenen Variablen v_i, v_j, v_k. Wir können sie daher mit Hilfe der linearen Gleichung

$$\zeta_i + \zeta_j + \zeta_k = 1 \quad (\zeta_i \in \{\xi_i, \eta_i\}, \; \zeta_j \in \{\xi_j, \eta_j\}, \; \zeta_i \in \{\xi_k, \eta_k\})$$

kodieren, wobei ξ zu wählen ist, wenn die Variable unnegiert auftritt, sonst η. Die Konstruktion ist polynomiell, und die gegebene Instanz von EXAKT-1-IN-3-SAT ist genau dann erfüllbar, wenn die konstruierte Zulässigkeitaufgabe eine Lösung besitzt. Die Behauptung folgt daher aus Satz 3.4.8.   □

Hamiltonkreise und ihre Verwandten: Als nächstes zeigen wir die ℕℙ-Vollständigkeit von HAMILTONKREIS. Dazu konstruieren wir eine polynomielle Transformation von EXAKT-3-SAT. Der folgende Satz enthält die zentrale Komponente dieser Transformation.

3.4.10 Satz. *Sei $\mathcal{I} := (n,m,\mathcal{C})$ eine Instanz von EXAKT-3-SAT. Dann existiert ein einfacher allgemeiner Graph G mit zwei ausgezeichneten Knoten s und t und den folgenden Eigenschaften:*

(a) G hat $3n(m+1) + m + 2$ Knoten und $3mn + 4n + 6m$ Kanten.

(b) Jeder Hamiltonweg in G beginnt in s und endet in t.

(c) G besitzt genau dann einen Hamiltonweg, wenn $\mathcal{I}$ eine ja-Instanz von EXAKT-3-SAT ist.

Beweis: Wir beschreiben zunächst die Konstruktion eines Teilgraphen G_0 von G, dessen Hamiltonwege alle Wahrheitswertebelegungen der Variablen kodieren. Seien $X := \{x_1, \ldots, x_n\}$ eine Variablenmenge zu $\mathcal{I}$ und $\mathcal{C} =: \{C_1, \ldots, C_m\}$. Für jede Variable x_i führen wir $3(m+1)$ Knoten $v_{i,j}$ ein. Zusammen mit den ausgezeichneten Knoten s und t setzen wir somit

$$k := 3(m+1) \quad \wedge \quad V_0 := \{s,t\} \cup \{v_{i,j} : i \in [n] \wedge j \in [k]\}.$$

Da G zwischen je zwei Knoten höchstens eine (gerichtete oder ungerichtete) Kante enthalten wird, können wir die Kanten mit 2-elementigen Teilmengen bzw. geordneten Paaren verschiedener Elemente aus V identifizieren und G einfach in der Form $G := (V,E)$ angeben. Die Kantenmenge E_0 von G_0 besteht aus den gerichteten Kanten

$$(s,v_{1,1}), (s,v_{1,k}), (v_{n,1},t), (v_{n,k},t),$$
$$(v_{i,1},v_{i+1,1}), (v_{i,k},v_{i+1,k}), (v_{i,1},v_{i+1,k}), (v_{i,k},v_{i+1,1}) \qquad (i \in [n-1])$$

sowie den ungerichteten Kanten

$$\{v_{i,j},v_{i,j+1}\} \qquad (i \in [n]; \, j \in [k-1]).$$

Die ungerichteten Kanten gehören zu n disjunkten Wegen $W_1, \ldots, W_n$, die gerichteten Kanten zu einem $(n+1)$-stufigen Schichtgraphen; vgl. Abbildung 3.26 (links). Die Hamiltonwege in G_0 sind sämtlich s-t-Wege, in denen alle Wege W_i jeweils vollständig durchlaufen werden. Je nachdem, wie man von einer Schicht zur nächsten gelangt, besteht aber die Möglichkeit, die Wege in Richtung aufsteigender ('vorwärts') oder absteigender ('rückwärts') zweiter Indizes der Knoten zu durchlaufen. Interpretieren wir die Durchlaufrichtung von W_i als Setzung $x_i := 1$ (vorwärts) oder $x_i := 0$ (rückwärts), so erhalten wir eine Bijektion zwischen den Wahrheitswertzuordnungen an X und den Hamiltonwegen in G_0.

Wir kodieren nun die Klauseln $C_1, \ldots, C_m$ durch m weitere Teilgraphen $G_1, \ldots, G_m$. Hierdurch kommen insgesamt m neue 'Klauselknoten'

$$c_1, \ldots, c_m$$

hinzu, die mittels geeigneter gerichteter Kanten an schon in G_0 vorhandene Knoten angebunden werden. Sei $j \in [m]$, und C_j enthalte die Literale $y_{i_1}, y_{i_2}, y_{i_3}$ der Variablen $x_{i_1}, x_{i_2}, x_{i_3}$. Dann besteht G_j aus dem neuen Knoten c_j sowie den bereits in G_0 vorhandenen Knoten $v_{i_1,3j}, v_{i_1,3j+1}, v_{i_2,3j}, v_{i_2,3j+1}, v_{i_3,3j} v_{i_3,3j+1}$. Für jedes Literal y_{i_l} werden die beiden Kanten

$$\big(v_{i_l,3j},c_j\big), \big(c_j,v_{i_l,3j+1}\big)$$

eingefügt, falls $y_{i_l} = x_{i_l}$ ist, d.h. die Variable unnegiert auftritt, andernfalls die Kanten

$$\big(c_j,v_{i_l,3j}\big), \big(v_{i_l,3j+1},c_j\big).$$

Der Graph G_j hat also insgesamt 7 Knoten und 6 Kanten; vgl. Abbildung 3.26 (rechts).

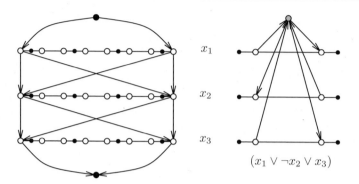

3.26 Abbildung. Realisierung aller 2^n Wahrheitswertebelegungen durch Hamiltonwege (links); Kodierung der Klausel $C_1^* := (x_1 \vee \neg x_2 \vee x_3)$ (rechts).

Der gewünschte Graph G entsteht nun durch Vereinigung der Knoten- bzw. Kantenmengen von $G_0, G_1, \ldots, G_7$. Abbildung 3.27 zeigt als Beispiel den Graphen für die Menge $\mathcal{C}^* := \{C_1^*, C_2^*, C_3^*\}$ der Klauseln

$$C_1^* := (x_1 \vee \neg x_2 \vee x_3) \quad \wedge \quad C_2^* := (\neg x_1 \vee x_2 \vee x_3) \quad \wedge \quad C_3^* := (\neg x_1 \vee x_2 \vee \neg x_3).$$

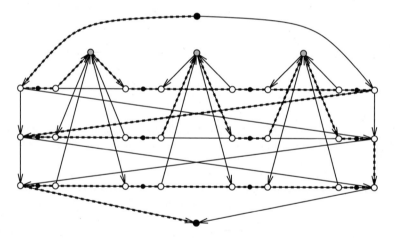

3.27 Abbildung. Graph G zur Instanz $(x_1 \vee \neg x_2 \vee x_3) \wedge (\neg x_1 \vee x_2 \vee x_3) \wedge (\neg x_1 \vee x_2 \vee \neg x_3)$; die Setzung $x_1 := x_2 := 1$, $x_3 := 0$ erfüllt den booleschen Ausdruck. Die gestrichelte Linie zeigt einen zugehörigen Hamiltonkreis.

Wir zeigen nun, dass G alle drei Behauptungen erfüllt. Offenbar ist

$$|V| = kn + 2 + m \quad \wedge \quad |E| = 4 + 4(n - 1) + (k - 1)n + 6m,$$

und Einsetzen von $k = 3(m + 1)$ liefert die Behauptung (a). Falls G einen Hamiltonweg besitzt, so beginnt dieser in s und endet in t, da $\deg_{\text{in}}(s) = \deg_{\text{aus}}(t) = 0$ ist. Somit gilt auch (b).

Wir zeigen nun (c).

'⇐' Sei $\mathcal{I}$ eine ja-Instanz, und $\omega : X \to \{0,1\}$ eine erfüllende Wahrheitswertebelegung. Um dieser einen Hamiltonweg zuzuordnen, interpretieren wir den Wert $\omega(x_i)$ wieder als Durchlaufrichtung (der Knoten) von W_i. Für $\omega(x_i) = 1$ wird W_i vorwärts, d.h. vom Startknoten $v_{i,1}$ zum Endknoten $v_{i,k}$ durchlaufen, für $\omega(x_i) = 0$ hingegen rückwärts. Beginnend mit $i = 1$ ersetzen wir allerdings sukzessive Kanten $\{v_{i,3j}, v_{i,3j+1}\}$ von W_i durch Einfügen des 'Umwegs' über c_j immer dann, wenn c_j bislang noch nicht erreicht war und der entsprechende Teilkantenzug von G_j zur Durchlaufrichtung von W_i passt, d.h. falls das Literal in C_j durch ω erfüllt wird. Abschließend fügen wir noch die passenden Kanten von einer Schicht zur nächsten ein, um alle Schichten von G_0 anzubinden. Insgesamt entsteht so ein Hamiltonweg. Abbildung 3.27 zeigt den zur erfüllenden Wahrheitswertebelegung $x_1 := x_2 := 1$, $x_3 := 0$ von $\mathcal{C}^*$ konstruierten Hamiltonweg.[111]

'⇒' Sei H ein Hamiltonweg in G. Wir zeigen, dass alle Knoten von W_i in H hintereinander durchlaufen werden, d.h. dass alle Knoten einer Schicht von G_0 durch H erreicht werden, bevor der Hamiltonweg zur nächsten Schicht übergeht. Da alle Klauselknoten in H liegen, folgt dann mit der obigen Interpretation der zugehörigen Wahrheitswertezuordnung die Behauptung.

Angenommen, H würde von einer Schicht i_1 von G_0 aus zu einem Klauselknoten c_j gehen, aber dann in eine andere Schicht i_2 zurückkehren. Dann kann aber in jeder der beiden Schichten (insbesondere) einer der beiden (in Abbildung 3.26 (rechts) schwarz markierten) Nachbarknoten von $v_{i_l,3j}$ bzw. $v_{i_l,3j+1}$ in G_0 nicht zum s-t-Weg H gehören. Insgesamt folgt daher die Behauptung. □

Mit Satz 3.4.10 ist es nicht schwierig, die Komplexität von HAMILTONKREIS und verwandter Aufgaben zu bestimmen.

3.4.11 Korollar. *Die folgenden beiden Probleme sind NP-vollständig:*

> *Gegeben: Digraph $G := (V,E)$.*
> *Frage in Problem 1: Besitzt G einen Hamiltonweg?*
> *Frage in Problem 2: Besitzt G einen Hamiltonkreis?*

Die NP-Vollständigkeit von Problem 1 bleibt erhalten, wenn die Instanzen auf solche Graphen G eingeschränkt werden, die eine Quelle und eine Senke besitzen.

Beweis: Beide Probleme gehören zur Klasse NP; als Zertifikat kann man einen Weg bzw. Kreis in G verwenden und überprüfen, ob jeweils alle Knoten enthalten sind.

Zum Beweis der NP-Vollständigkeit zeigen wir, dass sich EXAKT-3-SAT auf beide Probleme polynomiell transformieren lässt. Die Behauptung folgt dann aus Satz 3.4.3.

Wir benutzen im Wesentlichen die Transformation aus Satz 3.4.10. Wir ändern den dort konstruierten Graphen lediglich dadurch ab, dass wir jede ungerichtete Kante $\{v_{i,j}, v_{i,j+1}\}$ durch die beiden gerichteten Kanten $(v_{i,j}, v_{i,j+1})$ und $(v_{i,j+1}, v_{i,j})$ ersetzen und für Problem 2 zusätzlich die Kante (t,s) einfügen. □

Es ist nicht wirklich überraschend, dass auch die Variante, bei der in einem ungerichteten Graphen nach einem Hamiltonweg oder -kreis gesucht wird, nicht leichter wird.

3.4.12 Satz. HAMILTONWEG *und* HAMILTONKREIS *sind NP-vollständig.*

---

[111] Man beachte, dass dieser keineswegs der einzige Hamiltonweg in G ist. Alternativ könnte man etwa den Klauselknoten c_3 statt über die Knoten $v_{2,9}$ und $v_{2,10}$ auch über die Knoten $v_{3,9}v_{3,10}$ anbinden.

Beweis: Die Zugehörigkeit des Problems zur Klasse $\mathbb{NP}$ ist klar (und wurde für HAMILTONKREIS ohnehin bereits in Beispiel 3.1.50 nachgewiesen).

Wir beschreiben eine Transformation des entsprechenden Problems für gerichtete Graphen auf das für ungerichtete. Die Behauptung folgt dann aus Korollar 3.4.11.

Sei $G := (V,E)$ ein Digraph. Wir konstruieren einen zugehörigen ungerichteten Graphen $G' := (V',E')$. Für jeden Knoten v nehmen wir zwei neue Knoten a_v und b_v sowie die beiden Kanten $\{a_v,v\}$ und $\{v,b_v\}$ hinzu. Wir setzen daher

$$V' := V \cup \{a_v : v \in V\} \cup \{b_v : v \in V\}.$$

Für jede Kante (v,w) von G führen wir die neuen Kanten $\{b_v,a_w\}$ ein. Wir erhalten also

$$E' := \big\{\{b_v,a_w\} : (v,w) \in E\big\} \cup \big\{\{a_v,v\},\{v,b_v\} : v \in V\big\}.$$

Abbildung 3.28 zeigt die Konstruktion an einem Beispiel.

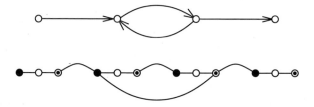

3.28 Abbildung. Digraph G (oben) und zugeordneter ungerichteter Graph G' (unten). Die weiß gefüllten Kreise entsprechen den Knoten v_i, die schwarzen bzw. die mit einem schwarzen Punkt markiertene Kreise gehören zu den Knoten a_i bzw. b_i.

G' besitzt also insgesamt $3|V|$ knoten und $|E|+2|V|$ Kanten. Die Konstruktion von G' ist polynomiell, und jeder Hamiltonweg bzw. -kreis in G führt unmittelbar zu einem ebensolchen in G'. Es bleibt daher nur noch zu zeigen, dass G einen Hamiltonweg bzw. -kreis besitzt, wenn G' einen solchen besitzt.

Wir zeigen das zunächst für Hamiltonwege. Wir können nach Korollar 3.4.11 voraussetzen, dass G jeweils eine Quelle und eine Senke besitzt. Seien $|V| =: n$ und $s,t \in V$ mit $\deg_{\mathrm{in}\,G}(s) = \deg_{\mathrm{aus}\,G}(t) = 0$. Sei nun H ein Hamiltonweg in G', und E_H bezeichne seine Kantenmenge. Dann sind $a_1 := a_s$ und $b_n := b_t$ seine Endknoten. Der Graph G' ist zwar ungerichtet, aber wir interpretieren a_1 als Startknoten von H. Der Hamiltonweg beginnt also in a_1 und endet in b_n, und definiert auch eine Reihenfolge auf den übrigen Knoten von V'. Da jeder Knoten $v \in V$ innerer Knoten von H ist, muss H für alle $v \in V$ beide Kanten $\{a_v,v\}$ und $\{v,b_v\}$ enthalten. Hieraus folgt, dass in jeder Kante $\{b_v,a_w\}$ von H der Knoten v vor a_w liegt. Die Kante wird in H also genau in der Richtung durchlaufen, die in der Kante (v,w) von G kodiert ist. Somit definieren die Kanten

$$\big\{(v,w) : v,w \in V \wedge \{b_v,a_w\} \in E_H\big\}$$

einen Hamiltonweg in G.

Die entsprechende Aussage für Hamiltonkreise folgt analog, da in einem Hamiltonkreis H natürlich alle Knoten, insbesondere auch die Knoten $v \in V$ innere Knoten sind. Somit müssen wieder für alle $v \in V$ beide Kanten $\{a_v,v\}$ und $\{v,b_v\}$ enthalten sein. Ein Durchlauf durch W, der von einem Startknoten v zu b_v läuft, muss demnach die Kantenrichtungen in G respektieren.

Insgesamt ist die Behauptung damit bewiesen.   □

Satz 3.4.12 wirft auch ein neues Licht auf Satz 2.2.19 und Korollar 2.2.20. Die starken Reichhaltigkeitsbedingungen sind nur hinreichend. Viel mehr ist aber wegen der NP-Vollständigkeit auch nicht zu erwarten. Falls nicht $\mathbb{P} = \mathbb{NP}$ gilt, kann es kein effizient auswertbares Kriterium dafür geben, ob ein Graph hamiltonsch ist. Einfache Bedingungen können nur notwendig oder hinreichend, nicht aber beides sein. Charakterisierungen müssen demnach so kompliziert sein, dass sie nicht mehr effizient überprüfbar sind. Die NP-Vollständigkeit sagt zwar eigentlich 'nur' etwas über die algorithmische Schwierigkeit eines Problems aus, hat aber offenbar auch struktur-mathematische Konsequenzen.

Es folgt nun auch, dass die Entscheidungsversion des Problems des Handlungsreisenden NP-vollständig ist.

3.4.13 Bezeichnung. TSP *ist das folgende Problem:*

Gegeben: Graph $G := (V,E)$, Kantengewichtung $\phi : E \to \mathbb{N}$, $\alpha \in \mathbb{N}$.
Frage: Gibt es einen Hamiltonkreis H in G der Länge höchstens α, d.h. mit $\sum_{e \in H} \phi(e) \le \alpha$?

Wird Hamiltonkreis durch Hamiltonweg ersetzt, so erhalten wir die Variante TSP-WEG.

3.4.14 Korollar. TSP *und* TSP-WEG *sind NP-vollständig.*

Beweis: Die Zugehörigkeit beider Probleme zur Klasse NP ist wieder klar. Sei $G := (V,E)$ ein Graph. Wir betrachten den vollständigen Graph K_V mit der durch

$$\phi(e) := \begin{cases} 1, & \text{falls } e \in E, \\ 2, & \text{falls } e \notin E \end{cases}$$

definierten Kantengewichtung ϕ. Ferner sei $\alpha_1 := |V|$. Der Graph G hat genau dann einen Hamiltonkreis, wenn $(K_V; \phi)$ eine TSP-Tour der Länge höchstens α_1 besitzt. Die Aussage über TSP-Wege ergibt sich analog mit der Schranke $\alpha_2 := |V| - 1$. Die Behauptung folgt somit aus Satz 3.4.12.   □

Natürlich gelten entsprechende Resultate auch für die Varianten auf gerichteten Graphen.

3.4.15 Korollar. *Das Problem der kürzesten einfachen Kantenzüge oder kürzesten Wege in gewichteten Digraphen ist NP-schwierig.*

Beweis: Die Behauptung folgt aus Satz 3.4.12, Korollar 3.2.32 und Bemerkung 3.2.30.   □

Man beachte, dass die NP-Schwierigkeitsaussage von Korollar 3.4.15 darauf beruht, dass negative Kantengewichte erlaubt sind.

Als Korollar erhält man mittels der Transformation aus Beispiel 2.3.43 auch die NP-Vollständigkeit der Entscheidungsversion des Maximierungsproblems über dem Durchschnitt von 3 (oder mehr) Matroiden.[112]

---

[112] Allerdings muss man präzisieren, wie die Matroide gegeben sind. Das ist für die drei Matroide aus Beispiel 2.3.43 klar. Im Allgemeinen wird man annehmen, dass die Matroide durch ihre gemeinsame Grundmenge E und jeweils einen in $|E|$ polynomiellen Algorithmus gegeben sind, der für jede Teilmenge $I \subset E$ entscheidet, ob I unabhängig ist.

Partitionierungen, Normmaximierung und zulässige Teilsysteme: Das folgende kombinatorisch-numerische Problem tritt in vielen Anwendungen auf und ist auch eine gute Basis für einige weitere $\mathbb{NP}$-Vollständigkeitsaussagen.

3.4.16 Bezeichnung. PARTITION *ist das folgende Problem:*

> *Gegeben:* $n \in \mathbb{N}$, $\alpha_1, \ldots, \alpha_n \in \mathbb{N}$.
> *Frage: Gibt es eine Partition* $\{I, J\}$ *von* $[n]$ *mit* $\sum_{i \in I} \alpha_i = \sum_{j \in J} \alpha_j$?

3.4.17 Satz. PARTITION *ist* $\mathbb{NP}$-*vollständig.*

Beweis: Die Aussage PARTITION $\in \mathbb{NP}$ ist klar. Zum Beweis der $\mathbb{NP}$-Vollständigkeit konstruieren wir eine Transformation von EXAKT-1-IN-3-SAT. Seien also $\mathcal{I} := (n, m, \mathcal{C})$ eine Instanz von EXAKT-1-IN-3-SAT auf der Variablenmenge $X := \{x_1, \ldots, x_n\}$ mit

$$\mathcal{C} := \{C_1, \ldots, C_m\} \quad \wedge \quad C_i := (z_{i,1} \vee z_{i,2} \vee z_{i,3}) \quad (i \in [m]).$$

Wir ordnen zunächst jeder Variablen x_j und ihrer Negierung $\neg x_j$ jeweils einen 0-1-Vektor zu, der sowohl den Index der betreffenden Variablen als auch das Auftreten des Literals in den einzelnen Klauseln kodiert. Eine Partition $\{I', J'\}$ der Menge dieser Vektoren kann als Zuordnung der Wahrheitswerte 1 bzw. 0 an die Variablen interpretiert werden. Später werden wir die Vektoren als mehrstellige natürliche Zahlen interpretieren, um so zu einer Kodierung der gegebenen Instanz von EXAKT-1-IN-3-SAT als Aufgabe von PARTITION zu gelangen.

Für $j, p \in [n]$ und $q \in [m]$ setzen wir nun

$$\beta_{j,p} := \beta_{n+j,p} := \begin{cases} 1, & \text{für } p = j; \\ 0, & \text{sonst} \end{cases}$$

$$\gamma_{j,q} := \begin{cases} 1, & \text{falls } x_j \in \{z_{q,1}, z_{q,2}, z_{q,3}\}; \\ 0, & \text{sonst} \end{cases}$$

$$\gamma_{n+j,q} := \begin{cases} 1, & \text{falls } \neg x_j \in \{z_{q,1}, z_{q,2}, z_{q,3}\}; \\ 0, & \text{sonst} \end{cases}$$

und für $k \in [2n]$

$$b_k := (\beta_{k,1}, \ldots, \beta_{k,n}, \gamma_{k,1}, \ldots, \gamma_{k,m})^T.$$

Da in jeder Klausel genau 3 Literale vorkommen, gilt[113]

$$\sum_{k=1}^{2n} b_k = (2, \ldots, 2, 3 \ldots, 3)^T \in \mathbb{R}^{n+m}.$$

Seien nun $\omega : X \to \{0, 1\}$ eine erfüllende Wahrheitswertezuordnung der gegebenen Instanz von EXAKT-1-IN-3-SAT und

$$I' := \{j \in [n] : \omega(x_j) = 1\} \cup \{j + n : j \in [n] \wedge \omega(x_j) = 0\} \quad \wedge \quad J' := [2n] \setminus I.$$

Dann gilt

---

[113] Bei diesem und den folgenden Vektoren besteht der erste Teil aus n, der zweite aus m Komponenten, ohne, dass dieses jedes Mal explizit angegeben wird.

$$\sum_{k \in I'} b_k = (1,\ldots,1,1\ldots,1)^T \quad \wedge \quad \sum_{k \in J'} b_k = (1,\ldots,1,2\ldots,2)^T.$$

Um gleiche Summen zu erhalten, fügen wir noch den Vektor

$$b_{2n+1} := (0,\ldots,0,1,\ldots,1)^T \in \mathbb{R}^{n+m}$$

hinzu. Wir zeigen nun, dass es genau dann eine Partition $\{I,J\}$ von $[2n+1]$ mit

$$\sum_{k \in I} b_k = \sum_{k \in J} b_k$$

gibt, wenn $(n,m,\mathcal{C})$ eine ja-Instanz von EXAKT-1-IN-3-SAT ist. O.B.d.A. sei stets $2n+1 \in I$.

Die Richtung '$\Leftarrow$' ist bereits gezeigt. Zum Beweis von '$\Rightarrow$' sei also (I,J) eine solche Partition. Dann gilt

$$\sum_{k \in I \setminus \{2n+1\}} b_k = (1,\ldots,1,1\ldots,1)^T.$$

Für $j \in [n]$ gehören die Vektoren b_j bzw. b_{n+j} zu den Literalen x_j bzw. $\neg x_j$. Da für jedes $p \in [n]$

$$\sum_{k \in I \setminus \{2n+1\}} \beta_{k,p} = 1$$

gilt, treten in dieser Indexmenge keine Paare $(j, n+j)$ auf. Die Partition definiert also eine Wahrheitswertezuordnung ω, nämlich

$$\Big(k \in I \cap [n] \Rightarrow \omega(x_k) = 1 \Big) \quad \wedge \quad \Big(k \in I \cap ([2n] \setminus [n]) \Rightarrow \omega(x_{k-n}) = 0 \Big).$$

Aus

$$\sum_{k \in I \setminus \{2n+1\}} \gamma_{k,q} = 1 \quad \big(q \in [m] \big)$$

folgt, dass in jeder Klausel genau ein Literal erfüllt ist. Somit ist $\mathcal{I}$ eine ja-Instanz von EXAKT-1-IN-3-SAT.

Zum Abschluss des Beweises kodieren wir die Vektoren b_k noch als Zahlen. Dazu fassen wir sie im Wesentlichen als $(n+m)$-stellige Zahlen zur Basis 5 auf[114] und setzen für $k \in [2n+1]$

$$\alpha_k := \sum_{p=1}^{n} \beta_{k,p} 5^p + \sum_{q=1}^{m} \gamma_{k,q} 5^{n+q}.$$

Es gilt

$$\alpha_1, \ldots, \alpha_{2n+1} \in \mathbb{N} \quad \wedge \quad \alpha_1, \ldots, \alpha_{2n+1} \leq 5^{n+m+1}$$

und damit

$$\text{size}(\alpha_1), \ldots, \text{size}(\alpha_{2n+1}) = O(n+m).$$

Somit ist die Inputgröße der konstruierten Instanz von PARTITION durch ein Polynom in size($\mathcal{I}$) beschränkt, und es folgt die Behauptung. $\square$

---

[114] Natürlich kann man auch jede andere Basis verwenden, die sicherstellt, dass keine Überträge auftreten, so dass alle erforderlichen Rechnungen ziffernweise durchgeführt werden, also tatsächlich Operationen auf den Komponenten der Vektoren b_k entsprechen.

Bei der Transformation im Beweis von Satz 3.4.17 treten Zahlen α_k auf, deren binäre Größe (wie es sich für eine polynomielle Transformation gehört) polynomiell in der Größe size($\mathcal{I}$) der gegebenen Instanz von EXAKT-1-IN-3-SAT ist; die Zahlen selbst sind allerdings exponentiell in m und n. Tatsächlich liegt es an diesen 'numerischen Größen', dass PARTITION $\mathbb{NP}$-vollständig ist. Ein entsprechendes Verhalten hatten wir schon beim Rucksackproblem gesehen.

Das folgende Problem der Maximierung des Quadrats der Euklidischen Norm über einem Polytop spielt eine wichtige Rolle in der nichtlinearen Optimierung.

3.4.18 Bezeichnung. *Das Problem*

> *Gegeben: $n,m \in \mathbb{N}$, $A \in \mathbb{Z}^{m \times n}$, $b \in \mathbb{Z}^m$.*
> *Auftrag: Maximiere $\sum_{i=1}^n \xi_i^2$ bez. $Ax \le b$ mit $x := (\xi_1,\ldots,\xi_n)^T$.*

wird NORMMAX *genannt.*

3.4.19 Korollar. NORMMAX *ist $\mathbb{NP}$-schwierig.*[115]

Beweis: Seien $\mathcal{I} := (n,\alpha_1,\ldots,\alpha_n)$ eine Instanz von PARTITION und $a := (\alpha_1,\ldots,\alpha_n)^T$. Es gilt

$$x \in [-1,1]^n \quad \Rightarrow \quad \sum_{i=1}^n \xi_i^2 \le n$$

mit Gleichheit genau dann, wenn $x \in \{-1,1\}^n$ ist. Daher ist $\mathcal{I}$ genau dann eine ja-Instanz von PARTITION, wenn

$$\max\left\{\sum_{i=1}^n \xi_i^2 : a^T x = 0 \wedge -\mathbb{1} \le x \le \mathbb{1}\right\} = n$$

gilt. Mit
$$A^T := (a, -a, E_n, -E_n) \quad \wedge \quad b := (0,0,1,\ldots,1,1,\ldots,1)^T$$

ist das äquivalent dazu, dass n Lösung der Instanz (n,m,A,b) von NORMMAX ist. $\square$

Auch das nächste Problem enthält numerische Daten.

3.4.20 Bezeichnung. *Das Problem*

> *Gegeben: $n \in \mathbb{N}$, $\alpha_1,\ldots,\alpha_n,\beta \in \mathbb{N}$.*
> *Frage: Gibt es eine Teilmenge I von $[n]$ mit $\sum_{i \in I} \alpha_i = \beta$?*

heißt SUBSET SUM.

Als Korollar zu Satz 3.4.17 sieht man, dass auch SUBSET SUM $\mathbb{NP}$-vollständig ist.

3.4.21 Korollar. SUBSET SUM *ist $\mathbb{NP}$-vollständig.*

Beweis: Die Zugehörigkeit zu $\mathbb{NP}$ ist wieder klar.
Sei $(n,\alpha_1,\ldots,\alpha_n)$ eine Instanz von PARTITION. Wir setzen

$$\beta := \frac{1}{2}\sum_{i=1}^n \alpha_i.$$

---

[115] Übungsaufgabe 1.5.20 enthält ein Beispiel für einen polynomiell lösbaren Spezialfall.

Falls $\beta \notin \mathbb{N}$ gilt, so ist PARTITION nicht erfüllbar. Andernfalls ist $(n, \alpha_1, \ldots, \alpha_n, \beta)$ eine Instanz von SUBSET SUM und äquivalent zu der gegebenen Aufgabe von PARTITION. $\square$

Als weiteres Korollar erhalten wir auch eine Komplexitätsaussage für die folgende Entscheidungsversion des Rucksackproblems.

3.4.22 Korollar. *Die Entscheidungsversion des Rucksackproblems*

Gegeben: $n \in \mathbb{N}$, $\tau_1, \ldots, \tau_n, \rho \in \mathbb{N}$, $\gamma_1, \ldots, \gamma_n, \mu \in \mathbb{N}$.
Frage: Gibt es eine Teilmenge $I \subset [n]$ mit

$$\sum_{i \in I} \tau_i \leq \rho \quad \wedge \quad \sum_{i \in I} \gamma_i \geq \mu?$$

ist NP-vollständig.

Beweis: Die Zugehörigkeit zu NP ist wieder klar.
Sei $\mathcal{I} := (n, \alpha_1, \ldots, \alpha_n, \beta)$ eine Instanz von SUBSET SUM. Wir setzen

$$\mu := \rho := \beta \quad \wedge \quad \tau_i := \gamma_i := \alpha_i \ \big(i \in [n] \big).$$

Dann ist die so konstruierte Instanz des Rucksackproblems offenbar genau dann erfüllbar, wenn die Instanz $\mathcal{I}$ von SUBSET SUM erfüllbar ist. $\square$

Wie wir in Sektion 3.1 gesehen hatten, kann das Rucksackproblem mittels eines pseudopolynomiellen Algorithmus gelöst werden; vgl. Satz 3.2.10. Insbesondere zeigt also Korollar 3.4.22, dass es tatsächlich an den numerischen Daten liegt, dass das Rucksackproblem NP-schwierig ist. Da dem Beweis der NP-Vollständigkeit der Entscheidungsversion von KNAPSACK eine Transformation von SUBSET SUM zugrunde liegt, das wiederum durch Transformation von PARTITION als NP-vollständig nachgewiesen wurde, liegt es nahe zu fragen, ob auch für die beiden letzteren Probleme ein pseudopolynomieller Algorithmus existiert. Tatsächlich sind sie aber nur Spezialfälle des Rucksackproblems.

3.4.23 Bemerkung. *Es gibt pseudopolynomielle Algorithmen für* PARTITION *bzw.* SUBSET SUM.

Beweis: Die Aussage für PARTITION folgt aus der für SUBSET SUM, da eine gegebene Instanz $(n, \alpha_1, \ldots, \alpha_n)$ von PARTITION durch die Setzung $\beta := \frac{1}{2} \sum_{i=1}^{n} \alpha_i$ für $\beta \in \mathbb{N}$ zu einer Aufgabe von SUBSET SUM wird und ansonsten nicht erfüllbar ist.
Andererseits ist SUBSET SUM ein Spezialfall des Rucksackproblems; vgl. Korollar 3.4.22. Die Aussage folgt also aus Satz 3.2.10. $\square$

SUBSET SUM ist die 0-1-Version des Problems INTERVALLPFLASTERUNG, für das es nach Satz 3.1.37 ebenfalls einen pseudopolynomiellen Algorithmus gibt. Umgekehrt folgt aus der NP-Vollständigkeit von SUBSET SUM auch die der Entscheidungsversion von INTERVALLPFLASTERUNG.

3.4.24 Satz. *Die Entscheidungsversion*

Gegeben: $n \in \mathbb{N}$, $a \in \mathbb{N}^n$, $\beta \in \mathbb{N}$.
Frage: Existiert ein $x \in \mathbb{N}_0^n$ mit $a^T x = \beta$?

von INTERVALLPFLASTERUNG *ist NP-vollständig.*

Beweis: Seien $\mathcal{I} := (n,a,\beta)$ eine Instanz von INTERVALLPFLASTERUNG und $x^* :=$ $(\xi_1^*, \ldots, \xi_n^*)^T \in \mathbb{N}_0^n$ eine Lösung. Da $a \in \mathbb{N}^n$ ist, folgt $\xi_i^* \leq \beta$ und damit $\text{size}(\xi_i^*) \leq$ $\text{size}(\mathcal{I})$ für alle $i \in \mathbb{N}$. Somit kann man als Zertifikat jede Lösung x^* verwenden, und die Zugehörigkeit zu $\mathbb{NP}$ ist klar.

Wir geben eine Transformation von SUBSET SUM an. Der Unterschied zwischen SUBSET SUM und INTERVALLPFLASTERUNG besteht darin, dass im ersten Problem nur nach 0-1-Lösungen gefragt wird, während im zweitem Problem nichtnegative ganze Zahlen erlaubt sind. Die Idee der Transformation besteht deshalb darin, zu einer Instanz $\mathcal{I}'$ von SUBSET SUM eine äquivalente Instanz $\mathcal{I}$ von INTERVALLPFLASTERUNG zu konstruieren, die entweder keine oder bereits eine 0-1-Lösung besitzt, aus der sich unmittelbar eine 0-1-Lösung für $\mathcal{I}'$ ergibt.

Sei also $\mathcal{I}' := (n,\alpha_1,\ldots,\alpha_n,\beta)$ eine Instanz von SUBSET SUM. Wir setzen o.B.d.A. voraus, dass

$$\beta \geq 2 \quad \wedge \quad \alpha_1,\ldots,\alpha_n \leq \beta$$

gilt. Die Konstruktion einer äquivalenten Aufgabe $\mathcal{I} := (2n,\tau_1,\ldots,\tau_{2n},\rho)$ von INTERVALLPFLASTERUNG basiert auf zwei Parametern $\mu,\nu \in \mathbb{N}$. Mit ihrer Hilfe wird sichergestellt, dass jede Lösung von $\mathcal{I}$ in $\{0,1\}^{2n}$ liegt. Genauer verwenden wir ν als Basis zur Darstellung von Zahlen. Dabei benutzen wir, dass mit Koeffizienten $\eta_0,\ldots,\eta_{n-1} < \nu$ die Darstellungen $\sum_{i=0}^{n-1} \eta_i \nu^i$ eindeutig sind. Setzt man also

$$\hat{\rho} := \beta + \sum_{i=1}^{n} \nu^i \quad \wedge \quad \hat{\tau}_i := \alpha_i + \nu^i \quad \wedge \quad \hat{\tau}_{n+i} := \nu^i \quad \left(i \in [n]\right),$$

so wird man erwarten, dass für geeignet beschränkte Lösungskomponenten $\xi_1,\ldots,\xi_{2n}$, eine '0-1-Wahl' zwischen $\alpha_i + \nu^i$ und ν^i erzwungen wird. Zur Beschränkung der Größe möglicher Lösungen verwenden wir den zweiten Parameter μ. Genauer setzen wir

$$\nu := (n+2)\beta \quad \wedge \quad \mu := \nu^{n+1} \quad \wedge \quad \rho := n\mu + \beta + \sum_{i=1}^{n} \nu^i$$

sowie für $i \in [n]$

$$\tau_i := \mu + \alpha_i + \nu^i \quad \wedge \quad \tau_{n+i} := \mu + \nu^i.$$

Gesucht ist demnach eine Lösung $x^* := (\xi_1^*,\ldots,\xi_{2n}^*)^T \in \mathbb{N}_0^{2n}$ von

$$\sum_{i=1}^{2n} \tau_i \xi_i^* = \rho.$$

Es gilt

$$\xi_i^* \leq \frac{\rho}{\tau_i} \quad \left(i \in [2n]\right) \quad \wedge \quad \mu = \nu^{n+1} > \nu \frac{\nu^n - 1}{\nu - 1} = \sum_{i=1}^{n} \nu^i,$$

und somit für $i \in [n]$

$$\xi_i^*, \xi_{n+i}^* \leq \frac{n\mu + \beta + \sum_{i=1}^{n} \nu^i}{\mu + \nu^i} \leq n + \left\lfloor \frac{\beta + \nu^{n+1}}{\mu} \right\rfloor = n + \left\lfloor \frac{1}{(n+2)^{n+1}\beta^n} + 1 \right\rfloor \leq n+1.$$

Die Komponenten jedes möglichen Lösungsvektors können somit nicht zu groß werden. Für jede Lösung x^* gilt nun

$$n\mu + \beta + \sum_{i=1}^{n} \nu^i = \sum_{i=1}^{2n} \tau_i \xi_i^* = \sum_{i=1}^{n} (\mu + \alpha_i + \nu^i)\xi_i^* + \sum_{i=1}^{n} (\mu + \nu^i)\xi_{n+i}^*$$

$$= \mu \sum_{i=1}^{n} (\xi_i^* + \xi_{n+i}^*) + \sum_{i=1}^{n} \alpha_i \xi_i^* + \sum_{i=1}^{n} \nu^i (\xi_i^* + \xi_{n+i}^*).$$

Ferner ist

$$\sum_{i=1}^{n} \alpha_i \xi_i^* \leq (n+1)\beta \leq \nu - 1 \quad \wedge \quad \xi_i^* + \xi_{n+i}^* \leq 2n+2 \leq \nu - 1 \quad (i \in [n])$$

und daher auch

$$\sum_{i=1}^{n} \alpha_i \xi_i^* + \sum_{i=1}^{n} \nu^i (\xi_i^* + \xi_{n+i}^*) \leq \nu - 1 + (\nu-1)\nu \sum_{i=1}^{n} \nu^{i-1}$$

$$= \nu - 1 + (\nu-1)\nu \frac{\nu^n - 1}{\nu - 1} = \nu^{n+1} - 1 < \mu.$$

Insgesamt zeigt sich, dass die verschiedenen, zu μ, α_i bzw. ν^i gehörigen Anteile von $\sum_{i=1}^{2n} \tau_i \xi_i^*$ nicht 'interferieren', also getrennt betrachtet werden können, und es folgt

$$\sum_{i=1}^{n} \alpha_i \xi_i^* = \beta \quad \wedge \quad \xi_i^* + \xi_{n+i}^* = 1 \quad (i \in [n]).$$

Ist also $\mathcal{I}$ eine nein-Instanz von INTERVALLPFLASTERUNG, so ist auch $\mathcal{I}'$ eine nein-Instanz von SUBSET SUM. Ist hingegen die Lösungsmenge der Instanz $\mathcal{I}$ nicht leer, so besteht sie aus 0-1-Vektoren. Ist x^* ein solcher, so ist

$$I' := \{ i \in [n] : \xi_i^* = 1 \}$$

eine Lösung von $\mathcal{I}'$.

Ist umgekehrt I' Lösung der Instanz $\mathcal{I}'$ von SUBSET SUM, so erhält man mittels

$$\xi_i^* := \begin{cases} 1, & \text{falls } i \in I' \text{ oder } i - n \notin I'; \\ 0, & \text{sonst} \end{cases}$$

eine Lösung der Instanz $\mathcal{I}$ von INTERVALLPFLASTERUNG. Wegen

$$\text{size}(\mu) = (n+1)\text{size}(\nu) = O\big((n+1)\text{size}(\mathcal{I}')\big)$$

ist die Transformation polynomiell, und es folgt die Behauptung. $\qquad\square$

Nach Satz 3.1.37 gibt es für INTERVALLPFLASTERUNG wenigstens einen pseudopolynomiellen Algorithmus, d.h. unter den NP-schwierigen Problemen gehört INTERVALLPFLASTERUNG noch zu den leichteren.

Die NP-Vollständigkeit von SUBSET SUM und (der Entscheidungsversion von) INTERVALLPFLASTERUNG, d.h. die Schwierigkeit, eine lineare Gleichung über $\{0,1\}$ bzw. $\mathbb{N}_0$ zu lösen, steht in Kontrast zu der (später noch zu beweisenden) Tatsache, dass man Gleichungssysteme $Ax = b$ mit $A \in \mathbb{Z}^{m \times n}$ und $b \in \mathbb{Z}^m$ über $\mathbb{Z}$ in polynomieller Zeit lösen kann. Somit ist es die Nichtnegativitätsbedingung, die die Schwierigkeit verursacht.

Die folgenden Probleme sind für zahlreiche Anwendungen in der Biologie und Chemie von Bedeutung, bei denen zum Teil (mess-) fehlerhafte Daten vorliegen. Wir benutzen Bezeichnung 1.3.7, d.h. für $A := (a_1, \ldots, a_m)^T \in \mathbb{R}^{m \times n}$ und $I \subset [m]$ sei $A_I := (a_i : i \in I)^T$ und fragen danach, ob ein gegebenes unzulässiges Ungleichungssystems $Ax \leq b$ wenigstens hinreichend große lösbare Teilsysteme $A_I x \leq b_I$ besitzt. Eine ähnliche Frage kann man natürlich auch für Gleichungssysteme stellen.

3.4.25 Bezeichnung. *Das Problem*

> *Gegeben: $m,n,k \in \mathbb{N}$, $A \in \mathbb{Z}^{m \times n}$, $b \in \mathbb{Z}^m$.*
>
> *Frage: Gibt es eine Teilmenge I von $[n]$ mit $|I| = k$, so dass $A_I x \leq b_I$ (über $\mathbb{R}$) zulässig ist?*

wird als MAXIMAL ZULÄSSIGES TEILUNGLEICHUNGSSYSTEM *[engl.: Maximum feasible subsystem] bezeichnet.*[116]

Wird in der Frage $A_I x \leq b_I$ durch $A_I x = b_I$ ersetzt, so spricht man vom Problem MAXIMAL ZULÄSSIGES TEILGLEICHUNGSSYSTEM.

Da insbesondere Gleichungssysteme über den reellen Zahlen leicht und effizient lösbar sind, mag es überraschen, dass sogar MAXIMAL ZULÄSSIGES TEILGLEICHUNGSSYSTEM $\mathbb{NP}$-schwierig ist.

3.4.26 Korollar. MAXIMAL ZULÄSSIGES TEILGLEICHUNGSSYSTEM *ist $\mathbb{NP}$-vollständig;* MAXIMAL ZULÄSSIGES TEILUNGLEICHUNGSSYSTEM *ist $\mathbb{NP}$-schwierig.*

Beweis: Wir beginnen mit MAXIMAL ZULÄSSIGES TEILGLEICHUNGSSYSTEM. Als Zertifikat wird eine Teilmenge I von $[n]$ der Kardinalität k verwendet. Nach Satz 3.1.15 kann in polynomieller Zeit überprüft werden, ob das Teilsystem $A_I x = b_I$ zulässig ist; das Problem ist somit in $\mathbb{NP}$.

Wir konstruieren nun eine polynomielle Transformation von SUBSET SUM. Sei also $\mathcal{I} := (n, \alpha_1, \ldots, \alpha_n, \beta)$ eine Instanz von SUBSET SUM. Im Gleichungssystem

$$\sum_{i=1}^n \alpha_i \xi_i = \beta$$
$$\xi_i = 1 \qquad \big(i \in [n]\big)$$
$$\xi_i = 0 \qquad \big(i \in [n]\big)$$

sind höchsten $n+1$ Gleichungen gleichzeitig erfüllbar, und das ist genau dann der Fall, wenn es einen Vektor $x^* := (\xi_1^*, \ldots, \xi_n^*)^T \in \{0,1\}^n$ gibt, der die Gleichung $\sum_{i=1}^n \alpha_i \xi_i^* = \beta$ erfüllt. Mit

$$m := 2n+1 \quad \wedge \quad k := n+1$$

und

$$a := (\alpha_1, \ldots, \alpha_n)^T \quad \wedge \quad A := (a, E_n, E_n)^T \quad \wedge \quad b := (\beta, 1, \ldots, 1, 0, \ldots, 0)^T$$

hat die Instanz (m,n,A,b,k) von MAXIMAL ZULÄSSIGES TEILGLEICHUNGSSYSTEM genau dann eine Lösung x^*, wenn $\mathcal{I}$ eine ja-Instanz ist.

Zum Beweis der zweiten Aussage ersetzen wir das Gleichungssystem durch

---

[116] Der Name orientiert sich an der Optimierungsversion dieses Entscheidungsproblems.

$$
\begin{array}{rcll}
a^T x^* & \leq & \beta & \\
a^T x^* & \geq & \beta & \\
\xi_i^* & \leq & 1 & \big(i \in [n]\big) \\
\xi_i^* & \geq & 1 & \big(i \in [n]\big) \\
\xi_i^* & \leq & 0 & \big(i \in [n]\big) \\
\xi_i^* & \geq & 0 & \big(i \in [n]\big).
\end{array}
$$

Dieses Ungleichungssystem besitzt ein zulässiges Teilsystem der Größe $k := 3n + 2$ genau dann, wenn $\mathcal{I}$ eine ja-Instanz von SUBSET SUM ist. $\qquad\Box$

Man mag sich fragen, warum nicht auch gezeigt wird, dass MAXIMAL ZULÄSSIGES TEILUNGLEICHUNGSSYSTEM in $\mathbb{NP}$ ist. Analog zum Beweis der Mitgliedschaft von MAXIMAL ZULÄSSIGES TEILGLEICHUNGSSYSTEM in $\mathbb{NP}$ kann man eine Teilmenge I der Kardinalität k 'raten'. Es ist aber nicht klar, dass ein Ungleichungssystem $A_I x \leq b_I$ in polynomieller Zeit lösbar ist. Man kann jedoch auch versuchen, mit einer Lösung x^* als Zertifikat zu arbeiten. Dann sind lediglich der Reihe nach alle einzelnen Ungleichungen von $Ax^* \leq b$ auf ihre Gültigkeit zu überprüfen und dabei mitzuzählen, ob tatsächlich mindestens k erfüllt sind. Wäre es klar, dass für ja-Instanzen stets auch Lösungen x^* existieren, deren Kodierungslänge size(x^*) polynomiell in der Größe des Inputs beschränkt ist, so würde dieser Ansatz unmittelbar zu einem Beweis der Mitgliedschaft in $\mathbb{NP}$ führen. Das ist jedoch nicht direkt offensichtlich, zumal durchaus Lösungen existieren können, die exponentielle (oder noch größere) binäre Länge besitzen. Als Korollar zu den strukturellen Ergebnissen von Kapitel 4 wird sich jedoch zeigen, dass es tatsächlich immer auch Lösungen x^* polynomieller Kodierungslänge gibt, so dass auch das Problem MAXIMAL ZULÄSSIGES TEILUNGLEICHUNGSSYSTEM in $\mathbb{NP}$ liegt; vgl. Korollar 4.3.38.

Man kann noch für eine Vielzahl anderer Probleme nachweisen, dass sie $\mathbb{NP}$-schwierig sind. Überraschenderweise offen ist hingegen noch immer die Frage nach der Komplexität des Isomorphieproblems für Graphen; vgl. Bezeichnung 2.2.36.

3.4.27 Forschungsproblem. *Ist das Isomorphieproblem*

> *Gegeben: Graphen $G_1 := (V_1, E_1)$ und $G_2 := (V_2, E_2)$.*
> *Frage: Sind G_1 und G_2 isomorph?*

in polynomieller Zeit lösbar? Ist es $\mathbb{NP}$-vollständig?

Bekannt ist allerdings die Komplexität des Problems, ob in einem gegebenen Graphen G ein zu einem zweiten gegebenen Graphen S isomorpher Teilgraph auftritt. Da ein solcher Subgraph im Allgemeinen an vielen Stellen von G auftreten kann, wirkt dieses Problem 'kombinatorisch komplexerer' als das obige Isomorphieproblem. Tatsächlich ist es $\mathbb{NP}$-vollständig.

3.4.28 Satz. *Das Problem* SUBGRAPHISOMORPHIE

> *Gegeben: Graphen $G := (V, E)$ und $S := (V_S, E_S)$.*
> *Frage: Enthält G einen zu S isomorphen Teilgraphen?*

ist $\mathbb{NP}$-vollständig.

Beweis: Als Zertifikat kann man einen Teilgraphen $T := (V_T, E_T)$ von G sowie eine Abbildung $\tau : V_T \to V_S$ verwenden. Es kann in polynomieller Zeit überprüft werden, ob τ ein Isomorphismus ist. Somit liegt SUBGRAPHISOMORPHIE in $\mathbb{NP}$.

Ist speziell S ein Kreis und gilt $|V_S| = |V|$, so besitzt G genau dann einen zu S isomorphen Teilgraphen, wenn G hamiltonsch ist. Es gibt daher eine polynomielle Transformation von HAMILTONKREIS auf SUBGRAPHISOMORPHIE, und die Behauptung folgt aus Satz 3.4.12.   □

Das Isomorphieproblem ist nicht nur eine theoretische Herausforderung[117] sondern auch praktisch relevant. Denkt man etwa an Molekül-Datenbanken, die chemische Strukturgraphen enthalten, so entspricht der Abgleich einer zu identifizierenden unbekannten Struktur einem Isomorphietest der zugrunde liegenden Graphen.

Im Zentrum unseres Interesses der Optimierung steht natürlich die Entwicklung polynomieller Algorithmen, wann immer möglich. Aber auch für alle praktisch relevanten NP-schwierigen Probleme benötigen wir gute Algorithmen. Dabei werden wir uns zumindest für große Instanzen oft mit approximativen Verfahren zufrieden geben müssen. Fragen der guten Approximierbarkeit führen selbst wieder zu interessanten Komplexitätsklassen; hierauf werden wir später noch eingehen.

Es ist sicherlich besonders auffallend, dass ein ganz fundamentales Problem bislang noch nicht aufgetreten ist, nämlich die lineare Optimierung. Tatsächlich war die Komplexität dieses zentralen Problems vierzig Jahre lang offen. In Kapitel 5 werden wir uns ausführlich mit dem Simplex-Algorithmus befassen; der Ellipsoid-Algorithmus sowie Innere-Punkte Verfahren werden in eigenen Kapiteln in Band III detailliert besprochen.

3.5   Ergänzung: Nichtdeterminismus und Zufall

Die in den vorherigen Sektionen betrachteten Turing-Maschinen sind *deterministisch*; im Vergleich zu Definition 3.3.5 lassen wir nun eine mengenwertige Übergangsfunktion zu.

3.5.1 Definition. *Seien* $D := \{-1,1\}$, Σ *und* Γ *Alphabete mit* $\Sigma \subset \Gamma$ *und* $\varepsilon \in \Gamma \setminus \Sigma$. *Ferner seien* S,F *endliche Mengen mit* $S \subset F$ *und* $S \cap \Gamma = \emptyset$ *sowie*

$$\tau : (S \setminus F) \times \Gamma \to 2^{S \times \Gamma \times D}.$$

Dann heißt

$$\mathcal{T} := (S,\Sigma,\Gamma,\tau,s_0,F)$$

nichtdeterministische Turing-Maschine. *Zur Unterscheidung spricht man bisweilen von einer Turing-Maschine gemäß Definition 3.3.5 auch als von einer* **deterministischen Turing-Maschine.**

Die Interpretation von

$$\tau(s,\sigma) =: \big\{(s_1,\sigma_1,\delta_1), \ldots, (s_k,\sigma_k,\delta_k)\big\}$$

mit $s \in S \setminus F$, $\sigma \in \Gamma$ sowie $s_1,\ldots,s_k \in S$,

$\sigma_1,\ldots,\sigma_k \in \Gamma$ und $\delta_1,\ldots,\delta_k \in \{-1,1\}$ ist, dass die nichtdeterministische Turing-Maschine $\mathcal{T}$ in jedem Schritt einer Berechnung *wählen* kann, welches dieser Tripel die Folgekonfiguration bestimmt.

---

[117] Kann man beweisen, dass es keinen polynomiellen Algorithmus $\mathcal{A}$ gibt, so folgt natürlich $\mathbb{P} \neq \mathbb{NP}$ und man hat eines der mit einer Million US-Dollar dotierten *Millenniums-Probleme* gelöst. Findet man dagegen einen solchen Algorithmus, so wird man nur berühmt.

Die übrigen Bezeichnungen der Definitionen 3.3.5 und 3.3.8 übertragen sich analog.

Im Sinne der Entscheidbarkeit sind nichtdeterministische Turing-Maschinen nicht mächtiger als deterministische, da man zu jeder nichtdeterministischen Turing-Maschine auch ebenso eine deterministische konstruieren kann, um alle Wahlmöglichkeiten von $\mathcal{T}$ zu überprüfen. Ein (möglicher) Unterschied tritt erst dann auf, wenn wir die zulässige Laufzeit beschränken.

Ein Entscheidungsproblem in $\Pi \in \mathbb{P}$ besitzt einen polynomiellen Algorithmus, d.h. es gibt eine deterministische Turing-Maschine, die Π löst. Für ein Problem in $\mathbb{NP}$ braucht es nur stets Lösungen zu geben, die man in polynomieller Zeit überprüfen kann. Allerdings ist dieses äquivalent dazu, dass Π in polynomieller Zeit auf einer geeigneten nichtdeterministischen Turing-Maschine gelöst wird.

3.5.2 Satz. *Seien Σ ein Alphabet und Π ein Entscheidungsproblem über Σ Dann gilt $\Pi \in \mathbb{NP}$ genau dann, wenn es eine nichtdeterministische Turing-Maschine gibt, die Π in polynomieller Laufzeit löst.*

Beweis: '$\Rightarrow$' Da $\Pi \in \mathbb{NP}$ ist, gibt es ein $\Pi' \in \mathbb{P}$ und ein Polynom π mit folgenden Eigenschaften: Π' akzeptiert als Input Strings $\mathcal{I} \oslash \mathcal{Z}$ mit $\mathcal{I} \in \mathcal{L}(\Pi)$ und $\mathcal{Z} \in \Sigma^*$ mit $|\mathcal{Z}| \leq \pi(|\mathcal{I}|)$, und es existiert ein $\mathcal{Z} \in \Sigma^*$ mit $|\mathcal{Z}| \leq \pi(|\mathcal{I}|)$ und $(\mathcal{I} \oslash \mathcal{Z}, 1) \in \Pi'$ genau dann, wenn $(\mathcal{I}, 1) \in \Pi$ ist.

Sei $\mathcal{T}'$ eine deterministische Turing-Maschine, die Π' in polynomieller Zeit löst. Wir konstruieren nun eine nichtdeterministische Turing-Maschine $\mathcal{T}$, die Π in polynomieller Zeit löst. Sie besteht aus zwei Teilen. Zunächst schreibt $\mathcal{T}$ nichtdeterministisch nach dem Inputstring $\mathcal{I}$ ein potentielles Zertifikat $\mathcal{Z}$ auf das Band. Danach fährt der Lese- und Schreibkopf an den Anfang des Strings zurück. In der zweiten Phase stimmt $\mathcal{T}$ mit $\mathcal{T}'$ überein, d.h. führt auf $\mathcal{I} \oslash \mathcal{Z}$ genau die Operationen durch, die $\mathcal{T}'$ auch durchführen würde. $\mathcal{T}$ löst somit Π in polynomieller Zeit.

'$\Leftarrow$' Seien π ein Polynom und $\mathcal{T}$ eine nichtdeterministische Turing-Maschine, die Π für jede Instanz $\mathcal{I}$ in höchstens $\pi(|\mathcal{I}|)$ Operationen löst. Wir benutzen die einzelnen Operationen von $\mathcal{T}$ auf einer Instanz $\mathcal{I}$ selbst als Zertifikat und schreiben alle berechneten Konfigurationen hintereinander auf das Band. Natürlich wird für jede Konfiguration nur der Teil des Bandes zwischen dem ersten und letzten von ε verschiedenen Symbol angegeben. Zur Speicherung der Zustände wird einfach das Bandalphabet entsprechend erweitert. Ferner werden aufeinander folgende Konfigurationen durch ein neues Zeichen getrennt. Jede der von $\mathcal{T}$ mit Input $\mathcal{I}$ berechneten Konfiguration kann somit durch ein Wort der Länge $O\big(\pi(|\mathcal{I}|)\big)$ kodiert werden. Da $\mathcal{T}$ höchstens $\pi(|\mathcal{I}|)$ Schritte durchführt, reichen insgesamt $O\big(\pi^2(|\mathcal{I}|)\big)$ Bandeinträge, um die gesamte Operation von $\mathcal{T}$ zu speichern.

Die gesuchte deterministische Turing-Maschine $\mathcal{T}'$ braucht nun lediglich zu überprüfen, ob aufeinander folgende Wörter legalen Operationen von $\mathcal{T}$ entsprechen, d.h. durch Wahl eines Elements der Menge der möglichen (konstant vielen) Bildtripel der (mengenwertigen) Übergangsfunktion entstehen. Dieser Test kann in polynomieller Zeit erfolgen; vgl. Übungsaufgabe 3.6.36. Genau die ja-Instanzen von Π liefern den Output 1 von $\mathcal{T}'$.

Formal ist noch das Problem zu lösen, dass das Zertifikat im Allgemeinen aus Γ^*, nicht aber, wie in der Definition 3.3.22 gefordert, aus Σ^* stammt. Das ist aber nicht wirklich ein Problem. Wir können entweder Π als Problem über Γ auffassen, wobei natürlich $\mathcal{L}(\Pi) \subset \Sigma^*$ bleibt. Noch puristischer kann man die Symbole aus $\Gamma \setminus \Sigma$ aber auch im Alphabet Σ kodieren und die Turing-Maschine entsprechend anpassen. (Ist etwa $\Sigma = \{0,1\}$

und sind die neuen Symbole $\omega_1,\omega_2,\omega_3$ und ε zu kodieren, so kann man etwa die binären Vektoren

$$\begin{pmatrix} 0 \\ 0 \\ 0 \end{pmatrix}, \begin{pmatrix} 0 \\ 1 \\ 0 \end{pmatrix}, \begin{pmatrix} 1 \\ 0 \\ 0 \end{pmatrix}, \begin{pmatrix} 1 \\ 1 \\ 0 \end{pmatrix}, \begin{pmatrix} 1 \\ 0 \\ 1 \end{pmatrix}, \begin{pmatrix} 1 \\ 1 \\ 1 \end{pmatrix}$$

als Kodierung der Symbole $0,1,\omega_1,\omega_2,\omega_3,\varepsilon$ verwenden. Auf einem 3-spurigen Band verläuft nun die Berechnung wie vorher. Aber natürlich kann man die Turing-Maschine auch entsprechend anpassen, damit sie mit einem einspurigen Band über Σ auskommt; vgl. Übungsaufgabe 3.6.29.) Hiermit folgt die Behauptung. $\square$

Nichtdeterministische Turing-Maschinen $\mathcal{T}$ kann man sich auch so vorstellen, dass die Wahl der jeweiligen Folgekonfiguration aus den gegebenen Möglichkeiten *zufällig* erfolgt. Löst $\mathcal{T}$ ein Problem Π, so gibt es natürlich mit *positiver* Wahrscheinlichkeit eine korrekt terminierende Berechnung.

Man kann nun die Übergangsfunktion mit ganz unterschiedlichen Graden von 'Würfeloptionen' ausstatten und so auch andere zufallsabhängige Klassen erhalten. Hier ist ein wichtiges Beispiel.

3.5.3 Definition. *Sei*

$$\mathcal{T} := (S,\Sigma,\Gamma,\tau,s_0,F)$$

eine zweibändige Turing-Maschine, d.h. mit Übergangsfunktion

$$\tau : (S \setminus F) \times \Gamma^2 \to S \times \Gamma^2 \times \{0,1\}^2,$$

*bei der jede Zelle des zweiten Bandes zufällig und unabhängig mit Wahrscheinlichkeit jeweils $1/2$ den Eintrag 0 oder 1 enthält. Dann heißt $\mathcal{T}$ **zufallsabhängige Turing-Maschine**[118].*

*Die Klasse $\mathbb{RP}$ (**random polynomial**) besteht aus allen Entscheidungsproblemen, die von einer zufallsabhängigen Turing-Maschine in folgendem Sinn in polynomieller Zeit gelöst werden:*

(a) *Ist $\mathcal{I}$ eine nein-Instanz, so akzeptiert $\mathcal{T}$ den Input $\mathcal{I}$ mit Wahrscheinlichkeit 0.*

(b) *Ist $\mathcal{I}$ eine ja-Instanz, so akzeptiert $\mathcal{T}$ den Input $\mathcal{I}$ mit Wahrscheinlichkeit mindestens $1/2$.*

(c) *Es gibt ein Polynom π, so dass $\mathcal{T}$ für jeden Input $\mathcal{I}$ unabhängig vom Inhalt des Zufallsbandes nach $\pi\bigl(|\mathcal{I}|\bigr)$ Schritten terminiert.*

Natürlich kann man sich das unendliche Zufallsband auch so vorstellen, dass es ursprünglich leer ist, aber bei jeder Berechnung zufällig eine Münze geworfen und das Ergebnis (korrekt als 0 oder 1 interpretiert) in die aktuell vom entsprechenden Lese- und Schreibkopf bearbeitete vormals leere Zelle geschrieben wird. Ein einmal eingetragenes Zufallsbit darf danach jedoch nicht mehr geändert werden.

Die Wahrscheinlichkeit $1/2$ in der Definition von $\mathbb{RP}$ kann auch durch eine beliebige Konstante aus $]0,1[$ ersetzt werden, da wir das von $\mathcal{T}$ ausgeführte Zufallsexperiment nur oft genug (aber konstant oft) zu wiederholen brauchen, um die gewünschte Erfolgswahrscheinlichkeit zu erreichen.

Für die Zugehörigkeit zur Klasse $\mathbb{NP}$ muss für jede ja-Instanz eine akzeptierende Berechnung existieren, bei $\mathbb{RP}$ wird verlangt, dass die Hälfte aller Berechnungen akzeptierend sind. Somit erhalten wir die folgende Beziehung.

---

[118] Bisweilen wird auch der Name *Monte-Carlo-Algorithmus* verwendet.

3.5.4 Bemerkung. $\mathbb{P} \subset \mathbb{RP} \subset \mathbb{NP}$.

Es gibt eine Vielzahl weiterer Komplexitätsklassen, die mit unterschiedlichen Modellen und verschiedenen 'Graden von Zufall' arbeiten.

3.6 Übungsaufgaben

3.6.1 Übungsaufgabe. *Sei* $(f_k)_{k \in \mathbb{N}}$ *die Folge der Fibonacci*[119]*-Zahlen, d.h.*

$$f_0 := 0 \quad \wedge \quad f_1 := 1 \quad \wedge \quad f_{k+1} := f_k + f_{k-1} \quad (k \in \mathbb{N}).$$

Man zeige für alle $k \in \mathbb{N}$:

(a) *Angewendet auf* $\mu := f_{k+2}$ *und* $\nu := f_{k+1}$ *benötigt der Euklidische Algorithmus genau* k *Schritte zur Bestimmung von* $\mathrm{ggT}(\mu,\nu)$.

(b) *Seien* $\mu,\nu \in \mathbb{N}$ *mit* $\mu > \nu$ *und benötigt der Euklidische Algorithmus mindestens* k *Schritte, so gilt* $\mu \geq f_{k+2}$ *und* $\nu \geq f_{k+1}$.

3.6.2 Übungsaufgabe. *Man modifiziere den Euklidischen Algorithmus 3.1.11 so, dass auch eine Darstellung von* $\mathrm{ggT}(\mu,\nu)$ *in der Form* $\mu\xi_1 + \nu\xi_2$ *mit* $\xi_1,\xi_2 \in \mathbb{Z}$ *erzeugt wird.*

3.6.3 Übungsaufgabe. *Bei der Anwendung der Gauß-Elimination auf eine Matrix* $A := (\alpha_{i,j})_{i,j \in [n]} \in \mathbb{Z}^{n \times n}$ *wähle man in der Aktualisierungsregel*

$$\alpha_{i,j} \leftarrow \alpha_{i,j} - \frac{\alpha_{i,k}\alpha_{k,j}}{\alpha_{k,k}} \quad (i \geq k+1 \wedge j \geq k)$$

für die auftretenden rationalen Zahlen die Darstellung

$$\alpha_{i,j} = \frac{\eta_{i,j}}{\mu_{i,j}} \quad \left(\eta_{i,j} \in \mathbb{Z} \wedge \mu_{i,j} \in \mathbb{N}\right).$$

Man zeige zunächst, dass die Aktualisierung von Zähler und Nenner dann entsprechend der Updateregel

$$\eta_{i,j} \leftarrow \eta_{i,j}\eta_{k,k} - \eta_{i,k}\eta_{k,j} \quad \wedge \quad \mu_{i,j} \leftarrow \mu_{i,j}\eta_{k,k} \quad (i \geq k+1 \wedge j \geq k)$$

erfolgt und in jedem Schritt alle $\mu_{i,j}$ *übereinstimmen. Danach analysiere man diese Rekursion und zeige, dass dabei in der Gauß-Elimination (ohne besondere Vorkehrungen) tatsächlich ganze Zahlen exponentieller Kodierungslänge auftreten können.*

3.6.4 Übungsaufgabe. *Sei* $G := (V,E)$ *ein Graph* G *mit* $V =: \{v_1,\ldots,v_n\}$, *gegeben durch seine Adjazenzlistendarstellung* $(v_1,A(v_1);\ldots;v_n,A(v_n))$. *Es stehen ferner folgende Datenstrukturen und Operationen zur Verfügung:*

- *ein Stack* S, *auf dem Knoten 'von oben' abgelegt und weggenommen werden können ('first-in-last-out');*

- *ein Zähler (inklusive Vergleichsoperation);*

- *das Markieren eines Knotens und ein Test, ob ein Knoten markiert ist.*

Man konstruiere einen Algorithmus, der bestimmt, ob G *zusammenhängend ist und beweise seine Korrektheit.*

3.6.5 Übungsaufgabe. *Aus Lemma 2.3.11 und Bemerkung 3.1.17 ergibt sich ein polynomieller Algorithmus zur Entscheidung, ob ein gegebener Graph kreisfrei ist. Man formuliere ihn in strukturierter Form und gebe seine Laufzeit an. Ferner gebe man möglichst gute untere Schranken für die Laufzeit eines beliebigen Algorithmus für dieses Problem und finde ein Verfahren, das dieser Schranke möglichst nahe kommt.*

3.6.6 Übungsaufgabe. *Man konstruiere einen Algorithmus, der* SORTIEREN *für beliebige Instanzen* $(n,\gamma_1,\ldots,\gamma_n)$ *mit Hilfe von maximal* $O(n \log n)$ *paarweisen Vergleichen löst. Ferner zeige man, dass es eine positive Konstante* σ *gibt, so dass jeder vergleichsbasierte Sortier-Algorithmus eine Laufzeit von mindestens* $\sigma n \log n$ *besitzt.*

---

[119] Leonardo da Pisa, genannt Fibonacci, ca. 1180 – 1241.

3.6.7 Übungsaufgabe. *Man formuliere den Algorithmus von Prim in einer ausführlichen, implementierbaren Form, die mit $O(|V|^2)$ arithmetischen Operationen auskommt; vgl. Bemerkung 3.1.23.*

3.6.8 Übungsaufgabe. *Man modifiziere Prozedur 3.1.47 so, dass die Voraussetzung $\mu \leq \eta^* \leq \nu$ entfällt, aber zusätzlich entschieden wird, ob η^* im angegebenen Intervall liegt. Man bestimme die Laufzeit des Verfahrens (Beweis) und vergleiche sie mit der von Prozedur 3.1.47.*

3.6.9 Übungsaufgabe. *Man gebe eine explizite ('implementierbare') strukturierte Formulierung von Prozedur 2.2.62 zur Bestimmung kardinalitätsmaximaler Matchings in bipartiten Graphen unter Verwendung der Breitensuche zur Bestimmung eines Augmentationsbaums.*

3.6.10 Übungsaufgabe. *Sei $G := (V,E)$ ein Digraph. Man zeige, dass G genau dann ein Wurzelbaum ist, wenn die folgenden drei Bedingungen gelten:*

(a) Es gibt genau einen Knoten s mit $\deg_{\mathrm{in}\,G}(s) = 0$.

(b) Für jeden Knoten $v \in V$ gilt $\deg_{\mathrm{in}\,G}(v) \leq 1$.

(c) G ist von s aus zusammenhängend.

3.6.11 Übungsaufgabe. *Man konstruiere einen möglichst effizienten Algorithmus zur Bestimmung der starken Zusammenhangskomponenten eines Digraphen G, beweise seine Korrektheit und schätze seine Laufzeit nach oben ab.*

3.6.12 Übungsaufgabe. *Man zeige, dass sich alle in Definition 1.1.1 eingeführten Varianten des Traveling Salesman Problems mit ganzzahligen Daten, nämlich das TSP-Zulässigkeits-, Evaluations- und Optimierungsproblem, polynomiell auf das zugehörige Entscheidungsproblem reduzieren lassen.*

3.6.13 Übungsaufgabe. *Man beschreibe ein zu Prozedur 3.2.5 analoges Verfahren, bei dem von t aus rückwärts vorgegangen wird (Rückwärtsrekursion) und beweise seine Korrektheit.*

3.6.14 Übungsaufgabe. *Man konstruiere einen Algorithmus der dynamischen Optimierung für das Problem*

> *Gegeben: $n \in \mathbb{N}$, $\alpha_1,\ldots,\alpha_n,\beta \in \mathbb{N}$.*
> *Frage: Gibt es eine Teilmenge I von $[n]$ mit $\sum_{i\in I}\alpha_i = \beta$?*

und zeige, dass dieser pseudopolynomiell ist. (Das Problem wird SUBSET SUM genannt; vgl. Bezeichnung 3.4.20 und Korollar 3.4.20.)

3.6.15 Übungsaufgabe. *Man interpretiere den Floyd-Warshall Algorithmus als Verfahren der dynamischen Optimierung.*

3.6.16 Übungsaufgabe. *Das auf reelle Daten verallgemeinerte Rucksackproblem ('REAL-KNAPSACK')*

> *'Gegeben seien $n \in \mathbb{N}$, $\tau_1,\ldots,\tau_n,\rho \in \mathbb{R}$, $\gamma_1,\ldots,\gamma_n \in \mathbb{R}$; finde eine Teilmenge I^* von $[n]$ mit $I^* \in \operatorname*{argmax}_{I \subset [n]} \left\{ \sum_{i\in I}\gamma_i : \sum_{i\in I}\tau_i \leq \rho \right\}$*

soll in einem Rechenmodell behandelt werden, das reelle Operationen zu Einheitskosten erlaubt.

(a) Man zeige, dass REAL-KNAPSACK auf den Fall positiver Inputdaten reduziert werden kann.

(b) Man untersuche, ob Prozedur 3.2.9 auch REAL-KNAPSACK löst und gebe ggf. eine asymptotisch möglichst kleine Schranke für die Anzahl der benötigten reellen Rechenoperationen an.

3.6.17 Übungsaufgabe. *Gegeben sei der nebenstehend abgebildete Graph. Man bestimme (unter Angabe aller Zwischenschritte) einen kürzesten s-t-Weg mit Hilfe des Dijkstra-Algorithmus.*

3.6.18 Übungsaufgabe. *Gegeben sei ein gewichteter Digraph $G := (V,E;\phi)$ mit positiven Gewichten. Diesmal interpretieren wir die Gewichte allerdings nicht als Entfernungen sondern als maximal zulässige Gesamtlast der Kanten. Diese ist etwa relevant, wenn ein Schwertransport von s nach t durchgeführt werden soll. Für jeden s-t-Weg W ist die Kapazität von W daher als das Minimum der Gewichte aller Kanten von W festgelegt. Gesucht ist ein Weg W^* von s nach t maximaler Kapazität.*

(a) Man konstruiere einen an den Dijkstra-Algorithmus angelehnten Algorithmus für dieses Problem und beweise seine Korrektheit.

(b) Man wende diesen Algorithmus auf den Graph aus Übungsaufgabe 3.6.17 an.

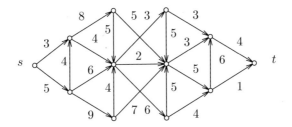

Skizze zu Übungsaufgabe 3.6.17

(c) *Was kann man tun, wenn zusätzlich noch Entfernungen gegeben sind und eine obere Schranke für die Länge zulässiger s-t-Wege einzuhalten ist?*

3.6.19 Übungsaufgabe. *Sei $G := (V,E)$ ein Digraph. Für jedes $e \in E$ sei die Wahrscheinlichkeit p_e dafür gegeben, dass die Kante e ausfällt. Die Ausfallwahrscheinlichkeiten seien stochastisch unabhängig, d.h. für einen Weg W mit Kantenmenge E_W ist die Wahrscheinlichkeit, dass dieser ohne Störung bleibt, gleich $\prod_{e \in E_W}(1 - p_e)$. Die Aufgabe besteht darin, zu gegebenen Knoten s und t einen s-t-Weg größter Ausfallsicherheit ('maximum reliability') zu bestimmen.*

(a) *Man führe das Problem auf die Bestimmung kürzester Wege zurück.*

(b) *Man modifiziere den Dijkstra-Algorithmus so, dass er das Problem größter Ausfallsicherheit für rationale Daten mittels rationaler Arithmetik löst, und beweise seine Korrektheit.*

3.6.20 Übungsaufgabe. *Sei $G := (V,E;\phi)$ ein gewichteter Digraph, in dem kein Kreis negativer Länge enthalten ist. Ferner sei $\psi : E \to [1,\infty[$ die durch*

$$\beta := -\min\{0,\phi(e) : e \in E\} + 1 \quad \wedge \quad \psi(e) := \phi(e) + \beta \quad (e \in E)$$

definierte Gewichtsfunktion. Seien $s,t \in V$ mit $s \neq t$.

(a) *Ist jeder kürzeste s-t-Weg in $(V,E;\psi)$ auch ein kürzester s-t-Weg in $(V,E;\phi)$? Falls 'ja' gebe man einen Beweis, falls 'nein' konstruiere man ein möglichst 'dramatisches' Gegenbeispiel.*

(b) *Man identifiziere unter den bereits eingeführten Optimierungsproblemen mindestens zwei, für die der Übergang von ϕ zu ψ die Menge der Optima nicht ändert, d.h. o.B.d.A. positive Gewichte betrachtet werden können. (Beweis)*

(c) *Man identifiziere unter den bereits eingeführten Optimierungsproblemen mindestens zwei, für die der Übergang von ϕ zu ψ die Menge der Optima ändert und weise dieses nach.*

3.6.21 Übungsaufgabe. *Man konstruiere einen gewichteten Digraphen G, der für zwei verschiedene ausgezeichnete Knoten s und t die folgenden Eigenschaften besitzt:*

(a) *G ist von s aus zusammenhängend;*

(b) *G enthält einen Kreis negativer Länge;*

(c) *Die Länge kürzester s-t-Kantenzüge ist nach unten beschränkt.*

3.6.22 Übungsaufgabe. *Gegeben sei ein Graph G mit der folgenden Distanzmatrix D_G:*

$$\begin{pmatrix} 0 & 2 & 3 & \infty & \infty & \infty & \infty \\ \infty & 0 & 2 & 4 & \infty & \infty & \infty \\ \infty & \infty & 0 & \infty & \infty & 4 & \infty \\ \infty & \infty & \infty & 0 & 4 & \infty & 7 \\ \infty & \infty & \infty & \infty & 0 & 2 & \infty \\ \infty & 1 & \infty & \infty & \infty & 0 & 5 \\ \infty & \infty & \infty & \infty & 1 & \infty & 0 \end{pmatrix}$$

(a) *Man skizziere den Graphen G.*

(b) *Man berechne die Länge aller kürzesten v_i-v_j-Wege mit dem Algorithmus von Floyd-Warshall.*

3.6.23 Übungsaufgabe. *Man modifiziere den Floyd-Warshall-Algorithmus zu einer zweiphasigen Prozedur $\mathcal{A}$ mit den folgenden Eigenschaften:*

(a) $\mathcal{A}$ akzeptiert als Input gewichtete Digraphen G.

(b) Phase I von $\mathcal{A}$ produziert bei (bis auf Konstanten) gleichem Platz- und Rechenzeitbedarf einen Output, der den von Prozedur 3.2.20 enthält.

(c) Phase II von $\mathcal{A}$ akzeptiert als Input Paare $v,w \in V$ von Knoten von G und bestimmt in $O(|V|)$ Operationen einen kürzesten v-w-Weg, falls G keinen Kreis negativer Länge besitzt.

3.6.24 Übungsaufgabe. Man variiere den Floyd-Warshall-Algorithmus so, dass er auch bei Vorliegen von Kreisen negativer Länge kürzeste Wege zwischen allen solchen Knoten exakt berechnet, die nicht durch Kantenzüge verbunden sind, die einen Knoten enthalten, der auf einem Kreis negativer Länge liegt.

3.6.25 Übungsaufgabe. Sei $G := (V,E)$ ein Digraph mit Gewichtsfunktion $\phi : E \to \mathbb{R}$. Eine Abbildung $\pi : V \to \mathbb{R}$ heißt zulässiges Knotenpotential für G, falls

$$\phi(v,w) + \pi(v) - \pi(w) \geq 0 \quad ((v,w) \in E)$$

gilt. Man beweise, dass ein zulässiges Knotenpotential für G genau dann existiert, wenn G keinen Kreis negativer Länge enthält.

3.6.26 Übungsaufgabe. Man zeige, dass HAMILTONWEG polynomiell auf das Problem kürzester einfacher Kantenzüge in Graphen reduziert werden kann.

3.6.27 Übungsaufgabe. Man konstruiere eine Turing-Maschine $\mathcal{T} := (S,\Sigma,\Gamma,\tau,s_0,F)$, die für Eingaben, die aus zwei Strings $(1,\ldots,1)$ der Länge m bzw. n bestehen, als Output einen aus $m - n$ Einträgen 1 bestehenden String konstruiert, falls $m > n$ ist, und sonst das Symbol 0 ausgibt.

3.6.28 Übungsaufgabe. Man konstruiere eine Turing-Maschine $\mathcal{T} := (S,\Sigma,\Gamma,\tau,s_0,F)$ mit Eingabealphabet $\Sigma := \{0,1,+\}$, die die binäre Addition aus Beispiel 3.3.4 durchführt. Man vergleiche die Anzahl der notwendigen Schritte mit der von Beispiel 3.3.9.

3.6.29 Übungsaufgabe. Man zeige, dass sich jede Berechnung auf einer Turing-Maschine $\mathcal{T}_d$, dessen Band d Spuren besitzt auch auf einer (gewöhnlichen) Turing-Maschine (mit nur einer Spur) durchführen lässt.

3.6.30 Übungsaufgabe. Sei $\mathbb{A}$ die Teilmenge der Probleme Π aus $\mathbb{NP}$, für die es eine Konstante $\alpha(\Pi)$ gibt, so dass zu jeder ja-Instanz von Π ein Zertifikat $\mathcal{Z}$ mit $|\mathcal{Z}| \leq \alpha(\Pi)$ existiert. Man zeige, dass $\mathbb{A} = \mathbb{P}$ gilt.

3.6.31 Übungsaufgabe. Seien Π_1 ein Problem, $\Pi_2 \in \mathbb{NP}$, und es gebe eine polynomielle Transformation von Π_1 auf Π_2. Man zeige, dass dann $\Pi_1 \in \mathbb{NP}$ gilt.

3.6.32 Übungsaufgabe. Sei Π $\mathbb{NP}$-vollständig. Man beweise, dass genau dann $\Pi \in \text{co}\mathbb{NP}$ gilt, wenn $\mathbb{NP} = \text{co}\mathbb{NP}$ ist.

3.6.33 Übungsaufgabe. SATISFIABILITY sei beschränkt auf solche Instanzen, in denen die Anzahl m der Klauseln konstant ist. Man zeige, dass das Problem in polynomieller Zeit gelöst werden kann.

3.6.34 Übungsaufgabe. Für eine Klausel $C := (x_1 \vee x_2 \vee x_3)$ sei $\overline{C} := (\neg x_1 \vee \neg x_2 \vee \neg x_3)$. Das Problem

Gegeben: $m,n \in \mathbb{N}$, eine Menge V von n Variablen, eine Menge $\mathcal{C}$ von m Klauseln über V, die jeweils genau 3 Literale enthalten.
Frage: Gibt es eine Wahrheitswertebelegung, die für jede Klausel $C \in \mathcal{C}$ sowohl C als auch $\overline{C}$ erfüllt?

heißt NOT-ALL-EQUAL-3-SAT. Man zeige, dass NOT-ALL-EQUAL-3-SAT $\mathbb{NP}$-vollständig ist.

3.6.35 Übungsaufgabe. Man zeige, dass das folgende Problem 3-SPLIT $\mathbb{NP}$-vollständig ist:
Gegeben: Endliche Menge M, Familie $\mathcal{M}$ von Teilmengen von M der Kardinalität 2 oder 3.
Frage: Gibt es eine Partition $\{M_1,M_2\}$ von M mit $M_1 \cap S \neq \emptyset$ und $M_2 \cap S \neq \emptyset$ für alle $S \in \mathcal{M}$?

3.6.36 Übungsaufgabe. Seien $\mathcal{T} := (S,\Sigma,\Gamma,\tau,s_0,F)$ eine nichtdeterministische Turing-Maschine und $\mathcal{K}_1,\mathcal{K}_2$ zwei Konfigurationen aus $\Gamma^* \times S \times \Gamma^*$. Man konstruiere eine Turing-Maschine $\mathcal{T}'$, die in polynomieller Zeit überprüft, ob $\mathcal{K}_1 \vdash_{\mathcal{T}} \mathcal{K}_2$ gilt.

4 Konvexitätstheorie

Im Folgenden werden zentrale Konzepte und Ergebnisse der Konvexitätstheorie eingeführt, die sich als Basis zahlreicher Algorithmen der linearen und nichtlinearen Optimierung erweisen werden. Insbesondere sind sie essentiell für den im nachfolgenden Kapitel 5 entwickelten Simplex-Algorithmus für lineare Optimierungsaufgaben sowie der Kern von Charakterisierungen der Optimalpunkte in der konvexen Optimierung.

Wir werden im Folgenden zunächst die allgemeinen Grundlagen des für die Optimierung wichtigen Teils der Konvexgeometrie entwickeln. Dabei wird der Zusammenhang zur nichtlinearen Optimierung bereits bei einigen 'darstellungsinvariant formulierten' Strukturaussagen für linear-konvexe Optimierungsaufgaben deutlich. Zentrales Ergebnis von Sektion 4.3 wird dann ein Darstellungssatz für Polyeder sein, der direkte Anwendungen in der linearen Optimierung besitzt.

Literatur: [10], [17], [39], [42], [71], [73], [86]

4.1 Konvexe Mengen

Zur Fixierung der verwendeten Notation beginnen wir mit einigen Standardbezeichnungen der linearen Algebra endlich-dimensionaler reeller Vektorräume $\mathbb{R}^n$.

4.1.1 Definition. *(Lineare Algebra)*

*(a) Seien $v, v_1, \ldots, v_k \in \mathbb{R}^n$. Dann heißt v **Affinkombination** der Vektoren $v_1, \ldots, v_k$, falls $\lambda_1, \ldots, \lambda_k \in \mathbb{R}$ existieren mit*

$$\sum_{i=1}^{k} \lambda_i = 1 \quad \wedge \quad v = \sum_{i=1}^{k} \lambda_i v_i.$$

*(b) Sei $T \subset \mathbb{R}^n$. T heißt **affiner Unterraum** von $\mathbb{R}^n$, wenn T bezüglich Affinkombinationen abgeschlossen ist.*

*(c) Seien $v_1, \ldots, v_k \in \mathbb{R}^n$. Die Vektoren $v_1, \ldots, v_k$ heißen **affin unabhängig**, wenn gilt*

$$\lambda_1, \ldots, \lambda_k \in \mathbb{R} \quad \wedge \quad \sum_{i=1}^{k} \lambda_i = 0 \quad \wedge \quad \sum_{i=1}^{k} \lambda_i v_i = 0 \quad \Longrightarrow \quad \lambda_1 = \ldots = \lambda_k = 0,$$

*andernfalls **affin abhängig**. Eine Teilmenge X von $\mathbb{R}^n$ heißt **affin abhängig**, wenn es ein $k \in \mathbb{N}$ und $v_1, \ldots, v_k \in X$ gibt, so dass $v_1, \ldots, v_k$ affin abhängig sind.*

*(d) Ist T ein affiner Teilraum von $\mathbb{R}^n$ und gibt es ein $k \in \mathbb{N}_0$, so dass T zwar $k+1$ aber keine $k+2$ affin unabhängige Vektoren enthält, so heißt k **Dimension** von T und wird mit $\dim(T)$ bezeichnet. Affine Teilräume von $\mathbb{R}^n$ der Dimension 0, 1, 2 bzw. $n-1$ heißen **Punkt**, **Gerade**, **Ebene** bzw. **Hyperebene** [engl.: hyperplane]. Ferner sei $\dim(\emptyset) := -1$.*

(e) Ist $X \subset \mathbb{R}^n$, so heißt der bez. Inklusion kleinste lineare (bzw. affine) Unterraum von $\mathbb{R}^n$, der X enthält, **lineare (bzw. affine) Hülle** von X und wird mit $\operatorname{lin}(X)$ bzw. $\operatorname{aff}(X)$ bezeichnet.

Alternativ ergibt sich $\operatorname{lin}(X)$ bzw. $\operatorname{aff}(X)$ als Menge aller Linear- (Affin-) Kombinationen von Elementen aus X (wobei 0 als Linearkombination der Elemente der leeren Menge aufgefasst wird).[1]

(f) Seien T ein affiner Teilraum der Dimension k und $v_0, v_1, \ldots, v_k \in X$ mit $T = \operatorname{aff}(\{v_0, v_1, \ldots, v_k\})$. Dann heißt $v_0, v_1, \ldots, v_k$ **affine Basis** von T.

(g) Sei $\tau : \mathbb{R}^n \to \mathbb{R}^m$. τ heißt **affine Abbildung**, wenn τ mit Affinkombinationen von Elementen aus $\mathbb{R}^n$ verträglich ist, d.h. wenn

$$v_1, \ldots, v_k \in \mathbb{R}^n \wedge \lambda_1, \ldots, \lambda_k \in \mathbb{R} \wedge \sum_{i=1}^k \lambda_i = 1 \implies \tau\left(\sum_{i=1}^k \lambda_i v_i\right) = \sum_{i=1}^k \lambda_i \tau(v_i).$$

Ist $\tau : \mathbb{R}^n \to \mathbb{R}^n$ eine affine Abbildung und bijektiv, so heißt τ **affine Transformation**.

Affine Transformationen waren (ohne, dass wir dieses dort explizit hervorgehoben hatten) schon bei der Überführung verschiedener Formen linearer Optimierungsprobleme ineinander von Bedeutung; vgl. etwa Lemma 1.4.3.

Im Folgenden fassen wir einige bekannte, elementare, aber nützliche Eigenschaften der obigen Begriffe zusammen.

4.1.2 Wiederholung. Seien $X \subset \mathbb{R}^n$ und $\tau : \mathbb{R}^n \to \mathbb{R}^m$.

(a) X ist genau dann ein affiner Unterraum des $\mathbb{R}^n$, wenn $X = \emptyset$ gilt oder ein linearer Teilraum U des $\mathbb{R}^n$ und ein Vektor $v \in \mathbb{R}^n$ existieren mit $X = v + U$.

(b) Die affinen Teilräume des $\mathbb{R}^n$ sind genau die Lösungsmengen linearer Gleichungssysteme in n reellen Variablen.

(c) Sei $X \neq \emptyset$. Die Menge X ist genau dann affin unabhängig, wenn sich jeder Vektor v aus $\operatorname{aff}(X)$ auf genau eine Weise als Affinkombination von Vektoren aus X darstellen lässt.

(d) Ein Punkt $x \in \mathbb{R}^n$ liegt in $\operatorname{aff}(X)$ genau dann, wenn es höchstens $n+1$ Vektoren $x_0, x_1, \ldots, x_n \in X$ gibt, so dass x Affinkombination von $x_0, x_1, \ldots, x_n$ ist.

(e) Die Abbildung τ ist genau dann affin, wenn es eine lineare Abbildung $\psi : \mathbb{R}^n \to \mathbb{R}^m$ und einen Vektor $w \in \mathbb{R}^m$ gibt, so dass $\tau(v) = w + \psi(v)$ für alle $v \in \mathbb{R}^n$ gilt.

Konvexe Mengen, Hüllen und Konvexkombinationen: Wir studieren nun den für weite Teile der mathematischen Optimierung (und auch für viele andere Gebiete der Mathematik) fundamentalen Begriff der Konvexität.

4.1.3 Definition. Sei $X \subset \mathbb{R}^n$. X heißt **konvex**, wenn gilt

$$x, y \in X \quad \wedge \quad \lambda \in [0,1] \implies \lambda x + (1-\lambda)y \in X.$$

---

[1] Man beachte, dass insbesondere $\operatorname{lin}(\emptyset) = \{0\}$, aber $\operatorname{aff}(\emptyset) = \emptyset$ ist.

In konvexen Mengen ist somit mit je zwei Punkten auch ihre Verbindungsstrecke enthalten. Insbesondere sind also trivialerweise die leere Menge und $\mathbb{R}^n$ konvex, aber auch jeder andere affine Unterraum des $\mathbb{R}^n$. Abbildung 4.1 (links und Mitte) zeigt zwei weitere konvexe Mengen.

4.1 Abbildung. Die Mengen links und in der Mitte sind konvex, die rechte Menge ist es nicht.

Wir geben noch ein Beispiel für eine (unbeschränkte) konvexe Menge an, deren Definition man die Konvexität vielleicht nicht auf den ersten Blick ansieht.

4.1.4 Beispiel. *Sei*

$$C := \{x := (\xi_1, \xi_2)^T \in \mathbb{R}^2 : \xi_1 \geq 1 \land 0 \leq \xi_1 \cdot \xi_2 \leq \xi_1 - 1\}.$$

Wir zeigen, dass C konvex ist; vgl. Abbildung 4.2. Natürlich gilt

$$x \in C \quad \Leftrightarrow \quad \left(\xi_1 \geq 1 \land 0 \leq \xi_2 \leq 1 - \frac{1}{\xi_1}\right).$$

Für $x := (\xi_1, \xi_2)^T \in C$, $y := (\eta_1, \eta_2)^T \in C$ und $\lambda \in [0,1]$ ist

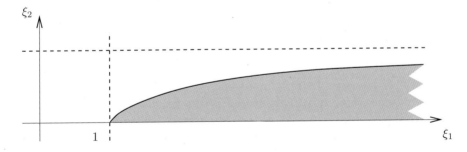

4.2 Abbildung. Die Menge C aus Beispiel 4.1.4.

$$\lambda x + (1-\lambda)y = \lambda \begin{pmatrix} \xi_1 \\ \xi_2 \end{pmatrix} + (1-\lambda) \begin{pmatrix} \eta_1 \\ \eta_2 \end{pmatrix} \in C$$

zu zeigen, d.h.

$$\begin{aligned}
\lambda\xi_1 + (1-\lambda)\eta_1 &\geq 1 \\
\lambda\xi_2 + (1-\lambda)\eta_2 &\geq 0 \\
\lambda\xi_2 + (1-\lambda)\eta_2 &\leq 1 - \frac{1}{\lambda\xi_1 + (1-\lambda)\eta_1}.
\end{aligned}$$

Die ersten beiden Ungleichungen folgen unmittelbar aus $\xi_1, \eta_1 \geq 1$ und $\xi_2, \eta_2 \geq 0$. Zum Nachweis der dritte Ungleichung benutzen wir, dass

$$\xi_1\eta_1 \leq \xi_1\eta_1 + \lambda(1-\lambda)(\xi_1 - \eta_1)^2 = \big(\lambda\eta_1 + (1-\lambda)\xi_1\big)\big(\lambda\xi_1 + (1-\lambda)\eta_1\big)$$

gilt. Es folgt

$$\frac{\lambda}{\xi_1} + \frac{1-\lambda}{\eta_1} = \frac{\lambda\eta_1 + (1-\lambda)\xi_1}{\xi_1\eta_1} \geq \frac{1}{\lambda\xi_1 + (1-\lambda)\eta_1}.$$

Damit erhalten wir

$$\lambda\xi_2 + (1-\lambda)\eta_2 \leq \lambda\left(1 - \frac{1}{\xi_1}\right) + (1-\lambda)\left(1 - \frac{1}{\eta_1}\right) = 1 - \frac{\lambda}{\xi_1} - \frac{1-\lambda}{\eta_1} \leq 1 - \frac{1}{\lambda\xi_1 + (1-\lambda)\eta_1}.$$

C ist also konvex.

Die folgende Bemerkung beschreibt eine wichtige Beispielserie konvexer Mengen.

4.1.5 Bemerkung. *Seien $\|\ \ \|$ eine Norm des $\mathbb{R}^n$ und*

$$\mathbb{B} := \big\{x \in \mathbb{R}^n : \|x\| \leq 1\big\}$$

ihre Einheitskugel. Dann ist $\mathbb{B}$ konvex.

Beweis: Seien $x, y \in \mathbb{B}$ und $\lambda \in [0,1]$. Dann folgt aus der absoluten Homogenität der Norm und der Dreiecksungleichung

$$\big\|\lambda x + (1-\lambda)y\big\| \leq \lambda\|x\| + (1-\lambda)\|y\| \leq \lambda + (1-\lambda) = 1,$$

also $\lambda x + (1-\lambda)y \in \mathbb{B}$. $\square$

Aufgrund von Bemerkung 4.1.5 spielt die Konvexität auch in der (Funktional-) Analysis eine wichtige Rolle. Tatsächlich sind die kompakten, konvexen, zentralsymmetrischen (d.h. $X = -X$) Mengen X des $\mathbb{R}^n$ mit nichtleerem Inneren *genau* die Einheitskugeln von Normen des $\mathbb{R}^n$; vgl. Übungsaufgabe 4.6.1. Das folgende Lemma zeigt, dass die Konvexität mit vielen relevanten Operationen verträglich ist.

4.1.6 Lemma. *Seien $C, C_1, C_2 \subset \mathbb{R}^n$ konvex, $\mathcal{C}$ eine Familie konvexer Mengen des $\mathbb{R}^n$, $A \in \mathbb{R}^{m \times n}$, $b \in \mathbb{R}^n$, $P := \{x \in \mathbb{R}^n : Ax \leq b\}$, $\mu \in \mathbb{R}$ sowie $\tau : \mathbb{R}^n \to \mathbb{R}^m$ eine affine Abbildung. Dann sind die folgenden Mengen konvex:*

(a) $\displaystyle\bigcap_{C \in \mathcal{C}} C$;   (b) P;   (c) $C_1 + C_2$;   (d) $\mu \cdot C$;   (e) $\tau(C)$.

Beweis: Da andernfalls nichts zu zeigen ist, können wir ohne Einschränkung voraussetzen, dass die beteiligten Mengen nichtleer sind.

(a) Seien $x, y \in \bigcap_{C \in \mathcal{C}} C$ und $\lambda \in [0,1]$. Dann gilt $\lambda x + (1-\lambda)y \in C$ für jedes $C \in \mathcal{C}$, also $\lambda x + (1-\lambda)y \in \bigcap_{C \in \mathcal{C}} C$.

(b) Seien $x, y \in P$ und $\lambda \in [0,1]$. Dann ist

$$A\big(\lambda x + (1-\lambda)y\big) = \lambda Ax + (1-\lambda)Ay \leq \lambda b + (1-\lambda)b = b.$$

(c) Seien $x, y \in C_1 + C_2$ und $\lambda \in [0,1]$. Dann gibt es $p_1, p_2 \in C_1$ und $q_1, q_2 \in C_2$ mit

$$x = p_1 + q_1 \quad \wedge \quad y = p_2 + q_2,$$

und es folgt

$$\lambda x + (1 - \lambda)y = \big(\lambda p_1 + (1 - \lambda)p_2\big) + \big(\lambda q_1 + (1 - \lambda)q_2\big) \in C_1 + C_2.$$

(d) Seien $x,y \in \mu C$ und $\lambda \in [0,1]$. Ferner seien $p,q \in C$ mit $x = \mu p$ und $y = \mu q$. Es folgt

$$\lambda x + (1 - \lambda)y = \mu\big(\lambda p + (1 - \lambda)q\big) \in \mu C.$$

(e) Seien $x,y \in \tau(C)$ und $\lambda \in [0,1]$. Ferner seien $p,q \in C$ mit $x = \tau(p)$ und $y = \tau(q)$. Es gilt

$$\lambda x + (1 - \lambda)y = \lambda\tau(p) + (1 - \lambda)\tau(q) = \tau\big(\lambda p + (1 - \lambda)q\big) \in \tau(C).$$

Insgesamt folgt damit die Behauptung. $\qquad\qquad\qquad\qquad\qquad\qquad\qquad\qquad$ $\square$

Analog zu linearen und affinen Hüllen sowie Linear- und Affinkombinationen kann man auch konvexe Hüllen und Konvexkombinationen definieren.

4.1.7 Definition. *(a) Sei $X \subset \mathbb{R}^n$. Die **konvexe Hülle** $\mathrm{conv}(X)$ von X ist definiert durch*

$$\mathrm{conv}(X) := \bigcap\{C : X \subset C \subset \mathbb{R}^n \wedge C \text{ ist konvex}\}.$$

*(b) Seien $x,x_1,\ldots,x_k \in \mathbb{R}^n$. Dann heißt x **Konvexkombination** von $x_1,\ldots,x_k$, falls $\lambda_1,\ldots,\lambda_k \in \mathbb{R}$ existieren mit*

$$\lambda_1,\ldots,\lambda_k \geq 0 \quad \wedge \quad \sum_{i=1}^{k} \lambda_i = 1 \quad \wedge \quad \sum_{i=1}^{k} \lambda_i x_i = x.$$

Seien $X \subset \mathbb{R}^n$ und $x \in \mathbb{R}^n$. Dann heißt x Konvexkombination von X, wenn es $k \in \mathbb{N}$ und $x_1,\ldots,x_k \in X$ gibt, so dass x Konvexkombination von $x_1,\ldots,x_k$ ist.

Da die affine Hülle $\mathrm{aff}(X)$ einer Menge X konvex ist, findet die Bildung der konvexen Hülle offenbar innerhalb von $\mathrm{aff}(X)$ statt.

4.1.8 Bemerkung. *Sei $X \subset \mathbb{R}^n$. Dann gilt $\mathrm{aff}(X) = \mathrm{aff}\big(\mathrm{conv}(X)\big)$.*

Speziell gilt $\mathrm{conv}(\emptyset) = \emptyset$. Man beachte ferner, dass Konvexkombinationen immer nur aus endlich vielen Vektoren gebildet werden[2], so dass hier keinerlei Konvergenzfragen auftreten.

Abbildung 4.3 illustriert die bisherigen drei Hüllenbegriffe für Vektoren des $\mathbb{R}^3$ im Vergleich.

Mit den Konstruktionen aus Definition 4.1.7 lassen sich einer gegebenen Mengen X auf unterschiedliche Weise, einmal als konvexe Hülle 'von außen' oder mittels Konvexkombinationen 'von innen', neue Mengen zuordnen. Wir zeigen zunächst, dass beides zu konvexen Mengen führt und anschließend, dass diese sogar übereinstimmen.

4.1.9 Lemma. *Seien $X \subset \mathbb{R}^n$ und C die Menge aller Konvexkombinationen von X. Dann sind $\mathrm{conv}(X)$ und C konvex.*

---

[2] Eingeführt wurde der Begriff der Konvexität einer Menge X in Definition 4.1.3 als die Eigenschaft, zu je *zwei* Elementen von X auch deren Konvexkombinationen zu enthalten.

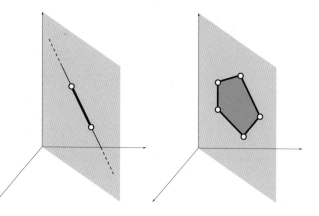

4.3 Abbildung. Lineare, affine und konvexe Hülle von Vektoren (weiß gefüllte Punkte). Links: Die lineare Hülle der zwei Punkte ist die grau angegebene Ebene; die affine Hülle ist eine Gerade, die konvexe Hülle das schwarz markierte Segment. Rechts: Lineare und affine Hülle der Punkte stimmen überein; ihre konvexe Hülle ist das hervorgehobene Fünfeck.

Beweis: Die Konvexität von $\mathrm{conv}(X)$ folgt mit Lemma 4.1.6 (a) unmittelbar aus der Definition.

Zum Beweis der zweiten Behauptung zeigen wir, dass Konvexkombinationen von Konvexkombinationen von X wieder Konvexkombinationen von X sind. Hierfür sind natürlich jeweils nur endliche Teilmengen von X zu betrachten. Wir können mit Hilfe von Koeffizienten 0 ferner stets erreichen, dass in jeder der betrachteten Konvexkombinationen die gleichen Vektoren auftreten. Seien also $k, l \in \mathbb{N}$ und

$$
\begin{aligned}
x_j &\in \mathbb{R}^n & &\big(j \in [l]\big) \\
\lambda_{i,j} &\geq 0 & &\big(i \in [k]; j \in [l]\big) \\
\mu_i &\geq 0 & &\big(i \in [k]\big)
\end{aligned}
$$

mit

$$
\sum_{i=1}^{k} \mu_i = 1 \quad \wedge \quad \sum_{j=1}^{l} \lambda_{i,j} = 1 \quad \big(i \in [k]\big).
$$

Dann gilt

$$
\sum_{i=1}^{k} \mu_i \left(\sum_{j=1}^{l} \lambda_{i,j} x_j \right) = \sum_{j=1}^{l} \left(\sum_{i=1}^{k} \mu_i \lambda_{i,j} \right) x_j.
$$

Mit

$$
\eta_j := \sum_{i=1}^{k} \mu_i \lambda_{i,j} \quad \big(j \in [l]\big)
$$

folgt

$$
\eta_j \geq 0 \quad \big(j \in [l]\big) \quad \wedge \quad \sum_{j=1}^{l} \eta_j = \sum_{i=1}^{k} \mu_i \left(\sum_{j=1}^{l} \lambda_{i,j} \right) = \sum_{i=1}^{k} \mu_i = 1,
$$

und damit die Behauptung. $\qquad\qquad\qquad\qquad\qquad\qquad\qquad\qquad\qquad\qquad\quad\square$

Bei den linearen bzw. affinen Hüllen liefern die äußeren Darstellungen als Durchschnitt linearer bzw. affiner Oberräume dieselben Objekte wie die inneren Darstellungen als Menge aller Linear- bzw. Affinkombinationen. Wir zeigen nun, dass eine entsprechende Eigenschaft auch für die Konvexität gilt. Die konvexe Hülle einer Menge X ist also nicht nur Durchschnitt aller konvexen Obermengen von X gemäß Definition 4.1.7, sondern auch die Menge aller Konvexkombinationen von X.

4.1.10 Lemma. *Sei $X \subset \mathbb{R}^n$, und es bezeichne C die Menge aller Konvexkombinationen von Elementen von X. Dann gilt $\mathrm{conv}(X) = C$.*

Beweis: '$\subset$' Nach Lemma 4.1.9 ist C konvex. Aus $X \subset C$ folgt also $\mathrm{conv}(X) \subset C$.

'$\supset$' Wir führen den Beweis mittels vollständiger Induktion über die 'Länge' der Konvexkombinationen, d.h. über die Anzahl k der (mit einem von 0 verschiedenen Koeffizienten) beteiligten Punkte von X. Für $k \in \mathbb{N}$ sei also C_k die Menge der Konvexkombinationen der Länge k. Wir zeigen $C_k \subset \mathrm{conv}(X)$.

Natürlich gilt $C_1 = X$. (Mit Lemma 4.1.9 folgt aus der Definition der Konvexität auch bereits $C_2 \subset \mathrm{conv}(X)$.) Für den Induktionsschritt nehmen wir nun an, dass $C_k \subset \mathrm{conv}(X)$ für ein $k \in \mathbb{N}$ gilt und zeigen $C_{k+1} \subset \mathrm{conv}(X)$.

Seien $x_1, \ldots, x_{k+1} \in X$ und $\lambda_1, \ldots, \lambda_{k+1} > 0$ mit $\sum_{i=1}^{k+1} \lambda_i = 1$. Wir setzen

$$x := \sum_{i=1}^{k+1} \lambda_i x_i \quad \wedge \quad \lambda := \sum_{i=1}^{k} \lambda_i \quad \wedge \quad \mu_i := \frac{\lambda_i}{\lambda} \quad (i \in [k]).$$

Dann gilt

$$\sum_{i=1}^{k} \mu_i = \sum_{i=1}^{k} \frac{\lambda_i}{\lambda} = 1 \quad \wedge \quad \mu_i > 0 \quad (i \in [k]).$$

Aus der Induktionsvoraussetzung folgt somit

$$x_0 := \sum_{i=1}^{k} \mu_i x_i \in C_k \subset \mathrm{conv}(X),$$

und damit aus der Konvexität von $\mathrm{conv}(X)$

$$x = \sum_{i=1}^{k+1} \lambda_i x_i = \lambda \left(\sum_{i=1}^{k} \frac{\lambda_i}{\lambda} x_i \right) + (1-\lambda) x_{k+1} = \lambda x_0 + (1-\lambda) x_{k+1} \in \mathrm{conv}(X).$$

Es gilt also $C_{k+1} \subset \mathrm{conv}(X)$ und damit die Behauptung. $\qquad\square$

Mit Hilfe von Lemma 4.1.10 ergibt sich ein einfacher Beweis für die Verträglichkeit von affinen Abbildungen mit der Bildung von konvexen Hüllen.

4.1.11 Korollar. *Seien $X \subset \mathbb{R}^n$ und $\tau : \mathbb{R}^n \to \mathbb{R}^m$ eine affine Abbildung. Dann gilt*

$$\tau\big(\mathrm{conv}(X)\big) = \mathrm{conv}\big(\tau(X)\big).$$

Beweis: '$\subset$' Sei $y \in \tau\big(\mathrm{conv}(X)\big)$. Nach Lemma 4.1.10 gibt es $k \in \mathbb{N}$, $x_1, \ldots, x_k \in X$ und $\lambda_1, \ldots, \lambda_k \in [0, \infty[$ mit $\sum_{i=1}^{k} \lambda_i = 1$ und $y = \tau\left(\sum_{i=1}^{k} \lambda_i x_i\right)$. Es folgt

$$y = \tau\left(\sum_{i=1}^{k} \lambda_i x_i\right) = \sum_{i=1}^{k} \lambda_i \tau(x_i) \in \mathrm{conv}\big(\tau(X)\big).$$

'⊃' Sei $y \in \mathrm{conv}\big(\tau(X)\big)$. Gemäß Lemma 4.1.10 seien $k \in \mathbb{N}$, $x_1, \ldots, x_k \in X$ und $\lambda_1, \ldots, \lambda_k \in [0,\infty[$ mit $\sum_{i=1}^{k} \lambda_i = 1$ und $y = \sum_{i=1}^{k} \lambda_i \tau(x_i)$. Dann gilt

$$y = \sum_{i=1}^{k} \lambda_i \tau(x_i) = \tau\left(\sum_{i=1}^{k} \lambda_i x_i\right) \in \tau\big(\mathrm{conv}(X)\big).$$

Insgesamt folgt somit die Behauptung.   □

Die Sätze von Carathéodory, Radon und Helly: In diesem Abschnitt beweisen wir drei fundamentale Sätze der Konvexgeometrie, die jeweils vielfältige Auswirkungen auf die Optimierung haben. Wir befassen uns zunächst mit der Frage, welche Längen von Konvexkombinationen zur Bildung konvexer Hüllen erforderlich sind.

Zur Bildung von linearen Hüllen von Teilmengen X des $\mathbb{R}^n$ benötigt man lediglich Linearkombinationen von maximal n Vektoren aus X. Bei affinen Hüllen kommt man stets mit Affinkombinationen der Länge $n + 1$ aus. Gilt eine analoge Aussage auch für Konvexkombinationen? D.h. *Kann man sich auch bei der Bildung von konvexen Hüllen auf Konvexkombinationen beschränken, deren Länge nur von der Dimension abhängt? Und, wenn ja: Welche Länge ist erforderlich?*

Der folgende wichtige strukturelle Satz zeigt, dass zur Bildung von konvexen Hüllen stets Konvexkombinationen der Länge höchstens $n + 1$ ausreichen.[3]

4.1.12 Satz. *(Satz von Carathéodory[4])*
Seien $X \subset \mathbb{R}^n$, $m := \dim\big(\mathrm{aff}(X)\big)$ und $x \in \mathrm{conv}(X)$. Dann gibt es $k \in [m + 1]$ und affin unabhängige Punkte $x_1, \ldots, x_k \in X$, so dass $x \in \mathrm{conv}\big(\{x_1, \ldots, x_k\}\big)$ ist. Jedes Element $x \in \mathrm{conv}(X)$ ist also Konvexkombination von höchstens $m + 1$ Punkten von X, und diese Zahl ist bestmöglich.

Beweis: Sei $x \in \mathrm{conv}(X)$. Nach Lemma 4.1.10 ist x Konvexkombination von Punkten von X. Sei $k \in \mathbb{N}$ minimal, so dass es $x_1, \ldots, x_k \in X$ und $\lambda_1, \ldots, \lambda_k \in [0,\infty[$ gibt mit

$$\sum_{i=1}^{k} \lambda_i = 1 \quad \wedge \quad x = \sum_{i=1}^{k} \lambda_i x_i.$$

Dann folgt

$$\lambda_1, \ldots, \lambda_k > 0.$$

Sind $x_1, \ldots, x_k$ affin unabhängig, so ist nichts zu zeigen. Seien $x_1, \ldots, x_k$ also affin abhängig und $\eta_1, \ldots, \eta_k$ aus $\mathbb{R}$, nicht alle gleich 0, mit

$$\sum_{i=1}^{k} \eta_i = 0 \quad \wedge \quad \sum_{i=1}^{k} \eta_i x_i = 0.$$

---

[3] Allerdings werden lineare bzw. affine Hüllen bereits jeweils mithilfe einer beliebigen, festen linear bzw. affin unabhängigen Teilmenge erzeugt, während zur Bildung konvexer Hüllen im Allgemeinen Konvexkombinationen verschiedener Teilmengen erforderlich sind.

[4] Constantin Carathéodory, 1873 – 1950.

O.B.d.A. seien

$$l \in [k-1] \quad \wedge \quad \eta_1, \ldots, \eta_l \le 0 \quad \wedge \quad \eta_{l+1}, \ldots, \eta_k > 0 \quad \wedge \quad \frac{\lambda_i}{\eta_i} \ge \frac{\lambda_k}{\eta_k} \qquad (i = l+1, \ldots, k),$$

und wir setzten

$$\mu_i := \lambda_i - \frac{\lambda_k}{\eta_k} \eta_i \quad \big(i \in [k]\big).$$

Dann gilt

$$0 < \lambda_i \le \lambda_i - \frac{\lambda_k}{\eta_k} \eta_i = \mu_i \quad \big(i \in [l]\big) \quad \wedge \quad \mu_i \ge 0 \quad (i = l+1, \ldots, k),$$

also insgesamt

$$\mu_i \ge 0 \quad \big(i \in [k]\big) \quad \wedge \quad \mu_k = 0.$$

Ferner ist

$$\sum_{i=1}^{k-1} \mu_i = \sum_{i=1}^{k} \mu_i = \sum_{i=1}^{k} \left(\lambda_i - \frac{\lambda_k}{\eta_k} \eta_i \right) = \sum_{i=1}^{k} \lambda_i - \frac{\lambda_k}{\eta_k} \sum_{i=1}^{k} \eta_i = 1$$

und

$$\sum_{i=1}^{k-1} \mu_i x_i = \sum_{i=1}^{k} \mu_i x_i = \sum_{i=1}^{k} \left(\lambda_i - \frac{\lambda_k}{\eta_k} \eta_i \right) x_i = \sum_{i=1}^{k} \lambda_i x_i - \frac{\lambda_k}{\eta_k} \sum_{i=1}^{k} \eta_i x_i = x.$$

Der Punkt x ist also bereits Konvexkombination von $k-1$ Vektoren aus X, im Widerspruch zur Minimalität von k.

Zum Beweis des Zusatzes, dass man im allgemeinen nicht mit weniger als $m+1$ Elementen auskommt, seien $x_1, \ldots, x_{m+1} \in X$ affin unabhängig und

$$x := \frac{1}{m+1} \sum_{i=1}^{m+1} x_i.$$

Da diese Darstellung von x als Affinkombination von $x_1, \ldots, x_{m+1}$ eindeutig ist, folgt insgesamt die Behauptung. $\qquad \square$

4.1.13 Beispiel. *Seien*

$$v_1 := \begin{pmatrix} 0 \\ 0 \end{pmatrix} \quad \wedge \quad v_2 := \begin{pmatrix} 2 \\ 0 \end{pmatrix} \quad \wedge \quad v_3 := \begin{pmatrix} 4 \\ 2 \end{pmatrix} \quad \wedge \quad v_4 := \begin{pmatrix} 2 \\ 3 \end{pmatrix}$$

$$v_5 := \begin{pmatrix} 0 \\ 2 \end{pmatrix} \quad \wedge \quad v_6 := \begin{pmatrix} 1 \\ 1 \end{pmatrix} \quad \wedge \quad v_7 := \begin{pmatrix} 2 \\ 1 \end{pmatrix} \quad \wedge \quad v_8 := \tfrac{1}{2} \begin{pmatrix} 3 \\ 3 \end{pmatrix}$$

und

$$P := \text{conv}\big(\{v_1, \ldots, v_8\}\big).$$

Es gilt

$$v_6 = \frac{1}{2} v_2 + \frac{1}{2} v_5 \quad \wedge \quad v_7 = \frac{1}{2} v_1 + \frac{1}{2} v_3 \quad \wedge \quad v_8 = \frac{1}{4} v_1 + \frac{3}{8} v_3 + \frac{3}{8} v_5,$$

d.h.

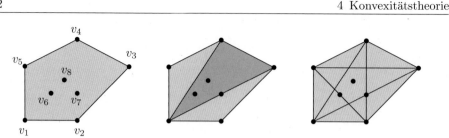

4.4 Abbildung. Links: Konvexe Hülle P (grau) der endlichen Punktmenge aus Beispiel 4.1.13 (schwarze Punkte); Mitte: Die Konvexkombinationen von v_1, v_3, v_5 sind hervorgehoben; Rechts: Geometrische Illustration der 'Mehrdeutigkeiten' der Darstellungen von Punkten durch Konvexkombinationen von höchstens drei der gegebenen Vektoren.

$$P = \operatorname{conv}\big(\{v_1, v_2, v_3, v_4, v_5\}\big);$$

vgl. Abbildung 4.4 (links).

Nach Satz 4.1.12 von Carathéodory ist jeder Punkt von P Konvexkombination von höchstens drei der Punkte $v_1, \ldots, v_8$. In Abbildung 4.4 (Mitte) sind alle Punkte von P besonders hervorgehoben, die sich als Konvexkombination der drei Vektoren v_1, v_3, v_5 ergeben. Hierzu gehören insbesondere auch v_6, v_7, v_8. Man sieht rechts, dass die insgesamt 10 aus drei der Punkte $v_1, \ldots, v_5$ bildbaren Dreiecke zusammen P mehrfach überdecken. Die Darstellungen als Konvexkombination sind daher im Allgemeinen nicht eindeutig. Insbesondere zeigt Abbildung 4.4 (rechts), dass v_7 nicht nur im Innern verschiedener solcher Dreiecke sondern auch auf zwei aus Punkten von $v_1, \ldots, v_5$ gebildeten Strecken liegt. v_8 hingegen liegt nicht in der konvexen Hülle von weniger als drei der Punkte.

Es ist leicht zu überprüfen, dass P der zulässige Bereich des Ungleichungssystems

$$\xi_1 - \xi_2 \leq 2 \quad \wedge \quad \xi_1 + 2\xi_2 \leq 8 \quad \wedge \quad -\xi_1 + 2\xi_2 \leq 4 \quad \wedge \quad \xi_1, \xi_2 \geq 0$$

ist; P ist also ein Polytop gemäß Definition 1.1.6.

Ist $X \subset \mathbb{R}^n$ affin abhängig, so sind die Darstellungen von Punkten $x \in \operatorname{aff}(X)$ als Affinkombination von Punkten von X nicht eindeutig. Das folgende Lemma zeigt, dass es dann sogar Punkte in $\operatorname{conv}(X)$ gibt, die auf substantiell verschiedene Weise als Konvexkombination von Punkten aus X darstellbar sind.

4.1.14 Lemma. *(Satz von Radon[5])*
Sei $X \subset \mathbb{R}^n$ affin abhängig. Dann existiert eine Partition $\{X_1, X_2\}$ von X mit

$$\operatorname{conv}(X_1) \cap \operatorname{conv}(X_2) \neq \emptyset.$$

Beweis: Seien $k \in \mathbb{N}$, $x_1, \ldots, x_k \in X$ affin abhängig und $\lambda_1, \ldots, \lambda_k \in \mathbb{R}$, nicht alle gleich 0 mit

$$\sum_{i=1}^{k} \lambda_i = 0 \quad \wedge \quad \sum_{i=1}^{k} \lambda_i x_i = 0.$$

---

[5] Johann Radon, 1887 – 1956. Das ist derselbe Radon, der durch seine Aussagen über *Radon-Transformationen* die mathematischen Grundlagen der *Computer-Tomographie* geschaffen hat. Hätte er 1979 noch gelebt, als Allan McLeod Cormack (1924 – 1998) und Godfrey Newbold Hounsfield (1919 – 2004) hierfür den Nobelpreis erhielten, wäre er ganz sicher mit ausgezeichnet worden.

Mit

$$I^+ := \{i \in [k] : \lambda_i > 0\} \quad \wedge \quad I^- := \{i \in [k] : \lambda_i < 0\}$$

und

$$\lambda := \sum_{i \in I^+} \lambda_i \quad \wedge \quad \mu_i := \frac{\lambda_i}{\lambda} \quad (i \in I^+) \quad \wedge \quad \mu_i := -\frac{\lambda_i}{\lambda} \quad (i \in I^-)$$

gilt dann

$$\mu_i > 0 \quad (i \in I^+ \cup I^-) \quad \wedge \quad \sum_{i \in I^+} \mu_i = \sum_{i \in I^-} \mu_i = 1 \quad \wedge \quad x := \sum_{i \in I^+} \mu_i x_i = \sum_{i \in I^-} \mu_i x_i.$$

Sind daher

$$X_1 := \{x_i : i \in I^+\} \quad \wedge \quad X_2 := X \setminus X_1,$$

so gilt $x \in \mathrm{conv}(X_1) \cap \mathrm{conv}(X_2)$, und es folgt die Behauptung.

$\square$

Da jede Teilmenge X des $\mathbb{R}^n$ mit mindestens $n+2$ Elementen affin abhängig ist, erhalten wir unmittelbar das folgende Korollar.

4.1.15 Korollar. *Sei* $X \subset \mathbb{R}^n$ *mit* $|X| \geq n+2$. *Dann existiert eine Partition* $\{X_1, X_2\}$ *von* X *mit* $\mathrm{conv}(X_1) \cap \mathrm{conv}(X_2) \neq \emptyset$.

Der nächste Satz ist eine fundamentale Strukturaussage der kombinatorischen Geometrie mit zahlreichen Anwendungen auch in der Optimierung. (Eine davon ist im nachfolgenden Korollar 4.1.17 angegeben, eine andere in Übungsaufgabe 4.6.8.)

4.1.16 Satz. *(Satz von Helly[6])*
Seien $k \in \mathbb{N}$ *mit* $k \geq n+1$ *und* $C_1, \ldots, C_k \subset \mathbb{R}^n$ *konvex. Haben je* $n+1$ *der Mengen einen nichtleeren Durchschnitt, so gilt*

$$C_1 \cap \ldots \cap C_k \neq \emptyset.$$

Beweis: Wir führen den Beweis mittels vollständiger Induktion über k. Für $k = n+1$ ist die Aussage natürlich gültig. Sei also $k \geq n+2$, die Aussage gelte für $k-1$, und $C_1, \ldots, C_k$ seien konvexe Teilmengen des $\mathbb{R}^n$, von denen je $n+1$ einen Punkt gemeinsam haben. Nach Induktionsannahme haben je $k-1$ der Mengen einen nichtleeren Durchschnitt. Sei daher

$$x_i \in \bigcap_{\substack{j=1 \\ j \neq i}}^{k} C_j \quad (i \in [k]) \quad \wedge \quad X := \{x_1, \ldots, x_k\}.$$

Gemäß Lemma 4.1.14 seien $\{X_1, X_2\}$ eine Partition von X und $x \in \mathbb{R}^n$ mit

$$x \in \mathrm{conv}(X_1) \cap \mathrm{conv}(X_2) \neq \emptyset.$$

Dann gilt

$$x \in \mathrm{conv}(X_1) \subset \bigcap_{\substack{j=1 \\ x_j \in X_2}}^{k} C_j \quad \wedge \quad x \in \mathrm{conv}(X_2) \subset \bigcap_{\substack{j=1 \\ x_j \in X_1}}^{k} C_j,$$

---

[6] Eduard Helly, 1884 – 1943.

also $x \in C_1 \cap \ldots \cap C_k$, und es folgt die Behauptung. $\qquad\square$

Das folgende Korollar zeigt, dass sich die Unlösbarkeit von linearen Ungleichungs-systemen bereits an 'kleinen' Teilsystemen zeigt.

4.1.17 Korollar. *Seien* $m,n \in \mathbb{N}$, $a_1,\ldots,a_m \in \mathbb{R}^n$ *und* $\beta_1,\ldots,\beta_m \in \mathbb{R}$. *Das Unglei-chungssystem*

$$a_i^T x \leq \beta_i \quad (i \in [m])$$

ist genau dann unlösbar, wenn es eine Indexmenge $I \subset [m]$ *mit* $|I| \leq n+1$ *gibt, so dass das Teilsystem*

$$a_i^T x \leq \beta_i \quad (i \in I)$$

nicht lösbar ist.

Beweis: Die Implikation '$\Leftarrow$' ist trivial, die Umkehrung folgt durch Anwendung des Satzes 4.1.16 von Helly auf die konvexen Mengen $C_i := \{x : a_i^T x \leq \beta_i\}$ $(i \in [m])$. $\qquad\square$

Polytope: In Definition 1.1.6 hatten wir bereits den Begriff des Polytops bzw. des $\mathcal{H}$-Polytops definiert, nämlich als beschränktes Polyeder. Mit Hilfe des Begriffs der konvexen Hülle führen wir nun einen weiteren Polytopbegriff ein.

4.1.18 Definition. *Sei* $P \subset \mathbb{R}^n$. *P heißt $\mathcal{V}$-Polytop, falls es* $k \in \mathbb{N}_0$ *und* $v_1,\ldots,v_k \in \mathbb{R}^n$ *gibt mit*

$$P = \mathrm{conv}(\{v_1,\ldots,v_k\}).$$

Jedes Tripel (n,k,V) *mit* $n,k \in \mathbb{N}$ *und* $V \subset \mathbb{R}^n$ *mit* $|V| = k$ *und* $P = \mathrm{conv}(V)$ *heißt $\mathcal{V}$-Darstellung von P.*

In welchem Verhältnis stehen die zwei verschiedenen Typen von Polytopen? In Beispiel 4.1.13 fielen beide Begriffe zusammen. Aber gilt das immer? $\mathcal{H}$-Polytope und $\mathcal{V}$-Polytope unterscheiden sich jedenfalls fundamental in Bezug auf ihre Darstellungen und ihre algorithmischen Eigenschaften. So kann man lineare Funktionale leicht über $\mathcal{V}$-Polytopen optimieren, einfach indem man sie an allen Punkten $v_1,\ldots,v_k$ der gegebenen Darstellung auswertet und das Optimum der Werte bestimmt. Schließlich gilt für $c \in \mathbb{R}^n$, $v \in \mathrm{conv}(\{v_1,\ldots,v_k\})$ und $\lambda_1,\ldots,\lambda_k \in [0,\infty[$ mit $\sum_{i=1}^k \lambda_i = 1$ und $\sum_{i=1}^k \lambda_i v_i = v$ ja

$$c^T v = c^T \sum_{i=1}^k \lambda_i v_i = \sum_{i=1}^k \lambda_i c^T v_i \leq \sum_{i=1}^k \lambda_i \max_{j \in [k]} c^T v_j = \max_{j \in [k]} c^T v_j.$$

Die Optimierung linearer Funktionale über $\mathcal{H}$-Polyedern ist hingegen genau die lineare Optimierung. Als Hauptergebnis von Sektion 4.3 wird sich zeigen, dass geometrisch die Begriffe $\mathcal{H}$-Polytop und $\mathcal{V}$-Polytop tatsächlich übereinstimmen. Dabei werden wir auch allgemeiner $\mathcal{V}$-Polyeder als Analogon zu $\mathcal{H}$-Polyedern einführen und ihre Entsprechung nachweisen.

Wir betrachten jetzt einige Klassen von Standardpolytopen und zeigen, wie sich verschiedene Darstellungen ineinander überführen lassen.

4.1.19 Bezeichnung.   *(a) Die Mengen* $[-1,1]^n$ *bzw.* $[0,1]^n$ *heißen **Einheitswürfel** bzw. **Standardwürfel** des $\mathbb{R}^n$. Jedes Bild von $[-1,1]^n$ unter einer Ähnlichkeit-stransformation (Translation, Dilatation, Drehung) heißt **Würfel** [engl.: cube].*

*Jedes Bild eines Würfels unter einer affinen Transformation heißt **Parallelotop**; vgl. Abbildung 4.5.*

(b) *Seien $k \in \mathbb{N}_0$ und $S \subset \mathbb{R}^n$. S heißt k-**Simplex**, wenn es $k + 1$ affin unabhängige Punkte $s_0, \ldots, s_k$ gibt mit $S = \mathrm{conv}\big(\{s_0, \ldots, s_k\}\big)$. Ein n-Simplex wird auch einfach nur **Simplex** genannt; vgl. Abbildung 4.5 (rechts).*

*Sind $u_1, \ldots, u_n$ (wie in Definition 1.3.7 vereinbart) die Standardeinheitsvektoren des $\mathbb{R}^n$, so heißt $\mathrm{conv}\big(\{0, u_1, \ldots, u_n\}\big)$ **Standardsimplex** des $\mathbb{R}^n$.*

(c) *Sei $Q_n := \mathrm{conv}\big(\{\pm u_1, \ldots, \pm u_n\}\big)$. Dann heißt Q_n **Standard-Kreuzpolytop** des $\mathbb{R}^n$; vgl. Abbildung 4.6.*

*Jedes Bild von Q_n unter einer Ähnlichkeitstransformation heißt **reguläres Kreuzpolytop**; jedes Bild eines Standardkreuzpolytops unter einer affinen Transformation heißt **Kreuzpolytop** [engl.: cross-polytope].*

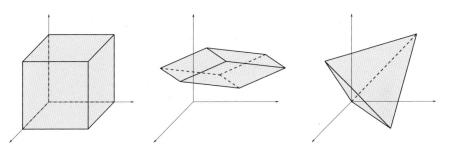

4.5 Abbildung. Von links nach rechts: der Würfel $[0,1]^3$, ein Parallelotop, ein Simplex.

Standardwürfel und Standardkreuzpolytop sind in vielen Gebieten der Mathematik relevant, da sie als *reguläre Polytope* interessante algebraische Eigenschaften besitzen und als *Einheitskugeln* bez. der Maximum- bzw. der Betragssummennorm (vgl. Lemma 4.1.20) u.a. in der Numerik, der Funktionalanalysis und der algorithmischen Geometrie von Bedeutung sind.

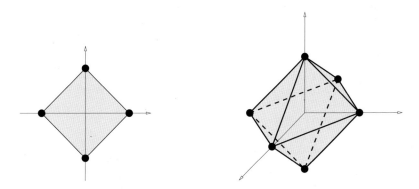

4.6 Abbildung. Links: $Q_2 := \mathrm{conv}\big(\{\pm u_1, \pm u_2,\}\big)$; Rechts: Das Oktaeder Q_3.

Alle in Bezeichnung 4.1.19 eingeführten Objekte sind tatsächlich Polytope im Sinne von Definition 1.1.6; direkt sichtbar ist das an ihrer Definition aber nicht, da diese sie nicht als Durchschnitt endlich vieler Halbräume beschreibt. Das folgende Lemma gibt jeweils sowohl $\mathcal{H}$-Darstellungen als auch $\mathcal{V}$-Darstellungen an.

4.1.20 Lemma. *Seien* $a_1,\ldots,a_n \in \mathbb{R}^n$ *linear unabhängig,* $s_0,\ldots,s_n \in \mathbb{R}^n$ *affin unabhängig,* $A := (a_1,\ldots,a_n) \in \mathbb{R}^{n \times n}$, $B := (s_1 - s_0,\ldots,s_n - s_0) \in \mathbb{R}^{n \times n}$, $a \in \mathbb{R}^n$ *sowie*

$$P := a + A[-1,1]^n \quad \wedge \quad S := \mathrm{conv}\big(\{s_0,\ldots,s_n\}\big) \quad \wedge \quad Q := a + AQ_n.$$

Dann gelten die folgenden Aussagen:

(a) $[-1,1]^n = \mathbb{B}^n_{(\infty)}$;

(b) $P = a + \displaystyle\sum_{i=1}^n [-1,1]a_i = \{x \in \mathbb{R}^n : A^{-1}a - \mathbb{1} \leq A^{-1}x \leq A^{-1}a + \mathbb{1}\}$;

(c) $P = \mathrm{conv}\left(\left\{a + \displaystyle\sum_{i=1}^n \delta_i a_i : \delta_1,\ldots,\delta_n \in \{-1,1\}\right\}\right)$;

(d) $S = \left\{x \in \mathbb{R}^n : B^{-1}x \geq B^{-1}s_0 \wedge \mathbb{1}^T B^{-1}x \leq 1 + \mathbb{1}^T B^{-1}s_0\right\}$;

(e) $Q_n = \mathbb{B}^n_{(1)}$

(f) $Q = \left\{x \in \mathbb{R}^n : \forall\big(y \in \{-1,1\}^n\big) : y^T A^{-1}x \leq 1 + y^T A^{-1}a\right\}$.

Beweis: (a) Es gilt

$$[-1,1]^n = \left\{x := (\xi_1,\ldots,\xi_n)^T : -1 \leq \xi_1,\ldots,\xi_n \leq 1\right\}$$
$$= \left\{x := (\xi_1,\ldots,\xi_n)^T : \max\{|\xi_1|,\ldots,|\xi_n|\} \leq 1\right\} = \mathbb{B}^n_{(\infty)}.$$

(b) Es gilt mit $y := a + Ax$

$$P = a + A[-1,1]^n = \left\{a + \sum_{i=1}^n \xi_i a_i : -1 \leq \xi_1,\ldots,\xi_n \leq 1\right\} = a + \sum_{i=1}^n [-1,1]a_i$$

$$= \left\{a + Ax : -\mathbb{1} \leq x \leq \mathbb{1}\right\} = \left\{y : -\mathbb{1} \leq A^{-1}(y-a) \leq \mathbb{1}\right\}$$
$$= \left\{x : -\mathbb{1} + A^{-1}a \leq A^{-1}x \leq \mathbb{1} + A^{-1}a\right\}.$$

(c) Seien zunächst $a = 0$ und A die $n \times n$-Einheitsmatrix E_n. Die Inklusion '$\supset$' ist evident. Wir zeigen die umgekehrte Inklusion '$\subset$' mittels vollständiger Induktion nach n. Dabei geht Lemma 4.1.10 ein. Sei $x := (\xi_1,\ldots,\xi_n)^T \in [-1,1]^n$. Ist $n = 1$, so erhält man folgende Darstellung von x als Konvexkombination von -1 und 1:

$$x = (\xi_1) = \frac{1 - \xi_1}{2}(-1) + \frac{1 + \xi_1}{2}(1).$$

Analog gilt für $n \geq 2$

$$x = \frac{1 - \xi_n}{2}(\xi_1,\ldots,\xi_{n-1},-1)^T + \frac{1 + \xi_n}{2}(\xi_1,\ldots,\xi_{n-1},1)^T.$$

Nach Induktionsannahme sind aber

$$(\xi_1,\ldots,\xi_{n-1})^T \in \mathrm{conv}\left(\left\{(\delta_1,\ldots,\delta_{n-1})^T : \delta_1,\ldots,\delta_{n-1} \in \{-1,1\}\right\}\right).$$

Somit folgt

$$(\xi_1,\ldots,\xi_{n-1},\pm 1)^T \in \mathrm{conv}\Big(\{(\delta_1,\ldots,\delta_{n-1},\pm 1)^T : \delta_1,\ldots,\delta_{n-1} \in \{-1,1\}\}\Big),$$

und damit die Behauptung im betrachteten Spezialfall.

Der allgemeine Fall ergibt sich nun mit Hilfe von Korollar 4.1.11; es gilt

$$P = a + A\left(\sum_{i=1}^n [-1,1]u_i\right) = a + A\left(\mathrm{conv}\Big(\{\sum_{i=1}^n \delta_i u_i : \delta_1,\ldots,\delta_n \in \{-1,1\}\}\Big)\right)$$

$$= \mathrm{conv}\Big(\{a + \sum_{i=1}^n \delta_i a_i : \delta_1,\ldots,\delta_n \in \{-1,1\}\}\Big).$$

(d) Wir beginnen zunächst wieder mit einem Spezialfall. Seien

$$S_0 := \mathrm{conv}\big(\{0,u_1\ldots,u_n\}\big) \quad \wedge \quad T_0 := \{x \in \mathbb{R}^n : x \geq 0 \wedge \mathbb{1}^T x \leq 1\}.$$

Da T_0 konvex ist und $0,u_1,\ldots,u_n \in T_0$ sind, gilt $S_0 \subset T_0$. Ist andererseits $x := (\xi_1,\ldots,\xi_n)^T \in [0,\infty[^n$ mit $\mathbb{1}^T x \leq 1$, so ist

$$x = (1 - \mathbb{1}^T x) \cdot 0 + \sum_{i=1}^n \xi_i u_i$$

eine x darstellende Konvexkombination von $0,u_1,\ldots,u_n$. Somit folgt auch $S_0 \supset T_0$.

Der allgemeine Fall ergibt sich wieder mit Hilfe von Korollar 4.1.11. Dabei benutzen wir, dass B regulär ist. Aus dem bereits Bewiesenen folgt nämlich

$$S = \mathrm{conv}\big(\{s_0,\ldots,s_n\}\big) = s_0 + B\Big(\mathrm{conv}\big(\{0,u_1\ldots,u_n\}\big)\Big)$$

$$= s_0 + B\left(\{x \in \mathbb{R}^n : x \geq 0 \wedge \mathbb{1}^T x \leq 1\}\right) = \{s_0 + Bx : x \geq 0 \wedge \mathbb{1}^T x \leq 1\}$$

$$= \{y \in \mathbb{R}^n : B^{-1}y \geq B^{-1}s_0 \wedge \mathbb{1}^T B^{-1}y \leq 1 + \mathbb{1}^T B^{-1}s_0\}.$$

(e) Die Inklusion '$\subset$' ist klar. Wir beweisen nun '$\supset$'. Sei $x := (\xi_1,\ldots,\xi_n)^T \in \mathbb{B}_{(1)}^n$. Dann gilt

$$0 \leq \lambda_0 := 1 - \sum_{j=1}^n |\xi_j| \leq 1.$$

Setzen wir noch

$$\lambda_i := |\xi_i| \quad \wedge \quad \delta_i \in \{-1,1\} \quad \wedge \quad \xi_i = \delta_i|\xi_i| \quad (i \in [n]),$$

so ist

$$x = \lambda_0 \cdot 0 + \sum_{i=1}^n \lambda_i(\delta_i u_i).$$

Da $0 \in Q_n$ gilt, ist x somit Konvexkombination von Vektoren aus Q_n.

(f) Analog zu den vorherigen Aussagen (c) und (d) reicht es auch hier, nur den Spezialfall $a = 0$, $A = E_n$ zu betrachten; die allgemeine Aussage folgt wieder aus Korollar 4.1.11. Sei daher

$$R := \bigcap_{y \in \{-1,1\}^n} \{x \in \mathbb{R}^n : y^T x \leq 1\}.$$

Da jeder der Punkte $\pm u_1, \ldots, \pm u_n$ alle R definierenden Ungleichungen erfüllt, gilt $Q_n \subset R$. Ist umgekehrt $x := (\xi_1, \ldots, \xi_n)^T \in R$, so gilt $y^T x \leq 1$ für alle $y \in \{-1,1\}^n$, insbesondere also

$$\sum_{i=1}^{n} |\xi_j| \leq 1.$$

Somit ist $x \in \mathbb{B}^n_{(1)}$, und aus (e) folgt die Behauptung. $\square$

Lemma 4.1.20 (b) gibt eine $\mathcal{H}$-Darstellung von Parallelotopen mit Hilfe von $2n$ Ungleichungen an, während (c) eine $\mathcal{V}$-Darstellung mit 2^n Vektoren ist.[7] Dasselbe gilt auch bereits für den Standard- oder den Einheitswürfel. Der gleiche exponentielle Unterschied in der Kodierungslänge tritt auch bei Kreuzpolytopen auf, nur dass Lemma 4.1.20 (f) eine $\mathcal{H}$-Darstellung mit 2^n Ungleichungen angibt, während Bezeichnung 4.1.19 das Polytop als konvexe Hülle von $2n$ Vektoren einführt. Lediglich für Simplizes treten keine signifikanten Differenzen in den Größen einer $\mathcal{V}$- oder $\mathcal{H}$-Darstellung auf.

Lemma 4.1.20 (b) gibt außerdem eine Darstellung des Parallelotops P als Translat der Minkowski-Summe von n Segmenten $[-1,1]a_i$ mit linear unabhängigen Vektoren $a_1, \ldots, a_n$, und wir werden diese Darstellung später zu einer Verallgemeinerung des Begriffs des Parallelotops verwenden.

Konvexität und elementare Topologie: Um die Verträglichkeit der eingeführten Begriffe mit denen der mengentheoretischen Topologie zu formulieren, fixieren wir zunächst die benötigte Notation aus der Analysis. Im Folgenden sei $\mathbb{R}^n$ stets normiert. Da je zwei Normen des $\mathbb{R}^n$ äquivalent sind, erzeugen sie dieselbe Topologie. Ist also eine Menge X bezüglich einer Norm des $\mathbb{R}^n$ offen, so ist sie dieses auch bezüglich jeder anderen Norm des $\mathbb{R}^n$. Wir brauchen uns daher bei den einschlägigen Konzepten über die genaue Wahl der Norm keine Gedanken zu machen.[8] Die Eigenschaft einer Menge X, offen zu sein, hängt allerdings von dem umgebenden Raum ab. So unterscheiden sich die drei Strecken

$$X_1 :=]0,1[\subset \mathbb{R} \quad \wedge \quad X_2 :=]0,1[\times \{0\} \subset \mathbb{R}^2 \quad \wedge \quad X_3 := \left]0, \frac{1}{\sqrt{3}}\right[\begin{pmatrix} 1 \\ 1 \\ 1 \end{pmatrix} \subset \mathbb{R}^3$$

nur dadurch, dass das Intervall der Länge 1 als X_1 im Raum $\mathbb{R}^1$, als als X_2 als Teilmenge der ξ_1-Koordinatenachse des $\mathbb{R}^2$ oder als X_3 als Teilmenge der Raumdiagonale $\mathrm{lin}(\mathbb{1})$ des $\mathbb{R}^3$ betrachtet wird. In ihren jeweiligen Räumen ist X_1 offen; X_2 und X_3 hingegen sind das nicht. Das geometrisch gleiche Intervall hat als X_1 also andere topologische Eigenschaften als X_2 oder X_3.

Um topologische Begriffe zur Verfügung zu haben, die mehr auf den geometrischen Eigenschaften einer Menge X selbst beruhen als auf ihren speziellen Einbettungen in irgendeinen $\mathbb{R}^n$, beziehen wir die folgenden Begriffe auf ihre affine Hülle $\mathrm{aff}(X)$ als umgebenden Raum. Die üblichen topologischen Konzepte des $\mathbb{R}^n$ führen ganz natürlich auf entsprechende Begriffe in affinen Unterräumen T. Ist $k := \dim(T)$, so kann man T etwa mit dem Koordinatenraum $\mathbb{R}^k$ identifizieren, um dessen Topologie direkt zu importieren. Alternativ kann man die kanonische Unterraumtopologie in T dadurch definieren,

---

[7] Hierin liegt die zentrale Schwierigkeit der linearen Optimierung und so mancher anderer Probleme für Polytope. Gäbe es diesen exponentiellen Unterschied verschiedener Darstellungen von Polytopen nicht, so würde die Komplexitätswelt kollabieren und insbesondere $\mathbb{P} = \mathbb{NP}$ gelten.

[8] Dennoch werden wir im Folgenden meist explizit die euklidische Norm verwenden, um auch das Standardskalarprodukt und die Standardorthogonalität zur Verfügung zu haben.

dass man eine Menge $S \subset T$ offen nennt, wenn es eine offene Menge U im $\mathbb{R}^n$ gibt mit $S = U \cap T$. Die folgende Bezeichnung fasst dieses auf elementare Weise zusammen.

4.1.21 Bezeichnung. *(Analysis) Seien $X \subset \mathbb{R}^n$ und*

$$\operatorname{relint}(X) := \left\{ x \in X : \exists (\rho \in]0,\infty[) : (x + \rho \cdot \operatorname{int}(\mathbb{B}^n_{(2)}) \cap \operatorname{aff}(X)) \subset X \right\}$$
$$\operatorname{relbd}(X) := X \setminus \operatorname{relint}(X).$$

(a) *Die Mengen* $\operatorname{relint}(X)$ *bzw.* $\operatorname{relbd}(X)$ *heißen das **relative Innere** bzw. der **relativer Rand** von X. Manchmal spricht man auch vom **Inneren** bzw. **Rand** von X bezüglich $\operatorname{aff}(X)$.*

(b) *Die Menge X heißt **relativ offen** oder **offen in** $\operatorname{aff}(X)$, wenn $X = \operatorname{relint}(X)$ gilt.*[9]

Bevor wir einige konkrete Beispiele angeben, beginnen wir mit zwei elementaren Beobachtungen.

4.1.22 Bemerkung.   (a) *Für jedes $x \in \mathbb{R}^n$ gilt* $\operatorname{relint}(\{x\}) = \{x\}$.

(b) *Seien C konvex und $\operatorname{int}(C) \neq \emptyset$. Dann gilt $\operatorname{int}(C) = \operatorname{relint}(C)$.*

Hier sind nun einige konkrete Beispiele.

4.1.23 Beispiel. *(a) Seien*

$$v_1 := \begin{pmatrix} 4 \\ 1 \end{pmatrix} \quad \wedge \quad v_2 := \begin{pmatrix} 1 \\ 4 \end{pmatrix} \quad \wedge \quad P := \operatorname{conv}(\{v_1, v_2\});$$

vgl. Abbildung 4.7 (links). Dann gilt $\operatorname{aff}(P) = v_1 + \mathbb{R}(v_2 - v_1)$ und

$$\operatorname{relint}(P) = \left\{ x \in \mathbb{R}^2 : \exists (\lambda \in]0,1[) : x = \lambda v_1 + (1-\lambda)v_2 \right\} = v_1 +]0,1[(v_2 - v_1)$$
$$= \begin{pmatrix} 1 \\ 4 \end{pmatrix} +]0,3[\begin{pmatrix} 1 \\ -1 \end{pmatrix},$$

$\operatorname{relbd}(P) = \{v_1, v_2\}$.

(b) Seien $\rho \in]0,\infty[$ und

$$B := \left\{ (\xi_1, \xi_2, \xi_3)^T \in \mathbb{R}^3 : \xi_1 + \xi_2 + \xi_3 = 3 \wedge (\xi_1 - 1)^2 + (\xi_2 - 1)^2 + (\xi_3 - 1)^2 \leq \rho^2 \right\};$$

vgl. Abbildung 4.7 (rechts). Offenbar entsteht B durch den Schnitt der Kugel $\mathbb{1} + \rho \mathbb{B}^3_{(2)}$ mit der durch $\xi_1 + \xi_2 + \xi_3 = 3$ definierten Ebene H. Es gilt

$$\operatorname{relint}(B) = \left\{ (\xi_1, \xi_2, \xi_3)^T : \xi_1 + \xi_2 + \xi_3 = 3 \wedge (\xi_1 - 1)^2 + (\xi_2 - 1)^2 + (\xi_3 - 1)^2 < \rho^2 \right\}$$
$$= H \cap \left(\mathbb{1} + \rho \cdot \operatorname{int}(\mathbb{B}^3_{(2)}) \right)$$

sowie

$$\operatorname{relbd}(B) = H \cap \left(\mathbb{1} + \rho \cdot \mathbb{S}^2_{(2)} \right).$$

---

[9] Man beachte, dass es nicht erforderlich ist, einen analogen Begriff für abgeschlossene Mengen einzuführen, da das Komplement jedes affinen Teilraums des $\mathbb{R}^n$ offen ist.

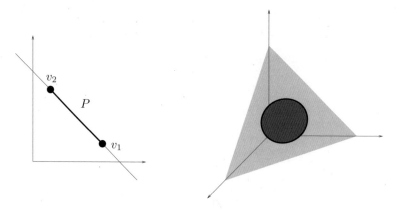

4.7 Abbildung. Die konvexen Mengen aus Beispiel 4.1.23 (a) (links) und (b) (rechts); die entsprechenden affinen Hüllen sind jeweils gekennzeichnet.

4.1.24 Beispiel. *Mit*

$$H := \{x \in \mathbb{R}^n : \mathbb{1}^T x = 1\} \quad \wedge \quad T :=]0,1[^n \cap H.$$

gilt $\mathrm{aff}(T) = H$. *Wir zeigen, dass* T *offen in* H *ist. Seien dazu* $y := (\eta_1, \ldots, \eta_n)^T \in T$ *und* $\rho := \min\{\eta_1, \ldots, \eta_n\}$. *Dann gilt* $\rho > 0$, *und*

$$\left(y + \rho \cdot \mathrm{int}(\mathbb{B}_{(2)}^k)\right) \subset]0,1[^n,$$

also

$$\left(y + \rho \cdot \mathrm{int}(\mathbb{B}_{(2)}^k)\right) \cap H \subset T.$$

T *ist somit relativ offen.*

4.1.25 Beispiel. *Seien* $a_1, \ldots, a_k \in \mathbb{R}^n$ *linear unabhängig,* $\rho \in]0,\infty[$ *und*

$$H := \mathrm{lin}(\{a_1, \ldots, a_k\}) \quad \wedge \quad P := \sum_{i=1}^{k} \,] - \rho, \rho[\, a_i.$$

Dann ist $H = \mathrm{aff}(P)$. *Wir zeigen, dass* P *relativ offen ist. Seien dazu*

$$y \in P \quad \wedge \quad \mu_1, \ldots, \mu_k \in] - \rho, \rho[\quad \wedge \quad y = \sum_{j=1}^{k} \mu_j a_j.$$

Ferner seien $b_1, \ldots, b_n$ *eine Orthonormalbasis des* $\mathbb{R}^n$ *mit* $H = \mathrm{lin}(\{b_1, \ldots, b_k\})$ *sowie*

$$\lambda_{i,1}, \ldots, \lambda_{i,k} \in \mathbb{R} \quad \wedge \quad b_i = \sum_{j=1}^{k} \lambda_{i,j} a_j \quad (i \in [k]).$$

Seien

$$\lambda := \max\{|\lambda_{i,j}| : i,j \in [k]\} \quad \wedge \quad \mu := \max\{|\mu_j| : j \in [k]\}.$$

Dann gilt $\lambda > 0$, $\mu < \rho$, *und für jedes*

$$\epsilon \in \frac{\rho - \mu}{\lambda} \,]-1,1[$$

ist

$$-\rho < -\mu - \epsilon\lambda \le \mu_j \pm \epsilon\lambda_{i,j} \le \mu + \epsilon\lambda < \rho \quad (i,j \in [k]).$$

Damit folgt

$$y \pm \epsilon b_i = \sum_{j=1}^{k} (\mu_j \pm \epsilon\lambda_{i,j}) a_j \in P \quad (i \in [k]).$$

Da das Kreuzpolytop $\mathrm{conv}(\{b_1,\ldots,b_n\})$ *die euklidische Kugel* $(1/\sqrt{n})\mathbb{B}^n_{(2)}$ *enthält, folgt*

$$\left(y + \frac{\rho - \mu}{\sqrt{n}\lambda} \mathrm{int}(\mathbb{B}^n_{(2)}) \right) \cap H \subset P;$$

P ist also relativ offen.

Natürlich ist das Bild einer offenen Menge unter einer affinen Abbildung im Allgemeinen nicht offen. Die folgende Aussage zeigt jedoch, dass die Eigenschaft einer Menge, relativ offen zu sein, unter affinen Abbildungen erhalten bleibt.

4.1.26 Satz. *Seien* $X \subset \mathbb{R}^n$ *relativ offen und* $\tau : \mathbb{R}^n \to \mathbb{R}^m$ *eine affine Abbildung. Dann ist* $\tau(X)$ *relativ offen.*

Beweis: Ist $X = \emptyset$, so ist die Aussage trivial. Sei daher $X \ne \emptyset$. Ferner seien $Y := \tau(X)$, $p,q \in \mathbb{N}_0$, $v_0,v_1,\ldots,v_p$ eine affine Basis von $\mathrm{aff}(X)$, $w_0,w_1,\ldots,w_q$ eine affine Basis von $\mathrm{aff}(Y)$, und es gelte $\tau(v_i) = w_i$ für $i \in \{0,1,\ldots,q\}$. Ist Y einpunktig, so ist nach Bemerkung 4.1.22 (a) nichts zu beweisen. Es gelte daher $p,q \in \mathbb{N}$.

Seien nun $w \in \mathrm{aff}(Y)$ und $v \in \mathrm{aff}(X)$ mit $\tau(v) = w$. Da X relativ offen ist, gibt es ein $\varepsilon \in]0,\infty[$, so dass gilt

$$v + \sum_{i=1}^{p}]-\varepsilon,\varepsilon[(v_i - v_0) \subset X.$$

Da τ affin ist, gilt mit $\lambda_0,\lambda_1,\ldots,\lambda_p \in [0,\infty[$, $\sum_{i=0}^{p}\lambda_i = 1$ und $v = \sum_{i=0}^{p}\lambda_i v_i$ für alle $\mu_1,\ldots,\mu_p \in \mathbb{R}$

$$\tau\left(v + \sum_{i=1}^{p}\mu_i(v_i - v_0) \right) = \tau\left(\left(\lambda_0 - \sum_{i=1}^{p}\mu_i\right)v_0 + \sum_{i=1}^{p}(\lambda_i + \mu_i)v_i \right)$$

$$= \left(\lambda_0 - \sum_{i=1}^{p}\mu_i\right)\tau(v_0) + \sum_{i=1}^{p}(\lambda_i + \mu_i)\tau(v_i) = \sum_{i=0}^{p}\lambda_i\tau(v_i) + \sum_{i=1}^{p}\mu_i\big(\tau(v_i) - \tau(v_0)\big)$$

$$= \tau\left(\sum_{i=0}^{p}\lambda_i v_i \right) + \sum_{i=1}^{p}\mu_i\big(\tau(v_i) - \tau(v_0)\big) = \tau(v) + \sum_{i=1}^{p}\mu_i\big(\tau(v_i) - \tau(v_0)\big).$$

Es folgt

$$Y \supset \tau\left(v + \sum_{i=1}^{p}]-\varepsilon,\varepsilon[(v_i - v_0) \right) = \tau(v) + \sum_{i=1}^{p}]-\varepsilon,\varepsilon[(\tau(v_i) - \tau(v_0))$$

$$\supset w + \sum_{i=1}^{q}]-\varepsilon,\varepsilon[(w_i - w_0).$$

Mit w enthält Y also auch eine (in der Unterraumtopologie) offene Umgebung von w; vgl Beispiel 4.1.25. Somit ist Y relativ offen. $\square$

Das folgende Korollar beschreibt das relative Innere von $\mathcal{V}$-Polytopen.

4.1.27 Korollar. *Seien* $k \in \mathbb{N}$, $v_1, \ldots, v_k \in \mathbb{R}^n$, $P := \operatorname{conv}(\{v_1, \ldots, v_k\})$ *und* $v \in P$. *Es ist* $v \in \operatorname{relint}(P)$ *genau dann, wenn es* $\lambda_1, \ldots, \lambda_k \in \mathbb{R}$ *gibt mit*

$$\lambda_1, \ldots, \lambda_k > 0 \quad \wedge \quad \sum_{i=1}^{k} \lambda_i = 1 \quad \wedge \quad v = \sum_{i=1}^{k} \lambda_i v_i.$$

Beweis: Seien

$$T := \left\{ y := (\eta_1, \ldots, \eta_k)^T \in]0,1[^k : \sum_{i=1}^{k} \eta_i = 1 \right\}$$

und $\tau : \mathbb{R}^k \to \mathbb{R}^n$ die für alle $y := (\eta_1, \ldots, \eta_k)^T \in \mathbb{R}^k$ durch

$$\tau(y) := \sum_{i=1}^{k} \eta_i v_i$$

definierte lineare Abbildung. T ist eine relativ offene $(k-1)$-dimensionale Teilmenge des $\mathbb{R}^k$; vgl. Beispiel 4.1.24. Nach Satz 4.1.26 ist somit auch $\tau(T)$ relativ offen. Es gilt natürlich $P = \tau(\operatorname{cl}(T)) = \operatorname{cl}(\tau(T))$, und es folgt die Behauptung. $\square$

Der folgende Satz zeigt, dass konvexe Mengen topologisch recht 'gutmütig' sind, und erlaubt insbesondere, einen einfachen Dimensionsbegriff zu verwenden.

4.1.28 Satz. *Sei* $C \subset \mathbb{R}^n$ *nichtleer und konvex. Dann gelten die folgenden Aussagen:*

(a) $\operatorname{relint}(C) \neq \emptyset$;

(b) $C \subset \operatorname{cl}(\operatorname{relint}(C))$;

(c) $C = \operatorname{cl}(\operatorname{relint}(C))$ *genau dann, wenn* C *abgeschlossen ist.*

Beweis: (a) Seien $s_0, \ldots, s_k \in C$ eine affine Basis von $\operatorname{aff}(C)$, $S := \operatorname{conv}(\{s_0, \ldots s_k\})$ und

$$T := \left\{ s \in \mathbb{R}^n : \exists (\lambda_0, \ldots, \lambda_n \in]0,1[) : \sum_{i=0}^{n} \lambda_i = 1 \wedge \sum_{i=0}^{n} \lambda_i s_i = s \right\}.$$

Dann gilt $\operatorname{aff}(T) = \operatorname{aff}(C)$ und $T \subset S \subset C$. Da T nach Korollar 4.1.27 relativ offen ist, folgt (a).

(b) Jedes Element $s_0 \in C$ kann durch Elemente $s_1, \ldots, s_k \in C$ zu einer affinen Basis von $\operatorname{aff}(C)$ ergänzt werden. Mit den Bezeichnungen von (a) gilt daher $s_0 \in \operatorname{cl}(T) \subset \operatorname{cl}(\operatorname{relint}(C))$; somit folgt $C \subset \operatorname{cl}(\operatorname{relint}(C))$.

(c) Ist C abgeschlossen, so gilt natürlich $C \supset \operatorname{cl}(\operatorname{relint}(C))$. Ist C hingegen nicht abgeschlossen, so gilt $\emptyset \neq \operatorname{cl}(C) \setminus C \subset \operatorname{cl}(\operatorname{relint}(C)) \setminus C$, und es folgt (c). $\square$

Betrachten wir noch einmal die Mengen aus den Beispielen 4.1.23 und 4.1.24. Es ist naheliegend, die Strecke im $\mathbb{R}^2$ bzw. die Kreisscheibe im $\mathbb{R}^3$ aus Abbildung 4.7 als 1- bzw. 2-dimensional aufzufassen. Genauso natürlich wird man der Menge T aus Beispiel 4.1.24 die Dimension $n-1$ zuweisen. Sie liegt ja einerseits in der Hyperebene H des $\mathbb{R}^n$ und ist andererseits relativ offen. Mit Satz 4.1.28 ist klar, dass diese Vorstellung und, allgemeiner, folgende Definition im Einklang mit den entsprechenden Begriffen der Analysis steht.

4.1.29 Definition. *Sei $C \subset \mathbb{R}^n$ konvex. Dann heißt*

$$\dim\big(\operatorname{aff}(C)\big)$$

Dimension von C und wird mit $\dim(C)$ bezeichnet.[10]

Wir beenden diese Sektion mit einem wichtigen Satz zur Verträglichkeit von Kompaktheit und der Bildung konvexer Hüllen.

4.1.30 Satz. *Sei $X \subset \mathbb{R}^n$ kompakt. Dann ist $\operatorname{conv}(X)$ kompakt.*

Beweis: Sei

$$S := \left\{ (\lambda_0, \lambda_1, \ldots, \lambda_n)^T \in \mathbb{R}^{n+1} : 0 \leq \lambda_0, \ldots, \lambda_n \in \mathbb{R} \wedge \sum_{i=0}^{n} \lambda_i = 1 \right\},$$

und die Funktion $\Psi : \mathbb{R}^{n+1} \times \mathbb{R}^{n(n+1)} \to \mathbb{R}^n$ sei definiert durch

$$\Psi(\lambda_0, \ldots, \lambda_n, x_0, \ldots, x_n) = \sum_{i=0}^{n} \lambda_i x_i.$$

Offenbar sind S kompakt und Ψ stetig. Aus Lemma 4.1.10 und Satz 4.1.12 (Carathéodory) folgt

$$\Psi(S \times \underbrace{X \times \cdots \times X}_{n+1}) = \operatorname{conv}(X).$$

Nun ist das kartesische Produkt der Kompakta S und X ($n + 1$ mal) kompakt, und das Bild eines Kompaktums unter einer stetigen Abbildung ist ebenfalls kompakt. Somit folgt die Behauptung. $\qquad\square$

4.2 Trennungssätze, Kegel und linear-konvexe Optimierung

In diesem Abschnitt werden weitere grundlegende Begriffe entwickelt und Ergebnisse hergeleitet, die dann bereits zu ersten Charakterisierungen der Optima von bestimmten Typen von Optimierungsproblemen führen. Wir streben dabei zunächst Aussagen an, die nur von der geometrischen Struktur der Probleme, nicht aber von spezifischen Darstellungen abhängen.

4.2.1 Definition. *Eine **linear-konvexe Optimierungsaufgabe** ist durch folgende Daten spezifiziert:*

$$n \in \mathbb{N}, \quad C \subset \mathbb{R}^n \text{ abgeschlossen, konvex,} \quad \varphi : \mathbb{R}^n \to \mathbb{R} \text{ linear,} \quad \operatorname{opt} \in \{\min, \max\}.$$

Die Aufgabe besteht darin, φ über C zu optimieren.[11] *Für opt=max spricht man auch von einer **linear-konvexen Maximierungsaufgabe**, für opt=min von einer **linear-konvexen Minimierungsaufgabe**.*

*Die Menge aller solchen linear-konvexen Optimierungsaufgaben wird **linear-konvexes Optimierungsproblem** oder **linear-konvexes Programm** genannt.*

---

[10] Speziell gilt $\dim(\emptyset) = -1$.

[11] Für Geometer sei angemerkt, dass es hier offenbar darum geht, die Stützfunktion von C an einem Punkt zu berechnen. Wir verzichten aber in diesem Kapitel ganz bewusst auf die Einführung und Analyse konvexer Funktionen. Diesen wird eine eigene Sektion in Band III gewidmet sein.

Die lineare Optimierung ist ein Spezialfall der linear-konvexen Optimierung; in einer LP-Aufgabe (in natürlicher Form) ist C ein Polyeder, das durch eine Matrix A und einen Vektor b in der Form $\{x \in \mathbb{R}^n : Ax \leq b\}$ spezifiziert ist. Man beachte, dass Definition 4.2.1 aber insofern darstellungsinvariant ist, als keine Voraussetzungen darüber gemacht werden, wie C gegeben ist.[12]

Das linear-konvexe Optimierungsproblem stellt ein natürliches, grundlegendes Optimierungsproblem dar. Die hierfür hergeleiteten Resultate werden einerseits später auf die lineare Optimierung spezialisiert; andererseits aber (insbesondere in Band III) weiter ausgeführt und verallgemeinert. Durch Anwendung auf verschiedene Darstellungen für den zulässigen Bereich werden die theoretischen Ergebnisse operationalisiert und führen so zu praktischen Algorithmen.

Man beachte, dass es reicht, linear-konvexe Maximierungsaufgaben zu behandeln, da man durch Übergang von φ zu $-\varphi$ Minimierungsaufgaben in Maximierungsaufgaben überführen kann. Im Folgenden werden wir uns daher auf linear-konvexe Maximierungsaufgaben beschränken, oft wieder suggestiv in der Form

$$\max \quad c^T x$$
$$x \in C$$

geschrieben, wobei $c \in \mathbb{R}^n$ der zu φ gehörige Zielfunktionsvektor ist, d.h. $\varphi(x) = c^T x$ für alle $x \in \mathbb{R}^n$ gilt.

Trennungssätze: Wir studieren nun Fragen danach, inwieweit zwei disjunkte konvexe Mengen durch eine Hyperebene *separiert* werden können. Solche *Trennungseigenschaften* sind für die Charakterisierung der Optima von Optimierungsaufgaben wichtig.

Im Weiteren verwenden wir die folgenden Bezeichnungen.

4.2.2 Bezeichnung. *Für $a \in \mathbb{R}^n$ und $\beta \in \mathbb{R}$ seien*

$$H_{(a,\beta)} \quad := \quad \{x \in \mathbb{R}^n : a^T x = \beta\}$$

$$H^{\leq}_{(a,\beta)} \quad := \quad \{x \in \mathbb{R}^n : a^T x \leq \beta\} \quad \wedge \quad H^{\geq}_{(a,\beta)} \quad := \quad \{x \in \mathbb{R}^n : a^T x \geq \beta\}$$

$$H^{<}_{(a,\beta)} \quad := \quad \{x \in \mathbb{R}^n : a^T x < \beta\} \quad \wedge \quad H^{>}_{(a,\beta)} \quad := \quad \{x \in \mathbb{R}^n : a^T x > \beta\}.$$

Man beachte, dass in Bezeichnung 4.2.2 der Fall $a = 0$ zugelassen ist. Je nachdem, welchen Wert β annimmt, sind dann die eingeführten Mengen entweder ganz $\mathbb{R}^n$ oder leer.

Bekanntlich entspricht einer linearen Gleichung in n Variablen mit nicht verschwindendem Koeffizientenvektor gerade ein $(n-1)$-dimensionaler affiner Teilraum des $\mathbb{R}^n$ und umgekehrt. Für $a \neq 0$ ist $H_{(a,\beta)}$ somit eine Hyperebene. Die Mengen $H_{(a,\beta)}$, $H^{\leq}_{(a,\beta)}$ und $H^{\geq}_{(a,\beta)}$ sind abgeschlossen, die Mengen $H^{<}_{(a,\beta)}$ und $H^{<}_{(a,\beta)}$ hingegen offen.

4.2.3 Bezeichnung. *Seien H eine Hyperebene des $\mathbb{R}^n$, $a \in \mathbb{R}^n \setminus \{0\}$ und $\beta \in \mathbb{R}$ mit $H = H_{(a,\beta)}$. Dann heißt a **Normalenvektor** oder **Normale** von H.*

Der Zielfunktion $x \mapsto c^T x$ einer gegebenen linear-konvexen Maximierungsaufgabe ist (für $c \neq 0$) eine Schar

---

[12] Natürlich muss dieses für alle praktischen Zwecke spezifiziert werden. Es ist jedoch wichtig, die intrinsische Struktur einer Aufgabe von ihren gegebenen Darstellungen zu unterscheiden.

$$\left\{ H_{(c,\gamma)} : \gamma \in \mathbb{R} \right\}$$

paralleler Hyperebenen mit Normalenvektor c zugeordnet. In ihrer geometrischen Interpretation besteht die linear-konvexe Maximierungsaufgabe darin, unter allen Hyperebenen dieser Schar, die den zulässigen Bereich C schneiden, diejenige zu finden, für die γ maximal ist, oder festzustellen, dass keine solche Hyperebene existiert.

Die folgende Definition fasst begrifflich die Tatsache, dass Hyperebenen den $\mathbb{R}^n$ in zwei Zusammenhangskomponenten zerlegen und ist daher Grundlage für das Konzept der Trennung von Mengen.

4.2.4 Definition. *(a) Eine Teilmenge $H^{\leq}$ des $\mathbb{R}^n$ heißt (abgeschlossener)* **Halbraum** *[engl.: (closed) halfspace] des $\mathbb{R}^n$, wenn es $a \in \mathbb{R}^n \setminus \{0\}$ und $\beta \in \mathbb{R}$ gibt mit $H^{\leq} = H^{\leq}_{(a,\beta)}$. Entsprechend heißt a* **äußerer Normalenvektor** *oder* **äußere Normale** *[engl.: outer normal] von $H^{\leq}$.*

(b) Ist $H := H_{(a,\beta)}$ eine Hyperebene, so heißen $H^{\leq}_{(a,\beta)}$ und $H^{\geq}_{(a,\beta)}$ **(abgeschlossene) Halbräume** *zur Hyperebene H; vgl. Abbildung 4.8. $H^{<}_{(a,\beta)}$ bzw. $H^{<}_{(a,\beta)}$ heißen* **(offene) Halbräume**. *Bisweilen werden Halbräume auch einfacher mit H^{+} und H^{-} bezeichnet.*

(c) Seien $S \in \mathbb{R}^n$ und $k \in [n]$. S heißt (relativ offener bzw. abgeschlossener) k-dimensionaler **Halbunterraum**, *wenn es einen k-dimensionalen affinen Teilraum F und einen (offenen bzw. abgeschlossenen) Halbraum H^{+} des $\mathbb{R}^n$ gibt mit*

$$\emptyset \neq F \cap H^{+} \neq F \quad \wedge \quad S = F \cap H^{+}.$$

Ein 1-dimensionaler Halbunterraum wird auch **Halbgerade** *oder* **Strahl** *[engl.: ray] genannt.*

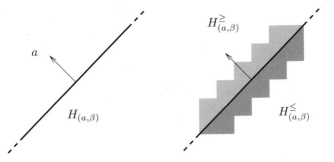

4.8 Abbildung. Hyperebene und zugehörige Halbräume im $\mathbb{R}^2$.

Halbunterräume sind gerade die Halbräume in ihren affinen Hüllen. Insbesondere sind n-dimensionale Halbunterräume schlicht Halbräume. Zu jedem (abgeschlossenen bzw. relativ offenen) Strahl $R \subset \mathbb{R}^n$ gibt es $p \in \mathbb{R}^n$ und $q \in \mathbb{R}^n \setminus \{0\}$ mit $R = p + [0,\infty[q$ bzw. $R = p +]0,\infty[q$.

Geometrisch kann man die Lösung einer linear-konvexen Optimierungsaufgabe mit zulässigem Bereich C und Zielfunktionsvektor c als die Suche nach einem abgeschlossenen Halbraum $H^{\leq}_{(c,\gamma)}$ mit minimalen γ interpretieren, der C enthält.

4.2.5 Definition. *Seien $X,Y \subset \mathbb{R}^n$ und H eine Hyperebene.*

*(a) H **trennt** die Mengen X und Y, wenn es $a \in \mathbb{R}^n \setminus \{0\}$ und $\beta \in \mathbb{R}$ gibt mit $H = H_{(a,\beta)}$ und*

$$X \subset H^{\leq}_{(a,\beta)} \quad \wedge \quad Y \subset H^{\geq}_{(a,\beta)}.$$

*(b) H **trennt** X und Y **strikt**, wenn es $a \in \mathbb{R}^n \setminus \{0\}$ und $\beta \in \mathbb{R}$ gibt mit $H = H_{(a,\beta)}$ und*

$$X \subset H^{<}_{(a,\beta)} \quad \wedge \quad Y \subset H^{>}_{(a,\beta)}.$$

*(c) H **trennt** X und Y **streng**, wenn es $a \in \mathbb{R}^n \setminus \{0\}$ und $\beta,\beta_1,\beta_2 \in \mathbb{R}$ gibt mit $\beta_1 < \beta < \beta_2$, $H = H_{(a,\beta)}$ und*

$$X \subset H^{\leq}_{(a,\beta_1)} \quad \wedge \quad Y \subset H^{\geq}_{(a,\beta_2)}.$$

*(d) Trennt die Hyperebene H die Mengen X und Y (strikt, streng), so wird H als X und Y **(strikt, streng) trennende Hyperebene** [engl.: (strictly, strongly) separating hyperplane] bezeichnet.*

4.2.6 Beispiel. *(a) Abbildung 4.9 (links) zeigt zwei Mengen im $\mathbb{R}^n$, die durch eine Hyperebene getrennt werden. Die Trennung in Abbildung 4.9 (rechts) ist streng; zwischen die Ellipse und das Polygon passt ein durch zwei parallele Geraden gebildeter Streifen.*

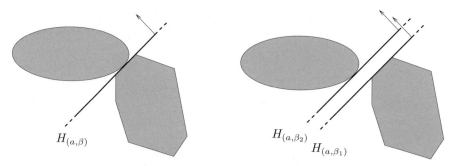

4.9 Abbildung. Trennung (links), strenge Trennung (rechts)

(b) Die beiden Intervalle $[-1,0[$ und $]0,1]$ des $\mathbb{R}^1$ werden durch die Hyperebene $\{0\}$ des $\mathbb{R}^1$ strikt getrennt, sind aber nicht streng trennbar. Abbildung 4.10 zeigt, dass es auch abgeschlossene Mengen mit dieser Eigenschaft gibt.

Im Folgenden beweisen wir einen zentralen Satz der konvexen Analysis, einen *Trennungssatz für konvexe Mengen*. Obwohl die Trennbarkeit eine rein (linear) algebraische Eigenschaft ist, beweist man die Existenzaussage von Satz 4.2.8 am einfachsten unter Verwendung des nachfolgend definierten Abstands zweier Mengen bezüglich der euklidischen Norm.

4.2.7 Bezeichnung. *Für nichtleere Mengen $X,Y \subset \mathbb{R}^n$ sei*

$$d(X,Y) := \inf\{\|x - y\|_{(2)} : x \in X \wedge y \in Y\}$$

*der **euklidische Abstand**[13] von X und Y. Ist X einelementig, etwa $X = \{x\}$, so schreibt*

---

[13] Nach der üblichen Konvention, dass das Infimum über der leeren Menge ∞ ist, gilt insbesondere $d(\emptyset,\emptyset) = \infty$. Dass er Abstand von zwei identischen Mengen unendlich sein soll, ist sicherlich merkwürdig; diese Skurrilität ist aber auf $\emptyset$ beschränkt.

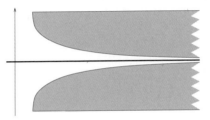

4.10 Abbildung. Abgeschlossene konvexe Mengen, die strikt, aber nicht streng trennbar sind.

man auch kürzer $d(x,Y)$ statt $d(\{x\},Y)$.

Hier ist nun der fundamentale Trennungssatz.

4.2.8 Satz. *Seien $K,C \subset \mathbb{R}^n$ konvex, $K \neq \emptyset$ und beschränkt, und es gelte $\mathrm{cl}(K) \cap \mathrm{cl}(C) = \emptyset$. Dann gibt es eine K und C streng trennende Hyperebene.*

Beweis: Wir können o.B.d.A. annehmen, dass auch $C \neq \emptyset$ ist und K und C abgeschlossen sind. Sei $x \in K$. Da man sich zur Berechnung von $d(x,C)$ auf ein Kompaktum in C beschränken kann, gibt es stets ein y aus C mit $d(x,C) = \|x - y\|_{(2)}$. Da C konvex ist (und $\mathbb{S}^{n-1}_{(2)}$ keine Strecke positiver Länge enthält), ist y eindeutig bestimmt, d.h. y kann als Funktion $y(x)$ von x aufgefasst werden. Als solche ist $d(x,C)$ stetig (nach Übungsaufgabe 4.6.18 sogar Lipschitz-stetig). Also gibt es ein x_0, so dass mit $y_0 := y(x_0)$

$$\|x_0 - y_0\|_{(2)} = \min\{d(x,C) : x \in K\}$$

gilt. Seien nun
$$a := y_0 - x_0 \quad \wedge \quad \beta_1 := a^T x_0 \quad \wedge \quad \beta_2 := a^T y_0.$$

Dann gilt nach Voraussetzung $0 < \|y_0 - x_0\|^2_{(2)} = (y_0 - x_0)^T(y_0 - x_0)$ und somit

$$\beta_1 = a^T x_0 < a^T y_0 = \beta_2.$$

Mittels Widerspruchsbeweises zeigen wir, dass $K \subset H^{\leq}_{(a,\beta_1)}$ ist; vgl. Abbildung 4.11. Der Beweis der Aussage $C \subset H^{\geq}_{(a,\beta_2)}$ folgt analog. Sei also $x \in K \cap H^{>}_{(a,\beta_1)}$, d.h.

$$a^T x > \beta_1.$$

Für $\lambda \in]0,1[$ gilt

$$\left\| y_0 - \left(\lambda x + (1-\lambda)x_0\right) \right\|^2_{(2)} = \left(\lambda(y_0 - x) + (1-\lambda)a\right)^T \left(\lambda(y_0 - x) + (1-\lambda)a\right)$$

$$= \lambda^2\left((y_0 - x) - a\right)^T\left((y_0 - x) - a\right) + 2\lambda\left((y_0 - x) - a\right)^T a + a^T a$$

$$= \lambda^2 \|x_0 - x\|^2_{(2)} + 2\lambda(x_0 - x)^T a + \|a\|^2_{(2)}.$$

Da nach Voraussetzung $a^T(x_0 - x) = \beta_1 - a^T x < 0$ ist, gibt es ein $\delta \in]0,1[$, so dass für alle $\lambda \in]0,\delta[$

$$\lambda\|x_0 - x\|^2_{(2)} + 2(x_0 - x)^T a < 0$$

gilt. Somit folgt für jedes solche λ

$$\left\| y_0 - \left(\lambda x + (1-\lambda)x_0 \right) \right\|_{(2)} < \|a\|_{(2)} = \|y_0 - x_0\|_{(2)},$$

im Widerspruch zur Wahl von x_0 und y_0. $\qquad\qquad\qquad\qquad\qquad\qquad\qquad\qquad\qquad$ □

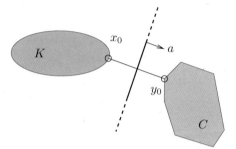

4.11 Abbildung. Konstruktion einer streng trennenden Hyperebene gemäß dem Beweis von Satz 4.2.8.

4.2.9 Bezeichnung. *Sei $C \subset \mathbb{R}^n$ nichtleer, abgeschlossen und konvex. Die im Beweis von Satz 4.2.8 konstruierte Abbildung $x \mapsto y(x)$ heißt **nearest-point-map** von C, und wird mit π_C bezeichnet.*

In dem folgenden Beispiel wenden wir Satz 4.2.8 auf ein $\mathcal{V}$-Polytop an.

4.2.10 Beispiel. *Seien $a_1,\ldots,a_k,b \in \mathbb{R}^n$, $Q = \mathrm{conv}\big(\{a_1,\ldots,a_k\}\big)$ und $A = (a_1,\ldots,a_k)$. Nach Definition liegt b genau dann im $\mathcal{V}$-Polytop Q, wenn*

$$\exists(x \in \mathbb{R}^k) : x \geq 0 \wedge \mathbb{1}^T x = 1 \wedge Ax = b.$$

Nach Satz 4.2.8 ist hingegen $b \notin Q$ genau dann, wenn es eine b und Q streng trennende Hyperebene gibt, d.h. wenn

$$\exists(y \in \mathbb{R}^n \wedge \eta \in \mathbb{R}) : y^T b < \eta \wedge y^T A > \eta \mathbb{1}.$$

Somit ist das System

$$
\begin{aligned}
Ax &= b \\
\mathbb{1}^T x &= 1 \\
x &\geq 0
\end{aligned}
$$

genau dann unzulässig, *wenn*

$$
\begin{aligned}
y^T b \quad - \quad \eta &< 0 \\
-y^T A \quad + \quad \eta \mathbb{1} &< 0
\end{aligned}
$$

zulässig *ist. Der Trennungssatz hat hier also die Gestalt eines **Alternativsatzes**. Es gibt viele Varianten solcher Sätze, die im Bereich der linearen Optimierung in der Regel unter dem Namen **Lemma von Farkas**[14] firmieren. (Vgl. auch Übungsaufgaben 2.4.6 und 4.6.23 sowie Korollar 4.2.36 für weitere Varianten des Lemmas von Farkas.)*

---

[14] Gyula Farkas, 1847 – 1930.

Das folgende Resultat ist eine (etwas schwächere) Trennungsaussage unter allgemeineren Voraussetzungen als in Satz 4.2.8.

4.2.11 Satz. *Seien* $K, C \subset \mathbb{R}^n$ *nichtleer und konvex. Ist* $\mathrm{relint}(K) \cap \mathrm{relint}(C) = \emptyset$, *so existiert eine* K *und* C *trennende Hyperebene.*

Existiert umgekehrt eine K *und* C *trennende Hyperebene, und ist* $\mathrm{aff}(K \cup C) = \mathbb{R}^n$, *so gilt* $\mathrm{relint}(K) \cap \mathrm{relint}(C) = \emptyset$.

Beweis: Ist $\mathrm{aff}(K \cup C) \neq \mathbb{R}^n$, so liegt $K \cup C$ in einer Hyperebene, und die Trennungsaussage ist trivial. Im Folgenden gelte daher $\mathrm{aff}(K \cup C) = \mathbb{R}^n$.

Wäre $\mathrm{relint}(K) \cap \mathrm{relint}(C) \neq \emptyset$, so müsste jede trennende Hyperebene K und C und damit $\mathrm{aff}(K \cup C) = \mathbb{R}^n$ enthalten; es kann also keine trennende Hyperebene geben.

Sei nun $\mathrm{relint}(K) \cap \mathrm{relint}(C) = \emptyset$. Natürlich kann wieder vorausgesetzt werden, dass K und C abgeschlossen sind. Seien $x_0 \in \mathrm{relint}(K)$, $y_0 \in \mathrm{relint}(C)$, $\epsilon \in]0,1[$ sowie

$$K_\epsilon := \left(x_0 + \frac{1}{\epsilon} \mathbb{B}^n \right) \cap \big(x_0 + (1-\epsilon)(-x_0 + K) \big) \quad \text{und} \quad C_\epsilon := y_0 + (1-\epsilon)(-y_0 + C) :$$

vgl. Abbildung 4.12. Dann gilt

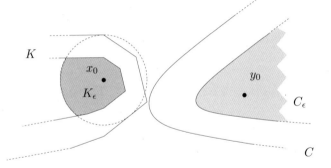

K

x_0

K_ϵ

y_0

C_ϵ

C

4.12 Abbildung. Konstruktion der Mengen K_ϵ und C_ϵ.

$$\mathrm{relint}(K) = \bigcup_{0 < \epsilon < 1} K_\epsilon \quad \wedge \quad \mathrm{relint}(C) = \bigcup_{0 < \epsilon < 1} C_\epsilon.$$

Da K_ϵ und C_ϵ konvex, abgeschlossen und disjunkt sind und K_ϵ beschränkt ist, gibt es nach Satz 4.2.8 eine K_ϵ und C_ϵ streng trennende Hyperebene. Seien

$$a_\epsilon \in \mathbb{S}^{n-1}_{(2)} \quad \wedge \quad \beta_\epsilon \in [0,\infty[,$$

so dass $H_{(a_\epsilon, \beta_\epsilon)}$ eine K_ϵ und C_ϵ streng trennende Hyperebene ist. Ferner sei

$$Y := \{ (a_\epsilon, \beta_\epsilon) : 0 < \epsilon < 1 \}.$$

Für $\lambda \in [0,1]$ folgt aus der Cauchy-Schwarzschen Ungleichung

$$\left| a_\epsilon^T (\lambda x_0 + (1-\lambda) y_0) \right| \leq \| a_\epsilon \|_{(2)} \| \lambda x_0 + (1-\lambda) y_0 \|_{(2)} \leq \lambda \| x_0 \|_{(2)} + (1-\lambda) \| y_0 \|_{(2)}$$

$$\leq \max \big\{ \| x_0 \|_{(2)}, \| y_0 \|_{(2)} \big\}.$$

Da $H_{(a_\epsilon,\beta_\epsilon)}$ die Strecke $\mathrm{conv}(\{x_0,y_0\})$ trifft, folgt mit $\delta := \max\{\|x_0\|_{(2)},\|y_0\|_{(2)}\}$

$$Y \subset \mathbb{S}^{n-1}_{(2)} \times [-\delta,\delta].$$

Also ist die Menge Y beschränkt. Nach dem Satz von Bolzano-Weierstraß[15] gibt es eine Folge $(\epsilon_k)_{k\in\mathbb{N}}$ und ein Paar $(a,\beta) \in \mathrm{cl}(Y)$ mit

$$\lim_{k\to\infty} \epsilon_k = 0 \quad \wedge \quad \lim_{k\to\infty}(a_{\epsilon_k},\beta_{\epsilon_k}) = (a,\beta).$$

Offenbar ist $H_{(a,\beta)}$ eine K und C trennende Hyperebene. $\qquad\square$

In Satz 4.2.11 ist der Fall erlaubt, dass beide Mengen in ihrer trennenden Hyperebene enthalten sind, wenn $\mathrm{aff}(K \cup C) \subsetneqq \mathbb{R}^n$ ist. Es ist jedoch einfach, auch 'echte Trennung' zu garantieren.

4.2.12 Korollar. *Seien $K,C \subset \mathbb{R}^n$ nichtleer und konvex, $S := \mathrm{aff}(K \cup C)$, $s \in S$, und es gelte $\mathrm{relint}(K) \cap \mathrm{relint}(C) = \emptyset$. Dann existieren $a \in (-s+S)\setminus\{0\}$ und $\beta \in \mathbb{R}$, so dass $H_{(a,\beta)}$ die Mengen K und C trennt.*

Beweis: [16] Seien $L := (-s+S)^\perp$, $\hat{C} := C + L$ und $\hat{K} := K + L$. Dann sind $\hat{C}$ und $\hat{K}$ konvex, es gilt $\mathrm{aff}(\hat{K} \cup \hat{C}) = \mathbb{R}^n$ sowie $\mathrm{relint}(\hat{K}) \cap \mathrm{relint}(\hat{C}) = \emptyset$. Nach Satz 4.2.11 gibt es eine $\hat{C}$ und $\hat{K}$ trennende Hyperebene $H_{(a,\beta)}$. Es gelte $\hat{C} \subset H^{\leq}_{(a,\beta)}$ und $\hat{K} \subset H^{\geq}_{(a,\beta)}$. Dann gilt für beliebige Vektoren $x \in C$, $y \in K$ und $z \in L$

$$a^T(x+z) \leq \beta \leq a^T(y+z),$$

und es folgt $a^T z = 0$, also $a \in L^\perp = -s + S$. $\qquad\square$

Als einfache Konsequenz aus Satz 4.2.8 erhält man die folgende Strukturaussage.

4.2.13 Satz. *Jede abgeschlossene konvexe Menge des $\mathbb{R}^n$ ist Durchschnitt aller abgeschlossenen (oder aller offenen) Halbräume, die sie enthalten.*

Beweis: Sei $C \subset \mathbb{R}^n$ abgeschlossen und konvex, und sei K der Durchschnitt aller abgeschlossenen (bzw. aller offenen) Halbräume, die C enthalten. Dann gilt $C \subset K$. Gäbe es nun einen Punkt $y \in K \setminus C$, so gäbe es nach Satz 4.2.8 eine $\{y\}$ und C streng trennende Hyperebene H, im Widerspruch zu $y \in K$. $\qquad\square$

Stützeigenschaften: Als Konsequenz aus den im vorherigen Abschnitt hergeleiteten Trennungssätzen ergeben sich weitreichende Stützeigenschaften, die es erlauben Aspekte der Darstellung konvexer Mengen und die Optimierung über ihnen zu verbinden.

Hier ist die zentrale Definition dieses Abschnitts.

---

[15] Bernardus Placidus Johann Nepomuk Bolzano, 1781 – 1848; Karl Theodor Wilhelm Weierstraß, 1815 – 1897.

[16] Da die Begriffe invariant unter affiner Transformation sind, kann man S in einen Koordinatenunterraum überführen (oder gleich o.B.d.A. annehmen, dass S ein solcher sei), diesen für $k := \dim(S)$ mit dem $\mathbb{R}^k$ identifizieren, Satz 4.2.11 im $\mathbb{R}^k$ anwenden, diesen anschließend wieder als Koordinatenraum des $\mathbb{R}^n$ auffassen und zurück transformieren. Dieses ist der typische Beweis, an den man (bei entsprechenden o.B.d.A.'s) meistens denkt. Im Folgenden soll jedoch noch eine andere nützliche Beweismethode angegeben werden.

4.2.14 Definition. *Seien $X \subset \mathbb{R}^n$, $x \in \mathrm{cl}(X)$ und H eine Hyperebene. Dann heißt H **Stützhyperebene** [engl.: supporting hyperplane] **an X im Punkt** x, wenn H die Mengen X und $\{x\}$ trennt. Man sagt dann auch 'H stützt X in x' und bezeichnet x als **Stützpunkt** von X.*

*Eine Hyperebene H heißt **Stützhyperebene an** X, wenn ein Punkt $x \in \mathrm{cl}(X)$ existiert, so dass H die Menge X im Punkt x stützt. Eine Stützhyperebene an X heißt **eigentlich**, wenn $X \not\subset H$ ist; andernfalls **uneigentlich**. Ist H eine Stützhyperebene an X und H^+ der von H berandete abgeschlossene Halbraum, der X enthält, dann heißt H^+ zu H gehöriger **Stützhalbraum**.*

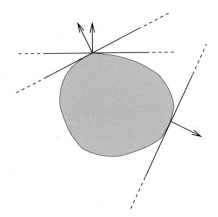

4.13 Abbildung. Konvexe Menge; verschiedene Stützhyperebenen.

Die folgende Bemerkung gibt eine intuitive Charakterisierung der Stützeigenschaft.

4.2.15 Bemerkung. *Seien $X \subset \mathbb{R}^n$ beschränkt, H eine Hyperebene und H^+, H^- die beiden zugehörigen abgeschlossenen Halbräume. H stützt X genau dann, wenn gilt*

$$d(X,H) = 0 \quad \wedge \quad \left(x,y \in X \wedge x \in \mathrm{int}(H^+) \Rightarrow y \in H^+ \right).$$

Beweis: '$\Rightarrow$' Nach Definition gilt $H \cap \mathrm{cl}(X) \neq \emptyset$ sowie $(X \subset H^+ \vee X \subset H^-)$ und somit die Behauptung.

'$\Leftarrow$' Trivialerweise gilt

$$X \cap \mathrm{int}(H^{\pm}) = \emptyset \quad \Rightarrow \quad X \subset H^{\mp}.$$

Somit folgt aus der Voraussetzung, dass X in einem der beiden Halbräume H^+ bzw. H^- enthalten ist. Aus $d(X,H) = 0$ folgt $X \neq \emptyset$. Da die euklidische Norm stetig ist, wird der euklidische Abstand $d\big(\mathrm{cl}(X),H\big)$ auf dem Kompaktum $\mathrm{cl}(X)$ angenommen. Insgesamt folgt damit die Behauptung. $\qquad\square$

Hier ist noch eine intuitive Eigenschaft eigentlicher Stützhyperebenen.

4.2.16 Bemerkung. *Seien $C \subset \mathbb{R}^n$ konvex, H eine eigentliche Stützhyperebene an C und H^+ der zugehörige Stützhalbraum. Dann gilt $\mathrm{relint}(C) \subset \mathrm{int}(H^+)$.*

Beweis: Seien $a \in \mathbb{R}^n \setminus \{0\}$, $\beta \in \mathbb{R}$, $H^+ = H^{\leq}_{(a,\beta)}$, $v_0, \ldots, v_k \in C$ eine affine Basis von aff(C) und $v := \frac{1}{k+1} \sum_{i=0}^{k} v_i$. Nach Korollar 4.1.27 ist $v \in \text{relint}(C)$. Wäre $v \in H$, so folgte $\beta = a^T v = \frac{1}{k+1} \sum_{i=0}^{k} a^T v_i \leq \beta$, also aff$(\{v_0, \ldots, v_k\}) = \text{aff}(C) \subset H$, im Widerspruch dazu, dass H eine eigentliche Stützhyperebene ist. Also gilt $v \in H^{<}_{(a,\beta)}$ und damit relint$(C) \subset H^{<}_{(a,\beta)}$. $\square$

Der folgende Existenzsatz für eigentliche Stützhyperebenen ist eine Folgerung aus den bereits bewiesenen Trennungssätzen.

4.2.17 Satz. *Seien $C \subset \mathbb{R}^n$ und $K \subset \text{relbd}(C)$ beide konvex und $K \neq \emptyset$. Dann gibt es eine eigentliche Stützhyperebene H an C mit $K \subset H$.*

Beweis: Sei $s \in C$. Nach Korollar 4.2.12 gibt es eine C und K trennende Hyperebene $H := H_{(a,\beta)}$ mit $a + s \in \text{aff}(C)$, und es folgt $C \not\subset H$. Seien $H^{\pm}$ die zugehörigen abgeschlossenen Halbräume mit $C \subset H^+$ und $K \subset H^-$. Aus $K \subset C \subset H^+$ folgt $K \subset H^+ \cap H^- = H$ und damit die Behauptung. $\square$

Tatsächlich sind nichtleere abgeschlossene konvexe Mengen bereits durch ihre Stützhalbräume charakterisiert.

4.2.18 Korollar. *Sei $C \subset \mathbb{R}^n$ nichtleer, konvex und abgeschlossen. Dann ist C Durchschnitt aller seiner Stützhalbräume.*

Beweis: Sei K der Durchschnitt aller Stützhalbräume von C. Dann gilt natürlich $C \subset K$. Wir zeigen die umgekehrte Inklusion '$\supset$' mittels Widerspruchsbeweises. Sei also $y \in K \setminus C$. Gemäß Satz 4.1.28 sei $c \in \text{relint}(C)$. Das Segment conv$(\{c, y\})$ enthält (genau) einen Punkt $x \in \text{relbd}(C)$. Nach Satz 4.2.17 gibt es eine eigentliche Stützhyperebene H an C in x. Ist H^+ der zugehörige Stützhalbraum, so folgt $y \notin H^+$ und damit $y \notin K$, im Widerspruch zur Definition von K. Insgesamt folgt somit die Behauptung. $\square$

Korollar 4.2.18 besagt insbesondere, dass jedes $\mathcal{V}$-Polytop Durchschnitt aller seiner Stützhalbräume ist. Wir werden in der nächsten Sektion zeigen, dass hiervon tatsächlich nur endlich viele benötigt werden, $\mathcal{V}$-Polytope also insbesondere Polytope sind.

Das folgende (im ersten Teil fast tautologische) Korollar zeigt die Bedeutung von Satz 4.2.17 für die linear-konvexe Optimierung.

4.2.19 Korollar. *Seien $C \subset \mathbb{R}^n$ abgeschlossen und konvex sowie $x^* \in C$.*

(a) *Seien $c \in \mathbb{R}^n \setminus \{0\}$ und $\beta := c^T x^*$. Der Vektor x^* ist genau dann ein Optimalpunkt der linear-konvexen Maximierungsaufgabe $\max_{x \in C} c^T x$, wenn $H^{\leq}_{(c,\beta)}$ Stützhalbraum an C in x^* ist.*

(b) *Ist $x^* \in \text{bd}(C)$, so existiert ein Vektor $c \in \mathbb{R}^n \setminus \{0\}$, so dass x^* Optimalpunkt der linear-konvexen Maximierungsaufgabe $\max_{x \in C} c^T x$ ist.[17] Ist $x^* \in \text{relbd}(C)$, so kann zusätzlich verlangt werden, dass die durch $x \mapsto c^T x$ definierte Zielfunktion auf C nicht konstant ist.*

---

[17] Korollar 4.2.19 (b) lässt sich in der Sprache der Aktivitätsanalyse linear-konvexer ökonomischer Modelle so formulieren, dass es zu jedem *Produktionsprogramm* $x^* \in \text{bd}(X)$ ein *Preissystem* $c \in \mathbb{R}^n \setminus \{0\}$ gibt, das x^* zu einem optimalen Produktionsprogramm macht. In Sektion 6.3 werden wir uns etwas genauer mit linearen ökonomischen Modellen befassen.

Beweis: (a) Die Aussage ist lediglich eine Umformulierung der Stützeigenschaft als Optimalitätseigenschaft.

(b) Ist $\dim(C) \leq n - 1$, so liegt C in einer Hyperebene $H_{(c,\beta)}$ und jeder Punkt von C ist Optimalpunkt von $\max_{x \in C} c^T x$. Für $x^* \in \mathrm{relbd}(K)$ folgt die Aussage aus Satz 4.2.17.   □

Die folgende Bemerkung beschreibt die Struktur der *Menge aller Zielfunktionen* einer linear-konvexen Maximierungsaufgabe, die durch einen vorgegebenen zulässigen Punkt optimiert werden.

4.2.20 Bemerkung. *Seien $X \subset \mathbb{R}^n$, $x^* \in X$ und*

$$K := \left\{ c \in \mathbb{R}^n : \max_{x \in X} c^T x = c^T x^* \right\}.$$

Dann gilt

$$0 \in K \quad \wedge \quad \left(\lambda_1, \lambda_2 \in [0,\infty[\wedge c_1, c_1 \in K \Rightarrow \lambda_1 c_1 + \lambda_2 c_2 \in K \right).$$

Beweis: Die erste Behauptung ist klar; die zweite folgt, da für $\lambda_1, \lambda_2 \in [0,\infty[$, $c_1, c_2 \in K$ und jedes $x \in X$

$$\left(\lambda_1 c_1 + \lambda_2 c_2 \right)^T x = \lambda_1 c_1^T x + \lambda_2 c_2^T x \leq \lambda_1 c_1^T x^* + \lambda_2 c_2^T x^* = \left(\lambda_1 c_1 + \lambda_2 c_2 \right)^T x^*$$

gilt, mit Gleichheit für $x = x^*$.   □

Die Menge K aller Zielfunktionsvektoren, die einen Punkt x^* des zulässigen Bereichs eines linear-konvexen Maximierungsproblems zum Optimum machen, enthält somit 0 und ist abgeschlossen unter Vektoraddition und Dilatation mit nichtnegativen Skalaren. Im nächsten Abschnitt werden wir allgemeine Mengen mit dieser Struktur genauer analysieren.

Kegel und positive Hüllen: Die folgende Definition fasst die in Bemerkung 4.2.20 festgestellten strukturellen Eigenschaften zusammen.

4.2.21 Definition.   *(a) Sei $K \subset \mathbb{R}^n$. K heißt **Kegel** [engl.: cone], wenn gilt[18]*

$$[0,\infty[K \subset K \quad \wedge \quad K + K \subset K.$$

*(b) Ist K ein Kegel und ein Polyeder, so wird K auch **polyedrischer Kegel** genannt.*

(c) Sei $X \subset \mathbb{R}^n$. Die Menge

$$\bigcap \{ K : X \subset K \wedge K \text{ ist Kegel} \}$$

*heißt **positive**[19] (oder **konische**) **Hülle** von X und wird mit $\mathrm{pos}(X)$ bezeichnet.*

*(d) Seien $x, x_1, \ldots, x_k \in \mathbb{R}^n$. Dann heißt x **Nichtnegativkombination** oder **konische Kombination** von $x_1, \ldots, x_k$, falls $\lambda_1, \ldots, \lambda_k \in \mathbb{R}$ existieren mit*

$$\lambda_1, \ldots, \lambda_k \geq 0 \quad \wedge \quad \sum_{i=1}^{k} \lambda_i x_i = x.$$

---

[18] Hier geht wieder unsere Konvention ein, dass $0 \cdot \emptyset = \{0\}$ ist.
[19] Genauer wäre der Begriff *nichtnegative Hülle*, aber der hat sich nicht wirklich durchgesetzt.

4.2.22 Beispiel. *Seien*

$$A \subset \mathbb{R}^n \setminus \{0\} \quad \wedge \quad K := \bigcap_{a \in A} H^{\leq}_{(a,0)}.$$

Für $a \in A$, $x,y \in K$ und $\lambda \in [0,\infty[$ gilt

$$a^T(\lambda x) = \lambda a^T x \leq 0 \quad \wedge \quad a^T(x+y) = a^T x + a^T y \leq 0.$$

Also ist K ein Kegel.

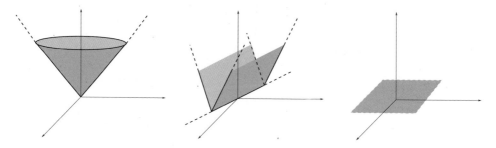

4.14 Abbildung. Verschiedene Kegel des $\mathbb{R}^3$.

    Die drei in Abbildung 4.14 skizzierten Kegel geben verschiedene Beispiele an. Links ist A überabzählbar, in der Mitte und rechts kommt man mit nur zwei Elementen aus.

    Das folgende Lemma fasst einige einfache Eigenschaften von Kegeln und positiven Hüllen zusammen.

4.2.23 Lemma. *Seien $X \subset \mathbb{R}^n$, K ein Kegel im $\mathbb{R}^n$ und $\mathcal{K}$ eine Familie von Kegeln im $\mathbb{R}^n$. Dann gelten die folgenden Aussagen.*

    (a) $0 \in K$ und $\mathrm{pos}(\emptyset) = \{0\}$.

    (b) K ist konvex.

    (c) $\bigcap_{K \in \mathcal{K}} K$ ist ein Kegel.

    (d) $\mathrm{pos}(X)$ ist ein Kegel.

    Beweis: (a) Es gilt $0 \in 0 \cdot K$ und somit $0 \in K$ sowie $0 \in \mathrm{pos}(\emptyset)$. Da $\{0\}$ ein Kegel ist, folgt auch $\mathrm{pos}(\emptyset) = \{0\}$.
    (b) Seien $\lambda \in [0,1]$ und $c_1,c_2 \in K$. Aus $[0,\infty[K \subset K$ folgt $\lambda c_1,(1-\lambda)c_2 \in K$ und aus $K + K \subset K$ schließlich $\lambda c_1 + (1-\lambda)c_2 \in K$.
    (c) Seien $\lambda \in [0,1]$ und $x,y \in \bigcap_{K \in \mathcal{K}} K$. Dann gilt $\lambda x \in K$ sowie $x + y \in K$ für alle $K \in \mathcal{K}$, also $\lambda x, x + y \in \bigcap_{K \in \mathcal{K}} K$.
    (d) folgt direkt aus (c).   □

    Das folgende Lemma zeigt, dass die Klasse der in Beispiel 4.2.22 betrachteten Kegel bereits alle abgeschlossenen Kegel enthält.

4.2.24 Lemma. *Seien K ein abgeschlossener Kegel im $\mathbb{R}^n$ und A die Menge der äußeren Normalen aller Stützhyperebenen an K in 0. Dann gilt $K = \bigcap_{a \in A} H^{\leq}_{(a,0)}$.*

Beweis: Nach Korollar 4.2.18 ist K Durchschnitt aller seiner Stützhalbräume. Es reicht daher zu zeigen, dass jeder Stützhalbraum an K den Ursprung enthält. Seien daher $x^* \in K$, $a \in \mathbb{R}^n \setminus \{0\}$ und $\beta := a^T x^*$ mit $K \subset H^{\leq}_{(a,\beta)}$. Nach Lemma 4.2.23 (a) ist $0 \in K$, und es folgt $\beta \geq 0$. Andererseits gilt für jedes $\lambda \in [0,\infty[$ auch $a^T(\lambda x^*) = \lambda a^T x^* \leq \beta$, also $\beta \leq 0$. Insgesamt folgt $K \subset H^{\leq}_{(a,0)}$ und damit die Behauptung. $\qquad\square$

Analog zu anderen Hüllen, kann man positive Hüllen mit Hilfe von Nichtnegativkombinationen auch konstruktiv beschreiben. Das folgende Lemma zeigt den Zusammenhang zwischen konvexer und positiver Hülle und erlaubt es, Eigenschaft konvexer Hüllen auf entsprechende Eigenschaften positiver Hüllen zu übertragen.

4.2.25 Satz. *Sei $X \subset \mathbb{R}^n$. Dann gilt*

$$\mathrm{pos}(X) = [0,\infty[\,\mathrm{conv}(X) = \mathrm{conv}\big([0,\infty[\,X\big).$$

Beweis: $\mathrm{pos}(X)$ ist unter nichtnegativer Dilatation abgeschlossen und nach Lemma 4.2.23 konvex. Somit gilt $[0,\infty[\mathrm{conv}(X) \subset \mathrm{pos}(X)$. Umgekehrt gilt auch

$$[0,\infty[\big([0,\infty[\mathrm{conv}(X)\big) = [0,\infty[\mathrm{conv}(X) = [0,\infty[\mathrm{conv}(X) + [0,\infty[\mathrm{conv}(X)$$

vgl. Übungsaufgabe 4.6.3. Somit ist $[0,\infty[\mathrm{conv}(X)$ ein Kegel, und es folgt $\mathrm{pos}(X) \subset [0,\infty[\mathrm{conv}(X)$.

Die zweite Aussage folgt analog. $\qquad\square$

In Kombination mit dem Satz 4.1.12 von Carathéodory folgt aus Satz 4.2.25, dass jedes Element $x \in \mathrm{pos}(X)$ bereits Nichtnegativkombination von höchstens $\dim\big(\mathrm{aff}(X)\big) + 1$ vielen Vektoren aus X ist. Tatsächlich reichen bereits $\dim\big(\mathrm{pos}(X)\big)$ viele.

4.2.26 Korollar. *(Satz von Carathéodory für Kegel)*
Seien $X \subset \mathbb{R}^n$ nichtleer, $m := \dim\big(\mathrm{pos}(X)\big)$ und $x \in \mathrm{pos}(X)$. Dann gibt es

$$\lambda_1,\dots,\lambda_m \in [0,\infty[\quad \wedge \quad x_1,\dots,x_m \in X$$

mit

$$x = \sum_{i=1}^{m} \lambda_i x_i.$$

Beweis:[20] Nach Satz 4.2.25 gibt es ein $\mu \in [0,\infty[$, so dass

$$y := \mu x \in \mathrm{conv}(X)$$

ist. Nach Satz 4.1.12 ist y bereits Konvexkombination von höchstens $\dim\big(\mathrm{aff}(X)\big) + 1$ vielen Elementen von X. Natürlich gilt

$$\dim\big(\mathrm{aff}(X)\big) \leq m \leq \dim\big(\mathrm{aff}(X)\big) + 1.$$

Stimmt m mit dem rechten Term überein, so ist nichts mehr zu zeigen. Es seien also $m = \dim\big(\mathrm{aff}(X)\big)$ und y Konvexkombination von $m + 1$, aber nicht bereits von weniger Elementen von X. Seien nun

---

[20] Man kann den Beweis ganz analog zum Beweis von Satz 4.1.12 führen. Wir geben hier ganz bewusst einen Beweis als Korollar zu den Sätzen 4.1.12, 4.2.25 und 4.2.17, um zu zeigen, wie die entwickelten Begriffe ineinander greifen.

$$x_0, \ldots, x_m \in X \quad \wedge \quad \lambda_0, \ldots, \lambda_m \in]0,1] \quad \wedge \quad \sum_{i=0}^{m} \lambda_i = 1 \quad \wedge \quad y = \sum_{i=0}^{m} \lambda_i x_i.$$

Ferner seien

$$S := \operatorname{conv}\big(\{x_0, \ldots, x_m\}\big) \quad \wedge \quad \eta^* := \max\{\eta \in [0,\infty[: \eta y \in S\} \quad \wedge \quad y^* := \eta^* y.$$

Dann gilt $y \in \operatorname{relint}(S)$, $y^* \in \operatorname{relbd}(S)$, und nach Satz 4.2.17 gibt es eine eigentliche Stütz-hyperebene an S durch y^*. Damit ist y^* aber bereits Konvexkombination von höchstens m der Punkte $x_0, \ldots, x_m$. Wegen $x \in [0,\infty[y^*$ folgt die Behauptung. $\qquad\square$

Wir führen nun Bezeichnungen für die beiden wohl wichtigsten Kegel der gesamten Optimierung ein.[21]

4.2.27 Definition. *Seien $C \subset \mathbb{R}^n$ konvex und $x^* \in C$ sowie*

$$N_C(x^*) := \Big\{ c \in \mathbb{R}^n : \max_{x \in C} c^T x = c^T x^* \Big\}$$

und

$$S_C(x^*) := \bigcap_{c \in N_C(x^*)} H^{\leq}_{(c,0)}.$$

*Dann heißen $N_C(x^*)$ **Kegel der äußeren Normalen** oder kürzer **Normalenkegel** und $S_C(x^*)$ **Stützkegel** an C in x^*. Biswei len wird $S_C(x^*)$ auch **Tangentialkegel** oder (für Polyeder) **Innenkegel** genannt.*

Die folgende Bemerkung ist lediglich eine Reformulierung der Definition des Kegels der äußeren Normalen in der Sprache linear-konvexer Optimierungsprobleme.

4.2.28 Bemerkung. *Seien $C \subset \mathbb{R}^n$ konvex, $c \in \mathbb{R}^n$ sowie $x^* \in C$. Dann ist x^* genau dann ein Optimalpunkt der linear-konvexen Maximierungsaufgabe $\max_{x \in C} c^T x$, wenn $c \in N_C(x^*)$ gilt.*

Bemerkung 4.2.28 zeigt bereits die Bedeutung von $N_C(x^*)$ für linear-konvexe Ma-ximierungsaufgaben; die Relevanz von $S_C(x^*)$ wird spätestens in Lemma 4.2.32 klar werden.

Man beachte, dass x^* in Definition 4.2.27 durchaus auch ein innerer Punkt von C sein darf; dann gilt $N_C(x^*) = \{0\}$ und $S_C(x^*) = \mathbb{R}^n$. Eine entsprechende Aussage gilt natürlich auch für relativ innere Punkte.

4.2.29 Bemerkung. *Seien $C \subset \mathbb{R}^n$ konvex und $x^* \in \operatorname{relint}(C)$. Dann gilt*

$$N_C(x^*) = \big(\operatorname{lin}(C - x^*)\big)^{\perp} \quad \wedge \quad S_C(x^*) = \operatorname{lin}(C - x^*).$$

Abbildung 4.15 zeigt beide Kegel für einen Randpunkt eines 2-dimensionalen Poly-tops. Sie ist insoweit typisch, als $N_C(x^*)$ und $S_C(x^*)$ stets abgeschlossene Kegel sind; vgl. Bemerkung 4.2.30.

4.2.30 Bemerkung. *Seien $C \subset \mathbb{R}^n$ konvex und $x^* \in C$. Dann sind $N_C(x^*)$ und $S_C(x^*)$ abgeschlossene Kegel.*

---

[21] Der erste Kegel ist uns bereits kurz in Bemerkung 4.2.20 begegnet und diente zur Motivation des Begriffs des Kegels überhaupt.

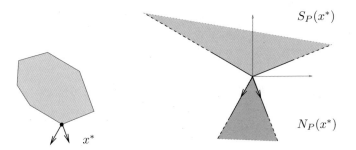

4.15 Abbildung. Links: Polytop P im $\mathbb{R}^2$; Normalenvektoren in einem Punkt $x^* \in \mathrm{bd}(P)$; Rechts: Normalenkegel $N_P(x^*)$ und Stützkegel $S_P(x^*)$.

Beweis: Dass $N_C(x^*)$ und $S_C(x^*)$ tatsächlich Kegel sind, wurde bereits in Bemerkung 4.2.20 bzw. Beispiel 4.2.22 gezeigt. $S_C(x^*)$ ist als Durchschnitt abgeschlossener Halbräume abgeschlossen. Seien nun $(c_i)_{i\in\mathbb{N}}$ eine Folge in $N_C(x^*)$ und $c \in \mathbb{R}^n$ mit $c_i \to c$ $(i \to \infty)$. Für $x \in C$ und $i \in \mathbb{N}$ gilt $c_i^T x \le c_i^T x^*$, und aus der Stetigkeit linearer Funktionen folgt dann auch $c^T x \le c^T x^*$. Somit gilt $c \in N_C(x^*)$. $\qquad\square$

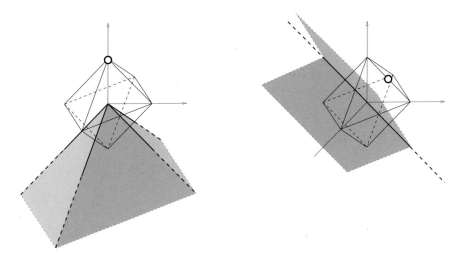

4.16 Abbildung. Stützkegel $S_P(x^*)$ an zwei verschiedenen (jeweils hervorgehobenen) Randpunkten x^* des Standardkreuzpolytops.

Der Stützkegel 'globalisiert' die lokale Struktur um einen Punkt insofern, als dass $x^* + S_C(x^*)$ der Abschluss der Vereinigung aller von x^* ausgehenden Strahlen ist, die durch einen weiteren Punkt von C bestimmt werden.

4.2.31 Lemma. *Seien $C \subset \mathbb{R}^n$ konvex und $x^* \in C$. Dann gilt*

$$S_C(x^*) = \mathrm{cl}\big([0,\infty[(C - x^*)\big).$$

Beweis: Sei $Q := [0,\infty[(C-x^*)$. Da $S_C(x^*)$ ein abgeschlossener Kegel ist, der $C - x^*$ enthält, gilt $\mathrm{cl}(Q) \subset S_C(x^*)$.

Zum Beweis der umgekehrten Inklusion '⊃' reicht es nach Satz 4.1.28 zu zeigen, dass $\mathrm{relint}\big(S_C(x^*)\big) \subset Q$ gilt. Sei daher $y \in \mathrm{relint}\big(S_C(x^*)\big)$, aber $y \notin Q$, d.h.

$$]0,\infty[\,y \cap (C - x^*) = \emptyset.$$

Nach Korollar 4.2.12 gibt es $a \in \mathrm{lin}\big(S_C(x^*)\big) \setminus \{0\}$ und $\beta \in \mathbb{R}$, so dass

$$]0,\infty[\,y \subset H^{\geq}_{(a,\beta)} \quad \wedge \quad C - x^* \subset H^{\leq}_{(a,\beta)}.$$

Wegen $0 \in [0,\infty[\,y \cap (C - x^*)$ gilt $\beta = 0$, d.h. $H^{\leq}_{(a,a^T x^*)}$ ist ein Stützhalbraum an C in x^*. Nach Definition von $S_C(x^*)$ gilt somit $y \notin \mathrm{relint}\big(S_C(x^*)\big)$, im Widerspruch zur Wahl von y. Somit ist $\mathrm{relint}\big(S_C(x^*)\big) \subset Q$, und es folgt die Behauptung. □

Charakterisierung der Optimalität: Tatsächlich beschreibt der Stützkegel $S_C(x^*)$ die lokale Struktur von C um x^* in einer für die Optimierung adäquaten Weise.

4.2.32 Lemma. *Seien $C \subset \mathbb{R}^n$ konvex, $c \in \mathbb{R}^n$, $x^* \in C$ sowie*

$$(A) \qquad \begin{array}{c} \max c^T x \\ x \in C \end{array} \qquad\qquad (B) \qquad \begin{array}{c} \max c^T x \\ x \in x^* + S_C(x^*). \end{array}$$

Der Punkt x^* ist genau dann Optimalpunkt der linear-konvexen Optimierungsaufgabe (A), wenn er Optimalpunkt von (B) ist.

Beweis: Wegen $x^* \in C \subset x^* + S_C(x^*)$ gilt natürlich

$$\max_{x \in C} c^T x \leq \max_{x \in x^* + S_C(x^*)} c^T x.$$

Ist also x^* Maximalpunkt bez. $x^* + S_C(x^*)$, so ist x^* erst recht Maximalpunkt bez. C.

Seien nun x^* Maximalpunkt bez. C, aber $y \in x^* + S_C(x^*)$ mit $c^T x^* < c^T y$. Nach Lemma 4.2.31 gilt

$$y - x^* \in \mathrm{cl}\big([0,\infty[\,(C - x^*)\big).$$

Seien entsprechend $(\lambda_i)_{i \in \mathbb{N}}$ und $(x_i)_{i \in \mathbb{N}}$ Folgen mit $\lambda_i \geq 0$ und $x_i \in C - x^*$ für alle $i \in \mathbb{N}$, so dass

$$x^* + \lambda_i x_i \to y \quad (i \to \infty).$$

Dann gilt

$$c^T(x^* + \lambda_i x_i) \to c^T y > c^T x^*,$$

also gibt es ein $i_0 \in \mathbb{N}$ mit $c^T(x^* + \lambda_{i_0} x_{i_0}) > c^T x^*$. Es folgt $c^T x_{i_0} > 0$, also

$$x^* + x_{i_0} \in C \quad \wedge \quad c^T(x^* + x_{i_0}) > c^T x^*,$$

im Widerspruch zur Optimalität von x^*. □

Das nachfolgende Korollar ist eine geometrische Reformulierung von Lemma 4.2.32.

4.2.33 Korollar. *Seien $C \subset \mathbb{R}^n$ konvex, $x^* \in C$ und $S := S_C(x^*)$. Dann gilt*

$$N_C(x^*) = N_S(0).$$

Beweis: Die Behauptung folgt unmittelbar aus Lemma 4.2.32. □

Zum Abschluss dieser Sektion betrachten wir Normalen- und Stützkegel für Polyeder. Tatsächlich lassen sie sich mit Hilfe derjenigen Restriktionen beschreiben, die für x^* mit Gleichheit erfüllt sind.

4.2.34 Bezeichnung. *Seien* $n,m \in \mathbb{N}$, $a_1,\ldots,a_m \in \mathbb{R}^n \setminus \{0\}$, $A := (a_1,\ldots,a_m)^T$, $b :=$ $(\beta_1,\ldots,\beta_m)^T \in \mathbb{R}^m$, $P := \{x \in \mathbb{R}^n : Ax \leq b\}$, $x^* \in P$ *und*

$$I(x^*) := \left\{ i \in [m] : a_i^T x^* = \beta_i \right\}.$$

Jede Nebenbedingung $a_i^T x \leq \beta_i$ *mit* $i \in I(x^*)$ *heißt in* x^* **aktiv.** $I(x^*)$ *ist somit die* **Indexmenge der aktiven Nebenbedingungen.** *Ferner sei*

$$P^=(x^*) := \bigcap_{i \in I(x^*)} H_{(a_i,\beta_i)} \quad \wedge \quad P^{\leq}(x^*) := \bigcap_{i \in I(x^*)} H^{\leq}_{(a_i,\beta_i)}.$$

4.2.35 Satz. *Es seien* $n,m \in \mathbb{N}$, $a_1,\ldots,a_m \in \mathbb{R}^n \setminus \{0\}$, $A := (a_1,\ldots,a_m)^T$, $b :=$ $(\beta_1,\ldots,\beta_m)^T \in \mathbb{R}^m$, $P := \{x \in \mathbb{R}^n : Ax \leq b\}$ *und* $x^* \in P$. *Dann gilt*

(a) $N_P(x^*) = \mathrm{pos}\left(\left\{a_i : i \in I(x^*)\right\}\right)$;

(b) $S_P(x^*) = \displaystyle\bigcap_{i \in I(x^*)} \{x \in \mathbb{R}^n : a_i^T x \leq 0\} = -x^* + P^{\leq}(x^*)$.

Beweis: (a) Sei $Q := \mathrm{pos}\left(\left\{a_i : i \in I(x^*)\right\}\right)$. Für $i \in I(x^*)$ gilt

$$\max_{x \in P} a_i^T x \leq \beta_i = a_i^T x^*,$$

d.h. $Q \subset N_P(x^*)$. Wir führen den Beweis der umgekehrten Inklusion '⊃' durch Widerspruch. Sei daher $c \in N_P(x^*) \setminus Q$. Nach Satz 4.2.8 gibt es eine c und Q streng trennende Hyperebene. Seien also $q \in \mathbb{R}^n \setminus \{0\}$ und $\kappa_1,\kappa_2 \in \mathbb{R}$ mit $\kappa_1 < \kappa_2$ und

$$Q \subset H^{\leq}_{(q,\kappa_1)} \quad \wedge \quad c^T q \geq \kappa_2.$$

Wegen $0 \in Q$ gilt $0 \leq \kappa_1 < \kappa_2$. Nach Satz 4.2.25 ist die linke Inklusion äquivalent zu

$$\lambda_1,\ldots,\lambda_m \in [0,\infty[\quad \Rightarrow \quad \left(\sum_{i \in I(x^*)} \lambda_i a_i\right)^T q = \sum_{i \in I(x^*)} \lambda_i a_i^T q \leq \kappa_1,$$

und das gilt genau dann, wenn

$$a_i^T q \leq 0 \quad \left(i \in I(x^*)\right)$$

ist. Es folgt

$$i \in I(x^*) \wedge \mu \in [0,\infty[\quad \Rightarrow \quad a_i^T(x^* + \mu q) = \beta_i + \mu a_i^T q \leq \beta_i.$$

Somit gibt es ein $\mu_0 \in]0,\infty[$, so dass

$$x^* + \mu_0 q \in P \quad \wedge \quad c^T(x^* + \mu_0 q) = c^T x^* + \mu_0 c^T q \geq c^T x^* + \mu_0 \kappa_2 > c^T x^*,$$

im Widerspruch zu $c \in N_P(x^*)$. Also gilt $N_P(x^*) \subset Q$, und damit die erste Identität.

(b) Mit (a) folgt

$$S_P(x^*) = \bigcap_{c \in N_C(x^*)} H_{(c,0)}^{\leq} = \bigcap_{c \in Q} H_{(c,0)}^{\leq} \subset \bigcap_{i \in I(x^*)} \{x \in \mathbb{R}^n : a_i^T x^* \leq 0\} = -x^* + P^{\leq}(x^*).$$

Sei nun $x \in -x^* + P^{\leq}(x^*)$. Wir zeigen, dass für $a \in Q$ stets $x \in H_{(a,0)}^{\leq}$ ist. Damit folgt dann $x \in S_P(x^*)$.

Für $i \in I(x^*)$ seien also $\lambda_i \in [0,\infty[$ und $a := \sum_{i \in I(x^*)} \lambda_i a_i$. Da $a_i^T x \leq 0$ für alle $i \in I(x^*)$ ist, gilt

$$a^T x = \Big(\sum_{i \in I(x^*)} \lambda_i a_i \Big)^T x = \sum_{i \in I(x^*)} \lambda_i a_i^T x \leq 0,$$

also $x \in H_{(a,0)}^{\leq}$. Hiermit ist auch die zweite Behauptung bewiesen. $\square$

Als Korollar erhalten wir eine andere Version des Lemmas von Farkas.

4.2.36 Korollar. *(Lemma von Farkas)*
Seien $n,m \in \mathbb{N}$, $a_1,\ldots,a_m \in \mathbb{R}^n$, $A := (a_1,\ldots,a_m)^T \in \mathbb{R}^{m \times n}$ und $c \in \mathbb{R}^n$. Dann gilt

$$\big(Ax \leq 0 \Rightarrow c^T x \leq 0 \big) \quad \Longleftrightarrow \quad \exists (y \in \mathbb{R}^m) : y \geq 0 \wedge A^T y = c.$$

Beweis: Da die rechte Bedingung äquivalent ist zu $c \in \mathrm{pos}(\{a_1,\ldots,a_m\})$, folgt die Behauptung unmittelbar durch Anwendung von Satz 4.2.35 und Bemerkung 4.2.28 auf $P := \{x : Ax \leq 0\}$. $\square$

Die Implikation $\big(Ax \leq 0 \Rightarrow c^T x \leq 0 \big)$ kann man so interpretieren, dass $\max\{c^T x : Ax \leq b\} = 0$ gilt, aber auch, dass die Ungleichung $c^T x \leq 0$ in der $\mathcal{H}$-Darstellung des Polyeders $P := \{x : Ax \leq 0 \wedge c^T x \leq 0\}$ redundant ist.

Zum Abschluss dieser Sektion interpretieren wir die Ergebnisse noch einmal explizit für lineare Optimierungsaufgaben

$$\begin{aligned} \max\; & c^T x \\ Ax\; & \leq\; b \end{aligned}$$

mit $A := (a_1,\ldots,a_m)^T \in \mathbb{R}^{m \times n}$, $b := (\beta_1,\ldots,\beta_m)^T \in \mathbb{R}^m$ und $c \in \mathbb{R}^n$. Seien

$$P := \{x \in \mathbb{R}^n : Ax \leq b\} \quad \wedge \quad x^* \in P.$$

Nach Bemerkung 4.2.28 ist x^* genau dann Optimalpunkt, wenn $c \in N_C(x^*)$ gilt. Satz 4.2.35 charakterisiert den Kegel der äußeren Normalen als positive Hülle der Normalen der aktiven Nebenbedingungen. Im Falle der Optimalität von x^* lässt sich also c aus den Vektoren a_i mit $i \in I(x^*)$ nichtnegativ kombinieren. Unter Verwendung der Notation aus Bezeichnung 1.3.7 beschreiben wir dieses Ergebnis mittels spezieller nichtnegativer Linearkombinationen der Zeilenvektoren von A.

4.2.37 Korollar. *Seien $n,m \in \mathbb{N}$, $A \in \mathbb{R}^{m \times n}$, $b \in \mathbb{R}^m$, $c \in \mathbb{R}^n$, $x^* \in \mathbb{R}^n$, und es gelte $Ax^* \leq b$. Ferner seien $I := I(x^*)$ und $J := [m] \setminus I$. Der Vektor x^* ist genau dann Optimalpunkt des linearen Programms $\max\{c^T x : Ax \leq b\}$, wenn es einen Vektor $y^* \in \mathbb{R}^m$ gibt mit*

$$y_I^* \geq 0 \quad \wedge \quad y_J^* = 0 \quad \wedge \quad A^T y = A_I^T y_I^* = c.$$

Beweis: Nach Bemerkung 4.2.28 und Satz 4.2.35 ist x^* genau dann Optimalpunkt, wenn es für jedes $i \in I$ einen Koeffizienten $\eta_i \in [0,\infty[$ gibt mit

$$c = \sum_{i \in I} \eta_i a_i.$$

Fassen wir diese Koeffizienten in einem Vektor zusammen, der noch um Einträge 0 für die Komponenten aus J ergänzt wird, so folgt die Behauptung. $\square$

Nach Korollar 4.2.37 ist die Optimalität von x^* äquivalent mit der Existenz einer speziellen Nichtnegativkombination der Normalen $a_1, \ldots, a_m$, die c ergibt. Der Vektor y^* ist somit ein 'Beweis' für die Optimalität von x^*.

In Sektion 2.1 hatten wir uns bereits mit Nichtnegativkombinationen von Ungleichungen befasst. Dort stand allerdings die Frage im Zentrum, inwieweit man die Gauß-Elimination auf lineare Ungleichungssysteme übertragen kann. Hier zielen wir nicht auf die Elimination von Variablen, sondern analysieren, was die speziellen Koeffizienten y^* auszeichnet.

Seien also $\eta_1, \ldots, \eta_m \in [0,\infty[$. Für jedes $i \in [m]$ multiplizieren wir die i-te Ungleichung $a_i^T x \leq \beta_i$ mit η_i und addieren alle so entstehenden Ungleichungen. Dann gilt für jeden Punkt $x \in P$

$$\sum_{i=1}^m \eta_i a_i^T x \leq \sum_{i=1}^m \eta_i \beta_i,$$

oder mit $y := (\eta_1, \ldots, \eta_m)^T$ in Matrixschreibweise

$$y^T A x \leq y^T b.$$

Wenn wir uns auf solche Nichtnegativkombinationen y beschränken, die den Zielfunktionsvektor c darstellen, d.h.

$$y \in Q := \{y \in \mathbb{R}^m : y \geq 0 \wedge A^T y = c\}$$

wählen, so erhalten wir die für alle Punkte $x \in P$ gültige Ungleichung

$$c^T x = y^T A x \leq y^T b,$$

und damit die obere Abschätzung

$$\max_{x \in P} c^T x \leq \min_{y \in Q} y^T b$$

für den optimalen Zielfunktionswert. Gibt es zu $x^* \in P$ also einen Punkt $\hat{y} \in Q$ mit

$$c^T x^* = b^T \hat{y},$$

so ist x^* ein Maximalpunkt des gegebenen linearen Programms, und $\hat{y}$ ist Minimalpunkt des zugeordneten 'dualen' linearen Programms $\min\{b^T y : y \in Q\}$.

Ist x^* Maximalpunkt, so gilt natürlich speziell für einen 'Beweis' $y^* \in \mathbb{R}^m$ gemäß Korollar 4.2.37

$$c^T x^* = (y^*)^T A x^* = (y_I^*)^T A_I x^* = (y_I^*)^T b_I = (y^*)^T b,$$

d.h. y^* ist ein Minimalpunkt von $y \mapsto y^T b$ über Q. Insgesamt haben somit das folgende Korollar bewiesen.

4.2.38 Korollar. *Seien* $n,m \in \mathbb{N}$, $A \in \mathbb{R}^{m \times n}$, $b \in \mathbb{R}^m$, $c \in \mathbb{R}^n$, $x^* \in \mathbb{R}^n$, *und es gelte* $Ax^* \leq b$. *Der Vektor* x^* *ist genau dann Optimalpunkt des linearen Programms* $\max\{c^T x : Ax \leq b\}$, *wenn es einen Punkt* $y^* \in \mathbb{R}^m$ *gibt mit*

$$y^* \geq 0 \quad \wedge \quad A^T y^* = c \quad \wedge \quad c^T x^* = b^T y^*.$$

Jeder solche Vektor y^* *ist Optimalpunkt des 'dualen' linearen Programms*

$$\min\{b^T y : y \geq 0 \wedge A^T y = c\}.$$

Ist x^* *Optimalpunkt, so gibt es für* $J := [m] \setminus I(x^*)$ *sogar einen solchen Vektor* y^* *mit* $y_J^* = 0$.

Diese Interpretation der Ergebnisse dieser Sektion ist der geometrische Kern der LP-*Dualität*. Wir werden sie in Kapitel 6 genauer untersuchen. Entsprechende Konzepte sind auch in der ganzzahligen Optimierung relevant.

Da die zentralen Aussagen dieser Sektion aber nicht nur für Polyeder gelten, ist es sicherlich nicht wirklich überraschend, dass sie uns in der nichtlinearen Optimierung wiederbegegnen und auch dort zu weitreichenden Resultaten führen werden.

4.3   Darstellungssätze

Wie wir gesehen haben, erlauben konvexe Mengen sowohl eine 'äußere Darstellung' als Durchschnitt ihrer Stützhalbräume als auch eine 'innere Darstellung' als Menge aller ihrer Konvexkombinationen. Nach Satz 4.1.12 ist jeder Punkt x der konvexen Hülle einer Teilmenge des $\mathbb{R}^n$ bereits Konvexkombination von $n + 1$ ihrer Elemente, aber natürlich hängen diese Elemente von x ab.

Im Folgenden ist es zunächst unser Ziel, eine möglichst kleine Teilmenge X einer abgeschlossenen konvexen Menge C zu identifizieren, so dass sich jeder Punkt von C als Konvexkombination von Elementen aus X darstellen lässt, d.h. für die $C = \mathrm{conv}(X)$ gilt. Als Folgerung aus den gewonnenen Strukturergebnissen erhalten wir Aussagen für die Charakterisierung von Optimalpunkten von nichtlinearen Optimierungsaufgaben, insbesondere aber auch einen zentralen Darstellungssatz für Polyeder, der die Grundlage für die Entwicklung des Simplex-Algorithmus für Lineare Optimierungsprobleme in Kapitel 5 ist.

Extremalpunkte und Seiten: Wir beginnen mit der Aussage, dass, abgesehen von trivialen Ausnahmen, die relativen Randpunkte einer abgeschlossenen konvexen Menge zu deren Darstellung mittels Konvexkombinationen ausreichen. Als Hilfsmittel benötigen wir ein einfaches Lemma.

4.3.1 Lemma. *Seien* $C \subset \mathbb{R}^n$ *abgeschlossen und konvex und* $s \in \mathbb{R}^n \setminus \{0\}$. *Dann gilt*

$$x,y \in C \wedge x + [0,\infty[s \subset C \quad \Longrightarrow \quad y + [0,\infty[s \subset C.$$

Insbesondere ist für $c \in C$ *auch*

$$\mathrm{cl}\big(\mathrm{conv}\big(C \cup (c + [0,\infty[s)\big)\big) = C + [0,\infty[s.$$

Beweis: Seien $x,y \in C$, und es gelte $x + [0,\infty[s \subset C$. Nach Satz 4.2.13 ist C Durchschnitt aller abgeschlossenen Halbräume, die C enthalten. Seien $a \in \mathbb{R}^n \setminus \{0\}$ und $\beta \in \mathbb{R}$ mit $C \subset H^{\leq}_{(a,\beta)}$. Dann gilt für jedes $\lambda \geq 0$

$$a^T(x + \lambda s) = a^T x + \lambda a^T s \leq \beta,$$

also $a^T s \leq 0$. Somit folgt aus $y \in C$ für jedes $\lambda \geq 0$

$$a^T(y + \lambda s) = a^T y + \lambda a^T s \leq \beta,$$

und damit die erste Behauptung.

Die zweite Aussage folgt aus der ersten angewendet auf $\mathrm{cl}\big(\mathrm{conv}\big(C \cup (c + [0,\infty[s))\big)$. $\square$

4.3.2 Satz. *Sei $C \subset \mathbb{R}^n$ abgeschlossen und konvex. Dann gilt*

$$C = \mathrm{conv}\big(\mathrm{relbd}(C)\big)$$

genau dann, wenn C kein nichtleerer affiner Unterraum oder Halbunterraum des $\mathbb{R}^n$ ist.

Beweis: Ist C ein affiner Unterraum, so gilt $\mathrm{relbd}(C) = \emptyset$. Ist C hingegen ein Halbunterraum, und H^+ ein zugehöriger Halbraum, so gilt $\mathrm{relbd}(C) = \mathrm{aff}(C) \cap \mathrm{bd}(H^+) \neq C$.

Sei nun $K := \mathrm{conv}\big(\mathrm{relbd}(C)\big)$. Da C abgeschlossen ist, gilt $\mathrm{relbd}(C) \subset C$; aus der Konvexität folgt daher $K \subset C$. Wir nehmen an, dass die umgekehrte Inklusion nicht gelte. Da $\mathrm{relbd}(C) \subset K$ ist, sei

$$y \in \mathrm{relint}(C) \setminus K.$$

Nach Korollar 4.2.12 gibt es eine $\{y\}$ und K trennende Hyperebene mit Normale in $(-y) + \mathrm{aff}(C)$.[22] Sei also $H^{\leq}_{(a,\beta)}$ ein entsprechender abgeschlossener Halbraum mit

$$y \in H^{<}_{(a,\beta)} \quad \wedge \quad K \subset H^{\geq}_{(a,\beta)}.$$

Ist $z \in H^{<}_{(a,\beta)} \cap \mathrm{aff}(C)$, so gilt $\lambda z + (1-\lambda)y \in H^{<}_{(a,\beta)}$ für alle $\lambda \in]0,1]$. Da $\mathrm{relbd}(C) \subset K$ ist, folgt

$$\mathrm{conv}\big(\{y,z\}\big) \cap \mathrm{relbd}(C) \subset \mathrm{conv}\big(\{y,z\}\big) \cap K = \emptyset,$$

d.h. $z \in \mathrm{relint}(C)$. Somit gilt

$$H^{<}_{(a,\beta)} \cap \mathrm{aff}(C) \subset C.$$

Da C abgeschlossen und konvex ist, gilt nach Lemma 4.3.1 für jeden Punkt $c \in C$

$$\Big(c + H^{\leq}_{(a,0)}\Big) \cap \mathrm{aff}(C) \subset C.$$

Somit ist C ein (nicht-leerer) affiner Unterraum oder Halbunterraum des $\mathbb{R}^n$. $\square$

Wir analysieren im Folgenden die (relative) Randstruktur abgeschlossener konvexer Mengen genauer, um die zur ihrer Darstellung als konvexe Hülle erforderlichen Mengen weiter einzuschränken.

---

[22] Wir könnten spätestens an dieser Stelle o.B.d.A. annehmen, dass C volldimensional ist, da wir alle folgenden Argumente auf $\mathrm{aff}(C)$ beschränken könnten. Da der Gewinn aber marginal ist, verzichten wir hier darauf.

4.3.3 Definition. *Seien $C \subset \mathbb{R}^n$ konvex, $x \in C$ und*

$$F(x) := \bigcup \Big\{ \mathrm{conv}(\{y,z\}) : y,z \in C \,\wedge\, x \in \mathrm{relint}\big(\mathrm{conv}(\{y,z\})\big) \Big\}.$$

*Dann heißt $F(x)$ **Seite** von x in C [engl.: face]. Ist $k \in \mathbb{N}_0$ und $\dim\big(\mathrm{aff}\big(F(x)\big)\big) = k$, so wird $F(x)$ auch k-**Seite** von C genannt. Zur besonderen Kennzeichnung von C wird bisweilen auch $F_C(x)$ geschrieben.*

*Gilt $F(x) = \{x\}$, so heißt x **Extremalpunkt** von C. Die Menge der Extremalpunkte von C wird mit $\mathrm{ext}(C)$ bezeichnet. Ist $F(x)$ ein Strahl, so heißt $F(x)$ **Extremalstrahl** von C.*

*Eine Menge $F \subset C$ heißt **Seite** von C, wenn $F = \emptyset$ ist, oder wenn es einen Punkt $x \in C$ gibt mit $F = F(x)$. $\emptyset$ und C werden auch **uneigentliche Seiten** von C genannt, alle Übrigen **eigentliche Seiten** von C.*

Offenbar sind die Extremalpunkte einer konvexen Menge C genau solche Punkte aus C, die nicht im relativen Inneren einer in C enthaltenen Strecke positiver Länge liegen. Das wird in folgender Bemerkung noch einmal explizit festgehalten.

4.3.4 Bemerkung. *Seien $C \subset \mathbb{R}^n$ konvex und $x \in \mathbb{R}^n$. x ist Extremalpunkt von C genau dann, wenn $x \in C$ ist und*

$$x \notin \mathrm{conv}(C \setminus \{x\})$$

gilt, d.h. wenn

$$y_1,y_2 \in C \,\wedge\, \lambda \in \,]0,1[\,\wedge\, x = \lambda y_1 + (1-\lambda)y_2 \quad \Longrightarrow \quad x = y_1 = y_2$$

gilt. Ist C nicht einpunktig, so liegen insbesondere die Extremalpunkte von C in $\mathrm{relbd}(C)$.

4.3.5 Beispiel. *Wir bestimmen die eigentlichen Seiten der euklidischen Einheitskugel $\mathbb{B}^n_{(2)}$. Seien $x \in \mathbb{S}^{n-1}_{(2)}$ und $y,z \in \mathbb{B}^n_{(2)}$, $\lambda \in\,]0,1[$ mit $x = \lambda y + (1-\lambda)z$. Nach der Cauchy-Schwarzschen Ungleichung gilt*

$$1 = x^T x = x^T \big(\lambda y + (1-\lambda)z\big) \leq \lambda \|y\| + (1-\lambda)\|z\| \leq 1$$

mit Gleichheit genau dann, wenn $y,z \in \mathbb{S}^{n-1}_{(2)} \cap \mathbb{R}x$ gilt. Es folgt $y,z \in \{-x,x\}$ und aus $x = \lambda y + (1-\lambda)z$ mit $\lambda \neq 0,1$ schließlich $y = z = x$. Jeder Randpunkt von $\mathbb{B}^n_{(2)}$ ist also Extremalpunkt; $\mathbb{B}^n_{(2)}$ besitzt daher nur k-Seiten für $k \in \{-1,0,n\}$.

Für jeden Extremalpunkt x von $\mathbb{B}^n_{(2)}$ gilt $\{x\} = \mathbb{B}^n_{(2)} \cap H_{(x,1)}$. Jede eigentliche Seite von $\mathbb{B}^n_{(2)}$ ist Durchschnitt von $\mathbb{B}^n_{(2)}$ mit einer Stützhyperebene.

Gemäß Beispiel 4.3.5 wird jede eigentliche Seite der euklidischen Einheitskugel von $\mathbb{B}^n_{(2)}$ von einer Stützhyperebene 'ausgeschnitten'. Das folgende Lemma zeigt, dass sogar ganz allgemein jeder Schnitt einer konvexen Menge C mit einer Stützhyperebene eine Seite von C ist.

4.3.6 Lemma. *Seien $C \subset \mathbb{R}^n$ konvex und H eine Stützhyperebene an C. Dann ist $C \cap H$ eine Seite von C.*

Beweis: Sei $x \in \operatorname{relint}(C \cap H)$. Wir zeigen, dass $F(x) = C \cap H$ gilt.
'$\subset$' Seien $H =: H_{(a,\beta)}$, H^+ der zugehörige Stützhalbraum und

$$y,z \in C \quad \wedge \quad \lambda \in]0,1[\quad \wedge \quad x = \lambda y + (1-\lambda)z.$$

Dann gilt
$$\beta = a^T x = \lambda a^T y + (1-\lambda)a^T z \le \beta,$$

und daher $y,z \in H$. Da C und H konvex sind, gilt $\operatorname{conv}(\{y,z\}) \subset C \cap H$, und es folgt $F(x) \subset C \cap H$.
'$\supset$' Sei umgekehrt $y \in (C \cap H) \setminus \{x\}$. Da $x \in \operatorname{relint}(C \cap H)$ ist, gibt es $z \in \operatorname{relint}(C \cap H)$ mit $x \in \operatorname{relint}(\operatorname{conv}(\{y,z\}))$, und es folgt $\operatorname{conv}(\{y,z\}) \subset F(x)$, also insbesondere $y \in F(x)$. Insgesamt gilt also $C \cap H = F(x)$. □

Der nachfolgende Satz zeigt insbesondere, dass x stets relativ innerer Punkt von $F(x)$ ist.

4.3.7 Satz. *Seien $C \subset \mathbb{R}^n$ konvex und $x \in C$. Dann ist $F(x)$ konvex, und es gilt $x \in \operatorname{relint}(F(x))$. Ist C abgeschlossen, so ist auch $F(x)$ abgeschlossen.*

Beweis: Für Extremalpunkte ist die Aussage klar; im Folgenden sei daher $F(x)$ nicht einpunktig.
Sei $S := \operatorname{conv}(F(x))$. Natürlich gilt $x \in F(x) \subset S \subset C$. Wir zeigen nun zunächst, dass $x \in \operatorname{relint}(S)$ gilt.
Angenommen, es wäre tatsächlich $x \in \operatorname{relbd}(S) = \operatorname{cl}(S) \setminus \operatorname{relint}(S)$. Nach Satz 4.2.17 gäbe es dann eine eigentliche Stützhyperebene H an S in x. Aus der Definition von $F(x)$ als Vereinigung der abgeschlossenen Segmente, die x in ihrem relativen Inneren enthalten, folgte dann aber $F(x) \subset H$, also $S \subset H$, im Widerspruch dazu, dass H eigentlich ist. Somit gilt $x \in \operatorname{relint}(S)$. Ist also $y \in S \setminus \{x\}$, so ist x relativ innerer Punkt von $(x + \mathbb{R}(y-x)) \cap S$. Es gibt daher ein $z \in S$ mit $x \in \operatorname{relint}(\operatorname{conv}(\{y,z\}))$. Somit ist $\operatorname{conv}(\{y,z\}) \subset F(x)$, also insbesondere $y \in F(x)$. Insgesamt folgt $F(x) = S$ sowie $x \in \operatorname{relint}(F(x))$.
Zum Beweis der letzten Behauptung sei $y \in \operatorname{cl}(F(x))$. Da C abgeschlossen ist, gilt $y \in C$, und da x relativ innerer Punkt von $F(x)$ ist, gibt es ein $z \in C$ mit $x \in \operatorname{relint}(\operatorname{conv}(\{y,z\}))$. Somit gilt $y \in F(x)$. Insgesamt folgt damit die Behauptung. □

Insbesondere folgt nun leicht, dass der Punkt x in $F(x)$ keineswegs besonders ausgezeichnet ist.

4.3.8 Korollar. *Seien $C \subset \mathbb{R}^n$ konvex und $x \in C$. Dann gelten die folgenden Aussagen:*

(a) $F(x) = C \cap \operatorname{aff}(F(x))$.

(b) Ist $\hat{x} \in \operatorname{relint}(F(x))$, so gilt $F(x) = F(\hat{x})$.

Beweis: (a) Natürlich gilt $F(x) \subset C \cap \operatorname{aff}(F(x))$. Zum Beweis der umgekehrten Inklusion '$\supset$' sei $y \in C \cap \operatorname{aff}(F(x))$. Nach Satz 4.3.7 gilt $x \in \operatorname{relint}(F(x))$. Somit ist x relativ innerer Punkt des Intervalls $C \cap \operatorname{aff}(\{x,y\})$, und es folgt $y \in F(x)$.
(b) '$\subset$' Sei $y \in F(x)$. Dann gilt $\hat{x} \in \operatorname{relint}(C \cap \operatorname{aff}(\{\hat{x},y\}))$, und es folgt $y \in F(\hat{x})$. Damit gilt $F(x) \subset F(\hat{x})$.
'$\supset$' Die umgekehrte Inklusion folgt durch Vertauschung der Rollen von x und $\hat{x}$, wenn wir noch $x \in \operatorname{relint}(F(\hat{x}))$ zeigen.

Wir nehmen an, dass $x \in \mathrm{relbd}\big(F(\hat{x})\big)$ ist. Nach Satz 4.3.7 ist $F(\hat{x})$ konvex, und nach Korollar 4.2.17 gibt es eine eigentliche Stützhyperebene H an $F(\hat{x})$ in $\hat{x}$; H^+ sei der zugehörige abgeschlossene Halbraum. Da bereits $F(x) \subset F(\hat{x})$ gezeigt ist, und x nach Satz 4.3.7 relativ innerer Punkt von $F(x)$ ist, haben wir insgesamt

$$F(\hat{x}) \subset H^+ \quad \wedge \quad F(\hat{x}) \not\subset H \quad \wedge \quad \hat{x} \in F(x) \subset H.$$

Das ist aber ein Widerspruch, denn zu keinem Punkt $y \in F(\hat{x}) \cap \mathrm{int}(H^+)$ kann es einen Punkt $z \in F(\hat{x})$ geben mit $\hat{x} \in \mathrm{relint}\big(C \cap \mathrm{aff}(\{y,z\})\big)$. $\qquad\square$

Wir zeigen nun, dass der Seitenbegriff transitiv ist.[23]

4.3.9 Satz. *Seien $C \subset \mathbb{R}^n$ konvex, S eine Seite von C und T eine Seite von S. Dann ist T eine Seite von C.*

Beweis: Ist S höchstens einpunktig oder $T = \emptyset$, so ist nichts zu zeigen. Seien also $s \in C$ und $t \in S$ mit $S = F_C(s)$ und $T = F_S(t)$, und S sei kein Extremalpunkt von C. Nach Korollar 4.3.8 können wir ferner annehmen, dass $t \notin \mathrm{relint}(S)$ ist, da sonst $T = S$ und damit nichts mehr zu zeigen wäre.

Nach Definition ist T die Menge aller abgeschlossenen Segmente in S, die t in ihrem relativen Inneren enthalten. Um zu zeigen, dass T sogar eine Seite von C ist, müssen wir nachweisen, dass es keine anderen solchen Segmente in C gibt, d.h. es ist die Implikation

$$y,z \in C \wedge t \in \mathrm{relint}\big(\mathrm{conv}(\{y,z\})\big) \quad \Rightarrow \quad y,z \in S$$

zu zeigen. Der Beweis ergibt sich aus einem im Wesentlichen zweidimensionalen geometrischen Argument; vgl. Abbildung 4.17.

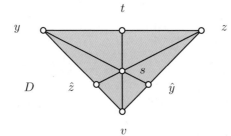

4.17 Abbildung. Veranschaulichung der Argumentation im Beweis von Satz 4.3.9; dargestellt ist die 2-dimensionale Ebene E.

Seien also $y,z \in C \setminus \{t\}$ mit $t \in \mathrm{relint}\big(\mathrm{conv}(\{y,z\})\big)$. Da $t \in S \setminus \mathrm{relint}(S)$ ist, gibt es ein $v \in S \setminus \mathrm{aff}(\{y,z\})$ mit

$$s \in \mathrm{relint}\big(\mathrm{conv}(\{t,v\})\big).$$

Der Beweis vollzieht sich in der Ebene $E := \mathrm{aff}(\{v,y,z\})$, genauer sogar nur im Dreieck

$$D := \mathrm{conv}(\{v,y,z\}).$$

---

[23] Diese Aussage ist nicht nur für einige nachfolgende Beweise wichtig, sondern auch die Grundlage für eine kombinatorische Theorie von Polyedern.

Natürlich gilt $s,t \in D$. Da t relativ innerer Punkt der Kante $\mathrm{conv}(\{y,z\})$ des Dreiecks D ist, trennt die Gerade $\mathrm{aff}(\{t,v\})$ die Punkte y und z in der Ebene E streng. Es folgt $s \in \mathrm{relint}(D)$. Insbesondere ist s somit jeweils relativ innerer Punkt der Intervalle $D \cap \mathrm{aff}(\{s,y\})$ und $D \cap \mathrm{aff}(\{s,z\})$. Daher gibt es Punkte $\hat{y},\hat{z} \in D \subset C$ mit

$$s \in \mathrm{relint}\Big(\mathrm{conv}(\{y,\hat{y}\})\Big) \quad \wedge \quad s \in \mathrm{relint}\Big(\mathrm{conv}(\{z,\hat{z}\})\Big).$$

Somit gilt
$$\mathrm{conv}(\{y,\hat{y}\}) \subset S \quad \wedge \quad \mathrm{conv}(\{z,\hat{z}\}) \subset S,$$

also insbesondere $y,z \in S$, und es folgt die Behauptung. $\qquad\square$

Als einfaches Korollar erhalten wir die Aussage, dass Extremalstrahlen stets in Extremalpunkten beginnen.

4.3.10 Korollar. *Seien $C \subset \mathbb{R}^n$ konvex und $p + [0,\infty[q$ ein Extremalstrahl von C. Dann ist p ein Extremalpunkt von C.*

Beweis: Sei $S := p + [0,\infty[q$. Es gilt $p \in \mathrm{relbd}\big((p+\mathbb{R}q)\cap C\big)$, und es folgt $\{p\} = F_S(p)$. Also gilt nach Satz 4.3.9 $F_C(p) = \{p\}$, d.h. p ist Extremalpunkt von C. $\qquad\square$

Man mag sich fragen, ob man die Aussage von Lemma 4.3.6 auch umkehren kann. Immerhin ist $F(x)$ nach Korollar 4.3.8 ja Durchschnitt von C und $\mathrm{aff}(F(x))$. Aber ist jede eigentliche Seite einer konvexen Teilmenge C des $\mathbb{R}^n$ Schnitt von C mit einer Stützhyperebene? Tatsächlich ist das nicht der Fall. Abbildung 4.18 zeigt eine 2-dimensionale kompakte konvexe Menge, die Extremalpunkte besitzt, die nicht durch eine Stützgerade ausgeschnitten werden.

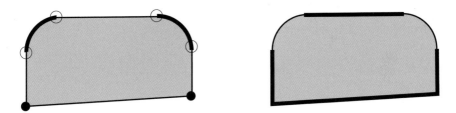

4.18 Abbildung. Zweidimensionale abgeschlossene konvexe Menge C. Links: Menge der Extremalpunkte von C (zwei Kreisbögen und zwei Eckpunkte); die vier eingekreisten Extremalpunkte sind nicht Durchschnitt von C mit einer Stützgeraden. Rechts: die vier 1-dimensionalen Seiten von C.

4.3.11 Bezeichnung. *Seien $C \subset \mathbb{R}^n$ konvex und S eine Seite von C. S heißt **exponiert**, wenn es eine Stützhyperebene H an C gibt mit $S = C \cap H$.*

A priori können wir zur Darstellung nichtleerer, abgeschlossener, konvexer Mengen C als konvexe Hülle möglichst kleiner Teilmengen nicht auf Seiten irgendeiner Dimension k mit $0 \le k \le \mathrm{aff}(C)$ verzichten; schließlich könnte C ja gerade ein k-dimensionaler affiner Teilraum sein. Ähnlich sieht es etwa für das kartesische Produkt $\mathbb{B}_{(2)}^{n-k} \times \mathbb{R}^k$ aus; hier benötigt man ebenfalls alle k-dimensionalen Seiten. Es wird sich aber in Lemma 4.3.15 zeigen, dass diese Beispiele typisch sind.

Linealitätsraum und Rezessionskegel: Wir entwickeln nun die nötigen Begriffe, um unbeschränkte Seiten adäquat fassen zu können.

4.3.12 Definition. *Sei $C \subset \mathbb{R}^n$ abgeschlossen und konvex.*

(a) *Ist $c \in C$, so heißt der (bez. Inklusion) größte in $(-c) + C$ enthaltene lineare Teilraum bzw. Kegel **Linealitätsraum** [engl.: lineality space] bzw. **Rezessionskegel** [engl.: recession cone] von C; er wird mit $\mathrm{ls}(C)$ bzw. $\mathrm{rec}(C)$ bezeichnet.*

(b) *Gilt $C = \emptyset$ oder $(C \neq \emptyset \wedge \mathrm{ls}(C) = \{0\})$, so heißt C **geradenfrei** [engl.: line free].*

Man beachte, dass die Begriffe aus Definition 4.3.12 nur scheinbar von dem gewählten Punkt c abhängen. Tatsächlich sind $\mathrm{ls}(C)$ und $\mathrm{rec}(C)$ nach Lemma 4.3.1 unabhängig von der speziellen Wahl von c und damit wohldefiniert. Insbesondere ist C also geradenfrei, wenn es keine Gerade G gibt mit $G \subset C$.

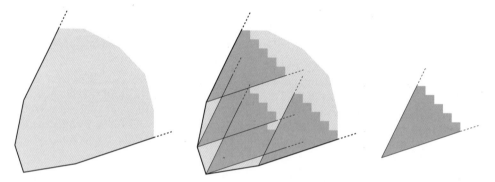

4.19 Abbildung. Rezessionskegel $\mathrm{rec}(P)$ (rechts) eines Polyeders P (links). In der Mitte ist $\mathrm{rec}(P)$ zur Illustration an jedem Extremalpunkt von P abgetragen.

4.3.13 Bemerkung. *Sei $C \subset \mathbb{R}^n$ abgeschlossen, konvex und nichtleer. Dann gilt*

$$\mathrm{ls}(C) = \mathrm{ls}\big(\mathrm{rec}(C)\big).$$

Beweis: Da $\mathrm{ls}(C) \subset \mathrm{rec}(C)$ gilt, folgt aus der Definition des Linealitätsraums $\mathrm{ls}(C) \subset \mathrm{ls}\big(\mathrm{rec}(C)\big)$. Ferner folgt mit $c \in C$ aus $\mathrm{rec}(C) \subset (-c) + C$ auch $\mathrm{ls}\big(\mathrm{rec}(C)\big) \subset \mathrm{ls}(C)$. □

Für Polyeder lassen sich Linealitätsraum und Rezessionskegel leicht angeben.

4.3.14 Bemerkung. *Seien $A \in \mathbb{R}^{m \times n}$, $b \in \mathbb{R}^m$ und $P := \{x \in \mathbb{R}^n : Ax \leq b\} \neq \emptyset$. Dann gilt $\mathrm{ls}(P) = \ker(A)$ und $\mathrm{rec}(P) = \{x \in \mathbb{R}^n : Ax \leq 0\}$. Insbesondere ist P genau dann geradenfrei, wenn $\mathrm{rang}(A) = n$ ist.*

Beweis: Seien $x \in P$ und $y \in \mathbb{R}^n \setminus \{0\}$. Dann gilt

$$\lambda \in [0, \infty[\quad \Rightarrow \quad A(x + \lambda y) \leq b,$$

genau dann, wenn $Ay \leq 0$ gilt. Ferner ist

$$\lambda \in \mathbb{R} \quad \Rightarrow \quad A(x + \lambda y) \leq b,$$

äquivalent zu $Ay = 0$, d.h. zu $y \in \ker(A)$.

Mit dem Dimensionssatz $\operatorname{rang}(A) + \ker(A) = n$ folgt dann auch die letzte Behauptung. $\qquad\square$

4.3.15 Lemma. *Seien $C \subset \mathbb{R}^n$ nichtleer, abgeschlossen und konvex und $K := C \cap \big(\operatorname{ls}(C)\big)^{\perp}$. Dann ist K geradenfrei, abgeschlossen und konvex, und es gilt*

$$C = K + \operatorname{ls}(C) \quad \wedge \quad \operatorname{rec}(C) = \operatorname{ls}(C) + \operatorname{rec}(K).$$

Beweis: Als Durchschnitt von zwei abgeschlossenen, konvexen Mengen ist K abgeschlossen und konvex. Nach Lemma 4.3.1 gilt ferner

$$\operatorname{ls}(K) + \operatorname{ls}(C) \subset \operatorname{ls}(C);$$

also

$$\operatorname{ls}(K) \subset \operatorname{ls}(C) \cap \big(\operatorname{ls}(C)\big)^{\perp} = \{0\};$$

K ist daher geradenfrei.

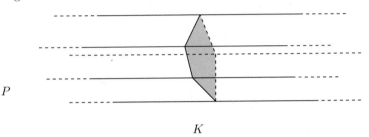

4.20 Abbildung. Zerlegung eines Polyeders P in die Summe von $K := P \cap \big(\operatorname{ls}(P)\big)^{\perp}$ und $\operatorname{ls}(P)$.

Nach Lemma 4.3.1 gilt für jeden Punkt $x \in C$ auch $x + \operatorname{ls}(C) \subset C$; es folgt $K + \operatorname{ls}(C) \subset C$. Sei andererseits $x \in C$. Das orthogonale Komplement $\big(\operatorname{ls}(C)\big)^{\perp}$ schneidet $x + \operatorname{ls}(C)$ in genau einem Punkt y, und der liegt wegen

$$\{y\} = \big(x + \operatorname{ls}(C)\big) \cap \big(\operatorname{ls}(C)\big)^{\perp} \subset C \cap \big(\operatorname{ls}(C)\big)^{\perp} = K$$

in K. Es folgt $x \in y + \operatorname{ls}(C) \subset K + \operatorname{ls}(C)$. Somit ist auch $C \subset K + \operatorname{ls}(C)$.

Wir beweisen nun noch die Identität

$$\operatorname{rec}(C) = \operatorname{ls}(C) + \operatorname{rec}(K).$$

Da natürlich $\operatorname{ls}(C)$ und $\operatorname{rec}(K)$ in $\operatorname{rec}(C)$ enthalten sind, folgt die Inklusion '$\supset$' aus Lemma 4.3.1. Seien nun $x \in \operatorname{rec}(C)$, $y \in \operatorname{ls}(C)$ und $z \in \big(\operatorname{ls}(C)\big)^{\perp}$ mit $x = y + z$. Für $c \in K$ und $\lambda \in [0,\infty[$ gilt dann $c + \lambda x + \operatorname{ls}(C) \subset C$ und damit

$$c + \lambda x + \operatorname{ls}(C) = c + \lambda y + \lambda z + \operatorname{ls}(C) = c + \lambda z + \operatorname{ls}(C) \subset C.$$

Insbesondere ist daher $c + [0,\infty[z \subset C$. Wegen $c \in K$ und $z \in \big(\operatorname{ls}(C)\big)^{\perp}$ folgt $c + [0,\infty[z \subset K$, also $z \in \operatorname{rec}(K)$. Damit gilt $x = y + z = \in \operatorname{ls}(C) + \operatorname{rec}(K)$, und es folgt die Behauptung. $\qquad\square$

Darstellungssätze für abgeschlossene konvexe Mengen: Das folgende Resultat ist ein zentraler Darstellungssatz für geradenfreie, abgeschlossene, konvexe Mengen.

4.3.16 Satz. *Sei $C \subset \mathbb{R}^n$ abgeschlossen, konvex und geradenfrei, und R bezeichne die Vereinigung aller Extremalstrahlen von C. Dann gilt*

$$C = \mathrm{conv}\big(\mathrm{ext}(C) \cup R\big).$$

Beweis: Natürlich gilt $\mathrm{conv}\big(\mathrm{ext}(C) \cup R\big) \subset C$.

Wir beweisen die umgekehrte Inklusion durch vollständige Induktion nach der Dimension k von C. Offenbar sind die Fälle $k \in \{-1,0,1\}$ trivial. Wir nehmen also an, die Behauptung sei für alle $k \in \mathbb{N}$ mit $k \leq k_0 \in \mathbb{N}$ bereits bewiesen, und es sei C eine abgeschlossene, konvexe Teilmenge des $\mathbb{R}^n$ der Dimension $k_0 + 1$.

Nach Satz 4.3.2 gilt $C = \mathrm{conv}(\mathrm{relbd}(C))$. Sei also $x \in \mathrm{relbd}(C)$. Nach Satz 4.2.17 existiert eine eine Stützhyperebene an C in x, die C nicht ganz enthält; H sei eine solche. Seien E_H die Menge der Extremalpunkte sowie R_H die Vereinigung aller Extremalstrahlen von $C \cap H$. Nach Satz 4.3.9 gilt $E_H \subset \mathrm{ext}(C)$ sowie $R_H \subset R$. Mit der Induktionsvoraussetzung folgt

$$x \in C \cap H = \mathrm{conv}\big(E_H \cup R_H\big) \subset \mathrm{conv}\big(\mathrm{ext}(C) \cup R\big),$$

und damit die Behauptung. □

4.3.17 Korollar. *Sei $C \subset \mathbb{R}^n$ nichtleer, abgeschlossen und konvex. C besitzt genau dann einen Extremalpunkt, wenn C geradenfrei ist.*

Beweis: '$\Rightarrow$' folgt direkt aus Lemma 4.3.1.

'$\Leftarrow$' Nach Satz 4.3.16 ist C die konvexe Hülle seiner Extremalpunkte und Extremalstrahlen, und nach Korollar 4.3.10 gilt $\mathrm{ext}(C) \neq \emptyset$. □

Folgender Satz fügt nun die entwickelten Bausteine zusammen.

4.3.18 Satz. *Sei $C \subset \mathbb{R}^n$ nichtleer, abgeschlossen und konvex. Ferner seien Z eine Basis[24] von $\mathrm{ls}(C)$, $K := C \cap \big(\mathrm{ls}(C)\big)^\perp$ und $Y \subset \mathbb{R}^n \setminus \{0\}$, so dass $[0,\infty[\,Y$ die Menge der Extremalstrahlen von $\mathrm{rec}(K)$ ist. Dann gilt*

$$C = \mathrm{conv}\big(\mathrm{ext}(K)\big) + \mathrm{rec}(C) = \mathrm{conv}\big(\mathrm{ext}(K)\big) + \mathrm{rec}(K) + \mathrm{ls}(C)$$
$$= \mathrm{conv}\big(\mathrm{ext}(K)\big) + \mathrm{pos}(Y) + \mathrm{lin}(Z).$$

Beweis: Sei R die Vereinigung aller Extremalstrahlen von K. Wir zeigen zunächst, dass

$$K = \mathrm{conv}\big(\mathrm{ext}(K) \cup R\big) = \mathrm{conv}\big(\mathrm{ext}(K)\big) + \mathrm{rec}(K)$$

ist. Die erste Gleichung folgt direkt durch Anwendung von Satz 4.3.16 auf K. Zum Beweis der Inklusion '$\subset$' der zweiten Identität sei $S := x + [0,\infty[\,y$ ein Extremalstrahl von K. Dann gilt $[0,\infty[\,y \subset \mathrm{rec}(K)$ und nach Korollar 4.3.10 $x \in \mathrm{ext}(K)$. Also ist $S \subset \mathrm{ext}(K) + \mathrm{rec}(K)$, und es folgt

$$\mathrm{conv}\big(\mathrm{ext}(K) \cup R\big) \subset \mathrm{conv}\big(\mathrm{ext}(K)\big) + \mathrm{rec}(K).$$

---

[24] Man beachte, dass $\emptyset$ Basis von $\{0\}$ ist und $\mathrm{lin}(\emptyset) = \mathrm{pos}(\emptyset) = \{0\}$ gilt.

Die Inklusion '⊃' ergibt sich daraus, dass aus $\text{ext}(K) + \text{rec}(K) \subset K$ mit Lemma 4.3.1 auch $\text{conv}\big(\text{ext}(K)\big) + \text{rec}(K) \subset K$ folgt.

Nach Lemma 4.3.15 gilt $C = K + \text{ls}(C)$ sowie $\text{rec}(C) = \text{rec}(K) + \text{ls}(C)$. Ferner ist $\text{rec}(K) = \text{conv}\big([0,\infty[Y) = \text{pos}(Y)$. Insgesamt folgt daher

$$C = K + \text{ls}(C) = \text{conv}\big(\text{ext}(K)\big) + \text{rec}(K) + \text{ls}(C)$$

sowie

$$C = \text{conv}\big(\text{ext}(K)\big) + \text{rec}(C) \quad \wedge \quad C = \text{conv}\big(\text{ext}(K)\big) + \text{pos}(Y) + \text{lin}(Z)$$

und damit die Behauptung.   □

Ist $Y = \emptyset$ oder $Z = \emptyset$, so wird man den entsprechenden Summanden $\{0\}$ in obiger Dastellung in der Regel weglassen. Gleiches gilt für $\text{ext}(K) = \{0\}$.

Als einfache Folgerung aus Satz 4.3.16 erhalten wir auch den klassischen Satz von Minkowski.

4.3.19 Korollar. *(Satz von Minkowski[25])*
Jede kompakte, konvexe Teilmenge des $\mathbb{R}^n$ ist die konvexe Hülle ihrer Extremalpunkte.

Beweis: Die Behauptung folgt unmittelbar aus Satz 4.3.16.   □

Man beachte, dass man im Satz von Minkowski die Extremalpunkte nicht durch exponierte Punkte ersetzen kann; vgl. Abbildung 4.18.

Aus den Struktursätzen erhalten wir unmittelbar die folgende Aussage über die Existenz optimaler Extremalpunkte.

4.3.20 Korollar. *Ist der zulässige Bereich einer linear-konvexen Maximierungsaufgabe geradenfrei und existiert ein Maximalpunkt, so gibt es einen Extremalpunkt, der optimal ist.*

Beweis: Seien C der zulässige Bereich, c der Zielfunktionsvektor der gegebenen Aufgabe, x^* Maximalpunkt und $\gamma^* = c^T x^*$. Gilt $c = 0$, so sei $H := \mathbb{R}^n$; andernfalls sei $H := H_{(c,\gamma^*)}$. In jedem Fall ist die Menge $C \cap H$ der Maximalpunkte nichtleer, abgeschlossen, konvex und geradenfrei. Mit Korollar 4.3.17 folgt die Behauptung.   □

Insbesondere sind die Voraussetzungen von Korollar 4.3.20 erfüllt, wenn der zulässige Bereich der linear-konvexen Maximierungsaufgabe nichtleer und kompakt ist.

Das folgende Beispiel zeigt, dass man Korollar 4.3.20 im Allgemeinen nicht auf den Fall verallgemeinern kann, dass C geradenfrei, aber nur das Optimum der Zielfunktion endlich ist.

4.3.21 Beispiel. *Sei C die in Beispiel 4.1.4 gegebenen abgeschlossene konvexe Menge, d.h.*

$$C := \{x := (\xi_1, \xi_2)^T \in \mathbb{R}^2 : \xi_1 \geq 1 \wedge 0 \leq \xi_1 \cdot \xi_2 \leq \xi_1 - 1\}.$$

Ferner sei $\varphi : \mathbb{R}^2 \to \mathbb{R}$ für $x := (\xi_1, \xi_2)^T \in \mathbb{R}^2$ gegeben durch $\varphi(x) := \xi_2$. Dann gilt

$$\max_{x \in C} \varphi(x) = 1 \quad \wedge \quad \big((\xi_1, \xi_2)^T \in C \Rightarrow \xi_2 < 1\big).$$

Das Maximum 1 der Zielfunktion wird also nicht angenommen.

---

[25] Hermann Minkowski, 1864 – 1909.

Wie wir in Satz 4.3.36 sehen werden, kann ein Verhalten wie in Beispiel 4.3.21 bei linearen Optimierungsproblemen nicht auftreten.

Darstellungssätze für $\mathcal{V}$- und $\mathcal{H}$-Polyeder: Die Ergebnisse des vorherigen Abschnitts zeigen, dass man abgeschlossene konvexe Mengen 'extrinsisch' durch ihre Stützhalbräume oder 'intrinsisch' als konvexe Hüllen ihrer Extremalpunkte und -strahlen sowie ihres Linealitätsraums charakterisieren kann. Dieser Zusammenhang ist für viele Aussagen und Algorithmen der Optimierung relevant; seine Bedeutung zeigt sich aber in besonderer Weise in der linearen Optimierung. Wir interpretieren daher die bisherigen Ergebnisse für Polyeder und leiten hieraus den zentralen Darstellungssatz für Polyeder her. Im Folgenden verwenden wir wieder die Notation aus Bezeichnung 4.2.34, d.h. $I(x)$ ist die Menge der Indizes aller in einem Punkt $x \in P$ aktiven Nebenbedingungen eines gegebenen Polyeders P und $P^=(x)$ ist der Durchschnitt der zu den in x aktiven Bedingungen gehörigen Hyperebenen.

Wir zeigen nun, dass stets $F(x) = P \cap P^=(x)$ gilt.

4.3.22 Satz. *Seien $n,m \in \mathbb{N}$, $a_1,\ldots,a_m \in \mathbb{R}^n \setminus \{0\}$, $A := (a_1,\ldots,a_m)^T$ sowie $b := (\beta_1,\ldots,\beta_m)^T \in \mathbb{R}^m$. Ferner sei $x \in P := \{x \in \mathbb{R}^n : Ax \le b\}$. Dann gilt*

$$\mathrm{aff}\big(F(x)\big) = P^=(x) \quad \wedge \quad F(x) = P \cap P^=(x).$$

Insbesondere ist die affine Hülle jeder k-Seite von P bereits Schnitt von $n-k$ (geeigneten) Restriktionshyperebenen.

Beweis: Es reicht zu zeigen, dass $\mathrm{aff}\big(F(x)\big) = P^=(x)$ gilt. Die zweite Behauptung folgt dann aus Korollar 4.3.8 (a).

Nach Satz 4.3.7 ist x relativ innerer Punkt von $F(x)$. Seien $k := \dim\big(F(x)\big)$, $y_1,\ldots,y_k \in \mathbb{R}^n$ linear unabhängig und $\mu \in {]0,\infty[}$ mit

$$x + [-\mu,\mu]y_j \subset F(x) \quad \big(j \in [k]\big).$$

Dann gilt für alle $i \in I(x)$ und $j \in [k]$

$$a_i^T(x \pm \mu y_j) = \beta_i \pm \mu a_i^T y_j \le \beta_i$$

also $a_i^T y_1 = \ldots = a_i^T y_k = 0$, und es folgt

$$\mathrm{aff}\big(F(x)\big) \subset P^=(x).$$

Seien umgekehrt $y \in P^=(x)$, $z := y - x$ und $\mu \in {]0,\infty[}$. Dann gilt für jedes $i \in I(x)$

$$\begin{aligned}
a_i^T(x \pm \mu z) &= & \beta_i & \quad (i \in I(x)) \\
a_i^T(x \pm \mu z) &< & \beta_i \pm \mu a_i^T z & \quad (i \notin I(x)).
\end{aligned}$$

Für hinreichend kleines positives μ ist somit $x \pm \mu z \in P$, und es folgt $y \in \mathrm{aff}\big(F(x)\big)$. Insgesamt ist damit $P^=(x) = \mathrm{aff}\big(F(x)\big)$ bewiesen.

Zum Beweis der letzten Aussage wähle man einfach eine Basis B von $\big\{a_i : i \in I(x)\big\}$. Dann gilt

$$|B| = n - k \quad \wedge \quad P^=(x) = \bigcap_{a_i \in B} H_{(a_i,\beta_i)},$$

und es folgt die Behauptung. $\square$

4.3.23 Korollar. *Polyeder besitzen höchstens endlich viele Seiten.*

Beweis: Seien P ein Polyeder und $x \in P$. Nach Satz 4.3.22 gilt

$$F(x) = P \cap P^=(x).$$

Somit ist die Anzahl der von $\emptyset$ verschiedenen Seiten von P beschränkt durch die potentiellen Mengen von Indizes aktiver Nebenbedingungen, d.h. bei m Restriktionen durch 2^m. $\qquad\square$

Wir wir bereits gesehen haben, ist für allgemeine abgeschlossene konvexe Mengen nicht jede eigentliche Seite exponiert. Das ist für Polyeder anders: jede eigentliche Seite eines Polyeders ist sein Durchschnitt mit einer Stützhyperebene.

4.3.24 Satz. *Seien $n,m \in \mathbb{N}$, $a_1,\ldots,a_m \in \mathbb{R}^n \setminus \{0\}$, $A := (a_1,\ldots,a_m)^T$ sowie $b := (\beta_1,\ldots,\beta_m)^T \in \mathbb{R}^m$. Ferner seien $P := \{x \in \mathbb{R}^n : Ax \le b\}$, $x \in \mathrm{relbd}(P)$ und $a \in \mathrm{relint}\big(N_P(x)\big)$. Dann gilt*

$$F(x) = P \cap H_{(a, a^T x)}.$$

Beweis: Nach Satz 4.3.22 gilt $F(x) = P \cap P^=(x)$; wir zeigen

$$P \cap P^=(x) = P \cap H_{(a, a^T x)}.$$

'$\subset$' Gemäß Satz 4.2.35 seien

$$\lambda_i \in [0,\infty[\quad \big(i \in I(x)\big) \quad \wedge \quad a = \sum_{i \in I(x)} \lambda_i a_i.$$

Dann gilt für $y \in P^=(x)$

$$a^T y = \sum_{i \in I(x)} \lambda_i a_i^T y = \sum_{i \in I(x)} \lambda_i a_i^T x = a^T x,$$

d.h. $y \in H_{(a, a^T x)}$, und es folgt $P \cap P^=(x) \subset P \cap H_{(a, a^T x)}$.

'$\supset$' Sei $y \in P \cap H_{(a, a^T x)}$. Wir führen einen Widerspruchsbeweis. Seien daher

$$i_0 \in I(x) \quad \wedge \quad a_{i_0}^T y < \beta_{i_0} = a_{i_0}^T x.$$

Da $a \in \mathrm{relint}\big(N_P(x)\big)$ ist, gibt es $z \in N_P(x)$ und $\lambda \in {]0,1[}$ mit $a = \lambda a_{i_0} + (1 - \lambda)z$. Es folgt $z^T y \le z^T x$ und somit

$$a^T y = \lambda a_{i_0}^T y + (1 - \lambda) z^T y < \lambda a_{i_0}^T x + (1 - \lambda) z^T x = a^T x.$$

Daher gilt $y \notin H_{(a, a^T x)}$, im Widerspruch zur Wahl von y. Insgesamt folgt damit die Behauptung. $\qquad\square$

4.3.25 Korollar. *Seien $P \subset \mathbb{R}^n$ ein Polyeder und $F \subset P$. F ist genau dann eine eigentliche Seite von P, wenn es eine eigentliche Stützhyperebene H an P gibt mit*

$$F = P \cap H.$$

Beweis: '⇐' folgt aus Lemma 4.3.6. Zum Beweis der Implikation '⇒' sei F eine eigentliche Seite von P. Dann gibt es ein $x \in \mathrm{relbd}(P)$ mit $F = F(x)$. Die Behauptung folgt nun unmittelbar aus Satz 4.3.24.   □

Mit der Charakterisierung von Korollar 4.3.25 können wir die folgenden üblicherweise über das Stützverhalten definierten Bezeichnungen verwenden.

4.3.26 Bezeichnung. *Sei $P \subset \mathbb{R}^n$ ein Polyeder. Jede 0-Seite von P heißt **Ecke** [engl.: vertex], jede 1-Seite **Kante** [engl.: edge] und jede $(\dim(P) - 1)$-Seite **Facette** [engl.: facet] von P.*

4.3.27 Bemerkung. *Sei P ein Polyeder des $\mathbb{R}^n$. P besitzt genau dann eine Ecke, wenn $P \neq \emptyset$ und $\mathrm{rang}(A) = n$ gilt.*

Beweis: Die Behauptung folgt aus Bemerkung 4.3.14 und Korollar 4.3.17.   □

4.3.28 Beispiel. *Wir betrachten noch einmal das Polytop (in $\mathcal{H}$-Darstellung) aus Beispiel 1.2.2.*

$$\max\ \xi_1 + \xi_2 + \xi_3$$

$$
\begin{array}{rrrrcll}
\xi_1 & + & 2\xi_2 & + & \xi_3 & \leq & 3 & (1) \\
-2\xi_1 & + & \xi_2 & & & \leq & 0 & (2) \\
\xi_1 & & & & & \leq & 1 & (3) \\
& & \xi_2 & & & \leq & 1 & (4) \\
& & & & \xi_3 & \leq & 1 & (5) \\
-\xi_1 & & & & & \leq & 0 & (6) \\
& & -\xi_2 & & & \leq & 0 & (7) \\
& & & & -\xi_3 & \leq & 0 & (8);
\end{array}
$$

vgl. Abbildung 4.21. Sei

$$x^* := \left(1, \frac{3}{4}, \frac{1}{2}\right)^T.$$

Dann gilt $x^* \in P$, $I(x^*) = \{1,3\}$, und $P^=(x^*)$ ist durch die beiden Gleichungen

$$
\begin{array}{rrrrcl}
\xi_1 & + & 2\xi_2 & + & \xi_3 & = & 3 \\
\xi_1 & & & & & = & 1
\end{array}
$$

beschrieben. Als Lösung dieses Teilsystems erhält man

$$P^=(x^*) = \mathrm{aff}\big(F(x^*)\big) = \begin{pmatrix} 1 \\ 0 \\ 2 \end{pmatrix} + \mathbb{R} \begin{pmatrix} 0 \\ 1 \\ -2 \end{pmatrix}.$$

Bezeichnen wir den reellen Parameter mit λ, so ergeben sich aus den Bedingungen (2), (4), (5), (7) und (8) die folgenden Restriktionen:

$$\lambda \leq 2\ \wedge\ \lambda \leq 1\ \wedge\ \lambda \geq 1/2\ \wedge\ \lambda \geq 0\ \wedge\ \lambda \leq 1;$$

Ungleichung (6) ist keine Einschränkung. Es folgt

$$F(x^*) = \mathrm{conv}\left\{ \begin{pmatrix} 1 \\ 1/2 \\ 1 \end{pmatrix}, \begin{pmatrix} 1 \\ 1 \\ 0 \end{pmatrix} \right\}.$$

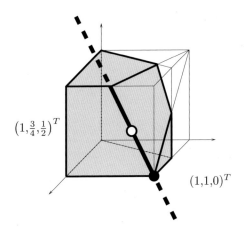

4.21 Abbildung. Das Polytop P aus Beispiel 4.3.28. Der weiße Punkt x^* ist relativ innerer Punkt der markierten Kante; seine affine Hülle (gestrichelte Linie) ist eine Gerade. v (schwarzer Punkt) ist eine Ecke; die affine Hülle ist $\{v\}$.

Die Ecke $v := (1,1,0)^T$ hingegen ist Durchschnitt der vier Hyperebenen

$$
\begin{array}{rcrcrcl}
\xi_1 & + & 2\xi_2 & + & \xi_3 & = & 3 \\
\xi_1 & & & & & = & 1 \\
& & \xi_2 & & & = & 1 \\
& & & & \xi_3 & = & 0,
\end{array}
$$

d.h. es gilt $I(v) = \{1,3,4,8\}$. Jeweils drei dieser Gleichungen bestimmen v aber bereits eindeutig; die gegebene Darstellung von $P^=(v)$ ist also redundant.

Wir formulieren nun das zentrale Strukturergebnis von Satz 4.3.18 speziell für Polyeder.

4.3.29 Satz. *Sei P ein Polyeder im $\mathbb{R}^n$. Dann existieren endliche Teilmengen V, Y und Z des $\mathbb{R}^n$ mit*

$$P = \operatorname{conv}(V) + \operatorname{pos}(Y) + \operatorname{lin}(Z).$$

Beweis: O.B.d.A. sei $P \neq \emptyset$.

Seien Z eine Basis von $\operatorname{ls}(P)$ und $Q := P \cap \left(\operatorname{lin}(Z)\right)^{\perp}$. Dann sind Q ein Polyeder und $\operatorname{rec}(Q)$ ein polyedrischer Kegel. Ferner ist Q nach Lemma 4.3.15 geradenfrei. Nach Korollar 4.3.17 besitzt Q Extremalpunkte, und nach Korollar 4.3.23 besitzt Q nur endlich viele Ecken. Sei V die Menge der Ecken von Q.

Ebenso besitzt $\operatorname{rec}(Q)$ nur endlich viele Kanten. Die (möglicherweise leere) Menge Y bestehe aus von 0 verschiedenen Vektoren, jeweils genau einem für jede Kante von $\operatorname{rec}(Q)$. Für $Y \neq \emptyset$ ist somit $[0,\infty[Y$ die Menge der Extremalstrahlen von $\operatorname{rec}(Q)$. Aus Satz 4.3.18 folgt nun

$$P = \operatorname{conv}(V) + \operatorname{pos}(Y) + \operatorname{lin}(Z),$$

und damit die Behauptung. $\square$

Natürlich wird man im Allgemeinen nur solche der Summanden $\text{conv}(V)$, $\text{pos}(Y)$ und $\text{lin}(Z)$ von P aufführen, die wirklich erforderlich sind. Aber auch, wenn $\text{ls}(P) \neq \{0\}$ ist, kann es manchmal bequemer sein, $\text{lin}(Z)$ in $\text{pos}(Y)$ zu 'integrieren'.

4.3.30 Bemerkung. *Sei P ein Polyeder im $\mathbb{R}^n$. Dann existieren endliche Teilmengen V und S des $\mathbb{R}^n$ mit*

$$P = \text{conv}(V) + \text{pos}(S).$$

Beweis: Seien V,Y,Z gemäß Satz 4.3.29. Dann gilt

$$P = \text{conv}(V) + \text{pos}(Y) + \text{lin}(Z) = \text{conv}(V) + \text{pos}\big(Y \cup Z \cup (-Z)\big),$$

und mit $S := Y \cup Z \cup (-Z)$ folgt die Behauptung.[26]   □

Satz 4.3.29 ist durchaus explizit. Wir können aber die Elemente der Mengen V,Y,Z auch noch 'operativer spezifizieren', nämlich als Lösungen spezieller Gleichungssysteme, die sich aus den P definierenden Ungleichungen ergeben. Dieses erweist sich an verschiedenen Stellen als wichtig und erlaubt uns insbesondere im Falle ganzzahliger oder rationaler Daten, die Kodierungslänge der Darstellung abzuschätzen.

4.3.31 Korollar. *Seien (m,n,A,b) eine $\mathcal{H}$-Darstellung eines Polyeders P, und es gelte $P \neq \emptyset$. Ferner sei $k := n - \text{rang}(A)$.*
Für $k = 0$ seien $Z := \{0\}$, $\hat{A} := A$ und $\hat{b} := b$. Für $k \geq 1$ seien $\{z_1, \ldots, z_k\}$ eine Basis des Lösungsraums des homogenen Gleichungssystems $Ax = 0$ und

$$\hat{A} := (A^T, z_1, \ldots, z_k)^T \in \mathbb{R}^{(m+k) \times n} \quad \wedge \quad \hat{b} := (b^T, 0, \ldots, 0)^T \in \mathbb{R}^{m+k}.$$

Ferner seien

$$V := \Big\{ x \in \mathbb{R}^n : Ax \leq b \wedge \exists \big(I \subset [m+k]\big) : |I| = n \wedge \text{rang}(A_I) = n \wedge \hat{A}_I x = \hat{b}_I \Big\}$$

sowie

$$\hat{Y} := \Big\{ x \in \mathbb{R}^n : Ax \leq 0 \wedge \|x\|_{(\infty)} = 1 \wedge \exists \big(I \subset [m+k]\big) : |I| = n - 1 \wedge$$

$$m+1, \ldots, n+k \in I \wedge \text{rang}(A_I) = n - 1 \wedge \hat{A}_I x = 0 \Big\},$$

und

$$Y := \left\{ \begin{array}{ll} \{0\}, & \text{falls } \hat{Y} = \emptyset; \\ \hat{Y}, & \text{sonst.} \end{array} \right.$$

Dann gilt

$$P = \text{conv}(V) + \text{pos}(Y) + \text{lin}(Z).$$

Beweis: Nach Bemerkung 4.3.14 ist $\text{ls}(P) = \ker(A)$. Es gilt also $k = \dim\big(\text{ls}(P)\big)$, und die Wahl $Z = \{0\}$ bzw. $Z = \{z_1, \ldots, z_k\}$ ist zulässig.
Ferner gilt

$$Q := P \cap \big(\text{lin}(Z)\big)^\perp = \{ x \in \mathbb{R}^n : Ax \leq b \wedge z_1^T x = \ldots = z_k^T x = 0 \}.$$

---

[26] Man kann jeden linearen Teilraum L auch als positive Hülle von nur $\dim(L) + 1$ vielen Vektoren erzeugen. Man wähle einfach eine Basis $z_1, \ldots, z_k$ von L und setze $z_0 := -\sum_{i=1}^k z_i$; vgl. Übungsaufgabe 4.6.15.

Nach Satz 4.3.22 gibt es zu jeder Ecke v von Q eine Indexmenge I der Kardinalität n, so dass $\hat{A}_I$ regulär ist und $\hat{A}_I v = \hat{b}_I$ gilt; v ist hierdurch eindeutig bestimmt, und es gilt $v = \hat{A}_I^{-1} \hat{b}_I$. Sei nun umgekehrt v ein Punkt der Gestalt $v = \hat{A}_I^{-1} \hat{b}_I$. v ist genau dann Ecke von Q, wenn v zulässig ist, d.h. $v \in Q$ gilt. Nun ist $\operatorname{rang}(A) = n - k$. Damit $\operatorname{rang}(\hat{A}_I) = n$ ist, müssen alle k Zeilen $z_1^T, \ldots, z_k^T$ in $\hat{A}_I$ enthalten sein, also gilt insbesondere $z_1^T v = \ldots = z_k^T v = 0$. Es folgt $v \in \big(\operatorname{lin}(Z)\big)^\perp$, d.h. v ist genau dann in Q, wenn $Av \leq b$ gilt. Damit ist gezeigt, dass die angegebene Wahl von V den Bedingungen von Satz 4.3.29 genügt.[27]

Nach Bemerkung 4.3.14 und Lemma 4.3.15 gilt

$$\operatorname{rec}(Q) = \operatorname{rec}(P) \cap \big(\operatorname{lin}(Z)\big)^\perp = \big\{ x \in \mathbb{R}^n : Ax \leq 0 \wedge z_1^T x = \ldots = z_k^T x = 0 \big\}.$$

Sei R eine Kante von $\operatorname{rec}(Q)$. Dann gilt $G := \operatorname{aff}(R) = \operatorname{lin}(R)$, und die Gerade G ist, wieder nach Satz 4.3.22, die Lösungsmenge eines $(n-1) \times n$ Teilsystems $\hat{A}_I x = 0$ von $\hat{A} x = 0$, das alle k Zeilen $z_1^T, \ldots, z_k^T$ enthält und Rang $n-1$ besitzt. Es gilt also $G \subset \big(\operatorname{lin}(Z)\big)^\perp$, und G schneidet $\operatorname{bd}\big([-1,1]^n\big)$ in genau zwei Punkten, von denen genau einer in $\operatorname{rec}(Q)$ liegt. Umgekehrt ist jeder solche Punkt Richtungsvektor einer Kante von $\operatorname{rec}(Q)$. Damit genügt auch die angegebene Wahl von Y den Bedingungen von Satz 4.3.29, und es folgt die Behauptung. $\qquad\square$

Nach Bemerkung 4.3.30 ist jedes Polytop auch ein $\mathcal{V}$-Polytop, und allgemeine Polyeder lassen sich als Minkowski Summe eines $\mathcal{V}$-Polytops und eines von endlich vielen Vektoren aufgespannten Kegels darstellen.

Hiermit ist letztlich die angemessene Verallgemeinerung des Begriffs $\mathcal{V}$-Polytop aus Definition 4.1.7 möglich.

4.3.32 Bezeichnung. *Seien $P \subset \mathbb{R}^n$ und V, S endliche Teilmengen des $\mathbb{R}^n$. Gilt*

$$P = \operatorname{conv}(V) + \operatorname{pos}(S),$$

*so heißt P $\mathcal{V}$-**Polyeder**. Sind P ein Polyeder und V, S endliche Teilmengen des $\mathbb{R}^n$ mit*

$$P = \operatorname{conv}(V) + \operatorname{pos}(S),$$

*so heißt (n,V,S) eine $\mathcal{V}$-**Darstellung** von P.*

*Ist (n,V,S) eine $\mathcal{V}$-Darstellung von P und existiert keine $\mathcal{V}$-Darstellung (n,V',S') von P mit $V' \subsetneqq V$ oder $S' \subsetneqq S$, so heißt (n,V,S) **irredundant**.*

Satz 4.3.29 besagt, dass Polyeder nicht nur (nach Definition) eine $\mathcal{H}$-Darstellung besitzen, sondern stets auch eine $\mathcal{V}$-Darstellung. Tatsächlich ist auch jede durch eine $\mathcal{V}$-Darstellung gegebene Teilmenge des $\mathbb{R}^n$ ein Polyeder, und wir erhalten den folgenden Satz.

4.3.33 Satz. *Sei $P \subset \mathbb{R}^n$. P ist genau dann ein $\mathcal{H}$-Polyeder, wenn P ein $\mathcal{V}$-Polyeder ist.*

Beweis: Für $P = \emptyset$ ist die Aussage trivial. Sei also im Folgenden $P \neq \emptyset$.

---

[27] Man beachte, dass diese Konstruktion etwa für $k = n$, d.h. $P = \mathbb{R}^n$ die Menge $V := \{0\}$ liefert. Der Term $\operatorname{conv}(V)$ ist dann durchaus verzichtbar, aber er schadet auch nicht.

Die Implikation '⇒' wurde in Satz 4.3.29 bereits bewiesen. Wir beweisen nun die umgekehrte Richtung '⇐'. Seien $p,q \in \mathbb{N}$, $V := \{v_1, \ldots, v_p\}$ und $S := \{s_1, \ldots, s_q\}$ endliche Teilmengen des $\mathbb{R}^n$ mit $P = \mathrm{conv}(V) + \mathrm{pos}(S)$. (Um Fallunterscheidungen zu umgehen, vermeiden wir leere Mengen und setzen ggf. $v_1 = 0$ bzw. $s_1 = 0$.) Ferner seien $A_1 := (v_1, \ldots, v_p)$, $A_2 := (s_1, \ldots, s_q)$ sowie

$$Q := \left\{ \begin{pmatrix} x \\ y \\ z \end{pmatrix} : x \in \mathbb{R}^n \wedge y \in \mathbb{R}^p \wedge z \in \mathbb{R}^q \wedge x = A_1 y + A_2 z \wedge y,z \geq 0 \wedge \mathbb{1}^T y = 1 \right\}.$$

Da Q durch die linearen Bedingungen

$$\begin{array}{rcccl}
x & - & A_1 y & - & A_2 z & = & 0 \\
 & & \mathbb{1}^T y & & & = & 1 \\
 & & y & & & \geq & 0 \\
 & & & & z & \geq & 0
\end{array}$$

gegeben ist, ist Q ein $\mathcal{H}$-Polyeder, und P ist die Orthogonalprojektion von Q auf den $\mathbb{R}^n$ der Koordinaten x. Nach Korollar 2.1.13 ist P ein $\mathcal{H}$-Polyeder, und es folgt die Behauptung. □

Die Äquivalenz beider Darstellungen ist ein fundamentales Strukturergebnis. Es erlaubt uns (zumindest für theoretische Aussagen) jeweils die geeignete Darstellung zu verwenden. Vergleicht man den einfachen Beweis des folgenden Korollars mit dem seines Spezialfalls, Korollar 2.1.13, so hat man ein Indiz für die 'Kraft' von Satz 4.3.33.

4.3.34 Korollar. *Seien $n,k \in \mathbb{N}$, $P \in \mathbb{R}^n$ ein Polyeder und $\tau : \mathbb{R}^n \to \mathbb{R}^k$ eine affine Abbildung. Dann ist $\tau(P)$ ein Polyeder.*

Beweis: Nach Satz 4.3.33 reicht es, $\mathcal{V}$-Polyeder zu betrachten. Seien also V,S endliche Teilmengen des $\mathbb{R}^n$ mit $P = \mathrm{conv}(V) + \mathrm{pos}(S)$. Ferner sei $\psi := \tau - \tau(0)$. Dann ist $\psi : \mathbb{R}^n \to \mathbb{R}^k$ linear, und nach Korollar 4.1.11 gilt

$$\begin{aligned}
\tau(P) &= \tau(0) + \psi\big(\mathrm{conv}(V) + \mathrm{pos}(S)\big) = \tau(0) + \psi\big(\mathrm{conv}(V)\big) + \psi\big(\mathrm{pos}(S)\big) \\
&= \mathrm{conv}\big(\tau(V)\big) + \mathrm{pos}\big(\psi(S)\big),
\end{aligned}$$

und es folgt die Behauptung. □

Einige algorithmische Konsequenzen: Mit der Konstruktion aus dem Beweis von Satz 4.3.33 können wir nun auch die in Sektion 2.1 gestellte Frage nach der Größenordnung der bei der Fourier-Motzkin-Elimination, Prozedur 2.1.8, auftretenden 'Zwischenpolyeder' beantworten.

4.3.35 Korollar. *Die Anzahl der in der Fourier-Motzkin-Elimination auftretenden irredundanten Ungleichungen kann exponentiell mit der Anzahl der Ungleichungen des Ausgangssystems wachsen, selbst dann, wenn die Koeffizientenmatrix nur Komponenten aus $\{-1,0,1\}$ besitzt.*

Beweis: Wir wenden die Konstruktion des Beweises von Satz 4.3.33 auf $P := \mathrm{conv}\big(\{\pm u_1, \ldots, \pm u_n\}\big)$, d.h. auf das Standard-Kreuzpolytop Q_n des $\mathbb{R}^n$ an. Gemäß Lemma 2.1.5 überführt die Fourier-Motzkin-Elimination das lineare System

$$
\begin{aligned}
x \;-\; (E_n, -E_n)y \;&=\; 0 \\
\mathbb{1}^T y \;&=\; 1 \\
y \;&\geq\; 0
\end{aligned}
$$

durch Elimination von y in $2n$ Schritten in eine $\mathcal{H}$-Darstellung von Q_n. Nach Lemma 4.1.20 gilt

$$
Q_n = \left\{ x \in \mathbb{R}^n : \forall \big(y \in \{-1,1\}^n \big) : y^T x \leq 1 \right\}.
$$

Keine dieser Ungleichungen ist redundant, denn es gilt für $y^* \in \{-1,1\}^n$ und $x^* := \frac{1}{n} y^*$

$$
(y^*)^T x^* = 1 \quad \wedge \quad \big(y \in \{-1,1\}^n \setminus \{y^*\} \;\Rightarrow\; y^T x^* < 1 \big).
$$

Q_n hat also 2^n Facetten. Das Ausgangssystem besteht aus $n+1$ Gleichungen und $2n$ Ungleichungen (oder, wenn man möchte, $4n+2$ Ungleichungen) in $3n$ Variablen. Von den hieraus in $2n$ Schritten entstehenden Ungleichungen sind aber 2^n irredundant. $\quad\square$

Wir kommen nun noch einmal kurz auf Korollar 4.3.20 zurück. Anders, als wir es in Beispiel 4.3.21 für allgemeine linear-konvexen Maximierungsaufgaben gesehen haben, lässt sich Korollar 4.3.20 für lineare Optimierungsprobleme verschärfen: Es reicht für die Existenz eines Optimalpunkts einer linearen Funktion über einem nichtleeren, geraden-freien Polyeder P, dass die Zielfunktion über P nach oben beschränkt ist.

4.3.36 Satz. *Durch* (n,m,A,b,c) *sei eine lineare Optimierungsaufgabe spezifiziert; seien* $P := \{x \in \mathbb{R}^n : Ax \leq b\} \neq \emptyset$ *und* φ *die durch* $\varphi(x) := c^T x$ *für* $x \in \mathbb{R}^n$ *definierte Zielfunktion. Ferner sei* φ *auf* P *nach oben beschränkt. Dann existiert ein Maximalpunkt und, falls* P *geradenfrei ist, sogar eine maximale Ecke.*

Beweis: Nach Korollar 4.3.20 reicht es zu zeigen, dass φ sein Maximum auf P annimmt.

Für $c = 0$ ist jeder Punkt von P optimal; sei daher $c \neq 0$. Mit $\gamma^* := \sup_{x \in P} c^T x$ zeigen wir nun, dass $P \cap H_{(c,\gamma^*)} \neq \emptyset$ ist.

Entsprechend Korollar 4.3.30 seien $V := \{v_1, \ldots, v_p\}$ und $S := \{s_1, \ldots, s_q\}$ nicht-leere, endliche Teilmengen des $\mathbb{R}^n$ mit $P = \operatorname{conv}(V) + \operatorname{pos}(S)$. Ferner seien $\lambda_1, \ldots, \lambda_p$, $\mu_1, \ldots, \mu_q \in [0, \infty[$ mit $\sum_{i=1}^p \lambda_i = 1$. Dann gilt

$$
c^T \left(\sum_{i=1}^p \lambda_i v_i + \sum_{j=1}^q \mu_j s_j \right) = \sum_{i=1}^p \lambda_i c^T v_i + \sum_{j=1}^q \mu_j c^T s_j \leq \gamma^*,
$$

und es folgt

$$
s \in \operatorname{pos}(S) \quad \Rightarrow \quad c^T s \leq 0.
$$

Somit ist

$$
c^T \left(\sum_{i=1}^p \lambda_i v_i + \sum_{j=1}^q \mu_j s_j \right) \leq c^T \left(\sum_{i=1}^p \lambda_i v_i \right),
$$

und es folgt

$$
\sup_{x \in P} c^T x = \sup_{x \in \operatorname{conv}(V)} c^T x.
$$

Nach Satz 4.1.30 ist $\operatorname{conv}(V)$ kompakt, d.h. φ nimmt sein Maximum über P an. $\quad\square$

Bislang haben wir $\mathcal{H}$-Polyeder (m,n,A,b) mit beliebige reellen Daten betrachtet. Für algorithmische Untersuchungen in den in Kapitel 3 eingeführten Berechnungsmodellen ist es aber erforderlich, nur solche Instanzen zugrunde zu legen, die sich endlich kodieren lassen. Wir beschließen diese Sektion daher mit Folgerungen aus den hergeleiteten Strukturaussagen für solche Polyeder, die durch rationale Daten spezifiziert werden.[28]

Wir wissen bereits, dass die Kodierungslängen von irredundanten $\mathcal{H}$- bzw. $\mathcal{V}$-Darstellungen exponentiell verschieden sein können, da die Anzahl der Ecken eines Polytops exponentiell in der Anzahl der Facetten sein kann und umgekehrt. Als Folgerung aus Korollar 4.3.31 zeigt sich aber, dass die Kodierungslängen der *einzelnen Elemente* einer $\mathcal{V}$-Darstellung 'polynomiell klein' in der Kodierungslänge einer gegebenen $\mathcal{H}$-Darstellung gehalten werden können.[29]

4.3.37 Korollar. *Es gibt ein Polynom* $\pi : \mathbb{N}_0 \to \mathbb{N}_0$ *mit der folgenden Eigenschaft: Seien* P *ein Polyeder und* $\mathcal{I} := (m,n,A,b)$ *eine* $\mathcal{H}$-*Darstellung von* P *mit* $A \in \mathbb{Q}^{m \times n}$ *und* $b \in \mathbb{Q}^m$. *Dann gibt es endliche Mengen* V,Y,Z *mit*

$$P = \operatorname{conv}(V) + \operatorname{pos}(Y) + \operatorname{lin}(Z)$$

und

$$x \in V \cup Y \cup Z \implies \operatorname{size}(x) \leq \pi\big(\operatorname{size}(\mathcal{I})\big).$$

Beweis: Ist $P = \emptyset$, so gilt $P = \operatorname{conv}(\emptyset) + \operatorname{pos}(\emptyset) + \operatorname{lin}(\emptyset)$. Also ist $(n,\emptyset,\emptyset)$ eine $\mathcal{V}$-Darstellung von P der Länge $\operatorname{size}(n) + 2$ (wenn wir $\emptyset$ mittels des leeren Strings () der Länge 0 kodieren und zwei Trennzeichen verwenden). Sei daher im Folgenden $P \neq \emptyset$.

Nach Korollar 4.3.31 (und mit den dort verwendeten Bezeichnungen), kann jedes erforderliche Element aus $V \cup Y \cup Z$ als Lösung eines linearen Gleichungssystems dargestellt werden. Speziell enthält Z entweder nur die 0 oder ist eine Basis des Lösungsraums $Ax = 0$. Nach Korollar 3.1.16 (d) lässt sich eine solche Basis $\{z_1,\ldots,z_k\}$ in polynomieller Zeit bestimmen; insbesondere ist also $\operatorname{size}(z_i)$ für jedes $i \in [k]$ durch ein Polynom in $\operatorname{size}(\mathcal{I})$ beschränkt. Damit sind auch alle Einträge der Matrix $\hat{A}$ und des Vektors $\hat{b}$ gemäß Korollar 4.3.31 polynomiell in $\operatorname{size}(\mathcal{I})$ beschränkt.

Die Punkte von V ergeben sich in der Form $\hat{A}_I^{-1}\hat{b}$. Ist $Y \neq \{0\}$, so sind alle Punkte $y \in Y$ Lösungen von linearen Gleichungssystemen der Form[30]

$$A_J y = b_J \quad \wedge \quad z_1^T y = \ldots, z_k^T y = 0 \quad \wedge \quad u_i^T y = \delta$$

mit

$$J \subset [m] \quad \wedge \quad i \in [n] \quad \wedge \quad \delta \in \{-1,1\} \quad \wedge \quad \operatorname{rang}\big(A_J^T, z_1, \ldots, z_k, u_i\big) = n.$$

Nach Satz 3.1.15 bzw. Korollar 3.1.16 (a) sind solche Gleichungssysteme in polynomieller Zeit lösbar. Die entsprechenden Kodierungslängen sind also insbesondere polynomiell beschränkt, und es folgt die Behauptung. □

---

[28] Durch Multiplikation mit einem gemeinsamen Nenner könnten wir in polynomieller Zeit von einer $\mathcal{H}$-Darstellung (m,n,A,b) mit rationalen Einträgen zu einer solchen mit ganzzahligen Inputdaten übergehen, so dass wir ohne Einschränkung auch ganzzahlige Daten (m,n,A,b) verwenden könnten. An dieser Stelle bringt es uns allerdings keinen Vorteil, so dass wir hier darauf verzichten.

[29] Eine analoge Aussage mit vertauschten Rollen von $\mathcal{V}$- und $\mathcal{H}$-Polyedern kann ebenfalls direkt bewiesen werden. Sie ergibt sich als Korollar 4.4.21 mit Hilfe der Polarität jedoch einfach aus Korollar 4.3.37.

[30] u_i ist wieder der i-te Standardeinheitsvektor.

Als Folgerung aus unseren Struktursätzen, genauer aus Korollar 4.3.37, können wir nun die Frage nach der Zugehörigkeit von MAXIMAL ZULÄSSIGES TEILUNGLEICHUNGSSYSTEM zur Klasse $\mathbb{NP}$ beantworten; vgl. Korollar 3.4.26 (und die sich daran anschließende Diskussion).

4.3.38 Korollar. MAXIMAL ZULÄSSIGES TEILUNGLEICHUNGSSYSTEM *ist in* $\mathbb{NP}$.

Beweis: Analog zum Beweis der Mitgliedschaft von MAXIMAL ZULÄSSIGES TEILGLEICHUNGSSYSTEM in der Klasse $\mathbb{NP}$ in Korollar 3.4.26 kann man auch für MAXIMAL ZULÄSSIGES TEILUNGLEICHUNGSSYSTEM zunächst eine Teilmenge I der Kardinalität k 'raten'. Sei nun $P := \{x : A_I x \leq b_I\}$. Ist $P \neq \emptyset$, so ist insbesondere die Menge V in der Darstellung gemäß Korollar 4.3.37 nichtleer, d.h. es gibt einen Punkt $x^* \in P$ mit polynomiell in der Größe des Inputs beschränkter Kodierungslänge size(x^*). Als Zertifikat können wir somit ein Paar (I, x^*) verwenden. Durch Einsetzen in das System $A_I x^* \leq b_I$ kann dann in polynomieller Zeit verifiziert werden, dass die Ungleichungen erfüllt sind. Somit folgt die Behauptung. $\square$

Das letzte Korollar dieser Sektion behandelt ein Entscheidungsproblem der linearen Optimierung. Kann man für eine gegebene Lösung einer linearen Optimierungsaufgabe entscheiden, ob sie bereits optimal ist?

4.3.39 Korollar. *Das Entscheidungsproblem* LP-OPTIMALITÄT

Gegeben: $m, n \in \mathbb{N}$, $A \in \mathbb{Q}^{m \times n}$, $b \in \mathbb{Q}^m$, $c \in \mathbb{Q}^n$, $x^* \in \mathbb{Q}^n$.
Frage: Ist x^* Optimalpunkt des linearen Programms $\max\{c^T x : Ax \leq b\}$?

liegt in $\mathbb{NP} \cap \text{co}\mathbb{NP}$.

Beweis: Durch einfaches Einsetzen von x^* in das Ungleichungssystem $Ax \leq b$ können wir in polynomieller Zeit entscheiden, ob x^* zulässig ist. Ist x^* unzulässig, so ist die gegebene Aufgabe eine nein-Instanz. Wir setzen daher im Folgenden stets voraus, dass x^* zulässig ist.

Nach Korollar 4.2.37 ist x^* genau dann Optimalpunkt des linearen Programms $\max\{c^T x : Ax \leq b\}$, wenn mit

$$I := I(x^*) \quad \wedge \quad Q := \{y \in \mathbb{R}^{|I|} : y \geq 0 \wedge A_I^T y = c\}$$

$Q \neq \emptyset$ ist.

Wir zeigen nun, dass LP-OPTIMALITÄT in $\mathbb{NP}$ ist. Ist $Q \neq \emptyset$, so gibt es nach Korollar 4.3.31 einen Vektor $y^* \in Q$ von polynomieller Kodierungslänge. Wenn wir einen solchen als Beleg heranziehen, so können wir in polynomieller Zeit überprüfen, ob x^* optimal ist. Das Problem liegt somit in $\mathbb{NP}$.

Um zu zeigen, dass LP-OPTIMALITÄT in co$\mathbb{NP}$ liegt, müssen wir ein Zertifikat finden, mit dessen Hilfe in polynomieller Zeit nachgewiesen werden kann, dass x^* nicht optimal ist. Wir wenden hierzu das Lemma von Farkas. Nach Korollar 4.2.36 ist Q genau dann leer, wenn die Implikation $(A_I z \leq 0 \Rightarrow c^T z \leq 0)$ falsch ist, d.h. wenn es ein $z \in \mathbb{R}^n$ gibt mit $A_I z \leq 0$ und $c^T z > 0$. Durch Skalieren folgt somit

$$Q = \emptyset \quad \Leftrightarrow \quad \exists (z \in \mathbb{R}^n) : A_I z \leq 0 \wedge c^T z \geq 1.$$

Ist

$$R := \{z \in \mathbb{R}^n : A_I z \leq 0 \wedge c^T z \geq 1\} \neq \emptyset,$$

so gibt es nach Korollar 4.3.31 einen Vektor $z^* \in R$ von polynomieller Kodierungslänge. Jeder solche Vektor kann daher als Zertifikat dafür verwendet werden, dass x^* nicht optimal ist. Das Problem liegt somit in coℕℙ. Insgesamt folgt damit die Behauptung. $\square$

Die Tatsache, dass Lp-Optimalität $\in$ ℕℙ∩coℕℙ ist, ist nach Übungsaufgabe 3.6.32 ein starkes Indiz dafür, dass Lp-Optimalität nicht ℕℙ-vollständig ist. Wir kommen auf verwandte Fragestellungen noch einmal in Kapitel 6 zurück.

4.4   Ergänzung: Polarität

Wir führen nun den Begriff der Polarität[31] ein, der in einem metrischen (und vom Ursprung abhängigen) Sinn das 'Optimierungsverhalten' von Mengen kodiert. Insbesondere sind die beiden zentralen Kegel $N_C(x^*)$ und $S_C(x^*)$ aus Sektion 4.2 durch Polarität verbunden; vgl. Korollar 4.4.3.

4.4.1 Definition. *Seien $X \subset \mathbb{R}^n$ und*

$$X^\circ := \{y \in \mathbb{R}^n : \forall (x \in X) : y^T x \leq 1\}.$$

*Dann heißt X° die zu X **polare Menge**[32] oder kürzer das **Polare** zu X.*

Im Spezialfall, dass X ein Kegel ist, liest sich obige Definition der polaren Menge wie folgt.

4.4.2 Satz. *Sei $K \subset \mathbb{R}^n$ ein Kegel. Dann ist K° ein Kegel, und es gilt*

$$K^\circ = \{y \in \mathbb{R}^n : \forall (x \in K) : y^T x \leq 0\}.$$

Beweis: Sei $Q := \{y \in \mathbb{R}^n : \forall (x \in K) : y^T x \leq 0\}$. Seien $\lambda_1, \lambda_2 \in [0,\infty[$ und $y_1, y_2 \in Q$. Dann gilt

$$x \in K \quad \Rightarrow \quad (\lambda_1 y_1 + \lambda_2 y_2)^T x = \lambda_1 y_1^T x + \lambda_2 y_2^T x \leq 0,$$

und es folgt $\lambda_1 y_1 + \lambda_2 y_2 \in Q$. Somit ist Q ein Kegel, und es reicht zu zeigen, dass $K^\circ = Q$ ist.

'$\supset$' Nach Definition gilt $K^\circ = \{y \in \mathbb{R}^n : \forall (x \in K) : y^T x \leq 1\}$, also $Q \subset K^\circ$.

'$\subset$' Wir nehmen an, dass $K^\circ \not\subset Q$ ist. Seien $y \in K^\circ \setminus Q$ und $x \in K$ mit $0 < y^T x \leq 1$. Aus $[0,\infty[K \subset K$ folgt aber

---

[31] Der allgemeine Kontext dieser Begriffsbildung sind Bilinearsysteme, Paare von Vektorräumen über demselben Körper zusammen mit einer beliebigen Bilinearform. Ihr für viele Fragen aber 'natürliches Habitat' sind Paare $(\mathbb{X}, \mathbb{Y})$ bestehend aus einem normierten Vektorraum $\mathbb{X}$ über einem Körper $\mathbb{K}$ und dem topologischen Dualraum $L(\mathbb{X}, \mathbb{K})$ seiner stetigen Linearformen. Die Bilinearform ist dabei definiert durch $\langle x, y \rangle := y(x)$ für $x \in \mathbb{X}$ und $y \in L(\mathbb{X}, \mathbb{K})$. Der in unserem Kontext relevante Fall von konjugierten Minkowski-Räumen ist der des $\mathbb{R}^n$ und seiner Linearformen $L(\mathbb{R}^n, \mathbb{R})$, ausgestattet mit konjugierten Normen. Wählt man in $\mathbb{R}^n$ und $L(\mathbb{R}^n, \mathbb{R})$ konjugierte Basen und sind $x =: (\xi_1, \ldots, \xi_n)^T$, $y =: (\eta_1, \ldots, \eta_n)^T$, so wird $y(x)$ zur Standardbilinearform, d.h. $\langle x, y \rangle = \sum_{i=1}^n \xi_i \eta_i$. Der Einfachheit halber identifizieren wir $L(\mathbb{R}^n, \mathbb{R})$ mit $\mathbb{R}^n$ und können so alle Begriffe im selben Raum entwickeln.

[32] In anderen Gebieten wird hier oft der Begriff 'dual' verwendet; dieser ist in der Optimierung und in der Polyedertheorie aber etwas anders konnotiert.

$$\lambda \in [0,\infty[\quad \Rightarrow \quad y^T(\lambda x) = \lambda y^T x \leq 1,$$

also $y^T x \leq 0$. Dieser Widerspruch zeigt, dass auch $K^\circ \subset Q$ gilt, und es folgt die Behauptung. $\square$

Es ist nun offensichtlich, dass der Innenkegel $S_C(x^*)$ einer konvexen Menge C bezüglich eines Punktes $x^* \in C$ das Polare des Normalenkegel $N_C(x^*)$ ist.

4.4.3 Korollar. *Seien $C \subset \mathbb{R}^n$ konvex und $x^* \in C$. Dann gilt*

$$\big(N_C(x^*)\big)^\circ = S_C(x^*).$$

Beweis: Die Aussage folgt mit Satz 4.4.2 unmittelbar aus den Definitionen von $N_C(x^*)$ und $S_C(x^*)$. $\square$

Hiermit ist bereits erkennbar, dass Polarität (explizit oder wenigstens implizit) für die Optimierung eine Rolle spielt. Wir werden in dieser Sektion noch einige weitere Ergebnisse herleiten, die erklären, warum Polarität ein durchaus zentraler Begriff in verschiedenen Gebieten der Mathematik ist.

Hier sind elementare Beispiele aus der linearen Algebra.

4.4.4 Beispiel. *Offenbar gilt $\emptyset^\circ = \{0\}^\circ = \mathbb{R}^n$ sowie $(\mathbb{R}^n)^\circ = \{0\}$.*
Seien allgemeiner S ein linearer Unterraum des $\mathbb{R}^n$, $k := \dim(S)$ und $\{x_1,\ldots,x_k\}$ eine Basis von S. Nach Definition gilt[33]

$$S^\circ := \Big\{ y \in \mathbb{R}^n : \forall(\lambda_1,\ldots,\lambda_k \in \mathbb{R}) : \sum_{i=1}^{k} \lambda_i y^T x_i \leq 1 \Big\}$$

Es folgt

$$y \in S^\circ \quad \Leftrightarrow \quad y^T x_1 = \ldots = y^T x_k = 0.$$

Somit ist S° das orthogonale Komplement $S^\perp$ von S. Insbesondere ist also S° ein linearer Unterraum des $\mathbb{R}^n$, und es gilt $\dim(S^\circ) = n - \dim(S)$.

Bekannte Beispiele aus der Funktionalanalysis sind die konjugierten p-Normen; vgl. Bezeichnung 1.3.11. Um das entsprechende Ergebnis zu beweisen, wiederholen wir zunächst kurz die *Höldersche Ungleichung*.

4.4.5 Wiederholung. *(Höldersche[34] Ungleichung)*
Seien $p,q \in]1,\infty[$ mit $\frac{1}{p} + \frac{1}{q} = 1$. Für $\xi_1,\ldots,\xi_n,\eta_1,\ldots,\eta_n \in [0,\infty[$ gilt

$$\sum_{i=1}^{n} \xi_i \eta_i \leq \Big(\sum_{i=1}^{n} \xi_i^p\Big)^{\frac{1}{p}} \Big(\sum_{i=1}^{n} \eta_i^q\Big)^{\frac{1}{q}}$$

mit Gleichheit genau dann, wenn es $\lambda,\mu \in [0,\infty[$ gibt mit $\lambda^2 + \mu^2 \neq 0$ und

$$\lambda \xi_i^p = \mu \eta_i^q \quad (i \in [n]).$$

---

[33] Da S insbesondere auch ein Kegel ist, könnten wir auch Satz 4.4.2 anwenden; einen besonderen Vorteil brächte das hier aber nicht.
[34] Otto Ludwig Hölder, 1859 – 1937.

Eine entsprechende Aussage gilt (trivialerweise) auch für $p := 1$ und $q := \infty$, wenn man die auftretenden Potenzen adäquat interpretiert.

4.4.6 Bemerkung. *Für* $\xi_1,\ldots,\xi_n,\eta_1,\ldots,\eta_n \in [0,\infty[$ *gilt*

$$\sum_{i=1}^{n} \xi_i \eta_i \leq \left(\sum_{i=1}^{n} \xi_i\right) \cdot \max(\{\eta_1,\ldots,\eta_n\})$$

mit Gleichheit genau dann, wenn mit $\eta := \max\{\eta_1,\ldots,\eta_n\}$

$$\xi_i(\eta - \eta_i) = 0 \quad (i \in [n])$$

gilt.

Als Folgerung erhalten wir eine Verallgemeinerung der Cauchy-Schwarzschen Ungleichung für die konjugierten Normen $\|\ \|_{(p)}$ und $\|\ \|_{(q)}$ für Paare $(p,q) \in]1,\infty[^2$ mit $\frac{1}{p} + \frac{1}{q} = 1$ oder $(p,q) = (1,\infty)$.

4.4.7 Korollar. *Seien* $p,q \in]1,\infty[$ *mit* $\frac{1}{p} + \frac{1}{q} = 1$ *oder* $(p,q) := (1,\infty)$. *Für* $x := (\xi_1,\ldots,\xi_n)^T, y := (\eta_1,\ldots,\eta_n)^T \in \mathbb{R}^n$ *gilt*

$$x^T y \leq \|x\|_{(p)}\|y\|_{(q)}.$$

Für $x \in \mathbb{S}^{n-1}_{(p)}$ *und* $y \in \mathbb{S}^{n-1}_{(q)}$ *gilt Gleichheit genau dann, wenn*

$$\xi_i \cdot \eta_i \geq 0 \quad \wedge \quad |\xi_i|^p = |\eta_i|^q \quad (i \in [n])$$

gilt. Ferner ist

$$x^T y \leq \|x\|_{(1)}\|x\|_{(\infty)}$$

mit Gleichheit für $x \in \mathbb{S}^{n-1}_{(1)}$ *und* $y \in \mathbb{S}^{n-1}_{(\infty)}$ *genau dann, wenn*

$$\xi_i \cdot \eta_i \geq 0 \quad \wedge \quad \xi_i(1 - |\eta_i|) = 0 \quad (i \in [n])$$

gilt.

Beweis: Mit Hilfe der Hölderschen Ungleichung 4.4.5 folgt

$$x^T y \leq |x^T y| \leq \sum_{i=1}^{n} |\xi_i| \cdot |\eta_i| \leq \left(\sum_{i=1}^{n} |\xi_i|^p\right)^{\frac{1}{p}} \left(\sum_{i=1}^{n} |\eta_i|^q\right)^{\frac{1}{q}} = \|x\|_{(p)}\|x\|_{(q)}.$$

In den ersten beiden Ungleichung gilt gleichzeitig Gleichheit genau dann, wenn $\xi_i \eta_i \geq 0$ für alle $i \in [n]$ gilt. Die dritte Ungleichung ist genau dann mit Gleichheit erfüllt, wenn es $\lambda,\mu \in [0,\infty[$ gibt mit $\lambda^2 + \mu^2 \neq 0$ und $\lambda|\xi_i|^p = \mu|\eta_i|^q$ für alle $i \in [n]$.

Seien nun $x \in \mathbb{S}^{n-1}_{(p)}$ und $y \in \mathbb{S}^{n-1}_{(q)}$ und λ,μ so gewählt, dass letztere Bedingung gilt. Dann sind $\lambda,\mu > 0$, und es folgt

$$1 = \|x\|^p_{(p)} = \sum_{i=1}^{n} |\xi_i|^p = \frac{\mu}{\lambda}\sum_{i=1}^{n} |\eta_i|^q = \frac{\mu}{\lambda}\|x\|^q_{(q)} = \frac{\mu}{\lambda}.$$

Die Bedingung ist somit äquivalent zu $|\xi_i|^p = |\eta_i|^q$ für $i \in [n]$, und es folgt die erste Aussage.

Die zweite Behauptung folgt analog unter Verwendung von Bemerkung 4.4.6. □

Wir geben nun verschiedene Beispiele polarer Mengen. Die erste Aussage zeigt, dass die Einheitskugeln konjugierter Normen polar sind.

4.4.8 Satz. *Seien $p,q \in]1,\infty[$ mit $\frac{1}{p} + \frac{1}{q} = 1$ oder $(p,q) \in \{(1,\infty),(\infty,1)\}$. Dann gilt*

$$(\mathbb{B}^n_{(p)})^\circ = \mathbb{B}^n_{(q)}.$$

Beweis: Es ist $(\mathbb{B}^n_{(p)})^\circ = \{y : \forall (x \in \mathbb{B}^n_{(p)}) : y^T x \leq 1\}$. Nach Korollar 4.4.7 gilt für alle $x \in \mathbb{B}^n_{(p)}$ und $y \in \mathbb{B}^n_{(q)}$

$$x^T y \leq \|x\|_{(p)} \|y\|_{(q)} \leq 1,$$

und es folgt $(\mathbb{B}^n_{(p)})^\circ \supset \mathbb{B}^n_{(q)}$.

Angenommen, es gäbe einen Punkt $y \in (\mathbb{B}^n_{(p)})^\circ \setminus \mathbb{B}^n_{(q)}$. Gemäß Korollar 4.4.7 seien

$$y^* := \frac{1}{\|y\|_{(q)}} y \in \mathbb{S}^{n-1}_{(q)} \quad \wedge \quad x^* \in \mathbb{S}^{n-1}_{(p)} \quad \wedge \quad (x^*)^T y^* = \|x^*\|_{(p)} \|y^*\|_{(q)}.$$

Dann gilt

$$(x^*)^T y = \|y\|_{(q)} \cdot (x^*)^T y^* = \|y\|_{(q)} \cdot \|x^*\|_{(p)} \|y^*\|_{(q)} = \|y\|_{(q)} > 1,$$

im Widerspruch zu $x^* \in \mathbb{B}^n_{(p)}$. Somit gilt auch $(\mathbb{B}^n_{(p)})^\circ \subset \mathbb{B}^n_{(q)}$, und es folgt die Behauptung. $\qquad \square$

Mit Satz 4.4.8 kennen wir die Polaren der Einheitskugeln bez. p-Normen. Folgende Bemerkung zeigt, wie wir die Ergebnisse auch auf Kugeln anderer Radien anwenden können.

4.4.9 Bemerkung. *Seien $X \subset \mathbb{R}^n$ und $\rho \in]0,\infty[$. Dann gilt*

$$(\rho X)^\circ = \frac{1}{\rho} X^\circ$$

Beweis: Es gilt

$$(\rho X)^\circ = \{y : \forall (x \in \rho X) : y^T x \leq 1\} = \{y : \forall (x \in X) : \rho y^T x \leq 1\} = \frac{1}{\rho} X^\circ$$

und damit die Behauptung. $\qquad \square$

Wir leiten nun einige weitere nützliche Eigenschaften der Polarität her.

4.4.10 Bemerkung. *Seien $X \subset Y \subset \mathbb{R}^n$. Dann gilt $Y^\circ \subset X^\circ$.*

Beweis: Aus $X \subset Y$ folgt

$$Y^\circ = \bigcap_{y \in Y} H^\leq_{(y,1)} \subset \bigcap_{y \in X} H^\leq_{(y,1)} = X^\circ$$

und damit die Behauptung. $\qquad \square$

Das folgende Lemma zeigt, dass Polarität tatsächlich ein intrinsisch konvexgeometrisches Konzept ist.

4.4.11 Lemma. *Sei $X \subset \mathbb{R}^n$. Dann ist X° abgeschlossen und konvex, und es gilt $0 \in X^\circ$. Ferner ist*

$$X^\circ = \big(\mathrm{cl}(X)\big)^\circ = \big((X \cup \{0\})\big)^\circ = \big(\mathrm{conv}(X)\big)^\circ.$$

Beweis: Nach Definition gilt

$$X^\circ = \bigcap_{x \in X} \{y \in \mathbb{R}^n : y^T x \leq 1\}.$$

Somit gilt $0 \in X^\circ$, und X° ist der Durchschnitt abgeschlossener Halbräume, also abgeschlossen und konvex. Nach Bemerkung 4.4.10 gilt ferner

$$X^\circ \supset \big(\mathrm{cl}(X)\big)^\circ \quad \wedge \quad X^\circ \supset \big((X \cup \{0\})\big)^\circ \quad \wedge \quad X^\circ \supset \big(\mathrm{conv}(X)\big)^\circ.$$

Wir zeigen nun der Reihe nach die umgekehrten Inklusionen '$\subset$'. Im Folgenden sei stets $y \in X^\circ$ beliebig.

Seien $x \in \mathrm{cl}(X)$ und $(x_i)_{i \in \mathbb{N}}$ eine Folge in X mit $x_i \to x$ für $i \to \infty$. Dann gilt

$$1 \geq y^T x_i \to y^T x \quad (i \to \infty).$$

Für jeden Punkt $x \in \mathrm{cl}(X)$ gilt daher $y^T x \leq 1$, also $y \in \big(\mathrm{cl}(X)\big)^\circ$, und es folgt $X^\circ \subset \big(\mathrm{cl}(X)\big)^\circ$.

Natürlich gilt auch $y^T 0 \leq 1$, und es folgt $X^\circ \subset \big((X \cup \{0\})\big)^\circ$.

Sei nun abschließend $x \in \mathrm{conv}(X)$. Ferner seien $x_0, \dots, x_n \in X$ und $\lambda_0, \dots, \lambda_n \in [0,1]$ gemäß Satz 4.1.12 mit $\sum_{i=0}^n \lambda_i = 1$ und $x = \sum_{i=0}^n \lambda_i x_i$. Dann gilt

$$y^T x = \sum_{i=0}^n \lambda_i y^T x_i \leq \sum_{i=0}^n \lambda_i = 1,$$

und es folgt $X^\circ \subset \big(\mathrm{conv}(X)\big)^\circ$. $\qquad\square$

Das nachfolgende Korollar gibt ein weiteres Beispiel polarer Mengen, nämlich das der Polaren von Halbräumen. Da Halbräume in der Konvexitätstheorie (Trennungssätze, Stützeigenschaften) und der Polyedertheorie (Durchschnitte abgeschlossener Halbräume) und damit auch in der Optimierung eine zentrale Rolle spielen, ist das folgende Beispiel zwar elementar, aber doch recht relevant. Insbesondere lässt sich hieraus unter Verwendung anderer Eigenschaften der Polarität allgemein das Polare von Polyedern bestimmen.

4.4.12 Korollar. *Seien $a \in \mathbb{R}^n \setminus \{0\}$ und $\beta \in \mathbb{R}$. Dann ist*

$$\left(H_{(a,\beta)}^{\leq}\right)^\circ = \begin{cases} [0,1/\beta]a, & \text{falls } \beta > 0; \\ [0,\infty[a, & \text{falls } \beta \leq 0. \end{cases}$$

Beweis: Nach Lemma 4.4.11[35] und Beispiel 4.4.4 gilt

$$\left(H_{(a,\beta)}^{\leq}\right)^\circ = \left(H_{(a,\beta)}^{\leq} \cup \{0\}\right)^\circ = \left(\mathrm{cl}\big(H_{(a,\beta)}^{\leq} \cup \{0\}\big)\right)^\circ \subset \left(H_{(a,0)}^{\leq}\right)^\circ \subset \left(H_{(a,0)}\right)^\circ = \mathbb{R}a,$$

es folgt

$$\left(H_{(a,\beta)}^{\leq}\right)^\circ = \{\lambda a : H_{(a,\beta)}^{\leq} \subset H_{(\lambda a,1)}^{\leq}\} = \{\lambda a : \lambda \in [0,\infty[\wedge \lambda\beta \leq 1\},$$

und damit die Behauptung. $\qquad\square$

Das folgende Lemma zeigt noch einmal sehr deutlich, wie stark der Polaritätsbegriff vom Nullpunkt abhängt, dass er also kein affines sondern ein lineares Konzept ist.

---

[35] Im Beweis kann man sehr schön die Aussagen des vorherigen Lemmas anwenden. Er kann allerdings auch sehr einfach direkt geführt werden, macht dann aber nicht soviel Spaß.

4.4.13 Lemma. *Sei* $X \subset \mathbb{R}^n$. *Die polare Menge* X° *ist genau dann beschränkt, wenn* $0 \in \mathrm{int}\big(\mathrm{conv}(X)\big)$ *gilt.*

Beweis: '$\Rightarrow$' Wir führen einen Widerspruchsbeweis. Sei also $0 \notin \mathrm{int}\big(\mathrm{conv}(X)\big)$. Nach Satz 4.2.11 gibt es eine 0 und $\mathrm{conv}(X)$ trennende Hyperebene. Seien also $a \in \mathbb{R}^n \setminus \{0\}$ und $\beta \in \mathbb{R}$ mit

$$\mathrm{conv}(X) \subset H^{\leq}_{(a,\beta)} \quad \wedge \quad 0 \in H^{\geq}_{(a,\beta)}.$$

Dann gilt $0 = a^T 0 \geq \beta$, und mit Bemerkung 4.4.10, Lemma 4.4.11 und Korollar 4.4.12 folgt

$$X^\circ = \big(\mathrm{conv}(X)\big)^\circ \supset \Big(H^{\leq}_{(a,\beta)}\Big)^\circ = [0,\infty[\,a.$$

X° ist somit unbeschränkt.

'$\Leftarrow$' Da $0 \in \mathrm{int}\big(\mathrm{conv}(X)\big)$ ist, gibt es ein $\rho \in\,]0,\infty[$ mit

$$\rho \mathbb{B}^n_{(2)} \subset \mathrm{conv}(X).$$

Mit Lemma 4.4.11, den Bemerkung 4.4.10 und 4.4.9 sowie Satz 4.4.8 folgt

$$X^\circ = \big(\mathrm{conv}(X)\big)^\circ \subset \big(\rho \mathbb{B}^n_{(2)}\big)^\circ = \frac{1}{\rho}\big(\mathbb{B}^n_{(2)}\big)^\circ = \frac{1}{\rho}\mathbb{B}^n_{(2)};$$

d.h. X° ist beschränkt. $\qquad\qquad\qquad\qquad\qquad\qquad\qquad\qquad\qquad\qquad\quad\square$

Der folgende Satz untersucht den Effekt von mehrfacher Polarisierung.[36]

4.4.14 Satz. *Sei* $X \subset \mathbb{R}^n$. *Dann gilt*

$$\big(X^\circ\big)^\circ = \mathrm{cl}\big(\mathrm{conv}(\{0\} \cup X)\big) \quad \wedge \quad \big(\big(X^\circ\big)^\circ\big)^\circ = X^\circ.$$

Beweis: Die zweite Behauptung folgt mit Lemma 4.4.11 aus der ersten, so dass es reicht, $\big(X^\circ\big)^\circ = \mathrm{cl}\big(\mathrm{conv}(\{0\} \cup X)\big)$ zu beweisen.

'$\supset$' Sei $x \in X$. Nach Definition von X° gilt

$$y \in X^\circ \quad \Rightarrow \quad y^T x \leq 1,$$

also $x \in (X^\circ)^\circ$, und es folgt $X \subset (X^\circ)^\circ$.

Nach Lemma 4.4.11 angewendet auf X° ist $0 \in (X^\circ)^\circ$, und $(X^\circ)^\circ$ ist sowohl abgeschlossen als auch und konvex. Somit folgt $\mathrm{cl}\big(\mathrm{conv}(\{0\} \cup X)\big) \subset (X^\circ)^\circ$.

'$\subset$' Wir nehmen an, dass die bereits bewiesene Inklusion echt ist. Sei dann

$$z \in (X^\circ)^\circ \setminus \mathrm{cl}\big(\mathrm{conv}(\{0\} \cup X)\big) \neq \emptyset.$$

Nach Satz 4.2.8 gibt es eine z und $\mathrm{cl}\big(\mathrm{conv}(\{0\}\cup X)\big)$ streng trennende Hyperebene. Seien also $a \in \mathbb{R}^n \setminus \{0\}$ und $\beta \in \mathbb{R}$ mit

$$z \in H^{>}_{(a,\beta)} \quad \wedge \quad \mathrm{cl}\big(\mathrm{conv}(\{0\} \cup X)\big) \subset H^{<}_{(a,\beta)}.$$

Da $0 \in H^{<}_{(a,\beta)}$ ist, gilt $\beta > 0$. Mit $y := a/\beta$ folgt daher

$$y^T z > 1 \quad \wedge \quad \Big(x \in \mathrm{cl}\big(\mathrm{conv}(\{0\} \cup X)\big) \Rightarrow y^T x \leq 1\Big).$$

---

[36] In der Funktionalanalysis firmiert das entsprechende allgemeinere Ergebnis als *Bipolarensatz.*

Aus der zweiten Bedingung folgt $y \in X^\circ$. Dann besagt aber die erste Bedingung, dass $z \notin (X^\circ)^\circ$ ist, im Widerspruch zur Annahme. Somit gilt auch $(X^\circ)^\circ \subset \mathrm{cl}\big(\mathrm{conv}(\{0\} \cup X)\big)$, und es folgt die Behauptung. $\square$

Aus Satz 4.4.14 folgt, dass der Operator der Polarität eine *Involution* auf der Familie der den Ursprung enthaltenden, abgeschlossenen und konvexen Mengen des $\mathbb{R}^n$ ist. Von besonderer Bedeutung in der Konvexgeometrie ist dabei die Klasse der kompakten, konvexen Teilmengen des $\mathbb{R}^n$, die 0 in ihrem Inneren enthalten.[37] Polarität führt auch aus dieser Klasse nicht heraus. Im Spezialfall der Einheitskugeln von p-Normen hatten wir das bereits in Satz 4.4.8 gesehen.

4.4.15 Korollar. *Sei K abgeschlossen und konvex, und es gelte $0 \in K$. Dann ist $(K^\circ)^\circ = K$. Ist K ferner beschränkt und gilt $0 \in \mathrm{int}(K)$, so ist auch K° kompakt und konvex, und es gilt $0 \in \mathrm{int}(K^\circ)$.*

Beweis: Nach Satz 4.4.14 ist

$$(K^\circ)^\circ = \mathrm{cl}\big(\mathrm{conv}(\{0\} \cup K)\big) = K.$$

Im folgenden sei K kompakt, und es gelte $0 \in \mathrm{int}(K)$. Nach den Lemmata 4.4.11 und 4.4.13 ist K° konvex und kompakt, und angewendet auf K° zeigt Lemma 4.4.13 wegen $(K^\circ)^\circ = K$ auch, dass K° den Ursprung in seinem Inneren enthält. $\square$

Das folgende Korollar zu Satz 4.4.14 zeigt, wie sich Polarität auf Durchschnitte abgeschlossener, konvexer Mengen auswirkt, die den Ursprung enthalten.

4.4.16 Korollar. *Sei $\mathcal{C}$ eine Familie abgeschlossener, konvexer Teilmengen des $\mathbb{R}^n$, die 0 enthalten. Dann gilt*

$$\Big(\bigcup_{C \in \mathcal{C}} C\Big)^\circ = \bigcap_{C \in \mathcal{C}} C^\circ \quad \wedge \quad \Big(\bigcap_{C \in \mathcal{C}} C\Big)^\circ = \mathrm{cl}\Big(\mathrm{conv}\big(\bigcup_{C \in \mathcal{C}} C^\circ\big)\Big).$$

Beweis: Es gilt

$$\Big(\bigcup_{C \in \mathcal{C}} C\Big)^\circ = \bigcap_{C \in \mathcal{C}} \bigcap_{x \in C} \{y \in \mathbb{R}^n : x^T y \le 1\} = \bigcap_{C \in \mathcal{C}} C^\circ$$

sowie nach Korollar 4.4.15

$$\Big(\bigcup_{C \in \mathcal{C}} C^\circ\Big)^\circ = \bigcap_{C \in \mathcal{C}} \bigcap_{y \in C^\circ} \{x \in \mathbb{R}^n : x^T y \le 1\} = \bigcap_{C \in \mathcal{C}} (C^\circ)^\circ = \bigcap_{C \in \mathcal{C}} C.$$

Da die Mengen C° den Nullpunkt enthalten, folgt aus der letzteren Identität durch Anwendung von Satz 4.4.14

$$\Big(\bigcap_{C \in \mathcal{C}} C\Big)^\circ = \Big(\big(\bigcup_{C \in \mathcal{C}C} C^\circ\big)^\circ\Big)^\circ = \mathrm{cl}\Big(\mathrm{conv}\big(\bigcup_{C \in \mathcal{C}} C^\circ\big)\Big),$$

und damit die Behauptung. $\square$

---

[37] Solche Mengen heißen *konvexe Körper* und sind der zentrale Untersuchungsgegenstand etwa in der *Brunn-Minkowski Theorie*.

Für zwei abgeschlossene, konvexe Teilmengen C_1,C_2 des $\mathbb{R}^n$, die 0 enthalten, wird die zweite Gleichung in Korollar 4.4.16 zu

$$(C_1 \cap C_2)^\circ = \mathrm{cl}\big(\mathrm{conv}\big(C_1^\circ \cup C_2^\circ\big)\big).$$

Man mag vielleicht versucht sein anzunehmen, dass $\mathrm{conv}\big(C_1^\circ \cup C_2^\circ\big)$ ohnehin abgeschlossen ist, die Bildung der abgeschlossenen Hülle also überflüssig ist. Zwar sind tatsächlich C_1° und C_2° nach Lemma 4.4.11 abgeschlossen. Da aber keine Kompaktheit vorausgesetzt ist, braucht die konvexe Hülle keineswegs abgeschlossen zu sein.

4.4.17 Beispiel. *Seien*

$$C_1 := \mathbb{R}u_n \subset \mathbb{R}^n \quad \wedge \quad C_2 := H_{(u_n,1)}^{\leq} \subset \mathbb{R}^n.$$

Dann gilt nach Beispiel 4.4.4 und Korollar 4.4.12

$$C_1^\circ = H_{(u_n,0)} \quad \wedge \quad C_2^\circ = [0,1]u_n,$$

und damit

$$\mathrm{conv}(C_1^\circ \cup C_2^\circ) = \big(H_{(u_n,0)}^{\geq} \cap H_{(u_n,1)}^{\leq}\big) \cup \{u_n\};$$

vgl. Abbildung 4.22. Insbesondere ist also $\mathrm{conv}\big(C_1^\circ \cup C_2^\circ\big)$ *nicht abgeschlossen.*

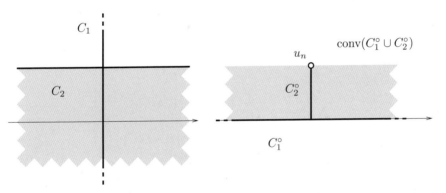

4.22 Abbildung. Die Mengen C_1,C_2 (links), C_1°, C_2° (rechts) sowie $\mathrm{conv}\big(C_1^\circ \cup C_2^\circ\big)$ aus Beispiel 4.4.17. Der Punkt u_n ist besonders hervorgehoben.

Es ist aber

$$\mathrm{cl}\big(\mathrm{conv}(C_1^\circ \cup C_2^\circ)\big) = H_{(u_n,0)}^{\geq} \cap H_{(u_n,1)}^{\leq}$$

und

$$(C_1 \cap C_2)^\circ = \big(]-\infty,1]u_n\big)^\circ = \big\{y \in \mathbb{R}^n : \forall\big(\lambda \in]-\infty,1]\big) : \lambda u_n^T y \leq 1\big\}$$
$$= \big\{(\eta_1,\ldots,\eta_n)^T \in \mathbb{R}^n : 0 \leq \eta_n \leq 1\big\}.$$

Beide Mengen stimmen überein, wie sich das nach Lemma 4.4.16 auch gehört.

Wir wenden unsere Ergebnisse nun auf Polyeder an.

4.4.18 Satz. *Seien* $a_1,\ldots,a_m \in \mathbb{R}^n$, $A := (a_1,\ldots,a_m)^T$, $b := (\beta_1,\ldots,\beta_m)^T \in \mathbb{R}^m$, $I := \big\{i \in [m] : \beta_i > 0\big\}$, $I_0 := \big\{i \in [m] : \beta_i = 0\big\}$ *und* $P := \{x \in \mathbb{R}^n : Ax \leq b\}$.

(a) *Dann ist P° ein Polyeder, und es gilt*

$$P^\circ = \operatorname{conv}(\{0\} \cup \{a_i/\beta_i : i \in I\}) + \operatorname{pos}(\{a_i : i \in [m] \setminus I\}).$$

(b) *Es sei $0 \in P$. Dann gilt*

$$P^\circ = \operatorname{conv}(\{0\} \cup \{a_i/\beta_i : i \in I\}) + \operatorname{pos}(\{a_i : i \in I_0\}).$$

(c) *Ist P beschränkt und gilt $0 \in \operatorname{int}(P)$, so ist*

$$P^\circ = \operatorname{conv}(\{a_1/\beta_1, \ldots, a_m/\beta_m\}).$$

Beweis: (a) Nach Lemma 4.4.11 gilt

$$P^\circ = \left(\bigcap_{i=1}^{m} H^{\leq}_{(a_i,\beta_i)}\right)^{\circ} = \left(\operatorname{cl}\left(\operatorname{conv}\left(\bigcap_{i=1}^{m}(\{0\} \cup H^{\leq}_{(a_i,\beta_i)})\right)\right)\right)^{\circ}$$

$$= \left(\bigcap_{i\in I} H^{\leq}_{(a_i,\beta_i)} \cap \bigcap_{i\in[m]\setminus I} H^{\leq}_{(a_i,0)}\right)^{\circ}.$$

Das Polare von P ist also das Gleiche wie das Polare des Polyeders

$$R := \bigcap_{i\in I} H^{\leq}_{(a_i,\beta_i)} \cap \bigcap_{i\in[m]\setminus I} H^{\leq}_{(a_i,0)}.$$

Da $0 \in R$ ist, folgt die Behauptung, wenn (b) bewiesen ist.

(b) Da $0 \in P$ ist, gilt $I \cup I_0 = [m]$. Aus den Korollaren 4.4.16 und 4.4.12 folgt

$$P^\circ = \left(\bigcap_{i=1}^{m} H^{\leq}_{(a_i,\beta_i)}\right)^{\circ} = \operatorname{cl}\left(\operatorname{conv}\left(\bigcup_{i=1}^{m}(H^{\leq}_{(a_i,\beta_i)})^{\circ}\right)\right)$$

$$= \operatorname{cl}\left(\operatorname{conv}\left(\bigcup_{i\in I}\left[0,\frac{1}{\beta_i}\right]a_i \cup \bigcup_{i\in I_0}[0,\infty[a_i\right)\right).$$

Aus Lemma 4.3.1 folgt nun

$$P^\circ = \operatorname{conv}\left(\{0\} \cup \left\{\frac{1}{\beta_i}a_i : i \in I\right\}\right) + \operatorname{pos}(\{a_i : i \in I_0\}),$$

wie behauptet.

(c) Da $0 \in \operatorname{int}(P)$ ist, gilt $b > 0$, d.h. $I = [m]$. Aus (b) folgt somit

$$P^\circ = \operatorname{conv}(\{0,a_1/\beta_1, \ldots, a_m/\beta_m\}).$$

Es reicht also zu zeigen, dass

$$0 \in Q := \operatorname{conv}(\{a_1/\beta_1, \ldots, a_m/\beta_m\})$$

ist. Nach Korollar 4.4.15 ist $0 \in \operatorname{int}(P^\circ)$. Da P° aber nach Satz 4.3.19 bereits die konvexe Hülle seiner Extremalpunkte ist, folgt $Q = P^\circ$. $\square$

Satz 4.4.18 ist vom Standpunkt der $\mathcal{H}$-Polyeder aus formuliert. Wir können aber auch die Perspektive von $\mathcal{V}$-Polyedern einnehmen.

4.4.19 Korollar. *Seien* $v_1, \ldots, v_p \in \mathbb{R}^n$, $s_1, \ldots, s_q \in \mathbb{R}^n$ *und* $Q := \mathrm{conv}(\{v_1, \ldots, v_p\}) + \mathrm{pos}(\{s_1, \ldots, s_q\})$.

(a) Dann ist Q° ein Polyeder, und es gilt

$$Q^\circ = \bigcap_{i=1}^{p} H^{\leq}_{(v_i, 1)} \cap \bigcap_{i=1}^{q} H^{\leq}_{(s_i, 0)}.$$

(b) Ist Q beschränkt und gilt $0 \in \mathrm{int}(P)$, so ist

$$Q^\circ = \{x \in \mathbb{R}^n : v_1^T x \leq 1 \wedge \ldots \wedge v_p^T x \leq 1\}.$$

Beweis: Nach Lemma 4.4.11 gilt

$$Q^\circ = (Q \cup \{0\})^\circ = \left(\mathrm{conv}(\{0, v_1, \ldots, v_p\}) + \mathrm{pos}(\{s_1, \ldots, s_q\}) \right)^\circ.$$

Die Behauptung folgt daher mit Hilfe von Satz 4.4.14 direkt aus Satz 4.4.18. □

4.4.20 Beispiel. *(a) Wir überprüfen Korollar 4.4.19 zunächst kurz an den konjugierten Einheitskugeln $\mathbb{B}^n_{(1)}$ und $\mathbb{B}^n_{(\infty)}$. Nach Satz 4.4.8 gilt ja $\left(\mathbb{B}^n_{(1)} \right)^\circ = \mathbb{B}^n_{(\infty)}$. Mit Korollar 4.4.19 erhalten wir, wenig überraschend,*

$$\left(\mathbb{B}^n_{(1)} \right)^\circ = Q_n^\circ = \left(\mathrm{conv}(\{\pm u_1, \ldots, \pm u_n\}) \right)^\circ = \bigcap_{i=1}^{n} H^{\leq}_{(u_i, 1)} \cap \bigcap_{i=1}^{n} H^{\leq}_{(-u_i, 1)}$$

$$= [-1, 1]^n = \mathbb{B}^n_{(\infty)}.$$

Einheitswürfel und Standard-Kreuzpolytop sind also polare Polytope.
(b) Seien

$$a_1, \ldots, a_m \in \mathbb{S}^{n-1}_{(2)} \quad \wedge \quad P := \bigcap_{i=1}^{n} H^{\leq}_{(a_i, 1)}.$$

Dann gilt $0 \in \mathrm{int}(P)$, und aus Satz 4.4.18 folgt

$$P^\circ = \mathrm{conv}(\{0, a_1, \ldots, a_m\}).$$

Ist P beschränkt, so ist auch $0 \in \mathrm{int}(P^\circ)$, und wir haben sogar

$$P^\circ = \mathrm{conv}(\{a_1, \ldots, a_m\}).$$

Dieser Fall ist in Abbildung 4.23 für $n = 2$ und $m = 6$ dargestellt. Alle in der gegebenen $\mathcal{H}$-Darstellung von P auftretenden Halbräume stützen die euklidische Einheitskugel $\mathbb{B}^n_{(2)}$. Entsprechend liegen alle Vektoren der sich ergebenden $\mathcal{V}$-Darstellung von P° auf ihrem Rand $\mathbb{S}^{n-1}_{(2)}$. Die Kanten von P° entsprechen den Ecken von P und umgekehrt; vgl. Übungsaufgabe 4.6.37.
(c) Das Polyeder P im $\mathbb{R}^2$ sei durch die Ungleichungen

$$
\begin{aligned}
\xi_1 + \xi_2 &\leq 1 \\
\xi_1 &\leq 1 \\
 \xi_2 &\leq 1
\end{aligned}
$$

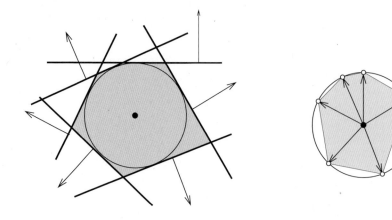

4.23 Abbildung. Polyeder P und P° aus Beispiel 4.4.20 (b).

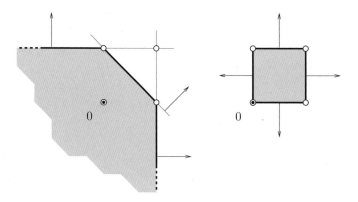

4.24 Abbildung. Polyeder P und P° aus Beispiel 4.4.20 (c).

gegeben; vgl. Abbildung 4.24.

Es gilt $0 \in \operatorname{int}(P)$, aber P ist unbeschränkt. Nach Satz 4.4.18 (b) ist

$$P^\circ = \operatorname{conv}\bigl(\{0, u_1, u_2, u_1 + u_2\}\bigr).$$

P° ist kompakt, es gilt (natürlich) $0 \in P^\circ$, nicht aber $0 \in \operatorname{int}\bigl(P^\circ\bigr)$. Die drei Kanten

$$u_2 - [0,\infty[\,u_1, \quad \operatorname{conv}\bigl(\{u_1, u_2\}\bigr), \quad u_1 - [0,\infty[\,u_2$$

von P entsprechen den drei Ecken u_2, $u_1 + u_2$ bzw. u_1 von P°.

Sind P ein Polyeder und $Q := P^\circ$ sein Polares, so erhalten wir mittels Polarität nach Satz 4.4.18 aus einer $\mathcal{H}$-Darstellung von P eine $\mathcal{V}$-Darstellung von Q und nach Korollar 4.4.19 aus einer $\mathcal{V}$-Darstellung von P eine $\mathcal{H}$-Darstellung von Q. Polyeder P, die den Ursprung enthalten, spielen eine besondere Rolle, da wir durch nochmalige Anwendung der Polarität wieder zu P zurück gelangen. Das kann man ausnutzen, um zwischen $\mathcal{H}$-Polyedern und ihren polaren $\mathcal{V}$-Polyedern hin- und herzuschalten. Ein Beispiel hierfür ist der Beweis von Satz 4.3.33, dass jedes $\mathcal{H}$-Polyeder ein $\mathcal{V}$-Polyeder ist und umgekehrt.

Tatsächlich hätten wir uns den gesonderten Beweis der Rückrichtung sparen können, wenn wir in Sektion 4.3 die Polarität zur Verfügung gehabt hätten. Nach Satz 4.3.29 ist ja jedes $\mathcal{H}$-Polyeder auch ein $\mathcal{V}$-Polyeder. Ist nun umgekehrt ein $\mathcal{V}$-Polyeder P gegeben mit $0 \in P$, so ist nach Korollar 4.4.19 P° ein $\mathcal{H}$-Polyeder, damit nach Satz 4.3.29 ein $\mathcal{V}$-Polyeder, und – wieder nach Korollar 4.4.19 – ein $\mathcal{H}$-Polyeder. Zur Anwendung dieses 'doppelten Durchgangs durch die Polarität' ist es lediglich erforderlich zu zeigen, dass der allgemeine Fall aus dem Spezialfall folgt, dass das gegebene Polyeder P den Ursprung enthält. Das kann man aber einfach durch Translation bewerkstelligen, falls nicht P ohnehin leer ist.

Wir wenden diese Prinzip an, um eine zu Korollar 4.3.37 analoge Aussage zu erhalten, in der die Rollen der Darstellungen vertauscht sind.

4.4.21 Korollar. *Es gibt ein Polynom* $\pi : \mathbb{N}_0 \to \mathbb{N}_0$ *mit der folgenden Eigenschaft: Seien P ein Polyeder und $\mathcal{I} := (n,V,S)$ eine $\mathcal{V}$-Darstellung von P mit $V,S \subset \mathbb{Q}^n$. Dann gibt es $m \in \mathbb{N}$, $A := (a_1^T, \ldots, a_m^T)^T \in \mathbb{Q}^{m \times n}$ und $b \in \mathbb{Q}^m$ mit*

$$P = \{x \in \mathbb{R}^n : Ax \leq b\}$$

und

$$x \in \{a_1, \ldots, a_m, b\} \quad \Longrightarrow \quad \mathrm{size}(x) \leq \pi\big(\mathrm{size}(\mathcal{I})\big).$$

Beweis: Für $P = \emptyset$ ist die Aussage trivial. Seien also im Folgenden $P \neq \emptyset$, $p \in \mathbb{N}_0$, $q \in \mathbb{N}$, $V =: \{v_0, v_1, \ldots, v_p\}$ und $S =: \{s_1, \ldots, s_q\}$. Dann ist

$$0 \in P - v_0 = \mathrm{conv}\big(\{0, v_1 - v_0, \ldots, v_p - v_0\}\big) + \mathrm{pos}(S).$$

Nach Korollar 4.4.19 gilt

$$(P - v_0)^\circ = \bigcap_{i=1}^{p} H^{\leq}_{(v_i - v_0, 1)} \cap \bigcap_{i=1}^{q} H^{\leq}_{(s_i, 0)}.$$

Offenbar hat diese $\mathcal{H}$-Darstellung eine in $\mathrm{size}(\mathcal{I})$ polynomielle Kodierungslänge.[38] Nach Korollar 4.3.37 gibt es eine in ihrer Kodierungslänge polynomiell beschränkte $\mathcal{V}$-Darstellung (n,W,T) von $(P - v_0)^\circ$. Mit $k,l \in \mathbb{N}$, $W =: \{w_1, \ldots, w_k\}$ und $T = \{t_1, \ldots, t_l\}$ gilt dann explizit

$$(P - v_0)^\circ = \mathrm{conv}\big(\{w_1, \ldots, w_k\}\big) + \mathrm{pos}\big(\{t_1, \ldots, t_l\}\big).$$

Aus Satz 4.4.14 und Korollar 4.4.19 folgt somit

$$P = v_0 + (P - v_0) = v_0 + \left(\bigcap_{i=1}^{k} H^{\leq}_{(w_i, 1)} \cap \bigcap_{i=1}^{l} H^{\leq}_{(t_i, 0)} \right)$$

$$= \bigcap_{i=1}^{k} \big(v_0 + H^{\leq}_{(w_i, 1)}\big) \cap \bigcap_{i=1}^{l} \big(v_0 + H^{\leq}_{(t_i, 0)}\big).$$

Nun gilt für $v,a \in \mathbb{R}^n$ und $\beta \in \mathbb{R}$

$$v + H^{\leq}_{(a,\beta)} = v + \{x : a^T x \leq \beta\} = \{y : a^T y \leq \beta + a^T v\} = H^{\leq}_{(a, \beta + a^T v)}.$$

---

[38] Auf eine möglichst gute Abschätzung der Kodierungslänge kommt es uns hier nicht an.

Somit erhalten wir

$$P = \bigcap_{i=1}^{k} H^{\leq}_{(w_i, 1 + w_i^T v_0)} \cap \bigcap_{i=1}^{l} H^{\leq}_{(t_i, t_i^T v_0)}.$$

Da diese Darstellung offenbar ebenfalls polynomielle Länge besitzt, folgt die Behauptung.
$\square$

Zum Abschluss dieser Sektion betrachten wir die Polarität spezifisch vom Standpunkt der linear-konvexen Optimierung aus. Der Einfachheit halber beschränken wir uns auf den Fall kompakter, konvexer Mengen C mit $0 \in \mathrm{int}(C)$. Wir orientieren uns an der Frage, wie wir die Gesamtheit der Lösungen *aller* linear-konvexen Optimierungsaufgaben über der *festen* Menge C 'erfassen' können. Der Zusammenhang zur Polarität wird in der folgenden Überlegung deutlich.

Sei $c \in \mathbb{S}^{n-1}_{(2)}$ ein Zielfunktionsvektor. Dann ist also

$$\zeta^* := \max\{c^T x : x \in C\}$$

gesucht. Nun gilt für $\rho \in]0, \infty[$

$$\rho c \in C^\circ \quad \Leftrightarrow \quad \rho \zeta^* \leq 1.$$

Somit ist

$$y^* := \frac{1}{\zeta^*} c \in \mathrm{bd}(C^\circ)$$

der optimalen Seite $\mathrm{argmax}\{c^T x : x \in C\}$ zugeordnet, und es gilt

$$x^* \in \mathrm{argmax}\{c^T x : x \in C\} \quad \Rightarrow \quad (y^*)^T x^* = 1.$$

In diesem Sinn kodieren die Randpunkte von C° die Lösungen aller linear-konvexen Optimierungsaufgaben über c.

Der folgende Satz expliziert diesen Zusammenhang in drei verschiedenen 'Sprachen'.

4.4.22 Satz. *Sei $C \subset \mathbb{R}^n$ konvex, kompakt, und es gelte $0 \in \mathrm{int}(C)$.*

(a) *Seien $a \in \mathbb{R}^n \setminus \{0\}$ und $\beta \in \mathbb{R}$. $H^{\leq}_{(a,\beta)}$ ist genau dann Stützhalbraum an C, wenn*

$$\beta > 0 \quad \wedge \quad a \in \beta \cdot \mathrm{bd}(C^\circ)$$

gilt.

(b) *Sei $c \in \mathbb{R}^n$. Dann gilt*

$$\max_{x \in C} c^T x = \min\{\zeta : \zeta \geq 0 \wedge c \in \zeta C^\circ\}.$$

(c) *Seien $x^* \in \mathrm{bd}(C)$ und $y^* \in \mathrm{bd}(C^\circ)$. Dann ist x^* Optimalpunkt von $\max_{x \in C}(y^*)^T x$, genau wenn y^* Optimalpunkt von $\max_{y \in C^\circ} y^T x^*$ ist.*

Beweis: (a) '$\Rightarrow$' Nach Voraussetzung gilt $a^T x \leq \beta$ für alle $x \in C$. Aus $0 \in \mathrm{int}(C)$ folgt daher $\beta > 0$.

Sei nun $a^* := a/\beta$. Natürlich gilt $a^* \in C^\circ$. Angenommen, es wäre $a^* \in \mathrm{int}(C^\circ)$. Dann gäbe es ein $\rho \in]0, \infty[$ mit $a^* + \rho \mathbb{B}^n_{(2)} \subset C^\circ$. Sei $x^* \in C$ ein Stützpunkt von C zur Stützhyperebene $H_{(a,\beta)}$. Dann gilt $(a^*)^T x^* = 1$, und für alle $b \in \mathbb{B}^n_{(2)}$ wäre

$$1 \geq (a^* + \rho b)^T x^* = (a^*)^T x^* + \rho b^T x^* = 1 + \rho b^T x^*,$$

also $b^T x^* = 0$, und es folgte $x^* = 0$. Das ist aber ein Widerspruch zu $(a^*)^T x^* = 1$. Also gilt $a^* \in \mathrm{bd}(C^\circ)$ und damit $a \in \beta \cdot \mathrm{bd}(C^\circ)$.

'$\Leftarrow$' Sei $a \in \beta \cdot \mathrm{bd}(C^\circ)$. Dann gilt $a^T x \leq \beta$ für alle $x \in C$, d.h. $C \subset H^\leq_{(a,\beta)}$. Da C kompakt ist, reicht es zu zeigen, dass $\mu := \max_{x \in C} a^T x = \beta$ ist. Angenommen, das wäre nicht der Fall; es gelte also $\mu < \beta$. Seien

$$\sigma \in]0,\infty[\quad \wedge \quad C \subset \sigma \mathbb{B}^n \quad \wedge \quad \epsilon \in \mathbb{R} \quad \wedge \quad 0 < \epsilon \leq \frac{\beta - \mu}{\sigma}.$$

Dann folgt für $x \in C$, $b \in \mathbb{B}^n_{(2)}$ und $\nu \in [0,\epsilon]$ mit Hilfe der Cauchy Schwarzschen Ungleichung

$$(a + \nu b)^T x = a^T x + \nu b^T x \leq \mu + \nu \|b\|_{(2)} \|x\|_{(2)} \leq \mu + \epsilon \sigma \leq \beta,$$

d.h. $a + \rho \mathbb{B}^n_{(2)} \subset \beta C^\circ$, im Widerspruch zur Voraussetzung. Also gilt $\mu = \beta$, und es folgt Behauptung (a).

(b) Für $c = 0$ ist die Aussage klar; sei also $c \in \mathbb{R}^n \setminus \{0\}$. Ferner sei $\zeta^* \in \mathbb{R}$. Es gilt $\max_{x \in C} c^T x = \zeta^*$ genau dann, wenn $H^\leq_{(c,\zeta^*)}$ Stützhalbraum an C ist. Nach (a) ist das äquivalent zu $\zeta^* > 0$ und $c \in \zeta^* \cdot \mathrm{bd}(C^\circ)$ und das wiederum zur rechten Seite der Behauptung.

(c) '$\Rightarrow$' Da $y^* \in \mathrm{bd}(C^\circ)$ gilt, ist $H_{(y^*,1)}$ nach (a) Stützhalbraum an C. Wegen $x^* \in \mathrm{argmax}\{(y^*)^T x : x \in C\}$ gilt somit insbesondere $(y^*)^T x^* = 1$. Da für jeden Punkt $y \in C^\circ$ nach Definition des Polaren $y^T x^* \leq 1$ gilt, folgt

$$\max_{y \in C^\circ} y^T x^* = 1 = (y^*)^T x^* = \max_{x \in C}(y^*)^T x,$$

d.h. d.h. $y^* \in \mathrm{argmax}\{y^T x^* : y \in C^\circ\}$.

'$\Leftarrow$' Die Umkehrung folgt mit Korollar 4.4.15 durch Anwendung der bereits bewiesenen Aussage auf C°. $\qquad\square$

Die verschiedenen Umformulierung in von Satz 4.4.22 wirken zunächst vielleicht unscheinbar, sind es aber nicht. Zur Illustration wenden wir Satz 4.4.22 auf Polytope an. Man erkennt dann sofort den (nicht wirklich überraschenden) Zusammenhang zu Korollar 4.2.38.

4.4.23 Korollar. *Seien $a_1,\ldots,a_m \in \mathbb{R}^n$, $b := (\beta_1,\ldots,\beta_m)^T \in \mathbb{R}^m$, $c \in \mathbb{R}^n$, $A := (a_1,\ldots,a_m)^T$, $P = \{x \in \mathbb{R}^n : Ax \leq b\}$ beschränkt, und es gelte $0 \in \mathrm{int}(P)$. Dann gilt*

$$\max\{c^T x : x \in P\} = \min\{b^T y : A^T y = c \wedge y \geq 0\}.$$

Beweis: Nach Satz 4.4.22 gilt

$$\max_{x \in P} c^T x = \min\{\zeta \in [0,\infty[: c \in \zeta \cdot P^\circ\}.$$

Nach Satz 4.4.18 ist $P^\circ = \mathrm{conv}\{a_1/\beta_1,\ldots,a_m/\beta_m\}$. Somit gilt $c \in \zeta \cdot P^\circ$ genau dann, wenn es $\mu_1,\ldots,\mu_m \in \mathbb{R}$ gibt mit

$$c = \zeta \cdot \sum_{i=1}^m a_i \frac{\mu_i}{\beta_i} \quad \wedge \quad \mu_1,\ldots,\mu_m \geq 0 \quad \wedge \quad \sum_{i=1}^m \mu_i = 1.$$

Mit der Setzung $\eta_i := \zeta\mu_i/\beta_i$ und $y := (\eta_1,\ldots,\eta_m)^T$ ist das äquivalent zu

$$c = A^T y \quad \wedge \quad y \geq 0 \quad \wedge \quad b^T y = \zeta.$$

Damit ist $\max_{x\in P} c^T x$ äquivalent zu

$$\min\{b^T y : A^T y = c \wedge y \geq 0\},$$

und es folgt die Behauptung. $\square$

Gemäß Korollar 4.4.23 kann man Satz 4.4.22 als darstellungsinvariante Variante von Korollar 4.2.38 auffassen.

4.5 Ergänzung: Noch einmal verschiedene Formen von Lp-Problemen

In Sektion 1.4 bzw. Satz 3.1.41 wurde gezeigt, dass die verschiedenen Formen, in denen LP-Probleme gegeben sein können, äquivalent sind. Bei der Einführung der Schlupfvariablen in Bemerkung 1.4.4 haben wir gemäß Lemma 1.4.3 ausgenutzt, dass das LP-Problem invariant ist gegenüber affinen Transformationen.

Alle diese Umformungen erfolgen in polynomieller Zeit, und die meisten sind auch wirklich 'algorithmisch harmlos'. Wir betrachten jetzt aber noch einmal genauer die Konstruktion von Bemerkung 1.4.6, mit der erreicht wird, dass alle Variablen Nichtnegativitätsbedingungen erfüllen. Dabei wurde eine nichtvorzeichenbeschränkte Variable ξ_j durch die Differenz $\mu_j - \nu_j$ zweier neuer Variablen ersetzt, die den Nichtnegativitätsbedingungen $\mu_j, \nu_j \geq 0$ genügen. Bemerkung 1.4.6 liegt eine stückweise lineare Transformation zugrunde. Genauer bildet die durch

$$\Gamma(\xi) = \begin{pmatrix} \max\{0,\xi\} \\ -\min\{0,\xi\} \end{pmatrix}$$

definierte Abbildung $\Gamma : \mathbb{R} \to \mathbb{R}^2$ die positive Halbachse $[0,\infty[$ identisch auf sich selbst (präziser auf $[0,\infty[\times\{0\})$) und die negative Halbachse $]-\infty,0]$ auf die positive Halbachse $\{0\} \times [0,\infty[$ ab; vgl. Abbildung 4.25.

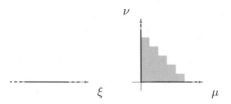

4.25 Abbildung. Geometrische Interpretation des Übergangs von ξ zu $\mu - \nu$ mit $\mu_j, \nu_j \geq 0$.

Der dadurch entstehende Bereich – der Rand des positiven Quadranten – ist nicht konvex, lässt sich somit nicht als zulässiger Bereich eines linearen Ungleichungssystems schreiben. Tatsächlich wird daher die konvexe Hülle des Randes des positiven Quadranten, d.h. der gesamte positive Quadrant betrachtet. Er wird dabei aufgefasst als Summe seines Randes mit dem Strahl $[0,\infty[(1,1)^T$.

Wir betrachten nun allgemeiner eine gegebene $\mathcal{H}$-Darstellung eines Polyeders P des $\mathbb{R}^n$ mit dem Ziel, Nichtnegativitätsbedingungen für alle Variablen zu generieren. Sei

$$S = \operatorname{lin}\left(\left\{\begin{pmatrix} y \\ z \end{pmatrix} : y,z \in \mathbb{R}^n \wedge y = z\right\}\right).$$

Ersetzen wir x in der Definition von P durch $y - z$, so erhalten wir (bei Identifikation des $\mathbb{R}^n$ der Variablen x mit dem $\mathbb{R}^n \times \{0\}^n$ der Variablen y) das Polyeder $P + S$ in $\mathbb{R}^{2n}$. Natürlich gilt $S \subset \operatorname{ls}(P + S)$. Man beachte, dass Vektoren der Form $(c^T, -c^T)^T \in \mathbb{R}^{2n}$ senkrecht auf S stehen. Das bedeutet, dass der Optimalwert von $c^T x$ bez. P durch Übergang zu

$$\begin{pmatrix} c \\ -c \end{pmatrix}^T \begin{pmatrix} y \\ z \end{pmatrix}$$

bez. $P + S$ nicht geändert wird. Ferner schneidet S das Innere des positiven Orthanden $[0,\infty[^{2n}$ im $\mathbb{R}^{2n}$, d.h. P ist die Projektion von $(P + S) \cap [0,\infty[^{2n}$ auf $\mathbb{R}^n$ längs S.

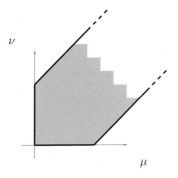

ν

μ

4.26 Abbildung. Die Konstruktion für $P = [-1,1]$.

Besitzt P ein endliches Optimum, und ist die optimale Seite k-dimensional, so hat die optimale Seite von $(P + S) \cap [0,\infty[^{2n}$ die Dimension $k + n$; in jedem Fall ist sie unbeschränkt.

Die geometrische Interpretation zeigt, dass durch die Generierung von Nichtnegativitätsbedingungen numerische Instabilitäten erzeugt werden, wenn P nicht ohnehin leer war. Wird der Zielfunktionsvektor $(c^T, -c^T)^T$ nämlich nicht exakt so kodiert, dass er in $S^\perp$ liegt – i.a. arbeitet man ja mit einer festen, endlichen Genauigkeit – sondern erhält man für ein entsprechend kleines $\varepsilon \in]0,\infty[$

$$\begin{pmatrix} c + q_1 \\ -c + q_2 \end{pmatrix}$$

mit

$$q_1,q_2 \in]-\epsilon,\epsilon[^n,$$

so ist für $q_1 + q_2 \leq 0$ jeder Optimalpunkt des gestörten Problems auch Optimalpunkt des exakten Problems. Andernfalls ist die gestörte Zielfunktion über P unbeschränkt; eine beliebig kleine von 0 verschiedene Störung kann also einen endlichen Optimalwert in ∞ überführen; vgl. Abbildung 4.27.

Durch diese 'Nichtnegativitätstransformation' wird also nicht nur die Dimension der gegebenen Aufgabe erhöht; es werden sogar Instabilitäten eingebaut, die Einfluss auf die

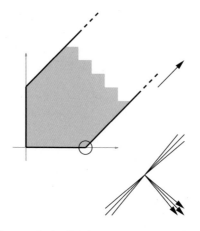

4.27 Abbildung. Instabilität nach der 'Nichtnegativitätstransformation'.

Korrektheit der Ergebnisse bei Rechnung mit beschränkter Genauigkeit haben können. Vom praktischen Standpunkt wird man das sicherlich vermeiden wollen.

4.6   Übungsaufgaben

4.6.1 Übungsaufgabe. *Ist $\|\ \ \|$ eine Norm des $\mathbb{R}^n$, so ist (bekanntlich) ihre Einheitskugel $B := \{x \in \mathbb{R}^n : \|x\| \le 1\}$ kompakt, konvex und zentralsymmetrisch, und es gilt $\mathrm{int}(B) \ne \emptyset$. Man zeige die folgende Umkehrung:*
  Seien $B \subset \mathbb{R}^n$ kompakt, konvex, zentralsymmetrisch mit $\mathrm{int}(B) \ne \emptyset$, und $\gamma : \mathbb{R}^n \to \mathbb{R}$ sei für alle $x \in \mathbb{R}^n$ definiert durch $\gamma(x) := \min\{\rho \in [0,\infty[: x \in \rho B\}$. Dann ist γ eine Norm im $\mathbb{R}^n$.
(Die Funktion γ wird Eichfunktion [engl.: gauge function] von B genannt und oft mit $\|\ \ \|_B$ bezeichnet.)

4.6.2 Übungsaufgabe. *Seien $A,B \subset \mathbb{R}^n$. Man zeige, dass $\mathrm{conv}(A + B) = \mathrm{conv}(A) + \mathrm{conv}(B)$ gilt.*

4.6.3 Übungsaufgabe. *Seien $X \subset \mathbb{R}^n$ und $\lambda,\mu \in [0,\infty[$. Man beweise, dass*

$$(\lambda + \mu)X \subset \lambda X + \mu X$$

gilt, mit Gleichheit genau dann, wenn X konvex ist.

4.6.4 Übungsaufgabe. *Seien $n \in \mathbb{N}$, $x := (\xi_1,\ldots,\xi_n)^T$ und $a := (\alpha_1,\ldots,\alpha_n)^T \in \mathbb{N}_0^n$. Wir benutzen die Abkürzung x^a für das Monom $\xi_1^{\alpha_1} \cdot \xi_2^{\alpha_2} \cdots \xi_n^{\alpha_n}$ in den Variablen $\xi_1,\ldots,\xi_n$. Für*

$$p \in \mathbb{N} \quad \wedge \quad a_1,\ldots,a_p \in \mathbb{N}_0^n \quad \wedge \quad \pi : \mathbb{R}^n \to \mathbb{R} \quad \wedge \quad \pi(x) := \sum_{i=1}^{p} x^{a_i}$$

sei

$$N(\pi) := \mathrm{conv}(\{a_1,\ldots,a_p\})$$

das Newton[39]-Polytop des (multivariaten) Polynoms π. Seien nun analog $q \in \mathbb{N}$, $b_1,\ldots,b_q \in \mathbb{N}_0^n$, und $\tau : \mathbb{R}^n \to \mathbb{R}$ das durch $\tau(x) := \sum_{i=1}^{q} x^{b_i}$ definierte Polynom. Man zeige:

$$N(\pi \cdot \tau) = N(\pi) + N(\tau).$$

4.6.5 Übungsaufgabe. *Seien $V := [4]$, $E := \big\{(i,j) : i,j \in [4] \wedge i \ne j\big\}$ und $D_4 := (V,E)$. Sei $\mathcal{T}_4$ die Menge aller Traveling-Salesman-Touren in D_4. Für jede Tour $T \in \mathcal{T}_4$ mit Kantenmenge E_T sei*

---
[39] Sir Isaac Newton, 1642 – 1727.

$$x_T := (\xi_{i,j})_{(i,j)\in E} \quad \wedge \quad \xi_{i,j} := \begin{cases} 1, & \text{falls } (i,j) \in E_T; \\ 0, & \text{falls } (i,j) \notin E_T. \end{cases}$$

Schließlich sei

$$\mathbb{T}_4 := \operatorname{conv}(\{x_T : T \in \mathcal{T}_4\})$$

das (asymmetrische) TSP-*Polytop für 4 Knoten.*

(a) *Man bestimme die Dimension von* $\mathbb{T}_4$.

(b) *Man beschreibe* $\mathbb{T}_4$ *als* $\mathcal{H}$-*Polytop.*

(c) *Man zeige, dass sich für jede beliebige Gewichtung* $\phi : E \to \mathbb{R}$ *die Aufgabe, eine bez.* ϕ *kürzeste Tour in* D_4 *zu bestimmen, als lineare Optimierung über* $\mathbb{T}_4$ *behandeln lässt.*

4.6.6 Übungsaufgabe. *Sei* $P := \operatorname{conv}\{(1,0)^T, (-2,0)^T, (0,-4)^T\}$. *Man berechne mit Hilfe der Fourier-Motzkin-Elimination eine* $\mathcal{H}$-*Darstellung von* P.

4.6.7 Übungsaufgabe. *Sei* $n \in \mathbb{N}$. *Das den Permutationen auf* $[n]$, *d.h. der symmetrischen Gruppe* S_n *zugeordnete Polytop*

$$P_n := \operatorname{conv}\Big(\big\{(\pi(1),\ldots,\pi(n))^T : \pi \in S_n\big\}\Big).$$

heißt Permutaeder.

(a) *Man skizziere* P_3.

(b) *Man zeige, dass* $P_n = (n+1)\mathbb{1} - P_n$ *gilt.*

(c) *Man bestimme* $\dim(P_n)$.

(d) *Man beweise die folgende Darstellung von* P_n:

$$2 \cdot P_n = (n+1)\mathbb{1} + \sum_{i=1}^{n-1} \sum_{j=i+1}^{n} [-1,1](u_i - u_j).$$

4.6.8 Übungsaufgabe. *Seien* $\varepsilon \in {]0,\infty[}$, $k,n \in \mathbb{N}$, $X := \{x_1,\ldots,x_n\} \subset \mathbb{R}$ *und* $\psi : X \to \mathbb{R}$ *eine Funktion auf* X. *Gesucht ist ein Polynom* $\pi : \mathbb{R} \to \mathbb{R}$ *vom Grad höchstens* k *mit*

$$\max_{i\in[n]} |\pi(x_i) - \psi(x_i)| < \varepsilon.$$

Man zeige, dass es genau dann ein entsprechend approximierendes Polynom gibt, wenn es für jede Teilmenge $Y \subset X$ *mit* $|Y| \leq k+2$ *ein solches gibt.*

4.6.9 Übungsaufgabe. (Tschebyscheff[40]-*Approximation*) *Seien* $m,n \in \mathbb{N}$ *mit* $m \geq n+1$, $A := (a_1,\ldots,a_m)^T \in \mathbb{R}^{m\times n}$ *mit* $\operatorname{rang}(A) = n$ *und* $b := (\beta_1,\ldots,\beta_m)^T \in \mathbb{R}^m$. *Gesucht ist ein Vektor* $x \in \mathbb{R}^n$ *mit minimalem Fehler* $\|Ax - b\|_{(\infty)}$. *Man zeige zunächst, dass das Optimum angenommen wird. Seien* x^* *ein Optimalpunkt,* μ^* *der Approximationsfehler und* $I^{\pm} := \{i \in [m] : a_i^T x^* \pm \mu^* = \beta_i\}$. *Man beweise oder widerlege die folgenden Aussagen:*

(a) *Der Optimalpunkt* x^* *ist eindeutig bestimmt.*

(b) *Es gibt eine Teilmenge* $I \subset [m]$ *mit* $|I| \geq n+1$, *so dass* $|a_i^T x - \beta_i| = \mu^*$ *für alle* $i \in I$ *gilt.*

(c) $I^+, I^- \neq \emptyset$.

(d) $-1 \leq |I^+| - |I^-| \leq 1$.

4.6.10 Übungsaufgabe. *Seien* $X \subset \mathbb{R}^n$ *und* $x \in \operatorname{int}(\operatorname{conv}(X))$. *Man zeige, dass es eine Teilmenge* $Y \subset X$ *gibt mit* $x \in \operatorname{int}(\operatorname{conv}(Y))$ *und* $|Y| \leq 2n$. *(Diese Aussage ist der Satz von Steinitz[41].)*

4.6.11 Übungsaufgabe. *Seien* $H := \operatorname{lin}(\{(1,-1,0)^T, (1,1,-2)^T\})$, $a := (1,1,0)^T$ *und* $P := [-1,1]^3 \cap (a + H)$. *Man bestimme* $\dim(P)$, $\operatorname{int}(P)$, $\operatorname{relint}(P)$ *und* $\operatorname{relbd}(P)$.

4.6.12 Übungsaufgabe. *Sei* $C \subset \mathbb{R}^n$ *konvex. Man beweise die folgenden Aussagen:*

---

[40] Pafnuti Lwowitsch Tschebyscheff, 1821 – 1894. Die Transkription des Namens aus dem Russischen ist nicht eindeutig. Man findet in der Literatur fast alles von Tschebyschow bis Chebyshev.

[41] Ernst Steinitz, 1871 – 1928.

(a) relint(C) ist konvex.

(b) cl(C) ist konvex.

(c) Seien $x \in \mathrm{relint}(C)$ und $y \in \mathrm{cl}(C)$. Dann gilt $\mathrm{conv}(\{x,y\}) \setminus \{y\} \subset \mathrm{relint}(C)$.

(d) Sei $X \subset \mathbb{R}^n$ relativ offen. Dann ist $\mathrm{conv}(X)$ relativ offen.

4.6.13 Übungsaufgabe. *Sei $C \subset \mathbb{R}^n$ konvex. Man beweise die folgenden Aussagen:*
(a) $\mathrm{relint}(C) = \mathrm{relint}(\mathrm{cl}(C))$; (b) $\mathrm{relbd}(C) = \mathrm{relbd}(\mathrm{cl}(C))$; (c) $\mathrm{relbd}(C) = \mathrm{relbd}(\mathrm{relint}(C))$.

4.6.14 Übungsaufgabe. *Sei $X \subset \mathbb{R}^n$. Man zeige, dass $\mathrm{cl}(\mathrm{pos}(X))$ ein Kegel ist.*

4.6.15 Übungsaufgabe. *Seien $k \in \mathbb{N}$, $x_0,\ldots,x_k \in \mathbb{R}^n$ affin unabhängig und $X := \{x_0,\ldots,x_k\}$. Man zeige, dass $0 \in \mathrm{relint}(\mathrm{conv}(X))$ genau dann gilt, wenn $\mathrm{pos}(X) = \mathrm{lin}(\{x_1,\ldots,x_k\})$ ist.*

4.6.16 Übungsaufgabe. *Seien*

$$A^T := \begin{pmatrix} -1 & 0 & 0 & 1 & 1 \\ 0 & -1 & 0 & 1 & -1 \\ 0 & 0 & -1 & 1 & 2 \end{pmatrix} \quad \wedge \quad b^T := (0,\,0,\,0,\,6,\,4) \quad \wedge \quad P := \{x \in \mathbb{R}^3 : Ax \leq b\}.$$

(a) Für $x_0 \in \{(0,6,0)^T,(0,2,2)^T\}$ bestimme man $S_P(x_0)$ und $N_P(x_0)$.

(b) Man bestimme ein $x \in P$, so dass $\dim(\mathrm{aff}(N_P(x))) = 2$ ist.

(c) Man stelle die Ergebnisse aus (a) und (b) grafisch dar.

4.6.17 Übungsaufgabe. *Seien $C \subset \mathbb{R}^n$ abgeschlossen und konvex, $x^* \in C$, und es bezeichne $\pi_C : \mathbb{R}^n \to C$ die nearest-point-map von C; vgl. Bezeichnung 4.2.9. Ferner sei $K := \pi_C^{-1}(x^*)$ das Urbild von x^* unter π_C. Man zeige*

$$N_C(x^*) = (-x^*) + K,$$

d.h. bis auf Translation um $(-x^*)$ besteht der Kegel der äußeren Normalen an C in x^* genau aus den Punkten des $\mathbb{R}^n$, die näher an x^* liegen als an jedem anderen Punkt von C.

4.6.18 Übungsaufgabe. *Seien $C \subset \mathbb{R}^n$ nichtleer, abgeschlossen und konvex, und $\pi_C : \mathbb{R}^n \to \mathbb{R}^n$ bezeichne die die nearest-point-map von C gemäß Bezeichnung 4.2.9. Man zeige, dass π_C Lipschitz[42]-stetig ist, d.h. dass für alle $x,y \in \mathbb{R}^n$*

$$\left\| \pi_C(x) - \pi_C(x) \right\|_{(2)} \leq \left\| x - y \right\|_{(2)}$$

gilt.

4.6.19 Übungsaufgabe. *Seien $m,n \in \mathbb{N}$, $A := (a_1^T,\ldots,a_m^T) \in \mathbb{R}^{m \times n}$ und $b \in \mathbb{R}^m$. Ferner sei $P := \{x : Ax \leq b\} \neq \emptyset$. Man zeige, dass P genau dann ein Polytop ist, wenn es keinen abgeschlossenen Halbraum H^+ gibt mit $a_1,\ldots,a_m \in H^+$.*

4.6.20 Übungsaufgabe. *Permutationsmatrizen sind (bekanntlich) quadratische 0-1-Matrizen, die in jeder Zeile und jeder Spalte genau einen Eintrag 1 besitzen. Für $n \in \mathbb{N}$ bezeichne $\mathcal{P}(n)$ die Menge aller $n \times n$-Permutationsmatrizen, und es sei*

$$\mathcal{D}(n) := \Big\{ (\alpha_{i,j})_{i,j \in [n]} : \big(\forall (i,j \in [n]) : \alpha_{i,j} \geq 0 \big)$$
$$\wedge \Big(\forall (i \in [n]) : \sum_{j=1}^n \alpha_{i,j} = 1 \Big) \wedge \Big(\forall (j \in [n]) : \sum_{i=1}^n \alpha_{i,j} = 1 \Big) \Big\}$$

die Menge aller doppelt-stochastischen Matrizen.

(a) Man Konstruiere eine Bijektion von $\mathcal{P}(n)$ auf die Menge der perfekten Matchings im vollständigen bipartiten Graphen $K_{n,n}$.

---

[42] Rudolf Otto Sigismund Lipschitz, 1832 – 1903.

(b) *Man beweise, dass* $\mathrm{conv}\big(\mathcal{P}(n)\big) = \mathcal{D}(n)$ *gilt. (Dieses Ergebnis ist unter dem Namen Satz von Birkhoff[43] und von Neumann[44] bekannt.[45] Das Polytope $\mathcal{D}(n)$ wird oft auch Birkhoff-Polytop oder Zuordnungspolytop genannt.)*

Hinweis zu (b) '$\supset$': Man führe den Beweis als vollständige Induktion über die Anzahl der von 0 verschiedenen Einträge der Matrizen unter Verwendung des Satzes von Hall. Alternativ kann man auch eine vollständige Induktion über die Dimension durchführen und dabei Eigenschaften von Ecken von $\mathcal{D}(n)$ benutzen.

4.6.21 Übungsaufgabe. *Seien $C_1, C_2, K \subset \mathbb{R}^m$ nichtleer, konvex und kompakt, und es gelte $C_1 + K = C_2 + K$.*

(a) *Man beweise, dass dann auch $C_1 = C_2$ gilt.*

(b) *Man untersuche alle Voraussetzungen auf ihre Notwendigkeit.*

4.6.22 Übungsaufgabe. *Seien $C_1, C_2 \subset \mathbb{R}^m$ konvex. Man zeige, dass C_1 und C_2 genau dann trennbar sind, wenn $C_1 - C_2$ von $\{0\}$ trennbar ist.*

4.6.23 Übungsaufgabe. *Seien $A := (a_1, \ldots, a_n) \in \mathbb{R}^{m \times n}$ und $b \in \mathbb{R}^m$.*

(a) *Analog zu Beispiel 4.2.10, d.h. als Folgerung des Trennungssatzes 4.2.8, zeige man, dass $Ax = b$ genau dann eine nichtnegative Lösung besitzt, wenn für jedes $y \in \mathbb{R}^m$ aus $y^T A \geq 0$ auch $y^T b \geq 0$ folgt.*

(b) *Man folgere aus (a), dass das Ungleichungssystem $Ax \leq b$ genau dann zulässig ist, wenn für jedes $y \in [0, \infty[^m$ mit $y^T A = 0$ auch $y^T b \geq 0$ gilt.*

(Beide Aussagen sind Varianten des Lemmas von Farkas; vgl. auch Übungsaufgabe 2.4.6.)

4.6.24 Übungsaufgabe. *Seien $X, Y \subset \mathbb{R}^n$ kompakt. Man zeige, dass X und Y genau dann streng trennbar sind, falls für jede Teilmenge $Z \subset X \cup Y$ mit $|Z| \leq n + 2$ die Mengen $X \cap Z$ und $Y \cap Z$ streng trennbar sind. (Die Aussage ist als Satz von Kirchberger[46] bekannt.)*

4.6.25 Übungsaufgabe. *Seien*

$$A^T := \begin{pmatrix} 0 & -2 & 2 & -2 & 2 \\ -2 & -2 & -2 & 2 & 2 \\ -1 & -1 & -1 & 1 & 1 \end{pmatrix} \quad \wedge \quad b := (2,3,3,1,1)^T$$

$$P := \{x \in \mathbb{R}^3 : Ax \leq b\} \quad \wedge \quad T := \big(\ker(A)\big)^\perp \quad \wedge \quad Q := P \cap T \quad \wedge \quad k := \mathrm{rang}(A)$$

(a) *Man bestimme $\mathrm{ls}(P)$.*

(b) *Man gebe eine $\mathcal{H}$-Darstellung von Q an.*

(c) *Seien $\pi : \mathbb{R}^3 \to \mathbb{R}^k$ die Orthogonalprojektion auf den $\mathbb{R}^k$ der ersten k Koordinaten und $\overline{Q} := \pi(Q)$. Man bestimme eine $\mathcal{H}$-Darstellung von $\overline{Q}$.*

(d) *Man berechne eine Ecke von $\overline{Q}$.*

4.6.26 Übungsaufgabe. *Sei $C \subset \mathbb{R}^n$ konvex. Man beweise die folgenden Aussagen.*

(a) $\mathrm{rec}(C) = \{x : x + C \subset C\}$;

(b) $\mathrm{ls}(C) = \{x : x + C = C\}$;

(c) $\mathrm{ls}(C) = \mathrm{rec}(C) \cap \big(-\mathrm{rec}(C)\big)$.

4.6.27 Übungsaufgabe. *Sei $C \subset \mathbb{R}^n$ nichtleer, abgeschlossen und konvex. Man beweise die folgenden beiden Aussagen:*

---

[43] Garrett Birkhoff, 1911 – 1996.

[44] John von Neumann, 1903 – 1957. Der Geburtsname war János Lajos Neumann, nach Erhebung seines Vaters in den ungarischen Adelsstand dann János Neumann Margittai; später nannte er sich Johann von Neumann (von Margitta) bzw. in den USA John von Neumann.

[45] Äquivalente (aber in anderen mathematischen Sprachen formulierte) Ergebnisse waren schon vor Birkhoffs (1946) bzw. von Neumanns (1953) Arbeit publiziert.

[46] *Paul Kirchberger* (Über Tschebyschefsche Annäherungsmethoden, Math. Ann. 57 (1903), 509 – 540).

(a) rec(C) *ist die Menge aller* $x \in \mathbb{R}^n$, *so dass eine Nullfolge* $(\lambda_i)_{i \in \mathbb{N}}$ *aus* $]0,\infty[$ *und eine Folge* $(c_i)_{i \in \mathbb{N}}$ *von Punkten aus* C *existiert mit* $x = \lim_{i \to \infty} \lambda_i c_i$.

(b) *Sei* $0 \in C$. *Dann gilt* rec(c) $= \bigcap_{\lambda \in]0,\infty[} \lambda C$.

4.6.28 Übungsaufgabe. *Man bestimme für jedes* $k \in \mathbb{N}$ *die Anzahl der k-dimensionalen Seiten des Standardwürfels, -simplex und -kreuzpolytops.*

4.6.29 Übungsaufgabe. *Seien* P *ein Polyeder,* $k \in \mathbb{N}$ *und* $F_1,\ldots,F_k$ *die Seiten von* P. *Dann gilt*

$$P = \bigcup_{i=1}^{k} \mathrm{relint}(F_i).$$

4.6.30 Übungsaufgabe. *Seien* $C \subset \mathbb{R}^n$ *nichtleer, abgeschlossen und konvex und* $\mathcal{F}(C)$ *die Menge aller eigentlichen Seiten von* C. *Man beweise oder widerlege die folgenden Aussagen:*

(a) $\mathrm{relbd}(C) = \bigcup\{F : F \in \mathcal{F}(C)\}$;   (b) $\mathrm{relbd}(C) = \bigcup\{\mathrm{relint}(F) : F \in \mathcal{F}(C)\}$.

4.6.31 Übungsaufgabe. *Man beweise oder widerlege die folgende Aussage: Sei* $C \subset \mathbb{R}^n$ *abgeschlossen und konvex, dann ist* pos(C) *abgeschlossen.*

4.6.32 Übungsaufgabe. *Man beweise die folgende Analogie zu den Dimensionssätzen der linearen Algebra: Seien* (n,m,A,b) *eine $\mathcal{H}$-Darstellung eines Polyeders* P *und* $a_1,\ldots,a_m \in \mathbb{R}^n \setminus \{0\}$ *mit* $A := (a_1,\ldots,a_m)^T$. *Ferner seien* F *eine Seite von* P *und* $x^* \in \mathrm{relint}(F)$. *Dann gilt*

$$\big((-x^*) + \mathrm{aff}(F)\big)^\perp = \mathrm{lin}\big(N_P(x^*)\big) \quad \wedge \quad \dim(F) = n - \dim\big(N_P(x^*)\big) = n - \mathrm{rang}\{a_i : i \in I(x^*)\}.$$

4.6.33 Übungsaufgabe. *Seien* P *ein Polytop im* $\mathbb{R}^n$, $d := \dim(P)$ *und* $k \in \{-1,\ldots,d\}$. *Man zeige, dass* P *eine Seite der Dimension* k *besitzt.*

4.6.34 Übungsaufgabe. *Seien* $p,q,m \in \mathbb{N}$, $A \in \mathbb{R}^{m \times p}$, $B \in \mathbb{R}^{m \times q}$, $P := \{(x^T,y^T)^T \in \mathbb{R}^{p+q} : Ax + By \leq b\}$ *und* R *die Menge der Extremalstrahlen des Kegels* $K := \{z \in \mathbb{R}^m : B^T z = 0 \wedge z \geq 0\}$. *Man zeige, dass*

$$Q := \big\{x \in \mathbb{R}^p : \forall (z \in R) : z^T Ax \leq z^T b\big\}$$

die orthogonale Projektion von P *auf den* $\mathbb{R}^p$ *der ersten* p *Koordinaten ist.*

4.6.35 Übungsaufgabe. *Seien* $n,m \in \mathbb{N}$, $A \in \mathbb{R}^{m \times n}$, $b \in \mathbb{R}^m$, $c,d \in \mathbb{R}^n$, *und es gelte* $x^* \in \mathrm{argmax}\,\{c^T x : Ax \leq b\}$. *Ferner sei* $I := I(x^*)$ *mit* $|I| = n$ *und* A_I *regulär. Man zeige*
$$d^T A_I^{-1} \leq c^T A_I^{-1} \quad \Leftrightarrow \quad x^* \in \mathrm{argmax}\,\{(c-d)^T x : Ax \leq b\}.$$
Was passiert, wenn x^* *eine überbestimmte Ecke des zulässigen Bereichs ist?*

4.6.36 Übungsaufgabe. *Sei* $C \subset \mathbb{R}^n$ *abgeschlossen und konvex, und es gelte* $0 \in C$. *Man beweise oder widerlege die folgenden Aussagen:*

(a) $\big(\mathrm{rec}(C)\big)^\circ = \mathrm{cl}\big(\mathrm{pos}(C^\circ)\big)$.

(b) $\big(\mathrm{ls}(C)\big)^\circ = \mathrm{lin}(C^\circ)$.

(c) $\mathrm{rec}(C) \neq \{0\} \Rightarrow \mathrm{rec}(C^\circ) = \{0\}$.

(d) $\dim(C^\circ) + \mathrm{lin}(C) = n$.

4.6.37 Übungsaufgabe. *Seien* $a_1,\ldots,a_m \in \mathbb{R}^n$, $b := (\beta_1,\ldots,\beta_m)^T \in \mathbb{R}^m$, $A := (a_1,\ldots,a_m)^T$, $P := \{x \in \mathbb{R}^n : Ax \leq b\}$, *und es gelte* $0 \in \mathrm{int}(P)$.

(a) *Man zeige: Ist* F *eine Seite von* P, *so ist*
$$\hat{F} := \{y \in P^\circ : \forall (x \in F) : x^T y = 1\}$$
eine Seite von P°. *Ist* $x^* \in \mathrm{relint}(F)$, *so gilt genauer*
$$\hat{F} = \mathrm{conv}\Big(\{a_i/\beta_i : i \in I(x^*)\}\Big).$$

(b) *In welcher Beziehung stehen die Dimensionen von* F *und* $\hat{F}$?

(c) *Ist die Abbildung* $F \mapsto \hat{F} := \sigma(F)$ *zwischen den Seiten von* P *und den Seiten von* P° *injektiv oder surjektiv?*

(d) *Sei* P *beschränkt. Man zeige, dass* σ *eine inklusionumkehrende Bijektion zwischen den Seiten von* P *und den Seiten von* P° *ist.*

4.6.38 Übungsaufgabe. *Man benutze die Fourier-Motzkin-Elimination und Polarität, um einen Algorithmus zur Umrechnung einer gegebenen $\mathcal{H}$-Darstellung eines Polyeders in eine $\mathcal{V}$-Darstellung zu konstruieren. Was kann man über die Laufzeit sagen?*

5 Der Simplex-Algorithmus

Im Folgenden wird ein Verfahren zur Lösung linearer Optimierungsaufgaben eingeführt und analysiert, das auf der geometrischen Randstruktur ihrer zulässigen Bereiche P beruht: der auf *Dantzig*[1] zurückgehende *Simplex-Algorithmus*. In seiner Kernroutine wird von einer Startecke v_0 aus ein bezüglich der Zielfunktion aufsteigender Kantenzug zu einer optimalen Ecke v^* konstruiert, falls v_0 und v^* existieren. Der Simplex-Algorithmus ist also ein *Verbesserungsverfahren*. In Sektion 5.1 wird zunächst die (darstellungsinvariante) geometrische Grundstruktur des Simplex-Algorithmus hergeleitet. Sektion 5.2 zeigt, wie man die zum Start des Verfahrens benötigte Ausgangssituation herstellen kann. Sektion 5.3 beschreibt den Simplex-Algorithmus schließlich in seinen operationalen Einzelteilen.

Da der Simplex-Algorithmus an jeder Ecke mit einer Approximation des Innenkegels von P arbeitet, ist es erforderlich, spezielle Vorsorge dafür zu treffen, dass er tatsächlich terminiert. Das entsprechende Phänomen des Zykelns wird in Sektion 5.4 analysiert und mittels eines 'Störungsansatzes' behandelt. Sektion 5.5 studiert danach die Laufzeit des Simplex-Algorithmus, während die ergänzende Sektion 5.6 eine 'aktuelle Messlatte' für die Laufzeit herleitet, die man bei optimaler Nutzung der noch vorhandenen Freiheitsgrade vielleicht erreichen kann.

Wir betrachten wieder lineare Optimierungsaufgaben in natürlicher Form[2]

$$\begin{aligned} \max \quad & c^T x \\ A x \quad \leq \quad & b. \end{aligned}$$

Literatur: [4], [14], [18], [20], [22], [25], [26], [28], [33], [66], [67], [80]

5.1 Die geometrische Grundstruktur

Im Folgenden geben wir zunächst die geometrische Grundstruktur, d.h. eine darstellungsinvariante Version des Simplex-Algorithmus an. Fragen der praktischen Durchführung der einzelnen Schritte werden dann in den Sektionen 5.2 und 5.3 behandelt.

Da ein Polyeder P im allgemeinen keine Ecke zu besitzen braucht, der Algorithmus aber eine Verbesserung von Ecke zu Ecke konstruieren soll, werden wir zunächst den Linealitätsraum 'rausprojizieren'. Der folgende Satz 5.1.1 fasst einige der Grundlagen aus Kapitel 4 zusammen, die dabei helfen.[3]

---

[1] Georg Bernard Dantzig, 1914 – 2005.

[2] Nach Bemerkung 4.3.27 besitzen die zulässigen Bereiche von LP-Aufgaben in Standard- oder in kanonischer Form – falls sie nicht leer sind – stets Ecken. Schließlich ist der positive Orthant geradenfrei, und die $n \times n$-Einheitsmatrix hat Rang n. Wir könnten uns daher auf diesen Fall beschränken. Wegen der Einheitlichkeit der Darstellung und da die in Sektion 1.4 beschriebene Reduktion die Dimension erhöht und gemäß Sektion 4.5 numerisch nicht unproblematisch ist, verzichten wir jedoch darauf.

[3] Obwohl die Resultate des Satzes bereits sämtlich in Kapitel 4 enthalten sind, stellen wir sie hier in der für unsere Anwendung adäquaten Weise zusammen, um einen 'komprimierten Zugriff' (ohne viel Nachblättern) zu erlauben.

5.1.1 Satz. *Durch (n,m,A,b,c) sei eine lineare Optimierungsaufgabe in natürlicher Form spezifiziert; seien*

$$P := \{x \in \mathbb{R}^n : Ax \leq b\} \quad \wedge \quad T := \{x \in \mathbb{R}^n : Ax = 0\}^\perp \quad \wedge \quad Q := P \cap T.$$

Dann gelten die folgenden Aussagen:

(a) Q ist geradenfrei.

(b) $P = \emptyset \Leftrightarrow Q = \emptyset$.

(c) $Q \neq \emptyset \Leftrightarrow \text{ext}(Q) \neq \emptyset$.

(d) $Q \neq \emptyset \wedge c \notin T \Rightarrow \max_{x \in P} c^T x = \infty$.

(e) $c \in T \Rightarrow \max_{x \in P} c^T x = \max_{x \in Q} c^T x$.

Beweis: Nach Bemerkung 4.3.14 ist $\text{ls}(P) = \ker(A)$, falls $P \neq \emptyset$ ist. In diesem Fall gilt also $T = \big(\text{ls}(P)\big)^\perp$.

(a) folgt nun unmittelbar aus Lemma 4.3.15, (b) ist klar, und (c) folgt mit (a) aus Korollar 4.3.17.

(d) Ist $c \notin T$, so existiert ein $y \in \text{ls}(P)$ mit $c^T y \neq 0$, und es folgt $\max_{x \in P} c^T x \geq \max_{x \in Q + \mathbb{R}y} c^T x = \infty$.

(e) Nach (b) ist die Aussage klar, falls $P = \emptyset$ gilt. Wegen $Q \subset P$ gilt natürlich $\max_{x \in P} c^T x \geq \max_{x \in Q} c^T x$. Angenommen, es sei $x^* \in P$ mit $c^T x^* > \max_{x \in Q} c^T x$. Nach Lemma 4.3.15 gilt $P = Q + \text{ls}(P)$. Seien also $y \in Q$ und $z \in \text{ls}(P)$ mit $x^* = y + z$. Dann gilt wegen $c \in T$ natürlich $c^T z = 0$, also

$$c^T x^* = c^T y + c^T z = c^T y \leq \max_{x \in Q} c^T x,$$

im Widerspruch zur Annahme. $\square$

Nach Satz 5.1.1 kann man sich somit grundsätzlich auf geradenfreie Polyeder beschränken. Das nächste Lemma zeigt, dass es reicht, spezielle Verbesserungsrichtungen zu suchen, nämlich solche, die von Kanten des zulässigen Bereichs herrühren.

5.1.2 Lemma. *Durch (n,m,A,b,c) sei eine lineare Optimierungsaufgabe in natürlicher Form spezifiziert. Sei v Ecke des zulässigen Bereichs $P := \{x \in \mathbb{R}^n : Ax \leq b\}$. Ist v nicht bereits Maximalpunkt, so existiert eine Kante K von P mit $v \in K$ und $c^T x > c^T v$ für alle $x \in K \setminus \{v\}$.*

Beweis: Sei φ die durch $\varphi(x) := c^T x$ für $x \in \mathbb{R}^n$ definierte Zielfunktion.

Ist $P = \{v\}$, so ist v Maximalpunkt von φ bez. P. Wir setzen daher voraus. dass $\dim(P) \geq 1$ gilt. Nach Korollar 4.3.17 gilt $\text{ls}(P) = \{0\}$. Nach Satz 4.3.16 ist der Innenkegel $S_P(v)$ die konvexe Hülle seiner Kanten. Seien $s_1, \ldots, s_k \in \mathbb{R}^n \setminus \{0\}$ entsprechende 'Kantenrichtungen', d.h. $v + [0,\infty[s_i$ mit $i \in [k]$ sind genau die mit v inzidenten Kanten von P. Dann ist $S_P(v) = \text{pos}(\{s_1, \ldots, s_k\})$. Gilt $c^T s_i \leq 0$ für alle $i \in [k]$, so ist v Maximalpunkt bez. $v + S_P(v)$, nach Lemma 4.2.32 also auch bez. P. Ist v nicht Maximalpunkt bez. P, so gibt es daher mindestens ein $i_0 \in [k]$ mit $c^T s_{i_0} > 0$. Sei nun $K := \big(v + [0,\infty[s_{i_0}\big) \cap P$. Nach Lemma 4.2.31 ist $\dim(K) = 1$. K ist also eine Kante von P, und es folgt die Behauptung. $\square$

5.1.3 Bezeichnung. *Jede Kante K gemäß Lemma 5.1.2 heißt **Verbesserungskante** von P in v.*

Man kann Lemma 5.1.2 auch sukzessive anwenden, bis man entweder eine optimale Ecke gefunden hat oder aber eine Kante, auf der φ nach oben unbeschränkt ist. Man erhält auf diese Weise eine Sequenz von Kanten, auf denen sich der Zielfunktionswert verbessert.

Wir fassen dieses Vorgehen in der Definition des aufsteigenden Kantenpfads.

5.1.4 Definition. *Seien $P \subset \mathbb{R}^n$ ein nichtleeres, geradenfreies Polyeder, $V := \mathrm{ext}(P)$ und E die Menge der Kanten[4] von P.*

(a) *Das Paar (V,E) heißt 1-**Skelett**[5] von P.*

(b) *Ein **Kantenpfad** im 1-Skelett von P ist eine Sequenz von einem der folgenden beiden Typen:*

> (i) *$(v_0,e_1,v_1,e_2,\ldots,e_p,v_p)$ mit $p \in \mathbb{N}_0$, $v_0,\ldots,v_p \in V$ paarweise verschieden und $e_1,\ldots,e_p \in E$ mit $e_i = \mathrm{conv}\big(\{v_{i-1},v_i\}\big)$ für $i \in [p]$;*

> (ii) *$(v_0,e_1,v_1,e_2,\ldots,e_p)$ mit $p \in \mathbb{N}$, $v_0,\ldots,v_{p-1} \in V$ paarweise verschieden und $e_1,\ldots,e_p \in E$ mit $e_i = \mathrm{conv}\big(\{v_{i-1},v_i\}\big)$ für $i \in [p-1]$ sowie $v_{p-1} \in e_p$ und e_p ist unbeschränkt.*

(c) *Die Anzahl der Kanten eines Kantenpfads heißt **Länge** des Kantenpfads.*

(d) *Sei $\varphi : \mathbb{R}^n \to \mathbb{R}$. Ein bezüglich φ **aufsteigender Kantenpfad** im 1-Skelett von P ist ein Kantenpfad gemäß (b) positiver Länge[6] mit*

> (i) *$\varphi(v_0) < \varphi(v_1) < \ldots < \varphi(v_p)$ bzw.*

> (ii) *$\varphi(v_0) < \varphi(v_1) < \ldots < \varphi(v_{p-1})$, und φ ist auf e_p nach oben unbeschränkt.*

*Im ersten Fall sprechen wir von einem aufsteigenden Pfad **von** v_0 **nach** v_p, im zweiten von einem **von** v_0 **nach** ∞.*

Wir erhalten nun unmittelbar das folgende Korollar.

5.1.5 Korollar. *Durch (n,m,A,b,c) sei eine lineare Optimierungsaufgabe in natürlicher Form spezifiziert, φ sei die durch $\varphi(x) := c^T x$ für $x \in \mathbb{R}^n$ definierte Zielfunktion, und v sei eine Ecke des zulässigen Bereichs P. Ist φ auf P nach oben beschränkt, aber v nicht bereits optimal, so existiert eine optimale Ecke v^* von P und ein bez. φ aufsteigender Pfad von v nach v^*. Ist φ auf P nach oben unbeschränkt, so existiert ein bez. φ aufsteigender Pfad von v nach ∞.*

---

[4] Bislang wurden 1-Seiten mit großen lateinischen Buchstaben wie F oder K bezeichnet. Im Folgenden werden wir in Analogie zu den üblichen Bezeichnungen der Graphentheorie die Kanten von P oft mit e bezeichnen.

[5] Das 1-Skelett eines geradenfreien Polyeders P hat offenbar die Struktur eines Graphen und wird oft auch *Graph von P* genannt. Unbeschränkte Kanten e enthalten jedoch nur eine Ecke, ohne dass man sie in der Regel sinnvollerweise als Schlinge auffassen könnte. Man kann 'fehlende' Knoten jedoch auf verschiedene Weisen 'ergänzen', um unterschiedliche Kontexte abzubilden.

[6] Man beachte, dass wir in (b) zwar Kantenpfade der Länge 0 erlaubt haben, hier jedoch 'uneigentliche' Verbesserungspfade ausschließen, also Ecken selbst nicht als Verbesserungspfade auffassen, auch wenn diese bereits optimal sind.

Beweis: Die Aussage folgt mit Hilfe von Satz 4.3.36 durch sukzessive Anwendung von Lemma 5.1.2. ☐

Damit ist die geometrische Grundform des Simplex-Algorithmus beschrieben: Beginnend mit einer Startecke des Poleders P der zulässigen Punkte wird ein bezüglich der Zielfunktion aufsteigender Kantenpfad konstruiert, der entweder an einer optimalen Ecke von P endet oder eine Kante von P findet, auf der die Zielfunktion nach oben unbeschränkt ist. Wir fassen dieses Konzept in der folgenden Prozedur zusammen.

5.1.6 Prozedur: *Simplex-Algorithmus (geometrische Form)*

> INPUT: $\quad A \in \mathbb{R}^{m \times n}$, $b \in \mathbb{R}^m$, $c \in \mathbb{R}^n$
> $\qquad\qquad P \leftarrow \{x : Ax \leq b\}$, $T \leftarrow \{x : Ax = 0\}^{\perp}$, $Q \leftarrow P \cap T$
> OUTPUT: Ecke v^* von Q mit $\max_{x \in P} c^T x = c^T v^*$, falls eine solche existiert;
> $\qquad\qquad$ oder Meldung 'unzulässig', falls $P = \emptyset$;
> $\qquad\qquad$ oder Meldung 'unbeschränkt', falls $\max_{x \in P} c^T x = \infty$.
> BEGIN $\quad$ IF $Q = \emptyset$ THEN Meldung 'unzulässig'
> $\qquad\qquad\quad$ ELSE IF $c \notin T$ THEN Meldung 'unbeschränkt'
> $\qquad\qquad\qquad$ ELSE Sei v eine Ecke von Q
> $\qquad\qquad\qquad\quad$ WHILE v ist nicht optimal DO
> $\qquad\qquad\qquad\qquad$ BEGIN
> $\qquad\qquad\qquad\qquad\quad$ Finde eine Verbesserungskante e von Q mit $v \in e$
> $\qquad\qquad\qquad\qquad\quad$ IF e ist unbeschränkt THEN Meldung 'unbeschränkt'
> $\qquad\qquad\qquad\qquad\qquad$ ELSE Sei w Ecke von Q mit $e = \mathrm{conv}(\{v, w\})$
> $\qquad\qquad\qquad\qquad\qquad\quad v \leftarrow w$
> $\qquad\qquad\qquad\qquad$ END
> $\qquad\qquad\qquad\quad v^* \leftarrow v$
> END

5.1.7 Bemerkung. *Durch (n, m, A, b, c) sei eine lineare Optimierungsaufgabe in natürlicher Form spezifiziert. Der Simplex-Algorithmus in seiner geometrischen Form löst die Aufgabe korrekt in endlich vielen Schritten.*

Beweis: Die Korrektheit folgt aus Satz 5.1.1 und Korollar 5.1.5, die Endlichkeit aus Korollar 4.3.23. ☐

Natürlich reicht die geometrische Beschreibung des Grundprinzips des Simplex-Algorithmus nicht für eine praktisch-algorithmische Umsetzung aus. Tatsächlich enthält die Prozedur 5.1.6 verschiedene darstellungsinvariant beschriebene Tests ($Q = \emptyset$? $c \in T$? v optimal?) und Konstruktionen (Ecke v von Q, Verbesserungskante), deren konkrete Durchführung auf der gegebenen Spezifizierung von P, d.h. den Inputdaten A, b und c beruhen. Bei einigen ist klar, wie sie umgesetzt werden können, bei anderen ist nicht völlig offensichtlich, ob und wie man sie praktisch effizient durchführen kann.

In der nächsten Sektion klären wir zunächst die folgenden Fragen: *Wie reduziert man eine gegebene Aufgabe algorithmisch effizient auf eine äquivalente mit geradenfreiem zulässigen Bereich? Wie findet man für diese dann eine Startecke oder entscheidet, dass der zulässige Bereich leer ist?*

Als fundamental wird sich aber die Frage herausstellen: *Wie findet man eigentlich zu einer Ecke eine Verbesserungskante oder weist nach, dass es keine mehr gibt?* Damit werden wir uns in Sektion 5.3 befassen.

5.2 Startvorbereitungen: Linealitätsraum und Startecke

Wir zeigen im ersten Abschnitt dieser Sektion, wie sich eine gegebene Aufgabe algorithmisch effizient in eine äquivalente Aufgabe überführen lässt, deren zulässiger Bereich geradenfrei ist. Im zweiten Abschnitt untersuchen wir dann ausführlich verschiedene Methoden, wie man in geradenfreien Polyedern P eine Ecke finden kann, wenn eine solche existiert. Diese Frage wird dabei nicht durch ein unabhängiges Verfahren gelöst, sondern auf die lineare Optimierung über einem Hilfsproblem zurückgeführt. Beide Abschnitte enthalten somit in gewissem Sinne lediglich 'o.B.d.A.s', die allerdings für die Durchführung des Simplex-Algorithmus essentiell sind.

Geradenfreiheit: Das folgende Lemma zeigt, wie man den Übergang zu einer äquivalenten Aufgabe mit geradenfreiem zulässigen Bereich mittels elementarer Operationen durchführen kann. Es ermöglicht es, zu drei verschiedenen (aber äquivalenten) Ersatzaufgaben mit geradenfreiem zulässigen Bereich überzugehen.[7] Die eine 'lebt' im ursprünglichen $\mathbb{R}^n$, die zweite in einem geeignet koordinatisierten $\mathbb{R}^k$, wobei k den Rang der ursprünglichen Koeffizientenmatrix bezeichnet. Die dritte Formulierung ist eine Projektion in einen geeigneten k-dimensionalen Koordinatenunterraum des $\mathbb{R}^n$.

Der einfacheren Notation wegen werden wir im Folgenden (ohne Einschränkung) voraussetzen, dass mit $k := \operatorname{rang}(A)$ die Zeilen und Spalten der Koeffizientenmatrix A so permutiert sind, dass die Teilmatrix der Komponenten mit Indizes $i,j \in [k]$ regulär ist.

5.2.1 Lemma. *Durch (n,m,A,b,c) sei eine lineare Optimierungsaufgabe in natürlicher Form spezifiziert. Seien $k := \operatorname{rang}(A)$,*

$$A_{1,1} \in \mathbb{R}^{k \times k} \quad \wedge \quad A_{1,2} \in \mathbb{R}^{k \times (n-k)} \quad \wedge \quad A_{2,1} \in \mathbb{R}^{(m-k) \times k} \quad \wedge \quad A_{2,2} \in \mathbb{R}^{(m-k) \times (n-k)}$$

mit $\operatorname{rang}(A_{1,1}) = k$,

$$A = \begin{pmatrix} A_{1,1} & A_{1,2} \\ A_{2,1} & A_{2,2} \end{pmatrix} \quad \wedge \quad S_1 := \begin{pmatrix} A_{1,1} \\ A_{2,1} \end{pmatrix} \quad \wedge \quad S_2 := \begin{pmatrix} A_{1,2} \\ A_{2,2} \end{pmatrix}$$

sowie

$$Z := (A_{1,1}, A_{1,2}) \quad \wedge \quad M := A_{1,2}^T \big(A_{1,1}^T\big)^{-1}.$$

Ferner seien

$$P := \{x \in \mathbb{R}^n : Ax \le b\} \quad \wedge \quad T := \{x \in \mathbb{R}^n : Ax = 0\}^{\perp} \quad \wedge \quad Q := P \cap T,$$

$\pi : \mathbb{R}^n \to \mathbb{R}^k$ *und* $\sigma : \mathbb{R}^n \to \mathbb{R}^{n-k}$ *seien die kanonischen orthogonalen Projektionen auf den Raum der ersten k bzw. letzten $n-k$ Koordinaten, und* $\psi : \mathbb{R}^k \to \mathbb{R}^n$ *sei die durch* $z \mapsto Z^T z$ *definierte lineare Abbildung. Dann gelten die folgenden Aussagen:*

(a) ψ *ist injektiv, und* $\psi(\mathbb{R}^k) = Z^T \mathbb{R}^k = T$.

(b) $T = \big\{x \in \mathbb{R}^n : \exists (z \in \mathbb{R}^k) : Z^T z = x\big\} = \big\{x \in \mathbb{R}^n : \sigma(x) = M\pi(x)\big\}$.

(c) $Q = Z^T \big\{z \in \mathbb{R}^k : AZ^T z \le b\big\} = \Big\{x \in \mathbb{R}^n : Ax \le b \wedge \sigma(x) = M\pi(x)\Big\}$.

---

[7] Natürlich reicht eine der Reduktionen für unsere Zwecke aus. Alle drei Formulierungen lassen sich aber mit nur wenig zusätzlichem Aufwand herleiten und in ihren unterschiedlichen Aspekten gegenüberstellen.

(d) $x \in T \wedge z = (A_{1,1}^T)^{-1}\pi(x) \Rightarrow c^T x = c^T Z^T z = \big(\pi(c) + M^T \sigma(c)\big)^T \pi(x)$.

(e) $x \in T \wedge c \in T \Rightarrow c^T x = \pi(c)^T \big(E_k + M^T M\big)\pi(x)$.

(f) $\pi|_T$ ist bijektiv, und es gilt

$$\pi(Q) = A_{1,1}^T \{z \in \mathbb{R}^k : AZ^T z \le b\} = \{y \in \mathbb{R}^k : (S_1 + S_2 M)y \le b\}.$$

Beweis: Mit $A^T =: (a_1, \dots, a_m)$ gilt

$$T = \big(\ker(A)\big)^\perp = \operatorname{lin}\big(\{a_1, \dots, a_k\}\big).$$

Somit ist $x \in T$ genau dann, wenn

$$\exists (z \in \mathbb{R}^k) : Z^T z = x,$$

d.h. das Gleichungssystem in z

$$\pi(x) = A_{1,1}^T z \quad \wedge \quad \sigma(x) = A_{1,2}^T z$$

lösbar ist. Da $A_{1,1}$ regulär ist, gilt $z = \big(A_{1,1}^T\big)^{-1}\pi(x)$; somit ist das obige System äquivalent zu

$$\sigma(x) = A_{1,2}^T z = A_{1,2}^T \big(A_{1,1}^T\big)^{-1}\pi(x) = M\pi(x).$$

Hieraus folgen (a) und (b), die zweite Aussage von (c) sowie die Bijektivität von π auf T.

Ferner gilt

$$Q = \big\{x \in \mathbb{R}^n : Ax \le b \wedge x \in \psi(\mathbb{R}^k)\big\} = \{Z^T z : AZ^T z \le b\} = Z^T \{z \in \mathbb{R}^k : AZ^T z \le b\},$$

und damit auch die erste Gleichung in (c) sowie die erste Identität von (f).

Für $x \in T$ und $z \in \mathbb{R}^k$ gilt mit $x = Z^T z$

$$c^T x = c^T Z^T z = \pi(c)^T \pi(x) + \sigma(c)^T \sigma(x) = \pi(c)^T \pi(x) + \sigma(c)^T M\pi(x)$$
$$= \big(\pi(c) + M^T \sigma(c)\big)^T \pi(x),$$

und für $c \in T$ folgt mit (b)

$$c^T x = \big(\pi(c) + M^T M\pi(c)\big)^T \pi(x) = \pi(c)^T \big(E_k + M^T M\big)^T \pi(x).$$

Somit gelten auch (d) und (e).

Die zweite Identität aus (f) ergibt sich mit (c) aus

$$Q = \{x : S_1\pi(x) + S_2\sigma(x) \le b \wedge \sigma(x) = M\pi(x)\} = \left\{ \begin{pmatrix} y \\ My \end{pmatrix} : \big(S_1 + S_2 M\big)y \le b \right\}.$$

Insgesamt folgt damit die Behauptung. $\qquad\qquad\qquad\qquad\qquad\qquad\qquad\qquad\qquad\square$

Mit Lemma 5.2.1 (c) erhält man insbesondere eine $\mathcal{H}$-Darstellung von Q im $\mathbb{R}^n$ der ursprünglichen Variablen x. Das gegebene lineare Programm kann also gemäß Satz 5.1.1 auf die Optimierung über Q zurückgeführt und diese selbst auch in den Variablen x durchgeführt werden. Für den Test 'c $\in T$?' und die Darstellung von Q ist dabei $A_{1,1}^{-1}$ zu berechnen. Lemma 5.2.1 zeigt jedoch auch, dass man alternativ alle Berechnungen im $\mathbb{R}^k$ durchführen kann. Dabei kann man sowohl im $\mathbb{R}^k$ der ersten k Koordinaten des ursprünglichen $\mathbb{R}^n$, d.h. mit den Vektoren $\pi(x)$ arbeiten, als auch den $\mathbb{R}^k$ der Vektoren z verwenden. Natürlich sind beide durch eine Koordinatentransformation mittels $A_{1,1}^T$ verbunden.

Der folgende Satz fasst die Reduktion in ihrer Formulierung in den z-Koordinaten zusammen.

5.2.2 Satz. *Durch (n,m,A,b,c) sei eine lineare Optimierungsaufgabe in natürlicher Form spezifiziert; φ sei die durch $x \mapsto c^T x$ definierte Zielfunktion. Mit den Bezeichnungen aus Lemma 5.2.1 gelten die folgenden Aussagen:*

(a) $Ax \leq b$ ist genau dann zulässig, wenn $AZ^T z \leq b$ zulässig ist.

(b) Ist $Ax \leq b$ zulässig, aber das Gleichungssystem $Z^T z = c$ unzulässig, so ist φ über P unbeschränkt.

(c) Gilt $c \in T$, so ist das gegebene lineare Programm äquivalent zur Optimierungsaufgabe

$$\max \quad c^T Z^T z$$
$$AZ^T z \quad \leq \quad b.$$

Beweis: (a) Die Aussage folgt mit Lemma 5.2.1 (c) unmittelbar aus Satz 5.1.1 (b).

(b) ergibt sich mit Lemma 5.2.1 (b) aus Satz 5.1.1 (d).

(c) Nach Voraussetzung ist $c \in T := \bigl(\ker(A)\bigr)^{\perp}$. Aus Satz 5.1.1 folgt daher die Äquivalenz des gegebenen linearen Programms zur Maximierung von φ über Q. Nach Lemma 5.2.1 (c) und (d) wird dieses Optimierungsproblem genau durch die behauptete Formulierung beschrieben. $\quad\Box$

Die Formulierung des Optimierungsproblems von Satz 5.2.2 enthält keine inverse Matrix, geht also aus dem ursprünglichen linearen Programm mittels einfacher Matrixmultiplikation hervor. Allerdings erfordert die Überprüfung der Voraussetzung $c \in T$ die Lösung des Gleichungssystems $c = Z^T z$, und diese entspricht im Wesentlichen der Invertierung von $A_{1,1}$. Wenn man ohnehin $\bigl(A_{1,1}^T\bigr)^{-1}$ zur Verfügung hat, so kann man auch im $\mathbb{R}^k$ der ersten k Variablen, d.h. mit der Projektion $\pi(Q)$ von Q arbeiten. Das folgende Korollar gibt eine entsprechende Formulierung.

5.2.3 Korollar. *Durch (n,m,A,b,c) sei eine lineare Optimierungsaufgabe in natürlicher Form spezifiziert. Mit den Bezeichnungen aus Lemma 5.2.1 ist diese für $c \in T$ und $d := \pi(c)$ äquivalent zu*

$$\max \quad d^T \bigl(E_k + M^T M\bigr)y$$
$$\bigl(S_1 + S_2 M\bigr)y \quad \leq \quad b.$$

Beweis: Die Behauptung folgt mit Lemma 5.2.1 (e) und (f) aus Satz 5.2.2. $\quad\Box$

5.2.4 Beispiel. *Wir führen den beschriebenen Übergang zu einer äquivalenten Aufgabe mit geradenfreiem zulässigen Bereich an dem Beispiel*

$$\max \quad -\xi_1 + 2\xi_2$$
$$\begin{aligned} -2\xi_1 &+ 4\xi_2 &\leq 4 \\ \xi_1 &- 2\xi_2 &\leq 2 \end{aligned}$$

explizit durch; vgl. Abbildung 5.1.

Mit den Bezeichnungen aus Lemma 5.2.1 sind

$$k = 1 \quad \wedge \quad A_{1,1} = (-2) \quad \wedge \quad A_{1,2} = (4) \quad \wedge \quad S_1 = \begin{pmatrix} -2 \\ 1 \end{pmatrix} \quad \wedge \quad S_2 = \begin{pmatrix} 4 \\ -2 \end{pmatrix}$$

sowie

$$Z = (-2,4) \quad \wedge \quad M = (4)\left(-\frac{1}{2}\right) = (-2).$$

Es gilt

$$0 \in P \neq \emptyset \quad \wedge \quad \mathrm{ls}(P) = \mathbb{R}\begin{pmatrix} 2 \\ 1 \end{pmatrix} \quad \wedge \quad T = \mathbb{R}\begin{pmatrix} -1 \\ 2 \end{pmatrix} = Z^T\mathbb{R}^1.$$

Ferner folgt

$$T = \left\{ \begin{pmatrix} \xi_1 \\ \xi_2 \end{pmatrix} \in \mathbb{R}^2 : \xi_2 = (-2)\xi_1 \right\} \quad \wedge \quad c = (-2,4)^T\frac{1}{2} \in T.$$

In der Formulierung von Satz 5.2.2 erhalten wir mit

$$Zc = (-2,4)\begin{pmatrix} -1 \\ 2 \end{pmatrix} = 10 \quad \wedge \quad AZ^T = \begin{pmatrix} -2 & 4 \\ 1 & -2 \end{pmatrix}\begin{pmatrix} -2 \\ 4 \end{pmatrix} = \begin{pmatrix} 20 \\ -10 \end{pmatrix}$$

das lineare Programm

$$\begin{aligned}
\max \quad & 10\zeta \\
20\zeta \ & \leq \ 4 \\
-10\zeta \ & \leq \ 2
\end{aligned}$$

und die Darstellung

$$Q = Z^T\{z \in \mathbb{R}^1 : AZ^Tz \leq b\} = \left[-\frac{1}{5},\frac{1}{5}\right]\begin{pmatrix} -2 \\ 4 \end{pmatrix}.$$

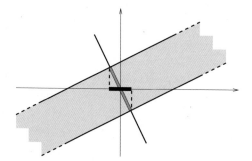

5.1 Abbildung. P (grauer Streifen), Q (dunkelgraues Segment) und $\pi(Q)$ (schwarzes Intervall auf der ξ_1-Achse) aus Beispiel 5.2.4.

In der Formulierung von Korollar 5.2.3 ergibt sich mit

$$d = (-1) \quad \wedge \quad E_1 + M^TM = (5) \quad \wedge \quad S_1 + S_2M = \begin{pmatrix} -10 \\ 5 \end{pmatrix}$$

hingegen die transformierte Aufgabe

$$\text{max} \quad -5\eta$$
$$-10\eta \;\leq\; 4$$
$$5\eta \;\leq\; 2.$$

Offenbar sind beide Formulierungen (wie nicht anders zu erwarten war) äquivalent und unterscheiden sich lediglich durch die Koordinatentransformation $\eta \mapsto -2\zeta$. Der zulässige Bereich der zweiten Aufgabe ist das Intervall $\left[-\frac{2}{5}, \frac{2}{5}\right]$. Es entsteht durch Projektion von Q auf die ξ_1-Achse; vgl. Abbildung 5.1.

Finden einer Startecke: Konus, Homogenisierung und andere Methoden:
Wir betrachten nun die Frage, wie man entscheiden kann, ob ein geradenfreies Polyeder P nicht leer ist, und wie man für $P \neq \emptyset$ eine (Start-) Ecke finden kann. Nach Satz 5.2.2 können wir im Folgenden stets voraussetzen, dass die Koeffizientenmatrix A Rang n besitzt. Wir beschreiben verschiedene Methoden, denen einerseits gemeinsam ist, dass sie zusätzliche Variablen einführen, die sich anderseits aber durchaus in ihren 'Nebenwirkungen' unterscheiden.

Alle folgenden Ansätze arbeiten konzeptionell mit einer 'Initialisierungsphase', in der der Simplex-Algorithmus auf ein 'Hilfsproblem' angewendet wird.

Im geometrisch einfachsten Ansatz wird zunächst der zulässige Bereich P in die Hyperebene $H_{(u_{n+1}, 1)}$ des $\mathbb{R}^{n+1}$ eingebettet und dann der Abschluss der konvexen Hülle mit 0 gebildet. Das zugrunde liegende Prinzip ist das der Homogenisierung.[8]

5.2.5 Bezeichnung. *Seien $X \subset \mathbb{R}^n$ und*

$$K(X) := \text{cl}\big(\text{conv}\big(\{0\} \cup (X \times \{1\})\big)\big) \quad \wedge \quad H(X) := \text{cl}\big(\text{pos}(X \times \{1\})\big).$$

*Dann heißen $K(X)$ **Konus** über X und $H(X)$ **Homogenisierung**[9] von X.*

Das nachfolgende Lemma enthält einige einfache Eigenschaften der Mengen $H(X)$ und $K(X)$.

5.2.6 Lemma. *Sei $X \subset \mathbb{R}^n$. Dann ist $H(X)$ ein abgeschlossener Kegel, und es gilt $0 \in H(X), 0 \in K(X)$ sowie*

$$H(X) = \text{pos}\big(K(X)\big) \quad \wedge \quad K(X) = H(X) \cap H^{\leq}_{(u_{n+1}, 1)}.$$

Beweis: Nach Definition ist 0 in $H(X)$ und $K(X)$ enthalten, und nach Übungsaufgabe 4.6.14 ist $H(X)$ ein abgeschlossener Kegel. Ferner gilt

$$\text{pos}\big(K(X)\big) = \text{pos}\big(\text{cl}\big(\text{conv}\big(\{0\} \cup (X \times \{1\})\big)\big)\big) \subset H(X).$$

Wir beweisen nun die umgekehrte Inklusion.[10] Seien

$$\begin{pmatrix} x^* \\ \eta^* \end{pmatrix} \in H(X) \quad \wedge \quad \begin{pmatrix} x_i \\ \eta_i \end{pmatrix} \in \text{pos}(X \times \{1\}) \quad (i \in \mathbb{N}) \quad \wedge \quad \lim_{i \to \infty} \begin{pmatrix} x_i \\ \eta_i \end{pmatrix} = \begin{pmatrix} x^* \\ \eta^* \end{pmatrix}.$$

---

[8] Wir gehen im Folgenden ein wenig allgemeiner und ausführlicher vor, als wir es hier benötigen, da die entsprechenden Konstruktionen auch an anderer Stelle von Bedeutung sein werden.

[9] Bisweilen wird die Homogenisierung auch einfach als $\text{pos}(X \times \{1\})$ definiert. Für unsere Zwecke ist der Abschluss natürlicher.

[10] Sie wäre völlig offensichtlich, wenn stets die positive Hülle einer abgeschlossenen konvexen Menge abgeschlossen wäre. Leider stimmt das aber nicht; vgl. Übungsaufgabe 4.6.31.

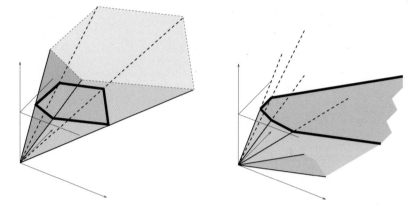

5.2 Abbildung. Zwei Polyeder P_1 (links), P_2 (rechts) jeweils eingebettet in $H_{(u_3,1)}$; Homogenisierung $H(P_1)$ (grau) und Konus $K(P_2)$. Der Schnitt $K(P_2) \cap H_{(u_3,0)}$ ist der Rezessionskegel $\mathrm{rec}(P_2)$.

Wir zeigen $\left((x^*)^T, \eta^*\right)^T \in \mathrm{pos}\big(K(X)\big)$. O.B.d.A. sei $\eta_i > 0$ für alle $i \in \mathbb{N}$. Gilt $\eta^* > 0$, so folgt die Behauptung leicht durch Skalierung auf die letzte Komponente gleich 1. Sei also $\eta^* = 0$. Dann gilt für hinreichend große i

$$\begin{pmatrix} x_i \\ \eta_i \end{pmatrix} = \eta_i \begin{pmatrix} x_i/\eta_i \\ 1 \end{pmatrix} \in [0,1]\mathrm{conv}\big(X \times \{1\}\big) = \mathrm{conv}\big(\{0\} \cup \big(X \times \{1\}\big)\big),$$

und es folgt

$$\begin{pmatrix} x^* \\ 0 \end{pmatrix} \in \mathrm{cl}\big(\mathrm{conv}\big(\{0\} \cup \big(X \times \{1\}\big)\big)\big) = K(X).$$

Die zweite behauptete Identität folgt aus $K(X) = \mathrm{cl}\big([0,1]\mathrm{conv}\big(X \times \{1\}\big)\big)$. □

Man beachte, dass $H(X)$ und $K(X)$ darstellungsinvariante geometrische Konzepte sind. Wir wenden sie nun aber auf Polyeder P in gegebener $\mathcal{H}$- bzw. $\mathcal{V}$-Darstellung an und erhalten auf diese Weise entsprechende Darstellungen von $H(P)$ und $K(P)$.

5.2.7 Satz.   *(a) Sei (m,n,A,b) eine $\mathcal{H}$-Darstellung eines Polyeder P im $\mathbb{R}^n$. Dann gilt*

$$H(P) = \left\{ \begin{pmatrix} x \\ \xi_{n+1} \end{pmatrix} \in \mathbb{R}^{n+1} : Ax - b\xi_{n+1} \leq 0 \wedge \xi_{n+1} \geq 0 \right\}$$

sowie

$$K(P) \cap H_{(u_{n+1},0)} = H(P) \cap H_{(u_{n+1},0)} = \{x \in \mathbb{R}^n : Ax \leq 0\} \times \{0\} = \mathrm{rec}(P) \times \{0\}.$$

(b) Sei (n,V,S) eine $\mathcal{V}$-Darstellung eines Polyeders P, d.h. $P = \mathrm{conv}(V) + \mathrm{pos}(S)$. Dann gilt

$$H(P) = \mathrm{pos}\big((V \times \{1\}) \cup (S \times \{0\})\big),$$
$$K(P) = \mathrm{conv}\big(\{0\} \cup \big(V \times \{1\}\big)\big) + \mathrm{pos}\big(S \times \{0\}\big).$$

(c) *Seien P geradenfrei, V die Menge der Ecken von P und S eine minimale Menge von Richtungsvektoren der unbeschränkten Kanten von P.*

Dann ist 0 die einzige Ecke von $H(P)$, und $(V \times \{1\}) \cup (S \times \{0\})$ ist eine minimale Menge von Richtungsvektoren der unbeschränkten Kanten von $H(P)$.

Die Eckenmenge von $K(P)$ ist $\{0\} \cup (V \times \{1\})$. Ferner ist $(S \times \{0\})$ eine minimale Menge von Richtungsvektoren der unbeschränkten Kanten von $K(P)$. Ist E die Menge der beschränkten Kanten von P, so ist

$$(E \times \{1\}) \cup \left\{ \mathrm{conv}\left(\{0,(v^T,1)^T\}\right) : v \in V \right\}$$

die Menge der beschränkten Kanten von $K(P)$.

Beweis: (a) Nach Satz 4.2.25 gilt

$$\mathrm{pos}(P \times \{1\}) = [0,\infty[(P \times \{1\}) = \{0\} \cup \left\{ \begin{pmatrix} \mu x \\ \mu \end{pmatrix} \in \mathbb{R}^{n+1} : Ax \leq b \wedge \mu > 0 \right\}$$

$$= \{0\} \cup \left\{ \begin{pmatrix} y \\ \mu \end{pmatrix} \in \mathbb{R}^{n+1} : Ay - b\mu \leq 0 \wedge \mu > 0 \right\}.$$

Es folgt

$$H(P) = \mathrm{cl}\left(\mathrm{pos}(P \times \{1\})\right) = \left\{ \begin{pmatrix} y \\ \mu \end{pmatrix} \in \mathbb{R}^{n+1} : Ay - b\mu \leq 0 \wedge \mu \geq 0 \right\},$$

also die erste und damit auch die dritte und vierte behauptete Identität von (a). Die zweite Gleichung folgt unter Verwendung von Lemma 5.2.6.

(b) Es gilt

$$P \times \{1\} = \left(\mathrm{conv}(V) + \mathrm{pos}(S)\right) \times \{1\} = \left(\mathrm{conv}(V) \times \{1\}\right) + \left(\mathrm{pos}(S) \times \{0\}\right).$$

Da $\mathrm{pos}\left((V \times \{1\}) \cup (S \times \{0\})\right)$ abgeschlossen ist, folgt

$$\mathrm{cl}\left(\mathrm{pos}(P \times \{1\})\right) \subset \mathrm{pos}\left((V \times \{1\}) \cup (S \times \{0\})\right),$$

und wegen $\mathrm{rec}(P) = \mathrm{pos}(S)$ gilt auch die umgekehrte Inklusion.

Mit Lemma 5.2.6 erhalten wir ferner

$$K(P) = H(P) \cap H^{\leq}_{(u_{n+1},1)} = H^{\leq}_{(u_{n+1},1)} \cap \mathrm{pos}\left((V \times \{1\}) \cup (S \times \{0\})\right)$$

$$= H^{\leq}_{(u_{n+1},1)} \cap \left(\mathrm{pos}(V \times \{1\}) + \mathrm{pos}(S \times \{0\})\right)$$

$$= \mathrm{conv}\left(\{0\} \cup (V \times \{1\})\right) + \mathrm{pos}(S \times \{0\}).$$

(c) Alle Bedingungen $Ax - b\xi_{n+1} \leq 0$ sowie $\xi_{n+1} \geq 0$ sind in 0 aktiv. Da P geradenfrei ist, gilt

$$\mathrm{rang}\begin{pmatrix} A & -b \\ 0 & -1 \end{pmatrix} = n+1;$$

nach Satz 4.3.22 ist 0 somit Ecke von $H(P)$ und $K(P)$. Die übrigen Aussagen sind eine direkte Konsequenz aus (b). Insgesamt folgt damit die Behauptung. $\square$

Unter der Voraussetzung, dass P geradenfrei ist, ist 0 Ecke von $K(P)$, und wir können durch lineare Optimierung über $K(P)$ entscheiden, ob $P = \emptyset$ ist. Falls das nicht der Fall ist, liefert der Simplex-Algorithmus eine Startecke v von P. Insgesamt erhalten wir das folgende Korollar.

5.2.8 Korollar. *Sei P ein geradenfreies Polyeder im $\mathbb{R}^n$. Dann ist 0 Ecke von $K(P)$, und es gilt*

$$\max_{z \in K(P)} u_{n+1}^T z \in \{0,1\} \quad \wedge \quad \left(P \neq \emptyset \quad \Leftrightarrow \quad \max_{z \in K(P)} u_{n+1}^T z = 1 \right).$$

Beweis: Die Behauptung folgt unmittelbar aus Satz 5.2.7. $\qquad\square$

Ist eine $\mathcal{H}$-Darstellung (m,n,A,b) von P gegeben, so liefert Satz 5.2.7 eine $\mathcal{H}$-Darstellung von $K(P)$, und nach Korollar 5.2.8 erhalten wir die LP-Hilfsaufgabe

$$
\begin{aligned}
\max \ \ \xi_{n+1} & \\
Ax \quad - \quad b \cdot \xi_{n+1} &\leq \ 0 \\
\xi_{n+1} &\leq \ 1 \\
-\xi_{n+1} &\leq \ 0.
\end{aligned}
$$

Um die für $z \in \mathbb{R}^{n+1}$ durch $\psi(z) := u_{n+1}^T z$ gegebene Hilfszielfunktion über $K(P)$ zu maximieren, können wir den Simplex-Algorithmus mit 0 als Startecke verwenden. Falls $P \neq \emptyset$ ist, findet der Algorithmus eine Kante $\mathrm{conv}\big(\{0,(v^T,1)^T\}\big)$ von K; v ist dann eine Ecke von P, die wir als Startecke für unsere eigentliche Aufgabe benutzen können. Ist $P = \emptyset$, so ist 0 bereits Optimalpunkt von ψ über $K(P)$.

5.2.9 Beispiel. *Wir wenden die Konstruktionen von Korollar 5.2.8 auf die beiden Ungleichungssysteme*

$$
(1) \quad
\begin{aligned}
\xi_1 &\leq \ \ 2 \\
-\xi_1 &\leq -1
\end{aligned}
\qquad\qquad
(2) \quad
\begin{aligned}
\xi_1 &\leq \ \ 1 \\
-\xi_1 &\leq -2
\end{aligned}
$$

im $\mathbb{R}^1$ an. In beiden Fällen ist $\mathrm{rang}(A) = 1$. Die Voraussetzungen von Korollar 5.2.8 sind also erfüllt, und wir erhalten die neuen linearen Programme

$$
(1') \quad
\begin{aligned}
\max \ \xi_2 \qquad\qquad \\
\xi_1 \ - \ 2\xi_2 &\leq \ 0 \\
-\xi_1 \ + \ \xi_2 &\leq \ 0 \\
\xi_2 &\leq \ 1 \\
-\xi_2 &\leq \ 0
\end{aligned}
\qquad\qquad
(2') \quad
\begin{aligned}
\max \ \xi_2 \qquad\qquad \\
\xi_1 \ - \ \xi_2 &\leq \ 0 \\
-\xi_1 \ + \ 2\xi_2 &\leq \ 0 \\
\xi_2 &\leq \ 1 \\
-\xi_2 &\leq \ 0.
\end{aligned}
$$

Die zulässigen Bereiche sind in Abbildung 5.3 dargestellt.

Aufgabe (1) ist zulässig (links); das Optimum von (1') hat den Wert 1, und wir gelangen über jede der beiden Kanten

$$\mathrm{conv}\big(\{0,(1,1)^T\}\big), \quad \mathrm{conv}\big(\{0,(2,1)^T\}\big)$$

zu einer Ecke von $K(P)$. Nach Streichen ihrer letzten Komponente kann die erreichte Ecke dann als Startecke zur Optimierung einer linearen Zielfunktion über (1) verwendet werden. Rechts in Abbildung 5.3 ist der unzulässige Fall (2) abgebildet; 0 ist optimale Ecke von (2'). Man beachte, dass die Nichtnegativitätsbedingung für ξ_2 in (1') redundant ist, nicht aber in (2').

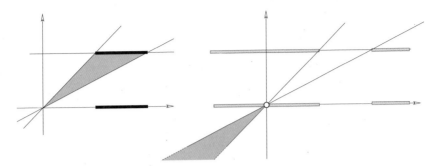

5.3 Abbildung. Die linearen Ungleichungssysteme (1), (1′) (links) und (2), (2′) (rechts). (1) ist zulässig, (2) hingegen nicht. Rechts sind die beiden, sich widersprechenden Bedingungen von (2) (in $\mathbb{R}$ und in $\mathbb{R} \times \{1\}$) hellgrau dargestellt. Die zugehörigen 'homogenisierten' Bedingungen beschreiben einen Kegel (grau), der allerdings vollständig im negativen Quadranten liegt. Durch die Bedingung $\xi_2 \geq 0$ wird der zugehörige Konus zu $\{0\}$.

Durch den Übergang zur Hilfsaufgabe gemäß Korollar 5.2.8 haben wir n lediglich um 1 und m um 2 erhöht. Wie wir in Sektion 5.3 noch sehen werden, besteht ein praktisches Problem mit diesem theoretisch sehr eleganten Ansatz darin, dass bis auf $\xi_{n+1} \leq 1$ alle Restriktionen von $K(P)$ in 0 aktiv sind; vgl. auch Korollar 5.3.3.

Ein anderer 'klassischer Ansatz' zur Bestimmung einer Startecke geht von linearen Programmen in kanonischen Form aus und beruht auf der Einführung von je einer Hilfsvariablen für jede der m (von den Nichtnegativitätsbedingungen verschiedenen) Restriktionen. Wir erwähnen ihn hier kurz, weil er den nachfolgenden allgemeineren Ansatz motiviert.

5.2.10 Lemma. *Seien* $A := (a_1, \ldots, a_m)^T \in \mathbb{R}^{m \times n}$, $b := (\beta_1, \ldots, \beta_m)^T \in \mathbb{R}^m$,

$$P := \{x \in \mathbb{R}^n : Ax \leq b \wedge x \geq 0\},$$

$$C := \left\{ z := \begin{pmatrix} x \\ y \end{pmatrix} \in \mathbb{R}^{n+m} : Ax + y \leq b \wedge x \geq 0 \wedge y \leq 0 \right\},$$

sowie

$$\omega_i := \min\{0, \beta_i\} \quad (i \in [m]) \quad \wedge \quad w := (\omega_1, \ldots, \omega_m)^T \quad \wedge \quad z_0 := \begin{pmatrix} 0 \\ w \end{pmatrix}.$$

Dann ist z_0 *Ecke von* C, *und es gilt*

$$\max_{(x^T, y^T)^T \in C} \mathbb{1}^T y \leq 0 \quad \wedge \quad \left(P \neq \emptyset \quad \Leftrightarrow \quad \max_{(x^T, y^T)^T \in C} \mathbb{1}^T y = 0 \right).$$

Beweis: Für die Koeffizientenmatrizen von P bzw. C gilt

$$\text{rang} \begin{pmatrix} A \\ -E_n \end{pmatrix} = n \quad \wedge \quad \text{rang} \begin{pmatrix} A & E_m \\ -E_n & 0 \\ 0 & E_m \end{pmatrix} = n + m.$$

Nach Konstruktion gilt $z_0 \in C$. Ferner sind alle Bedingungen $x \geq 0$ sowie mit $y := (\eta_1, \ldots, \eta_m)^T$ für jedes $i \in [m]$ mindestens eine der Bedingungen $a_i^T x + \eta_i \leq \beta_i$ oder $\eta_i \leq 0$ aktiv. Nach Satz 4.3.22 ist z_0 somit Ecke von C. Natürlich folgt aus $y \leq 0$ auch $\max_{z \in C} \mathbb{1}^T y \leq 0$ mit Gleichheit genau dann, wenn es einen Punkt $x_0 \in P$ gibt, so dass $(x_0^T, 0)^T \in C$ gilt. Insgesamt folgt damit die Behauptung. $\quad\square$

5.2.11 Beispiel. *Den beiden Ungleichungssystemen*

$$(1) \quad \begin{array}{rcr} \xi & \leq & -1 \\ \xi & \geq & 0 \end{array} \qquad\qquad (2) \quad \begin{array}{rcr} \xi & \leq & 1 \\ \xi & \geq & 0 \end{array}$$

im $\mathbb{R}^1$ sind gemäß Lemma 5.2.10 die linearen Programme

$$\begin{array}{c} \max \ \eta \\ (1') \quad \begin{array}{rcrcr} \xi & + & \eta & \leq & -1 \\ \xi & & & \geq & 0 \\ & & \eta & \leq & 0 \end{array} \end{array} \qquad\qquad \begin{array}{c} \max \ \eta \\ (2') \quad \begin{array}{rcrcr} \xi & + & \eta & \leq & 1 \\ \xi & & & \geq & 0 \\ & & \eta & \leq & 0 \end{array} \end{array}$$

zugeordnet; vgl. Abbildung 5.4.

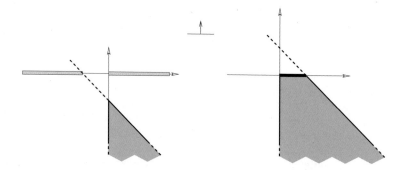

5.4 Abbildung. Ungleichungssysteme und lineare Programme von Beispiel 5.2.11. Links: sich ausschließende Bedingungen des Ausgangssystems (1) (hellgrau); zulässiger Bereich der Optimierungsaufgabe (1′) (dunkelgrau). Rechts: zulässige Bereiche von (2) (fett) und (2′).

Das Optimum der Optimierungsaufgabe (1′) ist -1; das Ungleichungssystem (1) ist also unzulässig. (2′) hat den Optimalwert 0; das Ungleichungssystem (2) ist zulässig.

Es ist naheliegend zu versuchen, den Ansatz von Lemma 5.2.10 direkt auf LP-Aufgaben in natürlicher Form zu übertragen. Natürlich ist auch dann der konstruierte Punkt z_0 wieder zulässig. Wie das folgende (zweite) Beispiel zeigt, braucht er aber keine Ecke zu sein.

5.2.12 Beispiel. *Gegeben sei zunächst wieder die Zulässigkeitsaufgabe (2) aus Beispiel 5.2.11.*

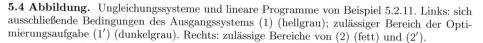

Jetzt ignorieren wir aber, dass die zweite Restriktion eine Nichtnegativitätsbedingung ist, und weisen allen beiden Ungleichungen jeweils eine neue Variable zu. Wir erhalten so die Hilfsaufgabe

$$\begin{array}{c} \max \ \eta_1 + \eta_2 \\ \begin{array}{rcrcrcr} \xi & + & \eta_1 & & & \leq & 1 \\ -\xi & + & & & \eta_2 & \leq & 0 \\ & & \eta_1 & & & \leq & 0 \\ & & & & \eta_2 & \leq & 0. \end{array} \end{array}$$

Der Punkt $(\xi,\eta_1,\eta_2)^T = 0$ ist (wie nach Lemma 5.2.10 zu erwarten) Ecke des zulässigen Bereichs der Hilfsaufgabe; vgl. Abbildung 5.5.

Betrachten wir andererseits die Zulässigkeitsaufgabe ohne Nichtnegativitätsbedingung, d.h.

$$\xi \;\leq\; 1,$$

so ist die zugehörige Hilfsaufgabe

$$\begin{aligned}\max \;\; &\eta\\ \xi \;+\; \eta \;&\leq\; 1\\ \eta \;&\leq\; 0.\end{aligned}$$

Der Punkt $(\xi,\eta)^T = 0$ ist zulässig, aber keine Ecke mehr.

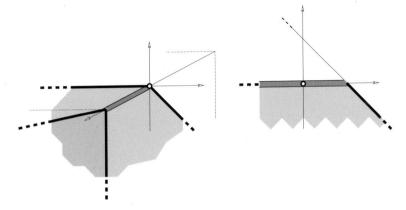

5.5 Abbildung. Die zulässigen Bereiche der beiden Hilfsaufgaben (von links nach rechts) aus Beispiel 5.2.12. Die zulässigen Bereiche der beiden Ausgangsaufgaben sind auf der ξ-Achse hervorgehoben.

Durch leichte Variation kann man den Ansatz von Lemma 5.2.10 aber durchaus auf LP-Aufgaben in natürlicher Form übertragen. Wir verwenden als ausgezeichneten Punkt nicht den Ursprung, sondern den Lösungsvektor v eines regulären $n \times n$-Teilsystems von $Ax = b$, und führen 'dimensionssparend' lediglich zur Korrektur jeder durch v verletzten Ungleichungen von $Ax \leq b$ eine Variable ein. Hierdurch wird die Zahl der verwendeten Hilfsvariablen auf maximal $m - n$ beschränkt.

Das folgende Lemma benutzt wieder die in Bezeichnung 1.3.7 eingeführte Schreibweise A_I für die aus der Matrix A durch Streichen aller Zeilen der komplementären Indexmenge $[m] \setminus I$ entstehende Teilmatrix.

5.2.13 Lemma. *Seien $A := (a_1,\ldots,a_m)^T$, $b := (\beta_1,\ldots,\beta_m)^T$ und $P = \{x \in \mathbb{R}^n : Ax \leq b\}$. Ferner seien $I \subset [m]$ mit $|I| = n$, so dass $\mathrm{rang}(A_I) = n$ ist,*

$$v := (\nu_1,\ldots,\nu_n)^T := A_I^{-1} b_I \quad \wedge \quad J := \{i \in [m] : a_i^T v > \beta_i\} \quad \wedge \quad k := |J|.$$

Die Komponenten der Vektoren $y \in \mathbb{R}^k$ werden mit den Elementen von J indiziert, d.h. wir schreiben $y := (\eta_i : i \in J)^T$. Seien nun Q die Menge der Punkte $z := (x^T,y^T)^T \in \mathbb{R}^{n+k}$ mit

$$
\begin{array}{rcll}
a_i^T x & \leq & \beta_i & (i \in [m] \setminus J) \\
a_i^T x + \eta_i & \leq & \beta_i & (i \in J) \\
\eta_i & \leq & 0 & (i \in J)
\end{array}
$$

sowie

$$
\omega_i := \beta_i - a_i^T v \quad (i \in J) \quad \wedge \quad w := (\omega_i : i \in J)^T \quad \wedge \quad z_0 := (v^T, w^T)^T.
$$

Dann ist z_0 Ecke von Q, und es gilt

$$
\max_{z \in Q} \mathbb{1}^T y \leq 0 \quad \wedge \quad \left(P \neq \emptyset \quad \Leftrightarrow \quad \max_{z \in Q} \mathbb{1}^T y = 0 \right).
$$

Beweis: Nach Konstruktion gilt $z_0 \in Q$, und z_0 ist Lösung des Gleichungssystems

$$
\begin{array}{rcll}
a_i^T x & = & \beta_i & (i \in I) \\
a_i^T x + \eta_i & = & \beta_i & (i \in J).
\end{array}
$$

Da die zugehörige $(n+k) \times (n+k)$ Koeffizientenmatrix nach Konstruktion regulär ist, ist z_0 nach Satz 4.3.22 Ecke von Q.

Natürlich folgt aus $y \leq 0$ auch $\max_{z \in Q} \mathbb{1}^T y \leq 0$ mit Gleichheit genau dann, wenn es einen Punkt $x_0 \in P$ gibt, so dass $(x_0^T, 0)^T \in Q$ gilt. Insgesamt folgt damit die Behauptung. $\square$

Lemma 5.2.13 reduziert die Frage der Zulässigkeit von $Ax \leq b$ also auf die LP-Hilfsaufgabe

$$
\max \sum_{i \in J} \eta_i
$$

$$
\begin{array}{rcll}
a_i^T x & \leq & \beta_i & (i \in [m] \setminus J) \\
a_i^T x + \eta_i & \leq & \beta_i & (i \in J) \\
\eta_i & \leq & 0 & (i \in J).
\end{array}
$$

mit der Startecke z_0.

5.2.14 Beispiel. *Sei P gegeben durch die Bedingungen*

$$
\begin{array}{rcrcl}
\xi_1 & + & \xi_2 & \leq & 2 \\
-\xi_1 & & & \leq & 0 \\
& & -\xi_2 & \leq & 0 \\
\xi_1 & & & \leq & 1;
\end{array}
$$

vgl. Abbildung 5.6. Die Koeffizientenmatrix hat Rang 2, und wir können etwa $I := \{1,3\}$ wählen. Dann gilt

$$
A_I = \begin{pmatrix} 1 & 1 \\ 0 & -1 \end{pmatrix} = A_I^{-1} \quad \wedge \quad v = \begin{pmatrix} 1 & 1 \\ 0 & -1 \end{pmatrix} \begin{pmatrix} 2 \\ 0 \end{pmatrix} = \begin{pmatrix} 2 \\ 0 \end{pmatrix}.
$$

Da v die ersten drei Bedingungen erfüllt, nicht aber die letzte, erhalten wir die Hilfsaufgabe

$$
\max \ \eta
$$

$$
\begin{array}{rcrcrcl}
\xi_1 & + & \xi_2 & & & \leq & 2 \\
-\xi_1 & & & & & \leq & 0 \\
& & -\xi_2 & & & \leq & 0 \\
\xi_1 & & & + & \eta & \leq & 1 \\
& & & & \eta & \leq & 0.
\end{array}
$$

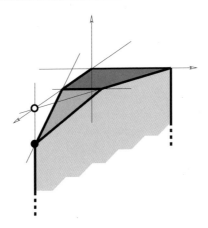

5.6 Abbildung. Die zulässigen Bereiche P (dunkle Fläche in der (ξ_1,ξ_2)-Ebene) und Q aus Beispiel 5.2.14. Der Ausgangspunkt v (weiß gefüllt) und die Ecke z_0 (schwarz) sind hervorgehoben.

Der Vektor $z_0 = (2{,}0, -1)^T$ ist Ecke des zulässigen Bereichs Q. Die von z_0 ausgehenden Kanten haben die Richtungen

$$\begin{pmatrix} -1 \\ 0 \\ 1 \end{pmatrix}, \quad \begin{pmatrix} -1 \\ 1 \\ 1 \end{pmatrix}, \quad \begin{pmatrix} 0 \\ 0 \\ -1 \end{pmatrix}.$$

Die beiden ersten sind beschränkt, und man erreicht über jede von ihnen eine Ecke von $P \times \{0\}$, die dann als Startecke für den Simplex-Algorithmus jeder LP-Aufgabe über P verwendet werden kann.

5.3   Finden einer Verbesserungskante

Wir befassen uns nun mit der letzten – und wie sich zeigen wird – zentralen Frage, wie man *praktisch* eine Verbesserungskante *finden* kann. Gegeben sei im Folgenden eine LP-Aufgabe in natürlicher Form, wir nehmen an, dass eine Ecke des zulässigen Bereichs vorliegt und wir uns in der WHILE-Schleife von Prozedur 5.1.6 befinden. Die entsprechenden Bezeichnungen sind in folgender Notation zusammengefasst.

5.3.1 Notation. *Durch (n,m,A,b,c) sei eine LP-Aufgabe in natürlicher Form spezifiziert. Es seien $a_1,\ldots,a_m \in \mathbb{R}^n \setminus \{0\}$, $A := (a_1,\ldots,a_m)^T$ mit $\mathrm{rang}(A) = n$, $b := (\beta_1,\ldots,\beta_m)^T \in \mathbb{R}^m$, $P := \{x \in \mathbb{R}^n : Ax \le b\} \ne \emptyset$, $c := (\gamma_1,\ldots,\gamma_n)^T \in \mathbb{R}^n$, und $\varphi : \mathbb{R}^n \to \mathbb{R}$ bezeichne die durch $\varphi(x) := c^T x$ für alle $x \in \mathbb{R}^n$ definierte Zielfunktion. Ferner sei v eine (bereits erreichte Start-) Ecke von P.*

Nach Prozedur 5.1.6 bzw. Lemma 5.1.2 muss festgestellt werden, ob v bereits optimal ist; andernfalls ist eine Verbesserungskante zu konstruieren.

Überbestimmtheit und Basislösungen: Konzeptionell wäre es natürlich am einfachsten, alle von v ausgehenden Kanten von P zu berechnen und dann diejenigen zu bestimmen, die bis auf ihren Randpunkt v ganz im 'Verbesserungshalbraum' $H^{>}_{(c,c^T v)}$ liegen. Ist eine dieser Kanten unbeschränkt, so ist φ über P unbeschränkt. Andernfalls hat jede solche Kante eine von v verschiedene Ecke, und man kann eine von diesen (etwa eine mit größtem Zielfunktionswert) als nächste Ecke auswählen.

Wie man wieder mittels Homogenisierung sieht, ist diese Vorgehensweise im Allgemeinen jedoch nicht effizient, da es exponentiell viele Kanten geben kann, die v enthalten.

5.3.2 Beispiel. *Seien $n \geq 2$ und*

$$C := \bigcap_{i=1}^{n-1} \left\{ (\xi_1, \ldots, \xi_n)^T \in \mathbb{R}^n : \pm \xi_i - \xi_n \leq 0 \right\}.$$

Für jeden Punkt $x \in C$ gilt $u_n^T x \geq 0$ mit Gleichheit genau für $x = 0$. Damit ist $C = H\big([-1,1]^{n-1}\big)$, d.h. die Homogenisierung des Einheitswürfels $[-1,1]^{n-1}$. Nach Satz 5.2.7 besitzt C genau 2^{n-1} Kanten, die von seiner Ecke 0 ausgehen.

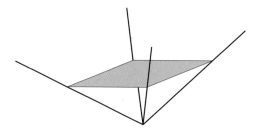

5.7 Abbildung. Homogenisierung $H\big([-1,1]^{n-1}\big)$ des $(n-1)$-dimensionalen Einheitswürfels.

Für $k \in \mathbb{Z}$ sei $c_k := (1, \ldots, 1, k)^T$. Dann gilt für $x \in \{-1,1\}^{n-1} \times \{1\}$

$$c_k^T x = \sum_{i=1}^{n-1} \xi_i + k > 0 \quad \Leftrightarrow \quad (n-1) - 2\big|\{i : \xi_i = 1\}\big| < k.$$

Für $k = n$ kann die Zielfunktion somit längs jeder der 2^{n-1} Kanten verbessert werden. Für den Zielfunktionsvektor c_0 und gerades n gibt es

$$\sum_{j=n/2}^{n-1} \binom{n-1}{j} = \frac{1}{2} \sum_{j=0}^{n-1} \binom{n-1}{j} = 2^{n-2}$$

Verbesserungskanten, für c_{-n} ist 0 der eindeutige Optimalpunkt.

Beispiel 5.3.2 zeigt, dass es exponentiell viele potentielle Verbesserungskanten geben kann, so dass wir nicht erwarten können, dass ein Durchprobieren aller Möglichkeiten zu einem effizienten Verfahren führt. Korollar 5.2.8 hatte bereits das LP-Zulässigkeitsproblem auf das Finden von Verbesserungskanten reduziert und damit gezeigt, dass letzteres algorithmisch nicht leichter ist, als die Zulässigkeit gegebener Instanzen festzustellen. Das folgende Korollar interpretiert die Aussagen von Satz 5.2.7 nun in Bezug auf die Optimierung.

5.3.3 Korollar. *Sei* $d := (c^T,0)^T$ *und* $\psi : \mathbb{R}^{n+1} \to \mathbb{R}$ *die für* $y \in \mathbb{R}^{n+1}$ *durch* $y \mapsto d^T y$ *definierte lineare Funktion. Dann gelten die folgenden Aussagen:*

(a) $\max_{x \in P} c^T x = \max_{y \in K(P)} d^T y$.

(b) v^* *ist genau dann eine bez.* φ *optimale Ecke von* P*, wenn* $\left((v^*)^T,1\right)^T$ *eine optimale Ecke von* $K(P)$ *ist.*

(c) *Sind* v^* *eine bez.* φ *optimale Ecke von* P *und* $w^* := \left((v^*)^T,1\right)^T$*, so ist* $\operatorname{conv}\left(\{0,w^*\}\right)$ *eine Kante von* $K(P)$*.*

(d) φ *ist genau dann über* P *nach oben beschränkt, wenn* ψ *über* $K(P)$ *nach oben beschränkt ist.*

(e) *Ist* φ *über* P *nach oben unbeschränkt, so gibt es eine Kante* $[0,\infty[$ *in* $K(P)$ *mit* $\psi(s) > 0$*.*

Beweis: Die Behauptung folgt direkt aus Satz 5.2.7. $\square$

Korollar 5.3.3 reduziert die lineare Optimierung auf die Suche nach einer *besten* Verbesserungskante. Es zeigt, dass es selbst dann, wenn eine optimale Ecke v^* zur Startecke v benachbart, d.h. mit dieser durch eine Kante verbunden ist, der ganzen 'Kraft der linearen Optimierung' bedürfen kann, sie zu finden.

Sind in einer Startecke v nur n Restriktionen aktiv, so besitzt der Innenkegel $S_P(v)$ auch nur n Kanten, die wir im Prinzip alle ohne größere Schwierigkeiten überprüfen könnten. Probleme treten somit nur dann auf, wenn in v 'ungebührlich viele' Nebenbedingungen aktiv sind, d.h. wenn $|I(v)| \geq n + 1$ ist.

5.3.4 Bezeichnung. *Seien* (n,m,A,b) *eine* $\mathcal{H}$*-Darstellung eines Polyeders* P *und* v *eine Ecke von* P*. Gilt* $|I(v)| = n$*, so heißt* v ***regulär****, andernfalls* ***überbestimmt****.*[11]

Um nicht zu viele Kanten betrachten zu müssen, wird der für die Verbesserung relevante Kegel $S_P(v)$ durch einen anderen Kegel approximiert, dessen Ecke nicht mehr überbestimmt ist.

5.3.5 Definition. *Sei* C *ein polyedrischer Kegel im* $\mathbb{R}^n$*.* C *heißt* ***spitz****, wenn* 0 *Ecke von* C *ist.* C *heißt* ***simplizial****, wenn* C *eine* $\mathcal{H}$*-Darstellung* $(n,n,B,0)$ *besitzt mit* $\operatorname{rang}(B) = n$*.*

5.3.6 Lemma. *Seien* $B \in \mathbb{R}^{n \times n}$ *mit* $\operatorname{rang}(B) = n$ *und* $C := \{x \in \mathbb{R}^n : Bx \leq 0\}$*. Dann ist* C *ein* n*-dimensionaler spitzer Kegel,* 0 *ist eine reguläre Ecke von* C*,* C *besitzt genau* n *Kanten, und es gilt*

$$C = \operatorname{pos}\left(\{-B^{-1}u_1,\ldots,-B^{-1}u_n\}\right).$$

Beweis: Es gilt

$$C = B^{-1}\{Bx \in \mathbb{R}^n : Bx \leq 0\} = B^{-1}\{y \in \mathbb{R}^n : y \leq 0\}$$
$$= B^{-1}\operatorname{pos}\left(\{-u_1,\ldots,-u_n\}\right) = \operatorname{pos}\left(\{-B^{-1}u_1,\ldots,-B^{-1}u_n\}\right).$$

C ist also das Bild des negativen Orthanten $]-\infty,0]^n$ unter der Koordinatentransformation $x \mapsto B^{-1}x$. Die Kanten von C werden daher von den Spaltenvektoren von $-B^{-1}$ erzeugt. Hieraus folgt die Behauptung. $\square$

---

[11] In der Literatur findet man hierfür auch den Begriff *entartet* oder *degeneriert*.

Wir approximieren nun $S_P(v)$ durch einen simplizialen Kegel, der durch eine Teilmenge B von $I(v)$ bestimmt wird, für die $\{a_i : i \in B\}$ eine Basis des $\mathbb{R}^n$ ist.[12]

5.3.7 Definition. *Seien* $B := B(v) \subset I(v)$ *und* $N := [m] \setminus B$. B *heißt genau dann* **Basis** *von* v, *wenn* $|B| = n$ *gilt und* $\{a_i : i \in B\}$ *linear unabhängig ist.*

Sei B *eine Basis von* v. *Dann heißt* A_B *(zu* B *gehörige)* **Basisteilmatrix** *von* A.[13] *Die Ecke* v *wird auch* **Basislösung** *[engl.: basic feasible solution] des linearen Ungleichungssystems* $Ax \leq b$ *genannt.*[14] *Die zu* B *gehörigen Restriktionen* $a_i^T x \leq \beta_i$ *($i \in B$) heißen* **Basisrestriktionen**, *die zu* N *gehörigen* **Nichtbasisrestriktionen**. *Das Gleichungssystem* $A_B x = b_B$ *heißt* **Basisgleichung**.

5.3.8 Bemerkung. *Sei* B *eine Basis von* v. *Dann gilt*[15] $v = A_B^{-1} b_B$.

Beweis: Nach Definition gilt $A_B v = b_B$ und $\mathrm{rang}(A_B) = n$. Somit ist $v = A_B^{-1} b_B$. $\quad\square$

5.3.9 Beispiel. *Wir betrachten erneut das Produktionsproblem von Beispiel 1.2.2.*

$$\max \quad \xi_1 + \xi_2 + \xi_3$$

$$
\begin{array}{rcrcrclc}
\xi_1 & + & 2\xi_2 & + & \xi_3 & \leq & 3 & (1) \\
-2\xi_1 & + & \xi_2 & & & \leq & 0 & (2) \\
\xi_1 & & & & & \leq & 1 & (3) \\
& & \xi_2 & & & \leq & 1 & (4) \\
& & & & \xi_3 & \leq & 1 & (5) \\
-\xi_1 & & & & & \leq & 0 & (6) \\
& & -\xi_2 & & & \leq & 0 & (7) \\
& & & & -\xi_3 & \leq & 0 & (8).
\end{array}
$$

Der zulässige Bereich ist ein Polytop mit 9 Ecken $v_1, \ldots, v_9$ *und 7 Facetten. Die Ungleichung (6) ist redundant.*

In Abbildung 5.8 werden für $k \in [9]$ *die Koordinaten der Ecke* v_k *und die zugehörigen Zielfunktionswerte in der Form* $(v_k; \nu_{k,1}, \nu_{k,2}, \nu_{k,3}; \zeta_k)$ *angegeben, d.h.*

$$v_k := (\nu_{k,1}, \nu_{k,2}, \nu_{k,3})^T \quad \wedge \quad \zeta_k := c^T v_k.$$

Die Ecke v_9 *etwa ist durch die Bedingungen (1), (3) und (5) gegeben. Wir haben also*

$$B = \{1,3,5\} \quad \wedge \quad A_B = \begin{pmatrix} 1 & 2 & 1 \\ 1 & 0 & 0 \\ 0 & 0 & 1 \end{pmatrix} \quad \wedge \quad b_B = \begin{pmatrix} 3 \\ 1 \\ 1 \end{pmatrix}$$

---

[12] Es ist diese Approximation (oder ihre Interpretation im Polaren), die dem Simplex-Algorithmus seinen Namen gibt.

[13] Bisweilen werden B, $\{a_i : i \in B\}$ und A_B sprachlich identifiziert, und man spricht etwa auch von $\{a_i : i \in B\}$ als Basis von v.

[14] Man beachte, dass in der hier verwendeten Terminologie Basislösungen zulässig sind. In der Literatur findet man in diesem Fall häufig den Zusatz 'zulässig', während Lösungen von beliebigen regulären $(n \times n)$-Teilsystemen $A_B x = b_B$ als 'Basislösung' bezeichnet werden. Wir lassen uns in unserer Terminologie davon leiten, dass eine Lösung eine Aufgabe auch löst, wenn auch vielleicht noch nicht optimal.

[15] A_B^{-1} ist hier natürlich als $(A_B)^{-1}$ gemeint. Da aber die Klammerung $(A^{-1})_B$ entweder sinnlos ist, wenn A nicht quadratisch ist oder andernfalls $A_B = A$ ist und kein Unterschied zu $(A_B)^{-1}$ besteht, ist wohl keine Gefahr der Konfusion mit der Verwendung dieser Abkürzung verbunden.

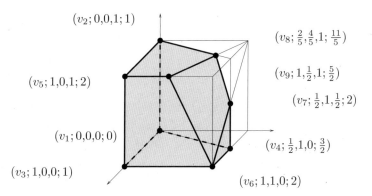

5.8 Abbildung. Zulässiger Bereich der Produktionsaufgabe aus Beispiel 5.3.8; die Ecken sind mit ihrem Namen, ihren Koordinaten und ihrem Zielfunktionswert beschriftet.

und

$$A_B^{-1} = \begin{pmatrix} 0 & 1 & 0 \\ 1/2 & -1/2 & -1/2 \\ 0 & 0 & 1 \end{pmatrix} \quad \wedge \quad v_9 = A_B^{-1} b_B = \begin{pmatrix} 1 \\ 1/2 \\ 1 \end{pmatrix}.$$

Zu v_9 gehört eine eindeutig bestimmte Basis; die Ecke v_6 hingegen kann man (wie wir bereits in Beispiel 4.3.28 erkannt hatten) auf verschiedene Weisen als Durchschnitt von drei Restriktionsgleichungen darstellen, da für sie mehr als drei der Restriktionen aktiv sind. Genauer gilt $I(v_6) = \{1,3,4,8\}$. Da alle entsprechenden Teilmatrizen regulär sind, können der Ecke v_6 vier verschiedene Basisgleichungen zugeordnet werden.

$$\begin{pmatrix} 1 & 2 & 1 \\ 1 & 0 & 0 \\ 0 & 1 & 0 \end{pmatrix} x = \begin{pmatrix} 3 \\ 1 \\ 1 \end{pmatrix}; \qquad \begin{pmatrix} 1 & 2 & 1 \\ 1 & 0 & 0 \\ 0 & 0 & -1 \end{pmatrix} x = \begin{pmatrix} 3 \\ 1 \\ 0 \end{pmatrix};$$

$$\begin{pmatrix} 1 & 2 & 1 \\ 0 & 1 & 0 \\ 0 & 0 & -1 \end{pmatrix} x = \begin{pmatrix} 3 \\ 1 \\ 0 \end{pmatrix}; \qquad \begin{pmatrix} 1 & 0 & 0 \\ 0 & 1 & 0 \\ 0 & 0 & -1 \end{pmatrix} x = \begin{pmatrix} 1 \\ 1 \\ 0 \end{pmatrix}.$$

Auch die Ecke v_1 ist überbestimmt; die Bedingungen (2), (6), (7) und (8) sind mit Gleichheit erfüllt. Während Ecke v_6 in vier Facetten von P liegt, ist v_1 aber nur in drei Facetten enthalten. Die Überbestimmtheit einer Ecke kann also eine Eigenschaft der gegebenen $\mathcal{H}$-Darstellung sein und entspricht nicht notwendigerweise der zugrunde liegenden Geometrie.

Zur Approximation von $S_P(v)$ mit Hilfe einer Basis B ignorieren wir alle Bedingungen, deren Indizes nicht zu B gehören.

5.3.10 Bezeichnung. *Seien B eine Basis von v und*

$$S_P(B) := S_P\big(B(v)\big) := \{x \in \mathbb{R}^n : A_B x \le 0\}$$
$$N_P(B) := N_P\big(B(v)\big) := \text{pos}\big(\{a_i : i \in B\}\big).$$

$S_P(B)$ *heißt* **Basisstützkegel**, *und* $N_P(B)$ *heißt* **Basisnormalenkegel** *zur Basis B von v. Zur Abkürzung wird manchmal auch nur $S(B)$ und $N(B)$ geschrieben.*

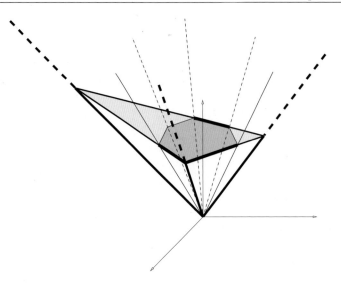

5.9 Abbildung. Innenkegel $S_P(v)$ (erzeugt durch das dunkelgraue Sechseck) und Approximation durch einen (simplizialen) Basisstützkegel.

5.3.11 Bemerkung. *Sei B eine Basis von v. Dann gilt*

$$S_P(v) \subset S_P(B) \quad \wedge \quad N_P(B) \subset N_P(v)$$

mit Gleichheit für $|I(v)| = n$.

Man beachte, dass im Falle von Redundanz in Bemerkung 5.3.11 durchaus auch Gleichheit gelten kann, wenn $|I(v)| > n$ ist. Ein Beispiel hierfür ist die Ecke v_1 mit Basis $\{2,7,8\}$ in Beispiel 5.3.9.

Das folgende Lemma ist eine Interpretation von Lemma 5.1.2 für Basiskegel.

5.3.12 Lemma.   (a) *Die Kanten von $S(B)$ werden von den Spaltenvektoren von $-A_B^{-1}$ aufgespannt.*

(b) *Gilt $\left(-A_B^{-1}\right)^T c \le 0$, so ist v Optimalpunkt von φ über P.*

(c) *Gilt $\left(-A_B^{-1}\right)^T c < 0$, so ist v einziger Optimalpunkt von φ über P.*

(d) *Gibt es einen Vektor $y \in [0,\infty[^n$ mit $c = (A_B)^T y$, so ist v Optimalpunkt von φ über P.*

Beweis: (a) Nach Lemma 5.3.6 gilt $S(B) = \text{pos}\left(\left\{-A_B^{-1}u_1, \dots, -A_B^{-1}u_n\right\}\right)$.

(b) Nach Bemerkung 5.3.11 ist $S_P(v) \subset S(B)$. Die Aussage folgt daher aus Lemma 5.1.2.

(c) Mit (a) folgt

$$(-v + P) \setminus \{v\} \subset S_P(v) \setminus \{0\} \subset S(B) \setminus \{0\} \subset H^<_{(c,c^T v)}.$$

(d) Das Ungleichungssystem

$$c = (A_B)^T y \quad \wedge \quad y \geq 0$$

ist genau dann lösbar, wenn

$$y := \left((A_B)^T\right)^{-1} c \geq 0$$

gilt, und die Aussage folgt aus (b). □

Lemma 5.3.12 (b) entspricht gerade der Optimalitätsbedingung bez. $S_P(B)$ von Bemerkung 4.2.28. Nach Lemma 5.3.12 (d) ist das Optimalitätskriterium (erwartungsgemäß) äquivalent dazu, dass der Zielfunktionsvektor c im aktuellen Basisnormalenkegel der aktuellen Ecke liegt. Mit

$$c \in N_P(B) \subset N_P(v)$$

folgt die Behauptung (d) also auch aus Korollar 4.2.37.

Man beachte, dass die Bedingungen in Lemma 5.3.12 zwar hinreichend, im Allgemeinen aber nicht notwendig für die Optimalität einer aktuellen Ecke sind; vgl. Übungsaufgabe 5.7.8. Hier bezahlen wir einen (ersten) Preis für die die Approximation des Stützkegels $S_P(v)$ durch einen Basisstützkegel $S(B)$.

5.3.13 Beispiel. *(Fortsetzung von Beispiel 5.3.9). Wie in Beispiel 5.3.9 berechnet wurde, gilt*

$$B = I(v_9) = \{1,3,5\} \quad \wedge \quad A_B^{-1} = \begin{pmatrix} 0 & 1 & 0 \\ 1/2 & -1/2 & -1/2 \\ 0 & 0 & 1 \end{pmatrix}.$$

Die von v_9 ausgehenden Kanten haben die Richtungen

$$\begin{pmatrix} 0 \\ -1/2 \\ 0 \end{pmatrix}, \quad \begin{pmatrix} -1 \\ 1/2 \\ 0 \end{pmatrix}, \quad \begin{pmatrix} 0 \\ 1/2 \\ -1 \end{pmatrix}.$$

Ferner gilt

$$(-A_B^{-1})^T c = \begin{pmatrix} 0 & -1/2 & 0 \\ -1 & 1/2 & 0 \\ 0 & 1/2 & -1 \end{pmatrix} \begin{pmatrix} 1 \\ 1 \\ 1 \end{pmatrix} = \begin{pmatrix} -1/2 \\ -1/2 \\ -1/2 \end{pmatrix}.$$

Wegen $A_B^{-1} c < 0$ ist v_9 nach Lemma 5.3.12 der eindeutig bestimmte Optimalpunkt der gegebenen Aufgabe.

Um ausgehend von v eine Verbesserung der Zielfunktion zu erhalten, wählen wir einen Spaltenvektor s von $-A_B^{-1}$ mit $c^T s > 0$. Gibt es keinen solchen, so ist v nach Lemma 5.3.12 optimal. Wir nehmen nun an, dass das nicht bereits der Fall ist. Seien also

$$s \in \mathbb{R}^n \setminus \{0\} \quad \wedge \quad c^T s > 0 \quad \wedge \quad S := v + [0,\infty[s,$$

so dass S eine Kante von $v + S(B)$ ist. Gilt $S \cap P \neq \{v\}$, d.h. ist S die positive Hülle einer Kante des Polyeders[16] P und ist φ auf $S \cap P$ nach oben beschränkt, so enthält $S \cap P$ genau eine weitere Ecke von P mit besserem Zielfunktionswert; sie ist charakterisiert als der v nächstgelegene Schnittpunkt von S mit den Restriktionshyperebenen der Nichtbasisrestriktionen, die S treffen.

---

[16] Das ist insbesondere der Fall, wenn v nicht überbestimmt ist.

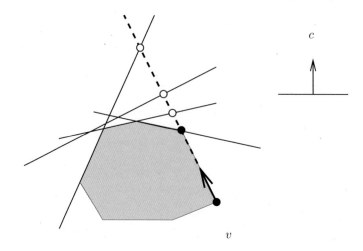

5.10 Abbildung. Bestimmung der Schrittweite.

5.3.14 Lemma. *Seien* $[0,\infty[\,s$ *eine Kante von* $S(B)$ *und*

$$c^T s > 0 \quad \wedge \quad S := v + [0,\infty[\,s \quad \wedge \quad R := \{i \in N : a_i^T s > 0\}.$$

(a) Ist $R = \emptyset$*, so gilt* $S \subset P$*, d.h.* φ *ist über* P *unbeschränkt.*

(b) Seien

$$R \neq \emptyset \quad \wedge \quad \lambda := \min\left\{\frac{\beta_i - a_i^T v}{a_i^T s} : i \in R\right\} \quad \wedge \quad w := v + \lambda s.$$

Dann ist w *eine Ecke von* P*.*

Beweis: (a) Sei $i \in [m]$. Gilt $a_i^T s \leq 0$, so folgt für $\mu \in [0,\infty[$

$$a_i^T(v + \mu s) = a_i^T v + \mu a_i^T s \leq a_i^T v \leq \beta_i,$$

d.h. $S \subset H^{\leq}_{(a_i,\beta_i)}$. Ist also $R = \emptyset$, so gilt $a_i^T s \leq 0$ für alle $i \in [m]$ und damit $S \subset P$. Aus $c^T s > 0$ folgt somit (a).

(b) Für $i \in R$ gilt

$$a_i^T(v + \lambda s) \leq a_i^T v + \frac{\beta_i - a_i^T v}{a_i^T s} a_i^T s = \beta_i,$$

und es folgt $w \in P$. Für $w = v$ ist nichts zu zeigen. Seien also $\lambda > 0$ und i_0 ein Index aus R, für den das Minimum λ angenommen wird. Dann gilt $\{w\} = S \cap H_{(a_{i_0},\beta_{i_0})}$. w ist also der Schnitt von $n-1$ Basisrestriktionen und $H_{(a_{i_0},\beta_{i_0})}$. Nach Satz 4.3.22 sind w eine Ecke und $\mathrm{conv}(\{v,w\})$ eine Kante von P. $\square$

Das Minimum λ bei der Bestimmung der Schrittweite werde etwa für den Index i_{rein} angenommen. Ferner sei i_{raus} der Index aus B mit

$$a_{i_{\mathrm{raus}}}^T s < 0,$$

d.h. die i_{raus}-te Restriktion wird beim Übergang von v zu w von einer Basis- zu einer Nichtbasisrestriktion. Dann ist

$$B(w) = \big(B(v) \setminus \{i_{\mathrm{raus}}\}\big) \cup \{i_{\mathrm{rein}}\}$$

eine Basis für w. Das Verfahren kann nun mit w und $B(w)$ fortgesetzt werden.

Die Grundform des Algorithmus: Die 'Verbesserungsphase' des Simplex-Algorithmus ist nachfolgend in strukturierter Form angegeben.

5.3.15 Prozedur: *Simplex-Algorithmus (Verbesserungsphase (Grundform)).*

INPUT: $A \in \mathbb{R}^{m \times n}$, $b \in \mathbb{R}^m$, $c \in \mathbb{R}^n$
             Ecke v von $P = \{x : Ax \le b\}$
             Basis $B := \{i_1, \ldots, i_n\}$ von v mit $i_1 < \ldots < i_n$

OUTPUT: Meldung 'φ ist auf P nach oben unbeschränkt!'
             oder optimale Ecke v^*

BEGIN   fertig $\leftarrow$ 'nein'
             WHILE fertig = 'nein' DO
             BEGIN
                 $N \leftarrow [m] \setminus B$; $v^* \leftarrow v$
                 Berechne die Spaltenvektoren $s_1, \ldots, s_n$ von $-A_B^{-1}$
                 IF $c^T s_j \le 0$ für alle $j \in [n]$
                       THEN Meldung 'v^* ist optimal!'; fertig $\leftarrow$ 'ja'
                       ELSE
                       BEGIN
                           Wähle $p \in [n]$ mit $c^T s_p > 0$
                           $R \leftarrow \{i \in N : a_i^T s_p > 0\}$
                           IF $R = \emptyset$
                               THEN Meldung 'φ nach oben unbeschränkt!'
                                   fertig $\leftarrow$ 'ja'
                           ELSE
                           BEGIN

$$\lambda \leftarrow \min\left\{\frac{\beta_i - a_i^T v}{a_i^T s_p} : i \in R\right\}$$

wähle $i_{\mathrm{rein}} \in \mathrm{argmin}\left\{\frac{\beta_i - a_i^T v}{a_i^T s_p} : i \in R\right\}$

$$i_{\mathrm{raus}} \leftarrow i_p; \ B \leftarrow \big(B \setminus \{i_{\mathrm{raus}}\}\big) \cup \{i_{\mathrm{rein}}\}$$

$$v^* \leftarrow v^* + \lambda s_p$$

                         END
                   END
             END
END

Bevor wir die Verbesserungsphase des Simplex-Algorithmus genauer untersuchen, kommen wir noch einmal kurz auf die Bestimmung einer Startlösung zurück. Prozedur 5.3.15 benötigt als Input nicht nur eine Ecke v sondern auch eine Basis von v. Allerdings produziert sie auch im Fall eines endlichen Optimums eine Basis der gefundenen optimalen Ecke.

Wird Prozedur 5.3.15 also zunächst auf die Startecke z_0 der Hilfsaufgabe (H) von Lemma 5.2.13 angewendet, so ist mit den dortigen Bezeichnungen $I \cup J$ Basis von z_0. Wir können somit Prozedur 5.3.15 anwenden und erhalten entweder die Information, dass $P = \emptyset$ ist, oder eine optimale Ecke $(x_0^T, 0, \ldots, 0)^T \in \mathbb{R}^{n+k}$ von (H) mit zugehöriger Basis B_H. Aus dieser kann man nun leicht die Startecke x_0 der Ausgangsaufgabe (LP) sowie eine zugehörige Basis extrahieren.

5.3.16 Lemma. *Seien* $(x_0^T, 0, \ldots, 0)^T \in \mathbb{R}^{n+k}$ *und* B_H *die mittels Prozedur 5.3.15 ge-fundene Lösung mit Basis der Hilfsaufgabe (H) aus Lemma 5.2.13. Sei* $B \subset [m]$ *folgen-dermaßen definiert: Es gilt* $i \in B$ *genau dann, wenn* $a_i^T x \leq \beta_i$ *Basisrestriktion von* B_H *ist, oder wenn sowohl* $a_i^T x + \eta_i \leq \beta_i$ *als auch* $\eta_i \leq 0$ *Basisrestriktionen von* B_H *sind. Dann ist* x_0 *eine Basislösung von (LP) mit zugehöriger Basis* B.

Beweis: Die Hilfsvariablen η_i $(i \in J)$ in (H) treten genau in den Ungleichungen $a_i^T x + \eta_i \leq \beta_i$ und $\eta_i \leq 0$ auf. Da $(x_0^T, 0, \ldots, 0)^T$ Optimalpunkt bezüglich der durch den Vektor $d := (0, \ldots, 0, 1, \ldots, 1)^T)$ gegebenen Zielfunktion ist, liegt d im Kegel der äußeren Normalen der Basisrestriktionen. Es folgt, dass für jedes $i \in J$ mindestens eine der Bedingungen $a_i^T x + \eta_i \leq \beta_i$ bzw. $\eta_i \leq 0$ zur Basis B_H gehört.

Bei der Konstruktion von B wird für jedes $i \in J$ eine Bedingung aus B_H entfernt, so dass B insgesamt n Elemente von $[m]$ enthält. Es bleibt noch zu zeigen, dass A_B regulär ist. Die Matrix A_B enthält die Zeilen a_i^T mit $i \in B \cap ([m] \setminus J)$ sowie solche Zeilen a_i^T, für die sowohl $a_i^T x + \eta_i \leq \beta_i$ als auch $\eta_i \leq 0$ Basisrestriktionen in B_H sind. Durch Subtraktion der entsprechenden Einheitszeilen geht die Basismatrix von B_H in eine reguläre Matrix über, deren zu den Zeilenindizes B gehörige Teilmatrix die Gestalt

$$\left(\begin{array}{cc} A_B & 0 \end{array} \right)$$

hat. Da B_H eine Basis für (H) ist, ist A_B regulär und damit Basisteilmatrix zu x_0 in (LP). $\qquad\square$

5.3.17 Bezeichnung. *Prozedur 5.3.15 wird* **Phase II** *des Simplex-Algorithmus genannt. Die Anwendung von Prozedur 5.3.15 auf eine entsprechende Hilfsaufgabe gemäß Lemma 5.2.13 zur Entscheidung, ob* $P \neq \emptyset$ *ist, bzw. der Bestimmung einer Startecke und -basis heißt dann* **Phase I** *des Simplex-Algorithmus.*

Jede Regel zur Wahl von $(i_{\text{raus}}, i_{\text{rein}})$ *(unter den in Prozedur 5.3.15 angegebenen Möglichkeiten) heißt* **Pivotregel***; das ausgewählte Paar* $(i_{\text{raus}}, i_{\text{rein}})$ *heißt* **Pivotpaar***.*

Man beachte, dass *der* Simplex-Algorithmus Name für die *Klasse* aller solchen Verfahren ist, unabhängig davon, welche konkrete Pivotregel angewendet wird.

In einer Pivotregel ist zu spezifizieren, längs welcher der möglichen Kanten der Zielfunktionswert verbessert werden soll. Mit $s_k := -A_B^{-1} u_k$ $(k \in [n])$ stehen dem Verfahren Richtungsvektoren $s_1, \ldots, s_n$ der Kanten des aktuellen Basisstützkegels $S(B)$ zur Verfügung. Man könnte also etwa einen solchen Index wählen, für den der 'lokale potentielle Fortschritt'

$$c^T s_k = -c^T A_B^{-1} u_k \quad (k \in [n])$$

am größten wird. Das ist ein natürliches, bereits auf Dantzig zurückgehendes Auswahl-kriterium. Die folgende Bezeichnung gibt dieses und noch ein zweites Beispiel für nahe-liegende Regeln zu Bestimmung von i_{raus}.

5.3.18 Bezeichnung. *Sei* $B = \{i_1, \ldots, i_n\}$ *mit* $i_1 < \ldots < i_n$ *die aktuelle, im Simplex-Algorithmus erreichte Basis, und es gebe einen Index* $k \in [n]$ *mit* $-c^T A_B^{-1} u_k > 0$. *Ferner sei*

$$J := \operatorname{argmax}\left\{ -c^T A_B^{-1} u_k : k \in [n] \wedge i_k \in B \wedge -c^T A_B^{-1} u_k > 0 \right\}.$$

Wählt der Algorithmus für die Setzung $i_{\text{raus}} \leftarrow i_p$ *stets ein* $p \in J$, *so spricht man von der* **Dantzig-Regel** *bzw. von der* **Regel des lokal maximalen Fortschritts.**

Wählt man unter allen möglichen Verbesserungskanten eine solche, die zu einer größten Zunahme des Zielfunktionswerts führt, so spricht man von der **Regel des größten Inkrements**[17].

Die Dantzig-Regel ist einfach und ohne größeren zusätzlichen Aufwand zu realisieren, hängt aber von der gegebenen Darstellung der Aufgabe ab. Die Regel des größten Inkrements ist hingegen unabhängig von der konkreten Darstellung der Verbesserungskanten. Sie wählt in der Manier des Greedy-Algorithmus als nächste Ecke eine solche, die von der aktuellen Ecke über eine Kante des aktuellen Basiskegels erreicht werden kann und unter allen solchen größten Zielfunktionswert besitzt. Um die Regel anzuwenden, muss der Simplex-Algorithmus im Grunde für alle möglichen Wahlen von Verbesserungskanten 'vorläufig' durchgeführt und dann ein bester Schritt bestimmt werden. Die Regel des größten Inkrements ist also mit nicht zu vernachlässigendem zusätzlichem Aufwand verbunden. Keine der beiden angegebenen (und keine der anderen bekannten) Regeln bietet jedoch Gewähr, dass der Simplex-Algorithmus eine minimale Zahl von Pivotschritten benötigt.

Wird dass Maximum nicht nur für einen Index angenommen, so muss man auch diesen 'Gleichstand' auflösen. Genauso kann auch die Minimumbildung zur Bestimmung von i_{rein} zu mehreren Möglichkeiten führen, zwischen denen man sich entscheiden muss. Wir werden uns in der nächsten Sektion speziell mit dieser Frage befassen.[18]

Natürlich ist an einigen Stellen von Prozedur 5.3.15 Potential für effiziente Implementierungen. So wird man A_B^{-1} nicht in jedem Schritt völlig neu berechnen, sondern Datenstrukturen verwenden, die es erlauben auszunutzen, dass beim Übergang von einer Basis zu einer neuen nur ein Basisaustausch stattfindet. Wir werden hierauf in Sektion 6.4 zurückkommen.

5.3.19 Beispiel. *(Fortsetzung von Beispiel 5.3.9 und 5.3.13) Wir wählen $v_3 := (1,0,0)^T$ als Startecke. Die hierzu eindeutig bestimmte Basis[19], Basisteilmatrix und zugehörige rechte Seite sind*

$$B = \{3,7,8\} \quad \wedge \quad A_B = \begin{pmatrix} 1 & 0 & 0 \\ 0 & -1 & 0 \\ 0 & 0 & -1 \end{pmatrix} \quad \wedge \quad b_B = \begin{pmatrix} 1 \\ 0 \\ 0 \end{pmatrix},$$

und es gilt $S(B) = S_P(v_3)$. Von v_3 gehen in $v_3 + S(B)$ die drei Kanten

$$v_3 + [0,\infty[(-u_1) \quad \wedge \quad v_3 + [0,\infty[u_2 \quad \wedge \quad v_3 + [0,\infty[u_3$$

aus. Nur die letzten beiden Kanten führen potentiell zu Verbesserungen des Zielfunktionswertes. Wir wählen etwa

$$v_3 + [0,\infty[u_2.$$

Man beachte, dass die von der zweiten Spalte von $-A_B^{-1}$ erzeugte Gerade Lösung des durch Streichen der zweiten Restriktion von $A_B x = b_B$ entstehenden Gleichungssystems ist, und diese ist Restriktion (7), d.h. $i_{\text{raus}} = 7$. Weiter gilt

---

[17] incrementum *(lat.)* Wachstum, Zunahme.

[18] Man könnte annehmen, dass die Auflösung eines Gleichstands für mehrere Indizes bei der Wahl von λ kein wirklich entscheidendes Thema ist. Dahinter verbirgt sich aber eine für 'das Funktionieren' des Simplex-Algorithmus ganz zentrale Frage; vgl. Sektion 5.4.

[19] Wir benutzen hier stets die Bezeichnungen B, λ und R jeweils für die entsprechenden Objekte im jeweils aktuellen Schritt des Verfahrens.

$$R = \{i \in N : a_i^T u_2 > 0\} = \{1,2,4\},$$

und es folgt

$$\lambda = \min\left\{\frac{\beta_i - a_i^T v_3}{a_i^T u_2} : i = 1,2,4\right\} = \min\left\{\frac{3-1}{2}, \frac{0+2}{1}, \frac{1-0}{1}\right\} = \min\{1,2,1\} = 1.$$

Das Minimum wird durch die Restriktionen (1) und (4), d.h. durch

$$\xi_1 + 2\xi_2 + \xi_3 \leq 3 \quad \wedge \quad \xi_2 \leq 1$$

bestimmt. Hieran sieht man bereits, dass die neue Ecke $w := v_3 + \lambda u_2 = v_6$ *überbestimmt ist. Es gilt* $I(v_6) = \{1,3,4,8\}$*, wobei die neue Basis 3 und 8 enthält, und die Wahl zwischen 1 und 4 als drittem Element besteht. Man kann sich somit zwischen den folgenden Basisgleichungen für* v_6 *entscheiden:*

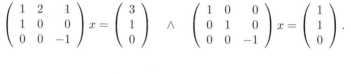

$$\begin{pmatrix} 1 & 2 & 1 \\ 1 & 0 & 0 \\ 0 & 0 & -1 \end{pmatrix} x = \begin{pmatrix} 3 \\ 1 \\ 0 \end{pmatrix} \quad \wedge \quad \begin{pmatrix} 1 & 0 & 0 \\ 0 & 1 & 0 \\ 0 & 0 & -1 \end{pmatrix} x = \begin{pmatrix} 1 \\ 1 \\ 0 \end{pmatrix}.$$

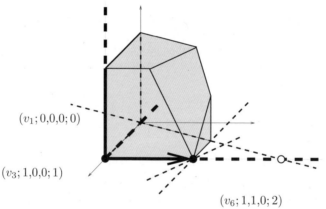

$(v_1; 0,0,0; 0)$

$(v_3; 1,0,0; 1)$

$(v_6; 1,1,0; 2)$

5.11 Abbildung. Der Kegel $S\big(B(v_3)\big)$ und der Übergang von v_3 zu v_6 in Beispiel 5.3.19.

Wählen wir etwa $i_{\text{rein}} = 4$*, so erhalten wir die neue Basis*

$$B := B^1(v_6) := \{3,4,8\}.$$

Der Kegel $S(B)$ *hat die drei Kanten*

$$[0,\infty[(-u_1) \quad \wedge \quad [0,\infty[(-u_2) \quad \wedge \quad [0,\infty[u_3,$$

von denen nur die letzte zur Verbesserung der Zielfunktion führt; vgl. Abbildung 5.12. Wir wählen also $i_{\text{raus}} = 8$*, d.h.* $-\xi_3 \leq 0$ *wird zu einer Nichtbasisrestriktion. Es gilt* $R = \{1,5\}$*, also*

$$\lambda = \min\{0,1\} = 0,$$

d.h. $i_{\text{rein}} = 1$*. Hier tritt der Fall ein, dass wir bei* v_6 *bleiben, aber zu einer neuen Basis übergehen:*

$$B := B^2(v_6) := \{1,3,4\} \quad \wedge \quad A_B = \begin{pmatrix} 1 & 2 & 1 \\ 1 & 0 & 0 \\ 0 & 1 & 0 \end{pmatrix} \quad \wedge \quad b_B = \begin{pmatrix} 3 \\ 1 \\ 1 \end{pmatrix}.$$

Es gilt

$$A_B^{-1} = \begin{pmatrix} 0 & 1 & 0 \\ 0 & 0 & 1 \\ 1 & -1 & -2 \end{pmatrix},$$

d.h. die Kanten sind

$$v_6 + [0,\infty[(-u_3) \quad \wedge \quad v_6 + [0,\infty[(-1,0,1)^T \quad \wedge \quad v_6 + [0,\infty[(0,-1,2)^T.$$

Da die anderen beiden keine Verbesserung des Zielfunktionswerts ermöglichen, ist die letzte dieser Kante zu wählen, d.h. $i_{\mathrm{raus}} = 4$; die Bedingung $\xi_2 \leq 1$ wird inaktiv. Es gilt $R = \{5,7\}$, es folgt

$$\lambda = \min\left\{\frac{1}{2},1\right\} = \frac{1}{2},$$

also $i_{\mathrm{rein}} = 5$, und wir erhalten die neue Ecke v_9 zusammen mit der Basis $B = B(v_9) = \{1,3,5\}$.

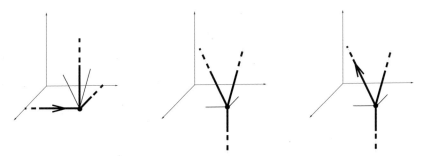

5.12 Abbildung. Kanten der Basisstützkegel beim Übergang von v_3 zu v_6 in Beispiel 5.3.19. Von links nach rechts: $B^1(v_6)$, Basiswechsel zu $B^2(v_6)$ und Verlassen von v_6 in Richtung v_9.

Wie wir bereits in Beispiel 5.3.13 gesehen hatten, ist keine weitere Verbesserung der Zielfunktion mehr möglich; v_9 ist optimal.

5.4   Über Zykel und ihre Vermeidung

Nach der Approximation der Stützkegel $S_P(v)$ durch Basisstützkegel $S_P(B(v))$ kann Bemerkung 5.1.7 nicht mehr angewendet werden, und es ist a priori keineswegs klar, dass der Simplex-Algorithmus immer noch korrekt arbeitet. Ist nämlich im Simplex-Algorithmus die aktuelle Ecke v überbestimmt, so kann es eine für v aktive Restriktion geben, die bei der Minimumbildung zur Bestimmung von λ eingeht. In Beispiel 5.3.19 war dieses für v_6 der Fall. Das hat $\lambda = 0$ zur Folge, d.h. die Ecke wird nicht verlassen und kein Fortschritt im Zielfunktionswert erreicht. Allerdings wird auch in diesem Fall ein Index i_{raus} in der Basis durch einen anderen i_{rein} ersetzt. Man geht also wenigstens zu einer neuen Basis über, mit der man fortfahren kann. In Beispiel 5.3.19 wurde v_6 auch tatsächlich nach dem 'zwischenzeitlichen' Übergang zu einer anderen Basis wieder verlassen. Gilt das immer, oder haben wir uns mit der Approximation von $S_P(v)$ durch Basisstützkegel $S(B)$ das Problem eingehandelt, dass der Algorithmus an einer nicht optimalen Ecke in einer Endlosschleife hängen bleiben kann?

5.4.1 Bezeichnung. *Tritt bei der Durchführung des Simplex-Algorithmus für eine gege-*
bene LP-*Aufgabe eine vorher berechnete Basis einer Ecke ein zweites Mal auf, so spricht*
man von einem **Zykel** *(oder davon, dass der Simplex-Algorithmus* **zykelt***).*

Kann es aber wirklich passieren, dass der Algorithmus an einer suboptimalen Ecke lediglich ständig neue Basistausche vornimmt, sie aber nie mehr verlässt? Da die Gesamtzahl aller verschiedenen Basen aller Ecken trivialerweise durch $\binom{m}{n}$ beschränkt ist, lautet die zentrale Frage somit: *Kann der Simplex-Algorithmus tatsächlich zykeln?* Wie wir im nächsten Abschnitt sehen werden, ist die Antwort '*Ja!*'. Da dieses Phänomen also existiert, und wir es nicht ignorieren können[20] und wollen, stellt sich die nächste Frage: *Welche Vorkehrungen können wir treffen, um ein Zykeln zu verhindern?* Oder spezieller: *Gibt es eine Pivotregel, die das Zykeln verhindert?* Schließlich hat man ja sowohl bei der Wahl von i_{raus} als auch bei der Wahl von i_{rein} im Allgemeinen verschiedene Wahlmöglichkeiten.

Zykel und ihre Geometrie: Der folgende Satz zeigt zunächst, dass Zykel wirklich auftreten können, so dass der Simplex-Algorithmus tatsächlich an einer nicht optimalen Ecke 'stehen bleiben' kann.

5.4.2 Satz. *Bei entsprechender Wahl der Pivotpaare kann der Simplex-Algorithmus zy-*
keln.

Beweis: Wir geben eine LP-Aufgabe im $\mathbb{R}^3$ mit 6 bzw. (im beschränkten Fall) 7 Restriktionen an, für die der Simplex-Algorithmus bei ungünstiger Wahl der Pivotpaare[21] zykelt:

$$\max \quad \xi_3$$

$$
\begin{array}{rcrcrclr}
-\xi_1 & & & & & \leq & 0 & (1) \\
& & -\xi_2 & & & \leq & 0 & (2) \\
\xi_1 & + & \xi_2 & - & \xi_3 & \leq & 0 & (3) \\
-4\xi_1 & - & \xi_2 & - & 2\xi_3 & \leq & 0 & (4) \\
\xi_1 & - & 3\xi_2 & - & 3\xi_3 & \leq & 0 & (5) \\
3\xi_1 & + & 4\xi_2 & - & 6\xi_3 & \leq & 0 & (6) \\
& & & & \xi_3 & \leq & 1 & (7).
\end{array}
$$

Der zulässige Bereich P ist ein 3-dimensionales Simplex mit den Ecken

---

[20] Man kann sich allerdings auch auf den Standpunkt stellen, dass (im Sinne der nachfolgenden Definition 5.4.3) 'generische' bzw. in einem wahrscheinlichkeitstheoretischen Sinn typische Beispiele keine überbestimmten Ecken haben. Tatsächlich gilt das auch für viele praktische Beispiele, bei denen insbesondere zufällige Datenfehler dazu führen, dass keine Überbestimmtheit auftritt. Für lineare Optimierungsaufgaben, die als 'LP-Relaxationen' kombinatorischer Optimierungsaufgaben auftreten, gilt das oft aber nicht.

[21] Die nachfolgende Wahl genügt der Regel, dass i_{raus} den maximalen Fortschritt $c^T s_k$ erzielt; bei mehreren Möglichkeiten wird der erste zulässige Index gewählt. Zur Bestimmung von i_{rein} wird stets der größte erlaubte Index gewählt. Allerdings spielt diese konkrete Systematik für den Satz keine Rolle; wichtig ist nur, dass es jeweils eine zulässige Pivotwahl gibt, die zum Zykeln führt.

$$v_1 := \begin{pmatrix} 0 \\ 0 \\ 0 \end{pmatrix} \quad \wedge \quad v_2 := \begin{pmatrix} 0 \\ 0 \\ 1 \end{pmatrix} \quad \wedge \quad v_3 := \begin{pmatrix} 1 \\ 0 \\ 1 \end{pmatrix} \quad \wedge \quad v_4 := \begin{pmatrix} 0 \\ 1 \\ 1 \end{pmatrix} ;$$

vgl. Abbildung 5.13.

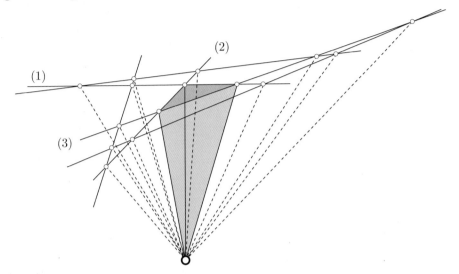

5.13 Abbildung. Restriktionshyperebenen und P (bei in u_3-Richtung expandiertem Maßstab). Die Restriktionen (1), (2) und (3) sind markiert, um den Bezug zu Abbildung 5.14 leichter sichtbar zu machen.

Wir betrachten v_1, d.h. relevant sind nur die 6 Restriktionen (1) – (6). Tatsächlich kann (7) für die gesamte Argumentation weggelassen werden. Ohne Bedingung (7) ist der zulässige Bereich ein Kegel und die Zielfunktion unbeschränkt, ohne dass der Simplex-Algorithmus das 'automatisch' merkt. Mit Restriktion (7) zeigt die Konstruktion, dass der Simplex-Algorithmus (ohne besondere Vorkehrungen) auch dann versagen kann, wenn ein endliches Optimum existiert. In beiden Fällen gibt es stets zulässige Pivotpaare, so dass der Algorithmus die Ecke v_1 nicht verlässt.

Die angegebene 3-dimensionale Aufgabe ist durch Homogenisierung aus einer 2-dimensionalen Aufgabe entstanden (vgl. Satz 5.2.7), so dass wir die Struktur der Nebenbedingungen und die Auswahl der jeweils relevanten Kanten am einfachsten in der Hyperebene $H_{(u_3,1)}$ veranschaulichen können.[22] Wir geben nun eine Sequenz zulässiger Simplex-Schritte an. In Abbildung 5.14 ist der gesamte Zykel visualisiert. Die Kantenrichtungen $s_1, \ldots, s_6$ sind dabei in der Ebene $H_{(u_3,1)}$ als Punkte markiert; der schwarze Punkt entspricht s_1. Die Pfeile geben jeweils den Übergang von einem Kantenvektor zum nächsten an; die Restriktionsebenen entsprechen den (partiell) eingezeichneten Geraden.

Startbasis und zugehörige inverse Basismatrix sind

$$B^1 := \{1,2,5\} \quad \wedge \quad A_{B^1}^{-1} = \frac{1}{3} \begin{pmatrix} -3 & 0 & 0 \\ 0 & -3 & 0 \\ -1 & 3 & -1 \end{pmatrix} .$$

---

[22] Aus geometrischer Sicht läge es nahe, das Beispiel mit der Symmetrie des regulären Dreiecks zu realisieren. Hier wird aber einer Konstruktion mit kleinen ganzzahligen Koordinaten der Vorzug gegeben.

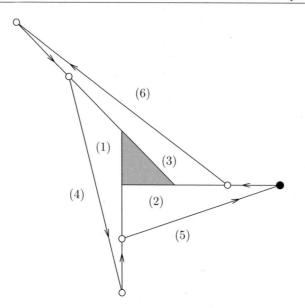

5.14 Abbildung. Schnitt der Restriktionshyperebenen mit $H_{(u_3,1)}$. Die 'Startkante', längs der, von der Startecke 0 ausgehend, die Zielfunktion verbessert werden soll, ist durch einen schwarzen Punkt gekennzeichnet. Die in den Simplex-Schritten bestimmte Sequenz der potentiellen Verbesserungskanten ist durch Pfeile angegeben. Die Nummern entsprechen den Ungleichungen des Systems.

Nach Prozedur 5.3.15 ist eine Verbesserungskante s_j zu wählen mit $c^T s_j > 0$, und nach Lemma 5.3.6 kommen hierfür genau die Kantenrichtungen

$$\begin{pmatrix} 3 \\ 0 \\ 1 \end{pmatrix}, \quad \begin{pmatrix} 0 \\ 0 \\ 1 \end{pmatrix}$$

in Frage. Wir nehmen die erste und erhalten bzw. wählen

$$s_1 := \begin{pmatrix} 3 \\ 0 \\ 1 \end{pmatrix} \quad \wedge \quad i_{\text{raus}} := 1 \quad \wedge \quad R_1 := \{3,6\} \quad \wedge \quad i_{\text{rein}} := 6.$$

Man beachte, dass die Schrittweite λ hier und im Folgenden stets 0 ist. Die weiteren Schritte ergeben sich zu

$$B^2 := \{2,5,6\} \quad \wedge \quad A_{B^2}^{-1} = \frac{1}{3} \begin{pmatrix} 30 & -6 & 3 \\ -3 & 0 & 0 \\ 13 & -3 & 1 \end{pmatrix} \quad \wedge \quad s_2 := \begin{pmatrix} 2 \\ 0 \\ 1 \end{pmatrix}$$

$$\wedge \quad i_{\text{raus}} := 5 \quad \wedge \quad R_2 := \{3\} \quad \wedge \quad i_{\text{rein}} := 3;$$

$$B^3 := \{2,3,6\} \quad \wedge \quad A_{B^3}^{-1} = \frac{1}{3} \begin{pmatrix} 2 & 6 & -1 \\ -3 & 0 & 0 \\ -1 & 3 & -1 \end{pmatrix} \quad \wedge \quad s_3 := \begin{pmatrix} -2 \\ 3 \\ 1 \end{pmatrix}$$

$$\wedge \quad i_{\text{raus}} := 2 \quad \wedge \quad R_3 := \{1,4\} \quad \wedge \quad i_{\text{rein}} := 4;$$

$$B^4 := \{3,4,6\} \quad \wedge \quad A_{B^4}^{-1} = \frac{1}{3}\begin{pmatrix} -14 & -2 & 3 \\ 30 & 3 & -6 \\ 13 & 1 & -3 \end{pmatrix} \quad \wedge \quad s_4 := \begin{pmatrix} -1 \\ 2 \\ 1 \end{pmatrix}$$

$$\wedge \quad i_{\text{raus}} := 6 \quad \wedge \quad R_4 := \{1\} \quad \wedge \quad i_{\text{rein}} := 1;$$

$$B^5 := \{1,3,4\} \quad \wedge \quad A_{B^5}^{-1} = \frac{1}{3}\begin{pmatrix} -3 & 0 & 0 \\ 6 & 2 & -1 \\ 3 & -1 & -1 \end{pmatrix} \quad \wedge \quad s_5 := \begin{pmatrix} 0 \\ -2 \\ 1 \end{pmatrix}$$

$$\wedge \quad i_{\text{raus}} := 3 \quad \wedge \quad R_5 := \{2,5\} \quad \wedge \quad i_{\text{rein}} := 5;$$

$$B^6 := \{1,4,5\} \quad \wedge \quad A_{B^6}^{-1} = \frac{1}{3}\begin{pmatrix} -3 & 0 & 0 \\ -14 & 3 & -2 \\ 13 & -3 & 1 \end{pmatrix} \quad \wedge \quad s_6 := \begin{pmatrix} 0 \\ -1 \\ 1 \end{pmatrix}$$

$$\wedge \quad i_{\text{raus}} := 4 \quad \wedge \quad R_6 := \{2\} \quad \wedge \quad i_{\text{rein}} := 2.$$

Danach wiederholt sich B^1; der Zykel ist also komplett.[23] $\square$

Mit Hilfe der Konstruktion des Beweises von Satz 5.4.2 kann man Beispiele von LP-Aufgaben im $\mathbb{R}^3$ angeben, die Zykel ganz unterschiedlicher (und beliebig großer) Länge aufweisen. Abbildung 5.15 veranschaulicht Zykel der Längen 12 und 30.

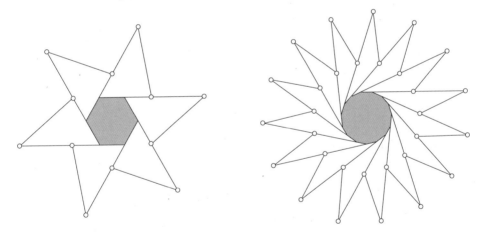

5.15 Abbildung. Konstruktion von LP-Aufgaben im $\mathbb{R}^3$ mit Ecke 0, in denen Zykel der Länge 12 (links) bzw. 30 (rechts) auftreten. Dargestellt ist der Schnitt der Restriktionshyperebenen mit $H_{(u_3,1)}$. Alle Restriktionshalbräume enthalten jeweils das grau gekennzeichnete Polygon in $H_{(u_3,1)}$.

In der Schrittfolge des Beispiels von Satz 5.4.2 wird niemals eine Kante gewählt, längs der man den Zielfunktionswert tatsächlich verbessern kann, obwohl solche Kanten existieren. Müssen wir also, um eine suboptimale Ecke sicher wieder zu verlassen,

---

[23] In dem hier konstruierten Beispiel sind drei der sechs relevanten Bedingungen redundant. Das ist für unsere Zwecke völlig in Ordnung. Man kann aus dem angegebenen Beispiel aber auch leicht ein solches im $\mathbb{R}^4$ konstruieren, bei dem keine Redundanz auftritt, das Zykeln also 'geometrisch' ist.

letztlich doch alle von ihr ausgehenden Kanten 'durchprobieren'? Sind wir also wieder
am Ausgangspunkt angelangt? Nicht ganz! Wir haben bei der Auswahl des Pivotpaares
noch Freiheiten, die man nutzen kann, um die Endlichkeit des Simplex-Algorithmus in
jedem Fall sicherzustellen. Falls wir in einem Schritt des Algorithmus in derselben Ecke
verharren, machen wir natürlich keinen Fortschritt bezüglich der Zielfunktion. Wenn wir
mit dem Basiswechsel dennoch einen gewissen 'inhärenten' Fortschritt verbinden wollen,
benötigen wir daher ein deutlich feineres Messkriterium für den potentiellen 'Wert' der
zur Auswahl stehenden Basen.

Perturbation: Konzeptionell orientieren wir uns daran, dass für rechte Seiten in
allgemeiner Lage keine Überbestimmtheit auftritt. Es reicht also, die Nebenbedingungen
geeignet zu stören. Natürlich möchte man das nicht wirklich tun, damit keine numerischen Probleme (durch die Einführung von Zahlen sehr verschiedener Größenordnungen) auftreten. Es zeigt sich aber, dass eine symbolische, d.h. nur virtuell durchgeführte
Perturbation der rechten Seite zu Pivotregeln für die Ausgangsaufgabe führt, die den
Algorithmus zu einem endlichen Verfahren macht.

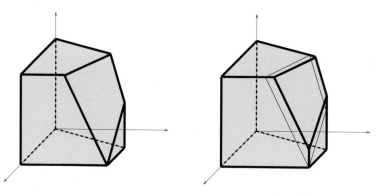

5.16 Abbildung. Perturbation der rechten Seite der Ungleichung (2) von Beispiel 5.3.9 durch
Addition eines positiven ε.

5.4.3 Definition. *Seien $A \in \mathbb{R}^{m \times n}$ und $b \in \mathbb{R}^m$. Das Paar (oder System) (A,b) heißt*
generisch *oder* ***in allgemeiner Lage****, wenn es keine Teilmenge I von $[m]$ gibt mit
$|I| = n + 1$, so dass $A_I x = b_I$ lösbar ist.*

Geometrisch besagt die Bedingung der Generizität, dass keine $n + 1$ der durch A
und b bestimmten Hyperebenen durch einen Punkt gehen. Das bedeutet, dass wir die
Daten nur 'hinreichend unabhängig' voneinander zu stören brauchen, um unerwünschte
Inzidenzen zu vermeiden.

Man kann Generizität durch Störung der Koeffizientenmatrix A erreichen. Das hat
aber den Nachteil, dass sich die Ränge der Teilmatrizen A_I ändern und sich vormals parallele Seiten dann eventuell schneiden.[24] Das folgende Lemma zeigt, dass eine geeignete
Perturbation der rechten Seite allein ein beliebiges System in ein generisches überführt.
Die Unabhängigkeit der einzelnen Störungen kann dabei durch ein Polynom vom Grad
m realisiert werden.

---

[24] Es könnten somit substantiell neue Ecken hinzukommen und damit im perturbierten Polyeder Simplex-
Kantenzüge existieren, die keine Entsprechung im ursprünglichen Polyeder haben, sondern dort 'durch
Unendlich' gehen.

5.4.4 Satz. *Seien $A \in \mathbb{R}^{m \times n}$, $b \in \mathbb{R}^m$, und für $\varepsilon \in {]}0,\infty{[}$ sei*

$$e(\varepsilon) := (\varepsilon, \varepsilon^2, \ldots, \varepsilon^m)^T.$$

Dann ist $\big(A, b + e(\varepsilon)\big)$ generisch für alle bis auf endliche viele positive ε.

Beweis: Sei $I \subset [m]$ mit $|I| = n + 1$. Das Gleichungssystem

$$A_I x = \big(b + e(\varepsilon)\big)_I$$

ist genau dann lösbar, wenn

$$\operatorname{rang}(A_I) = \operatorname{rang}\Big(A_I, \big(b + e(\varepsilon)\big)_I\Big)$$

gilt. Seien $k := \operatorname{rang}(A_I)$, $J \subset I$ mit $|J| = k+1$, und $\bar{A}_J$ eine $(k+1) \times k$ Teilmatrix von A_J vom Rang k. Dann ist $(\bar{A}_J, b_J + e(\varepsilon)_J)$ eine $(k+1) \times (k+1)$ Matrix, und wir zeigen, dass $\det\big(\bar{A}_J, b_J + e(\varepsilon)_J\big)$ für höchstens endlich viele Werte von ε verschwindet.

Durch Entwicklung der Determinante nach der letzten Spalte erhält man eine Darstellung

$$\det\big(\bar{A}_J, b_J + e(\varepsilon)_J\big) = \det\big(\bar{A}_J, b_J\big) + \det\big(\bar{A}_J, e(\varepsilon)_J\big) = \det\big(\bar{A}_J, b_J\big) + \sum_{i \in J} \rho_i \varepsilon^i;$$

die Koeffizienten ρ_i sind bis auf das Vorzeichen die durch Streichen einer Zeile entstehenden $k \times k$ Subdeterminanten von $\bar{A}_J$. Da $\operatorname{rang}(\bar{A}_J) = k$ ist, muss mindestens ein ρ_i von 0 verschieden sein. Das durch

$$\varepsilon \mapsto \det\big(\bar{A}_J, b_J + e(\varepsilon)_J\big)$$

definierte Polynom in ε ist also nicht identisch 0. Sein Grad ist höchstens m; somit hat es höchstens m Nullstellen. Da andererseits die Anzahl der verschiedenen $(n+1) \times n$ Teilmatrizen von A durch $\binom{m}{n+1}$ beschränkt ist, folgt die Behauptung. $\qquad\square$

Satz 5.4.4 legt es nahe, die Daten b der rechten Seite durch $b + e(\varepsilon)$ zu ersetzen und somit alle für den Simplex-Algorithmus relevanten Berechnungen mit dem durch

$$\varepsilon \mapsto b + e(\varepsilon)$$

definierten vektorwertigen Polynom in ε der gestörten rechten Seite durchzuführen.

5.4.5 Bezeichnung. *Seien $A \in \mathbb{R}^{m \times n}$, $b \in \mathbb{R}^m$ und $\varepsilon \in {]}0,\infty{[}$. Ferner seien*

$$e(\varepsilon) := (\varepsilon, \varepsilon^2, \ldots, \varepsilon^m)^T \in \mathbb{R}^m \quad \wedge \quad P(\varepsilon) := \big\{ x \in \mathbb{R}^n : Ax \leq b + e(\varepsilon) \big\}.$$

*Dann heißt $e(\varepsilon)$ **Perturbationsvektor**, und $P(\varepsilon)$ wird **perturbiertes Polyeder** genannt.*

Mit diesen Bezeichnungen erhält man aus der angegebenen geometrischen Interpretation der Generizität direkt folgendes Korollar.

5.4.6 Korollar. *Sei $P := \{ x \in \mathbb{R}^n : Ax \leq b \}$. Dann gibt es ein $\varepsilon_0 \in {]}0,\infty{[}$, so dass für kein $\varepsilon \in {]}0, \varepsilon_0]$ ein Punkt des $\mathbb{R}^n$ in mehr als n der Restriktionshyperebenen von $Ax \leq b + e(\varepsilon)$ enthalten ist, d.h. insbesondere, dass jede Ecke des perturbierten Polyeders $P(\varepsilon)$ regulär ist.*

Beweis: Die Aussage folgt unmittelbar aus Satz 5.4.4. $\qquad\qquad\qquad\square$

Korollar 5.4.6 impliziert, dass der Simplex-Algorithmus für geeignete positive ε für beliebige Zielfunktionen über dem zulässigen Bereich $P(\varepsilon)$ endlich ist.

5.4.7 Bemerkung. *Durch* (n,m,A,b,c) *sei eine* LP-*Aufgabe (in natürlicher Form) spezifiziert. Dann gibt es ein* $\varepsilon_0 \in{]}0,\infty[$, *so dass die folgende Aussage gilt: Für jedes* $\varepsilon \in{]}0,\varepsilon_0]$ *und jede Startecke* $v(\varepsilon) \in P(\varepsilon)$ *löst der Simplex-Algorithmus die durch* $\bigl(m,n,A,b+e(\varepsilon),c\bigr)$ *gegebene* LP-*Aufgabe in höchstens*

$$\binom{m}{n} - 1$$

vielen Schritten.

Beweis: Wählt man ε_0 gemäß Korollar 5.4.6, so besitzt jede Ecke von $P(\varepsilon)$ eine eindeutig bestimmte Basis, und beim Übergang von einer Basis zur nächsten im Simplex-Algorithmus wächst der Zielfunktionswert strikt. Keine Basis tritt also ein zweites Mal auf. Da die Anzahl der Basen durch $\binom{m}{n}$ beschränkt ist, folgt die Behauptung. $\qquad\square$

Zur Beschreibung unserer weiteren Vorgehensweise verwenden wir die folgende Notation.

5.4.8 Notation. *Die gegebene* LP-*Aufgabe in natürlicher Form sei spezifiziert durch die Daten* (n,m,A,b,c). *Dabei sind* $A =: (a_1,\ldots,a_m)^T$ *mit* $a_1,\ldots,a_m \in \mathbb{R}^n \setminus \{0\}$, $b =: (\beta_1,\ldots,\beta_m)^T \in \mathbb{R}^m$, $P := \{x \in \mathbb{R}^n : Ax \le b\}$, *und* $\varphi : \mathbb{R}^n \to \mathbb{R}$ *bezeichne die durch* $\varphi(x) := c^T x$ *definierte Zielfunktion.*

Ferner seien $\varepsilon_0 \in{]}0,\infty[$ *gemäß Korollar 5.4.6 gewählt, und alle im Folgenden auftretenden Störungsparameter* ε *sind auf das Intervall* $]0,\varepsilon_0]$ *beschränkt. Seien* $v(\varepsilon)$ *eine (im Laufe des Algorithmus erreichte) Ecke von* $P(\varepsilon)$, $B := \{i_1,\ldots,i_n\}$ *mit* $i_1 < \ldots < i_n$ *ihre (eindeutig bestimmte) Basis und* $N := [m] \setminus B$, *d.h. es gilt* $v(\varepsilon) = A_B^{-1}\bigl(b_B + e(\varepsilon)_B\bigr)$.

Wir werden nachweisen, dass die Simplex-Schritte in $P(\varepsilon)$ tatsächlich Simplex-Schritten in P entsprechen, d.h. dass die Störung der rechten Seite zu Pivotregeln führt, die das Zykeln verhindert.

Der folgende Satz zeigt zunächst, dass es bei der Störung auf die spezielle Wahl von ε im Intervall $]0,\varepsilon_0]$ nicht wirklich ankommt.

5.4.9 Satz. *Sei* B *eine Basis, und für* $\varepsilon \in{]}0,\varepsilon_0]$ *sei* $v(\varepsilon) := A_B^{-1}\bigl(b_B + e(\varepsilon)_B\bigr)$. *Ferner seien* $\varepsilon_1,\varepsilon_2 \in{]}0,\varepsilon_0]$. *Der Vektor* $v(\varepsilon_1)$ *ist genau dann eine Ecke von* $P(\varepsilon_1)$, *wenn* $v(\varepsilon_2)$ *eine Ecke von* $P(\varepsilon_2)$ *ist.*

Beweis: Sei zunächst $i \in B$, etwa $i = i_k$ für ein $k \in [n]$. Dann gilt

$$a_i^T v(\varepsilon) = a_i^T A_B^{-1}\bigl(b_B + e(\varepsilon)_B\bigr) = u_k^T\bigl(b_B + e(\varepsilon)_B\bigr) = \beta_i + \varepsilon^i$$

unabhängig von der speziellen Wahl von $\varepsilon \in{]}0,\varepsilon_0]$.

Sei nun $i \in N$. Wir zeigen mittels eines Widerspruchsbeweises, dass $a_i^T v(\varepsilon_1) < \beta_i + \varepsilon_1^i$ genau dann erfüllt ist, wenn $a_i^T v(\varepsilon_2) < \beta_i + \varepsilon_2^i$ gilt. Für einen Index $i \in N$ gelte daher[25]

$$a_i^T v(\varepsilon_1) < \beta_i + \varepsilon_1^i \quad \wedge \quad a_i^T v(\varepsilon_2) > \beta_i + \varepsilon_2^i.$$

---

[25] Da die Behauptung symmetrisch in ε_1 und ε_2 ist, stellt diese Annahme keine Einschränkung der Allgemeinheit dar.

Wegen

$$a_i^T v(\varepsilon) = a_i^T A_B^{-1}(b_B + e(\varepsilon)_B) = a_i^T A_B^{-1} b_B + a_i^T A_B^{-1} e(\varepsilon)_B$$

gilt dann

$$\varepsilon_2^i - a_i^T A_B^{-1} e(\varepsilon_2)_B < a_i^T A_B^{-1} b_B - \beta_i < \varepsilon_1^i - a_i^T A_B^{-1} e(\varepsilon_1)_B.$$

Da das Funktional

$$\varepsilon \mapsto \varepsilon^i - a_i^T A_B^{-1} e(\varepsilon)_B$$

in ε stetig ist, gibt es nach dem Zwischenwertsatz ein $\hat{\varepsilon} \in \,]0,\varepsilon_0[$ mit

$$a_i^T A_B^{-1} b_B - \beta_i = \hat{\varepsilon}^i - a_i^T A_B^{-1} e(\hat{\varepsilon})_B,$$

und es folgt

$$a_i^T v(\hat{\varepsilon}) = \beta_i + \hat{\varepsilon}^i.$$

Damit ist

$$n + 1 \le \big|B \cup \{i\}\big| \le \Big|I\big(v(\hat{\varepsilon})\big)\Big|,$$

im Widerspruch zur Generizität, d.h. zur Wahl von ε_0. Insgesamt folgt damit die Behauptung. $\qquad\square$

Man sieht nun direkt, wie die Perturbation eine in P möglicherweise überbestimmte Ecke in mehrere reguläre Ecken von $P(\varepsilon)$ aufspaltet.

5.4.10 Korollar. *Seien $\varepsilon \in \,]0,\varepsilon_0]$ beliebig, $v(\varepsilon) := A_B^{-1}(b_B + e(\varepsilon)_B)$ eine Ecke von $P(\varepsilon)$ und $v := A_B^{-1} b_B$. Dann ist v eine Ecke von P, und die Kanten von $S_{P(\varepsilon)}(v(\varepsilon))$ und $S_P(B)$ stimmen überein.*

Beweis: Die erste Behauptung folgt nach Satz 5.4.9 aus Stetigkeitsgründen. Gäbe es nämlich ein $i \in N$ mit $a_i^T v > \beta_i$, so wäre für hinreichend kleines positives ε_1 auch $a_i^T v(\varepsilon_1) > \beta_i + \varepsilon_1^i$. Nach Satz 5.4.9 wäre somit $v(\varepsilon)$ keine Ecke von $P(\varepsilon)$. Also gilt $A_N v \le b_N$. Da natürlich auch $a_i^T v = \beta_i$ für $i \in B$ gilt, ist v eine zulässige Basislösung von $Ax \le b$.

Da $v(\varepsilon)$ regulär ist, gilt $S_{P(\varepsilon)}(B) = S_{P(\varepsilon)}(v(\varepsilon))$. Nach Lemma 5.3.6 sind die Kanten von $S_{P(\varepsilon)}(v(\varepsilon))$ daher die positiven Hüllen der Spaltenvektoren von $-A_B^{-1}$, ebenso wie die von $S_P(B)$. $\qquad\square$

Nach Korollar 5.4.10 gehört zu jeder Ecke $v(\varepsilon)$ von $P(\varepsilon)$ eine Ecke v von P; man erhält sie durch den Übergang $\varepsilon \to 0$. Einer Ecke von P können also mehrere Ecken von $P(\varepsilon)$ zugeordnet sein. Wie aber das folgende Beispiel zeigt, gehört nicht zu jeder Basis von v auch eine zulässige Basislösung von $P(\varepsilon)$; die Lösung der perturbierten Basisgleichung kann für $P(\varepsilon)$ durchaus unzulässig sein.

5.4.11 Beispiel. *Gegeben sei eine LP-Aufgabe mit einer überbestimmten Ecke v gemäß Abbildung 5.17 links oben. Die drei verschiedenen Basen sind in den drei weiteren Skizzen oben angegeben.*

Im unteren Teil gibt Abbildung 5.17 links das Result einer Perturbation und daneben die Lösungen der Basisgleichungen der perturbierten Aufgabe an. Die Ecke v wird durch die Perturbation in zwei Ecken aufgespalten; sie sind als schwarze Punkte gekennzeichnet. Unten rechts zeigt Abbildung 5.17 die Lösung des dritten Basissystems (weißer Punkt). Sie liegt nicht innerhalb des permutierten Polyeders, ist also unzulässig und damit natürlich auch keine Ecke.

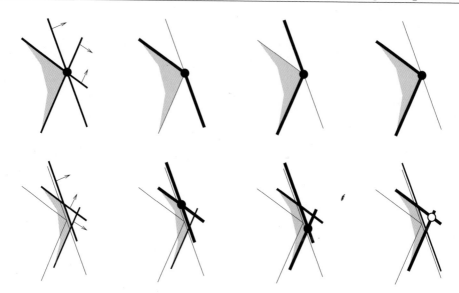

5.17 Abbildung. Oben: Zulässiger Bereich mit Ecke (links), drei Basen (fett) von P (von links nach rechts). Unten: Zulässiger Bereich nach Perturbation (links), Ecken und Basen (Mitte). Der oben rechts angegebenen Basis entspricht der weiß hervorgehobene Punkt; er ist keine Ecke von $P(\varepsilon)$.

Da wir die unperturbierte Aufgabe durch Übergang zu $P(\varepsilon)$ lösen wollen, können wir nicht mit einer beliebigen Basis von v starten, sondern nur mit einer solchen, die auch Basis einer zulässigen Ecke von $P(\varepsilon)$ ist. Da $\operatorname{rang}(A_B) = n$ ist, ist die Bedingung

$$v(\varepsilon) = A_B^{-1}\big(b_B + e(\varepsilon)_B\big) = v + A_B^{-1}e(\varepsilon)_B \in P(\varepsilon)$$

zu erfüllen.

5.4.12 Bezeichnung. *Seien v eine Ecke von P und B eine zugehörige Basis. B heißt $e(\varepsilon)$-kompatibel, falls $v + A_B^{-1}e(\varepsilon)_B \in P(\varepsilon)$ gilt.*

Nach Satz 5.4.9 ist die Eigenschaft einer Basis, $e(\varepsilon)$-kompatibel zu sein, wieder unabhängig von der speziellen Wahl von ε innerhalb des Intervalls $]0,\varepsilon_0[$. Das folgende Korollar zu Satz 5.4.9 gibt eine einfache Charakterisierung der $e(\varepsilon)$-kompatiblen Basen.

5.4.13 Korollar. *Seien v eine Ecke von P und B eine Basis von v. B ist genau dann $e(\varepsilon)$-kompatibel, wenn $\varepsilon^i - a_i^T A_B^{-1}e(\varepsilon)_B > 0$ für alle $i \in I_P(v) \setminus B$ gilt.*

Beweis: Für $i \in N \setminus I_P(v)$ gilt $a_i^T v < \beta_i$, für hinreichend kleines positives ε also auch

$$a_i^T v(\varepsilon) = a_i^T v + a_i^T A_B^{-1}e(\varepsilon)_B < \beta_i + \epsilon^i.$$

Nach Satz 5.4.9 reicht es somit, den Fall $i \in I_P(v)$ zu betrachten. Für $i \in B$ gilt jeweils Gleichheit. Sei also $i \in I_P(v) \setminus B$. Dann ist

$$\varepsilon^i - a_i^T A_B^{-1}e(\varepsilon)_B = \big(\beta_i + \varepsilon^i\big) - \big(\beta_i + a_i^T A_B^{-1}e(\varepsilon)_B\big) = \big(\beta_i + \varepsilon^i\big) - \big(a_i^T v + a_i^T A_B^{-1}e(\varepsilon)_B\big)$$
$$= \big(\beta_i + \varepsilon^i\big) - a_i^T v(\varepsilon),$$

und es folgt die Behauptung.   □

Wendet man Korollar 5.4.13 auf eine reguläre Ecke von P an, so erhält man die wenig überraschende Aussage, dass deren (eindeutig bestimmte) Basis $e(\varepsilon)$-kompatibel ist.

5.4.14 Bemerkung. *Seien v eine reguläre Ecke und B ihre Basis. Dann ist B $e(\varepsilon)$-kompatibel.*

Das folgende Lemma enthält eine einfache Methode, die $e(\varepsilon)$-Kompatibilität einer gegebenen Startbasis durch geeignete Permutation der Ungleichungen sicherzustellen.

5.4.15 Lemma. *Seien v eine Ecke von P und B eine Basis von v. Ferner seien die Ungleichungen so angeordnet, dass $B = \{m-n+1,\ldots,m\}$ gilt. Dann ist B $e(\varepsilon)$-kompatibel.*

Beweis: Sei $i \in I_P(v) \setminus B$. Dann gilt $i \leq m-n$ sowie

$$\varepsilon^i - a_i^T A_B^{-1} e(\varepsilon)_B = \varepsilon^i - e(\varepsilon)_B^T \left(A_B^{-1}\right)^T a_i = \varepsilon^i - (\varepsilon^{m-n+1}, \varepsilon^{m-n+2}, \ldots, \varepsilon^m)^T \left(A_B^{-1}\right)^T a_i$$

$$= \varepsilon^i \left(1 - \varepsilon^{m-n+1-i}(1, \varepsilon, \varepsilon^2, \ldots, \varepsilon^n)^T \left(A_B^{-1}\right)^T a_i\right).$$

Für hinreichend kleines positives ε gilt somit

$$\varepsilon^i - a_i^T A_B^{-1} e(\varepsilon)_B > 0.$$

Nach Korollar 5.4.13 folgt daher die Behauptung.   □

Alternativ kann man auch die Komponenten von $e(\varepsilon)$ so permutieren, dass die höchsten Potenzen von ε den Basisungleichungen von B zugewiesen werden. Im Folgenden können wir daher annehmen, dass B bereits $e(\varepsilon)$-kompatibel ist.

Nach Korollar 5.4.10 erfolgt die Auswahl einer Verbesserungskante und die Bestimmung der Indexmenge R für P und $P(\varepsilon)$ exakt nach den gleichen Kriterien, nämlich

$$c^T s > 0 \quad \wedge \quad R := \{i \in N \wedge a_i^T s > 0\}.$$

Gibt es keinen Verbesserungsvektor s, so sind nach Lemma 5.3.12 v optimal in P und $v(\varepsilon)$ optimal in $P(\varepsilon)$. Existiert ein Verbesserungsvektor s, gilt aber $R = \emptyset$, so ist die Zielfunktion φ sowohl auf P als auch auf $P(\varepsilon)$ nach oben unbeschränkt. Der Verbesserungsalgorithmus für $P(\varepsilon)$ kann demnach direkt in der ursprünglichen Aufgabe interpretiert werden, d.h. wir haben tatsächlich eine Pivotregel gefunden, die das Zykeln verhindert.[26] Wir wenden diese Pivotregel jetzt zunächst auf Beispiel 5.3.9 an; das lineare Programm aus Satz 5.4.2 wird später in dem abschließenden Beispiel 5.4.29 behandelt.

5.4.16 Beispiel. *(Fortsetzung der Beispiele 5.3.9, 5.3.13, 5.3.19) Wir zeigen die Wirkung von Perturbationen anhand von Beispiel 5.3.9, genauer dort an dem Übergang von v_3 zu v_6. Zunächst benutzen wir für jede der 8 Ungleichungen (1) – (8) des Systems die additive Störung ε^i mit aufsteigendem Exponenten, d.h. wir verwenden die rechten Seiten*

$$(1):\ 3 + \varepsilon^1 \qquad (2):\ \varepsilon^2 \qquad (3):\ 1 + \varepsilon^3 \qquad (4):\ 1 + \varepsilon^4$$

$$(5):\ 1 + \varepsilon^5 \qquad (6):\ \varepsilon^6 \qquad (7):\ \varepsilon^7 \qquad (8):\ \varepsilon^8.$$

---

[26] Genauer handelt es sich um eine Klasse von Pivotregeln, da die Perturbationen und die daraus abgeleiteten Regeln lediglich die Auswahl von i_{rein} bestimmen, nachdem bereits i_{raus} (wie auch immer) festgelegt worden war.

Später werden wir die Potenzen von ε in einer anderen Permutation zuweisen.[27]

*Obwohl v_3 regulär ist, muss die Rechnung zum Verlassen von v_3 bereits im pertur-
bierten Polyeder erfolgen, um sicherzustellen, dass die neue Basis $e(\varepsilon)$-kompatibel ist.
Die Basis von v_3 selbst ist natürlich $e(\varepsilon)$-kompatibel; wir können somit in gleicher Weise
starten wie vorher. Es sind also*

$$B = \{3,7,8\} \quad \wedge \quad A_B = A_{B(v_3)} = \begin{pmatrix} 1 & 0 & 0 \\ 0 & -1 & 0 \\ 0 & 0 & -1 \end{pmatrix} \quad \wedge \quad b_B = \begin{pmatrix} 1 \\ 0 \\ 0 \end{pmatrix}.$$

*Als Verbesserungskante des zugehörigen Kegels $S(B)$ hatten wir ursprünglich $v_3 + [0,\infty[u_2$
gewählt, und wir verwenden diese Kante auch jetzt. Es gilt also*

$$R = \{1,2,4\} \quad \wedge \quad e(\varepsilon)_B = (\varepsilon^3, \varepsilon^7, \varepsilon^8)^T \quad \wedge \quad v_3(\varepsilon) = v_3 + A_B^{-1}e(\varepsilon)_B = \begin{pmatrix} 1 + \varepsilon^3 \\ -\varepsilon^7 \\ -\varepsilon^8 \end{pmatrix}.$$

Für $i \in R$ haben wir daher

$$\frac{\beta_i + \varepsilon^i - a_i^T v_3(\varepsilon)}{a_i^T u_2} = \begin{cases} 1 + \frac{1}{2}\varepsilon^1 - \frac{1}{2}\varepsilon^3 + \varepsilon^7 + \frac{1}{2}\varepsilon^8 & \text{für} \quad i = 1; \\ 2 + \varepsilon^2 + 2\varepsilon^3 + \varepsilon^7 & \text{für} \quad i = 2; \\ 1 + \varepsilon^4 + \varepsilon^7 & \text{für} \quad i = 4. \end{cases}$$

*Im ungestörten Fall war das Minimum der drei Terme 1, und wir hatten die Auswahl,
(1) oder (4) in die Basis aufzunehmen. Das äußert sich jetzt daran, dass die konstanten
Terme der zugehörigen Polynome für $i \in \{1,4\}$ jeweils 1 sind. Da aber ε^4 schneller gegen
0 strebt als ε^1, ist für hinreichend kleines positives ε der Quotient für $i = 4$ am kleinsten.
Wir nehmen also denselben Index 4 in die Basis auf wie vorher.*[28] *Nach der Perturbation
ist die Setzung $i_{\text{rein}} = 4$ jetzt aber alternativlos, d.h. anders als zuvor haben wir nach der
Zuweisung der Störterme nun keine Freiheit einer anderen Wahl mehr.*

*Allerdings hätten wir vor Beginn der Berechnungen die Reihenfolge der Ungleichun-
gen ändern und dadurch die additiven Störterme ε^i anders zuweisen können.*[29] *An der
grundsätzlichen Argumentation ändert sich dadurch nichts; die konkrete Auswahl der
neuen Basis wird jedoch beeinflusst. Als Beispiel weisen wir etwa die Störterme ε^i in der
Reihenfolge absteigender Exponenten zunächst den Basisrestriktionen und danach den
Nichtbasisrestriktionen zu, d.h. wir verwenden die rechten Seiten*

$$\begin{array}{llll} (1): \ 3 + \varepsilon^5 & (2): \ \varepsilon^4 & (3): \ 1 + \varepsilon^8 & (4): \ 1 + \varepsilon^3 \\ (5): \ 1 + \varepsilon^2 & (6): \ \varepsilon^1 & (7): \ \varepsilon^7 & (8): \ \varepsilon^6. \end{array}$$

Für $i \in R$ erhalten wir nun die drei Polynome

$$\begin{array}{ll} 1 + \frac{1}{2}\varepsilon^5 + \frac{1}{2}\varepsilon^6 + \varepsilon^7 - \frac{1}{2}\varepsilon^8 & \text{für} \quad i = 1; \\ 2 + \varepsilon^4 + \varepsilon^7 + 2\varepsilon^8 & \text{für} \quad i = 2; \\ 1 + \varepsilon^3 + \varepsilon^7 & \text{für} \quad i = 4. \end{array}$$

---

[27] Es ist natürlich klar, dass der Simplex-Algorithmus auch auf der ursprünglichen Aufgabe nicht zykelt.
Tatsächlich wird v_6 bei Anwendung jeder beliebigen zulässigen Pivotregel spätestens nach einem
Zwischenschritt wieder verlassen. Das ist aber für unser Beispiel nicht schlimm, da wir hier lediglich
die Wirkungsweise der Störung in einem Schritt zeigen wollen.

[28] Das ist nicht wirklich überraschend; die Restriktion (1) wird ja asymptotisch am stärksten 'nach
außen' verschoben, und wir erhalten im wesentlich die Geometrie von Abbildung 5.16.

[29] Diese Möglichkeit hatten wir schon in Lemma 5.4.15 benutzt, um sicherzustellen, dass die Startecke
$e(\varepsilon)$-kompatibel ist.

Für hinreichend kleines positives ε ist jetzt der Term für i = 1 am kleinsten. Bei Verwendung dieser Perturbation nehmen wir also nicht 4, sondern den Index 1 in die Basis auf.

Die lexikographische Regel: Wir gehen nun noch einen Schritt weiter. In praktischen Rechnungen wollen wir ja nicht wirklich mit Werten der Polynome in ε operieren.[30] Die durch Übergang zu $P(\varepsilon)$ generierte Pivotregel soll daher jetzt 'ε-frei', d.h. nur mit Hilfe der ursprünglichen, ungestörten Daten beschrieben werden. Hierzu nutzen wir aus, dass sich die erforderlichen Größenvergleiche für Polynomwerte im Intervall $]0,\epsilon_0]$ bereits allein über die Koeffizienten der kleinsten Potenzen von ε, d.h. *symbolisch* durchführen lassen.[31] Wir betrachten daher nun die bei der Bestimmung von i_{rein} auftretenden Polynome etwas genauer.

5.4.17 Notation.   *(a) Für $i \in [m]$ seien $\eta_i :]0,\varepsilon_0] \to \mathbb{R}$ das durch*

$$\eta_i(\varepsilon) := \sum_{j=1}^{m} \eta_{i,j}\varepsilon^j := \varepsilon^i - a_i^T A_B^{-1} e(\varepsilon)_B$$

definierte Polynom und $y_i := (\eta_{i,1}, \ldots, \eta_{i,m})^T \in \mathbb{R}^m$ sein Koeffizientenvektor.

(b) Seien s ein Spaltenvektor von $-A_B^{-1}$ mit $c^T s > 0$ und $R := \{i \in N : a_i^T s > 0\}$. Für $i \in R$ seien $\delta_i :]0,\varepsilon_0] \to \mathbb{R}$ das durch

$$\delta_i(\varepsilon) := \sum_{j=0}^{m} \delta_{i,j}\varepsilon^j := \frac{\beta_i + \varepsilon^i - a_i^T v(\varepsilon)}{a_i^T s}$$

definierte Polynom in ε und $d_i := (\delta_{i,0}, \ldots, \delta_{i,m})^T \in \mathbb{R}^{m+1}$ sein Koeffizientenvektor.

Es gelten die folgenden Gleichungen.

5.4.18 Bemerkung. *Für $i \in R$ gilt*

$$\delta_i(\varepsilon) = \frac{\beta_i - a_i^T v + \eta_i(\varepsilon)}{a_i^T s} \quad \wedge \quad d_i = \frac{1}{a_i^T s} \begin{pmatrix} \beta_i - a_i^T v \\ y_i \end{pmatrix}.$$

Das nachfolgende Lemma zeigt, wie sich die Koeffizienten beider Polynome η_i und δ_i unmittelbar aus den Daten der ursprünglichen, unperturbierten Aufgabe bestimmen lassen.

5.4.19 Lemma.   *(a) Sei $i \in [m]$. Dann gilt*

$$\eta_{i,j} = \begin{cases} 0 & \text{für } i \in B; \\ 1 & \text{für } i \in N \wedge j = i; \\ -a_i^T A_B^{-1} u_k & \text{für } i \in N \wedge j = i_k \in B; \\ 0 & \text{für } i \in N \wedge j \in [m] \setminus (B \cup \{i\}). \end{cases}$$

---

[30] Tatsächlich sind theoretisch akzeptable Störungen in der Regel von anderer Größenordnung als die Inputdaten, so dass bei Rechnungen mit konkreten Werten von ε handfeste numerische Probleme auftreten können; vgl. Übungsaufgabe 5.7.14.

[31] Genauso hatten wir bereits in Beispiel 5.4.16 argumentiert.

(b) Sei $i \in R$. Dann gilt

$$\delta_{i,j} = \frac{1}{a_i^T s} \cdot \begin{cases} \beta_i - a_i^T v & \text{für } j = 0; \\ 1 & \text{für } j = i; \\ -a_i^T A_B^{-1} u_k & \text{für } j = i_k \in B; \\ 0 & \text{für } j \in [m] \setminus (B \cup \{i\}). \end{cases}$$

Beweis: Es gilt

$$\eta_i(\varepsilon) = \sum_{j=1}^m \eta_{i,j} \varepsilon^j = \varepsilon^i - a_i^T A_B^{-1} \left(\varepsilon^{i_1}, \ldots, \varepsilon^{i_n} \right)^T = \varepsilon^i - \sum_{k=1}^n \left(a_i^T A_B^{-1} u_k \right) \varepsilon^{i_k}$$

sowie

$$a_i^T s \cdot \delta_i(\varepsilon) = a_i^T s \cdot \sum_{j=0}^m \delta_{i,j} \varepsilon^j = \beta_i - a_i^T v + \eta_i(\varepsilon) = \beta_i - a_i^T v + \varepsilon^i - \sum_{k=1}^n \left(a_i^T A_B^{-1} u_k \right) \varepsilon^{i_k}.$$

Durch Koeffizientenvergleich folgt hieraus die Behauptung.   □

Die Bestimmung von i_{rein} bez. $P(\varepsilon)$ gemäß Prozedur 5.3.15 erfolgt mittels der Minimumbildung

$$\lambda(\varepsilon) := \min \left\{ \delta_i(\varepsilon) : i \in N \wedge a_i^T s > 0 \right\}.$$

Wir zeigen nun, dass sich der (bezüglich $P(\varepsilon)$ ja eindeutige) Index i_{rein} direkt aus den Vektoren d_i, d.h. ohne explizite Berechnung der Werte der beteiligten Polynome für ein gewähltes ε angeben lässt. Zur Formulierung der entstehenden Regel sind die nachfolgenden Begriffe nützlich.

5.4.20 Definition.   *(a) Seien $x := (\xi_1, \ldots, \xi_m)^T \in \mathbb{R}^m \setminus \{0\}$ und $j_0 \in [m]$ mit*

$$\left(j \in [j_0 - 1] \Rightarrow \xi_j = 0 \right) \quad \wedge \quad \xi_{j_0} \neq 0.$$

*Der Vektor x heißt **lexikographisch positiv** (bzw. **negativ**), wenn*

$$\xi_{j_0} > 0 \qquad \left(\xi_{j_0} < 0 \right)$$

gilt; Schreibweise $x \succ 0$ (bzw. $x \prec 0$).

*(b) Seien $x_1, x_2 \in \mathbb{R}^m$. x_1 heißt **lexikographisch größer** (bzw. **lexikographisch kleiner**) als x_2, falls $x_1 - x_2 \succ 0$ (bzw. $x_1 - x_2 \prec 0$) gilt; Schreibweise: $x_1 \succ x_2$ (bzw. $x_1 \prec x_2$). Die Relationen $\prec$ bzw. $\succ$ werden (strenge) **lexikographische Standardordnung** genannt.*

*(c) Gilt $(x_1 \succ x_2 \vee x_1 = x_2)$ (bzw. $(x_1 \prec x_2 \vee x_1 = x_2)$), so heißt x_1 **lexikographisch größer gleich** (bzw. **lexikographisch kleiner gleich**) x_2; Schreibweise: $x_1 \succeq x_2$ (bzw. $x_1 \preceq x_2$).*

(d) Seien $X \subset \mathbb{R}^n$ und $x^* \in X$ mit

$$x \in X \quad \Rightarrow \quad x^* \succeq x.$$

*Dann heißt x^* **lexikographisches Maximum** von X. Man schreibt auch*

$$x^* = \operatorname{lexmax}(X).$$

*Ist $\psi : \mathbb{R}^n \to \mathbb{R}$, so heißt x^* **lexikographisches Maximum** der Optimierungsaufgabe $\max_{x \in X} \psi(x)$, genau dann, wenn*

$$x \in X \quad \Rightarrow \quad \begin{pmatrix} \psi(x^*) \\ x^* \end{pmatrix} \succeq \begin{pmatrix} \psi(x) \\ x \end{pmatrix}.$$

Die Aufgabe, das lexikographische Maximum zu finden[32], wird oft mit

$$\operatorname*{lexmax}_{x \in X} \psi(x)$$

bezeichnet.

*Wird ' $\succeq$ ' durch ' $\preceq$ ' und 'max' durch 'min' ersetzt, so spricht man analog vom **lexikographischen Minimum**.*

Der nachfolgende Satz 5.4.22 gibt die gesuchte ε-freie Beschreibung aller für unsere Perturbationspivotregel notwendigen Zutaten. Sein Beweis verwendet einen einfachen expliziten Zusammenhang zwischen dem Vorzeichenverhalten eines Polynoms (in der hier relevanten Asymptotik) und seinem Koeffizientenvektor.

5.4.21 Lemma. *Seien $a := (\alpha_0, \ldots, \alpha_m)^T \in \mathbb{R}^{m+1}$ und $\xi_0 \in]0, \infty[$. Besitzt das durch*

$$\pi(\xi) := \sum_{i=0}^{m} \alpha_i \xi^i \quad (\xi \in \mathbb{R})$$

definierte Polynom $\pi : \mathbb{R} \to \mathbb{R}$ im Intervall $]0, \xi_0]$ keine Nullstelle, so gilt

$$\pi(\xi_0) > 0 \quad \Leftrightarrow \quad a \succ 0.$$

Beweis: Nach Voraussetzung ist π nicht das Nullpolynom; es gilt also $a \neq 0$. Sei $k \in \mathbb{N}_0$ der kleinste Index mit $\alpha_i \neq 0$. Dann gilt

$$\pi(\xi) = \xi^k \left(\alpha_k + \xi \sum_{l=k+1}^{m} \alpha_l \xi^{l-k-1} \right).$$

Für hinreichend kleines positives ξ hat $\pi(\xi)$ daher dasselbe Vorzeichen wie α_k. Da π stetig ist, aber keine Nullstelle in $]0, \xi_0]$ besitzt, folgt hieraus die Behauptung. $\qquad\square$

Alle zur Durchführung des Simplex-Algorithmus mit virtueller Perturbation erforderlichen Auswahlkriterien lassen sich nun in 'lexikographischer Sprache' formulieren.

5.4.22 Satz. *Seien v eine Ecke von P und B eine zugehörige Basis.*

(a) B ist genau dann $e(\varepsilon)$-kompatibel, wenn $y_i \succ 0$ gilt für alle $i \in I_P(v) \setminus B$.

---

[32] Das ist eine hierarchische Form der 'Mehrzieloptimierung'. Ein bekanntes 'alltägliches' Beispiel ist die Nationenwertung bei olympischen Spielen aufgrund von Medaillentabellen. Hier wird die Reihenfolge zunächst nur nach der Anzahl der erreichten Goldmedaillen bestimmt; die Silbermedaillen spielen erst dann eine Rolle, wenn bez. der Goldmedaillen Gleichstand besteht. Die Anzahl der gewonnenen Brozemedaillen wird schließlich erst dann herangezogen, wenn mehrere Nationen bez. der Gold- und der Silbermedaillen gleich sind.

Die Basis B sei $e(\varepsilon)$-kompatibel. Dann gelten die folgenden Aussagen:

(b) Für alle $i \in R$ ist $d_i \succ 0$.

(c) Seien $i,j \in R$ mit $i \neq j$. Es ist $\delta_i(\varepsilon) < \delta_j(\varepsilon)$ genau dann, wenn $d_i \prec d_j$ gilt.

(d) Sei $i^* \in R$. Es gilt $i^* = \operatorname{argmin}\left\{\delta_i(\varepsilon) : i \in N \wedge a_i^T s > 0\right\}$ genau dann, wenn $d_{i^*} = \operatorname{lexmin}\{d_i : i \in R\}$ ist.

(e) Seien $i^* \in R$ mit $d_{i^*} := \operatorname{lexmin}\{d_i : i \in R\}$ sowie

$$B^* := \left(B \setminus \{i_{\mathrm{raus}}\}\right) \cup \{i^*\} \quad \wedge \quad v^* := A_{B^*}^{-1} b_{B^*}.$$

Dann ist B^* $e(\varepsilon)$-kompatibel.

Beweis: (a) Nach Korollar 5.4.13 ist B genau dann $e(\varepsilon)$-kompatibel, wenn für jedes $i \in I_P(v) \setminus B$ das Polynom η_i auf $]0,\varepsilon_0]$ positiv ist. Nach Lemma 5.4.21 ist das äquivalent dazu, dass $y_i \succ 0$ für alle $i \in I_P(v) \setminus B$ gilt.

(b) Für $i \in R \setminus I_P(v)$ gilt $\beta_i - a_i^T v > 0$, während für $i \in R \cap I_P(v)$ zwar $\beta_i - a_i^T v = 0$, aber nach (a) auch $y_i \succ 0$ gilt. Da nach Wahl der potentiellen Verbesserungskante $a_i^T s > 0$ ist, folgt die Behauptung mit Bemerkung 5.4.18.

(c) Sei π das durch $\pi(\varepsilon) := \delta_i(\varepsilon) - \delta_j(\varepsilon)$ definierte Polynom. Hätte π eine Nullstelle ε in $]0,\varepsilon_0]$, so erfüllte mit $\delta := \delta_i(\varepsilon) = \delta_j(\varepsilon)$ der Vektor $v(\varepsilon) + \delta s$ neben $n-1$ Basisrestriktionen zwei weitere Nebenbedingungen mit Gleichheit. Nach Wahl von ε_0 gemäß Korollar 5.4.6 ist das aber ausgeschlossen; π hat also keine Nullstelle in $]0,\varepsilon_0]$. Nach Lemma 5.4.21 gilt daher $\delta_i(\varepsilon) < \delta_j(\varepsilon)$ genau dann, wenn $d_i \prec d_j$ ist.

(d) folgt direkt aus (c).

(e) Nach (d) ist i^* genau der Index i_{rein}, der bei Anwendung des Simplex-Algorithmus auf $P(\varepsilon)$ im aktuellen Schritt neu in die Basis aufgenommen wird. Daher gilt

$$v^*(\varepsilon) := A_{B^*}^{-1}\left(b_{B^*} + e(\varepsilon)_{B^*}\right) \in P(\varepsilon),$$

d.h. B^* ist $e(\varepsilon)$-kompatibel.

Insgesamt folgt damit die Behauptung. $\square$

Durch Satz 5.4.22 sind die folgenden Bezeichnungen der lexikograhischen Zulässigkeit und Pivotregel motiviert.

5.4.23 Bezeichnung. *(a) Seien v eine Ecke von P und B eine zugehörige Basis. B heißt **lexikographisch zulässig**, wenn gilt*

$$i \in I_P(v) \setminus B \quad \Rightarrow \quad y_i \succ 0.$$

(b) Jede Pivotregel, die in jedem Schritt des Simplex-Algorithmus i_{rein} gemäß

$$d_{i_{\mathrm{rein}}} := \operatorname{lexmin}\{d_i : i \in R\}$$

*bestimmt, wird **lexikographisch** genannt.*

Satz 5.4.22 zeigt, dass die lexikographische Regel zur Auswahl von i_{rein} die Anwendung des Simplex-Algorithmus auf die perturbierte Aufgabe perfekt 'simuliert'. Damit kann kein Zykel mehr auftreten.

5.4.24 Korollar. *Ausgehend von einer Startecke mit lexikographisch zulässiger Basis löst der Simplex-Algorithmus mit lexikographischer Pivotregel das lineare Optimierungsproblem (in natürlicher Form) in endlich vielen Schritten.*

Beweis: Nach Satz 5.4.22 erzeugt der Simplex-Algorithmus mit lexikographischer Pivotregel, ausgehend von einer lexikographisch zulässigen Startecke, bei jeweils gleicher Wahl von i_{raus} dieselbe Sequenz von Basen wie der Simplex-Algorithmus für $P(\varepsilon)$. Die Behauptung folgt daher aus Bemerkung 5.4.7.   □

Der Endlichkeitsbeweis von Korollar 5.4.24 benutzt Bemerkung 5.4.7, und das ist natürlich völlig in Ordnung. Man kann aber auch den 'lexikographischen Fortschritt' d_{i^*} bei Anwendung der lexikographischen Regel benutzen, um einen in jedem Schritt lexikographisch zunehmenden 'lexikographischen Zielfunktionswert' anzugeben. Es gilt ja

$$c^T v(\varepsilon) = c^T v + c^T A_B^{-1} e(\varepsilon)_B = c^T v + \sum_{k=1}^{n} (c^T A_B^{-1} u_k)\varepsilon^{i_k}.$$

Ganz analog zu unserem bisherigen Vorgehen können wir daher einer Ecke v den Koeffizientenvektor dieses Polynoms in ε zuordnen.

5.4.25 Bezeichnung. *Sei $z(B) := \big(\zeta_{B,0}, \zeta_{B,1}, \ldots, \zeta_{B,m}\big)^T \in \mathbb{R}^{m+1}$ definiert durch*

$$\zeta_{B,j} := \begin{cases} c^T v & \text{für } j = 0; \\ c^T A_B^{-1} u_k & \text{für } j = i_k \in B; \\ 0 & \text{sonst.} \end{cases}$$

*Dann heißt $z(B)$ der **lexikographische Zielfunktionswert** zur Basis B.*

Wir erhalten nun folgendes Korollar.

5.4.26 Korollar. *Mit den Bezeichnungen von Satz 5.4.22 gilt für die lexikographischen Zielfunktionswerte $z(B)$ und $z(B^*)$ zu den Basen B bzw. B^**

$$z(B^*) = z(B) + (c^T s)d_{i^*},$$

also insbesondere

$$z(B^*) \succ z(B).$$

Beweis: Aus $v^*(\varepsilon) = v(\varepsilon) + \lambda(\varepsilon)s$ folgt

$$(\varepsilon^0, \varepsilon^1, \ldots, \varepsilon^m)z(B^*) = c^T v^*(\varepsilon) = c^T v(\varepsilon) + \lambda(\varepsilon)c^T s = c^T v(\varepsilon) + \delta_{i^*}(\varepsilon)c^T s$$
$$= (\varepsilon^0, \varepsilon^1, \ldots, \varepsilon^m)\big(z(B) + (c^T s)d_{i^*}\big).$$

Durch Koeffizientenvergleich folgt hieraus die Behauptung.   □

Korollar 5.4.26 gibt einen von Korollar 5.4.24 unabhängigen Beweis dafür, dass die lexikographische Regel eine Antizyklusregel ist. Da die lexikographischen Zielfunktionswerte lexikographisch wachsen, kann schließlich keine Basis mehr als einmal auftreten. Im Verbesserungsschritt von B zu B^* braucht also zwar der Zielfunktionswert $\varphi(v)$ nicht immer zuzunehmen; bei Anwendung einer lexikographischen Pivotregel tritt aber stets ein lexikographischer Zuwachs auf. Hiermit ist das feinere Messinstrumentarium für den Fortschritt bei Verbleiben an einer überbestimmten Ecke und damit auch eine (bis in ihren Beweis hinein völlig) ε-freie Antizyklusregel gefunden.

Man beachte, dass für die Anwendung der lexikographischen Regel gemäß Lemma 5.4.19 keine anderen Daten benötigt werden als solche, die auch für die 'einfache' Durchführung des Simplex-Algorithmus erforderlich sind. Die lexikographische Zusatzregel kann also ohne allzu großen zusätzlichen Rechenaufwand angewendet werden.[33]

Zum Abschluss dieser Sektion wenden wir die lexikographische Methode noch auf zwei Beispiele an. Zunächst betrachten wir noch einmal den Verbesserungsschritt in Beispiel 5.4.16, danach das Beispiel aus dem Beweis von Satz 5.4.2. Bei der lexikographischen Methode besteht grundsätzlich die Wahl, welchen Komponenten wir welchen Stellenwert einräumen.[34] Die Komponenten $1,2,\ldots,m$ der Vektoren y_i, d_i und $z(B)$ entsprechen ja den Ungleichungen des linearen Programms.[35] Die unterschiedlichen Permutationen der Ungleichungen führen somit zu entsprechenden Permutationen der Komponenten dieser Vektoren und damit zu unterschiedlichen lexikographischen Regeln. Wir verwenden daher die folgenden Bezeichnungen.

5.4.27 Bezeichnung. *Seien* $x := (\xi_1,\ldots,\xi_k)^T \in \mathbb{R}^k$, $x_1, x_2 \in \mathbb{R}^k$, $\tau : [k] \to [k]$ *eine Permutation, und* $\succ_\tau$ *sei definiert durch*

$$x \succ_\tau 0 \quad \Longleftrightarrow \quad (\xi_{\tau(1)},\ldots,\xi_{\tau(k)})^T \succ 0$$

und

$$x_1 \succ_\tau x_2 \quad \Longleftrightarrow \quad x_1 - x_2 \succ_\tau 0.$$

Dann heißt $\succ_\tau$ *die* **durch** τ **induzierte lexikographische Ordnung** *auf* $\mathbb{R}^k$. *(Analog kann natürlich auch* $\prec_\tau$ *definiert werden.)*

Bezeichnet speziell (i) *für* $i \in [m]$ *die* i-te *Ungleichung* $a_i^T x \leq \beta_i$ *eines gegebenen linearen Programms, so schreiben wir*

$$\big(\tau(1)\big) \succ \big(\tau(2)\big) \succ \ldots \succ \big(\tau(m)\big)$$

für die durch die Permutation $\tau : [m] \to [m]$ *definierte (bzw. durch* $\tau(0) = (0)$ *fortgesetzte) lexikographische Ordnung auf* $\mathbb{R}^m$ *(bzw.* $\mathbb{R}^{m+1}$*) und sprechen von der durch* τ *induzierten lexikographischen Ordnung* **auf den Ungleichungen.**

5.4.28 Beispiel. *(Fortsetzung der Beispiele 5.3.9, 5.3.13, 5.3.19, 5.4.16) Wie in Beispiel 5.4.16 wenden wir den Simplex-Algorithmus auf den Übergang von* v_3 *zu* v_6 *in Beispiel 5.3.9 an, diesmal aber nicht auf die perturbierte Aufgabe, sondern nach lexikographischer Regel. Da wir im ersten Teil von Beispiel 5.4.16 jede der acht Ungleichungen* (i) *mittels* ε^i *gestört hatten, benutzen wir die lexikographische Standardordnung*

$$(1) \succ (2) \succ (3) \succ (4) \succ (5) \succ (6) \succ (7) \succ (8)$$

auf den Ungleichungen. Die Basis von v_3 *ist nach Satz 5.4.22 (a) lexikographisch zulässig. Wir berechnen nun die relevanten Vektoren* d_i *für den lexikographischen Vergleich.[36] Mit*

---

[33] Was allerdings ein 'zu großer zusätzlicher Aufwand ist', hängt naturgemäß von vielen Faktoren ab. Man wird sich bei Instanzen, die an die Grenze der vertretbaren Rechenzeit reichen, sehr wohl überlegen, wie man mit der erforderlichen 'lexikographischen Buchhaltung' praktisch verfährt.

[34] Das entspricht bei der Anwendung von Perturbationen den unterschiedlichen Möglichkeiten, den Ungleichungen die Monome ε^i zuzuweisen.

[35] Die nullten Komponenten von d_i und $z(B)$ sind hingegen (dem Fortschritt) der Zielfunktion zugeordnet.

[36] Wir könnten sie direkt von den in Beispiel 5.4.16 berechneten Polynomen in ε ablesen. Aber das wäre natürlich 'gemogelt', da wir ja hier die perturbierten Berechnungen 'lexikographisch verifizieren' wollen.

$$B = \{3,7,8\} \quad \wedge \quad A_B = A_B^{-1} = \begin{pmatrix} 1 & 0 & 0 \\ 0 & -1 & 0 \\ 0 & 0 & -1 \end{pmatrix} \quad \wedge \quad b_B = \begin{pmatrix} 1 \\ 0 \\ 0 \end{pmatrix},$$

$$s = u_2 \quad \wedge \quad R = \{1,2,4\} \quad \wedge \quad a_1^T s = 2 \quad \wedge \quad a_2^T s = a_4^T s = 1$$

$$\beta_1 - a_1^T v = \beta_2 - a_2^T v = 2 \quad \wedge \quad \beta_4 - a_4^T v = 1$$

$$-a_1^T A_B^{-1} = (-1,2,1) \quad \wedge \quad -a_2^T A_B^{-1} = (2,1,0) \quad \wedge \quad -a_4^T A_B^{-1} = (0,1,0)$$

gilt nach Lemma 5.4.19

$$d_1 = \frac{1}{2}(2,1,0,-1,0,0,0,2,1)^T \quad \wedge \quad d_2 = (2,0,1,2,0,0,0,1,0)^T$$

$$d_4 = (1,0,0,0,1,0,0,1,0)^T.$$

Wie erwartet ist

$$0 \prec d_4 \prec d_1 \prec d_2;$$

die lexikographische Regel liefert somit $i_{\text{rein}} = 4$.

Im zweiten Teil von Beispiel 5.4.16 hatten wie die additiven Störterme den Unglei-chungen auf eine andere Weise zugeordnet, die einer anderen lexikographischen Ordnung entspricht. Ungleichung (6) erhielt dabei den Störterm mit dem kleinsten Exponenten, wurde also am stärksten perturbiert, danach kam (5), dann (4), (2), (1), (8), (7) und zuletzt (3) mit ε^8. Es liegt also nun die lexikographische Ordnung

$$(6) \succ (5) \succ (4) \succ (2) \succ (1) \succ (8) \succ (7) \succ (3)$$

zugrunde. Die Rechnungen verlaufen daher völlig analog, und wir erhalten Vektoren d_i', die im Wesentlichen mit d_i übereinstimmen. Allerdings sind die Komponenten entspre-chend permutiert, nämlich

$$d_1' = \frac{1}{2}(2,0,0,0,0,1,1,2,-1)^T \quad \wedge \quad d_2' = (2,0,0,0,1,0,0,1,2)^T$$

$$d_4' = (1,0,0,1,0,0,0,1,0)^T.$$

Wir wenden die lexikographische Methode nun noch auf ein 'richtiges Beispiel' an, nämlich auf die LP-Aufgabe aus dem Beweis von Satz 5.4.2, und zeigen, wie sie dort tatsächlich das Zykeln verhindert.

5.4.29 Beispiel. *Gegeben sei die LP-Aufgabe aus dem Beweis von Satz 5.4.2 (in der Variante ohne die Restriktion (7), die für das Zykeln ohnehin irrelevant war):*

$$\max \ \xi_3$$

$$\begin{array}{rrrrcll}
-\xi_1 & & & & \leq & 0 & (1) \\
& -\xi_2 & & & \leq & 0 & (2) \\
\xi_1 & + & \xi_2 & - & \xi_3 & \leq & 0 & (3) \\
-4\xi_1 & - & \xi_2 & - & 2\xi_3 & \leq & 0 & (4) \\
\xi_1 & - & 3\xi_2 & - & 3\xi_3 & \leq & 0 & (5) \\
3\xi_1 & + & 4\xi_2 & - & 6\xi_3 & \leq & 0 & (6).
\end{array}$$

Wenn wir die Reihenfolge der Ungleichung in der Aufgabenstellung als Grundlage der lexikographischen Methode nehmen, d.h. die lexikographische Ordnung

$$(1) \succ (2) \succ (3) \succ (4) \succ (5) \succ (6)$$

verwenden wollen, so müssen wir zunächst überprüfen, ob die gewählte Startbasis B^1 tatsächlich lexikographisch zulässig ist, d.h. ob $y_3, y_4, y_6 \succ 0$ gilt. Mit

$$B^1 := \{1,2,5\} \quad \wedge \quad A_{B^1}^{-1} = \frac{1}{3}\begin{pmatrix} -3 & 0 & 0 \\ 0 & -3 & 0 \\ -1 & 3 & -1 \end{pmatrix}$$

erhalten wir aber

$$-a_4^T A_{B^1}^{-1} = -\frac{1}{3}(-4, -1, -2)\begin{pmatrix} -3 & 0 & 0 \\ 0 & -3 & 0 \\ -1 & 3 & -1 \end{pmatrix} = \frac{1}{3}(-14, 3, -2),$$

und es folgt gemäß Lemma 5.4.19

$$3y_4 = (-14, 3, 0, 3, -2, 0)^T \not\succ 0.$$

Bezüglich der Standardordnung ist B^1 also nicht lexikographisch zulässig. Wir verwenden daher eine andere, passende lexikographische Ordnung. Nach Satz 5.4.22 (a) und Lemma 5.4.15 reicht es, die Restriktionen so umzunummerieren, dass die Basisindizes die Nummern 4,5 und 6 tragen. Wir verwenden daher etwa die lexikographische Ordnung

$$(3) \succ (4) \succ (6) \succ (1) \succ (2) \succ (5)$$

und permutieren die Komponenten der Vektoren d_i entsprechend. Die Reihenfolge der Komponenten aller entsprechenden Vektoren entspricht im Folgenden dieser Ordnung.
    Wir starten wieder mit

$$s_1 := \begin{pmatrix} 3 \\ 0 \\ 1 \end{pmatrix} \quad \wedge \quad i_{\text{raus}} := 1 \quad \wedge \quad R_1 := \{3,6\}.$$

Die Wahl von i_{rein} erfolgt jetzt aber nach der lexikographischen Regel. Zu berechnen sind also die Vektoren d_3 und d_6, und nach Lemma 5.4.19 gilt

$$d_3 = \frac{1}{a_3^T s_1}\left(\beta_3 - a_3^T v_1, 1, 0, 0, -a_3^T A_{B^1}^{-1} u_1, -a_3^T A_{B^1}^{-1} u_2, -a_3^T A_{B^1}^{-1} u_3\right)^T$$

$$d_6 = \frac{1}{a_6^T s_1}\left(\beta_6 - a_6^T v_1, 0, 0, 1, -a_6^T A_{B^1}^{-1} u_1, -a_6^T A_{B^1}^{-1} u_2, -a_6^T A_{B^1}^{-1} u_3\right)^T.$$

Mit

$$\beta_3 - a_3^T v_1 = \beta_6 - a_6^T v_1 = 0 \quad \wedge \quad a_3^T s_1 = 2 \quad \wedge \quad a_6^T s_1 = 3$$

sowie

$$-a_3^T A_{B^1}^{-1} = -\frac{1}{3}(1,1,-1)\begin{pmatrix} -3 & 0 & 0 \\ 0 & -3 & 0 \\ -1 & 3 & -1 \end{pmatrix} = \frac{1}{3}(2,6,-1)$$

und

$$-a_6^T A_{B^1}^{-1} = -\frac{1}{3}(3,4,-6)\begin{pmatrix} -3 & 0 & 0 \\ 0 & -3 & 0 \\ -1 & 3 & -1 \end{pmatrix} = (1,10,-2)$$

folgt

$$d_3 = \frac{1}{6}(0,3,0,0,2,6,-1)^T \quad \wedge \quad d_6 = \frac{1}{3}(0,0,0,1,1,10,-2)^T.$$

Somit gilt $d_6 \prec d_3$. Auch die lexikographische Pivotregel liefert also $i_{\text{rein}} := 6$, und wir erhalten wieder

$$B^2 := \{2,5,6\} \quad \wedge \quad A_{B^2}^{-1} = \frac{1}{3}\begin{pmatrix} 30 & -6 & 3 \\ -3 & 0 & 0 \\ 13 & -3 & 1 \end{pmatrix} \quad \wedge \quad s_2 := \begin{pmatrix} 2 \\ 0 \\ 1 \end{pmatrix}$$

$$i_{\text{raus}} := 5 \quad \wedge \quad R_2 := \{3\}.$$

Da R_2 einpunktig ist, hat auch die lexikographische Pivotregel keine andere Wahl, als $i_{\text{rein}} := 3$ zu setzen. Wir erhalten somit

$$B^3 := \{2,3,6\} \quad \wedge \quad A_{B^3}^{-1} = \frac{1}{3}\begin{pmatrix} 2 & 6 & -1 \\ -3 & 0 & 0 \\ -1 & 3 & -1 \end{pmatrix} \quad \wedge \quad s_3 := \begin{pmatrix} -2 \\ 3 \\ 1 \end{pmatrix}$$

$$\wedge \quad i_{\text{raus}} := 2 \quad \wedge \quad R_3 := \{1,4\}.$$

Zur Bestimmung der aufzunehmenden Restriktion sind nun d_1 und d_4 zu berechnen. Es gilt

$$d_1 = \frac{1}{2}\left(0, -a_1^T A_{B^1}^{-1} u_2, 0, -a_1^T A_{B^1}^{-1} u_3, 1, -a_1^T A_{B^1}^{-1} u_1, 0\right)^T$$

$$d_4 = \frac{1}{3}\left(0, -a_4^T A_{B^1}^{-1} u_2, 1, -a_4^T A_{B^1}^{-1} u_3, 0, -a_4^T A_{B^1}^{-1} u_1, 0\right)^T.$$

Mit

$$-\frac{1}{3}(-1,0,0)\begin{pmatrix} 2 & 6 & -1 \\ -3 & 0 & 0 \\ -1 & 3 & -1 \end{pmatrix} = \frac{1}{3}(2,6,-1)$$

$$-\frac{1}{3}(-4,-1,-2)\begin{pmatrix} 2 & 6 & -1 \\ -3 & 0 & 0 \\ -1 & 3 & -1 \end{pmatrix} = \frac{1}{3}(3,30,-6)$$

erhalten wir

$$d_1 = \frac{1}{6}\left(0,6,0,-1,3,2,0\right)^T \quad \wedge \quad d_4 = \frac{1}{9}\left(0,30,3,-6,0,3,0\right)^T.$$

Es gilt $d_1 \prec d_4$ und damit $i_{\text{rein}} := 1$. Hier weicht also die lexikographische Pivotregel von unserer ursprünglichen Wahl ab. Wir erhalten

$$\bar{B}^4 := \{1,3,6\} \quad \wedge \quad A_{\bar{B}^4}^{-1} = \frac{1}{2}\begin{pmatrix} -2 & 0 & 0 \\ 3 & 6 & -1 \\ 1 & 4 & -1 \end{pmatrix} \quad \wedge \quad \bar{s}_4 := \begin{pmatrix} 0 \\ 1 \\ 1 \end{pmatrix} \quad \wedge \quad i_{\text{raus}} := 6.$$

Es gilt $R = \{i : a_i^T \bar{s}_4 > 0\} = \emptyset$, d.h. wir verlassen jetzt die Ecke $v_1 = 0$ längs einer unbeschränkten Verbesserungskante. (Hätten wir die Restriktion (7) berücksichtigt, so wäre $R = \{7\}$, und wir gingen jetzt direkt zu v_4, d.h. zu einer optimalen Ecke über.)

Zum Abschluss geben wir für die einzelnen Schritte noch den lexikographischen Zielfunktionswert an. Wegen $c = (0,0,1)^T$ sind die Vektoren aus den dritten Zeilen der inversen Basismatrizen ablesbar und ergeben sich zu

$$z(B^1) = \tfrac{1}{3}\big(0,0,0,0,-1,3,-1\big)^T \quad \wedge \quad z(B^2) = \tfrac{1}{3}\big(0,0,0,1,0,13,-3\big)^T$$
$$z(B^3) = \tfrac{1}{3}\big(0,3,0,-1,0,-1,0\big)^T \quad \wedge \quad z(\bar{B}^4) = \tfrac{1}{2}\big(0,4,0,1,1,0,0\big)^T.$$

Wie nach Korollar 5.4.26 zu erwarten war, gilt

$$z(B^1) \prec z(B^2) \prec z(B^3) \prec z(\bar{B}^4).$$

Eine Wiederholung von Basen ist somit ausgeschlossen.

Wir beenden diese Sektion mit einigen Bemerkungen. Wir haben die lexikographische Methode geometrisch mit Hilfe der Perturbation der rechten Seite eingeführt. Statt der Addition von Monomen ε^i kann man grundsätzlich auch andere 'hinreichend allgemeine' Störungen verwenden, um Überbestimmtheit zu verhindern. Die hier verwendete Perturbation war zudem der einheitlichen Darstellung wegen in dem Sinne vollständig, als dass sie (natürlich mit unterschiedlichen Potenzen von ε) alle Komponenten von b betraf. Auch das ist konzeptionell nicht notwendig. Tatsächlich kann man ohne Probleme eine beliebige Menge von n Restriktionen, deren Koeffizientenmatrix Rang n besitzt, völlig ungestört lassen. Das ist geometrisch offensichtlich, da es ja reicht, alle anderen Restriktionen aus einem durch n Restriktionshyperebenen bestimmten Punkt 'hinauszuschieben'. Solche Freiheiten bei der Umsetzung des geometrischen Perturbationsprinzips lassen sich etwa nutzen, um auf LP-Probleme in anderer als natürlicher Form optimal angepasste Varianten von Antizyklelregeln zu entwickeln. Zwei Beispiele hierfür finden sich in Übungsaufgabe 5.7.19. In Sektion 6.4 werden wir hierauf noch einmal zurückkommen.

Ferner soll noch einmal ausdrücklich betont werden, dass es neben der lexikographischen Regel noch weitere, auf anderen Prinzipien basierende Pivotregeln gibt, die das Auftreten von Zyklen verhindern. Hierzu gehört insbesondere die *Regel von Bland*, bei allen Wahlmöglichkeiten jeweils den kleinsten aller erlaubten Indizes zu wählen.[37]

Zum Abschluss sei darauf hingewiesen, dass der Simplex-Algorithmus für seine praktische Durchführung so in einer Tableauform organisiert werden kann, dass stets alle relevanten Daten für den nächsten Schritt vorhanden sind und die Tests auf Unbeschränktheit und Optimalität sowie die Updates recheneffizient durchgeführt werden können.[38] Wir verzichten hier auf die entsprechende Entwicklung; in Kapitel 6.4 wird dieses jedoch im Dualen durchgeführt[39] und später auf Schnittebenenverfahren der ganzzahligen Optimierung angewendet.

5.5   Über die Laufzeit des Simplex-Algorithmus

Nach Korollar 5.4.24 ist der Simplex-Algorithmus bei Verwendung der lexikographischen Pivotregel endlich. Aber was besagt das? Eine Endlichkeitsaussage liegt schließlich nach Satz 2.1.9 auch für die Fourier-Motzkin-Elimination vor.

---

[37] Antizyklusregeln sind in vielen der angegebenen Bücher enthalten; man vergleiche etwa [74] und [80].

[38] Das ist nicht wirklich überraschend, denn der Hauptteil der Arbeit besteht in der Berechnung der Inversen der Basismatrizen A_B. Die entsprechende Gauß-Elimination kann und wird natürlich ausnutzen, dass sich zwei aufeinander folgende Basismatrizen lediglich durch Ersetzen einer Zeile durch eine andere unterscheiden.

[39] In Sektion 6.4 wird Prozedur 5.3.15 auf eine Aufgabe in Standardform angewendet und eine Tableauform hergeleitet. Das eigentliche Ziel ist dabei die Entwicklung des dualen Simplex-Algorithmus. Die Darstellung ist aber so gewählt, dass der die Tableauform betreffende Abschnitt ohne große Änderungen hier angefügt werden kann.

Allerdings wissen wir nach Korollar 4.3.35 auch, dass bei der Fourier-Motzkin-Elimination exponentiell große Zwischensysteme auftreten können. Schlimmer noch: Auch in der Praxis ist das Fourier-Motzkin-Eliminationsverfahren nur für kleine Ungleichungssysteme einsetzbar, da es nach Lemma 2.1.5 vollständige $\mathcal{H}$-Darstellungen von sukzessiven Projektionen des zulässigen Bereichs auf Koordinatenunterräume bestimmt.

Ganz anders sieht es für den Simplex-Algorithmus aus. In seinen effizienten Implementierungen löst er mittlerweile auch sehr große praktische Probleme schnell.[40] Darüber hinaus kann man unter wahrscheinlichkeitstheoretischen Annahmen über die Verteilung der Inputdaten zeigen, dass der Algorithmus im Erwartungswert kurze aufsteigende Pfade zum Optimum findet.

Das Beispiel von Klee und Minty: In dieser Sektion untersuchen wir die *'worst-case'* Laufzeit des Simplex-Algorithmus im Detail. Genauer werden wir eine Beispielserie konstruieren, für die der Simplex-Algorithmus bei geeigneter (oder vielleicht besser: ungeeigneter) Pivotregel exponentiell viele Pivotschritte benötigen kann.

Das heißt allerdings nicht, dass es keine Pivotregel geben kann, die den Simplex-Algorithmus zu einem Verfahren mit polynomieller Laufzeit macht, und noch viel weniger, dass der Simplex-Algorithmus praktisch oft schlecht wäre. Die Aussage besagt nicht mehr, aber auch nicht weniger, als dass die Klasse aller Simplex-Algorithmen (die sich durch Spezifizierung der in Prozedur 5.3.15 noch vorhandenen Freiheitsgrade ergeben) ein Verfahren enthält, das in schlechten Fällen exponentielle Laufzeit besitzt.

5.5.1 Beispiel. *Seien*

$$P := [-1,1]^2 \quad \wedge \quad c := (1,3)^T,$$

und φ sei die durch $\varphi(x) := c^T x$ für $x \in \mathbb{R}^2$ definierte Zielfunktion. Dann ist $(1,1)^T$ Optimalpunkt von P bez. φ. Startend von der Ecke $(-1,-1)^T$ können wir als Zwischenecke $(-1,1)^T$ oder $(1,-1)^T$ durchlaufen, nicht aber beide. Der Simplex-Algorithmus benötigt somit zwei Verbesserungsschritte; vgl. Abbildung 5.18.

Der zulässige Bereich Q des Ungleichungssystems

$$
\begin{array}{rcrcl}
\xi_1 & & & \leq & 1 \\
-\xi_1 & & & \leq & 1 \\
\xi_1 & + & 2\xi_2 & \leq & 2 \\
\xi_1 & - & 2\xi_2 & \leq & 2
\end{array}
$$

ist hingegen ein Trapez, durch dessen vier Ecken ein bez. der gleichen Zielfunktion φ aufsteigender Kantenpfad verläuft.

Im Folgenden konstruieren wir ein Beispiel im $\mathbb{R}^n$, das durch ähnliche Deformationen aus dem n-dimensionalen Einheitswürfel hervorgeht. Es zeigt, dass der Simplex-Algorithmus bei unglücklicher Wahl der Pivotregel alle 2^n Ecken durchläuft.

Sei $\mu \in [0,1/2]$. Gegeben sei die lineare Optimierungsaufgabe

---

[40] Professionelle Codes lösen heutzutage routinemäßig LP-Aufgaben mit Millionen von Variablen bzw. Restriktionen, jedenfalls wenn diese, wie in der Praxis üblich, dünn besetzt sind. Natürlich wird irgendwann der benötigte Speicherplatz zur Kodierung der Instanz und der entsprechende Plattenzugriff zum Engpass, und auch eine stabile und verlässliche Numerik ist keinesfalls trivial. Über den erstaunlichen Fortschritt bei der praktischen Lösung linearer Optimierungsaufgaben gibt *Robert E. Bixby* (geb. 1945), der 'Vater' des höchst erfolgreichen Optimierungstools CPLEX in seiner Arbeit 'Solving real-world linear programms: A decade and more of progress, Operations Research 50 (2002), 3 – 15' Auskunft.

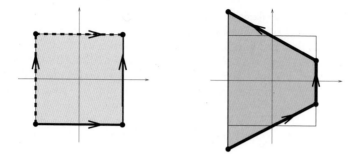

5.18 Abbildung. Quadrat P (links) und Trapez Q (rechts) mit aufsteigenden Pfaden von der Startecke $(-1, -1)^T$ zur optimalen Ecke $(1,1)^T$ bzw. $(-1,1)^T$.

$$\max \ \xi_n$$

$$
\begin{array}{rcrcll}
\xi_1 & & & & \leq & 1 \\
-\xi_1 & & & & \leq & 1 \\
\mu\xi_1 & + & \xi_2 & & \leq & 1 \\
\mu\xi_1 & - & \xi_2 & & \leq & 1 \\
& & \mu\xi_2 & + & \xi_3 & \leq & 1 \\
& & \mu\xi_2 & - & \xi_3 & \leq & 1 \\
& & & \ddots & & & \ddots & & \vdots \\
& & & & \mu\xi_{n-1} & + & \xi_n & \leq & 1 \\
& & & & \mu\xi_{n-1} & - & \xi_n & \leq & 1.
\end{array}
$$

Der zulässige Bereich $P(\mu)$ ist also definiert durch

$$-1 \leq \xi_1 \leq 1 \quad \wedge \quad -1 + \mu\xi_{j-1} \leq \xi_j \leq 1 - \mu\xi_{j-1} \quad \big(j \in [n] \setminus \{1\}\big).$$

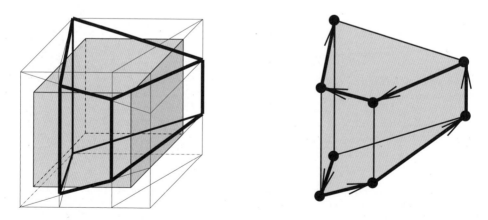

5.19 Abbildung. Ein Beispiel für $P(\mu)$ im $\mathbb{R}^3$ (mit $\mu = 3/7$). Links: Konstruktion durch Drehen von Facettenebenen; Rechts: aufsteigender Kantenpfad durch alle 8 Ecken von $P(\mu)$.

Es gilt $P(0) = [-1,1]^n$. Für $\mu > 0$ geht $P(\mu)$ aus dem Einheitswürfel durch Drehen der Restriktionshyperebenen um entsprechende $(n-2)$-dimensionale Achsen (parallel zu $(n-2)$-dimensionalen Koordinatenräumen) hervor. Im Folgenden halten wir μ fest[41] mit

$$0 < \mu \leq \frac{1}{2}$$

und benutzen die Bezeichnungen $P := P(\mu)$ und $A := A(\mu)$ für den zulässigen Bereich und die Koeffizientenmatrix der obigen Aufgabe sowie φ für die durch $x \mapsto \xi_n$ gegebene Zielfunktion.

Im Folgenden identifizieren wir zunächst die Ecken von P und ihre zugehörigen Basen. Danach bestimmen wir alle Kanten sowie die an jeder Ecke zur Auswahl stehenden Verbesserungskanten. Wir beginnen mit einer einfachen Abschätzung.

5.5.2 Lemma. *Seien* $x := (\xi_1, \ldots, \xi_n)^T \in P$ *und* $j \in [n]$. *Dann gilt*

$$-\frac{1-\mu^j}{1-\mu} \leq \xi_j \leq \frac{1-\mu^j}{1-\mu}.$$

Beweis: Wir zeigen die Behauptung mittels vollständiger Induktion nach j. Die Aussage ist korrekt für $j = 1$. Sei nun $j \geq 2$, und wir nehmen an, dass die Ungleichungen bereits für kleinere Indizes bewiesen sind. Dann gilt

$$-\frac{1-\mu^j}{1-\mu} = -1 - \mu\frac{1-\mu^{j-1}}{1-\mu} \leq -1 + \mu\xi_{j-1} \leq \xi_j \leq 1 - \mu\xi_{j-1} \leq 1 + \mu\frac{1-\mu^{j-1}}{1-\mu} = \frac{1-\mu^j}{1-\mu},$$

und es folgt die Behauptung. $\qquad\square$

Wir untersuchen jetzt die Ecken von P genauer. Hierfür verwenden wir die folgende Notation.

5.5.3 Notation. *Für* $s := (\sigma_1, \ldots, \sigma_n)^T \in \{-1,1\}^n$ *sei*

$$B_s := \begin{pmatrix} \sigma_1 & 0 & 0 & \ldots & 0 \\ \mu & \sigma_2 & 0 & \ldots & 0 \\ 0 & \mu & \sigma_3 & & 0 \\ \vdots & & \ddots & \ddots & \\ 0 & 0 & 0 & \mu & \sigma_n. \end{pmatrix}$$

Man beachte, dass $|\det(B_s)| = 1$ gilt, jede der Matrizen B_s also regulär ist.

5.5.4 Lemma. *Sei* v *eine Ecke von* P. *Dann existiert ein* $s \in \{-1,1\}^n$ *mit* $v = B_s^{-1}\mathbb{1}$.

Beweis: Sei $A_B x = \mathbb{1}$ eine zu v gehörige Basisgleichung. Da $\text{rang}(A_B) = n$ gilt, kann A_B nicht beide Zeilen u_1^T und $-u_1^T$ enthalten. Ist für jeden Index $j \in \{2,\ldots,n\}$ genau eine der beiden Zeilen $(\mu u_{j-1}^T + u_j^T)$ bzw. $(\mu u_{j-1}^T - u_j^T)$ in A_B enthalten, so ist A_B von der behaupteten Form. Andernfalls gibt es einen Index $j \in \{2,\ldots,n\}$, so dass A_B die beiden Zeilen $(\mu u_{j-1}^T \pm u_j^T)$ enthält. Durch Addition der entsprechenden Gleichungen des Systems $A_B x = \mathbb{1}$ erhalten wir $\mu\xi_{j-1} = 1$, und es folgt mit $\mu \in]0,\frac{1}{2}]$

---

[41] Wir könnten die gesamte Konstruktion gleich mit $\mu = 1/2$ durchführen. Wir benutzen aber dennoch den Parameter μ, um die Struktur der relevanten Daten deutlicher zu machen.

$$\xi_{j-1} - \frac{1-\mu^{j-1}}{1-\mu} = \frac{1}{\mu} - \frac{1-\mu^{j-1}}{1-\mu} = \frac{1-2\mu+\mu^j}{\mu(1-\mu)} \geq \frac{\mu^j}{\mu(1-\mu)} > 0,$$

d.h.

$$\xi_{j-1} = \frac{1}{\mu} > \frac{1-\mu^{j-1}}{1-\mu},$$

im Widerspruch zu Lemma 5.5.2. Somit enthält A_B für jedes $k \in [n]$ jeweils genau eine der Zeilen mit Indizes aus $\{2k-1, 2k\}$, ist also von der behaupteten Form. $\qquad\square$

Im folgenden Lemma berechnen wir B_s^{-1}. Hiermit kann man dann leicht die Ecken und Kanten von P explizit bestimmen.

5.5.5 Lemma. *Sei* $s := (\sigma_1, \ldots, \sigma_n)^T \in \{-1,1\}^n$, *die Matrix* $R_s := (\rho_{i,j})_{i,j\in[n]} \in \mathbb{R}^{n\times n}$ *sei definiert durch*

$$\rho_{i,j} := \begin{cases} 0 & \text{für } j \geq i+1; \\ (-\mu)^{i-j} \prod_{l=j}^{i} \sigma_l & \text{für } j \leq i, \end{cases}$$

und es sei

$$v(s) := \big(\nu_1(s), \ldots, \nu_n(s)\big)^T := B_s^{-1}\mathbb{1}.$$

Dann gilt

$$B_s^{-1} = R_s \quad \wedge \quad \nu_j(s) = \sum_{i=0}^{j-1}(-1)^i \left(\prod_{l=0}^{i}\sigma_{j-l}\right)\mu^i \quad (j \in [n]).$$

Beweis: Mit $B_s =: (\beta_{i,j})_{i,j\in[n]}$ und $(\omega_{i,j})_{i,j\in[n]} := B_s R_s$ gilt

$$\omega_{1,1} = \sigma_1\rho_{1,1} = \sigma_1^2 = 1 \quad \wedge \quad \omega_{1,j} = \sigma_1\rho_{1,j} = 0 \quad (j \in [n]\setminus\{1\})$$

sowie für $i \in [n]\setminus\{1\}$ und $j \in [n]$

$$\omega_{i,j} = \sum_{l=1}^{n}\beta_{i,l}\rho_{l,j} = \beta_{i,i-1}\rho_{i-1,j} + \beta_{i,i}\rho_{i,j} = \mu\rho_{i-1,j} + \sigma_i\rho_{i,j}.$$

Es folgt

$$\omega_{i,j} = 0 \quad (j \geq i+1) \quad \wedge \quad \omega_{i,i} = \sigma_i^2 = 1$$

sowie für $j \leq i-1$

$$\omega_{i,j} = \mu\rho_{i-1,j} + \sigma_i\rho_{i,j} = \mu(-\mu)^{i-1-j}\prod_{l=j}^{i-1}\sigma_l + \sigma_i(-\mu)^{i-j}\prod_{l=j}^{i}\sigma_l$$

$$= (-1)^{i-1-j}\mu^{i-j}\prod_{l=j}^{i-1}\sigma_l + \sigma_i^2(-1)^{i-j}\mu^{i-j}\prod_{l=j}^{i-1}\sigma_l = 0.$$

Es gilt also $B_s R_s = E_n$.

Zum Beweis der zweiten Aussage sei $j \in [n]$. Dann gilt $\nu_j(s) = u_j^T B_s^{-1}\mathbb{1}$ und damit

$$\nu_j(s) = \sum_{k=1}^{n} \rho_{j,k} = \sum_{k=1}^{j}(-\mu)^{j-k} \prod_{l=k}^{j}\sigma_l = \sum_{i=0}^{j-1}(-\mu)^i \prod_{l=j-i}^{j}\sigma_l = \sum_{i=0}^{j-1}(-\mu)^i \prod_{l=0}^{i}\sigma_{j-l}.$$

Insgesamt folgt damit die Behauptung. □

Das nächste Lemma zeigt, dass alle Punkte $v(s)$ tatsächlich Ecken von P und auch regulär sind. Daher erhalten wir dann nach Lemma 5.3.12 aus den Spalten von $-B_s^{-1}$ gemäß Lemma 5.5.5 auch Richtungsvektoren für alle Kanten von P. Im nachfolgenden Lemma wird zusätzlich eine Charakterisierung der Kanten mittels der zugehörigen 'Vorzeichenvektoren' s der beteiligten Ecken gegeben.

5.5.6 Lemma. (a) Für jedes $s \in \{-1,1\}^n$ ist $v(s)$ eine reguläre Ecke von P.

(b) Seien $s_1, s_2 \in \{-1,1\}^n$. Dann ist $\operatorname{conv}(\{v(s_1), v(s_2)\})$ genau dann eine Kante von P, wenn es ein $j \in [n]$ gibt mit $s_1 - s_2 \in \{-2u_j, 2u_j\}$, d.h. wenn sich s_1 und s_2 in genau einer Komponente unterscheiden.

Beweis: Seien $s := (\sigma_1, \ldots, \sigma_n)^T$ und $t := (\tau_1, \ldots, \tau_n)^T \in \{-1,1\}^n$. Wir bestimmen $B_t v(s)$. Es ist

$$u_1^T B_t v(s) = \tau_1 \nu_1(s) = \tau_1 \sigma_1 \in \{-1,1\}.$$

Sei also nun $j \in [n] \setminus \{1\}$. Dann gilt nach Lemma 5.5.5

$$u_j^T B_t v(s) = \mu \nu_{j-1}(s) + \tau_j \nu_j(s)$$

$$= \sum_{i=0}^{j-2}(-1)^i \left(\prod_{l=0}^{i}\sigma_{j-1-l}\right)\mu^{i+1} + \tau_j \sum_{i=0}^{j-1}(-1)^i \left(\prod_{l=0}^{i}\sigma_{j-l}\right)\mu^i$$

$$= \sum_{i=0}^{j-2}(-1)^i \left(\prod_{l=0}^{i}\sigma_{j-1-l}\right)\mu^{i+1} + \tau_j\sigma_j + \tau_j \sum_{i=1}^{j-1}(-1)^i \left(\prod_{l=0}^{i}\sigma_{j-l}\right)\mu^i$$

$$= \sum_{i=0}^{j-2}(-1)^i \left(\prod_{l=1}^{i+1}\sigma_{j-l}\right)\mu^{i+1} + \tau_j\sigma_j - \tau_j \sum_{i=0}^{j-2}(-1)^i \left(\prod_{l=0}^{i+1}\sigma_{j-l}\right)\mu^{i+1}$$

$$= \tau_j\sigma_j + \sum_{i=0}^{j-2}(-1)^i \left(\prod_{l=1}^{i+1}\sigma_{j-l} - \tau_j\prod_{l=0}^{i+1}\sigma_{j-l}\right)\mu^{i+1}$$

$$= \tau_j\sigma_j + \left(1 - \tau_j\sigma_j\right) \cdot \sum_{i=0}^{j-2}(-1)^i \left(\prod_{l=1}^{i+1}\sigma_{j-l}\right)\mu^{i+1}.$$

Für $\tau_j = \sigma_j$ gilt somit $u_j^T B_t v(s) = 1$; für $\tau_j \neq \sigma_j$ folgt $\tau_j = -\sigma_j$ und damit

$$u_j^T B_t v(s) = -1 + 2 \cdot \sum_{i=0}^{j-2}(-1)^i \left(\prod_{l=1}^{i+1}\sigma_{j-l}\right)\mu^{i+1} \leq -1 + 2 \cdot \sum_{i=0}^{j-2}\mu^{i+1}$$

$$\leq -1 + \sum_{i=0}^{j-2}\frac{1}{2^i} = -1 + 2\left(1 - \frac{1}{2^{j-1}}\right) = 1 - \frac{1}{2^{j-2}} < 1.$$

Daher erfüllt $v(s)$ genau die zu B_s gehörigen Restriktionen mit Gleichheit, alle übrigen sogar strikt. Insgesamt folgt (a).

Zum Beweis von (b) sei $s_1 \neq s_2$. Die beiden Ecken $v(s_1)$ und $v(s_2)$ sind genau dann durch eine Kante verbunden, wenn $v(s_2)$ alle bis auf genau eine der Basisrestriktionen von $v(s_1)$ mit Gleichheit erfüllt. Anwendung der bereits bewiesenen Ungleichung mit $s = s_1$ und $t = s_2$ zeigt, dass das genau dann der Fall ist, wenn sich s_1 und s_2 in genau einer Komponente unterscheiden. $\qquad\square$

Nach Lemma 5.5.6 hat P also 2^n Ecken und $n2^{n-1}$ Kanten. Tatsächlich ist P ein (dem Einheitswürfel 'kombinatorisch äquivalenter') 'verzerrter Würfel'.

5.5.7 Bezeichnung. *Das Polytop P wird **Klee-Minty**[42]-**Würfel** genannt.*

Um zu zeigen, dass es tatsächlich einen aufsteigenden Kantenpfad in P gibt, der alle Ecken durchläuft, betrachten wir nun zunächst die Zielfunktionswerte $c^T v(s) = \nu_n(s)$ der Ecken genauer. Der Fall $j = n$ in Lemma 5.5.5 stellt diese letzten Komponenten als Polynome

$$\sum_{i=0}^{n-1} (-1)^i \left(\prod_{l=0}^{i} \sigma_{n-l} \right) \mu^i$$

in μ dar. Es zeigt sich, dass es uns die Wahl von μ in $]0,1/2]$ ermöglicht, mit den Koeffizienten der Monome μ^i zu argumentieren.[43] Wir verwenden die folgende Notation.

5.5.8 Notation. *Für $s := (\sigma_1,\ldots,\sigma_n)^T \in \{-1,1\}^n$ seien*

$$\kappa_i(s) := (-1)^i \prod_{l=0}^{i} \sigma_{n-l} \quad (i = 0,\ldots,n-1) \qquad \wedge \qquad q(s) := \big(\kappa_0(s),\ldots,\kappa_{n-1}(s)\big)^T.$$

Im Folgenden ist $\prec$ wieder die lexikographische Standardordnung gemäß Definition 5.4.20.

5.5.9 Lemma. *Seien $s := (\sigma_1,\ldots,\sigma_n)^T$ und $t := (\tau_1,\ldots,\tau_n)^T \in \{-1,1\}^n$ mit $s \neq t$. Dann gilt*

$$\varphi\big(v(s)\big) \neq \varphi\big(v(t)\big)$$

sowie

$$\varphi\big(v(s)\big) < \varphi\big(v(t)\big) \quad \Longleftrightarrow \quad q(s) \prec q(t).$$

Beweis: Nach Lemma 5.5.5 gilt

$$\varphi\big(v(t)\big) - \varphi\big(v(s)\big) = \sum_{i=0}^{n-1} (-1)^i \left(\prod_{l=0}^{i} \tau_{n-l} - \prod_{l=0}^{i} \sigma_{n-l} \right) \mu^i = \sum_{i=0}^{n-1} \big(\kappa_i(t) - \kappa_i(s)\big) \mu^i.$$

Für $k \in \{0,1,\ldots,n-1\}$ folgt mit $0 < \mu \leq 1/2$

$$\left| \sum_{i=k+1}^{n-1} \big(\kappa_i(t) - \kappa_i(s)\big) \mu^i \right| \leq \sum_{i=k+1}^{n-1} \big|\kappa_i(t) - \kappa_i(s)\big| \mu^i \leq 2 \sum_{i=k+1}^{n-1} \mu^i = 2\mu^{k+1} \frac{1 - \mu^{n-k-1}}{1 - \mu}$$

$$= 2\frac{\mu}{1-\mu} \mu^k (1 - \mu^{n-k-1}) \leq 2\mu^k \big(1 - \mu^{n-k-1}\big).$$

---

[42] Victor LaRue Klee, 1925 – 2007; Georg James Minty, 1929 – 1986.

[43] Hier sehen wir einen weiteren Grund, warum wir mit μ als Parameter arbeiten: Die Argumentation knüpft so natürlich an unsere Überlegungen der letzten Sektion an.

Sei nun k der Index der kleinsten Komponente, in der sich $q(t)$ und $q(s)$ unterscheiden. Dann gilt

$$\varphi\big(v(t)\big) - \varphi\big(v(s)\big) = \big(\kappa_k(t) - \kappa_k(s)\big)\mu^k + \sum_{i=k+1}^{n-1} \big(\kappa_i(t) - \kappa_i(s)\big)\mu^i,$$

und es folgt

$$\Big|\varphi\big(v(t)\big) - \varphi\big(v(s)\big)\Big| \geq \Big|\big|(\kappa_k(t) - \kappa_k(s))\mu^k\big| - \big|2\mu^k(1 - \mu^{n-k-1})\big|\Big|$$
$$= \big|2\mu^k - 2\mu^k(1 - \mu^{n-k-1})\big| = 2\mu^{n-1} > 0.$$

Insbesondere gilt somit $\varphi\big(v(t)\big) \neq \varphi\big(v(s)\big)$. Ferner ist für $\kappa_k(t) > \kappa_k(s)$

$$\varphi\big(v(t)\big) - \varphi\big(v(s)\big) \geq \big(\kappa_k(t) - \kappa_k(s)\big)\mu^k - 2\mu^k\big(1 - \mu^{n-k-1}\big)$$
$$= 2\mu^k - 2\mu^k\big(1 - \mu^{n-k-1}\big) = 2\mu^{n-1} > 0$$

und für $\kappa_k(t) < \kappa_k(s)$

$$\varphi\big(v(t)\big) - \varphi\big(v(s)\big) \leq \big(\kappa_k(t) - \kappa_k(s)\big)\mu^k + 2\mu^k\big(1 - \mu^{n-k-1}\big)$$
$$= -2\mu^k + 2\mu^k\big(1 - \mu^{n-k-1}\big) = -2\mu^{n-1} < 0.$$

Insgesamt folgt damit die Behauptung. $\qquad\qquad\qquad\qquad\qquad\qquad\qquad\square$

Nach Lemma 5.5.9 haben alle 2^n Ecken verschiedene Zielfunktionswerte, und wir können diese in einer lexikographischen Ordnung der Vektoren q anordnen. Das folgende Lemma zeigt nun, dass hierdurch ein aufsteigender Kantenzug durch alle Ecken definiert wird. Man beachte, dass die Komponenten von $q(s)$ entsprechend der Grade der zugehörigen Monome die Indizes $0,1,\ldots,n-1$ haben.

5.5.10 Lemma. *Seien* $s := (\sigma_1,\ldots,\sigma_n)^T$ *und* $t := (\tau_1,\ldots,\tau_n)^T \in \{-1,1\}^n$ *mit* $q(s) \prec q(t)$, *und es gebe kein* $r \in \{-1,1\}^n$ *mit* $q(s) \prec q(r) \prec q(t)$. *Ist* k *der Index der ersten von* 0 *verschiedenen Komponente von* $q(t) - q(s)$, *so gilt* $t - s \in \{-2u_{n-k}, 2u_{n-k}\}$, *d.h.* t *entsteht aus* s *durch Wechsel des Vorzeichens der* $(n-k)$-*ten Komponente. Der Index* $n-k$ *ist minimal unter allen Indizes* $l \in [n]$, *so dass der Wechsel der* l-*ten Komponente von* s *eine Ecke von* P *mit größerem Zielfunktionswert generiert.*

Beweis: Es gilt

$$\kappa_0(t) = \kappa_0(s) \quad \wedge \quad \ldots \quad \wedge \quad \kappa_{k-1}(t) = \kappa_{k-1}(s) \quad \wedge \quad \kappa_k(t) = 1 > -1 = \kappa_k(s).$$

Angenommen, es gäbe einen Index $l \in \{k+1,\ldots,n-1\}$ mit $\kappa_l(t) = 1$ oder $\kappa_l(s) = -1$. Im ersten Fall wäre

$$q(t) \succ \big(\kappa_0(t),\ldots,\kappa_{l-1}(t), -1, \kappa_{l+1}(t)\ldots,\kappa_{n-1}(t)\big)^T \succ q(s),$$

im zweiten

$$q(t) \succ \big(\kappa_0(s),\ldots,\kappa_{l-1}(s), 1, \kappa_{l+1}(s)\ldots,\kappa_{n-1}(s)\big)^T \succ q(s),$$

jeweils im Widerspruch zur Voraussetzung, dass $q(t)$ der lexikographische Nachfolger von $q(s)$ ist. Somit gilt mit $\kappa_i(t) = \kappa_i(s) = \kappa_i$ für $i = 0,\ldots,k-1$

$$q(t) = \left(\kappa_0, \ldots, \kappa_{k-1}, +1, -1, \ldots, -1\right)^T \quad \wedge \quad q(s) = \left(\kappa_0, \ldots, \kappa_{k-1}, -1, +1, \ldots, +1\right)^T.$$

Nun ist für $i = 0, \ldots, n-1$

$$\kappa_i(t) - \kappa_i(s) = (-1)^i \left(\prod_{l=0}^{i} \tau_{n-l} - \prod_{l=0}^{i} \sigma_{n-l} \right).$$

Somit folgt für $i = 0, \ldots, k-1$

$$\prod_{l=0}^{i} \tau_{n-l} = \prod_{l=0}^{i} \sigma_{n-l}$$

und damit sukzessive

$$\tau_n = \sigma_n \quad \wedge \quad \ldots \quad \wedge \quad \tau_{n-k+1} = \sigma_{n-k+1}.$$

Ferner gilt

$$2 = \kappa_k(t) - \kappa_k(s) = (-1)^k \left(\tau_{n-k} - \sigma_{n-k} \right) \prod_{l=0}^{k-1} \tau_{n-l},$$

und das impliziert

$$\tau_{n-k} = -\sigma_{n-k}.$$

Für $i = k+1, \ldots, n-1$ erhalten wir abschließend

$$-2 = \kappa_i(t) - \kappa_i(s) = (-1)^i \prod_{l=0}^{k-1} \tau_{n-l} \left(\tau_{n-k} \prod_{l=k+1}^{i} \tau_{n-l} - \sigma_{n-k} \prod_{l=k+1}^{i} \sigma_{n-l} \right)$$

$$= (-1)^i \prod_{l=0}^{k} \tau_{n-l} \left(\prod_{l=k+1}^{i} \tau_{n-l} + \prod_{l=k+1}^{i} \sigma_{n-l} \right),$$

und es folgt sukzessive

$$\tau_{n-k-1} = \sigma_{n-k-1} \quad \wedge \quad \ldots \quad \wedge \quad \tau_1 = \sigma_1.$$

Insgesamt ist somit bewiesen, dass t aus s durch Wechsel des Vorzeichens der $(n-k)$-ten Komponente entsteht.

Wir zeigen nun abschließend, dass dieses der Wechsel mit kleinstem Index ist, der den Zielfunktionswert verbessert. Sei daher $l \in [n]$ mit $l < n-k$, und setze

$$\hat{k} := n-l \quad \wedge \quad \hat{\tau}_i := \sigma_i \quad (i \in [n] \setminus \{\hat{k}\}) \quad \wedge \quad \hat{\tau}_{\hat{k}} := -\sigma_{\hat{k}} \quad \wedge \quad \hat{t} := (\hat{\tau}_1, \ldots, \hat{\tau}_n)^T.$$

Mit

$$\hat{k} > k \quad \wedge \quad q(s) = \left(\kappa_0, \ldots, \kappa_{k-1}, -1, +1, \ldots, +1\right)^T.$$

folgt $\sigma_{\hat{k}} = 1$, also $\hat{\tau}_{\hat{k}} = -1$ und damit

$$q(s) \succ q(\hat{t}).$$

Der entsprechende Wechsel verkleinert somit nach Lemma 5.5.9 den Zielfunktionswert, ist also im Simplex-Algorithmus nicht zulässig. Insgesamt ist damit die Behauptung bewiesen. □

Man beachte, dass der Wechsel des Vorzeichens der $(n-k)$-ten Komponente von s zu t einem Basisaustausch der Restriktionen $\mu\xi_{n-k-1} + \xi_{n-k} \leq 1$ und $\mu\xi_{n-k-1} - \xi_{n-k} \leq 1$ entspricht. Da jede Ecke regulär ist, die Kante $\mathrm{conv}(\{v(s),v(t)\})$ also in einer Kante des Basiskegels $S(B_s)$ liegt und durch den Übergang zu $v(t)$ der Zielfunktionswert steigt, liegt bei diesem Austausch tatsächlich ein zulässiger Schritt des Simplex-Algorithmus vor.

5.5.11 Beispiel. *Wir betrachten die Vektoren $v(s)$ und $q(s)$ aus Lemma 5.5.5 bzw. Notation 5.5.8 für den Klee-Minty Würfel im $\mathbb{R}^2$; vgl. Abbildung 5.18 (rechts).[44] Für $s := (\sigma_1,\sigma_2)^T \in \{-1,1\}^2$ gilt*

$$v(s) = \begin{pmatrix} \sigma_1 \\ \sigma_2(1 - \sigma_1\mu) \end{pmatrix} \quad \wedge \quad q(s) = \begin{pmatrix} \sigma_2 \\ -\sigma_1\sigma_2 \end{pmatrix}.$$

Damit erhalten wir für $\mu = 1/2$

$$v(-1,-1) = \begin{pmatrix} -1 \\ -3/2 \end{pmatrix} \quad \wedge \quad v(+1,-1) = \begin{pmatrix} +1 \\ -1/2 \end{pmatrix}$$

$$v(+1,+1) = \begin{pmatrix} +1 \\ +1/2 \end{pmatrix} \quad \wedge \quad v(-1,+1) = \begin{pmatrix} -1 \\ +3/2 \end{pmatrix}$$

sowie

$$q(-1,-1) = \begin{pmatrix} -1 \\ -1 \end{pmatrix} \quad \wedge \quad q(+1,-1) = \begin{pmatrix} -1 \\ +1 \end{pmatrix}$$

$$q(+1,+1) = \begin{pmatrix} +1 \\ -1 \end{pmatrix} \quad \wedge \quad q(-1,+1) = \begin{pmatrix} +1 \\ +1 \end{pmatrix}.$$

Die Vektoren $v(s)$ sind also die Ecken von P in aufsteigender Reihenfolge, und die Vektoren $q(s)$ sind lexikographisch wachsend. Die zugehörige Sequenz der Vektoren s ist

$$s_1 := \begin{pmatrix} -1 \\ -1 \end{pmatrix} \quad \wedge \quad s_2 := \begin{pmatrix} 1 \\ -1 \end{pmatrix} \quad \wedge \quad s_3 := \begin{pmatrix} 1 \\ 1 \end{pmatrix} \quad \wedge \quad s_4 := \begin{pmatrix} -1 \\ 1 \end{pmatrix}.$$

Der Übergang von einer Ecke zur nächsten im konstruierten Kantenzug wird sukzessive jeweils durch den erstmöglichen zulässigen Vorzeichenwechsel realisiert.

Fassen wir die Ergebnisse der allgemeinen Konstruktion zusammen, so erhalten wir den folgenden Satz.

5.5.12 Satz. *(Beispiel von Klee und Minty)*
Bei entsprechender Wahl der Pivotpaare kann der Simplex-Algorithmus für eine LP-Aufgabe mit $2n$ Restriktionen im $\mathbb{R}^n$ (und ausschließlich regulären Ecken) genau $2^n - 1$ Verbesserungsschritte durchlaufen.

Beweis: Nach den Lemmata 5.5.4 und 5.5.6 sind genau die 2^n Vektoren $v(s)$ für $s \in \{-1,1\}^n$ Ecken von P, und sie sind sämtlich regulär. Ferner sind alle Kanten von P von der Form $\mathrm{conv}(\{v(s_1),v(s_2)\})$, wobei sich $s_1,s_2 \in \{-1,1\}^n$ genau in einer Komponente unterscheiden. Nach Lemma 5.5.10 gibt es einen in $v(-\mathbb{1})$ beginnenden, aufsteigenden Kantenpfad, der jede Ecke von P durchläuft. Da alle Ecken regulär sind, gibt es eine Pivotregel, nach der der Simplex-Algorithmus gerade diesen Pfad durchläuft. □

---

[44] Man beachte jedoch, dass in Beispiel 5.5.1 eine (marginal) andere Zielfunktion zugrunde lag als im Klee-Minty-Beispiel.

Natürlich kann man einwenden, dass die Satz 5.5.12 zugrunde liegende Pivotregel offenbar nur dazu gemacht ist, um den Simplex-Algorithmus schlecht aussehen zu lassen. Sie wurde ja auch speziell mit Hilfe des konstruierten aufsteigenden Kantenzugs durch alle Ecken des Klee-Minty-Würfels definiert. Tatsächlich ist dieser Einwand jedoch unbegründet. Dasselbe Beispiel funktioniert etwa auch mit Dantzigs ursprünglicher Regel lokal maximalen Fortschritts; vgl. Bezeichnung 5.3.18. Als Korollar zu Satz 5.5.12 (und, um zu zeigen, wie sehr das durchaus suggestive Kriterium lokal maximalen Fortschritts von der konkreten Darstellung des zulässigen Bereichs eines linearen Programms abhängt) geben wir den Beweis hier kurz an.

5.5.13 Korollar. *Es gibt eine LP-Aufgabe mit $2n$ Restriktionen im $\mathbb{R}^n$ (und ausschließlich regulären Ecken), für die der Simplex-Algorithmus mit der Regel des lokal maximalen Fortschritts $2^n - 1$ Verbesserungsschritte durchläuft.*

Beweis: Wir verwenden dieselbe geometrische Konstruktion in demselben Polytop P wie in Satz 5.5.12, allerdings mit einer anderen $\mathcal{H}$-Darstellung von P. Der konstruierte aufsteigende Kantenpfad, der jede Ecke von P durchläuft, beginnt mit $v(-\mathbb{1})$ als Startecke und folgt nach Lemma 5.5.10 der Regel, immer den erstmöglichen Basistausch, d.h. den mit kleinstem Index durchzuführen. Durch Multiplikation der Restriktionsungleichungen mit geeigneten positiven Skalaren sorgen wir nun dafür, dass die erste zur Verfügung stehende Verbesserungskante stets die mit größtem Wert $-u_n^T B_s^{-1} u_k$ ist.

Für $j \in [n]$ multiplizieren wir die Ungleichungen $\mu \xi_{j-1} \pm \xi_j \leq 1$ mit $\mu^{-2(j-1)}$, d.h. wir gehen zu dem neuen Ungleichungssystem

$$\pm \xi_1 \leq 1 \quad \wedge \quad \frac{1}{\mu^{2(j-1)-1}} \xi_{j-1} \pm \frac{1}{\mu^{2(j-1)}} \xi_j \leq \frac{1}{\mu^{2(j-1)}} \quad (j \in [n] \setminus \{1\})$$

über. Durch diese andere Darstellung ändert sich natürlich weder etwas an P noch an dem vorher konstruierten Kantenzug. Wir bezeichnen die Basismatrizen des neuen Systems mit $\bar{B}_s$. Um die Auswahl der Verbesserungskante vornehmen zu können, benötigen wir die Inverse $\bar{B}_s^{-1}$. Für $i,j \in [n]$ gilt

$$u_i^T \bar{B}_s B_s^{-1} u_j = \frac{1}{\mu^{2(i-1)}} u_i^T B_s B_s^{-1} u_j = \frac{1}{\mu^{2(i-1)}} u_i^T E_j u_j,$$

also

$$\bar{B}_s^{-1} u_j = \mu^{2(j-1)} B_s^{-1} u_j.$$

Insbesondere folgt daher mit Lemma 5.5.5 für die 'lokal möglichen Fortschritte', d.h. für die Zielfunktionswerte der Spalten von $\bar{B}_s^{-1}$

$$-u_n^T \bar{B}_s^{-1} u_j = (-1)^{n-j+1} \mu^{n+j-2} \prod_{l=j}^{n} \sigma_l.$$

Zulässig sind dabei nur solche Indizes $j \in [n]$, für die $-u_n^T \bar{B}_s^{-1} u_j > 0$ gilt. Da aber

$$\left| -u_n^T \bar{B}_s^{-1} u_j \right| = \mu^{n+j-2}$$

streng monoton in j fällt, wird nach der Regel des lokal maximalen Fortschritts in jedem Pivotschritt die erste mögliche Wahl für den Basiswechsel getroffen. Der erzeugte aufsteigende Kantenpfad stimmt also mit dem aus Satz 5.5.12 überein. Hiermit folgt die Behauptung. $\qquad\square$

Gibt es denn wirklich keine Pivotregel, die stets einen kurzen 'Simplex-Pfad' garantiert, wenn einer existiert? Jedenfalls ist keine bekannt! Für jede bislang vorgeschlagene Pivotregel konnten Beispiele konstruiert werden, in denen der Simplex-Algorithmus exponentiell viele Schritte benötigen kann. Bis heute ist es *die* zentrale offene Frage der linearen Optimierung, ob es eine Pivotregel gibt, für die der Simplex-Algorithmus stets signifikant besser ist.

5.5.14 Forschungsproblem. *Gibt es eine Pivotregel, mit der der Simplex-Algorithmus jede durch (m,n,A,b,c) spezifizierte Aufgabe in einer Anzahl von Schritten löst, die durch ein Polynom in m und n beschränkt ist?*

Kombinatorischer Durchmesser von Polyedern und Hirsch-Vermutung: Die Antwort zu Forschungsproblem 5.5.14 kann höchstens dann positiv sein, wenn in $\mathcal{H}$-Polytopen zwischen je zwei Ecken stets Kantenzüge polynomieller Länge *existieren*. Diese Frage führt zu einem fundamentalen Problem der Polyedertheorie, das wir als Abschluss dieser Sektion nun kurz einführen. Hier ist der zentralen Begriff des (kombinatorischen) Durchmessers von Polyedern.

5.5.15 Definition. *Sei P ein nichtleeres geradenfreies Polyeder.*

(a) *Seien v,w Ecken von P. Der **Abstand** $\delta(v,w)$ von v und w ist das Minimum aller k, so dass v und w durch einen Kantenpfad der Länge k im 1-Skelett von P verbunden sind.*

(b) *Das Maximum*
$$\Delta(P) := \max\big\{\delta(v,w) : v,w \in \mathrm{ext}(P)\big\}$$
*der Abstände von zwei Ecken von P wird **(kombinatorischer) Durchmesser** von P genannt.*

(c) *$\Delta(n,m)$ bzw. $\Delta_{\mathrm{u}}(n,m)$ bezeichnen das Maximum aller $\Delta(P)$ für n-dimensionale Polytope bzw. geradenfreie Polyeder P im $\mathbb{R}^n$ mit höchstens m Facetten. (Gibt es kein solches Polytop bzw. Polyeder[45], so wird $\Delta(n,m)$ bzw. $\Delta_{\mathrm{u}}(n,m)$ gleich 0 gesetzt.)*

Offenbar ist $\Delta_{\mathrm{u}}(n,m)$ eine obere Schranke für $\Delta(n,m)$.

5.5.16 Bemerkung. $\Delta(n,m) \leq \Delta_{\mathrm{u}}(n,m)$.

Der Durchmesser von Polyedern liefert eine untere Schranke für die Länge aufsteigender Kantenpfade von einer Startecke zu einer optimalen Ecke bzw. mit einer zusätzlichen letzten unbeschränkten Kante 'nach ∞' und damit natürlich auch für die Laufzeit des Simplex-Algorithmus bei Anwendung jeder beliebigen Pivotregel; man vgl. Abbildung 5.20.

Der Klee-Minty-Würfel zeigt, dass bei Verwendung gängiger Pivotregeln exponentiell lange aufsteigende Kantenpfade durchlaufen werden können, obwohl der Durchmesser des zulässigen Bereichs klein ist.

5.5.17 Bemerkung. *Der Klee-Minty-Würfel im $\mathbb{R}^n$ hat Durchmesser n.*

---

[45] Ist $m \leq n-1$, so ist P entweder leer oder $\mathrm{ls}(P) \neq \{0\}$; vgl. Bemerkung 4.3.14.

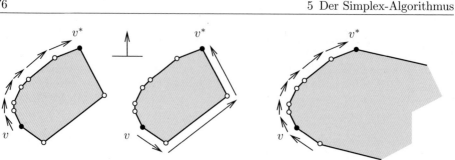

5.20 Abbildung. Polytop P im $\mathbb{R}^2$ (links und Mitte) und Polyeder Q, lineare Zielfunktion, Startecke v und optimale Ecke v^* (schwarze Punkte). Links: kürzester *aufsteigender* Kantenpfad von v zu v^* in P; Mitte: kürzester Kantenpfad von v zu v^* in P; Rechts: Die unbeschränkten Kanten von Q 'zerstören' die 'Abkürzung' in P; es gilt $\Delta(Q) = 7$.

Beweis: Die Aussage folgt aus Lemma 5.5.6. Tatsächlich unterscheiden sich zwei Ecken $v(s)$ und $v(t)$ des Klee-Minty-Würfels P lediglich durch ihre 'Vorzeichenvektoren' $s,t \in \{-1,1\}^n$. Ferner gibt es ein $k \in \mathbb{N}$ und eine Sequenz $(s_i)_{i \in [k]}$ mit

$$s_1 := s \quad \wedge \quad s_k := t \quad \wedge \quad s_i \in \{-1,1\}^n \quad \big(i \in [k]\big),$$

so dass sich zwei aufeinander folgende Vorzeichenvektoren s_i und s_{i+1} in genau einer Komponente unterscheiden und daher

$$\mathrm{conv}\big(\{v(s_i),v(s_{i+1})\}\big) \quad \big(i \in [k-1]\big)$$

eine Kante von P ist. Nun können sich s und t aber in höchstens n Komponenten unterscheiden. Hieraus folgt die Behauptung. □

In einem Brief an *Dantzig* äußerte *Hirsch*[46] 1957 die folgende Vermutung.

5.5.18 Problem. *(Hirsch-Vermutung[47])*

$$\Delta(n,m) \leq m - n \quad \wedge \quad \Delta_{\mathrm{u}}(n,m) \leq m - n.$$

Die Hirsch-Vermutung wirkt durchaus plausibel, wenn man bedenkt, dass eine Ecke eines n-dimensionalen Polyeders P in mindestens n Facetten liegt, also nur noch $m - n$ Facetten für einen sukzessiven Austausch 'von Ecke zu Ecke' übrig bleiben. 1967 konstruierten *Klee & Walkup* jedoch ein unbeschränktes Polyeder im $\mathbb{R}^4$ mit 8 Facetten, aber Durchmesser 5. Im Fall unbeschränkter Polyeder ist die Hirsch-Vermutung also falsch. Es dauerte bis zum Jahr 2010 bis *Santos*[48] ein Gegenbeispiel auch für Polytope fand.[49] Sein ursprüngliches Beispiel liegt im $\mathbb{R}^{43}$, besitzt 86 Facetten, hat aber einen Durchmesser von mindestens 44. Inzwischen ist die Dimension von Gegenbeispielen deutlich reduziert worden. Der aktuelle Stand der Resultate schließt jedoch selbst eine lineare obere Schranke noch nicht aus. Von besonderer Bedeutung wäre aber natürlich die Beantwortung der folgenden Frage.

---

[46] Warren M. Hirsch, 1918 – 2007.
[47] Die ursprüngliche Vermutung von 1957 bezog sich auf den allgemeinen Fall. Wir haben sie hier aus 'dramaturgischen Gründen' in zwei Vermutungen aufgeteilt.
[48] Francisco Santos Leal, geb. 1968.
[49] *F. Santos*, (A counterexample to the Hirsch-conjecture, Ann. Math. 176 (2012), 383 – 412).

5.5.19 Forschungsproblem. *(Polynomielle Hirsch-Vermutung)*
Gibt es Polynome $\pi_1, \pi_2 : \mathbb{N}^2 \to \mathbb{N}$, so dass für alle $m,n \in \mathbb{N}$

$$\Delta(n,m) \leq \pi_1(n,m) \quad \wedge \quad \Delta_{\mathrm{u}}(n,m) \leq \pi_2(n,m)$$

gilt?

Natürlich würde eine positive Antwort auf Forschungsproblem 5.5.14 auch die Polynomielle Hirsch-Vermutung beweisen, nicht aber notwendigerweise umgekehrt. Es besteht aktuell durchaus die Hoffnung, dass

$$\Delta_{\mathrm{u}}(n,m) \leq n(m-n) + 1$$

gelten könnte.[50]

Wenn auch bislang nicht bekannt ist, ob es eine Pivotregel gibt, die den Simplex-Algorithmus zu einem polynomiellen Verfahren macht, so gibt es doch andere Klassen von Algorithmen für die lineare Optimierung, für die wenigstens bei Beschränkung auf rationale Inputdaten polynomielle Laufzeitschranken im binären Turing-Maschinenmodell hergeleitet werden können.[51] Da diese Verfahren aber in der nichtlinearen Optimierung wurzeln, werden sie erst in späteren Kapiteln behandelt.

5.6 Ergänzung: Kurze Pfade zum Gipfel

Wie wir in Sektion 5.5 gesehen haben, kann der Simplex-Algorithmus mit gängigen Pivotregeln im schlechtesten Fall exponentiell viele Schritte benötigen. Die Tatsache, dass noch keine Pivotregel gefunden wurde, die stets mit polynomiell vielen Basiswechseln auskommt, beweist aber natürlich nicht, dass keine solche existiert. Wenn man aber mit den Pivotregeln so seine Schwierigkeiten hat, dann liegt es nahe, 'einen Schritt zurück zu treten' und zunächst etwas bescheidener danach zu fragen, ob denn wenigstens in jedem Polyeder zwischen je zwei Ecken ein kurzer aufsteigender Kantenpfad *existiert*. Wie man einen solchen praktisch *finden* bzw. algorithmisch einsetzen kann, wird dabei zunächst ausgeblendet. Es stellt sich heraus, dass auch dieses Problem keineswegs einfach zu behandeln ist. Im Folgenden geben wir wenigstens eine in der Dimension und der Facettenzahl subexponentielle obere Schranke für die maximale Länge kürzester aufsteigender Kantenzüge zwischen Ecken von Polyedern an. Wir fixieren zunächst die im Folgenden verwendete Notation.

5.6.1 Notation. *Sei $\mathcal{P}(n)$ die Menge aller n-dimensionalen geradenfreien Polyeder im $\mathbb{R}^n$. Sei $P \in \mathcal{P}(n)$. Es bezeichne $\mathcal{F}(P)$ die Menge der Facetten von P, und für jede Facette $F \in \mathcal{F}(P)$ seien $a_F \in \mathbb{R}^n$ und $\beta_F \in \mathbb{R}$ mit*

$$H_{(a_F, \beta_F)} = \mathrm{aff}(F) \quad \wedge \quad P \subset H_{(a_F, \beta_F)}^{\leq}.$$

---

[50] Es gibt eine Vielzahl von Original- und Übersichtsarbeiten zur Hirsch-Vermutung; vgl. insbesondere [53]. Zur Zeit ist allerdings soviel Bewegung in die Thematik gekommen, dass man für die ganz aktuellen Entwicklungen auf die 'frischen', online verfügbaren Informationen zurückgreifen sollte.

[51] Das ist natürlich eine zentrale Aussage der Optimierung. Sie macht aber Forschungsproblem 5.5.14 auch aus komplexitätstheoretischer Sicht nicht irrelevant, da der Simplex-Algorithmus nicht nur konzeptionell in reeller Arithmetik funktioniert, sondern bei positiver Antwort die Schrittzahl sogar unabhängig von der Größe der Inputdaten wäre.

$V(P)$ bezeichne die Menge der Ecken und $E(P)$ die Menge der Kanten von P. Ferner sei $\varphi : \mathbb{R}^n \to \mathbb{R}$ eine lineare Zielfunktion.

Die in Notation 5.6.1 definierte Darstellung basiert auf der Geometrie von P und ist irredundant.

5.6.2 Bemerkung. *P ist der zulässige Bereich des Ungleichungssystems*

$$a_F^T x \leq \beta_F \quad \bigl(F \in \mathcal{F}(P)\bigr),$$

und diese Darstellung ist irredundant.

Wir konstruieren nun zum 1-Skelett von P einen gerichteten Graphen G, der alle bez. φ aufsteigenden Kantenpfade in P kodiert.[52]

5.6.3 Notation. *Ist φ auf P nach oben beschränkt, so sei $V := V(P)$. Andernfalls sei $v_\infty \notin V(P)$, und wir setzen $V := V(P) \cup \{v_\infty\}$. Ferner sei*

$$E := \bigl\{(v,w) : v,w \in V(P) \wedge \mathrm{conv}\bigl(\{v,w\}\bigr) \in E(P) \wedge \varphi(v) < \varphi(w)\bigr\}$$
$$\cup \bigl\{(v,v_\infty) : v \in V(P) \wedge s \in \mathbb{R}^n \setminus \{0\} \wedge v + [0,\infty[s \in E(P) \wedge \varphi(s) > 0\bigr\}.$$

*Der Graph $G := (V,E)$ wird (P,φ)-**Digraph** genannt. Jede Senke in G heißt **Gipfel**.*

Man beachte, dass der (P,φ)-Digraph G für jede Kante von P, auf der φ nach oben unbeschränkt ist, eine mit v_∞ inzidente Kante enthält; vgl. Bemerkung 4.3.1. Unbeschränkte Kanten von P, auf denen φ nach oben beschränkt ist, oder beschränkte Kanten, auf denen φ konstant ist, sind in G nicht repräsentiert.[53] G kann durchaus mehrere Quellen und Gipfel besitzen, und braucht auch nicht schwach zusammenhängend zu sein. Allerdings gibt es nach Korollar 5.1.5 von jedem Knoten in G aus stets einen Weg zu einem Gipfel. Ist φ auf P nach oben unbeschränkt, so ist v_∞ natürlich der einzige Gipfel von G. Im Folgenden identifizieren wir in unserer Sprechweise die korrespondierenden Objekte im 1-Skelett von P und in G; v_∞ wird so zu der 'virtuellen' Gipfelecke, an der φ sein Maximum annimmt, wenn φ auf P nach oben unbeschränkt ist.

Während die bisherigen Notationen recht unspektakulär sind, verbirgt sich hinter den folgenden Begriffen ein wesentlicher Kerngedanke der Abschätzung der Länge aufsteigender Kantenpfade zum Optimum, denn sie erlauben eine Rekursion in Bezug auf die für eine Verbesserung der Zielfunktion relevanten Facetten.

5.6.4 Notation. *Sei $v \in V$. Eine Facette F von P heißt **vital** bez. v, wenn es ein $x \in F$ gibt mit $\varphi(v) < \varphi(x)$. $\mathcal{F}_P(v)$ bezeichne die Menge aller bez. v vitalen Facetten von P.*

Sei $\gamma(P,v)$ die Länge eines kürzesten Weges im (P,φ)-Digraphen G mit v als Anfangs- und einem Gipfel als Endknoten.[54] Ferner setzen wir für $n \in \mathbb{N}$ und $m \in \mathbb{N}_0$

$$\gamma_m(P) := \max\bigl\{\gamma(P,v) : v \in V \wedge |\mathcal{F}_P(v)| \leq m\bigr\} \quad \wedge \quad \Gamma(n,m) := \max\bigl\{\gamma_m(P) : P \in \mathcal{P}(n)\bigr\}.$$

Um triviale Fälle auszuschließen sei im Folgenden $n \geq 2$.

---

[52] Der Hauptgrund besteht darin zu zeigen, dass nur wenige Eigenschaften von Polyedern für die zu beweisende Abschätzung erforderlich sind. Als angenehmer Nebeneffekt entfällt weitgehend die Unterscheidung danach, ob das Optimum endlich ist oder nicht.

[53] Im Simplex-Algorithmus würden diese Kanten niemals durchlaufen.

[54] Ist v bereits optimal, so ist der kürzeste Weg uneigentlich, und es gilt $\gamma(P,v) = 0$.

Man beachte, dass zur Bestimmung von $\gamma_m(P)$ nur solche Startecken v zugelassen sind, bez. derer höchstens m Facetten von P vital sind; es können aber beliebig viele weitere nicht vitale Facetten vorhanden sein.

Das nächste Lemma enthält einige erste elementare Aussagen über $\Gamma(n,m)$.

5.6.5 Lemma. *Es gilt*

$$\Gamma(2,m) = m \quad (m \in \mathbb{N}_0) \quad \wedge \quad \Gamma(n,m) = 0 \quad (m \in \{0,1,\ldots,n-2\}).$$

Beweis: In der Ebene sind (vitale) Facetten natürlich Kanten. Es folgt daher $\Gamma(2,m) \leq m$. Seien φ die durch $x \mapsto u_2^T x$ definierte Zielfunktion,

$$v := -u_1 \quad \wedge \quad w := \frac{1}{\sqrt{2}}(-u_1 + u_2) \quad \wedge \quad s_1 := u_1 + u_2 \quad \wedge \quad s_2 := -u_2$$

sowie

$$C := \mathbb{B}^2_{(2)} + \text{pos}(\{s_1,s_2\}).$$

Der Rand $\text{bd}(C)$ besteht aus den zwei Strahlen $w + [0,\infty[s_1$ und $v + [0,\infty[s_2$ sowie einem Kreisbogen zwischen v und w. Man wähle nun auf diesem Kreisbogen $m - 2$ von v, w und untereinander verschiedene Punkte $x_1,\ldots,x_{m-2}$ und setze

$$P := \text{conv}(\{v,w,x_1,\ldots,x_{m-2}\}) + \text{pos}(\{s_1,s_2\});$$

vgl. Abbildung 5.21.

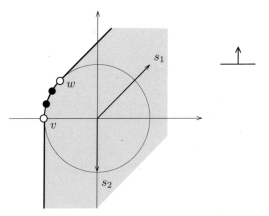

5.21 Abbildung. Konstruktion aus dem Beweis von Lemma 5.6.5 für $m = 4$.

Dann ist φ auf P nach oben unbeschränkt, P hat genau m bez. v vitale Facetten, und der einzige (und damit kürzeste) aufsteigende Kantenzug zum Gipfel enthält m Kanten. Somit gilt auch $\Gamma(2,m) \geq m$, und es folgt die erste Aussage.

Zum Beweis der zweiten Behauptung nehmen wir an, dass die Ecke v eines Polyeders $P \in \mathcal{P}(n)$ nicht optimal ist. Dann gibt es nach Lemma 5.1.2 eine Verbesserungskante. Da diese jedoch in mindestens $n-1$ Facetten liegt, die alle vital bez. v sind, folgt $m \geq n-1$, im Widerspruch zur Voraussetzung. Insgesamt ist das Lemma damit bewiesen. $\square$

Wir leiten nun eine Rekursionsungleichung für $\Gamma(n,m)$ her.

5.6.6 Lemma. *Für $n \geq 3$ und $m \geq 1$ gilt*

$$\Gamma(n,m) \leq \Gamma(n-1,m-1) + 2\Gamma\left(n,\left\lfloor \frac{m}{2} \right\rfloor\right).$$

Beweis: Seien

$$v \in V \quad \wedge \quad |\mathcal{F}_P(v)| \leq m \quad \wedge \quad k \in [m] \quad \wedge \quad \mathcal{S} \subset \mathcal{F}_P(v) \quad \wedge \quad |\mathcal{S}| = k.$$

Unser Ziel ist es, eine obere Schranke η für die Länge kürzester Wege in G mit Startecke v anzugeben, deren Endpunkt eine optimale Ecke ist oder in einer der Facetten aus $\mathcal{S}$ liegt.

Ist v bereits optimal, so gilt $\eta = 0$. Im Folgenden sei also $|\mathcal{F}_P(v)| \geq 1$. Natürlich gilt auch dann $\eta = 0$, wenn eine Facette $F \in \mathcal{S}$ existiert mit $v \in F$. Wir nehmen daher an, dass auch das nicht der Fall ist. Sei also

$$v \notin \bigcup_{F \in \mathcal{S}} F \quad \wedge \quad Q := \bigcap \left\{ H^{\leq}_{(a_F,\beta_F)} : F \in \mathcal{F}_P(v) \setminus \mathcal{S} \vee v \in F \right\}.$$

Q entsteht also aus P durch Weglassen aller definierenden Ungleichungen, die zu Facetten aus $\mathcal{S}$ gehören und solchen, die nicht vitalen Facetten entsprechen, die v nicht enthalten.[55] Da v in keiner der wegfallenden Facettenungleichungen liegt, ist v auch Ecke von Q und es gilt sogar $S_P(v) = S_Q(v)$, d.h. die Innenkegel bez. P und Q stimmen überein. Daher entspricht jeder Facette in P, die v enthält, aber bez. v nicht vital ist, eine ebensolche in Q.[56] Es folgt daher

$$|\mathcal{F}_Q(v)| \leq m - k.$$

In Q gibt es einen aufsteigenden Kantenzug W der Länge $\Gamma(n,m-k)$ von v zu einer optimalen Ecke von Q. Liegt W ganz in P, so folgt bereits

$$\eta \leq \gamma(P,v) \leq \Gamma(n,m-k).$$

Wir nehmen daher an, dass W nicht ganz in P verläuft. Sei $e := u + [0,1]s$ bzw. $e := u + [0,\infty[s$ eine Kante in W mit $u \in V(P)$ und $u + s \notin P$. Dann enthält $\mathrm{relint}(\{e\})$ eine Ecke einer Facette aus $\mathcal{S}$. Insgesamt folgt daher

$$\eta \leq \Gamma(n,m-k).$$

Gibt es in G Wege der Länge höchstens $\Gamma(n,m-k)$ von v zu einem Gipfel, so folgt trivialerweise

$$\gamma(P,v) \leq \Gamma(n,m-k).$$

Gibt es keinen solchen Weg, so sei $\mathcal{T}$ die Menge der von v aus G über einen Wege der Länge höchstens $\Gamma(n,m-k)$ erreichbaren Facetten aus $\mathcal{F}_P(v)$. Da die Wahl der k bez. v vitalen Facetten in $\mathcal{S}$ beliebig war, gilt

$$|\mathcal{T}| \geq m - k + 1,$$

d.h. mindestens $m - k + 1$ Facetten aus $\mathcal{F}_P(v)$ sind von v aus auf Wegen in G der Länge höchstens $\Gamma(n,m-k)$ erreichbar.

---

[55] Würde man die Facettenungleichungen des zweiten Typs nicht eliminieren, so könnte es nicht vitale Facetten von P geben, die vitalen Facetten von Q entsprechen.
[56] Die affinen Hüllen stimmen überein; die Facette in Q kann natürlich die entsprechende von P streng enthalten.

Seien $F \in \mathcal{T}$, w eine so erreichte Ecke von F und q die Anzahl der bez. w vitalen Facetten von F (d.h. der bez. w vitalen $(n-2)$-dimensionalen Seiten des $(n-1)$-dimensionalen Polyeders F). Da jede dieser q Facetten von F in genau einer bez. v vitalen Facette von P liegt, gilt $q \leq m-1$. Die Länge kürzester aufsteigender Kantenpfade in F von w zu einem (eigentlichen oder uneigentlichen) Optimum in F ist daher durch $\Gamma(n-1, m-1)$ beschränkt.

Sei nun w^* eine Ecke maximalen Zielfunktionswerts unter allen erreichten Ecken in Facetten aus $\mathcal{T}$. Von v aus gibt es daher einen Weg in G der Länge höchstens

$$\Gamma(n, m-k) + \Gamma(n-1, m-1)$$

zu w^*. Da w^* Maximalpunkt für mindestens $m-k+1$ der Facetten aus $\mathcal{F}_P(v)$ ist, gilt ferner $|\mathcal{F}_P(w^*)| \leq k-1$. Von w^* aus gibt es somit einen Weg der Länge höchstens $\Gamma(n, k-1)$ zu einem Gipfel. Es folgt

$$\Gamma(n, m) \leq \Gamma(n-1, m-1) + \Gamma(n, m-k) + \Gamma(n, k-1).$$

Da Γ im zweiten Argument monoton wächst, gilt speziell für $k := \lceil \frac{m}{2} \rceil$

$$\Gamma(n, m-k) + \Gamma(n, k-1) = \Gamma\left(n, m - \left\lceil \frac{m}{2} \right\rceil\right) + \Gamma\left(n, \left\lceil \frac{m}{2} \right\rceil - 1\right) \leq 2\Gamma\left(n, \left\lfloor \frac{m}{2} \right\rfloor\right).$$

Insgesamt folgt somit die behauptete Rekursionsungleichung. □

Mit Hilfe dieser Rekursion kann man nun $\Gamma(n, m)$ nach oben abschätzen.

5.6.7 Satz. *(Satz von Kalai und Kleitman[57])*
Für alle $n \in \mathbb{N} \setminus \{1\}$ und $m \in \mathbb{N}$ gilt

$$\Gamma(n, m) \leq 2^{\lceil \log(m) \rceil} \binom{n + \lceil \log(m) \rceil - 3}{n - 2}$$

Beweis:[58] Sei $k := \lceil \log(m) \rceil$. Dann gilt wegen der Monotonie von Γ im zweiten Argument nach Lemma 5.6.6

$$\Gamma(n, m) \leq \Gamma(n, 2^k) \leq \Gamma(n-1, 2^k - 1) + 2\Gamma(n, 2^{k-1}) \leq \Gamma(n-1, 2^k) + 2\Gamma(n, 2^{k-1}).$$

Wir führen nun die Substitution

$$\Phi(n, k) := \frac{1}{2^k} \Gamma(n, 2^k)$$

durch und erhalten die Rekursion

$$\Phi(n, k) \leq \Phi(n-1, k) + \Phi(n, k-1)$$

sowie nach Lemma 5.6.5 die 'Randwertbedingungen'

$$\Phi(2, k) = 1 \quad \left(k \in \mathbb{N}_0\right) \quad \wedge \quad \Phi(n, 0) = 0 \quad \left(n \in \mathbb{N} \setminus \{1, 2\}\right).$$

---

[57] Gil Kalai, geb. 1955; Daniel J. Kleitman, geb. 1934.

[58] Der in dieser Sektion dargestellte Beweis geht auf G. *Kalai* (A subexponential randomized simplex algorithm, Proc. 24the ACM Symp. Theory Comput. (STOC), 1992, 475 – 482) zurück, beruht aber auf einem Beweis von Kleitman, der damit wiederum ein vorheriges Result von Kalai verbessert hatte.

Ersetzen wir in der Rekursion für $\Phi(n,k)$ das Ungleichungszeichen durch Gleichheit, so beschreibt sie die bekannte Rekursion der Binomialkoeffizienten vom Typ $\binom{n+k}{n}$. Wir zeigen mittels vollständiger Induktion über $l := n + k$, dass

$$\Phi(n,k) \leq \binom{n + k - 3}{n - 2}$$

gilt. Tatsächlich ist

$$\Phi(2,k) = 1 = \binom{k - 1}{0} \quad (k \in \mathbb{N}_0) \quad \wedge \quad \Phi(n,0) = 0 = \binom{n - 3}{n - 2} \quad (n \in \mathbb{N} \setminus \{1,2\}),$$

und es gilt für $n \geq 3$ und $k \geq 1$

$$\Phi(n,k) \leq \Phi(n - 1,k) + \Phi(n,k - 1) \leq \binom{n + k - 4}{n - 3} + \binom{n + k - 4}{n - 2} = \binom{n + k - 3}{n - 2}.$$

Somit folgt

$$\Gamma(n,m) \leq \Gamma(n,2^k) = 2^k \Phi(n,k) \leq 2^k \binom{n + k - 3}{n - 2} = 2^{\lceil \log(m) \rceil} \binom{n + \lceil \log(m) \rceil - 3}{n - 2},$$

und damit die Behauptung. $\qquad\square$

Es ist nicht schwierig, die Asymptotik der oberen Schranke abzuschätzen.

5.6.8 Korollar. *Für alle $n \in \mathbb{N} \setminus \{1\}$ und $m \in \mathbb{N}$ gilt*

$$\Gamma(n,m) \leq 2m^{1+\log(n)}.$$

Beweis: Mit $k := \lceil \log(m) \rceil$ gilt

$$\binom{n + k - 3}{n - 2} = \prod_{i=1}^{k-1} \frac{n - 2 + i}{i} \leq \prod_{i=1}^{k-1} \left((n - 2) + 1 \right) = (n - 1)^{k-1}.$$

Aus Satz 5.6.7 folgt daher

$$\Gamma(n,m) \leq 2^k \binom{n + k - 3}{n - 2} \leq 2^k (n - 1)^{k-1} \leq 2^{\lceil \log(m) \rceil} n^{\lceil \log(m) \rceil - 1}$$

$$\leq 2^{1+\log(m)} n^{\log(m)} = 2m^{1+\log(n)}.$$

Insgesamt folgt hiermit die Behauptung. $\qquad\square$

Mit Korollar 5.6.8 erhalten wir sofort auch eine Abschätzung für den Durchmesser von Polyedern.

5.6.9 Korollar. *Für jede Ecke v eines n-dimensionalen Polyeders P im $\mathbb{R}^n$ mit höchstens m Facetten gibt es einen, in v beginnenden, aufsteigenden Kantenzug der Länge höchstens*

$$2m^{1+\log(n)}$$

zu einem Gipfel. Insbesondere gilt

$$\Delta_{\mathrm{u}}(n,m) \leq 2m^{1+\log(n)}.$$

Beweis: Da Polytope P mit höchstens m Facetten auch bez. jeder Ecke v höchstens m vitale Facetten besitzen, ist $\Gamma(n,m)$ eine obere Schranke für die Länge aufsteigender Kantenpfade zum Gipfel. Die Behauptung folgt somit aus Korollar 5.6.8. $\qquad\square$

5.7 Übungsaufgaben

5.7.1 Übungsaufgabe. *Gegeben sei das Ungleichungssystem*

$$\xi_1 + \xi_2 - \xi_3 \leq 2 \quad \wedge \quad \xi_1, \xi_2 \leq 2 \quad \wedge \quad \xi_1, \xi_2 \geq 1 \quad \wedge \quad \xi_3 \geq 0;$$

P sei sein zulässiger Bereich. Man gehe zum Konus $K(P)$ über und bestimme für die Ecke 0 von $K(P)$ eine Verbesserungskante sowie eine Ecke von P.

5.7.2 Übungsaufgabe. *Die Konstruktion des Konus $K(P)$ in Korollar 5.2.8 führte zu einem Hilfsproblem zur Entscheidung, ob der zulässige Bereich P einer durch (m,n,A,b,c) gegebenen linearen Optimierungsaufgabe mit $\mathrm{rang}(A) = n$ leer ist. Wir untersuchen, ob auch bereits mit einem um eine Ungleichung reduzierten System eine Ecke identifiziert werden kann. Sei daher*

$$\hat{K} := \left\{ z := \begin{pmatrix} x \\ \xi_{n+1} \end{pmatrix} \in \mathbb{R}^{n+1} : Ax - b\xi_{n+1} \leq 0 \wedge \xi_{n+1} \leq 1 \right\},$$

Man beweise oder widerlege die folgenden Aussagen:

  (a) *0 ist Ecke von $\hat{K}$.*

Im Folgenden sei $\mathrm{rang}(A,b) = n + 1$.

  (b) *0 ist eine Ecke von $\hat{K}$.*

  (c) *Die Nichtnegativitätsbedingung $\xi_{n+1} \geq 0$ ist redundant für $\hat{K}$.*

  (d) *$\max_{z \in \hat{K}} u_{n+1}^T z \in \{0,1\}$.*

  (e) *Die gegebene LP-Aufgabe ist genau dann zulässig, wenn $\max_{z \in \hat{K}} u_{n+1}^T z = 1$ gilt.*

5.7.3 Übungsaufgabe. *Durch (m,n,A,b,c) sei das lineare Programm (LP) $\max\{c^T x : Ax \leq b\}$ gegeben; alle Inputdaten seien ganzzahlig. Seien $A =: (a_1, \ldots, a_m)^T$, $b =: (\beta_1, \ldots, \beta_n)^T$, $I \subset [m]$ mit $|I| = n$, so dass $\mathrm{rang}(A_I) = n$ ist, und $J := \{i \in [m] : a_i^T A_I^{-1} b_I > \beta_i\}$. Durch Lemma 5.2.13 wurde die Zulässigkeitsaufgabe für $Ax \leq b$ auf die LP-Hilfsaufgabe*

$$\max\left\{ \sum_{i \in J} \eta_i : \forall(i \in [m] \setminus J) : a_i^T x \leq \beta_i \wedge \forall(i \in J) : a_i^T x + \eta_i \leq \beta_i \wedge \eta_i \leq 0 \right\}$$

zurückgeführt. Man untersuche, ob man (LP) für ein geeignetes $\mu \in \mathbb{R}$ nicht gleich auf die Hilfsaufgabe

$$(H_\mu) \quad \max\left\{ c^T x + \mu \sum_{i \in J} \eta_i : \forall(i \in [m] \setminus J) : a_i^T x \leq \beta_i \wedge \forall(i \in J) : a_i^T x + \eta_i \leq \beta_i \wedge \eta_i \leq 0 \right\}$$

zurückführen kann, d.h. gibt es (ggf. unter welchen Bedingungen) ein $\mu \in [0,\infty[$, so dass man durch Optimierung von (H_μ) auch (LP) lösen kann? Falls ja, wie kann man ein solches μ aus den Inputdaten bestimmen?

5.7.4 Übungsaufgabe. *Seien $A \in \mathbb{R}^{m \times n}$, $b \in \mathbb{R}^m$, $X := [0,\infty[^n$, $Y := \{x \in \mathbb{R}^n : Ax = b\}$, und $P := X \cap Y \neq \emptyset$. Seien ferner $\pi_X, \pi_Y : \mathbb{R}^n \to \mathbb{R}^n$ die nearest-point-map von X bzw. Y. Zur Bestimmung eines Punktes in P verwende man den folgenden iterativen Ansatz:*

$$x^{(0)} \in X \quad \wedge \quad \left(k \in \mathbb{N}_0 \quad \Rightarrow \quad y^{(k)} := \pi_Y\big(x^{(k)}\big) \wedge x^{(k+1)} := \pi_X\big(y^{(k)}\big) \right).$$

  (a) *Man zeige, wie sich die Operationen der nearest-point Bestimmung explizit durchführen lassen und gebe den entstehenden Algorithmus in (implementierbarer) strukturierter Form an.*

  (b) *Man zeige, dass der Algorithmus nach endlich vielen Schritten einen Punkt von P findet oder gegen einen Punkt aus P konvergiert.*

  (c) *Man gebe ein Beispiel im $\mathbb{R}^2$ an, für das das Verfahren möglichst langsam konvergiert. Was ist das Problem?*

5.7.5 Übungsaufgabe. *Durch (m,n,A,b,c) sei eine LP-Aufgabe gegeben, P sei ihr zulässiger Bereich, und x_0 sei ein beliebiger Punkt aus P. Um zu einer Ecke zu gelangen, falls eine solche existiert, wende man die folgende Idee an: Ausgehend von x_0 gehe man in Richtung c, bis man eine eigentliche Seite F von P erreicht. Dann gehe man in F in Richtung der Projektion von c auf $\mathrm{aff}(F)$, bis eine eigentliche Seite von F erreicht ist, etc. Man setze diesen Ansatz algorithmisch so um, dass alle Fälle berücksichtigt werden, gebe den entstehenden Algorithmus in strukturierter Form an und schätze seine Laufzeit ab.*

5.7.6 Übungsaufgabe. *Seien P das durch die Ungleichungen*

$$-\xi_3 \leq 0 \quad \wedge \quad -\xi_1 + \xi_3 \leq 0 \quad \wedge \quad 2\xi_2 + \xi_3 \leq 6 \quad \wedge \quad 3\xi_1 + \xi_2 + 2\xi_3 \leq 12 \quad \wedge \quad -\xi_2 + \xi_3 \leq 0$$

gegebene Polytop, $c := (2,1,1)^T$ und $x_0 := (2,2,2)^T$.

(a) *Man stelle $S_P(x_0)$ als Nichtnegativkombination der von x_0 ausgehenden Kanten von P dar.*

(b) *Man bestimme alle Verbesserungskanten im Punkt x_0 für das lineare Programm $\max_{x \in P} c^T x$.*

5.7.7 Übungsaufgabe. *Durch $(m,n,A,b,)$ sei eine irredundante $\mathcal{H}$-Darstellung eines n-dimensionalen Polyeders P gegeben; v sei eine Ecke von P. Man beweise oder widerlege die folgenden Aussagen:*

(a) *Der Stützkegel $S_P(v)$ hat genau dann $n + 2$ Kanten, wenn v genau zwei verschiedene Basen besitzt.*

(b) *$S_P(v)$ ist genau dann simplizial, wenn v regulär ist.*

(c) *v ist genau dann überbestimmt, wenn es zwei Basen B_1, B_2 gibt mit $\mathrm{int}(S_P(B_1)) \cap \mathrm{int}(S_P(B_2)) = \emptyset$.*

5.7.8 Übungsaufgabe. *Durch (m,n,A,b,c) sei eine LP-Aufgabe gegeben, bei der keine der Ungleichungsbedingungen redundant ist. Seien P der zulässige Bereich, v^* eine optimale Ecke von P und B eine zu v^* gehörige Basis. Man beweise oder widerlege die folgenden Aussagen:*

(a) *Es gilt $c \in N_P(B)$.*

(b) *Ist v^* regulär, so gilt $c \in \mathrm{int}(N_P(B))$.*

(c) *Ist v regulär, so gibt es einen Punkt $v \in P$, der alle Restriktionen strikt erfüllt.*

5.7.9 Übungsaufgabe. *Das Polyeder $P \subset \mathbb{R}^3$ sei durch die linearen Ungleichungen*

$$\xi_1 + \xi_2 + \xi_3 \leq 6 \quad \wedge \quad \xi_1 - \xi_2 + 2\xi_3 \leq 4 \quad \wedge \quad \xi_1, \xi_2, \xi_3 \geq 0$$

gegeben. Ferner seien

$$c_1 := (0,1,3)^T \quad \wedge \quad c_2 := (2,1,0)^T \quad \wedge \quad c_3 := (0,-1,0)^T$$

$$x_1 := (4,0,0)^T \quad \wedge \quad x_2 := 0 \quad \wedge \quad x_3 := (0,6,0)^T.$$

Für $i \in [3]$ löse man ausgehend von der Startecke x_i die lineare Optimierungsaufgabe $\max_{x \in P} c_i^T x$ mit Hilfe des Simplex-Algorithmus.

5.7.10 Übungsaufgabe. *Gegeben sei das Ungleichungssystem aus Übungsaufgabe 5.7.9 mit zulässigem Bereich P. Sei v der durch die Ungleichungen $\xi_1 + \xi_2 + \xi_3 \leq 6$, $\xi_1 \geq 0$, $\xi_2 \geq 0$ bestimmte Vektor. Ausgehend von v (vgl. Lemma 5.2.13) berechne man mit Hilfe von Phase I des Simplex-Algorithmus eine Ecke von P.*

5.7.11 Übungsaufgabe. *Man zeige, dass der Simplex-Algorithmus für 2-dimensionale LP-Aufgaben nicht zykelt.*

5.7.12 Übungsaufgabe. *Man konstruiere ein Beispiel, in dem der Simplex-Algorithmus einen Zykel der Länge 8 durchläuft.*

5.7.13 Übungsaufgabe. *Man konstruiere eine LP-Aufgabe mit Zielfunktionssvektor c, optimaler Ecke x^* und Startbasis B für x^* sowie eine Pivotregel mit der folgenden Eigenschaft: Ausgehend von der Startbasis B und bei Verwendung der Pivotregel bricht der Simplex-Algorithmus nicht ab, d.h. c liegt niemals im Basisnormalenkegel. (Hier führt das Zykeln also dazu, dass die aktuelle optimale Ecke x^* niemals als optimal erkannt wird.)*

5.7.14 Übungsaufgabe. *Seien $A \in \mathbb{Z}^{m \times n}$ und $b \in \mathbb{Z}^m$. Nach Korollar 5.4.6 gibt es ein $\varepsilon_0 \in]0,\infty[$, so dass für kein $\varepsilon \in]0,\varepsilon_0]$ ein Punkt des $\mathbb{R}^n$ in mehr als n der Restriktionshyperebenen von $Ax \leq b + e(\varepsilon)$ enthalten ist. Man gebe eine möglichst gute, explizite obere Schranke für ε_0 in Abhängigkeit von $\mathrm{size}(A)$ und $\mathrm{size}(b)$ an und diskutiere das Ergebnis.*

5.7.15 Übungsaufgabe. *Man wähle für jede der vier möglichen Basen von v_1 in Beispiel 5.3.9 geeignete Perturbationsvektoren, die diese Basen $e(\varepsilon)$-kompatibel machen.*

5.7.16 Übungsaufgabe. *Das Polyeder P sei durch die Ungleichungen*

$$\xi_1, \xi_2 \leq 1 \quad \wedge \quad -\xi_1 - \xi_2 \leq 1 \quad \wedge \quad \xi_1 + \xi_2 \leq 2$$

gegeben; ferner seien $v := (1,1)^T$ und $\varepsilon := 1/2$.

(a) *Man zeige, dass v eine Ecke von P ist und bestimme alle zu v gehörigen Basen.*

(b) *Man skizziere P sowie das (unter Verwendung der gegebenen Reihenfolge der Ungleichungen) perturbierte Polyeder $P(\varepsilon)$.*

(c) *Man bestimme alle mit v korrespondierenden Ecken von $P(\varepsilon)$.*

(d) *Welche der zu v gehörigen Basen von P sind $e(\varepsilon)$-kompatibel?*

(e) *Welche der zu v gehörigen Basen von P sind $e(\varepsilon)$-kompatibel, wenn man die umgekehrte Reihenfolge der Ungleichungen für die Permutation verwendet?*

5.7.17 Übungsaufgabe. *Seien B_v eine lexikographisch zulässige Basis und B_w entstehe aus B_v durch Anwendung der lexikographischen Pivotregel. Man zeige direkt, d.h. ohne Übergang zu $P(\varepsilon)$, dass dann auch B_w lexikographisch zulässig ist.*

5.7.18 Übungsaufgabe. *Ausgehend von der Startecke $v_1 := (0,0,0)^T$ löse man das lineare Programm*

$$\max \quad 2\xi_1 + 3\xi_2 + \xi_3$$

$$\begin{array}{rcrcrcl} 3\xi_1 & + & 2\xi_2 & + & 2\xi_3 & \leq & 5 \\ -3\xi_1 & + & \xi_2 & & & \leq & 0 \\ & & 0 & \leq & \xi_1, \xi_2, \xi_3 & \leq & 1 \end{array}$$

unter Verwendung einer lexikographischen Pivotregel mit dem Simplex-Algorithmus.

5.7.19 Übungsaufgabe. *Seien $A \in \mathbb{R}^{m \times n}$ mit $\operatorname{rang}(A) = m$, $b \in \mathbb{R}^m$,*

$$P := \left\{ x \in \mathbb{R}^n : Ax = b \wedge x \geq 0 \right\} \quad \wedge \quad \varepsilon \in]0, \infty[\quad \wedge \quad e_n := \begin{pmatrix} \varepsilon^1 \\ \vdots \\ \varepsilon^n \end{pmatrix} \quad \wedge \quad e_m := \begin{pmatrix} \varepsilon^1 \\ \vdots \\ \varepsilon^m \end{pmatrix}$$

sowie

$$P_n(\varepsilon) := \left\{ x \in \mathbb{R}^n : Ax = b \wedge -x \leq e_n \right\} \quad \wedge \quad P_m(\varepsilon) := \left\{ x \in \mathbb{R}^n : Ax = b + e_m \wedge x \geq 0 \right\}.$$

Man zeige, dass es ein $\varepsilon_0 \in]0, \infty[$ gibt, so dass für $\varepsilon \in]0, \varepsilon_0]$

(a) *jede Ecke von $P_n(\varepsilon)$ genau $n - m$ der Bedingungen $-x \leq e$ mit Gleichheit erfüllt.*

(b) *jede Ecke von $P_m(\varepsilon)$ genau m von 0 verschiedene Komponenten besitzt.*

5.7.20 Übungsaufgabe. *Man beweise die folgenden Aussagen:*

(a) $\Delta(2,m) = \lfloor \frac{m}{2} \rfloor$;

(b) $\Delta_\mathrm{u}(2,m) = m - 2$;

(c) $\Delta(n,m) \leq \Delta(n-1, m-1)$, *falls $m < 2n$;*

(d) $\Delta_\mathrm{u}(n,m) \leq \Delta_\mathrm{u}(n-1, m-1)$, *falls $m < 2n$;*

(e) $\Delta(n,m) \leq \Delta(m-n, 2(m-n))$, *falls $m < 2n$;*

(f) $\Delta_\mathrm{u}(n,m) \leq \Delta_\mathrm{u}(m-n, 2(m-n))$, *falls $m < 2n$.*

6   Lᴘ-Dualität

Bereits in Sektion 4.2 haben wir gesehen, dass die Kegelbedingung aus Bemerkung 4.2.28 zur Charakterisierung von Optimalpunkten linearer Optimierungsaufgaben zu einer neuen, 'dualen' linearen Optimierungsaufgabe führt; vgl. Korollar 4.2.38.[1]

In diesem Kapitel untersuchen wir die Dualität linearer Programme auf verschiedene Weisen. Zunächst vertiefen wir die hergeleiteten Zusammenhänge, formulieren den allgemeinen Dualitätssatz und ziehen Folgerungen für die Komplexität der linearen Optimierung. Danach behandeln wir als Anwendungsbeispiel eine Problemstellung der diskreten Tomographie. Wir beenden Sektion 6.1 mit der Herleitung eines Sattelpunktkriteriums und eines Minimax-Satzes für lineare Programme. In Sektion 6.2 und 6.3 zeigen wir die Kraft der Dualität dann zunächst an einem ausführlichen Beispiel zur Klassifikation großer Datenmengen, danach an verschiedenen Facetten der Analyse ökonomischer Aktivitäten.

Anschließend leiten wir in Sektion 6.4 eine duale Version des Simplex-Algorithmus her, die es ermöglicht, mit einer Teilmenge aller Restriktionen zu starten und im Laufe des Verfahrens sukzessive weitere hinzuzunehmen. Als 'Nebenprodukt' erhalten wir eine strukturierte Tabellendarstellung des (dualen) Simplex-Algorithmus (Tableauform), die es gestattet, aktuell vorhandene Informationen effizient zur Durchführung des nächsten Schritts zu nutzen. Hierbei wird die Beziehung zur Gauß-Elimination besonders deutlich.

In Sektion 6.5 leiten wir ein direkt auf dem Wechselspiel zwischen primalen und dualen Betrachtungen beruhendes generelles primal-duales Verfahren her. Es wird anschließend zur Verdeutlichung seiner Wirkungsweise auf das bereits in Sektion 3.2 behandelte Problem kürzester Wege angewendet.

Literatur: [67], [74], [79], [80], [19], [31], [45],

6.1   Dualität linearer Programme

Wie wir bereits in Korollar 4.2.38 gesehen hatten, kann man die Kegelbedingung aus Bemerkung 4.2.28 zur Charakterisierung von Optimalpunkten linearer Optimierungsaufgaben auch mit Hilfe eines neuen, dem ursprünglichen zugeordneten linearen Programms beschreiben. Hiermit werden darstellungsinvariante, geometrische Kriterien operational zugänglich.

Allerdings verlassen wir bereits in Korollar 4.2.37 den $\mathbb{R}^n$ der ursprünglichen Aufgabe (und Kegelbedingung) und gehen zu einem $\mathbb{R}^m$ über, dessen Koordinaten den ursprünglichen m Restriktionen zugeordnet sind.

Der Dualitätssatz: Wir entwickeln im Folgenden den engen Zusammenhang zwischen primalem und dualem linearen Programm auf der Basis des geometrischen Zugangs aus Sektion 4.2 in voller Allgemeinheit. Zur Beschreibung verwenden wir im Wesentlichen wieder die gewohnten Bezeichnungen aus Notation 5.3.1.

---

[1] Man vergleiche auch Korollar 4.4.23 in den Ergänzungen zur Polarität, Sektion 4.4.

6.1.1 Notation. *Durch* (n,m,A,b,c) *sei eine* LP-*Aufgabe in natürlicher Form spezifiziert. Es seien*

$$A =: (\bar{a}_1, \ldots, \bar{a}_n) := \begin{pmatrix} a_1^T \\ \vdots \\ a_m^T \end{pmatrix} \quad \wedge \quad b =: \begin{pmatrix} \beta_1 \\ \vdots \\ \beta_m \end{pmatrix} \quad \wedge \quad c =: \begin{pmatrix} \gamma_1 \\ \vdots \\ \gamma_n \end{pmatrix}$$

sowie

$$P := \{x \in \mathbb{R}^n : Ax \leq b\}.$$

Ausgangspunkt ist die Kegelbedingung von Bemerkung 4.2.28. Wir wiederholen sie in der hier adäquaten Form gemäß Korollar 4.2.37.

6.1.2 Bemerkung. *Sei* $x^* \in \mathbb{R}^n$ *mit* $Ax^* \leq b$. *Der Vektor* x^* *ist genau dann ein Optimalpunkt der linearen Optimierungsaufgabe*

$$\max c^T x$$
$$Ax \;\leq\; b$$

wenn es einen Vektor $y^* := (\eta_1^*, \ldots, \eta_m^*)^T \in \mathbb{R}^m$ *gibt mit*

$$A^T y^* = c \quad \wedge \quad y^* \geq 0 \quad \wedge \quad \left(i \in [m] \wedge a_i^T x^* < \beta_i \;\Rightarrow\; \eta_i^* = 0\right).$$

Hierdurch wird die Optimalität eines *gegebenen* zulässigen Punktes x^* charakterisiert. Wir wechseln jetzt die Perspektive und fragen danach, ob es bereits ohne explizite Kenntnis von x^* möglich ist, unter allen potentiellen Darstellungen von c als Nichtnegativkombination der Vektoren $a_1, \ldots, a_m$ solche zu bestimmen, die Optimalität charakterisieren.

6.1.3 Beispiel. *Gegeben sei die in Abbildung 6.1 (links) dargestellte lineare Optimierungsaufgabe*

$$\max c^T x$$
$$a_i^T x \;\leq\; b \quad \left(i \in [5]\right).$$

Man beachte, dass jede (2×2)-*Teilmatrix der Koeffizientenmatrix* $A := (a_1, \ldots, a_5)^T$ *regulär ist und zwei beliebige Restriktionsgeraden daher einen eindeutigen Schnittpunkt bestimmen.* v_1 *und* v_2 *seien die Schnittpunkte der Restriktionsgeraden*

$$a_1^T x = \beta_1 \quad \wedge \quad a_4^T x = \beta_4$$

bzw.

$$a_2^T x = \beta_2 \quad \wedge \quad a_4^T x = \beta_4.$$

Es gilt

$$c \in \mathrm{pos}(\{a_1, a_4\}) \quad \wedge \quad c \in \mathrm{pos}(\{a_2, a_4\});$$

vgl. Abbildung 6.1 (rechts). Im Sinne des Kegelkriteriums sind v_1 *und* v_2 *daher 'optimal', nicht aber zulässig.*

Abbildung 6.2 zeigt alle Schnittpunkte von je zwei Restriktionsgeraden desselben zulässigen Bereichs; die Kegelbedingung ist genau für die vier schwarz gekennzeichneten Punkte erfüllt.[2]

Seien

---

[2] Man beachte, dass durch die Hinzunahme redundanter Bedingungen zur ursprünglichen Aufgabe, weitere solche Schnittpunkte entstehen können. Die Interpretation ist also keineswegs darstellungsinvariant.

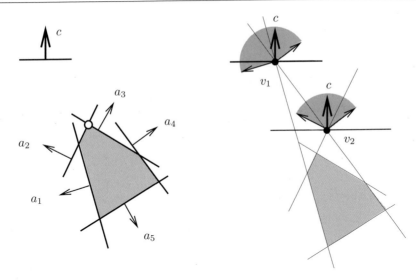

6.1 Abbildung. Links: Zielfunktionsvektor c, zulässiges Polyeder und Optimalpunkt einer LP-Aufgabe; Rechts: Zwei verschiedene Darstellungen von c als Nichtnegativkombinationen von zwei Restriktionsnormalen; zugehörige Schnittpunkte v_1 und v_2.

$$I \subset [5] \quad \wedge \quad |I| = 2 \quad \wedge \quad v_I := A_I^{-1} b_I \quad \wedge \quad y_I \in [0, \infty[\quad \wedge \quad c = (A_I)^T y_I.$$

Dann gilt

$$c^T v_I = \left((A_I)^T y_I\right)^T A_I^{-1} b_I = y_I^T b_I.$$

Das Minimum $\min \{ y_I^T b_I : I \subset [5] \wedge |I| = 2 \}$ *der rechten Seiten dieser Gleichungen wird für* $I^* = \{2,3\}$ *angenommen. Der Vektor* v_{I^*} *ist daher in diesem Sinne, aber auch bez. der ursprünglichen* LP*-Aufgabe gemäß Bemerkung 6.1.2 optimal.*

Wir betrachten nun zu der ursprünglichen LP-Aufgabe die bereits in Korollar 4.2.38 eingeführte duale Aufgabe.

6.1.4 Notation. *Die beiden* LP*-Aufgaben*

$$
\begin{array}{llll}
& \max c^T x & & \min b^T y \\
\text{(I)} & Ax \;\le\; b & \text{(II)} & A^T y \;=\; c \\
& & & y \;\ge\; 0
\end{array}
$$

werden im Folgenden mit (I) *bzw.* (II) *bezeichnet. Es sei*

$$Q := \{ y \in \mathbb{R}^m : A^T y = c \wedge y \ge 0 \},$$

$\varphi : \mathbb{R}^n \to \mathbb{R}$ *und* $\psi : \mathbb{R}^m \to \mathbb{R}$ *bezeichnen die durch* $\varphi(x) := c^T x$ *bzw.* $\psi(y) := b^T y$ *definierten Zielfunktionen, und* $\zeta_{\text{(I)}}$ *bzw.* $\zeta_{\text{(II)}}$ *seien die (möglicherweise uneigentlichen) Optimalwerte von* (I) *bzw.* (II)*.*

6.1.5 Bezeichnung. *Die linearen Optimierungsaufgaben* (I) *und* (II) *heißen zueinander* **dual**. *Eine der* LP*-Aufgaben wird oft als* **primale**, *die andere dann als zugehörige* **duale** *Aufgabe bezeichnet.*[3]

---

[3] Für uns ist meistens (I) primal und (II) dual, aber das ist willkürlich, da Dualität in gewissem Sinn involutorisch ist; vgl. Lemma 6.1.6 sowie die Dualitätstabelle 6.1.11.

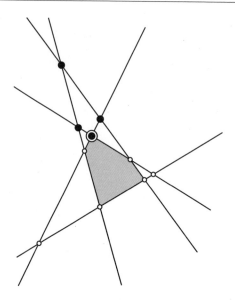

6.2 Abbildung. Schnittpunkte $A_I^{-1}b$ für alle zweielementigen Teilmengen I von [5]. Die schwarzen Punkte kennzeichnen solche Paare von Restriktionsgeraden, deren Kegel der äußeren Normalen c enthalten; v_{I^*} ist besonders hervorgehoben.

Um die Beziehung der zueinander dualen Aufgaben (I) und (II) noch klarer sichtbar zu machen, formulieren wir das Kegelkriterium von Bemerkung 6.1.2 für die Aufgabe (II).

6.1.6 Lemma. *Sei $y^* := (\eta_1^*, \ldots, \eta_m^*)^T \in Q$. Der Vektor y^* ist genau dann ein Optimalpunkt von (II), wenn es einen Punkt $x^* \in \mathbb{R}^n$ gibt mit*

$$Ax^* \le b \quad \wedge \quad (i \in [m] \wedge \eta_i^* > 0 \quad \Rightarrow \quad a_i^T x^* = \beta_i).$$

Beweis: Um Bemerkung 6.1.2 anwenden zu können, überführen wir (II) in natürliche Form; vgl. Sektion 1.4. Es gilt für $y \in Q$

$$b^T y^* \le b^T y \quad \Leftrightarrow \quad (-b)^T y^* \ge (-b)^T y$$

sowie

$$Q = \{y \in \mathbb{R}^m : A^T y \le c \wedge -A^T y \le -c \wedge -y \le 0\}.$$

Da jeder zulässige Punkt y beide Sätze von Restriktionen $A^T y \le c$ und $-A^T y \le -c$ erfüllt, sind diese stets aktiv. Sei

$$I^* := \{i \in [m] : \eta_i^* = 0\}.$$

Der Vektor y^* ist genau dann Optimalpunkt von (II), wenn

$$-b \in N_Q(y^*) = \text{pos}\big(\{\pm\bar{a}_1, \ldots, \pm\bar{a}_n\} \cup \{-u_i : i \in I^*\}\big)$$

gilt, d.h. wenn es $\lambda_1, \ldots, \lambda_n, \mu_1, \ldots, \mu_n \in [0,\infty[$ und für $i \in I^*$ ferner $\sigma_i \in [0,\infty[$ gibt mit

$$-\beta_i \;=\; \sum_{j=1}^{n} u_i^T \overline{a}_j \lambda_j \;-\; \sum_{j=1}^{n} u_i^T \overline{a}_j \mu_j \;-\; \sigma_i \qquad (i \in I^*)$$

$$-\beta_i \;=\; \sum_{j=1}^{n} u_i^T \overline{a}_j \lambda_j \;-\; \sum_{j=1}^{n} u_i^T \overline{a}_j \mu_j \qquad\qquad (i \notin I^*).$$

Mit der Setzung $\xi_j^* := \mu_j - \lambda_j$ für $j \in [n]$ und $x^* := (\xi_1^*,\dots,\xi_n^*)^T$ ist diese Bedingung äquivalent zu

$$\begin{aligned}
\beta_i &\geq u_i^T A x^* \qquad (i \in I^*) \\
\beta_i &= u_i^T A x^* \qquad (i \notin I^*).
\end{aligned}$$

Hieraus folgt die Behauptung. $\square$

Damit haben wir alle Komponenten zusammen, um den Dualitätssatz der linearen Optimierung vollständig zu beweisen.[4]

6.1.7 Satz. (Dualitätssatz der linearen Optimierung)
Es gelten die folgenden Aussagen:

(a) $\zeta_{(I)} \leq \zeta_{(II)}$.

(b) $P \neq \emptyset \;\vee\; Q \neq \emptyset \quad\Rightarrow\quad \zeta_{(I)} = \zeta_{(II)}$.

(c) *Seien $x^* \in P$ und $y^* \in Q$. Dann gilt*

$$c^T x^* = b^T y^* \quad\Leftrightarrow\quad \zeta_{(I)} = c^T x^* \wedge \zeta_{(II)} = b^T y^* \quad\Leftrightarrow\quad (y^*)^T (b - A x^*) = 0.$$

Beweis: (a) Für $x \in P$ und $y \in Q$ gilt $c^T x = y^T A x \leq y^T b$. Mit den üblichen Konventionen

$$\max_{x \in \emptyset} c^T x := -\infty \quad\wedge\quad \min_{y \in \emptyset} b^T y := \infty$$

folgt $\zeta_{(I)} \leq \zeta_{(II)}$.

(b) Gilt $P \neq \emptyset$, ist aber φ über P nicht nach oben beschränkt, so folgt aus (a) $\zeta_{(I)} = \zeta_{(II)} = \infty$. Gilt $Q \neq \emptyset$, und ist ψ auf Q nach unten unbeschränkt, so folgt analog $\zeta_{(I)} = \zeta_{(II)} = -\infty$. Man beachte, dass im ersten Fall Q, im zweiten P leer ist.

Sei nun x^* ein beliebiger Optimalpunkt von (I). Nach Bemerkung 6.1.2 gibt es einen Punkt $y^* \in \mathbb{R}^m$ mit

$$A^T y^* = c \quad\wedge\quad y^* \geq 0 \quad\wedge\quad \big(i \in [m] \wedge a_i^T x^* < \beta_i \;\Rightarrow\; \eta_i^* = 0\big).$$

Also gilt $Q \neq \emptyset$, und es es folgt mit (a)

$$\zeta_{(II)} \geq \zeta_{(I)} = c^T x^* = (y^*)^T A x^* = (y^*)^T b \geq \zeta_{(II)};$$

y^* ist also Minimalpunkt von (II), und es gilt $\zeta_{(I)} = \zeta_{(II)}$.

Sei nun andererseits y^* ein Optimalpunkt von (II). Mit Lemma 6.1.6 folgt die Existenz eines Punktes $x^* := (\xi_1^*,\dots,\xi_n^*)^T$ mit

$$A x^* \leq b \quad\wedge\quad \big(i \in [m] \wedge \eta_i^* > 0 \;\Rightarrow\; a_i^T x^* = \beta_i\big).$$

---

[4] Das schließt auch die in Korollar 4.2.38 noch nicht enthaltenden Fälle mit ein, dass $P = \emptyset$ ist, oder dass φ über P nach oben unbeschränkt ist. Zugunsten einer einfacheren und zusammenhängenderen Lesbarkeit wiederholen wir hier in geringem Umfang Argumente, die bereits in den Beweis von Korollar 4.2.38 eingegangen sind.

Also gilt $x^* \in P$, und es folgt

$$\zeta_{(\mathrm{I})} \leq \zeta_{(\mathrm{II})} = b^T y^* = (x^*)^T A^T y^* = (x^*)^T c \leq \zeta_{(\mathrm{I})},$$

d.h. x^* ist Maximalpunkt von (I), und es gilt $\zeta_{(\mathrm{I})} = \zeta_{(\mathrm{II})}$.

(c) Die erste der beiden Äquivalenzen ist eine direkte Folge von (a) und (b). Zum Beweis der zweiten beachte man, dass nach (a) bzw. (b)

$$0 \leq b^T y^* - c^T x^* = (y^*)^T (b - Ax^*)$$

gilt. Somit ist $(y^*)^T (b - Ax^*) = 0$ äquivalent zu $b^T y^* = c^T x^*$. Insgesamt folgt damit die Behauptung.   □

Aufgrund von Satz 6.1.7 führen wir die folgenden Bezeichnungen ein.

6.1.8 Bezeichnung.   *(a) Die Ungleichung $\zeta_{(\mathrm{I})} \leq \zeta_{(\mathrm{II})}$ heißt* **schwache Dualitäts-aussage**; *die quadratische Gleichung $y^T(b - Ax) = 0$* **Komplementaritätsbedingung** *[engl.: complementary slackness].*

(b) Jedes Paar (x^*, y^*) eines für (I) zulässigen Punktes x^* und eines für (II) zulässigen Punktes y^* mit $(y^*)^T(b - Ax^*) = 0$ heißt **primal-duales Paar**.

6.1.9 Korollar. *Es gilt eine der folgenden Aussagen:*

(a) Beide Aufgaben sind zulässig, besitzen endliche Optimalpunkte, und die Optima der Zielfunktionen stimmen überein.

Der Punkt $x^* \in P$ ist genau dann optimal in (I), wenn x^* zu einem primal-dualen Paar ergänzt werden kann.

Der Punkt $y^* \in Q$ ist genau dann optimal in (II), wenn y^* zu einem primal-dualen Paar ergänzt werden kann.

(b) Eine der Aufgaben ist unzulässig, die andere (in der Optimierungsrichtung) unbeschränkt.

(c) Beide Aufgaben sind unzulässig.

Beweis: Die Aussage ergibt sich direkt aus dem Dualitätssatz 6.1.7.   □

Das folgende Beispiel zeigt, dass alle drei Fälle von Korollar 6.1.9 tatsächlich auftreten können.

6.1.10 Beispiel. *Seien $\beta_1, \beta_2, \gamma_1, \gamma_2 \in \mathbb{R}$. Die folgenden beiden Aufgaben sind dual zueinander.*

$$
\begin{array}{ll}
\max \ \gamma_1 \xi_1 + \gamma_2 \xi_2 & \min \ \beta_1 \eta_1 - \beta_2 \eta_2 \\[4pt]
\begin{aligned}
\xi_1 + \xi_2 &\leq \beta_1 \\
-\xi_1 - \xi_2 &\leq -\beta_2
\end{aligned}
&
\begin{aligned}
\eta_1 - \eta_2 &= \gamma_1 \\
\eta_1 - \eta_2 &= \gamma_2 \\
\eta_1 \quad\;\; &\geq 0 \\
\eta_2 &\geq 0;
\end{aligned}
\end{array}
$$

vgl. Abbildung 6.3.

Offenbar ist die links stehende primale Aufgabe genau dann zulässig, wenn

$$\beta_1 \geq \beta_2$$

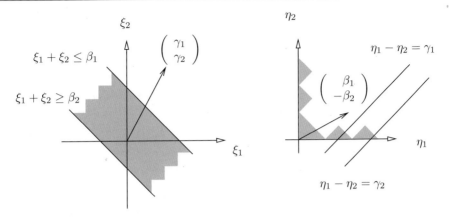

6.3 Abbildung. Zulässige Bereiche und Zielfunktionen der beiden zueinander dualen linearen Programme (für eine Wahl der Parameter).

gilt. Ist der zulässige Bereich P nicht leer, so gilt $\mathrm{ls}(P) = \mathrm{lin}\{(-1,1)^T\}$. *Also hat die primale Aufgabe im Falle* $P \neq \emptyset$ *genau dann ein endliches Optimum, wenn* $c \in \big(\mathrm{ls}(P)\big)^\perp$ *gilt, d.h. falls*

$$\gamma_1 = \gamma_2$$

ist.

   Die duale Aufgabe ist hingegen genau dann zulässig, wenn die beiden Restriktionsgeraden übereinstimmen, d.h. wenn

$$\gamma_1 = \gamma_2$$

gilt. Im Falle der Zulässigkeit liegt genau dann ein endliches Optimum vor, wenn $(\beta_1, -\beta_2)^T$ *im Halbraum* $H^{\geq}_{((1,1)^T,0)}$ *liegt, d.h. wenn*

$$\beta_1 \geq \beta_2$$

gilt. Bereits in diesem einfachen (parametrischen) Beispiel treten somit alle drei Fälle aus Satz 6.1.7 tatsächlich auf.

   Im Folgenden gelte

$$\beta_1 \geq \beta_2 \quad \wedge \quad \gamma := \gamma_1 = \gamma_2;$$

die primale wie die duale Aufgabe besitzen also endliche Optima. Die Menge der Optimalpunkte der primalen Aufgabe ist

$$\begin{cases} \{x : \xi_1 + \xi_2 = \beta_1\} & \text{für } \gamma > 0; \\ \{x : \beta_2 \leq \xi_1 + \xi_2 \leq \beta_1\} & \text{für } \gamma = 0; \\ \{x : \xi_1 + \xi_2 = \beta_2\} & \text{für } \gamma < 0. \end{cases}$$

Die Menge der Optimalpunkte der dualen Aufgabe ist

$$\begin{cases} \{(\gamma,0)^T\} & \text{für } \beta_1 \neq \beta_2 \wedge \gamma \geq 0; \\ (\gamma,0)^T + [0,\infty[\,\mathbb{1} & \text{für } \beta_1 = \beta_2 \wedge \gamma \geq 0; \\ (0,-\gamma)^T & \text{für } \beta_1 \neq \beta_2 \wedge \gamma \leq 0; \\ \{(0,-\gamma)^T\} + [0,\infty[\,\mathbb{1} & \text{für } \beta_1 = \beta_2 \wedge \gamma \leq 0. \end{cases}$$

Die quadratische Form der Komplementaritätsbedingungen ergibt sich zu

$$y^T(b - Ax) = \begin{pmatrix} \eta_1 \\ \eta_2 \end{pmatrix}^T \left[\begin{pmatrix} \beta_1 \\ -\beta_2 \end{pmatrix} - \begin{pmatrix} \xi_1 + \xi_2 \\ -\xi_1 - \xi_2 \end{pmatrix} \right] = 0;$$

sie ist (wie nach Satz 6.1.7 zu erwarten) für jedes Paar einer maximalen Lösung der primalen und einer minimalen Lösung der dualen Aufgabe erfüllt.

Wie wir in Kapitel 4 gesehen haben, ist der geometrische Inhalt der Dualität zwar unabhängig von der konkreten Darstellung der Polyeder, die aufgestellten dualen Programme sind es aber nicht. Aussagen über Dualität werden daher oft als Aussagen über 'Äquivalenzklassen' von linearen Optimierungsproblemen unter den üblichen Transformationen aus Sektion 1.4 aufgefasst. In diesem Sinne gehen durch Dualisierung LP-Aufgaben in natürlicher Form in solche in Standardform über und umgekehrt. Dabei entsprechen den Restriktionen der primalen Aufgabe die Variablen der dualen. Tabelle 6.1.11 fasst diese formalen Aspekte (im Sinne obiger Bemerkung) zusammen.

6.1.11 Dualitätstabelle. *Seien $\{M_1, M_2, M_3\}$ eine Partition von $[m]$ und $\{N_1, N_2, N_3\}$ eine Partition von $[n]$. Dann entsprechen sich Restriktionen und Variablen in primalen und dazu dualen LP-Aufgaben gemäß der folgenden Tabelle, die für Maximierungsaufgaben von links nach rechts und für Minimierungsaufgaben von rechts nach links zu lesen ist:*

$\max c^T x$			$\min b^T y$		
$a_i^T x = \beta_i$	i	$\in M_1$		η_i	
$a_i^T x \leq \beta_i$	i	$\in M_2$	η_i	$\geq$	0
$a_i^T x \geq \beta_i$	i	$\in M_3$	η_i	$\leq$	0
$\xi_j \geq 0$	j	$\in N_1$	$\bar{a}_j^T y$	$\geq$	γ_j
$\xi_j \leq 0$	j	$\in N_2$	$\bar{a}_j^T y$	$\leq$	γ_j
ξ_j	j	$\in N_3$	$\bar{a}_j^T y$	$=$	γ_j

Die Einträge 'ξ_j' und 'η_i' in der ersten und letzten Zeile sind dabei so zu interpretieren, dass den jeweiligen Gleichheitsrestriktionen entsprechende Variablen zugeordnet sind, die keiner Vorzeichenbedingung unterliegen.

Beweis: Es reicht, die links stehende LP-Aufgabe zu betrachten, wenn man lediglich noch unterscheidet, ob $\max c^T x$ oder $\min c^T x$ zugrunde liegt. Hierdurch können beide Teile der Behauptung ('Lesen der Tabelle von links nach rechts und rechts nach links') gleichzeitig bewiesen werden. Wir transformieren daher die links stehende LP-Aufgabe für beide Optimierungsvarianten in die natürliche Form:

$$\max c^T x \ / \ -\max(-c)^T x$$

$$\begin{array}{rcll} a_i^T x & \leq & \beta_i & (i \in M_1) \\ -a_i^T x & \leq & -\beta_i & (i \in M_1) \\ a_i^T x & \leq & \beta_i & (i \in M_2) \\ -a_i^T x & \leq & -\beta_i & (i \in M_3) \\ -\xi_j & \leq & 0 & (j \in N_1) \\ \xi_j & \leq & 0 & (j \in N_2). \end{array}$$

Bezieht man die beiden Vorzeichen $\pm$ auf die beiden verschiedenen Zielfunktionen, so lautet die hierzu duale Aufgabe:

$$\pm \min \sum_{i \in M_1} \beta_i(\mu_i - \nu_i) + \sum_{i \in M_2} \beta_i \eta_i - \sum_{i \in M_3} \beta_i \eta_i$$

$$\sum_{i \in M_1} a_i(\mu_i - \nu_i) + \sum_{i \in M_2} a_i \eta_i - \sum_{i \in M_3} a_i \eta_i - \sum_{j \in N_1} u_j \sigma_j + \sum_{j \in N_2} u_j \sigma_j \;=\; \pm c$$

$$
\begin{aligned}
\mu_i, \nu_i &\geq 0 &\quad& (i \in M_1) \\
\eta_i &\geq 0 && (i \in M_2) \\
\eta_i &\geq 0 && (i \in M_3) \\
\sigma_j &\geq 0 && (j \in N_1) \\
\sigma_j &\geq 0 && (j \in N_2).
\end{aligned}
$$

Mit der Setzung $\eta_i := \mu_i - \nu_i$ für $i \in M_1$ ist diese Aufgabe äquivalent zu

$$\pm \min \sum_{i=1}^{m} \beta_i \eta_i$$

$$\sum_{i=1}^{m} a_i \eta_i + \sum_{j \in N_1 \cup N_2} u_j \sigma_j \;=\; \pm c$$

$$
\begin{aligned}
\eta_i &\geq 0 &\quad& (i \in M_2) \\
\eta_i &\leq 0 && (i \in M_3) \\
\sigma_j &\leq 0 && (j \in N_1) \\
\sigma_j &\geq 0 && (j \in N_2).
\end{aligned}
$$

Die Variablen σ_j für $j \in N_1 \cup N_2$ können entfernt werden, wenn man zum Ausgleich die entsprechenden Gleichungen durch Ungleichungen ersetzt. Wir erhalten dann die äquivalente Aufgabe:

$$\pm \min \sum_{i=1}^{m} \beta_i \eta_i$$

$$
\begin{aligned}
u_j^T \sum_{i=1}^{m} a_i \eta_i &\geq \pm \gamma_j &\quad& (j \in N_1) \\
u_j^T \sum_{i=1}^{m} a_i \eta_i &\leq \pm \gamma_j && (j \in N_2) \\
u_j^T \sum_{i=1}^{m} a_i \eta_i &= \pm \gamma_j && (j \in N_3) \\
\eta_i &\geq 0 && (i \in M_2) \\
\eta_i &\leq 0 && (i \in M_3).
\end{aligned}
$$

Unter Verwendung der Spaltenvektoren $\overline{a}_1, \ldots, \overline{a}_n$ erhalten wir für die Maximierungsaufgabe (links) und nach anschließendem Ersetzen von y durch $-y$ für die Minimierungsaufgabe (rechts):

$$
\begin{array}{ll}
\min b^T y & \max b^T y \\[4pt]
\begin{aligned}
\overline{a}_j^T y &\geq \gamma_j &\quad& (j \in N_1) \\
\overline{a}_j^T y &\leq \gamma_j && (j \in N_2) \\
\overline{a}_j^T y &= \gamma_j && (j \in N_3) \\
\eta_i &\geq 0 && (i \in M_2) \\
\eta_i &\leq 0 && (i \in M_3)
\end{aligned}
&
\begin{aligned}
\overline{a}_j^T y &\leq \gamma_j &\quad& (j \in N_1) \\
\overline{a}_j^T y &\geq \gamma_j && (j \in N_2) \\
\overline{a}_j^T y &= \gamma_j && (j \in N_3) \\
\eta_i &\leq 0 && (i \in M_2) \\
\eta_i &\geq 0. && (i \in M_3)
\end{aligned}
\end{array}
$$

Insgesamt folgt damit (bei entsprechender Übersetzung in die Bezeichnungen der Tabellenleserichtung 'von rechts nach links') die Behauptung.   □

Man beachte, dass sich aus der Dualitätstabelle auch direkt die entsprechenden Komplementaritätsbedingungen ablesen lassen.

Eine Folgerung für die Komplexität linearer Programmierung: Als Folgerung aus dem allgemeinen Dualitätssatz 6.1.7 können wir nun eine Verschärfung von Korollar 4.3.39 beweisen. Dort hatten wir gezeigt, dass das Problem LP-OPTIMALITÄT, bei dem entschieden werden soll, ob eine gegebene Lösung x^* eines linearen Programms bereits Optimalpunkt ist, in $\mathbb{NP} \cap \text{co}\mathbb{NP}$ liegt. Wir können nun sogar zeigen, dass die Entscheidungsversion der linearen Programmierung diese Eigenschaft hat. Zunächst beweisen wir, dass das Problem der Zulässigkeit eines linearen Ungleichungssystems in $\mathbb{NP} \cap \text{co}\mathbb{NP}$ liegt.

6.1.12 Satz. *Das Problem* LINEARES UNGLEICHUNGSSYSTEM

> *Gegeben: $m,n \in \mathbb{N}$, $A \in \mathbb{Q}^{m \times n}$, $b \in \mathbb{Q}^m$.*
> *Frage: Gibt es einen Vektor $x^* \in \mathbb{Q}^n$ mit $Ax^* \leq b$?*

liegt in $\mathbb{NP} \cap \text{co}\mathbb{NP}$.

Beweis: Ist die gegebene Aufgabe (m,n,A,b) von LINEARES UNGLEICHUNGSSYSTEM zulässig, so gibt es nach Korollar 4.3.37 einen Lösungsvektor $x^* \in \mathbb{Q}^n$ von polynomieller Kodierungslänge. Wir können nun jeden solchen Vektor als Beleg verwenden. Wenn wir einen solchen 'raten', so können wir in polynomieller Zeit überprüfen, ob tatsächlich $Ax^* \leq b$ gilt. Das Problem liegt somit in $\mathbb{NP}$.

Zum Beweis, dass LINEARES UNGLEICHUNGSSYSTEM in $\text{co}\mathbb{NP}$ enthalten ist, müssen wir ein Zertifikat dafür finden, dass eine gegebene Aufgabe (m,n,A,b) unzulässig ist. Hierfür benutzen wir die LP-Dualität. Die gegebene Aufgabe ist genau dann eine ja-Instanz, wenn $\max\{0^T x : Ax \leq b\} = 0$ gilt. Das duale Programm

$$\min\{b^T y : A^T y = 0 \land y \geq 0\}$$

ist zulässig; insbesondere erfüllt $y_0 := 0$ die Bedingungen

$$b^T y_0 \leq 0 \quad \land \quad A^T y_0 = 0 \quad \land \quad y_0 \geq 0.$$

Nach dem Dualitätssatz ist somit $Ax \leq b$ genau dann unzulässig, wenn der Zielfunktionswert des Dualen nach unten unbeschränkt ist. Da der zulässige Bereich des Dualen ein Kegel ist, gilt daher

$$\neg \exists (x \in \mathbb{R}^n) : Ax \leq b \quad \Leftrightarrow \quad \exists (y \in \mathbb{R}^m) : b^T y \leq -1 \land A^T y = 0 \land y \geq 0.$$

Nach Korollar 4.3.31 gibt es, im Falle seiner Zulässigkeit, einen Lösungsvektor $y^* \in \mathbb{Q}^m$ des rechts stehenden linearen Ungleichungssystems von polynomieller Kodierungslänge. Wir können jeden solchen Vektor y^* als Zertifikat für die Unzulässigkeit von $Ax \leq b$ verwenden und diese einfach durch Einsetzen überprüfen. Somit ist LINEARES UNGLEICHUNGSSYSTEM auch in $\text{co}\mathbb{NP}$, und es folgt die Behauptung.   □

Durch Anwendung von Satz 6.1.12 auf die Entscheidungsversion der linearen Optimierung erhalten wir die folgende Verschärfung von Korollar 4.3.39.

6.1.13 Korollar. *Die Entscheidungsversion*

> *Gegeben: $m,n \in \mathbb{N}$, $A \in \mathbb{Q}^{m \times n}$, $b \in \mathbb{Q}^m$, $c \in \mathbb{Q}^n$ und $\gamma \in \mathbb{Q}$.*
> *Frage: Gibt es einen Vektor $x^* \in \mathbb{Q}^n$ mit $Ax^* \leq b$ und $c^T x^* \geq \gamma$?*

des LP-Problems liegt in $\mathbb{NP} \cap \mathrm{co}\mathbb{NP}$.

> *Beweis:* Die Aussage folgt unmittelbar aus Satz 6.1.12. □

Bereits lange vor der Entdeckung polynomieller Verfahren für die lineare Optimierung wurde Korollar 6.1.13 als starkes Indiz dafür gewertet, dass die lineare Optimierung (mit rationalen Daten) nicht $\mathbb{NP}$-schwierig sondern in $\mathbb{P}$ sein sollte; vgl. auch Übungsaufgabe 3.6.32.

Aus dem Dualitätssatz folgt, dass das lineare Optimierungsproblem sogar äquivalent ist zum linearen Zulässigkeitsproblem. Wir formulieren das entsprechende Ergebnis für LP-Aufgaben in kanonischer Form, da diese im Wesentlichen 'selbstdual' ist und das Ungleichungssystem daher besonders 'symmetrisch' ist.

6.1.14 Korollar. *Die lineare Optimierungsaufgabe*

$$\max c^T x$$
$$
\begin{aligned}
Ax &\leq b \\
x &\geq 0
\end{aligned}
$$

besitzt genau dann einen Optimalpunkt, wenn die lineare Ungleichungsaufgabe

$$
\begin{aligned}
c^T x \quad - \quad b^T y &\geq 0 \\
Ax \qquad\qquad &\leq b \\
A^T y &\geq c \\
x \qquad\qquad &\geq 0 \\
y &\geq 0
\end{aligned}
$$

zulässig ist. $\begin{pmatrix} x^* \\ y^* \end{pmatrix}$ ist genau dann Lösung des Ungleichungssystems, wenn (x^*,y^*) ein primal-duales Paar der LP-Aufgabe ist.

> *Beweis:* '$\Rightarrow$' Ist x^* Optimalpunkt der primalen LP-Aufgabe, so existiert nach Korollar 6.1.9 ein y^*, so dass (x^*,y^*) ein primal-duales Paar bilden. Nach Tabelle 6.1.11 und Satz 6.1.7 erfüllt dann $\left((x^*)^T,(y^*)^T\right)^T$ das Ungleichungssystem.
>
> '$\Leftarrow$' Erfüllt umgekehrt $\left((x^*)^T,(y^*)^T\right)^T$ das Ungleichungssystem, so sind x^* primal und y^* dual zulässig. Nach Satz 6.1.7 (a) gilt daher $c^T x^* \leq b^T y^*$, zusammen mit der ersten Bedingung also insgesamt $c^T x^* = b^T y^*$, und die Behauptung folgt aus Satz 6.1.7 (c). □

Jeder Algorithmus, der lineare Ungleichungssysteme löst, kann somit verwendet werden, um LP-Aufgaben zu lösen. Man beachte aber, daß der Übergang vom primalen Maximierungsproblem zum primal-dualen Zulässigkeitsproblem gemäß Korollar 6.1.14 im Allgemeinen neue Instabilitäten generiert. Das liegt an der 'Zielfunktionsungleichung' $c^T x \geq b^T y^*$, die nach Satz 6.1.7 (a) für jeden zulässigen Punkt (x^T,y^T) mit Gleichheit erfüllt sein muss. Auch wenn also sowohl der zulässige Bereich der primalen als auch der zulässige Bereich der dualen Aufgabe innere Punkte besitzen, ist die Lösungsmenge des zugehörigen primal-dualen Ungleichungssystems im Allgemeinen (d.h. wenn nicht gerade $b = 0$ und $c = 0$ gilt) unterdimensional, und für beliebig kleine positive 'Störung' ϵ ist

$$\left\{ \begin{pmatrix} x \\ y \end{pmatrix} : Ax \leq b \wedge A^T y \geq c \wedge x \geq 0 \wedge y \geq 0 \wedge c^T x - b^T y \geq \epsilon \right\}$$

leer.

6.1.15 Beispiel. *Die beiden Aufgaben*

	max ξ			min 2η
	ξ	$\leq$	2	$\eta \geq 1$
	ξ	$\geq$	0	$\eta \geq 0$

sind dual zueinander; vgl. Abbildung 6.4. Zur Bestimmung eines primal-dualen Paares gemäß Korollar 6.1.14 ist den primalen und den dualen Zulässigkeitsbedingungen noch die 'Zielfunktionenrestriktion'

$$\xi - 2\eta \geq 0$$

hinzuzufügen. Der zulässige Bereich des primal-dualen Ungleichungssystems ist also ein-punktig.

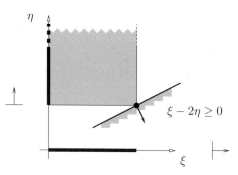

6.4 Abbildung. Bestimmung eines primal-dualen Paares als Lösung einer Zulässigkeitsaufga-be. Die zulässigen Bereiche der beiden LP-Aufgaben sind auf ihren Achsen hervorgehoben. Der zulässige Bereich des um die Zielfunktionsrestriktion reduzierten primal-dualen Ungleichungs-systems ist grau unterlegt; die Zielfunktionsrestriktion schneidet ihn im Punkt $(2,1)^T$.

Ein Anwendungsbeispiel: Additivität in der diskreten Tomographie: Wir behandeln nun einen ersten 'praktischen Anwendungsfall' der Dualität. Hierzu greifen wir das Beispiel der *diskreten Tomographie* aus Sektion 1.2 noch einmal (in etwas allgemei-nerer Form) auf und geben eine Interpretation eines bekannten Eindeutigkeitskriteriums mit Hilfe der LP-Dualität.[5]

Wir stellen zunächst die relevanten Begriffe zusammen.

6.1.16 Definition. *Seien $d \in \mathbb{N}$, $s \in \mathbb{R}^d \setminus \{0\}$ und $S := \mathrm{lin}\big(\{s\}\big)$. Ferner seien $\mathcal{F}^d$ die Menge aller endlichen Teilmengen von $\mathbb{R}^d$ und $F \in \mathcal{F}^d$.*

---

[5] Das hier behandelte Kriterium geht auf *P. Fishburn, J. Lagarias, J. Reeds, L. Shepp* (Sets uniquely determined by projections on axes. II. Discrete case, Discrete Math. 91 (1991), 149 – 159) zurück; sein hier dargestellter Bezug zur Dualität stammt aus *P. Gritzmann, B. Langfeld, M. Wiegelmann* (Uniqueness in discrete tomography: Three remarks and a corollary, SIAM J. Discrete Math. 25 (2011), 1589 – 1599).

(a) Die durch

$$X_S(F)(x) := \left| F \cap (x + S) \right|$$

*definierte Funktion $X_S(F) : \mathbb{R}^d \to \mathbb{N}_0$ heißt **X-Ray**[6] von F in Richtung s (oder parallel zu S).*

*(b) Sei $m \in \mathbb{N}$, und für $i \in [m]$ seien $s_i \in \mathbb{R}^d \setminus \{0\}$, $S_i := \lin(\{s_i\})$ und $X_i(F) := X_{S_i}(F)$. Eine Menge $F' \in \mathcal{F}^d$ heißt **tomographisch äquivalent** zu F, falls*

$$X_i(F) = X_i(F') \quad (i \in [m])$$

gilt.

In der diskreten Tomographie möchte man aus *gemessenen* (in der Regel fehlerbehafteten) X-Ray-Daten eine, alle oder eine 'beste' Lösung rekonstruieren. Hiermit sind zahlreiche strukturelle und algorithmische Fragen verbunden, und es hat sich eine reiche Theorie diskreter inverser Probleme entwickelt.[7] Von besonderer Bedeutung ist naturgemäß die Frage, wie man mit Datenfehlern umgeht.

Wir beschränken uns hier allerdings auf ein einfaches Eindeutigkeitskriterium. Wir nehmen an, dass eine Menge $F^* \in \mathcal{F}^d$ gegeben ist und fragen danach, ob es noch andere, zu dieser tomographisch äquivalente Mengen gibt. Dabei gehen wir davon aus, dass alle Daten fehlerfrei vorliegen. Wir verwenden die folgende Notation, mit der wir auch triviale Fälle ausschließen.

6.1.17 Notation. *Seien $d,m \in \mathbb{N} \setminus \{1\}$. Für $i \in [m]$ seien $s_i \in \mathbb{R}^n \setminus \{0\}$, $S_i := \lin(\{s_i\})$, und $S_1,\dots,S_m$ seien paarweise verschieden. Ferner sei $F^* \in \mathcal{F}^d$.*

Eine Menge $F \in \mathcal{F}^d$, deren X-Rays mit den gegebenen Daten $X_i(F^*)$ $(i \in [m])$ übereinstimmen, kann nur auf einer speziell strukturierten Menge 'leben'.

6.1.18 Bezeichnung. *Für $i \in [m]$ bezeichne $\mathcal{T}_i := \mathcal{T}_i(F^*)$ die Menge aller Translate $x + S_i$ mit $F^* \cap (x + S_i) \neq \emptyset$, und es seien*

$$\mathcal{T} := \mathcal{T}(F^*) := \bigcup_{i=1}^m \mathcal{T}_i(F^*) \quad \wedge \quad G := G(F^*) := \bigcap_{i=1}^m \Big(\bigcup_{T \in \mathcal{T}_i} T \Big).$$

*Dann heißt G das durch die X-Rays $X_1(F),\dots,X_m(F)$ bestimmte **tomographische Raster** [engl.: grid]. Ferner sei*

$$\beta : \mathcal{T} \to \mathbb{N} \quad \wedge \quad \beta(T) := |F^* \cap T|.$$

*Die Werte von β werden **Messdaten** genannt.[8]*

Die folgende Bemerkung zeigt, warum tomographische Raster relevant sind.

---

[6] Wir benutzen hier den englischen Begriff *X-Ray* in einer bezüglich der Aufnahmetechnik 'generischen' Weise. X-Rays könnten Röntgenbilder, Bilder hochauflösender Transmissionselektronenmikroskopie, aber auch durch andere Techniken gewonnene Informationen sein. Aus mathematischer Sicht interessieren nur die zur Verfügung stehenden Daten, nicht der Prozess ihrer Gewinnung, obwohl dieser oftmals mit wissenschaftlich-technischen Durchbrüchen verbunden war, die durch die Vergabe von Nobelpreisen gewürdigt wurden.

[7] Man vergleiche etwa [43].

[8] Von besonderer Bedeutung für algorithmische Fragen der Rekonstruktion ist die Tatsache, dass man das tomographische Raster allein aus den Messdaten bestimmen kann; die Kenntnis von F^* ist hierfür nicht erforderlich.

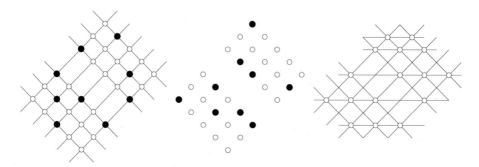

6.5 Abbildung. Links: Endliche Menge F^* (schwarze Punkte), X-Rays in den zwei gegebenen Richtungen $(1,1)^T$ und $(-1,1)^T$, zugehöriges tomographisches Raster; Mitte: eine zweite, tomographisch äquivalente Menge; Rechts: Raster bez. F^* nach Hinzunahme einer dritten Richtung $(1,0)^T$.

6.1.19 Bemerkung. *Für jede zu F^* tomographisch äquivalente Menge $F \in \mathcal{F}^d$ gilt $F \subset G(F^*)$. Ferner gilt $|G| \le |F^*|^2$.*

Beweis: Ist $F \in \mathcal{F}^d$ zu F^* tomographisch äquivalent, so gilt natürlich $|F \cap T| = |F^* \cap T|$ für alle $T \in \mathcal{T}$, und es folgt $F \subset G(F^*)$. Ferner gilt

$$G \subset \left(\bigcup_{T \in \mathcal{T}_1} T \right) \cap \left(\bigcup_{T \in \mathcal{T}_2} T \right).$$

Jede dieser beiden parallelen Geradenscharen enthält höchstens $|F^*|$ Geraden, insgesamt haben diese höchstens $|F^*|^2$ Schnittpunkte. $\qquad\square$

Die tomographischen Raster ermöglichen es uns, die Frage der Eindeutigkeit einer gegebenen Menge $F^* \in \mathcal{F}^d$ als Optimierungsaufgabe zu formulieren. Verwenden wir die Variablen

$$\xi_g \in \{0,1\} \quad (g \in G),$$

d.h. ordnen wir jedem Punkt $g \in G$ eine Variable $\xi_g \in \{0,1\}$ zu und identifizieren jede Teilmenge F von G mit ihrem entsprechenden Inzidenzvektor $(\xi_g)_{g \in G}$ gemäß

$$F = \{g : g \in G \wedge \xi_g = 1\},$$

so können wir alle zu F^* tomographisch äquivalenten Mengen F durch das System

$$\begin{aligned}
\sum_{g \in G \cap T} \xi_g &= \beta(T) \quad (T \in \mathcal{T}) \\
\xi_g &\in \{0,1\} \quad (g \in G)
\end{aligned}$$

beschreiben. Insbesondere sei x^* der zu F^* gehörige Inzidenzvektor (nach Festlegung einer Reihenfolge auf G).

Seien $A := (a_1, \ldots, a_q) := (\alpha_{i,j}) \in \{0,1\}^{p \times q}$ die zugehörige Koeffizientenmatrix und $b \in \mathbb{R}^p$ die entsprechende rechte Seite der Messdaten. Dann hat dieses System die Gestalt

$$Ax = b \quad \wedge \quad 0 \le x \le 1 \quad \wedge \quad x \in \mathbb{Z}^q.$$

Sei nun

$$P := \{x \in \mathbb{R}^q \ : \ Ax = b \land 0 \leq x \leq \mathbb{1}\}.$$

Dann besteht die Frage darin, ob das Polytop P neben dem zu F^* gehörigen ganzzahligen Vektor x^* noch weitere ganzzahlige Punkte enthält.

6.1.20 Bemerkung. *Es gibt genau dann eine zu F^* tomographisch äquivalente Menge $F \in \mathcal{F}^d$, wenn P einen von x^* verschiedenen Punkt aus $\{0,1\}^q$ enthält.*

Wir kommen nun zu dem für unsere Anwendung der LP-Dualität wichtigen klassischen Begriff der Additivität.

6.1.21 Bezeichnung. *Die Menge $F^* \in \mathcal{F}^d$ heißt **additiv**, wenn es für jede Gerade $T \in \mathcal{T}(F^*)$ ein Gewicht $\eta_T \in \mathbb{R}$ gibt, so dass gilt*

$$\sum_{T \in \mathcal{T} \land T \ni g} \eta_T \ \geq \ 1, \qquad \text{falls } g \in F^*;$$

$$\sum_{T \in \mathcal{T} \land T \ni g} \eta_T \ \leq \ -1, \qquad \text{falls } g \in G \setminus F^*.$$

Die Additivität hat eine sehr intuitive geometrische Interpretation als *gefilterte, gewichtete Rückprojektion*. Mit $\mu_T := \eta_T / \beta(T)$ für $T \in \mathcal{T}$ gilt

$$g \in F \quad \Leftrightarrow \quad \sum_{\substack{T \in \mathcal{T}(F) \\ T \ni g}} \mu_T \beta(T) \geq 1.$$

Diese Äquivalenz bedeutet das folgende: Wir addieren für jeden Punkt $g \in G$ die entsprechend mit μ_T gewichteten Messdaten $\beta(T)$ auf allen Geraden $T \in \mathcal{T}$ mit $g \in T$. Danach wählen wir alle solchen Punkte g, für die der Schwellwert 1 erreicht wird.[9] Die Additivität von F^* bedeutet, dass man bei geeigneter Wahl der Gewichte die Menge F^* durch den beschriebenen Prozess rekonstruieren kann.

Die folgende Bemerkung drückt die Additivität von F^* mit Hilfe der Matrix A aus.

6.1.22 Bemerkung. *F^* ist genau dann additiv, wenn es $y := (\eta_1, \ldots, \eta_p)^T \in \mathbb{R}^p$ gibt, so dass für alle $j \in [q]$*

$$\sum_{i=1}^{p} \alpha_{i,j} \eta_i = a_j^T y \begin{cases} \geq & 1, \quad \text{falls } \xi_j^* = 1; \\ \leq & -1, \quad \text{falls } \xi_j^* = 0 \end{cases}$$

gilt.

Man sollte annehmen, dass verschiedene Gewichte zu verschiedenen tomographisch äquivalenten Lösungen führen. Es ist daher vielleicht überraschend, dass das nicht der Fall ist. Tatsächlich ist die Additivität von F^* äquivalent damit, dass bereits P keinen von x^* verschiedenen Punkt enthält.

6.1.23 Satz. *Sei F^* additiv. Dann gilt $P = \{x^*\}$.*

---

[9] In etwas anderer Sprache ausgedrückt bedeutet das: Wir 'verschmieren' die gewichteten X-Ray-Daten jeweils über die gesamte Gerade (Rückprojektion), addieren alle solchen 'Intensitäten' und benutzen einen 'Schwellwertfilter', um Punkte zu geringer Intensität zu eliminieren.

Beweis: Seien

$$\gamma_j := 2\xi_j^* - 1 \quad (j \in [q]) \quad \wedge \quad c := (\gamma_1, \dots, \gamma_q)^T.$$

Dann ist $c \in \{-1,1\}^q$. Seien nun

$$x := (\xi_1, \dots, \xi_q)^T \in P \setminus \{x^*\} \quad \wedge \quad j \in [q] \quad \wedge \quad \xi_j^* \neq \xi_j.$$

Für alle $j \in [q]$ mit $\xi_j^* \neq \xi_j$ gilt

$$\gamma_j(\xi_j^* - \xi_j) = (2\xi_j^* - 1)(\xi_j^* - \xi_j) = \begin{cases} (-1)\cdot(-1), & \text{falls } \xi_j^* = 0; \\ 1\cdot 1, & \text{falls } \xi_j^* = 1, \end{cases}$$

und es folgt

$$c^T x < c^T x^*.$$

Somit gilt $P = \{x^*\}$ genau dann, wenn

$$\min_{x \in P} c^T x = c^T x^*$$

ist.

Wir zeigen nun, dass die Additivität zu dieser Bedingung äquivalent ist. Hierzu betrachten wir das primale (LP) und das dazu duale (DLP) lineare Programm

$$
\begin{array}{ll}
& \min c^T x \\
(\text{LP}) \quad & Ax = b \\
& x \leq \mathbb{1} \\
& x \geq 0
\end{array}
\qquad
\begin{array}{ll}
& \max (b^T y - \mathbb{1}^T z) \\
(\text{DLP}) \quad & A^T y - z \leq c \\
& z \geq 0.
\end{array}
$$

Da (LP) ein endliches Optimum besitzt, hat nach Korollar 6.1.9 auch (DLP) ein solches. Seien

$$W := \left\{ w := \begin{pmatrix} y \\ z \end{pmatrix} : A^T y - z \leq c \wedge z \geq 0 \right\}.$$

Das Paar (x,w) ist ein primal-duales Paar, genau dann, wenn

$$x \in P \quad \wedge \quad w \in W$$

und mit $z =: (\zeta_1, \dots, \zeta_q)^T$ ferner die Komplementaritätsbedingungen

$$\xi_j(\gamma_j - a_j^T y + \zeta_j) = 0 \quad \wedge \quad (1 - \xi_j)\zeta_j = 0 \quad (j \in [q])$$

gelten.

Sei nun F^* additiv. Gemäß Bemerkung 6.1.22 sei $y \in \mathbb{R}^p$ ein zugehöriger Gewichtsvektor mit

$$
\begin{array}{rll}
a_j^T y &\geq 1, & \text{falls } \xi_j^* = 1; \\
a_j^T y &\leq -1, & \text{falls } \xi_j^* = 0.
\end{array}
\qquad (j \in [q])
$$

Wir definieren z nun durch

$$\zeta_j := \begin{cases} a_j^T y - \gamma_j, & \text{falls } \xi_j^* = 1; \\ 0, & \text{falls } \xi_j^* = 0 \end{cases} \qquad (j \in [q])$$

und setzen $w^* := (y^T, z^T)^T$. Dann gilt für $\xi_j^* = 1$

$$\zeta_j = a_j^T y - \gamma_j = a_j^T y - (2\xi_j^* - 1) \geq 2(1 - \xi_j^*) = 0 \quad \wedge \quad a_j^T y - \zeta_j = \gamma_j.$$

Für $\xi_j^* = 0$ sind

$$\zeta_j = 0 \geq 0 \quad \wedge \quad a_j^T y - \zeta_j = a_j^T y \leq -1 = (2\xi_j^* - 1) = \gamma_j.$$

Somit ist $w^* \in W$. Da $x^* \in \{0,1\}^q$ ist, erfüllt (x^*, w^*) auch die Komplementaritätsbedingungen und ist somit ein primal-duales Paar von Optimalpunkten.

Seien nun umgekehrt x^* ein Minimalpunkt von (LP) und $w^* := (y^T, z^T)^T \in W$, so dass (x^*, w^*) ein primal-duales Paar bilden.

Sei $j \in [q]$. Für $\xi_j^* = 0$ folgt aus der zweiten Komplementaritätsbedingung und der dualen Zulässigkeit

$$\zeta_j = 0 \quad \wedge \quad a_j^T y - \zeta_j = a_j^T y \leq \gamma_j = 2\xi_j^* - 1 = -1.$$

Ist $\xi_j^* = 1$, so folgt aus der ersten Komplementaritätsbedingung und der dualen Zulässigkeit

$$0 = \gamma_j - a_j^T y + \zeta_j = 2\xi_j^* - 1 - a_j^T y + \zeta_j \geq 1 - a_j^T y.$$

Somit ist x^* additiv mit dem Gewichtsvektor y. Insgesamt folgt damit die Behauptung. $\square$

Additivität besagt also nichts anderes, als dass bereits das Polyeder P einpunktig ist, d.h. nicht nur keinen von x^* verschiedenen ganzzahligen Punkt, sondern überhaupt keinen weiteren Punkt mehr besitzt. Aus diesem Blickwinkel betrachtet ist der folgende klassische Eindeutigkeitssatz nicht wirklich überraschend.

6.1.24 Korollar. *Seien F^* additiv und $F \in \mathcal{F}^d$ tomographisch äquivalent zu F^*. Dann gilt $F = F^*$.*

Tatsächlich entfaltet Dualität gar nicht so selten eine starke 'Kraft des anderen Blickwinkels'; wir werden noch einige weitere Beispiele hierfür sehen.

Lagrange-Funktion und Sattelpunkte: Wir haben in den Sektionen 4.2 und 4.4 die geometrischen Wurzeln der Dualität entwickelt und diese im ersten Abschnitt dieser Sektion vertieft. Wir zeigen nun abschließend, wie sich die Dualität auch ganz natürlich aus einer anderen algorithmischen Perspektive ergibt.[10]

Im Vergleich zu den typischen Extremalwertaufgaben der Analysis sind die Zielfunktionen der linearen Optimierung extrem einfach. Lediglich die Nebenbedingungen führen zu Schwierigkeiten, obwohl diese ebenfalls durch lineare Funktionen beschrieben werden. Während Gleichungsnebenbedingung aufgelöst werden könnten, verhindern es die einzuhaltenden Ungleichungen, dass man die aus der Analysis bekannten Sätze und Methoden direkt anwenden kann. Es liegt also nahe zu fragen, ob man auf die Nebenbedingungen nicht vielleicht verzichten kann, wenn man stattdessen bereit ist, etwas kompliziertere Zielfunktionen zuzulassen.

Wir verwenden wieder die Notationen 6.1.1 und 6.1.4 und gehen von einem durch (n, m, A, b, c) spezifizierten linearen Programm (I) in natürlicher Form aus, d.h.

---

[10] Hierdurch wird noch einmal die 'alle Wege führen nach Rom'-Bedeutung der Dualität unterstrichen, die dieses Konzept zu einem fundamentalen Bestandteil der (linearen) Optimierung macht.

$$(\text{I}) \quad \max_{x \in P} c^T x \quad \wedge \quad P := \{x \in \mathbb{R}^n : Ax \leq b\}.$$

Das zu (I) duale Programm ist dann wieder durch

$$(\text{II}) \quad \min_{y \in Q} b^T y \quad \wedge \quad Q := \{y \in \mathbb{R}^m : A^T y = c \wedge y \geq 0\}$$

gegeben. Im Folgenden ersetzen wir die Nebenbedingungen in (I) durch einen zusätzlichen Term in der Zielfunktion, der ihre Verletzung bestraft. Natürlich hat man große Freiheiten, wie genau die Zielfunktion angepasst werden kann. Hier verwenden wir additive Strafterme mit einem festen 'Strafkostenvektor' y und ersetzen (I) durch die neue, unrestringierte Aufgabe

$$(\text{LI}) \quad \max_{x \in \mathbb{R}^n} \left(c^T x + y^T (b - Ax) \right).$$

Der Vektor $y =: (\eta_1, \ldots, \eta_m)^T$ soll in (LI) die Nichterfüllung der Restriktionen bestrafen. Um sicher zu stellen, dass die Verletzung einer Restriktion, d.h. $\beta_i - a_i^T x < 0$, nicht auch noch belohnt wird, muss offenbar $\eta_i \geq 0$ gelten. Wir werden also im Folgenden stets $y \geq 0$ verlangen. Die entscheidenden Fragen bleiben natürlich: *Gibt es Vektoren y, für die die Optima von (I) und (LI) übereinstimmen?* Und wenn ja: *Wie kann man sie charakterisieren?* Um diese Fragen zu behandeln, betrachten wir die Zielfunktion von (LI) als Funktion von x und y. Wegen ihrer besonderen Bedeutung (in allgemeinerer Form auch in anderen Teilen der Optimierung) hat diese Funktion einen eigenen Namen.

6.1.25 Bezeichnung. *Die Funktion* $\Lambda : \mathbb{R}^n \times \mathbb{R}^m \to \mathbb{R}$ *sei definiert durch*

$$\Lambda(x,y) := c^T x + y^T (b - Ax) \quad \left(x \in \mathbb{R}^n \wedge y \in \mathbb{R}^m \right).$$

Dann heißt Λ ***Lagrange***[11]***-Funktion*** *zum linearen Programm (I). Für jedes feste* $y \in \mathbb{R}^m$ *heißt die Aufgabe* $\max_{x \in \mathbb{R}^n} \Lambda(x,y)$ ***Lagrange-Aufgabe*** *für* y *zu (I).*

In dieser Terminologie lautet unsere Frage also: *Für welche Vektoren* $y \in [0,\infty[^m$ *gilt*

$$\max_{x \in P} c^T x = \max_{x \in \mathbb{R}^n} \Lambda(x,y)?$$

Die folgende Bemerkung zeigt die Beziehung dieser Frage zur Dualität, aber auch die Beschränkung des Ansatzes, (I) durch eine Lagrange-Aufgabe zu ersetzen, auf den Fall endlicher Optima.

6.1.26 Bemerkung. *Sei* $y \in [0,\infty[^m$.

(a) *Es gilt* $\max_{x \in \mathbb{R}^n} \Lambda(x,y) \geq b^T y$.

(b) *Ist* $A^T y \neq c$, *so gilt* $\max_{x \in \mathbb{R}^n} \Lambda(x,y) = \infty$.

Beweis: Es ist
$$c^T x + y^T (b - Ax) = x^T (c - A^T y) + b^T y.$$

Durch Einsetzen von $x = 0$ folgt (a). Ist $i \in [m]$ mit $(\gamma_i - \overline{a}_i^T y) \neq 0$, so ist $\Lambda(\,\cdot\,,y)$ auf dem Strahl $[0,\infty[(\gamma_i - \overline{a}_i^T y)u_i$ nach oben unbeschränkt. Somit folgt auch (b). □

---

[11] Joseph Louis Lagrange, 1736 – 1813.

Bemerkung 6.1.26 (a) zeigt, dass mit Hilfe der Lösung der Lagrange-Aufgabe für kein festes y feststellbar ist, ob (I) unzulässig ist. Ist (I) zulässig, die Zielfunktion aber nach oben unbeschränkt, so folgt nach Korollar 6.1.9 $Q = \emptyset$, und Bemerkung 6.1.26 (b) besagt, dass für jedes $y \in [0,\infty[^m$ dann auch $\max_{x \in \mathbb{R}^n} \Lambda(x,y) = \infty$ ist. Allerdings gilt letzteres auch im Falle der Existenz endlicher Optima in (I), falls $y \notin Q$ ist. Also auch für den Test von (I) auf Unbeschränktheit ist der Ansatz über die Lagrange-Aufgabe für ein y nicht wirklich geeignet. Die notwendige Bedingung $y \in Q$ für ein endliches Optimum der Lagrange-Aufgabe für y stimmt übrigens (kaum überraschend) mit der notwendigen Bedingung der unrestringierten (differenzierbaren) Optimierung überein, dass für den Gradienten von $\vartheta(\cdot) := \Lambda(\,\cdot\,,y)$

$$\vartheta'(x) = c - A^T y = 0,$$

d.h.

$$\frac{\partial}{\partial x}\Lambda(x,y) = 0$$

gilt. Setzen wir die Existenz eines endlichen Optimums von (I) voraus, so erhalten wir folgende Charakterisierung.

6.1.27 Satz. *(I) besitze ein endliches Optimum. Sei $y^* \in [0,\infty[^m$. Dann gelten die folgenden Aussagen:*

(a) Es ist

$$\max_{x \in P} c^T x = \max_{x \in \mathbb{R}^n} \Lambda(x,y^*),$$

genau dann, wenn y^* ein Optimalpunkt von (II) ist.

(b) Ist (x^*,y^*) ein primal-duales Paar, so gilt

$$\max_{x \in \mathbb{R}^n} \Lambda(x,y^*) = \Lambda(x^*,y^*).$$

Beweis: (a) '$\Rightarrow$' Nach Bemerkung 6.1.26 (b) gilt $y^* \in Q$. Ist x^* ein Optimalpunkt von (I), so folgt

$$c^T x^* = \max_{x \in P} c^T x = \max_{x \in \mathbb{R}^n} \Lambda(x,y^*) = \max_{x \in \mathbb{R}^n} \left(x^T(c - A^T y^*) + b^T y^* \right) = b^T y^*,$$

und die Behauptung folgt aus dem Dualitätssatz 6.1.7.
'$\Leftarrow$' Sei y^* ein Optimalpunkt von (II). Dann gilt für alle $x \in \mathbb{R}^n$

$$\Lambda(x,y^*) = c^T x + (y^*)^T(b - Ax) = x^T(c - A^T y^*) + b^T y^* = b^T y^*,$$

und es folgt aus dem Dualitätssatz 6.1.7

$$\max_{x \in P} c^T x = b^T y^* = \max_{x \in \mathbb{R}^n} \Lambda(x,y^*).$$

Hiermit gilt (a).
(b) Sei (x^*,y^*) ein primal-duales Paar. Dann ist

$$c^T x^* = b^T y^* = (c - A^T y^*)^T x^* + b^T y^* = \Lambda(x^*,y^*).$$

Insgesamt folgt damit die Behauptung. $\square$

Satz 6.1.27 besagt, dass der Ansatz, (I) auf eine unrestringierte Optimierungsaufgabe zurückzuführen, im Falle endlicher Optima funktioniert. Er gibt insbesondere eine Antwort auf die primale Fragestellung für (I) mit Hilfe des dualen Programms (II). Hierdurch zeigt sich erneut die besondere 'Natürlichkeit' des Konzepts der Dualität.

Die grundsätzliche Bestätigung unseres algorithmischen Ansatzes verbindet seine praktische Anwendung allerdings mit einen hohem Preis. Woher sollen wir den benötigten Optimalpunkt y^* von (II) eigentlich nehmen, ohne wieder ein lineares Programm zu lösen. Schließlich ist das duale Programm im Allgemeinen auch nicht einfacher als das primale, so dass wir hier kaum einen Vorteil erwarten können. Es kommt aber noch schlimmer: Wenn wir schon eine Lösung y^* von (II) zur Verfügung haben, so kennen wir nach dem Dualitätssatz ja auch bereits das Optimum der Zielfunktion von (I). Mehr liefert aber Satz 6.1.27 auch nicht. Zwar impliziert Satz 6.1.27, dass für jeden Optimalpunkt y^* von (II)

$$\operatorname*{argmax}_{x \in P} c^T x \subset \operatorname*{argmax}_{x \in \mathbb{R}^n} \Lambda(x,y^*)$$

gilt, nicht aber, dass die Menge der Optimalpunkte von (I) mit der von (LI) für y^* übereinstimmt. Tatsächlich gilt ja sogar

$$\operatorname*{argmax}_{x \in \mathbb{R}^n} \Lambda(x,y^*) = \operatorname*{argmax}_{x \in \mathbb{R}^n} b^T y^* = \mathbb{R}^n,$$

d.h. wir erhalten keinerlei Information über die Optimalpunkte von (I).

Ist unser Ansatz damit endgültig gescheitert? Oder gibt es noch irgendetwas, das wir tun können, um Informationen über primale Optimalpunkte zu erhalten? Die einzige Freiheit, die noch bleibt, scheint die Möglichkeit zu sein, (LI) nicht nur einmal, sondern für mehrere verschiedene Vektoren y anzuwenden.[12] Aber was soll das bewirken? Schließlich wissen wir doch nach Satz 6.1.27, dass andere als dual optimale Vektoren zu einem Auseinanderfallen der Optima von (I) und (LI) führen. Das folgende Pendant zu Bemerkung 6.1.26 (b) ist allerdings ein Indiz dafür, dass die Variation von y tatsächlich etwas mit der Zulässigkeit eines Punktes x in (I) zu tun hat.[13]

6.1.28 Bemerkung. *Sei* $x \in \mathbb{R}^n$. *Ist* $Ax \not\leq b$, *so gilt* $\min_{y \in [0,\infty[^m} \Lambda(x,y) = -\infty$.

Beweis: Sei $i \in [m]$ mit $a_i^T x > \beta_i$. Dann gilt

$$\min_{y \in [0,\infty[^m} \Lambda(x,y) \leq \min_{y \in [0,\infty[^{u_i}} \Lambda(x,y) = \min_{\mu \in]0,\infty[} c^T x + \mu(\beta_i - a_i^T x) = -\infty.$$

$\square$

Ein weiteres Indiz ergibt sich bei der Betrachtung primal-dualer Paare. Ist nämlich (x^*,y^*) ein primal-duales Paar, so folgt aus den Komplementaritätsbedingungen von Satz 6.1.7 für alle $y \geq 0$

$$\Lambda(x^*,y^*) = c^T x^* \leq c^T x^* + y^T(b - Ax^*) = \Lambda(x^*,y),$$

d.h.

$$\Lambda(x^*,y^*) = \min_{y \in [0,\infty[^m} \Lambda(x^*,y).$$

Zusammen mit Satz 6.1.27 ergibt sich daher die folgende Aussage.

---

[12] Wenn man davon ausgeht, dass sich (LI) für jedes gegebene y tatsächlich leichter lösen lässt als (I), so könnte man eine solche Option durchaus akzeptieren.

[13] Das ist eigentlich gar nicht so überraschend. Schließlich könnten wir die gesamte vorherige Argumentation aus der Perspektive von (II) wiederholen.

6.1.29 Bemerkung. *Sei (x^*, y^*) ein primal-duales Paar. Dann gilt*

$$\max_{x \in \mathbb{R}^n} \Lambda(x, y^*) = \Lambda(x^*, y^*) = \min_{y \in [0, \infty[^m} \Lambda(x^*, y).$$

Jedes primal-duale Paar ist also ein Sattelpunkt der Lagrange-Funktion Λ.[14]

6.1.30 Definition. *Ein Punkt*

$$\begin{pmatrix} x^* \\ y^* \end{pmatrix} \in \mathbb{R}^n \times [0, \infty[^m$$

heißt **Sattelpunkt** *der Lagrange-Funktion von Λ von (I), wenn gilt*

$$x \in \mathbb{R}^n \wedge y \in [0, \infty[^m \quad \Rightarrow \quad \Lambda(x, y^*) \le \Lambda(x^*, y^*) \le \Lambda(x^*, y).$$

Hiermit erhalten wir tatsächlich eine Charakterisierung von primal-dualen Paaren. Der Beweis des folgenden Satzes macht deutlich, wie die Möglichkeit der Variation von y die Zulässigkeit des Punktes x^* erzwingt.

6.1.31 Satz. *(Sattelpunktbedingung)*
Seien $x^* \in \mathbb{R}^n$ und $y^* \in [0, \infty[^m$. Genau dann ist (x^*, y^*) ein primal-duales Paar, wenn $((x^*)^T, (y^*)^T)^T$ Sattelpunkt der Lagrange-Funktion Λ zu (I) ist.

Beweis: Da '$\Rightarrow$' bereits in Bemerkung 6.1.29 enthalten ist, bleibt lediglich '$\Leftarrow$' zu zeigen. Wir setzen daher voraus, dass $((x^*)^T, (y^*)^T)^T$ ein Sattelpunkt von Λ ist. Nach Bemerkung 6.1.26 folgt aus der Gültigkeit der Bedingung $\Lambda(x, y^*) \le \Lambda(x^*, y^*)$ für alle $x \in \mathbb{R}^n$, dass $y^* \in Q$ ist.

Die zweite Sattelpunktbedingung $\Lambda(x^*, y^*) \le \Lambda(x^*, y)$ impliziert für $y \ge 0$

$$(y - y^*)^T (b - Ax^*) = c^T x^* + y^T(b - Ax^*) - c^T x^* - (y^*)^T(b - Ax^*)$$
$$= \Lambda(x^*, y) - \Lambda(x^*, y^*) \ge 0.$$

Setzen wir der Reihe nach $y := y^* + u_i$ ein, so folgt

$$\beta_i - a_i^T x^* \ge 0 \quad (i \in [m]).$$

Somit gilt

$$x^* \in P \quad \wedge \quad (y^*)^T(b - Ax^*) \ge 0.$$

Andererseits ergibt sich mit der Wahl von $y := 0$

$$(y^*)^T(b - Ax^*) \le 0,$$

und wir erhalten insgesamt die Komplementaritätsbedingungen

$$(y^*)^T(b - Ax^*) = 0.$$

Nach Satz 6.1.7 ist (x^*, y^*) somit ein primal-duales Paar, und es folgt die Behauptung. $\quad\square$

In folgendem Beispiel visualisieren wir die Sattelpunktbedingung.

---

[14] Natürlich sind Sattelpunkte aus der Analysis bekannt. Wir geben die nachfolgende Definition dennoch explizit an, um den hier vorhandenen 'globaleren Charakter' zu betonen.

6.1.32 Beispiel. *Wir betrachten das einfache Beispiel*

$$A := 1 \in \mathbb{R}^{1 \times 1} \quad \wedge \quad b := 1 \in \mathbb{R}^1 \quad \wedge \quad c := 1 \in \mathbb{R}^1,$$

d.h. die (nicht wirklich herausfordernde[15]) Lp-Aufgabe $\max\{\xi \in \mathbb{R} : \xi \leq 1\}$. *Mit* $x =: (\xi)$ *und* $y =: (\eta)$ *ist die Lagrange-Funktion dann*

$$\Lambda(x,y) = \xi + \eta(1 - \xi).$$

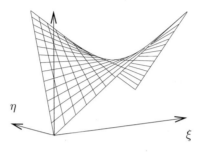

6.6 Abbildung. Die Lagrange-Funktion $\Lambda(x,y) = \xi + \eta(1 - \xi)$.

Optimal für das primale Problem ist offenbar $x^* = 1$. *Die zugehörige duale Lösung ist* $y^* = 1$. *Man beachte, dass* $\Lambda(x,y^*) = \xi + 1 \cdot (1 - \xi) = 1$ *gilt.* $\Lambda(x,y^*)$ *ist also (wie erwartet) konstant und beschreibt hier im Graphen der Funktion die Gerade im* $\mathbb{R}^3$ *parallel zur* ξ*-Achse durch den Punkt* $(1,1,1)^T$.

Satz 6.1.31 gibt eine wichtige Charakterisierung der primal-dualen Paare an. Sie besitzt einen spieltheoretischen Charakter, der in Sektion 6.3 in 'seinem natürlichen Habitat' dargestellt werden wird. Hier beschränken wir uns auf eine Folgerung, die diesen Charakter unterstreicht. Wir beginnen mit einem Resultat aus der Analysis.

6.1.33 Lemma. *Seien* $X \subset \mathbb{R}^n$, $Y \subset \mathbb{R}^m$ *und* $\varphi : X \times Y \to \mathbb{R}$. *Dann gilt*

$$\sup_{x \in X} \inf_{y \in Y} \varphi(x,y) \leq \inf_{y \in Y} \sup_{x \in X} \varphi(x,y).$$

Beweis: Sei $y_0 \in Y$. Dann gilt für jedes $x \in X$

$$\inf_{y \in Y} \varphi(x,y) \leq \varphi(x,y_0),$$

und damit

$$\sup_{x \in X} \inf_{y \in Y} \varphi(x,y) \leq \sup_{x \in X} \varphi(x,y_0).$$

Da $y_0 \in Y$ beliebig war, folgt die Behauptung. $\qquad\qquad\qquad\qquad\qquad\qquad\qquad \square$

Im Allgemeinen ist die obige Ungleichung strikt, vgl. Übungsaufgabe 6.6.6. Wie wir bereits aus den Bemerkungen 6.1.26 und 6.1.28 wissen, gilt das auch für Λ, falls $P = Q = \emptyset$ ist. Der folgende Satz zeigt aber, dass für die Langrange-Funktion in allen anderen Fällen Gleichheit gilt. Wir formulieren die folgende Aussage in 'alter Lp-Tradition' wieder mit 'max' und 'min', auch wenn diese Extrema nicht angenommen zu werden brauchen.

---

[15] Naturgemäß macht die Visualisierung der Lagrange-Funktion außer für $n = m = 1$ gewisse Schwierig-keiten, da der Graph von Λ im $\mathbb{R}^{n+m+1}$ liegt. Da wir hier den Graph selbst darstellen wollen, müssen wir uns mit einem sehr einfachen Beispiel begnügen.

6.1.34 Korollar. *(Minimax-Theorem)*
Sei $P \neq \emptyset$ oder $Q \neq \emptyset$. Dann gilt

$$\max_{x \in \mathbb{R}^n} \min_{y \in [0,\infty[^m} \Lambda(x,y) = \min_{y \in [0,\infty[^m} \max_{x \in \mathbb{R}^n} \Lambda(x,y).$$

Beweis: Nach Lemma 6.1.33 gilt die Ungleichung '$\leq$'. Es reicht also '$\geq$' zu zeigen. Wir beginnen mit den beiden 'uneigentlichen Fällen'. Ist $P \neq \emptyset$, aber $Q = \emptyset$, so ist nach Korollar 6.1.9 $\max_{x \in P} c^T x = \infty$, und es gilt

$$\max_{x \in \mathbb{R}^n} \min_{y \in [0,\infty[^m} \Lambda(x,y) \geq \max_{x \in P} \min_{y \in [0,\infty[^m} \left(c^T x + y^T (b - Ax) \right) \geq \max_{x \in P} c^T x = \infty.$$

Ist hingegen $P = \emptyset$, aber $Q \neq \emptyset$, so ist nach Korollar 6.1.9 $\min_{y \in Q} b^T y = -\infty$, und es gilt

$$\min_{y \in [0,\infty[^m} \max_{x \in \mathbb{R}^n} \Lambda(x,y) \leq \min_{y \in Q} \max_{x \in \mathbb{R}^n} \left(x^T (c - A^T y) + b^T y \right) = \min_{y \in Q} b^T y = -\infty.$$

Sei nun (x^*,y^*) ein primal-duales Paar. Dann gilt nach Satz 6.1.31

$$\min_{y \in [0,\infty[^m} \max_{x \in \mathbb{R}^n} \Lambda(x,y) \leq \max_{x \in \mathbb{R}^n} \Lambda(x,y^*) = \Lambda(x^*,y^*)$$

$$= \min_{y \in [0,\infty[^m} \Lambda(x^*,y) \leq \max_{x \in \mathbb{R}^n} \min_{y \in [0,\infty[^m} \Lambda(x,y).$$

Insgesamt folgt damit die Behauptung. □

Der diesem Abschnitt zugrunde liegende allgemeine Ansatz, die Nebenbedingungen oder eine Teilmenge der Nebenbedingungen mit 'Strafkosten' in die Zielfunktion aufzunehmen, ist in allen Teilen der Optimierung ein nützliches und für verschiedene Anwendungen sehr erfolgreiches methodisches Prinzip. Es wird allgemein unter dem Namen *Lagrange-Relaxation* geführt.

6.2 Clustering unter Nebenbedingungen

In den Sektionen 4.2 und 4.4 hatten wir das Prinzip der Dualität in seiner darstellungsinvarianten Form im Raum des ursprünglichen Optimierungsproblems beschrieben. Erst konkrete 'operationale' Darstellungen können zu bisweilen dramatischen Unterschieden in den Dimensionen der primalen und dualen Aufgaben führen. Wir geben nun ein Beispiel, bei dem die Dimension des eigentlichen Optimierungsproblems typischerweise sehr hoch ist, das Duale aber so interpretiert werden kann, dass es die eigentlich zentrale Struktur in einem problemspezifisch natürlichen Raum vergleichsweise kleiner Dimension beschreibt. Die Kraft der dualen Beschreibung basiert somit gerade auf dem Phänomen, dass die Darstellungen in verschiedenen Räumen leben und verschiedene Aspekte der Aufgabe betonen.

Kontingentiertes Clustering: Bei der in dieser Sektion behandelten Fragestellung handelt es sich um ein *Clustering-Problem*.[16] Eine gegebene Punktmenge soll dabei

---

[16] Die Hauptergebnisse dieser Sektion stammen aus *A. Brieden, P. Gritzmann* (On optimal weighted balanced clusterings: Gravity bodies and power diagrams, SIAM J. Discrete Math. 26 (2012), 415 – 434); dort finden sich auch umfangreiche Literaturangaben.

unter Beachtung gewisser Nebenbedingungen so in eine vorgegebene Zahl von Teilmengen partitioniert werden, dass sich die Punkte derselben Teilmenge 'möglichst wenig' unterscheiden. Solche Fragestellungen treten in der Praxis immer dann auf, wenn große Datenmengen 'verstanden' werden müssen. Konkrete Anwendungen betreffen etwa die Bestimmung von *Versicherungsprämien* oder die Vorhersage von *Kreditrisiken*. Hierbei beziehen sich die Nebenbedingung darauf sicherzustellen, dass die zusammengefassten Risiken gute statistische Aussagen ermöglichen. Bei einer anderen Anwendung, dem *freiwilligen Pacht- und Nutzungstausch* in der Landwirtschaft, geht es darum, durch freiwilligen Tausch der Bewirtschaftung vorhandener Flurstücke größere, zusammenhängend bestellbare Flächen zu schaffen, die kostengünstiger bewirtschaftet werden können. Natürlich unterliegt ein solcher Tausch verschiedenen Nebenbedingungen. So muss insbesondere die Gesamtnutzfläche eines jeden Landwirts vor und nach dem Tausch in ihrer Größe und Bodenqualität im Wesentlichen übereinstimmen.

Wir betrachten im Folgenden eine spezielle Variante des Problems, an der die Wirkung der Dualität besonders transparent ist.

6.2.1 Definition. *Seien* $k,m,n \in \mathbb{N}$, $X := \{x_1, \ldots, x_m\} \subset \mathbb{R}^n$, $\omega : X \to]0,\infty[$, $\kappa : [k] \to]0,\infty[$, *und es gelte*

$$\sum_{i=1}^{k} \kappa(i) = \sum_{j=1}^{m} \omega(x_j).$$

Dann heißt (X,ω,κ) **Clusterkontingent**.

Für $i \in [k]$ *sei* $C_i := (\xi_{i,1}, \ldots, \xi_{i,m})^T \in [0,1]^m$, *und es gelte*

$$\sum_{j=1}^{m} \omega(x_j)\xi_{i,j} = \kappa(i) \quad (i \in [k]) \quad \wedge \quad \sum_{i=1}^{k} \xi_{i,j} = 1 \quad (j \in [m]).$$

Dann heißt $\mathcal{C} := (C_1, \ldots, C_k)$ **(kontingentiertes) Clustering** *von* (X,ω,κ). *Die Menge aller solchen Clusterings wird mit* $\mathrm{BC}(X,\omega,\kappa)$ *bezeichnet*[17].

Ist $\mathcal{C} := (C_1, \ldots, C_k) \in \mathrm{BC}(X,\omega,\kappa)$, *so heißt* C_i *das* i*-te* **Cluster** *von* $\mathcal{C}$; $\kappa(i)$ *ist seine* **Größe**; $\omega(x_j)$ *wird als* **Gewicht** *des Punktes* x_j *bezeichnet. Im Folgenden werden wir meistens die Abkürzungen*

$$\omega_j := \omega(x_j) \quad (j \in [m]) \quad \wedge \quad \kappa_i := \kappa(i) \quad (i \in [k])$$

verwenden.

Ein Clustering $\mathcal{C} := (C_1, \ldots, C_k) \in \mathrm{BC}(X,\omega,\kappa)$ ist somit eine im Allgemeinen fraktionelle Aufteilung der Punkte von X auf die k Cluster $C_1, \ldots, C_k$. Jeder Punkt x_j wird insgesamt vollständig zugeordnet, so dass jedes Cluster C_i sein vorgeschriebenes Gewicht κ_i erreicht. Dabei trägt x_j mit dem Produkt seines Gewichts ω_j und seines Anteils $\xi_{i,j}$ zum Gesamtgewicht $\sum_{j=1}^{m} \xi_{i,j}\omega_j$ von C_i bei.

In vielen Anwendungen ist die Anzahl n der für eine Klassifizierung relevanten Koordinaten vergleichsweise klein. (Bei der Flurbereinigung sind es 2, mit denen man die Lage (der Schwerpunkte) der Felder beschreibt; im Versicherungsbeispiel verwendet man typischerweise 10 – 20 verschiedene Parameter für die Prämienbestimmung). Die Anzahl k der Cluster ist in der Regel ebenfalls nicht zu groß (10 – 50). Hingegen ist die Anzahl m der Objekte sehr viel größer und kann im Versicherungsbereich etwa durchaus mehrere Millionen Kunden betragen.

---

[17] Die Buchstaben BC stehen für *balanced clustering*.

Gesucht sind nun besonders 'aussagekräftige' bzw. 'gute' kontingentierte Clusterings. Hierfür gibt es verschiedene Kriterien, die auch von den konkreten Anwendungen
abhängen können. Wir beschränken uns in dieser Sektion auf ein einfaches Maß, das sich
an dem Begriff der Varianz aus der Stochastik orientiert.

6.2.2 Definition. *Seien (X,ω,κ) ein Clusterkontingent, $\mathcal{C} := (C_1,\ldots,C_k) \in \mathrm{BC}(X,\omega,\kappa)$
und $C_i =: (\xi_{i,1},\ldots,\xi_{i,m})^T$ für $i \in [k]$. Ferner sei $S := \{s_1,\ldots,s_k\}$ aus $\mathbb{R}^n$. Dann heißt S*
Menge der Prototypen; *s_i ist der i-te* **Prototyp**. *Ferner sei*

$$\nu(\mathcal{C},S) := \sum_{i=1}^{k} \sum_{j=1}^{m} \xi_{i,j}\omega_j \|x_j - s_i\|_{(2)}^2.$$

Dann heißt $\nu(\mathcal{C},S)$ der **kleinste-Quadrate-Abstand** *von $\mathcal{C}$ bezüglich S.*

Das folgende Beispiel zeigt ein anderes mögliches Anwendungsszenario; es motiviert
auch die Bezeichnung 'Prototyp' für die Elemente von S.

6.2.3 Beispiel. *Ein Modekonzern plant eine neue Marketingaktion. Dazu wurden für
jede seiner zwölf Filialen $F_1,\ldots,F_{12}$ charakteristische Daten ihrer Kundschaft erhoben.
Die Aktion soll sich speziell an dem durchschnittlichen Kundenprofil in Bezug auf die
Parameter 'Duchschnittsalter' und 'Höhe des durchschnittlichen Einkaufs' orientieren.
Für jede Filiale F_j wurde ein entsprechender 2-dimensionaler Vektor x_j ($j \in [12]$) ermit-
telt. Ferner wurden drei prototypische Kunden s_1,s_2,s_3 identifiziert, an denen sich drei
verschiedene Kampagnen K_1,K_2,K_3 der Marketingaktion orientieren sollen. Die Kun-
dentypen s_1 bzw. s_3 entsprechen jungen Kunden, die vergleichsweise große bzw. geringe
Einkäufe machen; s_2 entspricht einem älteren Kunden mit mittlerem durchschnittlichem
Einkauf. Wir haben somit*

$$X := \{x_1,\ldots,x_{12}\} \quad \wedge \quad S := \{s_1,s_2,s_3\};$$

*vgl. Abbildung 6.7. Der Marketingaufwand pro Filiale orientiert sich an deren Kunden-
zahl. Der entsprechend vorgesehene Aufwand für Filiale F_j ist durch*

$$\omega_1 := \omega_2 := 3 \quad \wedge \quad \omega_3 := 6 \quad \wedge \quad \omega_4 := 8 \quad \wedge \quad \omega_5 := 4$$
$$\omega_6 := \omega_{12} := 2 \quad \wedge \quad \omega_7 := \ldots := \omega_{11} := 1$$

*gegeben. Die Kontingente des veranschlagten Gesamtetats der Aktion für die drei Kam-
pagnen sollen*

$$\kappa_1 := 9 \quad \wedge \quad \kappa_2 := 7 \quad \wedge \quad \kappa_3 := 17$$

*betragen. Hiermit sind auch die Funktionen $\omega : X \to]0,\infty[$ und $\kappa : [3] \to]0,\infty[$ festgelegt.
Es gilt*

$$\sum_{i=1}^{3} \kappa_i = 33 = \sum_{j=1}^{12} \omega_j.$$

*Somit ist (X,ω,κ) ein Clusterkontingent.
Mit der Notation $C_i := (\xi_{i,1},\ldots,\xi_{i,12})^T$ für $i \in [3]$ ist durch*

$$C_1 := \left(0,0,0,\tfrac{1}{4},1,0,0,0,1,0,0,0\right)^T \quad \wedge \quad C_2 := \left(0,1,\tfrac{1}{2},\tfrac{3}{4},0,0,0,1,0,1,1,1\right)^T$$
$$C_3 := \left(1,0,\tfrac{1}{2},0,0,1,1,0,0,0,0,0\right)^T \quad \wedge \quad \mathcal{C} := (C_1,C_2,C_3)$$

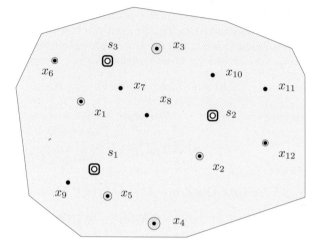

6.7 Abbildung. Clusterkontingent (X,ω,κ) und Menge S der Prototypen. Die Vektoren aus X sind als schwarze Punkte dargestellt, die Prototypen als 'quadratisch hervorgehobene', weißgefüllte Punkte. Die Kreise um die Punkte $x_1,\dots,x_6$ und x_{12} symbolisieren ihr größeres Gewicht.

eine zulässige Lösung gegeben; vgl. Abbildung 6.8. In Filiale F_3 etwa werden dabei je zur Hälfte ihres Budgets K_2 und K_3 eingesetzt, in F_4 wird im Umfang von 2 Einheiten Kampagne K_2 eingesetzt, die restlichen 6 Einheiten des Gesamtbudgets von 8 werden für K_2 aufgewendet. In allen anderen Filialen wird jeweils ausschließlich eine Kampagne eingesetzt.

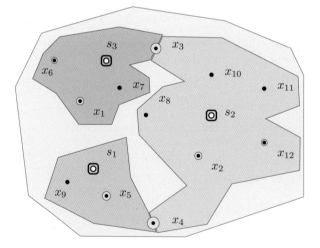

6.8 Abbildung. Die in verschiedenen Grautönen eingefärbten Bereiche zeigen die Zuordnung der Filialen zu den drei Prototypen im Clustering $\mathcal{C}$, d.h. die Verwendung der drei verschiedenen Kampagnen in den Filialen. Im Clustering $\mathcal{C}$ sind die Punkte x_3 und x_4 fraktionell zugeordnet; in F_3 und F_4 werden jeweils zwei Kampagnen verwendet.

Ziel ist es natürlich, die Zuordnung der Marketing-Aktionen auf die Filialen möglichst *passgenau durchzuführen. Es soll daher der Kampagnenfehler minimiert werden. Es ist naheliegend, davon auszugehen, dass eine Kampagne K_i in einer Filiale F_j umso schlechter greift, je weiter die Charakteristika des Kundenstamms vom Prototyp s_i entfernt sind. Geht man davon aus, dass dieser Zusammenhang quadratisch ist, so ist es plausibel, als Maß für den Fehler von K_i bei Einsatz in F_j das Produkt aus dem 'Entfernungsterm'*

$$\|x_j - s_i\|_{(2)}^2$$

und dem eingesetzten Budget zu verwenden. Die Aufgabe besteht somit darin, ein kontingentiertes Clustering mit minimalem kleinste-Quadrate-Abstand zu finden.

Allgemein erhalten wir das folgende Optimierungsproblem.

6.2.4 Bezeichnung. *Das Problem*

> *Gegeben: Clusterkontingent (X,ω,κ), Menge S von Prototypen.*
> *Gesucht: Clustering $\mathcal{C}^* \in \mathrm{BC}(X,\omega,\kappa)$ mit*
>
> $$\mathcal{C}^* \in \mathrm{argmin}\left\{\nu(\mathcal{C},S) : \mathcal{C} \in \mathrm{BC}(X,\omega,\kappa)\right\}.$$

heißt KONTINGENTIERTES KLEINSTE-QUADRATE CLUSTERING; *abgekürzt als* KQC.

Man beachte, dass die quadratischen Terme $\|x_j - s_i\|_{(2)}^2$ in der Zielfunktion konstant sind, also mit $\nu(\mathcal{C},S)$ lediglich eine lineare Zielfunktion optimiert wird.[18] Tatsächlich kann die Zielfunktion noch weiter vereinfacht werden. Das folgende Lemma beschreibt die entstehende äquivalente Optimierungsaufgabe.

6.2.5 Lemma. *Sei (X,ω,κ,S) eine Instanz von KQC und setze*

$$\gamma_{i,j} := \omega_j s_i^T x_j \quad \left(i \in [k] \wedge j \in [m]\right).$$

Dann ist die gegebene Aufgabe äquivalent zu

$$\max\left\{\sum_{i=1}^{k}\sum_{j=1}^{m}\gamma_{i,j}\xi_{i,j} : \mathcal{C} \in \mathrm{BC}(X,\omega,\kappa)\right\}.$$

Beweis: Es gilt

$$\nu(\mathcal{C},S) = \sum_{i=1}^{k}\sum_{j=1}^{m}\xi_{i,j}\omega_j\|x_j - s_i\|_{(2)}^2 = \sum_{i=1}^{k}\sum_{j=1}^{m}\xi_{i,j}\omega_j\left(\|x_j\|_{(2)}^2 - 2s_i^T x_j + \|s_i\|_{(2)}^2\right)$$

$$= \sum_{j=1}^{m}\omega_j\|x_j\|_{(2)}^2\sum_{i=1}^{k}\xi_{i,j} - 2\sum_{i=1}^{k}\sum_{j=1}^{m}(\omega_j s_i^T x_j)\xi_{i,j} + \sum_{i=1}^{k}\|s_i\|_{(2)}^2\sum_{j=1}^{m}\xi_{i,j}\omega_j$$

$$= \sum_{j=1}^{m}\omega_j\|x_j\|_{(2)}^2 - 2\sum_{i=1}^{k}\sum_{j=1}^{m}\gamma_{i,j}\xi_{i,j} + \sum_{i=1}^{k}\kappa_i\|s_i\|_{(2)}^2.$$

---

[18] Natürlich kann man sich fragen, ob nicht die Punkte $s_1,\ldots,s_k$ Teil der Optimierung sein könnten. Insbesondere wäre es naheliegend zu verlangen, dass die s_i die Schwerpunkte (der 'Erwartungswert') der zu bildenden Cluster werden. Das ist tatsächlich möglich, führt aber aus der linearen Optimierung heraus. Wir werden im Rahmen der nichtlinearen Optimierung hierauf noch eingehen.

Da der erste und der dritte Term konstant sind, folgt die Behauptung.   □

Mit Lemma 6.2.5 wird KQC zu folgendem linearen Programm:

$$\max \quad \sum_{i=1}^{k} \sum_{j=1}^{m} \gamma_{i,j} \xi_{i,j}$$

$$\text{(LP)} \qquad \sum_{j=1}^{m} \xi_{i,j} \omega_j = \kappa_i \qquad \big(i \in [k]\big)$$

$$\sum_{i=1}^{k} \xi_{i,j} = 1 \qquad \big(j \in [m]\big)$$

$$\xi_{i,j} \geq 0 \qquad \big(i \in [k] \wedge j \in [m]\big).$$

Wir wenden nun LP-Dualität an, um die Struktur optimaler Clusterings aus anderer Perspektive zu verstehen. Das duale lineare Programm ist

$$\text{(DLP)} \qquad \min \quad \sum_{i=1}^{k} \kappa_i \mu_i + \sum_{j=1}^{m} \eta_j$$

$$\omega_j \mu_i + \eta_j \geq \gamma_{i,j} \qquad \big(i \in [k] \wedge j \in [m]\big).$$

Um die zulässigen Punkte von (LP) und (DLP) suggestiver bezeichnen zu können, verwenden wir die folgende Notation.

6.2.6 Notation. *Seien P bzw. Q die zulässige Bereich von (LP) bzw. (DLP). Der Vektor aus (LP) mit den Koeffizienten $\xi_{i,j}$ (in lexikographischer Ordnung bezüglich der Index-paare (i,j)) wird mit $(\xi_{i,j})$ bezeichnet. Der Vektor mit den Koeffizienten $\mu_1,\ldots,\mu_k$ und $\eta_1,\ldots,\eta_m$ aus (DLP) wird als (μ_i,η_j) abgekürzt.*

Wir zeigen nun zunächst, dass beide linearen Programme zulässig sind und endliche Optima besitzen.

6.2.7 Lemma. *(LP) und (DLP) haben endliche Optima, und es gilt $\dim\big(\mathrm{ls}(Q)\big) = 1$.*

Beweis: Sei

$$\hat{\xi}_{i,j} := \frac{\kappa_i}{\sum_{j=1}^{m} \omega_j} \qquad \big(i \in [k] \wedge j \in [m]\big).$$

Dann gilt

$$\sum_{i=1}^{k} \hat{\xi}_{i,j} = \frac{\sum_{i=1}^{k} \kappa_i}{\sum_{j=1}^{m} \omega_j} = 1 \quad \big(j \in [m]\big) \quad \wedge \quad \sum_{j=1}^{m} \omega_j \hat{\xi}_{i,j} = \sum_{j=1}^{m} \frac{\omega_j \kappa_i}{\sum_{j=1}^{m} \omega_j} = \kappa_i \quad \big(i \in [k]\big).$$

Somit ist $(\hat{\xi}_{i,j}) \in P$. Da natürlich $P \subset [0,1]^{km}$ ist, besitzt (LP) ein endliches Optimum. Nach Korollar 6.1.9 ist somit auch $Q \neq \emptyset$, und (DLP) besitzt ebenfalls ein endliches Optimum.

Zum Beweis der Behauptung über $\mathrm{ls}(Q)$ reicht es nach Bemerkung 4.3.14 zu zeigen, dass der Kern der $(mk) \times (m + k)$ Koeffizientenmatrix eindimensional ist. Zunächst ist klar, dass die zu den Indexpaaren $(1,1),\ldots,(1,m),(2,1),\ldots,(k,1)$ gehörenden Zeilen der Koeffizientenmatrix von (DLP) linear unabhängig sind. Somit ist $\dim\big(\mathrm{ls}(Q)\big) \leq 1$. Außerdem ist für beliebiges $\alpha \in \mathbb{R}$ mit jedem Punkt $(\mu_i,\eta_j) \in Q$ auch der durch

$$\hat{\mu}_i := \mu_i + \alpha \quad (i \in [k]) \quad \wedge \quad \hat{\eta}_j := \eta_j - \alpha \omega_j \quad (j \in [m])$$

entstehende Punkt $(\hat{\mu}, \hat{\eta})$ zulässig. Insgesamt folgt damit die Behauptung. $\qquad\square$

Das primale Programm hat mk Variablen, das duale lediglich $k + m$. Beide Programme enthalten die Punktemenge X nur implizit in den Parametern $\gamma_{i,j}$. Tatsächlich steht in den LP-Formulierungen die Kombinatorik der Zuordnung im Vordergrund. Umso überraschender ist es vielleicht, dass sich die Optimalität von Lösungen auch als besondere geometrische Eigenschaft im (in der Regel vergleichsweise niedrigdimensionalen) Raum $\mathbb{R}^n$ der Punktmenge X interpretieren lässt.[19] Der nächste Satz folgert aus den Komplementaritätsbedingungen die Trennbarkeit von Clustern.

6.2.8 Satz. *Seien $(\xi_{i,j}^*)$, (μ_i^*, η_j^*) ein primal-duales Paar optimaler Lösungen sowie*

$$S_i := \bigcap_{l \in [k] \setminus \{i\}} \left\{ x \in \mathbb{R}^n : (s_l - s_i)^T x \leq \mu_l^* - \mu_i^* \right\} \quad \wedge \quad \sigma_i := \|s_i\|_{(2)}^2 - 2\mu_i^* \quad (i \in [k]).$$

Dann gilt

$$\xi_{i,j}^* \neq 0 \quad \Longrightarrow \quad x_j \in S_i.$$

Ferner ist für $i \in [k]$

$$S_i = \left\{ x \in \mathbb{R}^n : \forall \big(l \in [k] \setminus \{i\}\big) : \|x - s_i\|_{(2)}^2 - \sigma_i \leq \|x - s_l\|_{(2)}^2 - \sigma_l \right\}.$$

Beweis: Die Komplementaritätsbedingungen liefern

$$\xi_{i,j}^* (\omega_j \mu_i^* + \eta_j^* - \gamma_{i,j}) = 0 \qquad \big(i \in [k] \wedge j \in [m]\big).$$

Sei nun $\xi_{i,j}^* > 0$ für ein Indexpaar (i,j). Dann folgt unter Verwendung der dualen Zulässigkeit

$$\omega_j \mu_i^* + \eta_j^* - \gamma_{i,j} = 0 \leq \omega_r \mu_l^* + \eta_r^* - \gamma_{l,r} \quad \big(l \in [k] \wedge r \in [m]\big).$$

Speziell für $r = j$ gilt somit

$$\omega_j(\mu_i^* - \mu_l^*) \leq \gamma_{i,j} - \gamma_{l,j} = \omega_j(s_i^T x_j - s_l^T x_j),$$

und daher

$$(s_l - s_i)^T x_j \leq \mu_l^* - \mu_i^* \quad (l \in [k]).$$

Es folgt $x_j \in S_i$ und damit die erste Behauptung.

Die Ungleichung

$$\|x - s_i\|_{(2)}^2 - \sigma_i \leq \|x - s_l\|_{(2)}^2 - \sigma_l$$

ist äquivalent zu

$$2(s_l - s_i)^T x \leq \|s_l\|_{(2)}^2 - \|s_i\|_{(2)}^2 + \sigma_i - \sigma_l = 2(\mu_l^* - \mu_i^*).$$

Somit gilt auch die zweite Aussage. $\qquad\square$

Der eindimensionale Linealitätsraum gemäß Lemma 6.2.7 zeigt sich in Satz 6.2.8 daran, dass die Polyeder $S_1, \ldots, S_k$ unverändert bleiben, wenn alle μ_i oder alle σ_i um die gleiche additive Konstante verändert werden.

---

[19] Das ist übrigens nicht nur von ästhetisch-erkenntnistheoretischem Wert, sondern für viele Anwendungen ganz fundamental.

Power-Diagramme: Satz 6.2.8 zeigt die Existenz spezieller Polyeder $S_1,\ldots,S_k$, die mit der in einem optimalen Clustering vorliegenden (fraktionellen) Zuteilung der Punkte 'kompatibel' sind. Wir greifen ihre besonderen Eigenschaften in den folgenden beiden Definitionen auf.

6.2.9 Definition. *Gegeben seien k verschiedene Punkte $s_1,\ldots,s_k$ des $\mathbb{R}^n$ sowie reelle Zahlen $\sigma_1,\ldots,\sigma_k$. Mit*[20]

$$S := \{s_1,\ldots,s_k\} \quad \wedge \quad \Sigma := (\sigma_1,\ldots,\sigma_k)$$

seien für $i \in [k]$

$$P_i^{S,\Sigma} := \Big\{ x \in \mathbb{R}^n : \forall\big(l \in [k] \setminus \{i\}\big) : \|x - s_i\|_{(2)}^2 - \sigma_i \le \|x - s_l\|_{(2)}^2 - \sigma_l \Big\},$$

und

$$\mathcal{P}^{S,\Sigma} := \big(P_1^{S,\Sigma},\ldots,P_k^{S,\Sigma}\big).$$

*Dann heißt $\mathcal{P}^{S,\Sigma}$ **Power-Diagramm**[21] zu (S,Σ). Für $i \in [k]$ heißt $P_i^{S,\Sigma}$ die i-te **Power-Zelle** von $\mathcal{P}^{S,\Sigma}$; der Vektor s_i wird **Kontrollpunkt** [engl.: site] und σ_i **Parameter** [engl.: weight] dieser Zelle genannt.*

*Im Spezialfall $\sigma_1 = \ldots = \sigma_k$ wird $\mathcal{P}^{S,\Sigma}$ **Voronoï**[22]-**Diagramm**[23] genannt.*

Offenbar sind Power-Diagramme invariant gegenüber der Addition einer Konstante zu allen Parametern.[24]

6.2.10 Bemerkung. *Seien S die Menge der Kontrollpunkte und $\Sigma := (\sigma_1,\ldots,\sigma_k) \in \mathbb{R}^k$ das Parameter-k-Tupel des Power-Diagramms $\mathcal{P}^{S,\Sigma}$ im $\mathbb{R}^n$. Ferner seien*

$$\alpha \in \mathbb{R} \quad \wedge \quad \Sigma(\alpha) := (\sigma_1 + \alpha,\ldots,\sigma_k + \alpha).$$

Dann gilt

$$\mathcal{P}^{S,\Sigma} = \mathcal{P}^{S,\Sigma(\alpha)}.$$

Nach Bemerkung 6.2.10 können wir für ein beliebiges Power-Diagramm $\mathcal{P}^{S,\Sigma} = \big(P_1^{S,\Sigma},\ldots,P_k^{S,\Sigma}\big)$ stets voraussetzen, dass alle Parameter σ_i positiv sind. Dann ist natürlich für $i \in [k]$

$$\big\{ x \in \mathbb{R}^n : \|x - s_i\|_{(2)}^2 - \sigma_i \le 0 \big\} = s_i + \sqrt{\sigma_i}\,\mathbb{B}_{(2)}^2.$$

Zu $\mathcal{P}^{S,\Sigma}$ gehört somit die Lagerung der Kugeln

$$\sqrt{\sigma_1}\,\mathbb{B}_{(2)}^n,\ldots,\sqrt{\sigma_k}\,\mathbb{B}_{(2)}^n.$$

Ihre Ränder geben die Menge der Punkte an, die von ihrem Kontrollpunkt den bezüglich $\delta_i(s_i,x) := \|x - s_i\|_{(2)}^2 - \sigma_i$ gemessenen 'Abstand' 0 besitzen. Haben zwei verschiedene benachbarte Power-Zellen $P_i^{S,\Sigma}$ und $P_l^{S,\Sigma}$ eine Facette $F_{i,l}$ gemeinsam, so besteht deren affine Hülle $H_{i,l}$ aus allen Punkten x, für die $\delta_i(s_i,x) = \delta_l(s_l,x)$ gilt, die also gleichen δ_i- bzw. δ_l-Abstand von s_i und s_l besitzen. Somit gilt insbesondere

---

[20] Die Punkte $s_1,\ldots,s_k$ sind als verschieden vorausgesetzt, nicht aber die zugehörigen Parameter $\sigma_1,\ldots,\sigma_k$. Daher verwenden wir hier die Menge S, aber das k-Tupel Σ.

[21] Einen Überblick über solche und andere Diagramme und ihre Anwendungen findet man etwa in [9].

[22] Georgy Feodosevich Voronoi, 1868 – 1908.

[23] Voronoi-Diagramme wurden bereits vor Voronoi verwendet. Dirichlet (1805 – 1859) benutzte sie etwa zum Studium quadratischer Formen bzw. zur Bestimmung der Dichte gitterförmiger Kugelpackungen. Aus diesem Grund spricht man oft auch von Zerlegungen in *Dirichlet-Zellen*.

[24] Hier grüßt wieder der Linealitätsraum aus Lemma 6.2.7.

$$\sqrt{\sigma_i}\,\mathbb{S}^{n-1}_{(2)} \cap \sqrt{\sigma_l}\,\mathbb{S}^{n-1}_{(2)} \subset H_{i,l}.$$

6.2.11 Beispiel. *Abbildung 6.9 zeigt ein Power-Diagramm $\mathcal{P}^{S,\Sigma} := \left(P_1^{S,\Sigma}, \ldots, P_7^{S,\Sigma}\right)$ im $\mathbb{R}^2$ mit $k = 7$. Zu seiner Konstruktion kann man benutzen, dass die Menge $\sqrt{\sigma_i}\mathbb{S}^1_{(2)} \cap \sqrt{\sigma_j}\mathbb{S}^1_{(2)}$, falls diese zweipunktig ist, die affine Hülle der gemeinsamen Kante von $P_i^{S,\Sigma}$ und $P_l^{S,\Sigma}$ bestimmt, falls diese existiert. Das Beispiel aus Abbildung 6.9 zeigt, dass die Kontrollpunkte s_i keineswegs immer in ihrer Power-Zelle $P_i^{S,\Sigma}$ enthalten zu sein brauchen.*

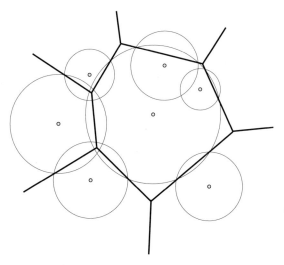

6.9 Abbildung. Power-Diagramm. Die Kontrollpunkte sind hervorgehoben; ferner sind Kreise mit Radius $\sqrt{\sigma_i}$ eingezeichnet.

6.2.12 Definition. *Seien (X,ω,κ) ein Clusterkontingent,*

$$X =: \{x_1, \ldots, x_m\} \quad \wedge \quad \mathcal{C} := (C_1, \ldots, C_k) \in \mathrm{BC}(X,\omega,\kappa)$$

sowie

$$C_i =: (\xi_{i,1}, \ldots, \xi_{i,m}) \quad \left(i \in [k]\right).$$

Ferner sei

$$\mathrm{supp}(C_i) := \left\{x_j : j \in [m] \wedge \xi_{i,j} > 0\right\} \quad \left(i \in [k]\right).$$

*Dann heißt $\mathrm{supp}(C_i)$ der **Träger** des Clusters C_i.*

*Sei $\mathcal{P}^{S,\Sigma} =: \left(P_1^{S,\Sigma}, \ldots, P_k^{S,\Sigma}\right)$ das Power-Diagramm zu den Kontrollpunkten $S := (s_1, \ldots, s_k)$ und Parametern $\Sigma := (\sigma_1, \ldots, \sigma_k)$. $\mathcal{P}^{S,\Sigma}$ heißt **kompatibel** mit $\mathcal{C}$, wenn*

$$\mathrm{supp}(C_i) \subset P_i^{S,\Sigma} \quad \left(i \in [k]\right)$$

gilt.

Satz 6.2.8 lässt sich mit den Begriffen aus den Definitionen 6.2.9 und 6.2.12 auch so formulieren, dass zu optimalen kontingentierten Clusterings stets kompatible Power-Diagramme gehören, deren Kontrollpunkte gerade mit den gewählten Prototypen übereinstimmen. Das folgende Korollar fasst diese Interpretation noch einmal zusammen.

6.2.13 Korollar. *Seien (X,ω,κ,S) eine Instanz von* KQC, *$(\xi_{i,j}^*)$, (μ_i^*,η_j^*) ein primal-duales Paar optimaler Lösungen, $\mathcal{C}^*$ das zu $(\xi_{i,j}^*)$ gehörige Clustering sowie*

$$\sigma_i := \|s_i\|_{(2)}^2 - 2\mu_i^* \quad (i \in [k]) \quad \wedge \quad \Sigma := (\sigma_1,\ldots,\sigma_k).$$

Dann ist das Power-Diagramm $\mathcal{P}^{S,\Sigma}$ kompatibel für $\mathcal{C}^*$.

Seine besondere Bedeutung als Hilfsmittel der Dateninterpretation[25] erhält Korollar 6.2.13 dadurch, dass Power-Diagramme polyedrische Zellzerlegungen des Raumes sind.

6.2.14 Satz. *Durch $S := (s_1,\ldots,s_k) \subset \mathbb{R}^n$ und $\Sigma := (\sigma_1,\ldots,\sigma_k) \in \mathbb{R}^k$ sei das Power-Diagramm $\mathcal{P}^{S,\Sigma} = (P_1,\ldots,P_k)$ gegeben. Dann gelten die folgenden Aussagen:*

(a) $P_1,\ldots,P_k$ sind Polyeder.

(b) $P_1 \cup \ldots \cup P_k = \mathbb{R}^n$.

(c) $\operatorname{int}(P_i) \cap \operatorname{int}(P_l) = \emptyset$ für $i,l \in [k]$ mit $i \neq l$.

(d) Seien $i,l \in [k]$, F_i eine Seite von P_i und F_l eine Seite von P_l. Dann ist $F_i \cap F_j$ eine Seite von F_i und von F_l.

Beweis: (a) Jedes P_i ist Durchschnitt von $k - 1$ abgeschlossenen Halbräumen und somit ein Polyeder.

(b) Für jedes $x \in \mathbb{R}^n$ ist einer der Terme $\|x - s_i\|_{(2)}^2 - \sigma_i$ minimal. Somit ist jeder Punkt des $\mathbb{R}^n$ in mindestens einer Power-Zelle enthalten.

(c) Für $i \neq l$ liegt $P_i \cap P_l$ in der Hyperebene[26]

$$H_{i,l} := \{x \in \mathbb{R}^n : (s_l - s_i)^T x = \mu_l^* - \mu_i^*\}.$$

Somit können verschiedene Power-Zellen keine inneren Punkte gemeinsam haben.

(d) Seien $p,q \in [k]$ mit $p \neq q$, F_p eine Seite von P_p, F_q eine Seite von P_q, aber $F_p \cap F_q$ keine Seite von F_p. Seien für $i \in [k]$ und $l \in \{p,q\} \setminus \{i\}$,

$$H_{i,l}^{\leq} := \left\{x \in \mathbb{R}^n : (s_i - s_l)^T x \leq \mu_i^* - \mu_l^*\right\} \quad \wedge \quad I_l := \left\{i \in [k] \setminus \{l\} : F_l \subset H_{i,l}\right\}.$$

Dann gilt nach Satz 4.3.22

$$F_l = P_l \cap \bigcap_{i \in I_l} H_{i,l} \quad (l \in \{p,q\}).$$

Da $F_p \cap F_q$ keine Seite von F_p ist, folgt

$$F_p \cap F_q \subsetneqq P_p \cap \operatorname{aff}(F_p \cap F_q).$$

Seien nun

$$y \in \left(P_p \cap \operatorname{aff}(F_p \cap F_q)\right) \setminus (F_p \cap F_q) \quad \wedge \quad r \in [k] \quad \wedge \quad y \notin H_{r,q}^{\leq}.$$

---

[25] Neue Punkte können durch ihre Lage in den Power-Zellen klassifiziert werden; selbst ein Umgang mit nur partieller Datenkenntnis ist möglich, ein wichtiger Aspekt etwa für Anwendungen in der Medizin.

[26] Hier geht ein, dass wir in der Definition von Power-Diagrammen gefordert hatten, dass alle Kontrollpunkte verschieden sind.

Dann folgt
$$(s_r - s_q)^T y > \mu_r - \mu_q.$$
Da $y \in P_p$ und $y \in \text{aff}(F_p \cap F_q) \subset H_{p,q}$ ist, gilt ferner
$$(s_r - s_p)^T y \leq \mu_r - \mu_p \quad \wedge \quad (s_q - s_p)^T y = \mu_q - \mu_p.$$
Insgesamt ergibt sich somit
$$0 = \big((s_r - s_q) + (s_p - s_r) + (s_q - s_p)\big)^T y > (\mu_r - \mu_q) + (\mu_p - \mu_r) + (\mu_q - \mu_p) = 0.$$
Dieser Widerspruch zeigt, dass auch (d) gilt. $\qquad\square$

Nach Korollar 6.2.13 führen optimale kontingentierte Clusterings zu kompatiblen Power-Diagrammen. Umgekehrt haben Clusterings, für die kompatible Power-Diagramme existieren, auch minimalen kleinste-Quadrate-Abstand. Korollar 6.2.13 lässt sich also wie folgt umkehren.

6.2.15 Satz. *Seien (X,ω,κ,S) eine Instanz von* KQC, *$(\xi_{i,j}^*)$ eine zulässige Lösung von (LP) und $\mathcal{C}^*$ das zugehörige Clustering. Ferner sei $\Sigma := (\sigma_1,\ldots,\sigma_k)$, und das Power-Diagramm $\mathcal{P}^{S,\Sigma}$ sei kompatibel mit $\mathcal{C}^*$. Seien nun*
$$\mu_i^* := \frac{1}{2}\big(\|s_i\|_{(2)}^2 - \sigma_i\big) \quad (i \in [k]) \quad \wedge \quad \eta_j^* := \gamma_{i,j} - \omega_j \mu_i^* \quad (j \in [m] \wedge \xi_{i,j}^* \neq 0).$$
Dann bilden $(\xi_{i,j}^*)$ und (μ_i^*,η_j^*) ein primal-duales Paar optimaler Lösungen von (LP) bzw. (DLP), und $\mathcal{C}^*$ hat unter allen Clusterings aus BC(X,ω,κ) minimalen kleinste-Quadrate-Abstand.

Beweis: Zunächst zeigen wir, dass alle η_j^* wohl-definiert sind. Da jeder Punkt x_j (mindestens) einem Cluster zugeordnet ist, gibt es ein $i \in [k]$ mit $\xi_{i,j}^* \neq 0$. Falls es einen zweiten solchen Index l gibt, so gilt $x_j \in P_i^{S,\Sigma} \cap P_l^{S,\Sigma}$, es folgt
$$\omega_j(\mu_i^* - \mu_l^*) = \omega_j(s_i^T x_j - s_l^T x_j) = \gamma_{i,j} - \gamma_{l,j},$$
und somit
$$\eta_j^* = \gamma_{i,j} - \omega_j \mu_i^* = \gamma_{l,j} - \omega_j \mu_l^*.$$
Da nach der Definition der η_j^* die Komplementaritätsbedingungen erfüllt sind, brauchen wir nach Satz 6.1.7 nur noch zu zeigen, dass (μ_i^*,η_j^*) dual zulässig ist. Seien $x_j \in \text{supp}(C_i)$ und $l \in [k] \setminus \{i\}$. Aus der Zulässigkeit von $\mathcal{P}^{S,\Sigma}$ für $\mathcal{C}$ folgt dann
$$0 \leq \|x_j - s_l\|_{(2)}^2 - \sigma_l - \|x_j - s_i\|_{(2)}^2 + \sigma_i = 2(s_i - s_l)^T x_j + 2\mu_l^* - 2\mu_i^*,$$
also
$$(s_l - s_i)^T x_j \leq \mu_l^* - \mu_i^*.$$
Somit gilt
$$\gamma_{l,j} - \gamma_{i,j} = \omega_j s_l^T x_j - \omega_j s_i^T x_j = \omega_j(s_l - s_i)^T x_j \leq \omega_j \mu_l^* - \omega_j \mu_i^*.$$
Da $\eta_j^* = \gamma_{i,j} - \omega_j \mu_i^*$ ist, erhalten wir
$$\gamma_{l,j} \leq \gamma_{i,j} + \omega_j \mu_l^* - \omega_j \mu_i^* = \omega_j \mu_l^* + \eta_j^*.$$
Also ist (μ_i^*,η_j^*) zulässig für (DLP), und es folgt die Behauptung. $\qquad\square$

Die Optimalität eines kontingentierten Clusterings ist also äquivalent zur Existenz eines kompatiblen Power-Diagramms.

Wir wenden zum Abschluss dieser Sektion Satz 6.2.15 auf Beispiel 6.2.3 an.

6.2.16 Beispiel. *Im kontingentierten Clustering aus Beispiel 6.2.3 war eine spezielle Lösung $\mathcal{C}$ angegeben und in Abbildung 6.8 dargestellt. Abbildung 6.10 zeigt ein zu $\mathcal{C}$ kompatibles Power-Diagramm. Nach Satz 6.2.15 ist $\mathcal{C}$ daher optimal.*

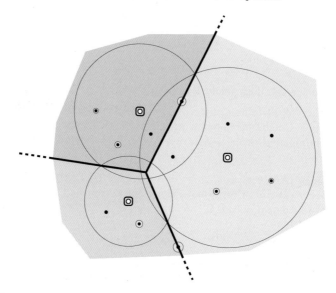

6.10 Abbildung. Zum kontingentierten Clustering $\mathcal{C}$ kompatibles Power-Diagramm. Eingezeichnet sind auch die Kreise mit Radius $\sqrt{\sigma_i}$.

6.3   Dualität in ökonomischen Modellen

Dualität gehört zu den wesentlichen Werkzeugen der Wirtschaftstheorie und entwickelt eine zentrale Bedeutung für das unternehmerische Handeln. In dieser Sektion sollen daher Aspekte der Dualität in ihrem natürlichen ökonomischen Umfeld interpretiert werden.

Wir betrachten zunächst erneut das lineare Produktionsproblem 1.2.1 aus Kapitel 1.2, führen Schattenpreise und Produktionsfunktionen ein, und leiten danach *Koopmans' Effizienzpreistheorem* her. In der Ökonomie werden solche Konzepte im Rahmen der Theorie *linearer ökonomischer Modelle* bzw. der *linearen Aktivitätsanalyse* behandelt. Zum Abschluss dieser Sektion wird an *Matrixspielen* gezeigt, welche Bedeutung die Dualität in der Spieltheorie besitzt.

Schattenpreise: Im Folgenden sei $A \in \mathbb{R}^{m \times n}$ eine Technologiematrix, deren Koeffizienten $\alpha_{i,j}$ den Verbrauch der i-ten Ressource R_i bei Produktion einer Einheit des j-ten Produkts L_j quantifizieren. Ihre Spaltenvektoren $\bar{a}_1, \ldots, \bar{a}_n$ können dann als die möglichen technologischen *Aktivitäten* interpretiert werden;

$$b \in [0, \infty[^m$$

gibt Kapazitätsschranken für die eingesetzen Ressourcen an, und

$$c \in [0, \infty[^n$$

ist der Preis- oder Ertragsvektor. $\varphi : \mathbb{R}^n \to \mathbb{R}$ bezeichne wieder die durch $\varphi(x) := c^T x$ für $x \in \mathbb{R}^n$ definierte Zielfunktion. Die Optimierungsaufgabe lautet dann

$$\max c^T x$$
$$Ax \leq b$$
$$x \geq 0.$$

Man beachte, dass die Nichtnegativität von b impliziert, dass der Punkt 0 zulässig ist. Die zu dem gegebenen linearen Programm duale Aufgabe ist

$$\min b^T y$$
$$A^T y \geq c$$
$$y \geq 0.$$

Die Komponenten der Variablenvektoren werden wieder mit ξ_j bzw. η_i bezeichnet, d.h. $x =: (\xi_1, \ldots, \xi_n)^T$ und $y =: (\eta_1, \ldots, \eta_m)^T$. Wir setzen für die kommende Interpretation voraus, dass die gegebene Produktionsaufgabe ein endliches Optimum besitzt. Sei daher (x^*, y^*) ein primal-duales Paar. Nach dem Dualitätssatz gilt dann insbesondere

$$\sum_{j=1}^n \gamma_j \xi_j^* = \sum_{i=1}^m \beta_i \eta_i^*.$$

Links stehen dabei als Summanden die Erträge der Produkte, d.h. die erzielten Preise pro Einheit multipliziert mit ihren hergestellten Mengeneinheiten, rechts die vorhandene Mengen der Ressourcen R_i multipliziert mit η_i^*. Somit wird nahegelegt, die dualen Variablen als Kosten pro Einheit der Ressource R_i zu interpretieren.

6.3.1 Bezeichnung. *Für lineare Produktionsaufgaben werden die Ressourcen $R_1, \ldots, R_m$ (in der Ökonomie) oft auch **Faktoren** genannt. Ist (x^*, y^*) ein primal-duales Paar, so heißen die Komponenten $\eta_1^*, \ldots, \eta_m^*$ von y^* (zu x^* gehörige) **Schattenpreise**.*

Die Schattenpreise lassen sich als fiktive Verrechnungspreise für die eingesetzen Ressourcen interpretieren, die den Gesamtertrag der Produktion den einzelnen Faktoren zurechnen. (Man beachte aber, dass sie im Allgemeinen nicht eindeutig sind.)

Schattenpreise ergeben sich insbesondere aus einem *Gleichgewichtsprinzip* als Antwort auf die Frage: *Warum werden eigentlich keine Ressourcen hinzugekauft oder verkauft, um den Gesamtgewinn zu erhöhen?* Um dieses genauer zu analysieren, führen wir für den Handel mit den Ressourcen $R_1, \ldots, R_m$ zusätzliche Variable ein, die im Variablenvektor

$$z := (\zeta_1, \ldots, \zeta_m)^T \in \mathbb{R}^m$$

zusammengefasst werden. Die Variable ζ_i gibt die Quantität des Zukaufs ($\zeta_i \geq 0$) oder Verkaufs ($\zeta_i \leq 0$) der Ressourcen R_i an. Natürlich muss die Zielfunktion entsprechend angepasst werden, d.h. die Kosten des Zukaufs sind vom Ertrag zu subtrahieren bzw. die Erträge des Verkaufs zum Ertrag zu addieren. Die Marktpreise der Ressourcen werden mit Hilfe des Preisvektors

$$s := (\sigma_1, \ldots, \sigma_m) \in \mathbb{R}^m$$

modelliert. Man beachte, dass auch negative Preise zugelassen werden, die etwa die Abnahme und Weiterverarbeitung unerwünschter Güter (Emissionen, Abfälle etc.) 'belohnen'. Wir nehmen an, dass sich die zusätzlichen Erträge linear als die Summe des Produkts aus Preis und Quantität über alle Ressourcen bestimmen. Die neue Zielfunktion ergibt sich dann zu

$$c^T x - s^T z = \sum_{j=1}^{n} \gamma_j \xi_j - \sum_{i=1}^{m} \sigma_i \zeta_i.$$

Das nachfolgende Lemma zeigt, wie sich die Schattenpreise als 'Gleichgewichtspreise' aus dem 'Prinzip des nicht mehr vergrößerbaren Ertrags' herleiten.

6.3.2 Satz. *Genau dann gilt*

$$\max\{c^T x : Ax \leq b \wedge x \geq 0\} = \max\{c^T x - s^T z : Ax - z \leq b \wedge x \geq 0\},$$

wenn

$$s \in \operatorname{argmin}\{b^T y : A^T y \geq c \wedge y \geq 0\}$$

ist, d.h. wenn $\sigma_1, \ldots, \sigma_m$ Schattenpreise sind.

Beweis: Da 0 zulässig ist, gilt

$$0 \leq \max\{c^T x : Ax \leq b \wedge x \geq 0\} \leq \max\{c^T x - s^T z : Ax - z \leq b \wedge x \geq 0\}.$$

Nach dem Dualitätssatz 6.1.7 reicht es daher zu untersuchen, wann die zugehörigen dualen Aufgaben gleiche Minima besitzen. Nach der Dualitätstabelle 6.1.11 ist das Duale der um den möglichen Zukauf erweiterten Aufgabe

$$\min b^T y$$
$$A^T y \geq c$$
$$y = s$$
$$y \geq 0.$$

Im Vergleich mit dem Dualen der ursprünglichen Aufgabe ist hier die Restriktion $y = s$ hinzugekommen. Die beiden Minima stimmen also genau dann überein, wenn es einen für das Duale der ursprünglichen Produktionsaufgabe optimalen Vektor y^* gibt, der $y^* = s$ erfüllt. Insgesamt folgt damit die Behauptung. $\square$

6.3.3 Beispiel. *Wir betrachten das nachfolgende Beispiel[27] (LP) mit seiner um die Zu- und Verkaufsmöglichkeit erweiterten Variante (E):*

$$\max \xi \qquad\qquad \max \xi - \sigma\zeta$$

$$(LP) \quad \begin{array}{rcl} \xi & \leq & 1 \\ \xi & \geq & 0 \end{array} \qquad (E) \quad \begin{array}{rcrcl} \xi & - & \zeta & \leq & 1 \\ \xi & & & \geq & 0. \end{array}$$

Der Marktpreis der (einzigen) Ressource R ist σ. Die dualen Programme lauten

$$\min \eta \qquad\qquad\qquad \min \xi$$

$$(DLP) \quad \begin{array}{rcl} \eta & \geq & 1 \\ \eta & \geq & 0 \end{array} \qquad (DE) \quad \begin{array}{rcl} \eta & \geq & 1 \\ \eta & = & \sigma \\ \eta & \geq & 0. \end{array}$$

Abbildung 6.11 zeigt die zulässigen Bereiche von (LP) und (E) (links), die Zielfunktionsvektoren $(1, -\sigma)^T$ von (E) für verschiedene Werte von σ sowie den zulässigen Bereich von (DLP). Der Optimalpunkt $\xi^* = 1$ von (LP) und der zugehörige Schattenpreis $\eta^* = 1$ sind hervorgehoben.

---

[27] Es ist in seiner Minimalistik ökonomisch von beschränkter Relevanz, zeigt aber bereits wichtige auftretende Phänomene.

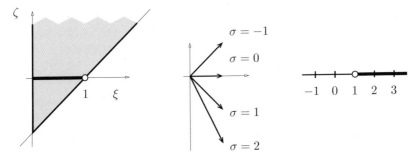

6.11 Abbildung. Zulässige Bereiche von (LP) und (E) (links) und (DLP) (rechts); verschiedene Zielfunktionsvektoren von (E) (Mitte). Die Optima fallen genau für den Schattenpreis $\sigma = 1$ zusammen. Die Optimalpunkte von (LP) und (DLP) sind jeweils durch einen weiß ausgefüllten Punkt gekennzeichnet.

Wie zu erwarten, erkennt man den Effekt der Zu- und Verkaufsoption sowohl an (E) als auch an (DE). Für $\sigma < \eta^*$ ist die Zielfunktion von (E) nach oben unbeschränkt. Der Marktwert der Ressource R ist kleiner als ihr Schattenpreis, d.h. es ist sinnvoll, zusätzliche Einheiten der Ressource zu erwerben und in der Produktion einzusetzen. Da keine weiteren Restriktionen bestehen, die die Produktion beschränken, kann die Produktionsmenge beliebig erhöht werden.[28] Das Optimum von (E) wird somit ∞. In (DLP) ist kein Punkt mit $\eta < 1$ zulässig. Der zulässige Bereich von (DE) ist somit leer, das Minimum also (wie erwartet ebenfalls) ∞.

Für $\sigma = \eta^*$ hat die Option eines Zu- oder Verkaufs der Ressource R keinen Einfluss auf das wirtschaftliche Ergebnis.

Ist hingegen $\sigma > \eta^*$, so wird in (E) der Punkt $(0, -1)^T$ maximal. Sein Zielfunktionswert ist σ. Da der Marktwert von R größer ist als ihr Schattenpreis, ist es profitabler, die Ressource zu verkaufen, als sie in der Produktion einzusetzen. Da sie maximal in der Quantität von einer Einheit zur Verfügung steht (und in unserem einfachen Beispiel dem Verkauf keine anderen Einflussfaktoren entgegenstehen), kann sie bis zu dieser Menge veräußert werden. Im Optimum wird dann natürlich genau diese Menge realisiert.

Die Interpretation in Beispiel 6.3.3 gilt auch für den allgemeineren Fall. Die Ungleichung $\eta_i^* < \sigma_i$ bedeutet, dass der Marktpreis der Ressource R_i höher ist als ihr (rechnerisch zugeordneter) Beitrag am maximalen Ertrag. Der Einsatz von R_i zur Produktion ist somit weniger profitabel als ein Verkauf. Umgekehrt bedeutet $\eta_i^* > \sigma_i$, dass der Marktpreis der Ressource R_i niedriger ist als ihr Anteil am Ertrag. Es lohnt sich also, Einheiten von R_i hinzuzukaufen.[29]

---

[28] Hier werden natürlich stillschweigend verschiedene Annahmen gemacht, die im Allgemeinen höchstens in sehr eingeschränkter Form realistisch sind. Um die Produktion beliebig hochzufahren, muss R auf dem Markt in unbegrenzter Quantität zur Verfügung stehen. Der Marktpreis σ bleibt in diesem einfachen Modell konstant, auch wenn beliebig große Mengen von R umgesetzt werden. Ferner wird angenommen, dass der Markt das hergestellte Produkt in unbegrenzter Höhe zum festen Marktpreis 1 aufnimmt. Da unsere Interpretation aber eigentlich ja nur danach differenziert, ob σ gleich, kleiner oder größer als η^* ist, und ob dieses die Optima verändert, benötigt sie die Voraussetzungen nicht wirklich in dieser vollen Radikalität.

[29] Es soll aber noch einmal darauf hingewiesen werden, dass die durch Lösung der dualen Aufgabe ermittelten Schattenpreise keine realen Marktpreise sind, sondern lediglich der Zurechnung des maximalen Gesamtertrags zu den Faktoren dienen. Die Schattenpreise setzen also insbesondere keine entsprechenden Märkte voraus.

Mit dieser durch Satz 6.3.2 nahegelegten Interpretation der dualen Variablen lassen sich natürlich auch die Komplementaritätsbedingungen ökonomisch interpretieren. Da die Produktionsaufgabe in kanonischer Form gegeben ist, lauten sie hier:

$$y^T(b - Ax) = 0 \quad \wedge \quad (y^T A - c^T)x = 0.$$

Sei nun (x^*, y^*) ein primal-duales Paar. Der Vektor x^* gibt dann Produktionsmengen der Produkte an, die den maximalen Gesamtertrag realisieren; y^* ist ein Vektor zugehöriger Schattenpreise.

Die erste Gleichung besagt, dass Ressourcen R_i, die für den optimalen Produktionsprozess x^* nicht *knapp* sind, für die also $a_i^T x^* < \beta_i$ gilt, den Schattenpreis $\eta_i^* = 0$ haben. Ein positiver Preis kann daher ausschließlich solchen Faktoren zugerechnet werden, die in der Produktion bis an ihre Kapazitätsgrenze beansprucht sind. Umgekehrt, bedeutet die zweite Gleichung, dass ein Produkt L_j höchstens dann produziert wird, wenn seine (rechnerischen) Kosten $y^T \bar{a}_i$ pro Einheit nicht höher sind als sein Verkaufspreis. Wird also die j-te Aktivität durchgeführt, d.h. gilt $\xi_j^* > 0$, so ist ihr Anteil am Gesamtertrag pro Einheit genau γ_j. Hier sieht man noch einmal das Prinzip des *ökonomischen Equilibriums*.

Produktionsfunktionen und Sensitivität: Mit Hilfe der Dualität kann man auch *Produktionsfunktionen* untersuchen, die durch optimale Nutzung der Faktoren bei variablen Kapazitätsgrenzen entstehen.[30]

6.3.4 Bezeichnung. *Die Funktion* $\pi : [0,\infty[^m \to \mathbb{R} \cup \{\infty\}$ *sei definiert durch*

$$\pi(b) := \max\{c^T x : Ax \leq b \wedge x \geq 0\}.$$

Dann heißt π **Produktionsfunktion** *zum Paar* (A,c) *der Technologiematrix* A *und dem Ertragsvektor* c.

Im Folgenden seien

$$P(b) := \{x \in \mathbb{R}^n : Ax \leq b \wedge x \geq 0\} \quad \wedge \quad Q := \{y \in \mathbb{R}^m : A^T y \geq c \wedge y \geq 0\}.$$

6.3.5 Bemerkung. *Die folgenden Aussagen sind äquivalent:*

(a) Es gibt einen Vektor $b^* \in [0,\infty[^m$, *so dass* φ *über* $P(b^*)$ *nach oben beschränkt ist.*

(b) $Q \neq \emptyset$.

Beweis: Für jedes $b \in [0,\infty[^m$ ist $0 \in P(b)$; die primale Aufgabe ist also stets zulässig, und ihr Maximum ist durch 0 nach unten beschränkt. Die Behauptung folgt nun direkt aus Korollar 6.1.9. $\square$

Um Trivialitäten auszuschließen, setzten wir in dem folgenden Satz voraus, dass $Q \neq \emptyset$ ist.

6.3.6 Satz. *Sei* $Q \neq \emptyset$. *Dann ist die Produktionsfunktion* π *reellwertig und stückweise linear, d.h. es gibt eine Partition von* $[0,\infty[^m$ *in Polyeder* $P_1,\ldots,P_k$, *so dass die Einschränkung* $\pi|_{P_i}$ *von* π *auf* P_i *für jedes* $i \in [k]$ *linear ist.*

---

[30] Alternativ kann man die folgende Darstellung auch etwas allgemeiner als Beitrag der Dualität zur *Sensitivitätsanalyse* linearer Programme interpretieren; vgl. auch Übungsaufgabe 4.6.35.

Beweis: Nach Bemerkung 6.3.5 und Satz 6.1.7 gilt für alle $b \in [0,\infty[^m$

$$\pi(b) = \min\{b^T y : y \in Q\} < \infty.$$

$\pi(b)$ ist somit das Minimum der durch $y \mapsto b^T y$ gegebenen linearen Funktion über dem festen, nichtleeren Polyeder Q. Nach Satz 4.3.33 seien $V := \{v_1,\ldots,v_k\} \neq \emptyset$ und $S := \{s_1,\ldots,s_q\}$ Teilmengen des $\mathbb{R}^m$ mit

$$Q = \mathrm{conv}(V) + \mathrm{pos}(S).$$

Da $0 \in P(b)$ für jedes $b \in [0,\infty[$ gilt, folgt aus Satz 6.1.7

$$\pi(b) = \min\{b^T y : y \in Q\} \geq 0 \quad (b \in [0,\infty[^m),$$

d.h.

$$p \in [q] \wedge b \in [0,\infty[^m \quad \Rightarrow \quad b^T s_p \geq 0.$$

Es folgt

$$[0,\infty[^m \subset \bigcap_{p=1}^{q} H^{\geq}_{(s_p,0)} \quad \wedge \quad \min_{y \in Q} b^T y = \min_{l \in [k]} b^T v_l \quad (b \in [0,\infty[^m).$$

Ist $k = 1$, so gilt $\pi(b) = b^T v_1$ für alle $b \in [0,\infty[^m$, und es folgt die Behauptung. Sei daher im Folgenden $k \geq 2$. Dann gilt für $l_0 \in [k]$

$$\min_{l \in [k]} b^T v_l = b^T v_{l_0} \quad \Leftrightarrow \quad b \in \bigcap_{l=1}^{k} H^{\leq}_{(v_{l_0}-v_l,0)}.$$

Wir definieren nun die linearen Funktionale $\pi_{l_0} : \mathbb{R}^m \to \mathbb{R}$ durch

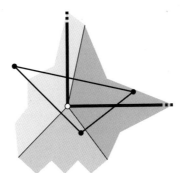

6.12 Abbildung. Dreieck Q; Partition des $\mathbb{R}^2$ in $k = 3$ Polyeder und zugehörige Zerlegung von $[0,\infty[^2$ in Polyeder P_1, P_2, P_3, auf denen π jeweils linear ist.

$$\pi_{l_0}(b) := b^T v_{l_0} \quad (b \in [0,\infty[^m)$$

und setzen

$$P_{l_0} := [0,\infty[^m \cap \bigcap_{l=1}^{p} H^{\leq}_{(v_{l_0}-v_l,0)} \quad (i_0 \in [p]).$$

Dann gilt
$$\pi|_{P_{l_0}} = \pi_{l_0} \quad (l_0 \in [p]).$$
Insgesamt folgt hiermit die Behauptung.   □

Natürlich gilt für $b \in \mathrm{int}(P_l)$

$$\frac{\partial \pi_l}{\partial \beta_i}(b) = u_i^T v_l \quad (i \in [m] \wedge l \in [k]).$$

In $\mathrm{int}(P_l)$ ist der duale Lösungsvektor v_l somit der Gradient von π_l. Die Schattenpreise geben daher die *Grenzerträge* der Produktionsfunktion an.

Die nächste Bemerkung zeigt eine weitere wichtige Eigenschaft der Produktionsfunktionen zu Paaren (A,c), nämlich ihr Verhalten auf Konvexkombinationen.

6.3.7 Bemerkung. *Seien* $\lambda_1, \lambda_2 \in [0,1]$ *mit* $\lambda_1 + \lambda_2 = 1$ *und* $b_1, b_2 \in [0,\infty[^m$. *Dann gilt*

$$\pi(\lambda_1 b_1 + \lambda_2 b_2) \geq \lambda_1 \pi(b_1) + \lambda_2 \pi(b_2).$$

Beweis: Es gilt

$$\pi(\lambda_1 b_1 + \lambda_2 b_2) = \min_{y \in Q}(\lambda_1 b_1 + \lambda_2 b_2)^T y \geq \lambda_1 \cdot \min_{y \in Q} b_1^T y + \lambda_2 \cdot \min_{y \in Q} b_2^T y$$
$$= \lambda_1 \pi(b_1) + \lambda_2 \pi(b_2).$$

□

In diesem Abschnitt stand die Sensitivität des Primalen bezüglich Änderungen der rechten Seite im Vordergrund. Da wir diese Frage auf die Untersuchung der Sensitivität des Dualen bezüglich der Zielfunktion zurückgeführt haben, können wir die gewonnenen Ergebnisse auch unmittelbar in Bezug auf die Abhängigkeit des Primalen von der Zielfunktion interpretieren.

Koopmans' Effizienzpreistheorem: Als weitere Anwendung der Dualität soll das *Effizienzpreistheorem* von Koopmans[31] hergeleitet werden. Wir legen wieder lineare Produktionsprozesse zugrunde, nehmen aber einen etwas allgemeineren Standpunkt ein als in den vorherigen beiden Abschnitten: wir unterscheiden nicht Ressourcen im engeren Sinn sondern verschiedene Typen von Gütern.[32] *Primäre Güter* können in dem betrachteten Produktionsprozess nicht produziert, aber bis zu einer gegebenen Kapazitätsgrenze eingesetzt werden. *Intermediäre Güter* treten als Zwischenprodukte auf, werden verbraucht oder produziert, allerdings in einer fest vorgegebenen Quantität. *Erwünschte Güter* sind die eigentlichen, im Prozess zu erzeugenden Produkte. Hiermit wird die Form der Nebenbedingungen genauer spezifiziert nämlich zu $a_i^T x \geq 0$ für erwünschte, $a_i^T x = \beta_i$ für intermediäre und $0 \leq a_i^T x \leq \beta_i$ für primäre Güter.

6.3.8 Bezeichnung. *Seien* $G := [m]$ *und* $(G_{\text{erwünscht}}, G_{\text{intermediär}}, G_{\text{primär}})$ *eine Partition*[33] *von* G. *Für* $i \in [m]$ *sei* $a_i := (\alpha_{i,1}, \ldots, \alpha_{i,n})^T \in \mathbb{R}^n \setminus \{0\}$ *sowie* $r := (\rho_1, \ldots, \rho_m)^T \in \mathbb{R}^m$ *mit*

---

[31] Tjalling Charles Koopmans (1910 – 1985). Im Jahre 1975 erhielt Koopmans für seine Theorie der optimalen Allokation von Ressourcen zusammen mit Leonid Witaljewitsch Kantorovich (1912 – 1986) den Nobelpreis für Ökonomie.

[32] Tatsächlich verfolgen wir hier einen allgemeineren Ansatz der Mehrzieloptimierung, allerdings in seiner spezifischen Interpretation im Rahmen einer linearen ökonomischen Produktionstheorie.

[33] Würden wir länger mit diesem Mengen arbeiten, so würden wir natürlich eine weniger sperrige Bezeichnung verwenden, etwa G_E, G_I und G_P. Hier verzichten wir auf diese Bequemlichkeit, um die adäquate ökonomische Interpretation immer explizit und sprachlich redundant vor Augen zu haben.

$$\rho_i \begin{cases} = 0 & \text{für } i \in G_{\text{erwünscht}}; \\ > 0 & \text{für } i \in G_{\text{primär}}. \end{cases}$$

Die Restriktionen

$$\begin{aligned}
a_i^T x &\geq 0 & \left(i \in G_{\text{erwünscht}}\right) \\
a_i^T x &= \rho_i & \left(i \in G_{\text{intermediär}}\right) \\
a_i^T x &\leq \rho_i & \left(i \in G_{\text{primär}}\right) \\
a_i^T x &\geq 0 & \left(i \in G_{\text{primär}}\right)
\end{aligned}$$

*heißen **Güterbedingungen**. Seien $M := (\overline{a}_1, \ldots, \overline{a}_n) := (a_1, \ldots, a_m)^T$ und*

$$T := \left\{ t := (\tau_1, \ldots, \tau_m)^T \in \mathbb{R}^m : \exists \left(x \in [0, \infty[^n) : t = Mx \right) \right\}.$$

*Dann heißt T (lineare) **Technologie**. Die Spaltenvektoren $\overline{a}_j$ der **Technologiematrix**[34] sind die **Kernaktivitäten**[35] von T. Jeder Vektor $x \in [0, \infty[^n$ bzw. $t \in T$ wird **Produktionsprogramm** bzw. **Produktionsplan** genannt. Ein Produktionsprogramm x bzw. -plan $t := Mx$ heißt **durchführbar**, wenn Mx alle Güterbedingungen erfüllt. Die Menge der durchführbaren Produktionspläne wird **durchführbare Technologie** genannt und mit $T(M,r)$ bezeichnet.*

Man beachte, dass die Technologie T der von den Spaltenvektoren von M erzeugte polyedrische Kegel im $\mathbb{R}^m$ ist. In diesem Raum spezifizieren die Durchführbarkeitsbedingungen Hyperebenen bzw. Halbräume parallel zu den Koordinatenhyperebenen, also mit Normalenvektoren aus $\{\pm u_1, \ldots, \pm u_m\}$.

6.3.9 Beispiel. *Es seien*

$$G_{\text{erwünscht}} := \{1,2\} \quad \wedge \quad G_{\text{intermediär}} := \emptyset \quad \wedge \quad G_{\text{primär}} := \{3\}.$$

Ferner gelten die folgenden Ungleichungen

$$\begin{aligned}
\xi_1 + \xi_2 + \xi_3 &\geq 0 & (1) \\
\xi_1 \quad\quad 2\xi_3 &\geq 0 & (2) \\
4\xi_1 + \xi_2 + 2\xi_3 &\leq 2 & (3) \\
4\xi_1 + \xi_2 + 2\xi_3 &\geq 0 & (4) \\
\xi_1, \xi_2, \xi_3 &\geq 0 & (5).
\end{aligned}$$

Die Bedingungen (1) und (2) entsprechen jeweils den beiden erwünschten Gütern, während Ungleichungen (3) und (4) die verfügbare Kapazität des primären Guts beschränken. Die Nichtnegativitätsbedingungen sind keine Güterbedingungen sondern Einschränkungen der Produktionsprogramme bzw. -pläne. Sie besagen, dass die Kernaktivitäten stets in nichtnegativer 'Intensität' durchgeführt werden, d.h. der Produktionsprozess nicht einfach umgekehrt werden kann. Die Kernaktivitäten des gegebenen Systems sind

$$\overline{a}_1 := \begin{pmatrix} 1 \\ 1 \\ 4 \end{pmatrix} \quad \wedge \quad \overline{a}_2 := \begin{pmatrix} 1 \\ 0 \\ 1 \end{pmatrix} \quad \wedge \quad \overline{a}_3 := \begin{pmatrix} 1 \\ 2 \\ 2 \end{pmatrix},$$

---

[34] Man beachte, dass die Technologiematrix M die $(m \times n)$-Matrix der Zeilenvektoren a_i^T mit $i \in G$ ist, nicht aber mit der Koeffizientenmatrix A des angegebenen linearen Systems übereinstimmt. Dieses enthält ja die den primären Gütern entsprechenden Zeilenvektoren doppelt. Gleiches gilt auch für den Vektor r; er ist nicht die rechte Seite des Systems.

[35] Im allgemeinen wird man noch weitere Voraussetzungen an die Kernaktivitäten stellen, wenn man diese in praxisnaher Weise als sinnvolle Produktionen interpretieren möchte. Oft werden die Güterarten auch durch Vorzeichenkonventionen für die Komponenten der $\overline{a}_j$ unterschieden.

und wir haben

$$M = (\bar{a}_1, \bar{a}_2, \bar{a}_3) \quad \wedge \quad r = \begin{pmatrix} 0 \\ 0 \\ 2 \end{pmatrix}.$$

Somit gilt für die zugehörige Technologie

$$T := M[0,\infty[^n = \mathrm{pos}(\{\bar{a}_1, \bar{a}_2, \bar{a}_3\}).$$

Die durchführbare Technologie $T(M,r)$ entsteht aus T durch Schnitt mit den Güterbedingungen (1) – (4). Da alle Kernaktivitäten in unserem Beispiel in $[0,\infty[^3$ liegen, ist lediglich der Schnitt mit $H^{\leq}_{(u_3,2)}$ relevant. Abbildung 6.13 zeigt links die Menge der durchführbaren Produktionsprogramme; rechts ist die durchführbare Technologie abgebildet.

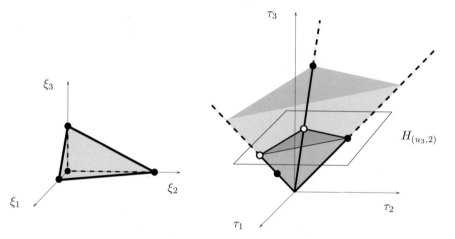

6.13 Abbildung. Links: Menge der durchführbaren Produktionsprogramme in Beispiel 6.3.9; Rechts: Kegel der Produktionspläne $t := (\tau_1, \tau_2, \tau_3)^T \in T$ sowie die durch die Bedingung $\tau_3 \leq 2$ aus T ausgeschnittene durchführbare Technologie $T(M,r)$. Die Kernaktivitäten sind durch schwarze Punkte dargestellt; die weißen Punkte rechts sind die Durchschnitte der von ihnen erzeugten Strahlen mit $H_{(u_3,2)}$.

Im Allgemeinen wird es viele zulässige Produktionspläne geben. Die zentrale unternehmerische Aufgabe besteht also darin zu entscheiden, welche man tatsächlich umsetzen will. Im Falle eines einzigen erwünschten Gutes liegt es nahe, dessen Quantität in der Poduktion zu maximieren.[36] Damit sind wir in der üblichen Situation der Optimierung einer Zielfunktion unter Nebenbedingungen. Gibt es mehrere erwünschte Güter, so kann man diese natürlich priorisieren[37] oder in ihrem Beitrag zu einem Gesamtnutzen quantifizieren, um so weiterhin mit einem einzigen Zielkriterium arbeiten zu können. Wir werden jedoch im Folgenden alle erwünschten Güter als gleichberechtigt auffassen und auch keine Marktpreise zu ihrer Bewertung voraussetzen. Wir verwenden vielmehr ein einfaches multidimensionales Effizienzkriterium, das lediglich solche Produktionspläne

---

[36] Das ist in der Praxis natürlich nur dann sinnvoll, wenn der Markt entsprechend aufnahmefähig ist. Hier geht es aber nicht um eine Frage von Märkten, sondern um eine 'inhärente' Bewertung einer technischen Option.

[37] Das kann etwa in Form einer lexikographischen Ordnung auf den erwünschten Gütern erfolgen.

als ineffizient auffasst, bei denen mehr von einem erwünschten Gut produziert werden kann, ohne dass dieses zu Lasten der Produktionsmengen der anderen erwünschten Güter ginge. Um dieses Konzept zu präzisieren, betrachten wir zunächst das folgende Kriterium der Mehrzieloptimierung.

6.3.10 Definition. *Seien* $X \subset \mathbb{R}^n$ *und* $\Phi : \mathbb{R}^n \to \mathbb{R}^k$. *Ein Punkt* $x^* \in X$ *heißt* **Pareto**[38]-**maximal** *in* X *bez.* Φ, *wenn gilt*

$$x \in X \wedge \Phi(x) \geq \Phi(x^*) \quad \Rightarrow \quad \Phi(x) = \Phi(x^*).$$

Die Menge aller Pareto-maximalen Punkte wird auch **Pareto-Front** *von* X *bez.* Φ *genannt.*

Für $k = 1$ fällt die Pareto-Maximalität von x^* mit der üblichen Definition eines Maximalpunktes zusammen. Für $k \geq 2$ ist Φ hingegen vektorwertig. Seien

$$\varphi_1, \ldots, \varphi_k : \mathbb{R}^n \to \mathbb{R}$$

die zu Φ gehörigen Komponentenfunktionen, d.h. $\Phi = (\varphi_1, \ldots, \varphi_k)^T$. Im Allgemeinen wird es keinen Punkt geben, der für *alle* k Komponentenfunktionen φ_i *gleichzeitig* maximal ist. Die Pareto-Maximalität eines Punktes x^* bedeutet aber, dass es nicht möglich ist, eine Komponente $\varphi_i(x)$ zu vergrößern, ohne gleichzeitig eine andere verkleinern zu müssen.

6.3.11 Beispiel. *Seien*

$$X := \left\{ x \in \mathbb{R}^2 : 2\xi_1 + \xi_2 \leq 2 \wedge -6\xi_1 + 4\xi_2 \leq 1 \wedge 4\xi_1 \leq 3 \wedge \xi_1, \xi_2 \geq 0 \right\},$$

und $\Phi : \mathbb{R}^2 \to \mathbb{R}^2$ *sei definiert durch*

$$\Phi(x) := \begin{pmatrix} \varphi_1(x) \\ \varphi_2(x) \end{pmatrix} := \begin{pmatrix} c_1^T x \\ c_2^T x \end{pmatrix} := \begin{pmatrix} \xi_1 + \xi_2 \\ \xi_1 \end{pmatrix} \qquad \left(x := (\xi_1, \xi_2)^T \in \mathbb{R}^2 \right)$$

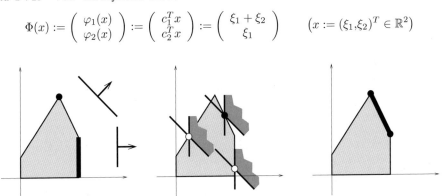

6.14 Abbildung. Links: Menge X und Zielfunktionen φ_1 und φ_2; der schwarze Punkt ist optimal bez. φ_1, die hervorgehobene Kante enthält alle Optimalpunkte von φ_2 über X. Mitte: $H^{\geq}_{(c_1, \gamma_1^*)} \cap H^{\geq}_{(c_2, \gamma_2^*)}$ für drei verschiedene Punkte. Die beiden weißen Punkte sind nicht Pareto-maximal, der schwarze hingegen schon. Rechts: Die Pareto-Front ist schwarz hervorgehoben.

Abbildung 6.14 (links) zeigt die Menge X *sowie die beiden Zielfunktionen* φ_1 *und* φ_2. *Der Punkt* $(1/2, 1)^T$ *ist der eindeutige Maximalpunkt von* φ_1; φ_2 *ist auf der ganzen Kante* $(3/4, 0)^T + [0, 1/2](0, 1)^T$ *maximal.*

---

[38] Vilfredo Pareto, 1848 – 1923.

Seien nun

$$x^* \in X \quad \wedge \quad \gamma_i^* := c_i^T x^* \quad (i \in [2]).$$

Der Vektor x^* ist genau dann Pareto-maximal, wenn es keinen Punkt $x \in X$ gibt mit $\Phi(x) \geq \Phi(x^*)$, der für mindestens einen der beiden Indizes $i \in [2]$ einen streng größeren Zielfunktionswert $\varphi_i(x)$ hat als x^*. Geometrisch wird das durch die Bedingungen

$$X \cap H^>_{(c_1,\gamma_1^*)} \cap H^{\geq}_{(c_2,\gamma_2^*)} = X \cap H^{\geq}_{(c_1,\gamma_1^*)} \cap H^>_{(c_2,\gamma_2^*)} = \emptyset$$

beschrieben. In Abbildung 6.14 (Mitte) sind die entsprechenden Schnitte an drei Randpunkten eingezeichnet. Die Pareto-Front von X bez. Φ ist

$$\mathrm{conv}\big(\{(1/2),1)^T,(3/4,1/2)^T\}\big).$$

Man beachte, dass ihre beiden Randpunkte gerade die Maximalpunkte von

$$\max \varphi_i$$
$$x \in \mathrm{argmax}\,\{\varphi_j(x) : x \in X\} \quad (j \in [2] \setminus \{i\})$$

für $i \in [2]$ sind.

  In diesem Beispiel besteht die Pareto-Front aus einer einzigen Kante. Im Allgemeinen braucht sie jedoch nicht konvex zu sein; vgl. Abbildung 6.15.

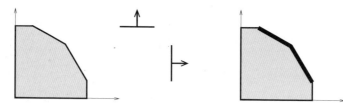

6.15 Abbildung. Von links nach rechts: Menge X, Funktion Φ und Pareto-Front.

  Wir definieren nun effiziente Produktionspläne und -programme. Zunächst ist klar, dass intermediäre Güter für die Effizienz eines Produktionsplans keine Rolle spielen, da für diese ja vorher Produktionsquoten ρ_i festgelegt sind. Auch primäre Güter werden in dem folgenden Effizienzbegriff nicht berücksichtigt. Dem liegt die Vorstellung zugrunde, dass primäre Güter ohne Kosten zur Verfügung stehen und es daher keinen Grund gibt, mit ihnen ressourcenschonend umzugehen. Diese Annahme mag zunächst etwas weltfremd erscheinen. Sie ist aber keineswegs so einschränkend, wie sie auf den ersten Blick vielleicht wirkt. Ist es nämlich gewünscht, eine Ressource möglichst sparend einzusetzen, so kann sie zusätzlich auch noch als erwünschtes Gut aufgefasst werden. Hierdurch steht dieselbe Ressource einmal als primäres Gut bis zu ihrer Kapazitätsschranke 'kostenfrei' zur Verfügung, während ihr Einsparen als erwünschtes Gut zum Teil der Effizienzdefinition und damit belohnt wird.

  Der folgende Effizienzbegriff für Produktionsprogramme entspricht daher der Pareto-Optimalität bezüglich der Funktion $\Phi : \mathbb{R}^n \to \mathbb{R}^k$ mit $k := |G_{\text{erwünscht}}|$, die mit der Abkürzung $I := G_{\text{erwünscht}}$ durch $\Phi(x) := M_I x$ für $x \in \mathbb{R}^n$ definiert ist. Auf der Darstellungsebene der Produktionspläne entspricht das der orthogonalen Projektion des $\mathbb{R}^m$ auf den $\mathbb{R}^k$ (der Koordinaten) der erwünschten Güter. Die folgende Bezeichnung gibt dieses noch einmal explizit wieder.

6.3.12 Bezeichnung. *Sei* $t^* := (\tau_1^*, \dots, \tau_m^*)^T \in T(M,r)$. *Dann heißt* t^* ***effizient***, *wenn*

$$\left. \begin{array}{l} t := (\tau_1, \dots, \tau_m)^T \in T(M,r) \\ \wedge \ \left(i \in G_{\text{erwünscht}} \Rightarrow \tau_i \geq \tau_i^* \right) \end{array} \right\} \quad \Rightarrow \quad t = t^*$$

gilt. Ein durchführbares Produktionsprogramm x^* *heißt* ***effizient***, *wenn der Produktionsplan* Mx^* *effizient ist.*

In dem ökonomisch nicht wirklich aufregenden Fall, dass $G_{\text{erwünscht}} = \emptyset$ ist, ist natürlich jeder durchführbare Produktionsplan effizient. Nachfolgend verdeutlichen wir den Begriff an dem reichhaltigeren Beispiel 6.3.9.

6.3.13 Beispiel. *Wir betrachten erneut die durchführbare Technologie aus Beispiel 6.3.9. Abbildung 6.16 zeigt links die beiden Zielfunktionshyperebenen durch die jeweiligen Optimalpunkte sowie die Menge der effizienten Produktionsprogramme. In der Mitte sind die effizienten Produktionspläne hervorgehoben. Rechts ist die Orthogonalprojektion P der durchführbaren Technologie auf den Raum der erwünschten Güter dargestellt. In diesem*

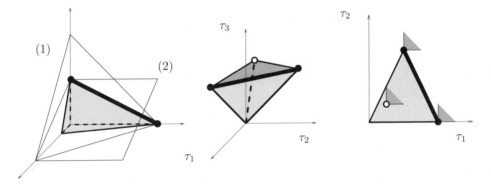

6.16 Abbildung. Effiziente Produktionsprogramme (links) bzw. -pläne (Mitte) im Beispiel 6.3.9; Rechts: Projektion der Menge aller durchführbaren Produktionspläne auf den $\mathbb{R}^2$ der erwünschten Güter.

Raum ist das Effizienzkriterium besonders intuitiv: Ein Punkt $p \in P$ *ist effizient, wenn*

$$P \cap [0,\infty[^2 = \{p\}$$

gilt. Insbesondere ist der (weiß hervorgehobene) Punkt $(\frac{1}{2},\frac{1}{2})^T$ *nicht effizient. Er entspricht der Kernaktivität* $\bar{a}_1 = (1,1,4)^T$. *Im Vergleich zu* $\bar{a}_3 = (1,2,2)^T$ *wird offensichtlich, warum. Setzen beide Kernaktivitäten zwei Einheiten des primären Guts zur Produktion ein, so liefert* $\bar{a}_1$ *jeweils eine halbe Einheit der beiden erwünschten Güter, während die Aktivität* $\bar{a}_3$ *eine Einheit des ersten und sogar zwei Einheiten des zweiten Gutes herstellt. Es besteht somit kein Grund,* $\bar{a}_1$ *zu verwenden.*

Wir können nun den angekündigten Satz formulieren und beweisen.

6.3.14 Satz. *(Koopmans' Effizienzpreistheorem)*
Seien $T(M,r)$ *eine durchführbare Technologie,* $x^* \in [0,\infty[^n$ *und* $t^* := (\tau_1^*, \dots, \tau_m^*)^T := Mx^* \in T(M,r)$. *Das Produktionsprogramm* x^* *ist genau dann effizient, wenn ein* $y^* := (\eta_1^*, \dots, \eta_m^*)^T \in \mathbb{R}^m$ *existiert, so dass die folgenden Aussagen gelten:*

$$i \in G_{\text{erwünscht}} \qquad\qquad\qquad\qquad\qquad \Rightarrow \qquad \eta_i^* \; < \; 0$$

$$i \in G_{\text{primär}} \qquad \wedge \qquad \tau_i^* = 0 \qquad\qquad \Rightarrow \qquad \eta_i^* \; \leq \; 0$$

$$i \in G_{\text{primär}} \qquad \wedge \qquad 0 < \tau_i^* < \rho_i \qquad \Rightarrow \qquad \eta_i^* \; = \; 0$$

$$i \in G_{\text{primär}} \qquad \wedge \qquad \tau_i^* = \rho_i \qquad\qquad \Rightarrow \qquad \eta_i^* \; \geq \; 0$$

$$j \in [n] \qquad\qquad\qquad\qquad\qquad \Rightarrow \qquad \bar{a}_j^T y^* \; \geq \; 0$$

$$j \in [n] \qquad \wedge \qquad \xi_j^* > 0 \qquad\qquad \Rightarrow \qquad \bar{a}_j^T y^* \; = \; 0.$$

Beweis: Sei $x^* \in [0,\infty[^n$. Wir formulieren die Bedingungen für die Effizienz von x^* als lineares Programm und wenden dann LP-Dualität an.[39] Dazu werden einfach alle Bedingungen $a_i^T x \geq 0$ für erwünschte Güter durch

$$a_i^T x - \delta_i \geq a_i^T x^* \quad \wedge \quad \delta_i \geq 0 \quad \left(i \in G_{\text{erwünscht}} \right)$$

ersetzt. Gibt es tatsächlich ein durchführbares Produktionsprogramm x, das von allen erwünschten Gütern mindestens die gleiche Quantität erzeugt wie x^*, für mindestens eines aber sogar eine größere, so kann mindestens ein δ_i positiv gewählt werden, ohne die Bedingungen zu verletzten. Dieser Zusammenhang gilt auch umgekehrt. Somit ist x^* genau dann effizient, wenn das Maximum

$$\max \sum_{i \in G_{\text{erwünscht}}} \delta_i$$

über den so veränderten Güterbedingungen 0 ist, d.h. wenn x^* Maximalpunkt der entsprechenden linearen Optimierungsaufgabe ist. Wir beschreiben diese Modellierung und ihr Duales jetzt explizit. Dazu seien

$$\tau_i^* := a_i^T x^* \quad \left(i \in G_{\text{erwünscht}} \right)$$

$$\gamma_i := \begin{cases} \tau_i^* & i \in G_{\text{erwünscht}}; \\ \rho_i & i \in G_{\text{intermediär}} \cup G_{\text{primär}} \end{cases} \quad \wedge \quad c := (\gamma_1, \ldots, \gamma_m)^T.$$

In der zu formulierenden linearen Optimierungsaufgabe verwenden wir die Variablen

$$x := (\xi_1, \ldots, \xi_n)^T, \quad y := (\eta_1, \ldots, \eta_m)^T, \quad \delta_i \quad \left(i \in G_{\text{erwünscht}} \right), \quad \zeta_i \quad \left(i \in G_{\text{primär}} \right)$$

Wir fassen die Variablen δ_i zu einem Vektor d und die Variablen ζ_i zu einem Vektor z zusammen. Ferner sei q_j für $j \in [n]$ der aus $\bar{a}_j$ durch Streichen aller nicht zu $G_{\text{primär}}$ gehörenden Komponenten entstehende Vektor.

Hier sind nun das primale und das zugehörige duale Programm; vgl. Dualitätstabelle 6.1.11:

Primales Programm				Duales Programm		
max $\mathbb{1}^T d$				min $c^T y$		
$a_i^T x \;-\; \delta_i \;\geq\; \tau_i^*$			$\left(i \in G_{\text{erwünscht}} \right)$	η_i		$\leq \; 0$
$a_i^T x \;=\; \rho_i$			$\left(i \in G_{\text{intermediär}} \right)$	η_i		
$a_i^T x \;\leq\; \rho_i$			$\left(i \in G_{\text{primär}} \right)$	η_i		$\geq \; 0$
$a_i^T x \;\geq\; 0$			$\left(i \in G_{\text{primär}} \right)$		ζ_i	$\leq \; 0$
$\delta_i \;\geq\; 0$			$\left(i \in G_{\text{erwünscht}} \right)$	$-\eta_i$		$\geq \; 1$
$\xi_j \;\geq\; 0$			$\left(j \in [n] \right)$	$\bar{a}_j^T y \;+\; q_j^T z$		$\geq \; 0.$

---

[39] Das zugrunde liegende Beweisprinzip ist eng verwandt mit dem im Beweis von Satz 6.1.23 verwendeten Ansatz.

Der Vektor x^* ist genau dann effizient, wenn $\left((x^*)^T,0\right)^T$ Optimalpunkt des primalen Programms ist. Nach Korollar 6.1.9 ist das wiederum äquivalent dazu, dass $\left((x^*)^T,0\right)^T$ durch eine dual zulässige Lösung zu einem primal-dualen Paar ergänzt werden kann. Die dualen Zulässigkeit liefert bereits $\eta_i \leq -1$ für jedes erwünschte Gut.[40] Die Komplementaritätsbedingungen lauten:

$$
\begin{aligned}
(a_i^T x^* - \delta_i - \tau_i^*)\eta_i &= 0 && \left(i \in G_{\text{erwünscht}}\right) \\
(a_i^T x - \rho_i)\eta_i &= 0 && \left(i \in G_{\text{primär}}\right) \\
(a_i^T x)\zeta_i &= 0 && \left(i \in G_{\text{primär}}\right) \\
\delta_i(1 + \eta_i) &= 0 && \left(i \in G_{\text{erwünscht}}\right) \\
\xi_j(\overline{a}_j^T y + q_j^T z) &= 0 && \left(j \in [n]\right).
\end{aligned}
$$

Im Dualen treten mehr Variablen auf, als Güter vorhanden sind, da ja jedes primäre Gut zu zwei Restriktionen in der primalen Aufgabe und daher zu zwei dualen Variablen η_i und ζ_i führt. Tatsächlich können wir diese durch die Setzung

$$
\hat{\eta}_i := \eta_i + \zeta_i \quad \left(i \in G_{\text{primär}}\right)
$$

zusammenfassen. Es gilt ja

$$
\overline{a}_j^T y + q_j^T z = \sum_{i \in G \setminus G_{\text{primär}}} \alpha_{i,j}\eta_i + \sum_{i \in G_{\text{primär}}} \alpha_{i,j}\hat{\eta}_i,
$$

und aus der dualen Zulässigkeit und der Komplementarität folgt

$$
\begin{aligned}
0 = a_i^T x^* < \rho_i &\Rightarrow \eta_i = 0 \wedge \zeta_i \leq 0 \Rightarrow \hat{\eta}_i \leq 0 \\
0 < a_i^T x^* < \rho_i &\Rightarrow \eta_i = 0 \wedge \zeta_i = 0 \Rightarrow \hat{\eta}_i = 0 \qquad \left(i \in G_{\text{primär}}\right). \\
0 < a_i^T x^* = \rho_i &\Rightarrow \eta_i \geq 0 \wedge \zeta_i = 0 \Rightarrow \hat{\eta}_i \geq 0
\end{aligned}
$$

Ist also durch η_i^* für $i \in G$ und ζ_i^* für $i \in G_{\text{primär}}$ eine duale Lösung gegeben, die $\left((x^*)^T,0\right)^T$ zu einem primal-dualen Paar ergänzt, so erhalten wir mit der Setzung

$$
\hat{\eta}_i^* := \eta_i^* + \zeta_i^* \quad \left(i \in G_{\text{primär}}\right) \quad \wedge \quad \hat{\eta}_i^* := \eta_i^* \quad \left(i \in G \setminus G_{\text{primär}}\right) \quad \wedge \quad \hat{y}^* := (\hat{\eta}_1^*, \dots, \hat{\eta}_m^*)^T
$$

einen Vektor, der alle im Satz behaupteten Bedingungen erfüllt.

Sei umgekehrt ein Vektor $\hat{y}^* := (\hat{\eta}_1^*, \dots, \hat{\eta}_m^*)^T$ gegeben, der die Bedingungen des Satzes erfüllt. Da mit $\hat{y}^*$ auch $\lambda\hat{y}^*$ für jeden beliebigen Skalar $\lambda \in]0,\infty[$ die Bedingungen erfüllt, können wir ohne Einschränkung voraussetzen, dass für jedes erwünschte Gut $\hat{\eta}_i^* \leq -1$ gilt. Mit der Setzung

$$
\begin{aligned}
\eta_i^* &:= \hat{\eta}_i^* \quad \left(i \in G \setminus G_{\text{primär}}\right) \\
\eta_i^* &:= \max\{0,\hat{\eta}_i^*\} \quad \wedge \quad \zeta_i^* := \min\{0,\hat{\eta}_i^*\} \quad \left(i \in G_{\text{primär}}\right)
\end{aligned}
$$

erhalten wir daher einen zulässigen Punkt des dualen Programms, der alle Komplementaritätsbedingungen für $(x^T,0^T)^T$ erfüllt. Der Vektor x^* ist also effizient. Insgesamt folgt damit die Behauptung. $\qquad\square$

Es liegt nahe, die nach Satz 6.3.14 existierenden Vektoren y^* als (aus dem System selbst bestimmte) Preise effizienter Produktionsprogramme aufzufassen.

---

[40] Es mag vielleicht auf den ersten Blick überraschen, dass wir hier sogar für jedes erwünschte Gut $\eta_i \leq -1$ erhalten, während im Satz nur $\eta_i < 0$ behauptet wird. Die Schranke 1 stammt von dem Koeffizienten von δ_i in der primalen Zielfunktion. Da die Effizienz von x^* zum Optimalwert 0 führt, kann man diesen Koeffizienten durch einen beliebigen positiven anderen ersetzen.

6.3.15 Bezeichnung. *Seien $T(M,r)$ eine durchführbare Technologie und x^* ein effizientes Produktionsprogramm. Jeder Vektor y^* gemäß Satz 6.3.14 heißt* **Effizienzpreissystem**; *seine Komponenten werden* **Effizienzpreise** *genannt. Für $j \in [n]$ heißt $\overline{a}_j^T y^*$* **Profitabilität** *der Aktivität $\overline{a}_j$ bez. y^*.*

Da Effizienzpreissysteme positiv skalierbar sind, kann man sie auf ein adäquates Niveau normieren, um einer konkreten ökonomischen Anwendung gerecht zu werden. Man beachte aber, dass es durchaus verschiedene Effizienzpreissysteme geben kann, die sich nicht nur durch ihre Skalierung unterscheiden; vgl. Beispiel 6.3.17.

Satz 6.3.14 besagt, dass man jedem effizienten Produktionsprogramm bzw. -plan einen Preisvektor zuordnen kann, der erwünschten Gütern negative Kosten, also Gewinne zuweist. Bei primären Gütern hängen die Kosten von ihrer Rolle im Produktionsprogramm ab. Ist ihre Kapazitätsgrenze ausgeschöpft, handelt es sich also um *knappe* Güter, so ist ihr Preis nichtnegativ. Wird ein Gut überhaupt nicht eingesetzt, so sind seine Kosten nichtpositiv. Ist ein Gut hingegen *frei*, d.h. wird es in der Produktion zwar verwendet, aber nicht bis zur Kapazitätsgrenze ausgeschöpft, so wird der Preis 0 zugeordnet.

Die Profitabilität jeder Aktivität ist nichtnegativ, insbesondere aber 0, wenn die Aktivität mit positiver Intensität ausgeübt wird.[41] Gibt es überhaupt erwünschte Güter, so ist $y^* \neq 0$, so dass alle tatsächlich ausgeführten Aktivitäten in der Hyperebene $H_{(y^*,0)}$ im Güterraum $\mathbb{R}^m$ liegen.

Ein Effizienzpreissystem identifiziert systeminhärente Preise, nicht aber etwa Marktpreise. Das nachfolgende Korollar unterstreicht jedoch, dass sich diese 'internen Preise' als Kosten interpretieren lassen, unter denen das gegebene effiziente Produktionsprogramm x^* kostenoptimal wird.

6.3.16 Korollar. *Seien x^* ein effizientes Produktionsprogramm einer durchführbaren Technologie $T(M,r)$, $t^* := Mx^*$ der entsprechende Produktionsplan und y^* ein zugehöriges Effizienzpreissystem. Dann gilt*

$$ t^* \in \operatorname{argmin}\left\{ (y^*)^T t : t \in T(M,r) \right\}. $$

Beweis: Sei $x^* =: (\xi_1^*, \ldots, \xi_n^*)^T$. Dann gilt nach Satz 6.3.14

$$ (y^*)^T t^* = (y^*)^T \left(\sum_{j=1}^n \overline{a}_j \xi_j^* \right) = \sum_{j=1}^n (y^*)^T \overline{a}_j \xi_j^* = 0, $$

da $(y^*)^T \overline{a}_j = 0$ ist, falls $\xi_j^* > 0$ gilt. Sind andererseits $t \in T(M,r)$ und $x := (\xi_1, \ldots, \xi_n)^T \in [0,\infty[^n$ mit $t = Mx$, so folgt genauso aus Satz 6.3.14

$$ (y^*)^T t = \sum_{j=1}^n (y^*)^T \overline{a}_j \xi_j \geq 0. $$

Somit ist $\min\left\{ (y^*)^T t : t \in T(M,r) \right\} = 0$, und es folgt die Behauptung. $\square$

Wir kommen nun noch einmal abschließend auf Beispiel 6.3.9 bzw. Beispiel 6.3.13 zurück.

---

[41] Hier verbirgt sich natürlich wieder ein Gleichgewichtsprinzip.

6.3.17 Beispiel. *Die ersten beiden Güter in Beispiel 6.3.9 sind erwünscht, das dritte ist primär. Da das einzige primäre Gut (wegen der Nichtnegativität der auftretenden Koeffizienten) in jedem effizienten Produktionsprogramm bis an seine Kapazitätsgrenze eingesetzt wird, muss jedes Effizienzpreissystem $y^* := (\eta_1^*, \eta_2^*, \eta_3^*)^T$ die Vorzeichenbedingung*

$$\eta_1^* < 0 \quad \wedge \quad \eta_2^* < 0 \quad \wedge \quad \eta_3^* \geq 0$$

erfüllen. Welche der Bedingungen $\overline{a}_j^T y^*$ mit Gleichheit gelten müssen, hängt hingegen vom zugrunde liegenden Produktionsprogramm $x^* := (\xi_1^*, \xi_2^*, \xi_3^*)^T$ ab.

Wir betrachten zunächst den Produktionsplan $t^* := (3/2, 1, 2)^T$ mit zugehörigem Produktionsprogramm $x^* := (0, 1, 1/2)^T$. Die weiteren Bedingungen für ein Effizienzpreissystem lauten gemäß Satz 6.3.14:

$$
\begin{array}{ccccccc}
1 \cdot \eta_1^* & + & 1 \cdot \eta_2^* & + & 4 \cdot \eta_3^* & \geq & 0 \\
1 \cdot \eta_1^* & + & 0 \cdot \eta_2^* & + & 1 \cdot \eta_3^* & = & 0 \\
1 \cdot \eta_1^* & + & 2 \cdot \eta_2^* & + & 2 \cdot \eta_3^* & = & 0.
\end{array}
$$

Durch Auflösung der beiden Gleichungen erhält man die Effizienzpreissysteme

$$]0, \infty[(-2, -1, 2)^T.$$

Der Produktionsplan t^* ist somit effizient. Er ist Konvexkombination von $2\overline{a}_2$ und $\overline{a}_3$ und liegt im relativen Inneren der Kante aller effizienten Punkte; vgl. Abbildung 6.16.

Für die ebenfalls effiziente Kernaktivität $\overline{a}_3$ mit zugehörigem Produktionsprogramm $(0, 0, 1)^T$ erhält man die 'milderen' Bedingungen

$$\eta_1^* + \eta_2^* + 4\eta_3^* \geq 0 \quad \wedge \quad \eta_1^* + \eta_3^* \geq 0 \quad \wedge \quad \eta_1^* + 2\eta_2^* + 2\eta_3^* = 0.$$

Natürlich werden diese auch wieder von $(-2, -1, 2)^T$ erfüllt. Aber das ist nur ein spezieller Vektor aus der Schar (der auf $\eta_1^* = -2$ normierten) Lösungen

$$
\begin{pmatrix} -2 \\ 0 \\ 1 \end{pmatrix} + [1, \infty[\begin{pmatrix} 0 \\ -1 \\ 1 \end{pmatrix}.
$$

Wie wir ebenfalls bereits wissen, schöpft der Produktionsplan $(1/2)\overline{a}_1$ zwar die Kapazität des primären Guts aus, ist aber nicht effizient. Da $(1, 0, 0)^T$ das zugehörige Produktionsprogramm ist, erhalten wir nun für ein Effizienzpreissystem die Bedingungen

$$\eta_1^* < 0 \quad \wedge \quad \eta_2^* < 0 \quad \wedge \quad \eta_3^* \geq 0$$
$$\eta_1^* + \eta_2^* + 4\eta_3^* = 0 \quad \wedge \quad \eta_1^* + \eta_3^* \geq 0 \quad \wedge \quad \eta_1^* + 2\eta_2^* + 2\eta_3^* \geq 0.$$

Es folgt

$$0 = \eta_1^* + \eta_2^* + 4\eta_3^* > (\eta_1^* + 2\eta_2^* + 2\eta_3^*) + 2\eta_3^* \geq 2\eta_3^*,$$

im Widerspruch zu $\eta_3^* \geq 0$. Also existiert tatsächlich kein Effizienzpreissystem, ganz so, wie es die Charakterisierung von Satz 6.3.14 besagt.

Matrixspiele: Die Spieltheorie spielt für das Verständnis ökonomischer Prozesse eine große Rolle.[42] Sie erlaubt es, auf rationalen Entscheidungen basierende Strategien zu entwickeln, nach denen sich ein *homo oeconomicus* verhalten wird.[43]

Wegen ihrer Bedeutung für den Internethandel (ebay, google etc.) sind in den letzten Jahren auch algorithmische Fragen des Gebiets in den wissenschaftlichen Fokus gerückt. Im Folgenden beschränken wir uns auf einen einfachen Spezialfall, Zweipersonenspiele, bei denen jeder der beiden Spieler (gleichzeitig und unabhängig) eine von mit $1, \ldots, m$ bzw. $1, \ldots, n$ indizierten gegebenen Aktionen wählen kann.

Wir beginnen zunächst mit einigen einfachen, aber dennoch typischen Beispielen. Das erste Spiel ist eine 2-Spieler Variante des Münzwurfs 'Kopf-oder-Zahl'.

6.3.18 Beispiel. *(Parität)*
Zwei Spieler, I und J[44]*, schreiben je eine Zahl, vor dem anderen Spieler verdeckt, auf einen Zettel. Dann werden die Zahlen aufgedeckt und addiert. Ist die Summe gerade, so muss Spieler I eine Einheit an Spieler J bezahlen. Ist die Summe hingegen ungerade, so gewinnt er eine Einheit von Spieler J.*

Offenbar kommt es nicht auf die konkreten gewählten Zahlen sondern nur auf deren Parität an. Alle relevanten Informationen des Spiels sind somit in der folgenden Tabelle enthalten.

		Zahl J	
		gerade	ungerade
Zahl I	gerade	1	−1
	ungerade	−1	1

Die numerischen Einträge der Tabelle sind als Auszahlung von Spieler I an Spieler J zu verstehen. Ein negativer Eintrag bedeutet, dass die Auszahlung in umgekehrter Richtung erfolgt, d.h. Spieler I von Spieler J eine Einheit erhält.

Das folgende Spiel ist sicherlich jedem aus seiner Schulzeit bekannt.

6.3.19 Beispiel. *(Stein-Schere-Papier)*[45].
Zwei Spieler formen 'auf Kommando' gleichzeitig mit einer ihrer Hände eines von drei Symbolen, die Stein, Schere oder Papier darstellen. Haben beide Spieler das gleiche Symbol, so endet das Spiel unentschieden. Andernfalls gilt

---

[42] Ergebnisse dieses Gebiets haben in der Vergangenheit zu zahlreichen Nobelpreisen für Ökonomie geführt, u.a. 1994 an John Harsanyi (1920 – 2000), John Forbes Nash (geb. 1928) und Reinhard Selten (geb. 1930).

[43] Dass die Annahmen des Modells des homo oeconomicus in der Realität oft durchaus durch andere Komponenten menschlichen Verhaltens überlagert werden, tut der Bedeutung der Spieltheorie keinen Abbruch. Es ist hochinteressant, Ergebnisse der *Verhaltensökonomie* in mathematische Modelle zur Erklärung menschlich-ökonomischen Verhaltens zu integrieren.

[44] Wenn man möchte, kann man diese Benennung mit Iris, Ingolf, Jan oder Julia, dem Siegerpaar der Vornamenstatistk 1990, konnotieren. Gewählt sind die Buchstaben allerdings in Übereinstimmung mit unserer Konvention, i als Laufindex für Zeilen von Matrizen und j als Laufindex ihrer Spalten zu verwenden; vgl. Definition 6.3.21.

[45] Das auch unter dem Namen 'Schnick-Schnack-Schnuck' bekannte Spiel ist bereits sehr alt; einige behaupten, es etwa 2000 Jahre nach Japan zurückführen zu können. Seit 1842 gibt es jedenfalls eine 'Rock-Paper-Scissors-Society', die sogar eine mit 10.000 Dollar dotierte Stein-Schere-Papier-Weltmeisterschaft austrägt. Das Spiel wird auch in verschiedenen Erweiterungen gespielt (und analysiert), etwa durch 'Brunnen' und 'Streichholz', oder in der Variante 'Stein-Schere-Papier-Echse-Spock', die durch die US-Serie *The Big Bang Theory* Kultstatus erreicht hat.

Stein schlägt Schere, Schere schlägt Papier, Papier schlägt Stein[46].

Drückt man das Ergebnis wieder als 'Auszahlung' aus, so erhält man die Tabelle:

		Spieler J		
		Stein	*Schere*	*Papier*
Spieler I	*Stein*	0	−1	1
	Schere	1	0	−1
	Papier	−1	1	0

Die beiden beschriebenen Beispiele 6.3.18 und 6.3.19 wirken insofern fair, als sie keinen der beiden Spieler zu benachteiligen scheinen. Das folgende Spiel ist in diesem Sinne höchst unfair, erfreut sich aber dennoch großer Aufmerksamkeit.

6.3.20 Beispiel. *(Elfmeter-Schießen)*
Wir nehmen vereinfachend an, dass ein Elfmeterschütze die Wahl hat, den Ball nach rechts oder links bzw. oben oder unten auf das Tor zu schießen, und dass er (trotz der Nervenanspannung) auch stets präzise trifft. Ganz ähnlich kann sich der Torhüter entscheiden, nach oben-links (O/L), oben-rechts (O/R), unten-links (U/L) oder unten-rechts (U/R) zu 'hechten', um den Ball zu halten. Es fällt genau dann ein Tor, wenn beide Aktionen verschieden sind. Wenn man in naheliegender Weise ein erzieltes Tor als Gewinn des Elfmeterschützen und einen gehaltenen Schuss als Gewinn des Torhüters auffasst und jeweils mit einer Auszahlung 1 an den anderen belohnt, so erhält man die folgende Tabelle.

		Torwart			
		O/L	*O/R*	*U/L*	*U/R*
Schütze	*O/L*	1	−1	−1	−1
	O/R	−1	1	−1	−1
	U/L	−1	−1	1	−1
	U/R	−1	−1	−1	1

Man erkennt schon an der Dominanz der Einträge −1*, dass der Schütze massiv im Vorteil ist; in 12 von 16 Fällen verwandelt er den Elfmeter.*[47]

Wir formalisieren nun die im folgenden betrachtete Klasse von Spiele.

6.3.21 Definition. *Ein **Matrixspiel** ist spezifiziert durch ein Tripel (m,n,A) mit $m,n \in \mathbb{N}$ und $A =: (\alpha_{i,j})_{i\in[m]\wedge j\in[n]} \in \mathbb{R}^{m\times n}$. Jeder Zeilenindex $i \in [m]$ bzw. Spaltenindex $j \in [n]$ heißt (**Zeilen-** bzw. **Spalten-**) **Aktionen**. (Wir sprechen davon, dass Aktionen i bzw. j durch die Spieler I bzw. J gewählt oder gespielt werden.) Die Einträge $\alpha_{i,j}$ von A heißen **Auszahlungen**; entsprechend wird A **Auszahlungsmatrix** genannt.*

Wie in den Beispielen zuvor, ist die Auszahlung $\alpha_{i,j}$ als Transfer von $\alpha_{i,j}$ Einheiten von I zu J zu interpretieren, für den Fall, dass I die Zeilenaktion i und J die Spaltenaktion j spielt. Das Paar (i,j) der Aktionen ergibt somit einen Gewinn von $\alpha_{i,j}$ für J bei gleichzeitigem Verlust von $\alpha_{i,j}$ für I. Ist der Gewinn negativ, so erhält I den entsprechenden Betrag $|\alpha_{i,j}|$ von J.

---

[46] Interpretation: Papier wickelt Stein ein, wodurch Stein verschwindet.

[47] Tatsächlich ist die Trefferquote von 75% unseres Spiels gar nicht weit von der realen Quote in der Fußballbundesliga entfernt. Wenn Elfmeter als Strafstöße vergeben werden, so ist diese hohe Trefferchance natürlich nicht unfair, sondern die Essenz der Bestrafung.

Die Frage besteht nun darin, wie die beiden Spieler ihre Aktionen so wählen können, dass sie auch bei bestmöglichem Gegenspiel, d.h. wenn der Gegenspieler seine Möglichkeiten optimal ausnutzt, möglichst gut abschneiden.[48]

Wenn das Spiel mehrere Male wiederholt wird, so können sich die Spieler natürlich der Spielweise des Gegenspielers anpassen. Wählt I im Beispiel 6.3.18 etwa stets eine gerade Zahl, so wird Spieler J natürlich ebenfalls 'gerade' spielen und in jeder Runde seinen Gewinn einstreichen. Ähnliches gilt auch für andere 'starre' Regeln. Wechselt I etwa von Runde zu Runde die Parität seiner Zahl, so wird J das ebenfalls nach kurzer Zeit herausfinden und seinerseits alternieren, um wiederum in jeder nachfolgenden Runde zu gewinnen. Es ist also erstrebenswert, so zu handeln, dass die Abfolge der eigenen Aktionen für den Gegner nicht durchschaubar ist. Um ganz sicher zu gehen, kann man den Zufall zu Hilfe nehmen und seine Aktionen zufällig streuen, um für den Gegenspieler nicht berechenbar zu sein.

6.3.22 Beispiel. *(Fortsetzung Beispiel 6.3.18)*
Der Spieler I wähle stets mit Wahrscheinlichkeit $p \in [0,1]$ eine gerade und mit Wahrscheinlichkeit $1 - p$ eine ungerade Zahl. Abhängig von der Wahl der Aktion von J wird I dann den folgenden Erwartungswert der Auszahlung erzielen:

$$J \text{ spielt 'gerade'}: \qquad 1 \cdot p + (-1) \cdot (1 - p) = 2p - 1;$$
$$J \text{ spielt 'ungerade'}: \qquad (-1) \cdot p + 1 \cdot (1 - p) = 1 - 2p.$$

Für $p \le 1/2$ wird J somit 'ungerade' spielen, und einen Gewinn von $1 - 2p$ erzielen; für $p \ge 1/2$ fährt J mit 'gerade' besser und erzielt einen Gewinn von $2p - 1$. Weiß I, dass J die von ihm gewählte Wahrscheinlichkeit p kennt, oder zumindest bei hinreichend vielen Wiederholungen des Spiels schnell relativ gut abschätzen kann, so wird er wiederum bestrebt sein, p so zu wählen, dass er selbst möglichst gut abschneidet. Das führt zur Wahl von $p = 1/2$, denn nur bei dieser hat I eine für ihn optimale Auszahlung von 0. Da das Spiel in Bezug auf I und J symmetrisch ist, gilt dasselbe auch für die Wahrscheinlichkeit q, mit der J seine Entscheidung 'auswürfelt'.

Zur Analyse allgemeiner Matrixspiele verwenden wir die folgenden Begriffe.

6.3.23 Bezeichnung. *Gegeben sei ein Matrixspiel (m,n,A). Seien*

$$X := X_n := \{x \in \mathbb{R}^n : x \ge 0 \wedge \mathbb{1}^T x = 1\} \quad \wedge \quad Y := Y_m := \{y \in \mathbb{R}^m : y \ge 0 \wedge \mathbb{1}^T y = 1\}.$$

*Jeder Vektor $x \in X$ bzw. $y \in Y$ heißt **Strategie** für J bzw. für I. Ist x bzw. y ein Standardeinheitsvektor, so spricht man von einer **reinen Strategie**. Zur Betonung ihres allgemeineren Charakters werden beliebige Strategien dann auch **gemischt** genannt.*

*Sind x bzw. y Strategien von J bzw. I, so heißt $y^T A x$ die **mittlere Auszahlung** beim Spiel des Strategienpaares (x,y).*

Wie schon in Beispiel 6.3.22 sind die Komponenten der gemischten Strategien auch für allgemeine Matrixspiele als die Wahrscheinlichkeiten zu interpretieren, mit denen die Spieler die entsprechenden Aktionen zufällig wählen. Die mittlere Auszahlung der Strategien $x = (\xi_1, \ldots, \xi_n)^T$ und $y = (\eta_1, \ldots, \eta_m)^T$ ist dann der Erwartungswert

---

[48] Hier liegt offenbar wieder ein *Gleichgewichtsprinzip* zugrunde, und es wird gleichzeitig ein dem *homo oeconomicus* vergleichbares Prinzip des vollständig rationalen Verhaltens angenommen. In der Praxis ist das bei Glücksspielen nicht immer zu beobachten, selbst wenn allen Spielern die vollständige Analyse des Spiels zur Verfügung steht.

$$\sum_{i=1}^{m}\sum_{j=1}^{n}\alpha_{i,j}\xi_j\eta_i$$

der Auszahlungen für die zugrunde liegenden Wahrscheinlichkeitsverteilungen. Wir betrachten nun ein Beispiel, in dem den Spielern unterschiedliche Strategiemengen zur Verfügung stehen.

6.3.24 Beispiel. *Gegeben sei das Matrixspiel $(2,3,A)$ mit*

$$A := \begin{pmatrix} 2 & -2 & 0 \\ -3 & 4 & -2 \end{pmatrix}.$$

Wegen des Übergewichts der negativen (Summe -7) gegenüber den positiven Einträgen (Summe 6) der Matrix A, scheint das Spiel auf den ersten Blick den Spieler I zu bevorzugen.

Der Spieler I verfügt über zwei reine Strategien, der Spieler J über drei. Seien $x := (\xi_1,\xi_2,\xi_3)^T \in X$ und $y := (\eta_1,\eta_2)^T \in Y$. Dann gilt für die mittlere Auszahlung

$$y^T A x = 2\xi_1\eta_1 - 2\xi_2\eta_1 - 3\xi_1\eta_2 + 4\xi_2\eta_2 - 2\xi_3\eta_2.$$

Verwendet man die Identität $\eta_1 + \eta_2 = 1$, so vereinfacht sich diese quadratische Funktion zu

$$y^T A x = -3\xi_1 + 4\xi_2 - 2\xi_3 + (5\xi_1 - 6\xi_2 + 2\xi_3)\eta_1,$$

aber auch an dieser lässt sich noch nicht unmittelbar ablesen, welche Strategien die Spieler I und J verfolgen sollten. Weiß I aber, dass J die gemischte Strategie $x^* := (\xi_1^*,\xi_2^*,\xi_3^*)^T$ spielt, so wird er seine Strategie so anpassen, dass seine Zahlungen an J minimiert werden. Er hat also das Optimum des linearen Programms

$$\min \left((2\xi_1^* - 2\xi_2^*)\eta_1 + (-3\xi_1^* + 4\xi_2^* - 2\xi_3^*)\eta_2 \right)$$
$$\begin{array}{rcll} \eta_1 & + & \eta_2 & = & 1 \\ \eta_1 & & & \geq & 0 \\ & & \eta_2 & \geq & 0 \end{array}$$

zu bestimmen. Der zulässige Bereich dieser linearen Optimierungsaufgabe ist das Segment $\mathrm{conv}(\{u_1,u_2\})$. Das lineare Programm ist also denkbar einfach zu lösen. Da das Optimum ja stets an einer Ecke angenommen wird, ist lediglich das Minimum

$$\min\{2\xi_1^* - 2\xi_2^*, -3\xi_1^* + 4\xi_2^* - 2\xi_3^*\}$$

der beiden Einzelterme zu wählen. Da J weiß, dass I so spielen wird, dass er dieses Minimum erreicht, wird er wiederum versuchen, es möglichst groß zu machen. Setzt man beide an der Minimierung beteiligten Terme gleich, so ergibt sich eine Zerlegung von X in zwei Polytope, über denen wir dann die eine bzw. die andere Zielfunktion maximieren können. Das Maximum des Minimums lässt sich hier also durch Lösung von zwei (durch die Fallunterscheidung entstehende) linearen Programmen bestimmen.[49] (Aber, wie wir später sehen werden, geht es noch einfacher.)

---

[49] Führt man die gleiche Argumentation aus der Perspektive von J durch, so wird die Zerlegung von Y durch drei Terme in zwei Variablen definiert. Die auftretenden Polytope haben keinen Punkt gemeinsam, so dass eine einfache Gleichsetzung aller definierenden Bedingungen nicht zur Lösung führt.

Wir bestimmen das Maximum jetzt ganz elementar. Es scheint ja für J überhaupt nicht profitabel zu sein, die reine Strategie der letzten Spalte von A mit einer Wahrscheinlichkeit größer als Null zu spielen. Diese verspricht nie einen Gewinn, ist aber verlustreich, wenn I seine zweite Aktion mit positiver Wahrscheinlichkeit spielt. Wir setzen daher $\xi_3^* = 0$. Benutzen wir noch die Identität $\mathbb{1}^T x^* = \xi_1^* + \xi_2^* = 1$, so geht die Minimumbildung über in

$$\min\{-2 + 4\xi_1^*, 4 - 7\xi_1^*\}.$$

Das Maximum des Minimums wird angenommen, wenn beide Terme zusammenfallen. Man erhält somit die Strategie

$$\frac{1}{11}(6,5,0)^T$$

für J. Um zu zeigen, dass diese Strategie optimal ist, muss noch bewiesen werden, dass die Aktion $j = 3$ tatsächlich niemals profitabel ist. Das kann ohne großen Aufwand direkt nachgewiesen werden, wird sich aber unmittelbar aus der nachfolgenden Analyse in Beispiel 6.3.29 ergeben.

Wir betrachten nun den Ansatz aus Beispiel 6.3.24 für den allgemeinen Fall. Spielt J also die gemischte Strategie x^*, so hat I die lineare Optimierungsaufgabe

$$\begin{aligned} \min \; & y^T A x^* \\ \mathbb{1}^T y \; &= \; 1 \\ y \; &\geq \; 0 \end{aligned}$$

zu lösen, um seine Zahlung an J zu minimieren. Da J weiß, dass sich I rational verhalten wird, ist sein Bestreben, seine Auszahlung zu maximieren. Wir erhalten somit insgesamt die *Maximin-Aufgabe*[50]

$$\big(\mathrm{M(J)}\big) \qquad \max_{x \in X} \min_{y \in Y} y^T A x.$$

Das Vertauschen der Perspektiven von I und J führt hingegen auf die *Minimax-Aufgabe*

$$\big(\mathrm{M(I)}\big) \qquad \min_{y \in Y} \max_{x \in X} y^T A x.$$

Natürlich stellen sich sofort einige Fragen: *Haben beide Aufgaben stets denselben Optimalwert? Stimmen die Mengen optimaler Paare von Strategien überein?* Und: *Wie kann man sie effizient lösen?*

Die Aufgaben $\big(\mathrm{M(J)}\big)$ und $\big(\mathrm{M(I)}\big)$ erinnern nicht zufällig an Korollar 6.1.34.[51] Hinter ihnen verbergen sich auch hier wieder duale lineare Programme. Zum Beweis verallgemeinern wir die bereits in Beispiel 6.3.24 verwendete Idee. Die folgende, aus der Perspektive von I formulierte Definition des Spielwerts wird sich somit in dem nachfolgenden Satz als unparteiisch erweisen.

6.3.25 Bezeichnung. *Sei (m,n,A) ein Matrixspiel. Dann heißt*

$$\nu^* := \min_{y \in Y} \max_{x \in X} y^T A x$$

Wert *des Spiels. Gilt $\nu^* = 0$, so heißt das Spiel* **fair** *oder* **Nullsummenspiel***.*

---

[50] Es ist davon auszugehen, dass diese Aufgabe nicht nach dem Heiligen Maximin benannt wurde und diesem auch nicht bekannt war, als er im Jahre 329 Bischof von Trier wurde.

[51] Tatsächlich kann man die gestellten Fragen auch analog zum Vorgehen im letzten Abschnitt von Sektion 6.1 mit Hilfe von Lagrange-Funktionen beantworten. Wir benutzen hier ganz direkte Argumente, da diese die zugrunde liegende spieltheoretische Fundierung der Dualität besonders hervorheben.

Hier ist nun der zentrale Satz dieses Abschnitts.

6.3.26 Satz. *(Satz von von Neumann[52])*
Sei (m,n,A) ein Matrixspiel.

(a) *Es gilt[53]*

$$\max_{x \in X} \min_{y \in Y} y^T A x = \min_{y \in Y} \max_{x \in X} y^T A x.$$

(b) *Jedes Matrixspiel (m,n,A) besitzt ein Paar (x^*,y^*) von Strategien, die gleichzeitig für $\big(\mathrm{M(I)}\big)$ und $\big(\mathrm{M(J)}\big)$ optimal sind.[54]*

(c) *Die beiden linearen Programme*

$$
\begin{array}{llrcl}
& \multicolumn{2}{c}{\max \nu} & & \\
\big(\mathrm{LP(J)}\big) & Ax & - \;\nu \mathbb{1} & \geq & 0 \\
& \mathbb{1}^T x & & = & 1 \\
& x & & \geq & 0
\end{array}
\qquad
\begin{array}{llrcl}
& \multicolumn{2}{c}{\min \mu} & & \\
\big(\mathrm{LP(I)}\big) & A^T y & - \;\mu \mathbb{1} & \leq & 0 \\
& \mathbb{1}^T y & & = & 1 \\
& y & & \geq & 0
\end{array}
$$

sind dual zueinander. Ihre primal-dualen Paare

$$\left(\begin{array}{c} x^* \\ \nu^* \end{array} \right), \left(\begin{array}{c} y^* \\ \mu^* \end{array} \right)$$

entsprechen genau den Paaren (x^*,y^*) optimaler Strategien mit Spielwert ν^*.

Beweis: Seien $a_1^T, \ldots, a_n^T$ die Zeilen- und $\bar{a}_1, \ldots, \bar{a}_n$ die Spaltenvektoren von A. Die Mengen $X := X_n$ und $Y := Y_m$ sind das $(n-1)$- bzw. das $(m-1)$-dimensionale reguläre Simplex $\operatorname{conv}(\{u_1, \ldots, u_n\})$ im $\mathbb{R}^n$ bzw. $\operatorname{conv}(\{u_1, \ldots, u_m\})$ im $\mathbb{R}^m$. Ihre Ecken sind die n bzw. m reinen Strategien von J bzw. I.

Wir nehmen zunächst die Perspektive von J ein und betrachten für ein beliebiges, aber festes $x \in X$ das lineare Programm $\min_{y \in Y} y^T A x$ für I.

Da das Optimum an einer Ecke des zulässigen Bereichs angenommen wird, gilt

$$\min_{y \in Y} y^T A x = \min_{i \in [m]} u_i^T A x = \min_{i \in [m]} a_i^T x.$$

Das Minimum rechts ist charakterisiert als maximales ν mit

$$a_i^T x \geq \nu \quad \big(i \in [m]\big).$$

Somit ist die Maximin-Aufgabe $\big(\mathrm{M(J)}\big)$ äquivalent zur LP-Aufgabe

$$
\begin{array}{lrcl}
\multicolumn{2}{c}{\max \nu} & & \\
Ax & - \;\nu \mathbb{1} & \geq & 0 \\
\mathbb{1}^T x & & = & 1 \\
x & & \geq & 0.
\end{array}
$$

---

[52] John von Neumann, 1903 – 1957. Der Geburtsname war János Lajos Neumann, nach Erhebung seines Vaters in den ungarischen Adelsstand dann János Neumann Margittai; später nannte er sich Johann von Neumann (von Margitta) bzw. in den USA John von Neumann.

[53] Diese Aussage wird oft auch als *Minimax-Theorem der Spieltheorie* bezeichnet.

[54] Dieses, die Aussage (a) enthaltende Ergebnis findet man in der Literatur auch unter dem Namen *Hauptsatz der Spieltheorie.*

Da $\max_{j\in[n]} y^T \overline{a}_j$ durch

$$\min\{\mu : \forall (j \in [n]) : y^T \overline{a}_j \le \mu\}$$

bestimmt wird, folgt analog die Äquivalenz der Minimax-Aufgabe $(\mathrm{M(I)})$ zum linearen Programm $(\mathrm{LP(I)})$.

Aus der Dualitätstabelle 6.1.11 liest man unmittelbar ab, dass (nach dem Übergang von y zu $-y$) beide LP-Aufgaben aus Satz 6.3.26 dual zueinander sind. Da die Optima angenommen werden, stimmen sie nach dem Dualitätssatz 6.1.7 überein, und es folgt (a).

Bilden die Lösungen $((x^*)^T, \nu^*)$ von $(\mathrm{LP(J)})$ und $((y^*)^T, \nu^*)$ von $(\mathrm{LP(I)})$ ein primal-duales Paar, so gilt

$$(y^*)^T A x^* \ge \nu^* \cdot (y^*)^T \mathbb{1} = \nu^* = \nu^* \cdot (x^*)^T \mathbb{1} \ge (x^*)^T A^T y^* = (y^*)^T A x^*,$$

d.h. (x^*, y^*) ist ein Paar optimaler Strategien mit Spielwert ν^*, und es folgt (b).

Ist umgekehrt (x^*, y^*) ein Paar optimaler Strategien mit Spielwert ν^*, so gilt

$$x^* \in X \quad \wedge \quad \nu^* = (y^*)^T A x^* = \min_{y \in Y} y^T A x^* = \min_{i \in [m]} a_i^T x^*.$$

Somit ist $((x^*)^T, \nu^*)$ insbesondere zulässig für $(\mathrm{LP(J)})$. Analog folgt auch die Zulässigkeit von $((y^*)^T, \nu^*)$ für $(\mathrm{LP(I)})$. Ferner sind die Komplementaritätsbedingungen

$$(y^*)^T (A x^* - \nu^* \mathbb{1}) = 0 = (x^*)^T (A^T y^* - \nu^* \mathbb{1})$$

erfüllt. Also bilden $((x^*)^T, \nu^*)$ und $((y^*)^T, \nu^*)$ ein primal-duales Paar, es folgt (c) und insgesamt damit die Behauptung. $\square$

Der Wert des Spiels gibt den erwarteten Auszahlungstransfer bei Anwendung optimaler Strategien beider Spieler an. Er lässt sich auch als 'Gebühr' auffassen, die Spieler J an Spieler I dafür zahlen muss, dass dieser der Durchführung des Spiels überhaupt zustimmt.[55]

Man kann Satz 6.3.26 folgendermaßen interpretieren. Befolgt I seine optimale Strategie y^*, so erreicht er mindestens stets die mittlere Auszahlung ν^* unabhängig vom Verhalten von J. Verfährt I nicht nach einer optimalen Strategie, so kann J so agieren, dass sich die Auszahlung von I verschlechtert. Auch wenn I bereits vorher weiß, dass J eine optimale Strategie verfolgt, kann er aus diesem Wissen keinen Nutzen ziehen, um seine mittlere Auszahlung zu verbessern.

Hier ist eine andere, an Satz 6.1.31 angelehnte Formulierung der zentralen Aussage von Satz 6.3.26.[56]

6.3.27 Korollar. *(Sattelpunktbedingung)*
Seien (m,n,A) ein Matrixspiel, $x^* \in X$ und $y^* \in Y$. (x^*, y^*) ist genau dann ein Paar optimaler Strategien, wenn für alle $x \in X$ und $y \in Y$

$$(y^*)^T A x \le (y^*)^T A x^* \le y^T A x^*$$

gilt.

---

[55] Das ist durchaus vergleichbar mit der Bestimmung von Preisen für Aktienoptionen oder andere Finanzinstrumente. Tatsächlich geht die zugrunde liegende Theorie oft von dem Gleichgewichtsprinzip der *Arbitragefreiheit* aus, wonach 'sichere Gewinne' sofort realisiert werden.

[56] Man beachte, dass die Minimax-Aussage von Satz 6.3.26 benutzt wird, um die nachfolgende Sattelpunktaussage herzuleiten. Im letzten Abschnitt von Sektion 6.1 waren wir den umgekehrten Weg gegangen. Hier wird die besondere Bedeutung der Dualität noch einmal dadurch sichtbar, dass sie sich ganz natürlich auf vielen verschiedenen Wegen ergibt.

Beweis: ⇒' Sei ν^* der Wert des Spiels. Dann gilt nach Satz 6.3.26 für alle $x \in X$ und $y \in Y$

$$y^T A x^* \geq \nu^* y^T \mathbb{1} = \nu^* \quad \wedge \quad x^T A^T y^* \leq \nu^* x^T \mathbb{1} = \nu^*,$$

und es folgt

$$(y^*)^T A x \leq \nu^* = (y^*)^T A x^* \leq y^T A x^*.$$

'⇐' Aus den vorausgesetzten Ungleichungen folgt

$$\max_{x \in X} (y^*)^T A x = (y^*)^T A x^* = \min_{y \in Y} y^T A x^*$$

und daher

$$\min_{y \in Y} \max_{x \in X} y^T A x \leq (y^*)^T A x^* \leq \max_{x \in X} \min_{y \in Y} y^T A x.$$

Nach Satz 6.3.26 sind diese Ungleichungen mit Gleichheit erfüllt; (x^*, y^*) ist daher ein Paar optimaler Strategien.   □

Die Sattelpunktbedingung von Korollar 6.3.27 kann man als die Gleichgewichtsbedingung interpretieren, dass sich eine alleinige Veränderung der Strategie eines Spielers nicht lohnt. Ein Abweichen von J von seiner Strategie x^* führt zu keiner höheren Auszahlung, wenn I seine Strategie y^* beibehält. Analog führt auch kein Abweichen von y^* für I zu einer niedrigeren Auszahlung, wenn J seine Strategie x^* beibehält. Es liegt somit ein *Nash-Gleichgewicht* vor. Dieser in einem viel größeren Rahmen relevante Begriff ist in dem aktuellen Kontext synonym mit 'Paar optimaler Strategien' im Sinne der Minimax- bzw. Maximin-Optimierung.[57] Die nachfolgende Bezeichnung hält dieses gemäß Korollar 6.3.27 noch einmal explizit fest.

6.3.28 Bezeichnung. *Seien (m,n,A) ein Matrixspiel, $x^* \in X$ und $y^* \in Y$. Das Paar (x^*, y^*) heißt **Nash-Gleichgewicht**[58], wenn die Sattelpunktbedingung*

$$(y^*)^T A x \leq (y^*)^T A x^* \leq y^T A x^* \quad (x \in X \wedge y \in Y)$$

erfüllt ist.

Wir bestimmen nun mit den Methoden aus Satz 6.3.26 die Nash-Gleichgewichte in Beispiel 6.3.24.

6.3.29 Beispiel. *(Fortsetzung von Beispiel 6.3.24) Die zu dem Spiel aus Beispiel 6.3.24 gehörigen dualen* LP-*Aufgaben sind*

			$\max \nu$			
$2\xi_1$	$-$	$2\xi_2$		$- \nu$	$\geq$	0
$-3\xi_1$	$+$	$4\xi_2$	$- 2\xi_3$	$- \nu$	$\geq$	0
ξ_1	$+$	ξ_2	$+ \xi_3$		$=$	1
ξ_1					$\geq$	0
		ξ_2			$\geq$	0
			ξ_3		$\geq$	0

		$\min \nu$			
$2\eta_1$	$-$	$3\eta_2$	$- \mu$	$\leq$	0
$-2\eta_1$	$+$	$4\eta_2$	$- \mu$	$\leq$	0
	$-$	$2\eta_2$	$- \mu$	$\leq$	0
η_1	$+$	η_2		$=$	1
η_1				$\geq$	0
		η_2		$\geq$	$0.$

---

[57] Das ist nicht weiter überraschend, denn genau dieses Gleichgewichtsprinzip lag unseren Überlegungen von Anfang an zugrunde.

[58] Das *Nash-Gleichgewicht* geht auf die Dissertation *Non-cooperative games* von John Forbes Nash (geb. 1928) im Jahre 1950 in Princeton zurück; 1994 erhielt er hierfür den Nobelpreis. Er wurde der breiteren Öffentlichkeit durch den Film *A beautiful mind* nach der Biographie von *Sylvia Nasar* bekannt.

Die Vektoren

$$\left((x^*)^T,\nu^*\right)^T := \frac{1}{11}(6,5,0,2)^T \quad \wedge \quad \left((y^*)^T,\mu^*\right)^T := \frac{1}{11}(7,4,2)^T$$

bilden ein primal-duales Paar. Nach Satz 6.3.26 ist der Wert des Spiels also 2/11. Hieraus folgt auch, dass die in Beispiel 6.3.24 verwendete Intuition korrekt war: Das Spielen der Aktion j = 3 würde den Wert verkleinern. Anders als zunächst vielleicht durch die Summen −7 bzw. 6 der negativen bzw. positiven Einträge der Matrix A suggeriert wird, bevorzugt das Spiel nicht I sondern vielmehr J. Das liegt daran, dass die dritte reine Strategie für J so wenig vorteilhaft ist, dass J sie niemals spielen wird. Hierdurch reduziert sich das Spiel auf die ersten zwei Spalten; der negative Eintrag −2 ist irrelevant.

In den optimalen Strategien x* und y* spielt I die beiden Aktionen mit den Wahrscheinlichkeiten 7/11 und 4/11. J hingegen verwendet nur die Aktionen 1 und 2 und spielt diese mit den Wahrscheinlichkeiten 6/11 und 5/11.

Wie wir in Beispiel 6.3.24 (unter der inzwischen verifizierten Annahme $\xi_3^* = 0$) bereits gesehen hatten, ist x* das einzige Optimum für J, und aus den Komplementaritätsbedingungen folgt, dass auch y* durch Lösen der entsprechenden aktiven Bedingungen der Minimierungsaufgabe eindeutig bestimmt ist. (x*,y*) ist demnach das einzige Nash-Gleichgewicht des Spiels. Ein alleiniges Abweichen eines der beiden Spieler von seiner Strategie führt somit zu einer Verschlechterung für ihn.

Zum Abschluss dieses Abschnitts analysieren wir noch die beiden Spiele aus den Beispielen 6.3.19 und 6.3.20. Für 'Stein-Schere-Papier' ist das folgende allgemeinere Ergebnis nützlich.

6.3.30 Korollar. *Seien (n,n,A) ein Matrixspiel und ν^* sein Wert. Die Auszahlungsmatrix A sei schiefsymmetrisch, d.h. $A = -A^T$. Dann gelten die folgenden Aussagen:*

(a) Für jedes $x \in X$ gilt $x^T A x = 0$.

(b) $\nu^* = 0$.

(c) Ist $x \in X$ mit $Ax \geq 0$, so ist (x,x) ein Nash-Gleichgewicht.

Beweis: (a) Sei $A =: (\alpha_{i,j})_{i,j\in[n]}$. Da A schiefsymmetrisch ist, gilt $\alpha_{i,j} = -\alpha_{j,i}$ für alle $i,j \in [n]$, insbesondere also $\alpha_{i,i} = 0$. Mit $x =: (\xi_1,\ldots,\xi_n)^T$ folgt daher

$$x^T A x = \sum_{i,j=1}^{n} \alpha_{i,j}\xi_i\xi_j = \sum_{i=1}^{n} \sum_{j=i+1}^{n} (\alpha_{i,j} + \alpha_{j,i})\xi_i\xi_j = 0.$$

(b) Sei (x^*,y^*) ein Paar optimaler Strategien. Mit (a) folgt aus Satz 6.3.26

$$0 = (x^*)^T A x^* \geq \nu^* \quad \wedge \quad 0 = (y^*)^T A y^* \leq \nu^*,$$

also $\nu^* = 0$.

(c) Sei $x \in X$ mit $Ax \geq 0$. Nach (a) und (b) ist x zulässig für $\big(\mathrm{LP(J)}\big)$, und es gilt $x^T A x = 0 = \nu^*$. Nach Satz 6.3.26 ist (x,x) daher ein Nash-Gleichgewicht.

Insgesamt folgt damit die Behauptung.   □

Gemäß Korollar 6.3.30 ist ein Spiel mit schiefsymmetrischer Matrix stets fair, und die Spieler I und J sind auch bei der Wahl ihrer Strategien völlig gleichberechtigt. Aus diesem Grund wird für solche Spiele die folgende (auf den ersten Blick etwas kurios wirkende) Bezeichnung verwendet.

6.3.31 Bezeichnung. *Ein Matrixspiel* (m,n,A) *heißt* **symmetrisch,** *wenn seine Auszahlungsmatrix* A *schiefsymmetrisch ist.*

Es ist nun leicht, das Spiel 'Stein-Schere-Papier' zu analysieren.

6.3.32 Beispiel. *(Fortsetzung von Beispiel 6.3.19) Die Matrix* A *von 'Stein-Schere-Papier' ist schiefsymmetrisch. Nach Korollar 6.3.30 ist der Wert des Spiels somit* 0. *Die Bedingung* $Ax \geq 0$ *liefert die drei Ungleichungen*

$$\xi_3 \geq \xi_2 \quad \wedge \quad \xi_1 \geq \xi_3 \quad \wedge \quad \xi_2 \geq \xi_1,$$

und es folgt

$$\xi_1 = \xi_2 = \xi_3 = \frac{1}{3}.$$

Somit ist für beide Spieler dieselbe Strategie optimal, bei der alle drei Aktionen jeweils mit gleicher Wahrscheinlichkeit gespielt werden.

Wir analysieren zum Schluss das Spiel 'Elfmeter-Schießen'.

6.3.33 Beispiel. *(Fortsetzung von Beispiel 6.3.20) Für die Matrix* A *des Spiels 'Elfmeter-Schießen' gilt*

$$A := \begin{pmatrix} 1 & -1 & -1 & -1 \\ -1 & 1 & -1 & -1 \\ -1 & -1 & 1 & -1 \\ -1 & -1 & -1 & 1 \end{pmatrix} = (-1) \cdot \begin{pmatrix} 1 & 1 & 1 & 1 \\ 1 & 1 & 1 & 1 \\ 1 & 1 & 1 & 1 \\ 1 & 1 & 1 & 1 \end{pmatrix} + 2 \cdot \begin{pmatrix} 1 & 0 & 0 & 0 \\ 0 & 1 & 0 & 0 \\ 0 & 0 & 1 & 0 \\ 0 & 0 & 0 & 1 \end{pmatrix}.$$

Für die aus lauter Einträgen 1 *bestehende mittlere Matrix* M *gilt natürlich für beliebige Vektoren* $x \in X_4$ *und* $y \in Y_4$ *stets* $x^T M x = 1$. *Daher reicht es, das Spiel* $(4,4,E_4)$ *mit der Einheitsmatrix* E_4 *als Auszahlungsmatrix zu analysieren. Wie man den linearen Programmen* (LP(J)) *und* (LP(I)) *für* $A := E_4$ *direkt abliest, haben beide die eindeutig bestimmte Lösung*

$$\frac{1}{4}(1,1,1,1,1)^T.$$

Der Wert des E_4-*Spiels ist also* $(1/4)$. *Somit ergibt sich der Wert von 'Elfmeter-Schießen' zu* $-1 + 2(1/4) = -1/2$. *Schütze und Torwart sollten sich 'ihre Ecke' dabei jeweils mit gleicher Wahrscheinlichkeit auswählen.*

6.4 Dualität und der Simplex-Algorithmus

Wie wir in den vorherigen Sektionen gesehen haben, eröffnet die Dualität neue, bisweilen recht verblüffende Perspektiven auf lineare Optimierungsaufgaben. Es wäre daher wohl eher überraschend, wenn sie nicht auch weitere interessante Aspekte des Simplex-Algorithmus offen legen würde. In dieser Sektion untersuchten wir daher die 'Auswirkungen der dualen Betrachtung' auf diesen Algorithmus.

Wir beginnen schlicht mit der Anwendung des Simplex-Algorithmus auf das Duale. Dabei ergeben sich Vereinfachungen des Standardverfahrens, die man als (höchst elementaren) Prototyp für eingeschränkte Pivotwahlen[59] auffassen kann.

---

[59] Solche Ansätze sind in anderer Form auch bei Verfahren für einige spezielle nichtlineare Probleme von Bedeutung.

Da das Duale einer LP-Aufgabe in natürlicher Form eine Aufgabe in Standardform ist, erhalten wir anderseits aber eine auf diese Form maßgeschneiderte Tableauform.[60] Entscheidend ist dann aber eine Rückinterpretation, die zu einer dualen Variante des Simplex-Algorithmus im Primalen führt. Die besondere Bedeutung dieser Variante besteht darin, dass sie es auf elegante Weise erlaubt, Restriktionen auch später noch hinzuzufügen. Das ist nützlich, um Lösungen nach dem Auftreten neuer Nebenbedingungen schnell aktualisieren zu können.

Ein entsprechender Ansatz ist insbesondere dann relevant, wenn man zu Beginn der Optimierung gar nicht alle Restriktion explizit kennt. Solche fehlende Daten brauchen dabei keineswegs immer ein Zeichen von modellspezifischen Unsicherheiten zu sein. Es gibt durchaus praktisch relevante lineare Optimierungsaufgaben, die so extrem viele Restriktionen besitzen, dass man diese gar nicht alle explizit auflisten kann. Um solchen Aufgaben dennoch beizukommen, beginnt man zunächst mit kleinen Teilsystemen der Ungleichungen. Im Laufe der Optimierung werden dann Schritt für Schritt 'die wichtigsten' weitere Restriktionen erzeugt und in das System eingespeist.[61]

Der Übergang vom Primalen ins Duale und zurück und speziell die Anwendung und Interpretation des (primalen) Simplex-Algorithmus im Dualen und eine Rückinterpretation ins Primale erfordert einen häufigen Wechsel der Perspektiven. Wir werden durch die Verwendung einer geeigneten (partiell redundanten) Notation versuchen, den Grad möglicher Verwirrung durch das erforderliche und in der Natur der Sache selbst liegende ständigen 'Hin-und-her' der Blickwinkel zu beschränken.

Der Simplex-Algorithmus für das Duale: In diesem Abschnitt wenden wir den Simplex-Algorithmus auf das duale lineare Optimierungsproblem an. Wir benutzen dabei dieselben Bezeichnungen wie in Sektion 6.1; vgl. Notationen 6.1.1 und 6.1.4, werden sie aber (zur Erhöhung der Klarheit der Darstellung) noch geeignet 'doppeln'. Insbesondere seien also die beiden linearen Optimierungsaufgaben

$$\text{(I)} \quad \begin{array}{rcl} \max c^T x \\ Ax & \leq & b \end{array} \qquad \text{(II)} \quad \begin{array}{rcl} \min b^T y \\ y & \geq & 0 \\ A^T y & = & c \end{array}$$

gegeben. (Die spezielle Reihenfolge, in der die Restriktionen von (II) notiert sind, erweist sich hier als besonders natürlich; sie entspricht der Zuordnung nach Dualitätstabelle 6.1.11.)

Wir verwenden noch die folgende weitere Notation[62] und machen eine zusätzliche Voraussetzung.

---

[60] Diesen Teil kann man weitgehend unabhängig von der Dualität auch als Beispiel für eine formal ausgeklügeltere Umsetzung des Simplex-Algorithmus sehen. Als solche passt sie auch in Kapitel 5 und gehörte sogar dorthin, wenn es unser Ziel wäre, solche Aspekte als Ausgangspunkt (mit Wurzeln aus einer Zeit, in der noch 'Prüfzeilen' eingefügt wurden, um Fehler bei handschriftlichen Rechnungen leichter detektieren zu können) für die Thematisierung praktisch effizienter Umsetzungen zu verwenden. Die 'schnelle Organisation' des Verfahrens unter Verwendung angepasster Datenstrukturen und einer Vielzahl von 'dirty tricks', die die existierenden hervorragenden Codes ausmachen, steht aber nicht im Zentrum dieses Textes.

[61] Was sich hier noch recht speziell anhört, ist tatsächlich sogar der Ausgangspunkt für eine Reihe von Algorithmen der diskreten Optimierung. Solche Systeme treten insbesondere im Rahmen algorithmischer Methoden auf, die die lineare Optimierung als Subroutine zur Lösung von diskreten oder nichtlinearen Optimierungsproblemen einsetzen. Hierzu gehören Schnittebenen- und Dekompositionsverfahren.

[62] Hierzu gehört auch eine Bezeichnung aus 1.3.7, die hier des einfacheren Zugangs wegen noch einmal kurz wiederholt wird.

6.4.1 Notation. *Seien $A \in \mathbb{R}^{m \times n}$, $b \in \mathbb{R}^m$, $c \in \mathbb{R}^n$ wie zuvor. Ferner seien*

$$M := A^T \quad \wedge \quad \text{rang}(M) = n \quad \wedge \quad J \subset [m] \quad \wedge \quad M^J := \left(A_J\right)^T.$$

sowie

$$X := \{ y \in \mathbb{R}^m : My = c \} \quad \wedge \quad Q := \{ y \in \mathbb{R}^m : y \geq 0 \wedge My = c \}.$$

Man beachte, dass M^J aus M durch Streichen aller Spalten aus $[m] \setminus J$ entsteht. Wir behandeln (II) auch in der Notation[63]

$$(\text{II}') \qquad \begin{array}{rcl} \min b^T y & & \\ y & \geq & 0 \\ My & = & c. \end{array}$$

Wir setzen dabei voraus, dass $\text{rang}(M) = \text{rang}(A) = n$ gilt. Diese Voraussetzung ist nach Korollar 5.2.3 keine wirkliche Einschränkung für (I); für (II') ist sie sogar ganz offensichtlich ein 'o.B.d.A.'. Hat nämlich M einen kleineren Rang als n, so ist entweder bereits das Gleichungssystem $My = c$ unlösbar, oder es enthält redundante Bedingungen. Im ersten Fall ist (II') unzulässig, im zweiten kann man mit Eliminationsmethoden der Linearen Algebra das System auf ein äquivalentes mit $\text{rang}(M)$-vielen Gleichungen reduzieren. Wir können deshalb ohne Einschränkung annehmen, dass X ein $(m-n)$-dimensionaler affiner Unterraum des $\mathbb{R}^m$ ist.

Man kann nun den Simplex-Algorithmus auf verschiedene Weisen auf (II') anwenden. Zum einen könnte man das $(n \times m)$-Gleichungssystem

$$My = c$$

benutzen, um n Variable zu eliminieren. Hierdurch würde X mit dem $\mathbb{R}^{m-n}$ der restlichen Variablen identifiziert und die duale Aufgabe in natürliche Form gebracht, auf die man dann den Simplex-Algorithmus in der in Kapitel 5 hergeleiteten Form anwenden kann. Alternativ könnte man auch im $\mathbb{R}^m$ bleiben und zu der Darstellung

$$-y \leq 0 \quad \wedge \quad My \leq c \quad \wedge \quad -My \leq -c$$

in natürlicher Form übergehen. Wieder könnten wir Prozedur 5.3.15 direkt anwenden. Allerdings würden wir dann die spezielle Struktur der Aufgabe nicht ausnutzen. Das folgende Beispiel zeigt, warum das nicht wirklich empfehlenswert ist.

6.4.2 Beispiel. *Gegeben sei die lineare Optimierungsaufgabe*

$$\begin{array}{rcccccl} \min & \eta_3 & & & & & \\ \eta_1 & & & & \geq & 0 & (1) \\ & \eta_2 & & & \geq & 0 & (2) \\ & & \eta_3 & \geq & 0 & (3) \\ \eta_1 & + & \eta_2 & + & \eta_3 & = & 1 \quad (4) \\ \eta_1 & - & \eta_2 & & & = & 0 \quad (5). \end{array}$$

Es sind also

---

[63] Das ist ein Kompromiss zwischen der gewünschten 'notationellen' Nähe zu (II) und der üblichen Konvention für die allgemeine Standardform, getragen von der Hoffnung, die potentielle Konfusion um $(A^T)^J$, $(A^J)^T$, $(A^T)_J$, $(A_J)^T$, etc. zu vermeiden.

$$M := \begin{pmatrix} 1 & 1 & 1 \\ 1 & -1 & 0 \end{pmatrix} \quad \wedge \quad c := \begin{pmatrix} 1 \\ 0 \end{pmatrix} \quad \wedge \quad b := \begin{pmatrix} 0 \\ 0 \\ 1 \end{pmatrix}.$$

Der zulässige Bereich Q ist die Strecke im $\mathbb{R}^3$ mit den beiden Ecken $w_1 := (0,0,1)^T$ und $w_2 := (1/2,1/2,0)^T$; vgl. Abbildung 6.17.

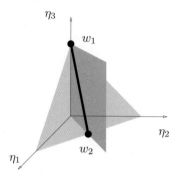

6.17 Abbildung. Gleichungsnebenbedingungen, zulässiger Bereich und Ecken in Beispiel 6.4.2.

In der Ecke w_1 sind die beiden Nichtnegativitätsbedingungen (1) und (2) sowie natürlich beide Gleichungsbedingungen (4) und (5) aktiv. Ersetzt man die beiden Gleichungen durch die Ungleichungen

$$\pm\eta_1 \pm \eta_2 \pm \eta_3 \leq \pm 1 \quad (4^{\pm}) \qquad \wedge \qquad \pm\eta_1 \mp \eta_2 \leq 0 \quad (5^{\pm}),$$

um zur natürlichen Form überzugehen, so ist etwa durch (1), (2) und (4^+), d.h. durch

$$\eta_1 \geq 0 \quad \wedge \quad \eta_2 \geq 0 \quad \wedge \quad \eta_1 + \eta_2 + \eta_3 \leq 1$$

im Sinne von Kapitel 5 eine Basis von w_1 gegeben; vgl. Abbildung 6.18 (links). Aber natürlich sind auch die drei Ungleichungen (4^-), (5^+) und (5^-) aktiv. Jede der drei von

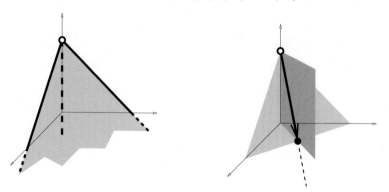

6.18 Abbildung. Links: Kanten des (in w_1 verschobenen) Basiskegels (grau) zur Basis $\{(1),(2),(4^+)\}$; Rechts: Fortschrittskante bei Beschränkung auf X.

w_1 ausgehenden Verbesserungskanten des gewählten Basiskegels lässt nur eine Schrittweite von 0 zu, da sie nicht in X liegen.

Die Gleichungsbedingungen (4) und (5) sind (wie der Name schon sagt) in jedem zulässigen Punkt mit Gleichheit erfüllt und damit auch in jeder Ecke aktiv. Warum sollten wir also nicht gleich ausschließlich solche Basen betrachten, die (4) und (5) enthalten. Das schränkt die möglichen Basen für w_1 auf

$$\eta_1 \geq 0 \quad \wedge \quad \eta_1 + \eta_2 + \eta_3 = 1 \quad \wedge \quad \eta_1 - \eta_2 = 0$$

und

$$\eta_2 \geq 0 \quad \wedge \quad \eta_1 + \eta_2 + \eta_3 = 1 \quad \wedge \quad \eta_1 - \eta_2 = 0$$

ein. Durch die spezielle Regel, stets (4) und (5) in jeder Basis zu halten, reduziert sich die Basiswahl somit auf die Auswahl einer geeigneten Nichtnegativitätsbedingung. Im Pivotschritt können wir dann in der ersten Basis (1), in der zweiten (2) jeweils gegen Restriktion (3) austauschen und 'wandern' auf diese Weise in beiden Fällen über dieselbe Verbesserungskante $w_1 + [0,\infty[(1,1,-2)^T$ zur optimalen Ecke w_2. Mit einer dergestalt eingeschränkten Pivotregel beschränken wir alle Berechnungen automatisch auf den affinen Raum X.

Im Folgenden führen wir den Simplex-Algorithmus in X durch, d.h. wir halten stets alle Gleichheitsbedingungen in allen auftretenden Basen. *Geht das denn überhaupt?* Ja, das geht: Nach Lemma 5.1.2 ist eine Ecke w von Q entweder bereits optimal, oder es existiert eine Kante von Q, längs der sich der Zielfunktion verbessern lässt. Neben den n Gleichungsrestriktionen $My = c$ sind in jeder Ecke noch mindestens $m - n$ der Nichtnegativitätsbedingungen aktiv. Die Ecken von Q ergeben sich daher als Lösung eines $(m \times m)$-Gleichungssystems der Form

$$\begin{aligned} \eta_i &= 0 \qquad (i \in J) \\ My &= c. \end{aligned}$$

Dabei ist J eine geeignete Teilmenge von $[m]$ der Kardinalität $m - n$, so dass die Koeffizientenmatrix des entstehenden Gleichungssystems vollen Rang besitzt. In analoger Weise erhält man auch alle Kanten, bei einer um ein Element reduzierten Indexmenge. Durch die eingeschränkte Basen- und Pivotwahl werden somit keine Ecken von X und höchstens solche Verbesserungskanten ausgeschlossen, die ohnehin nur Fortschritt 0 bringen. Der Simplex-Algorithmus verläuft also mit der Zusatzregel ansonsten unverändert.

Wir wenden also jetzt den Simplex-Algorithmus mit der auf X eingeschränkten Pivotregel, aber ansonsten gemäß Prozedur 5.3.15 auf (II$'$) an. Dabei soll das Verfahren in seiner Wirkung auf M bzw. (M,c) beschrieben werden. Wir benötigen für diese Herleitung daher gleichzeitig die Kernbegriffe und -bezeichnungen aus Kapitel 5 und sich aus der speziellen Interpretation auf (II$'$) ergebende entsprechend modifizierte Begriffe. Um diese auseinander zu halten, verwenden wir die folgende Notationskonvention für die 'Standardbegriffe'.

6.4.3 Notation. *Seien*

$$\overline{A} := \begin{pmatrix} -E_m \\ M \\ -M \end{pmatrix} \quad \wedge \quad \overline{b} := \begin{pmatrix} 0 \\ c \\ -c \end{pmatrix} \quad \wedge \quad \overline{c} := -b.$$

Die Anwendung des Simplex-Algorithmus gemäß Prozedur 5.3.15 auf die lineare Optimierungsaufgabe

$$
\text{(III)} \qquad \begin{aligned} \max \bar{c}^T y \\ \overline{A} y \;\leq\; \bar{b}, \end{aligned}
$$

und unter Einhaltung der

Zusatzregel: Die Ungleichungen $My \leq c$ gehören zu jeder Basis.[64]

wird durch das (in Klammern voranstellte) Wort 'primal' gekennzeichnet. Wir sprechen also etwa von der Anwendung des (primalen) Simplex-Algorithmus auf (III) und dabei auftretenden (primalen) Basen. Die in den einzelnen Schritten auftretenden Bezeichnungen aus Prozedur 5.3.15 werden mit einem Querstrich gekennzeichnet. Insbesondere schreiben wir also $\overline{B}$ für auftretende Basen und $\overline{N} := [m + 2n] \setminus \overline{B}$ für zugehörige Indexmengen der Nichtbasisrestriktionen.

Gemäß der Zusatzregel gilt stets

$$
\begin{aligned}
\{m + 1, \ldots, m + n\} &\subset \overline{B} \subset [n + m] \\
\{m + n + 1, \ldots, m + 2n\} &\subset \overline{N} \subset [m] \cup \{m + n + 1, \ldots, m + 2n\}.
\end{aligned}
$$

Man beachte, dass das Maximum des linearen Programms (III) das Negative des Minimums von (II′) ist.

In (III) entsprechen die Basisteilmatrizen $\overline{A}_{\overline{B}}$ einer Auswahl von *Zeilen* aus $\overline{A}$. Durch die Wahl von $J := \overline{B} \cap [m]$ werden durch die Bedingung $(-E_m)_J y = 0$ in (II′) de facto *Spalten* von M gestrichen oder, positiver formuliert, n linear unabhängige Spalten von M ausgewählt. Ecken w von Q haben natürlich höchstens $m - (m - n)$ also n von 0 verschiedene Komponenten.

6.4.4 Bezeichnung. *Seien w eine Ecke von Q,*

$$
B \subset [m] \quad \wedge \quad N := [m] \setminus B,
$$

und es gelte

$$
|B| = n \quad \wedge \quad \operatorname{rang}(M^B) = n \quad \wedge \quad w_B = (M^B)^{-1} c \quad \wedge \quad w_N = 0.
$$

*Dann heißt M^B zu w gehörige **(duale) Basisteilmatrix** von M. Die Variablen η_j mit $j \in B$ heißen **(duale) Basisvariablen**, diejenigen mit $j \in N$ **(duale) Nichtbasisvariablen**. Die Ecke w und bisweilen auch der verkürzte Vektor w_B werden als **(duale) Basislösung** bezeichnet. Oftmals werden B und M^B kurz **(duale) Basis** genannt, und B wird meistens auch mit der Menge $\{\eta_j : j \in B\}$ der Basisvariablen identifiziert.*

Die Basen gemäß Bezeichnung 6.4.4 stehen in direkter Beziehung zu denen von (III).

6.4.5 Bemerkung. *Die Mengen B bzw. N der (dualen) Basis- und Nichtbasisvariablen von (II′) entsprechen den Mengen $\overline{B}$ bzw. $\overline{N}$ der (primalen) Basis- und Nichtbasisrestriktionen von (III) mittels*

$$
\overline{B} \mapsto [m] \setminus \overline{B} = \overline{N} \cap [m] := B \quad \wedge \quad \overline{N} \mapsto [m] \setminus \overline{N} = \overline{B} \cap [m] := N.
$$

Ferner gilt für die Ecke w

$$
w_B = (M^B)^{-1} c = \left((\overline{A}_{\overline{B}})^{-1} \bar{b} \right)_B.
$$

---

[64] Damit sind automatisch alle Ungleichungen $-My \leq -c$ Nichtbasisrestriktionen.

Im Folgenden beschreiben wir den Übergang zwischen zwei Ecken in (II′) bei Anwendung von Prozedur 5.3.15 auf (III). Hierfür verwenden wir der Einfachheit halber eine Bezeichnungskonvention über die Anordnung der Elemente in B und N.

6.4.6 Notation. *Im Folgenden seien* $w := (\omega_1, \ldots, \omega_m)^T$ *stets eine Ecke von* Q *sowie* $B \subset [m]$ *eine zugehörige Basis und* $N := [m] \setminus B$. *Die Elemente von* B *und* N *seien stets durch* $B =: \{j_1, \ldots, j_n\}$ *bzw.* $N =: \{k_1, \ldots, k_{m-n}\}$ *bezeichnet mit*

$$j_1 < \cdots < j_n \quad \wedge \quad k_1 < \cdots < k_{m-n}.$$

Wir können also etwa von dem l-ten Basisvektor sprechen.

Mit dieser Konvention lassen sich die Komponenten von w explizit den Koordinaten zuordnen.

6.4.7 Bemerkung. *Für die Koordinaten von* w *gilt*

$$\omega_j = \left\{ \begin{array}{cl} u_l^T (M^B)^{-1} c & \text{für } j = j_l \in B; \\ 0 & \text{für } j \in N. \end{array} \right.$$

Das folgende Beispiel zeigt die Notation des Perspektivwechsels an der Aufgabe von Beispiel 6.4.2.

6.4.8 Beispiel. *(Fortsetzung von Beispiel 6.4.2). Die Wahl der (primalen) Basis* $\overline{B} := \{2,4,5\}$ *in der zu dem LP von Beispiel 6.4.2 gehörigen Aufgabe (III) führt zur (primalen) Basisgleichung*

$$\overline{A}_{\overline{B}} y = \begin{pmatrix} 0 & -1 & 0 \\ 1 & 1 & 1 \\ 1 & -1 & 0 \end{pmatrix} \begin{pmatrix} \eta_1 \\ \eta_2 \\ \eta_3 \end{pmatrix} = \begin{pmatrix} 0 \\ 1 \\ 0 \end{pmatrix} = \overline{b}_{\overline{B}}$$

und entspricht der (dualen) Basis $B := \{1,3\}$ *mit der Basisteilmatrix*

$$M^B = \begin{pmatrix} 1 & 1 \\ 1 & 0 \end{pmatrix}.$$

Es gilt

$$(M^B)^{-1} c = \begin{pmatrix} 1 & 1 \\ 1 & 0 \end{pmatrix}^{-1} \begin{pmatrix} 1 \\ 0 \end{pmatrix} = \begin{pmatrix} 0 & 1 \\ 1 & -1 \end{pmatrix} \begin{pmatrix} 1 \\ 0 \end{pmatrix} = \begin{pmatrix} 0 \\ 1 \end{pmatrix} = (w_1)_B,$$

also $w_1 = (0,0,1)^T$, *wie ja zu erwarten war.*

Wir wenden uns jetzt den potentiellen Verbesserungskanten zu. Nach Lemma 5.3.12 werden die Kanten des Basiskegels $S_Q(\overline{B})$ von den Spaltenvektoren von $-(\overline{A}_{\overline{B}})^{-1}$ aufgespannt. Mit $B := [m] \setminus \overline{B}$ und $N := [m] \setminus \overline{N}$ gemäß Bemerkung 6.4.5 gilt

$$\overline{A}_{\overline{B}} = \begin{pmatrix} -E_N \\ M \end{pmatrix}.$$

Nehmen wir zunächst an, dass B aus den letzten n Indizes besteht, d.h. $B = \{m - n + 1, \ldots, m\}$ ist, so gilt speziell

$$-\left(\overline{A_{\overline{B}}}\right)^{-1} = \begin{pmatrix} E_{m-n} & 0 \\ -M^N & -M^B \end{pmatrix}^{-1} = \begin{pmatrix} E_{m-n} & 0 \\ -(M^B)^{-1}M^N & -(M^B)^{-1} \end{pmatrix}.$$

Nach unserer Zusatzregel kommen nur solche Kanten in Frage, die nicht aus X herausführen. Daher sind nur die ersten $m-n$ Spalten relevant. Das folgende Lemma enthält alle Details gleich für den allgemeinen Fall. Dieser kann nun durch Permutation der Koordinaten auf den betrachteten Spezialfall zurückgeführt werden. Wir verwenden hierbei unsere Notationskonvention 6.4.6.

6.4.9 Lemma. *Seien*

$$\Pi := \left(u_{k_1}, \ldots, u_{k_{m-n}}, u_{j_1}, \ldots, u_{j_n}\right) \in \mathbb{R}^{m \times m}.$$

und

$$s_l := \Pi \begin{pmatrix} E_{m-n} \\ -(M^B)^{-1}M^N \end{pmatrix} u_l \qquad (l \in [m-n]).$$

Dann ist

$$S_Q(\overline{B}) \cap (-w + X) = \mathrm{pos}\left(\{s_1, \ldots, s_{m-n}\}\right).$$

Beweis: Es gilt

$$\overline{A_{\overline{B}}}\Pi = \begin{pmatrix} -E_N \\ M \end{pmatrix} \Pi = \begin{pmatrix} -E_{m-n} & 0 \\ M^N & M^B \end{pmatrix},$$

und damit

$$-\left(\overline{A_{\overline{B}}}\right)^{-1} = \Pi \begin{pmatrix} E_{m-n} & 0 \\ -(M^B)^{-1}M^N & -(M^B)^{-1} \end{pmatrix}.$$

Nach Lemma 5.3.12 ist daher

$$S_Q(\overline{B}) = \Pi \begin{pmatrix} E_{m-n} & 0 \\ -(M^B)^{-1}M^N & -(M^B)^{-1} \end{pmatrix} [0,\infty[^m.$$

Ferner gilt

$$-w + X = \{y - w \in \mathbb{R}^m : My = c\} = \{y \in \mathbb{R}^m : My = 0\}.$$

Somit ist für $y \in [0,\infty[^m$

$$0 = M\Pi \begin{pmatrix} E_{m-n} & 0 \\ -(M^B)^{-1}M^N & -(M^B)^{-1} \end{pmatrix} y$$

$$= (M^N, M^B) \begin{pmatrix} E_{m-n} & 0 \\ -(M^B)^{-1}M^N & -(M^B)^{-1} \end{pmatrix} y$$

$$= (0, -E_n)y.$$

Der Kegel $S_Q(\overline{B}) \cap (-w + X)$ wird daher von den Vektoren $s_1, \ldots, s_{m-n}$ erzeugt, und es folgt die Behauptung. □

6.4.10 Beispiel. *(Fortsetzung von Beispiel 6.4.2 und 6.4.8). Zur Bestimmung der (in diesem Beispiel eindeutigen) Verbesserungskante des aktuellen Basiskegels in X verwenden wir*

$$\overline{B} = \{2,4,5\} \quad \wedge \quad B = \{1,3\} \quad \wedge \quad N = \{2\} \quad \wedge \quad \Pi := \begin{pmatrix} 0 & 1 & 0 \\ 1 & 0 & 0 \\ 0 & 0 & 1 \end{pmatrix}$$

$$\overline{A_{\overline{B}}} = \begin{pmatrix} 0 & -1 & 0 \\ 1 & 1 & 1 \\ 1 & -1 & 0 \end{pmatrix} \quad \wedge \quad M^B = \begin{pmatrix} 1 & 1 \\ 1 & 0 \end{pmatrix} \quad \wedge \quad M^N = \begin{pmatrix} 1 \\ -1 \end{pmatrix}.$$

Es gilt

$$(M^B)^{-1} = \begin{pmatrix} 0 & 1 \\ 1 & -1 \end{pmatrix} \quad \wedge \quad (M^B)^{-1} M^N = \begin{pmatrix} -1 \\ 2 \end{pmatrix}$$

und daher

$$-(\overline{A_{\overline{B}}})^{-1} = \Pi \begin{pmatrix} E_1 & 0 \\ -(M^B)^{-1} M^N & -(M^B)^{-1} \end{pmatrix} = \Pi \begin{pmatrix} 1 & 0 & 0 \\ 1 & 0 & -1 \\ -2 & -1 & 1 \end{pmatrix}.$$

Es folgt also

$$-(\overline{A_{\overline{B}}})^{-1} = \begin{pmatrix} 1 & 0 & -1 \\ 1 & 0 & 0 \\ -2 & -1 & 1 \end{pmatrix} \quad \wedge \quad s_1 = \begin{pmatrix} 1 \\ 1 \\ -2 \end{pmatrix}.$$

Wie wir schon aus Beispiel 6.4.2 wussten, erzeugt s_1 die Fortschrittskante in X.

Als nächstes wenden wir die Lemmata 5.3.12 und 5.3.14 an, um das Optimalitätskriterium für die aktuelle Ecke w auszuwerten und die Menge $\overline{R}$ der Indizes der Fortschrittskanten von $S_Q(\overline{B}) \cap (-w + X)$ sowie die Schrittweite zu bestimmen. Dazu sind die Zielfunktionwerte der Richtungsvektoren s_j der Verbesserungskanten zu berechnen.

6.4.11 Bemerkung. *Für $l \in [m - n]$ gilt*

$$\overline{c}^T s_l = \left(-b_N^T + b_B^T (M^B)^{-1} M^N\right) u_l.$$

Beweis: Es gilt nach Lemma 6.4.9 für $l \in [m - n]$

$$\overline{c}^T s_l = -b^T \Pi \begin{pmatrix} E_{m-n} \\ -(M^B)^{-1} M^N \end{pmatrix} u_l = -(b_N^T, b_B^T) \begin{pmatrix} E_{m-n} \\ -(M^B)^{-1} M^N \end{pmatrix} u_l$$

$$= \left(-b_N^T + b_B^T (M^B)^{-1} M^N\right) u_l.$$

$\square$

Ein Fortschreiten von w aus in Richtung s_l verbessert somit nur dann den Zielfunktionswert, wenn

$$\left(b_N^T - b_B^T (M^B)^{-1} M^N\right) u_l < 0$$

gilt. Man kann diese Größe daher als '*Grenzprofitabilität*' der Aufnahme der l-ten Nichtbasisvariable in die neue (duale) Basis ansehen. Hierdurch wird die folgende Bezeichnung motiviert.

6.4.12 Bezeichnung. *Seien*

$$\hat{\beta}_j = \begin{cases} 0 & \text{für } j \in B \\ \left(b_N^T - b_B^T (M^B)^{-1} M^N\right) u_l & \text{für } j = k_l \in N \end{cases} \quad \wedge \quad b_{\text{red}} := (\hat{\beta}_1, \ldots, \hat{\beta}_m)^T.$$

*Dann heißt b_{red} Vektor der **reduzierten** oder **relativen Kosten** bez. B.*

Das folgende Lemma zeigt die Bedeutung der reduzierten Kosten im Wechselspiel zwischen der primalen Aufgabe (I) und der dualen Aufgabe (II').

6.4.13 Lemma. *Seien* $v := A_B^{-1} b_B$ *und* $y \in X$. *Dann gelten die folgenden Aussagen:*

(a) $b_{\mathrm{red}} = b - Av$.

(b) $b^T y = b_B^T w_B + \big(b_N^T - b_B^T (M^B)^{-1} M^N\big) y_N$.

(c) Gilt $b_{\mathrm{red}} \geq 0$, *so ist* w *optimal für (II').*

Beweis: (a) Für $J \subset [m]$ gilt nach Definition $M^J = (A^T)^J = (A_J)^T$. Mit $\Pi := \big(u_{k_1}, \dots, u_{k_{m-n}}, u_{j_1}, \dots, u_{j_n}\big)$ folgt daher

$$
\Pi^T b_{\mathrm{red}} = \left(\begin{array}{c} \big(b_N^T - b_B^T (M^B)^{-1} M^N\big)^T \\ 0 \end{array} \right) = \left(\begin{array}{c} b_N - A_N (A_B)^{-1} b_B \\ 0 \end{array} \right)
$$

$$
= \left(\begin{array}{c} b_N \\ b_B \end{array} \right) - \left(\begin{array}{c} A_N (A_B)^{-1} b_B \\ b_B \end{array} \right) = \left(\begin{array}{c} b_N \\ b_B \end{array} \right) - \left(\begin{array}{c} A_N \\ A_B \end{array} \right) (A_B)^{-1} b_B
$$

$$
= \Pi^T \big(b - Av\big),
$$

und damit (a).

(b) Es gilt

$$
M^B w_B = M^B w_B + M^N w_N = Mw = b = My = M^B y_B + M^N y_N
$$

also

$$
y_B = w_B - (M^B)^{-1} M^N y_N.
$$

Für den zugehörigen Zielfunktionswert folgt daher

$$
b^T y = b_B^T y_B + b_N^T y_N = b_B^T \big(w_B - (M^B)^{-1} M^N y_N\big) + b_N^T y_N
$$
$$
= b_B^T w_B + \big(b_N^T - b_B^T (M^B)^{-1} M^N\big) y_N,
$$

und damit (b).

(c) Für $l \in [m - n]$ gilt nach Bemerkung 6.4.11 $\bar{c}^T s_l = -b_{\mathrm{red}}^T u_l$. Die Behauptung folgt damit aus Lemma 5.3.14. □

Aussage (a) von Lemma 6.4.13 besagt, dass die reduzierten Kosten die 'Entfernung' des Punktes v von der Zulässigkeit in der primalen Aufgabe (I) messen.[65] Tatsächlich ergibt sich v ja durch Auflösung der Gleichung $A_B x = b_B$, d.h. als Schnitt der entsprechenden Hyperebenen $H_{(a_i, \beta_i)}$ für $i \in B$. Natürlich braucht v im Allgemeinen nicht zulässig zu sein. Die in (c) angegebene Optimalitätsbedingung $b_{\mathrm{red}} = b - Av \geq 0$ impliziert jedoch $Av \leq b$. Für eine optimale (duale) Basis B ist der Vektor v also zulässig in (I).

Die Zulässigkeit von w in (II) wiederum impliziert die 'Optimalität' von v in (I) in dem Sinne, dass c im Kegel $\mathrm{pos}\big(\{a_i : i \in B\}\big)$ der äußeren Normalen der zu B gehörigen Restriktionshalbräume liegt. Aus der Perspektive von (I) kann man somit etwas lässig, aber nicht unzutreffend formulieren, dass jeder solche Vektor v zwar optimal, aber im Allgemeinen nicht zulässig ist, da w_B in der dualen Aufgabe (II) zwar zulässig, aber im Allgemeinen nicht optimal ist.

---

[65] Man vergleiche auch Beispiel 6.1.3.

Lemma 6.4.13 (b) unterstreicht noch einmal die Interpretation von b_{red} als Vektor der reduzierten Kosten, die man erhält, wenn man den Beitrag der aktuellen Ecke w_B zur Zielfunktion herausrechnet. Verbesserungen können nur durch Beteiligung einer aktuellen Nichtbasisvariablen entstehen, und auch nur dann, wenn ihre reduzierten Kosten negativ sind. Man beachte noch einmal, dass wir in (II′) ja minimieren.

Wir nehmen nun an, dass es im aktuellen Schritt noch negative reduzierte Kosten gibt, d.h. dass mindestens eine Komponente von b_{red} negativ ist. Sei das etwa diejenige mit Index k_q, d.h. die zur q-ten Nichtbasisvariable gehörige Komponente. In (III) ist hiermit $\bar{i}_{\text{raus}}$ bestimmt; für (II′) bedeutet diese Wahl die *Aufnahme* der Variable η_{k_q} in die neue Basis, d.h.

$$i_{\text{rein}} := k_q.$$

Die Rollen zwischen aufzunehmender und abzugebender Basisungleichungen in der primalen Beschreibung (III) gemäß Sektion 5 und aufzunehmender und abzugebender Basisvariablen in (II′) kehren sich somit um.

Man beachte, dass sich die Dantzig Regel des lokal maximalen Fortschritts gemäß Bezeichnung 5.3.18 hier leicht mit Hilfe der reduzierten Kosten beschreiben lässt.

6.4.14 Bemerkung. *Die Dantzig Regel für (III) entspricht in (II′) der Auswahl eines in die Basis neu aufzunehmenden Index mit betragsgrößten negativen reduzierten Kosten.*

Beweis: Die Behauptung folgt unmittelbar aus Bemerkung 6.4.11   □

Die Menge $\overline{R}$ der gemäß Lemma 5.3.14 (unter Berücksichtigung der Zusatzregel) zur Bestimmung von $\bar{i}_{\text{rein}}$ in (III) zur Auswahl stehenden Indizes ist[66]

$$\overline{R} := \{i \in \overline{N} \cap [m] : -u_i^T s_q > 0\} = \{j_l \in B : u_l^T (M^B)^{-1} M^N u_q > 0\} =: R.$$

R besteht also aus den zur Basis B gehörenden Indizes der Restriktionshalbräume $H^{\leq}_{(-u_j,0)}$, die $[0,\infty[s_q$ nicht enthalten. Zur Auswahl stehen somit diejenigen Basisvariablen u_{j_l}, so dass die Komponente in der l-ten Zeile und q-ten Spalte von $(M^B)^{-1} M^N$ positiv ist. Gibt es keine solche, so ist nach Lemma 5.3.14 die (duale) Zielfunktion über Q nach unten unbeschränkt. Die folgende Bemerkung hält diese Aussage fest.

6.4.15 Bemerkung. *Gilt $(M^B)^{-1} M^N u_q \leq 0$, so ist die Zielfunktion von (II′) über Q nach unten unbeschränkt.*

Wir nehmen jetzt an, dass $(M^B)^{-1} M^N u_q$ auch positive Komponenten besitzt, R also nicht leer ist. Die Schrittweite ergibt sich gemäß Lemma 5.3.14 dann zu

$$\lambda := \overline{\lambda} := \min\left\{ \frac{u_l^T w_B}{u_l^T (M^B)^{-1} M^N u_q} : j_l \in R \right\}.$$

Ist p der gefundene Index, so setzen wir

$$i_{\text{raus}} := p.$$

Man beachte, dass i_{raus} die p-te Zeile angibt. In 'Spaltensprechweise' ersetzen wir somit die i_p-te Basisvariable durch die k_q-te. Dabei erhalten wir die neue Ecke

---

[66] Man beachte, dass in der folgenden Menge u_i der i-te Standardeinheitsvektor des $\mathbb{R}^m$ ist, während u_l den l-ten Standardeinheitsvektor des $\mathbb{R}^n$ bezeichnet.

$$w' := w + \frac{u_p^T w_B}{u_p^T (M^B)^{-1} M^N u_q} \begin{pmatrix} E_{m-n} \\ -(M^B)^{-1} M^N \end{pmatrix} u_q$$

von Q. Entscheidend für alle Berechnungen ist somit die Matrix $(M^B)^{-1} M^N$ bzw. die um die (an den richtigen Stellen eingefügten) Spalten der Einheitsmatrix E_n ergänzte Matrix $(M^B)^{-1} M$.

6.4.16 Bezeichnung. *Die Matrix $(M^B)^{-1} M$ heißt **transformierte Koeffizienten-matrix**; $(w_B, (M^B)^{-1} M)$ wird als **erweiterte transformierte Koeffizientenmatrix** bezeichnet. Die k_q-te Spalte von $(M^B)^{-1} M$ (bzw. die q-te Spalte der verkürzten Matrix $(M^B)^{-1} M^N$) heißt **Pivotspalte** der transformierten Koeffizientenmatrix; die p-te Zeile von $(M^B)^{-1} M$ (bzw. $(M^B)^{-1} M^N$) heißt **Pivotzeile**. Der entsprechende Eintrag auf der Position (p, k_q) (bzw. (p,q)) wird **Pivotelement** genannt.*

Im nächsten Abschnitt geben wir Beispiele für die Durchführung des Simplex-Algorithmus für (II′) in X; insbesondere zeigen wir, wie sich die Rechnungen elegant organisieren kassen. Zum Abschluss dieses Abschnitts befassen wir uns zunächst noch mit der Vermeidung von Zykeln. Überbestimmtheiten der Ecke w in (II′) zeigen sich dadurch, dass mehr als $m - n$ ihrer Komponenten gleich 0 sind, d.h. dass nicht alle Komponenten von w_B von 0 verschieden sind. In Sektion 5.4 haben wir zur Vermeidung von Zykeln die auf einer Perturbation der rechten Seite beruhende lexikographische Methode eingeführt. Diese könnten wir natürlich direkt auf (III) anwenden. Es ist allerdings wesentlich sinnvoller, auch bei der Zykelvermeidung die spezielle Struktur der Aufgabe (II′) auszunutzen und nur solche Störungen des Systems $\overline{A}y \leq \overline{b}$ einzusetzen, die die Restriktionen aus $My \leq c$ und $-My \leq -c$ nicht auseinander reißen. Tatsächlich wissen wir aus Übungsaufgabe 5.7.19 bereits, dass es völlig ausreicht, lediglich die Nichtnegativitätsbedingungen zu perturbieren, um sicher zu stellen, dass keine Überbestimmtheiten auftreten, der Simplex-Algorithmus also keine Basis wiederholen kann. Wir halten dieses Ergebnis hier noch einmal in der adäquaten Formulierung explizit fest.

6.4.17 Bemerkung. *Es existiert ein $\varepsilon_0 \in]0,\infty[$, so dass für alle $\varepsilon \in]0,\varepsilon_0]$ und*

$$e(\varepsilon) := \begin{pmatrix} \varepsilon^1 \\ \vdots \\ \varepsilon^m \end{pmatrix} \quad \wedge \quad \overline{b}(\varepsilon) := \begin{pmatrix} e(\varepsilon) \\ c \\ -c \end{pmatrix} \quad \wedge \quad Q(\varepsilon) := \{y : \overline{A}y \leq \overline{b}(\varepsilon)\}$$

jede Ecke $w(\varepsilon)$ von $Q(\varepsilon)$ genau $m - n$ der Bedingungen $-E_m y \leq e(\varepsilon)$ mit Gleichheit erfüllt.

Beweis: Die Aussage folgt direkt aus Übungsaufgabe 5.7.19.   □

Führen wir nun das Verfahren mit $\overline{b}(\varepsilon)$ durch, so bleiben der Index q der Pivotspalte sowie die Menge R der Indizes der Kandidaten für die Pivotspalte unverändert. Lediglich die Minimumbildung zur Bestimmung der Schrittweite muss angepasst werden. Sei

$$w(\varepsilon) := (\overline{A}_{\overline{B}})^{-1} \overline{b}(\varepsilon)_{\overline{B}}.$$

Dann gilt explizit

$$w(\varepsilon)_N = -e(\varepsilon)_N$$
$$w(\varepsilon)_B = (M^B)^{-1} c + (M^B)^{-1} M^N e(\varepsilon)_N = w_B + (M^B)^{-1} M^N e(\varepsilon)_N.$$

Somit folgt für die Schrittweite

$$\lambda(\varepsilon) = \min\left\{\frac{\varepsilon^{j_l} + u_l^T w_B + u_l^T (M^B)^{-1} M^N e(\varepsilon)_N}{u_l^T (M^B)^{-1} M^N u_q} : j_l \in R\right\}.$$

In einer ε-freien Beschreibung sind hier offenbar die Zeilenvektoren der erweiterten Matrix $\left(w_B, (M^B)^{-1} N\right)$ nach Division durch ihr potentielles Pivotelement lexikographisch zu vergleichen.

Um das Verfahren anwenden zu können, muss der Startpunkt in $Q(\varepsilon)$ liegen.[67] Die in den nachfolgenden Schritten erzeugten Punkte sind dann automatisch (d.h. aus dem Algorithmus selbst heraus) Ecken von $Q(\varepsilon)$.

6.4.18 Bemerkung. *Seien $\overline{B}_0$ eine (primale) Basis, $w_0 := (A_{\overline{B}_0})^{-1} \overline{b}_{\overline{B}_0}$ eine Ecke von Q, B_0 die zugehörige (duale) Basis, $N_0 := [m] \setminus B_0$ und $w_0(\varepsilon) := (A_{\overline{B}_0})^{-1} \overline{b}(\varepsilon)_{\overline{B}_0}$. Es gilt $w_0(\varepsilon) \in Q(\varepsilon)$, genau dann, wenn*

$$w_{B_0} + e(\varepsilon)_{B_0} + (M^{B_0})^{-1} M^{N_0} e(\varepsilon)_{N_0} \geq 0$$

ist.

Beweis: Da die (primalen) Basisrestriktionen von $w_0(\varepsilon)$ ohnehin mit Gleichheit erfüllt werden, sind lediglich die Nichtnegativitätsbedingungen für $j_l \in B_0$ zu überprüfen. Die Bedingung für Zulässigkeit lautet daher

$$e(\varepsilon)_{B_0} \geq -w(\varepsilon)_{B_0} = w_{B_0} + (M^{B_0})^{-1} M^{N_0} e(\varepsilon)_{N_0},$$

und es folgt die Behauptung. $\qquad\square$

Auch das Kriterium von Bemerkung 6.4.18 bezieht sich auf die Zeilen der um die nullte Spalte w_{B_0} erweiterten transformierten Koeffizientenmatrix $(M^{B_0})^{-1} M$. Somit erhalten wir insgesamt die folgende lexikographische Variante des Simplex-Algorithmus.[68]

6.4.19 Bemerkung. *Wir beginnen mit einer Startbasis B_0, für die jede Zeile der erweiterten transformierten Koeffizientenmatrix $\left(w_{B_0}, (M^{B_0})^{-1} M\right)$ lexikographisch positiv ist. In jedem Schritt wählen wir unter allen Zeilen mit positiver Komponente in der Pivotspalte diejenige als die Pivotzeile, für die die durch ihr potentielles Pivotelement dividierte Zeile der erweiterten transformierten Koeffizientenmatrix lexikographisch minimal ist. Dann kann der Simplex-Algorithmus nicht zykeln.*

Beweis: Die Beschreibung des Verfahrens gibt genau die Wirkung der Perturbation wieder. Da nach Bemerkung 6.4.17 keine Ecke von $Q(\varepsilon)$ überbestimmt ist, kann sich keine Basis wiederholen, und es folgt die Behauptung. $\qquad\square$

Um zu erreichen, dass das Startsystem die gewünschten lexikographischen Eigenschaften besitzt, kann man in einer gegebenen zulässigen Startbasislösung die Variablen so vertauschen, dass die Basisvariablen zu den ersten n Komponenten gehören. Alternativ kann man auch die lexikographische Ordnung anpassen und den Basisvariablen die niedrigsten Potenzen $\varepsilon^1, \ldots, \varepsilon^n$ zuordnen.[69]

---

[67] Das entspricht der $e(\varepsilon)$-Kompatibilität von Bezeichnung 5.4.12.

[68] Im folgenden Abschnitt beschreiben wir den Simplex-Algorithmus einschließlich dieser lexikographischen Variante noch einmal formal-operational.

[69] Das entspricht der Vorgehensweise in Lemma 5.4.15.

Tableauform: Die zur Durchführung des Simplex-Algorithmus benötigten Daten sind sämtlich in der erweiterten transformierten Koeffizientenmatrix

$$\left(w_B, (M^B)^{-1} M\right)$$

enthalten. Es liegt also nahe, das Verfahren so zu organisieren, dass diese Matrix stets aktualisiert wird. Wir benutzen weiterhin die Bezeichnungen des vorherigen Abschnitts.

Da $(M^B)^{-1}$ regulär ist, bleibt die Lp-Aufgabe unter der Multiplikation des Gleichungssystems $My = c$ mit $(M^B)^{-1}$ invariant. Bei Verwendung der transformierten Koeffizientenmatrix gehen wir wegen $w_B = (M^B)^{-1} c$ de facto zu der Aufgabe

$$\min b^T y$$
$$(M^B)^{-1} M y = w_B$$
$$y \geq 0$$

über. Man beachte, dass diese 'harmlose' Multiplikation in (II$'$) wegen

$$\left((M^B)^{-1}\right)^T = A_B^{-1} \quad \wedge \quad \left((M^B)^{-1} M\right)^T = A A_B^{-1}$$

für (I) den Übergang zu

$$\max c^T \left(A_B^{-1} z\right)$$
$$A\left(A_B^{-1} z\right) \leq b$$

bedeutet. In (I) findet daher eine Koordinatentransformation statt, durch die der aktuelle Basiskegel in den negativen Orthanten übergeht. Die Anpassung des Zielfunktionsvektors b in (II$'$) an 'das bisher bereits Erreichte', d.h. der Übergang zu den reduzierten Kosten b_{red} entspricht in der primalen Aufgabe (I) einer zusätzlichen Translation. Mit

$$v := A_B^{-1} b_B$$

gilt nach Lemma 6.4.13 $b_{red} = b - Av$. Wegen

$$A\left(A_B^{-1} z\right) = A\left(v + A_B^{-1} z\right) - Av \quad \wedge \quad c^T\left(A_B^{-1} z\right) = c^T\left(v + A_B^{-1} z\right) - c^T v$$

geht die primale Aufgabe durch diese Anpassung zu

$$\max c^T \left(v + A_B^{-1} z\right)$$
$$A\left(v + A_B^{-1} z\right) \leq b_{red}$$

über. Insgesamt unterliegt (I) somit der affinen Transformation

$$x \mapsto v + A_B^{-1} z.$$

Der zulässige Bereich von (I) wird daher in jedem Schritt einer anderen affinen Abbildung unterworfen.[70]

In (III) hingegen werden durch die Multiplikation des Gleichungssystems in (II$'$) mit $(M^B)^{-1}$ weder Q noch die Zielfunktion der Aufgabe verändert. Lediglich die Beschreibung des affinen Raums X wird so angepasst, dass die transformierte Koeffizientenmatrix $(M^B)^{-1} M$ an den zu B gehörigen Positionen eine $n \times n$ Einheitsmatrix enthält.

---

[70] Diese Transformationen machen es naturgemäß schwieriger, die zugrunde liegende Geometrie des Simplex-Algorithmus zu verfolgen. Hierin liegt ein wichtiger Grund, warum wir in Kapitel 5 den 'restriktionsorientieren' Weg zur Einführung des Algorithmus gewählt haben.

Um auch nach dem Pivotschritt die relevanten Daten wieder direkt in der Matrix verfügbar zu haben, braucht man das aktuelle System lediglich so anzupassen, dass die neue Basisteilmatrix zur Einheitsmatrix wird. Hierbei ist es nicht einmal notwendig, die Basisvektoren in ihrer 'natürlichen Ordnung' wie in E_n vorliegen zu haben. Schließlich kommt es ja gar nicht darauf an, welche der Basisvariablen wir in welchen Standardeinheitsvektor überführen. Abweichend von der Ordnungskonvention von Notation 6.4.6 erlauben wir daher, dass der l-te Standardeinheitsvektor nach der Transformation an einer anderen Stelle der transformierten Koeffizientenmatrix als j_l stehen kann. Formal entspricht das einer Permutation der Zeilen von $(M^B)^{-1}$ bzw. einer Permutation der Zeilen der transformierten Koeffizientenmatrix $(M^B)^{-1}M$.

Diese größere Flexibilität ermöglicht es, die Aktualisierung der transformierten Koeffizientenmatrix in wenigen Schritten der Gauß-Elimination durchzuführen. Wir können ja alle Standardeinheitsvektoren der aktuellen Basis beibehalten, mit Ausnahme nur des p-ten, der diese wegen $p = i_{\text{raus}}$ ja ohnehin verlässt. Die Spalte i_{rein} kann dann durch Schritte der üblichen (vollständigen) Gauß-Elimination in den neuen p-ten Standardeinheitsbasisvektor überführt werden. Da das Pivotelement von 0 verschieden ist, sind keine weiteren Vorkehrungen mehr erforderlich. Genauer erfolgt die Aktualisierung durch Division der Pivotzeile durch das Pivotelement und Addition des jeweils geeigneten Vielfachen der Pivotzeile zu jeder anderen Zeile, um die übrigen Einträge der Pivotspalte zu 0 zu machen.

Dieselben Operationen werden natürlich auch auf die rechte Seite w_B angewendet, um X nicht zu verändern. Analog verfährt man auch für die Kostenzeile. Schließlich ergeben sich die reduzierten Kosten für die Nichtbasisvariablen als $\left(b_N^T - b_B^T(M^B)^{-1}M^N\right)u_l$ für $j = k_l \in N$, d.h. durch 'Annihilierung' der Einträge für die Basisindizes durch Gauß-Elimination.

Besonders schön sieht man übrigens, dass die Kostenzeile eigentlich gar keine Sonderstellung einnimmt, wenn man eine weitere Variable ζ einführt und zu

$$
\begin{array}{rl}
& \min \zeta \\
\text{(IV)} \quad -\zeta \ + & b_{\text{red}}^T y \ = \ -b_B^T w_b \\
& (M^B)^{-1}My \ = \ w_B \\
& \qquad\quad y \ \geq \ 0
\end{array}
$$

übergeht. Entsprechend Lemma 6.4.13 (b) gilt ja mit $\zeta = b^T y$ die Gleichung

$$-\zeta + b_{\text{red}}^T y = -b^T y + 0 \cdot y_B + \left(b_N^T - b_B^T(M^B)^{-1}M^N\right)y_N = -b_B^T w_B.$$

Die neue Gleichungsrestriktion gehört natürlich in jede (primale) Basis, und die Variable ζ wird niemals aus der (dualen) Basis entfernt. Die Aktualisierungsregeln für die Kostenzeile sind aber die gleichen wie für den Rest der Matrix. Natürlich besteht keine Notwendigkeit, die zu ζ gehörende ('ereignislose') Spalte tatsächlich mitzuführen, und wir werden das daher auch nicht tun.

Man kann nun alle Daten in einem einheitlichen Tableau verwalten. Die reduzierten Kosten werden dabei in der nullten Zeile notiert. Um eine einheitlichere Indizierung zu haben, schreibt man die Spalte der rechten Seite im Allgemeinen auf die linke Seite und nennt sie nullte Spalte.[71] In der Position (0,0) steht (konsequenterweise) das Negative

---

[71] Das steht ganz im Einklang mit den Kriterien für die lexikographische Variante des vorherigen Abschnitts und hatte dort bereits Ausdruck in der Form der erweiterten transformierten Koeffizientenmatrix gefunden.

des aktuellen Zielfunktionswertes.[72] Wenn man einmal davon absieht, dass Zeilen von $(M^B)^{-1}$ auch permutiert sein können, so hat das Simplextableau zur Basis B also die Form

$-b^T w$	b^T_{red}
w_B	$(M^B)^{-1} M$

Bisweilen werden der Übersichtlichkeit halber auch noch die Variablen oberhalb und die Basisvariablen links neben dem Tableau vermerkt.

6.4.20 Beispiel. *(Fortsetzung von Beispiel 6.4.2, 6.4.8 und 6.4.10). Es gilt*

$$B = \{1,3\} \quad \wedge \quad (M^B)^{-1} M = \begin{pmatrix} 1 & -1 & 0 \\ 0 & 2 & 1 \end{pmatrix} \quad \wedge \quad b^T w_1 = (0,0,1) \begin{pmatrix} 0 \\ 0 \\ 1 \end{pmatrix} = 1$$

$$b_N^T - b_B^T (M^B)^{-1} M^N = 0 - (0,1) \begin{pmatrix} -1 \\ 2 \end{pmatrix} = -2.$$

Somit erhalten wir das Tableau T

		η_1	η_2	η_3
	-1	0	-2	0
η_1	0	1	-1	0
η_3	1	0	2	1

zur Basis B.

Die nullte Zeile des Tableaus T gibt links das Negative des aktuellen Zielfunktionswertes sowie die reduzierten Kosten an. Die erste Zeile entspricht der Auflösung des Gleichungssystems nach η_1, die zweite der Auflösung nach η_3. Entsprechend enthalten die beiden letzten Einträge der nullten Spalte w_B, also die erste und dritte Komponente von w_1.

Machen wir (nur so zum Spaß) η_3 zur ersten und η_1 zur zweiten Basisvariablen, so erhalten wir

$$\left(\tilde{M}^B\right)^{-1} = \begin{pmatrix} 1 & -1 \\ 0 & 1 \end{pmatrix} \quad \wedge \quad \left(\tilde{M}^B\right)^{-1} M = \begin{pmatrix} 0 & 2 & 1 \\ 1 & -1 & 0 \end{pmatrix}$$

und damit das Tableau $\tilde{T}$

		η_1	η_2	η_3
	-1	0	-2	0
η_3	1	0	2	1
η_1	0	1	-1	0

Im Vergleich zu T sind lediglich die beiden unteren Zeilen vertauscht.

Wir verzichten auf eine strukturierte Angabe der Tableauform als eigene Prozedur, fassen aber in der nachfolgenden Bemerkung alle zur Durchführung des Simplex-Algorithmus im Tableau notwendigen Operationen noch einmal zusammen.

---

[72] Das passt dazu, dass das Maximum von (III) das Negative des Minimums von (II′) ist.

6.4.21 Bemerkung. *Seien B eine (duale) Basis und w die zugehörige Basislösung. Ferner bezeichne*

$$T := (\tau_{i,j})_{\substack{i \in \{0\} \cup [n] \\ j \in \{0\} \cup [m]}}$$

das aktuelle Tableau zur Basis B. Gilt

$$\tau_{0,1}, \ldots, \tau_{0,m} \geq 0,$$

so ist w optimal. Andernfalls Sei $j^* \in [m]$ mit

$$\tau_{0,j^*} < 0.$$

Gilt

$$\tau_{1,j^*}, \ldots, \tau_{n,j^*} \leq 0,$$

so ist die Zielfunktion über dem zulässigen Bereich nach unten unbeschränkt. Andernfalls sei $i^* \in [n]$ mit

$$i^* \in \operatorname{argmin}\left\{ \frac{\tau_{i,0}}{\tau_{i,j^*}} : i \in [n] \wedge \tau_{i,j^*} > 0 \right\}.$$

Dann sind i^* bzw. j^* der Index der Pivotzeile bzw. -spalte; τ_{i^*,j^*} ist das Pivotelement.

Die Einträge $\hat{\tau}_{i,j}$ des neuen Tableaus ergeben sich für $i \in \{0\} \cup [n]$ und $j \in \{0\} \cup [m]$ wie folgt:

$$\tau_{i^*,j} \mapsto \hat{\tau}_{i^*,j} := \frac{\tau_{i^*,j}}{\tau_{i^*,j^*}}$$

$$\tau_{i,j} \mapsto \hat{\tau}_{i,j} := \tau_{i,j} - \frac{\tau_{i^*,j} \cdot \tau_{i,j^*}}{\tau_{i^*,j^*}} \qquad (i \neq i^*).$$

Bei Anwendung der lexikographischen Variante gemäß Bemerkung 6.4.19 müssen bis auf die Kostenzeile alle Zeilen des Starttableaus $T^{(0)}$ lexikographisch positiv sein.[73] *Bei der Auswahl der Pivotzeile ist der Index i^* zu verwenden, für den*

$$\operatorname{lexmin}\left\{ \frac{1}{\tau_{i,j^*}}\left(\tau_{i,0}, \tau_{i,1}, \ldots, \tau_{i,m}\right)^T : i \in [n] \wedge \tau_{i,j^*} > 0 \right\}$$

angenommen wird.

Aufgrund der Positionierung der relevanten Koeffizienten innerhalb des 'Vierecks'

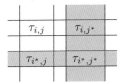

erhält die Updateregel für die Elemente außerhalb der Pivotzeile einen suggestiven Namen.

6.4.22 Bezeichnung. *Die Updateregel für die Elemente außerhalb der Pivotzeile wird* ***Vierecksregel*** *genannt.*

---

[73] Wie schon im vorherigen Abschnitt erwähnt, kann man man etwa durch Permutation der Spalten die Startbasis links im Tableau positionieren.

6.4.23 Beispiel. *(Fortsetzung von Beispiel 6.4.2, 6.4.8, 6.4.10 und 6.4.20). Wir beginnen mit dem Tableau T von Beispiel 6.4.20. Die reduzierten Kosten der zweiten Spalte sind negativ. Die aktuelle zulässige Basislösung w_1 ist also noch nicht optimal, und wir führen einen Simplex-Schritt durch. Die zweite Spalte wird zur Pivotspalte; die bisherige Nichtbasisvariable η_2 wird in die Basis aufgenommen. Nur der Eintrag 2 in der Pivotspalte ist positiv. Somit wird die zweite Zeile zur Pivotzeile und η_3 verlässt die Basis. Das Pivotelement ist der Eintrag 2 in der Position (2,2). In dem Ausgangstableau*

	-1	0	-2	0
η_1	0	1	-1	0
η_3	1	0	2	1

sind die Pivotzeile und Pivotspalte gekennzeichnet, um die Aktualisierung zu erleichtern. Die Pivotzeile wird durch das Pivotelement 2 dividiert. Die Viereckregel liefert für alle anderen Einträge

	0	0	0	1
η_1	$\frac{1}{2}$	1	0	$\frac{1}{2}$
η_2	$\frac{1}{2}$	0	1	$\frac{1}{2}$

Wir erhalten die Ecke $w_2 = (1/2,1/2,0)^T$. Wie wir aus Beispiel 6.4.2 bereits wissen, ist w_2 optimal. Hier erkennen wir es daran, dass die relativen Kosten sämtlich nichtnegativ sind. Der Zielfunktionswert von w_2 ist 0, er ist (als -0) in der Position (0,0) ausgewiesen.

Um den Algorithmus starten zu können, müssen eine Startecke und eine zugehörige Basis gefunden und das Tableau entsprechend aufgestellt werden. Das alles geschieht am einfachsten durch Lösung einer geeigneten Hilfsaufgabe; vgl. Sektion 5.2 und speziell Lemma 5.2.13.

Der Einfachheit halber setzen wir dabei ohne Einschränkung voraus, dass die rechte Seite c des Dualen nichtnegativ ist.

6.4.24 Bemerkung. *Durch Multiplikation aller Gleichungen mit -1, für die $\gamma_j < 0$ gilt, lässt sich stets $c \geq 0$ erreichen.*

Das folgende Lemma zeigt, wie man eine zulässige Startbasislösung erhalten kann.[74]

6.4.25 Lemma. *Seien $c \geq 0$ und ζ^* das Optimum der LP-Aufgabe*

$$\min \mathbb{1}^T z$$
$$\begin{aligned} My \;+\; z \;&=\; c \\ y, z \;&\geq\; 0. \end{aligned}$$

Dann gilt $0 \leq \zeta^* \leq \mathbb{1}^T c$. Ist $\zeta^* > 0$, so ist die LP-Aufgabe (II') unzulässig. Gilt $\zeta^* = 0$, und ist

$$\begin{pmatrix} y^* \\ z^* \end{pmatrix}$$

eine optimale zulässige Basislösung der gegebenen Aufgabe, so gibt es eine Basis B, so dass y^* zulässige Basislösung von (II') zur Basis B ist. Man erhält sie durch Austausch gegebenenfalls noch vorhandener Basisvariablen ζ_i durch geeignete Nichtbasisvariable η_j.

---

[74] Für $c > 0$ und Startecke 0 entspricht es genau der Vorgehensweise von Lemma 5.2.13.

Beweis: Da $z \geq 0$ gilt und $(0, c^T)^T$ zulässig ist, folgt $0 \leq \zeta^* \leq \mathbb{1}^T c$. Für jedes $y \in Q$ ist $(y^T, 0)^T$ ein zulässiger Punkt der Hilfsaufgabe mit Zielfunktionswert 0. $Q \neq \emptyset$ ist somit äquivalent zu $\zeta^* = 0$.

Seien nun $\zeta^* = 0$ und $\left((y^*)^T, (z^*)^T\right)^T$ eine optimale zulässige Basislösung der Hilfsaufgabe mit Basis B^*. Dann gilt $z^* = 0$, und y^* ist zulässig für (II'). Sind bereits alle Basisvariablen Komponenten von y^*, so ist B^* eine gesuchte Basis. Andernfalls enthält B^* eine Basisvariable ζ_i. Ihr Wert in der Basislösung muss jedoch 0 sein. Wegen $\operatorname{rang}(M) = n$ können alle solchen Basisvariablen gegen bisherige Nichtbasisvariable η_j ausgetauscht werden, und man erhält eine gewünschte Basis. $\qquad\square$

Wir führen bei der Bestimmung einer Startecke und eines Starttableaus gemäß Lemma 6.4.25 für $Q = \emptyset$ gegebenenfalls also noch weitere Austauschschritte durch, um zu einem Basistableau zu gelangen, dessen Basisvariablen sämtlich zu y gehören.

Wenn wir bei der Lösung der Hilfsaufgabe zusätzlich die Zeile der reduzierten Kosten von (II') gleich mit transformieren, so erhalten wir nach Streichen der Hilfskostenzeile und aller zu z gehörigen Spalten somit ein Starttableau für (II').

Im Folgenden wird nun das gesamte zweiphasige Simplex-Verfahren in Tableauform an der Aufgabe aus Beispiel 6.4.2 durchgeführt.

6.4.26 Beispiel. *(Fortsetzung von Beispiel 6.4.2, 6.4.8, 6.4.10, 6.4.20 und 6.4.23). In den bisherigen, auf der Aufgabe aus Beispiel 6.4.2 beruhenden Beispielen hatten wir die einfache Geometrie von Q verwendet, um die Startecke w_1 zu bestimmen. Wir führen nun Phase I des Simplex-Algorithmus in Tableauform vollständig und ohne Verwendung von Vorkenntnissen durch. Das folgende Tableau enthält alle Daten der eigentlichen und der Hilfsaufgabe:*

		η_1	η_2	η_3	ζ_1	ζ_2
	0	0	0	0	1	1
	0	0	0	1	0	0
ζ_1	1	1	1	1	1	0
ζ_2	0	1	-1	0	0	1

Die oberste Datenzeile gibt die Koeffizienten der Zielfunktion der Hilfsaufgabe an, die nächste die Komponenten der Zielfunktion der ursprünglichen Aufgabe. Die Koeffizientenmatrix enthält (konstruktionsgemäß) bereits eine Einheitsmatrix; sie entspricht der Basis $\{\zeta_1, \zeta_2\}$.

Das obige Tableau ist allerdings noch kein Starttableau, da die Hilfskosten noch nicht reduziert sind. Der Wert 0 in der nullten Spalte der Hilfskostenzeile ist nicht das Negative des Zielfunktionswerts der ersten Basislösung (dieses wäre -1). Der Eintrag ergibt sich vielmehr daraus, dass die 'Kostenzeile' in (IV) noch

$$-\zeta + \mathbb{1}^T z = 0$$

lautet. Noch ist kein Einsetzen der Basisvariablen in die Zielfunktion erfolgt, so dass noch keine 'Inhomogenität' des Zielfunktionswertes aufgetreten ist.

Um ein Starttableau für einen ersten Pivotschritt zu erhalten, muss daher noch die Zeile der Hilfskosten in die Zeile der reduzierten Hilfskosten transformiert werden. Dieses geschieht gemäß Bemerkung 6.4.21, bzw. durch Anwendung von Schritten der Gauß-Elimination.

Subtrahieren wir die beiden Restriktionszeilen von der Hilfskostenzeile, so erhalten wir das Starttableau

		η_1	η_2	η_3	ζ_1	ζ_2
	-1	-2	0	-1	0	0
	0	0	0	1	0	0
ζ_1	1	1	1	1	1	0
ζ_2	0	1	-1	0	0	1

Man beachte, dass die mitgeführte Kostenzeile der Hauptaufgabe bereits reduziert vorliegt. Genauer ist hier nichts zu reduzieren, da die Zielfunktion der Hauptaufgabe die Hilfsvariablen nicht, d.h. 'auf Niveau' 0 enthält. Ferner ist die y-Komponente der Startlösung $(y_0^T, z_0^T)^T$ gleich 0 und damit auch $b^T y_0 = 0$. Die Kostenzeile gemäß (IV) ist also $-\zeta + b^T y = 0$.

Als Pivotspalte des Starttableaus stehen die erste und die dritte Spalte zur Auswahl. Wählen wir die dritte, so wird η_3 zu einer Basisvariablen. Als Pivotelement kommt nur die 1 in Frage, d.h. ζ_1 verlässt die Basis. Da nun eine der Variablen von y in die Basis gelangt, ändert sich auch die Kostenzeile der eigentlichen Aufgabe. Wir erhalten als neues Basistableau

		η_1	η_2	η_3	ζ_1	ζ_2
	0	-1	1	0	1	0
	-1	-1	-1	0	-1	0
η_3	1	1	1	1	1	0
ζ_2	0	1	-1	0	0	1

Der aktuelle Zielfunktionswert des Hilfsproblems ist 0. Damit erkennen wir hier bereits, dass die eigentliche Aufgabe zulässig ist, d.h. $Q \neq \emptyset$ gilt. Allerdings ist $\{\eta_3, \zeta_2\}$ noch keine optimale Basis des Hilfsproblems, da es noch negative reduzierte Hilfskosten gibt.[75]

Im nächsten Schritt wird η_1 in die Basis aufgenommen. Zur Auswahl der die Basis verlassende Variable stehen zunächst η_3 und ζ_2, da beide zugehörigen Einträge der Pivotspalte positiv sind, nämlich beide gleich 1. Der zu bildende Quotient gemäß Bemerkung 6.4.21 ist für die letzte Zeile des Tableaus minimal, sein Wert ist (wie bereits erwartet) gleich 0, so dass ζ_2 die Basis verlässt. Man erkennt, dass dieser Pivotschritt (natürlich) nicht zu einer neuen Ecke sondern lediglich zu einer anderen Basisdarstellung derselben Ecke führt. Als neues Tableau erhalten wir

		η_1	η_2	η_3	ζ_1	ζ_2
	0	0	0	0	1	1
	-1	0	-2	0	-1	1
η_3	1	0	2	1	1	-1
η_1	0	1	-1	0	0	1

Für das Hilfsproblem ist hiermit ein optimales Basistableau erreicht. Da die gefundene Basis nur Komponenten von y enthält, ist das Teiltableau

		η_1	η_2	η_3
	-1	0	-2	0
η_3	1	0	2	1
η_1	0	1	-1	0

---

[75] Geometrisch bedeutet das, dass wir zwar bereits an einer optimalen Ecke des Hilfsproblems angekommen sind, der Zielfunktionsvektor aber noch nicht im aktuellen Basisstützkegel liegt. Die erreichte Ecke muss daher überbestimmt sein.

ein Starttableau für die Hauptaufgabe. Tatsächlich sind wir bei dem Tableau $\tilde{T}$ von Beispiel 6.4.20 angelangt.

Wir beenden diesen Abschnitt mit einigen Bemerkungen.

Wir haben die Tableauform im primal-dualen Kontext entwickelt und dabei speziell das Duale im Fokus gehabt. Aber natürlich kann diese Art der Organisation des Simplex-Algorithmus auch unabhängig davon auf beliebige LP-Aufgaben angewendet werden, nachdem diese in Standardform gebracht wurden. Besonders einfach ist dieses für Aufgaben in kanonischer Form

$$\max c^T x$$
$$Ax \;\leq\; b$$
$$x \;\geq\; 0,$$

für die zusätzlich noch $b \geq 0$ gilt. Die in Standardform überführte Aufgabe

$$-\min \; (-c)^T x$$
$$Ax \;+\; z \;=\; b$$
$$x \qquad\quad \geq\; 0$$
$$z \;\geq\; 0$$

hat $z := b$ als Ecke zu der aus den Schlupfvariablen z bestehenden Basis. Das Tableau

0	$-c^T$	0
b	A	E_m

ist ein zulässiges Starttableau genau von der vorher hergeleiteten Form, und man kann (unter Berücksichtigung des durch die Minimierung auftretenden Vorzeichens im Zielfunktionswert) den Algorithmus so durchführen, wie es in Bemerkung 6.4.21 zusammengefasst ist. Da das Starttableau die Einheitsmatrix E_m enthält, enthalten alle transformierten Tableaus stets die Inverse der aktuellen Basismatrix in den letzten m Spalten des (um die Kostenzeile verkleinerten) Kerntableaus. Ferner folgt aus Lemma 6.4.13 (a), dass die letzten m Einträge der Kostenzeile im optimalen Tableau das Negative einer optimalen dualen Lösung enthalten.

Das Simplextableau enthält stets eine Einheitsmatrix (allerdings jeweils an verschiedenen Stellen). Wenn man also noch zusätzlich die entsprechenden Basis- und Nichtbasisvariablen vermerkt, so kann man das zur Einheitsmatrix gehörige Teiltableau weglassen und zum *reduzierten Simplextableau* übergehen.[76] Wir werden der Übersichtlichkeit halber jedoch weiterhin stets das erweiterte Tableau verwenden.

Dualer Simplex-Algorithmus: Nachdem wir in den vorherigen Abschnitten den (primalen) Simplex-Algorithmus auf die duale Aufgabe (II') angepasst haben, wollen wir jetzt die dualen Basislösungen im Primalen interpretieren. In Lemma 6.4.13 hatten wir bereits zu einer (dualen) Basis B neben der zugehörigen (dualen) Basislösung $w_B := (M^B)^{-1}c = \left((A_B)^T\right)^{-1}c$ auch den offenbar zugehörigen (primalen) Punkt $v := A_B^{-1}b_B$ identifiziert und ihn in der dem Beweis folgenden Diskussion als (primal) 'optimal, aber nicht zulässig' interpretiert. Diesen Zusammenhang werden wir im Folgenden vertiefen, um zu einer dualen Variante des Simplex-Algorithmus im Primalen zu gelangen.

---

[76] Eine besonders intuitive Verwendung reduzierter Tableaus (dort 'dictionary' genannt) findet sich in [80].

Da der Punkt v im Allgemeinen (primal) nicht zulässig ist, müssen wir hierfür die Menge der Basislösungen geeignet erweitern. Wir verwenden daher in Ergänzung der bereits in den beiden vorherigen Abschnitten benutzten Bezeichnungen noch die folgenden Begriffe, die die Indexmengen der regulären $(n \times n)$-Teilmatrizen von A bzw. A^T in den Vordergrund rücken.

6.4.27 Bezeichnung. *Sei*

$$\mathcal{B} := \big\{ B \subset [m] : |B| = n \wedge \mathrm{rang}(A_B) = n \big\}.$$

*Jede Indexmenge $B \in \mathcal{B}$ heißt **Punktbasis** von A. Für $B \in \mathcal{B}$ und $N := [m] \setminus B$ seien $v \in \mathbb{R}^n$ und $w \in \mathbb{R}^m$ definiert durch*

$$v := A_B^{-1} b_B \quad \wedge \quad w_B := (M^B)^{-1} c \quad \wedge \quad w_N = 0.$$

*Dann werden v bzw. w zu B gehöriger **(primaler)** bzw. **(dualer)** **Schnittpunkt** genannt.*

Der Begriff des primalen bzw. dualen Schnittpunktes verallgemeinert den der Basislösung.[77] Neben den bislang vorrangig betrachteten Ecken der zulässigen Bereiche umfasst er auch alle sonstigen Punkte, die als Schnitt von n Restriktionshyperebenen definiert sind, deren Normalen linear unabhängig sind. Mit dieser Erweiterung können wir nun die dual zulässigen Basen in der primalen Aufgabe interpretieren.

6.4.28 Beispiel. *Die zu der (dualen) Aufgabe aus Beispiel 6.4.2 primale Aufgabe lautet*

$$\max \quad \xi_1$$

$$
\begin{array}{rcrcl}
\xi_1 & + & \xi_2 & \leq & 0 \\
\xi_1 & - & \xi_2 & \leq & 0 \\
\xi_1 & & & \leq & 1;
\end{array}
$$

vgl. Abbildung 6.19. Zu den beiden Ecken $w_1 = (0,0,1)^T$ und $w_2 = (1/2,1/2,0)^T$ der dualen Aufgabe gehören die drei Basen

$$B_1 = \{1,3\} \quad \wedge \quad B_2 = \{2,3\} \quad \wedge \quad B_3 = \{1,2\}.$$

Der überbestimmte Punkt w_1 ist 'Träger' der beiden Basislösungen $(w_1)_{B_1}$ und $(w_2)_{B_2}$, während die Basis B_3 zu w_2 eindeutig bestimmt ist. Wir betrachten B_1, B_2, B_3 nun allgemeiner als Punktbasen. Die zugehörigen (primalen) Schnittpunkte ergeben sich als die Lösungen der drei Gleichungssysteme

$$
\begin{array}{rclcrclcrcl}
\xi_1 & + & \xi_2 & = & 0 & \quad & \xi_1 & - & \xi_2 & = & 0 & \quad & \xi_1 & + & \xi_2 & = & 0 \\
\xi_1 & & & = & 1 & , & \xi_1 & & & = & 1 & , & \xi_1 & - & \xi_2 & = & 0 & ,
\end{array}
$$

und wir erhalten

$$v_1 := (1,-1)^T \quad \wedge \quad v_2 := (1,1)^T \quad \wedge \quad v_3 := 0.$$

Die Schnittpunkte v_1 und v_2 sind (primal) unzulässig; ihr Zielfunktionswert ist 1. Der Schnittpunkt v_3 ist hingegen (primal) zulässig und optimal; sein Zielfunktionswert ist 0. Abbildung 6.19 visualisiert die Interpretation, dass alle drei (primalen) Schnittpunkte insofern 'optimal' sind, als der (primale) Zielfunktionsvektor im Kegel der äußeren Normalen der beiden Restriktionsgleichungen liegt, durch die sie jeweils definiert sind.

Die Überbestimmtheit von w_1 im Dualen führt im Primalen zu den zwei verschiedenen Schnittpunkten v_1 und v_2, die jedoch denselben (primalen) Zielfunktionswert besitzen.

---

[77] In der Literatur wird hierfür auch der Begriff Basislösung verwendet und zwischen zulässigen und unzulässigen Basislösungen unterschieden.

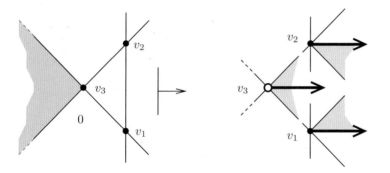

6.19 Abbildung. Links: Zulässiger Bereich (grau), Zielfunktionsvektor u_1 und Schnittpunkte v_1, v_2, v_3; Rechts: Die von den Normalen der jeweils definierenden Bedingungen erzeugten und in v_k abgetragenen Kegel; sie enthalten sämtlich den Zielfunktionsvektor u_1.

Den Simplex-Schritt im Dualen von w_1 zu w_2 in Beispiel 6.4.23 kann man im Primalen als Übergang von v_1 zu v_3 interpretieren. Hier wird die Bedingung $\xi_1 = 1$ aus der (primalen) Basis entfernt und durch die Restriktion $\xi_1 - \xi_2 = 0$ ersetzt.

Tatsächlich lassen sich die Beobachtungen von Beispiel 6.4.26 verallgemeinern. Die nächste Bemerkung hält zunächst die Tatsache fest, dass die Zielfunktionswerte des zu derselben Punktbasis gehörigen primalen bzw. dualen Schnittpunktes bez. der jeweiligen Zielfunktion übereinstimmen.

6.4.29 Bemerkung. *Seien $B \in \mathcal{B}$ und v bzw. w der zugehörige primale bzw. duale Schnittpunkt. Dann gilt $c^T v = b^T w$.*

Beweis: Aus $v = A_B^{-1} b_B$ sowie $w_B = (M^B)^{-1} c$ und $w_N = 0$ folgt

$$c^T v = c^T A_B^{-1} b_B = b_B^T (A_B^{-1})^T c = b_B^T (M^B)^{-1} c = b_B^T w_B = b^T w$$

und damit die Behauptung.   □

In der primalen Interpretation des auf die duale Aufgabe angewendeten Simplex-Algorithmus starten wir mit einer (dualen) Basis B. Ihr entspricht der primale Schnittpunkt $v := A_B^{-1} b_B$. Seien, wie üblich,

$$A =: (a_1, \dots, a_m)^T \quad \wedge \quad b =: (\beta_1, \dots, \beta_m)^T.$$

Ist v primal zulässig, so ist dieser Punkt bereits optimal, da ja die duale Zulässigkeit der zu B gehörigen Basislösung $w := (M^B)^{-1} c$ bedeutet, dass der Kegel $\mathrm{pos}\big(\{a_i : i \in B\}\big)$ der äußeren Normalen der Halbräume $H^{\leq}_{(a_i, \beta_i)}$ mit $i \in B$ den Zielfunktionsvektor c enthält. Ist das nicht der Fall, so führen wir im Dualen einen Simplex-Schritt durch.

Nach Lemma 6.4.13 gilt $b_{\mathrm{red}} = b - Av$. Der Schnittpunkt v ist also genau dann primal (zulässig), wenn alle reduzierten Kosten nichtnegativ sind. Umgekehrt ist genau dann $a_i^T v > \beta_i$, d.h. die i-te Restriktion verletzt, wenn $u_i^T b_{\mathrm{red}} = \beta_i - a_i^T v < 0$ gilt, die i-te Komponente der reduzierten Kosten also negativ ist. Eine Spalte des Tableaus steht somit genau dann als (duale) Pivotspalte zu Verfügung, wenn die zugehörige primale Restriktion von v verletzt wird.

Nach dem Austausch erhalten wir eine neue Basis. Ihr ist im Primalen natürlich ebenfalls wieder ein Punkt zugeordnet, der die betreffende, vorher verletzte Restriktion nun erfüllt. Die entsprechenden Zielfunktionswerte stimmen gemäß Bemerkung 6.4.29 überein; die Annäherung an das Optimum im Dualen korrespondiert daher mit einer Annäherung an P im Primalen. Im Optimum liegt gleichzeitig primale und duale Zulässigkeit vor.

Wir betrachten zunächst ein ausführliches Beispiel, das es erlaubt, die Schritte des Verfahrens geometrisch zu verfolgen.

6.4.30 Beispiel. *Gegeben sei das primale lineare Programm*

$$\max \ \xi_1$$

$$(\text{LP}) \quad
\begin{aligned}
-\xi_1 & &\leq& \ 1 & (1)\\
 & -\xi_2 &\leq& \ 0 & (2)\\
\xi_1 &- 3\xi_2 &\leq& \ 0 & (3)\\
-\xi_1 &+ \xi_2 &\leq& \ 2 & (4)\\
\xi_1 &+ \xi_2 &\leq& \ 2 & (5)\\
2\xi_1 &- \xi_2 &\leq& \ 1 & (6).
\end{aligned}$$

Sein zulässiger Bereich P ist in Abbildung 6.20 dargestellt. Die Indexmenge von je zwei der Restriktionen bilden die Punktbasen; die zugehörigen (primalen) Schnittpunkte $v_{i,j}$ zur Punktbasis $B_{i,j} := \{i,j\}$ sind hervorgehoben. Es sind

$$v_{1,2} := (-1,0)^T \quad \wedge \quad v_{1,3} := (-1,-\tfrac{1}{3})^T \quad \wedge \quad v_{1,4} := (-1,1)^T \quad \wedge \quad v_{1,5} := (-1,3)^T$$

$$v_{1,6} := (-1,-3)^T \quad \wedge \quad v_{2,3} := (0,0)^T \quad \wedge \quad v_{2,4} := (-2,0)^T \quad \wedge \quad v_{2,5} := (2,0)^T$$

$$v_{2,6} := (\tfrac{1}{2},0)^T \quad \wedge \quad v_{3,4} := (-3,-1)^T \quad \wedge \quad v_{3,5} := (\tfrac{3}{2},\tfrac{1}{2})^T \quad \wedge \quad v_{3,6} := (\tfrac{3}{5},\tfrac{1}{5})^T$$

$$v_{4,5} := (0,2)^T \quad \wedge \quad v_{4,6} := (3,5)^T \quad \wedge \quad v_{5,6} := (1,1)^T.$$

Die Punkte $v_{1,2}$, $v_{1,4}$, $v_{2,3}$, $v_{3,6}$, $v_{4,5}$ und $v_{5,6}$ liegen in P. Das (eindeutig bestimmte) Optimum von (LP) ist $v^* := v_{5,6} = (1,1)^T$.

Das zu (LP) duale Programm hat die Form

$$\min \ \eta_1 + 2\eta_4 + 2\eta_5 + \eta_6$$

$$(\text{DLP}) \quad
\begin{aligned}
-\eta_1 & & + \eta_3 & - \eta_4 & + \eta_5 & + 2\eta_6 &=& \ 1\\
& -\eta_2 & - 3\eta_3 & + \eta_4 & + \eta_5 & - \eta_6 &=& \ 0\\
& & & & \eta_1,\eta_2,\eta_3,\eta_4,\eta_5,\eta_6 &\geq& \ 0.
\end{aligned}$$

Die (dualen) Schnittpunkte $w \in \mathbb{R}^6$ ergeben sich aus den nachfolgenden Vektoren $w_{i,j}$ zur Punktbasis $B_{i,j} := \{i,j\}$ durch Ergänzung der nicht zu $B_{i,j}$ gehörigen Komponenten durch 0. Es sind

$$w_{1,2} := w_{1,3} := w_{1,4} := w_{1,5} := w_{1,6} := (-1,0)^T$$

sowie

$$w_{2,3} := (-3,1)^T \quad \wedge \quad w_{2,4} := (-1,-1)^T \quad \wedge \quad w_{2,5} := (1,1)^T$$

$$w_{2,6} := (-\tfrac{3}{2},\tfrac{1}{2})^T \quad \wedge \quad w_{3,4} := (-\tfrac{1}{2},-\tfrac{3}{2})^T \quad \wedge \quad w_{3,5} := (\tfrac{1}{4},\tfrac{3}{4})^T$$

$$w_{3,6} := (-\tfrac{1}{5},\tfrac{3}{5})^T \quad \wedge \quad w_{4,5} := (-\tfrac{1}{2},\tfrac{1}{2})^T \quad \wedge \quad w_{4,6} := (1,1)^T$$

$$w_{5,6} := (\tfrac{1}{3},\tfrac{1}{3})^T.$$

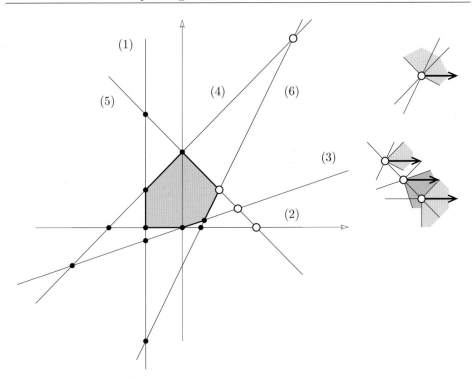

6.20 Abbildung. Restriktionen von (LP), zulässiger Bereich P (grau) sowie die zu den Punktbasen gehörigen primalen Schnittpunkte (schwarz und weiß). Die zu den weiß hervorgehobenen Punkten gehörigen Punktbasen entsprechen dual zulässigen Basislösungen; die den Zielfunktionsvektor u_1 enthaltenden Kegel der äußeren Normalen sind rechts (in gleicher Reihenfolge von oben nach unten) jeweils gesondert hervorgehoben.

Man erkennt an den Vorzeichen der Komponenten von $w_{i,j}$, dass genau die Punktbasen $\{2,5\}$, $\{3,5\}$, $\{4,6\}$ und $\{5,6\}$ duale Basen sind. Die Basislösungen von (DLP) sind daher

$$w_1 := (0,1,0,0,1,0)^T \qquad \wedge \qquad w_2 := (0,0,\tfrac{1}{4},0,\tfrac{3}{4},0)^T$$
$$w_3 := (0,0,0,1,0,1)^T \qquad \wedge \qquad w_4 := (0,0,0,0,\tfrac{1}{3},\tfrac{1}{3})^T.$$

Die fünf für $j \in [6] \setminus \{1\}$ zu $w_{1,j}$ gehörigen (dualen) Schnittpunkte im $\mathbb{R}^6$ fallen sämtlich zusammen. Die Punkte w_1 und w_3 sind hingegen verschieden, obwohl $w_{2,5} = w_{4,6}$ ist, da die Einträge 1 an verschiedenen Stellen der 6-dimensionalen Vektoren stehen.

    Die den (dualen) Basislösungen w_1, w_2, w_3, w_4 entsprechenden primalen Schnittpunkte sind in Abbildung 6.20 weiß hervorgehoben.

    Wir beginnen nun den dualen Simplex-Algorithmus an der Startecke w_1. Das Ausgangstableau

0	1	0	0	2	2	1
1	−1	0	1	−1	1	2
0	0	−1	−3	1	1	−1

wird durch Zeilenoperationen in das Starttableau überführt. Genauer subtrahieren wir die erste Zeile von der zweiten und multiplizieren die zweite Zeile mit -1. Ferner subtrahieren *wir das Zweifache der ersten Zeile von der nullten.*

Wir erhalten damit das Starttableau

	-2	3	0	-2	4	0	-3
η_5	1	-1	0	1	-1	1	2
η_2	1	-1	1	4	-2	0	3

zur Basis $\{2,5\}$. Die reduzierten Kosten von η_3 und η_6 sind negativ. Entsprechend verletzt $v_{2,5}$ im Primalen die Ungleichungen (3) und (6). Man kann nun entweder η_3 oder η_6 in die Basis aufnehmen; in beiden Fällen würde η_2 die Basis verlassen. Beim Übergang zu $\{3,5\}$ erhielten wir w_2, beim Wechsel zu $\{5,6\}$ gingen wir zur Ecke w_4 über.

In der Interpretation mittels primaler Schnittpunkte stehen also die Übergänge von $v_{2,5}$ zu $v_{3,5}$ oder zu $v_{5,6}$ zur Auswahl. In beiden Fällen bewegen wir uns auf P zu. Tatsächlich ist $v_{5,6}$ ja bereits primal zulässig und damit optimal. Mit dem Basiswechsel zu $B^* := \{5,6\}$ erhalten wir das dual optimale Tableau

	-1	2	1	2	2	0	0
η_5	$\frac{1}{3}$	$-\frac{1}{3}$	$-\frac{2}{3}$	$-\frac{5}{3}$	$\frac{1}{3}$	1	0
η_6	$\frac{1}{3}$	$-\frac{1}{3}$	$\frac{1}{3}$	$\frac{4}{3}$	$-\frac{2}{3}$	0	1

Zum Abschluss dieses Beispiels überprüfen wir an den konkreten Zahlen noch zwei bereits vorher identifizierte Zusammenhänge. Zum einen geht es um das Ablesen der primale Lösung aus dem optimalen Tableau; zum anderen, um die Identifikation der hinter den durchgeführten Operationen des Simplex-Algorithmus liegenden affinen Transformation des Primalen.

Für die in der nullten Zeile stehenden reduzierten Kosten gilt

$$
Av^* = \begin{pmatrix} -1 & 0 \\ 0 & -1 \\ 1 & -3 \\ -1 & 1 \\ 1 & 1 \\ 2 & -1 \end{pmatrix} \begin{pmatrix} 1 \\ 1 \end{pmatrix} = \begin{pmatrix} -1 \\ -1 \\ -2 \\ 0 \\ 2 \\ 1 \end{pmatrix} = \begin{pmatrix} 1 \\ 0 \\ 0 \\ 2 \\ 2 \\ 1 \end{pmatrix} - \begin{pmatrix} 2 \\ 1 \\ 2 \\ 2 \\ 0 \\ 0 \end{pmatrix} = b - b_{\text{red}},
$$

wie wir es nach Lemma 6.4.13 (a) auch erwarten. Speziell für die ersten beiden Komponenten ergibt sich die Gleichung

$$
-v^* = -E_2 v^* = \begin{pmatrix} -1 \\ -1 \end{pmatrix},
$$

durch die v^* eindeutig bestimmt ist. Wegen der Teilmatrix $-E_2$ von A können wir die primale Lösung v^* also als Differenz der zu den ersten beiden Spalten gehörigen reduzierten Kosten und den Komponenten des entsprechenden Teilvektors der rechten Seite von (LP) aus dem optimalen Tableau 'direkt ablesen'.

Wir schreiben nun noch das durch die Operationen im Tableau transformierte primale System explizit auf. Alle hierfür notwendigen Daten lassen sich direkt aus dem Endtableau ablesen:

$$\max \quad \tfrac{1}{3}\xi_1 + \tfrac{1}{3}\xi_2$$

$$
\begin{array}{rcrcl}
-\tfrac{1}{3}\xi_1 & - & \tfrac{1}{3}\xi_2 & \le & 2 \\
-\tfrac{2}{3}\xi_1 & + & \tfrac{1}{3}\xi_2 & \le & 1 \\
-\tfrac{5}{3}\xi_1 & + & \tfrac{4}{3}\xi_2 & \le & 2 \\
\tfrac{1}{3}\xi_1 & - & \tfrac{2}{3}\xi_2 & \le & 2 \\
\xi_1 & & & \le & 0 \\
& & \xi_2 & \le & 0.
\end{array}
$$

Das transformierte System ist in Abbildung 6.21 dargestellt. Wie wir bereits zu Beginn des vorherigen Abschnitts festgestellt hatten, entsteht es durch Anwendung der affinen Abbildung

$$x \mapsto v^* + A_{B^*}^{-1} z.$$

Man beachte, dass die optimale Ecke nun im Nullpunkt liegt; ihr Basisstützkegel ist der negative Quadrant. Die angegebene Zielfunktion ist um die 'Inhomogenität' $(1,1)u_1 = 1$ 'korrigiert', so dass der neue optimale Zielfunktionswert 0 ist.

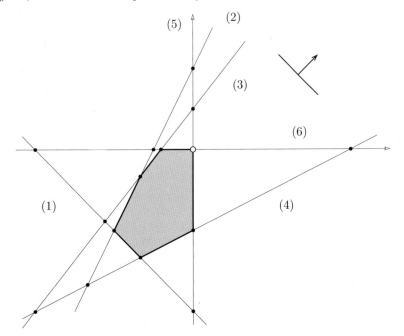

6.21 Abbildung. Das durch die Anwendung des Simplex-Algorithmus auf (DLP) affin transformierte primale System in Beispiel 6.4.30.

Wir geben den dualen Simplex-Algorithmus nun in einer Form an, die sich an Prozedur 5.3.15 orientiert.

Wir beginnen mit einer Punktbasis B, so dass

$$c^T A_B^{-1} \ge 0$$

gilt und setzen $N := [m] \setminus B$. Gilt für den zu B gehörigen Schnittpunkt $v := A_B^{-1} b_B$

$$A_N v \le b_N,$$

so ist v eine optimale Basislösung. Andernfalls sei $i^* \in N$ mit

$$a_{i^*}^T v > \beta_{i^*}.$$

Wir führen nun einen Austauschschritt im Dualen durch. Um ihn in der primalen Notation zu beschreiben, übersetzen wir die Darstellung aus dem ersten Abschnitt (mit den dort verwendeten Bezeichnungen) in die 'primale Sprache'. Dabei verwenden wir, dass mit

$$w_B := (M^B)^{-1}c \quad \wedge \quad \left((M^B)^{-1}M^N\right)^T = A_N A_B^{-1} \quad \wedge \quad s_l := A_B^{-1}u_l \quad (l \in [n])$$

natürlich

$$u_l^T M^N (M^B)^{-1} u_q = u_q^T \left((M^B)^{-1}M^N\right)^T u_l = u_q^T A_N A_B^{-1} u_l = a_{i^*}^T s_l$$

und

$$u_l^T w_B = w_B^T u_l = c^T A_B^{-1} u_l = c^T s_l$$

gilt.

Hiermit erhalten wir den dualen Simplex-Algorithmus in strukturierter Form:

6.4.31 Prozedur: *Dualer Simplex-Algorithmus (Grundform Phase II).*

INPUT: $A \in \mathbb{R}^{m \times n}$, $b \in \mathbb{R}^m$, $c \in \mathbb{R}^n$
Punktbasis B von A mit $c^T A_B^{-1} \ge 0$
OUTPUT: Meldung '$P = \emptyset$' oder optimale Ecke v
BEGIN fertig $\leftarrow$ 'nein'
WHILE fertig = 'nein' DO
BEGIN
$N \leftarrow [m] \setminus B$; $v \leftarrow A_B^{-1} b_B$
IF $A_N v \le b_N$
THEN Meldung 'v ist optimal!'; fertig $\leftarrow$'ja'
ELSE
BEGIN
Wähle $i^* \in N$ mit $a_{i^*}^T v^* > \beta_{i^*}$
FOR $l \in [n]$ DO $s_l \leftarrow A_B^{-1} u_l$
$R \leftarrow \{l \in [n] : a_{i^*}^T s_l > 0\}$
IF $R = \emptyset$ THEN Meldung '$P = \emptyset$'; fertig $\leftarrow$ 'ja'
ELSE
BEGIN
Wähle $k^* \in \text{argmin}\left\{\frac{c^T s_l}{a_{i^*}^T s_l} : l \in R\right\}$
$B \leftarrow \left(B \setminus \{k^*\}\right) \cup \{i^*\}$
END
END
END
END
END

Natürlich kann man auch die Lösung des Hilfsproblems aus Lemma 6.4.25 zur Bestimmung einer Startpunktbasis im Primalen beschreiben[78], ebenso wie die lexikographische Zusatzregel, so dass der duale Simplex-Algorithmus eine 'vollwertige Alternative' zum (primalen) Simplex-Algorithmus darstellt.

---

[78] Man startet vom Schnittpunkt $\mathbb{1}$ und sucht eine Basisdarstellung der Ecke 0 des Kegels $Ax \le 0$.

Von besonderer Bedeutung ist aber die Tatsache, dass der duale Simplex-Algorithmus einen 'Warmstart' ermöglicht, wenn nach der Optimierung weitere Restriktionen hinzugenommen werden. Die gefundene Lösung v^* ist nach Hinzufügen weiterer Restriktionen im Allgemeinen zwar nicht mehr primal zulässig; sie bleibt aber (in der entsprechenden Interpretation) dual zulässig. Wir können v^* daher als Startpunkt für die durch die neuen Restriktionen notwendig gewordene Nachoptimierung verwenden. Dadurch erspart man sich eine nochmalige Phase I. Vor allem aber wird man hoffen, dass es sich günstig auf die Anzahl der erforderlichen neuen Pivotschritte auswirkt, dass v^* ja unter allen bisherigen Restriktion bereits optimal war.

Die folgende Prozedur gibt den in dieser Weise, d.h. durch sukzessives Hinzufügen weiterer Ungleichungen durchgeführten Simplex-Algorithmus (in einer Grundvariante) strukturiert an. Wir stellen dabei in der nachfolgenden Beschreibung die Basen in den Mittelpunkt, um hierdurch zu betonen, wie diese im Folgeschritt zu (primal unzulässigen) Punktbasen werden. Natürlich erhält man im Verfahren auch jeweils optimale Basislösungen.

6.4.32 Prozedur: *Sukzessiver Simplex-Algorithmus.*

INPUT: $m, n, q \in \mathbb{N}$, $a_1, \ldots, a_{m+q} \in \mathbb{R}^n$, $\beta_1, \ldots, \beta_{m+q} \in \mathbb{R}$, $c \in \mathbb{R}^n$
FOR $k = 0, \ldots, m+q$ DO
    BEGIN
        $A^{(k)} \leftarrow (a_1, \ldots, a_{m+k})^T$; $b^{(k)} \leftarrow (\beta_1, \ldots \beta_{m+k})^T$
        $P^{(k)} \leftarrow \{x : A^{(k)}x \leq b^{(k)}\}$; $\mathcal{A}^{(k)} \leftarrow (n, m+k, A^{(k)}, b^{(k)}, c)$
    END
optimale Basis $B^{(0)}$ für $\mathcal{A}^{(0)}$
OUTPUT: Meldung 'Aufgabe unzulässig!' oder optimale Basis B^* für $\mathcal{A}^{(q)}$.
BEGIN   fertig $\leftarrow$ 'nein'
WHILE fertig = 'nein' DO
BEGIN
    FOR $k = 1, \ldots, q$ DO
    BEGIN
        Wende ausgehend von der Punktbasis $B^{(k-1)}$
        den dualen Simplex-Algorithmus auf $\mathcal{A}^{(k)}$ an
        IF $P^{(k)} = \emptyset$
            THEN Meldung 'Aufgabe unzulässig!'; fertig $\leftarrow$ 'ja'
            ELSE sei $B^{(k)}$ eine optimale Basis für $\mathcal{A}^{(k)}$
    END
    $B^* \leftarrow B^{(q)}$; fertig $\leftarrow$ 'ja'
END
END

Man beachte noch einmal, dass die Lösung der $(k-1)$-ten Zwischenaufgabe Startpunkt für die k-te Aufgabe $\mathcal{A}^{(k)}$ ist.

6.4.33 Beispiel. *Abbildung 6.22 zeigt ein Beispiel mit $n := 2$, $m := 3$ und $q := 3$. Links sind die insgesamt sechs Restriktionen und der von ihnen definierte zulässige Bereich P abgebildet. Rechts sieht man die 'Zwischenpolyeder'*

$$P^{(k)} := \left\{ x \in \mathbb{R}^2 : i \in [3+k] \Rightarrow a_i^T x \leq \beta_i \right\}$$

für $k = 0,1,2,3$. Der Sukzessive Simplex-Algorithmus erzeugt Punktbasen $B^{(k)}$ mit zugehörigen Schnittpunkten $v^{(k)}$. Da $v^{(0)}$ auch die Restriktion $a_4^T x \leq \beta_4$ erfüllt, bleibt dieser Punkt auch in $P^{(1)}$ optimal, d.h. $v^{(0)} = v^{(1)}$.

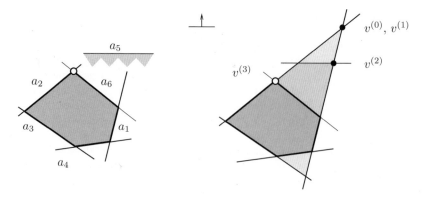

6.22 Abbildung. Links: Restriktionen und zulässiger Bereich der gegebenen Aufgabe aus Beispiel 6.4.33; rechts: Sequenz konstruierter Punkte.

Man beachte, dass die für die vollständige Aufgabe redundante Restriktion $a_5^T x \le \beta_5$ zwischenzeitlich, nämlich in $P^{(2)}$, durchaus relevant ist.

Es kann viele verschiedene Gründe geben, warum Restriktionen dem System erst später hinzugefügt werden. Das kann in der Optimierungspraxis daran liegen, dass nachträglich weitere Einschränkungen auftreten, die vorher noch gar nicht bekannt waren, oder dass etwa Szenarien mit unterschiedlichen zusätzlich angenommen Risiken simuliert werden sollen.

Tritt die lineare Optimierung als Subroutine eines umfassenderen Optimierungsmodells auf, so kann es aber auch sein, dass sich neue Restriktionen erst im Laufe des Verfahrens ergeben. Das ist etwa bei Schnittebenenverfahren der ganzzahligen Optimierung der Fall. Möglicherweise gibt es aber auch schlicht zu viele Nebenbedingungen, als dass man sie alle explizit 'hinschreiben' könnte. Hier kommt es dann darauf an, die 'wirklich relevanten' Bedingungen im Laufe eines algorithmischen Schemas systematisch zu identifizieren und dann dem Gesamtsystem hinzuzufügen.

Dem sukzessiven Einspeisen von Ungleichungsrestriktionen im Primalen entspricht im Dualen ein schrittweises Einfügen weiterer Variablen. Die Aufgabe wird dabei also zunächst für eine Teilmenge der Spalten der Koeffizientenmatrix gelöst. Man erhält eine Lösung des Dualen, in der alle Basen auf die aktuelle Variablenmenge beschränkt sind. Durch geschicktes Hinzunehmen weiterer Dimensionen wird dann versucht, die Lösung zu verbessern. Dieser duale Ansatz ist als *Spaltenerzeugung* bekannt; oft wird auch im Deutschen der englische Terminus *column generation* verwendet. Die Spaltenerzeugung wird unter anderem in der diskreten Optimierung eingesetzt.

6.5   Primal-Duale Algorithmen

Wir haben nun schon zahlreiche Beispiele dafür gesehen, welche Bedeutung der durch die Dualität ermöglichte Wechsel der Perspektive der Betrachtung von Problemen und Algorithmen besitzt, sowohl theoretisch als auch methodisch. Dabei kann nicht nur das vollständige Umschalten von primal auf dual als Ganzes hilfreich sein. Tatsächlich gibt es auch 'primal-duale Paradigmen' in der linearen, aber auch in anderen Teilen der Optimierung, die die in einem aktuellen Zwischenschritt bereits verfügbare duale Information nutzen, um weiteren algorithmischen Fortschritt zu erzielen.

Wir entwickeln jetzt einen methodischen Ansatz zur Lösung linearer Optimierungsaufgaben, mit dem durch Aufrufen von dualen Hilfsaufgaben Schritt für Schritt primale Lösungen verbessert werden. Dabei steht konzeptionell die Komplementarität primaldualer Paare im Zentrum.

Das nachfolgende primal-duale Verfahren unterscheidet sich vom Simplex-Algorithmus insbesondere durch seine andere Verbesserungsstrategie und die damit verbundene andere 'Aufteilung der algorithmischen Schwierigkeit' des Gesamtproblems auf Einzelschritte. Im Simplex-Algorithmus besteht ein Verbesserungsschritt in der Identifikation einer Verbesserungskante des aktuellen Basisstützkegels und dem nachfolgenden Übergang zu einer neuen Basis. In primal-dualen Verfahren ist jeder Verbesserungsschritt hingegen selbst wieder ein lineares Programm, allerdings, und das ist der entscheidende Punkt, von einfacherer Bauart als das Ausgangsproblem, und manchmal sogar elementar lösbar. Man sollte also den primal-dualen Ansatz nicht als Konkurrenz zum Simplex-Algorithmus sehen, sondern als Mittel, um für bestimmte Klassen linearer Programme strukturelle Eigenschaften herzuleiten und beweisbar effiziente Algorithmen zu entwickeln.

Im Folgenden werden wir den Ansatz zunächst für allgemeine lineare Programme (in natürlicher Form) entwickeln und ihn anschließend auf einen 'guten alten Bekannten' anwenden, ein Problem, dessen algorithmische Eigenschaften wir bereits ausführlich untersucht haben: das Problem kürzester Wege (SPP). Dabei wird sich herausstellen, dass uns eigentlich schon längst Varianten primal-dualer Verfahren bekannt sind.

Ein komplementaritätsbasierter Grundtyp: Ziel ist es, lineare Optimierungsaufgaben (n,m,A,b,c) zu lösen. Gegeben seien also ein primales lineares Programm (I) mit der zugehörigen dualen Aufgabe (II):

$$
\begin{array}{ll}
\quad \max c^T x & \quad\quad \min b^T y \\
\text{(I)} \quad Ax \ \leq \ b & \text{(II)} \quad A^T y \ = \ c \\
& \quad\quad\quad y \ \geq \ 0.
\end{array}
$$

Wir verwenden wieder die Notation

$$
A =: (a_1, \ldots, a_m)^T \quad \wedge \quad b =: (\beta_1, \ldots, \beta_m)^T
$$

$$
P := \{x \in \mathbb{R}^n : Ax \leq b\} \quad \wedge \quad Q := \{y \in \mathbb{R}^m : A^T y = c \wedge y \geq 0\}
$$

$$
\varphi : \mathbb{R}^n \to \mathbb{R} \quad \wedge \quad \varphi(x) := c^T x \quad (x \in \mathbb{R}^n)
$$

und setzen noch voraus, dass der primale Zielfunktionsvektor c nichtnegativ ist, d.h. dass

$$
c \geq 0
$$

gilt. Es ist nicht überraschend, dass diese Voraussetzung keine Einschränkung bedeutet. Tatsächlich gilt die folgende primale Version von Bemerkung 6.4.24.

6.5.1 Bemerkung. *Die durch*

$$
\xi_j \mapsto \left\{ \begin{array}{ll} \xi_j & \text{für } j \in [n] \wedge \gamma_j \geq 0; \\ -\xi_j & \text{für } j \in [n] \wedge \gamma_j < 0 \end{array} \right.
$$

gegebene Koordinatentransformation liefert eine zu (I) *äquivalente Aufgabe mit nichtnegativem Zielfunktionsvektor.*

Aufgabe (I) soll nun mit Hilfe eines Verbesserungsverfahrens gelöst werden. Sei also v ein für (I) zulässiger Startpunkt, d.h. es gelte $Av \leq b$. Durch Lösung einer analog zu Lemma 6.4.25 konstruierten dualen Hilfsaufgabe wird überprüft, ob v zu einem primal-dualen Paar ergänzt werden kann. Falls das der Fall ist, so ist v nach Korollar 6.1.9 bereits Optimalpunkt von (I). Andernfalls führt die Lösung der Hilfsaufgabe zu einer Verbesserungsrichtung, längs derer wir zu einem neuen primal zulässigen Punkt w gelangen.

Für die Komplementaritätsbedingungen ist die Menge

$$I(v) := \{i \in [m] : a_i^T v = \beta_i\}$$

der in v aktiven Nebenbedingungen entscheidend, denn nur solche dualen Variablen η_i dürfen von 0 verschieden sein, deren Indizes in $I(v)$ liegen. Gemäß Lemma 6.4.25 kann die Optimalität von v daher durch Lösung der Zulässigkeitsaufgabe

$$
(\text{Z}[v]) \qquad
\begin{aligned}
\min \mathbb{1}^T z \\
\sum_{i \in I(v)} a_i \eta_i + z &= c \\
\eta_i &\geq 0 \qquad (i \in I(v)) \\
z &\geq 0
\end{aligned}
$$

festgestellt werden. Da wir $c \geq 0$ vorausgesetzt haben, kann

$$\begin{pmatrix} 0 \\ c \end{pmatrix} \in \mathbb{R}^{|I(v)|+n}$$

als Startlösung für den Simplex-Algorithmus verwendet werden. Seien θ der Optimalwert von $(\text{Z}[v])$ und B eine (dual) optimale Basis. Der einfacheren Notation halber fassen wir B nicht als Teilmenge von $[|I(v)| + n]$ sondern von $[m + n]$ auf, so dass $B \cap [m] \subset I(v)$ die Indexmenge der Basisvariablen von y und $B \cap ([m + n] \setminus [m])$ die von z enthält.

Gilt $\theta = 0$, so ist eine Lösung von (II) gefunden, und v ist optimal in (I). Wir betrachten daher den Fall $\theta > 0$. Die zu (der dualen Aufgabe) $(\text{Z}[v])$ gehörige (duale und damit in Bezug auf (I) primale) Aufgabe

$$
(\text{A}[v]) \qquad
\begin{aligned}
\max c^T x \\
a_i^T x &\leq 0 \qquad (i \in I(v)) \\
x &\leq \mathbb{1}
\end{aligned}
$$

kann als primale 'Augmentationsaufgabe' zur Verbesserung von v aufgefasst werden. Gesucht wird in $(\text{A}[v])$ ja gerade ein Vektor im Innenkegel $S_P(v)$, längs dessen sich die Zielfunktion vergrößert. Die Restriktionen $x \leq \mathbb{1}$ erzwingen dabei ein endliches Optimum; der Zielfunktionswert $c^T x$ ist nicht größer als $\mathbb{1}^T c$.

Die zur optimalen Basis B von $(\text{Z}[v])$ gehörige Lösung s von $(\text{A}[v])$ ist durch das Gleichungssystem

$$
\begin{aligned}
a_i^T x &= 0 \qquad (i \in B \cap [m]) \\
\xi_j &= 1 \qquad (m + j \in B \cap ([m + n] \setminus [m]))
\end{aligned}
$$

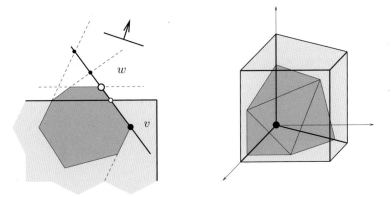

6.23 Abbildung. Beispiele für die Augmentationsaufgabe $\big(\mathrm{A}[v]\big)$ im $\mathbb{R}^2$ bzw. $\mathbb{R}^3$; Startpunkt $v := 0$ (schwarz). Der zulässige Bereich von (I) ist jeweils dunkelgrau hervorgehoben. Links: Bedingungen $x \leq 1$ (hellgrau); Lösung s der Augmentationsaufgabe (kleiner weißer Punkt); Schnitte des Verbesserungsstrahls $v + [0,\infty[\,s$ mit den Restriktionsgeraden; neuer Punkt w (großer weißer Punkt). Rechts: zulässiger Bereich von $\big(\mathrm{A}[v]\big)$ (hellgrau).

bestimmt.

Dieser Vektor s ist die gesuchte Verbesserungsrichtung, und nach Wahl einer geeigneten Schrittweite λ gehen wir zu

$$w := v + \lambda s$$

über. In Analogie zum gewöhnlichen Simplex-Verfahren wird dabei λ so gewählt, dass w für (I) zulässig bleibt und die Zielfunktion längs $v + [0,\infty[\,s$ maximal vergrößert wird. Da die Optima der Zielfunktionen von $\big(\mathrm{A}[v]\big)$ und $\big(\mathrm{Z}[v]\big)$ übereinstimmen, gilt

$$c^T w = c^T v + \lambda c^T s = c^T v + \lambda \theta.$$

Um eine Verbesserung in (I) zu erhalten, ist also $\lambda > 0$ zu wählen. Für die Zulässigkeit der neuen Lösung w in (I) ist

$$Aw = Av + \lambda As \leq b$$

zu gewährleisten. Bedingungen ergeben sich, wie schon im Simplex-Algorithmus, nur für solche Indizes $i \in [m]$, für die $a_i^T s > 0$ ist. Das folgende Lemma fasst dieses (unter Verwendung der eingeführten Bezeichnungen) zusammen.

6.5.2 Lemma. *Seien $\theta > 0$ sowie*

$$R := \{i \in [m] \setminus I(v) : a_i^T s > 0\}.$$

(a) Ist $R = \emptyset$, so ist φ über P unbeschränkt; Q ist leer.

(b) Ist $R \neq \emptyset$, so seien

$$\lambda := \min_{i \in R} \frac{\beta_i - a_i^T v}{a_i^T s} \qquad \wedge \qquad w := v + \lambda s.$$

Dann ist $w \in P$, und es gilt $c^T w > c^T v$.

Beweis: (a) Ist $R = \emptyset$, so gilt $v + [0,\infty[s \subset P$. Wegen $\theta > 0$ gilt $\varphi(v+\lambda s) = \varphi(v) + \lambda\theta$. Somit ist φ über P nach oben unbeschränkt, und nach Korollar 6.1.9 gilt $Q = \emptyset$.

(b) Da s ein zulässiger Punkt in $\big(\mathrm{A}[v]\big)$ ist, gilt $a_i^T s \leq 0$ für alle $i \in I(v)$. Das gleiche gilt nach Definition von R auch für $i \in \big([m] \setminus I(v)\big) \setminus R$. Daher ist

$$a_i^T w = a_i^T v + \lambda a_i^T s \leq a_i^T v = \beta_i \quad \big(i \in [m] \setminus R\big).$$

Für $i \in R$ hingegen haben wir

$$a_i^T w = a_i^T v + \lambda a_i^T s \leq a_i^T v + \frac{\beta_i - a_i^T v}{a_i^T s}\, a_i^T s \leq \beta_i.$$

Insgesamt gilt daher $w \in P$.

Da $R \subset [m] \setminus I(v)$ ist, gilt $\beta_i - a_i^T v > 0$ für alle $i \in R$. Es folgt also $\lambda > 0$, und mit $\theta > 0$ dann auch

$$c^T w - c^T v = \lambda\theta > 0.$$

Insgesamt gilt damit die Behauptung. $\square$

6.5.3 Beispiel. *Gegeben sei die* LP-*Aufgabe*

$$\max \ \xi_1$$

$$
\begin{array}{rrrrcl}
\xi_1 & + & \xi_2 & \leq & 2 & \quad(1)\\
3\xi_1 & + & \xi_2 & \leq & 3 & \quad(2)\\
-\xi_1 & & & \leq & 0 & \quad(3)\\
& & -\xi_2 & \leq & 0 & \quad(4);
\end{array}
$$

vgl. Abbildung 6.24. Offenbar ist $v_0 := (0,0)^T$ zulässig, und wir wählen diesen Punkt als Startpunkt für den primal-dualen Algorithmus. Es gilt $I(v_0) = \{3,4\}$. Das Zulässigkeitsproblem $\big(\mathrm{Z}[v_0]\big)$ hat daher die Form

$$\min \ \zeta_1 + \zeta_2$$

$$
\begin{array}{rrrrcl}
-\eta_3 & & + \ \zeta_1 & & = & 1\\
& -\eta_4 & & + \ \zeta_2 & = & 0\\
\eta_3 & & & & \geq & 0\\
& \eta_4 & & & \geq & 0\\
& & \zeta_1 & & \geq & 0\\
& & & \zeta_2 & \geq & 0.
\end{array}
$$

Nach Reduktion der Kosten (durch Subtraktion der Zeilen 1 und 2 von der Kostenzeile des Anfangstableaus) erhalten wir das Starttableau zum kanonischen Startvektor $(0,c^T)^T = (0,0,1,0)$

		η_3	η_4	ζ_1	ζ_2
	-1	1	1	0	0
ζ_1	1	-1	0	1	0
ζ_2	0	0	-1	0	1

Da die reduzierten Kosten nichtnegativ sind, ist die Lösung $(0,0,1,0)^T$ zur Basis $B_0 := \{\zeta_1,\zeta_2\}$ bereits optimal mit Zielfunktionswert $\theta_0 = 1$. Die Augmentationsaufgabe $\big(\mathrm{A}[v_0]\big)$ lautet

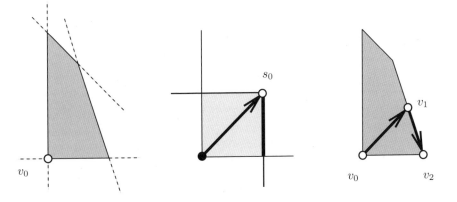

6.24 Abbildung. Links: Zulässiger Bereich der gegebenen Aufgabe (I) von Beispiel 6.5.3; Mitte: Verbesserungsaufgabe $(A[v_0])$; Lösung s_0 zur Basis B_0 in $(Z[v_0])$ (weißer Punkt); Menge aller Optima von $(A[v_0])$ (fett). Rechts: Sequenz v_0, v_1 und v_2 in (I).

$$\max \ \xi_1$$

$$
\begin{array}{rcl}
-\xi_1 & \leq & 0 \\
-\xi_2 & \leq & 0 \\
\xi_1 & \leq & 1 \\
\xi_2 & \leq & 1.
\end{array}
$$

Der zur Basis B_0 gehörige Verbesserungsvektor ist $s_0 := (1,1)^T$. Er ergibt sich als Lösung des entsprechenden Basisgleichungssytems von $(A[v_0])$, kann aber nach Lemma 6.4.13 (a) wegen

$$E_2 s_0 = \begin{pmatrix} 1 \\ 1 \end{pmatrix} - \begin{pmatrix} 0 \\ 0 \end{pmatrix} = \begin{pmatrix} 1 \\ 1 \end{pmatrix}$$

einfacher direkt als Differenz des Hilfskostenteilvektors $\mathbb{1}$ und der auf z bezogenen reduzierten Kosten im Endtableau bestimmt werden. Ferner gilt

$$R_0 := \{i : a_i^T s_0 > 0\} = \{1,2\} \quad \wedge \quad \lambda_0 = \min_{i \in R_0} \frac{\beta_i - a_i^T v_0}{a_i^T s_0} = \min\left\{\frac{2-0}{2}, \frac{3-0}{4}\right\} = \frac{3}{4},$$

und somit

$$v_1 := v_0 + \lambda_0 s_0 = \begin{pmatrix} 0 \\ 0 \end{pmatrix} + \frac{3}{4} \begin{pmatrix} 1 \\ 1 \end{pmatrix} = \begin{pmatrix} 3/4 \\ 3/4 \end{pmatrix}.$$

Damit gilt $I(v_1) = \{2\}$, und $(Z[v_1])$ hat die Form

$$\min \ \zeta_1 + \zeta_2$$

$$
\begin{array}{rcl}
3\eta_2 \ + \ \zeta_1 & = & 1 \\
\eta_2 \ \ \ \ \ \ + \ \zeta_2 & = & 0 \\
\eta_2 & \geq & 0 \\
\zeta_1 & \geq & 0 \\
\zeta_2 & \geq & 0.
\end{array}
$$

Nach Reduktion der Kosten ergibt sich das Starttableau

		η_2	ζ_1	ζ_2
	-1	-4	0	0
ζ_1	1	3	1	0
ζ_2	0	1	0	1

Da nur die reduzierten Kosten von η_2 negativ sind, wird die erste Spalte zur Pivotspalte; die zweite Zeile ist die Pivotzeile. Nach Durchführung des Pivotschritts mittels der Vierecksregel gemäß Bemerkung 6.4.21 erhalten wir

		η_2	ζ_1	ζ_2
	-1	0	0	4
ζ_1	1	0	1	-3
η_2	0	1	0	1

Die Lösung zur Basis $B_1 := \{\eta_2,\zeta_1\}$ ist optimal mit Zielfunktionswert $\theta_1 = 1$. Da v_1 also noch nicht zu einem primal-dualen Paar ergänzt werden kann, wird ein Verbesserungsschritt durchgeführt. Zur Basis B_1 gehört die Basislösung $s_1 := (1,-3)^T$ von $\left(A[v_1]\right)$

$$\max \ \xi_1$$
$$3\xi_1 + \xi_2 \leq 0$$
$$\xi_1 \qquad \leq 1$$
$$\xi_2 \leq 1.$$

Es ist

$$R_1 := \{4\} \quad \wedge \quad \lambda_1 := \frac{0-(-1)\frac{3}{4}}{3} = \frac{1}{4} \quad \wedge \quad v_2 := \begin{pmatrix} 3/4 \\ 3/4 \end{pmatrix} + \frac{1}{4}\begin{pmatrix} 1 \\ -3 \end{pmatrix} = \begin{pmatrix} 1 \\ 0 \end{pmatrix}.$$

Wegen $I(v_2) = \{2,4\}$ ist $\left(Z[v_2]\right)$ die Aufgabe

$$\min \ \zeta_1 + \zeta_2$$
$$3\eta_2 \qquad + \zeta_1 \qquad = 1$$
$$\eta_2 - \eta_4 \qquad + \zeta_2 = 0$$
$$\eta_2 \qquad\qquad \geq 0$$
$$\eta_4 \qquad \geq 0$$
$$\zeta_1 \qquad \geq 0$$
$$\zeta_2 \geq 0.$$

Nach Reduktion der Kosten erhalten wir das Starttableau

		η_2	η_4	ζ_1	ζ_2
	-1	-4	1	0	0
ζ_1	1	3	0	1	0
ζ_2	0	1	-1	0	1

Ein erster Pivotschritt liefert

		η_2	η_4	ζ_1	ζ_2
	-1	0	-3	0	4
ζ_1	1	0	3	1	-3
η_2	0	1	-1	0	1

Der nächste Pivotschritt produziert das optimale Tableau

		η_2	η_4	ζ_1	ζ_2
	0	0	0	1	1
η_4	$\frac{1}{3}$	0	1	$\frac{1}{3}$	-1
η_2	$\frac{1}{3}$	1	0	$\frac{1}{3}$	0

Es gilt $\theta_2 = 0$; somit ist v_2 optimal.

Abschließend betrachten wir noch einmal den Schritt von v_0 zu v_1. Die Menge der Optimalpunkte der Augmentationsaufgabe $(\mathrm{A}[v_0])$ ist die Kante $\{1\} \times [0,1]$. Allerdings erwachsen dem Algorithmus hieraus keine Freiheiten mehr, sobald die optimale Basis B_0 von $(\mathrm{Z}[v_0])$ bestimmt ist. In $(\mathrm{Z}[v_0])$ ist neben B_0 allerdings auch die Basis $\{\eta_4, \zeta_1\}$ optimal. Hätte die Optimierung von $(\mathrm{Z}[v_0])$ diese Basis anstelle von B_0 produziert, so hätte das zum Verbesserungsvektor $(1,0)^T$ und damit unmittelbar zum Optimum von (I) geführt. Mit der alternativen optimalen Basis von $(\mathrm{Z}[v_0])$ hätte somit nur ein Schritt des primal-dualen Algorithmus genügt, um (I) zu lösen.

In Beispiel 6.5.3 haben wir jeden Iterationsschritt vom 'kanonischen' Starttableau für $(\mathrm{Z}[v])$ zur Basis $\{\zeta_1, \ldots, \zeta_n\}$ aus begonnen. Im Folgenden wollen wir Informationen aus dem k-ten Schritt für den $(k+1)$-ten Schritt verwenden. Das geschieht am einfachsten, wenn man alle dualen Zulässigkeitsaufgaben $(\mathrm{Z}[v])$ in die umfassende Hilfsaufgabe

$$\min \mathbb{1}^T z$$
$$(\mathrm{H}) \qquad A^T y + z = c$$
$$y, z \geq 0$$

'einbettet'. Schließlich findet sich jede einzelne der Aufgaben $(\mathrm{Z}[v])$ in (H) wieder, indem man dort alle Variable η_i mit $i \in [m] \setminus I(v)$ als Nichtbasisvariable vorschreibt. Die Optimierung von $(\mathrm{Z}[v])$ vollzieht sich dann in (H) bei entsprechend eingeschränkter Pivotwahl. Durch unsere Konvention, die Basen B in $(\mathrm{Z}[v])$ als Teilmengen von $[m+n]$ aufzufassen, sind diese ohnehin auch formal Basen von (H). Mit der jeweils entsprechend eingeschränkten Pivotregel führen wir das Verfahren nun vollständig in (H) durch. Wir aktualisieren also in jedem Schritt im Simplextableau gleich auch die nicht zu $(\mathrm{Z}[v])$ gehörigen Spalten von (H) mit. Dann können wir mit der gefundenen optimalen Basis von $(\mathrm{Z}[v])$ im Tableau gleich fortfahren, um $(\mathrm{Z}[v])$ zu lösen.

6.5.4 Bemerkung. *Seien $B(v)$ die gefundene optimale Basis in $(\mathrm{Z}[v])$, $\theta > 0$, s der zugehörige Verbesserungsvektor in $(\mathrm{A}[v])$, $R \neq \emptyset$ und $w := v + \lambda s$ die verbesserte Lösung. Dann gilt*

$$B(v) \cap [m] \subset I(w),$$

d.h. $B(v)$ ist eine zulässige Basis in (H) auch unter den neuen Einschränkungen für w, dass die Basisvariablen von $(\mathrm{Z}[w])$ nicht zu $[m] \setminus I(w)$ gehören dürfen.

Beweis: Sei $i \in B(v) \cap [m]$. Dann ist insbesondere $i \in I(v)$, nach Definition von s folgt $a_i^T s = 0$ und damit $a_i^T w = a_i^T v = \beta_i$. Also ist $i \in I(w)$, und es folgt die Behauptung. $\square$

Im Tableau der Hilfsaufgabe (H) schließt die Optimierung von $(\mathrm{Z}[w])$ also nahtlos an die für $(\mathrm{Z}[v])$ an.

Bevor wir die Prozedur des primal-dualen Algorithmus in seiner finalen Form strukturiert festhalten, soll noch einmal betont werden, dass wir die Lösung s von $(A[v])$ aus dem optimalen Tableau für $(Z[v])$ bestimmen können.

6.5.5 Bemerkung. *Sei b_{red} der Vektor der reduzierten Kosten in (H) nach der Optimierung von $(Z[v])$. Dann gilt für den zugehörigen Verbesserungsvektor s von $(A[v])$ mit $J := \{m+1,\ldots,m+n\}$*

$$s = \left(\mathbb{1} - b_{\mathrm{red}}\right)_J$$

Beweis: Die Behauptung folgt unter Berücksichtigung der speziellen Gestalt von (H) direkt aus Lemma 6.4.13 (a). $\square$

Hier ist nun der primal-duale Algorithmus in strukturierter Form. Wir verwenden als Optimierungsroutine den Simplex-Algorithmus mit lexikographischer Regel zur Vermeidung von Zykeln. Hierdurch ist insbesondere für jeden einzelnen Schritt Endlichkeit garantiert.

6.5.6 Prozedur: *Primal-dualer Algorithmus.*

INPUT: $m,n \in \mathbb{N}$, $a_1,\ldots,a_m \in \mathbb{R}^n$, $\beta_1,\ldots,\beta_m \in \mathbb{R}$, $c \in [0,\infty[^n$
              zulässige Startlösung v von (I); Startbasis $B := [m+n] \setminus [m]$ von (H)
OUTPUT: Meldung 'Unbeschränkt!' oder optimale Lösung v von (I).
BEGIN   unbesch $\leftarrow$ 'nein' , opt $\leftarrow$ 'nein'
          WHILE unbesch = 'nein' AND opt = 'nein' DO
          BEGIN
                  Führe den Simplex-Algorithmus (mit lexikographischer Regel) unter
                  der Einschränkung durch, dass kein $i \in [m] \setminus I(v)$ zur Basis gehört.
                  Seien θ das Optimum, B eine optimale Basis von $(Z[v])$ in (H)
                  und s die zugehörige Lösung von $(A[v])$
                  IF $\theta = 0$ THEN opt $\leftarrow$ 'ja'
                      ELSE $R \leftarrow \{i \in [m] \setminus I(v) : a_i^T s > 0\}$
                      IF $R = \emptyset$ THEN unbesch $\leftarrow$ 'ja'; Meldung 'Unbeschränkt!'
                          ELSE $\lambda \leftarrow \min\limits_{i \in R} \frac{\beta_i - a_i^T v}{a_i^T s}$; $v \leftarrow v + \lambda s$; bestimme $I(v)$
          END
          END

Bevor wir die Endlichkeit von Prozedur 6.5.6 beweisen, führen wir den primal-dualen Algorithmus in der jetzt erreichten Form (noch einmal) an der Aufgabe aus Beispiel 6.5.3 durch.

6.5.7 Beispiel. *Wir demonstrieren Prozedur 6.5.6 an der Aufgabe aus Beispiel 6.5.3. Die aktiven Spalten von (H) sind in den nachfolgenden Tableaus jeweils grau hinterlegt; die weißen Spalten gehören somit zu $[m] \setminus I(v)$.*
Wie vorher sind $v_0 := (0,0)^T$, $I(v_0) = \{3,4\}$, und wir beginnen mit dem kanonischen Basistableau zur Basis $B_0 := \{\zeta_1,\zeta_2\}$. Nach Reduktion der Kosten ist dieses

		η_1	η_2	η_3	η_4	ζ_1	ζ_2
	-1	-2	-4	1	1	0	0
ζ_1	1	1	3	-1	0	1	0
ζ_2	0	1	1	0	-1	0	1

Wie vorher ist das Optimum unter der Beschränkung auf die zulässigen Spalten erreicht.

An den beiden Einträgen 0 in den letzten beiden Komponenten der Kostenzeile erkennt man, dass $s_0 = (1,1)^T - (0,0)^T = (1,1)^T$ ist. Wie zuvor gilt $\lambda = 3/4$, $v_1 = (3/4,3/4)^T$ und $I(v_1) = \{2\}$. Man beachte, dass weder λ noch $I(v_1)$ im Tableau erkennbar sind, da ja die zu ihrer Bestimmung erforderliche Information über die rechte Seite b der LP-Aufgabe in (H) nicht vorhanden ist.

Wir benutzen das Tableau nun als Starttableau für den nächsten Schritt.

		η_1	η_2	η_3	η_4	ζ_1	ζ_2
	-1	-2	-4	1	1	0	0
ζ_1	1	1	3	-1	0	1	0
ζ_2	0	1	1	0	-1	0	1

Die reduzierten Kosten für η_2 sind negativ, und wir führen einen Pivotschritt durch.

		η_1	η_2	η_3	η_4	ζ_1	ζ_2
	-1	2	0	1	-3	0	4
ζ_1	1	-2	0	-1	3	1	-3
η_2	0	1	1	0	-1	0	1

Unter den Einschränkungen für die Wahl der Pivotspalten ist das Tableau optimal. Die zugehörige Lösung von $(\mathrm{A}[v_1])$ ist $s_1 = (1,1)^T - (0,4)^T = (1,-3)^T$. Wie zuvor erhalten wir $\lambda = 1/4$, $v_2 = (1,0)^T$, und es folgt $I(v_2) = \{2,4\}$. Da, wie wir aus Bemerkung 6.5.4 wissen und hier explizit sehen, die Basisspalte 2 zu $I(v_2)$ gehört, können wir das Verfahren direkt mit diesem Tableau fortsetzen; es sind lediglich die aktiven Spalten anzupassen.

		η_1	η_2	η_3	η_4	ζ_1	ζ_2
	-1	2	0	1	-3	0	4
ζ_1	1	-2	0	-1	3	1	-3
η_2	0	1	1	0	-1	0	1

Die reduzierten Kosten für η_4 sind negativ. Wir führen den entsprechenden Pivotschritt durch und erhalten das optimale Tableau

		η_1	η_2	η_3	η_4	ζ_1	ζ_2
	0	0	0	0	0	1	1
η_4	$\frac{1}{3}$	$-\frac{2}{3}$	0	$-\frac{1}{3}$	1	$\frac{1}{3}$	-1
η_2	$\frac{1}{3}$	$\frac{1}{3}$	1	$-\frac{1}{3}$	0	$\frac{1}{3}$	0

Zum Spaß können wir auch noch die zu $(\mathrm{A}[v_2])$ gehörige Lösung bestimmen. Es gilt $s_2 = (1,1)^T - (1,1)^T = (0,0)^T$, d.h. wir erkennen noch einmal, dass kein weiterer Fortschritt mehr möglich ist.

In der Beschreibung des primal-dualen Algorithmus benutzen wir stets optimale Basislösungen von $(\mathrm{Z}[v])$ und die zugehörigen Verbesserungsvektoren von $(\mathrm{A}[v])$. Warum diese Einschränkung? *Reicht es nicht, irgendein Optimum der Augmentationsaufgabe $(\mathrm{A}[v])$ zur Verbesserung zu verwenden?* Und, wenn wir schon Basislösungen wählen, von denen es ja nur endlich viele gibt, und Zykeln vermeiden: *Folgt nicht die Endlichkeit unmittelbar daraus, dass nach Lemma 6.5.2 doch in jedem Verbesserungsschritt der Zielfunktionswert streng monoton wächst?* Das folgende Beispiel zeigt, dass die Antwort auf beide Fragen 'nein' ist.

6.5.8 Beispiel. *In Abbildung 6.25 ist der zulässigen Bereich P einer primalen Aufgabe (I) gegeben. Er ist das grau unterlegte Dreieck. Der Zielfunktionsvektor sei u_2. Als Startlösung v_0 wählen wir die Ecke von P mit größter ξ_1-Koordinate.*

Wendet man Prozedur 6.5.6 an, so erreicht man in einem Schritt die optimale Ecke (links). Wählen wir hingegen in $(A[v])$ einen anderen zulässigen Optimalpunkt, so wird eine andere Sequenz von Iterationspunkten erzeugt. In Abbildung 6.25 (Mitte) ist speziell die Auswahlregel dargestellt, jeweils den am weitesten von v entfernten, für (I) aber zulässigen Optimalpunkt von $(A[v])$ zu verwenden. Dann ist jeweils $\lambda = 1$. In jedem Iterationspunkt ist abwechselnd eine der beiden nicht horizontalen Dreiecksseiten aktiv. Ferner sind noch die Restriktionen $x \leq \mathbb{1}$ eingezeichnet. Das Verfahren mit dieser Wahl des Verbesserungsvektors konstruiert eine 'Zickzacklinie' und 'erreicht' die optimale Ecke erst im Grenzwert. Der Verzicht auf eine Basislösung in $(A[v])$ zerstört also bereits die Endlichkeit des Verfahrens.

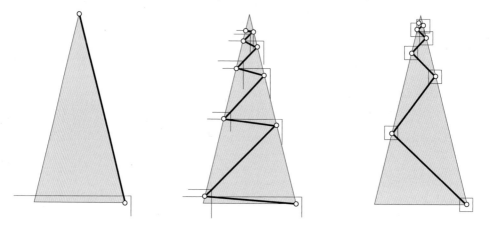

6.25 Abbildung. Von Prozedur 6.5.6 (links) bzw. anderen Varianten (Mitte, rechts) der primal-dualen Methode erzeugte Punktsequenzen bzw. Pfade. Die jeweiligen 'Deckelungsbedingungen' sind an den aktuellen Iterationspunkten abgetragen. Mitte: Es ist auf die Forderung verzichtet, nur Basislösungen zur Verbesserung zu benutzen. Rechts: Die verwendeten 'Würfelrestriktionen' $-\mathbb{1} \leq x \leq \mathbb{1}$ sind jeweils an den Iterationspunkten eingezeichnet. Zur Verbesserung wird stets eine Basislösung von $(A[v])$ verwendet.

In Abbildung 6.25 (rechts) wird eine andere Variante des Verfahrens durchgeführt. Statt der 'Deckelungsrestriktionen' $x \leq \mathbb{1}$ werden die stärkeren 'Würfelrestriktionen'

$$-\mathbb{1} \leq x \leq \mathbb{1}$$

zu den Kegelbedingungen $a_i^T x \leq 0$ $(i \in I(v))$ hinzugenommen. Zur Verbesserung sind aber jetzt wieder, wie in Prozedur 6.5.6, nur Basislösungen erlaubt. Auch für diese Modifikation ist die Endlichkeit des Verfahrens nicht gewährleistet. In der Abbildung wird jeweils die optimale Basislösung mit größter euklidischer Länge als Verbesserungsvektor s gewählt. Das hört sich wie ein durchaus plausibles Auswahlkriterium an, führt aber ebenfalls zu einem 'Zickzackpfad'.

Wie Beispiel 6.5.8 zeigt, ist die Endlichkeit keineswegs eine 'stabile Eigenschaft' der primal-dualen Methode, sondern hängt, falls sie denn überhaupt gewährleistet werden kann, essentiell von der speziellen 'Auslegung' des Algorithmus ab. Der folgende Satz zeigt, dass jedenfalls Prozedur 6.5.6 endlich ist.

6.5.9 Satz. *Prozedur 6.5.6 löst (I) und (II) in endlich vielen Schritten.*

Beweis: Wenn Prozedur 6.5.6 abbricht, so ist entweder die Unbeschränktheit von (I) nachgewiesen, oder ein Optimalpunkt erreicht. Es genügt somit zu zeigen, dass die Prozedur tatsächlich terminiert.

Der Algorithmus besteht aus zulässigen Pivotschritten für (H). Da der Simplex-Algorithmus die lexikographischen Zusatzregel anwendet, ist jedenfalls jeder dieser Schritte endlich. Die lexikographische Vergrößerung tritt aber auch schrittübergreifend ein, wenn gewährleistet ist, dass nach jeder Iteration, d.h. nach jedem Wechsel zu einer neuen Menge aktiver Spalten in (H) wenigstens ein zulässiger Pivotschritt durchgeführt wird. Da dann keine Basis wiederholt werden kann, muss die Prozedur endlich sein.[79]

Seien v die in einem Schritt erzeugte primale Lösung, $B(v)$ die durch den Algorithmus konstruierte optimale Basis von $\big(Z[v]\big)$ in (H), θ der gefundene Optimalwert, und es gelte $\theta > 0$. Seien ferner s der zugehörige Verbesserungsvektor von $\big(A[v]\big)$, R die entsprechende Indexmenge, und es gelte $R \neq \emptyset$. Schließlich seien λ die Schrittweite und $w := v + \lambda s$ der neue Lösungsvektor. Ferner sei

$$r \in \underset{i \in R}{\text{argmin}} \; \frac{\beta_i - a_i^T v}{a_i^T s}.$$

Dann gilt $a_r^T s > 0$ sowie

$$a_r^T w = a_r^T v + \lambda a_r^T s = a_r^T v + \frac{\beta_r - a_r^T v}{a_r^T s} a_r^T s = \beta_r,$$

also $r \in I(w)$. Mit Lemma 6.4.13 (a) folgt aber für die zugehörigen reduzierten Kosten

$$u_r^T b_{\text{red}} = 0 - a_r^T s = -a_r^T s < 0.$$

Somit ist das Tableau von (H), mit dem die Optimierung von $\big(Z[w]\big)$ startet, noch nicht optimal, und es wird mindestens ein Pivotschritt durchgeführt. Hieraus folgt die Behauptung. □

Beispiel 6.5.3 (bzw. 6.5.7) zeigt, dass man im Allgemeinen nicht erwarten kann, dass der primal-duale Algorithmus effizienter ist, als der Simplex-Algorithmus. Tatsächlich hätte dieser bei gleichem Startpunkt die Aufgabe von Beispiel 6.5.3 in nur einem Schritt gelöst. Außerdem wird ohnehin in jedem Schritt des primal-dualen Algorithmus der Simplex-Algorithmus aufgerufen. *Was haben wir also mit dieser Methode überhaupt gewonnen?*

Im Vergleich von (I) und $\big(Z[v]\big)$ bzw. $\big(A[v]\big)$ zeigt sich, dass aus der allgemeinen rechten Seite b in (I) in der (dualen) Zulässigkeitsaufgabe $\big(Z[v]\big)$ ein 0-1-Zielfunktionsvektor bzw. in der (primalen) Augmentationsaufgabe $\big(A[v]\big)$ eine 0-1-rechte Seite geworden ist. Die 'numerischen Daten' von b sind also in den Hilfsaufgaben zu 'kombinatorischen Daten' geworden. Aus der Perspektive von (I) wird im Verfahren also die rechte Seite durch einen 0-1-Vektor ersetzt, von (II) aus betrachtet der Zielfunktionsvektor.

---

[79] Es ist somit die geeignete 'globale Koppelung' der lokalen Schritte, die die Endlichkeit garantiert.

Wenn also etwa, wie das bei so manchen kombinatorischen Problemen der Fall ist, die Matrix A eine Inzidenzmatrix ist und auch die rechte Seite oder der Zielfunktions-vektor 'von Natur aus' bereits kombinatorisch sind, so kann die primal-duale Methode so angewendet werden, dass die auftretenden Hilfsaufgaben ausschließlich 0-1-Daten enthal-ten. Dann besteht die Hoffnung, dass sich diese Hilfsaufgaben mit rein kombinatorischen Algorithmen effizient lösen lassen. Der nächste Abschnitt gibt ein Beispiel, das zeigt, dass sich diese Hoffnung durchaus erfüllen kann.

Ein Beispiel: Noch einmal kürzeste Wege: Um die 'Kombinatorisierung' der primal-dualen Methode zu illustrieren, wenden wir sie auf das Problem kürzester Wege in gerichteten Graphen an. Das hat zum einen den Vorteil, dass uns die Struktur dieses Problems aus Sektion 3.2 bekannt ist; vgl. insbesondere Lemma 3.2.13. Außerdem haben wir bereits Algorithmen zur Verfügung, mit denen wir das aus der primal-dualen Me-thode entstehende Verfahren vergleichen können. Wir fassen zunächst die im Folgenden relevante Notation aus Sektion 3.2 noch einmal zusammen.

6.5.10 Notation. *Seien* $G := (V,E;\phi)$ *ein gewichteter Digraph,* $V =: \{v_1,\ldots,v_n\}$ *und* $E =: \{e_1,\ldots,e_m\}$. *Das Funktional* $\varphi : 2^E \to \mathbb{R}$ *sei definiert durch*

$$\varphi(W) = \sum_{i \in [m] \wedge e_i \in W} \phi(e_i) \qquad (W \subset E).$$

Ferner seien

$$\beta_i := \phi(e_i) \quad (i \in [m]) \quad \wedge \quad b := (\beta_1,\ldots,\beta_m)^T,$$

und

$$S_G \in \{-1,0,1\}^{n \times m}$$

bezeichne die (Knoten-Kanten) Inzidenzmatrix von G *gemäß Definition 2.2.6. Wir setzen im Folgenden noch voraus, dass*

$$b > 0$$

ist.

Durch (V,E,ϕ,v_1,v_n) wird eine Aufgabe kürzester Wege für Digraphen spezifiziert; wir werden von der gegebenen Spp-Aufgabe sprechen. Wie wir aus den Sektionen 3.2 und 3.3 wissen, stellt die Voraussetzung $b > 0$ eine substantielle Einschränkung dar. Sie sorgt insbesondere dafür, dass das Problem in polynomieller Zeit gelöst werden kann (vgl. Satz 3.2.17 und Korollar 3.4.15). Man beachte, dass bei positiven Gewichten nach Lemma 3.2.13 jeder minimale Kantenzug von v_1 nach v_n ein v_1-v_n-Weg ist.

Um die gegebene Spp-Aufgabe als lineares Programm zu formulieren, ordnen wir jeder Kante e_j des Graphen eine Variable η_j zu und verwenden den Variablenvektor $y := (\eta_1,\ldots,\eta_m)^T$.

In jedem v_1-v_n-Weg W geht von v_1 genau eine Kante aus, in v_n kommt genau eine Kante an, und in jeden Zwischenknoten tritt genau eine Kante von W ein und eine aus. Daher erfüllen die Inzidenzvektoren y von v_1-v_n-Wegen das Gleichungssystem $S_G y = u_n - u_1$. Wir halten dieses in der folgenden Bemerkung fest.

6.5.11 Bemerkung. *Sei* y *der Inzidenzvektor eines* v_1-v_n-*Weges* W. *Dann gilt*

$$S_G y = u_n - u_1 \quad \wedge \quad y \geq 0.$$

Jeder Inzidenzvektor y eines v_1-v_n-Weges erfüllt sogar die stärkere Bedingung $y \in \{0,1\}^m$. Bemerkung 6.5.11 enthält daher (natürlich!) keine Charakterisierung solcher Inzidenzvektoren, sondern lediglich notwendige Bedingungen. Diese 'lineare Abschwächung' führt zu einem der SPP-Aufgabe zugeordneten linearen Programm, nämlich

$$\min b^T y$$
$$S_G y \;=\; u_n - u_1$$
$$y \;\geq\; 0.$$

Die Voraussetzung $b > 0$ erzwingt zwar, dass für alle Optimalpunkte $0 \leq y \leq \mathbb{1}$ gilt, aber es ist (zum jetzigen Zeitpunkt) keineswegs klar, dass mit Hilfe dieses linearen Programms tatsächlich Lösungen der SPP-Aufgabe gefunden werden können. Dieses wird sich erst als Konsequenz der Anwendung der primal-dualen Methode ergeben.

Bevor wir nun 'richtig loslegen' reduzieren wir das System noch um eine Gleichung. Da jede Kante von E in ihrer zugehörigen Spalte von S_G genau jeweils einen Eintrag $+1$ und -1 hat, addieren sich alle Zeilen von S_G zu Null. Tatsächlich wissen wir ja bereits aus Übungsaufgabe 2.4.16, dass $\mathrm{rang}(S_G) \leq n - 1$ gilt.[80] Eine beliebige der Gleichungen kann somit weggelassen werden; wir entscheiden uns für die erste, lassen also die v_1 zugeordnete Bedingung weg.

Wir fassen nun das so reduzierte lineare Programm als duale Aufgabe auf und verwenden in Analogie zu den Bezeichnungen des vorherigen Abschnitts die nachfolgende Notation.

6.5.12 Notation. *Es seien* $\hat{S}_G$ *die um die erste Zeile reduzierte Inzidenzmatrix von* G *und*

$$A_{\mathrm{SP}} := \hat{S}_G^T \in \{-1,0,1\}^{m \times (n-1)}.$$

Der gegebenen Aufgabe kürzester Wege ist somit folgende LP-Formulierung vom Typ (II) zugeordnet[81]

$$\min b^T y$$
$$(\mathrm{II_{SP}}) \qquad A_{\mathrm{SP}}^T y \;=\; u_{n-1}$$
$$y \;\geq\; 0.$$

Die zugehörige duale Aufgabe

$$\max \xi_n$$
$$(\mathrm{I_{SP}}) \qquad \xi_1 \;=\; 0$$
$$-\xi_p \;+\; \xi_q \;\leq\; \beta_i \qquad (p,q \in [n] \wedge i \in [m] \wedge$$
$$e_i = (v_p, v_q))$$

entspricht im Sinne des vorherigen Abschnitts der primalen Aufgabe (I). Ihre Variablen ξ_j korrespondieren mit den Knoten des Graphen.

---

[80] Wenn wir wollten, könnten wir auch ohne Probleme voraussetzen, dass jeder Knoten in G von v_1 aus erreichbar ist, so dass $\mathrm{rang}(S_G) = n - 1$ wäre. Es sind ja ohnehin nur solche Knoten relevant, die auf einem v_1-v_n-Weg liegen, und die von v_1 aus erreichbaren Knoten können nach Lemma 3.1.25 auch effizient identifiziert werden. Für den primal-dualen Algorithmus ist Redundanz der Gleichungen aber kein ernstes Problem, da die Koeffizientenmatrizen der Hilfsprobleme ohnehin jeweils eine volle Einheitsmatrix enthalten, also maximalen Rang haben.

[81] Man beachte, dass durch Streichen der v_1 zugeordneten ersten Gleichung aus u_n der Vektor u_{n-1} wird.

Die dem Knoten v_1 zugeordnete Variable ξ_1 tritt dabei eigentlich gar nicht auf, da die zu v_1 gehörige Restriktion in $(\mathrm{II}_{\mathrm{SP}})$ ja nicht mehr vorhanden ist. Wir führen sie mit dem Wert 0 mit, um bei den Nebenbedingungen nicht unterscheiden zu müssen, ob eine Kante mit v_1 inzident ist oder nicht.[82]

Die Voraussetzung $b > 0$ erlaubt es, $x^{(0)} := 0$ als Startlösung zu verwenden.[83] Wir führen nun den primal-dualen Verbesserungsschritt von $x^{(k)}$ zu $x^{(k+1)}$ durch.

Interpretiert man die Variablen ξ_j als Knotengewichte, so kann die Menge

$$I(x^{(k)}) = \{i \in [m] : p,q \in [n] \wedge e_i = (v_p, v_q) \wedge -\xi_p^{(k)} + \xi_q^{(k)} = \beta_i\}$$

der aktiven Nebenbedingungen als die Teilmenge von E aufgefasst werden, für die die Differenz der Gewichte des End- und des Anfangsknotens der Kante genau mit ihrem Kantengewicht übereinstimmt. Man überträgt also gleichsam das Gewicht des Anfangsknotens einer Kante mit Index in $I(x^{(k)})$ unter Addition des Kantengewichts auf ihren Endknoten.[84]

Die Zulässigkeitsaufgabe $(\mathrm{Z}[x^{(k)}])$ hat nun die Form

$$\min \mathbb{1}^T z$$

$$\left(\mathrm{Z}_{\mathrm{SP}}[x^{(k)}]\right) \qquad \sum_{i \in I(x^{(k)})} a_i \eta_i \;+\; z \;=\; u_{n-1}$$

$$\eta_i \qquad\qquad \geq \; 0 \qquad \left(i \in I(x^{(k)})\right)$$

$$z \;\geq\; 0,$$

und die hierzu duale Aufgabe ist

$$\max \xi_n$$

$$\left(\mathrm{A}_{\mathrm{SP}}[x^{(k)}]\right) \qquad \xi_1 \qquad\qquad = \; 0$$

$$\xi_j \;\leq\; 1 \qquad \left(j \in [n] \setminus \{1\}\right)$$

$$-\xi_p \;+\; \xi_q \;\leq\; 0 \qquad \left(p,q \in [n] \wedge i \in I(x^{(k)}) \wedge \right.$$
$$\left. e_i = (v_p, v_q)\right).$$

Wir bezeichnen den (übereinstimmenden) Optimalwert der beiden Aufgaben mit $\theta^{(k)}$.

Die entscheidende Beobachtung ist nun, dass $\left(\mathrm{A}_{\mathrm{SP}}[x^{(k)}]\right)$ direkt gelöst werden kann.

6.5.13 Bezeichnung. *Seien $I \subset [m]$ und $v \in V$. Der Knoten v heißt I-erreichbar, wenn es einen v_1-v-Weg in G gibt, dessen Kantenindizes sämtlich in I liegen.*

Das folgende Lemma gibt eine Lösung von $\left(\mathrm{A}_{\mathrm{SP}}[x^{(k)}]\right)$ an.

---

[82] Man mag sich fragen, ob wir hier nicht eigentlich doch die gestrichene Gleichung 'auf Umwegen' wieder hinzunehmen. Hätten wir die erste Gleichung nicht gestrichen, so könnten wir in $(\mathrm{I}_{\mathrm{SP}})$ zu jeder Variable denselben Wert addieren, ohne die Bedingungen zu verletzen. Das wird durch die 'symmetriebrechende' Bedingung $\xi_1 = 0$ verhindert. Tatsächlich wird durch die Reduktion also der Linealitätsraum in $(\mathrm{I}_{\mathrm{SP}})$ reduziert.

[83] Wir ändern hier die Notation gegenüber dem ersten Abschnitt. Dort bezeichnete v eine Lösung und w eine verbesserte Lösung nach einem Schritt des Algorithmus. Diese Notation war im Einklang mit der Beschreibung des Simplex-Algorithmus gewählt. Da wir hier die Knoten in Übereinstimmung mit den entsprechenden Gewohnheiten aus Sektion 2.2 mit v_i bezeichnen, wählen wir für die durch den primal-dualen Algorithmus im k-ten Schritt erzeugten Objekte entsprechende Bezeichnungen mit hochgestellter Schrittzahl, etwa also $x^{(k)}$ bzw. $\xi_j^{(k)}$ für die Komponenten.

[84] Tatsächlich erkennt man diesen Zusammenhang bereits in Übungsaufgabe 3.6.25.

6.5.14 Lemma. *Der Vektor $s^{(k)} := (\sigma_1^{(k)}, \ldots, \sigma_n^{(k)})^T$ sei definiert durch*

$$\sigma_j^{(k)} := \begin{cases} 0 & \text{für alle } I(x^{(k)})\text{-erreichbaren Knoten } v_j; \\ 1 & \text{sonst.} \end{cases}$$

Dann gelten die folgenden Aussagen:

(a) $s^{(k)}$ ist zulässig in $\big(\mathrm{A_{SP}}[x^{(k)}]\big)$.

(b) Es gilt $\theta^{(k)} = 0$ genau dann, wenn v_n bereits $I(x^{(k)})$-erreichbar ist.

(c) Ist $\theta^{(k)} \neq 0$, so gilt $\theta^{(k)} = 1$, und $s^{(k)}$ ist ein Optimalpunkt von $\big(\mathrm{A_{SP}}[x^{(k)}]\big)$.

Beweis: (a) Wir nehmen an, dass $s^{(k)}$ unzulässig ist. Dann gibt es eine Kante $e_i =:$ (v_p, v_q) mit

$$i \in I(x^{(k)}) \quad \wedge \quad \sigma_p^{(k)} = 0 \quad \wedge \quad \sigma_q^{(k)} = 1.$$

Der Knoten v_p ist also von v_1 aus über einen Weg erreichbar, der nur Kanten mit Indizes in $I(x^{(k)})$ enthält, nicht aber v_q. Also kann e_i keine Kante mit $i \in I(x^{(k)})$ sein, ein Widerspruch.

(b) Wenn ein v_1-v_n-Weg mit Kantenindizes aus $I(x^{(k)})$ existiert, so folgt aus den einzuhaltenden Nebenbedingungen $\xi_n = 0$, also $\theta^{(k)} = 0$. Gilt umgekehrt $\theta^{(k)} = 0$, so ist v_n $I(x^{(k)})$-erreichbar, da andernfalls $\sigma_n^{(k)} = 1$ wäre, s_k also einen Zielfunktionswert 1 liefern würde.

(c) Nach Voraussetzung und wegen $\xi_n \leq 1$ gilt $0 < \theta^{(k)} \leq 1$. Da $\sigma_n^{(k)} = 1$ ist, folgt die Behauptung aus (a). □

Ist $\theta^{(k)} = 0$ so ist das Optimum erreicht. Andernfalls führen wir nun einen Verbesserungsschritt durch.

6.5.15 Bemerkung. *Seien $\theta^{(k)} = 1$ und*

$$R^{(k)} := \{i \in [m] \setminus I(x^{(k)}) : p, q \in [n] \wedge e_i = (v_p, v_q) \in E \wedge \sigma_p^{(k)} = 0 \wedge \sigma_q^{(k)} = 1\}.$$

(a) Gilt $R^{(k)} = \emptyset$, so existiert kein v_1-v_n-Weg in G.

(b) Sei $R^{(k)} \neq \emptyset$, und setze

$$\lambda^{(k)} := \min_{i \in R^{(k)}} \big(\beta_i + (\xi_p^{(k)} - \xi_q^{(k)})\big) \quad \wedge \quad x^{(k+1)} := x^{(k)} + \lambda^{(k)} s^{(k)}.$$

Dann ist $x^{(k+1)}$ zulässig in $(\mathrm{I_{SP}})$.

Beweis: Zur Setzung von $R^{(k)}$ beachte man, dass die eigentlich in der Definition der 'Schrittbegrenzungsmenge' auftretende Bedingung $-\sigma_p^{(k)} + \sigma_q^{(k)} > 0$ nach Defintion von $s^{(k)}$ gemäß Lemma 6.5.14 zu der verwendeten Bedingung $\big(\sigma_p^{(k)} = 0 \wedge \sigma_q^{(k)} = 1\big)$ äquivalent ist. Die Aussagen folgen nun direkt aus Lemma 6.5.2. □

Insgesamt reduziert der primal-duale Algorithmus das Problem kürzester Wege in den Verbesserungsschritten somit auf die Aufgabe, die Menge aller Knoten zu finden, die von v_1 aus durch Wege in der Menge der 'aktiven Kanten' erreichbar sind. Solche Erreichbarkeitsprobleme können mit einem elementaren Suchalgorithmus effizient gelöst werden; vgl. Prozedur 3.1.24 und Lemma 3.1.25.

Wir wenden das Verfahren nun auf Beispiel 3.2.15 an.

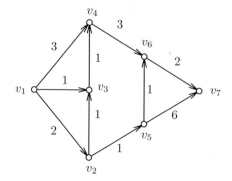

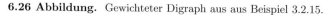

6.26 Abbildung. Gewichteter Digraph aus aus Beispiel 3.2.15.

6.5.16 Beispiel. *Gegeben sei der gewichtete Digraph aus Beispiel 3.2.15. Er ist in Abbildung 6.26 noch einmal dargestellt. Gesucht ist ein kürzester v_1-v_7-Weg.*

Der Algorithmus beginnt mit dem Startvektor $x^{(0)} := 0$. Seine Komponenten sind in Abbildungen 6.27 (links) an den Knoten abgetragen. Zu Beginn ist $I(x^{(0)}) = \emptyset$, d.h. der Verbesserungsvektor $s^{(0)}$ gemäß Lemma 6.5.14 ist $(0,1,1,1,1,1,1)^T$. Seine Komponenten sind in Abbildungen 6.27 (rechts) an den Knoten vermerkt.

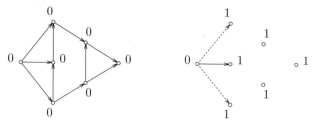

6.27 Abbildung. Schritt 1: $x^{(0)} = 0$, $s^{(0)} = (0,1,1,1,1,1,1)^T$, $\lambda^{(0)} = 1$.

Die Menge $R^{(0)}$ enthält die drei Kanten (v_1,v_2), (v_1,v_3) und (v_1,v_4); die zweite führt zum Minimum bei der Bestimmung der Schrittweite, und es gilt $\lambda^{(0)} = 1$. Die neue Lösung ist somit $x^{(1)} := (0,1,1,1,1,1,1)^T$.

Die Abbildungen 6.27 bis 6.30 zeigen auf der linken Seite jeweils als Markierung der Knoten die Komponenten der aktuellen Iterationspunkte $x^{(k)}$. Rechts sind die Komponenten der Verbesserungsvektoren $s^{(k)}$ notiert und die Kanten von $I(x^{(k)})$ markiert (durchgezogen).

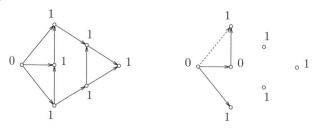

6.28 Abbildung. Schritt 2: $x^{(1)} = (0,1,1,1,1,1,1)^T$, $s^{(1)} = (0,1,0,1,1,1,1)^T$, $\lambda^{(1)} = 1$.

In jedem Schritt kommen die Kanten hinzu, die die aktuelle Schrittweite bestimmen; gestrichelt sind diejenigen zu $R^{(k)}$ gehörenden Kanten angegeben, die nicht zum Minimum bei der Bestimmung von $\lambda^{(k)}$ geführt haben.

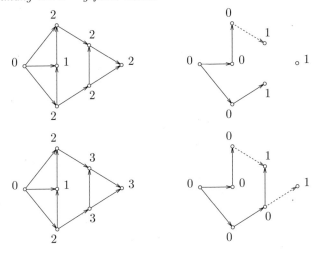

6.29 Abbildung. Oben: Schritt 3 mit $x^{(2)} = (0,2,1,2,2,2,2)^T$, $s^{(2)} = (0,0,0,0,1,1,1)^T$, $\lambda^{(2)} = 1$; Unten: Schritt 4 mit $x^{(3)} = (0,2,1,2,3,3,3)^T$, $s^{(3)} = (0,0,0,0,0,1,1)^T$, $\lambda^{(3)} = 1$.

Das Verfahren endet mit der optimalen Lösung $x^{(5)} := (0,2,1,2,3,4,6)^T$. Der Abstand von v_1 zu v_7 ist 6.

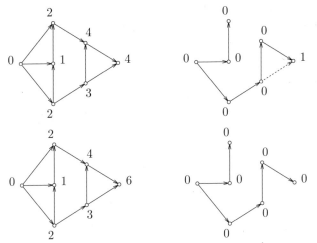

6.30 Abbildung. Oben: Schritt 5 mit $x^{(4)} = (0,2,1,2,3,4,4)^T$, $s^{(4)} = (0,0,0,0,0,0,1)^T$, $\lambda^{(4)} = 2$; Unten: Schritt 6 mit $x^{(5)} = (0,2,1,2,3,4,6)^T$; rechts: kürzester Weg.

In seiner angegebenen Realisierung für das Problem kürzester Wege kommt der primal-duale Algorithmus völlig ohne den Simplex-Algorithmus aus. Zum Nachweis seiner

Endlichkeit benötigen wir daher auch nicht Satz 6.5.9; sie ergibt sich direkt aus der Kombinatorik des Verfahrens.

6.5.17 Lemma. *Es gelte $\theta^{(k)} > 0$ und $R^{(k)} \neq \emptyset$. Dann folgt*

$$I(x^{(k)}) \subsetneq I(x^{(k+1)}).$$

Bezeichnet $U^{(k)}$ die Menge der Indizes der $I(x^{(k)})$-erreichbaren Knoten v_j. Dann gilt

$$\left(j \in U^{(k)} \Rightarrow \xi_j^{(k+1)} = \xi_j^{(k)}\right) \quad \wedge \quad U^{(k)} \subsetneq U^{(k+1)}.$$

Beweis: Für $j \in U^{(k)}$ gilt gemäß Lemma 6.5.14 $\sigma_j^{(k)} = 0$, also $\xi_j^{(k+1)} = \xi_j^{(k)}$, und es folgt $U^{(k)} \subset U^{(k+1)}$. Seien nun $i \in I(x^{(k)})$ und $p,q \in [n]$ mit $e_i = (v_p, v_q)$. Da $b > 0$ ist und für $v_p, v_q \notin U^{(k)}$ die Komponenten $\xi_p^{(k)}$ und $\xi_q^{(k)}$ übereinstimmen, gilt $v_p, v_q \in U^{(k)}$, und damit

$$-\xi_p^{(k+1)} + \xi_q^{(k+1)} = -\xi_p^{(k)} + \xi_q^{(k)} = \beta_i.$$

Somit ist auch $I(x^{(k)}) \subset I(x^{(k+1)})$.

Seien nun r ein Index aus $R^{(k)}$, für den das Minimum bei der Bestimmung von $\lambda^{(k)}$ angenommen wird, und $e_r =: (v_{p_0}, v_{q_0})$. Dann gilt nach Bemerkung 6.5.15 $\sigma_{p_0}^{(k)} = 0$ und $\sigma_{q_0}^{(k)} = 1$, und es folgt

$$-\xi_{p_0}^{(k+1)} + \xi_{q_0}^{(k+1)} = -\left(\xi_{p_0}^{(k)} + \lambda^{(k)}\sigma_{p_0}^{(k)}\right) + \left(\xi_{q_0}^{(k)} + \lambda^{(k)}\sigma_{q_0}^{(k)}\right) = -\xi_{p_0}^{(k)} + \xi_{q_0}^{(k)} + \lambda^{(k)} = \beta_r.$$

Damit sind $r \in I(x^{(k+1)}) \backslash I(x^{(k)})$ und $q_0 \in U^{(k+1)} \backslash U^{(k)}$, und es folgt die Behauptung. $\square$

Aus der (im Fall der Zulässigkeit der Spp-Aufgabe) gefundenen optimalen Lösung von $(\mathrm{I}_{\mathrm{SP}})$ erhält man leicht eine optimale Lösung von $(\mathrm{II}_{\mathrm{SP}})$.

6.5.18 Lemma. *Seien x^* das gefundene Optimum von $(\mathrm{I}_{\mathrm{SP}})$, $I^* := I(x^*)$, $E^* := \{e_i \in E : i \in I^*\}$ sowie U^* die Menge der Indizes der I^*-erreichbaren Knoten von G. Dann gilt für jeden Knoten v_j mit $j \in U^*$ und jeden v_1-v_j-Weg W_j in (V, E^*)*

$$\varphi(W_j) = \xi_j^*.$$

Beweis: Für den uneigentlichen v_1-v_1-Weg ist die Behauptung trivial. Seien also $U^* \neq \{1\}$, $v_j \in V \backslash \{v_1\}$ mit $j \in U^*$ und W_j ein v_1-v_j-Weg in (V, E^*). Ferner sei $k \in \mathbb{N}$ so, dass $j \in U^{(k)} \backslash U^{(k-1)}$ gilt. Wird der primal-duale Algorithmus auf die modifizierte Spp-Aufgabe angewendet, bei gleichen Daten einen kürzesten v_1-v_j-Weg in G zu finden, so ist der Verlauf bis zum k-ten Schritt identisch. Danach ist v_j $I(x^{(k)})$-erreichbar, und das Verfahren terminiert. Es reicht daher, die Aussage für $j = n$ zu beweisen.

Es gebe also einen v_1-v_n-Weg W_n mit Knoten in E^*. Der Algorithmus bricht erst ab, wenn v_n I^*-erreichbar ist. Sei $y^* := (\eta_1^*, \ldots, \eta_m^*)^T$ definiert durch

$$\eta_i^* := \begin{cases} 1 & \text{für } e_i \in W_n; \\ 0 & \text{sonst.} \end{cases}$$

Nach Bemerkung 6.5.11 ist y^* zulässig in $(\mathrm{II}_{\mathrm{SP}})$. Da nach Konstruktion auch die Komplementaritätsbedingungen erfüllt sind, bilden (x^*, y^*) ein primal-duales Paar für $(\mathrm{I}_{\mathrm{SP}})$ und $(\mathrm{II}_{\mathrm{SP}})$. Nach Satz 6.1.7 stimmen daher insbesondere die Optima überein. Somit folgt $\varphi(W_n) = \xi_n^*$ und damit die Behauptung. $\square$

Der primal-duale Algorithmus führt insgesamt das Problem kürzester Wege mit positiven Gewichten auf eine sukzessive Lösung eines einfacheren Erreichbarkeitsproblems zurück. Dieses kann mittels Lemma 3.1.25 gelöst werden. Durch die Anwendung des primal-dualen Verfahrens werden also die 'numerischen' Distanzen in den einzelnen Schritten (im Wesentlichen) durch 'kombinatorische' Größen ersetzt. Lediglich bei der algorithmisch 'harmlosen' Minimumbildung zur Bestimmung der Schrittweite tritt b noch auf.

6.5.19 Satz. *Nach höchstens $|V|$ Schritten liefert der primal-duale Algorithmus für jeden von v_1 erreichbaren Knoten v einen kürzesten v_1-v-Weg.*

Beweis: Die Behauptung folgt aus den Lemmata 6.5.17 und 6.5.18. $\qquad\square$

Wir beenden diesen Abschnitt mit zwei Bemerkungen. Zunächst vergleichen wir kurz den primal-dualen Algorithmus für das Problem kürzester Wege in Digraphen mit positiven Gewichten mit dem Dijkstra-Algorithmus. Beide Algorithmen erzeugen Knotenmarken, und wie wir in Lemma 6.5.18 gesehen haben, produziert der primal-duale Algorithmus die gleichen Endlabel wie der Dijkstra-Algorithmus. Ist r ein Index aus $R^{(k)}$, für den im primal-dualen Algorithmus das Minimum bei der Bestimmung von $\lambda^{(k)}$ angenommen wird, und gilt $e_r =: (v_{p_0}, v_{q_0})$, so folgt insbesondere

$$\xi_{q_0}^{(k+1)} = \xi_{q_0}^{(k)} + \lambda^{(k)} = \beta_{r_0} + \xi_{p_0}^{(k)},$$

wie im Dijkstra-Algorithmus. Aber auch die Reihenfolge bei der Aufnahme neuer Knoten stimmt überein, wenn man davon absieht, dass wir den Dijkstra-Algorithmus so formuliert haben, dass pro Schritt nur ein Knoten hinzukommen kann, auch wenn mehrere beste zur Auswahl stehen.

Es gibt aber auch Unterschiede. Im primal-dualen Algorithmus werden die Knotenlabel aller noch nicht erreichten Knoten in jedem einzelnen Schritt aktualisiert. Der Dijkstra-Algorithmus geht hier ökonomischer vor. Im Allgemeinen enthält die im primal-dualen Algorithmus erreichte Kantenmenge E^* nicht nur einen v_1-v_j-Weg. Ändert man etwa in Beispiel 6.5.16 die Kosten der Kante (v_1, v_4) auf 2, so wird sie neben den Kanten (v_1, v_2) und (v_3, v_4) in Schritt 2 in die Menge $I^{(1)}$ aufgenommen; v_4 ist also über zwei Wege der Länge 2 in (V, E^*) von v_1 aus erreichbar. Der Dijkstra-Algorithmus erzeugt hingegen auf der Menge der von v_1 erreichbaren Knoten einen Baum. Insgesamt kann man aber sicherlich sagen: *Der Dijkstra-Algorithmus ist eine effiziente Realisierung des primal-dualen Algorithmus für* SPP.

Die zweite Bemerkung betrifft die Struktur des zulässigen Bereichs

$$P := \left\{ y \in \mathbb{R}^m : A_{\mathrm{SP}} y = u_{n-1} \wedge y \geq 0 \right\}$$

von $(\mathrm{II}_{\mathrm{SP}})$. Im primal-dualen Algorithmus haben wir ja nichts anderes gemacht, als die durch $y \mapsto b^T y$ gegebene lineare Zielfunktion über P zu minimieren. Ist $P \neq \emptyset$, so ist der im Beweis von Lemma 6.5.18 konstruierte Optimalpunkt y^* Inzidenzvektor eines kürzesten v_1-v_n-Weges in G, insbesondere also automatisch ein 0-1-Vektor. *Also muss P ganzzahlige Ecken besitzen.* Tatsächlich gilt sogar noch mehr.

6.5.20 Satz. *Sei y^* eine Ecke von P. Dann ist y^* Inzidenzvektor eines v_1-v_n-Weges in G, insbesondere gilt also $y^* \in \{0,1\}^m$. Ferner gibt es für jede Ecke von P einen Zielfunktionsvektor $b^* \in \mathbb{R}^m$ mit*

$$b^* > 0 \quad \wedge \quad \{y\} = \operatorname{argmin}_{x \in P} (b^*)^T y.$$

Beweis: Da y^* eine Ecke von P ist, gibt es eine Stützhyperebene, die P in y^* schneidet, d.h. es gibt einen Vektor $b \in \mathbb{R}^m \setminus \{0\}$ mit

$$P \subset H^{\geq}_{(b,b^T y^*)} \quad \wedge \quad \{y^*\} = P \cap H_{(b,b^T y^*)}.$$

Sei $b =: (\beta_1, \ldots, \beta_m)^T$ ein solcher Vektor. Dann ist y^* die eindeutig bestimmte Lösung des linearen Programms $\min_{y \in P} b^T y$.

Mit der üblichen Notation $y^* =: (\eta_1^*, \ldots, \eta_m^*)^T$ und $E =: \{e_1, \ldots, e_m\}$ seien nun

$$K := \{e_i : i \in [m] \wedge \eta_i^* \neq 0\} \quad \wedge \quad S := (V, K).$$

Da $\min_{y \in P} b^T y = b^T y^* > -\infty$ gilt, gibt es in S keinen Kreis negativer Länge. Da y^* einziger Optimalpunkt ist, gibt es auch keinen Kreis der Länge 0. Da y^* optimal ist, kann es aber auch keinen Kreis positiver Länge geben. Somit ist S kreisfrei. Da $y^* \in P \neq \emptyset$ gilt, ist v_n in S von v_1 aus erreichbar. Seien daher W ein v_1-v_n-Weg und

$$\lambda := \min\{\eta_i^* : i \in [m] \wedge e_i \in W\}.$$

Dann ist $0 < \lambda \leq 1$.

Wir zeigen nun, dass y^* der Inzidenzvektor von W ist. Angenommen, das wäre nicht der Fall. Dann ist $\lambda < 1$. Seien nun

$$y_W := \sum_{e_i \in W} u_i \quad \wedge \quad \hat{y}^* := y^* - \lambda y_W \quad \wedge \quad y_R := \frac{1}{1-\lambda} \hat{y}^*.$$

Nach Bemerkung 6.5.11 gilt $y_W \in P$. Ferner ist $y_R \geq 0$, und es gilt

$$A_{\mathrm{SP}} y_R = \frac{1}{1-\lambda} A_{\mathrm{SP}} \hat{y}^* = \frac{1}{1-\lambda} A_{\mathrm{SP}} (y^* - \lambda y_W) = \frac{1}{1-\lambda} u_{n-1} - \frac{\lambda}{1-\lambda} u_{n-1} = u_{n-1},$$

also $y_R \in P$. Nun gilt aber

$$y^* = \lambda y_W + (1-\lambda) y_R \in P.$$

Somit ist y^* keine Ecke von P, im Widerspruch zur Voraussetzung.

Setzt man in einem neuen Gewichtsvektor b^* alle Komponenten zu 1, die zu Kanten aus W gehören, und alle Übrigen auf n, so hat W eine Länge von höchstens $n-1$ und ist daher der eindeutige Optimalpunkt der Aufgabe $\min_{y \in P} (b^*)^T y$. Insgesamt folgt damit die Behauptung. $\qquad \square$

Als Ergebnis der Anwendung des primal-dualen Algorithmus erhalten wir also den Hinweis, dass alle Ecken des zu einer SPP-Aufgabe gegebenen Polyeders ganzzahlig sind. Der *kombinatorische* Algorithmus legt eine *zahlentheoretische* Eigenschaft des *geometrischen* Objekts P nahe.

6.6 Übungsaufgaben

6.6.1 Übungsaufgabe. *Eine Hundezüchterin möchte den Bedarf der Welpen an vier verschiedenen Nährstoffen mit Hilfe von drei unterschiedlichen Futtermitteln decken. Ihr ist dabei bekannt, welche Mengen der einzelnen Nährstoffe in jedem Futtermittel enthalten sind, welcher Nährstoffbedarf besteht und wie teuer die Futtermittel sind. Man formuliere die Aufgabe der kostengünstigsten Versorgung als lineares Programm, bestimme die dazu duale Aufgabe und interpretiere sie ökonomisch. Man gehe dabei insbesondere auch auf die Komplementaritätsbedingungen ein.*

6.6.2 Übungsaufgabe. *Man überprüfe mit Hilfe der Komplementaritätsbedingungen, ob der Punkt* $x^* := (0,2,0,7,0)^T$ *eine optimale Lösung des folgenden linearen Programms ist:*

$$\max\ 8\xi_1 - 9\xi_2 + 12\xi_3 + 4\xi_4 + 11\xi_5$$

$$
\begin{array}{rcrcrcrcrclc}
2\xi_1 & - & 3\xi_2 & + & 4\xi_3 & + & \xi_4 & + & 3\xi_5 & \leq & 1 \\
\xi_1 & + & 7\xi_2 & + & 3\xi_3 & - & 2\xi_4 & + & \xi_5 & \leq & 1 \\
5\xi_1 & + & 4\xi_2 & - & 6\xi_3 & + & 2\xi_4 & + & 3\xi_5 & \leq & 22 \\
& & & & & & \xi_1, \xi_2, \xi_3, \xi_4, \xi_5 & & & \geq & 0.
\end{array}
$$

6.6.3 Übungsaufgabe. *Seien* $m,n \in \mathbb{N}$ *mit* $m \geq n + 2$. *In einer Messreihe seien an* m *verschiedenen Messpunkten* $\xi_1, \ldots, \xi_m$ *Messdaten ermittelt worden, so dass die Paare* (ξ_i, η_i) $(i \in [m])$ *vorliegen. Gesucht ist ein Polynom* $\psi : \mathbb{R} \to \mathbb{R}$ *vom Grad höchstens* n, *für das der maximale Abstand* $\max_{i \in [m]} |\psi(\xi_i) - \eta_i|$ *minimal wird. Man formuliere diese Aufgabe als lineares Programm, bestimme sein Duales und leite dann den Alternantensatz her, dass ein Polynom* ψ *genau dann die beste Approximation liefert und* μ^* *der Approximationsfehler ist, wenn es eine Teilmenge* $I := \{i_0, \ldots, i_{n+1}\} \subset [m]$ *und ein* $\sigma \in \{-1,1\}$ *gibt mit*

$$\psi(\xi_{i_k}) - \eta_{i_k} = \sigma(-1)^k \mu^* \qquad (k \in \{0,1,\ldots,n+1\}).$$

Hinweis: Man kann verwenden, dass die die Koeffizienten der letzten Spalte der Inversen der Vandermonde[85]*-Matrix*

$$
V_k := \begin{pmatrix}
\xi_1^0 & \xi_2^0 & \cdots, & \xi_k^0 \\
\xi_1^1 & \xi_2^1 & \cdots, & \xi_k^1 \\
\vdots & \vdots & \ddots & \vdots \\
\xi_1^{k-1} & \xi_2^{k-1} & \cdots, & \xi_k^{k-1}
\end{pmatrix}
$$

sämtlich von 0 *verschieden sind und ihr Vorzeichen alterniert.*

6.6.4 Übungsaufgabe. *Für* $n \in \mathbb{N} \setminus \{1\}$ *bezeichne (LP) das lineare Programm*

$$\max\Big\{\sum_{i=1}^n \xi_i : \forall(i,j \in [n] \wedge i \neq j) : \xi_i + \xi_j \leq 1 \ \wedge\ \forall(i \in [n]) : \xi_j \geq 0\Big\}.$$

(a) Man stelle das duale lineare Programm (D) auf.

(b) Man 'rate' jeweils eine primale und eine duale Optimallösung und beweise deren Optimalität.

(c) (ILP) bzw. (ID) seien die ganzzahligen Optimierungsaufgaben, die aus (LP) bzw. (D) durch Hinzunahme der Ganzzahligkeitsbedingung für alle Variablen entstehen. Man finde Optimalpunkte von (ILP) und (ID). Stimmen ihre Optimalwerte überein?

6.6.5 Übungsaufgabe. *Seien (I) und (II) zueinander duale lineare Programme, P bzw. Q ihre zulässigen Bereiche und* x^* *bzw.* y^* *optimale Extremalpunkte von (I) bzw. (II). Man beweise oder widerlege die folgenden Aussagen:*

(a) x^* *ist genau dann regulär, wenn* y^* *der einzige Optimalpunkt von (II) ist.*

(b) y^* *ist genau dann der einzige Optimalpunkt von (II), wenn der Kegel* $N_P(x^*)$ *der äußeren Normalen in* x^* *simplizial ist.*

(c) Die optimale Seite von Q ist genau dann eindimensional, wenn zu x^* *genau zwei verschiedene Basen gehören.*

6.6.6 Übungsaufgabe. *Seien* $X \in \mathbb{R}^n$, $Y \subset \mathbb{R}^n$ *kompakt und* $\varphi : X \times Y \to \mathbb{R}$ *stetig und stückweise linear. Man beweise oder widerlege die Ungleichung:*

$$\max_{x \in X} \min_{y \in Y} \varphi(x,y) \leq \min_{y \in Y} \max_{x \in X} \varphi(x,y).$$

6.6.7 Übungsaufgabe. *Eine Menge* $F \subset [5] \times [5]$ *sei durch ihre X-Rays in den Richtungen* $S_1 := \lim(\{u_1\})$ *und* $S_2 := \lim(\{u_2\})$ *gegeben. Die entsprechenden Messdaten für die Geraden* $ku_2 + S_1$ *mit* $k \in [5]$ *sind* $(3,5,3,1,3)$; *für* $ku_1 + S_2$ *mit* $k \in [5]$ *hingegen* $(4,1,5,1,4)$. *Man zeige*

(a) durch eine direkte Argumentation,

---

[85] Alexandre-Théophile Vandermonde, 1735 – 1796.

(b) durch Nachweis der Additivität,

dass F durch $X_1(F)$ und $X_2(F)$ eindeutig bestimmt ist.

6.6.8 Übungsaufgabe. *Seien $k,n \in \mathbb{N}$, S die Menge der Kontrollpunkte und $\Sigma := (\sigma_1,\ldots,\sigma_k)$ der Parametervektor eines Power-Diagramms $P^{S,\Sigma} =: (P_1,\ldots,P_k)$ im $\mathbb{R}^n$. Man beweise oder widerlege die folgenden Aussagen:*

(a) Für alle $i \in [k]$ gilt $\operatorname{int}(P_i) \neq \emptyset$.

(b) Jeder Punkt des $\mathbb{R}^n$ liegt in höchstens n Power-Zellen.

(c) Es gibt keine Power-Zelle, die alle Kontrollpunkte enthält.

(d) Es gibt eine beschränkte Power-Zelle.

6.6.9 Übungsaufgabe. *Einem Investor stehen n verschiedene Investitionsprojekte für einen Zeitraum von m Zeitperioden zur Verfügung. Für $i \in [m]$ sei σ_i sein externer Kapitalzufluss in Periode i (positiv oder negativ). Für $i \in [m]$ und $j \in [n]$ sei $\alpha_{i,j}$ die mit dem Projekt j am Ende der Periode i verbundene Ausschüttung (Gewinn oder Verlust). Ferner ist γ_j für $j \in [n]$ der erwartete Resterlös von Projekt j zum Ende m der Laufzeit.*

Auf dem zugrunde liegenden (idealisierten) Kapitalmarkt gilt für die Vergabe und Aufnahme von Krediten der gleiche Zinssatz ρ, Gebühren fallen nicht an, und das am Markt verfügbare Kapitalvolumen ist unbegrenzt.

Man betrachte das folgende Investitionsmodell

$$\max \sum_{j=1}^{n} \gamma_j \xi_j + \eta_m$$

$$
\begin{aligned}
-\sum_{i=1}^{n} \alpha_{1,j}\xi_j && + && \eta_1 &\leq \sigma_1 \\
-\sum_{i=1}^{n} \alpha_{i,j}\xi_j && - \; (1+\rho)\eta_{i-1} + && \eta_i &\leq \sigma_i && (i \in [m] \setminus \{1\}) \\
&& 0 \leq \xi_j &\leq 1 && (j \in [n])
\end{aligned}
$$

in den Variablen ξ_j und η_i. Dabei ist ξ_j der Anteil, zu dem man in das Projekt j investiert. Die Schranken 1 besagen somit, dass es grundsätzlich möglich ist, in jedes Projekt voll zu investieren. Die Variable η_i bezeichnet das in Periode i aufgenommene ($\eta_i \leq 0$) bzw. verliehene Kapital ($\eta_i \geq 0$).

(a) Man formuliere die duale Aufgabe und gebe eine ökonomische Interpretation der dualen Variablen und der Komplementaritätsbedingungen. Nach welchem Kriterium sollte entschieden werden, ob man ein Projekt in das Portfolio aufnimmt?

(b) Man untersuche, ob das Modell stets eine optimale Lösung ohne fraktionelle Projektbeteiligungen zulässt ('bang-bang-Strategie').

6.6.10 Übungsaufgabe. *Eine durchführbare Technologie $T(M,r)$ soll durch Tauschaktivitäten ergänzt werden, die zu Marktpreisen einen Handel mit Gütern ermöglichen. Man gebe eine Charakterisierung dafür, dass ein bez. $T(M,r)$ effizientes Produktionsprogramm auch nach Eröffnung der Handelsoption effizient bleibt.*

6.6.11 Übungsaufgabe. *Gegeben seien das Paar dualer Aufgaben*

$$
\begin{array}{lll}
\max c^T x & & \min b^T y \\
(\text{LP}) \quad Ax \leq b & \qquad (\text{DLP}) \quad A^T y \geq c \\
\phantom{(\text{LP}) \quad} x \geq 0 & \qquad \phantom{(\text{DLP}) \quad} y \geq 0
\end{array}
$$

sowie $d \in \mathbb{R}^m \setminus \{0\}$. Beide Aufgaben (LP) und (DLP) seien zulässig. Für $\varepsilon \in [0,\infty[$ sei

$$\psi(\varepsilon) := \max\{c^T x : Ax \leq b + \varepsilon d \wedge x \geq 0\}.$$

Unter allen Optimallösungen von (DLP) sei y^* eine solche, die $d^T y$ minimiert, d.h.

$$y^* \in \operatorname{argmin}\{d^T y : A^T y \geq c \wedge b^T y \leq \psi(0) \wedge y \geq 0\}.$$

(a) Man beweise die Ungleichung $\psi(\varepsilon) \leq \psi(0) + \varepsilon d^T y^*$ für jedes $\varepsilon \in [0,\infty[$.

(b) Man zeige, dass es ein $\varepsilon_0 \in]0,\infty[$ gibt, so dass für alle $\varepsilon \in [0,\varepsilon_0]$ in der Ungleichung (a) sogar Gleichheit gilt.

(c) Man gebe eine ökonomische Interpretation der Aussagen (a) und (b).

6.6.12 Übungsaufgabe. Im Spiel 'Elfmeterschießen' werde die zusätzliche Option eingeführt, dass sowohl Schütze als auch Torwart die Position 'Mitte/oben' oder 'Mitte/unten' wählen können. Man berechne den Wert des Spiels 'Elfmeterschießen' mit den dann vorhandenen 6 Aktionen.

6.6.13 Übungsaufgabe. Man analysiere die Spiele 'Schere-Stein-Papier-Brunnen' und 'Schere-Stein-Papier-Echse-Spock' mit den Regeln 'Stein schlägt Schere, Schere schlägt Papier, Papier schlägt Stein und Brunnen, Brunnen schlägt Stein und Schere' bzw. 'Stein schlägt Schere und Echse, Schere schlägt Papier und Echse, Papier schlägt Stein und Spock, Spock schlägt Stein und Schere und Echse schlägt Papier und Spock'. Man berechne jeweils den Wert des Spiel und bestimme alle optimalen Strategien beider Spieler.

6.6.14 Übungsaufgabe. Sei (m,n,A) ein Matrixspiel. Gibt es immer optimale Strategien x^* und y^* für die Spieler J bzw. I, in denen jeweils höchstens $\min\{m,n\}$ viele Aktionen mit Wahrscheinlichkeit größer als 0 gespielt werden? (Beweis oder Gegenbeispiel)

6.6.15 Übungsaufgabe. In Verallgemeinerung der Matrixspiele sind bei Bimatrixspielen zwei Auszahlungsmatrizen $A := (\alpha_{i,j}), B := (\beta_{i,j}) \in \mathbb{R}^{m \times n}$ gegeben. Spielen I eine Aktion i und J eine Aktion j, so erhalte I die Auszahlung $\alpha_{i,j}$ und J die Auszahlung $\beta_{i,j}$.

(a) Man zeige, dass ohne Einschränkung $\alpha_{i,j}, \beta_{i,j} > 0$ für alle $i \in [m]$ und $j \in [n]$ vorausgesetzt werden kann.

(b) Man verallgemeinere Bezeichnung 6.3.28, und definiere für Bimatrixspiele Nash-Gleichgewichte.

(c) Man zeige, dass Nash-Gleichgewichte aus den Lösungen der Aufgabe

$$
\begin{aligned}
\mathbb{1} \quad - \quad Ax \quad + \quad v \quad &= \quad 0 \\
\mathbb{1} \quad - \quad B^T y \quad + \quad w \quad &= \quad 0 \\
w^T x \quad &= \quad 0 \\
v^T y \quad &= \quad 0 \\
x, y, v, w \quad &\geq \quad 0.
\end{aligned}
$$

bestimmt werden können und umgekehrt.

6.6.16 Übungsaufgabe. Gegeben sei das lineare Programm $\min \{b^T y : A^T y = c \land y \geq 0\}$ mit

$$
A^T := \begin{pmatrix} 1 & 1 & 1 & 0 & 1 & 0 & 0 \\ 1 & 0 & -1 & 1 & 1 & 0 & 0 \\ -1 & 0 & 1 & 0 & 1 & 1 & 0 \\ -1 & 0 & -1 & 0 & 1 & 0 & 1 \end{pmatrix} \quad \land \quad c := (3,1,1,-1)^T \quad \land \quad b := (1,0,1,0,0,0,0)^T.
$$

Ferner seien $B_1 := \{1,3,5,7\}$ und $B_2 := \{1,3,6,7\}$ Teilmengen der Spaltenindexmenge $[7]$. Man entscheide, ob durch B_1 bzw. B_2 eine Ecke v_1 bzw. v_2 gegeben ist. Falls ja, bestimme man den dualen Basiskegel $X_B(v_i)$ durch Angabe der ihn aufspannenden Richtungsvektoren.

6.6.17 Übungsaufgabe. Sei (DLP) die zur linearen Optimierungsaufgabe

$$
\max \quad \xi_1 + \xi_2 + \xi_3
$$
$$
\begin{aligned}
\xi_1 \quad + \quad 2\xi_2 \quad + \quad \xi_3 \quad &\leq \quad 3 \\
-2\xi_1 \quad + \quad \xi_2 \quad\quad\quad &\leq \quad 0 \\
0 \leq \quad \xi_1, \xi_2, \xi_3 \quad &\leq \quad 1
\end{aligned}
$$

aus Beispiel 5.3.9 duale Aufgabe. Ausgehend von der dualen Startecke $v := (0,0,1,1,1,0,0,0)^T$ bestimme man unter Verwendung der Tableauform des Simplex-Algorithmus einen Optimalpunkt von (DLP).

6.6.18 Übungsaufgabe. Seien

$$
A^T := \begin{pmatrix} 1 & 0 & 1 & 0 & 0 \\ 0 & 1 & 0 & 1 & 0 \\ 1 & 1 & 0 & 0 & 1 \end{pmatrix} \quad \land \quad c := \begin{pmatrix} 3 \\ 2 \\ 4 \end{pmatrix} \quad \land \quad Q := \{y \in \mathbb{R}^5 : A^T y = c \land y \geq 0\}
$$

$$
X := \{y \in \mathbb{R}^5 : A^T y = c\} \quad \land \quad B_1 := \{3,4,5\} \quad \land \quad B_2 := \{1,2,4\}.
$$

Man bestimme zu den (dualen) Basen B_1 und B_2 jeweils affine Transformationen von Q, die X auf den $\mathbb{R}^2$ der Nichtbasisvariablen abbilden. Man skizziere die jeweiligen Bilder des zulässigen Bereichs und identifiziere die zugehörigen Ecken und Kanten.

6.6.19 Übungsaufgabe. *Gegeben sei das lineare Programm*

$$\min\ 2\eta_1 - 5\eta_2$$

$$
\begin{array}{rcrcr}
\eta_1 & - & \eta_2 & = & -4 \\
\eta_1 & + & 2\eta_2 & \geq & 3 \\
2\eta_1 & - & \eta_2 & \leq & 5 \\
& & \eta_1, \eta_2 & \geq & 0.
\end{array}
$$

Man bringe die Aufgabe in die Form $(A^T y = c \wedge y \geq 0)$ und löse sie mithilfe des 2-Phasen Simplexalgorithmus in Tableauform. Dabei verwende man die folgende Pivotregel: Man wähle eine Pivotspalte mit betragsgrößtem (negativen) Eintrag in der Kostenzeile. Falls es mehrere solche gibt, wähle man denjenigen mit kleinstem Indexwert. Ist die Pivotzeile nicht eindeutig, so nehme man ebenfalls diejenige mit kleinstem Indexwert.

6.6.20 Übungsaufgabe. *Gegeben sei das (primale) lineare Programm $\max\{c^T x : Ax \leq b\}$ mit*

$$
A^T := \begin{pmatrix} -2 & 2 & 1 & -3 & 0 & -1 \\ 1 & 1 & 2 & 8 & 1 & 2 \end{pmatrix} \quad \wedge \quad b := (0,8,5,4,1,5)^T \quad \wedge \quad c := (0,1)^T.
$$

Beginnend mit dem Startpunkt $(0,0)^T$ löse man das LP mit Hilfe des primal-dualen Algorithmus. Man skizziere den zulässigen Bereich und die sich im Lauf der Rechnung ergebenden primalen Punkte.

6.6.21 Übungsaufgabe. *Man beschreibe und analysiere eine Variante der primal-dualen Methode, deren Augmentationsaufgabe aus $(\mathrm{A}[v])$ durch Ersetzen der 'Deckelungsbedingungen' $x \leq \mathbb{1}$ durch die 'Zielfunktionsrestriktion' $c^T x \leq 1$ entsteht, d.h. die Gestalt*

$$
\begin{array}{rcll}
\max\ c^T x & & & \\
a_i^T x & \leq & 0 & \quad (i \in I(v)) \\
c^T x & \leq & 1 &
\end{array}
$$

besitzt. Man beweise oder widerlege, dass diese Variante zu einem endlichen Algorithmus führt.

6.6.22 Übungsaufgabe. *Sei $G := (V,E;\phi)$ ein ungerichteter Graph mit positiver Kantengewichtung. Zur Bestimmung kürzester Wege in G verwenden wir ein mechanisches Modell: Jeder Knoten in V entspricht einer Stahlkugel (idealisiert mit Radius 0, aber Gewicht 1). Zwei solche Kugeln v und w werden genau dann durch eine (unelastische, idealisierte) Schnur verbunden, wenn $\{u,v\} \in E$ ist. Die Länge der Schnur ist $\phi(\{v,w\})$. Um einen kürzesten Weg von einem Knoten $s \in V$ zu allen anderen Knoten zu finden, hebe man das mechanische Modell an der zu s gehörigen Stahlkugel an, bis keine Kugel mehr den Boden berührt. Die kürzesten Wege führen dann über die durch die Schwerkraft straff gespannten Schnüre.*

Man zeige, dass diese Methode tatsächlich die kürzesten Wege findet. Man interpretiere die durch den Dijkstra-Algorithmus bestimmten Knotenlabel in diesem Modell.

Literaturverzeichnis

[1] AHO, A., J. HOPCROFT und J. ULLMAN: *The Design and Analysis of Computer Algorithms.* Addison-Wesley, 2002.

[2] AHUJA, R.K., T.L. MAGNANTI und J.B. ORLIN: *Network Flows: Theory, Algorithms, and Applications.* Prentice Hall, 1993.

[3] AIGNER, M.: *Diskrete Mathematik.* Vieweg, 6. Auflage, 2006.

[4] ALEVRAS, D. und M. PADBERG: *Linear Optimization and Extensions: Problems and Solutions.* Springer, 2001.

[5] ALT, W.: *Numerische Verfahren der konvexen, nichtglatten Optimierung.* Teubner, 2004.

[6] ALT, W.: *Nichtlineare Optimierung.* Vieweg, 2. Auflage, 2011.

[7] ANJOS, M.F. und J.B. LASSERRE (Herausgeber): *Handbook on Semidefinite, Conic and Polynomial Optimization.* Springer, 2012.

[8] ASTEROTH, A. und C. BAIER: *Theoretische Informatik.* Pearson Studium. Addison-Wesley, 2003.

[9] AURENHAMMER, F. und R. KLEIN: *Voronoi diagrams.* In: SACK, J. und G. URRUTIA (Herausgeber): *Handbook of Computational Geometry*, Seiten 201–290. North-Holland, 2000.

[10] BARVINOK, A.: *A course in convexity.* American Mathematical Society, Providence, RI, 2002.

[11] BEASLEY, J.E.: *Advances in linear and integer programming.* Oxford University Press, 1996.

[12] BEN-TAL, A. und A. NEMIROVSKI: *Lectures on Modern Convex Optimization: Analysis, Algorithms, and Engineering Applications.* MPS-SIAM Series on Optimization, 2001.

[13] BERTSEKAS, D.P.: *Nonlinear Programming.* Athena Scientific, Mass., 2. Auflage, 1999.

[14] BERTSIMAS, D. und J. TSITSIKLIS: *Introduction to Linear Optimization.* Athena Scientific, 1997.

[15] BERTSIMAS, D. und R. WEISMANTEL: *Optimization over Integers.* Dynamic Ideas, Belmont, Mass., 2005.

[16] BONDY, J.A. und U.S.R. MURTY: *Graph Theory with Applications.* North-Holland, 5. Auflage, 1982.

[17] BONNESEN, T. und W. FENCHEL: *Theorie der konvexen Körper (korr. Nachdruck).* Springer, Erstausgabe 1934 Auflage, 1974.

[18] BORGWARDT, K.H.: *The Simplex Method - A Probabilistic Analysis.* Springer, 1987.

[19] BORGWARDT, K.H.: *Optimierung, Operations Research, Spieltheorie: Mathematische Grundlagen.* Birkhäuser, 2001.

[20] BURKARD, R.E. und U.T. ZIMMERMANN: *Einführung in die Mathematische Optimierung.* Springer, 2012.

[21] CASSELS, J.W.S.: *An Introduction to the Geometry of Numbers.* Springer, 2. Auflage, 2000.

[22] CHVÁTAL, V.: *Linear Programming.* Freeman, 1983.

[23] COOK, W.J., W.H. CUNNINGHAM, W.R. PULLEYBLANK und A. SCHRIJVER: *Combinatorial Optimization.* Wiley, 1997.

[24] CORMEN, T.H., C.E. LEISERSON, R. RIVEST und C. STEIN: *Algorithmen - Eine Einführung.* Oldenbourg, 2. Auflage, 2007.

[25] DANTZIG, G.B. und M. THAPA: *Linear Programming 1: Introduction.* Springer, 1997.

[26] DANTZIG, G.B. und M. THAPA: *Linear Programming 2: Theory and Extensions.* Springer, 2003.

[27] DANTZIG, G.B.: *Linear Programming and Extensions.* Princeton University Press, 1963.

[28] DANTZIG, G.B.: *Lineare Programmierung und Erweiterungen.* Springer, 1966.

[29] DEMPE, S. und H. SCHREIER: *Operations Research: Deterministische Modelle und Methoden.* Teubner, 2006.

[30] DIESTEL, R.: *Graphentheorie.* Springer, 4. Auflage, 2010.

[31] FRANKLIN, J.: *Methods of Mathematical Economics.* Springer, 1980.

[32] GAREY, M.R. und D.S. JOHNSON: *Computers and Intractability: A Guide to the Theory of NP–Completeness.* Freeman, 1979.

[33] GASS, S.I.: *Linear Programming: Methods and Applications.* McGraw-Hill, 5. Auflage, 1985.

[34] GEIGER, C. und C. KANZOW: *Numerische Verfahren zur Lösung unrestringierter Optimierungsaufgaben.* Springer, 1999.

[35] GEIGER, C. und C. KANZOW: *Theorie und Numerik restringierter Optimierungsaufgaben.* Springer, 2002.

[36] GILL, P.E., W. MURRAY und M.H. WRIGHT: *Praktical Optimization.* Academic Press, 1981.

[37] GRAHAM, R.L., M. GRÖTSCHEL und L. LOVÁSZ (Herausgeber): *Handbook of Combinatorics, Volume 1 & 2.* MIT Press, Elsevier, 1995.

[38] GROSSMANN, C. und J. TERNO: *Numerik der Optimierung*. Teubner, 2. Auflage, 1997.

[39] GRÖTSCHEL, M., L. LOVÁSZ und A. SCHRIJVER: *Geometric Algorithms and Combinatorial Optimization*. Springer, 2. Auflage, 1993.

[40] GRÖTSCHEL, M. (Herausgeber): *Optimization Stories*. Documenta Mathematica, Extra Vol. ISMP, 2012.

[41] GRUBER, P.M. und C.G. LEKKERKERKER: *Geometry of Numbers*. North-Holland, 1987.

[42] GRÜNBAUM, B.: *Convex Polytopes*. Springer, 2. Auflage, 1993.

[43] HERMAN, G.T. und A. KUBA (Herausgeber): *Discrete Tomography*. Birkhäuser, 1999.

[44] HIGHAM, H.J.: *Accuracy and Stability of Numerical Algorithms*, Band 2. SIAM, 2. Auflage, 2002.

[45] HILDENBRAND, K. und W. HILDENBRAND: *Lineare ökonomische Modelle*. Springer, 1975.

[46] HOPCROFT, J.E., R. MOTWANI und J.D. ULLMAN: *Einführung in die Automatentheorie, formale Sprachen und Komplexitätstheorie*. Pearson Studium. Addison-Wesley, 2. Auflage, 2002.

[47] HORST, R., P.M. PARDALOS und N. THOAI: *Introduction to Global Optimization*. Nonconvex Optimization and Applications. Kluwer, 1995.

[48] JANSEN, K. und M. MARGRAF: *Approximative Algorithmen und Nichtapproximierbarkeit*. de Gruyter, 1998.

[49] JARRE, F. und J. STOER: *Optimierung*. Springer, 2004.

[50] JÜNGER, M., T. LIEBLING, D. NADDEF, G. NEMHAUSER, W. PULLEYBLANK, G. REINELT, G. RINALDI und L. WOLSEY (Herausgeber): *50 Years of Integer Programming 1958 – 2008*. Springer, 2010.

[51] KALL, P.: *Mathematische Methoden des Operations Research*. Teubner, 1976.

[52] KELLEY, C.T.: *Iterative Methods for Optimization*. SIAM, 1999.

[53] KIM, E.D. und F. SANTOS: *An update on the Hirsch Conjecture*. Jahresb. Dtsch. Math.-Ver., 112:73–98, 2010.

[54] KLEINBERG, J. und E. TARDOS: *Algorithm Design*. Addison-Wesley, 2006.

[55] KORTE, B. und J. VYGEN: *Combinatorial Optimization*. Springer, 5. Auflage, 2012.

[56] KORTE, B. und J. VYGEN: *Kombinatorische Optimierung*. Springer, 2. Auflage, 2012.

[57] KRUMKE, S.O. und H. NOLTEMEIER: *Graphentheoretische Konzepte und Algorithmen*. Vieweg + Teubner, 3. Auflage, 2012.

[58] LAWLER, E.L., J.K. LENSTRA, A.H.G. RINNOOY KAN und D. SHMOYS (Herausgeber): *The Traveling Salesman Problem*. Wiley, 1985.

[59] LAWLER, E.L.: *Combinatorial Optimization: Networks and Matroids*. Holt, Rinehart and Winston, 1976.

[60] LOVÁSZ, L., J. PEKIKÁN und K. VESZTERGOMBI: *Diskrete Mathematik*. Springer, 2005.

[61] MINOUX, M.: *Mathematical Programming: Theory and Algorithms*. Wiley, 1986.

[62] MURTY, K.G.: *Linear Programming*. Wiley, 1983.

[63] MURTY, K.G.: *Network Programming*. Prentice Hall, 1992.

[64] NEMHAUSER, G. L. und L. A. WOLSEY: *Integer and Combinatorial Optimization*. Wiley, 1988.

[65] NESTEROV, Y. und A. NEMIROVSKII: *Interior-point polynomial algorithms in convex programming*. SIAM Studies in Applied Mathematics, 1993.

[66] PADBERG, M.: *Linear Optimization and Extensions*. Springer, 2. Auflage, 1999.

[67] PAPADIMITRIOU, C.H. und K. STEIGLITZ: *Combinatorial Optimization: Algorithms and Complexity*. Prentice–Hall, 1982.

[68] PRÖMEL, H.J. und A. STEGER: *The Steiner Tree Problem*. Vieweg, 2002.

[69] REINELT, G.: *The Traveling Salesman: Computational Solutions for TSP Applications*. Springer, 1994.

[70] RENEGAR, J.: *A Mathematical View of Interior-Point Methods in Convex Optimization*. MPS-SIAM Series on Optimization, 2001.

[71] ROCKAFELLAR, R.T.: *Convex Analysis*. Princeton University Press, 2. Auflage, 1972.

[72] ROOS, C., T. TERLAKY und J.P. VIAL: *Theory and Algorithms for Linear Optimization: An Interior Point Approach*. Wiley, 1997.

[73] SCHNEIDER, R.: *Convex Bodies: The Brunn-Minkowski Theory*. Cambridge University Press, 1993.

[74] SCHRIJVER, A.: *Theory of Linear and Integer Programming*. Wiley, 1986.

[75] SCHRIJVER, A.: *Combinatorial Optimization A – C*. Algorithms and Combinatorics 24. Springer, 2003.

[76] SEDGEWICK, R.: *Algorithmen*. Pearson Studium. Addison-Wesley, 2. Auflage, 2002.

[77] SIEGEL, C.L.: *Lectures on the Geometry of Numbers. Notes by B. Friedman. Rewritten by K. Chandrasekharan with the assistance of R. Suter*. Springer, 1989.

[78] STEGER, A.: *Diskrete Strukturen, Band 1: Kombinatorik - Graphentheorie - Algebra*. Springer, 2. Auflage, 2007.

[79] THIE, P.R. und G.E. KEOUGH: *An Introduction to Linear Programming and Game Theory*. Wiley, 3. Auflage, 2011.

[80] VANDERBEI, R.J.: *Linear Programming: Foundations and Extensions*. Kluwer, 1996.

[81] WANKA, R.: *Approximationsalgorithmen*. Teubner, 2006.

[82] WEGENER, I.: *Komplexitätstheorie*. Springer, 2003.

[83] WILLIAMS, H.P.: *Model Building in Mathematical Programming*. Wiley, 3. Auflage, 1993.

[84] WRIGHT, S.J.: *Primal-dual Interior-Point Methods*. SIAM Publications, 2000.

[85] YE, Y.: *Interior Point Algorithms: Theory and Analysis*. Wiley, 1997.

[86] ZIEGLER, G.M.: *Lectures on Polytopes*, Band 152. Springer, 1995.

Namensverzeichnis

Symbolverzeichnis

$\mathbb{R}^n$, 23, *siehe* Bez. 1.3.7

$\binom{X}{k}$, Menge der k-elementigen Teilmengen von X, 48, *siehe* Bez. 2.2.2

$BC(X,\omega,\kappa)$, kontingentiertes Clustering, 410, *siehe* Def. 6.2.1

$|M|$, Kardinalität der Menge M, 21, *siehe* Bez. 1.3.3

$|\mathcal{I}|$, Stringlänge, 174, *siehe* Def. 3.3.1

$\|\ \|$, Norm auf $\mathbb{R}^n$, 24, *siehe* Bez. 1.3.11

$\|\ \|_{(1)}$, $\|\ \|_{(2)}$, $\|\ \|_{(\infty)}$, Betragssummennorm, euklidische Norm bzw. Maximumnorm, 24, *siehe* Bez. 1.3.11

$\|\ \|_{(p)}$, p-Norm, 24, *siehe* Bez. 1.3.11

Stichwortverzeichnis